热 处 理 手 册

第 2 卷

典型零件热处理

第 5 版

组　　编　中国机械工程学会热处理分会
总 主 编　徐跃明
本卷主编　程晓农　罗新民　戴起勋

机械工业出版社

本手册是一部热处理专业的综合工具书，共4卷。本卷是第2卷，共24章，内容包括零件热处理工艺性与设计原则；热处理质量管理；热处理清洁生产与绿色工厂；齿轮，滚动轴承零件，弹簧，紧固件，大型铸锻件，工具，模具，量具，汽车、拖拉机及柴油机零件，金属切削机床零件，气动凿岩工具及钻探机械零件，农机具零件，发电设备零件，石油化工机械零件，液压元件零件，纺织机械零件，耐磨材料典型零件，航空零件，航天零件及风电齿轮箱零件的热处理；零件热处理典型缺陷和失效分析。本手册由中国机械工程学会热处理分会组织编写，内容系统全面，具有一定的权威性、科学性、实用性、可靠性和先进性。

本手册可供热处理工程技术人员、质量检验和生产管理人员使用，也可供科研人员、设计人员、相关专业的在校师生参考。

图书在版编目（CIP）数据

热处理手册. 第2卷，典型零件热处理/中国机械工程学会热处理分会组编；徐跃明总主编. —5版. —北京：机械工业出版社，2023.7
ISBN 978-7-111-72974-7

Ⅰ. ①热⋯　Ⅱ. ①中⋯ ②徐⋯　Ⅲ. ①热处理-手册②机械元件-热处理-手册　Ⅳ. ①TG15-62

中国国家版本馆 CIP 数据核字（2023）第 061143 号

机械工业出版社（北京市百万庄大街22号　邮政编码100037）
策划编辑：陈保华　　　　　责任编辑：陈保华　李含杨
责任校对：樊钟英　李　杉　封面设计：马精明
责任印制：刘　媛
北京中科印刷有限公司印刷
2023年7月第5版第1次印刷
184mm×260mm · 54印张 · 2插页 · 1855千字
标准书号：ISBN 978-7-111-72974-7
定价：229.00元

电话服务　　　　　　　　网络服务
客服电话：010-88361066　机 工 官 网：www.cmpbook.com
　　　　　010-88379833　机 工 官 博：weibo.com/cmp1952
　　　　　010-68326294　金 书 网：www.golden-book.com
封底无防伪标均为盗版　机工教育服务网：www.cmpedu.com

前　　言

《中国热处理与表层改性技术路线图》指出，热处理与表层改性赋予先进材料极限性能，赋予关键构件极限服役性能。热处理与表层改性是先进材料和机械制造的核心技术、关键技术、共性技术和基础技术，属于国家核心竞争力。践行该路线图应该结合我国经济发展的大环境变化和制造转型升级的发展要求，以关键构件的可靠性、服役寿命和结构重量三大问题为导向，以"绿色化、精密化、智能化、标准化"为着力点，通过关键构件热处理技术领域的创新，助推我国从机械制造大国迈向机械制造强国。

热处理作为机械制造工业中的关键工艺之一，对发挥材料潜力、延长关键零部件服役寿命和推动整体制造业的节能减碳和高质量发展起着关键作用。为了促进行业技术进步，交流和推广先进经验，指导工艺操作，1972 年，第一机械工业部机械科学研究院组织国内从事热处理的大专院校、研究院所和重点企业的专业技术人员，启动了《热处理手册》的编写工作，手册出版后深受广大读者欢迎。时至今日，《热处理手册》已修订四次。

在第 4 版《热处理手册》出版的十几年间，国内外热处理技术飞速发展，涌现出许多先进技术、装备，以及全过程质量管理方法和要求，因此亟须对《热处理手册》进行再次修订，删除陈旧过时的内容，补充先进典型技术，满足企业生产和行业技术发展的需要，切实发挥工具书的作用。鉴于此，中国机械工程学会热处理分会组织国内专家和学者自 2020 年 5 月起，按照实用性、系统性、先进性和高标准的原则开展修订工作，以求达到能正确指导生产、促进技术进步的目的。

本次修订，重点体现以下几方面：

在实用性方面，突出一个"用"字，做到应用为重，学用结合。体现基础理论、基础工艺、基础数据、基本方法、典型案例、先进标准的有机结合。

在系统性方面，突出一个"全"字，包括材料、组织、工艺、性能、应用，材料热处理、零件热处理、质量控制与质量检验、质量问题与分析、设备设计、选用、操作、维护，能源、安全、环保，标准化等，确保体系清晰，有用好用。

在先进性方面，突出一个"新"字，着重介绍新材料、新工艺、新设备、新理念、新标准、新零件、前沿理论与技术。

在高标准方面，突出一个"高"字，要求修订工作者以高度的责任感、使命感总结编写高质量、高水平、高参考价值的技术资料。

此次修订的体例与前 4 版保持了一定的继承性，但在章节内容上根据近年来国内新兴行业的发展和各行业热处理技术发展状况，结合我国热处理企业应用的现状做了符合实际的增删，增加了许多新内容，其中的技术信息主要来自企业和科研单位的实用数据，可靠真实。修订后的手册将成为一套更加适用的热处理工具书，对机械工业提高产品质量，研发新产品起到积极的作用。

本卷为《热处理手册》的第 2 卷，与第 4 版相比，主要做了以下变动：

由第 4 版的 19 章修订为 24 章。"第 1 章　零件热处理工艺性与设计原则"由第 4 版的第 1 章和第 2 章整合优化而成。将第 4 版第 3 卷和第 4 卷的相关内容进行整合，在第 2 卷中增加了"第 2 章　热处理质量管理""第 3 章　热处理清洁生产与绿色工厂"两章。结合新兴行业发展，增加了典型零件热处理新技术、新材料和新工艺的内容，包括"第 20 章　耐磨材料典型零件的热处理""第 22 章　航天零件的热处理""第 23 章　风电齿轮箱零件的热处理"和"第 24 章　零件热处理典型缺陷和失效分析"等。其他章节除顺序略有变动外，还对一些内容进行了修订，并增加了相关内容，如在"第 8 章　大型铸锻件的热处理"中增加了"大型转子锻件的热处理"和"大型筒体与封头锻件的热处理"，在"第 10 章　模具的热处理"中增加了"典型模具热处理"，在"第 21 章　航空零件的热处理"中增加了"飞机后机身承力框的热处理""飞机梁的热处理""三联齿的热处理"和"交流伺服电动机定子和转子的热处理"等内容。

本手册由徐跃明担任总主编，本卷由程晓农、罗新民、戴起勋担任主编，参加编写的人员有：袁志钟、史有森、朱小军、董小虹、陈国民、卢金生、叶健熠、杨俊生、张俊、唐建良、顾剑锋、张智峰、王晓芳、祝新发、张岸、朱喆、朱本一、徐和平、刘群荣、谢永辉、朱蕴策、罗南忠、孙小情、李永胜、王乐刚、陈懿、张作贵、王延峰、王峥、梁晓辉、王小明、邵红红、王洪发、王广生、贺瑞军、成亦飞、胡建文、李建辉、唐丽娜、吕超君、崔庆新、闻强苗、汪正兵、常玉敏、赵萍丽。

第 5 版手册的修订工作得到了各有关高等院校、研究院所、企业及机械工业出版社的大力支持，在此一并致谢。同时，编委会对为历次手册修订做出贡献的同志表示衷心的感谢！

中国机械工程学会热处理分会

《热处理手册》第 5 版编委会

目　　录

第 1 章　零件热处理工艺性与设计原则

江苏大学　戴起勋　袁志钟

零件热处理工艺性既与零件材料成分特性的内在因素和零件结构的本身条件直接相关，又与热处理工艺方案和过程各环节等外在因素密切相关。所以，机械设计工程师在设计时应充分考虑热处理工艺性，合理地选择零件材料，正确设计零件的技术要求；机械制造工艺师在制订工艺时则应根据零件的材料成分、结构特点和技术要求合理地制订和实施热处理工艺。在现代工业生产要求下，更要考虑零件热处理工艺的资源条件和环保性。

1.1　零件热处理工艺性

1.1.1　零件热处理工艺性概述

1. 零件热处理工艺性基本概念

零件热处理工艺性是广义的概念，指在满足零件设计、制造、维修要求的前提下，零件热处理的可行性和经济性，现在又特别要加上环境性。可行性可理解为在制造者生产条件下实施的难易程度；经济性也是广义的，不仅指生产成本，也包括热处理质量相关工作而产生的经济效益或损失；环境性指热处理工艺对环境污染的综合影响。现代企业在整个产品的全生命周期内都非常重视环境性，国家也有相应的法律法规。因此，只有把可行性、经济性和环境性结合起来，才是零件热处理工艺性科学、合理、完整的概念。

零件热处理工艺性的有关因素和主要内容见表 1-1。

热处理工艺性的优劣对制造过程中的作用和效益有很大影响。良好的热处理工艺性，是零件热处理质量的根本保证，可以缩短生产周期，降低生产成本，提高经济效益，减少甚至消除污染等有害影响。零件材料的淬透性、回火稳定性等工艺性是在内外因素作用下的外在表征。

表 1-1　零件热处理工艺性的有关因素和主要内容

因素	主要内容
设计因素	零件结构(形状、尺寸、结构要素的相互位置等)及精度要求；零件热处理技术要求；零件材料的选择及适应性
材料因素	零件材料合金成分的内因，淬透性及零件的硬化层深度；淬硬性；回火稳定性；变形开裂倾向；过热敏感性；氧化脱碳倾向；回火脆性；冶金质量
工艺因素	工艺选择及热处理工艺设计；热处理工艺过程及其在零件制造路线中的安排(工序)；工艺技术要求；热处理生产设备和工艺装备
环境因素	热处理工艺过程对水、大气等环境的影响程度，是否符合国家和地方的法律法规
其他因素	热处理工艺材料；工艺人员(施工及操作工人)的素质；生产规模、生产管理、技术管理和质量管理；测试手段；能源、资源等问题

2. 零件热处理工艺性特点

零件热处理工艺性是零件制造工艺性的一部分，具有相对性、全局性、经济性和环境性等特点。

（1）相对性　零件热处理工艺性都是在一定的具体生产条件下评价的。同样一个零件，采用同样的材料和结构，在不同的生产条件下可能得到不同的结果，而生产条件是可以改变的。解决一个具体零件工艺性差的问题，可能有许多方法和途径：就具体工艺性问题，可找到存在问题的源头并分别解决，而综合性问题往往还需要各方人员的协调。

热处理工艺人员不宜过多地苛求设计师改变原设计，也不宜动不动就要求加开工艺孔等改变其他加工程序或增加加工工作量。零件设计者也必须重视零件材料的适应性和热处理工艺性。热处理本身调整工艺的空间较大，首先应该自己想办法，灵活运用热处理新技术、新装备、新方法，使工艺性差变为工艺性好。因此，热处理工艺性也具有可变性。

（2）全局性（整体性）　一个零件从原材料或毛坯到成品，是由许多不同工种和加工工序完成的，全过程是一个整体。彼此之间有时会发生矛盾，此时要顾全大局，不能为了改善热处理工艺性而恶化其他工艺工序的工艺性，反之亦然，其他工艺在改善工艺性时也不能恶化热处理工艺性（这种情况时有发生）。最终要全面分析，应以整个过程的工艺性优劣来决定哪一个工序做出让步。工艺性不能孤立地看，有些问题从局部看是不合理的，但从整体看是有利的，这就要局部利益服从整体利益，小利益服从大利益。

（3）经济性　研究零件热处理工艺性是为了改善热处理工艺性，其目的是为了获得经济效益和社会效益。经济性也是评价零件热处理工艺性优劣的一个主要指标。零件热处理工艺性具有相对性，比较灵活，难以量化，很多情况下与企业和地区的实际生产条件有关。现在评价产品或零件热处理工艺性有了一定的经济计算方法，一般来说，经济性是可以粗略量化的。

（4）环境性　零件热处理工艺性的评价方法尚未完善。与其他工艺相比，热处理工艺还涉及环境污染和生产安全等诸多因素，比较复杂。在现代工业的要求下，对零件热处理工艺性的环保要求越来越严格，对能源、资源方面也有一定的限制。

1.1.2　钢的淬透性

1. 常用结构钢的淬透性

淬透性根据不同情况有多种表示方法：①用淬硬层深度 h（mm）表示钢的淬透性；②用临界直径 D_0 表示钢的淬透性；③用理想临界直径（D_I）表示钢的淬透性；④用端淬法（Jominy）的淬透性曲线来表示钢的淬透性。各种方法各有优缺点。常用钢的淬透性和临界淬透直径见表 1-2 和表 1-3。

表 1-2　常用结构钢淬透性和临界淬透（50%M）直径

牌号	淬透性值 $J\dfrac{HRC}{d}$	水淬临界淬透直径 D_0/mm		油淬临界淬透直径 D_0/mm	
		根据淬透性曲线求得或试验值	按合金元素下、上限计算	根据淬透性曲线求得或试验值	按合金元素下、上限计算
45	$J\dfrac{41}{2\sim4.5}$	15~25 10~17	—	6~10	—
20Mn2	$J\dfrac{35}{3\sim10}$	15~40	10~26	5~25	4~15
30Mn2	$J\dfrac{37}{7\sim22}$	25~50	15.5~35	20~30 15~30	6.5~18
40Mn2	$J\dfrac{41}{7\sim42}$	30~60	20~42	20~30 20~40	8.5~23
27SiMn	$J\dfrac{36}{16}$	—	19.5~41	<30	8~22
35SiMn	$J\dfrac{39}{10}$	30~50	24.2~47.5	15~35	11~27.5
42SiMn	$J\dfrac{42}{10}$	35~60	27.5~51	20~40	13.5~30.5
20MnV	$J\dfrac{35}{4.5\sim7}$	20~35 15~18(95%M)	16~28	12~20 15~18	7.2~14
20SiMnVB	$J\dfrac{35}{12\sim22}$	45~70	66~105	30~50	41~70.5
40B	$J\dfrac{41}{4\sim8}$	25~35	17~32	10~20 12~20	7~16
40MnB	$J\dfrac{41}{8\sim17}$	30~60	34.5~54.5	20~30 15~40	18~33
45MnB	$J\dfrac{42}{10\sim21}$	35~65	33.5~52	25~35 15~45	17~31
15MnVB	—	40~74	12~18(95%M)	21.5~47	
40MnVB	$J\dfrac{41}{11\sim26}$	40~65	48~70	30~40 25~45	27.5~43.5
20MnTiB	$J\dfrac{35}{6\sim17}$	30~60	29.5~47	15~45	14.5~27
25MnTiBRE	—	约 55	33.5~47	35~40	17~27
20Cr	—	28~32	11.5~41	20~23 15~20	4~22
30Cr	$J\dfrac{37}{4\sim7}$	20~45	19~56	10~20 15~30	8~34

（续）

牌号	淬透性值 $J\dfrac{\mathrm{HRC}}{d}$	水淬临界淬透直径 D_0/mm		油淬临界淬透直径 D_0/mm	
		根据淬透性曲线求得或试验值	按合金元素下、上限计算	根据淬透性曲线求得或试验值	按合金元素下、上限计算
40Cr	$J\dfrac{41}{6\sim11}$	$28\sim60$ >30	$24\sim67.5$	$15\sim40$ $17\sim30$	$11\sim42$
45Cr	$J\dfrac{42}{9\sim25}$	$35\sim65$	$26.5\sim71$	$20\sim45$	$12.5\sim45$
50Cr	$J\dfrac{45}{10\sim24}$	$40\sim70$	$28.5\sim77$	$25\sim40$ $25\sim30$	$14\sim49$
38CrSi	$J\dfrac{40}{15}$	$40\sim70$	$44\sim119$	<40 $15\sim30$	$25\sim83.5$
15CrMo	—	—	$27.5\sim115$	$20\sim25$	$13.5\sim79.5$
20CrMo	$J\dfrac{35}{3\sim6}$	$15\sim40$	$19.5\sim83$	$10\sim25$ $20\sim25$	$8\sim53$
30CrMo	$J\dfrac{37}{5\sim16}$	$30\sim55$	$26.5\sim103$	$15\sim40$ $15\sim30$	$12.5\sim70$
42CrMo	$J\dfrac{42}{18}$	$50\sim100$	$46\sim145$	$30\sim45$ $35\sim60$	$26.5\sim107$
20CrV	$J\dfrac{35}{4\sim10}$	$25\sim40$	$19\sim48$	$10\sim25$	$8\sim28$
40CrV	$J\dfrac{41}{8\sim15}$	—	$33\sim71.5$	$25\sim40$	$17\sim45.5$
20CrMn	$J\dfrac{35}{12}$	<50	$27.5\sim73.5$	<30 $20\sim25$	$13.5\sim46.5$
40CrMn	$J\dfrac{41}{9\sim19}$	$40\sim70$	$48\sim109$	<60 $20\sim50$	$27.5\sim74.5$
30CrMnSi	$J\dfrac{37}{21}$	$40\sim60(95\%\mathrm{M})$ $60\sim80$	$50\sim120$	$25\sim40(95\%\mathrm{M})$ $40\sim60$	$29\sim85$
40CrMnMo	$J\dfrac{41}{>42}$	>100	$89\sim153$	<100 $35\sim100$	$57\sim114$
20CrMnTi	$J\dfrac{35}{6\sim15}$	$30\sim55$	$25\sim50.5$	$15\sim40$ $25\sim30$	$12\sim30$
20CrNi	$J\dfrac{35}{8}$	$20\sim40$	$10.5\sim48$	$10\sim25$ $25\sim30$	$3.5\sim28$
37CrNi3	—	—	$80.5\sim153$	约200	$51\sim114$
40CrNi	$J\dfrac{41}{14\sim42}$	$40\sim85$	$23.5\sim82$	$40\sim60$ $25\sim60$	$10\sim52$
20Cr2Ni4	$J\dfrac{35}{>42}$		$53\sim153$	>100 $70\sim80$	$32\sim114$
20CrNiMo	$J\dfrac{35}{7\sim10}$	$30\sim55$	—	$15\sim40$	
18Cr2Ni4W	$J\dfrac{40}{90}$	—	$48\sim140$	$75\sim200$ $90\sim100$	$28\sim102.5$
40CrNiMo	$J\dfrac{41}{24\sim48}$	>100 $80\sim90(90\%\mathrm{M})$	$53.5\sim153$	$60\sim100$ $55\sim65(90\%\mathrm{M})$	$32\sim114$
55Si2Mn[①]	—	—	$44\sim88$	$20\sim25$	$25\sim57$
60Si2Mn	—	—	$55\sim107$	<25	$33.5\sim73$
50CrV	—	—	$45\sim91.5$	<54	$25\sim59.5$
60Si2Cr	—	—	$61\sim153$	<45	$37.5\sim114$
60Si2CrV	—	—	$100\sim153$	<50	$66\sim114$

注：J表示乔米尼（Jominy）端淬试验法；d 为端淬法淬硬层至水冷端的距离（mm）；M是马氏体，50%M 表示 $\varphi(\mathrm{M})=$ 50%，依此类推。

① 曾用牌号。

表 1-3　常用工具钢的淬透性和临界淬透直径

牌　　号	油淬临界淬透直径 D_0/mm	牌　　号	油淬临界淬透直径 D_0/mm
T7、T9 T10、T12	5～7 15～18（水淬）	5CrNiMo 5CrMnMo	<300
Cr2	20～25 40～50	Cr12	<200
9SiCr	40～50	Cr12MoV	200～300
9Mn2V	30 <30	Cr6WV[①]	<80
CrWMn	<60 40～50	3Cr2W8V	<100
9CrWMn	40～50	6Cr4W3Mo2VNb	<80
GCr15	20～25 30～35	4SiCrV[①]	50～60

① 曾用牌号。

2. 设计中应考虑的问题

（1）质量效应　质量效应指不同尺寸的工件淬火时，由于质量不同，获得的淬硬层深度不同，表面与心部的力学性能存在明显差异。钢材尺寸越大，热处理效果越差，因此也称为尺寸效应。不同钢种由于淬透性不同，质量效应也不同。常用结构钢的质量效应见表 1-4。零件尺寸不同，在同样的淬火条件下，表面和心部不同部位的冷却速度不同，其淬火结果也必然有差异。最显著的是由于心部冷却速度不足，造成心部不完全淬火，回火后的韧性、屈强比下降。淬透性高的钢的质量效应小。

表 1-4　常用结构钢的质量效应

类　　型	牌　号[①]	零件最大截面尺寸/mm	
		油淬	水淬
调质钢	S30C（30）	—	30
	S40C（40）	—	35
	S50C（50）	—	40
	SMn433（35MnH）	30	45
	SCr435（35CrH）	40	55
	SCM435（35CrMoH）	60	80
	SCM445（45CrMoH[②]）	70	—
	SNC836（36Ni3Cr[②]）	80	—
	SNCM439（40CrNi2Mo）	70	—
	SNCM630（30Cr3Ni3Mo[②]）	150	—
渗碳钢	SMnC420（20MnH）	30	—
	SCr420（20CrH）	35	—
	SCM420（20CrMo）	45	—
	SCM822（22CrNiMoH）	55	—
	SNC815（12CrNi3）	60	—
	SNCM420（20CrNi2MoH）	40	—
	SNCM616（15CrNi3Mo[②]）	130	—

① 日本 JIS 牌号，括号内的是相当于我国的牌号。
② 曾用牌号。

（2）根据零件的服役条件合理确定淬透性要求　并不是在所有的情况下都要求零件淬透。对重要零件淬透性的一般要求是：承受危险应力部分的组织要保证 90% 以上的马氏体。具体地说，单向均匀受拉、压交变载荷和冲击力的重要零件（如连杆、高强度螺栓、拉杆等）要求淬火后保证心部获得 90% 以上的马氏体组织；一般的单向受拉、压载荷的零件要求淬透，即心部获得 50% 的马氏体组织。承受扭转或弯曲的零件（如轴），因扭、弯时应力由表面至心部是逐渐减小的，则只需淬透到截面半径的 1/4～1/2 深，根据载荷大小进行调整。重要的螺栓类零件，如需调质处理的汽车连杆螺栓，淬火时要求离表

面 $R/2$ 处保证 90% 以上的马氏体组织，心部约含 70% 左右的马氏体组织即可。弹簧工作时承受交变应力和振动，不能有永久变形，材料应有稳定的高屈强比，弹簧一般要求淬透。

（3）根据淬透性要求选择钢材和工艺　在了解各类钢淬透性特点的基础上，根据零件的服役条件合理确定淬透性要求。低淬透性钢主要用于小模数齿轮，通过相应的热处理工艺使齿轮仿形硬化，即硬化层沿齿廓形状分布合理，而心部仍有一定的强韧性。对于性能要求比较严格且均匀的零件，可选择保证淬透性结构钢，如 45H、40CrH、20MnTiBH 等。

（4）合理安排工序，保证淬透性　当零件尺寸较大，受到淬透性的限制，只有表层能淬硬时，可采用先粗加工后调质、调质后再精加工。这样就可避免将性能好的调质层加工掉。对截面差别较大的零件，如大直径台阶轴，在调质处理时，从钢材淬透性出发，也应先粗加工成形，然后进行调质处理，这样可使小截面有较深的淬硬层，以满足零件的要求。

（5）不同形状工件的尺寸换算　如果工件的截面是正方形、长方形或板，则需要按图 1-1 所示将尺寸换算成等效圆直径，然后再选择钢牌号。例如厚度×宽度为 100mm×120mm 的矩形截面工件相当于直径为 117mm 的圆棒。

常用钢的淬透性曲线可查阅有关手册。淬透性曲线在合理选择材料、预测组织性能、制订热处理工艺等方面都有重要的实用。

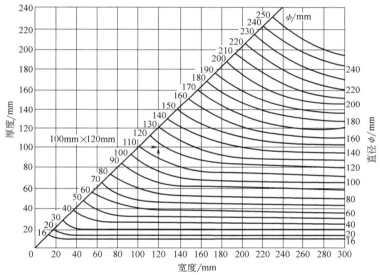

图 1-1　圆形截面与矩形截面的等效图解

1.1.3　钢的变形和开裂倾向

1. 零件热处理变形

零件（工件）热处理变形是常见的热处理缺陷之一，指工件经热处理后的形状、尺寸发生变化，而这种变化又超过了设计或工艺文件规定的允许范围，因此成为不合格品的事故。零件热处理变形是一个非常复杂的问题，它与零件结构形状、原材料和热处理工艺等因素有关。

热处理变形可以分为两大类：一是形状变化，二是尺寸变化。对于一个具体零件而言，除了极个别的特例，一般都是两者的综合结果。热处理变形的形成原因也有两种，即加热冷却时的热应力和热处理相变时形成不同组织的组织应力。人们更关心的是变形的结果是否超差，是否成为不合格品，这就要与设计或工艺文件规定（有加工余量）的尺寸形状相比较，而不是它的绝对变形量，也不是与热处理前的实际尺寸、形状相比较。

零件热处理变形要求比零件的精度、工件的机械加工尺寸精度要求低得多。目前，对热处理变形有一定要求的都要采用不同方法进行检测，如薄板类零件在平板上用塞尺检验零件的平面度；轴类零件用顶尖或 V 形块支撑两端，用百分表测其径向圆跳动；套筒和圆环类零件用百分表、游标卡尺、塞规、内径百分表、螺纹塞规等检验零件的外圆、内孔等尺寸，而对齿轮、凸轮等特殊零件的变形，需要用专门工具来检测。

影响零件热处理变形的因素很多，难以或不能用样品在实验室内测定，通常只能用实际零件在生产条件下测定统计。有些零件热处理变形虽然复杂，当掌握了它们的变形规律后，通过冷热加工的配合，可以获得稳定的变形结果，达到改善零件热处理工艺性的目的。

2. 热处理裂纹

热处理裂纹，俗称开裂，也是热处理缺陷之一。

钢的化学成分对钢的热处理开裂倾向性有决定性的作用。热处理裂纹的形成原因与变形相同，当内应力过大并超过材料强度极限时，首先在应力集中处或薄弱处开裂。有些热处理裂纹还不是在热处理后立即暴露出来，而在后续工序或放置过程中出现，则更为危险。对于一定的钢，热处理裂纹形成的工艺因素大致有：①加热过程中形成的裂纹，如升温速度过快，尤其是对导热性差的高合金钢、冶金质量差的钢、铸铁等尤应注意，必要时要预热，加热温度控制不当，由过热或过烧就会引起裂纹；②相变后由于组织比体积不同引起的裂纹，淬火裂纹即属此类，是最普遍地一种裂纹；③热处理过程中产生了表面脱碳。

3. 应注意的问题

工件的变形和开裂受钢的成分、工件的尺寸与形状结构、热处理工艺条件等许多因素的影响。在零件设计、选择材料和制订热处理工艺时应注意如下问题：

1）设计零件结构时，要考虑结构的热处理变形和开裂倾向。要尽量避免尖角和厚薄截面的突然变化，注意结构形状的对称性，尽量避免表面盲孔和死角等。具体可详见本章 1.4 节。

2）不同成分的钢，淬火变形倾向差别较大。由于合金钢淬透性较高，可采用较缓和的淬火冷却介质，从而减小变形，还可通过改变热处理工艺来调节马氏体的比体积和残留奥氏体数量，控制淬火变形。

3）零件淬火前的机械加工、锻造、焊接等工序也能产生较大的残余应力。若预先不进行消除应力处理，就会增大淬火变形。

4）钢的淬透性与热处理变形的关系是：当心部未淬透时，变形情况趋向于长度缩短，内外径尺寸缩小；当全部淬透时，则长度伸长，内外径尺寸胀大。

5）钢材的纤维方向对变形也有影响。轴类零件纤维方向是和轴线一致的，但板材、模块等则既有纵向纤维，也有横向纤维。在热处理时，零件的纵、横向尺寸变形是不同的，主要的变形方向是纵向。在生产阀片、摩擦片、离合器片等类型的薄板状零件时，为控制变形，应采用双向轧制的钢材。对于有圆度要求的零件，不能随意从常用带钢或薄钢板上下料，以减少纤维方向对零件变形的影响。

6）在完全淬透的工件表面容易产生裂纹。随钢中碳含量的提高，组织应力作用增强，拉应力峰值移向表层，所以高碳钢在过热情况下形成裂纹的倾向增大。对普通钢而言，一般都存在一个淬裂的危险尺

寸。水淬时，钢的临界直径 D_1 正是淬裂的危险尺寸，一般情况下，水淬时淬裂的危险尺寸为 8～12mm，油淬时的淬裂危险尺寸为 25～39mm。图 1-2 所示为各种钢在 900℃ 油淬（油温 27℃）后，淬裂倾向与 D_1 和碳含量的关系。因此，要求心部淬透的工件，在设计时应尽可能避免危险的截面尺寸。

7）当工件表面有氧化脱碳层时，容易在表面产生淬火裂纹。所以，在工件淬火前应把前道热加工工序造成的脱碳层切去，在热处理过程中也尽可能避免工件的氧化脱碳。

8）加热温度和加热速度对零件变形有影响，所以对尺寸较大或形状比较复杂的工件，宜采用预热或阶梯加热方法。从减小淬火变形的角度，应尽量选用淬火下限温度。另外，工件在炉中放置方法不当或夹具不良，在工件自重的作用下也会增大变形。

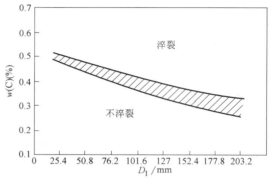

图 1-2　淬裂倾向与 D_1 和碳含量的关系

1.1.4　钢的回火脆性和白点敏感性

淬火钢回火时，钢的韧性随回火温度的升高而升高，但钢在某一温度段回火时或回火后缓冷时会发生韧性下降的现象，称为回火脆性。一般在 300℃ 左右回火时引起的韧性下降现象称为第一类回火脆性，也称不可逆回火脆性；在 500℃ 左右回火时引起的韧性下降现象称为第二类回火脆性，也称可逆回火脆性。第二类回火脆性与回火后的冷却速度有关，当快速冷却时，回火脆性可避免。

一般认为，钢中 P、N 含量较高时促进第一类回火脆性的发生，而含有 Al、Ti、Ni、B 元素时，可抑制第一类回火脆性发生。第二类回火脆性一般认为是由于 P、Sb 等杂质元素在原奥氏体晶界析出所致，Cr、Ni、Mn 等元素促进第二类回火脆性的发生，而 Mo、W 抑制 P、Sb 等杂质析出，所以有利于消除或减轻第二类回火脆性。

常用钢出现脆性的温度范围和回火脆性敏感性见表 1-5～表 1-7。

表 1-5　常用钢出现回火脆性的温度范围

牌号	第一类回火脆性温度/℃	第二类回火脆性温度/℃	牌号	第一类回火脆性温度/℃	第二类回火脆性温度/℃
30Mn2	250~350	500~550	42Cr9Si2		450~600
20MnV	300~360		65Mn 60Si2Mn		有回火脆性
25Mn2V[①]	250~350	510~610	50CrVA	200~300	
35SiMn		500~650	4CrW2Si	250~350	
20Mn2B	250~350		5CrW2Si	300~400	
45Mn2B[①]		450~550	6CrW2Si	300~450	
15MnVB	250~350		4SiCrV[①]		>600
20MnVB	200~260	520 左右	3Cr2W8V		550~650
40MnVB	200~350	500~600	9SiCr	210~250	
40Cr	300~370	450~650	CrWMn	250~300	
38CrSi	250~350	450~550	9Mn2V	190~230	
35CrMo	250~400	无明显脆性	T8~T12	200~300	
20CrMnMo	250~350		GCr15	200~240	
30CrMnTi		400~450	12Cr13	520~560	
30CrMnSi	250~380	460~650	20Cr13	450~560	600~750
20CrNi3A	250~350	450~550	30Cr13	350~550	600~750
12Cr2Ni4A	250~350		14Cr17Ni2	350~400	
37CrNi3	300~400	480~550	Cr12	300~375	
40CrNiMo	300~400	一般无脆性	Cr12MoV	325~375	
38CrMoAlA	300~450	无脆性	Cr6WV[①]	250~350	
70Si3MnA[①]	400~425		4Cr5MoSiV		500~650

①　曾用牌号。

表 1-6　合金调质钢的回火脆性敏感性

牌号	回火脆性试验方法	T_{50}/℃	ΔT_K/℃
18CrMnTi[①]	500℃×2.5h 油冷+600℃×16h 炉冷	45	60
18Cr2Ni4WA	650℃×2.5h 油冷+510℃×16h 炉冷	50	150
30CrMoA	560℃×3h 油冷+510℃×16h 炉冷	-30	10
40Cr	650℃×2.5h 油冷+525℃×16h 炉冷	-20	65
40CrNi	650℃×2.5h 油冷+525℃×16h 炉冷	-55	45
30CrMnSi	650℃×3h 油冷+525℃×16h 炉冷	50	100
40CrNiMoA	650℃×3h 油冷+525℃×16h 炉冷	-70	10

①　曾用牌号。

表 1-7　几种合金调质钢的回火脆性敏感系数 a

牌号	试样尺寸/mm	淬火工艺	回火冷却方式	以下回火温度(℃)的冲击韧度 a_K/(J/cm²)						
				350	400	450	500	550	600	650
45Mn2	25	840℃ 油淬	水冷	2.63	3.88	5.85	7.35	11.4	15.0	18.3
			炉冷	2.13	3.38	5.63	5.85	9.4	12.6	14.2
			a	1.23	1.15	1.04	1.25	1.22	1.19	1.29
45B		840℃ 油淬	油冷			9.1	8.3	5.9	9.7	12.8
			炉冷			9.4	6.3	4.9	5.3	12.1
			a			≤1	1.1	1.2	1.8	1.05
40MnB	25	850℃ 油淬	水冷			8.9	11.6	13.6	16.6	19.4
			炉冷			6.5	9.5	10.7	12.7	13.9
			a			1.37	1.22	1.27	1.31	1.40
40Cr		840℃ 油淬	水冷	1.63	3.26	5.60	7.25	11.6	14.8	18.9
			炉冷	1.50	2.76	5.25	6.38	9.80	13.75	16.13
			a	1.09	1.18	1.07	1.19	1.19	1.08	1.17

钢的回火脆性既是钢的特性，也是回火缺陷。如果不注意防范，将使零件在服役条件下发生突然断裂。主要的防止措施有：

1）设计零件时，对热处理技术的要求，应避免要求在回火脆性范围内回火的硬度；不可能避免时，应更换材料。

2）若必须在第二类回火脆性范围内回火时，应采用回火后快冷，或者采用含 Mo 的钢种。

3）大型零件回火后的快冷效果不好，或者因为工件形状复杂不允许回火后快冷时，可选用含 Mo、W 元素的合金钢制造。

4）冶金质量高的钢，纯净度高，含 S、P 杂质元素少，有利于避免回火脆性，如电渣重熔钢（ESR 或 PESR）、真空重熔钢（VAR 或 VMR）等。

5）采用锻造余热淬火工艺可减轻回火脆性。

白点敏感性表示锻、轧钢件产生内裂纹的敏感程度。钢中氢含量高是产生白点的必要条件，而内应力的存在是形成白点的充分条件。白点是由于氢含量过高，在其锻、轧后快冷时形成的微裂纹。一般群集在大型锻、轧件的心部，在沿锻、轧方向的断口上呈白色亮点。有白点的零件在工作时易产生脆性断裂，发生重大事故。所以，大锻件技术要求规定，有白点的锻件必须报废。

一般情况下，在奥氏体、铁素体、莱氏体钢中不会出现白点，碳含量小于 0.3%（质量分数）的碳素钢也不易产生白点。在碳含量大于 0.3%（质量分数）的 Ni-Cr、Ni-Cr-Mo、Ni-Cr-W 马氏体钢中白点敏感性最大，在含 Cr、Mn、Si、Ni 等元素的钢中也会出现白点。形成白点的温度范围一般在室温到300℃。各种钢的白点敏感性不但与化学成分有关，还与钢的冶炼方法、钢材尺寸等因素有关。钢材尺寸越大，白点形成的可能性就越大。当钢材直径小于40mm 时，白点较少见。防止白点的根本方法是降低钢中的氢含量，一方面提高钢材的冶炼质量，另一方面可通过预防白点退火等热处理工艺防止白点的产生。

白点敏感性较高的钢有 40CrNi、5Cr06NiMo（曾用牌号）、34CrNi3Mo、20Cr2Ni4A、34CrNiMo（企业牌号）、5Cr08MnMo（曾用牌号）、14Cr17Ni2、37CrNi3A 等；中等的钢有：40Cr、42SiMn、GCr15、GCr15SiMn 等。

1.1.5　钢的回火稳定性和热稳定性

回火稳定性就是耐回火性，指淬火钢回火时抵抗软化的能力，也称回火抗力或抗回火性。热稳定性指硬化后的钢在较高温度（600℃左右）长时间保持时抗软化的能力。对于在较高温下工作的零件，这种特性非常重要，如热作模具钢的工作零件、高温下工作的电站设备零件、高速切削刀具等。

回火稳定性或热稳定性通常以回火温度、时间与硬度的关系（通常称回火曲线）来表达。合金钢由于回火稳定性好，与碳素钢相比，要回火到同样硬度，合金钢的回火温度要高，回火时间也较长。对某些高合金钢，要回火多次，充分回火对防止裂纹、提高力学性能尤其是韧性极为重要。常用钢回火后硬度与回火温度的关系见表 1-8。

表 1-8　常用钢回火后硬度和回火温度的关系

牌号	热处理工艺		淬火后硬度HRC	回火后硬度 HRC							
	淬火温度/℃	冷却介质[①]		25~30	>30~35	>35~40	>40~45	>45~50	>50~55	>55~60	>60
				回火温度[②]/℃							
45	840	水、油	>50	550	520	450	380	320	300	180	
60	820	水、油	>55	580	540	460	400	360	310	250	
30Mn	870	水、油	>40	490	400	350	300	200			
50Mn	810	水、油	>50	560	470	410	340	270	210	160	
40Mn2	830	油	>50	540	420	370	320	270	240		
50Mn2	820	油	>50	600		480	400	300			
35SiMn	880	水、油	>50	560	520	460	400	350	200		
42Mn2V[③]	855	油	>50	600	520	470	430	350	200		
40Cr	830	油	>50	620	530	480	420	340	200	<160	
50Cr	820	油	>50	650	570	480	400	280	230	<180	
40CrMn	830	油	>50	580	510			230	200		
30CrMnSi	890	油	>45	620	530	500	430	340	180		
35CrMnSiA	860	油	>50	620	530	500	430	360	200		
40CrV	860	油	>50	640	560	500	450	320	200		

（续）

牌号	热处理工艺		淬火后硬度 HRC	回火后硬度 HRC							
	淬火温度/℃	冷却介质①		25~30	>30~35	>35~40	>40~45	>45~50	>50~55	>55~60	>60
				回火温度②/℃							
50CrV	860	油	>50	650	560	500	450	380	280	180	
30CrMo	860	油	>45	560	440	400			200		
42CrMo	840	油	>50	620	580	500	400	300		180	
40CrMnMo	850	油	>50		550	500	450	400	250		
40CrNi	850	油	>50	580	510	460	420	340	200		
37CrNi3	840	油	>50		570	500	420	300	300		
40CrNiMo	860	油	>50	620	580	540	480	420	320		
35CrMoV	900	油	>45	640	590	500	360	300	<200		
38CrSi	900	油	>50	630	550	520	450	400	330		
38CrMoAl	940	油	>50		680	630	530	430	320	200	
45CrNi	830	油	>50	570	500	430	360	280	230	<160	
65Mn	820	油	>60	660	600	520	440	380	300	230	<170
55Si2Mn	865	油	>55			550	490				
60Si2Mn	860	油	>60	620	600	550	520	470	420	380	180
50CrMnVA③	850	油	>55		560	520	430	400			
GCr15	840	油	>60	680	580	530	480	420	380	270	<180
GCr15SiMn	830	油	>60			480	420	350	280	<180	
T8(A)	800	水、油	>60	580	530	470	420	370	330	250	<160
T10(A)	780	水、油	>60	580	540	490	430	380	340	250	<200
T12(A)	780	水、油	>60	580	540	490	430	380	340	250	<200
9Mn2V	800	油	>60				500	400	320	250	<180
Cr2	840	油	>60		600	530	480	420	320	230	<180
9SiCr	850	油	>60	670	620	580	520	450	380	300	200
CrWMn	850	油	>60	640	600	540	480	420	350	280	170
Cr12	940~1000	油 硝盐	>60		650	600	520	470	250		
Cr12MoV	950~1040	油 硝盐	>58		740	670	620	570	530	380	<180
Cr12MoV	1050~1130	油 硝盐	>45		700	710	650	610	580		550
9Cr06WMn③	830	油	>60		620	570	520	470	370	250	<180
5SiMnMoV③	840~900	油	>55		660	600	450	380			
5Cr08MnMo③	840	油	>50		580	520	470	380	250	<200	
5Cr06NiMo③	850	油	>50	700	640	550	450	380	280	<200	
4CrW2Si	860~900	油	>55		600	550	480	430	300		
5CrW2Si	860~890	油	>55		570	480	420	360	<300		
6CrW2Si	850~880	油	>55		590	550	470	400	320	200	
3Cr2W8V	1050~1100	水	>55			700	630	540	<200		
20Cr13	980~1050	油 空冷	>55	600	560	520	450	<400			
30Cr13	980~1050	油 空冷	>55	620	600	570	540	<500			

（续）

牌号	热处理工艺		淬火后硬度 HRC	回火后硬度 HRC							
	淬火温度/℃	冷却介质①		25~30	>30~35	>35~40	>40~45	>45~50	>50~55	>55~60	>60
				回火温度②/℃							
40Cr13	980~1050	油空冷	>55	630	610	580	550	500	<400		
95Cr18	1040~1070	油	>55					580	530	220	<150
42Cr9Si2	950~1070	油	>55			670	600	540	480	420	<300
40Cr10Si2Mo	1100~1150	油空冷	>55	700		630	580	560	380	<200	

① 水、油是水-油双液淬火，淬火温度控制为±10℃。
② 回火温度根据硬度要求的中值偏上而定。
③ 曾用牌号。

1.1.6　钢的其他热处理工艺性

1. 钢的淬硬性

　　淬硬性是钢在理想淬火条件下淬火能获得的最高硬度，也称可硬性。淬硬性与钢的碳含量有关，合金元素的影响不大。如图 1-3 所示，在一定范围内，碳含量增加，淬火后的硬度也随之升高。当碳的质量分数达 0.6% 时，淬火钢的硬度可达最高值。碳含量进一步增加，硬度提高不大，因为钢中有碳化物出现。对于某些钢而言，残留奥氏体会增加，使硬度降低。

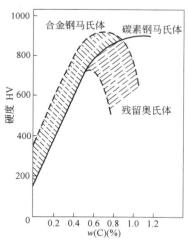

图 1-3　淬硬性与钢中碳含量的关系
（单独加入 Mn、Ni、Cr、Mo）

　　图 1-4 所示为钢的碳含量与马氏体硬度的关系。对于零件热处理而言，关心的是实际硬度。在零件设计和提出热处理技术要求时，应注意两者的区别。淬火钢的实际硬度是由马氏体中的碳含量及淬火组织（马氏体或贝氏体）的数量来决定的。

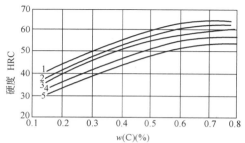

图 1-4　钢的碳含量与马氏体硬度的关系
1—99% M　2—95% M　3—90% M
4—80% M　5—50% M

2. 钢的过热敏感性

　　当钢加热超过临界点时，获得奥氏体组织，随着加热温度的升高和保温时间的延长，奥氏体晶粒会逐渐长大。不同钢种的冶炼方法不同，合金元素也不同，奥氏体晶粒长大的倾向也不同。粗大的晶粒会提高钢的淬透性，但剧烈降低钢热处理后的韧性，这是人们不希望的。特别是渗碳零件，渗碳温度比较高，因此渗碳钢的晶粒长大倾向必须控制在一定范围内。

　　在具体的加热条件下所获得的实际晶粒大小称为奥氏体的实际晶粒度。钢材加热得到的奥氏体晶粒，初始时细小，随着温度的升高和保温时间的延长，晶粒逐渐长大，这种长大的起始温度的高低和长大的速度称为晶粒长大倾向。过热敏感性实际上也就是奥氏体晶粒长大的倾向性。把这种敏感性或晶粒长大倾向性分为两类：第一类晶粒长大倾向小，称为本质细晶粒钢；第二类晶粒长大倾向大，称为本质粗晶粒钢。本质粗晶粒钢的热处理工艺性较差。

　　不同的钢具有不同的过热敏感性。钢中的 Mn、C、P 等元素会促使奥氏体晶粒长大；W、Mo、Cr 等元素，以及 Al、Ti、V、Zr、Nb 等微量元素会降低奥氏体晶粒长大倾向，尤其是后者。含 Mn 的钢过热敏感性较大，如 40Mn2、50Mn2、35SiMn、65Mn 等。Al 作为脱氧剂加入钢中，形成 Al_2O_3，它以微小颗粒存在于奥氏体晶粒边界，从而阻碍奥氏体晶粒长大。V、Ti、Nb 等加入钢中（只要微量）形成的碳化物或氮化物也有同样的作用，从而阻碍奥氏体晶粒长大，所以高温加热热处理的钢种，如渗碳钢一般都适量加入这一类元素。例如，我国的常用渗碳钢 20CrMnTi 规定 $w(Ti)$ 为 0.04~0.1%。

3. 钢的氧化脱碳敏感性

热处理工件在加热过程中必然要与周围的介质接触和起作用，氧化和脱碳是工件与介质之间发生化学反应的结果，是热处理常见缺陷之一。介质控制是近代热处理需要控制的第三要素。介质对工件热处理的质量和工艺性影响很大。

氧化是工件在氧化性气氛和未脱氧（净化）的盐浴中加热时，气氛中或盐浴中的 O_2 与 Fe 发生化学反应形成 FeO、Fe_2O_3、Fe_3O_4 等氧化物（俗称氧化皮）。氧化使工件表面粗糙，淬火时阻碍冷却介质与工件的热交流，降低冷却速度，形成软点、硬度不足等缺陷。

脱碳是钢中的碳被氧化烧损的现象。脱碳除了氧的作用，水蒸气也对脱碳有重要影响，在还原性气氛中，当含有 0.05% 水气时，也会引起脱碳。脱碳改变了工件表层的化学成分，使工件淬火后硬度下降、变形量增加，对工件淬火回火后的力学性能，尤其是疲劳性能有极坏的负面影响。对于渗氮工件，表面脱碳使渗氮层脆性增加。脱碳也是引起裂纹的主要原因，因为脱碳层相变延迟可产生很大的拉应力。

例如，脱碳对 SKD12 钢〔相当于 A2（AISI）、Cr5Mo1V（GB）〕模具零件淬裂有较大的影响，并且随淬火冷却速度的增大而加剧。经检查，该工件的热处理工艺与工艺过程均正确无误，但同样的工件、同样的材料、同样的热处理工艺和操作，结果是凡表面脱碳者均发生裂纹，而无脱碳者均无裂纹。因脱碳而发生裂纹随淬火冷却速度的增大而加剧，所以脱碳层无论是在淬火加热中发生的或原材料未去尽者均不允许存在。为此，现代热处理已大都采用可控气氛炉、真空炉等先进热处理设备。

Si 对钢的氧化脱碳敏感性影响较大，故含 Si 钢，如 9SiCr、38CrSi、42SiMn、60Si2Mn、30CrMnSi 等钢的氧化脱碳敏感性较大，在热处理时应注意。

1.1.7　铝合金的热处理工艺性

铝合金热处理强化与钢不同。铝合金在热处理过程中无同素异构转变，在加热时晶体结构没有转变，只是合金元素的固溶度变化。因此，铝合金的淬火处理称之为固溶处理。铝合金固溶处理后的强度、硬度提高并不明显，但塑性却有明显提高。铝合金经固溶处理后，获得过饱和固溶体。在随后的室温放置或低温加热保温时，第二相从过饱和固溶体中析出，引起强度、硬度，以及物理和化学性能的显著变化，这一过程称为时效。室温放置过程中使合金产生强化的效应称为自然时效；低温加热过程中使合金产生强化的效应称为人工时效。因此，铝合金的热处理强化实际上包括了固溶处理与时效处理两部分。

实践表明，固溶温度越高，固溶后的冷却速度越快，冷却中间转移时间越短，所获得的固溶体过饱和程度越高，时效后的时效强化效果也越大。

正确控制合金的固溶处理工艺，是保证获得良好时效强化效果的前提。在不发生过热过烧的条件下，淬火温度高些，保温时间长些，有利于获得最大过饱和度的均匀固溶体。

其次，冷却要保证不析出第二相。否则，在随后时效处理时，已析出相将起晶核作用，造成局部不均匀析出而降低时效强化效果。

为了防止冷却时引起变形开裂，也要控制铝合金淬火冷却介质温度。例如，对变形铝合金的一般零件，水温为 10~30℃，工件浸入后，水温不应超过 40℃；对于形状复杂的大型零部件，水温可为 30~50℃，在冷却过程中，水温不得超过 55℃。

铝合金的热处理工艺性主要包括过热过烧敏感性、冷却速度敏感性和使用稳定性等。

1. 过热过烧敏感性

铝合金固溶处理的加热温度取决于合金成分和第二相的溶解速度。为使尽可能多的第二相溶入固溶体，加热温度尽可能高，应接近熔点，所以容易产生过热过烧。铝合金热处理的加热温度偏差范围应控制在 10℃ 以内，重要零部件控制在 5℃ 以内，并且要求炉温均匀度 ≤±3℃ 或 ±5℃；为确保温度控制的准确性，测温仪表最大偏差不得大于 ±2℃，每班应校准一次，用于测温的热电偶偏差不得大于 ±5℃。应按推荐的淬火最佳温度范围确定淬火温度，一般不得以淬火最低温度和发生过烧的危险温度作为淬火温度的上下限。表 1-9 列出了部分变形铝合金的固溶和时效温度。

对于包铝铝合金件的热处理，为防止包铝层与铝合金之间扩散而影响使用性能，应尽量提高加热速度，限制加热时的最大回复时间。

表 1-9　部分变形铝合金的固溶和时效温度

合金牌号	半成品种类	固溶			时效	
		最低温度/℃	最佳温度/℃	过烧危险温度/℃	时效温度/℃	时效时间/h
2A12(LY12)	板材、挤压件	485~490	495~503	505	185~195	6~12
2A16(LY16)	各类	520~525	530~542	545	160~175 200~220	10~16 8~12
2A17(LY17)	各类	515	520~530		180~195	12~16
2A02(LY2)	各类	490	495~508	512	165~175	10~16
6A02(LD2)	各类	510	525±5	595	150~165	6~15
2A50(LD5) 2B50(LD6)	各类	500	515±5	545	150~165	6~15
2A70(LD7)	各类	520	535±5	545	180~195	8~12
2A80(LD8)	各类	510	525~535	545	165~180	8~14
2A90(LD9)	挤压件	510	510~530		135~150	2~4
2A14(LD10)	各类	490	500±5	515	175~185	5~8
7A04(LC4)	包铝板 不包铝板 型材	450	455~480	525	120~125 135~145 120±5	24 16 3
7A09(LC9)	挤压件 模锻件	450	455~480	520~530	140±5 110±5	16 6~8

注：括号内为曾用牌号，后同。

2. 冷却速度敏感性

对大部分铝合金，在固溶处理冷却时都要求在 400~290℃ 范围内以最快速度冷却，并且要求冷却转移时间尽可能短，一般应<30s，航空件≤15s。冷却转移时间是从炉门开启瞬间到零件全部浸入冷却介质中的整个过程所用的时间。零件尺寸增大，冷却速度降低。为保持一定的冷却速度，应在固溶处理前进行粗加工以尽可能减少截面尺寸，或者选用另一种允许较厚截面的合金牌号。如果零件尺寸无法改变，则可考虑降低设计许用应力值。

对铝合金件冷却后在室温下保持塑性的时间及淬火后到人工时效的间隔时间是有一定限制的，见表 1-10。铝合金件固溶处理的最大厚度尺寸见表 1-11。

表 1-10　铝合金件冷却后在室温下保持塑性的时间及淬火后到人工时效的间隔时间

合金牌号	冷却后保持塑性的时间/h	冷却后到人工时效的间隔时间/h	合金牌号	冷却后保持塑性的时间/h	冷却后到人工时效的间隔时间/h
2A02(LY2)	2~3	<3 或 15~100	2A70(LD7)	2~3	不限
2A11(LY11)	2~3	不限	2A80(LD8)	2~3	不限
2A12(LY12)	1.5	不限	7A10(LC10)	2~3	<3 或>48
2A17(LY17)	2~3	不限	7A04(LC4)	6	<4 或 2~10d
2A50(LD5)	2~3	<6	7A09(LC9)	6	不限

注：冷却和人工时效间隔时间不符合表中规定时，则这些合金件在人工时效后强度下降 15~20MPa。

表 1-11　铝合金件固溶处理的最大厚度尺寸

冷却介质	合金牌号	品种	最大厚度尺寸/mm
水	2024、2124 2219、6061	全部	101.6
	7049、7050	全部	127.0
	7075	全部	76.2
	7475	薄板、中厚板	76.2

（续）

冷却介质	合金牌号	品种	最大厚度尺寸/mm
聚合物水溶液	2024[①]	薄板、管材	1.0
	2124	薄板	1.6
	2219	薄板	2.0
	6061	薄板	4.6
	7049	锻件	76.2
	7050	锻件	25.4
	7050	锻件	50.8
		薄板	6.3

① 2024-T42 最大厚度尺寸为 1.0mm；2024-T62 所有厚度薄板都可淬透。

3. 使用稳定性

铝合金在使用过程中的尺寸稳定性取决于合金成分、残余应力及使用条件等。消除残余应力是保证尺寸稳定性的重要工艺措施，见表 1-12。

对于使用温度较高的合金，为保证在使用过程中的尺寸稳定性，一般都要进行稳定化处理。为防止铝合金件在制造和使用过程中因高温累计损伤可能影响材料的使用性能，对铝合金件的热历程限制见表 1-13。如果需要进行多次热历程，应限制高温暴露的累计损伤，其计算方法如下：

$$\frac{t'_{T_1}}{t_{T_1}} + \frac{t'_{T_2}}{t_{T_2}} + \cdots + \frac{t'_{T_X}}{t_{T_X}} \leqslant 1$$

式中　t'_{T_X}——在某一温度 T_X 下暴露的时间；

　　　t_{T_X}——在该温度 T_X 下允许暴露的时间。

表 1-12　变形铝合金各类制件消除残余应力的工艺措施

工件类型	冶金厂采取的措施	使用单位采取的措施
钣金件		1）最佳措施是在水基有机淬火冷却介质中冷却 2）在保证力学性能和耐蚀性的前提下适当提高淬火水温 3）对 2A16 合金采用较高温度的时效规范
薄板	冷却后通过精整装置进行精整	
热轧厚板		1）在粗加工后进行冷却 2）在保证力学性能和耐蚀性的前提下适当提高冷却水温
预拉伸厚板 挤压型材	在冷却后进行 1%～3% 永久变形率的矫直	不用再采取消除应力措施，适于数控机床加工
挤压棒材 （较大规格）		制造筒形件时，在粗加工后进行淬火，适当提高淬火水温
自由锻件	1）较小的自由锻件在淬火后进行 1%～5% 永久变形率的压缩，大型自由锻件由使用单位淬火 2）适当提高冷却水温	1）小型自由锻件在冷却后进行 1%～5% 永久变形率的压缩 2）大型自由锻件由进行粗加工、再冷却，适当提高冷却水温
模锻件	1）淬火后在模具内矫正，必要时在专门的校形模内矫正 2）适当提高冷却水温	与冶金厂相同

表 1-13　铝合金件的热历程限制

合金及状态	限制原因	暴露时间/h							
		1min	1.5min	1	4	10	100	10^3	10^4
		温度/℃							
2024-T3	A、B、C	177	177	149	107	93	93	93	93
2024-T351、T4、T42	A、C								
2024-T6、T62、T81、T851	B、C	204	199	188	177	166	143	121	104
2219-T6、T62、T81	B、C	216	210	199	182	171	149	121	104

（续）

合金及状态	限制原因	暴露时间/h							
		1min	1.5min	1	4	10	100	10^3	10^4
		温度/℃							
6061-T4、T42、T451	B	246	232	224	216	204	204	191	191
6061-T6、T62、T651	B	199	199	188	188	182	166	143	104
7050-T74、T76、T7451、T7651	B、C	149	149	138	132	127	116	99	
7075-T6、T62、T651	B、C	171	166	149	132	121	104	82	
7075-T73、T7351、T76、T7651	B	171	171	160	154	149	121	99	
7475-T76、T73	B、C	160	160	160	149	143	121	99	
356、A356-T6	B	232	232	204	177	163	149		
K01-T7	B	232	232	232	191	191	177		

注：A—根据腐蚀敏感性能；B—根据暴露后室温强度的下降；C—根据胶接在高温固化循环后，某些合金强度和耐蚀性的下降。

1.1.8　钛合金的热处理工艺性

钛合金的热处理工艺性主要包括冷却速度敏感性、氧化敏感性和吸氢等。

钛合金的强化热处理工艺主要是固溶+时效处理。α+β 型和 β 型钛合金都可以进行强化热处理。为保证时效强化效果，固溶处理淬火冷却速度应越快越好，一般采用水淬或油淬，同样也要严格控制淬火转移的时间。一般情况下，零件厚度小于 5mm 时，允许最大的淬火转移时间为 6s；零件厚度在 5~25mm 时，允许最大的淬火转移时间为 8s；当零件厚度大于 25mm 时，则应控制在 12s 以内。

钛合金固溶时效处理强化效果还与零件尺寸有关。零件尺寸增加，其抗拉强度下降。表 1-14 列出了钛合金固溶处理和时效后的抗拉强度与尺寸的关系。在钛合金零件设计时必须考虑材料的尺寸效应。

钛合金在加热时很容易吸氢，使其性能恶化。钛合金加热至 300℃ 就开始吸氢，500℃ 时吸氢速度急剧加快。在机械加工、化学铣切及酸洗等工艺过程中都会发生氢污染。钛合金零件一般控制氢含量（质量分数）≤0.02%，超过标准规定的氢含量必须进行真空除氢处理。

钛合金零件热处理后的表面氧化层对使用性能影响很大，将大幅度降低塑性和韧性，所以必须去除钛合金零件的表面氧化层。清除方法有喷砂、酸洗、化学铣切或机械加工等，还应去除一定深度的基体金属，不同热处理工艺条件下的去除最小深度见表 1-15。在钛合金零件设计和生产过程中必须注意留足加工余量，确保去除氧化层引起的有害影响。

表 1-14　钛合金固溶处理和时效后的抗拉强度与尺寸关系

合金牌号（名义化学成分）	截面尺寸/mm					
	13	25	50	75	100	150
	抗拉强度/MPa					
TC4（Ti-6Al-4V）	1105	1070	1000	930		
TC10（Ti-6Al-6V-2Sn-0.5Cu-0.5Fe）	1205	1205	1070	1035		
TC19（Ti-6Al-2Sn-4Zr-6Mo）	1170	1170	1170	1140	1105	
TC12（Ti-5Al-4Mo-4Cr-2Zr-2Sn-1Nb）	1170	1170	1170	1105	1105	1105
TB6（Ti-10V-2Fe-3Al）	1240	1240	1240	1240	1170	1170
Ti-13V-11Cr-3Al（美国牌号）	1310	1310	1310	1310	1310	1310
TB9（Ti-3Al-8V-6Cr-4Mo-4Zr）	1310	1310	1240	1240	1170	1170

表 1-15　去除基体金属的最小深度

加热温度/℃	加热时间/h						
	≤0.2	>0.2~0.5	>0.5~1	>1~2	>2~6	>6~10	>10~20
	去除的最小深度/μm						
500~600		8	13	13	13	25	51
600~700	8	13	25	25	51	76	76
700~760	13	25	25	51	76	76	152
760~820	25	25	51	76	142	152	

（续）

加热温度/℃	加热时间/h						
	≤0.2	>0.2~0.5	>0.5~1	>1~2	>2~6	>6~10	>10~20
	去除的最小深度/μm						
820~930	51	76	142	152	254		
930~980	76	142	152	254			
980~1100	152	254	356				

注：在进行多道次加热时，可在最后一道加热后消除氧化层，加热时间以各次相加计算。

1.2 零件材料的选择与热处理技术要求

零件材料的选择关系到热处理工艺和其他加工工艺性，以及零件的最终性能和使用寿命。零件的材料、工艺、组织和性能间的关系密切，如图 1-5 所示。根据零件的服役条件和失效原因确定所需要的技术要求，从而合理地选择材料，设计相应的热处理强化工艺。热处理工艺决定了材料的显微组织，而后者又决定了零件的最终性能。零件在服役过程中常常会有各种形式的失效，在热处理过程中也可能会产生各种缺陷而报废。零件的过早失效或报废，不一定就是热处理的问题。如图 1-5 所示，可能是材料选择不当，或者是热处理工艺设计与实施不科学，也可能是零件结构的设计不合理引起的，甚至是零件的技术要求不恰当所致。

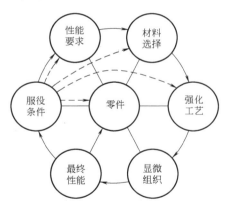

图 1-5 零件的材料、工艺、组织和性能间的关系

设计者只有了解了材料在各种不同组织状态下性能指标的物理本质，才能针对零件的服役条件准确地提出各种性能参数的具体数值，继而通过查阅手册选择零件材料。所以，现代设计发展的一个重要特点是把结构设计和材料设计有机地结合起来，如图 1-6 所示。

选材合理性的标志是应在满足零件性能要求的前提下，最大限度地发挥材料的潜力，同时所消耗的材料成本和加工成本最低。由于材料的组织、性能的变

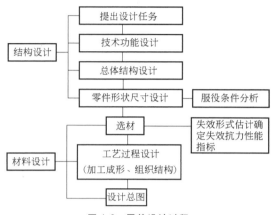

图 1-6 零件设计过程

化贯穿在冶金、铸造、压力加工、热处理、机械加工及使用的全过程，所以产品设计人员在选择零件材料时考虑的因素很多，而且也比较复杂。实际上，选择材料也是一个系统工程。

1.2.1 零件热处理技术要求设计

设计热处理工艺时，应根据零件的使用性能要求提出合理的技术要求。在满足零件使用性能的前提下，尽量降低技术要求。过高的技术要求是质量富裕，也是一种浪费。

热处理技术要求实际上分为两类：一是零件热处理技术要求；二是热处理工件的技术要求。零件热处理技术要求由设计提出，在零件图样上标注（见 JB/T 8555—2008《热处理技术要求在零件图样上的表示方法》。热处理工件是热处理零件的在制品，在不同的热处理阶段对工件的形状、尺寸、要求是不同的。

零件热处理的技术要求和热处理工件的技术要求在一般情况下是不同的，热处理工件的技术要求是工艺师在热处理工艺文件上提出的。一般情况下，工艺文件上规定的热处理技术要求内容也比零件在图样上标注的内容要多，更详细、更完整。所以，热处理工艺师必须理解零件的设计意图，选择合适的热处理工艺来达到设计和工艺规定的技术要求的。热处理技术要求的确定要点和注意事项见表 1-16。

表 1-16　热处理技术要求的确定要点和注意事项

要　点	注　意　事　项
根据零件的服役条件和失效形式,正确提出零件的性能要求	1)一般情况下广泛使用硬度指标,重要零件有时还应对金相组织或其他力学性能指标提出要求 2)特殊零件还应对抗腐蚀或高温性能等提出要求 3)既要考虑零件的各种性能要求,也要考虑工艺成本和可行性
结合零件截面尺寸、形状及材料的淬透性等工艺性特点,合理地选择材料和热处理工艺	1)在满足使用性能的前提下,尽量选低的硬度范围。选用不必要的高硬度会增加热处理工艺的难度和工艺成本 2)对于细长或薄件只需局部淬硬时,不应全部淬硬,以减小变形。而对易变形的小件,尽可能全部淬硬,以提高生产率 3)应尽量避免零件不同部位要求不同的硬度,以简化操作 4)同一零件有几个部位要求局部高频感应淬火时,应注意不互相影响而造成退火。表 1-17 列出了常用热处理工艺方案组合及其效果。表 1-18 列出了常用钢经几种表面强化工艺处理后的效果比较,供选择时参考
对于在高的疲劳载荷和摩擦磨损条件下工作的零件,应根据不同的载荷性质,确定表面与心部性能的最佳匹配,规定合理的表面硬化层和心部的组织性能	1)对渗碳和渗氮齿轮,就疲劳强度而言,最佳的硬化率(最佳硬化层深度与截面厚度的比值)是 0.10 ~ 0.15 2)轴径向分布的孔、槽使硬化层的连续性遭到破坏,导致过渡区产生残余拉应力,所以应尽可能注意硬化层的分布均匀性和连续性 3)对圆环、圆筒形零件实行双面硬化,可使疲劳强度显著提高 4)需要磨削的台阶轴在台阶处应留有退刀槽。退刀槽在表面强化后不宜再进行磨削以保留强化层
合理地选择摩擦副零件的硬度配比	摩擦副零件,如传动齿轮、蜗轮副、链条与链轮等,接触面之间的硬度配比见表 1-19
确定热处理技术要求时,还需要考虑前后工艺的相互衔接和配合	合理地确定为了调节热处理变形而预留的工艺性公差,为控制热处理变形及便于后续加工而规定的局部硬化部位,为保证良好的切削加工性而规定的硬度及组织,为保证以后机械加工能切除的脱碳层深度等

表 1-17　常用热处理工艺方案组合及其效果

组合形式	方　法　举　例	效　果
HT(Ⅰ)	退火、正火、调质、时效	具有一定强度、塑性较好的均匀稳定组织
HT(Ⅰ)→Q	退火、正火、调质→淬火回火	整体强韧化或强化
HT(Ⅰ)→SQ	正火、调质→表面淬火回火	表面强化,心部韧性好
HT(Ⅰ)→Q→S	退火、正火、调质→淬火回火→表面复层(碳化膜、氧化膜等)	整体强化,表面有很薄的功能性覆层(防锈、防蚀、耐磨)
HT(Ⅰ)→CH	退火、正火→化学热处理(渗 C、N、B、Cr 等)	表层性能视渗层性质而定
HT(Ⅰ)→Q→CH	正火、退火→淬火回火→化学热处理(碳氮共渗等),低温化学热处理可与回火工艺合并	整体及表面强化
HT(Ⅰ)→CH→Q(SQ)	正火、退火→化学热处理→整体淬火或表面淬火	表层强化或复合强化
HT(Ⅰ)→SQ→R	正火、调质→表面淬火→喷丸等强化	表层复合强化
HT(Ⅰ)→CH→Q→R	渗碳、氮后淬火、表面喷丸等强化	表层复合强化,心部改善
HT(Ⅰ)+R	控制轧制、高温形变正火	整体强韧化
Q+R	形变淬火	整体强韧化

注: HT(Ⅰ)—预备热处理;Q—淬火;SQ—表面淬火;CH—化学热处理;S—表面处理;R—形变强化。

表 1-18　常用钢经几种表面强化工艺处理后的效果比较

类型	表面层状态		性能特点					变形开裂倾向	适用范围
	层深/mm	表层组织	厚度均匀性	表面硬度 HV	耐磨性	接触疲劳强度	弯曲疲劳强度	抗黏着咬合力		
渗碳淬火	0.3 ~ 2.0	马氏体+碳化物+残留奥氏体	好	650 ~ 850 57 ~ 63HRC	高	好	好	好	较大变形,不易开裂	低碳钢、低碳合金钢。齿轮、轴、活塞销等

（续）

类型	表面层状态			性能特点					变形开裂倾向	适用范围
	层深 /mm	表层组织	厚度均匀性	表面硬度 HV	耐磨性	接触疲劳强度	弯曲疲劳强度	抗黏着咬合力		
碳氮共渗	0.1~1.0	碳氮化合物+含氮马氏体+残留奥氏体	好	700~850 58~63HRC	高	很好	很好	好	较小变形，不易开裂	低、中碳钢，低、中碳合金钢。齿轮、轴、链条等
渗氮	0.1~0.6	合金氮化物+含氮固溶体	好	800~1200	很高	好	好	最好	变形很小，不易开裂	渗氮钢、热作模具钢、不锈钢。镗杆、模具等
低温氮碳共渗	扩散层 0.3~0.6 化合物层 5~20μm	碳氮化合物+含氮固溶体	好	500~850	较高	较好	较好	最好	变形很小，不易开裂	碳素钢、合金钢、高速工具钢（高速钢）、不锈钢。齿轮、模具等
感应淬火	高频：1~2 中频：3~5 工频：10~15	马氏体	好	600~850	高	好	好	较好	较小	中碳钢、中碳合金钢、低淬钢、工具钢、铸铁。轴、齿轮
滚压	≈0.5	位错增加	较好	提高 0~150	—	改善	较大提高	—	—	碳素钢、合金钢
喷丸	≈0.5	位错增加	较好	>300 时，硬度不提高	—	改善	较大提高	—	—	碳素钢、合金钢
渗硼	0.1~0.3	硼化物	好	1200~1800	很高	较好	较好	最好	表层脆性大，变形大	中高碳钢、中高碳合金钢、合金钢。模具等

表 1-19　摩擦副的硬度配比

摩　擦　副	硬度配比选择
机床主轴	在滑动轴承中运转：轴瓦用巴氏合金，硬度低，约 30HBW，轴颈表面硬度可低些，一般为 45~50HRC。锡青铜硬度为 60~120HBW，轴颈表面硬度相应要高些，≥50HRC。钢质轴承硬度更高，轴颈表面硬度则需要高些，因此还需渗氮处理。有些带内锥孔或外圆锥度的主轴，工作时和配件无相对滑动，但装配频繁，为保证配合的精度和使用寿命，也必须提高主轴的耐磨性，硬度一般为>45HRC
传动齿轮	小齿轮齿面硬度一般比大齿轮齿面硬度高 25~40HBW
螺母与螺栓	螺母材料比螺栓低一级（硬度低 20~40HBW）
滚珠丝杠副	丝杠（GCr15SiMn），58~62HRC；螺母（GCr15），60~62 HRC；钢球（GCr6），62~65HRC
传动链	链轮齿按工作条件和材料的不同取 40~45HRC、45~50HRC、50~53HRC。套筒滚子链的销轴表面硬度≥80HRA，套筒表面硬度为 76~80HRA，滚子表面硬度为 74~78HRA
起重机等的转盘的滚子与转动轨道	滚子、球、柱：GCr15SiMn，淬火 60~65HRC；转动轨道表面硬度：50Mn，淬火 50~55HRC，淬硬层 2.5~4mm
起重机车轮与钢轨	轮缘踏面硬度为 200~300HBW，钢轨轨面硬度≥220HBW

1.2.2　选择材料的基本原则、思路及合理性

1. 选择材料的基本原则

（1）材料的使用性能　选择材料首先要考虑材料能否满足零件的使用性能。设计人员应根据零件的服役条件，分析其可能产生的失效形式，确定零件的主要性能要求，合理地选择材料。通常，设计人员根据理论或经验计算结果或借助于他人经验进行选材，也可以根据材料的有关经验关系式推测所选材料可达到的性能或所需性能要求有什么样的成分、组织，作为选材时的辅助参考。表 1-20 列出了几种典型零件的服役条件、失效形式及材料选择的主要指标。

（2）材料的工艺性　材料的工艺性与材料的成分、组织有关，也与工具、介质、温度等因素有关，并且随环境而有所变化。材料工艺性的好坏对加工的难易程度、生产率和生产成本等方面起了重要的作用。这是选择材料必须同时考虑的另一个重要因素。

粗略地分，材料的工艺性主要有铸造性、压力加工性、可加工性、焊接性、热处理工艺性、表面处理工艺性等。有时正是因为工艺性的问题，不得不舍弃满足力学性能要求的材料，而改用其他更合适的材料。材料工艺性的好坏在单件或小批量生产条件下不显得十分突出，而在大批量生产的条件下常常成为选择材料时起决定性作用的因素。

表 1-20　几种典型零件的服役条件、失效形式及材料选择的主要指标

零件类型	服役条件 载荷种类			应力状态										常见失效形式								材料选择的主要指标
	静	疲劳	冲击	拉	压	弯	扭	切	接触	磨损	温度	介质	振动	过量变形	韧断	脆断	表面变化	尺寸变化	疲劳	咬蚀	腐蚀	
紧固螺栓	●	●		●		●		●						●	●	●			●	●	●	疲劳、屈服及剪切强度
轴类		●	●			●	●		●								●	●	●	●		弯、扭复合疲劳强度
齿轮	●	●	●	●	●	●	●		●					●		●	●		●	●		弯曲和接触疲劳、耐磨性、心部强度
螺旋弹簧		●					●							●		●			●		●	扭转疲劳、弹性极限
板弹簧		●				●								●		●			●		●	弯曲疲劳、弹性极限
滚动轴承	●	●	●						●	●	●	●		●			●		●		●	接触疲劳、耐磨耐蚀性
曲轴	●	●	●			●	●	●		●						●	●		●	●		扭转、弯曲疲劳、耐磨性、循环韧性
连杆		●	●	●	●											●						拉压疲劳

（3）材料的经济性　材料的经济性是零件的材料费用和制造费用的综合，既要考虑选用价格比较便宜的材料，更要综合考虑材料对整个制造、使用和维修成本等的影响，以达到最佳技术经济效益。在满足使用性能的前提下，既要容易制造，又要综合成本尽可能低。

也应考虑材料的环境协调性，对环境不产生有害影响或尽可能降低有害影响。材料的环境协调性越来越受到各级政府的重视。材料工作者也必须重点考虑。当然，除了材料，也可以在热处理工艺和装备上创新，改善零件材料的环境协调性。

2. 选择材料的基本思路与基本方法（见表 1-21）

表 1-21　选择材料的基本思路和基本方法

零件类型	基本思路	基本方法
承受疲劳载荷的零件	应掌握零件工作时承受的应力大小、循环周次要求和应力集中系数等，了解有关材料的强度、韧性、疲劳极限等性能特点，综合以上情况选择材料和确定热处理强化工艺	选用强韧性好的钢以抵抗低周疲劳 采用表面强化处理（化学热处理、喷丸等），使工件表面产生压应力 选用高纯净钢或表面质量好的钢 降低零件表面粗糙度，防止表面损伤和缺陷 采用涂覆层提高腐蚀和腐蚀疲劳抗力
承受冲击载荷的零件	强度、塑韧性的最佳配合度随服役条件不同而变化。冲击能量大时，提高塑韧性是强韧矛盾的主要方面；冲击能量较小时，保证一定的强度是主导因素	所选钢的碳含量不要高于所要求的强度等级必需的碳含量 选择高质量的钢，S、P 含量最好<0.025%（质量分数）低温（<-45℃）下工作的零件最好选用含镍的钢，以保证有良好的韧性
磨损失效为主的零件	查明摩擦副相对运动的大小、方向、载荷、压力，以及硬度与变形情况；确定磨损速率、摩擦因数、摩擦副润滑条件 根据实际磨损失效情况或经验找出各因素之间的关系，抓住基本的主要因素，有针对性地提出对策	主要从以下几个方面来提高耐磨性 改善零件的工况与环境条件 选用更耐磨的摩擦副 选用更合理有效的表面强化工艺 改进零件设计 改变零件表面状态

3. 合理选择材料应注意的事项（见表 1-22）

表 1-22　合理选择材料应注意的事项

要　点	说明或注意事项	示　例
合理引用手册上材料的力学性能数据	手册上 R_m、R_{eL} 等力学性能数据，如不特别说明，一般是指小于 $\phi25mm$ 材料上取样的试验结果。因此，当零件尺寸较大时，引用小尺寸试样的数据是危险的	
进行正确的失效分析	要了解零件的服役条件：载荷的性质、类型及特点，加载速度，环境介质条件，表面因素及有效运行寿命等，进行正确的失效分析。这是正确选择材料、合理提出技术要求和制订相应工艺的重要依据	货车车厢螺栓的冷镦凹模，原用 Cr12 钢制造。凹模壁厚约为 40mm，但常出现早期劈裂，寿命仅 1000～2000 次。后改用 T8A 钢制造，采用内孔喷水淬火，在内孔形成提高疲劳抗力的表面硬化层和残余压应力，使用寿命达 2 万次以上
尽量选用可简化加工工序的材料	在保证满足零件性能要求和可能的条件下，尽可能选用能简化加工工序的材料，降低成本	有些用渗碳钢制作的耐磨零件可由冷轧高碳钢代替 冷硬合金铸铁可代替某些经化学热处理的耐磨零件 以稀土镁球墨铸铁代替锻钢制造曲轴、凸轮轴
	有些零件宜用冷拉、冷拔状态钢材制造	农机具用一般轴类件大多用冷拉态 Q275 等制造，可省去机械加工，并提高轴的疲劳强度
	有些零件尽可能选用型材加工制造	轴承套圈原工艺较落后，由棒料车削加工完成，现在已有轴承钢管供应
	在农业机械中，各种机架、构件逐步推广使用特殊断面型钢制造，不但工序简单、成本低，而且构件刚度和强度也有很大提高	犁、耙等机械的机架大部分可用冷弯矩形焊管制造；槽钢和卷边槽钢的冷弯型钢在拖拉机、联合收割机、中耕机等机械上被广泛采用
加工过程中易变形开裂零件的选材	实际零件的形状结构有时较复杂，热处理产生的应力分布也很复杂，变形开裂倾向大。对于此类零件，通常是选择淬透性较好的合金钢	滑阀与变速盘的形状都很复杂，用 45 钢制造，淬火变形、开裂倾向很大，热处理工艺性差。改用 40Cr 钢制造，质量得以保证
材料选择和材料成本及零件成本的关系	选择材料时要考虑经济性，但不能只片面地考虑材料成本，更要考虑零件成本，甚至还需要考虑零件的使用寿命。应综合地分析选择材料的经济性	某自行车厂将车架材料改为 Q355 焊管后，材料成本增加 10%，但车架强度提高了 24%。这种自行车对短途运输很有利。若维持原来强度，车架重量减轻 19%，成本降低 11%
突破传统观念，合理选择材料	应用新技术、新工艺，合理地选择材料，既提高零件的寿命，又节约材料，降低了成本	某中型拖拉机花键离合器轴，原由 40CrNiMo 钢制造，常在键槽处断裂。后改用 45 钢，在专门夹具上激烈喷水淬火，平均寿命提高好几倍
保证淬透性钢的选择	有些零件的工艺和性能与材料的淬透性是否稳定有很大关系，特别是大批量生产，如齿轮变形一直是生产中的难题，采用保证淬透性钢可有效地控制变形	大量的实际经验证明，淬透性带宽度由 J11 处的 10HRC 单位控制在 5HRC 单位时，齿轮热处理变形可降低 60%。用 40CrH 钢、40MnBH 钢制造汽车转向节、半轴等零件，效果良好
引进技术中零部件材料的国产化	积极选用国内能充分供应的成熟钢种，积极采用国内新材料及研究新成果 充分发挥国内技术优势，结合国情合理选材。引进技术中所用的材料在国内没有相当牌号时，需综合分析确定能否选择其他材料	在引进的 R4100 柴油机中，用 20CrMnMo 代替美国 W3-08 钢制造活塞销；IVECO 汽车国产化时，用 42CrMo（与德国 42CrMo4 钢相当）制造连杆、扭力杆等零件；用 53Cr21Mn9Ni4N 钢代替英国 21-4N 钢制造排气阀

1.3 零件热处理的结构工艺性

1.3.1 改善零件热处理工艺性的结构设计

零件结构形状对热处理工艺性影响很大,零件结构设计应注意如下情况。

1) 零件大小应适中,结构几何要素要有规则。特别大、特别小、特别薄、特别厚,尤其是厚薄不均、截面相差悬殊的零件,其热处理工艺性不好。当能拆开用几件形状简单件组成时,应尽可能变成组合件。

2) 细而长的零件,如机床丝杠、细长轴等,长度与直径比不宜太大。为避免或减少变形,在热处理时应在井式炉内吊挂加热,因此其形状应便于吊具装夹。

3) 零件各部位的截面应尽量均匀并变化平缓,避免厚薄太悬殊。厚薄不均,必然导致加热、冷却不均。淬火时冷却不均匀,马氏体转变先后不一,造成薄弱处拉应力大于钢的抗拉强度,引起开裂。如果热处理操作不慎,则更易发生变形或裂纹。

4) 锐边尖角容易引起应力集中而开裂,应倒钝角或加工成圆角。

5) 零件几何形状力求简单对称。

6) 零件刚度不足,在加工过程中会发生变形,必要时可增设加强筋。

7) 内孔要求淬硬时,不应是盲孔。一个零件有多个孔时,孔与孔之间或孔与边之间的距离应足够大,避免形成薄壁或形状尖角效应。

8) 热处理零件最终热处理时表面应保持清洁和较低的表面粗糙度值。一般淬火零件的表面粗糙度 Ra 不大于 $3.2\mu m$;渗氮零件要求 Ra 为 $0.10 \sim 0.80\mu m$,一般是经磨削加工后的表面粗糙度。

改善零件热处理工艺性的结构设计要点和示例见表 1-23。

表 1-23　改善零件热处理工艺性的结构设计要点和示例

要　点	图　例		说　明
	改进前	改进后	
	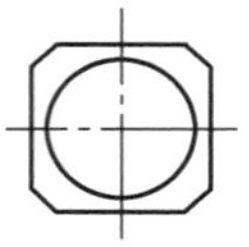	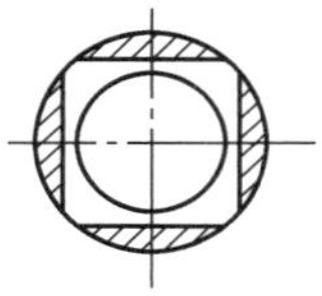	避免危险尺寸或太薄的边缘。当零件要求必须是薄边时,应在热处理后成形
	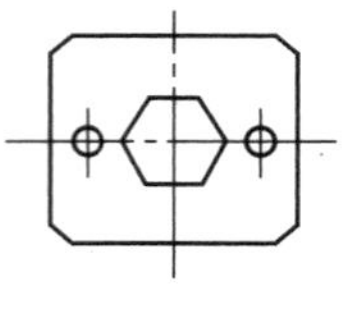	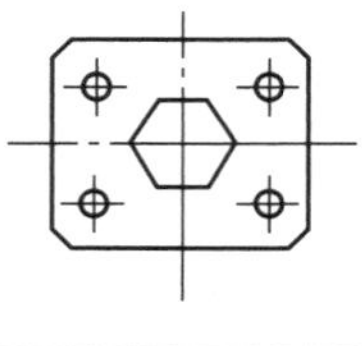	改变冲模螺孔的数量和位置,减少淬裂倾向
避免孔距离边缘太近,以减小热处理开裂倾向	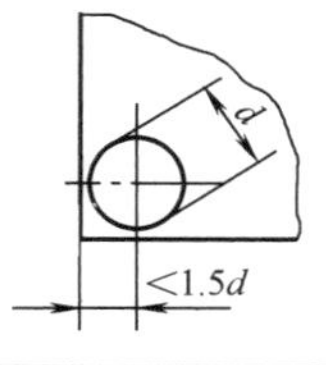	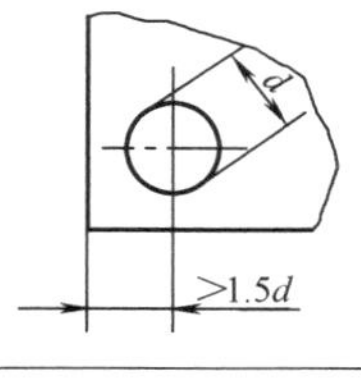	结构允许时,孔距离边缘应不小于 1.5d
	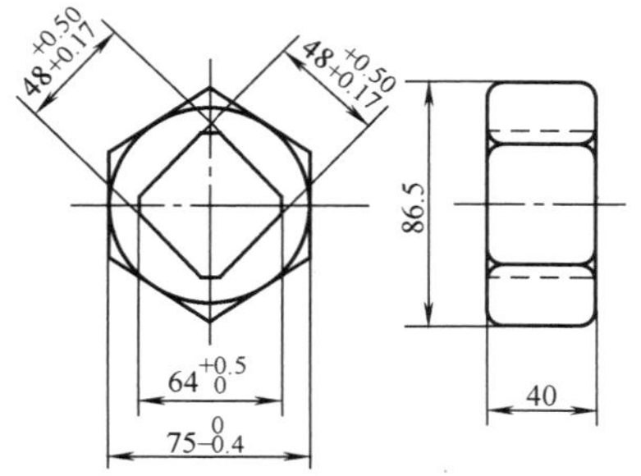		原设计尺寸为 $64^{+0.5}_{0}$ mm,角上容易出现裂纹,现改为 $60^{+0.5}_{0}$ mm,增加了壁厚,减少了淬裂倾向

（续）

要　点	图　例		说　明
	改进前	改进后	
避免结构尺寸厚薄悬殊,以减少变形或开裂	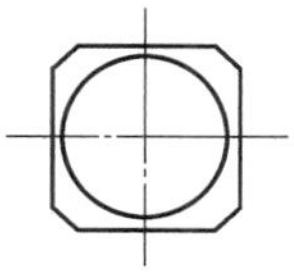	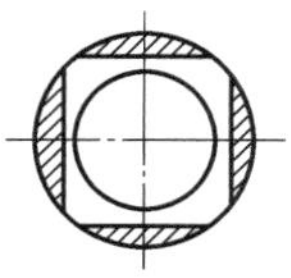	避免危险尺寸或太薄的边缘。当零件要求必须是薄边时,应在热处理后成形
	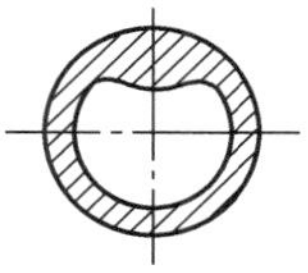	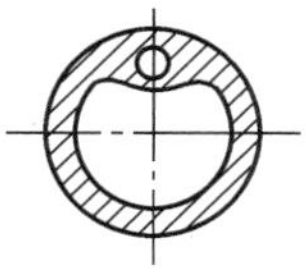	加开工艺孔,使零件截面厚度比较均匀
避免截面突变,增大过渡圆角,减少开裂	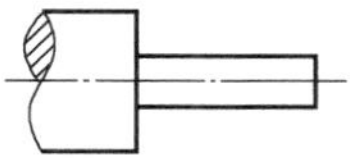	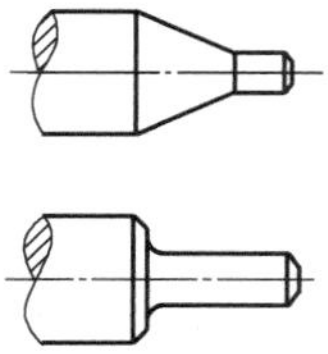	截面过渡处应有较大的圆弧半径;结构允许时,可设计成过渡圆锥
	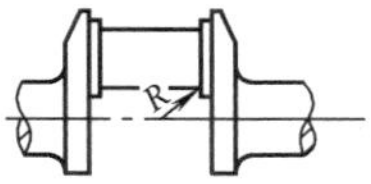	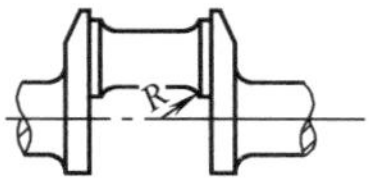	增大曲轴轴颈的圆角,并且必须规定淬硬要包括圆角部分,否则曲轴疲劳强度显著降低
避免尖角和棱角	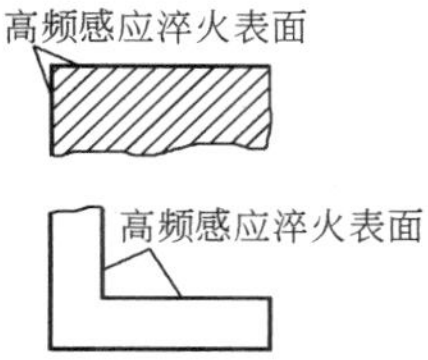	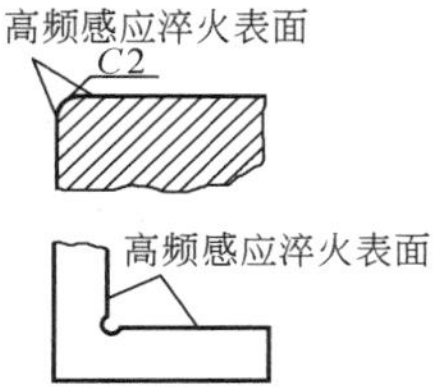	两平面交角处应有较大的圆角或倒角,并有 5 ~ 8mm 不能淬硬
	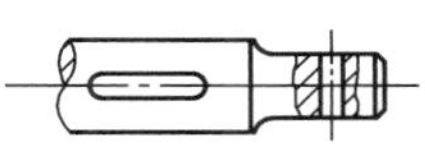	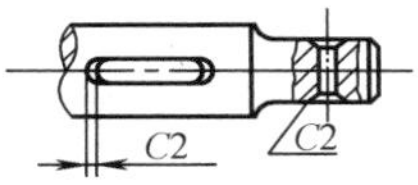	为避免锐边尖角在热处理时过热,在槽或孔的边上应有 2 ~ 3mm 的倒角,但与轴线平行的键槽可不倒角
零件形状应尽可能对称,以减少变形	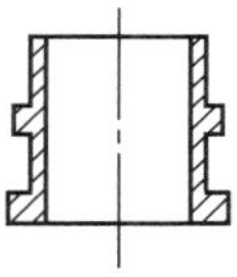	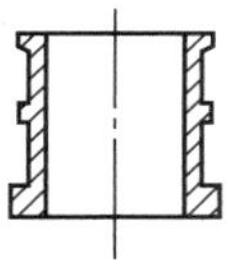	一端有凸缘的薄壁套类零件渗氮后变形成喇叭口,在另一端增加凸缘后变形减小
	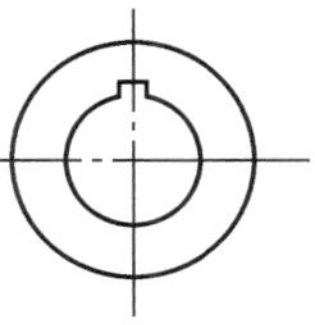 　摩擦片	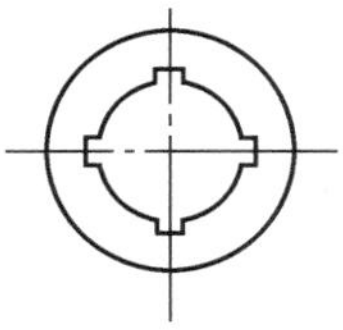	几何形状在允许条件下力求对称。图所示为机床渗氮摩擦片
	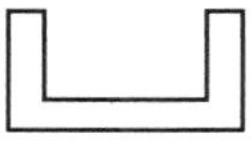 　刻线尺	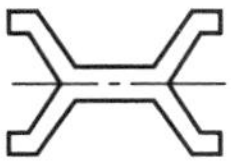	坐标镗床的精密刻线尺

（续）

要　　点	图　　例		说　　明
	改进前	改进后	
零件应有足够的刚度	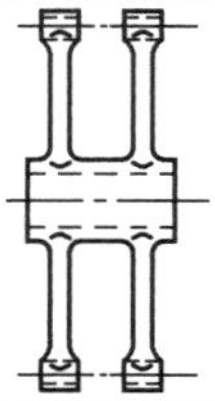	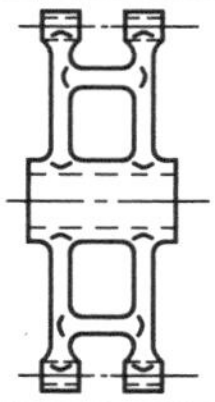	该杠杆为铸件，杆臂较长，铸造及热处理时均易变形。加上横梁后，增加了刚度，变形减小
			该零件由 Cr12MoV 钢制造，淬火空冷时槽口会向外叉开。采用图示的工艺堤墙后，淬火回火后再设法切开，易保证尺寸要求
避免盲孔、死角	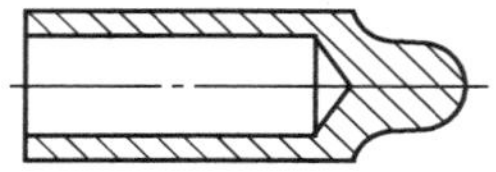	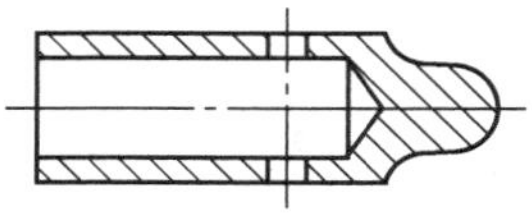	盲孔和死角使淬火时气泡不易逸出，造成硬度不均，应设计工艺排气孔
形状复杂、热处理工艺性差或零件各部分要求不同时，在可能的条件下设计成组合件		 组合式 	零件截面相差悬殊，不易加工，热处理也难达到要求时，可改成拼接结构
			T10A 钢钻台，有 φ10mm 导向孔，孔要求耐磨，硬度为60HRC。钻台整体淬火，导向孔易开裂。改为组合件，将一小套淬硬后镶在钻台上，解决了该问题
			凸轮接触部位熔接陶瓷片铝摇臂。带凸缘的陶瓷块，其边缘被浇注在铝摇臂中，利用铝的冷缩性紧固陶瓷镶块

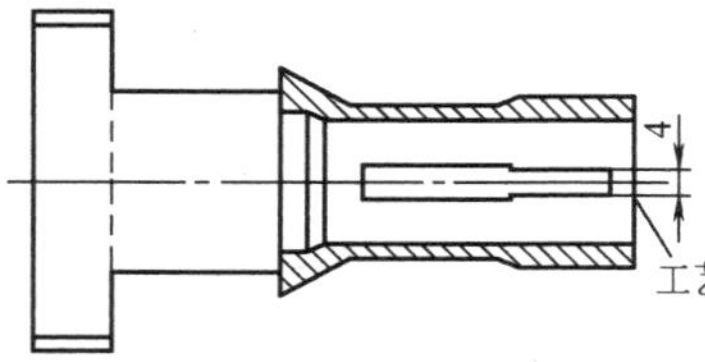

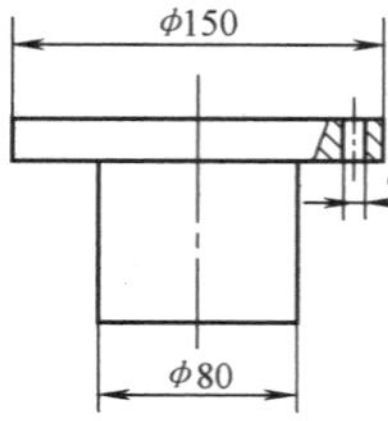

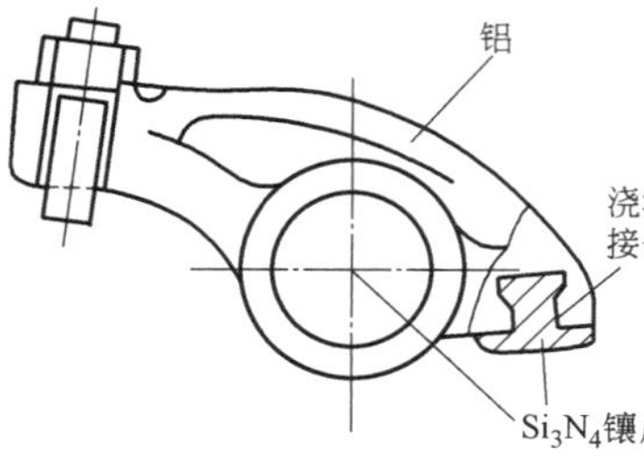

1.3.2　改善零件结构热处理工艺性的其他措施

当零件的形状结构设计对于热处理工艺性无修正的可能时，可采用其他一些可行的措施来改善零件的结构工艺性。主要有以下几个方面：

（1）合理选择零件材料　由于零件的结构形状限制，当热处理难以达到技术要求时，必须考虑材料的合理选择问题。材料的合理应用可减少热处理工艺的复杂程度和实行最经济的热处理操作。对于结构复杂、精度要求高、截面变化大、有开裂倾向的零件，如滑阀、变速盘等，一般应选用淬透性较好的合金钢。对整体淬火的细长轴类零件和薄套类零件，也应选择合金钢以减小变形。在特殊使用性能或工艺性不能满足的情况下，也可开发新材料。

（2）合理安排加工工序　调整加工工序可避免热处理变形开裂，减少热处理工艺复杂性，降低废品率，提高生产率。一般来说，带凹台式减轻重量的环形槽和孔的齿轮，因这类齿轮不磨齿，那么这些凹台、环形槽、孔在齿部感应淬火后再加工出来，而淬火时往往容易发生变形。对内孔有键槽的薄壁齿轮，应在齿部感应淬火后再插键槽。对圆周上有开口的零件，如弹簧挡圈，为减小变形，应在淬火后再切开，或者淬火前把开口焊上，淬火后再切开。

（3）掌握变形规律，适当调整零件热处理前的

加工余量　零件热处理后的变形是难免的，适当调整热处理前的加工余量，既能满足热处理的可行性，又不会造成机械加工的麻烦；正确选择热处理前的加工余量可保证零件质量，提高生产率。有些零件的热处理变形很有规律，而淬火后又不方便修正，此时可采用预留变形量的方法，使热处理后的变形在允许范围内。有些零件的热处理变形很复杂，如齿轮不但与结构设计有关，还与材料、加工过程及热处理工艺等因素密切相关。不同类型齿轮的变形规律也是不同的，但如果掌握了某类齿轮的变形规律，就可以采取相应的措施，使齿轮的变形量稳定地控制在要求范围。表 1-24 列出了渗碳（或碳氮共渗）齿轮热处理变形的主要形式和控制措施。

表 1-24　渗碳（或碳氮共渗）齿轮热处理变形的主要形式和控制措施

齿轮类型	热处理变形的主要形式	一般变形情况（与机械加工后尺寸对比）	对齿轮精度影响	控制措施
各类齿轮	直径变化	圆盘齿轮的直径通常增大，圆柱齿轮的直径常常缩小	公法线长度与度量中心距变化和直径变化保持同号关系。影响齿侧间隙	根据热处理时的变形规律，确定齿轮热处理前机械加工时的尺寸公差
	齿圈及内孔不均匀胀缩，形成椭圆	局部截面变化（如键槽、工艺孔等）、材料及加工过程中存在局部不均匀的因素等，都有可能造成齿轮外圆及内孔的不均匀胀缩。壁厚较薄的齿圈容易形成椭圆	公法线长度变动量，齿圈径向圆跳动，度量中心距一周摆差及单齿摆差都增大。运动精度及平稳度精度降低	1）减少齿轮外形、材料及加工过程中不均匀不对称的因素 2）热处理时采用合适的夹具 3）薄壁齿圈淬火时轴线垂直进入冷却液，或者在淬火压床上淬火
	平面翘曲及齿圈锥度	外径较大的圆盘齿轮热处理时易产生平面翘曲及齿圈锥度。截面有变化的齿轮也可能形成齿圈锥度	公法线长度变动量及齿向误差增大，接触斑点游离，运动精度及接触精度降低，工作时造成偏载，齿轮寿命缩短	1）盘状齿轮淬火时轴线应水平进入介质或在淬火压床上淬火 2）截面变化造成齿圈锥度的，可在热处理时加补偿垫圈 3）冷加工时，齿面沿齿宽方向加工成鼓形
	齿形变化	低碳合金钢渗碳淬火后，压力角增大，齿形曲线齿轮顶处变负	平稳性精度降低	根据热处理变形规律，冷加工时修正切齿刀具齿形
	齿厚沿齿宽方向胀缩不均匀	靠近两端面处齿厚胀得较多，因此齿面沿齿宽方向呈凹形	接触斑点不良，使用寿命降低	冷加工时齿面沿齿宽方向加工成鼓形
齿轮轴	轴向弯曲	轴上有键槽，材料带状组织严重，热处理时装夹不当，冷却不均匀等因素都会使齿轮轴在热处理时易于弯曲变形	度量中心距一周摆差及径向跳动增大，接触斑点游离	1）减少材料、外形、加工过程中不均匀和不对称的因素 2）热处理时垂直悬挂加热冷却 3）在淬火压床上淬火 4）淬火后先经矫直再回火

（续）

齿轮类型	热处理变形的主要形式	一般变形情况（与机械加工后尺寸对比）	对齿轮精度影响	控制措施
弧齿圆柱齿轮	螺旋角变化	螺旋角变小（齿变直）	接触区不良配合	1）配对齿轮的材料及工艺应力求一致 2）冷加工时，齿面沿齿宽方向加工成鼓形
锥齿轮	被动齿轮平面翘曲及内孔椭圆		内孔侧椭圆，影响装配	宜在淬火压床上淬火。没有淬火压床时，可用螺钉将两个齿轮对在一起并紧固后淬火
弧齿锥齿轮	螺旋角变化	螺旋角变小，一般主动齿轮变化较大	主动齿轮轮齿凸面接触区向小端移动，凹面接触区向大端移动，被动齿轮相反	根据热处理变形规律，冷加工时进行接触区的修正
带花键孔齿轮	内孔胀缩	低碳合金钢齿轮渗碳淬火后内孔通常缩小。钢的淬透性越好，渗层越厚，收缩越大。内孔镀铜防渗的齿轮则稍胀	花键孔底径、内径及键宽均相应胀缩。花键孔精度降低，影响装配	根据变形规律，确定热处理前花键孔机械加工尺寸公差及拉刀尺寸。对淬火时内孔收缩的齿轮，可渗碳后再加热，套芯棒淬火，收缩较大的一端施行预胀孔
	内孔椭圆	参阅各类齿轮一栏第2项	影响装配	参阅各类齿轮一栏第2项
	内孔锥度	截面变化较大的齿轮，热处理后花键孔常出现锥度，通常截面较小处内孔收缩较大，而截面较大处内孔收缩较小或稍胀	花键孔精度降低，影响装配	热处理后拉花键孔，花键孔常出现锥度，可采用补偿垫圈。工序简单，但拉花键孔所能校正的变形有限，应在原材料质量稳定和工艺控制严格的情况下采用

（4）合理确定或恰当修改设计技术要求　设计人员根据零件实际服役条件，合理确定技术要求是改善热处理工艺性的重要方面。在满足使用性能的前提下，可从热处理工艺性角度适当修改技术要求。例如，局部硬化或表面硬化就可满足使用性能要求的，尽量不要求整体淬火。根据零件材料和使用情况合理地确定硬度技术要求。

（5）积极采用热处理工艺方法保证质量　有些零件的结构形状复杂，热处理时容易产生变形，因此应积极想办法来解决因零件结构形状给热处理带来的困难，如采用组合淬火、淬火压床淬火等方法以控制变形量；合理调整淬回火工艺参数以达到最优化，保证质量。

（6）积极采用新工艺　离子渗氮与常规渗氮处理相比，变形量更小，适用的钢种更多。真空热处理是在低压下进行无氧化脱碳和微变形的热处理工艺，目前在工模具等行业上获得了很好的经济效益。其他如激光热处理、离子沉积等工艺也不断得到了推广应用。

（7）零件热处理后的加工和修正　零件热处理后的变形是不可避免的。当然，应尽可能减小变形，但对于精度要求高的零件，修正热处理后的加工余量使之达到要求也是努力的方向。

改善零件结构热处理工艺性的其他措施见表1-25。

表 1-25　改善零件结构热处理工艺性的其他措施

措　　施	图　　例	说　　明
对易变形开裂的零件改选合适的材料	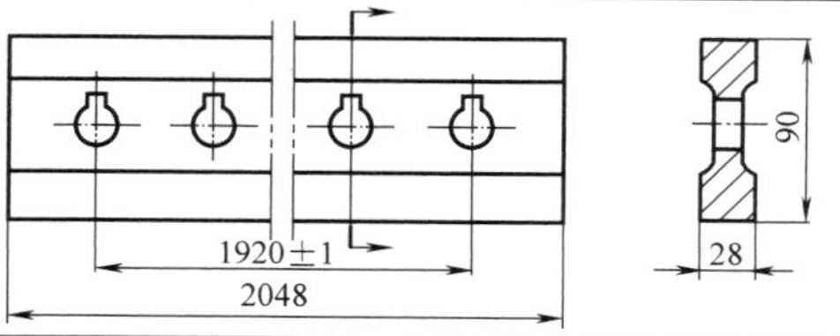 1920±1 2048 28　90	大型剪刀板，原设计采用65Mn钢，55～60HRC，水淬油冷后，因孔距超差而报废。改为CrWMn钢淬火后仅伸长1～2mm，同时预先控制孔距加工尺寸，使其符合设计要求

（续）

措　施	图　例	说　明
对易变形开裂的零件改选合适的材料	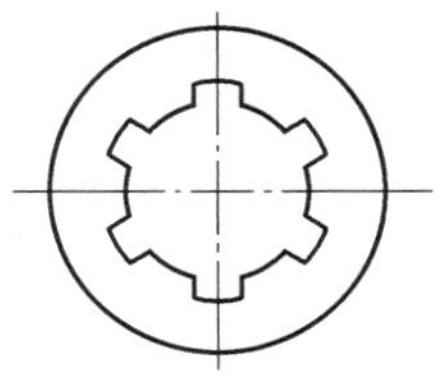	摩擦片原用 15 钢,渗碳淬火时须有专用夹具,合格率较低。改为 65Mn 钢感应加热油淬,夹紧回火,避免了变形超差
合理调整加工工序,改善热处理工艺性,保证了质量	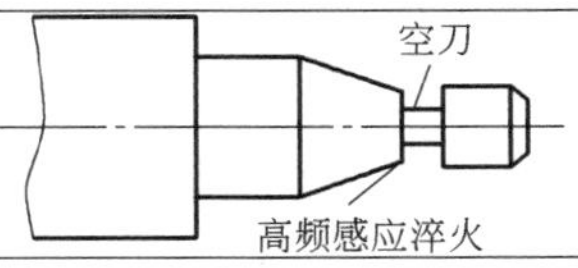 空刀 高频感应淬火	紧靠小直径处较深的空刀应在淬火后车出
	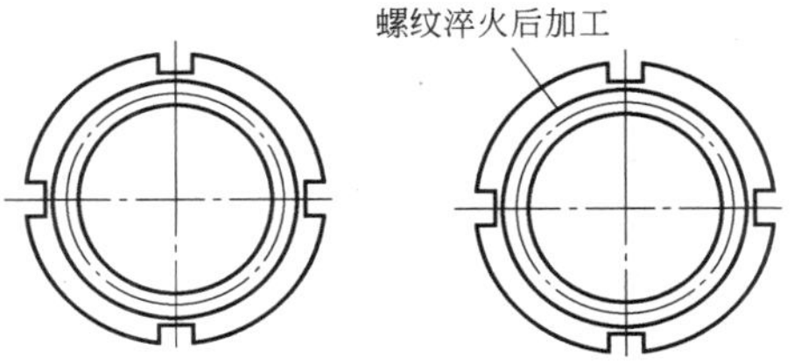 螺纹淬火后加工	锁紧螺母,要求槽孔部分硬度为 35~40HRC,全部加工后淬火,内螺纹产生变形。改为在槽口局部高频感应淬火后再车内螺纹
	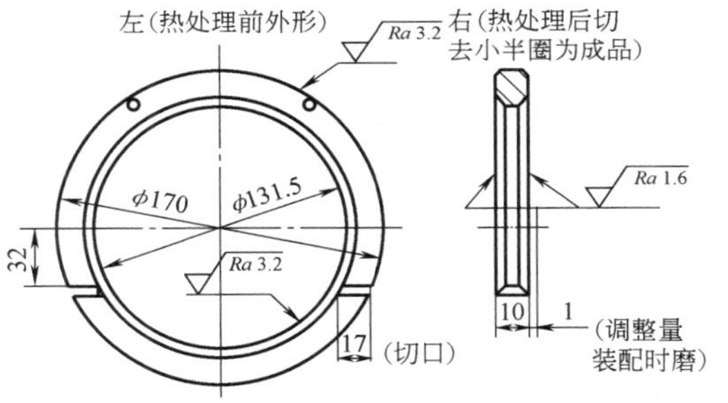 左(热处理前外形) 右(热处理后切去小半圈为成品) Ra 3.2　Ra 1.6 φ170　φ131.5 32 Ra 3.2 17 (切口)　10　1 (调整量装配时磨)	按图加工成零件后,淬火时变形很大。改为淬火前先开切孔,但不完全切开(见左图)。改为待淬火磨内圆后再全部切开,能符合技术要求
	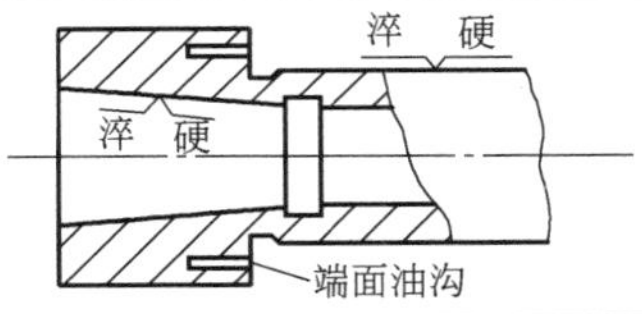 淬硬 淬硬 端面油沟	龙门铣床主轴的端面油沟先车出来,淬火时易开裂。改为整体淬火,外圆局部高频退火后再加工油沟
适当调整零件热处理前的加工余量,满足热处理工艺性,又保证质量	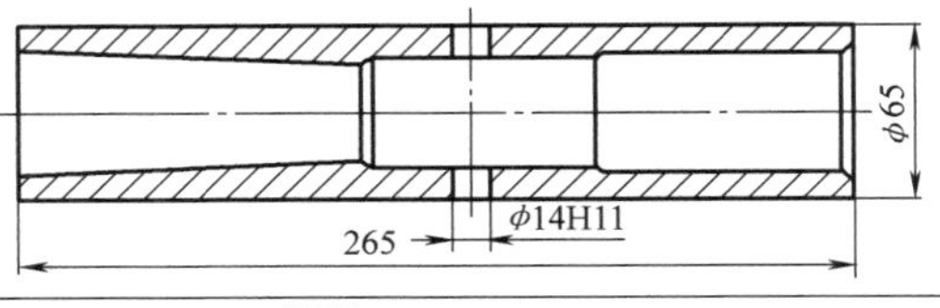 φ65 265　φ14H11	尾架顶尖套,40Cr 钢。淬火后,φ14H11 孔径向缩小,使配件装不上。在淬火前将 φ14H11 孔加工成 $\phi14^{+0.08}_{+0.12}$,解决问题
	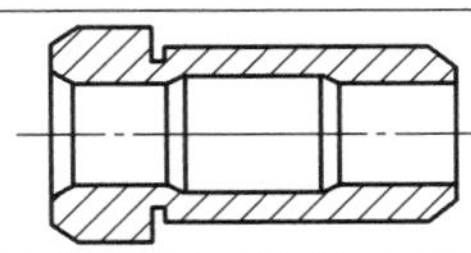	渗碳淬火后缩孔尺寸为 0.15~0.20mm,按常规预留磨量,淬火变形后磨量超差。改为预留磨量 0.1~0.15mm,合格
积极采用合适的热处理工艺,克服零件结构形状所带来的困难	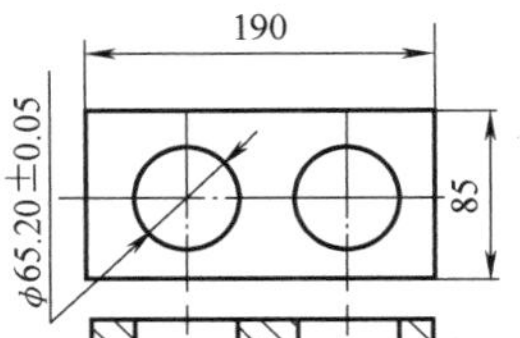 190 $\phi65.20\pm0.05$　85	9Mn2V 钢模套,硬度要求 48~53HRC,如采用 170℃ 硝盐分级冷却,模孔内孔胀量大。改为 270℃ 硝盐等温淬火,达到控制变形或减小变形的要求

（续）

措　施	图　例	说　明
积极采用合适的热处理工艺,克服零件结构形状所带来的困难	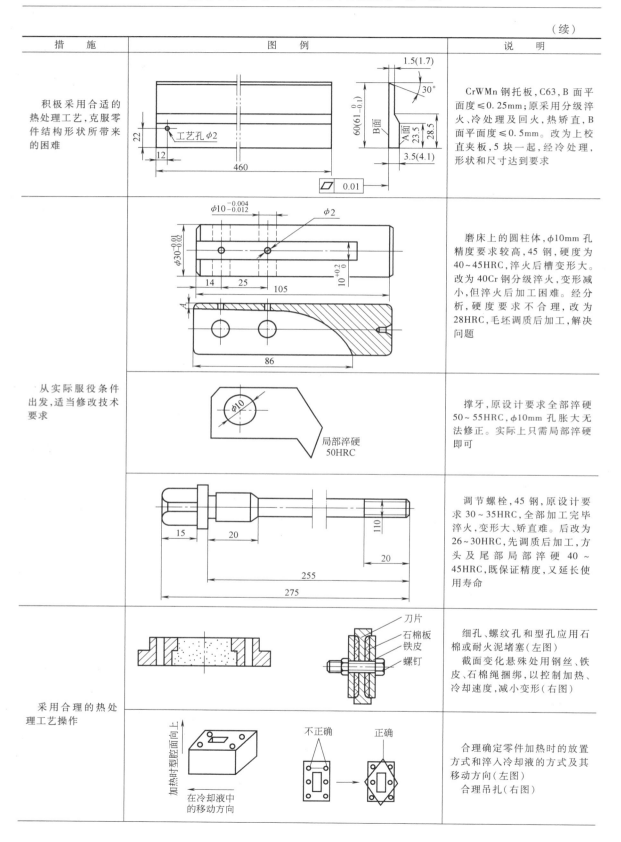	CrWMn钢托板,C63,B面平面度≤0.25mm；原采用分级淬火、冷处理及回火,热矫直,B面平面度≤0.5mm。改为上校直夹板,5块一起,经冷处理,形状和尺寸达到要求
从实际服役条件出发,适当修改技术要求		磨床上的圆柱体,φ10mm孔精度要求较高,45钢,硬度为40~45HRC,淬火后槽变形大。改为40Cr钢分级淬火,变形减小,但淬火后加工困难。经分析,硬度要求不合理,改为28HRC,毛坯调质后加工,解决问题
		撑牙,原设计要求全部淬硬50~55HRC,φ10mm孔胀大无法修正。实际上只需局部淬硬即可
		调节螺栓,45钢,原设计要求30~35HRC,全部加工完毕淬火,变形大、矫直难。后改为26~30HRC,先调质后加工,方头及尾部局部淬硬40~45HRC,既保证精度,又延长使用寿命
采用合理的热处理工艺操作		细孔、螺纹孔和型孔应用石棉或耐火泥堵塞(左图)　截面变化悬殊处用钢丝、铁皮、石棉绳捆绑,以控制加热、冷却速度,减小变形(右图)
		合理确定零件加热时的放置方式和淬入冷却液的方式及其移动方向(左图)　合理吊扎(右图)

（续）

措　施	图　例	说　明
采用合理的热处理工艺操作	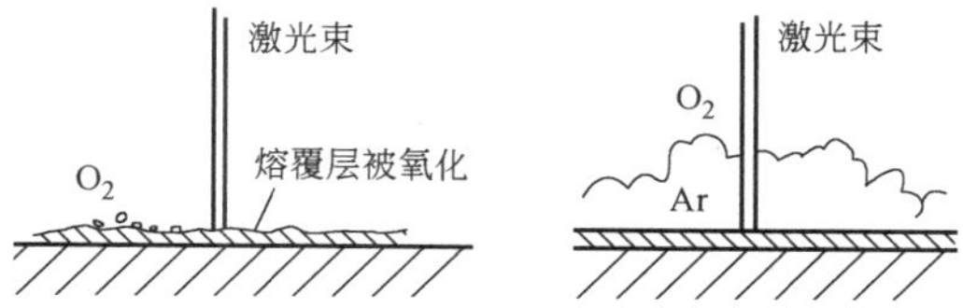 激光束　　　　激光束 O₂　熔覆层被氧化　　O₂　Ar	激光涂覆处理时，一定要加保护气体，以免被氧化。常用氩气作保护气体
改善零件最终热处理前的质量，提高热处理工艺性	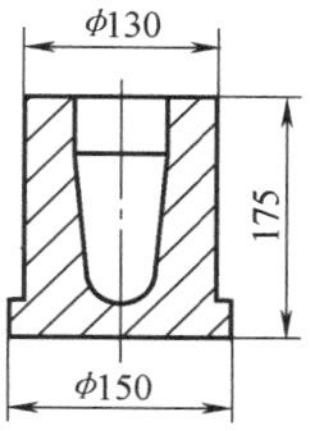 φ130 175 φ150	Cr12MoV 钢模具，用 φ200mm 圆棒锻成。当碳化物分布方向和孔中心线相垂直时，经淬火，缩小量很大。改为 φ120mm 锻粗后加工，使钢材轧压方向和圆孔轴线方向相同，采用同样规范淬火，变形极小
	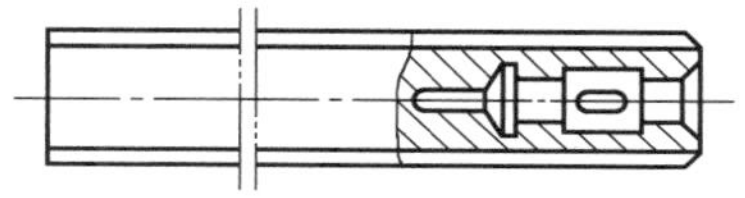 原工艺是 38CrMoAlA 直接渗氮。改正措施为在整个加工过程中增加正火、调质、高温时效、低温时效等工序	使渗氮前获得均匀理想的组织，并消除切削加工应力，以保证渗氮件变形微小，性能良好
	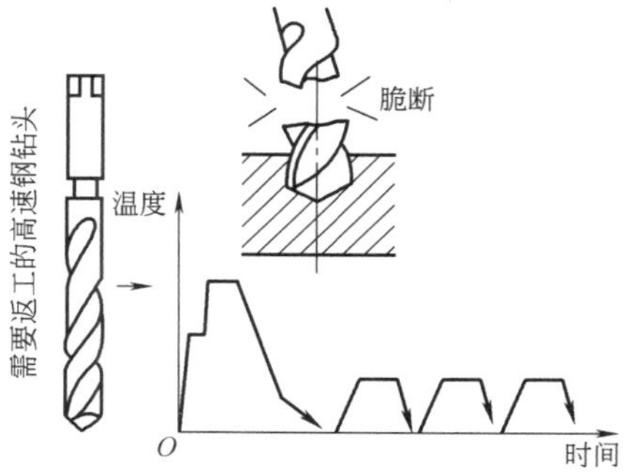 需要返工的高速钢钻头　温度　脆断　时间	高速钢未经中间退火不能重复淬火。未经中间退火进行重复淬火，容易产生萘状组织而脆断
在可能的条件下采用先进工艺及新设备	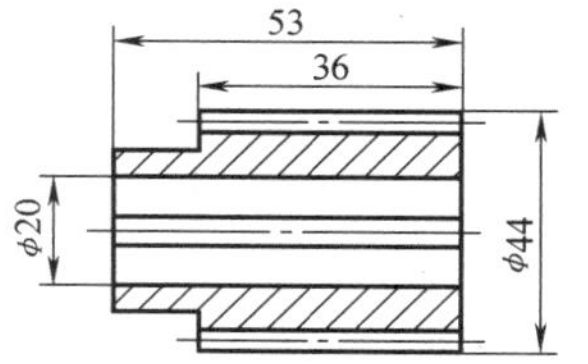 53 36 φ20　φ44	40Cr 钢齿轮，原齿部采用高频感应淬火，硬度为 52 ~ 58HRC，经常产生裂纹，内孔、外圆有不均匀收缩。改为离子渗氮后，全部合格
		9SiCr 钢搓丝板，原采用盐浴淬火。改为真空热处理后寿命提高 2~4 倍

（续）

措　施	图　例	说　明
合理地全面分析、综合协调，保证零件质量	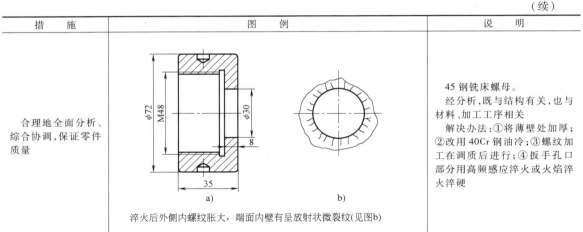　　a)　　　　　b) 淬火后外侧内螺纹胀大，端面内壁有呈放射状微裂纹(见图b)	45 钢铣床螺母。 经分析，既与结构有关，也与材料、加工工序相关 　解决办法：①将薄壁处加厚；②改用 40Cr 钢油冷；③螺纹加工在调质后进行；④扳手孔口部分用高频感应淬火或火焰淬火淬硬

1.4　零件加工工艺路线与工序安排

1.4.1　零件的工艺路线与毛坯选择

1. 零件毛坯选择及影响因素

　　毛坯的制造方法很多，各有不同的特点，应根据零件的要求和生产批量及企业条件等因素合理地选择毛坯类型。选择毛坯时的制约因素比较多，即应考虑的问题较多。通常应把零件制造经济性放在首位来考虑。在满足零件使用性能的前提下，应易于制造加工，使零件的加工时间最短，生产成本最低。生产成本又与生产批量密切相关，生产批量不同，采用的毛坯类型也就不同。一般原则是，大批量生产时，应采用高效率、高精度的毛坯制造方法；小批量生产时，则可因陋就简，毛坯精度也可适当低些。

　　（1）生产批量　生产批量不同，不但影响毛坯类型的选择，有时还会因此引起材料的变更。例如，轴承座等支架类零件，单件小批量生产时，可选用焊接结构，从而可选择焊接性好的钢板、角钢、槽钢等低碳钢材料；大批量生产时，则应选用铸造毛坯，因而选用铸造合金材料。

　　（2）零件特点　零件的外形尺寸及性能要求在很大程度上决定了毛坯的种类。例如，轴和齿轮类零件有较高的性能要求，外形相对较简单，所以常选用原材料或锻造毛坯。如对于各台阶直径相差不大的轴类零件，可选用圆棒料。对于一些非旋转体的板条形零件，一般多为锻件。对于大型零件，目前只能选择毛坯精度、生产率都较低的砂型铸造和自由锻造；对于中、小型零件，可选用模锻及各种特种铸造的毛坯。对于拨叉等外形较复杂的零件，常用铸造毛坯。铸铁的铸造工艺性好，价格低，耐磨性和减振性好，

对于机床床身、动力机械的缸体等要求减振性能的零件应采用铸铁件。对某些受力复杂而振动不是主要矛盾的重型机械零件，如轧钢机机架，为防止变形，结构的刚度、强度是主要问题，则应选用铸钢件。运输机械的某些零件，为减轻自重往往考虑选用铸铝件。截面小、重量轻、产量大而要求刚度的薄壁件应选用焊接件。对于有些复杂的零件，可采用铸—焊、锻—焊、冲压—焊等组合结构毛坯。

　　（3）零件材料　毛坯的选择也受零件材料及其工艺性的影响。例如，当采用镍基耐热合金制造高温发动机导向叶片时，由于切削加工和锻压性差，宜用精密铸造法铸成精度高的复杂铸件。对于材料要求具有多孔性的含油轴承、滤油器，宜采用粉末冶金件。

　　（4）工艺成本　在选择毛坯时，采用以焊代铸、以铸代锻、以精冲代切削加工也可以获得良好的经济效益。例如，矿车制动闸由铸造毛坯改为焊接毛坯后，节约金属材料 40%，节约工时近 50%。无心磨床床身由铸件改为焊接件后，重量由 1.7t 减少到 1t，当生产件数在 50 件以下时，焊接件制造成本较铸件低。选择毛坯的制造方法时，还应采用先进的技术和工艺，如采用扩散焊或摩擦焊可把两个以上的小零件连接成大零件，以代替大型模锻件，效果很好。

　　（5）综合因素　当毛坯的材料及制造方法确定后，有时还需要考虑毛坯的形状等有关问题。对于一些像磨床主轴部件中的三块瓦轴平衡砂轮用的平衡块及车床走刀系统中的开合螺母外壳等零件，为保证零件加工质量，同时也为了加工方便，常将这些分离零件先做成一个整体毛坯，加工到一定阶段后切割分离。对于一些需经锻造的小零件，也可将若干零件先合锻成一件毛坯，经平面加工后再切割分离成单个零

件。对于许多短小的轴套、垫圈和螺母等零件，在选择棒料、钢管及六角钢等为毛坯时，都可采用上述方法。为减少工件装夹变形，确保加工质量，对一些薄壁环类零件，也应将多件合成一个毛坯。

此外，在选择毛坯时还必须考虑本单位的设备、技术水平、生产经验及外协条件等因素。

2. 零件的加工工艺路线

零件加工工艺路线的设计是设计工艺规程的关键。一般对工艺系统有三点基本要求：①保证零件质量符合图样设计要求，并且要在整个加工时间内保持质量的稳定性；②确定最佳加工条件，以便充分发挥设备的效能；③加工零件的成本应最低或最佳化。

一般零件的加工工艺路线基本上可分为如下三类：

（1）性能要求不高的零件　加工工艺路线为毛坯→正火或退火→机械加工→零件。毛坯由铸造或锻压得到；若直接用型材加工，则可不必进行热处理。这类零件常用铸铁、碳素钢制造，性能要求不高，工艺性能较好。

（2）性能要求较高的零件　加工工艺路线为毛坯→预备热处理（正火或退火）→粗加工→最终热处理→精加工→零件。这类零件，如轴和齿轮是最典型的，常用各种合金钢制造。

（3）要求高的精密零件　加工工艺路线为毛坯→预备热处理→粗加工→最终热处理→半精加工→稳定化处理或渗氮→精加工→稳定化处理→零件。这类零件除了要求较高的使用性能，还有很高的尺寸精度和表面粗糙度要求，所以工艺路线比较复杂。零件

所用材料的各种工艺性能应充分保证。这类零件有精密丝杠、镗床主轴、高精度量具等。

零件的工艺路线可能有不同的方案，应根据不同目标进行分析，优化选择。根据生产与经营决策，对零件的加工工艺路线，一般有三种评价指标：

1）最高生产率指标。制造单位产品所需的时间为最少。当某产品迫切需要时，可采用该指标。

2）最低成本指标。生产单台产品的成本最低。采用这指标可使产品具有最大的竞争力。

3）最大利润指标。在规定时间内获得利润最大。当市场需求大于生产能力时可采用，以便生产和销售更多的产品，获得更大的总利润。

1.4.2　零件热处理工序安排

一个零件从原材料或毛坯到零件完成和装配要通过许多道次冷热加工工序，不同零件在工艺过程中的热处理工序安排是不同的。热处理工序在整个零件加工工艺路线中的位置对热处理工艺性有影响。不仅热处理工序安排对工艺性有影响，工步安排对工艺性也有影响。例如，对多联齿轮高频感应淬火时，应先淬小齿轮，后淬大齿轮；对于内外齿轮，应先淬内齿后淬外齿。又如，精密零件需要冷处理，冷处理安排在淬火后立即进行，效果较好，但对裂纹敏感性大的钢种有开裂危险，可淬火后先低温回火，再冷处理。虽然这样会影响冷处理效果，但比较安全，减少了冷处理开裂的风险。

在设计整个加工工艺路线时，必须注意热处理工序的合理安排，见表 1-26～表 1-28。

表 1-26　热处理工序的合理安排

要　点	说　明	举　例
一般情况可在毛坯生产后直接进行预备热处理	毛坯生产后直接进行预备热处理，可避免零件在加工车间的往返，有时也能利用余热，可降低成本，提高生产率	某 GCr15 钢轴承套圈，采用锻热淬火工艺路线：锻压后碾扩再沸水淬火→高温回火（代球化退火）→机械加工→最终热处理
调质零件要求硬度较低时，可先调质后机械加工	调质件硬度要求如在 170～230HBW，最高平均硬度不超过 285HBW 时，可在毛坯车间自行调质	某拖拉机连杆，40Cr 钢，硬度要求 241～293HBW。工艺路线为锻造→调质→机械加工
在有些情况下，可省去调质工艺	大批量生产时，可推广锻造余热淬火工艺，工件性能优良，并且节约能源	135 柴油机连杆，40Cr 钢，硬度要求 223～280HBW。采用锻造余热淬火处理，效果很好
重要铸铁件在机械加工前应进行退火	在机械加工前进行低温退火，以消除铸造应力，获得稳定性，然后再进行机械加工	某机体，HT250，硬度要求 170～241HBW。对铸件毛坯进行去应力退火，然后进行机械加工
调质件中要求硬度较高时可先粗加工后调质	调质件平均硬度大于 285HBW 时，为便于机械加工，先进行粗加工，然后调质，这时粗加工前须进行正火。 对截面差别较大的一些调质零件，为保证淬透性，也应这样安排	拖拉机连杆螺钉，40Cr 钢，30～38HRC。工艺路线为锻造→正火→粗加工→调质→精加工

（续）

要　点	说　明	举　例
形状复杂、精度要求较高的零件可增加预先热处理	为减少热处理变形,不管是结构钢还是工具钢,有时多增加一道热处理工序很有好处	精密坐标镗床镗杆,工艺路线为锻造→退火→粗加工→调质→机械加工→去应力退火→半精加工→渗氮→精加工
化学热处理前一般应进行预备热处理	为保证渗层、心部性能,改善可加工性,对需渗碳、渗氮、碳氮共渗进行预备热处理是不可少的工序。预备热处理包括正火、调质、正火+调质、正火+高温回火等方法,视具体材料而定	CA-10B 载重汽车变速箱中间轴三挡齿轮,20CrMnTi 钢。在锻造后、机械加工前安排了正火工艺。 8V160 高速柴油机锥齿轮,预备热处理为正火+高温回火
一般情况下,感应淬火前应进行正火或调质	由于感应淬火的加热速度非常快、时间短,为保证零件的性能,材料应具有良好和均一的原始组织,应事先进行预备热处理	普通车床主轴,45 钢,工艺路线为锻造→退火→粗加工→调质→精加工→轴颈部分高频感应淬火
有些零件可免去预备热处理	有的零件可直接从原材料上切割加工成形,如经检查原材料的组织性能已符合要求,则可免去预备热处理工序	不淬硬精密丝杆,要求具有良好的球化组织和一定的硬度及硬度均匀性,通常用 T10A 钢制造,大多数均用棒料直接加工
细长零件时进行预备热处理	对细长零件,即使预先热处理也会出现变形超差现象,应安排校直,但校直后应根据零件精度要求进行一次去应力退火	挤出机械的挤出螺杆,工艺路线为粗车热轧圆钢→调质→矫直→去应力退火→渗氮
对精度要求高的零件,在机械加工工序中应安排去应力退火或时效处理	每道机械加工工序都会使零件产生一定的应力,对精度要求高的零件,应及时消除应力	某螺纹磨床 5 级精度丝杆,9Mn2V 钢。工艺路线为下料→调质→粗加工→去应力时效→精加工→中频淬火、冷处理、回火→粗磨→低温时效→半精磨→低温时效→精磨
重要焊接件焊后宜安排去应力退火	焊后进行去应力退火,不但消除了应力,还可去除焊缝中的气体,改善组织,提高耐蚀性	
大批量生产的标准件毛坯在成形前应进行球化退火	为提高生产率,许多标准常采用冷镦、冷挤压等方法成形,这时的中碳钢、中碳合金钢坯料预先进行球化退火,以减少变形抗力和模具消耗	螺钉、活塞销、链条的滚子、衬套等零件
大型铸件稳定尺寸、保证精度的人工时效	铸件焊补应在人工时效前进行,普通铸件应在机械加工后进行一次人工时效。精密件要经过二次人工时效,第一次在粗加工后,第二次在半精加工后	机床床身、立柱工作台等要求尺寸精度及精度保持性很高的大型铸件
有些情况下可省去回火处理	在不影响热处理质量的前提下,可省去回火工序,或者利用工件本身热量来自回火。可能省去回火的情况,如马氏体转变温度较高的钢($Ms>300℃$)、等温淬火的零件、渗碳后热油淬火的零件、高频淬火件	低碳锰硼钢,可自行回火。弹簧钢等温淬火后的力学性能比调质态好。某柴油机曲轴,45 钢,要求硬度为 55~63HRC,采用高频感应淬火,利用心部热量对表面淬硬层自回火。符合技术要求,经济效益显著
省去渗碳后重新加热的淬火	对于本质细晶粒钢,采用渗碳后直接淬火,节能效果显著。对一般粗晶粒钢,不宜渗碳后直接淬火,但在对零件质量要求不很高的情况下,可采用渗碳—亚温淬火工艺	

表 1-27　结构钢零件热处理工序的合理安排

工件类型	材　料	热处理安排
轻载碳素钢零件,锻件或硬度≤207HBW 的铸件	$w(C)$ 为 0.15%~0.45% 的低碳钢或中碳钢	退火(或正火)→机械加工
中等载荷的碳素钢和合金钢零件及锻件,硬度为 207~300HBW 的铸件	$w(C)$ 为 0.38%~0.50% 的中碳钢或中碳合金钢	调质→机械加工
		正火→高温回火→机械加工(也可作为锻件的预备热处理来代替长时间的退火)

（续）

工件类型	材料	热处理安排
中等载荷、形状复杂,硬度为207~300HBW的大尺寸锻件	$w(C)$为0.38%~0.50%的中碳钢	退火(或正火)→调质→机械加工
承受中等载荷,同时要求耐磨的零件	$w(C)$为0.38%~0.50%的中碳素钢或中碳合金钢	退火(或正火)→机械加工→淬火、回火→机械加工
		正火→高温回火→机械加工→淬火、低温回火→机械加工
淬火后有大量残留奥氏体的零件,要求尺寸与组织稳定,并要求耐磨	高合金钢	退火→机械加工→淬火→高温回火→冷处理→低温回火→机械加工
大部分调质件	合金钢	退火(或正火)→机械加工→调质→机械加工
承受重载及在复合应力和冲击载荷下要求高耐磨性的渗碳件	$w(C)$为0.15%~0.32%的低碳钢	正火→机械加工→渗碳→淬火、低温回火→机械加工
	$w(C)$为0.15%~0.32%的合金钢	正火→机械加工→渗碳→一次淬火(或正火)→二次淬火、低温回火→机械加工
形状复杂而重要的渗碳件	优质合金渗碳钢	退火(或正火)→机械加工→低温退火(高温回火)→机械加工→渗碳→高温回火→淬火、低温回火→机械加工
渗碳淬火后在表面有大量残留奥氏体的渗碳件	20Cr2Ni4、18Cr2Ni4W 等低碳合金钢	正火→机械加工→渗碳→高温回火→淬火、低温回火→机械加工
		退火(或正火)→机械加工→渗碳→淬火→冷处理→低温回火→机械加工
要求高耐磨性和疲劳强度的渗氮件或用于零件的抗蚀渗氮	38CrMoAl、12Cr13、20Cr13、40CrNiMo 等	正火→高温回火→机械加工→淬火→高温回火→机械加工→渗氮
		退火(或正火)→机械加工→淬火→高温回火→机械加工→渗氮
一般碳氮共渗件	低碳钢、中碳及合金钢	机械加工→碳氮共渗→淬火、低温回火
	40Cr、40 钢等	正火→机械加工→碳氮共渗(直接淬火)→低温回火
重要的或淬火后有大量残留奥氏体的碳氮共渗件	12CrNi3、18Cr2Ni4W 等	正火→机械加工→碳氮共渗→高温回火→淬火→冷处理→低温回火
多种载荷下工作的重要零件,要求有良好的综合力学性能、较高的冲击韧度	$w(C)$为0.30%~0.50%的中碳钢及中碳合金钢	正火(或退火)→机械加工→调质→机械加工→(低温时效→精加工)
		正火(或退火)→机械加工→调质→机械加工→高频感应淬火→低温回火→精加工
		正火(或退火)→机械加工→调质→机械加工→去应力退火→机械加工→渗氮→精磨
冷冲压件		冷冲压→淬火→高温回火
		冷冲压→低温退火→冷冲压→低温回火
弹簧	冷成形弹簧钢丝	绕制→切为单件→磨光端面→调整尺寸→定型回火→调整尺寸→表面处理
	60Si2Mn 等热成形弹簧钢	保护退火→成形→淬火→装夹回火→表面处理

表 1-28　工具钢零件热处理工序的合理安排

零件类型	材料	热处理安排
刀具及调质件	高速钢、合金钢	低温退火→机械加工→淬火→高温回火→机械加工
刀具及淬火后有较多残留奥氏体的零件	高速钢、高合金钢	低温退火→机械加工→淬火→冷处理→低温回火→机械加工

（续）

零件类型	材　料	热处理安排
刀具	高速钢、合金工具钢	低温退火→机械加工→淬火→高温回火→机械加工→（碳氮共渗）
模具,包括冷冲模、胶木模、热变形模等	T10、9Mn2V、CrWMn、9SiCr、GCr15、Cr12MoV、5CrNiMo 等	球化退火→机械加工（去应力退火或调质→机械加工）→淬火→回火→机械加工
高精度量具	CrWMn、Cr12	机械加工→调质→机械加工→淬火→冷处理→低温回火→冷处理→低温回火→粗磨→回火→精磨→时效→研磨
精度不高的量具	T10A、9Cr18、4Cr13	机械加工→淬火、低温回火→粗磨→低温回火→精磨→时效→研磨

1.5　零件热处理工艺设计原则与要素

1.5.1　零件热处理工艺设计原则

1. 零件热处理工艺设计的先进性和合理性（见表 1-29 和表 1-30）

表 1-29　零件热处理工艺设计的先进性

要　素	内　容	目　的
采用新工艺、新技术	充分采用新的热处理工艺方法及新的热处理工艺技术	满足设计图样技术要求,提高产品工艺质量和稳定热处理质量
热处理设备的技术改造和更新	改造旧设备,购置新设备（如加热设备、温控设备、热处理辅助设备等）	满足热处理工艺发展的需要 提高生产能力、检测精度和产品质量 适应技术进步的需求
采用新型工艺材料	采用新型加热、冷却介质及防护涂料	提高产品热处理质量和热处理后的表面质量

表 1-30　零件热处理工艺设计的合理性

要　素	内　容	目　的
工艺安排	在零件加工制造过程中,热处理工序安排是否妥当 确保零件热处理后各部位质量一致 减少后续工序的加工难度 避免增加不必要的辅助工序	热处理工艺应与机械加工协调,保证零件最终要求,安排好热处理工序 热处理工艺规范要确保零件的力学性能 有效控制零件畸变,确保最终尺寸要求 减少辅助工序,缩短生产周期,降低成本
零件热处理要求	热处理工艺要与零件材料特性相适应 零件的几何尺寸和形状要与工艺特性相匹配	满足设计要求,保证热处理质量 热处理畸变、氧化脱碳等要控制在一定范围内
工艺方法及工艺参数	为满足产品要求,选择合理的工艺方法;工艺方法应简单 选择合理的工艺参数	选择合适的工艺方法（如不同的淬火方法）会获得好的效果 减少生产成本,方便操作 选择工艺参数应根据相关标准;与标准不同时,应有试验数据
热处理前的零件尺寸和形状	零件的截面尺寸不应相差悬殊 薄壁件热处理应选用工装或夹具 避免零件留有尖角、锐边	防止零件热处理后变形过大、开裂 减少零件翘曲、畸变 避免零件裂纹等缺陷
热处理前的零件状态	铸、锻件应经退火、正火等预先热处理 焊接件不要在盐浴炉中加热 切削量过大时,零件应消除应力 毛坯件应去除氧化皮	消除毛坯应力 防止焊缝清洗不净,使用过程中开裂 防止零件畸变 防止后续处理出现局部硬度偏低或硬度不足

2. 零件热处理工艺的可行性和可检测性（见表 1-31 和表 1-32）

表 1-31　零件热处理工艺的可行性

要　素	内　容	目　的
企业热处理条件	人员结构及素质 热处理设备配备程度、设备精度及工艺能力	保证工艺实施的正确性 保证工艺完成和发展的能力
操作人员的专业水平	人员的文化程度、专业技术水平及对工艺操作的熟练程度	正确地理解工艺要素，保证工艺要求能正确执行
工艺技术的合法性	依据合法的技术文件制订工艺参数、方法 新技术、新工艺、新材料应在试验基础上经评审、鉴定和批准认可	保证工艺的制订有法可依，有据可查；保证工艺的合法性

表 1-32　零件热处理工艺的可检测性

要　素	内　容	目　的
工艺参数的追溯	工艺参数设定依据加热炉应配备温度、时间等相应的仪表，记录操作者原始记录，处理产品批次、产品数量及生产时间等	所设定参数应符合相关标准，产品质量档案备查及产品质量可追溯
检查结论的追溯	产品处理完的检验结果包括力学性能、金相组织、硬度、尺寸等检测数据	产品质量的备查及追溯
工艺参数制订的追溯	工艺参数的制订必须依据相关现行标准及工艺试验总结等	保证产品热处理工艺编制的正确性

3. 零件热处理工艺的经济性（见表 1-33）

表 1-33　零件热处理工艺的经济性

要　素	内　容	目　的
能源利用	选用节能加热设备；采用水溶性淬火冷却介质	减少工艺过程的能源消耗
设备工装的使用	充分利用设备加热能力，合理利用加热室空间；大批量生产的企业，尽量采用机械化和自动化生产	减少单件能源消耗值，降低生产成本
工艺方法	工艺流程应简单，充分发挥加热设备的特点	尽量减少不必要的程序，缩短生产周期，使设备满足不同工艺要求
现有设备的利用，辅助工装的设计	利用箱式加热炉设计移动式渗氮箱，满足渗氮要求，设计保护箱进行无氧化加热	利用普通设备进行化学热处理；在普通加热炉实现气氛保护，防止氧化脱碳

4. 零件热处理工艺的安全性和环境性（见表 1-34）

表 1-34　零件热处理工艺的安全性和环境性

要　素	内　容	目　的
工艺本身	工艺编制应充分保证安全可靠，对形状复杂的特殊工件要有安全措施 液压罐、真空设备及氢气、氮气等的保护装置应有充分的安全措施 应减少或不用对人体有害的工艺材料	预防对人身安全造成危害 预防生产设备发生爆炸，确保生产运行过程中的安全 尽可能在工艺过程中不应用有害工艺材料，以避免造成安全事故
控制有害作业	尽量不用有害工艺，如不采用氰化盐渗碳和碳氮共渗 装运零件应有料筐和运载工具	防止影响人身安全，避免有害废弃物的处理 确保零件热处理过程中的安全
工艺过程对环境的影响	保护生产场所空气环境，避免受工艺过程中散发出来的气体污染	确保现场生产人员的人身安全，防止人身受到伤害
工艺过程排放对环境的影响	工艺过程的废弃物，如废水、固体废弃物等，特别是化学热处理、熔盐加热和冷却等工艺过程产生的废弃物	保证工艺过程所有的排放符合标准要求和国家地方的法律法规 所有的排放物按规定处理，必须做好保护环境的一切工作

5. 零件热处理工艺的标准化（见表 1-35）

表 1-35　零件热处理工艺的标准化

要　素	内　容	目　的
文件的标准化	文件表格、书写格式、术语应用应引用基础标准及法定计量单位	为避免有错误解读，必须按照有关标准执行
制订工艺参数的标准化	编制的工艺参数（如温度、时间、加热和冷却方式等）应按相关标准选择 检验方法、检测结果的核算也应符合相关标准	保证编制的工艺参数正确、可靠，对超出标准的参数要求，应有完整的试验依据并经过评审 确保测试结果正确
文件配套的一致性	应用的概念、术语一致性 企业标准及工艺管理应法制化	同一概念，同一解释 保证企业管理进步及产品质量的稳定

1.5.2　零件热处理工艺设计要素

1. 热处理工艺设计依据

（1）产品图样　产品图样应是经工艺审查的有效版本。零件图样上应标明一些要素：材料牌号及材料标准；零件最终热处理后的力学性能及硬度；化学热处理零件要标明化学热处理部位及尺寸，化学热处理的渗层深度、硬度及渗层组织和标准等。对零件有热处理检验类别有要求时，还应注明检验类别。

（2）毛坯图　许多零件的毛坯常需要进行毛坯热处理，因此毛坯图可视为零件图样。所以，毛坯图上应标明材料牌号和标准，以及热处理要求的力学性能。

（3）工艺标准　根据不同情况确定热处理工艺和质量控制的标准类型。相应的标准是编制工艺规程和控制质量的主要依据。

（4）企业条件　企业条件包括热处理生产条件、热处理设备状况、热处理工种具备程度，以及人员结构、专业素质和管理水平等。

热处理工艺设计是根据技术要求，通过设计合理的热处理工艺来达到所规定的技术要求，而热处理工艺性则反映了达到这一目标的难易程度。热处理工艺设计包括热处理工艺在整个工件加工制造过程中的位置、热处理工艺选择和热处理工艺制度的拟定等。热处理工艺设计应考虑下列因素：

1）可靠性。工艺参数效果好，易于检测、控制、操作，不易产生次品、废品。

2）安全性。不造成公害（如有毒物质、噪声、粉尘等）和不易发生事故。

3）一致性。可实现工艺优化组合和重复的再现程度。

4）经济性。在狭义上指节省能源、节约材料，降低成本，实现优质高效。

2. 常规热处理的工艺性因素 （见表 1-36~表 1-39）

表 1-36　退火、正火的工艺性因素

目的	工　艺　因　素				其他
	工艺选择	加热温度	保温时间	冷却方式	
使钢的成分均匀，细化晶粒，改善组织，消除加工应力，降低硬度，改善可加工性及最终热处理的工艺性。对性能要求不高的钢件，正火可作为最终热处理工序	低碳钢选正火；中碳钢选退火；$w(C)>0.6\%$ 时最好进行球化退火 冷变形的低碳钢、低碳合金钢采用再结晶退火以降低硬度	一般为 Ac_3 以上 30~50℃。对于球化退火或等温退火，加热温度、等温温度最好通过试验确定 再结晶退火为 T_R 以上 150~250℃，T_R 为再结晶温度	一般时间较长，可按 1.5~2.5 mm/min 计算，装炉量多时取上限	退火一般随炉冷到 500℃ 左右出炉空冷 再结晶退火炉冷到 350℃ 以下出炉 正火一般为空冷，也可风冷。空冷时注意堆放要规范，尽量使一批零件硬度均匀	为了消除或减轻偏析，可在 Ac_3 以上 150~200℃ 进行扩散退火。因温度高，时间长，晶粒粗大，随后要进行完全退火或正火 为消除零件在铸造、锻造、焊接、机械加工等过程中的内应力，可进行 Ac_1 以下 100~200℃ 的去应力退火

表 1-37　淬火的工艺性因素

目的	工艺因素			其他
	加热温度	保温时间	冷却方式和介质	
提高钢的硬度和耐磨性,获得马氏体组织;然后配合不同的回火温度,获得所需的力学性能	亚共析钢 Ac_3 以上 30~50℃。共(过)析钢 Ac_1 以上 30~50℃。 上述淬火加热温度只适用于一般钢种情况。对具体钢制工件,还要考虑工件形状、尺寸、淬火冷却介质、钢种热处理难易程度、原始组织状态等	生产中常按下式估计: $\tau = K\alpha D$ 式中 τ——加热时间(min); K——装炉修正系数,一般取 1~1.5; D——工件有效厚度(mm); α——加热系数(min/mm),一般空气炉,碳素钢取 0.9~1.1,合金钢 1.3~1.6;盐浴炉碳素钢取 0.5,合金钢取 1	冷却介质有水、油、各种盐类水溶液、有机聚合物水溶液,熔盐等 冷却方式一般原则: 1)细长的工件垂直浸入淬火冷却介质 2)薄而平的工件竖直放入淬火冷却介质 3)薄壁环状件浸入淬火冷却介质时,其轴垂直液面 4)具有凹面的工件,凹面向上浸入淬火冷却介质	一般碳素钢和低合金钢可直接到温炉,但导热性差的高合金钢,通常进行二次预热:第一 500~550℃,第二次 800~850℃ 工件预热后,可缩短在高温下的加热时间

表 1-38　淬火冷却的工艺性因素

冷却方法	工艺选择	工艺因素
单液淬火	工艺简单、经济,有利于实现机械化和自动化,但冷却速度受介质冷却特性的限制,对碳素钢只适用于形状简单的工件	单液淬火选择冷却介质时,必须保证工件在该介质中的冷却速度大于此工件钢种的临界冷却速度,并应保证工件不会淬裂。一般情况下,碳素钢用水,合金钢淬油
双液淬火	工艺不需专用设备或特种淬火冷却介质,成本低,但淬火受人为因素影响较大,质量不易控制	较适合淬透性较差的钢,在没有其他合适的淬火冷却介质时,可采用水—油或油—硝盐等方法冷却。该工艺最关键的是掌握好在第一种介质中停留的时间。一般碳素工具钢按工件的有效厚度每 3mm 停留 1s,低合金钢每 1mm 停留 1.5~3s
分级淬火	该工艺可大幅度减小变形,不易产生裂纹,但经分级淬火的工件,残留奥氏体较多,往往导致尺寸不稳定,宜立即在规定的温度下回火	该工艺控制的关键是分级介质的冷却速度一定要保证大于临界淬火速度,并使工件获得足够的淬硬深度。分级温度、停留时间对硬度和变形量有很大影响。对淬透性好的钢,一般分级温度可选在 Ms 点以上 10~30℃;要求高硬度、深硬化层的工件,可取较低的分级温度;形状复杂、变形要求严格的工件可取较高的分级温度。停留时间主要取决于工件尺寸。经验上分级时间可按 $(30+5D)$ s 计,D 为工件有效厚度(mm)
等温淬火	在保证工件有较高硬度的同时还保持有很高的韧性,同时变形很小	等温温度主要由钢的等温转变图及工件要求的组织性能而定。一般低于 $B_下$ 点,获得下贝氏体组织,对于截面较大的工件或数量较多时,槽温有明显升高,故必须注意控温。生产上常使淬火前的槽液温度略低于规定的等温温度。等温淬火后工件的回火温度要低于等温温度

表 1-39　回火的工艺性因素

目的	工艺因素				其他
	工艺选择	加热温度	保温时间	冷却方式	
消除或减小工件的淬火应力;适当降低硬度,提高塑性与韧性,得到综合力学性能;稳定组织,使工件尺寸在长期使用过程中不发生变化	低温回火主要应用于工具、模具、轴承及渗碳和碳氮共渗件	温度范围一般为 150~250℃。一般碳素钢及合金钢常采用 150~180℃;轴承件采用 150~160℃	一般在空气炉中按有效厚度 2~5min/mm 选取,但整个工件的回火时间不小于 30min 在液体介质中,回火时间可缩短 50%~60%	一般为空冷。但对高温回火件,快冷时要注意变形。对性能要求高的工件,在防止开裂的条件下,可进行油冷或水冷,然后再进行一次低温补充回火,以消除快冷产生的内应力	对强烈冷却的工件,回火温度可取上限;对分级淬火后的工件,回火温度可取下限。 高合金钢及高速钢需进行 2~3 次回火
	中温回火提高钢的塑变抗力最有效,弹性极限、屈服强度较高	温度为 350~500℃ 弹簧件常采用 350~450℃,要避免在回脆区回火			
	高温回火可获得高的综合力学性能。适用于各种重要结构件,尤其是在交变载荷下工作的工件	温度为 500~650℃ 为避免产生第二类回火脆性,高温回火后要快冷(水或油)			

注:工件的有效厚度按圆柱体工件取直径,正方体取边长,长方体取短边长,套筒类工件取壁厚,球体类工件取球径的 0.6 倍确定。对尺寸有变化的工件,以截面最大处作为有效厚度。

3. 化学热处理的工艺性因素（见表 1-40～表 1-42）

表 1-40　渗碳淬火的工艺性因素

渗碳方法	淬火方法		
	直接淬火	一次淬火	二次淬火
气体渗碳：生产周期短，质量均匀且易控制，操作方便，是目前应用最广泛的渗碳方法	工件渗碳后直接自渗碳炉内取出淬火或将工件自渗碳温度冷至略高于 Ar_3 的温度淬火。该方法方便、节能、生产率高，工件的脱碳及变形较小。本质细晶粒钢常用此方法	工件渗碳后空冷或淬火，然后重新加热淬火。淬火温度的选择要兼顾表面和心部的要求。该方法适用于固体渗碳的工件及气体渗碳的本质粗晶粒钢的工件。渗碳后需机械加工的工件也采用该方法	将渗碳工件冷到室温后，再进行二次淬火。第一次淬火细化心部晶粒并消除表层网状渗碳体，第二次淬火细化表层晶粒。该方法工艺复杂，工件易变形、氧化和脱碳，生产周期长，成本高

表 1-41　碳氮共渗的工艺特点及适用范围

共渗类型	温度范围	适用范围
高温碳氮共渗	900～950℃	相当于渗碳，目前很少用
中温碳氮共渗	780～880℃	广泛使用。主要用于承受中、低负荷的耐磨件，如齿轮、传动轴、活塞销等，共渗后一般都直接淬火
低温碳氮共渗	500～600℃	适用于要求耐磨、抗咬合、耐腐蚀和疲劳性能好的轻载工件，碳素钢、合金钢、铸铁均可，因温度低，变形小，尤其适合精密丝杠、主轴

表 1-42　中温气体碳氮共渗的工艺性因素

共渗介质	温　度	时　间
气体渗剂（加氨）：液化石油气、城市煤气等。炉内碳势可控，共渗质量好，但投资大，成本高，适合于大批量生产	温度高，表面碳含量高，氮含量低，淬火后残留奥氏体量增多。温度低，表面碳含量低，氮含量高，渗层较浅，变形较小。一般常用 840～860℃	在一定的共渗温度下，时间决定所要求的渗层厚度。时间延长，渗层内碳氮浓度梯度平缓，有利于载荷分布；但太长，会使碳氮含量提高，工件脆性增大

4. 表面淬火的工艺性因素（见表 1-43）

表 1-43　表面淬火的工艺性因素

目的	工艺因素				
	工艺选择	加热温度	冷却方式	冷却介质	回火
使工件表面具有高的硬度、耐磨性，心部保持有高的韧性 一般中碳调质钢及球墨铸铁是最适合表面淬火的材料	感应淬火：机械自动化程度高，淬火质量高 火焰淬火：费用低，简便灵活，但较难控制淬火质量 高能量密度表面淬火加热方法，如激光加热、电子束加热、电接触加热等，具有独特的优点，尤其是局部硬化内孔表面等，几乎没有变形，但这些工艺设备昂贵，操作复杂	由于表面淬火加热速度极快，所以实际的加热温度都较高，应根据材料、原始组织、工件的要求来确定	表面淬火最常用的冷却方式是喷射冷却法和浸液冷却法 喷射冷却法的冷却速度可通过调节液体压力、温度及喷射时间来控制	常用冷却介质有水、油、聚合物水溶液及乳化液 当中碳钢采用水喷射冷却时，喷水压力一般为 0.1～0.3MPa，水温控制在 15～30℃	表面淬火后一般都要进行低温回火 炉中回火温度一般为 150～180℃。自回火温度要比炉中回火高 80℃左右。自回火工艺简单、节能，但工艺不易掌握，消除淬火应力不如炉中回火

1.5.3　零件热处理工艺性审核

零件图样上标注的热处理技术要求是设计人员对该零件提出的热处理质量要求，也是编制热处理工艺和进行热处理质量检验的重要依据。零件热处理工艺性审核主要包括热处理技术要求指标，热处理零件结构工艺性，热处理工艺的合理性、先进性、经济性，热处理工序安排的合理性，以及热处理工艺的环境性等。零件热处理工艺性的审核要点及内容见表 1-44。

表 1-44　零件热处理工艺性的审核要点及内容

项　目	要　点	说明及内容
零件材料选择的合理性	综合考虑选择材料的各项基本原则	选择的材料要满足零件的使用性能、加工工艺性及制造经济性要求等基本原则。根据零件的服役条件正确地选择材料,符合国家现行标准;若选用国外牌号,应考虑供应的可行性和价格。应注意所选材料的淬透性、淬硬性、变形开裂倾向等材料工艺性是否满足技术要求和工艺要求
热处理技术要求	热处理技术要求应合理	零件材料应与热处理技术要求相匹配。零件的几何形状及尺寸应与热处理特性相匹配。当采用新工艺或更改热处理工艺时,注意避免技术要求的套用错误;避免没有考虑零件结构要素,导致热处理技术要求的错误
	热处理技术要求应完整、正确	不同零件对热处理技术要求的程度是不同的。重要零件往往要求比较高。为保证质量,热处理技术要求的内容也比较多,如心部组织、力学性能等指标。根据零件的重要性和质量要求,热处理的技术要求应标注完整 在热处理技术要求中,普遍采用硬度要求。硬度是一个代用性能指标,并不是真正的使用性能要求。审查时应注意使用性能和硬度之间的对应关系。各种材料的硬度和可加工性、耐磨性、强度及塑韧性之间有经验关系式,可参考有关资料,根据经验式估算
热处理工艺的先进性	采用新工艺、新技术	充分采用新工艺、新技术,可提高或稳定零件的热处理质量
	热处理设备更新改造	更新或改造现有热处理设备能确保热处理质量的均一性和稳定性,提高生产率,具备特殊工艺功能和连续生产的监控功能
	采用新型工艺材料	提高工艺质量,降低工艺成本,如采用新型淬火冷却介质及防氧化、防渗涂料等工艺辅助材料
热处理工艺的合理性	工艺方法及工艺参数的合理性	工艺方法应尽可能简单,易于操作;工艺参数应根据标准确定,调整的参数应以试验数据为依据。
	工序安排的合理性	热处理工序应安排恰当,避免增加后续加工难度,减少制造复杂性,防止增加不必要的辅助工序。特别要注意零件热处理前状态的合理性:锻件、铸件应经正火或退火以消除应力;焊接件不宜选择盐浴加热;切削量大的工件,应消除加工应力
	热处理成组技术	采用热处理成组技术可稳定质量,提高生产率,降低成本。在保证产品质量的前提下,尽可能把形状、尺寸及技术要求相近的零件归并成组,统一工艺及要求
热处理工艺的可行性	企业热处理现状	人员结构及素质、热处理设施配备程度、设备精度及工艺能力
	操作人员技术水平	操作者专业技术水平及对热处理工艺操作的熟练程度
	工艺技术的合法性	新工艺、新技术、新材料的应用要在试验的基础上经过评审或鉴定认可,才能投入应用
热处理工艺的经济性	能源利用	热处理工艺应合理利用能源,采用节能的加热设备
	设备工装的使用	充分利用设备加热能力,组织生产。采用装炉工装,合理利用加热空间;对大批量生产的企业,尽可能采用机械化和自动化生产;工装夹具尽量采用通用型,利用现有设备设计辅助工装
热处理工艺的环境性和安全性	工艺本身的安全性	工艺本身要安全可靠,对特殊形状零件(如内腔工件)要有安全措施;保护气氛(如氢气等)的采用要有防范措施
	环境保护	企业领导和技术人员一定要有环境意识。对工艺过程中产生的废气、废液排放要有检测,达到排放标准后才能排放,以保护环境
	控制有害作业	禁止有毒作业。尽量不采用有害作业,若必须采用,一定要进行有效防护

参 考 文 献

[1] 蔡兰. 机械零件工艺性手册 [M]. 2版. 北京：机械工业出版社，2007.

[2] 戴起勋. 机械零件结构工艺性300例 [M]. 北京：机械工业出版社，2003.

[3] 袁志钟，戴起勋. 金属材料学 [M]. 3版. 北京：化学工业出版社，2018.

[4] 樊东黎，潘建生，徐跃明，等. 中国材料工程大典：第15卷 材料热处理工程 [M]. 北京：化学工业出版社，2006.

[5] ASHBY M f. 产品设计中的材料选择（原书第4版）[M]. 庄新村，向华，赵震，译. 北京：机械工业出版社，2018.

第2章 热处理质量管理

江苏丰东热技术有限公司 史有森 朱小军

热处理是采用加热-冷却方法控制相变、微观结构、残余应力场，赋予材料极限性能和关键构件极限服役性能的技术，是强化金属材料，发挥其潜在能力的重要工艺手段，是保证和提高产品质量与可靠性，以及长期使用寿命的关键技术，是制造业竞争力的核心要素。由于热处理生产受处理材料特性的差异、工艺参数的复杂性和过程控制的不确定性的影响，质量控制是一个难点；热处理生产通常属于批量、连续生产，热处理对象大部分是经过加工的半成品件或成品件，热处理质量检验又属于事后验证，仅通过热处理后对随炉实物零件进行抽样、局部的检验或随炉试样的间接检测，一旦出现质量问题对生产交付影响很大，并且会造成非常大的损失。因此，热处理作为一个特殊过程，必须建立完善的专业化、规范化、标准化的质量管理体系，实施全面质量管理。

2.1 概论

质量管理是确定质量方针、目标和职责，并通过质量体系中的质量策划、质量控制、质量保证和质量改进来实现所有管理职能的全部活动。质量方针是企业的最高管理者正式发布的总的质量宗旨和质量方向；质量目标是企业在一定时期内，根据所制订的方针提出的期望和取得的最终结果，是质量方针的具体体现，它确定了企业各部门、各成员的奋斗方向和努力目标。质量管理体系是企业内部建立的为实现质量目标所必需的、系统的质量管理模式，包含了为实施质量管理所需的组织架构、程序、过程和资源及相互关系。建立完善的规范化的、标准化的、程序化的和文件化的质量管理体系，不但能保证产品质量，而且提供了质量保证依据，有利于提高产品在市场上的竞争能力，建立企业与用户之间的信任和长期合作关系。

热处理质量管理不仅仅包含零件热处理后的质量检验，它覆盖了与零件热处理相关的一切过程的质量管理，包括质量策划、工艺管理、人员管理、设备管理、物料管理、工艺材料管理、作业环境管理、热处理质量检验、过程控制、风险控制、质量成本控制等方面的管理。实现热处理质量管理要以用户为关注焦点，充分识别和理解企业的直接用户及间接用户当前和未来对零件热处理服务的需求和期望，在热处理质量保证、技术优化、交付效率、成本控制、零件服役性能提升等方面满足用户要求并努力超越用户期望。热处理企业应通过数字化、信息化、智能化技术对全过程进行监控和记录，实现缺陷预防、减少过程变差，运用数理统计法统计和分析热处理质量波动的统计规律，消除造成质量异常的因素，实现质量保证和控制及持续改进，提高过程绩效和用户满意度，建立与用户和相关方（可影响决策和活动，受决策或活动所影响或自认为受决策或活动所影响的个人或组织，如用户、投资方、员工、供方、银行、合作伙伴、竞争对手等）的长期、稳定、共享的合作共赢关系，实现组织的持续成功。

标准是衡量产品质量及各项工作的尺度，也是企业进行生产、技术管理、质量管理的依据。我国已经制定和修订了热处理技术标准体系，如图2-1所示。

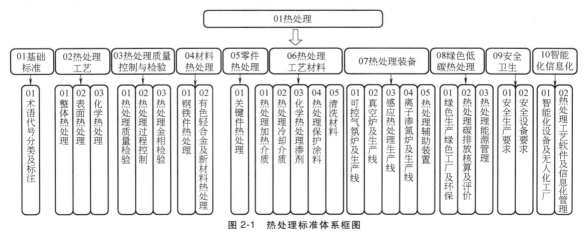

图 2-1 热处理标准体系框图

认真贯彻热处理相关标准，对加强热处理质量管理，促进我国热处理技术的提高和发展将起到重要作用。

2.2　热处理质量管理体系

热处理质量管理体系主要包括：企业的质量方针、目标、关键评价指标；组织架构、职能分配及相互关系；企业适用的法律法规、标准、技术规范；相关方及其管理；热处理质量管理所需的过程及其在整个体系中的应用及相互关系，每一过程所需的输入和预期的输出及顺序和相互作用、接受准则和方法（包括监视、测量和相关绩效指标）、所需资源、相关的责任和权限、风险和机遇。一般热处理质量控制过程可按管理过程（领导作用、策划、分析和评价、内部审核、管理评审、改进）、与用户有关的过程（用户要求确认和评审、过程设计和开发、产品制造、产品交付、售后服务及用户反馈）和支持过程（基础设施管理、监视和测量资源管理、人力资源管理、文件记录管理、外部提供过程/产品/服务、全面生产维护、工装管理、产品防护、产品和服务的放行、不合格输出的控制、用户满意度测量）三大类进行分类。

2.2.1　质量策划

质量策划是质量管理的一部分，致力于制订质量目标并规定必要的运行过程和相关资源，以实现质量目标。热处理质量策划主要包括：建立明确的流程和规定，确保充分识别、理解、实施包含零件的热处理技术要求、包装和物流的要求、对交付及交付后活动的用户规定要求（用户规定的一切要求，如技术、商业、产品及制造过程相关要求，一般条款与条件，顾客特定要求等），以及用户虽然没有明示，但规定的用途或已知的预期用途所必需的要求；热处理零件接收准则；热处理零件工艺设计，以及从接收到交付所需的过程阶段和时间、验证和确认活动、职责和权限、内外部资源、需要形成的文件；适用的法律法规、标准、行业规范的要求；失效的潜在后果（由质量策划小组为确保质量采用的分析技术，用以最大限度地保证热处理过程中各种潜在的失效模式及其相关的起因、机理已得到充分的考虑和论述）和风险控制。逐级落实到具体执行的部门、岗位和人员。

实施质量策划应建立包含管理、技术、质量、生产、设备、现场操作等岗位人员在内的小组，进行质量先期策划（用来确定和制订确保热处理加工使用户满意所需步骤的结构化方法，目标是促进与所涉及每一个人的联系，以确保所要求的步骤按时完成），

对具有高风险的项目按优先顺序进行关注和预先采取必要的措施，及时反映和控制零件当前的热处理质量状况和风险，确保热处理工艺、过程设计与开发的控制水平满足用户和相关方的期望及要求，所有过程都应包含明确的装载率、装载方式、工艺温度、时间周期、流量、压力、冷却转移速度、冷却介质的温度和搅动速度等过程参数的内容及其公差控制范围的过程规范。每种零件应有控制计划（对控制产品所要求的系统和过程的形成文件的描述），由企业内部编制以阐述产品重要特性及工程要求。控制计划可以覆盖采用通用过程生产的多种相似零件，应规定从零件接收、热处理前的初始验证到零件交付的所有过程，并识别、标明、定义和发布特殊特性（可能影响产品安全性或法规符合性、配合、功能、性能或其后续过程的产品特性或制造过程的参数），确认使用的过程设备和过程方法，以及热处理关键过程的过程参数和监视频次，确定过程评价的样本容量和抽样频率、接受准则，实施的部门或岗位，不满足情况下的反应计划和纠正措施，并覆盖样件、试生产、生产三个阶段。当发生产品更改，过程更改，过程不稳定，过程能力不足，检验方法、检验部位、频次修订时，必须评审和更改控制计划。控制计划必须和所有相关的过程规范，如作业指导书、工艺流程卡、计算机系统的参数设定表单或其他类似文件和过程失效模式及后果分析等保持一致。特殊特性应与用户规定的定义和符号相一致。对零件热处理开发和后期生产过程的所有更改（包括由供应商引起的更改）要进行控制、评估，规定验证及确认的方法，确保与用户要求一致。当用户要求时，在实施更改之前应通知用户并获得用户批准，并满足用户附加的验证/标识要求，所有更改的记录应予以保存。在零件热处理开发初始阶段、设备重新布置/搬迁和大修后、量产后、工程变更后，应进行包括指定工作范围的所有热处理炉生产线（可能包括许多设备的组合以集成所需的热处理工艺）、热处理过程的过程能力（热处理过程处于稳定控制状态时统计质量变差的幅度）有效性研究。过程能力有效性的研究方法和接收准则，最终应该满足热处理后产品特性得到有效控制的要求，未达到用户要求或内部规定的接收准则时，应实施整改并重新评审其过程能力的有效性。建立外部提供过程、产品和服务的控制管理程序，监视、控制、定期评价外部供方的绩效，确保外部提供的过程、产品和服务符合要求，并保留所需的形成文件信息。

对不符合要求的输出要进行识别和控制，以防止非预期的使用或交付，并根据不符合的性质及其对产

品和服务的影响采取隔离、纠正、告知用户获得让步接收的授权，纠正之后应验证等一种或多种途径处置不合格输出。这也适用于产品交付后发现的不合格产品，以及在服务提供期间或之后发现的不合格服务。因此，热处理企业应制订"不合格品控制程序"，对不合格品实施严格控制，防止未经评审和处置的不合格品的非预期使用或交付，控制质量风险，降低质量损失，并应采取以下有效措施：经审核判定的不合格品，应立即进行标识、隔离，由质量管理员组织相关技术负责人、生产人员、设备管理员等共同进行不合格原因分析、验证、处置；对判定可返工、返修的不合格品，产品质量先期策划（APQP）小组应运用失效模式与影响分析（FMEA）方法来评估返工过程中的风险，制订返工、返修作业指导书，所有返工记录，包括数量、处置方法、处置日期及适用的可追溯性信息的记录应予以保存。必要时，不合格品处置单和返工、返修作业指导书需报经用户批准；不合格品经返工、返修后需重新检验验证；经用户同意让步接受的不合格品都需要单独标识、流转交付用户；经判定报废的不合格品，由质量负责人签发"报废单"单独标识隔离后处置；报废产品未经用户批准处置之前，不得将其用于服务和其他用途。所有有关不合格品的描述、所采取措施的描述、获得让步的描述、处置不合格的授权标识等形成文件的信息应予以保留。

识别并评价对保持生产输出，以及确保用户要求得到满足而必不可少的所有制造过程和基础设施相关的内部和外部风险，并根据风险和对用户的影响制订对应的应急计划（检测到异常或不合格及突发事件时规定的行动或一系列步骤），定期测试和评审（至少每年一次）应急计划的有效性，并在需要时进行更新。应急计划应包含但不限于关键设备故障，外部提供的产品、过程和服务中断，常见自然灾害，火灾，公共设施中断，劳动力短缺，或者基础设施破坏等情况下的处置措施，以及通知用户和其他相关方，告知影响用户作业的任何情况的程度和持续时间等信息。

质量成本是为获得满意质量控制所支出的费用和没有达到质量要求所造成损失的总和，主要包括预防成本、鉴定成本、内外部质量损失。严格控制和减少内外部质量损失，合理评估和控制预防成本和鉴定成本，任何时候都是热处理质量管理的重要内容之一。企业应建立热处理过程中能提供缺陷预防和提升质量的数据分析系统，确定需要列入分析范围的数据，建立并实施和记录持续改进计划。为此，企业应在质量先期策划中明确每一过程适用的统计技术。常见的统计技术有描述性统计、试验设计、假设检验、测量分析、过程能力分析、回归分析、可靠性分析、抽样、模拟、统计过程控制（SPC）图、统计容差法、时间序列分析。热处理质量控制常用的统计方法主要有控制图法、排列图法、因果分析图法、直方图法和散布图法等。

1. 控制图法

控制图（control chart）又称管制图，是对过程质量特性进行测定、记录、评估，从而监察过程是否处于控制状态的一种用统计方法设计的图。常规控制图包括计量值控制图（包括单值控制图、平均数和极差控制图、中位数和极差控制图）和计数值控制图（包括不合格品数控制图、不合格品率控制图、缺陷数控制图、单位缺陷数控制图等）两类。控制图上有三条平行于横轴的直线，即中心线（central line，CL）、上控制限（upper control limit，UCL）和下控制限（lower control limit，LCL），并有按时间顺序抽取的样本统计量数值的描点序列。CL、UCL、LCL 统称为控制限（control limit），控制限通常设定在 ±3 标准差的位置。中心线是所控制的统计量的平均值，上下控制限与中心线相距数倍标准差。若控制图中的描点落在 UCL 与 LCL 之外或描点在 UCL 和 LCL 之间的排列不随机，则表明过程异常。

热处理生产中最常用的有 $\overline{X}$-R 控制图，它是平均值控制图与极差控制图的结合。控制图的横坐标是按时间顺序抽样的样本编号，统称为子样号；纵坐标为质量特性值（如硬度、强度、畸变量、晶粒度）。其中，R 是极差，指一组数据中最大值 X_{max} 与最小值 X_{min} 之差，即 $R = X_{max} - X_{min}$；$\overline{X}$ 为平均值，其计算式为

$$X = \frac{X_1 + X_2 + X_3 + \cdots + X_n}{n} = \frac{1}{n}\sum_1^n X_i$$

2. 排列图法

当影响因素的优先顺序或缺陷影响程度不能一目了然时，为便于观察或决定可采用排列图法。排列图主要用于分析和寻找影响热处理质量的主要因素。在排列图的横坐标上，各因素按影响程度的大小从左向右顺序排列。

3. 因果分析图法

当不合格的原因不易分析确定时，可采用因果分析图法确定引起不合格的原因。影响产品质量的原因是很多的，从大的方面分析，可以归纳为材料、设备、加工方法、操作人员和工作环境五大方面。当进行质量分析时，以结果为特性，以原因为因素，在它

们之间用箭头联系，形成一种树枝状的图。注意，其中的大原因并不一定是主要原因，主要原因可以用排列图法或其他方法确定。

4. 直方图法

同种零件、同一种热处理工艺得到的热处理质量会在一定范围内变动。直方图可使我们比较直观地看到数据的分布形状、类型，分析是否服从正态分布，有无异常；数据分布离散程度，其范围是否满足规格范围的要求；数据分布的位置状况，与产品规格界限做比较，判断分布中心是否偏离规格中心，以确定是否需要调整及调整量。常见的直方图形状有正常型、偏向型、双峰型、锯齿型、平顶型和孤岛型。

5. 散布图法

散布图又称相关图，是用非数学的方式来辨认某现象的测量值与可能原因之间的关系。将两个相关的变量数据对应列出，用点画在坐标图上，通过观察分析，判断两个变量之间的相关关系，掌握主要原因对特性的影响程度。

2.2.2　热处理工艺管理

热处理工艺设计主要通过零件的装料方式、温度、处理介质及气氛、时间、冷却方式及方法等一系列参数的选择，以获得预期的组织、结构、应力场和性能；尽可能缩短热处理周期，提高生产率；在保证热处理稳定质量水平的前提下节约成本；尽可能节约能源，实现环境友好。设计时，应考虑零件所受载荷类型和大小、工作介质及环境、结构形状及尺寸、性能要求、失效形式选择材料、热处理工序，以及各工序工艺过程参数和控制方法的热处理工艺方法、热处理检验表征指标和检验部位。经过验证和确认的热处理工艺方法应形成包含描述热处理过程所涉及的作业内容、作业方法、作业要求等规定的作业指导书，针对每批加工零件的状况编制发放的、定义该零件所流经的工艺路线和过程的记录，热处理过程所要求的过程控制及最低（最小限度）要求的过程表，以及加工零件工艺程序一览表等工艺文件。工艺文件应发放到相关岗位作业人员，并确保有效实施。

2.2.3　人员管理

1. 人员配备

热处理企业应配备具备独立上岗能力和资格的热处理责任人、工艺技术人员、质量管理人员、安全员、生产操作人员、设备维护人员、检验人员等从业人员。热处理责任人应为全职员工，应由熟悉金属学及热处理工艺和设备等专业知识，在热处理技术领域具有至少5年的工作经验，至少具备热处理或材料工程师或相当资质的人员担任。企业应明确所有岗位的职责和关键作业岗位的代理人。

2. 人员资格与要求

从业人员的心理、生理条件等健康状况应能满足工作性质要求，意识和技能应能满足相关岗位的要求。上岗前应经过培训、考核合格后持证上岗，未经安全生产教育和考核合格的从业人员不得上岗作业。企业应定期组织体检，不得安排有禁忌病的人员从事危险、有害作业，从业期间要建立健康检查监护档案，做好职业病预防工作。

3. 人员教育培训

企业应明确教育培训主管部门，定期识别人员教育培训需求，严格制订并实施教育培训计划，严格实施培训绩效评价，建立健全人员培训档案。新入厂、调整岗位和离岗后重新上岗的从业人员，上岗前应经过厂、部门（车间）、班组三级培训教育，教育培训的时长和内容应符合国家相关法律法规、行业标准和公司的有关规定；特种作业、特种设备操作人员应按照有关规定，经专门安全培训、考核合格取得相应资格后方可上岗作业，并定期接受复审。

2.2.4　设备管理

1. 基本要求

热处理设备应满足零件热处理工艺、过程的技术要求和生产需求，以及相关安全、环境保护、节能、法律、法规、国家和行业标准的要求。其温度传感器、补偿导线、控制仪表的配置和精度等级应满足 GB/T 30825《热处理温度测量》等相关标准规定的技术条件；其温度、流量、压力应具备连续监视、自动控制、自动报警、自动记录的能力；淬火冷却系统的设计应按照 JB/T 10457《液态淬火冷却设备　技术条件》等相关标准的要求执行，其组成通常包括下列适用的设施和组成部分：淬火冷却槽或淬火机床、移动淬火零件的装置、搅动装置、冷却器、加热器、泵、排水器或过滤器、供给淬火冷却介质的集液槽、通风设备、安全防火设施，以及除去槽中炭黑、氧化皮、污物的装置等，并应是自动化的操作过程；需要进行人工手动淬火时应有充分的安全设施和经过验证对淬火质量无影响的措施，否则人工手动淬火是不允许的。可控气氛的制备与控制系统应符合 GB/T 38749《可控气氛热处理技术要求》的规定，所有连接热处理炉的氨管道都应装备快速断开或实体管道分离；三阀防故障安全排气系统、串联连接的一个手动阀及两个电磁阀等其中一种方法，确保当进行不需要氨气气氛的热处理过程时氨气管道已断开。热处理用的清洗和清理设备均应符合相关标准的技术、安全、环境保护的要求，清洗和清理后的零件表面质量应符合相关质量标准和或专用技术文件的规定、用户要求。

2. 设备的使用

为加强全面生产维护管理（TPM），提高设备综合效益，延长设备生命周期，减少设备维护费用，保障生产的持续进行，热处理企业应建立包含设备配置规划、设备采购、设备安装调试、设备验收、设备管理的工作程序，明确管理流程和相应职责。对所用设备应建立管理台账，详细登记设备名称、型号、用途、供应商信息、验收投产日期、资产编号、设备状态、设备档案编号等信息并每年更新。对影响零件热处理质量的设备，应识别、评审、标识为关键设备；对实施安全控制的专用设备，应识别、评审、标识为安全设备；对实施环境保护的专用设备，应识别、评审、标识为环保设备，并在台账中注明。每台设备应建立设备档案，设备档案应包含设备采购申请单、采购合同/技术协议、设备验收交接记录、关键元器件/易损件及寿命管理清单、设备安全操作规程、设备维护保养规程、设备故障应急方案，以及设备点检记录、设备维修记录、炉温均匀性测试（TUS）检测记录、系统精度测试（SAT）检测记录、碳势检测记录、淬火油（介质）性能检测记录、报警装置测试记录、压力表/电流表/电压表/流量计/温度控制仪表/记录仪/热电偶/真空计/安全阀等计量和安全装置的检定记录、设备仪表控制参数记录、设备利用率/全局设备效率（OEE）/平均故障间隔时间（MTBF）/平均维修时间（MTTR）统计记录、设备大修/改造记录、设备报废处置记录等。

热处理企业应建立为消除设备失效和非计划性生产中断的原因，基于时间的周期性检验和检修的预防性维护制度；通过对设备状况实施周期性或持续监视来评价在役设备状况的预见性维护制度；防止发生设备重大意外故障而根据故障或中断历史主动停止使用某一设备或设备子系统，然后对其进行拆卸、修理、更换零件、重新装配并恢复使用的周期性检修制度；工装夹具管理制度；热处理炉炉温均匀性测量及温度控制系统校验作业指导书、设备压力/流量管理作业指导书、渗碳炉烧炭作业指导书、渗碳炉预渗作业指导书、渗碳炉碳势管理作业指导书、热处理淬火油（介质）管理作业指导书、关键元器件管理作业指导书、设备点检作业指导书、特种作业指导书等文件及相应的记录等。

3. 设备的维护保养与维修

设备维护保养应保证申请、实施、有效评价等整个过程处于闭环管理。设备操作人员、维护人员应能及时发现、反馈问题并有效解决。维护保养分一级、二级、三级。一级维护保养（日常维护保养，如点检、巡检、清洁等）可由设备操作人员执行；二级维护保养（对设备进行局部拆解检查，畅通水路、油路，检查设备各部位配合间隙，紧固松动部位等）和三级维护保养（对设备进行部分检查和修理，更换或修复磨损零件，润滑系统清洁换油，对电气系统进行检查修理等）由设备管理员执行。设备维护点检管理制度应包含日检、周检、月检、半年检、年检等不同点检周期的点检项目、点检方法、点检标准、点检频次、点检记录、异常处理等具体的要求；巡检管理制度应包含巡检项目、巡检方法、确认结果、确认时间、确认人等信息的设备运行过程巡检管理制度；企业应建立年度设备维护保养计划、月度设备维护保养实施计划并实时监视和记录。

设备维修涉及特种作业的应按照有关规定执行，并实行双人监控和记录。对涉及影响设备性能的维修（如热电偶、氧探头等传感器的更换或位置变更）、技术改造、大修等，应进行设备性能有效性验证，验证合格后方可投入使用，并对过程能力进行统计分析。委托外部服务方维修的，必要时应对外部服务方及维修人员的资格进行确认和备案。

2.2.5　物料管理

用户委托热处理加工的零件和料箱或料筐等定义为物料。为了保护用户财产，保证质量，加强物料的标识，保持物料在热处理过程中的可追溯性，首先要建立以用户发运文件和实际接受情况等信息为依据的物料录入、接受系统，以保证物料输入、接受系统的数据和实际情况保持一致，并满足对用户名称、物料名称、型号、批次号、初始状态（化学成分、原始组织状态等）、外观质量、数量、技术要求、交货期、前工序过程等信息的识别、验证要求。加工流转过程中要建立每批次的物料标识，并据此设置在待处理品、在制品、完成品、不合格品、异常品、待检验品、可疑品、样件、落下品等规定的定置区域。对热处理过程、设备、区域的死角区（在容器，如吊篮、工装夹具、装运箱等或设备中可能容易滞留零件的区域）要进行充分识别和监控，以避免零件的滞留、状态无法识别，以及不同批次零件之间的混料等现象形成的质量风险。零件从入库、排产、生产、检验、发货的每一过程都要建立对应的过程记录，并实时巡查该批次零件处理工序、热处理程序和过程的控制参数与规定的要求是否一致，以防止错误处理。

在生产和服务提供过程中，应对零件进行必要的防护，同时对零件的搬运、贮存、包装、运输、防锈等作业过程建立明确的管理规范并适时评审，以充分保证零件质量和批次的控制。对装载容器和发运零件应该有适当的标识和装载方式的要求，以防止包括但不限于零件碰伤、遗失、锈蚀、散落、混淆、缺件和状态、批次标识不清等质量风险。对不同批次、不同状态的零件应严格标识和区分。对卸空后及重新使用的料箱应检查，确保所有物料已被取出，确保已完成热处理的完成品批次中没有混入未热处理件或不合格零件，或者无法确认批次和状态的零件。对批次和质量状态不明确的可疑品，热处理过程中发生异常而导致产品质量不确定的异常品，质量状态不满足规定要求的不合格品，企业应该建立可疑品、异常品和不合格品管理程序，建立落下品管理规范，保证这类物料的有效隔离、标识和及时处置，明确并授权相应人员对隔离物料进行处置，跟踪处置结果。

对需要返工处理的零件，应建立作业指导书，包括对指定责任人的授权，允许返工处理的零件特性；返工处理的零件名称、型号、批次号、原始炉号、数量、返工处理原因、返工处理工艺等。零件实施热处理返工前应通知用户并获得用户批准，零件在 APQP 或生产件批准程序（PPAP）阶段已预先获得用户批准的返工处理可先实施再通知，但企业应在零件的过程失效模块及后果分析（PFEMA）和控制计划中说明。返工处理零件的结果验证应经企业指定授权人验证；返工处理零件的放行应经企业指定授权人和用户的批准。

2.2.6　热处理工艺材料管理

热处理生产过程中使用的氮气、液氨、天然气、二氧化碳、甲醇、丙烷、煤油、丙酮、无水乙醇、氢气、水、聚合物水溶液、油、盐、清洗剂、汽油、防锈剂、防渗涂料等生产性材料统称为热处理工艺材料。热处理工艺材料应符合 GB/T 338《工业用甲醇》、GB/T 536《液体无水氨》、GB/T 8979《纯氮、高纯氮和超纯氮》、JB/T 4393《聚乙烯醇合成淬火剂》、JB/T 6955《热处理常用淬火介质　技术要求》、JB/T 7530《热处理用氩气、氮气、氢气　一般技术条件》、JB/T 9202《热处理用盐》、JB/T 9209《化学热处理渗剂　技术条件》、SH 0553《工业丙烷、丁烷》等相关标准和零件热处理的要求，使用时不能对热处理工装、仪器设备、零件、环境、操作

人员、产品产生有害影响，尤其要关注热处理前工序所用加工介质（如切削液）的成分对热处理质量的影响，控制钠离子、硅元素的含量。企业应对工艺材料的质量要求、采购、使用、运输灌装、标识、临时贮存、环境保护应急预案、安全管理应急预案建立管理程序和作业指导书，确保热处理工艺材料合格并正确使用。

2.2.7　热处理作业环境管理

热处理生产的厂房应合理设置天窗、通风口和排烟系统等，满足防火、通风、采光、防雷、防烟排烟等相关标准的要求。工作场所中的有害因素、有害物质的职业接触限值应符合 GBZ 2.1《工作场所有害因素职业接触限值　第 1 部分：化学有害因素》、GBZ 2.2《工作场所有害因素职业接触限值　第 2 部分：物理因素》、GBZ 188《职业健康监护技术规范》、GB/T 12801《生产过程安全卫生要求总则》、GB/T 27946《热处理工作场所空气中有害物质的限值》等标准的要求。平面布置、环境温度、噪声及照明度等，不仅直接或间接影响热处理质量，而且还关系到热处理生产安全和环境保护。热处理工厂的烟气（废气）应满足 GB 3095《环境空气质量标准》、GB 14554《恶臭污染物排放标准》中氨厂界标准、GB 16297《大气污染物综合排放标准》中非甲烷总烃的二级标准，以及 GB 9078《工业炉窑大气污染物排放标准》中关于氮氧化物、二氧化硫、颗粒物的达标排放要求。厂界噪声应满足 GB 12348《工业企业厂界环境噪声排放标准》中三类区标准的要求，工作场所噪声应满足 GBZ 2.2《工作场所有害因素职业接触限值　第 2 部分：物理因素》中有关工作场所噪声职业接触限值 85dB（A），噪声车间办公室卫生限值 75 dB（A），非噪声车间办公室卫生限值 65 dB（A），工效限值 55dB（A）的要求。零件清洗废水、切割/制样的废液、工具清洗等污水的排放应满足 GB 8978《污水综合排放标准》中有关 COD、SS 的三级标准；污水中氨氮、总磷含量应满足 GB/T 31962《污水排入城镇下水道水质标准》的要求；现场应按照 GB/T 39800.1《个体防护装备选用规范　第 1 部分：总则》的要求配备安全帽、防护服、护听器、防护手套、安全鞋类、防尘口罩、防高温中暑药品、护目镜、洗眼装置等劳动防护用品和装置，并定点放置，方便取用。

热处理现场使用甲醇、天然气、液化石油气、氨气、丙烷等危险性化学品的，其设计、施工、使用应满足有关法律法规及标准的要求，并建立相应的包含最低库存量的化学品管理规范、化学物质安全资料

表、罐装作业指导书、钢瓶更换作业指导书等书面的文件，确保有效实施和记录。

2.3　热处理过程控制

企业应建立生产过程控制程序，对客户订单的评审，热处理零件的收发管理、生产准备、生产排程、过程监视、异常处理、过程数据统计、交付等流程的职责、要求进行控制。

2.3.1　待热处理零件的控制

企业应建立零件热处理前的材料牌号与化学成分、原始晶粒度、原始金相组织，以及热处理前加工制造方法、尺寸、外观等原始状态的管理作业指导书的入库验证并记录。严格控制待热处理零件的化学成分波动及非金属夹杂物/带状组织/偏析的等级、裂纹、锈斑、氧化皮、碰伤，防止非预期状态对热处理质量的影响。

2.3.2　防渗处理

防渗处理的目的是防止零件热处理过程中的氧化脱碳，防止零件热处理过程中非预期的渗碳、渗氮等，应根据不同的防渗需求选择适用的防渗处理方法。防渗处理方法主要有机械屏蔽、镀铜、防渗涂料。使用机械屏蔽方法应考虑其有效性及多次热处理后的及时更换，离子渗氮用机械屏蔽方法可以有效防止氮渗入。镀铜可以有效防止热处理过程中碳和氮的吸收，但镀铜成本高且需要专业厂家处理，处理后去除复杂。防渗涂料是在渗碳和渗氮时应用选择性保护涂料，通过刷涂、浸渍、喷涂等方法在零件表面形成一个气密层，保护涂料的使用不应对热处理炉膛和炉内构件，以及热处理气氛、淬火油等形成影响，使用时重点控制零件的清洁和固化/干燥。可根据 JB/T 5072《热处理保护涂料一般技术要求》等有关规定和零件防渗要求制订防渗作业指导书，防止漏渗和非防渗区域的污染。

2.3.3　热处理装料

每一种零件都应有包含工装选用、装料方式、装载参数、热处理样件防止数量和位置等规定的装料作业指导书，以保证热处理质量和防止零件磕碰伤、倾倒、掉落而导致的不合格。涂有保护涂料的零件之间应保持一定的距离。应能保证零件均匀地加热、冷却及零件之间的气氛流畅，并且放置在有效加热区内。对热处理工装的定期检查、分选、评审、修复或报废等，应建立管理规范并实施和记录。控制不合适工装

的使用和因工装短缺导致的生产中断。

2.3.4　热处理零件的清洗

热处理前和热处理后的零件表面清洗对保证产品质量很重要，有时对后续流程的影响很大，需要严格控制对热处理过程或产品有影响的零件表面污染物，如铁锈、毛刺、碎屑、有害的润滑剂混合物、乳化切削油、防锈油、润滑剂等，监控并记录清洗过程和效果，评审化学品对清洗系统的影响。选择金属清洗工序时需要考虑以下因素：待去除污染物类型；基体材料；零件最终表面状态要求及重要性；清洁度要求；设备的现有功能；清洗工艺对环境的影响及其安全性、对员工健康的风险；成本；前道工序的影响；防锈要求；材料处理要素；零件的清洗量及尺寸、复杂性；后续表面处理要求。

2.3.5　热处理工艺过程控制

企业应根据客户要求、零件特点、材料成分、预备热处理状态、热处理要求，合理设计、确认零件的热处理流程、热处理工艺规范，以及相应的控制计划、作业指导书、作业记录等文件，并监控实际运行情况与规定的一致性，以进行热处理工艺过程控制。不同钢厂、不同批次材料的零件要求不同热处理工艺分开处理，如需采用相同工艺应事先验证其可行性，热处理样件的材料与批次应能表征待热处理零件。热处理设备的温度均匀性测量、温度系统准确度校准、热电偶管理、碳势/氮势的监控、过程控制装置与报警装置的监视，以及淬火冷却介质的性能测定应按照相关作业指导书进行并确保满足规定的要求。处理过程中应按 GB/T 32541—2016《热处理质量控制体系》的要求进行监视测量并记录，监视热处理产品在炉内的处理周期并记录，控制淬火与回火间的最大延迟时间并记录。

在可控气氛热处理过程中，可控气氛的成分和质量应满足 JB/T 9208—2008 的规定，载气、富化气等工艺材料的流量和压力，淬火冷却介质的温度、搅拌速度、液位、浓度（适用时）、冷却性能、悬浮物（适用时）、浸入时间，以及淬火预冷延迟时间（适用时）、淬火时间、冷却循环、安全报警等参数应满足作业指导书的要求并实施记录。在处理不需要通入氨气的产品之前（完成已进行通入氨气处理的产品后），应按照热处理气氛的残氨氧化燃尽作业指导书的要求，即连续式炉至少应完成 3h 的氧化燃尽过程，周期式炉至少应完成 1h 的氧化燃尽过程进行操作。如果清除过程低于规定时间，则要求确切的气氛测试数据显示炉内气氛不含大量残氨，记录并保存实际的

残氨氧化燃尽时间。当进行富碳的气氛转换为普通保护气氛处理时，应按照对应的气氛控制作业指导书进行烧炭，记录并保存实际的处理时间。

在真空热处理过程中，要严格控制真空炉的压升率（一般不大于 6.65Pa/h），每周检查一次炉子的压升率，若压升率高于 6.65Pa/h，应清洗炉子或用检漏仪检漏并密封，以防止影响炉内真空度和零件表面光亮度。零件进入炉后，当真空度为 6.67Pa 时才能加热升温。在升温过程中，由于零件和炉内材料要放气，使真空度下降，故应适当调节炉子的升温速度，以防止加热时氧化。在真空热处理过程中，由于钢的合金元素有蒸发现象，真空度和加热温度越高，蒸发越严重，为防止工件表面合金出现贫化现象，应根据零件材料和加热温度，采用回充高纯氮气（或氩气）的方法控制加热时的真空度。一般地，钢在 900℃ 加热时，真空度为 1.33×10^{-1} Pa 左右；900 ~ 1100℃ 加热时，真空度为 1.33 ~ 13.3Pa；1100 ~ 1300℃ 加热时，真空度为 >13.3 ~ 665Pa。

在盐浴热处理过程中，零件在盐浴中的加热质量与盐浴和盐浴校正剂的品质有关，加强对盐浴及盐浴校正剂的控制，可以减少零件在盐浴热处理时产生氧化、脱碳和腐蚀等缺陷。应每天监控热处理盐浴中盐的化学性能及零件脱碳情况，并建立文件，以明确使用方法和监控频次、监控实施人。对于焊接件、铸件、镀铜镀锌件、铜合金件和粉末冶金件，一般不允许在盐浴中加热。加热用盐应满足 JB/T 9202—2004《热处理用盐》的规定要求，严格控制其中的杂质。例如，含有水、硫酸盐、碳酸盐和氧化铁等杂质会引起钢的氧化脱碳。熔盐中 SO_4^{2-} 含量达 0.5%（质量分数），就会引起钢件脱碳和严重点蚀，可用炭粉在搅拌下撒入盐浴，或者将木炭块装入铁丝筐并压沉到盐浴中，以消除 SO_4^{2-} 的有害作用。添加盐浴校正剂的校正时间间隔一般为 4 ~ 8h，使用的盐浴校正剂应符合 JB/T 4390—2008《高、中温热处理盐浴校正剂》的技术要求。氯化盐（特别是氯化钡）使用前需经一定温度下的干燥脱水处理，推荐的脱水处理规范是，$BaCl_2$ 为 500℃×(3 ~ 4)h，NaCl 和 KCl 为 400℃×(2 ~ 4)h。新盐盐浴经 10 ~ 15h 时效后使用，可降低氧化脱碳作用。定时捞渣，并根据使用情况添加新盐或全部更换。

2.3.6　热处理典型工艺的管理

1. 钢的正火与退火

正火可以提高零件的机械加工性能、细化晶粒、均匀化组织、改善残余应力，对于锻件，可以减少带状组织、细化大晶粒，而不锈钢和大多数工具钢不进行正火处理。对于锻件，渗碳淬火前的正火处理往往采用正火温度的上限，当正火是最终热处理时则使用较低温度范围内的温度。钢件的退火处理主要为了便于冷加工或车削加工，改善力学性能或电气性能，提高尺寸稳定性。实施正火或退火工艺时，应根据 GB/T 16923—2008《钢件的正火与退火》和零件热处理技术要求，制订正确的工艺作业文件。在热处理过程中，应确保热处理设备负载情况下的温度控制精度和有效加热区的温度均匀性、冷却均匀性，防止氧化脱碳、硬度不均匀、变形超差。正火、退火工艺不合格的主要形式有硬度超差、硬度不均、金相组织超级、氧化脱碳、变形超差。结构钢正火后的金相组织一般应为均匀分布的铁素体+片状珠光体，晶粒度为 5 ~ 8 级，大型铸锻件为 4 ~ 8 级；碳素工具钢退火后的组织为球化体，应满足 GB/T 1298《碳素工具钢》中的 4 ~ 6 级；低合金工具钢和轴承钢球化退火后的正常组织为均匀分布的球化体，应满足 GB/T 1299《合金工具钢》的要求。若组织中有点状和细片状珠光体或分布不均的粗大球化体及粗片状珠光体，都是不正常组织；低、中碳结构钢及低、中碳合金结构钢的球化率应根据 GB/T 38770《低、中碳钢球化组织检验及评级》进行评级。对冷镦、冷挤压及冷弯加工的中碳钢和中碳合金结构钢，形变量≤80% 时 4 ~ 6 级合格；形变量 >80% 时 5 ~ 6 级合格；易切削结构钢组织为 1 ~ 4 级合格。脱碳层的深度一般不超过毛坯或零件单面加工余量的 1/3 或 2/3。

2. 淬火与回火

淬火回火件的主要质量要求有外观、硬度及硬度散差、金相组织、变形。淬火回火工艺不合格的主要形式有开裂、硬度超差、硬度不均、表面腐蚀、氧化脱碳、变形超差。实施淬火、回火工艺时，应根据 GB/T 16924《钢件的淬火与回火》和零件热处理技术要求，制订正确的工艺作业文件。在热处理过程中，应确保热处理设备负载情况下的温度控制精度和有效加热区的温度均匀性、淬火过程的冷却均匀性，防止氧化脱碳、硬度不均匀、畸变超差。淬火冷却介质的选择和技术要求、冷却性能应满足 JB/T 6955《热处理常用淬火介质　技术要求》、JB/T 4393《聚乙烯醇合成淬火剂》、JB/T 13025《热处理用聚烷撑二醇（PAG）水溶性淬火介质》、JB/T 13026《热处理用油基淬火介质》等相关标准的要求，并且不应对热处理零件产生腐蚀。当采用淬火油进行冷却时，要防止油槽中的淬火油混入少量水，控制其水含量应小于 0.05%（质量分数）。当采用盐浴淬火时，要严格防止油、炭黑的混入。

锻造余热淬火温度比普通淬火加热温度高得多，故能显著提高硬化层深度，而且能起到节能作用，应用日益广泛。由于常用钢种在一般工艺条件下的最佳锻造形变量可控制在 25%～40%。形变量过高，会因形变热增高，引起再结晶晶粒长大；形变量过低，高温加热时的粗大晶粒变得粗细不规整，不利于钢的强韧性提高，所以碳素钢高温形变后至淬火前停留时间不大于 60s，合金钢控制在 20～90s。因为高温形变后要经过切边、精整等工序，如果在锻造后至淬火前这段时间内停留时间过长，会引起奥氏体晶粒粗化，或者从奥氏体中析出第二相，其强韧性反而低于正常淬火＋回火组织性能。在锻造余热淬火过程中，碳素钢和合金钢一般可采用油冷（对防止淬火开裂有利）；如果零件尺寸较大或终锻温度较低，可采用冷却速度较快的淬火冷却介质。

等温淬火的优势：指定硬度条件下提高塑性和韧性；贝氏体转变过程中膨胀量较小，可减少变形；淬火开裂倾向小；改善耐磨性；即使在高硬度状态下，贝氏体组织也没有氢脆敏感性。但是，等温淬火零件的材质必须基于零件的结构、热处理设备特点、材料淬透性、钢的连续转变及等温转变特点。

回火通常紧接着淬火后进行，淬火后的零件应及时回火，通常淬火延迟时间不超过 4h。回火也用于释放应力和降低焊接过程导致的硬度，并降低因成形和机械加工产生的应力。回火工序主要取决于时间-温度关系。回火一般是空冷，对具有第二类回火脆性的钢种，当在回火脆性温度范围内回火时，应采用油冷或水冷。大型热锻模大多采用带温回火，即当锻模冷至 150℃ 左右时由淬火槽移入已加热到回火温度的炉中回火。局部加热淬火的小型零件也可采用自回火。

采用感应淬火与回火工艺时，感应加热设备的加热电源、限时装置、淬火机床及淬火与回火工艺应满足 GB/T 34882《钢铁件的感应淬火与回火》及零件感应热处理的要求。热处理前，应根据设备操作、维护管理文件检查设备的控制系统、电源、冷却系统、零件定位装置等，一切正常后才能使用。感应加热时不仅要控制热参数，还要控制电参数，并根据材料、零件形状、尺寸，以及加热方法和所要求的硬化层深度，合理地确定冷却参数，如冷却方法、淬火冷却介质（类型、温度、浓度、压力及流量）及冷却时间等。感应器应该满足设计和控制要求，并控制零件与感应器的间隙参数，建立正确定位方法。核查待加工零件的预备热处理组织，确认零件技术要求和工艺作业指导书一致，确认零件淬火部位。检查零件有无碰伤、裂纹、划痕、变形、黑皮、毛刺、油污、脱碳层、砂眼等缺陷；是否存在漏工序或超工序的情况。清洗时，应采用环保型清洗剂清洗零件表面油污，去除铁屑。如果必须采用汽油清洗，应建立对应安全防护措施，并进行监视、控制。

3. 化学热处理

（1）渗碳与碳氮共渗 实施钢件的渗碳与碳氮共渗、淬火、回火热处理的工艺时，应定期监控、维护热处理设备的温度控制精度、有效加热区内的温度/气氛均匀性、碳势控制精度、冷却方式及性能、炉压和密封性等指标，并满足 GB/T 34889《钢件的渗碳与碳氮共渗淬火回火》、JB/T 11078《钢件真空渗碳淬火》、JB/T 11809《真空低压渗碳炉热处理技术要求》、GB/T 28694《深层渗碳 技术要求》等相关标准及零件热处理的技术要求。零件装炉前，需认真清理、去除表面的油污、锈斑、氧化皮、水及切削液等，以免污染或干扰炉气。定期清理炉内炭黑。新炉或更换炉衬，以及长时间停炉后的炉子应进行充分的烘炉和预渗，确保碳势控制稳定；气体渗碳过程中严格监控丙烷等富化气的流量及碳势建立的时间，设定的碳势以略低于处理钢种及其设定温度下饱和碳浓度为宜；对于零件的热处理质量，不但要关注表面硬度、表面显微组织、心部硬度、心部显微组织、有效硬化层深度，还要关注碳浓度梯度、碳化物形态和颗粒大小、表面晶间氧化层及非马氏体层，以及脱碳层的深度。低压渗碳作为一种配方控制工艺，需要全程监控其温度、渗碳气体流量比率、时间、压力等工艺参数。实施碳氮共渗工艺时，要使用严格控制含水量、含油量的无水氨，在适当温度下通入适当比例的氨气量，控制表面碳浓度和氮浓度。严格执行相关作业指导书和过程监视要求。

（2）渗氮和氮碳共渗 零件装炉前，需彻底清理表面的油污、锈斑、氧化皮、有机残留物等，以免污染或干扰炉气。对采用调质处理的零件，严格控制游离和块状铁素体的级别及表面脱碳；零件装炉后，应采用氮气等惰性气体充分置换炉内的空气，确保渗氮/氮碳共渗的温度至少比预备热处理中退火、正火、回火的温度低 30℃ 以上。

气体渗氮和氮碳共渗时应检测氨的分解率和氮势，控制各组分气体的流量及比例，其设备的温度控制精度、有效加热区内的温度/气氛均匀性、炉压、密封性、介质流量与压力、操作方法、工艺、质量检验、安全技术应满足 GB/T 18177《钢铁件的气体渗氮》、GB/T 22560《钢铁件的气体氮碳共渗》、GB/T 32540《精密气体渗氮热处理技术要求》等相关标准及零件热处理的技术要求。离子渗氮时应设置气体比率控制器/控制表，制订压力的监视测量、报警系统、异常处理等作业指导书。温度应根据每批放置在负载内，实际代表该负载最高与最低温度的热电偶的记录温度来控制。控制范围应在试生产时确定（试生产时使用多个热电偶代表工作区），其设备、介质、操作、工艺、质量检验、安全技术应满足 GB/T 34883《离子渗氮》等相关标准及零件热处理的技术要求。严格执行相关作业指导书和过程监视要求。

（3）渗硼　常用的渗硼工艺为固体渗硼（粉末法、粒状法、膏剂法）及硼砂熔盐渗硼。一般选择选择高碳钢、高碳合金钢、控制 $w(Si)<0.5\%$ 进行渗硼处理。渗硼剂成分对渗层组织结构、渗硼速度及表面质量影响很大，需控制渗硼剂中氟硼酸钾及硫脲等活化剂的含量；严格控制渗硼温度，防止渗硼后的急冷；控制渗硼层的厚度。由于渗硼温度高，渗硼层体积膨胀量较大，渗硼零件的畸变量较一般化学热处理大。因此，可参考 JB/T 4215《渗硼》制订相关的作业指导书，并严格执行和实施过程监视。渗硼层的显微组织、硬度及硬化层深度的检验可按 JB/T 7709《渗硼层的显微组织、硬度及层深检测方法》进行。

（4）渗金属　粉末渗金属的基体材料、设备、渗剂、工艺及后处理、质量检验、安全技术应满足 JB/T 8418《粉末渗金属》和零件热处理的技术要求。硼砂熔盐渗金属的基体材料、设备、渗剂、工艺及后处理、质量检验、安全技术按 JB/T 4218《硼砂熔盐渗金属》和零件热处理的技术要求实施，控制渗剂中的低熔点杂质和水分、淬火时的冷却速度，渗后及时清理表面或封孔处理。严格执行相关作业指导书和过程监视要求。

2.4　热处理质量检验

1. 基本要求

热处理企业应根据实施的热处理工艺、零件热处理检验要求配置相应的切割机或线切割机、砂轮机、砂带机、镶嵌机、预磨机、抛光机、侵蚀通风橱等制样设备、设施和硬度计、显微镜、光谱仪等检测仪器，以及符合相关规定的检验场所，以满足热处理质量检验要求。热处理检测所用仪器、设备及相关仪表应经过检定或校准，确认满足检测要求并在合格期内方可使用。企业应建立监视测量设备的预防性、预见性维护程序和操作、维护、检定、校准、期间核查的管理程序及作业指导书，保存实施的记录。不满足检测需求和超出检定/校准周期的仪器、设备的数据不能作为检验分析的依据。实验室仪器的管理流程如图 2-2 所示。

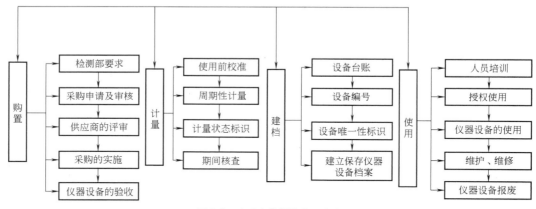

图 2-2　实验室仪器的管理流程

2. 检验质量控制

检验人员需持证上岗，定期采用同一样品、同一方法、在相同的检测仪器上进行人员比对，比较检测结果的符合程度。零件热处理质量监视检测的内容、频次、检测标准可参考 GB/T 32541《热处理质量控制体系》及用户要求执行。每一种零件需建立对应的检验作业指导书，明确抽样数量、取样位置、检验部位、检验方法、接受准则、异常判定准则、质量控制方法等要求。企业应建立测量系统能力分析的管理程序，定期分析、监视检测能力。对反映热处理工艺与材料成分、组织、结构之间关系的布氏、洛氏、维氏、肖氏、里氏和显微硬度试验等方法，可参考 GB/T 38751《热处理件硬度检验通则》和 GB/T 230.1《金属材料　洛氏硬度试验　第 1 部分：试验方法》、GB/T 4340.1《金属材料　维氏硬度试验　第 1 部分：试验方法》、GB/T 231.1《金属材料　布氏硬度试验　第 1 部分：试验方法》等相关标准和零件热处理技术要求执行。金相检验可参考 GB/T 34895《热处理金相检验通则》、GB/T 13299《钢的游离渗碳体、珠光体和魏氏组织的评定方法》、GB/T 25744《钢件渗碳淬火回火金相检验》、GB/T 11354《钢铁零件渗氮层深度测定和金相组织检验》、JB/T 7710《薄层碳氮共渗或薄层渗碳钢件　显微组织检测》、JB/T 9204《钢件感应淬火金相检验》、JB/T 8420《热作模具钢显微组织评级》、GB/T 13320《钢质模锻件　金相组织评级图及评定方法》、GB/T 38720《中碳钢与中碳合金结构钢淬火金相组织检验》等相关标准和零件热处理技术要求执行。有效硬化层深度的检验可参考 GB/T 9450《钢件渗碳淬火硬化层深度的测定和校核》、GB/T 5617《钢的感应淬火或火焰淬火后有效硬化层深度的测定》等相关标准和零件热处理技术要求执行。无损检测可参考 GB/T 5616《无损检测　应用导则》、GB/T 7704《无损检测　X 射线应力测定方法》、GB/T 15822.1《无损检测　磁粉检测　第 1 部分：总则》、GB/T 18851.1《无损检测　渗透检测　第 1 部分：总则》等相关标准及相关方法和零件的无损检测要求执行。

为保障检验质量，企业应定期参加能力验证［与中国合格评定国家认可委员会（CNAS）认可的机构组织的实验室间比对，按照预先制定的准则评价参加者的能力］、测量审核［对被测物品（材料或制品）进行实际测试，将测试结果与标准参考值进行比较的活动］和实验室间比对（按照预先规定的条件，由两个或多个实验室对相同或类似被测物品进行校准/检测的组织、实施和评价）。

参 考 文 献

[1] 潘健生. 抓好热处理是我国制造业由大变强的必由之路 [J]. 金属热处理, 2011, 36（1）: 3-4.

[2] 全国质量管理和质量保证标准化技术委员会. 质量管理体系　基础和术语: GB/T 19000—2016 [S]. 北京: 中国标准出版社, 2017.

[3] 全国质量管理和质量保证标准化技术委员会. 质量管理体系　要求: GB/T 19001—2016 [S]. 北京: 中国标准出版社, 2017.

[4] 国际汽车推动小组. 汽车质量管理体系标准及指南: IATF16949: 2016 [S]. 北京: 中国质量标准出版传媒有限公司, 2016.

[5] 全国热处理标准化技术委员会. 热处理质量控制体系: GB/T 32541—2016 [S]. 北京: 中国标准出版社, 2016.

[6] 全国热处理标准化技术委员会. 金属热处理标准化应用手册 [M]. 3 版. 北京: 机械工业出版社, 2016.

[7] 美国金属学会手册编委会. 美国金属学会热处理手册: A 卷　钢的热处理基础和工艺流程 [M]. 汪庆华, 等译. 北京: 机械工业出版社, 2019.

第3章　热处理清洁生产与绿色工厂

广东世创金属科技股份有限公司　董小虹

江苏大学　罗新民

清洁生产（clean production）作为一种可持续发展生产方式日益受到各国重视。清洁生产的意义是通过全方位控制，使自然环境得到最大限度的保护，自然资源得到最充分的利用，这是以"三废治理"为代表的工业污染治理工作在指导思想上的一次重大变革。清洁生产与人类面临的共同问题——气候变化有着密切关系，控制温室气体排放已成为各国的共识，减少碳排放量也已成为各国的义务。

与通常意义上的污染治理相比，清洁生产至少有以下3个新的发展：

1）更强调治本。传统污染治理常走的是"先污染，后治理"的技术路线，侧重末端治理，而清洁生产的思路是对污染采取预防为主，防治结合，因此更加注意从源头就开始控制，使污染物尽可能不产生或少产生。

2）更强调全程控制。清洁生产不仅要求必须对整个生产过程"从头到尾"都进行控制，而且要求对产品"从生到死"（指从设计、选材、制造、销售、使用、维修直到报废处置）进行全生命周期控制，从而使产品的全生命周期对环境的不良影响减至最小。

3）更强调物尽其用。清洁生产不仅谋求污染物生成与排放的最少化，而且谋求使污染物最大限度地无害化和资源化，从而变废为宝，化弊为利，使资源得到最充分的利用。

所谓清洁的工艺、清洁的产品都是相对于现有的工艺、产品而言的。因此，清洁生产是一个动态的概念，需要不断完善和发展。实践表明，清洁生产的确能够实现经济效益、社会效益和环境效益三统一，是加速我国经济增长方式从粗放型向集约型转变的重要途径。从清洁生产的角度来看，我国热处理行业目前存在的主要问题是：

1）环境污染。热处理的主要污染形式有空气污染、水污染、固体废弃物污染、辐射污染和噪声污染等。全行业每年因淬火油蒸发或局部燃烧，会产生大量加剧温室气体效应的二氧化碳、一氧化碳及烟尘等；工艺和检测过程中排放的废气、废液和有害废渣等都可能成为空气、水体和土壤的污染源。尤其值得注意的是，随着近年来城镇化的发展，热处理所致的环境污染有逐步从中心城市向作为自然净化资源的郊区和农村转移的倾向。

2）排放不当。受经济效益驱使，热处理过程废物的自然排放或无组织排放现象严重。主要原因在于排放标准被束之高阁，或者监督缺失或不力；排放物处理方法（技术与设备）落后，再加上对处理成本和投资效益的考虑，污染物无组织排放已成为环境安全隐患。

3）能效不高。我国目前服役的热处理加热设备以电炉为主，年耗电量巨大，但能效不高。经过多年努力，虽然全国热处理平均电耗已由20世纪末叶的1600kW·h/t下降到目前的400kW·h/t左右，但与工业发达国家平均每处理一吨工件的能效相比仍有很大差距。

鉴于上述情况，我国现阶段热处理清洁生产的主要控制目标应定位在控制污染、杜绝排放和提高能效。根据国家重大科技攻关项目"清洁生产技术选择及数据库的建立"实施过程中对与热处理清洁生产有关的技术因素、经济因素、环境因素、生产因素及市场因素的综合评价，以下技术将作为我国现阶段热处理清洁生产的技术选择：①真空热处理；②可控气氛热处理；③感应热处理；④离子热处理；⑤少、无污染化学热处理；⑥高能密度热处理；⑦少、无污染淬火冷却介质；⑧少、无污染清洗剂；⑨高效节能热处理炉；⑩热处理专业化生产组织形式的绿色工厂。其中，真空热处理、新一代控制气氛热处理经过我国热处理工作者多年的研究开发，技术上已臻于成熟，已具备大规模工业化推广和应用的条件，应作为热处理行业重点推广应用的清洁生产技术。

为加快推进制造强国建设，实施绿色制造工程，积极构建绿色制造体系，绿色工厂也正在成为全行业追求的目标和共识。工业和信息化部节能与综合利用司组织钢铁、石化、建材、机械、汽车等重点行业协会、研究机构和重点企业等共同编制了 GB/T 36132《绿色工厂评价通则》，这是我国首次制定发布的与绿色工厂相关的标准。全国热处理标准化技术委员会针对热处理行业特点近年来陆续制定了 GB/T 30822《热处理环境保护技术要求》，GB/T 38819《绿色热处理技术要求及评价》及 GB/T 36561《清洁节能热处理装备技术要求及评价体系》等，热处理工作者应自觉执行这些标准。

3.1　热处理环境技术要求

3.1.1　污染的分类和来源

热处理对环境的污染分为化学性污染和物理性污染，主要来源见表 3-1。

表 3-1　热处理对环境污染的主要来源（摘自 GB/T 30822—2014）

类　别		污　染　物	主　要　来　源
化学性污染	废气	一氧化碳	燃料或气氛燃烧、气体渗碳及碳氮共渗等
		二氧化硫	燃料或气氛燃烧、渗硫及硫氮碳共渗
		氮氧化物	燃料或气氛燃烧、硝盐浴、碱性发黑
		氰化氢及碱金属碳氰共渗	液体渗碳、气体和液体碳氮共渗及氮碳共渗
		氨	渗氮、氮碳共渗、硫氮碳共渗等
		氯及氯化物、氟化物	高温及中温盐浴、渗硅、渗硼及渗金属、物理及化学气相沉积、酸洗、热浸镀锌及热浸镀铝助镀剂等
		烷烃、苯、二甲苯、甲醇、乙醇、异丙醇、丙酮、三乙醇胺、苯胺、甲酰胺、三氯乙烯等有机挥发性气体	气体渗碳及碳氮共渗剂、保护气氛加热、有机清洗剂等
		油烟	淬火油、回火油、零件加热
		盐酸、硝酸、硫酸蒸气	酸洗
		苛性碱及亚硝酸盐蒸气	氧化槽、硝盐浴、碱性脱脂槽
		粉（烟）尘	燃料炉、各种固体粉末法化学热处理、热浸镀锌及热浸镀铝、喷砂和喷丸
	废水	氰化物	液体渗碳、碳氮共渗及硫氮碳共渗等
		硫及其化合物	渗硫及硫氮等多元共渗
		氟的无机化合物	固体渗硼及渗金属
		锌及其化合物	热浸镀锌及渗锌
		铅及其化合物	热浸镀锌、防渗碳涂料
		钒、铬、锰及其化合物	渗钒、渗铬、渗锰
		钡及其化合物	残盐清洗、淬火废液
		有机聚合物	有机淬火冷却介质
		残酸、残碱	酸洗、脱脂
		石油类	淬火油、脱脂清洗
	固体废物	氰盐渣	液体渗碳、碳氮共渗及硫氮碳共渗等盐浴
		钡盐渣	高温及中温盐浴
		硝盐渣	硝盐槽、氧化槽
		锌灰及锌渣	热浸镀锌
		酸泥	酸洗槽
		含氟废渣	固体渗硼剂、粉末渗金属剂
		混合稀土废渣	稀土多元共渗剂及稀土催渗剂
物理性污染	噪声		循环风扇、冷却机组、燃烧器、真空泵、压缩机、通风机、喷砂和喷丸
	电磁辐射		中频、高频、超音频感应加热设备
	光辐射		激光表面强化

3.1.2　污染物的控制与排放技术要求

热处理生产车间应设立废气收集、治理和有组织的排放设备。排放设备应按照设计规范设计，其排气筒最低允许高度为 15m，并应高出邻近 200m 半径范围的建筑物 3m 以上。企业大气污染物的排放限值应符合 GB 16297 和 GB/T 27946 的规定。对生产过程中产生的油烟，应在车间安装油烟捕集器或油烟清洁器，将含油的气体经过净化处理或回收后再排出。应对燃气加热产生的废气废热进行回收，预热空气达到 300℃ 以上，或者采用蓄热式燃烧技术。用空气换热器代替水冷换热器，并将换热后的空气用于生产或生活中需要加热的场所。应通过废气收集处理设备收集和处理热处理设备产生的废气，达标后排放。对渗氮或氮碳共渗产生的废气裂解后燃烧达到排放。

应严格控制废气的无组织排放，无法避免的无组织排放的排放源周围大气中所承受的有害物质浓度限值应符合 GB 16297、GB/T 27946 及相关法律、法规的规定。无组织排放有毒有害气体的，凡有条件的，均应加装引风装置，进行收集、处理，改为有组织排放。新扩改项目应从严控制，一般情况下不应有无组织排放存在。废气的监测取样点应设在无害化处理装置排出口处；未安装无害化处理装置的，取样点设在排放浓度最大排放口处。

企业排放的废气中各项污染物的浓度限值见表 3-2。

表 3-2　废气中各项污染物的浓度限值

（摘自 GB/T 38819—2020）

污染物	最高允许排放浓度/（mg/m³）	最高允许排放速率/（kg/h）		无组织排放监控浓度限值/（mg/m³）
		排气筒高度/m	二级	
二氧化硫	550	15	2.6	0.40
		20	4.3	
		30	15	
氮氧化物（以 NO₂ 计）	240	15	0.77	0.12
		20	1.3	
		30	4.4	
一氧化碳	—	15	75	
		20	95	
		30	160	
颗粒物	120	15	3.5	1.0
		20	5.9	
		30	23	
氯	65	25	0.52	0.40
		30	0.87	
氯化氢	100	15	0.26	0.20
		20	0.43	
		30	1.4	
氰化物	9.0	15	0.10	20 μg/m³
		20	0.17	
		30	0.59	
苯	12	15	0.50	0.40
		20	0.90	
		30	2.9	
甲苯	40	15	3.1	2.4
		20	5.2	
		30	18	
二甲苯	70	15	1.0	1.2
		20	1.7	
		30	5.9	
氰化物	20	—	—	—
氨	150	—	—	—
硫化物	80	—	—	—
二甲基甲酰胺	150	—	—	—

1. 废液控制

企业水污染物排放浓度限值应符合相关法律、法

规及 GB 8978 的规定。采用先进循环水冷却系统，冷却用水基本不排放。含油废水应进行去（除）油处理，使油水分离达到污水净化。例如，对油淬火清洗废水处理推荐采用高塔溢流回收装置，与传统刮油方法相比，溢出废油量少，并且废油中的水分较少，容易处理后再利用。当废水中污染物浓度超过相关法规规定时，应进行无害化处理。对工件盐浴淬火后的清洗废液采用浓缩加热分离法，将废水中盐加热蒸馏脱水，变成固态盐，放回盐浴淬火槽重复使用；加热产生的水蒸气用于清洗用水的加热，水蒸气冷却后变成净水，可重新用于清洗，同时实现了余热回收利用和无盐污染物排放。

不允许用稀释的方法来达到规定的浓度标准。热处理生产车间应设置污水收集装置和污水处理设施，并尽可能使处理后的污水循环再用。当污水处理设备发生故障时，应及时修复，确保废水能按标准排放。设备修复期间应采取临时措施，仍达不到排放标准则不得排放，应妥善贮存，待处理合格后方可排放。废水的监测取样应符合 GB 8978 的规定，并应注意生产工艺和排水量的变化，以使水样具有足够的代表性。

热处理企业排放废水应达到 GB 8978 中二级标准和 GB/T 30822 规定并提供证据。排放废水的 pH 为 6~9，其他限制指标见表 3-3。

表 3-3　废水中有害物质的最高容许排放浓度（摘自 GB/T 38819—2020）

有害物质	最高容许排放浓度/（mg/L）	有害物质	最高容许排放浓度/（mg/L）
悬浮物	150	铅	1.0
COD	150	锰	2.0
氰化物（以 CN⁻ 计）	0.5	钒	1.0
硫化物（以 S 计）	1.0	钡	5.0
氟化物（以 F⁻ 计）	10	氨氮	25
锌	3.0	石油类	10

对废水中亚硝酸钠必须进行无害化处理，通过专门处理后的废水中亚硝酸根含量 <25mg/L 时才可排放。

2. 固体废物的控制

热处理固体废物的收集、贮存、运输、利用和处置，应采取防扬散、防流失、防渗漏或其他防止污染环境的措施，不得擅自倾倒、堆放、丢弃、遗撒固体废物。禁止向江河、湖泊、运河、渠道、水库及其最高水位线以下的滩地和岸坡等法律、法规规定禁止倾倒、堆放废弃物的地点倾倒、堆放固体废物。危险和有害废物的鉴别应符合 GB 5085.1~GB 5085.7、GB/

T 27945.2 的规定。经鉴别确认的危险废物按 GB/T 27945.3 要求进行无害化处理。危险废物经无害化处理，鉴别合格者，可作为一般固体废物处置。对暂没有条件进行无害化处理的危险废物，应专设具有防水淋、防扩散、防渗漏的贮存场所，贮存设施应符合 GB 18597 的要求。积存的危险废物，应统一送往当地环保部门指定的单位进行处置。热处理一般固体废物应分类贮存，不得混入有害固体废物。热处理企业对于积存的一般固体废物，应按当地环保部门相关规定处置，或者交给有固体废物经营资格的单位集中处置。企业应严格控制一般性废弃物回收、保管和处理，不应对环境产生超过相关标准的影响。

3. 噪声控制

热处理车间厂界环境噪声排放应符合 GB 12348 的规定。热处理生产现场噪声值不应超过 GB/T 38819 规定的 80dB。

4. 电磁辐射控制

拥有功率超过 GB 8702 规定的豁免水平的感应加热设备的企业或个人，必须向所在地区的环境保护部门申报、登记，并接受监督。新建或购置豁免水平以上的感应加热设备的企业或个人，应事先向环境保护部门提交环境影响报告书（表）。热处理企业的厂界环境噪声排放应符合 GB 12348 及地方标准要求。热处理企业电磁辐射应符合 GB 8702 的规定。

3.2　清洁绿色热处理技术要求

绿色热处理是一种综合考虑环境影响和资源使用效率的现代制造模式，是使热处理从工艺设计、厂房、设备和工艺材料选用、生产、检验到交付、使用的整个生命周期中，对环境的负面影响最小，对人体健康无害或危害较小，资源使用效率最高，并使企业经济效益和社会效益协调优化，可持续发展。

清洁绿色热处理的技术要求及评价方法包括基本要求、热处理厂房、设备、热处理工艺材料、热处理工艺、管理体系、环境排放等要求及评价方法，适用于清洁绿色热处理企业的评价。

3.2.1　基本要求

1. 基础合规性

企业应依法设立，运营正常，近 3 年内无重大安全、环保、质量等事故。满足利益相关方的环境合理要求。新建改建企业应进行环境评价及环境检测验收并符合要求，应进行安全评价并获得安全生产标准化企业资质。

2. 管理职责

企业法人在绿色企业建设、运行和持续改进方面发挥领导作用，履行承诺。企业应设有绿色企业管理部门，负责相关的制度建设、实施、考核及奖励工作，建立目标责任制。企业应有推动绿色企业建设的中长期规划及年度目标、指标和实施方案，指标应明确且可量化。企业应普及绿色制造的概念和知识，定期为员工提供绿色制造相关知识的教育、培训，并对教育和培训的结果进行考评。

3. 人员资质要求

企业人员要求应符合 GB/T 32541 规定。企业应配备具有独立上岗能力和资格的热处理负责人、生产操作人员、设备维护人员、质量控制人员、绿色企业管理人员等从业人员。热处理负责人应为全职员工，应由具备热处理或材料工程师或相当资质的人员担任。

企业各类专业技术人员、检测人员及所有技术工人应通过专业培训，持证上岗。至少一名热处理工程师（或技师）负责生产技术。生产骨干应具有中级或以上金属热处理职业资格证书。企业应组织有关人员学习掌握和严格执行国家、行业和企业质量标准。热处理生产的各类人员应经安全卫生知识的培训教育，熟悉热处理生产过程中可能存在和产生隐患危险的有害因素，了解导致事故的条件，并根据其危害性质和途径采取相应的防范措施，并按 GB/T 11651 及有关规定正确穿戴与使用劳动保护用品。企业应建立技术培训制度和持证上岗制度，每年对职工的培训费用不低于全年营业额的 0.3%。

3.2.2　热处理厂房

1. 面积和布局

热处理厂房应有一定的高度和跨度，适应工艺操作和连续生产、设备安装和维修，同时厂房还应满足气体排放等技术要求。

厂房的建筑应从建筑材料、建筑结构、采光照明、绿化及场地、再生资源及能源利用等方面进行建筑的节材、节能、节水、节地、无害化及可再生能源利用。

热处理厂房应具有良好的通风，对产生有害物质的设备应设置专用收集和净化处理装置，符合 GB/T 27946 的要求。危险工序和强噪声作业应配备单独房间或单独的场所。厂房应有合理的生产面积，生产面积应能满足生产、工艺、设备技术要求和技术安全要求，符合安全操作规范。厂房内应合理划分待处理品、合格品、不合格品、返修品、废品等隔离摆放地。

热处理企业应配备合理的辅助区域：检验室、热工仪表室、工艺材料和辅助材料存放场地、危险化学品存放处、备件备品存放场地、工装夹具摆放场地、进料库房、成品库房及办公区等。危险化学品的贮存区域应满足 GB 15603 的要求。

各种仪表应远离灰尘、腐蚀性烟气和振动地方，环境温度符合仪表工作环境条件要求，保证仪表正常运行。热处理厂房推荐采用计算机集散控制或仪表集中控制。

2. 作业环境温度

热处理作业环境温度夏季一般不高于当地气温的 10℃，冬季温度应不低于 10℃。检验室温度一般为 10~35℃，具体温度应按各检验仪器设备的工作环境条件要求执行。

3. 照明和采光

生产厂区及各房间或场所白天一般使用自然光。需要照明时，灯的功率密度、照度、照度均匀度、炫光限制、光源颜色、反射比及照明标准值等应符合 GB 50034 规定。

不同场所的照明应进行分级设计，使用节能光源。热处理作业区光照度应不低于 300lx，必要时可在仪表柜加装单独照明。检验区域的光照度应不低于 500lx。厂房应备有应急照明灯。

公共场所的照明应采取分区、分组与定时自动调光等措施。

4. 规范化管理

热处理企业生产流程应单向有序、合理，工件顺序流动。各热处理区域、各功能区域、安全通道应有清晰和明确的标识，生产现场应将不同热处理状态的工件分类摆放并标识，避免工件错误处理和批次间的混淆。安全通道应保持通畅，不得有任何障碍物。现场实行设备、物料、工装、工具等的定置化管理，环境整洁，文明生产。

3.2.3 设备

1. 总则

应采用国家鼓励的热处理设备，包括真空炉、可控气氛炉、全纤维炉衬加热炉、晶体管感应加热装置、等离子热处理炉、空气循环电炉、计算机数字化智能化控制系统、可控淬火冷却系统、真空清洗机、高效节能型空气换热器等。少无氧化的热处理加热设备比例应达到 80% 以上。

不应采用国家明令淘汰的落后工艺装备，如铅浴炉、氯化钡盐浴炉、插入式电极盐浴炉、重质耐火砖炉衬热处理炉、中频发电机感应加热电源等。

重视设备的更新改造。具有设备更新改造的近期计划和中长期规划，役龄在 10 年以上的热处理设备应进行更新改造。购置新设备应选用符合 GB/T 33761 有关规定的绿色热处理设备产品。

2. 加热设备

（1）热处理加热设备性能要求　加热炉应采用双偶控温系统，温度测量系统在正常使用状态下定期进行系统准确度校验。控温系统和系统准确度校验按 GB/T 32541 规定执行。现场使用的热电偶和仪表应定期检验合格，并在有效期内使用。各类热处理炉有效加热区温度均匀性及其控温仪表、记录仪表的准确度级别应符合 GB/T 9452 和 GB/T 32541 的规定。热处理加热设备类别、有效加热区温度均匀性及控温仪表准确度级别、记录仪表准确度级别见表 3-4。真空热处理炉冷态压升率≤0.67Pa/h，离子热处理设备压升率≤7.8Pa/h。

表 3-4　热处理加热设备类别、有效加热区温度均匀性及控温仪表准确度级别、记录仪表准确度级别（摘自 GB/T 32541—2016）

设备类别	温度均匀性/℃	控温仪表准确度/级别	记录仪表准确度/级别
I	±3	0.1	0.1
II	±5	0.2	0.2
III A	±8	0.5	0.5
III	±10	0.5	0.5
IV	±15	0.5	0.5
V	±20	0.5	0.5
VI	±25	1.0	1.0

（2）热处理加热设备可靠性要求

1）1 年内不应出现因设计制造不当造成的一类故障（在生产中发生必须停炉降温检修的故障）。

2）6 个月内不应出现因设计制造不当造成的二类故障（在生产中炉内发生可在不影响生产的情况下迅速修复的故障）。

3）1 个月内不应出现超过 3 次的三类故障（在生产中发生属于只需稍作坚固或调整即可解决的故障）。

热处理设备主要元器件可靠性要求见表 3-5。

（3）加热设备的能源消耗

1）单位产品能耗：热处理设备可比用电单耗应符合 GB/T 15318 要求。产品可比用电单耗的测试首先应计算在一个生产周期内供给该电炉本体加热元件的电能量和直接用于该电炉的附加装置的耗电量合计的实际消耗电能量 W（kW·h），以及电炉一个生产周期热处理的各种合格产品（工件）的实际质量

m_i（kg），其中 $i = 1，2，3，\cdots，n$，为产品（工件）品种，计算得到总折合质量 m_Z：

$$m_Z = \sum_{i=1}^{n} m_i K_1 K_2 \qquad (3\text{-}1)$$

式中　K_1——产品（工件）工艺材质折算系数，按表 3-6 确定；

　　　　K_2——常用热处理工艺折算系数应符合 GB/T 17358 的规定，按表 3-7 确定。

表 3-5　热处理设备主要元器件可靠性要求

（摘自 GB/T 38819—2020）

设备名称	元器件可靠性指标	
	主要部件	寿命或大修期
箱式炉、井式炉和台车炉	加热元件寿命	≥2 年
	加热炉炉衬大修期	≥4 年
连续式热处理炉	加热元件寿命	≥1 年
	加热炉炉衬大修期	≥4 年
箱式多用炉	加热元件寿命	≥1 年
	加热炉炉衬大修期	≥4 年
网带炉	炉罐、加热元件和网带寿命	≥1 年
推杆炉	辐射管使用寿命	≥1 年
	渗碳炉炉衬使用寿命	≥5 年
大型井式渗碳炉	炉罐使用寿命	≥3 年
	导风筒使用寿命	≥2 年
	搅拌风扇使用寿命	≥1 年
	耐火纤维炉衬	≥3 年
	加热元件	≥10000h
精密渗氮炉	炉罐、加热元件寿命	≥2 年
	加热炉炉衬的大修期	≥5 年
底装料立式多用炉	加热元件、炉罐、风机和导风系统的寿命	≥1 年
	加热炉炉衬大修期	≥4 年
真空热处理炉	加热元件	≥2 年
	隔热屏	≥2 年
	真空泵	≥1 年
	电源及炉壳体	≥5 年
感应加热设备	无故障时间	≥3000h
	使用寿命	≥8 年

表 3-6　产品（工件）工艺材质折算系数

（K_1）（摘自 GB/T 15318—2010）

工件材质	低中碳钢或低中碳合金结构钢	合金工具钢	高合金钢	高速钢
合金元素总含量 $w(\%)$	≤5	5~10	≥10	—
K_1	1.0	1.2	1.6	3.0

测试周期内的合格产品的可比用电单耗 b_k（kW·h/kg）按式（3-2）计算：

$$b_k = W / m_Z \qquad (3\text{-}2)$$

表 3-7　常用热处理工艺折算系数

（K_2）（摘自 GB/T 15318—2010）

热处理工艺	K_2
淬火	1.0
正火	1.1
退火	1.1
球化退火	1.3
去应力退火	0.6
不锈钢固溶热处理	1.8
铝合金固溶热处理	0.6
高温回火（>500℃）	0.6
中温回火（250~500℃）	0.5
低温回火（<250℃）	0.4
时效（固溶热处理后）	0.4
气体渗碳淬火（渗层深 0.8mm）	1.6
气体渗碳淬火（渗层深 1.2mm）	2.0
气体渗碳淬火（渗层深 1.6mm）	2.8
气体渗碳（渗层深 2.0mm）	3.8
真空渗碳（渗层深 1.5mm）	2.0
气体碳氮共渗（渗层深 0.6mm）	1.4
气体氮碳共渗	0.6
气体渗氮（渗层深 0.3mm）	1.8
—	—

对于一个生产周期，按测定和计算得出的结果，常规周期式箱式炉的产品可比用电单耗 b_k 应小于或等于 0.550kW·h/kg，其他炉型应符合表 3-8 规定。

表 3-8　常规热处理炉型产品的可比用电单耗

（摘自 GB/T 15318—2010）

炉型	b_k/(kW·h/kg)
密封箱式多用炉	0.660
真空淬火炉	0.850
流态炉	0.900
盐浴炉	1.100
常规连续式炉	0.500
可控气氛连续式炉	0.600

2）炉体表面温升：在额定温度下工作的热处理炉表面温升应符合表 3-9 中的规定。炉体表面温升测定按 GB/T 10066.4 的有关规定执行。

3）空炉升温时间：热处理炉空炉升温时间应符合表 3-10 的规定。空炉升温时间测定和计算按 GB/T 10066.4 的有关规定执行。

4）空炉损耗功率比：热处理炉空炉损耗功率比应符合表 3-11 的规定。空炉损耗功率比（R）是空炉损耗功率（P_0）与额定功率（P_e）的百分比，即 $R = (P_0/P_e) \times 100\%$。空炉损耗功率比的测定和计算按 GB/T 10066.4 的有关规定执行。

表 3-9　表面温升（摘自 GB/T 38819—2020）

炉型	额定温度/℃	表面温升/℃	
		炉壳	炉门或炉盖
间歇式电阻炉（箱式炉、井式炉、台车炉、密封箱式多用炉、底装料立式多用炉、罩式炉、电热浴炉等）	350	≤33	≤35
	650	≤35	≤40
	950	≤40	≤55
	1200	≤50	≤60
	1350	≤60	≤70
	1500	≤70	≤80
连续式炉（网带式、链带式、推送式、辊底式等）	650	≤40	≤50
	950	≤45	≤60
	1100	≤50	≤60
真空电阻炉	内热式 ≤1350	≤25	≤25
	外热式 ≤1000	≤40	≤40

表 3-10　空炉升温时间（摘自 GB/T 38819—2020）

炉型	额定温度/℃	有效加热容积/m³	升温时间/h
箱式炉	950	≤0.2	≤0.5
		0.2~1.0	≤1.0
		1.0~2.5	≤1.5
	1200	≤0.2	≤1.5
		0.2~1.0	≤2.0
		1.0~2.5	≤2.5
台车炉	950	≤0.75	≤1.2
		0.75~1.50	≤1.5
		1.50~3.00	≤2.0
井式炉	750	≤0.3	≤0.5
		0.3~1.0	≤1.0
		1.0~2.5	≤1.5
	950	≤0.2	≤1.0
		0.2~1.0	≤1.5
		1.0~2.5	≤2.0
底装料立式多用炉	950	≤0.2	≤1.0
		0.2~1.0	≤2.0
		1.0~2.5	≤2.5

3. 冷却设备和冷处理设备

淬火冷却系统通常包括淬火冷却槽或淬火机床、淬火工件移动装置、循环搅拌装置、冷却器、加热器，以及通风设备、安全防火设施和除去槽中污物的装置等。

淬火冷却设备设置应满足技术文件对工件淬火转移时间的规定。淬火冷却设备的容积要适应连续淬火和工件在槽中移动的需要，槽液液面应可控和显示，按需要配置溢流装置。淬火冷却设备一般应配备防护、通风排烟及防火装置。淬火冷却设备循环搅拌装置可选用循环泵、机械搅拌或喷射对流装置等，不应采用空气搅拌。压力淬火装置应配置温度、淬火压力、流量等控制和报警装置。淬火冷却设备根据需要配置冷却器、加热器，满足淬火冷却介质的使用要求，

表 3-11　空炉损耗功率比（摘自 GB/T 38819—2020）

小类名称	系列名称	额定功率/kW	额定温度/℃	空炉损耗功率比（%）
间歇式电阻炉	箱式炉	≤75	950	≤20
		>75	950	≤18
	井式炉	≤75	950	≤19
		>75	950	≤18
	台车炉	≥65	950	≤20
	密封箱式多用炉	≥75	950	≤18
	底装料立式多用炉	≥75	950	≤17
	罩式炉	≥90	950	≤20
	电热浴炉	≥30	950	≤33
连续式电阻炉	网带式、链带式、推送式、辊底式等连续式炉	≥60	950	≤30
真空电阻炉	真空淬火炉、真空回火炉、真空热处理和钎焊炉、真空烧结炉、真空渗碳炉、真空退火炉	≥40	950	≤23

注：当额定温度低于 800℃时，空炉损耗功率比乘以系数 0.9；当额定温度高于 1050℃时，空炉损耗功率比乘以系数 1.15。

应配备分辨力不低于 3℃的测温仪表。冷处理设备应符合 GB/T 25743 中的深冷处理设备技术要求。

4. 计量和检测设备

企业应依据 GB 17167、GB 24789 等要求配备、使用和管理能源、水及其他资源的计量器具和装置。当能源及资源使用的类型不同时，应进行分类计量。

热处理企业应配置能耗、水耗、各种用气的计量器具和装置总表，每台用能设备应配置水、电或燃料、各种用气的计量仪表。可控气氛及真空渗碳热处理设备应安装渗剂和载气消耗计量表。

企业应具有保证产品质量的检测设备、检测仪器及手段，配备金相分析和硬度检测手段，必要时按照专业技术需要配置相应的材料成分分析、力学性能及物理性能测试手段，按照检定规程和检定周期检定合格并在有效期内使用。

5. 清洗设备及废物处理要求

（1）对清洗设备要求　清洗设备不应对热处理工件产生有害影响。清洗设备应配有废油、废盐、废溶剂等废物回收处理装置。有温度要求的清洗设备，应配备分辨力不大于 5℃的测温仪表。

（2）对废物处理要求　应对燃气加热产生的废气废热进行回收，预热空气达到 300℃以上，或者采用蓄热式燃烧技术。采用先进循环水冷却系统，冷却用水基本不排放。应通过废气收集处理设备收集和处理热处理设备产生的废气，达标后排放。对渗氮或氮

碳共渗废气应先裂解后排放或采用点燃方式处理。对工件盐浴淬火后的清洗废液采用浓缩加热分离法，将废水中盐加热蒸馏脱水，变成固态盐，放回盐浴淬火槽重复使用；加热产生的水蒸气用于清水用水的加热，水蒸气冷却后变成净水，可重新用于清洗，同时实现了余热回收利用和无盐污染物排放。对油淬火清洗废水处理，推荐采用高塔溢流回收装置。

6. 热处理设备信息化与智能化

热处理设备可采用集散式控制，具有信息采集系统、设备工艺优化系统、设备能效检测系统、设备运行状态测量系统，并具有远程故障诊断功能。

7. 绿色热处理设备产品性能指标

表 3-12 列出了绿色真空热处理炉的指标要求。

表 3-13 列出了绿色可控气氛热处理炉及生产线的指标要求。

表 3-14 列出了绿色离子渗氮炉的指标要求。

表 3-15 列出了绿色感应淬火装置的指标要求。

表 3-16 列出了绿色真空清洗机的指标要求。

表 3-12　绿色真空热处理炉的指标要求（摘自 GB/T 38819—2020）

试验项目	试验方法及要求	备注
温度均匀性测量	GB/T 30825，符合 Ⅱ 类炉要求；300~500℃ 范围，≤±5℃；500℃ 以上，≤±4℃	性能试验
系统精度校验	GB/T 30825，符合 Ⅱ 类炉要求；≤±1.7℃ 或读数的 0.3%（取最大值）	性能试验
压升率	GB/T 10066.1，≤0.4Pa/h	性能试验
炉温控温精度	GB/T 10066.4，≤±1℃	性能试验
仪表系统类型	GB/T 30825，D 型以上	性能试验
炉体表面温升	GB/T 10066.4，≤室温+20℃	节能性能
空炉损耗功率比	GB/T 15318，一等（≤25%）	节能性能
热效率	GB/Z 18718，50% 以上	节能性能
全项目	符合 GB/T 22561、JB/T 11810 和 JB/T 11809 规定	性能试验

表 3-13　绿色可控气氛热处理炉及生产线的指标要求（摘自 GB/T 38819—2020）

试验项目	试验方法及要求	备注
温度均匀性测量	GB/T 30825，符合 ⅢA 类炉要求	性能试验
系统精度校验	GB/T 30825，符合 ⅢA 类炉要求±2.2℃ 或最高工作温度的 0.4%	性能试验
仪表系统类型	GB/T 30825，D 型以上	性能试验
热效率	GB/Z 18718，50% 以上	性能试验
炉体表面温升	GB/T 15318，额定温度为 750℃，要求表面温升 ≤40℃；额定温度 950℃，要求表面温升 ≤50℃；额定温度 1200℃，要求表面温升 ≤60℃	性能试验
空炉损耗	GB/T 15318，周期式炉，≤20%；连续式炉，≤30%	节能性能
精密气体渗氮	GB/T 32540	性能试验
可控气氛底装料立式多用炉	JB/T 11806	性能试验
网带炉生产线	JB/T 10897	性能试验
可控气氛密封多用炉	JB/T 10895	性能试验
推杆式可控气氛渗碳	JB/T 10896	性能试验
大型可控气氛井式渗碳炉	JB/T 11077	性能试验

表 3-14　绿色离子渗氮炉的指标要求（摘自 GB/T 38819—2020）

试验项目	试验方法及要求	备注
全项目	GB/T 34883	性能试验
电源的转换效率	≥80%	节能性能
炉压控制	炉压采用闭环控制，控制精度±1Pa	节能性能
渗氮介质	采用高纯氮气和氢气作为渗氮介质	环保性能

表 3-15　绿色感应淬火装置的指标要求（摘自 GB/T 38819—2020）

试验项目	试验方法及要求	备注
全项目	GB/T 34882	性能试验
加热电源效率	输出电力与输入电力的比值，≥90%	节能性能
淬火感应器加热后产生的烟雾需要有收集净化装置	符合 GB/T 30822	环保性能
淬火感应器发生触碰需有报警与回路保护装置	符合 GB 15735	性能试验

表 3-16　绿色真空清洗机的指标要求（摘自 GB/T 38819—2020）

试验项目	试验方法及要求	备注
全项目	JB/T 11808,工件干燥采用真空干燥方式,干燥真空度≤6500Pa	性能试验
废油回收率	≥90%	环保性能
压升率	GB/T 10066.1,≤10Pa/h	性能试验
清洗周期	≤60min	性能试验

3.2.4　热处理工艺材料

1）应选用无毒无害的环保型工艺材料,满足 GB/T 338、GB/T 536、GB/T 8979、JB/T 4393、JB/T 6955、JB/T 7530、JB/T 9202、JB/T 9209 或 SH/T 0553 等相关规定的要求。重要工艺材料在使用前应复检,达到合格才能使用。

2）应制订热处理工艺材料供应商管理程序,定期审核供应商的质量保证体系,并验证其质量稳定性和交付能力。

3）应正确使用工艺材料,建立相关的程序或过程规范,规定其化学和物理特性、采购管理、使用方法、存贮方式、运输要求、应急预案等要求。

4）工艺材料在使用中不应对热处理工件、工装、仪器设备、环境、操作人员等产生有害影响。

5）应定期分析和检验各种槽液,保证满足使用要求。常用热处理槽液的技术要求和分析化验周期见表 3-17。其他淬火冷却介质的定期分析和检验应符合供应商的要求。

表 3-17　槽液技术要求和分析化验周期

（摘自 GB/T 38819—2020）

名称	技术条件	分析周期[1]/月
冷却硝盐浴	硫酸根 ≤0.2%,氯离子 ≤0.5%,总碱度 ≤0.05%	2
淬火油	运动黏度[40℃(15.3～35.2)×10^{-6}m/s],闪点(开口)不低于 160℃,水 ≤0.05%,腐蚀(T-3 铜片)合格,冷却特性	2

① 分析周期可采用累计工作时间计算,最长不超过半年,连续两个周期合格者可以延长一个周期。

3.2.5　热处理工艺

1）优先采用真空热处理、可控气氛热处理、感应热处理、离子热处理等少无氧化热处理工艺,不应采用盐浴加热热处理,少无氧化热处理工艺应达到 80% 以上。

2）采用精密化学热处理技术对炉内气氛和热处理过程进行精确控制,包括碳势可控的渗碳、碳氮共渗及保护热处理,氮势可控的渗氮和氮碳共渗等,碳势控制精度 $C_p \leqslant \pm 0.05\%$,氮势控制精度 $N_p \leqslant \pm 0.1\%$。企业精密化学热处理工艺应达到 50% 以上。

3）热处理工艺对有效加热区温度均匀性提出了不同要求,常用热处理工艺对热处理炉炉温均匀性要求见表 3-18。使用的热处理设备有效加热区温度均匀性应满足工艺要求。工件应确保装载在有效加热区内。

表 3-18　常用热处理工艺对热处理炉炉温均匀性要求

热处理工艺	对热处理炉炉温均匀性要求/℃
淬火	≤±10
回火	≤±10
正火	≤±15
退火	≤±15
球化退火	≤±10
均匀化退火	≤±10
不锈钢热处理	≤±10
高温合金热处理	≤±10
铝合金热处理	≤±5
真空热处理	淬火、回火、时效≤±5,退火、固溶≤±10
气体渗碳	≤±10
气体渗氮	≤±5

4）热处理工艺和过程控制应符合 GB/T 32541 有关规定。

5）企业在节能方面应贯彻执行 GB/T 10201、GB/Z 18718、GB/T 15318、GB/T 17358 和 GB/T 19944 的规定。在保证质量和性能要求前提下,根据节能要求优化热处理工艺,包括采用局部热处理代替整体热处理,采用中碳或高碳结构钢感应淬火代替渗碳淬火、铸锻余热热处理,激光等高能束加热热处理代替炉内加热热处理等节约热处理。

6）各种热处理工艺在额定工况下所允许的能耗最高值应执行相关能耗限值标准。根据不同的热处理产品,按可比用能单耗,将生产的合格产品折算成可比标准产品（折合质量）,计算得出实际生产耗能量与产品折合质量的比值。各种典型的热处理工艺能耗限定值见表 3-19。

表 3-19　热处理工艺能耗限定值

热处理工艺	热处理能耗分等/（kW·h/t）		
	一等	二等	三等
淬火	≤220	≤250	≤280
正火	≤240	≤275	≤310
退火	≤240	≤275	≤310
不锈钢固溶热处理	≤395	≤450	≤505
铝合金固溶热处理	≤130	≤150	≤170
高温回火（>500℃）	≤130	≤150	≤170
中温回火（250~500℃）	≤110	≤125	≤140
气体渗碳淬火（渗层深 0.8mm）	≤350	≤400	≤450
气体渗碳淬火（渗层深 1.2mm）	≤440	≤500	≤560
真空渗碳（渗层深 1.5mm）	≤440	≤500	≤560
气体碳氮共渗（渗层深 0.6mm）	≤310	≤350	≤390
气体氮碳共渗	≤130	≤150	≤170
气体渗氮（渗层深 0.3mm）	≤395	≤450	≤505
离子渗氮	≤330	≤375	≤420
感应淬火	≤110	≤125	≤140

注：表中的三等是对应工艺的能耗限定值，二等能耗代表了国内先进水平，一等能耗代表了国际先进水平。

3.3　清洁绿色热处理工厂

3.3.1　绿色工厂

GB/T 36132—2018 给出了绿色工厂的定义，即实现了用地集约化、原料无害化、生产洁净化、废物资源化、能源低碳化的工厂。

根据 GB/T 36132—2018 对绿色工厂基本要求的总则，绿色热处理工厂应在保证产品功能、热处理质量以及生产过程中人的职业健康安全的前提下，引入全生命周期思想，优先选用绿色原料、工艺、技术和设备，满足基础设施、管理体系、能源与资源投入、设备、工艺、环境排放等要求，并进行持续改进。

3.3.2　基本要求

1. 合规性要求

工厂应依法设立，在建设和生产过程中应遵守有关法律、法规、政策和标准；应无产业结构调整指导目录中规定的落后装备。近三年（含成立不足三年）无较大安全、环保、质量等事故。工厂能源消耗指标应满足热处理能耗限额标准限定值的要求，达到行业先进水平。工厂各种污染物排放指标应符合国家现行有关标准对热处理行业的要求。新建改建工厂应进行环境评价及环境检测验收并符合要求，还应进行安全评价并获得安全生产标准化企业资质。

2. 对最高管理者的要求

1）最高管理者应实现在绿色工厂方面的领导作用和承诺：对绿色工厂的有效性负责；确保建立绿色工厂建设、运维的方针和目标，并确保其与组织的战略方向及所处的环境一致；确保将绿色工厂要求融入组织的业务过程；确保可获得绿色工厂建设、运维所需的资源；就有效开展绿色制造的重要性和符合绿色工厂要求的重要性进行沟通；确保工厂实现其开展绿色制造的预期效果；指导并支持员工对绿色工厂的有效性做出贡献；支持其他相关管理人员在其职责范围内证实其领导作用；促进持续改进。

2）应确保在工厂内部分配并沟通与绿色工厂相关角色的职责和权限：包括确保工厂建设、运维符合 GB/T 36132—2018 的要求；收集并保持工厂满足绿色工厂评价要求的证据；向最高管理者报告绿色工厂的绩效。

3. 对工厂基础管理的要求

工厂的基础管理应满足 GB/T 36132—2018 中 4.3.2 的要求，即应设有绿色工厂管理机构，负责绿色工厂的制度建设、实施、考核及奖励工作，建立目标责任制；应有开展绿色工厂中长期规划及年度目标、指标和实施方案，可行时，指标应明确且可量化；应传播绿色制造的概念和知识，定期为员工提供绿色制造相关知识的教育、培训，并对教育和培训的结果进行考评。

4. 能源与资源投入

（1）能源投入　工厂应优化生产结构和用能结构，在保证安全、质量的前提下减少能源投入。工厂应采用先进、适用的节能技术和装备，减少能源消耗；应加强余热、余压、余能等二次能源回收利用，提高能源效率；宜使用低碳清洁的新能源。

（2）资源投入　工厂宜综合考虑生产成本、原燃料的条件，减少原材料的使用。工厂应采用先进、适用的节水利用技术和装备，减少水等资源消耗，淘汰落后的用水工艺设备；宜回收利用废水、废气等资源，替代原燃料资源。

（3）采购　工厂应制订并实施包括环保要求的选择、评价和重新评价供方的准则。工厂宜向供方提供的采购信息应包含有害物质限制使用、可回收材料使用、能效等环保要求；宜确定并实施检验或其他必要的活动，以确保采购的产品满足规定的采购要求。

3.3.3　绿色热处理企业要求

绿色热处理工厂的建设最终落实于热处理企业，对绿色热处理企业的要求见表 3-20。

表 3-20　对绿色热处理企业的要求

类别	项目	要求
基本要求	基础合规性	企业应依法设立,近 3 年内无重大安全、环保、质量等事故。满足利益相关方的环境合理要求。新建改建企业应进行环境评价及环境检测验收并符合要求,应进行安全评价,并获得安全生产标准化企业资质
	管理职责	企业负责人在绿色企业建设、运行和持续改进方面发挥领导作用,履行承诺。企业应设有绿色企业管理部门,负责相关的制度建设、实施、考核及奖励工作,建立目标责任制。应有推动绿色企业建设的中长期规划及年度目标、指标和实施方案,指标应明确且可量化。企业应普及绿色制造的概念和知识,定期为员工提供绿色制造相关知识的教育、培训,并对教育和培训的结果进行考评
	人员资质要求	企业人员应符合 GB/T 32541 规定的要求。企业应配备具备独立上岗能力和资格的热处理负责人、生产操作人员、设备维护人员、质量控制人员、绿色企业管理人员等从业人员。热处理负责人应该为全职员工,应由具备热处理或材料工程师或相当资质的人员担任。企业各类专业技术人员和检测人员应通过专业培训,持证上岗。至少一名热处理工程师(或技师)负责生产技术。生产骨干应具有中级或以上热处理职业资格证书。企业应组织有关人员学习掌握和严格执行国家、行业和企业质量标准。企业应建立技术培训制度和持证上岗制度,所有技术工人应通过专业培训,持证上岗。每年对职工的培训费用不低于全年营业额的 0.3%
热处理厂房	面积和布局	热处理企业厂房应有合理的生产面积和辅助面积。生产面积应能满足生产、工艺、设备技术要求和技安要求,符合安全操作规范。热处理企业应有待处理品、合格品、不合格品、返修品、废品等隔离摆放场地和措施。热处理企业应具备合理的辅助面积:检验室、热工仪表室、工艺材料和辅助材料存放场地、危险品存放处、备件备品存放场地、工夹具存放场地、进料库房、成品库房,以及办公和生活条件等。热处理厂房应有一定的高度和跨度,适应工艺操作和连续生产、设备安装和维修,以及有害气体排放等技术要求 热处理厂房应具有良好通风,产生有害物质的设备还要设置专门收集和净化处理装置,危险工序和强噪声作业应有单独隔开房间。各种仪表应远离灰尘、腐蚀性烟气和振动地方,环境温度符合仪表工作环境条件要求,保证仪表正常运行,热处理厂房推荐采用计算机集散控制或仪表集中控制
	作业温度	热处理作业温度夏天一般不超过当地气温的 10℃,冬季温度不低于 10℃。检验室温度应在 10~35℃内
	照明和采光	企业厂区及各房间或场所的照明应尽量考虑使用自然光,功率密度、照度、照度均匀度、炫光限制、光源颜色、反射比及照明标准值等应符合 GB 50034 规定。不同场所的照明应进行分级设计,使用节能光源。热处理作业区光照度应不低于 300lx,必要时可在仪表柜加装单独照明。检验区域的光照度应不低于 500lx。厂房应备有应急照明灯。公共场所的照明应采取分区、分组与定时自动调光等措施
	规范化管理	热处理企业生产流程应单向有序、合理,工件顺序流动。生产现场要把不同热处理状态的工件分开,分别摆放。现场实行设备、物料、工装、工具等的定置化管理。生产现场标识清楚、明显,环境整洁、文明生产
设备	总则	应采用国家提倡的热处理设备,如真空炉、可控气氛炉、全纤维炉衬加热炉、晶体管感应加热装置、等离子炉、空气循环电炉、智能化控制系统、可控淬火冷却系统、真空清洗技术和装备、高效节能型空气换热器等。少无氧化的热处理加热设备比例应达到 80% 以上。热处理装备不应有国家明令淘汰的落后工艺装备,如热处理铅浴炉、热处理氯化钡盐浴炉、插入式电极盐浴炉、重质耐火砖炉衬热处理炉、中频发电机感应加热电源等。重视设备的更新改造,具有设备更新改造的近期计划和中长期规划,役龄在 10 年以上的热处理设备应进行更新改造。购置新设备时应选用绿色热处理设备产品,绿色热处理设备产品应符合 GB/T 33761 有关规定
	加热设备	加热炉应采用双偶控温系统,温度测量系统在正常使用状态下定期进行系统准确度校验。控温系统和系统准确度校验按 GB/T 32541 规定执行。现场使用的热电偶和仪表应定期检验合格,并在有效期内使用 各类热处理炉有效加热区温度均匀性及其控温仪表、记录仪表的准确度级别应符合 GB/T 9452 和 GB/T 32541 的规定要求。真空热处理炉压升率 ≤0.67Pa/h,离子热处理设备压升率 ≤7.8Pa/h。热处理设备和元器件可靠性符合 GB/T 38819 的规定。热处理设备的单位产品能耗、炉体表面温升、空炉升温时间、空炉损耗功率比应符合 GB/T 38819 的相关规定

（续）

类别	项目	要求
设备	冷却设备和冷处理设备	淬火冷却系统通常包括淬火冷却槽或淬火机床、淬火工件移动装置、循环搅拌装置、冷却器、加热器，以及通风设备、安全防火设施和除去槽中污物的装置等。淬火冷却设备设置应满足技术文件对工件淬火转移时间的规定。淬火冷却设备的容积要适应连续淬火和工件在槽中移动的需要，槽液液面应可控和显示，按需要配置溢流装置。淬火冷却设备一般应具有防护、通风排烟及防火措施。淬火冷却设备循环搅拌装置可选用循环泵、机械搅拌或喷射对流装置等，不允许用空气搅拌。压力淬火装置应配置温度、淬火压力、流量等控制和报警装置。淬火冷却设备根据需要配置冷却器、加热器，满足淬火冷却介质的使用要求，应配备分辨力不低于 3℃ 的测温仪表。冷处理设备应符合 GB/T 25743 规定的深冷处理设备技术要求
	计量检测设备	企业应依据 GB 17167、GB24789 等要求配备、使用和管理能源、水及其他资源的计量器具和装置。当能源及资源使用的类型不同时，应进行分类计量。企业应配置能耗、水耗、各种用气的计量器具和装置总表，每台用能设备应配置水、电或燃料、各种用气的计量仪表。可控气氛及真空渗碳热处理设备应安装渗剂和载气消耗计量表。企业应具有保证产品质量的检测设备、检测仪器及手段，配备金相分析和硬度检测手段，必要时按照专业技术需要配置相应的材料成分分析、力学性能及物理性能测试手段，按照检定规程和检定周期进行检定，并在合格有效期内使用
	清洗设备及废物处理	清洗设备不应对热处理工件产生有害影响，清洗后工件表面质量应符合工艺文件要求。清洗设备应配有废油、废盐、废溶剂等废物回收处理装置。有温度要求的清洗设备，应配备分辨力不大于 5℃ 的测温仪表。对燃料加热设备燃烧产生的废气废热应回收利用，预热空气达到 300℃ 以上，或者采用蓄热式燃烧技术。采用先进循环水冷却系统，冷却用水基本不排放。采用空气换热器代替水换热，并将换热后空气用于生产或生活中需要加热的场所。对热处理设备产生的废气应通过废气收集处理设备收集、处理，达标后排放。对渗氮或氮碳共渗产生的废气应先裂解后排放或点燃。对盐浴淬火后的清洗废液采用浓缩加热分离法，将废水中盐加热蒸馏脱水，变成固态盐，放回盐浴淬火槽重复使用；加热产生的水蒸气用于清洗用水的加热，水蒸气冷却后变成净水，可重新用于清洗，同时实现了余热回收利用和无盐污染物排放。对油淬火清洗废水处理推荐采用高塔溢流回收装置，与传统刮油方法相比，溢出废油量少且废油中的水分较少，容易处理后再利用
	设备信息化与智能化	热处理设备一般实现集散式控制，具有信息采集系统、设备工艺优化系统、设备能效检测系统、设备运行状态测量系统，并具有远程故障诊断功能
热处理工艺材料	工艺材料	应选用无毒无害的环保型工艺材料，满足 GB/T 338、GB/T 536、GB/T 8979、JB/T 4393、JB/T 6955、JB/T 7530、JB/T 9202、JB/T 9209 或 SH/T 0553 等相关规定的要求。重要工艺材料在使用前应复检，达到合格才能使用。应制订热处理工艺材料供应商管理程序，定期审核供应商的质量保证体系，并验证其质量稳定性和交付能力。热处理过程中应正确使用工艺材料，建立相关的程序或过程规范，规定其化学/物理特性、采购管理、使用方法、存贮方式、运输要求、应急预案等要求 工艺材料使用时不能对热处理工件、工装、仪器设备、环境、操作人员等产生有害影响 对各种槽液应定期分析和检验，保证满足使用要求。常用热处理槽液的技术要求和分析化验周期应符合表 3-17 的规定。其他淬火冷却介质的定期分析和检验应符合供应商的要求
热处理工艺	热处理工艺要求	优先采用真空热处理、可控气氛热处理、感应热处理、离子热处理等少无氧化热处理工艺，不应采用盐浴加热热处理，少无氧化热处理工艺应达到 80% 以上 采用精密化学热处理技术对炉内气氛和热处理过程进行精确控制，包括碳势可控的渗碳、碳氮共渗及保护热处理，氮势可控的渗氮和氮碳共渗等，碳势控制精度 $C_p \leqslant \pm 0.05\%$，氮势控制精度 $N_p \leqslant \pm 0.1\%$。企业精密化学热处理工艺应达到 50% 以上 热处理工艺对有效加热区温度均匀性提出不同要求，常用热处理工艺对热处理炉炉温均匀性要求应符合表 3-18 的规定。使用的热处理设备有效加热区温度均匀性应满足工艺要求。工件应确保装载在有效加热区内 热处理工艺和过程控制应符合 GB/T 32541 有关规定 企业在节能方面应贯彻执行 GB/T 10201、GB/Z 18718、GB/T 15318、GB/T 17358 和 GB/T 19944 的规定。在保证质量和性能要求前提下，根据节能要求优化热处理工艺，包括采用局部热处理代替整体热处理、采用中碳或高碳结构钢感应淬火代替渗碳淬火，铸锻余热热处理，激光等高能束加热热处理代替炉内加热热处理等节约热处理

（续）

类别	项目	要求
管理体系	质量管理体系	企业应具有质量管理体系和健全科学的企业管理制度,取得 GB/T 19001 或 GJB 9000B 认证证书,特种行业的企业还须取得该行业（专业）的质量管理体系认证证书,如 GB/T 18305 等认证证书。认证证书应在合格有效期内,并确保制订的质量管理体系各项要求得到有效实施和持续改进 企业通过 GB/T 32541 热处理质量控制体系评审并达标验收 热处理批量生产的产品质量一次交验合格率应达到 98% 以上,单件生产的产品质量一次交验合格率应达到 100%,废品率不大于 0.5%
	环境管理体系	严格贯彻执行 GB/T 24001、GB 8978、GB 16297、GB 9078、GB 15735、GB/T 27946、GB/T 27945.1、GB/T 27945.3 和 GB/T 30822 等国家和行业有关环境保护和清洁生产标准,定期开展清洁生产审核并通过评估验收。热处理加工企业应通过环境管理体系认证 热处理企业应配套建立废气、废水、固体有害废弃物及噪声等收集、处理设施,达标后排放并提供证据 热处理企业应取得环保部门的环评验收合格报告,提供所在地区排水、环保、卫生监督部门或具有相应资质的第三方检测机构测定的水排放合格报告、烟气排放合格报告、生产厂房内空气中尘毒物质浓度合格报告、生产场所噪声强度与电磁辐射强度合格报告等,应按照环境影响评估报告书（表）及其批复、国家或地方污染物排放（控制）标准、环境监测技术规范的要求,制订自行监测方案,开展监测工作并按要求公开监测信息
	能源管理体系	企业应建立能源管理体系,通过能源管理体系认证、能效管理认证,建立节能计量、统计管理制度,符合 GB/T 23331、GB/Z 18718、GB/T 10201、GB/T 17358 和 GB/T 19944 等规定的要求 企业应设置系统完善的能耗和水耗及其他资源的计量器具和装置,开展实施有效的能源计量、统计管理 企业应设有能源管理员,受企业总经理直接领导,负责能源管理工作,按管理规定定期检查、分析企业能源利用情况,并提出报告 企业应优化用能结构,在保证安全、质量的前提下减少能源投入,宜使用可再生能源替代不可再生能源 热处理能耗指标达到 ≤2500kW·h/万元或综合平均能耗 ≤480 kW·h/t。热处理水耗指标达到 ≤0.3m³/t
	安全卫生管理体系	依据相关的标准、法律法规,结合企业实际情况,制订并采取措施,严格执行保障安全生产、职业健康和减少污染的制度 企业的生产厂房、作业环境、工艺作业和装备应符合 GB/T 28001 和 GB 15735 等规定的要求 企业应建立、实施职业健康安全管理体系,并应满足 GB/T 28001 规定的要求 作业场所应配备通风除尘排烟设施和必要的废气、废水治理装置及治理效果的监测设施,确保污染物达标排放,制订与实施有害危险物的防护技术与措施,并达到 GB/T 12801—2008 第 6.1 条和 GB 15735 规定的要求 热处理生产现场有害物质的限制浓度应符合 GB 15735 和 GB/T 27946 的规定,热处理生产现场噪声限值不高于 80dB。高频辐射的电场强度 ≤20V/m,磁场强度 ≤5A/m 使用丙烷、甲醇等危险化学品的企业,存放和使用应符合相关的标准、规范和法律法规并满足 GB 15603 的要求 建立生产责任制和消防安全责任制,按 GB 2894 的规定,在危险场所设立警示牌,配备足够数量的消防设备与器材,通过所在地区消防安全验收 热处理生产的各类人员应经安全卫生知识的培训教育,熟悉热处理生产过程中可能存在和产生隐患危险的有害因素,了解导致事故的条件,并能根据其危害性质和途径采取相应的防范措施,并按 GB/T 11651 及有关规定正确穿戴与使用劳动保护用品
环境排放	大气污染物	企业的大气污染物排放应符合相关国家标准及地方标准要求 热处理企业排放的废气应经治理达标后排放,排放的废气应达到 GB 16297—1996 中二级标准和 GB/T 30822 规定并提供证据。具体限制指标应符合 GB/T 38819 中的规定
	水体污染物	企业的水体污染物排放应符合相关国家标准及地方标准要求 热处理企业排放废水应达到 GB 8978—1996 中二级标准和 GB/T 30822 规定并提供证据。排放废水的 pH=6~9,其他限制指标应符合 GB/T 38819 中的规定 对废水中亚硝酸钠必须进行无害化处理,通过专门处理后的废水中亚硝酸根含量 <25mg/L 时才可排放
	废弃物	企业应采取措施对一般性废弃物进行回收、保管和处理,不应对环境产生超过相关标准规定的影响

（续）

类别	项目	要求
环境排放	噪声和电磁辐射	热处理企业的厂界环境噪声排放应符合 GB 12348 及地方标准要求。热处理企业电磁辐射应符合 GB 8702 中的规定
	热处理生产现场有害物质	热处理生产现场有害物质的浓度应符合 GB/T 27946 中的规定

参 考 文 献

［1］　徐跃明，李俏，高直，等. 绿色低碳热处理标准体系构建 ［J］. 金属热处理，2022，47（1）：1-6.

［2］　机械工程学会热处理分会. 中国热处理与表层改性技术路线图 ［J］. 金属热处理，2014，39（4）：156-218.

［3］　徐跃明，罗新民，李俏. 热处理技术进展 ［J］. 金属热处理，2015，40（9）：1-15.

［4］　徐跃明，李俏，罗新民，等. 热处理高端化 ［J］. 金属热处理，2020，45（4）：1-4.

［5］　徐跃明，李俏，罗新民. 我国热处理技术发展的几个重点 ［J］. 金属热处理，2017，42（4）：1-5.

［6］　罗新民. 环境材料学对金属热处理发展的影响 ［J］. 金属热处理，2003，28（4）：1-7.

［7］　罗新民. 从环境材料学思考我国的材料热处理发展战略 ［J］. 热处理，2008，23（5）：19-23.

第4章 齿轮的热处理

郑州机械研究所有限公司　陈国民　卢金生

4.1 齿轮受力状况及损坏特征

齿轮在传递动力及改变转速的运动过程中，啮合齿面之间既有滚动，又有滑动，而且轮齿根部还受到脉动或交变弯曲应力的作用。齿面和齿根在上述不同应力作用下导致不同的失效形式。齿轮所受应力主要有三种，即摩擦力、接触应力和弯曲应力。齿轮的主要失效形式为疲劳点蚀、剥落、断齿、胶合等，其失效形式与所受载荷与运行速度等服役条件密切相关，图4-1所示为调质齿轮及硬齿面齿轮承载能力概观。

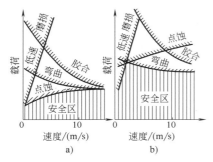

图 4-1　调质及硬齿面齿轮承载能力概观
a）调质齿轮　b）硬齿面齿轮

4.1.1 啮合齿面间的摩擦力及齿面磨损

齿面实际上凹凸不平，局部会产生很大的压强而引起金属塑性变形或嵌入相对表面，当啮合齿面相对滑动时便会产生摩擦力，齿面磨损就是其相互摩擦的结果。齿轮的磨损类型、受力及破坏特征见表4-1。提高齿轮耐磨性的方法视磨损类型而有所不同，大致有两种，分述如下。

1）减少非热影响引起的磨损，如氧化磨损、磨粒磨损及冷胶合磨损，可提高轮齿表面的塑变抗力，即提高齿面硬度。工业中常以中硬齿面（320～380HBW）代替软齿面（220～270HBW），最好采用表面硬化处理。其中，渗碳、碳氮共渗、渗氮、氮碳共渗等处理可使齿面具有良好的耐磨性。

2）减少摩擦热引起胶合磨损的关键是降低啮合齿面间的摩擦力，即尽量减小齿面之间的摩擦因数。通常采用提高基体硬度并在表面形成软层的方法，如经渗碳、渗氮等表面硬化处理后，再在齿面上进行镀铜或镍锢合金，这样可以减小摩擦因数。

表 4-1　齿轮的磨损类型、受力及破坏特征

磨损类型	载荷及运行情况	表面破坏特征	齿轮类型举例
氧化磨损	各种大小载荷及各种滑动速度	氧化膜不断形成，又不断剥落，但磨损速度小，一般为0.1～0.5μm/h；齿面均匀分布着细致磨纹	各类齿轮
冷胶合磨损	高载荷、低滑动速度，一般 $v<1m/s$	局部金属直接接触、黏着，不断从齿面撕离；磨损速度较大，一般为10～15μm/h；齿面有严重伤痕	低速重载齿轮
热胶合磨损	高载荷、高滑动速度，一般 $v>1m/s$	高的摩擦热使润滑油膜失效，金属间直接接触，发生黏着和撕离；磨损速度一般为1～5μm/h；齿面伤痕重	高速重载齿轮
磨粒磨损	各种大小载荷及各种滑动速度	各种磨粒进入或嵌入啮合齿面，形成切刃或直接切割齿面，磨损速度为0.5～5μm/h；齿面有磨粒刮伤纹	矿山、水泥、农机等用齿轮，各类开式齿轮

4.1.2 啮合齿面的接触应力及接触疲劳

齿轮的接触疲劳破坏是由于作用在齿面上的接触应力超过了材料的疲劳极限而产生的。在齿轮的使用过程中可以看到，软齿面齿轮往往以麻点破坏为主，硬齿面齿轮则以疲劳剥落为主。齿面接触应力为350～500N/mm^{2}的一般用途齿轮称为轻负荷齿轮，>500～1100N/mm^{2}的称为中负荷齿轮，>1100N/mm^{2}的称为重负荷齿轮。对于承受冲击载荷的齿轮，要提高一个等级。线速度>25m/s的齿轮称为高速齿轮。

1. 齿面疲劳破坏的主要形式

（1）表面麻点　麻点的形成与表面金属的塑性变形密切相关，而且由于摩擦力的存在，疲劳裂纹大多在表面萌生，裂纹的扩展则是由于润滑油的挤入而产生油楔作用的结果。提高齿面硬度，改善齿面接触状况，可以有效地提高麻点破坏的抗力。

（2）浅层剥落　当接触表面下某一点的最大切应力大于材料的抗剪强度时，就可能产生疲劳裂纹，最后经扩展而引起层状剥落。提高钢材的纯净度对防止此种破坏十分重要。

（3）深层剥落　经表面硬化处理的齿轮，在硬化层与心部交界处往往是薄弱环节，当接触载荷在层下交界处形成的最大切应力与材料的抗剪强度之比达到某一界限值时，就可能形成疲劳裂纹，经扩展最后导致较深的硬化层剥落。这种破坏形式在火焰淬火或感应淬火齿轮中尤为常见。

2. 影响接触疲劳强度的因素

（1）钢中非金属夹杂物与金属流线　一般来说，塑性夹杂物影响较小，脆性夹杂物危害最大，球状夹杂物的影响介于二者之间。夹杂物类型和形态分为A、B、C、D、DS等，采用净化冶炼钢材是提高齿轮接触疲劳寿命的有效方法。表4-2列出了钢材纤维流向与接触疲劳寿命的关系。据此，应当重视齿轮锻造或压延毛坯的纤维流向分布。

表 4-2　钢材的纤维流向与接触疲劳寿命的关系

类型	工作面与纤维流向夹角	寿命比
I	0°	2.5
II	45°	1.8
III	90°	1.0

（2）齿面脱碳　渗碳齿轮的失效分析表明，当齿面贫碳层为0.2mm、表面$w(C)$为0.3%~0.6%时，70%左右的疲劳裂纹起源于贫碳层。

（3）黑色组织　黑色组织是齿轮在渗碳和碳氮共渗处理时容易产生的一种缺陷组织，当其深度达到一定程度时，就会对接触疲劳寿命产生不利影响。表4-3所列试验数据可以说明这一点。

表 4-3　黑色组织对接触疲劳寿命的影响

碳氮共渗层深度/mm	黑色组织层深度/mm	在3600MPa应力下出现麻点的周次N/次
0.92~0.95	0	55.9×10⁶
0.8	0.025	7.7×10⁶
1.0~1.1	0.07~0.08	0.46×10⁶

（4）碳化物　渗碳或碳氮共渗齿轮表层中的碳化物形态、大小及分布状态对接触疲劳寿命的影响很大，见表4-4。

表 4-4　碳化物形态及分布对接触疲劳寿命的影响

碳化物形态及分布	平均寿命/h	寿命比
大块和粗粒状	183.1	1
集聚的颗粒状	262.8	1.43
分散的颗粒状	399.5	2.18

（5）硬度　一般来说，在中低硬度范围内，零件的表面硬度越高，接触疲劳抗力越大，但在高硬度范围内，这种对应关系并不存在。如图4-2所示，20CrMo钢渗碳淬火回火后进行多次冲击接触疲劳试验，结果显示其寿命峰值对应一定的硬度值范围。

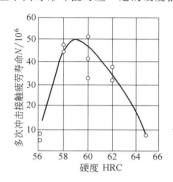

图 4-2　20CrMo钢渗碳淬火回火后接触疲劳寿命与硬度的关系

4.1.3　齿轮的弯曲应力及弯曲疲劳

齿轮的弯曲疲劳破坏是齿根部受到的最大振幅的脉动或交变弯曲应力超过了齿轮材料的弯曲疲劳极限而产生的。提高齿轮弯曲疲劳强度的基本途径是提高齿根处材料的强度（硬度）及改善应力状态。图4-3所示为齿轮材料的硬度与弯曲疲劳强度之间的关系。

影响齿轮弯曲疲劳强度的一些物理冶金因素如下所述。

（1）非金属夹杂物　非金属夹杂物作为微型缺口，引起应力集中而使弯曲疲劳强度降低。

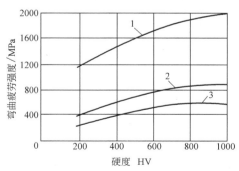

图 4-3　齿轮材料的硬度与弯曲疲劳强度的关系
1—静强度　2—单向弯曲疲劳强度
3—双向弯曲疲劳强度

（2）表面脱碳　表面脱碳将使弯曲疲劳强度降低，特别对于表面硬度高的齿轮，可使弯曲疲劳强度降低1/2~2/3。表4-5列出了三种合金结构钢表面脱碳对弯曲疲劳强度的影响。

表 4-5　表面脱碳对弯曲疲劳强度的影响

表面状况		40CrNi3[①]		40CrMo[①]		40Cr	
		$\sigma_{p\,lim}$	$\sigma_{k\,lim}$	$\sigma_{p\,lim}$	$\sigma_{k\,lim}$	$\sigma_{p\,lim}$	$\sigma_{k\,lim}$
28HRC	未脱碳	570	295	501	275	535	288
	脱碳	302	172	220	130	240	158
48HRC	未脱碳	837	474	714	453	760	489
	脱碳	240	172	213	151	199	130

注：$\sigma_{p\,lim}$ 为光滑试样的弯曲疲劳强度（MPa）；$\sigma_{k\,lim}$
为缺口试样的弯曲疲劳强度（MPa）。
① 非标在用材料。

（3）内氧化（IGO）　在金属的次表层产生的氧化物称为内氧化，是钢在气体渗碳与碳氮共渗时经常发生的现象。内氧化的本质是加热介质的氧势还不足以使基体金属氧化，但氧被工件表面吸收且能溶解在基体金属中，当它在向内扩散过程中遇到与氧的亲和力强的合金元素时，形成氧化物质点，分散地分布于次表层内。

（4）金相组织　当淬火钢表层含有 5%（体积分数）的非马氏体组织时，弯曲疲劳强度将降低 10%。图 4-4 所示为非马氏体组织对弯曲疲劳强度的影响。对于马氏体组织，只有经过适当回火后才有良好的疲劳性能。

（5）残余压应力　试验表明，当材料中已存在微细裂纹时，残余压应力可抑制裂纹的扩展，而当残余压应力层深度约为裂纹深度的 5 倍时即可消除裂纹的影响，如图 4-5 所示。

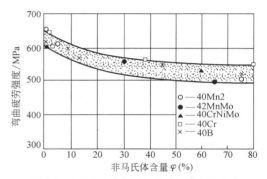

图 4-4　非马氏体组织对弯曲疲劳强度的影响

齿根喷丸工艺可以有效地提高弯曲疲劳强度，见表 4-6，这与表层形成有利的残余压应力有密切关系。

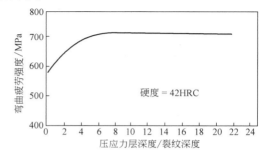

图 4-5　残余压应力对弯曲疲劳强度的影响

表 4-6　喷丸工艺对汽车变速器渗碳齿轮弯曲疲劳及接触疲劳性能的影响

喷丸工艺	弯曲疲劳试验			接触疲劳试验		
	寿命范围周次/10^6 次	平均寿命周次/10^6 次	寿命比	寿命范围周次/10^6 次	平均寿命周次/10^6 次	寿命比
不喷丸	0.167~1.83	0.75	1.00	3.15~4.41	3.85	1.00
一般喷丸	2.16~2.76	2.46	3.28	1.88~2.21	2.08	0.54
强化喷丸	2.19~4.41	3.24	4.32	4.89~5.20	5.06	1.31

注：1. 喷丸工艺在转台喷丸机上进行，钢丸尺寸为 $\phi0.6\sim\phi1.0mm$，喷射速度为 58.3m/s，转台每转一圈将零件转 90°。一般喷丸共喷 4 圈，强化喷丸喷 8 圈。
2. 齿轮用 20Mn2TiB（非标在用材料）钢制造，经气体渗碳（层深 1.0~1.3mm），淬火及回火。
3. 试验在封闭式变速器试验台上进行，中间轴挂一挡做运转试验，以中间轴一挡齿轮的损坏为寿命的标准。第一轴转速为 1450r/min；第一轴转矩：做弯曲疲劳试验时为 441N·m，做接触疲劳试验时为 362.6N·m。

（6）心部硬度　渗碳齿轮的心部硬度影响齿轮的强度和热处理畸变。提高心部硬度有利于接触疲劳强度的提高，而对齿轮的弯曲疲劳强度，心部硬度有一最佳值，如图 4-6 所示。齿轮渗碳淬火的热处理畸变随心部硬度的提高而增大。

（7）抗拉强度　如图 4-7 所示，材料的弯曲疲劳强度和材料的抗拉强度或硬度有一定的经验关系。对钢来说，当 R_m = 1200~1400MPa 时（<40HRC）弯曲疲劳强度与抗拉强度之间呈直线关系，即疲劳强度随抗拉强度的增加而提高。如图 4-7 所示，当抗拉强度 >1400MPa（约 44HRC）时，弯曲疲劳强度并不再随抗拉强度（或硬度）的提高而提高。

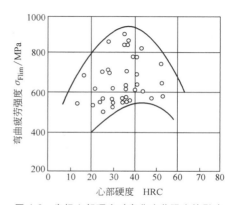

图 4-6　齿根心部硬度对弯曲疲劳强度的影响

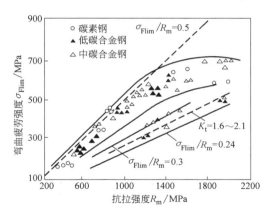

图 4-7　材料弯曲疲劳强度与抗拉强度（硬度）的关系

4.2　齿轮的材料热处理质量控制与疲劳强度

齿轮的选材和热处理工艺应保证达到齿轮的疲劳强度和使用性能及良好的加工性能。

齿轮的疲劳强度与材料冶金质量、组织、力学性能及表面状态等多种因素有关，因此采用不同的材料和热处理质量控制水平就会相应得到不同的齿轮疲劳强度等级。按齿轮不同的承载能力要求，疲劳极限分为 ML、MQ、ME 三个级别，ML 表示对齿轮加工的材料和热处理工艺的一般质量要求；MQ 表示对有经验的制造者在一般成本控制下能够达到的质量等级；ME 表示经过高可靠度制造过程控制才能达到的质量等级。

4.2.1　铸铁齿轮的材料热处理质量控制与疲劳强度

球墨铸铁齿轮的材料热处理质量分级控制和检验项目见表 4-7。

按表 4-7 进行分级质量控制的铸铁齿轮相应的接触疲劳强度和弯曲疲劳强度如图 4-8 和图 4-9 所示。

表 4-7　球墨铸铁齿轮的材料热处理质量分级控制和检验项目（摘自 GB/T 3480.5—2021）

序号	检验项目	ML/MQ	ME
1	化学分析	不复检	100%复检 铸造合格证
2	冶炼工艺	不规定	电炉或相当工艺
3	力学性能	只检 HBW	R_m、$R_{p0.2}$、A、Z、$KU(KV)$ 从齿轮毛坯上取出代表性试样，随工件在切齿前进行预备热处理，按照 ISO 10474 出具力学试验专业检验报告 硬度测试应该在齿部或贴近工作位置
4	组织:石墨形态 [1]	不复检	限制
	基体组织	不规定	
5	内部缺陷（裂纹）:供需双方确定验收标准	不检验	检验疏松、裂纹、气孔，并有数量限制
6	去应力	不要求	推荐（500~560℃）×2h
7	补焊	轮齿部位不允许补焊，补焊工艺需经认可	
8	表面裂纹检验	不检验	不允许存在裂纹。100%磁粉或荧光磁粉或着色检测，对于大批量产品，可按照统计法抽检

① 可用一炉号的代表性试样检验。

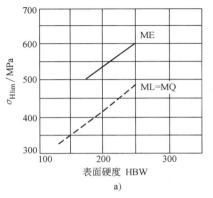

a)

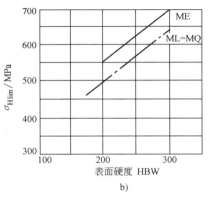

b)

图 4-8　铸铁齿轮的接触疲劳强度 $\sigma_{H\,lim}$

a）可锻铸铁　b）球墨铸铁

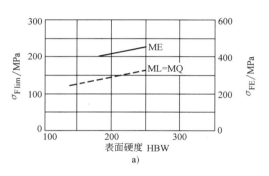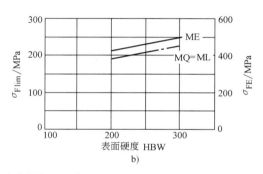

图 4-9　铸铁齿轮的弯曲疲劳强度 σ_{Flim} 和 σ_{FE}

a）可锻铸铁　b）球墨铸铁

注：$\sigma_{FE} = \sigma_{Flim} Y_{ST}$，$Y_{ST}$ 是应力修正系数，基准试验齿轮 $Y_{ST} = 2.0$。

4.2.2　调质齿轮的材料热处理质量控制与疲劳强度

调质齿轮的材料热处理质量分级控制和检验项目见表 4-8 和表 4-9。

按表 4-8 和表 4-9 进行分级质量控制的调质处理齿轮相应的接触疲劳强度和弯曲疲劳强度如图 4-10 和图 4-11 所示。

表 4-8　调质锻钢齿轮的热处理质量分级控制和检验项目（摘自 GB/T 3480.5—2021）

序号	检验项目	ML	MQ	ME[①]
1	化学成分[②]	不复检	专业检验报告按 ISO 10474，应 100% 可追溯原始炉号	
2	热后力学性能	HBW	宜：HBW+力学性能或淬透性试验	取自同炉号并经同样热处理的试样，试验 R_m、$R_{p0.2}$、A、Z、KU（KV），专业检验报告按 ISO 10474。对直径大于 250mm 的锻件或轧制件，应全部复检 HBW，控制截面示例见 GB/T 3480.5—2021 附录 A
3	冶炼工艺	不规定	应经钢包脱氧及细晶化处理，并经真空脱气，使 φ（H）≤0.00025%，浇注时应有防氧化措施。为改善铸造性能可添加 Ca 元素，但应有记录且最大值见本表 3.3 条款	

| 3.1 | 纯净度（非金属夹杂）[③] | 不规定 | 按 ISO 4967 中 A 法检验纯净度，检验面积约 $200mm^2$，合格标准见下表，也可按尺度类似的其他标准。检验报告按 ISO10474，对 MQ 和 ME 级，w（S）≤0.04% | |

级别	A		B		C		D		DS
	细系	粗系	细系	粗系	细系	粗系	细系	粗系	
MQ	3.0	3.0	2.5	1.5	1.5	1.5	2.0	1.5	—
ME	2.5	1.5	2.0	1.0	0.5	0.5	1.0	1.0	2.0

序号	检验项目	ML	MQ	ME[①]
3.2	O 含量（质量分数）	不要求	≤0.0025%	≤0.0025%
3.3	Ca 含量（质量分数）	不要求	≤0.0025%	≤0.0010%
4	晶粒度按 ISO 643：2012 中表 C1[④]	不要求	对于细晶粒组织，90% 以上区域应细于 5 级且无粗于 3 级的晶粒，检验报告按 ISO10474 标准	
5	无损检测			
5.1	粗车后超声检测[③]	不要求	应做检验，允许抽样 锻造后检测。专业检测报告按照 ISO 10474。对于大直径的零件，宜在切齿前检测。按 ASTM A388、EN 10228-3 或 EN 10308，检测可以使用背反射法，也可采用按照 ASTM E428 中 8-0400 制作的试块上直径为 3.2mm 平底孔的反射信号，不使用 DAC 曲线。在保证相同质量评价水平，也可使用其他 UT（超声检测）方法 合格标准如下： 指示级别符合 EN 10228-3 的 4 级或 EN 10308：2001 的 4 级。按照 EN 标准，非密集型缺陷大于 2mm 应记录，不准许超过 3mm 当量平底孔直径	

（续）

序号	检验项目	ML	MQ	ME[①]
5.2	成品（喷丸前）表面裂纹检测	不准许有裂纹。磨削齿轮需要检测表面裂纹。检测方法按照 ASTM E1444 中的荧光磁粉或按 ASTM E1417 中的着色渗透检测		不准许有裂纹。磨削齿轮需要检测表面裂纹。检测方法按照 ASTM E1444 中的荧光磁粉或按 ASTM E1417 中的着色渗透检测。首选荧光磁粉检测
6	锻造比	不要求	锻造（轧制）比[⑤]：采用模铸锭时≥3∶1，采用连铸坯时≥5∶1，通过热成形加工应保证全截面都达到最小的锻造比要求	
7	金相组织	不要求	不规定。对强度＞800MPa（＞240HBW）的材料，应经淬火、回火处理	回火温度≥480℃，齿根硬度应符合图样技术要求，轮缘部分金相组织以回火马氏体为主[⑥]

注：参照 GB/T 3480.5—2021 中表 1 数据，建议小齿轮与大齿轮硬度宜相差 40HV 以上。

① 曾经采用的 MX 材料等级，在 ISO 6336-5:2003 年版本中已修改为 ME。

② 注意：对于 0℃以下工作的齿轮，考虑低温夏比（冲击）性能的测试；考虑断口形貌转变或脆性转变温度；考虑采用高镍合金钢；考虑将碳含量降低到 0.4%（质量分数）以下；考虑加热元件，提高润滑剂温度。

③ 对纯净度等级和超声检测要求只适用于最终齿顶圆至少 2 倍全齿高的深度。齿轮生产厂家应向铸钢厂或锻造厂提出具体的检测位置要求。

④ 晶粒度检测应在零件最可能发生失效的相关区域，检测面积为 3.0mm²。试样可取自同一铸坯，具有相同的锻造比和热处理工艺。

⑤ 采用铸坯制备锻件时的压缩比不考虑锻造工艺，只和数值有关。对于下列情况，锻造比可介于 3~5：需进一步热成形的轧棒；中心部分去除的坯料；由于齿轮的结构尺寸原因锻造比未达到 5。

⑥ 在齿轮截面上，齿顶至 1.2 倍齿高深处的显微组织以回火马氏体为主，允许混有少量上区转变产物（先共析铁素体、上贝氏体、细小珠光体），但不应存在未熔块状铁素体。对于控制截面≤250mm 的齿轮，非马氏体相变产物（上区转变产物）不应超过 10%（体积分数）；对于控制截面＞250mm 的齿轮，非马氏体相变产物不应超过 20%（体积分数）。

表 4-9　调质铸钢齿轮的热处理分级控制和检验项目

序号	检验项目	ML/MQ	ME
1	化学成分	不复检	专业检测报告按 ISO10474，应 100% 可追溯原始炉号
2	热处理后的力学性能	HBW	试验 R_m、$R_{p0.2}$、A、Z、$KU(KV)$ 和 HBW，专业检验报告按照 ISO 10474，应 100% 可追溯原始炉号。复检 HBW 时，可采用统计法抽检
3	按 ISO 643 检验晶粒度[①]	不要求	对于细晶组织，90% 以上区域应细于 5 级且没有粗于 3 级的晶粒。检验报告按 ISO 10474
4	无损检测		
4.1	粗车后超声波检测：按照 ISO 9443	不要求	只检齿部和齿根位置，专业检测报告按照 ISO 10474，推荐但不强制。对于大直径产品，则宜在切齿前检测 合格标准：1 区（外圆至齿根以下 25mm 范围）应符合 ASTMA609 标准 1 级；2 区（轮缘其余部分）使用 3.2mm 平底孔或经批准的具有相同灵敏度的背反射法
4.2	成品（未喷丸）表面裂纹	不应存在裂纹	按 ASTME1444 的荧光磁粉检测或着色渗透检测，检验比例为 100%。大批量产品时可以使用抽样检验
5	补焊	按用户认可工艺补焊	只允许粗车状态时（热前）按用户认可工艺进行，而切齿后不允许补焊

注：1. 当铸钢件质量达到锻钢件（锻造或轧制）质量标准时，对与锻钢小齿轮配对的铸钢齿轮，也可采用锻钢的许用应力值计算其承载能力，但这种情况须经试验数据或应用实例验证。

2. 锻钢纯度及锻造比标准不可用于铸钢，夹杂物含量与形状控制应以球状硫化锰夹杂物（Ⅰ型）为主，但不允许存在晶界硫化锰夹杂物（Ⅱ型）。

① 晶粒度检测应在零件最可能发生失效的相关区域，检测面积为 3.0mm²。试样可取自同一铸坯，具有相同的锻造比和热处理工艺。

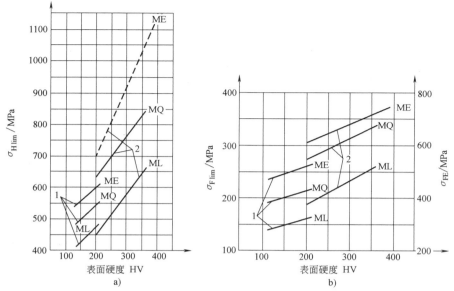

图 4-10　调质处理锻钢齿轮的疲劳强度 $\sigma_{H\,lim}$ 和 $\sigma_{F\,lim}$、σ_{FE}

a）接触疲劳强度 $\sigma_{H\,lim}$　b）弯曲疲劳强度 $\sigma_{F\,lim}$、σ_{FE}

1—碳素钢　2—合金钢

注：$\sigma_{FE} = \sigma_{F\,lim} Y_{ST}$，$Y_{ST}$ 是与齿轮试验尺寸有关的应力修正系数。

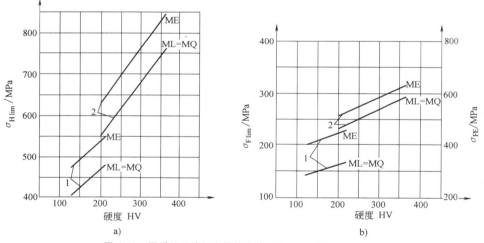

图 4-11　调质处理铸钢齿轮的疲劳强度 $\sigma_{H\,lim}$ 和 $\sigma_{F\,lim}$、σ_{FE}

a）接触疲劳强度 $\sigma_{H\,lim}$　b）弯曲疲劳强度 $\sigma_{F\,lim}$、σ_{FE}

1—碳素钢　2—合金钢

注：$\sigma_{FE} = 6_{F\,lim} Y_{ST}$

4.2.3　表面淬火齿轮的材料热处理质量控制与疲劳强度

表面淬火齿轮的材料热处理质量分级控制和检验项目见表 4-10。

按表 4-10 进行分级质量控制的表面淬火齿轮相应的接触疲劳强度和弯曲疲劳强度如图 4-12 和图 4-13 所示。

4.2.4　渗碳淬火锻钢齿轮的材料热处理质量控制与疲劳强度

渗碳淬火锻钢齿轮的材料热处理质量分级控制和检验项目见表 4-11。

按表 4-11 进行分级质量控制的渗碳淬火锻钢齿轮相应的接触疲劳强度和弯曲疲劳强度如图 4-14 和图 4-15 所示。

表 4-10　表面淬火齿轮的材料热处理质量分级控制和检验项目（摘自 GB/T 3480.5—2021）

序号	检验项目	ML	MQ	ME
1	化学分析	不要求	参照表 4.8 中第 1~6 条款或表 4-9 中第 1~3 条款	
2	热处理后力学性能			
3	纯净度			
4	晶粒度			
5	超声检测			
6	锻造比			
7	表面硬度	所有感应淬火齿轮均应炉内回火[①]，485~615HV（48~56HRC）	所有感应淬火齿轮均应炉内回火[①]，500~615HV（50~56HRC）	所有感应淬火齿轮均应炉内回火，500~615HV（50~56HRC）
8	硬化层深度[②] 按 ISO 3754	硬化层深度指从表面到硬度值相当于表面硬度规定值的 80% 位置的垂直距离。每种产品硬化层深度的要求由经验确定。硬化层深度的检测位置应在图样上注明		
9	表层金相组织	不要求	统计法抽检，以细针状马氏体为主	严格抽检，以细针状马氏体为主，非马组织 ≤10%（体积分数），不许存在游离态铁素体
10	无损检测			
10.1	表面裂纹：不准许（ASTM E1444）	首批次检验（磁粉检测、荧光磁粉检测或着色渗透检测）	首批次检验（磁粉检测、荧光磁粉检测或着色渗透检测）	100% 检测（磁粉检测、荧光磁粉检测或着色渗透检测）
10.2	齿部磁粉检测[③]：按照 ASTM E1444	不要求		模数/mm　最大痕迹/mm ≤2.5　1.6 >2.5~8　2.4 >8　3.0
11	预备组织	淬火加回火		
12	过热，尤其在齿顶	避免	严格预防（<1000℃）	

注：本表适用于套圈式感应或火焰加热淬火，以及逐齿感应加热淬火且齿根硬化，硬化层形状见 GB/T 3480.5—2021 中的图 21 和图 22。
① 首选炉内回火，提示，免回火或感应回火存在一定风险。
② 为了得到稳定的硬化效果，硬度分布、硬化层深度、设备参数及工艺方法应该建档，并定时检查。另外，用 1 个与工件形状及材料相同的代表性试样来修正工艺。设备及工艺参数应足以保证硬化效果的良好复现性，硬化层应布满全齿宽和齿廓，包括双侧齿面、双侧齿根和齿根拐角。
③ 任何级别成品齿轮的轮齿部位都不能存在裂纹、破损、疤痕及皱皮。检测磁痕每 25mm 齿宽最多只能有 1 个，每个齿面不能超过 5 个；工作齿高 1/2 以下部分不准许存在磁痕；对于超标缺陷，在不影响齿轮完整性并征得用户同意情况下可以去除。

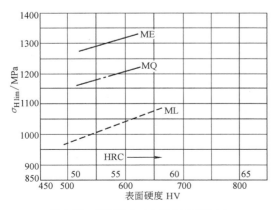

图 4-12　表面淬火（火焰或感应淬火）
钢齿轮的接触疲劳强度 $\sigma_{H\,lim}$

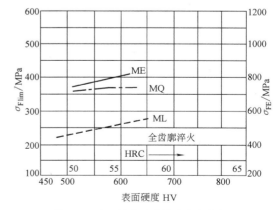

图 4-13　表面淬火（火焰或感应淬火）
钢齿轮的弯曲疲劳强度 $\sigma_{F\,lim}$ 和 σ_{FE}

表 4-11　渗碳淬火锻钢（锻造或轧制）齿轮的材料热处理
质量分级控制和检验项目（摘自 GB/T 3480.5—2021）

序号	检验项目	ML	MQ	ME
1	化学分析[①]	不复检	专业检验报告按照 ISO 10474，100% 可追溯原始炉号	从同一铸锭或铸坯上截取代表性试样，专业检验报告按照 ISO 10474
2	淬透性：按照 ISO 642 端淬法检验	不复检	专业检验报告按照 ISO 10474，100% 可追溯原始炉号，允许采用计算淬透性值，计算方法应记录存档。试验法优先于计算法	从同一铸锭或铸坯上截取代表性试样，检验报告按照 ISO 10474
3	冶炼方法	不要求	应经钢包脱氧及精炼处理，并经真空脱气使 $w(H) \leqslant$ 0.00025%；浇注时应有防氧化措施，为改善铸造性能可添加 Ca 元素，但应有记录，且最大值见本表第 3.3 项	
3.1	纯净度[②]	不要求	按照 ISO 4967 中 A 法检验纯净度，检验面积约 $200mm^2$，合格标准见下表，也可按照类似要求的其他标准。检验报告按照 ISO 10474，对 MQ 和 ME 级，S 含量 ≤ 0.04%（质量分数）	
3.2	O 含量（质量分数）	不要求	≤ 0.0025%	≤ 0.0025%
3.3	Ca 含量（质量分数）	不要求	≤ 0.0025%	≤ 0.0025%
4	锻造比[③]	不要求	锻造（轧制）比：采用模铸锭时 ≥ 3:1，采用连铸坯时 ≥ 5:1，为确保全截面可靠工作，应通过热加工达到锻造比要求	
5	热处理前晶粒度（按照 ISO 643:2012 表 C.1[⑨]）	不要求	细晶组织，90% 以上区域应细于 5 级，并且没有粗于 3 级的晶粒，检验报告按照 ISO 10474（也见本表第 10.6 项）	
6	热处理前无损检测			
6.1	粗车状态超声检测	不要求	要求无损检测，可统计法抽检。按照 ASTM A388、EN 10228-3 或 EN 10308，采用背反射或 8-0400 标块，或者按照 ASTM E428 中 3.2mm 平底孔法，不要求距离振幅修正曲线，也可采用其他类似精度的检验方法。合格标准为痕迹大小按照 EN 10228-3 中的 4 级或 EN 10308:2001 中的 4 级。FBH（平底孔）门槛值为 3mm，按照上述 EN 标准的记录灵敏度 ≥ 2.0mm	
7	表面硬度			
7.1	成品代表性部位表面硬度[④]（ISO 18265 维-洛硬度换算法）	≥ 600HV 或 ≥ 55HRC，统计法抽检	660 ~ 800HV 或 58 ~ 64HRC。统计法抽检	660 ~ 800HV 或 58 ~ 64HRC，批量 5 件以下时全检，量大时可抽检。根据齿轮大小选择硬度检验方法
7.2	齿宽中部齿根表面硬度（模数大于 12 时[④]）	不要求	符合图样要求，统计法抽检或在代表性试样上检测	符合图样要求，对大、小齿轮或代表性试样全检
8	齿宽中部的心部硬度：垂直于齿根 30° 切线向内 5 倍于硬化层深度但不少于 1 倍模数，或者按照 GB/T 3480.5—2021 中的 6.5 检测代表性试样	≥ 21HRC，有要求，不复检。	≥ 25HRC，按照 GB/T 3480.5—2021 中的 6.5 检测代表性试样，或者按照淬火冷却速度和淬透性曲线计算	≥ 30HRC，检测试样或代表性试棒（见 GB/T 3480.5—2021 中的 6.5）
9	成品硬化层深度（按照 ISO 2639 检验）：按照 GB/T 3480.5—2021 中的 6.5 检验代表性试样或检验齿宽中部 1/2 齿高处	硬化层深度是表面到 550HV 或 52HRC 硬度值的垂直距离。图样技术要求中应规定出其上、下限值。在规定该值时，注意弯曲和接触强度所对应的最佳值并不一致。GB/T 3480.5—2021 中的 5.6 给出了硬化层深度推荐值[⑤]	

纯净度合格标准表：

级别	A 细系	A 粗系	B 细系	B 粗系	C 细系	C 粗系	D 细系	D 粗系	Ds
MQ	3.0	3.0	2.5	1.5	2.5	1.58	2.0	1.5	
ME	2.5	1.5	2.0	1.0	0.5	0.5	1.0	1.0	2.0

（续）

序号	检验项目	ML	MQ	ME
10	金相组织,可按照 GB/T 3480.5—2021 中的 6.5 检测试样,根据成品状态确定检测点的深度。MQ 级宜检测,ME 级应检测,而 ML 级不作规定			
10.1	表面碳含量	不要求	对于合金元素总量 ≤1.5%（质量分数）的低合金钢,推荐 $w(C)=0.65\%\sim1.0\%$ 对于合金元素总量 ≤1.5%（质量分数）的高合金钢,推荐 $w(C)=0.60\%\sim0.9\%$	
10.2	表面组织:金相法检测,贝氏体应少于 10%（体积分数）	不要求	宜检测。以细针状马氏体为主,检测代表性试样	应检测。细针状马氏体,检测代表性试样
10.3	碳化物	代表性试样。允许存在按照 GB/T 3480.5—2021 中的图 20a 的半连续网状碳化物	按照 GB/T 3480.5—2021 中的图 20b)允许非连续状碳化物存在。其与半连续网状碳化物的区别在于:晶粒(晶界)轮廓尚未显现且碳化物长度 ≤0.02mm,可检测代表性试样	按照 GB/T 3480.5—2021 中的图 20c),允许存在弥散分布的碳化物,碳化物尺寸 ≤0.01mm,按照 GB/T 3480.5—2021 中的 6.5 检测代表性试样
10.4	残留奥氏体:金相法检测[6]	不要求	检测同炉试样,不超过 30%（体积分数） 如果超过上述规定值,可通过控制喷丸(见 GB/T 3480.5—2021 中的 6.7)或其他措施修复处理	按照 GB/T 3480.5—2021 中的 6.5 检测代表性试样。不超过 30%（体积分数）,且细小弥散分布

<table>
<tr><td rowspan="2">10.5</td><td rowspan="2">未磨削面晶间氧化 IGO:可对未腐蚀试样采用金相法检测,其界限值与实测硬化层深度[5]e 有关。
在磨削面上,不应有可见的 IGO 或非马组织[10]</td><td rowspan="2">不要求</td><td>硬化层深度[5] e/mm</td><td>IGO/μm</td><td>硬化层深度[5] e/mm</td><td>IGO/μm</td></tr>
<tr><td colspan="2">
</td><td colspan="2"></td></tr>
</table>

10.5 未磨削面晶间氧化	硬化层深度[5] e/mm	IGO/μm	硬化层深度[5] e/mm	IGO/μm
	$e<0.75$	17	$e<0.75$	12
	$0.75\leqslant e<1.50$	25	$0.75\leqslant e<1.50$	20
	$1.50\leqslant e<2.25$	35	$1.50\leqslant e<2.25$	20
	$2.25\leqslant e<3.00$	45	$2.25\leqslant e<3.00$	25
	$3.00\leqslant e<5.00$	50	$3.00\leqslant e<5.00$	30
	$e\geqslant5.00$	60	$e\geqslant5.00$	35
	如果超过上述规定值,可通过控制喷丸(见 GB/T 3480.5—2021 中的 6.7)或其他措施修复处理,但应征得客户同意			

序号	检验项目	ML	MQ	ME
10.6	最终热处理后晶粒度:按照 ISO 643[9]	不要求	细晶组织。90% 以上区域应细于 5 级且无粗于 3 级的晶粒,检验报告宜按照 ISO 10474 执行	细晶组织。90% 以上区域应细于 5 级且无粗于 3 级的晶粒,检验报告应按照 ISO 10474
11	心部组织(检测位置同本表第 8 项)	不要求	马氏体为主,允许有细条状铁素体或贝氏体,不应有(未熔)块状铁素体,见本表第 8 项	马氏体为主,允许有细条状铁素体或贝氏体,不应有(未溶)块状铁素体,按照 GB/T 3480.5—2021 中的 6.5 检验代表性试样
12	表面裂纹[7]	不应有裂纹 检验方法:磁粉检测、荧光磁粉检测、着色渗透检测 抽样检验	不应有裂纹 检验比例:50% 检验方法:ASTM E1444 或 EN 10228-1 可根据批量大小进行抽样检验	不应有裂纹 检验比例:100% 检验方法:ASTM E1444 或 EN 10228-1

（续）

序号	检验项目	ML	MQ	ME
13	磨削烧伤检测:按照 ISO 14104 酸蚀法[⑧]	所有工作面上允许有 B 级烧伤（FB3）。宜按照统计法抽检,但不强制	10%工作面上允许有 B 级烧伤（FB1）。按照统计法抽检	工作面上不应有烧伤（FA）,按照 ISO 14104 要求 100%检测
			如果超出上述规定,可通过受控的喷丸工艺（见 GB/T 3480.5—2021 中的 6.7）来处理,还可能需要精修才能达到表面粗糙度和几何要求	

注：本文件对碳氮共渗钢未作规定,见 GB/T 3480.5—2021 中的 6.6 和 6.7。

① 材料的选择按照 ISO 683-1、ISO 683-2、ISO 683-3、ISO 683-4 及 ISO 683-5（推荐）或相应的国家、国际标准。

② 纯净度要求只针对齿坯的两倍齿高区域内。对于外齿轮,偏区域一般小于半径的25%。

③ 总锻造比可以是多次热成形的总量,对于下列情况,锻造比可小于5∶1,但不应小于3∶1：
1) 轧制棒材还要经过进一步的热成形加工。
2) 坯料中心部位已加工掉。
3) 因齿轮产品尺寸限制而达不到5∶1。

④ 受齿轮尺寸及热处理工艺影响,齿根部位硬度可能会略低于齿面硬度,其允许值可由供需双方约定,但不应低于 55HRC。

⑤ 其他硬化层深度要求见 GB/T 3480.5—2021 中参考文献 [13]。

⑥ 也可采用 X-射线分析方法,其残留奥氏体含量的限值应由于供需双方约定。

⑦ 任何级别成品齿轮的轮齿部位都不能存在裂纹、破损、疤痕及皱皮。探伤磁痕每25mm齿宽上最多只能有 1 个,每个齿面不能超过 5 个；工作齿高 1/2 以下部位不准许存在磁痕；对于超标准缺陷,在不影响齿轮完整性并征得用户同意情况下可以去除。

⑧ 经供需双方同意,可采用其他磨削回火控制方法。

⑨ 晶粒检测应在零件最有可能发生早期失效的区域,检测面积为 3.0mm²。

⑩ 由于 IGO 深度与非马组织、脱碳层密切相关,IGO 检测可与表面硬度（本表第7.2项）及金相组织（本表第10.2项）检验结合起来。

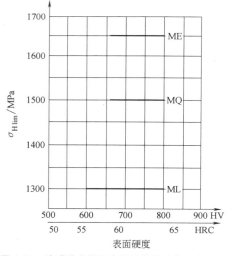

图 4-14　渗碳淬火锻钢齿轮的接触疲劳强度 $\sigma_{H\,lim}$

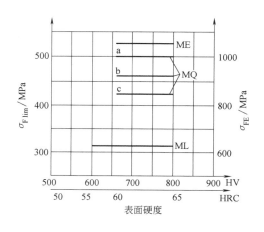

图 4-15　渗碳淬火锻钢齿轮的弯曲疲劳强度 $\sigma_{F\,lim}$ 和 σ_{FE}

a—心部硬度 ≥30HRC

b—心部硬度 ≥25HRC,J＝12mm 处≥28HRC

c—心部硬度 ≥25HRC,J＝12mm 处＜28HRC

4.2.5　渗氮齿轮的材料热处理质量控制与疲劳强度

渗氮齿轮的材料热处理质量分级控制和检验项目见表 4-12。

按表 4-12 进行质量分级控制的渗氮齿轮相应的接触疲劳强度和弯曲疲劳强度如图 4-16 和图 4-17 所示。

表 4-12　渗氮齿轮的材料热处理质量分级控制和检验项目（摘自 GB/T 3480.5—2021）

序号	检验项目		ML	MQ	ME
1	化学分析		参照表 4-8 第 1~6 条款		
2	热处理后的力学性能				
3	纯净度				
4	晶粒度				
5	超声检测				
6	锻造比				
7	预备热处理[①]		淬火及回火（调质）处理，表面无脱碳。回火温度应高于后续渗氮温度一定幅度，以防止渗氮时的硬度降低。		
8	心部性能		R_m 不复检	R_m>900MPa（一般铁素体的体积分数≤5%）	
9	渗氮硬化层深度		规定的最小值 有效硬化层深度指表面到 400HV 或 40.8HRC 硬度处的垂直距离。如果心部硬度超过了 380HV，可以"心部硬度 +50HV"作为界限硬度值 渗氮硬化层深度推荐值见 GB/T 3480.5—2021 中的 5.6		
10	表面硬度				
10.1	渗氮	渗氮钢[②③④]	650~900HV[⑤]		
10.2		调质钢[②]	≥450HV		
10.3	氮碳共渗	合金钢	>500HV		
10.4		非合金钢	>300HV		
11	表面化合物层（白亮层）	厚度及组织 渗氮	≤25μm	白亮层≤25μm	白亮层≤25μm，且 γ'/ε>8
		氮碳共渗	具体检验不强制	白亮层 5~30μm，基本上为 ε 相	
		脆性	≤3 级	≤2 级（GB/T 11354—2005）	
12	渗氮后续加工		—	特殊情况下可磨削，但有可能降低齿面接触疲劳性能。如果经过磨齿，宜按照 ASTM E1444 或 EN 10228-1 进行磁粉检测	特殊情况下可磨削，但有可能降低齿面接触疲劳性能。如果经过磨齿，应按 ASTM E1444 或 EN 10228-1 进行磁粉检测

注：许多渗氮齿轮的抗过载能力较差，S-N 曲线比较扁平，因此齿轮设计时应考虑其冲击载荷敏感性。
① 随炉试样也应进行预备热处理。
② 测量表面硬度时应注意垂直于表面，截面测量值有可能偏高。试验载荷应同渗层深度及硬度相称。
③ 对于含铝的合金钢，当渗氮周期较长时，在晶界有形成连续网状氮化物的危险，因此对这类钢材的渗氮工艺应特别谨慎。
④ 含铝渗氮钢 Nitralloy N、Nitralloy135 及类似钢材，只限于 ML 及 MQ 级，其疲劳强度值见图 4-17 的注。
⑤ 当硬度高时，由于白亮层（>10μm）的脆性，疲劳极限会下降。

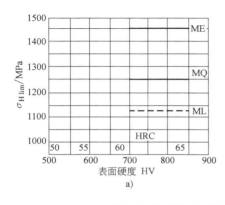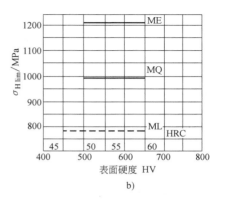

图 4-16　渗氮及氮碳共渗钢齿轮的接触疲劳强度 $\sigma_{H\,lim}$

a）渗氮钢渗氮处理　b）调质钢渗氮处理

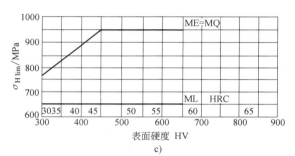

图 4-16　渗氮及氮碳共渗钢齿轮的接触疲劳强度 $\sigma_{H\,lim}$（续）

c）调质钢氮碳共渗处理

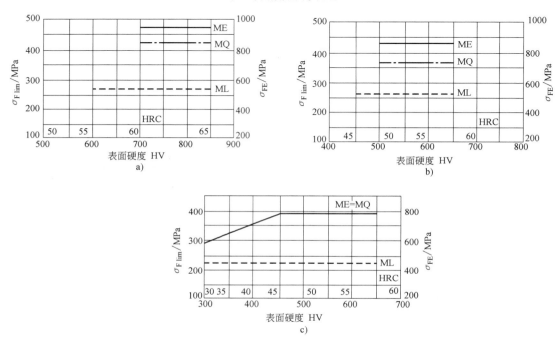

图 4-17　渗氮及氮碳共渗钢齿轮的弯曲疲劳强度 $\sigma_{F\,lim}$ 和 σ_{FE}

a）渗氮钢渗氮处理　b）调质钢渗氮处理　c）调质钢氮碳共渗处理

注：1. 仅适用于图 a。对于齿面硬度>750HV1，当白亮层厚度超过 10μm 时，由于脆性 σ_{FE} 会降低。要求有合适的硬化层深度。

2. 仅适用于图 a。含 Al 渗氮钢 Nitralloy N、Nitralloy135 等类似钢材，只能用于 ML 及 MQ 级，齿根弯曲疲劳极限的最大值为 250MPa（ML）和 340MPa（MQ）。

3. 仅适用于图 b。应有适当的硬化层深度。

4.3　齿轮材料

齿轮用金属材料主要是合金钢，其次是铸铁和铜合金。

4.3.1　齿轮用钢

齿轮用钢的冶金质量检验及技术要求见表 4-13。

对齿轮用钢的冶金质量要求中特别要关注纯净度和淬透性，为此提出对钢材氧含量和淬透性带的要求。表 4-14 列出了某真空脱气冶炼对降低氧含量从而减少非金属夹杂物的效果对比。表 4-15 列出了国外几大公司对汽车齿轮渗碳钢淬透性带宽的要求。

中国汽车工程学会齿轮技术分会规定，汽车齿轮渗碳钢的氧含量 ≤0.0020%（质量分数），淬透性带宽 ≤7HRC。GB/T 39430—2020 中规定，工业齿轮用钢的气体含量（质量分数）：氢 ≤0.0002%、氧 ≤0.0020%、氮 ≤0.0090%，渗碳钢的铝氮质量比为 2.5~4.0。

表 4-13 齿轮用钢的冶金质量检验和技术要求

项目名称	检验标准		技术要求			
疏松和偏析	GB/T 1979—2001 《结构钢低倍组织缺陷评级图》		合金钢按 GB/T 3077—2015 规定不得超过表中数字			
	缺陷名称	级 数	钢 种	一般疏松	中心疏松	锭型偏析
	一般疏松和中心疏松	4级	优质钢	3 级	3 级	3 级
	一般点状偏析和边缘点状偏析	4级	高级优质钢	2 级	2 级	2.5 级
非金属夹杂	GB/T 10561—2005《钢中非金属夹杂物含量的测定 标准评级图显微检验法》		种类	A	B	C	D
			级别	≤2.5	≤2.5	≤2.0	≤2.5
带状组织	GB/T 13299—2022《钢的游离渗碳体、珠光体和魏氏组织的评定方法》共 5 级		齿轮渗碳钢要求不大于 3 级			
晶粒度	GB/T 6394—2017《金属平均晶粒度测定方法》		按 GB/T 3077—2015 要求,钢的本质晶粒度不粗于 5 级			
淬透性	GB/T 5216—2014《保证淬透性结构钢》		根据用户要求,按 A、B、C、D 四种方法订货			

表 4-14 某真空脱气冶炼的效果对比

钢材状况	质量分数(%)				
	氧含量/×10⁻⁴	Al_2O_3(占比)	SiO_2(占比)	TiO_2(占比)	氧化物总量(夹杂物占比)
普通冶炼	45	40.29	3.75	0.45	54.12
真空脱气	20	10.40	2.30	—	16.70

表 4-15 国外几个大公司对汽车齿轮渗碳钢淬透性带宽的要求

公司	钢系	淬透性宽/HRC	典型牌号
德国大众 ZF	MnCr5 CrMnB	6~8 7~8	16、28MnCr5 ZF6、ZF7
日本小松	CrMo CrNiMo	8 5	SCM420 SNCM420
美国休斯通用	CrNiMo	8	SAE8620

齿坯锻件的主要检验项目及内容见表 4-16。

1. 齿坯锻件的锻后热处理

(1) 锻后冷却 齿坯锻造后的冷却有空冷、坑冷和炉冷几种方式,可根据材料种类和断面尺寸大小不同,参考表 4-17 进行。为了改善组织,特别是消除白点,建议采用锻后等温冷却热处理,图 4-18 所示为一种典型的锻后等温冷却工艺。

表 4-16 齿坯锻件主要检验项目及内容

序号	项目	检验内容	检验方法及仪器
1	化学成分	各元素含量	化学法;光谱法
2	外形尺寸表面质量	各部尺寸及表面缺陷状况	直接测量或样板检查,清除缺陷
3	硬度	HBW	布氏硬度计
4	力学性能	R_m、R_{eL}、A、Z、$KU(KV)$	拉伸试验、冲击试验(取样方向及位置参考 GB/T 39430—2020)
5	低倍组织	偏析、疏松	目视或放大镜
6	高倍组织	晶粒度、非金属夹杂物	光学显微镜
7	超声波检测	内部缺陷	超声波检测仪

表 4-17 钢锭直接锻制的齿坯锻件锻后冷却方式

牌 号	截面尺寸/mm					
	≤100	101~200	201~300	301~500	501~800	>800
40、45、20Cr 16CrMn	空冷					
40Cr、35CrMo、42CrMo、20CrMnMo、20CrMnTi、30CrMnTi、38CrMoAl	坑冷			炉冷		
40CrMnMo、40CrNiMoA、40CrNi2Mo、20CrNi3、20CrNi2Mo、17Cr2Ni2Mo、20Cr2Ni4、18Cr2Ni4WA、34CrNi3Mo						

(2) 齿坯的锻后热处理 锻齿坯后热处理有两个重要的目的:①细化晶粒、改善组织;②去除钢中的氢,防止白点和氢脆的产生。

正火(退火)及高温回火温度可根据材料的相变温度确定,可参考表 4-18 的数据。从表 4-18 中看出,细化晶粒的工艺和锻件的去氢可以一起考虑。

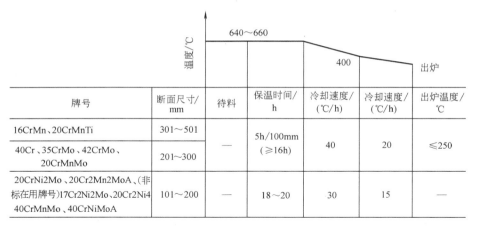

图 4-18　锻后等温冷却工艺

表 4-18　各种钢正火（退火）及高温回火温度

序号	牌号	Ac_1/℃	(Ac_3/Ac_{cm})/℃	Ms/℃	正火或退火温度/℃		高温回火温度/℃	
					单独生产	配炉	单独去氢	考虑性能
1	20Cr	740	815	390	880~900	870~920	630~660	
2	20CrMo	730	825	400	890~900	880~910	630~660	590~660
3	18CrMnMoB[①]	741	840	370	880~900	880~910	630~660	
4	20CrMnTi	730	820	360	920~940	900~940	630~660	
5	12CrNi2	715	830	375~405	880~900	880~940	630~660	
6	20Cr2Ni4	685	775	305	890~910	880~920	630~660	
7	17Cr2Ni2Mo	730	820	400	880~900	880~940	630~660	
8	18Cr2Ni4W	695	800	310	920~940	900~950	630~660	
9	40Cr	730	780	330	840~860	830~880	630~660	
10	35CrMo	740	790	340	850~870	840~880	630~660	
11	38CrMoAl	760	885	360	940~960	930~970	630~710	
12	40CrNiMo	730	785	320	840~860	830~870	630~660	
13	40CrNi2Mo（4340）	732	774	290	840~860	830~870	630~660	
14	34CrNi3Mo	705	750	290	850~870	840~880	630~660	

① 非标在用牌号。

2. 齿轮用钢的材料分类及热处理工艺

（1）车辆齿轮用钢　车辆齿轮用钢主要用于制作汽车、拖拉机、工程车辆及摩托车等用齿轮，我国现已形成了比较完整的用钢系列，基本上可以满足国内外各类车辆、各类品牌的齿轮选用，表 4-19 列出了车辆齿轮用钢牌号。

（2）机床齿轮用钢　机床齿轮用钢及热处理工艺，见表 4-20。

（3）工业齿轮用钢

1）常用调质及表面淬火钢。按淬透性高低将调质及表面淬火钢分成五类，见表 4-21。

各类调质及表面淬火钢的推荐应用范围见表 4-22。

2）常用渗碳钢。低速重载及高速齿轮常用的渗碳钢按其用途分类列于表 4-23。

3）常用渗氮钢。表 4-24 是根据齿轮的不同使用要求而推荐的渗氮齿轮用钢。

4.3.2　齿轮用铸铁

铸铁齿轮与钢制齿轮相比，具有可加工性好、耐磨性高、噪声低及价格便宜等优点。

球铁铸铁的性能介于钢和灰铸铁之间，是很有发展前途的齿轮材料。

球墨铸铁按强度等级编号，其牌号、基体组织和力学性能见表 4-25。

球墨铸铁可以通过适当的热处理获得各种性能。表 4-26 列出了球墨铸铁在不同热处理状态下的力学性能。几种齿轮用球墨铸铁的弯曲疲劳强度和接触疲劳强度的试验数据见表 4-27 和表 4-28。

表 4-29 列出了几种球墨铸铁的断裂韧度 K_{IC}。

球墨铸铁的常用热处理工艺见表 4-30。

表 4-19　车辆齿轮用钢牌号

国内牌号	国外牌号
16CrMnTiH、20CrMnTiH1、20CrMnTiH2、20CrMnTiH3、20CrMnTiH4、20CrMnTiH5、20CrMnTiH6	
16CrMnH	16MnCr5H
20CrMnH	20MnCr5H
25MnCrH	25MnCr5
28MnCrH	28MnCr5
16CrMnBH	ZF6[①]
18CrMnBH	ZF7[①]
17CrMnBH	ZF7B[①]
17Cr2Ni2H	ZF1[①]
16CrNiH	16CrNi4
19CrNiH	19CrNi5
17Cr2Ni2MoH	ZF1A[①]
20CrNiMoH1	8620H1
20CrNiMoH2	8620H2
15CrMoH、20CrMo	
20CrMoH	SCM420
35CrMoH、20CrH、40Cr	

① 企业牌号。

表 4-20　机床齿轮用钢及热处理工艺

序号	齿轮种类	性能要求	钢材	热处理工艺
1	低速低载：变速箱齿轮、挂轮架齿轮、车溜板齿轮	耐磨性为主，强度要求不高	45、50、55	调质：200~250HBW 240~280HBW 感应淬火：40~45HRC 52~56HRC
2	中、高速，中载：车床变速箱齿轮，钻床变速箱齿轮，磨床齿轮、变速箱齿轮，高速机床进给箱、变速箱齿轮	较高的耐磨性和强度	40Cr、42CrMo、42SiMn	感应淬火（沿齿廓）52~56HRC
			38CrMnAl、38CrMoAl、25Cr2MoV	渗氮：渗层深度 0.15~0.4mm
3	高速，中、重载，有冲击载荷：机床变速箱齿轮、龙门铣电动机齿轮、立车齿轮	高强度、耐磨及良好的韧性	20Cr、20CrMo、20CrMnTi、20CrNi2Mo、12CrNi3	渗碳
4	大断面齿轮	高的淬透性	35CrMo、42CrMo、50Mn2、60Mn2	调质

表 4-21　常用调质及表面淬火钢（按淬透性高低分类）

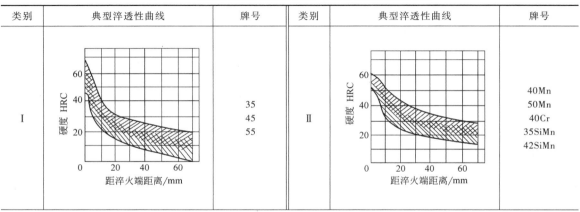

类别	典型淬透性曲线	牌号	类别	典型淬透性曲线	牌号
I		35 45 55	II		40Mn 50Mn 40Cr 35SiMn 42SiMn

（续）

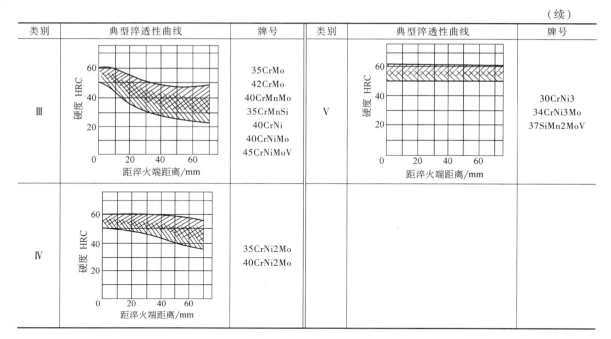

类别	典型淬透性曲线	牌号	类别	典型淬透性曲线	牌号
III		35CrMo 42CrMo 40CrMnMo 35CrMnSi 40CrNi 40CrNiMo 45CrNiMoV	V		30CrNi3 34CrNi3Mo 37SiMn2MoV
IV		35CrNi2Mo 40CrNi2Mo			

表 4-22　各类调质及表面淬火钢的推荐应用范围

齿轮尺寸/mm		抗拉强度 R_m/MPa		
		600~800	>800~1000	>1000
圆棒直径	≈40	I 、II	II 、III	III 、IV
	>40~80	II 、III	III 、IV	IV 、V
	>80~120	II 、III	III 、IV	IV 、V
	>120~180	II 、III	III 、IV 、V	V
	>180~250	II 、III 、IV	IV 、V	V
	>250	III 、IV	IV 、V	V
齿圈厚度	≈20	I 、II	III 、IV	IV
	>20~40	I 、II	III 、IV	IV 、V
	>40~60	I 、II 、III	IV	IV 、V
	>60~90	II 、III 、IV	IV	IV 、V
	>90~120	II 、III 、IV	IV	V
	>120	III 、IV	IV 、V	V
盘状齿坯宽度	≈12.5	I 、II	II 、III	III 、IV
	>12.5~25	I 、II	II 、III	III 、IV
	>25~50	I 、II 、III	III 、IV	IV
	>50~100	II 、III	III 、IV	V
	>100~200	II 、III	IV	V
	>200	II 、III	IV	V

注：表中的 I ~ V 系指表 4-21 中相应的类别。

表 4-23　不同条件下使用的各种低速重载及高速齿轮用渗碳钢

齿轮用途	性能要求	牌号
起重、运输、冶金、采矿、化工等设备用普通减速器小齿轮	耐磨、承载能力较强	20CrMo、20CrMnTi、20CrMnMo
冶金、化工、电站设备及铁路机车、宇航、船舶等的汽轮发动机、工业汽轮机、燃气轮机、高速鼓风机及透平压缩机用齿轮	运行速度高、周期长、安全可靠性高	12CrNi3、12Cr2Ni4、20CrNi3、20CrNi2Mo

（续）

齿轮用途	性能要求	牌号
大型轧钢机减速器齿轮、人字齿轮、机座齿轮、大型带式输送机传动轴齿轮、大型锥齿轮、大型挖掘机传动器主动齿轮、井下采煤机传动器齿轮、坦克用齿轮	传递功率大、齿轮表面载荷高；耐冲击；齿轮尺寸大，要求淬透性高	20CrNi2Mo、17Cr2Ni2Mo、20Cr2Ni4、18Cr2Ni4W、20Cr2Mn2Mo

表 4-24 不同使用要求下推荐的渗氮齿轮用钢

齿轮用途	性能要求	推荐牌号
一般用途	表面耐磨	45、40Cr、20CrMnTi
有冲击载荷	表面耐磨，心部韧性高	18Cr2Ni4WA、30CrNi3、35CrMo
在重载下工作	表面耐磨，心部强度高	35CrMoV、42CrMo、40CrNiMo、25Cr2MoV
在重载、冲击下工作	表面耐磨，心部强韧性高	30CrNiMoA、40CrNiMoA、34CrNi3Mo
精密传动	表面耐磨，精度高	38CrMoAlA、38CrMnAlA

表 4-25 球墨铸铁的牌号、基体组织及力学性能

牌号	基体组织	R_m/MPa	$R_{p0.2}$/MPa	A(%)	$KU_2(KV)$/J	硬度 HBW
		$\geqslant$				
QT400-18	铁素体	400	250	18	11.2[1]	130~180
QT400-15	铁素体	400	250	15	40~120	≤180
QT450-10	铁素体	450	310	10	—	160~210
QT500-7	铁素体+珠光体	500	320	7	—	170~230
QT600-3	珠光体	600	370	3	15~35[2]	190~270
QT700-2	珠光体	700	420	2	—	225~305
QT800-2	珠光体	800	480	2	—	245~335
QT900-2	下贝氏体	900	600	2	30~100[2]	280~360

① V 型缺口，3 个试样的平均值。
② 无缺口试样。

表 4-26 球墨铸铁在不同热处理状态下的力学性能

球墨铸铁基体种类	热处理状态	R_m/MPa	A(%)	硬度 HBW	KU_2/J
铁素体	铸态	450~550	10~20	137~193	24~120
铁素体	退火	400~500	15~25	121~179	48~120
珠光体+铁素体	铸态或退火	500~600	5~10	141~241	16~64
珠光体	铸态	600~750	2~4	217~269	12~24
珠光体	正火	700~950	2~5	229~302	16~40
珠光体+碎块状铁素体	亚温正火	600~900	4~9	207~285	24~64
贝氏体+碎块状铁素体	亚温贝氏体等温淬火	900~1100	2~6	32~40HRC	32~80
下贝氏体	贝氏体等温淬火	1200~1500	1~3	38~50HRC	24~80
回火索氏体	淬火，550~600℃回火	900~1200	1~5	32~43HRC	16~48
回火马氏体	淬火，200~250℃回火	700~800	0.5~1	55~61HRC	8~16

表 4-27 球墨铸铁齿轮的弯曲疲劳强度

球墨铸铁种类	硬度	$P=0.5$ 时疲劳曲线方程	失效概率 P(%)	循环基数 N	疲劳强度 $\sigma_{F\,lim}$/MPa
珠光体	244HBW	$\sigma_F^{3.209}N=4.0733\times10^{14}$	0.50	5×10^6	292.0
		—	0.01	5×10^6	198.2
上贝氏体	37HRC	$\sigma_F^{5.1704}N=2.272\times10^{19}$	0.50	3×10^6	308.48
		—	0.01	3×10^6	289.45
下贝氏体	43.5HRC	$\sigma_F^{4.8870}N=2.0116\times10^{18}$	0.50	3×10^6	263.01
		—	0.01	3×10^6	236.91

（续）

球墨铸铁种类	硬度	$P=0.5$ 时疲劳曲线方程	失效概率 $P(\%)$	循环基数 N	疲劳强度 $\sigma_{\mathrm{F\,lim}}/\mathrm{MPa}$
下贝氏体	41.8HRC	$\sigma_F^{3.8928} N=1.7844\times10^{16}$	0.50	3×10^6	324.25
		—	0.01	3×10^6	307.35
钒钛下贝氏体	32.3HRC	$\sigma_F^{2.6307} N=2.5074\times10^{13}$	0.50	3×10^6	427.84
		—	0.01	3×10^6	407.45

表 4-28　球墨铸铁的接触疲劳强度

球墨铸铁种类	硬度 HBW	$P=0.5$ 时疲劳曲线方程	失效概率 P (%)	循环基数 N	疲劳强度 $\sigma_{\mathrm{H\,lim}}/\mathrm{MPa}$
铁素体	180	$\sigma_H^{14.161} N=5.194\times10^{46}$	0.50	5×10^7	569.1
			0.01	5×10^7	536.5
珠光体+铁素体	226	$\sigma_H^{8.394} N=2.242\times10^{31}$	0.50	5×10^7	657
			0.01	5×10^7	632
珠光体	253	$\sigma_H^{7.941} N=3.688\times10^{30}$	0.50	5×10^7	758
			0.01	5×10^7	715
下贝氏体	41HRC	$\sigma_H^{4.5} N=1.307\times10^{21}$	0.50	10^7	1371
			0.01	10^7	1235
铁素体 （氮碳共渗）	64HRC	$\sigma_H^{20.83} N=2.307\times10^{70}$	0.50	10^7	1100
			0.01	10^7	1060

表 4-29　球墨铸铁的断裂韧度

基体组织	珠光体	铁素体	下贝氏体	奥氏体+上贝氏体
$K_{\mathrm{I\,C}}/\mathrm{MPa}\cdot\mathrm{m}^{1/2}$	28~38	76~82	41~62	85~92

表 4-30　球墨铸铁的常用热处理工艺

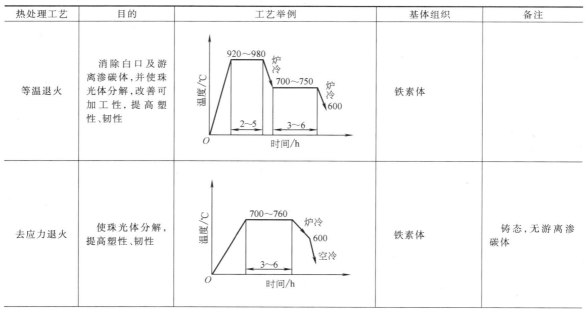

热处理工艺	目的	工艺举例	基体组织	备注
等温退火	消除白口及游离渗碳体，并使珠光体分解，改善可加工性，提高塑性、韧性		铁素体	
去应力退火	使珠光体分解，提高塑性、韧性		铁素体	铸态，无游离渗碳体

（续）

热处理工艺	目的	工艺举例	基体组织	备注
正火	提高组织均匀度及强度、硬度、耐磨性或消除白口及游离渗碳体	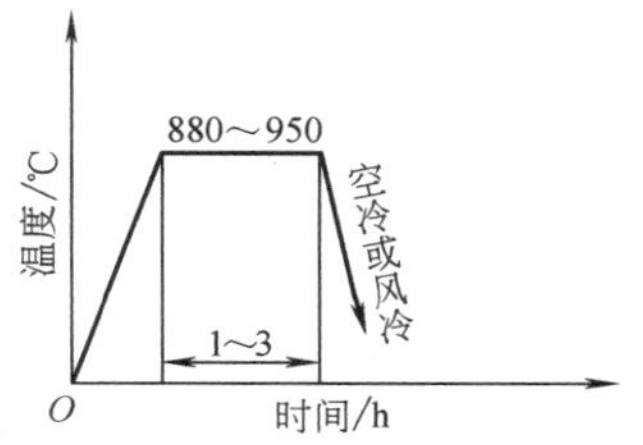 880～950 空冷或风冷 1～3 温度/℃ 时间/h	珠光体+少量铁素体（牛眼状）	复杂铸件正火后需进行回火
两次正火	提高组织均匀度及强度、硬度、耐磨性或消除白口及游离渗碳体，防止出现二次渗碳体	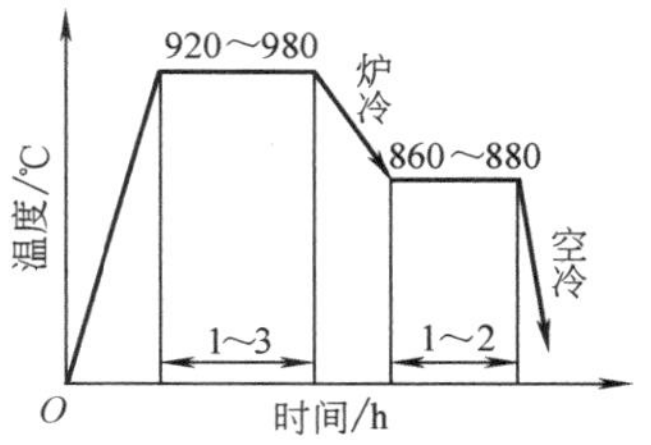 920～980 炉冷 860～880 空冷 1～3 1～2 温度/℃ 时间/h	珠光体+少量铁素体（牛眼状）	复杂铸件正火后需进行回火
正火	获得良好的强度和韧性	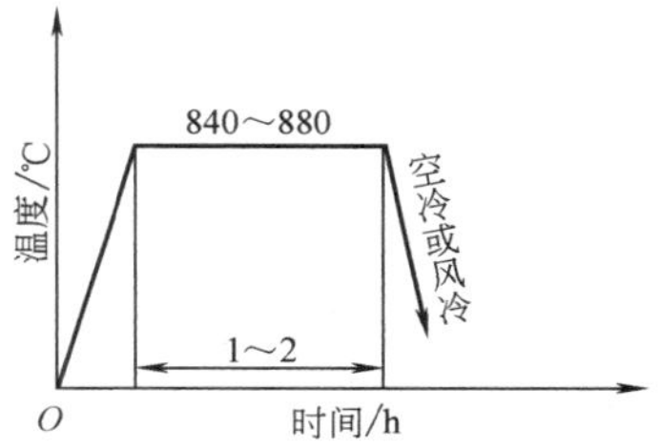 840～880 空冷或风冷 1～2 温度/℃ 时间/h	珠光体+铁素体（碎块状）	铸态并无游离渗碳体，复杂铸件正火后需进行回火
高温不保温正火	获得良好的强度和韧性	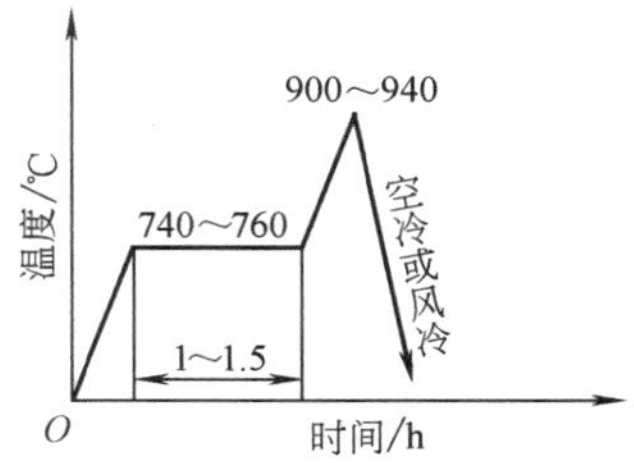 900～940 740～760 空冷或风冷 1～1.5 温度/℃ 时间/h	珠光体+铁素体（碎块状）	铸态并无游离渗碳体，复杂铸件正火后需进行回火
淬火与回火	提高强度、硬度和耐磨性	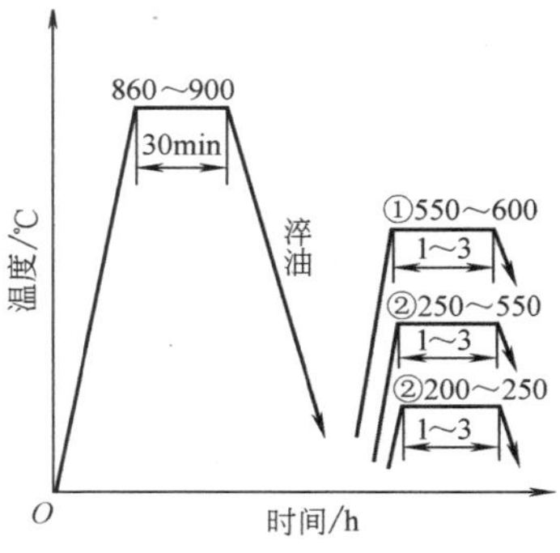 860～900 30min 淬油 ①550～600 1～3 ②250～550 1～3 ②200～250 1～3 温度/℃ 时间/h	1）回火索氏体+残留奥氏体 2）回火马氏体+回火屈氏体+少量残留奥氏体 3）回火马氏体+少量残留奥氏体	淬火前最好先进行正火处理

（续）

热处理工艺	目的	工艺举例	基体组织	备注
贝氏体等温淬火	提高强度、硬度、耐磨性及韧性	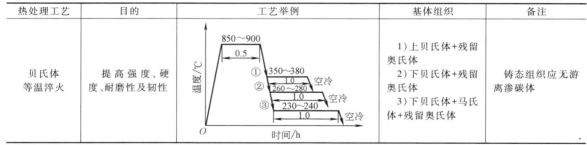	1）上贝氏体+残留奥氏体 2）下贝氏体+残留奥氏体 3）下贝氏体+马氏体+残留奥氏体	铸态组织应无游离渗碳体

等温淬火球墨铸铁（ADI）是铸铁经奥氏体化等温淬火处理后获得的。热处理使其综合力学性能提高（高的强度、延伸率和冲击值），同时又保留原有铸造的优点。ADI的高性能是由于严格控制化学成分及等温淬火热处理而等到的。通过这种热处理工艺可得到一种由贝氏体和稳定的高碳奥氏体组成的均匀组织，通过改变等温淬火温度及转变时间，可以得到不同的性能指标。等温淬火球墨铸铁（ADI）及其等温淬火工艺见表4-31。

4.3.3　齿轮用铜合金

齿轮常用铜合金的主要特性及用途见表4-32。表4-33列出了齿轮常用铜合金的力学性能。

表4-31　等温淬火球墨铸铁（ADI）及其等温淬火工艺

材料要求	工艺	性能与特点
由于ADI是在较高载荷下使用，为了保证具有足够的延展性和韧性，要求其有害杂质（如硫、磷等）含量（质量分数）比较低（≤0.02%，最好≤0.005%），而且硫含量的降低还有利于石墨强化率的增高。等温淬火前的基体显微组织必须符合要求，最好是80～90%P+10～20F（体积分数）	1）对于要求高强度、高耐磨而不要求韧性的ADI件，可采用较低的等温淬火，以获得下贝氏体及小于10%（体积分数）的残留奥氏体 2）对于要求韧性为主的ADI件，采用偏高的等温淬火温度，以获得上贝氏体及大于10%（体积分数）残留奥氏体 典型的ADI等温淬火工艺曲线为 改进等温淬火法，即先淬冷至Ms点稍下温度（如200℃），使其形成少量的淬火马氏体，立即置于Ms点稍上温度（如250℃）的炉中等温保持，可缩短等温保持时间。经该法处理后的硬度为56～60HRC	强度高、耐磨性好、耐疲劳性能好、减音性能和吸震性好、成本低。由于ADI具有更高的抗拉强度、疲劳强度、断裂韧度和更好的耐磨性，加工尺寸更近无余量，可100%回用，价格比铸钢、锻钢便宜

表4-32　齿轮常用铜合金的主要特性及用途

序号	牌号	主要特性	用途
1	HAl60-1-1	强度高,耐蚀性好	耐蚀齿轮、蜗轮
2	HAl66-6-3-2	强度高,耐磨性好,耐蚀性好	大型蜗轮
3	ZCuZn25Al6Fe3Mn3	有很高的力学性能,铸造性能良好,耐蚀性较好,有应力腐蚀开裂倾向,可以焊接	蜗轮
4	ZCuZn40Pb2	有好的铸造性能和耐磨性,可加工性好,耐蚀性较好,在海水中有应力腐蚀倾向	齿轮
5	ZCuZn38Mn2Pb2	有较高的力学性能和耐蚀性,耐磨性较好,可加工性较好	蜗轮
6	QSn6.5-0.1	强度高、耐磨性好,压力加工性及可加工性好	精密仪器齿轮

（续）

序号	牌号	主要特性	用途
7	QSn7-0.2	强度高，耐磨性好	蜗轮
8	ZCuSn5Pb5Zn5	耐磨性和耐蚀性好，减摩性好，能承受冲击载荷，易加工，铸造性能和气密性较好	较高载荷，中等滑动速度下工作的蜗轮
9	ZCuSn10Pb1	硬度高，耐磨性极好，有较好的铸造性能和可加工性，在大气和淡水中有良好的耐蚀性	高载荷，耐冲击和高滑动速度（8m/s）下的齿轮、蜗轮
10	ZCuSn10Zn2	耐蚀性、耐磨性和可加工性好，铸造性能好，铸件气密性较好	中等及较多载荷和小滑动速度的齿轮、蜗轮
11	QAl5	较高的强度，较好的耐磨性及耐蚀性	耐蚀的齿轮、蜗轮
12	QAl7	强度高，较好的耐磨性及耐蚀性	高强、耐蚀的齿轮、蜗轮
13	QAl9-4	高强度，高减摩性和耐蚀性	高载荷下工作的齿轮、蜗轮
14	QAl10-3-1.5	高的强度和耐磨性，可热处理强化，高温抗氧化性，耐蚀性好	高温下使用的齿轮
15	QAl10-4-4	高温（400℃）力学性能稳定，减摩性好	高温下使用的齿轮
16	ZCuAl9Mn2	高的力学性能，在大气、淡水和海水中耐蚀性好，耐磨好，铸造性能好，组织紧密，可以焊接，不易钎焊	耐蚀、耐磨的齿轮及蜗轮
17	ZCuAl10Fe3	高的力学性能、耐磨性和耐蚀性好，可以焊接，不易钎焊，大型铸件自700℃空冷可以防止变脆	高载荷下工作的大型齿轮、蜗轮
18	ZCuAl10Fe3Mn2	高的力学性能和耐磨性，可热处理，高温下耐蚀性和抗氧化性好，在大气、淡水和海水中耐蚀性好，可焊接，不易钎焊，大型铸件自700℃空冷可以防止变脆	高温、高载荷、耐蚀的齿轮、蜗轮
19	ZCuAl8Mn13Fe3Ni2	很高的力学性能，耐蚀性好，应力腐蚀疲劳强度高，铸造性能好，合金组织致密，气密性好，可以焊接，不易钎焊	高强度、耐腐蚀的重要齿轮、蜗轮
20	ZCuAl9Fe4Ni4Mn2	很高的力学性能，耐蚀性好，应力腐蚀疲劳强度高，耐磨性良好，在400℃以下具有耐热性，可热处理，焊接性能好，不易钎焊，铸造性能尚好	要求高强度、耐蚀性好及400℃以下工作的重要齿轮、蜗轮

表 4-33　齿轮常用铜合金的力学性能

序号	牌号	状态	力学性能					
			抗拉强度 R_m/MPa ≥	屈服强度 $R_{p0.2}$/MPa ≥	伸长率（%）≥		冲击吸收能量 KV_2/J ≥	硬度 HBW ≥
					A	$A_{11.5}$		
1	HAl60-1-1	软态[①]	440	—	—	18	—	95
		硬态[②]	735	—	—	8	—	180
2	HAl66-6-3-2	软态	735	—	—	7	—	—
		硬态	—	—	—	—	—	—
3	ZCuZn25Al6Fe3Mn3	S[③]	725	380	10	—	—	160
		J[④]	740	400	7	—	—	170
4	ZCuZn40Pb2	S	220	—	15	—	—	80
		J	280	120	20	—	—	90
5	ZCuZn38Mn2Pb2	S	245	—	10	—	—	70
		J	345	—	18	—	—	80
6	QSn6.5-0.1	软态	343~441	196~245	60~70	—	—	70~90
		硬态	686~784	578~637	7.5~1.2	—	—	160~200
7	QSn7-0.2	软态	353	225	64	55	139.2	70
		硬态						

（续）

序号	牌号	状态	力学性能					
			抗拉强度 R_m/MPa ≥	屈服强度 $R_{p0.2}$/MPa ≥	伸长率（%）≥		冲击吸收能量 KV_2/J ≥	硬度 HBW ≥
					A	$A_{11.5}$		
8	ZCuSn5Pb5Zn5	S	200	90	13	—	—	60
		J	200	90	13	—	—	60
9	ZCuSn10Pb1	S	200	130	3	—	—	80
		J	310	170	2	—	—	90
10	ZCuSn10Zn2	S	240	120	12	—	—	70
		J	245	140	6	—	—	80
11	QAl5	软态	372	157	65	—	86.4	60
		硬态	735	529	5	—	—	200
12	QAl7	软态	461	245	70	—	117.6	70
		硬态	960	—	3	—	—	154
13	QAl9-4	软态	490～588	196	40	12～15	47.2～55.2	110～190
		硬态	784～980	343	5	—	—	160～200
14	QAl10-3-1.5	软态	590～610	206	9～13	8～12	47.2～62.4	130～190
		硬态	686～882	—	9～12	—	—	160～200
15	QAl10-4-4	软态	590～690	323	5～6	4～5	23.2～31.2	170～240
		硬态	880～1078	539～588	—	—	—	180～240
16	ZCuAl9Mn2	S	390	—	20	—	—	85
		J	440	—	20	—	—	95
17	ZCuAl10Fe3	S	490	180	13	—	—	100
		J	540	200	15	—	—	110
18	ZCuAl10FeMn2	S	490	—	15	—	—	110
		J	540	—	20	—	—	120
19	ZCuAl8Mn13Fe3Ni2	S	645	280	20	—	—	160
		J	670	310	18	—	—	170
20	ZCuAl9Fe4Ni4Mn2	S	630	250	16	—	—	160

① 软态为退火态。
② 硬态为压力加工态。
③ S—砂型铸造。
④ J—金属型铸造。

铜合金大多数情况下用来制作蜗轮，表4-34和表4-35列出了几种蜗轮材料在与蜗杆配对使用时的许用接触应力。表4-36列出了几种蜗轮材料的许用弯曲应力。

表 4-34　$N=10^7$ 时蜗轮材料的许用接触应力 σ_{HP}

蜗轮材料	铸造方法	适用滑动速度/（m/s）	拉伸性能		蜗杆齿面硬度	
			R_{eL}/MPa	R_m/MPa	≤350HBW	>45HRC
					σ_{HP}/MPa	
ZCuSn10Pb1	砂型	≤12	137	216	177	196
	金属型	≤25	196	245	196	216
ZCuSn5Pb5Zn5	砂型	≤10	78	177	108	123
	金属型	≤12	78	196	132	147

表 4-35　几种蜗轮蜗杆副材料配对时的许用接触应力 σ_{HP}

蜗轮材料	蜗杆材料	滑动速度/（m/s）							
		0.25	0.5	1	2	3	4	6	8
		σ_{HP}/MPa							
ZCuAl10Fe3、ZCuAl10Fe3Mn2	钢（淬火）①	—	245	226	206	177	157	118	88.3

（续）

蜗轮材料	蜗杆材料	滑动速度/(m/s)							
		0.25	0.5	1	2	3	4	6	8
		σ_{HP}/MPa							
ZCuZn38Mn2Pb2	钢(淬火)[①]	—	211	196	177	147	132	93.2	73.6
HT200、HT150 (120~150HBW)	渗碳钢	157	127	113	88.3	—	—	—	—
HT150 (120~150HBW)	钢 (调质或正火)	137	108	88.3	68.7	—	—	—	—

① 蜗杆未经淬火时，需将表中 σ_{HP} 值降低 20%。

表 4-36　$N=10^6$ 时蜗轮材料的许用弯曲应力 σ_{FP}

材料组	蜗轮材料	铸造方法[①]	适用滑动速度/ (m/s)	拉伸性能		σ_{FP}/MPa	
				R_{eL}/MPa	R_m/MPa	一侧受载	两侧受载
铸造锡青铜	ZCuSn10Pb1	S	≤12	137	220	50	30
		J	≤25	170	310	70	40
	ZCuSn5Pb5Zn5	S	≤10	90	200	32	24
		J	≤12			40	28
铸造铝青铜	ZCuAl10Fe3	S	≤10	180	490	80	63
		J		200	540	90	80
	ZCuAl10Fe3Mn2	S	≤10	—	490	—	—
		J			540	100	90
铸造黄铜	ZCuZn38Mn2Pb2	S	≤10	—	245	60	55
		J		—	345	—	—
铸铁	HT150	S	≤2		150	40	25
	HT200	S	≤2~5		200	47	30
	HT250	S	≤2~5		250	55	35

① S—砂型铸造，J—金属型铸造。

4.4　齿轮的热处理工艺

调质经常作为中硬齿面齿轮的最终热处理及表面淬火和渗氮齿轮的预备热处理，有时还作为重要渗碳齿轮的预备热处理。

随着齿轮参数的提高，硬齿面齿轮热处理工艺已成为主要的生产工艺。各种齿轮表面硬化热处理工艺的对比见表 4-37。

4.4.1　齿轮的调质

表 4-38 列出了各类齿轮副的硬度选配方案，可供参考。

表 4-37　各种齿轮表面硬化热处理工艺的对比

工艺方法	硬化层状态				力学性能				变形倾向	设备投资
	层深/mm	组织	分布	残余应力	硬度 HV	耐磨性	$\sigma_{H\,lim}$/MPa	$\sigma_{F\,lim}$/MPa		
渗碳	0.4~2 >2~4 >4~8	马氏体+ 碳化物+ 残留奥氏体	沿齿廓	压应力	650~850 (57~63HRC)	高	1500	450	较大	较高
C-N 共渗	0.2~1.2			压应力	700~850 (58~63HRC)	很高			较小	

（续）

工艺方法	硬化层状态				力学性能				变形倾向	设备投资
	层深/mm	组织	分布	残余应力	硬度 HV	耐磨性	$\sigma_{H\,lim}$/MPa	$\sigma_{F\,lim}$/MPa		
渗氮	0.2~0.6 >0.6~1.1	合金氮化物+含氮固溶体	沿齿廓	压应力	800~1200	很高	1000 （调质钢） 1250 （渗氮钢）	350 （调质钢） 400 （渗氮钢）	很小	中等
N-C 共渗	0.3~0.5	N.C 化合物+含氮固溶体			500~800		900	350	很小	
感应淬火	高频 1~2 超音频 2~4 中频 3~6	马氏体	沿齿廓或沿齿面[1]	齿面压应力（齿根应力状态与工艺有关[2]）	600~850	较高	1150	350[3]	较小	中等
火焰淬火	2~6				600~800					小

① 无论单齿加热淬火或套圈一次加热淬火都存在齿根未加热淬火的情况（见表 4-42 中图 a 和图 c）。
② 单齿加热淬火即使实现沿齿沟分布硬化层，其齿根压应力也不高；齿根未硬化时残余应力为拉应力。
③ 当齿根未硬化时，$\sigma_{F\,lim}$ 只有 150MPa。

调质齿轮淬火后的最低硬度主要决定于所要求的强度，并考虑具有足够的韧性。齿轮所需强度越高，相应其硬度也就要求越高，淬火时马氏体转变就应当越完全。这种关系由图 4-19 示出，图中影线重叠区具有较高的韧性。

相对硬度值的大小对调质钢的强度、塑性和韧性有影响，特别是在高强度时这种影响就显得更大，如图 4-20 所示。

表 4-38　各类齿轮副的硬度选配方案

齿轮硬度	齿轮种类	热处理		齿轮工作齿面硬度差[1]	工作齿面硬度举例	
		小齿轮	大齿轮		小齿轮	大齿轮
软齿面 （≤350HBW）	直齿	调质	正火调质	$(HBW_1)_{min}-(HBW_2)_{max}$ 为 20~25HBW	262~293HBW 269~302HBW	179~212HBW 201~229HBW
	斜齿及人字齿	调质	正火调质	$(HBW_1)_{min}-(HBW_2)_{max}$ 为 40~50HBW	241~269HBW 262~293HBW 269~302HBW	163~192HBW 179~212HBW 201~229HBW
软、硬齿面组合 （>350HBW， ≤350HBW）	斜齿及人字齿	表面淬火	调质	齿面硬度差很大	45~50HRC	269~302HBW 201~229HBW
		渗氮 渗碳	调质		56~62HRC	269~302HBW 201~229HBW
硬齿面 （≥350HBW）	直齿、斜齿及人字齿	表面淬火		齿面硬度大致相同	45~50HRC	
		渗氮 渗碳	渗碳		56~62HRC	

① HBW_1 和 HBW_2 分别为小齿轮和大齿轮的硬度。

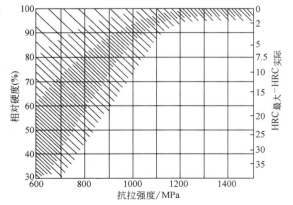

图 4-19　要求的最低硬度与调质钢强度之间的关系

调质钢的淬透性和齿轮的尺寸大小决定其调质深度。根据齿轮要求的抗拉强度和有效截面尺寸选用钢材，可参考表 4-22。

（1）调质齿轮有效截面尺寸的确定　表 4-39 列出了各种典型结构形式及齿轮有效断面尺寸的确定方法，可供参考。

（2）开齿调质工艺　大模数齿轮采用毛坯调质，由于受到钢材淬透性的限制，往往在齿根部位不能获得要求的调质组织和硬度。因此，当齿轮模数较大时，如碳素钢齿轮模数大于 12mm 时，应采用先开齿后调质的工艺，其齿轮的加工工艺路线如下：毛坯锻造→退火→粗车→精车→粗铣齿（开齿）→调质→精铣齿

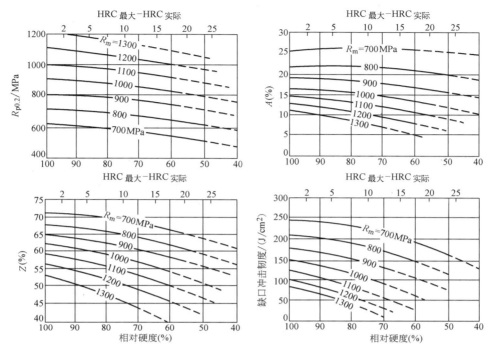

图 4-20　相对淬火硬度对力学性能的影响

表 4-39　典型结构形式及齿轮有效断面尺寸的确定方法

Ⅰ	Ⅱ	Ⅲ	Ⅳ

Ⅴ	Ⅵ	Ⅶ

图 4-21 所示为 42CrMo 钢制 $m = 22\text{mm}$、$z = 20$ 的大齿轮采用开齿、调质后轮齿各部位的硬度分布。

采用开齿后调质处理，由于改善了齿部的冷却条件，可以采用淬透性较低的、含合金元素较少的钢材，从而使得成本总体上降低。

（3）中硬齿面调质　齿轮的弯曲疲劳强度和接触疲劳强度都随齿轮的硬度提高而提高。目前常用的软齿面调质齿轮已难以适应现代工业发展对齿轮承载能力和使用寿命的要求，因此调质齿轮的硬度趋向提高，中硬度（>300HBW）的调质齿轮应用日益广泛。

（4）齿轮毛坯的水淬调质　图 4-22、图 4-23 所示为齿轮毛坯在水与空气为介质的交替控时淬火冷却（ATQ）过程中的表层、次表层和心部冷却曲线。

淬火冷却分为 3 个阶段进行，即预冷阶段、水-空交替淬火冷却阶段和自然空冷阶段。在预冷阶段，工件采取空冷的方式进行缓慢冷却，直到工件表面冷却到 A₁ 点附近的某一温度区间，减少了工件热容量的同时增强第二阶段的冷却效果；在水-空交替淬火冷却阶段，采用快冷（水冷）与缓冷（空冷）交替的方式进行，在这一冷却阶段，按照以下步骤进行：

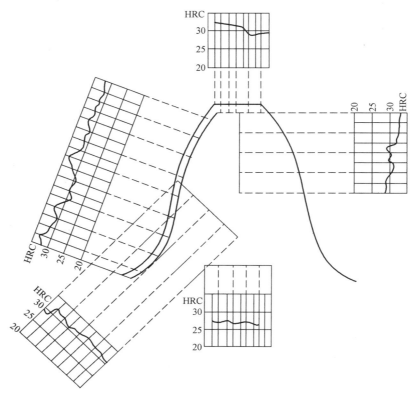

图 4-21　开齿、调质后轮齿各部位硬度分布

图 4-22　42CrMo 齿圈毛坯外形尺寸

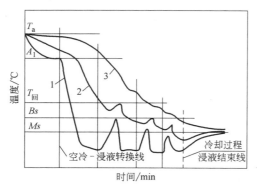

图 4-23　水-空交替控时淬火冷却过程
中各部位的冷却曲线

1—表层冷却曲线　2—次表层冷却曲线　3—心部
冷却曲线　T_a—奥氏体化温度　$T_回$—回火温度

①根据合金钢件性能检测部位和具体的性能要求，预测获得要求性能部位的显微组织构成；②结合材料的过冷奥氏体等温冷却转变曲线或过冷奥氏体连续冷却转变曲线得到获得该组织的达到某一温度的最长冷却时间或最小冷却速度；③将合金钢件沿截面从表面到中心划分为控制冷却、速度区域和缓速降温区域；④确定控制冷却速度区域水-空交替的次数和每次水冷时间与空冷时间；⑤确定缓速降温区域水-空交替的次数和每次水冷时间与空冷时间。完成第二阶段淬火冷却后，将工件放置在空气中进行自然冷却，直到工件的心部温度低于某一值后进行回火。

经 ATQ 工艺淬火+高温回火后的 42CrMo 钢齿圈毛坯的组织中马氏体含量逐渐减少，而贝氏体含量逐渐增加，工件的拉伸性能、冲击性能和硬度值较常规油淬均有较大提高。

ZG35Cr1Mo 铸钢水淬调质工艺及力学性能见表 4-40，齿轮毛坯外形尺寸如图 4-24 所示。大批量齿轮水淬与常规油淬对比，水淬的淬硬性较好，为 500±50HBW，而油淬的仅为 300～320HBW，因此对于硬度要求≥320HBW 的齿轮类零件应水淬。

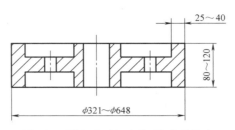

图 4-24　ZG35Cr1Mo 齿轮毛坯外形尺寸

表 4-40　大批量产品（ZG35Cr1Mo 铸钢）热处理工艺及力学性能

热处理工艺	淬火硬度 HBW	回火硬度 HBW	R_m/MPa	R_{eL}/MPa	A（%）	Z（%）	KU_2/J
780℃×2.5h 盐水冷 1min40s	230~270	（未淬硬）					
790℃×2h 盐水冷 2min+650℃×4h 空冷	330~340	230~255	721,704	473,456	17	35,36	93,90,88
800℃×2h 盐水冷透+650℃×4.5h 空冷	470~542	275	846	697	15	38	109
810℃×2h 盐水冷 3min+650℃×4.5h 空冷	440~520	248~272	795	610	19	43	102,101

表 4-41 列出了调质齿轮的常见缺陷及防止措施。

表 4-41　调质齿轮的常见缺陷及防止措施

序号	缺陷名称	产生原因	防止措施
1	硬度偏低	齿轮钢材碳含量偏低；淬火加热规范不当；表面脱碳；淬火冷却不足；回火温度偏高；材料选择不当	检查钢材化学成分；调整淬火加热规范；更换淬火冷却介质，提高冷速；降低回火温度；更换钢材
2	调质深度不足	选材不当，钢材碳含量或合金元素含量偏低；淬火规范不当	根据齿轮模数和尺寸选用合适淬透性钢材；检查钢材化学成分，调整加热冷却规范；大模数齿轮采用开齿调质
3	硬度不均匀	钢材原始组织不良；淬火冷却不均匀；淬火回火加热温度不均匀	检查钢材质量；重新进行一次正火或退火；加强冷却液的循环；改善淬火回火温度均匀度

4.4.2　齿轮的表面淬火

齿轮表面淬火硬化层分布形式、强化效果及应用范围见表 4-42。

表面淬火齿轮的技术要求见表 4-43。

表 4-42　齿轮表面淬火硬化层分布形式、强化效果及应用范围

硬化层分布形式	工艺方法	强化效果	应用范围		
			高频（包括超音频）感应淬火	中频（2.5~8kHz）感应淬火	火焰淬火
齿根不淬硬 a)	回转加热淬火法	齿面耐磨性提高；对弯曲疲劳强度没有多大影响，许用弯曲应力低于该钢材调质后的水平	处理齿轮直径由设备功率决定，齿轮宽度为 10~100mm；$m \leqslant 5$	处理齿轮直径由设备功率决定，齿宽为 35~150mm，个别可达 400mm；$m \leqslant 10$	齿轮直径可达 450mm；专用淬火机床；$m \leqslant 6$，个别情况可到 $m \leqslant 12$
齿根淬硬 b)	回转加热淬火法	齿面耐磨性及齿根弯曲疲劳强度都得到提高；许用弯曲应力比调质状态提高 30%~50%；可部分代替渗碳齿轮	处理齿轮直径由设备功率决定，齿宽为 10~100mm；$m \leqslant 5$	处理齿轮直径由设备功率决定，齿宽为 35~150mm，个别可到 400mm；$m \leqslant 10$	齿轮直径可达 450mm；一般 $m \leqslant 6$，个别情况 $m \leqslant 10$
齿根不淬硬 c)	单齿连续加热淬火法	齿面耐磨性提高；弯曲疲劳强度受一定影响（一般硬化结束于离齿根 2~3mm 处）；许用弯曲应力低于该钢材调质后的水平	齿轮直径不受限制；$m \geqslant 5$	齿轮直径不受限制；$m \geqslant 8$	齿轮直径不受限制；$m \geqslant 6$

（续）

硬化层分布形式	工艺方法	强化效果	应用范围		
			高频（包括超音频）感应淬火	中频（2.5～8kHz）感应淬火	火焰淬火
齿根淬硬 d)	沿齿沟连续加热淬火法	齿面耐磨性及齿根弯曲疲劳强度均提高；许用弯曲应力比调质状态提高 30%～50%；可部分代替渗碳齿轮	齿轮直径不受限制；$m \geqslant 5$	齿轮直径不受限制；$m \geqslant 8$	齿轮直径不受限制；$m \geqslant 10$

表 4-43　表面淬火齿轮的技术要求

项目	小齿轮	大齿轮	说明
硬化层深度/mm	（0.2～0.4）m①		有效硬化层深度按标准 GB/T 5617—2005 规定
齿面硬度 HRC	50～55	45～50 或 300～400HBW	如果传动比为 1∶1，则大小齿轮齿面硬度可以相等
表层组织	细针状马氏体		齿部不允许有铁素体
心部硬度 HBW	调质：碳钢 265～280 合金钢 270～300		对某些要求不高的齿轮可以采用正火作为预备热处理

① m 为齿轮模数，单位是 mm。

齿轮的表面淬火常用火焰淬火法和感应淬火法。

1. 齿轮火焰淬火

（1）齿轮火焰加热喷嘴　图 4-25 所示为几种典型齿轮火焰加热用喷嘴，其中沿齿沟加热喷嘴结构比较复杂，图 4-26 所示为一种直齿轮沿齿沟加热喷嘴。喷嘴外廓与齿沟轮廓相似，两者各处间距基本相等，

为 3～5mm。火孔直径一般为 0.5～0.7mm，水孔直径一般为 0.8～1.0mm。齿根部火孔数量要多一些，齿顶部容易过热，火孔位置要低于齿顶面 3～5mm。水孔与火孔的排间距离与齿轮钢材有关，可参考表 4-44 中的推荐数值。几种模数齿轮沿齿沟加热喷嘴设计参数见表 4-45，表中各参数代号参见图 4-26。

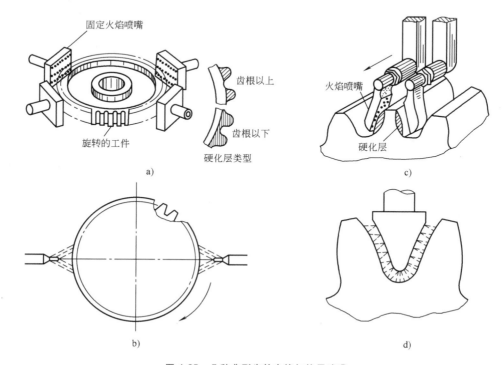

图 4-25　几种典型齿轮火焰加热用喷嘴

a)、b) 回转加热　c) 单齿连续加热　d) 沿齿沟连续加热

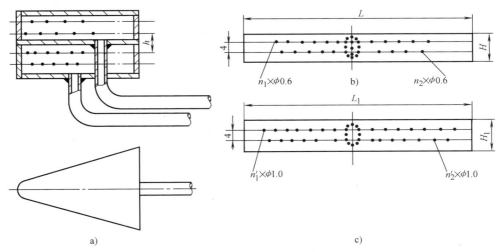

图 4-26　直齿轮沿齿沟加热喷嘴
a）喷嘴结构　b）火孔　c）水孔

（2）齿轮火焰淬火工艺　火焰淬火齿轮一般采用调质作为预备热处理，要求不高的齿轮也可采用正火。

表 4-46 列出了齿轮火焰淬火的工艺参数，可供参考。

2. 齿轮感应淬火

（1）全齿回转加热淬火　表 4-47 列出了常用感应加热电源频率的适用范围。

表 4-44　火孔和水孔排间距离与齿轮钢材的关系

材料牌号	火孔与水孔排间距离 h/mm
35、35Cr、40、45	10
40Cr、45Cr、ZG30Mn、ZG45Mn[①]	15
55、50Mn、50Mn2、40CrNi、55CrMo[①]	20
35CrMnSi、40CrMnMo	25

① 非标在用牌号。

表 4-45　几种模数齿轮沿齿沟加热喷嘴设计参数

模数 m/mm	L/mm	L_1/mm	H/mm	H_1/mm	n_1/个	n_2/个	n_1'/个	n_2'/个	n[①]/个
10	80	80	15	25	12	10	14	12	8
12	80	80	15	25	14	12	16	14	9
14	90	90	15	25	16	14	20	18	10
16	95	95	15	25	18	16	22	20	11

① 齿顶火孔数目。

表 4-46　齿轮火焰淬火的工艺参数

工艺参数	推荐数值			说明
加热温度	$Ac_3 + (30 \sim 50)$℃			根据齿轮钢材确定
火焰强度	乙炔为 $(0.5 \sim 1.5) \times 10^5$ Pa，氧为 $(3 \sim 6) \times 10^5$ Pa，乙炔/氧 = $1/1.1 \sim 1/1.5$			乙炔/氧一般取 $1/1.15 \sim 1/1.25$，这种比例火焰强度大，温度高，稳定性好，并呈蓝色中性火焰
焰心距工件距离/mm	套圈淬火为 $8 \sim 15$ 齿面淬火为 $5 \sim 10$，沿齿沟淬火为 $2 \sim 3$			焰心与齿顶距离 焰心与齿面距离
喷嘴（或工件）的移动速度	旋转加热为 $50 \sim 300$mm/min			要求淬火温度高，淬硬层深，采用低的速度；反之，采用高的速度
	单齿加热			
	模数/mm	>20	$11 \sim 20$　$5 \sim 10$	
	移动速度/(mm/min)	<90	$90 \sim 120$　$120 \sim 150$	
水孔与火孔距离	见表 4-44 水孔角度为 $10° \sim 30°$			连续加热淬火时，要防止水花飞溅，影响加热效果
淬火冷却介质	碳素钢可用自来水，一般压力为 $(1 \sim 1.5) \times 10^5$ Pa 合金钢常用聚合物（PAG）水溶液、乳化液及压缩空气等			温度、压力等参数要保持稳定
回火	要求硬度	$45 \sim 50$HRC	$50 \sim 55$HRC	一般回火保温时间为 $45 \sim 90$min
	回火温度	$200 \sim 250$℃	$180 \sim 220$℃	

表 4-47　常用感应加热频率的适用范围

频率 /kHz	硬化层深度/mm			齿轮模数/mm
	最小	适中	最大	
250~300	0.8	1~1.5	2.5~4.5	1.5~5(2~3 最佳)
30~80	1.0	1.5~2.0	3~5	3~7(3~4 最佳)
8	1.5	2~3	4~6	5~8(5~6 最佳)
2.5	2.5	4~6	7~10	8~12(9~11 最佳)

表 4-48　感应器用纯铜材厚度

冷却情况	200~300kHz	8kHz	2.5kHz
	纯铜材厚度/mm		
加热时不通水①	1.5~2.5	6~8	10~12
加热时通水	0.5~1.5	1.5~2	2~3

① 同时加热自喷式感应器。

1) 感应器的施感导体及导磁体:感应加热的施感导体采用纯铜制造,其厚度按表 4-48 选择,感应器用导磁体按表 4-49 选择。

2) 感应器结构:全齿回转加热淬火感应器均为圈式结构,其结构及尺寸见表 4-50。

表 4-49　感应器用导磁体的种类和规格

频率/kHz	导磁体	规　格	备注
2.5	硅钢片	片厚为 0.2~0.5mm	硅钢片需进行磷化处理,以保证片间绝缘
8	硅钢片	片厚为 0.1~0.35mm	
200~300	铁氧体	根据具体要求	—

表 4-50　全齿淬火感应器的结构及尺寸

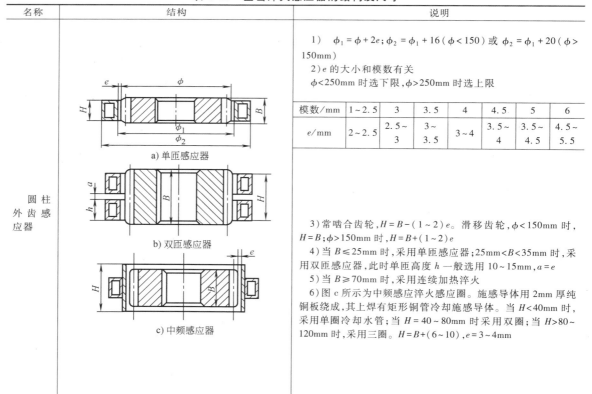

名称	结构	说明

圆柱外齿感应器

a) 单匝感应器

b) 双匝感应器

c) 中频感应器

1)　$\phi_1 = \phi + 2e$;$\phi_2 = \phi_1 + 16(\phi < 150)$ 或 $\phi_2 = \phi_1 + 20(\phi > 150mm)$

2)e 的大小和模数有关
$\phi < 250mm$ 时选下限,$\phi > 250mm$ 时选上限

模数/mm	1~2.5	3	3.5	4	4.5	5	6
e/mm	2~2.5	2.5~3	3~3.5	3~4	3.5~4	3.5~4.5	4.5~5.5

3)常啮合齿轮,$H = B - (1~2)e$。滑移齿轮,$\phi < 150mm$ 时,$H = B$;$\phi > 150mm$ 时,$H = B + (1~2)e$

4)当 $B \le 25mm$ 时,采用单匝感应器;$25mm < B < 35mm$ 时,采用双匝感应器,此时单匝高度 h 一般选用 $10~15mm$,$a = e$

5)当 $B \ge 70mm$ 时,采用连续加热淬火

6)图 c 所示为中频感应淬火感应圈。施感导体用 2mm 厚纯铜板绕成,其上焊以矩形铜管冷却施感导体。当 $H < 40mm$ 时,采用单圈冷却水管;当 $H = 40~80mm$ 时采用双圈;当 $H > 80~120mm$ 时,采用三圈。$H = B + (6~10)$,$e = 3~4mm$

（续）

名称	结构	说明
圆柱内齿感应器	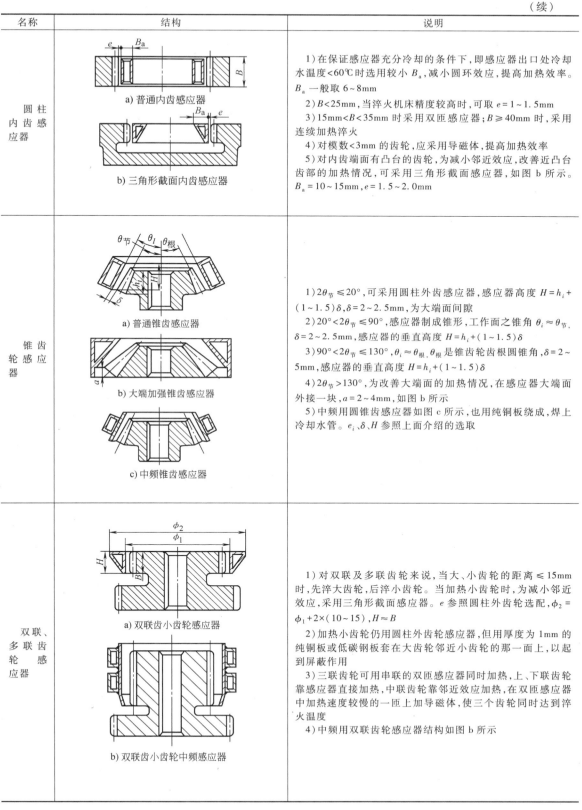 a) 普通内齿感应器 b) 三角形截面内齿感应器	1）在保证感应器充分冷却的条件下，即感应器出口处冷却水温度<60℃时选用较小 B_a，减小圆环效应，提高加热效率。B_a 一般取 6~8mm 2）$B<25mm$，当淬火机床精度较高时，可取 $e=1~1.5mm$ 3）$15mm<B<35mm$ 时采用双匝感应器；$B≥40mm$ 时，采用连续加热淬火 4）对模数<3mm 的齿轮，应采用导磁体，提高加热效率 5）对内齿端面有凸台的齿轮，为减小邻近效应，改善近凸台齿部的加热情况，可采用三角形截面感应器，如图 b 所示。$B_a=10~15mm$，$e=1.5~2.0mm$
锥齿轮感应器	a) 普通锥齿感应器 b) 大端加强锥齿感应器 c) 中频锥齿感应器	1）$2\theta_{节}≤20°$，可采用圆柱外齿感应器，感应器高度 $H=h_i+(1~1.5)\delta$，$\delta=2~2.5mm$，为大端面间隙 2）$20°<2\theta_{节}≤90°$，感应器制成锥形，工作面之锥角 $\theta_i≈\theta_{节}$，$\delta=2~2.5mm$，感应器的垂直高度 $H=h_i+(1~1.5)\delta$ 3）$90°<2\theta_{节}≤130°$，$\theta_i≈\theta_{根}$，$\theta_{根}$ 是锥齿轮齿根圆锥角，$\delta=2~5mm$，感应器的垂直高度 $H=h_i+(1~1.5)\delta$ 4）$2\theta_{节}>130°$，为改善大端面的加热情况，在感应器大端面外接一块，$a=2~4mm$，如图 b 所示 5）中频用圆锥齿感应器如图 c 所示，也用纯铜板绕成，焊上冷却水管。e_i、δ、H 参照上面介绍的选取
双联、多联齿轮感应器	a) 双联齿小齿轮感应器 b) 双联齿小齿轮中频感应器	1）对双联及多联齿轮来说，当大、小齿轮的距离≤15mm 时，先淬大齿轮，后淬小齿轮。当加热小齿轮时，为减小邻近效应，采用三角形截面感应器。e 参照圆柱外齿轮选配，$\phi_2=\phi_1+2×(10~15)$，$H≈B$ 2）加热小齿轮仍用圆柱外齿轮感应器，但用厚度为 1mm 的纯铜板或低碳钢板套在大齿轮邻近小齿轮的那一面上，以起到屏蔽作用 3）三联齿轮可用串联的双匝感应器同时加热，上、下联齿轮靠感应器直接加热，中联齿轮靠邻近效应加热，在双匝感应器中加热速度较慢的一匝上加导磁体，使三个齿轮同时达到淬火温度 4）中频用双联齿轮感应器结构如图 b 所示

3）感应器喷孔设计：自喷式感应器喷孔孔径大小的设计原则为

$$A_{孔} < A_{管}$$

式中　$A_{孔}$——喷水孔总面积；

　　　$A_{管}$——进水管截面面积。

生产中可参考表 4-51 中的数值。感应器喷孔分布可参考表 4-52。

表 4-51　自喷式感应器喷孔直径

冷却介质	200kHz ~ 300kHz	2.5kHz ~ 8kHz
	喷孔直径/mm	
水	0.70 ~ 0.85	1.0 ~ 1.2
聚合物水溶液	0.80 ~ 1.00	1.2 ~ 1.5
乳化液	1.0 ~ 1.2	1.5 ~ 2.0

表 4-52　连续加热自喷式感应器喷孔分布

频率/kHz	孔间距离/mm	喷孔轴线与工件轴线间夹角	说明
200 ~ 300	1.5 ~ 3.0	35° ~ 55°	通常为一列孔
8	2.5 ~ 3.5	35° ~ 55°	一列或二列孔

4）电加热规范。

① 加热功率的确定：齿轮加热时所需总功率可按下式估算：

$$P_{齿} = \Delta P - A$$

式中　$P_{齿}$——齿轮加热所需总功率（kW）；

　　　ΔP——比功率（kW/cm²）；

　　　A——齿轮受热等效面积（cm²）。

比功率 ΔP 与齿轮模数、受热面积及硬化层深度有关，可参考表 4-53 ~ 表 4-55 进行选择。

表 4-53　齿轮表面积和比功率、单位能量的关系（100kW 高频设备）

齿轮表面积/cm²	20 ~ 40	45 ~ 65	70 ~ 95	100 ~ 130	140 ~ 180	190 ~ 240	250 ~ 300	310 ~ 450
比功率 $\Delta P/(kW/cm²)$	1.5 ~ 1.8	1.4 ~ 1.5	1.3 ~ 1.4	0.9 ~ 1.2	0.7 ~ 0.9	0.53 ~ 0.65	0.4 ~ 0.5	0.3 ~ 0.4
单位能量 $\Delta Q/(kW·s/cm²)$	6 ~ 10	10 ~ 12	12 ~ 14	13 ~ 16	16 ~ 18	16 ~ 18	16 ~ 18	16 ~ 18

表 4-54　齿轮模数与比功率、单位能量的关系

模数	比功率 $\Delta P/(kW/cm²)$	单位能量 $\Delta Q/(kW·s/cm²)$
3	1.2 ~ 1.8	7 ~ 8
4 ~ 4.5	1.0 ~ 1.6	9 ~ 12
5	0.9 ~ 1.4	11 ~ 15

表 4-55　中频感应淬火硬化层深度与比功率的关系

频率/kHz	硬化层深度/mm	比功率/(kW/cm²)		
		低值	最佳值	高值
8	1.0 ~ 3.0	1.2 ~ 1.4	1.6 ~ 2.3	2.5 ~ 4.0
	2.0 ~ 4.0	0.8 ~ 1.0	1.5 ~ 2.0	2.5 ~ 3.5
	3.0 ~ 6.0	0.4 ~ 0.7	1.0 ~ 1.7	2.0 ~ 2.8
2.5	2.5 ~ 5.0	1.0 ~ 1.5	2.5 ~ 3.0	4.0 ~ 7.0
	4.0 ~ 7.0	0.8 ~ 1.0	2.0 ~ 2.5	4.0 ~ 6.0
	5.0 ~ 10.0	0.8 ~ 1.0	2.0 ~ 2.5	4.0 ~ 5.0

齿轮受热等效面积可按下式计算：

$$A = 1.2\pi D_P B$$

式中　D_P——齿轮分度（cm）；

　　　B——齿轮宽度（cm）。

② 设备功率的估算：根据齿轮加热所需功率，要求设备提供的总功率按下式计算：

$$P_{设} = P_{齿}/\eta$$

式中　η——设备总效率。

机械式中频发电机总效率 $\eta = 0.64$（包括淬火变压器的能量损失）；真空管高频设备的总效率 $\eta = 0.4 ~ 0.5$（包括高频振荡管、振荡回路、变压器及感应器的能量损失）；新的固态电源效率较高，可达 0.90 以上。当设备总功率不能满足齿轮加热所需总功率要求时，可采用降低比功率而适当延长加热时间的办法。感应加热电源的频率和功率范围见表 4-56。

表 4-56　感应加热电源的频率和功率范围

电源	晶闸管（SCR）	绝缘栅双极晶体管（IGBT）	MOS 场效应晶体管（MOSFET）	静电感应晶体管（SIT）	RF 高频电子管	超高频（SHF）电子管
频率/kHz	0.2 ~ 10	1 ~ 100	50 ~ 600	30 ~ 200	30 ~ 500	1 ~ 27.12MHz
功率/kW	30 ~ 3000	10 ~ 1000	10 ~ 400	10 ~ 250	3 ~ 800	8 ~ 100

③ 加热和冷却规范：各种钢材的感应加热温度可根据碳和合金元素含量选择。钢材不同碳和合金元素含量时的加热温度见表 4-57。

齿轮感应加热时间（τ）不是独立的参量，同时加热时可通过下式计算：

$$\tau = \Delta Q/\Delta P$$

式中　ΔQ——单位表面所消耗能量（kW·s/cm²）；

　　　ΔP——比功率（kW/cm²）。

表 4-57　钢材不同碳和合金元素含量时的加热温度

$w(C)/$ (%)	加热温度/ ℃	合金元素的考虑
0.30	900~925	含 Cr、Mo、Ti、V 等碳化物形成元素的合金钢需在相应碳素钢加热温度之上提高 40~100℃
0.35	900	
0.40	870~900	
0.45	870~900	
0.50	870	

连续加热淬火时的加热时间（τ）按下式计算：

$$\tau = h/v$$

式中　h——感应器高度（mm）；

　　　v——感应器与齿轮的相对移动速度（mm/s）。

图 4-27 所示为全齿沿齿廓加热淬火参数的经验曲线，可供参考。

齿轮感应淬火的冷却介质及其冷却方式见表 4-58。

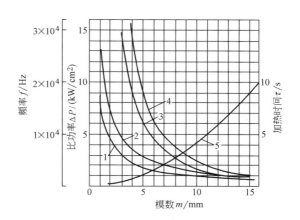

图 4-27　全齿沿齿廓加热淬火参数的经验曲线

1—零件所需比功率（kW/cm²）　2—发电机的比功率（kW/cm²）　3—$f = \dfrac{300000}{m^2}$ 计算的频率（Hz）　4—$f = \dfrac{460000}{m^2}$ 计算的频率（Hz）　5—加热时间（s）

表 4-58　齿轮感应淬火的冷却介质及其冷却方式

冷却介质	介质温度/ ℃	所用牌号	
		喷冷[①]	浸冷
水	20~50	45	45
5%~15%（质量分数）乳化液	<50	40Cr、45Cr、42SiMn、35CrMo	—
油	40~80	—	20Cr、20CrMo、20CrMnTi 渗碳后直接浸冷 40Cr、45Cr、42SiMn、38SiMnMo
5%~15%（质量分数）聚合物（PAG）水溶液	10~40	35CrMo、42CrMo、42SiMn、38SiMnMo[②]、55DTi、60DTi、70DTi[②]	

① 喷液压力一般为（1.5~4）×10⁵Pa。

② 非标在用牌号。

（2）双频感应淬火　一种频率的感应淬火工艺通常仅对少量齿轮能得到沿齿廓分布的硬化层，大多数齿轮感应淬火后的硬化层分布要么齿全部淬透，要么齿根得不到硬化，而双频感应淬火则可大大改善齿轮的硬化效果。

1）加热原理。双频感应淬火采用"低频趋里，高频趋表"的特性，其加热原理如图 4-28 所示。

2）双频加热工艺及效果。

① 齿轮参数：$m = 2mm$，$z = 36$，全齿高 4.7mm，齿宽 20mm。

② 材料：感应淬火，S45C（日本牌号，相当于我国 45 钢）；渗碳淬火，SCM420（日本牌号，相当于我国 20CrMo）。

③ 工艺参数：齿轮三种不同的试验工艺参数见表 4-59。三种热处理工艺的变形、残余压应力及沿齿廓仿形率的测试结果见表 4-60。

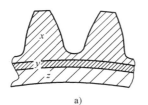
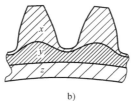
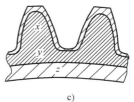

a)　　　　　　　　　b)　　　　　　　　　c)

图 4-28　双频感应加热原理

a）低频加热　b）热扩散　c）高频加热

x—齿部　y—预热区　z—心部（冷态）

表 4-59   齿轮三种不同的试验工艺参数

渗碳工艺参数	单频感应淬火工艺参数	双频感应淬火工艺参数
渗碳温度:950℃	加热功率:90kW	预热功率:100kW
保温时间:2.5h	频率:90kHz	预热频率:3kHz
预冷:到850℃,保温	加热时间:3.8s	预热时间:3.65s
预冷时间:20min	预冷时间:0	空冷时间:3.85s 高频输入功率:900kW
淬火冷却介质:油	喷水时间:15s	高频频率:140kHz
回火温度:180℃	喷水流量:100L/min	加热时间:0.14s
回火时间:2h		喷水时间:10s
随后空冷		喷水流量:100L/min

表 4-60   三种热处理工艺的变形、残余压应力及沿齿廓仿形率的测量结果

测定项目	渗碳淬火+回火	单频感应淬火	双频感应淬火	附注
平均齿形误差/μm	4.26~4.8	2.2~3.3	3.1~3.08	
齿形偏移/μm	16	8.4	6.0	
齿向误差平均/μm	6.91	3.7~4.1	3.7~4.1	
齿向误差偏移/μm	20	4.4	4.4	
齿根中间残余应力/MPa	−27.7	−51.3	−778	
齿顶硬化深/mm	0.87	4.69	1.54	当齿根硬化深为0.55时
硬化层仿形率[1]	81.5%	0.2%	67.2%	

① 仿形率 $= \left(1 - \dfrac{D_s}{h}\right)$，$D_s$ 是齿顶处的硬化层深度（测至450HV处）；h 是齿高。

3) 同时双频 (simultaneous dual frequency, SDF) 新工艺。传统的双频感应淬火是两种频率的电源分别施加到两个感应器，齿轮需要在低频感应器预热之后迅速转移到高频感应器中加热淬火，而新的双频感应淬火是两种频率的电源同时施加于一个感应器，齿轮仅在此一个感应器中完成预热和加热淬火，称之为 SDF 法，即同时双频感应淬火法，如图 4-29 所示。图 4-30 所示为 CF53 钢（相当于 50 钢）、φ24.8mm 小齿轮采用 140kW/MF 和 70kW/HF 同时加热淬火的效果。

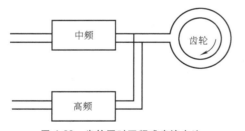

图 4-29   齿轮同时双频感应淬火法

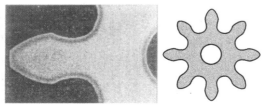

图 4-30   φ24.8mm 小齿轮 SDF 法加热淬火的效果

（3）单频整体冲击加热淬火   此工艺采用单频、大功率晶闸管逆变电源，通过不同加热阶段的比功率调节来达到基本沿齿廓分布的硬化效果。其功率随时间的变化如图 4-31 所示。

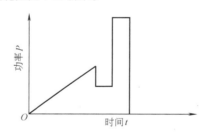

图 4-31   单频整体冲击加热淬火时功率随时间的变化

工艺举例

模数 $m = 6$mm，齿轮外径为 φ450mm，钢材为 42CrMo。

工艺参数：频率 $f = 9.1$kHz

功率 $P_1 = 61$kW/94s，温度 ≈ 600℃；

功率 $P_2 = 400$kW/4.2s，温度 ≈ 950℃。

淬硬层宏观照片如图 4-32 所示。

（4）单齿沿齿面感应淬火

1) 单齿同时加热感应器如图 4-33 所示。为了防止齿端过热，感应器长度一般应比齿宽短 3~5mm。为了防止已淬火相邻齿遭受回火，通常采用 0.5~1.0mm 厚的纯铜板作屏蔽，或者用压缩空气、水雾冷保护。

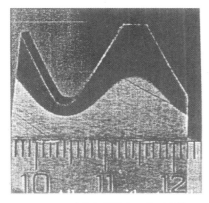

图 4-32　冲击加热淬硬层宏观照片

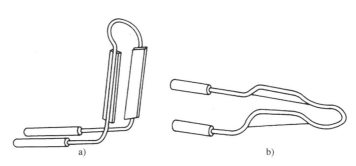

图 4-33　单齿同时加热感应器

a）直齿轮感应器　b）锥齿轮感应器

2）单齿连续加热感应器的结构及尺寸见表 4-61。单齿连续感应淬火的电气规范见表 4-62。

表 4-61　单齿连续加热感应器的结构及尺寸

感　　应　　器	结 构 尺 寸				说　　　明
	单齿连续淬火感应器与齿的间隙				
	模数/mm	δ_1/mm	δ_2/mm	δ_3/mm	
	5~6	<1	1	3~4	1）淬火冷却有自喷（见图 a）和附加冷却喷嘴（见图 b）两种
	8~12	1	1.5	4~4.5	2）对 m = 5~10mm 的齿轮，喷液孔应低于齿顶 1.5~2mm，以防齿顶因冷却过激而产生开裂
					3）对 m>10mm 的齿轮，喷液孔则应高于齿顶 1.5~2mm，以保证齿顶能够淬硬

表 4-62　单齿连续感应淬火的电气规范

模数/mm	输出功率/kW	阳压/kV	阳流/A	栅流/A	移动速度/（mm/s）
5	18~20	8~8.5	2.5	0.6	5~6
6	20~27	8.5~9	2.5	0.6	4~5
8~9	25~33	9~9.5	3~4	0.8	4~5
10	33~35	10~11	3.5	0.8	4~5
12	34~10	11~11.5	3.5	0.8	4~5

注：输出功率取上限时，则移动速度取上限；反之，输出功率取下限时，移动速度取下限。

（5）沿齿沟感应淬火

1）感应器。图 4-34 所示为几种常用感应器结构形式。图 4-35 所示为一种典型感应器结构，表 4-63 列出了这种感应器主要结构尺寸的确定方法。

2）沿齿沟淬火工艺。表 4-64 列出了中频沿齿沟淬火工艺。

3）沿齿沟淬火的冷却。沿齿沟淬火的冷却介质、冷却器结构及感应器移动速度见表 4-65。为了防止已淬火齿遭受过分回火，旁冷是必要的。

表 4-63　典型感应器结构尺寸的确定方法　　　　　（单位：mm）

模数	A	B	C	H	h	ϕd	E[2]
6	4.0	3.2	2.4	4.0	1.8	2.0	22
7	4.5	3.6	2.8	4.5	2.2	2.5	22
10[1]	6.0	4.5	3.5	6.5	3.0	3.0	22
10[1]	6.5	5.5	4.5	6.5	3.2	3.5	22

（续）

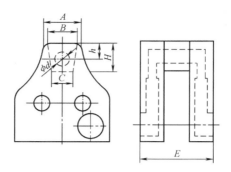

① 修正齿轮。
② 沟槽和上、下加热体厚度各为 $E/3$。

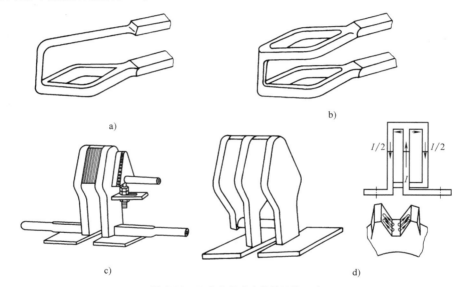

a)

b)

c)

d)

图 4-34　几种常用感应器的结构形式

a）适用于 $m<6$mm 齿轮，超音频电源　b）适用于 $m=6\sim12$mm 齿轮，超音频~中频（8kHz）　c）适用于 >10mm 齿轮、中频（2.5kHz~8kHz）　d）适用于 $m>10$mm 齿轮，中频；其特点为上、下两加热导板分流（$I/2$）后可改善加热效果，尤其可防止感应器移动出齿沟时造成的端面过热

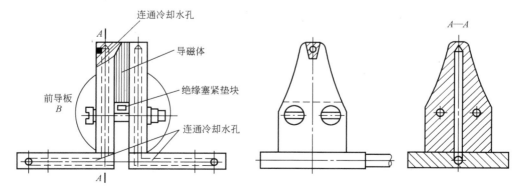

图 4-35　一种典型感应器结构

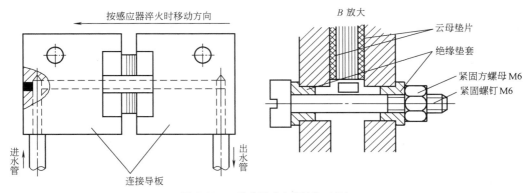

图 4-35　一种典型感应器结构（续）

表 4-64　中频沿齿沟淬火工艺

模数/mm	牌号	功率/kW	电压/V	电流/A	感应器移动速度/（mm/s）	淬火冷却介质	表面硬度HRC
14	ZG270-500	65	580	125	5	水，25~30℃	45~50
20	ZG35Cr1Mo	50	350	155	7	5%~15%（质量分数）聚合物（PAG）水溶液	50~55
26	ZG35Mn	100	500	210	6.5		50~55
26	ZG35Cr1Mo	60	380	165	7.5		50~55
26	35Cr1MoV	50	350	155	7.5		50~55

注：电源频率为 8kHz。

表 4-65　沿齿沟淬火冷却规范

淬火冷却介质	喷冷器结构	感应器移动速度 v（mm/s）
碳素钢：一般自来水 合金钢： 1）10%~15%（质量分数）乳化液 2）5%~15%（质量分数）聚合物（PAG）水溶液 3）喷雾 4）压缩空气	1）喷孔孔径为 1.5~2.0mm 2）喷孔间距为 3~4mm 3）喷射角为 30°~45° 4）孔的排列一般是齿底喷孔一排，齿侧喷孔两排，并交错排列	$v=s/\tau$ 式中　s—感应器加热结束至冷却开始的距离（mm）； τ—自加热结束至冷却开始的时间（待冷时间），碳素钢为 2~3s，合金钢为 3~5s

4）埋液加热淬火。为了克服淬火开裂及减小变形，另一种沿齿沟加热及冷却是在冷却液下进行的，其淬火机床如图 4-36 所示。冷却液通常为淬火油。

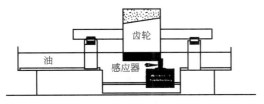

图 4-36　埋液逐齿感应淬火机床

埋液淬火感应器移动速度对硬化层深度的影响如图 4-37 所示。

应当指出，虽然齿轮整体埋在油里，但在加热过程中，相邻齿面还是会受传导热而产生过度回火，因此仍然应采用侧喷冷却方法予以保护，如图 4-38 所示。

（6）齿轮感应淬火的屏蔽　屏蔽在齿轮感应加热中主要起防止不希望加热部位免受磁力线的作用。

1）大模数齿轮单齿感应淬火时的齿顶屏蔽如图 4-39 所示。这种屏蔽可避免齿顶热透，同时还可保护已淬火邻齿不致回火。

2）小模数齿轮回转加热淬火时齿根部位的屏蔽。通常齿轮感应淬火是追求沿齿廓硬化，即齿面和齿根均硬化，但有的齿轮由于特殊工况却规定齿根部位不能硬化，如汽车自动变速器飞轮齿圈及同步器齿毂等，为了满足技术要求，只有采用屏蔽措施。

图 4-40 所示为齿圈的屏蔽方法和效果。

图 4-41 所示为同步器齿毂感应淬火硬化层分布要求。

图 4-42 所示为屏蔽导流块结构，图 4-43 所示为屏蔽导流感应淬火效果。

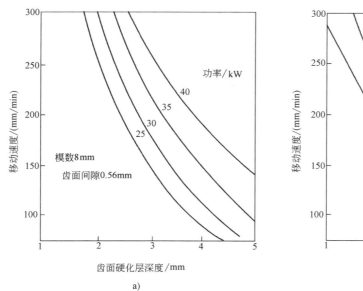

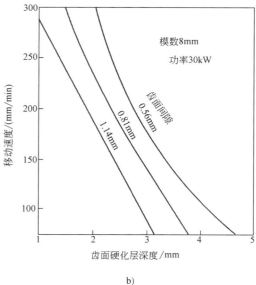

图 4-37　埋液淬火感应器移动速度
对硬化层深度的影响

a）间隙一定时功率变化　b）功率一定时间隙变化

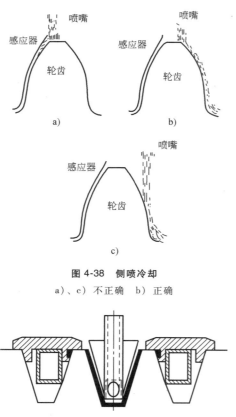

图 4-38　侧喷冷却

a）、c）不正确　b）正确

图 4-39　大模数齿轮单齿感应淬火的齿顶屏蔽

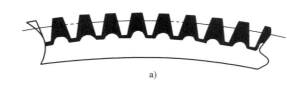

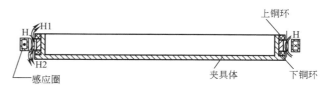

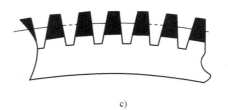

图 4-40　齿圈的屏蔽方法和效果

a）常规淬火硬化效果　b）飞轮齿圈屏蔽方法
c）齿圈硬化效果

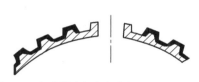

图 4-41　同步器齿毂感应淬火硬化层分布要求

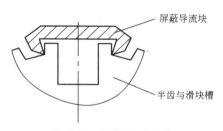

图 4-42　屏蔽导流块结构

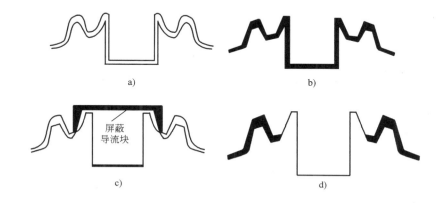

图 4-43　屏蔽导流感应淬火效果

a）无屏蔽导流　b）半齿与滑块槽都硬化　c）屏蔽导流块在滑块槽半齿的齿根部
d）半齿与滑块槽都未硬化

3. 低淬透性钢齿轮的感应淬火

对模数为 2.5～6mm 的齿轮，采用单齿沿齿沟加热淬火比较困难，采用套圈加热淬火不是将整个齿淬透，只能淬到齿根以上部位。为了克服工艺上的这种困难而发展了低淬透性钢，目前较常用的有三种，即 55DTi、60DTi、70DTi。

低淬透性钢齿轮的淬火应注意以下几个问题。

1）频率选择。低淬透性钢齿轮淬火加热频率可参考表 4-66 进行选择。

表 4-66　低淬透性钢齿轮感应淬火加热频率选择

模数/mm	3～4	5～6	7～8	9～12
适合钢种	55DTi	60DTi	60DTi	70DTi
推荐频率/kHz	30～40	8	4	2.5

当现场频率难于匹配时，可采用一些补救措施：

一种是采用低的比功率，间断加热，使齿根部位能获得足够的加热深度而齿顶部又不致过热；另一种方法是当加热到齿根部位接近淬火温度的一瞬间，迅速接通自动附加电容，强化齿根部加热，当加热深度达到要求时，立即淬火冷却。

2）淬火温度及加热速度。低淬透性钢的上临界点较低，淬火温度通常控制在 830～850℃；加热速度不宜过大，以避免齿顶与齿根部温差过大，通常采用 0.3～0.5kW/cm² 的比功率。

3）淬火冷却。低淬透性钢的临界冷却速度较快，为 400～1000℃/s（45 钢仅为 150～400℃/s），所以要求淬火冷却速度很高。为了取得良好的冷却效果，可采取表 4-67 推荐的措施。为避免开裂，可采用聚合物水溶液，选择适当的配比。淬火冷却液的压力一般为 7×10⁵Pa，流量不小于 0.12L/cm²。

表 4-67　加强冷却能力的喷水圈结构

喷水圈结构	说　　明
	上室 A 较下室 B 空间大，以保证下室有更高的喷射压力，借此防止上部冷却液沿齿面流下形成水帘，影响冷却

（续）

喷水圈结构	说　　明
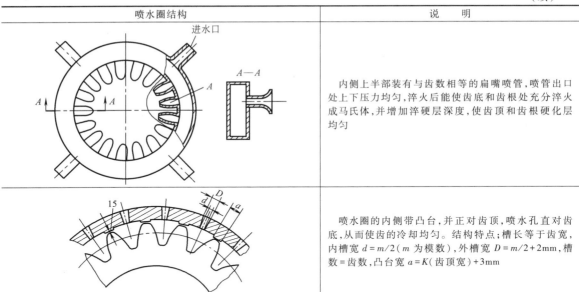	内侧上半部装有与齿数相等的扁嘴喷管,喷管出口处上下压力均匀,淬火后能使齿底和齿根处充分淬火成马氏体,并增加淬硬层深度,使齿顶和齿根硬化层均匀
	喷水圈的内侧带凸台,并正对齿顶,喷水孔直对齿底,从而使齿的冷却均匀。结构特点:槽长等于齿宽,内槽宽 $d = m/2$ (m 为模数),外槽宽 $D = m/2 + 2\mathrm{mm}$,槽数 = 齿数,凸台宽 $a = K$(齿顶宽)$ + 3\mathrm{mm}$

4. 表面淬火齿轮的畸变

齿轮表面淬火时,通常内孔、外圆、齿形、齿向及螺旋角等均要产生一定的畸变,严重时会造成齿轮报废。齿轮表面淬火产生的畸变与很多因素有关,所以防止过大畸变的措施各异,但有些措施是普遍性的,对减小各类齿轮的畸变都有效果。表 4-68 列出了减小齿轮表面淬火畸变的一般性措施,可供参考。

对于全齿淬火的小齿轮,其内孔由于多带键槽,因而内孔的畸变往往成为主要矛盾。表 4-69 列出了减小齿轮内孔畸变的热处理工艺方法。

表 4-68　减小齿轮表面淬火畸变的一般性措施

措　　施	工　艺　方　法
消除毛坯内应力,细化组织	毛坯正火,尤其等温正火效果显著
较低的淬火温度	淬火前调质,获得均匀细小的索氏体组织
较短的加热时间	淬火前调质;感应加热频率选择恰当;火焰喷嘴或感应器与被加热齿面间距离不要过大;淬火前预热
消除加工应力	表面淬火前进行 600~650℃ 预热
加热均匀	机床心轴偏摆要小;喷嘴或感应器形状均匀对称;套圈加热时齿轮旋转
缓和冷却	采用合适配比的淬火冷却介质,尽量不采用自来水,而采用各类聚合物水溶液
增加齿轮本体强度	合理安排加工工序,如某些沟槽及减轻孔安排在淬火后加工;合理的结构设计

表 4-69　减小齿轮内孔畸变的热处理工艺方法

工　艺　方　法	说　　明
高频预热法 工艺路线:锻坯正火→粗车→高频感应预热(约 700℃)→精车→滚、剃齿→高频感应淬火→回火	粗车毛坯高频感应预热,在表面获得约 10mm 的加热层,随即冷却,使内孔产生一定预收缩变形,经加工后高频感应淬火。由于精车内孔是在预收缩条件下进行,所以淬火后内孔收缩得到补偿
1—上防冷垫　2—齿轮　3—感应圈　4—下防冷垫 5—淬冷圈　6—积液橡胶垫　7—淬火冷却介质	齿轮淬火前在炉中预热(260~320℃),高频感应淬火时加防冷罩盖;当表面冷却接近室温时,取下罩盖让内孔冷却,以减小内孔收缩量

（续）

工 艺 方 法	说　　明
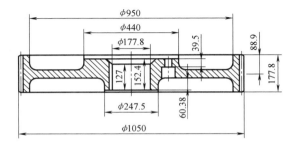 1—淬火机　2—底座　3—感应器　4—入水口 5—喷水管　6—齿轮　7—排水孔	对薄壁花键孔齿轮淬火时，内孔进行喷水冷却。由于内孔表面处于冷态，强度高，可以减小内孔的胀大

5. 表面淬火齿轮的常见缺陷

表面淬火齿轮的常见缺陷及防止措施见表 4-70。

表 4-70　表面淬火齿轮的常见缺陷及防止措施

序号	缺陷名称	产生原因	防止措施
1	表面硬度过高或过低	钢材碳含量偏高或偏低；预备热处理组织不良；表面脱碳；淬火加热温度不当；冷却不合理；回火温度和保温时间选择不合理	检查钢材碳含量及原始组织，采用首件检查硬度来调整工艺参数；合理选择淬火冷却介质；喷液淬火应能调节压力、流量、温度；浸液淬火应具有循环装置；回火规范选择合理
2	表面硬度不均匀	感应器或火焰喷嘴结构不合理；钢材有带状组织偏析；局部脱碳；加热和冷却不均匀	检查钢材质量；预备热处理组织要均匀；淬火前表面要清洗干净，不允许有油污和锈斑；淬火冷却介质要清洁；喷水孔分布要均匀，并检查有无堵塞现象；加热面温度要均匀
3	硬化层深度过浅	加热时间不足，感应加热频率过高，火焰过于激烈；钢材淬透性低；冷却规范选择不恰当	根据深度合理选择感应加热频率，若无条件，则应调整电参数和机械参数，缓慢加热，调整火焰强度，改变冷却规范，采用预热
4	淬火开裂	淬火温度过高；冷却过于激烈；局部（齿顶、齿端面）过热；钢材碳含量偏高、成分偏析；钢材有缺陷；回火不充分、不及时；齿根圆角尖锐	严格控制淬火温度；修正感应器或火焰喷嘴；调整电参数（感应淬火）或气体参数（火焰淬火）；检查钢材质量；根据钢材选择合适的淬火冷却介质；采用合理的冷却规范；减轻齿顶或端面的冷却速度；加大齿根圆角；沿齿沟淬火时采用隔齿淬火方法；有条件者采用埋油淬火（感应淬火）
5	畸变	加热规范不恰当；冷却过激；加热冷却不均匀；原始组织不均匀	改善原始组织；调整加热规范，保证加热和冷却均匀；选择合适的淬火冷却介质；预热

6. 典型零件感应淬火工艺

（1）压裂泵从动大齿轮的热处理　从动大齿轮是压裂泵中的主要传动零件，它有较高的传动速度（空载最高线速度为 15m/s，加载线速度为 8.24m/s），承受重载（传动功率 2088kW）和冲击载荷，主要失效方式是磨损、点蚀或断裂。该齿轮的热处理方法主要采用调质+沿齿槽中频扫描淬火。

1）齿轮结构与主要参数。图 4-44 所示为压裂泵从动大齿轮结构。其主要技术参数为法向模数 m_n = 8.4667，齿数 z = 114，螺旋角 β = 21°0′11″。

2）压裂泵从动大齿轮用钢及技术要求。采用 42CrMo 钢调质，硬度要求为 220-270HBW，齿面淬火

图 4-44　压裂泵从动大齿轮结构

硬度≥50HRC，硬化层深度为 2～3mm。压裂泵从动大齿轮调质处理规范见表 4-71。

表 4-71   压裂泵从动大齿轮调质处理规范

工序	加热温度/℃	保温时间/h	加热设备	冷却方式
淬火	860~870	2	井式炉	油冷
高温回火	560~600	4	井式炉	油冷

3）制造工艺路线：锻坯→调质→车齿坯→铣齿→中频感应加热沿齿槽扫描淬火→磨齿→精整→交付。

4）中频感应加热沿齿槽扫描淬火工艺。

① 中频设备：SHLM26250。

② 沿齿槽扫描淬火感应器如图4-45所示。采用硅钢片组合式Ⅱ型结构，附带邻齿喷淋防回火机构。

图 4-45   沿齿槽扫描淬火感应器

③ 淬火方法：在专用机床上进行沿齿槽单齿扫描淬火。

④ 处理参数：电流65A，输出功率50kW，淬火扫描速度6mm/s；淬火液采用12%~15%PAG溶液。

（2）变轨距高铁车轮的热处理   变轨距高铁车轮需要沿车轴进行轴向移动，受力复杂，负载很大且工作条件恶劣，车轴和车轮耦合部位的花键形状复杂，不仅传递动力，而且在变轨时还要相对滑动，需用感应淬火表面强化处理。其主要失效方式是磨损或疲劳失效，花键部位的热处理采用调质+轴向中频扫描淬火。

1）变轨距车轮结构与主要参数。图4-46所示为变轨距车轮结构简图，图4-47所示为车轮花键剖面（DIN5480-W250×5×48-8H），主要承载径向及轴向载荷，需对该部位进行感应淬火，键宽50mm。

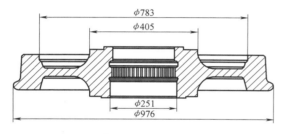

图 4-46   变轨距车轮结构简图

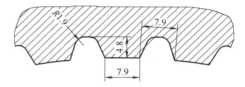

图 4-47   车轮花键剖面

2）车轮用钢及技术要求。采用D2（企业牌号，相当于我国的50）钢调质，硬度要求为280-320HBW，花键淬火硬度要求为50-54HRC（512-578HV），齿顶、分度圆处有效硬化层深度均为1.2~1.5mm，齿根处有效硬化层深度>分度圆处有效硬化层深度的70%。

D2钢的化学成分见表4-72。

表 4-72   D2 钢的化学成分（质量分数）

（%）

C	Si	Mn	P	S	Cr	Mo
0.48~0.58	≤1.00	0.65~0.80	≤0.015	≤0.015	≤0.30	≤0.08
Ni	V	Al	Cu	Sn	As	
≤0.30	≤0.15	≤0.040	≤0.30	≤0.05	≤0.05	

3）制造工艺路线：锻坯→调质→粗车→中频感应加热沿齿槽扫描淬火→磨轴封位→精整→交付。

调质工艺规范见表4-73。

表 4-73   D2 车轮调质工艺规范

淬火温度/℃	回火温度/℃	回火时间/h
880~900	500	4

4）中频感应加热沿齿槽扫描淬火工艺。

① 中频设备：SHLM26250。

② 淬火方法：在专用机床上进行沿齿槽单齿扫描淬火。

③ 处理参数：电流65A，输出功率50kW，淬火扫描速度6mm/s；淬火液采用12%~15%PAG溶液。

硬化层分布如图4-48所示。

图 4-48   硬化层分布

（3）矿用刮板输送机链轮的热处理   矿用圆环链刮板输送机是利用无端循环的链条作为牵引构件，由链条通过与链轮啮合实现链条在料槽中运动，连接在链条上的刮板通过链条的运动，拉动或推动物料在多节可拆卸的敞开料槽内实现输送和分配物料。链轮结构如图4-49所示。其头轮组件和尾轮组件中的链轮实际工况十分恶劣，承受重载（传动功率

894.840kW）和冲击载荷，主要失效方式是磨损、点蚀或断裂。该链轮的热处理主要采用调质+链窝中频加热淬火。

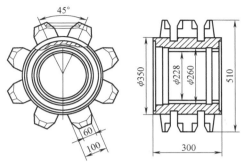

图 4-49 刮板输送机链轮结构

1）链轮结构与主要参数。

矿用刮板输送机链轮（见图 4-49）的主要技术参数为：

2）链轮用钢及技术要求。采用 42CrMo 或 40CrNiMo 钢调质，硬度要求为 280～320HBW，链窝面淬火硬度≥50HRC，硬化层深度为 20～30mm。

3）制造工艺路线：锻坯→调质→车轮坯→线切割齿形→链窝成型→中频感应加热链窝淬火→内花键制齿→精整→交付。

调质处理规范参考表 4-71。

4）刮板输送机链轮淬火工艺。

① 中频设备：SHLM26250。

② 淬火方法：在专用机床上采用间歇加热方式对链窝进行深层加热均温透热式淬火。

③ 工艺参数：电流 150A，输出功率 300kW，间歇加热均温，待链窝部位整体达到奥氏体化温度及透热深度达到规定淬火深度后喷淋淬火，对链窝部位须强制喷淋；淬火液采用 12%～15%PAG 溶液。

（4）风力发电机增速内齿圈的热处理 风力发电的增速机构将低速轴端 19～30r/min 增速到高速轴端 1500r/min，可将转速提高 50 倍。风电增速箱总成如图 4-50 所示，主要采用行星传动机构。其中的内齿圈是关键零件。内齿圈的热处理主要采用正火+调

图 4-50 风电增速箱总成

质+沿齿槽中频扫描淬火。

1）风电增速内齿圈结构与主要参数如图 4-51 所示。

图 4-51 内齿圈的结构及主要参数

其主要技术参数为法向模数 $m_n = 15.25$，齿数 $z = 100$，齿宽 $B = 295$。

2）内齿圈用钢及技术要求。采用 42CrMo 钢正火后调质，硬度要求为 270～300HBW，齿面淬火硬度≥50HRC，硬化层深度为 2～3mm。

3）制造工艺路线：锻坯→调质→车齿坯→插齿→中频感应加热沿齿槽扫描淬火→磨齿→精整→交付。

正火+调质工艺规范见表 4-74。

表 4-74 风电内齿圈正火+调质工艺规范

工序	加热温度/℃	保温时间/h	加热设备	冷却方式
正火	880	2	井式炉	空冷
淬火	860～870	2	井式炉	油冷
回火	540～580	4	井式炉	空冷

4）中频感应加热沿齿槽扫描淬火工艺。

① 中频设备：SHLM26250。

② 感应器由硅钢片组合式 Ⅱ 型结构，附带邻齿喷淋防回火机。

③ 淬火方法：在专用机床上进行沿齿槽扫描淬火。

④ 工艺参数：电流 65A，输出功率 50kW，淬火扫描速度 6mm/s；淬火液采用 12%～15%PAG 溶液。

4.4.3 齿轮的渗碳和碳氮共渗

1. 齿轮渗碳和碳氮共渗的技术参数

各种齿轮的渗碳层深度可参考表 4-75 的数据来确定。碳氮共渗层深度一般在 1mm 左右。

根据新近试验提供的齿轮有效硬化层深度选择依据（见图 4-52），对于齿轮的弯曲疲劳强度，最佳硬化层深度要小于接触疲劳强度所需的层深，因此合理的硬化层深度选择要兼顾两者。由于扩散动力学的表面曲率效应，产生了齿根和齿顶之间渗层深度的差异（见图 4-53），这导致相对于平直的表面，凸表面渗

层深度更深，凹面渗层深度更浅。节线上的有效渗层深度影响齿轮接触疲劳寿命，而齿根圆角处的渗层深度影响齿轮弯曲疲劳寿命。

表 4-75　齿轮渗碳层深度的推荐值

齿轮种类	推荐值	数据来源
汽车齿轮	$0.15 \sim 0.25m$	汽车行业
拖拉机齿轮	$0.18 \sim 0.21m$	拖拉机行业
机床齿轮	$0.15 \sim 0.2m$	机床行业
重型齿轮	$0.25 \sim 0.3m$	重型行业

注：表中 m 为齿轮模数，单位为 mm。

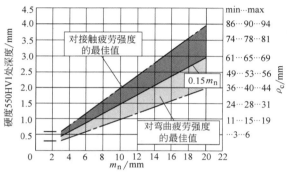

图 4-52　具有常规 m_n/ρ_c 比值渗碳齿轮的最佳硬化层深度

m_n—齿轮的法向模数　ρ_c—轮齿的当量曲率半径

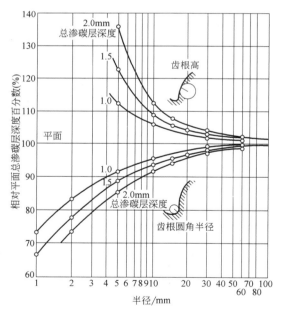

图 4-53　表面曲率对总渗碳层深度的影响

渗碳和碳氮共渗齿轮的表面碳（氮）含量、表面硬度、表层组织及心部硬度见表 4-76。

2. 齿轮渗碳及碳氮共渗热处理工艺

（1）齿轮毛坯的预备热处理　齿轮毛坯的预备

热处理推荐工艺见表 4-77。

对于大批量生产的汽车、拖拉机渗碳齿轮，为了改善可加工性及变形的稳定性，国内外已广泛采用锻轧后等温正火工艺。其工艺要点是控制冷却方式，使零件在一定的冷速、一定温度下冷却，从而获得均匀的组织及较佳的硬度。

为适应大批量生产，采用等温正火自动线设备。工艺流程为：锻轧毛坯→加热炉→速冷室（工件速冷至 600℃左右）→等温室（根据材料和硬度要求确定等温温度和时间）→出炉。

等温正火的加热温度一般为 930 ~ 950℃，等温温度可根据等温温度与硬度的关系曲线（见图 4-54）选择；从加热温度到等温温度的冷却速度可根据普通正火硬度-冷却速度关系曲线（见图 4-55）确定。

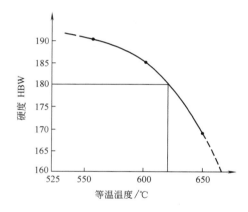

图 4-54　20CrMnTi 钢等温正火时等温温度与硬度的关系曲线

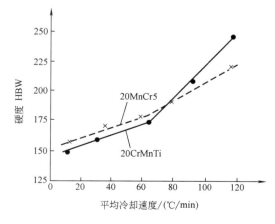

图 4-55　普通正火硬度-冷却速度关系曲线

注：20MnCr5 为德国牌号，相应于我国的 20CrMo。

表 4-76　渗碳和碳氮共渗齿轮的表面碳（氮）含量、表面硬度、表层组织及心部硬度

参　　数		推　荐　值	说　　明
表面 C、N 含量		渗碳：$w(C) = 0.7\% \sim 1.0\%$ 碳氮共渗： $w(C) = 0.7\% \sim 0.9\%$ $w(N) = 0.15\% \sim 0.3\%$	对受载平稳，以耐磨和抗麻点剥落为主的齿轮，C、N含量选高限；对于受冲击的齿轮，C、N含量选低限
心部硬度 HRC		$m \leqslant 8$mm 时，$33 \sim 48$ $m > 8$mm 时，$30 \sim 45$	汽车、拖拉机齿轮
		$30 \sim 40$	重载齿轮
表层组织	马氏体	细针状，$1 \sim 5$ 级	各类齿轮
	残留奥氏体	渗碳，$1 \sim 5$ 级 碳氮共渗，$1 \sim 5$ 级	汽车齿轮
	碳化物	常啮合齿轮 $\leqslant 5$ 级换档 齿轮 $\leqslant 4$ 级	汽车齿轮
		平均粒径 $\leqslant 10\mu m$	重载齿轮
表面硬度 HRC		$58 \sim 62$	各类齿轮
		$56 \sim 60$	重载齿轮

表 4-77　齿轮毛坯的预备热处理推荐工艺

钢号	工艺规范	硬度 HBW	显微组织	备　　注
20Cr	正火：$900 \sim 960$℃，空冷	$156 \sim 197$	均匀分布的片状珠光体和铁素体	1）如果设备条件允许，尽可能选用高于渗碳温度 $30 \sim 50$℃ 正火 2）为了改善可加工性，降低表面粗糙度值，一般可采用以下方法 ①提高正火温度，加强冷却 ②采用等温正火工艺
20CrMo、 20CrMnTi、 20SiMnVB	正火：$920 \sim 1000$℃（常用 $950 \sim 970$℃），空冷	$156 \sim 207$		
20CrMnMo、 20CrNi3、 20Cr2Ni2Mo、 17Cr2Ni2Mo 20Cr2Ni4A、 18Cr2Ni4WA	正火：$880 \sim 940$℃，空冷回火：$650 \sim 700$℃	$171 \sim 229$ （20CrMnMo） $207 \sim 269$ （其余）	粒状或细片状珠光体及少量铁素体	
20Cr2Ni4A、 18Cr2Ni4WA、 当锻后晶粒粗大时	正火：$880 \sim 940$℃（加热速度 >20℃/min），空冷 回火：640℃，$6 \sim 24$h，空冷	$207 \sim 269$		
40Cr、 40Mn2	正火：$860 \sim 900$℃，空冷	$179 \sim 229$	均匀分布的片状珠光体和铁素体	

工艺举例：20CrMnTi 钢变速器齿轮毛坯的预备热处　　理工艺如图 4-56 所示，等温正火的结果见表 4-78。

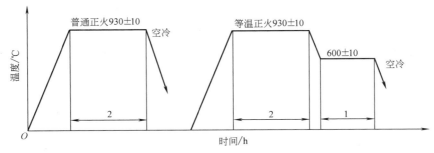

图 4-56　20CrMnTi 钢变速器齿轮毛坯的预备热处理工艺

表 4-78　几种齿轮毛坯等温正火结果

牌　号	加热温度/℃	等温温度/℃	结　　果	
			硬度 HBW	金相组织
28MnCr5（德国牌号）	950	650	$180 \sim 197$	块状 F+片状 P
25MnCr5（德国牌号）	950	650	$180 \sim 197$	块状 F+片状 P
20CrMnTi	950	600	$172 \sim 197$	块状 F+片状 P

（2）齿轮经渗碳和碳氮共渗后的热处理　不同钢材的齿轮经渗碳和碳氮共渗后，根据要求进行不同

的淬火、回火，其热处理工艺见表 4-79。渗碳、碳氮共渗后冷却方式（直接淬火除外）的选择见表 4-80。

表 4-79　渗碳、碳氮共渗后的热处理工艺

牌号	序号	齿轮类型	热处理工艺
20CrMnTi、20SiMnVB、20CrMo、20CrMnMo	1	大多数经气体渗碳（或碳氮共渗）的齿轮	渗碳（920~940℃）或碳氮共渗（840~860℃）→炉内降温，均热（830~850℃）（碳氮共渗者不预冷）→直接淬火（油淬或热油马氏体分级淬火）→回火（180℃×2h）
	2	1）直接淬火后畸变不符合要求而需用压床或套心棒淬火的齿轮 2）渗碳后需进行机械加工的齿轮	渗碳或碳氮共渗→冷却（冷却方式的选择参阅表 4-80）→再加热（850~870℃）→淬冷（油淬或热油马氏体分级淬火）→回火
	3	精度要求较高（7 级以上）的齿轮	齿轮在渗碳前经过粗加工成形；渗碳后以较慢的冷速冷下来，进行齿形的半精加工，再用高频或中频感应加热装置透热齿部及齿根附近部位进行淬火；回火后再进行齿形的精加工（珩或磨齿），并用推刀精整花键内孔
20、20Cr	4	渗碳齿轮	渗碳后直接淬火，如晶粒较粗大，宜用序号 2 的热处理工艺进行处理
12CrNi3A、20CrNi3A、12Cr2Ni4A、20CrNi2Mo、17Cr2Ni2Mo、20Cr2Ni4A、18Cr2Ni4WA	5	渗碳齿轮	渗碳（900~920℃）→冷却（冷却方式选择参阅表 4-80）→再加热（12CrNi3A、20CrNi3A、12Cr2Ni4A、20Cr2Ni4A 为 800℃±10℃[①]；18Cr2Ni4WA 为 830℃±10℃）→淬火（油或 200±30℃碱槽，保持 5~10min 后空冷）→冷处理（-70~-80℃×1.5~2h）→回火
	6	渗碳后还需进行切削加工的齿轮	渗碳→冷却→高温回火（650±10）℃×5.5~7.5h，空冷；18Cr2Ni4WA 则应随炉冷到 35℃以下出炉空冷[②]→再加热→淬火→回火
	7	一般淬火后心部硬度过高的齿轮	淬火可按下述规范进行 18Cr2Ni4WA：（850±10）℃保温后快速放入 280~300℃碱槽中，保持 12~20min 后转入 560~580℃硝盐浴中保持 30~50min，油冷 12CrNi3A：820~850℃保温后在（230±50）℃的碱槽内保持 8~12min，油冷
	8	碳氮共渗齿轮	碳氮共渗（830~850℃）→直接淬火（油或碱槽，马氏体分级淬火，18Cr2Ni4WA 可用空淬）→冷处理→回火
	9	碳氮共渗后还需进行切削加工的齿轮	碳氮共渗→冷却（冷却方式的选择参阅表 4-80）→高温回火→淬火→回火

① 渗层残留奥氏体过多或心部硬度过高时可降低淬火温度到 760℃，心部硬度偏低、铁素体量过多时可提高淬火温度到 850℃。

② 回火后硬度应不高于 35HRC。若个别零件硬度偏高，可再进行 680~700℃高温回火一次。

表 4-80　渗碳、碳氮共渗后冷却方式（直接淬火除外）的选择

牌号	冷却方式	说　明
20Cr、20CrMnTi、20CrMo、12CrNi3A、12Cr2Ni4A、20CrNi2Mo、18Cr2Ni4WA	空冷	气体或盐浴渗碳（或碳氮共渗）后采用。比较简单易行，但轮齿表面会形成一定的贫碳层，影响齿轮使用性能。宜适当降温后出炉并单独摆开，以增加冷却速度，减少脱碳
	在冷却井中冷却	冷却井为四周盘有蛇形管通水冷却的带盖容器。齿轮自井式渗碳炉中移入冷却井内冷却后，应向其中通入保护气体或滴入煤油以保护齿面（最好先在冷却井中倒入适量甲醇）
	在 700℃等温盐浴中保持一段时间后空冷	盐浴渗碳（或碳氮共渗）后采用。齿轮出炉空冷时温度较低，可减少齿面脱碳
20CrMnMo、17Cr2Ni2Mo、20CrNi3、20Cr2Ni4A	在缓冷坑中冷却或油冷	20CrMnMo 等这类钢的齿轮若渗碳后空冷，易产生表面裂纹，须慢冷或速冷到 550~650℃等温回火

（3）齿轮的渗碳工艺　齿轮渗碳温度常用 920～930℃。为了减小畸变，对要求渗碳层较浅的齿轮，可采用较低的渗碳温度。表 4-81 列出了渗碳层深度与渗碳温度的选择。

表 4-81　渗碳层深度与渗碳温度的选择

渗碳深度/mm	渗碳温度/℃
0.35～0.65	880±10
>0.65～0.85	900±10
>0.85～1.0 及以上	920±10

渗碳气氛对渗碳速度及渗层质量有很大的影响。齿轮多用气体渗碳，渗碳阶段的炉气组分见表 4-82。

表 4-82　渗碳阶段的炉气组分（体积分数）

（%）

CH_4	CO	H_2	CO_2	O_2	H_2O	N_2
≤0.5	15～25	40～60	≤0.5	≤0.5	<0.6	余量

渗碳过程中的碳势控制是工艺的关键所在，现代的渗碳基本上已实现了工控机碳势控制。

关于渗碳控制系统的配置，可根据齿轮种类、生产量及对质量的要求，参考表 4-83 进行选择。单级控制系统和集散式控制系统如图 4-57 和图 4-58 所示。

表 4-83　渗碳控制系统的配置

炉型	工件渗碳质量要求	工艺过程管理要求	单级控制系统	集散式控制系统	
				用于分段法工艺控制和工艺过程记录管理	用于自适应法工艺控制和工艺过程记录管理
周期炉	一般	一般	○		
		较高		○	
	较高				○
连续炉		一般	○		
		较高		○	

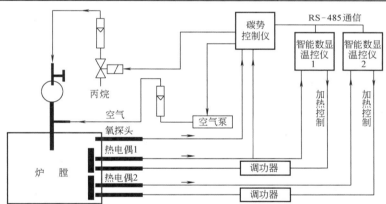

图 4-57　单级控制系统

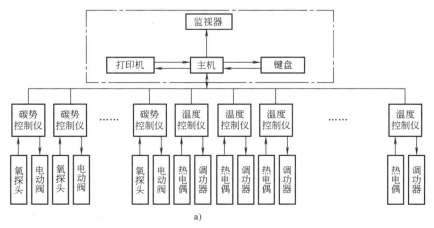

a)

图 4-58　集散式控制系统

a）连续渗碳炉

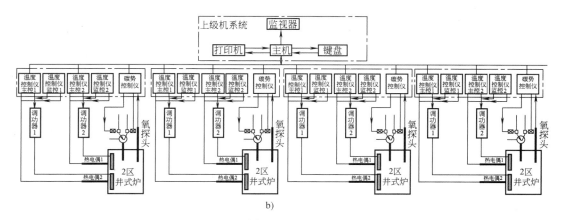

图 4-58　集散式控制系统（续）

b）井式渗碳炉

在炉温控制方面，对于大型井式渗碳炉，常常用于处理对渗层要求深的大齿轮，周期很长，建议采用温度炉内主控方式，以保证温度的准确性。表 4-84 列出了炉内主控和炉外主控两种方式测得的炉内实际温度。

齿轮的典型渗碳工艺举例：

表 4-85 列出了齿轮在电加热无罐连续式炉中的渗碳工艺。表 4-86 列出了齿轮在井式炉和多用炉中的渗碳工艺。

表 4-84　炉内主控和炉外主控两种方式测得的炉内实际温度

控制方式	炉内实际温度/℃							
	到温后 0.5h	到温后 1h	到温后 10h	到温后 30h	到温后 50h	到温后 100h	到温后 150h	到温后 180h
炉内主控	928	930	930	929	931	930	931	929
炉外主控	922	929	933	937	939	941	943	944

注：1. 工艺要求温度为 930℃。

2. 当采用炉外主控时，为了保证炉膛内温度达到 930℃，设定温度为 950℃。

表 4-85　齿轮在电加热无罐连续式炉中的渗碳工艺

齿轮名称：变速器齿轮	渗碳层深度：1.0~1.4mm				
材料：20CrMnTi	表面硬度：58~62HRC				
工艺参数	各区数值				
	Ⅰ-1	Ⅰ-2	Ⅱ	Ⅲ	Ⅳ
温度/℃	840	920	930	900	840
吸热式气供量/（m³/h）	6	6	4	6	6
富化气（丙烷）供量/（m³/h）	—	0.1~0.3	0.15~0.25	0.1~0.15	0.1
装炉盘数	4	3	6	4	3
碳势/（%）	—	1.1	1.1	1.0	0.9
炉膛容积/m³	10				
推料周期/min	30~45				

注：渗碳后直接油淬。

表 4-86　齿轮在井式炉和多用炉中的渗碳工艺

技术条件		渗碳工艺
变速器齿轮 材料：20CrMnTi 渗层深度：0.8~1.2mm	设备：RQ₃-75-9T	见下图

渗碳工艺图：温度/℃，930±10，840±10，排气—强渗—扩散—预冷—保温—淬入油中

	排气	强渗	扩散	预冷	保温
炉压/Pa		100~300			
碳势(%)		1.15~1.2	0.8~0.85		
时间/h	1.5	2.5 / 0.75	1.5	2.0	1.0

（续）

技术条件		渗碳工艺
转向器齿轮 材料:20CrMnTi 渗层深度:0.4mm	设备:可控 气氛多用炉	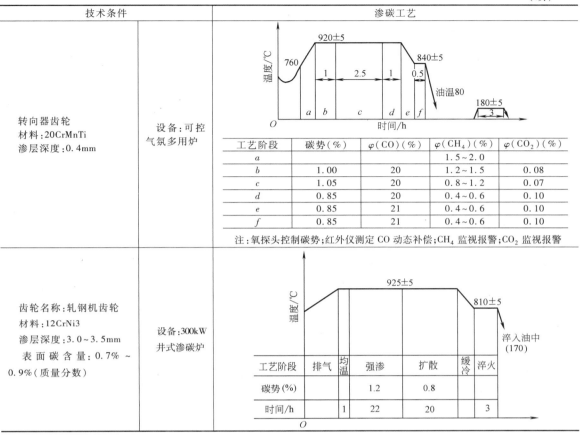

齿轮名称:轧钢机齿轮 材料:12CrNi3 渗层深度:3.0~3.5mm 表面碳含量:0.7%~0.9%(质量分数)　设备:300kW 井式渗碳炉

（4）齿轮的碳氮共渗工艺　齿轮的碳氮共渗主要是采用气体共渗,气体共渗介质大体有三类:①含碳的液体有机化合物加氨;②气体渗碳剂加氨;③含碳氮的有机化合物（如三乙醇胺）。

碳氮共渗时,在共渗 20min 后取气进行分析,其炉气组分应基本上符合表 4-87 的规定。

表 4-87　碳氮共渗时的炉气组分（体积分数）
（%）

C_nH_{2n+2}	C_nH_{2n}	CO	H_2	CO_2	O_2	N_2
6~10	≤0.5	5~10	60~80	≤0.5	≤0.5	余量

齿轮碳氮共渗温度一般为 840~860℃,个别也有采用 900~920℃ 的高温碳氮共渗工艺。共渗时间与温度及要求渗层深度等因素有关,表 4-88 列出了在 840~850℃ 碳氮共渗时渗层深度与共渗时间的关系。

表 4-88　碳氮共渗时渗层深度与共渗时间的关系

渗层深度 /mm	0.3~ 0.5	0.5~ 0.7	0.7~ 0.9	0.9~ 1.1	1.1~ 1.3
共渗时间/h	3	6	8	10	13

注:碳氮共渗温度为 840~850℃。

齿轮的典型碳氮共渗工艺举例。

表 4-89 列出了齿轮在无罐连续炉中碳氮共渗工艺。表 4-90 列出了齿轮在井式炉中的碳氮共渗工艺。

表 4-89　齿轮在无罐连续炉中的碳氮共渗工艺

齿轮名称: 变速器齿轮	渗层深度:0.8~1.2mm				
材料:20CrMnTi	表面硬度:58~62HRC				
共渗区段	I-1	I-2	II	III	IV
温度/℃	860	860	880	860	840
吸热式气/(m³/h)	7	6	4	5	6
丙烷/(m³/h)	0	0.08~ 0.2	0.15~ 0.2	0.08~ 0.1	0
氨气/(m³/h)	0.1	0	0	0.3	0.3
吸热式气成分 (体积分数,%)	CO_2 0.2	C_nH_{2n} 0.4	CO 23	H_2 34	CH_4 1.5	N_2 余量
炉气成分 (体积分数,%)	CO_2 0.2	C_nH_{2n} 0.4	CO 20	H_2 39	CH_4 1.6	N_2 余量
炉内总时间/h	10				
渗层碳、氮含量	$w(C)=0.85\%\sim0.98\%$ $w(N)=0.25\%\sim0.30\%$				

表 4-90　齿轮在井式炉中的碳氮共渗工艺

技术条件	碳氮共渗工艺
齿轮名称:汽车变速器齿轮 材料:40Cr 渗层深度:0.25～0.4mm 表面硬度:≥60HRC 设备:RQ₃-60-9T	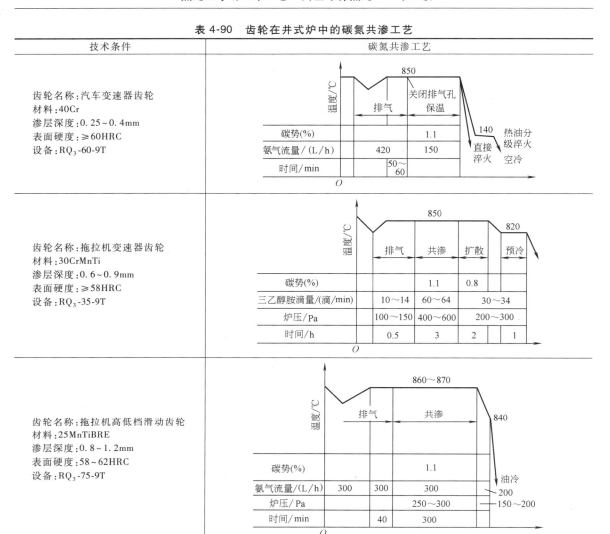

（5）特殊渗碳工艺

1）大型焊接齿轮的渗碳。对直径比较大的重载齿轮,采用焊接结构比整体锻造重量可减轻 42%,可节约优质合金钢 58%,是当今大型重载齿轮热处理生产的发展方向。

渗碳焊接齿轮采用先焊接后渗碳淬火的工艺方法,存在较大的焊接应力和渗碳淬火应力,易造成齿轮变形,甚至焊缝开裂,故技术难度较大。为此,在生产中要采取若干防范措施。以下是渗碳焊接齿轮制造工艺路线,仅供参考。

制造工艺路线:齿坯锻造→调质或正火→齿圈粗加工、正火、回火→第二次粗加工、无损检测、堆焊过渡层、消除应力退火→堆焊层粗加工、无损检测→轮毂、轮辐与齿圈成形焊接→去应力退火、焊缝无损检测→粗滚齿→渗碳、球化退火→车去内孔和端面渗

碳层、焊缝无损检测→淬火、回火、焊缝无损检测→精车、精滚齿或磨齿。

为了有效地防渗及控制淬火冷却速度,改善冷却均匀性,焊接齿轮渗碳淬火的装夹就十分重要。图 4-59 所示为焊接齿轮渗碳前的装夹。

2）齿轮的稀土催渗渗碳。稀土渗碳是我国独具特色的一种渗碳工艺,其显著特点是具有催渗效果及细化碳化物的作用,这一工艺在齿轮生产中取得了良好效果。

表 4-91 列出了稀土渗碳时的炉气成分。从表 4-91 可以看到,由于稀土的加入,使炉气中的碳氢化合物减少,CO 增加,从而使气氛活化。

图 4-60 所示为稀土对渗碳速度的影响。从图 4-60 可以看到,加入稀土后可使渗碳速度提高 30% 左右。

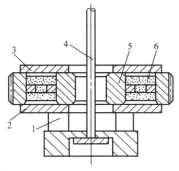

图 4-59　焊接齿轮渗碳前的装夹
1—垫块　2—下盖板　3—上盖板
4—吊具　5—齿轮　6—耐火泥

表 4-91　稀土渗碳时的炉气成分（体积分数）
（%）

工艺条件		CO_2	CO	O_2	H_2	N_2	CH_4	C_nH_m
880℃ $w(CO_2)=$ 0.1%	加稀土	0.3	14.5	0.8	64.5	14.5	5.2	0.2
	不加	0.5	8.1	0.9	67.9	12.9	9.4	0.4

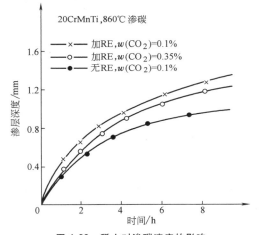

图 4-60　稀土对渗碳速度的影响

定碳及金相分析表明，低温（860~880℃）稀土渗碳后，表面碳含量（质量分数）即使高达 1.5%，其渗层碳化物、残留奥氏体及马氏体组织均为良好，而且试验表明具有优异的综合力学性能。由于渗碳温度降低还使齿轮的变形减小。

3）真空渗碳。低压真空渗碳渗速快，特别是由于不产生内氧化，可避免齿根表面形成黑色组织，从而提高弯曲疲劳强度，能获得优异的渗碳均匀性和一致性；采用高压气淬，既可减小齿轮的畸变，还可免去淬火后的清洗，降低了污染和碳排放。因此，真空渗碳在齿轮热处理中的应用具有广阔的前景。

① 真空渗碳的碳势控制：真空渗碳的碳势控制目前主要是建立在经验基础上的"饱和式调整法"。低压真空渗碳的原理和过程如图 4-61 所示。为了改善齿轮齿面和齿根渗碳均匀性，进一步采用了一种称为"小脉冲强渗＋扩散"的低压真空渗碳（见图 4-62），一般每一个小脉冲强渗时间为 50s 左右，脉冲间隔时间为 10s 左右，渗碳效果很好，如图 4-63 所示。

② 真空渗碳的工艺参数：

a）温度≥950℃（齿轮钢必须是采用 Al 脱氧的镇静细晶粒钢）。

b）渗碳压力为 500~1500Pa，一般为 800Pa 左右。

c）表面饱和碳含量根据渗碳温度，按图 4-64 中曲线选取。

d）扩散后 $w(C)$ 一般设定为 0.65%~0.85%。

e）渗碳介质流量根据渗碳温度，按图 4-65 中曲线选取。图 4-66 所示为 ECM 真空渗碳生产线平面布置。

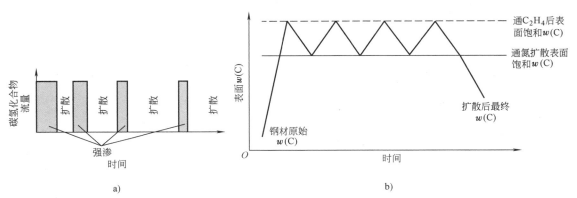

图 4-61　低压真空渗碳的原理和过程
a）原理　b）过程

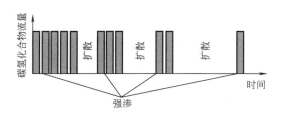

图 4-62　"小脉冲强渗+扩散" 低压真空渗碳

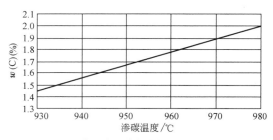

图 4-64　表面饱和碳含量与渗碳温度的关系

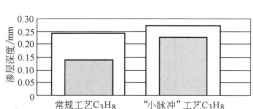

图 4-63　齿轮 "小脉冲强渗+扩散" 低压真空渗碳

□—齿面渗层深度　　□—齿根渗层深度

图 4-65　渗碳介质流量与渗碳温度的关系

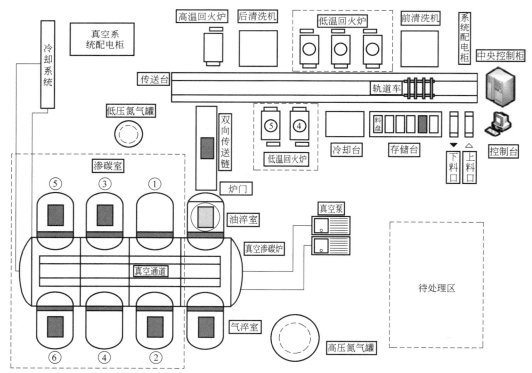

图 4-66　ECM 真空渗碳生产线平面布置

4) 高温渗碳。高于常规气体渗碳温度 920～940℃ 的渗碳称为高温渗碳。理论计算表明,温度由 930℃ 提高至 1050℃ 达到相同的渗层深度大约可缩短渗碳时间 2/3 以上。显然,采用高温渗碳,节能和缩短工艺周期的效果是显著的。

① 高温渗碳时间的计算。在给定温度下,渗碳层深度 δ 与时间 t 的关系为

$$\delta = K\sqrt{t}$$

式中　K——与渗碳温度相关的系数。

不同渗碳温度下的 K 值见表 4-92。

表 4-92　不同渗碳温度下的 K 值

渗碳温度/℃	875	900	925	950	980	1000	1020	1050
K	0.4837	0.5641	0.654	0.7530	0.8856	0.9826	1.087	1.2566

由表 3-92 的值可以推算 1000℃渗碳和 925℃渗碳达到相同渗层深度,如 δ = 2.0mm 时相应的渗碳时间分别为 4.2h 和 9.4h,即 1000℃的渗碳时间可减少 50% 以上。

② 高温渗碳的实测效果:AISI 8620(相当于我国的 20CrNiMo)在不同工艺下的实测渗层深度和表层碳含量的关系如图 4-67 所示。数据表明,高温渗碳速度提高了。

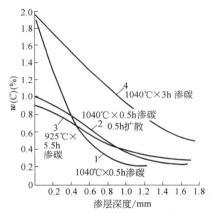

图 4-67　AISI 8620 钢在不同工艺下的渗层深度和表层碳含量的关系

③ 晶粒度改变。在高温渗碳下,碳素结构钢的晶粒粗化较为明显,含 Mo 和 V 的合金结构钢晶粒粗化不显著。为此,高温渗碳时应选用本质细晶粒钢,尤其是含 Mo,V,Ti 和 Nb 的合金钢。我国现在已研制含 Nb 的齿轮用钢 20CrMoNb 和 20Cr2Ni2MoNb,它们可用于高温渗碳。

5)差深两次渗碳。许多航空发动机减速器的齿轮和齿轮轴,同一零件各部位的服役条件不同,因此要求不同部位有两种渗层深度。通常在齿形面上较浅,在滚动面(轴承跑道上)较深。差深两次渗碳工艺可以通过叠加两次的渗碳总深度来达到深渗层的要求厚度,以第二次渗碳来满足浅渗层部位的深度要求。

① 差深两次渗碳方法。

a)先对深渗层的部位进行一次低浓度渗碳,同时对要求浅渗层的部位进行镀铜保护。

b)当达到一定渗层深度时,出炉去除浅渗层部位镀的铜。

c)进炉对零件进行二次渗碳,渗到浅层渗碳部位的要求时结束渗碳。

② 渗碳深度和碳势控制。合理选择第一次和第二次渗层深度可望满足零件的不同渗碳层深度要求;严格地控制第一次和第二次渗碳的碳势能够较好地控制表面碳含量。

选定一次渗层深度是差深两次渗碳工艺的关键。第一次渗层深度与第二次渗层深度,以及两次渗碳的总深度有下列关系:

$$x = \frac{3}{4}(y+z)$$

式中　x——两次渗碳总深度的上限值;

　　　y——第一次渗碳的深度;

　　　z——第二次渗碳的深度。

上式适用于高于 880℃的渗碳温度,对于 840℃的气体碳氮共渗则不适合。

第二次渗碳时,为了便于控制浅层部位的渗层深度和减少两次渗碳部位碳的扩散,可将渗层深度适当地降低。例如,880℃渗碳时,取 0.30 ~ 0.60mm;900℃渗碳时,取 0.60 ~ 0.90mm。

第一次渗碳时,碳势控制在较低水平,如 0.75% 左右;第二次渗碳时,因为渗层薄,时间短,碳势较高,碳势随渗层深度的变化见表 4-93。

表 4-93　二次渗碳建议碳势

渗层深度/mm	建议的碳势(%)
0.30 ~ 0.55	1.2 ± 0.05
>0.55 ~ 0.70	1.1 ± 0.05
>0.70	1 ± 0.05

6)大模数齿圈深层渗碳。对 20CrMnMo 大模数齿圈进行深层渗碳(层深 ≥ 3.5mm)处理后,渗碳层中的渗碳体往往呈网块状分布。生产中要细化渗碳体的尺寸具有相当大的难度,这主要与 Ostwald 熟化机制使渗碳体的长大速率很快有关。不同温度下渗碳体在奥氏体中熟化速率随温度的变化如图 4-68 所示。

缓冲渗碳工艺能够有效解决这一问题。其思路是,在深层渗碳的强渗中间过程增加多道扩散工艺,

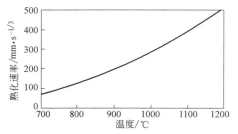

图 4-68　渗碳体在奥氏体中的熔化速率随温度的变化

从而控制齿圈表面碳势, 以便在渗碳层中获得理想的碳化物分布形态。

以 20CrMnMo 大模数齿圈为例, 分别采用两段渗碳 (强渗、扩散)→球化退火→淬火→回火工艺和缓冲渗碳 (强渗、多道扩散)→淬火→回火工艺, 并对试验结果进行分析对比, 详细阐述缓冲渗碳工艺。

20CrMnMo 大齿圈模数为 25mm, 外形尺寸为 $\phi2460 \times \phi1900 \times 540mm$, 零件重约 8t。20CrMnMo 渗碳试棒尺寸为 $\phi40 \times 110mm$。

采用大型井式渗碳炉, 炉膛有效尺寸为 $\phi2800mm \times 2000mm$。热处理过程采用计算机在线控制, 炉温均匀性为 ±5℃, 碳势均匀性为 0.02%。

两段渗碳工艺曲线如图 4-69a 所示。为改善碳化物, 渗碳后又对渗碳件及随炉试棒进行了 3 次球化退火处理, 最后进行淬火、低温回火处理。

缓冲渗碳工艺曲线如图 4-69b 所示。

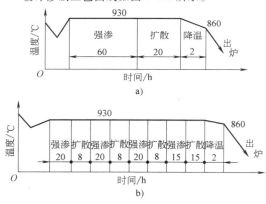

图 4-69　大模数齿圈两段渗碳和缓冲渗碳工艺

a) 两段渗碳工艺曲线　b) 缓冲渗碳工艺曲线

两种渗碳工艺后 $\phi40mm$ 试棒的硬度分布如图 4-70 所示。两段渗碳工艺获得渗层表面硬度约为 750HV, 心部硬度约为 480HV, 渗层的有效硬化层深度为 5.26mm/550HV; 缓冲渗碳工艺获得渗层表面硬度约为 740HV, 心部硬度约为 480HV, 渗碳层的有效硬化层深为 5.95mm/550HV。与 C_1 相比, C_2 的硬度梯度分布更为合理 (见图 4-70), 从而保证了渗层表

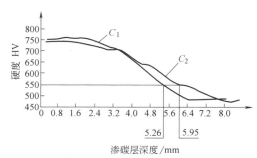

图 4-70　渗碳层内的硬度梯度曲线

C_1—两段渗碳　C_2—缓冲渗碳

面有足够的残余压应力, 渗层内部也不致有较大的残余拉应力, 这使渗层的抗冲击能力进一步提高。

两种渗碳工艺后试棒金相显微组织如图 4-71 所示。由图 4-71a 可知, 经两段渗碳+球化退火+淬火回火工艺处理后, 20CrMnMo 渗层组织由回火马氏体、残留奥氏体、小块状碳化物组成。由此可见, 在 $Ac_1 \pm 50℃$ 的条件下, 角状、块状碳化物的尖角部分溶解于基体中, 使碳化物呈小块状、球状。由图 4-71b 可知, 经缓冲渗碳+淬火回火工艺处理后, 20CrMnMo 渗层组织由回火马氏体、残留奥氏体, 以及弥散分布于回火马氏体基体上的细颗粒状碳化物组成。这说明, 缓冲渗碳获得了理想的碳化物分布形态。

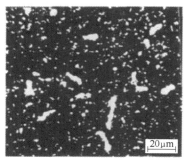

a)

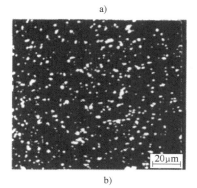

b)

图 4-71　两种渗碳工艺的渗层组织

a) 两段渗碳　b) 缓冲渗碳

工艺运行时间对比：两段渗碳+球化退火+淬火回火工艺运行总时间为259h；缓冲渗碳+淬火回火工艺运行总时间为156h。这充分说明，缓冲渗碳工艺极大地缩短了工艺周期，降低了制造成本。

3. 齿轮渗碳及碳氮共渗热处理后的畸变

（1）畸变形式 表4-94列出了渗碳及碳氮共渗齿轮热处理的畸变形式。

（2）影响齿轮热处理畸变的因素（见表4-95）。

表 4-94 渗碳及碳氮共渗齿轮热处理的畸变形式

齿轮种类	齿轮参数变化	热处理畸变趋势
圆柱齿轮	直径变化	盘状齿轮的齿顶圆直径通常胀大，轴齿轮齿圆直径通常缩小
	齿顶圆及内孔的不均匀变化	由于齿轮材料质量不均匀，几何形状不均衡及加工不当，热处理时引起不均匀胀缩，从而形成椭圆
	平面翘曲及齿圈锥度	外径较大的盘状齿轮，其端面容易产生翘曲，以及从齿圈形成锥度
	齿间尺寸变化	靠近两端面处齿厚胀得较多，齿宽中部呈凹形
齿轮轴	轴向变化	由于材料、几何形状及工艺等原因造成齿轮轴弯曲畸变
锥齿轮	齿轴端面及内孔畸变	端面翘曲，内孔呈椭圆
弧齿锥齿轮	螺旋角变化	螺旋角变小，斜齿盘齿轮角度改变较大；斜齿轴齿轮角度改变较小，弧齿锥齿圈、锥齿轮、主动轮角度改变较大
带花键孔齿轮	内孔胀缩	低合金钢齿轮渗碳淬火后，内孔通常缩小；钢材淬透性越高，渗层越厚，则收缩越大；内孔经防渗处理的齿轮则微胀，40Cr钢浅层碳氮共渗淬火后，内孔通常胀大
	内孔锥度	通常截面较小处，内孔收缩较大；截面较厚处内孔收缩较小或微胀

表 4-95 影响齿轮热处理畸变的因素

影响因素	造成齿轮畸变的原因
设计	形状对称性及截面均匀性差，轮辐刚度差
材料	晶粒度不均匀，带状组织严重，淬透性带宽
锻造	锻造流线不对称，锻后冷却不均匀
预备热处理	加热温度过高或过低，冷却不均匀
切削加工	切削量过大，工艺孔位置安排不当
最终热处理	加热不均匀，夹具设计不合理，冷却介质及冷却规范选择不当，渗层质量不均匀

（3）控制齿轮热处理畸变的措施

1）合理的齿轮结构设计。减小齿轮热处理畸变的结构设计原则大致为：①加大圆角；②形状尽量对称；③合理安排键槽；④挖槽、打孔，以求均衡冷却；⑤改变支承底面。

2）合理使用淬火夹具及装夹方式。图4-72～图4-74所示为几种夹具及装夹方式举例。

3）控制渗碳齿轮花键孔精度的方法（见表4-96）。

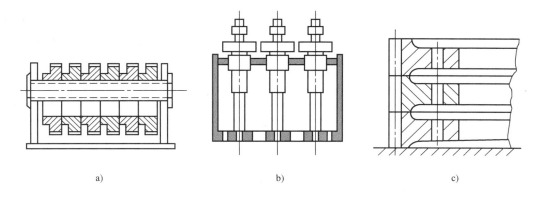

a) b) c)

图 4-72 常用的几种夹具

a）串挂横装夹具 b）竖装夹具 c）摆装

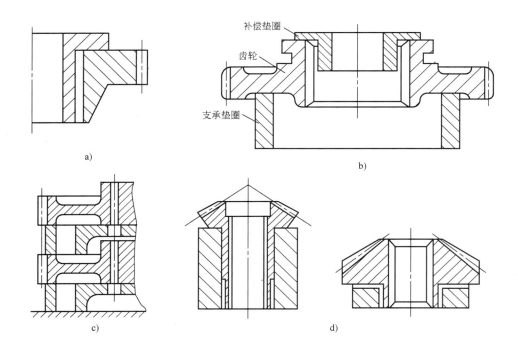

图 4-73　不同形式的垫圈

a) 补偿垫圈　　b) 支承垫圈　　c) 叠加垫圈　　d) 支承垫圈

表 4-96　控制渗碳齿轮花键孔精度的方法

齿轮定位方式	控制花键孔精度的方法	加工工艺路线	说明
内径定位	热处理后挤键宽及磨内孔	机械加工→渗碳、淬火、回火→挤键宽→磨内孔	热处理时对畸变的控制要求不太严,仅用于内径定位齿轮
底径或键侧定位	热处理后用推刀精整花键	机械加工→内孔镀铜(或采用其他防渗措施)→渗碳、淬火、回火→去铜→推刀精整花键孔	工序复杂,花键孔硬度较低,耐磨性较差,但精度较高
		机械加工→渗碳(然后空冷、缓冷或再经高温回火)→齿部感应淬火→回火→推刀精整花键孔	省掉镀铜工序,但需再次感应加热,齿轮其他方面的精度也较高,花键孔硬度较低
	渗碳后再加热,套心棒淬火	机械加工→渗碳(然后空冷或缓冷)再加热套心棒淬火→回火	适用于淬火时内孔收缩的齿轮(大部分渗碳齿轮)
	热处理后挤花键孔。花键孔出现锥度者可采用补偿垫圈	机械加工→渗碳后直接淬火→回火→挤花键孔	工序简单,但用挤刀挤花键孔所能矫正的畸变很有限,应在原材料质量稳定及工艺控制较严的情况下应用
	热处理前对收缩较大的一端施行预胀孔	机械加工→一端预胀孔→渗碳、淬火、回火	适用于热处理时花键孔出现锥度的齿轮
	热处理后电解加工精整花键孔	机械加工→渗碳、淬火、回火→电解加工精整花键孔	工序简单,适应性强,但需有直流电源的电解加工机床

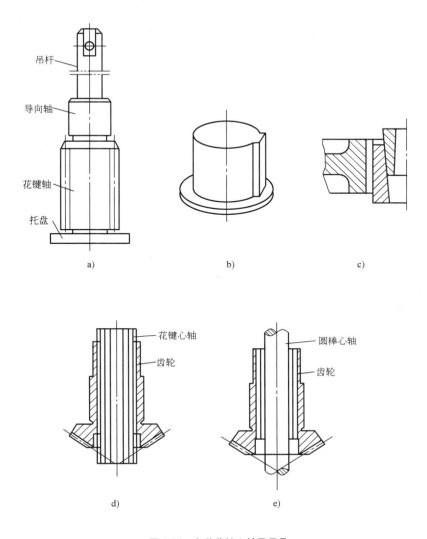

吊杆

导向轴

花键轴

托盘

a)　　　　　　　　　　　　b)　　　　　　　　　　　　c)

花键心轴

齿轮

圆棒心轴

齿轮

d)　　　　　　　　　　　　e)

图 4-74　各种花键心轴及吊具

a）吊具　b）花键心棒　c）楔形套　d）花键心轴　e）圆棒心轴

　　4）减小锥齿轮热处理畸变的方法。锥齿轮的渗碳淬火畸变在生产中主要采用模压淬火来控制。图 4-75 所示为一种典型的脉动淬火压床的结构。表 4-97 列出了两种齿轮压床淬火参数。当模压淬火齿轮的畸变仍不能有效控制时，可参考表 4-98 中所列项目进行分析。

　　5）热处理前的齿轮加工尺寸调整。掌握热处理畸变规律，在热处理前调整齿轮的加工尺寸，以补偿热处理畸变，是批量生产齿轮的常用方法。生产中常用 50 件齿轮在给定条件下进行冷加工和热处理，经过对该批齿轮热处理前后的尺寸测量，并对其数据进行统计学处理，得出畸变趋势，然后确定公差带位置。很显然，加工尺寸的调整是建立在稳定生产的基础之上的。

4. 渗碳和碳氮共渗齿轮的常见缺陷

　　表 4-99 列出了渗碳和碳氮共渗齿轮的常见缺陷及防止措施。

5. 渗碳和碳氮共渗齿轮的质量检验

　　齿轮的外观质量、表面裂纹、材料的白点和气孔、畸变及表面硬度等，一般在齿轮本体上进行无损检测，而其他很多项目则是通过工艺试样来检查，金相检验详见 GB/T 25744—2010，其检验位置如图 4-76 所示。工艺试样的种类及要求见表 4-100。

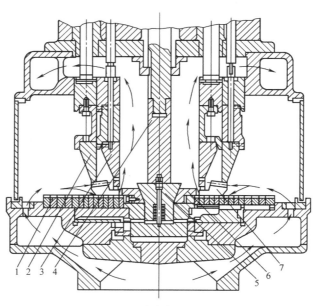

图 4-75　脉动淬火压床结构

1—底模圈　2—外压环　3—内压环　4—心轴　5—压头　6—扩张环　7—齿轮

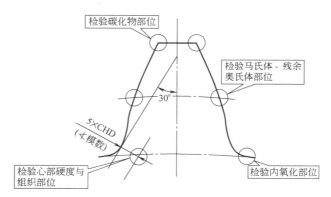

图 4-76　渗碳齿轮金相组织检验位置

表 4-97　齿轮压床淬火参数

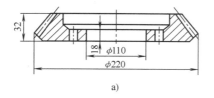

a)

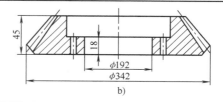

b)

| 齿轮 | 压力/N | | | 冷却条件,油流量/(L/min) | | | 底模的凸凹量/mm | 压床型号 |
	内压环	外压环	扩张环	第一阶段	第二阶段	第三阶段		
图 a	11740	16003	3910	$\dfrac{800}{20}$	$\dfrac{190}{30}$	$\dfrac{800}{30}$	0	格里森 537
图 b	30184	52773	9349	$\dfrac{1130}{10}$	$\dfrac{180}{60}$	$\dfrac{1130}{30}$	+0.35	国产 Z49050/1

表 4-98 压床淬火时锥齿轮畸变失控原因

畸变情况	主要原因	畸变情况	主要原因
内孔椭圆	1)锥形胀杆与中心模的锥面配合不好 2)中心模工作面或齿轮内孔表面不干净 3)中心模或限位圈尺寸精度低,或者尺寸选用不当 4)中心模压力太小 5)无压冷却时间太短(对定压压床而言)	外端面平面度公差偏大	1)外压环压力太小 2)内压环压力太大 3)下模面锥度太小 4)无压冷却时间太长
内端面平面度公差偏大	1)中心模压力过大或限位圈内径太大 2)内压环压力太大 3)外压环压力太大 4)下模面锥度太大 5)无压冷却时间太长		

表 4-99 渗碳和碳氮共渗齿轮的常见缺陷及防止措施

序号	缺陷名称	产生原因	防止措施
1	毛坯硬度偏高	正火温度偏低或保温时间不足,使组织中残留少量硬度较高(≥250HV)的魏氏组织,正火温度超过钢材晶粒显著长大的温度	应重新制订正火工艺;检查控温仪表,校准温度,控制正火冷却速度
2	毛坯硬度偏低	正火冷却过缓	重新正火,加强冷却
3	带状偏析	锻造比不够;钢材合金元素和杂质偏析,一般正火难以消除	加大锻造比;改进冶炼工艺;多次正火或更换材料
4	层深不足	碳势偏低;温度偏低或渗期不足	提高碳势;检查炉温,调整工艺,延长渗碳(共渗)时间
5	渗层过深	碳势过高,渗碳(共渗)温度偏高;渗期过长	降低碳势;缩短周期,调整工艺
6	渗层不均	炉内各部分温度不均;碳势不均;炉气循环不佳;工件相互接触;齿面有脏物;渗碳时在齿面结焦	齿轮表面清洗干净;合理设计夹具;防止齿轮相互接触;在齿轮料盘上加导流罩,保证炉内各部温度均匀;严格控制渗碳剂中不饱和碳氢化合物
7	过共析+共析层比例过大(大于总深度的3/4)	炉气碳势过高;强渗和扩散时间的比例选择不当	降低碳势;调整强渗与扩散期的比例;如果渗层深度允许,可返修进行扩散处理
8	过共析+共析层比例过小(小于总深度的1/2)	炉气碳势过低,强渗时间过短	提高炉气碳势;增加强渗时间;可在炉气碳势较高的炉中补渗
9	表面碳含量过高,形成大块碳(氮)化物网	炉气碳势过高,强渗时间过长	降低碳势,缩短强渗时间;如果渗层深度允许,可在较低碳势的炉中进行扩散处理;适当提高淬火温度;进行一次渗层的球化退火
10	表面残留奥氏体过多	碳(氮)含量过高;渗后冷却过快,碳(氮)量析出不够,淬火温度偏高	调整渗碳(共渗)工艺,控制碳(氮)含量;从渗碳(共渗)炉或预冷炉中出炉的温度不宜过高;降低淬火温度
11	表面碳含量过低	炉气碳势过低,炉温偏高;扩散时间过长	提高碳势;检查炉温,调整强渗与扩散时间的比例
12	表层马氏体针粗大	淬火温度偏高	降低淬火温度
13	表层出现非马氏体组织	升温排气不充分;炉子密封性差,漏气,使表层合金元素氧化;淬火冷却速度低	从设备和工艺操作上减少空气进入炉内;适当提高淬火冷却速度;在渗碳最后10min左右通入适量氨气
14	表层脱碳	渗后出炉温度过高;炉子出现严重漏气;淬火时产生氧化	防止炉子漏气;降低出炉温度;控制淬火时炉内气氛;盐浴炉淬火脱氧要充分;补渗碳

（续）

序号	缺陷名称	产生原因	防止措施
15	心部硬度偏低	淬火温度过低;冷却速度不当,心部游离铁素体过多;选材不当	提高淬火温度;加强淬火冷却;采用两次淬火;更换材料
16	畸变	预备热处理工艺不良;淬火温度偏高;冷却方法不当;夹具设计不合理;材料选择不当	调整淬火工艺;合理设计夹具;改善冷却条件;改换钢材;预备热处理后组织均匀,应力平衡

表 4-100　工艺试样的种类及要求

试样种类	用途	技术要求	数量
中间(过程)试样	调整工艺参数,决定停炉降温时间等	试样材料与齿轮材料相同	按不同工艺及操作水平定
代表性试样(圆棒形或方形试样及齿块)	质量评定:表面及心部硬度、显微组织、表面碳(氮)含量、渗层深度及硬度梯度等	1)与齿轮同批材料,并在相同条件下进行预备热处理 2)圆棒推荐尺寸:最小直径为3倍模数,最小长度为6倍模数 3)试样的结果用来说明同炉齿轮的质量时,必须有试验依据 4)齿块试样不得少于3个齿	1)间歇炉:1~2个/炉 2)连续炉:1~2件齿轮/批定期检查

用作渗碳层深度测定的试样,其组织应是平衡态;若试样已经过淬火,则推荐用表 4-101 的工艺进行处理。

表 4-101　经淬火的渗碳试样做深度检查前的热处理规范

牌号	加热		等温		冷却
	温度/℃	时间/min	温度/℃	时间/min	
10、20	850	20	—	—	空冷
15Cr、20Cr	850	15~20	650	10~20	
20CrMnTi	850	15~20	640	30~60	
12Cr2Ni4	840	15~20	620	180~240	

6. 典型齿轮渗碳工艺

（1）工业机器人精密减速机用行星齿轮　该减速机行星齿轮渗碳淬火的热处理工艺除了需满足表面硬度、渗层深度和金相组织等指标,控制热处理畸变是关键。图 4-77 所示为工业机器人行星减速器中的齿轮简图,图 4-78 所示为齿坯的正火工艺曲线,图 4-79 所示为齿轮的渗碳淬火工艺曲线,行星齿轮材料为 SCM420（日本牌号,相当于我国的 20CrMo）。

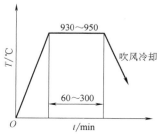

图 4-78　齿轮正火工艺曲线

（2）风电齿轮箱中的行星轮　某风电齿轮箱中的行星轮,材料 18CrNiMo7-6（欧洲牌号,相当于我国的 18Cr2Ni2Mo）,$m = 8.5$,单件质量为 890kg,渗碳淬火,要求渗碳层深为 2.0~2.4mm,表面硬度为 58~62HRC,心部硬度为 35~45HRC;距表面 0.9mm 处硬度大于 653HV;单个碳化物的最大长度小于 20um;内氧化小于 38um,非马小于 50um,该行星轮在井式气体渗碳炉中采用氮甲醇气氛渗碳,渗剂为甲醇和异丙醇,渗碳后采用重新加热淬火工艺。图 4-80 和图 4-81 所示为行星轮的气体渗碳工艺曲线和重新加热淬火工艺曲线。

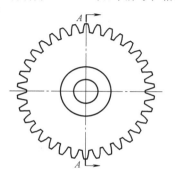
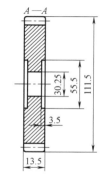

图 4-77　工业机器人行星减速器齿轮简图

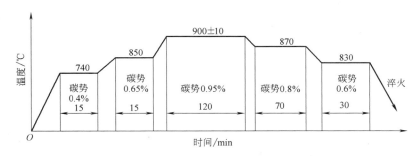

图 4-79　齿轮渗碳淬火工艺曲线

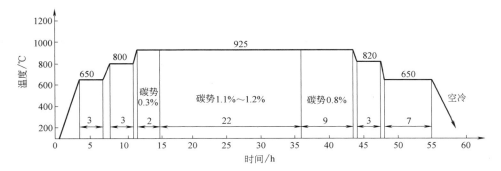

图 4-80　行星轮的气体渗碳工艺曲线

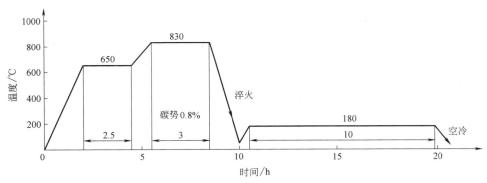

图 4-81　行星轮的重新加热淬火工艺曲线

　　该行星轮渗碳淬火后齿顶硬度为 59.4 ～ 61.9HRC，随炉圆棒试样有效硬化层深度为 2.69mm，表面马氏体及残留奥氏体 2 级，单个碳化物最大长度为 16μm，心部无游离铁素体；内氧化 20μm，非马氏体 30μm，满足技术指标要求。表 4-102 列出了行星轮渗碳淬火后的硬化层硬度分布。

表 4-102　行星轮渗碳淬火后的硬化层硬度分布

距表面距离/mm	0.1	0.3	0.5	1.0	1.4	1.8	2.2	2.4	2.6
硬度 HV	742.4	683.7	681.5	666.4	660.1	624.0	597.7	587.2	576.8

　　（3）工程机械减速机太阳轮　某工程机械减速机太阳轮的材料为 20Cr2Ni4，$m = 8$mm，单件质量为 45kg，齿部渗碳淬火，表面硬度为 58-62HRC，渗碳层深为 1.9 ～ 2.1mm，心部硬度为 35 ～ 42HRC；花键不渗碳。在井式气体渗碳炉中的氮甲醇气氛中渗碳，渗剂为甲醇和异丙醇；花键部位做涂料保护；因 20Cr2Ni4 钢渗碳淬火后残留奥氏体较多，所以才用重新加热淬火 + 冷处理工艺。图 4-82 和图 4-83 所示为太阳轮的气体渗碳工艺曲线和重新加热淬火 + 冷处理工艺曲线。

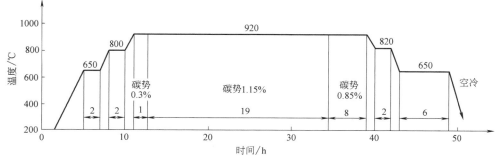

图 4-82　太阳轮的气体渗碳工艺曲线

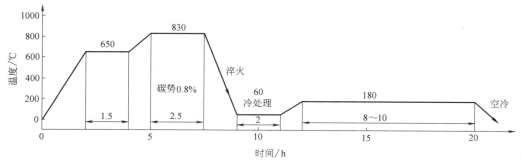

图 4-83　太阳轮的重新加热淬火+冷处理工艺曲线

（4）轨道交通地铁从动齿轮　地铁齿轮箱中的从动齿轮的材料为 18CrNiMo7-6，$m = 5.5$，单件质量为 142kg，渗碳淬火，表面硬度为 58-62HRC，层深为 1.4~1.7mm，除齿部外涂料保护，该地铁从动齿轮在井式气体渗碳炉的氮甲醇气氛中渗碳，渗剂为甲醇和异丙醇。图 4-84 和图 4-85 所示为地铁从动齿轮的渗碳工艺曲线和淬火工艺曲线。

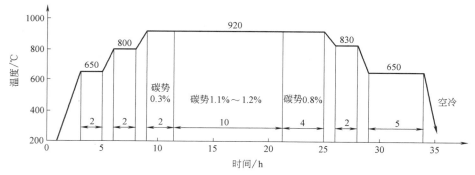

图 4-84　地铁从动齿轮的渗碳工艺曲线

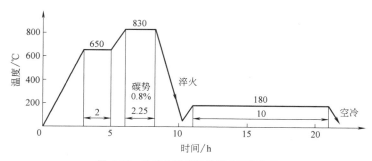

图 4-85　地铁从动齿轮的淬火工艺曲线

（5）"解放牌"载重汽车三速-二轴齿轮

1）技术条件。"解放牌"载重汽车三速-二轴齿轮结构如图 4-86 所示，材料为 SAE8620RH（相当于我国的 20CrNiMoRH）。淬透性：J4.8 = 35～41HRC，J8 = 26～34HRC。渗碳层深度要求：节圆 0.84～1.34mm，齿根≥0.59mm，内孔≥0.66mm（磨内孔后）。表面、心部及内孔硬度要求分别为 58～63HRC、≥25HRC 和≥58HRC（磨后）。

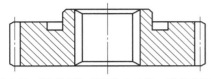

图 4-86　"解放牌"载重汽车三速-二轴齿轮结构

2）工艺。齿坯等温正火，硬度为 159～197HBW。

渗碳采用双排连续式渗碳炉，渗碳工艺：1～5 区温度（℃）分别为 900、930、930、910 和 840；1～5 区 RX 气氛流量（m³/h）分别为 12、10、8、10 和 10；3～5 区碳势分别为 1.10%、0.95% 和 0.90%；推料周期为 22.5min；170℃低温回火。

（6）水泥搅拌车驱动桥主动锥齿轮　水泥搅拌车驱动桥主动锥齿轮如图 4-87 所示。

1）技术条件：材料为 22CrMnMoH（非标在用牌号）。技术要求：等温正火硬度 163～187HBW，金相组织应为均匀的铁素体+珠光体，晶粒度 6～8 级。渗

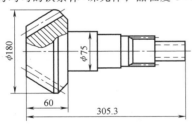

图 4-87　水泥搅拌车驱动桥主动锥齿轮

碳淬火、回火处理后表面与心部硬度分别为 33～45HRC 和 58～63HRC。

2）工艺。

① 等温正火：采用等温正火生产线。高温炉加热温度为 1 区 860℃，2 区 940℃，3 区 940℃，高温保温时间为 23min；（速冷室）速冷（空气鼓风）至 650℃，保温 234min，再空冷。

② 渗碳：采用连续式渗碳炉。渗碳工艺：预热 480℃×50min；（1 区）加热 915℃×60min；（2～3 区）渗碳 925℃×300min，碳势为 1.1%～1.5%；（4 区）扩散 910℃×300min，碳势为 0.9%；（5 区）预冷淬火：830℃×90min，淬火。

③ 低温回火：190℃×3h。

（7）面包车后桥从动弧齿锥齿轮渗碳工艺　SY6480 系列金杯海狮面包车后桥从动弧齿锥齿轮如图 4-88 所示。

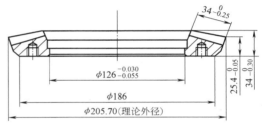

图 4-88　SY6480 从动弧齿锥齿轮

材料为 20CrNiMoH 钢。产品技术要求：显微组织按 QC/T 262—1999《汽车渗碳齿轮金相检验》进行评定，其中 M.A/1～5 级和 K1～5 级为合格；硬化层深度为 1.0～1.4mm；表面硬度为 60～64HRC，心部硬度为 33～48HRC；内孔变形≤0.05mm，内端面变形≤0.05mm，外端面≤0.03mm；渗碳设备采用汇森密封箱式淬火炉，型号 SHQF-2/2。SY6480 从动弧齿锥齿轮的渗碳工艺见表 4-103。

表 4-103　SY6480 从动弧齿锥齿轮的渗碳工艺

工艺阶段	工艺进行时间/min	温度/℃	丙烷流量/(m³/h)	碳势(%)	备注
零件装炉	—	900	0.13～0.15	0.4	
丙烷追加	30	900	0.13～0.15	1.2	
强渗	248	930	0.13～0.15	1.2	
扩散	144	900	0.13～0.15	0.9	
降温	165	830	0.13～0.15	0.85	—
保温	60	830	0.13～0.15	0.85	
淬火	20	900	0.13～0.15	0.4	油温 125℃
沥油	20	900	0.13～0.15	0.4	
出炉	—	900	0.13～0.15	0.4	
工艺总时间/min	818		—		
渗碳检验结果					
硬化层深/mm	碳化物/级	(马氏体+残留奥氏体)/级		表面硬度 HRC	齿根圆处心部硬度 HRC
1.10	1	3		60.5、61、61.8	34.2、35.1、34.8

（8）汽车车桥用主动弧齿锥齿轮　汽车车桥主动齿轮渗碳、淬火、回火之后的精度丧失一般要求不超过 3 级（DIN 3965）。另外，主动齿轮的螺纹心部硬度（一般要求检测 1/2 半径处的硬度）也是影响主动齿轮轴强度的关键指标。图 4-89 所示为主动齿轮简图，图 4-90 所示为密封箱式多用炉自动生产线的齿轮渗碳、淬火、回火工艺曲线（直生式气氛）。齿轮材料为 20CrMnTi。

模数较大的客车及货车主动齿轮材料一般采用 22CrMo 钢（非标在用钢），并且渗碳淬火技术要求

渗碳层深度一般为 1.6～2.0mm，此时可将渗碳温度调整至 930～940℃，碳势调整至 1.20%～1.25%，淬火温度调整至 830～850℃。

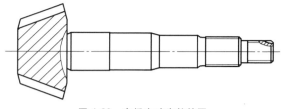

图 4-89　车桥主动齿轮简图

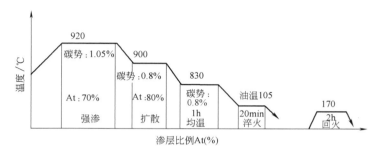

图 4-90　密封箱式多用炉自动生产线齿轮渗碳、淬火、回火工艺曲线

（9）汽车变速器齿轮　对于汽车变速器齿轮，齿形一般为直齿、斜齿或锥齿，齿轮材料一般采用 20CrMnTi、8620、20CrMo 等材料，热处理一般为渗碳、淬火、回火，热处理设备采用连续自动生产线或

密封箱式炉生产线，工艺与汽车车桥齿轮的工艺基本一致，只是汽车变速器齿轮的渗碳有效硬化层深度一般要求为 0.8～1.1mm。汽车变速器齿轮连续炉渗碳工艺见表 4-104。

表 4-104　汽车变速器齿轮连续炉渗碳工艺

齿轮名称	汽车变速器齿轮		渗碳层深度/mm		0.8～1.1
材料	20CrMnTi		表面硬度 HRC		58～64
各区参数	工艺参数				
	加热区	强渗一	强渗二	扩散区	降温
温度/℃	840	920	930	900	840
N_2 流量/（m^3/h）	3.0	2.0	2.0	2.0	1.8
CH_3(OH)流量/（m^3/h）	2.8	1.8	1.8	1.8	1.5
富化气（天然气）流量/（m^3/h）	—	0.3～0.5	0.4～0.6	0.1～0.2	0.2
装炉盘数	2×3+1	2×4	2×5	2×2+1	7
碳势（%）	—	1.1	1.1	1.0	0.9
推料周期/min	30～45				

注：1. 渗碳后直接油淬。
　　2. 天然气为净化后的气体。
　　3. 淬火油种类及淬火油温根据材料进行选择。

（10）汽车变速箱输出轴低压真空渗碳　大众 MQ200 变速箱输出轴，毛坯材料为 TL4521（德国大众牌号，相当于我国的 20CrNi2MoH），其低压真空渗碳处理工艺过程为：清洗后入炉预热升温，通入氮气；升温至 450℃，脱脂 60min；快速升温至 920℃，保温 90min，保持低压真空状态，使工件充分奥氏体化；脉冲渗碳 + 集中扩散 90min；降温预冷至 840℃，

保温 40min；高压气体淬火，气淬压力为 1.1～2MPa，时间为 5min；回火和风冷。图 4-91 所示为大众 MQ200 变速箱输出轴低压真空渗碳处理工艺曲线。

4.4.4　齿轮的渗氮

1. 齿轮渗氮技术参数的确定

影响渗氮齿轮力学性能的因素见表 4-105。

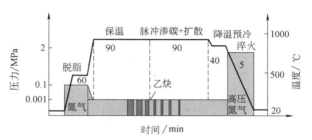

图 4-91　大众 MQ200 变速箱输出轴低压真空渗碳处理工艺曲线

表 4-105　影响渗氮齿轮力学性能的因素

力学性能		影响因素及其倾向性
接触疲劳强度		1）渗氮层深度增加，接触疲劳强度提高 2）心部强度提高，接触疲劳强度提高 3）表面硬度提高，接触疲劳强度提高
弯曲疲劳强度	光滑试样	1）扩散层深度增加，弯曲疲劳强度提高 2）氮的固溶量增加，弯曲疲劳强度提高
	缺口试样	1）化合物层越厚，弯曲疲劳强度下降 2）晶间化合物严重，弯曲疲劳强度下降
耐磨性	有润滑条件	ε 相最耐磨，$\varepsilon+\gamma'$ 相次之、γ' 相差
	干摩擦条件	γ' 相最耐磨（γ' 相的韧性起主导作用）
抗胶合性能		ε 相具有最高的抗胶合性能，依次是 $\varepsilon+\gamma'$ 相、γ' 相和纯扩散层
渗氮层脆性		以 ε 相为主的混合相化合物层脆性最高，γ' 相单相化合物层的渗层具有高的韧性
冲击韧度	1）经渗氮后试样冲击韧度下降 2）预备热处理为正火时，其冲击韧度比调质的更低，下表为不同材料渗氮后的试验结果	

牌号	预备热处理	离子渗氮	冲击韧度/（J/cm²）
38CrMoAlA	930℃ 正火	—	92.6
		530℃×12h	27.2
	930℃ 油淬，670℃ 回火	—	105
		530℃×12h	86.6
40Cr	880℃ 正火	—	80
		530℃×12h	38
	860℃ 油淬，600℃ 回火	—	162
		530℃×12h	72.5
20CrMnTi	930℃ 正火	—	254
		530℃×12h	25.5
	930℃ 油淬，620℃ 回火	—	251
		530℃×12h	68.2

　　推荐的渗氮齿轮技术参数见表 4-106。齿轮的渗氮层深度与模数有关，见表 4-107。

表 4-106　推荐的渗氮齿轮技术参数

齿轮参数	选用范围
齿轮模数 m	2～10mm
载荷系数 K	≤3.0kN/mm²
节圆线速度 v	≤120m/s
齿轮精度（GB/T 10095.1—2022）	7～6 级 （渗氮后不磨齿情况下）

　　齿轮的渗氮层表面硬度因钢材的不同而有所不同，见表 4-108。渗氮齿轮的渗层组织可根据使用工况，参考表 4-105 进行选择。

2. 齿轮的渗氮工艺

　　（1）制造工艺路线　表 4-109 列出了针对不同精度要求的齿轮而采用的制造工艺路线。

表 4-107　齿轮模数与渗氮层深度的关系

模数/mm	公称深度/mm	深度范围/mm	模数/mm	公称深度/mm	深度范围/mm
≤1.25	0.15	0.10~0.25	4.5~6	0.50	0.45~0.55
1.5~2.5	0.30	0.25~0.40	>6	0.60	>0.50
3~4	0.40	0.35~0.50			

注：目前渗氮齿轮的模数最大到10mm；为提高承载能力，高速重载齿轮的渗氮层深度已增加至0.7~1.1mm。

表 4-108　不同钢材齿轮渗氮层表面硬度参考范围

牌号	原始状态		渗氮表面硬度 HV5
	预备热处理	硬度 HBW	
45	正火	—	250~400
20CrMnTi	正火	180~200	650~800
	调质	200~220	600~800
40CrMo①	调质	29~32HRC	550~700
40CrNiMo	调质	26~27HRC	450~650
40CrMnMo	调质	220~250	550~700
40Cr	正火	200~220	500~700
	调质	210~240	500~650
37SiMn2MoV	调质	250~290	48~52HRC（超声测定）
25Cr2MoV	调质	270~290	700~850
20Cr2Ni4A	调质	25~32HRC	550~650
18Cr2Ni4W	调质	27HRC	600~800
35CrMoV	调质	250~320	550~700
30CrMoAl①	正火	207~217	850~1050
	调质	217~223	800~900
38CrMoAlA	调质	260	950~1200

注：为提高承载能力，对高速重载齿轮其心部硬度最好调质到300HBW以上。
① 非标用牌号。

表 4-109　渗氮齿轮的制造工艺路线

一般精度要求	锻造→调质（正火）→车加工→滚齿→剃齿→渗氮
精度要求高的齿轮	锻造→正火或退火→粗车→调质→精车→半精滚齿→去应力退火→精滚齿→磨齿→渗氮→（珩齿或磨齿）

（2）预备处理

1）调质。渗氮齿轮的预备热处理应当采用调质，有利于获得均匀一致的渗氮层。调质硬度不仅影响心部强度，同时还影响表面渗氮硬度。渗氮重载齿轮的心部硬度一般不应低于300HBW，齿轮表面游离铁素体含量应<5%（体积分数），渗氮前齿轮表面不允许有脱碳层存在。表4-110列出了美国某公司渗氮齿轮的心部硬度，表4-111列出了我国重载齿轮渗氮常用材料及调质处理工艺，表4-112列出了心部硬度与最高渗氮层硬度的关系，可供参考。

2）去应力退火。去应力退火温度低于调质回火温度而高于渗氮温度20~30℃。

3）局部防渗。齿轮不需要渗氮的部位要进行防渗处理，不渗氮部位的局部防渗方法见表4-113。

表 4-110　美国某公司渗氮齿轮的心部硬度

牌号	心部硬度 HBW	回火温度/℃
4140（42CrMo）	300~340	552
4150（50CrMo）	300~340	552
4340（40CrNiMo）	300~340	552
Nitralloy N（32Cr3MoVRE）	260~300①	650~677
HerdingⅢ	300~340	552

注：括号内为相当于我国的牌号。
① 在渗氮过程中硬度会因沉淀硬化提高到360~415HBW。

表 4-111　我国重载齿轮渗氮常用材料及调质处理工艺

材料	调质处理工艺	调质硬度
42CrMo	850℃淬火+550℃回火	300~342HBW（32~37HRC）
40CrNiMo	850℃淬火+570℃回火	300~342HBW（32~37HRC）
25Cr2MoV	940℃淬火+650℃回火	305~352HBW（33~38HRC）
34CrNi3Mo	860℃淬火+600℃回火	305~352HBW（33~38HRC）

表 4-112 心部硬度与最高渗氮层硬度的关系[1]

回火温度 /℃	最高渗层硬度 HRC	心部硬度 HBW	
		回火后	渗氮后
538	56	380	350
566	56	363	343
593	56	342	332
621	51	317	315
649	50	292	292
677	47	258	258

[1] 材料为 4340（美国牌号，相当于我国的 40CrNiMoA）；渗氮工艺为 524℃×40h。

（3）渗氮工艺

1）齿轮的气体渗氮工艺。齿轮气体渗氮工艺方法及其应用见表 4-114，几种常用材料的气体渗氮工艺规范见表 4-115，可根据齿轮材料及不同技术要求进行选择。

气体渗氮温度通常为 500~560℃。渗氮温度的选择与齿轮材料、渗层深度及齿面硬度等因素有关。图 4-92 所示为渗氮温度对 38CrMoAl 钢渗层深度及表面硬度的影响；38CrMoAl 钢采用一段法渗氮时渗氮时间与渗层深度的影响如图 4-93 所示。

表 4-113 不渗氮部位的局部防渗方法

渗氮法	局部防渗方法
气体渗氮	1）镀锡膜：一般膜厚为 0.003~0.015mm。当锡膜厚度大于 0.01mm 时，为了防止流锡，可进行 350℃ 左右加热 1~2h 的均锡处理 2）镀铜膜：一般无孔隙铜膜厚为 0.01~0.02mm 3）其他有机和无机涂料
离子渗氮	主要采用机械防渗，示例如下 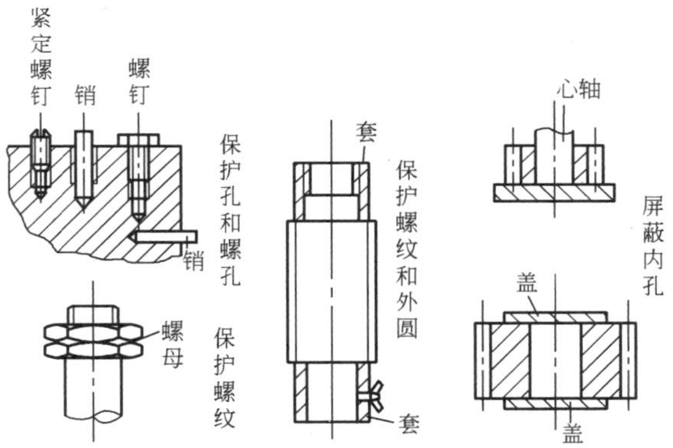 也可采用离子渗氮防渗涂料，如 CONDURSALN9、NIT-OFF 等涂料刷涂非渗氮面

表 4-114 齿轮气体渗氮工艺方法及其应用

工艺方法	工艺曲线	应 用
一段（或等温）渗氮法	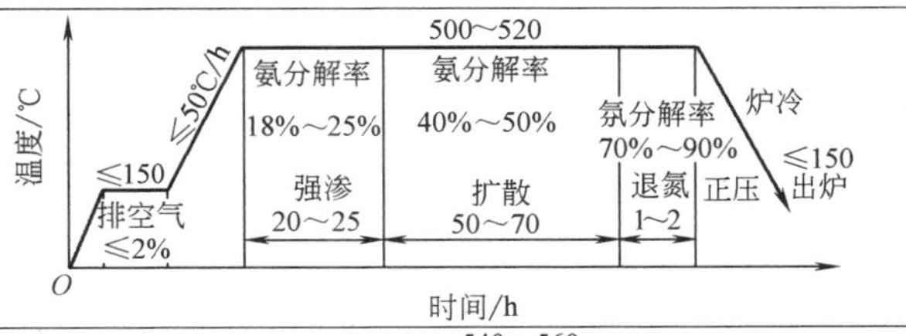	渗氮温度低，相应变形小，但工艺周期较长，而且易产生高脆性渗氮层 适用于硬度要求高、渗层浅及容易变形的齿轮
二段渗氮法	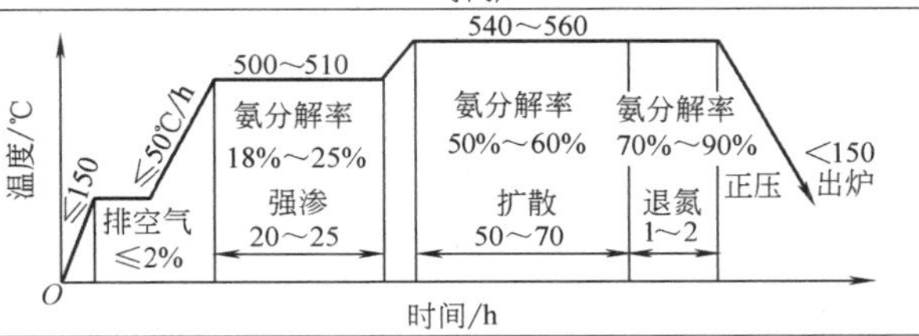	可以缩短工艺周期，适用于不仅要求硬度高，而且渗层较厚的齿轮

（续）

工艺方法	工　艺　曲　线	应　　用
三段渗氮法	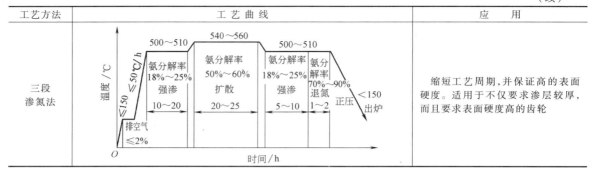	缩短工艺周期，并保证高的表面硬度。适用于不仅要求渗层较厚，而且要求表面硬度高的齿轮

表 4-115　几种常见材料的气体渗氮工艺规范

钢号	处理方法	渗氮工艺规范				渗层深度/mm	表面硬度 HV
		阶段	渗氮温度/℃	时间/h	NH₃ 分解率（%）		
38CrMoAl	一段		510±10	25	18~25	0.5~0.8	>1000
	二段	I	510±10	25	18~25	0.5~0.7	>1000
		II	550±10	35	50~60		
			550±10	2	>80		
	三段	I	520±10	10	20~25	0.4~0.6	>1000
		II	570±10	16	40~60		
		III	530±10	18	30~40		
			530±10	2	>90		
25Cr2MoV	二段	I	490	70	15~22	0.3	≥681
		II	480	7	15~22		
18Cr2Ni4WA	一段		490±10	30	25~35	0.2~0.3	≥600
18CrNiWA	一段		490₋₁₀	30	25~35	0.2~0.3	≥600
35CrMo	二段	I	520±5	24	18~30	0.5~0.6	687
		II	515±5	26	30~50		
30CrMnSiA	一段		500±5	25~30	20~30	0.2~0.3	≥58HRC
25CrNiW	三段	I	520	10	24~35	0.2~0.4	≥73HRA
		II	550	10	45~60		
		III	520	12	50~70		
40CrNiMoA	一段		520	75	25~35	0.4~0.7	≥82HRN₁₅
	二段	I	520±5	20	25~35	0.5~0.7	≥83HRN₁₅
		II	540±5	40~50	35~50		
40Cr	一段		490	24	15~35	0.2~0.3	≥600
	二段	I	480±10	20	20~30	0.3~0.5	≥600
		II	500±10	15~20	30~60		

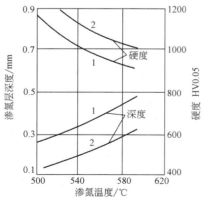

图 4-92　渗氮温度对 38CrMoAl 钢渗层深度及表面硬度的影响

1—离子渗氮　2—气体渗氮

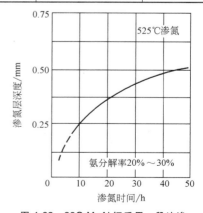

图 4-93　38CrMoAl 钢采用一段法渗氮时渗层深度与渗氮时间的关系

氨分解率与渗氮温度的关系，见表 4-116。氨分解率不超过 60%～65%，对硬度和渗层深度的影响不大（见图 4-94）。为了控制脆性相 ε 的生成，应增大氨分解率。

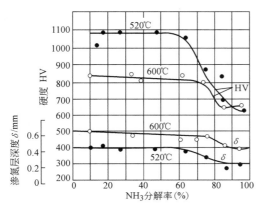

图 4-94　氨分解率对 38CrMoAl 钢渗氮层深度及硬度的影响

表 4-116　氨分解率与渗氮温度的关系

渗氮温度/℃	氨分解率（%）
500～520	20～40
520～540	30～50
540～560	40～60

齿轮气体渗氮工艺举例。

机床齿轮：两种机床齿轮的渗氮工艺如图 4-95 和图 4-96 所示。

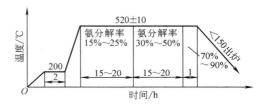

图 4-95　38CrMoAl 钢齿轮的渗氮工艺（一）

注：齿轮模数为 3mm；要求渗层深度为 0.25～0.40mm。

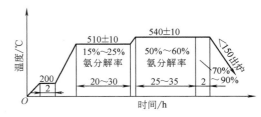

图 4-96　38CrMoAl 钢齿轮的渗氮工艺（二）

注：齿轮模数为 5mm；要求渗层深度为 0.45～0.55mm。

高速齿轮：30 万吨合成氨离心空气压缩机中的一种 GJK250 增速器齿轮，材料为 25Cr2MoV，要求渗层深度 0.45～0.55mm。

该齿轮渗氮前经调质、去应力退火、精滚齿及磨合。其渗氮及预备热处理工艺见表 4-117，渗氮结果见表 4-118。

表 4-117　齿轮渗氮及预备热处理工艺

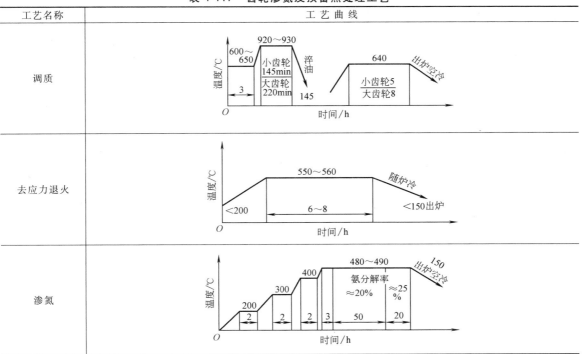

表 4-118　齿轮渗氮结果

渗氮层深度/mm	齿面硬度 HV	渗层脆性	表层组织
0.5	688~713	1 级	0.01mm 的 ε 相及近表层脉状氮化物

2) 齿轮的离子渗氮。与气体渗氮工艺相比，离子渗氮工艺具有渗速快、畸变小及化合物层的相组成容易控制等优点。不过，影响工艺稳定性的因素也较多，设备维护也要难一些。

齿轮离子渗氮工艺参数的选择可参考表 4-119。

表 4-120 列出了各种处理态的齿轮钢材渗氮层深度和表面硬度与离子渗氮温度和渗氮时间的关系曲线，可供制订齿轮离子渗氮工艺时参考。

表 4-119　齿轮离子渗氮工艺参数的选择

工艺参数	选择范围	说明
辉光电压	一般保温阶段保持在 500~700V	与气体电离电压、炉内真空度及工件与阳极间距离有关
电流密度	2~15mA/cm²	电流密度大，加热速度快，但电流密度过大将使辉光不稳定，易打弧
炉压	133~1333Pa，生产上常用 266~533Pa（辉光层厚度为 3~5mm）	当炉内压力低于 133Pa 时达不到加热目的，而当压力较高时，辉光将受到破坏而产生弧光现象，造成辉光放电不稳定，严重时会将工件局部烧熔
渗氮气体	液氨挥发气，热分解氨或氮氢混合气	液氨虽使用简单，但渗层脆性大；氨热分解后得到 1∶3 的氮氢混合气，可改善渗层性能；氮氢混合气可调整炉气氮势，从而控制渗层相组分
渗氮温度	含 Al 钢宜采用二段渗氮法 第一阶段，520~530℃ 第二阶段，560~580℃	对某些精度要求较高的齿轮，为减少畸变，也可采用等温（一段）渗氮工艺，一段 510~530℃，但渗氮时间较长
	不含 Al 钢一般采用等温（一段）渗氮工艺，520~550℃	当渗氮温度高于 550℃ 时，易破坏合金氮化物与基体的共格结合，还会使氮化物发生集聚，导致渗层硬度下降
渗氮时间	渗氮层深度为 0.2~0.6mm 时，渗氮时间通常为 8~30h	渗氮层深度与时间存在以下关系 $$\delta = K\sqrt{D\tau}$$ 式中　δ—渗氮层深度（mm） 　　　τ—渗氮时间（h） 　　　D—扩散系数 　　　K—常数 渗氮时前期渗速较快。以 35CrMo 钢为例，在 530℃ 渗氮时，6h 可以获得 0.3mm 的深度，而要达到 0.5mm 的深度，则需 25h 左右的时间

表 4-120　各种处理态的齿轮钢材渗氮层深度和表面硬度与离子渗氮温度和渗氮时间的关系曲线

序号	钢号	关系曲线
1	18Cr2Ni4WA（正火+回火，26~28HRC）	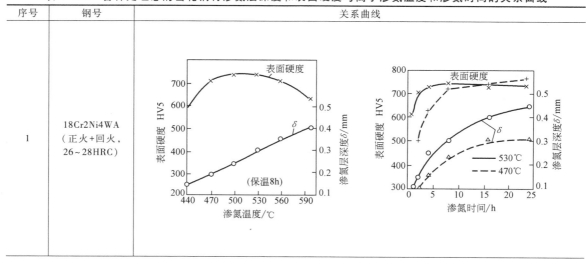

（续）

序号	钢号	关系曲线
2	20CrMnTi （调质）	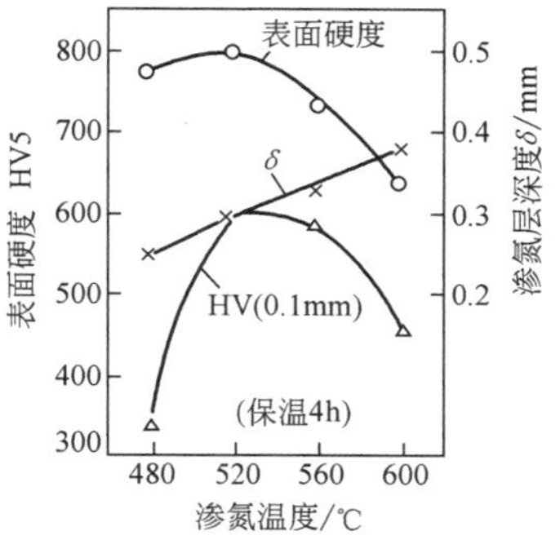 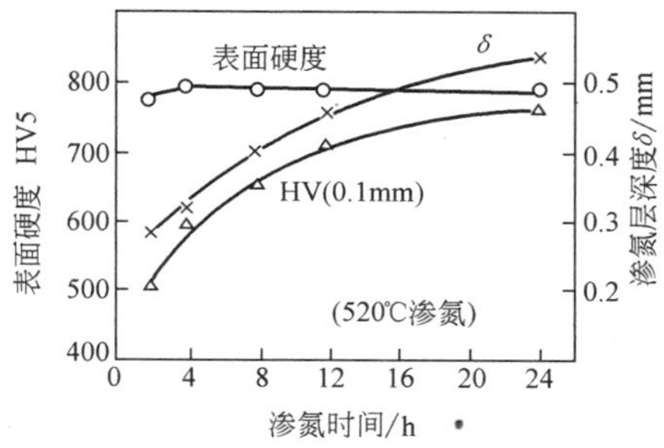
3	30CrMoAl 30CrMnAl （正火）	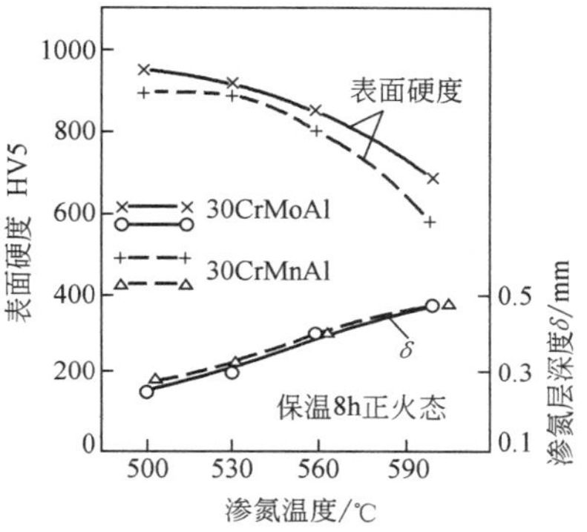
4	30CrNi3	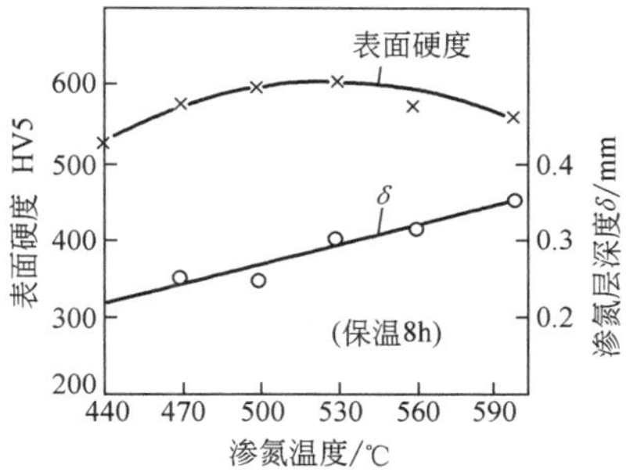 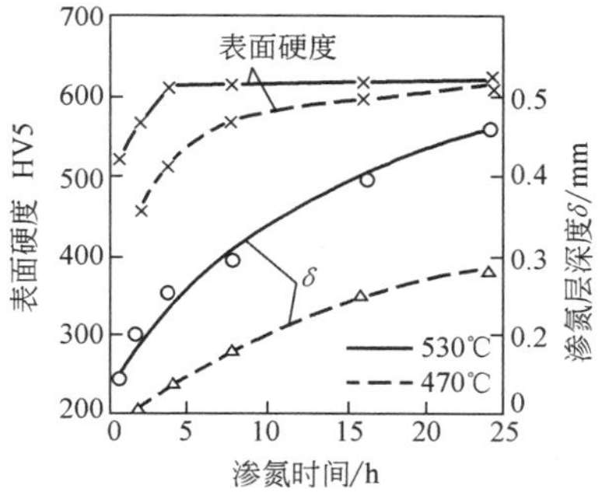
5	35CrMo （调质，32HRC）	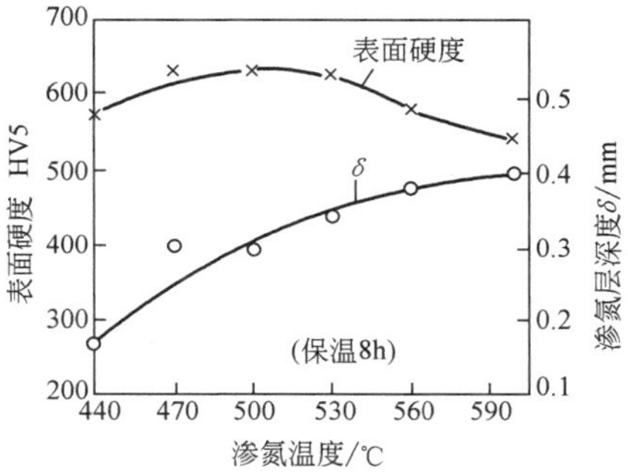 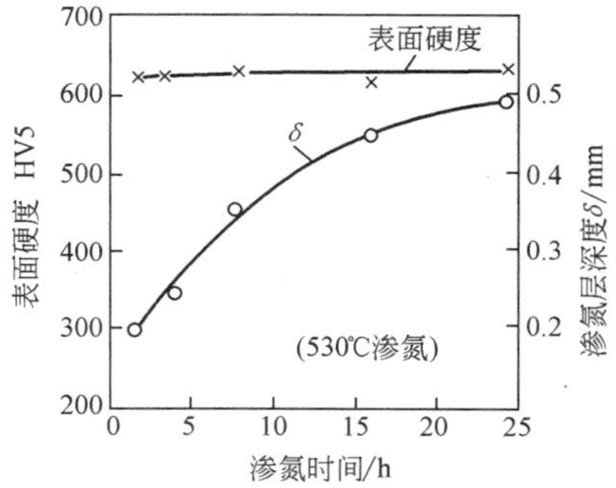

（续）

序号	钢号	关系曲线
6	35CrMnSi （调质，280HV）	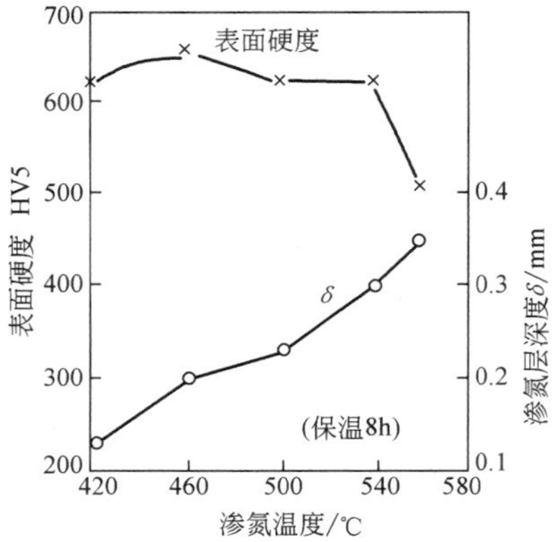
7	38CrMoAlA （调质）	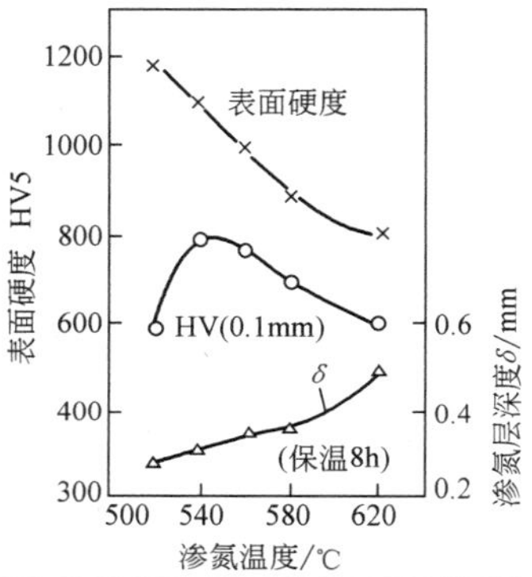 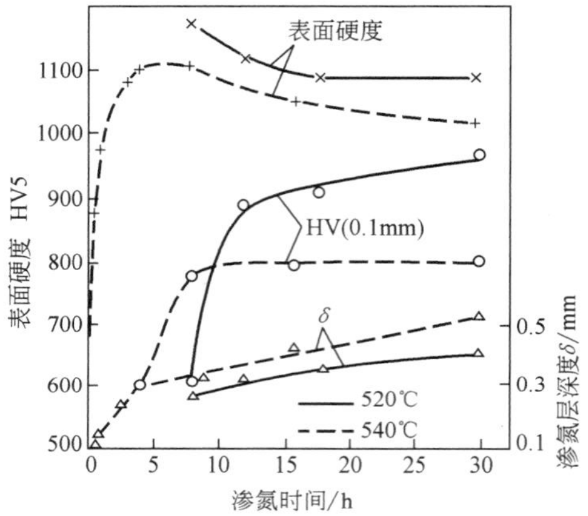
8	40Cr	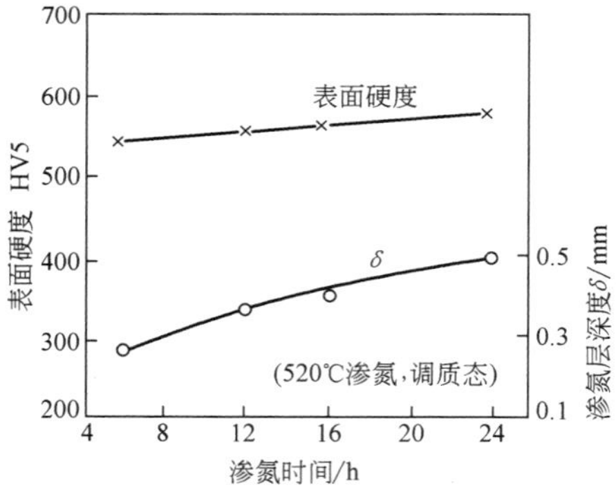 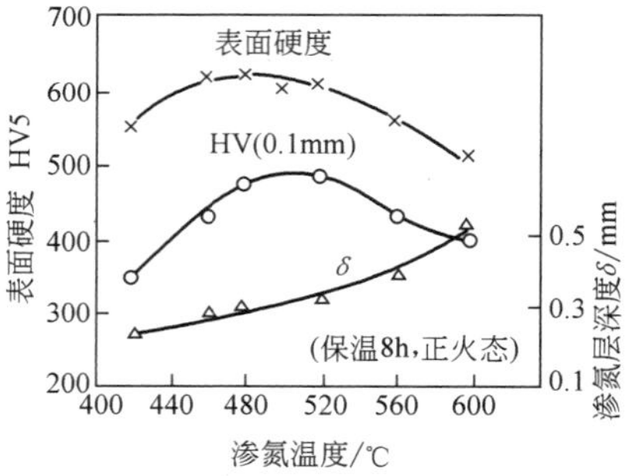
9	40CrNiMo （调质，26～27HRC）	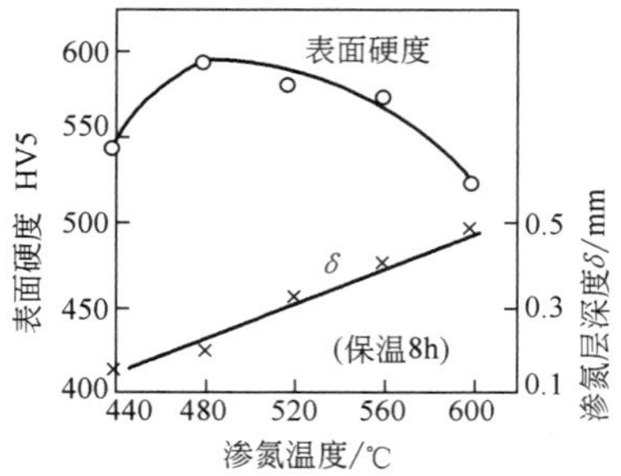 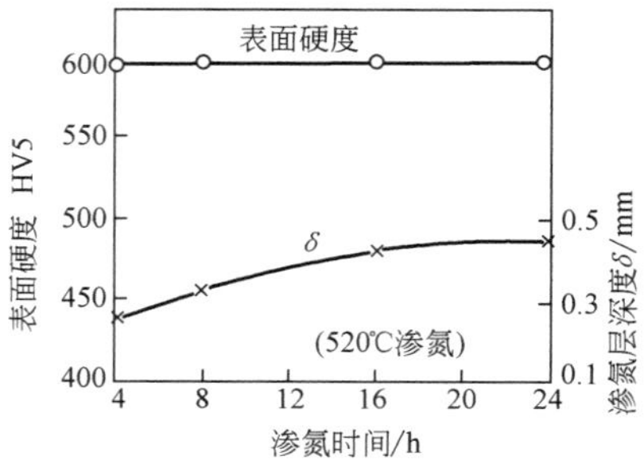

（续）

序号	钢号	关系曲线
10	42CrMo（调质,29~32HRC）	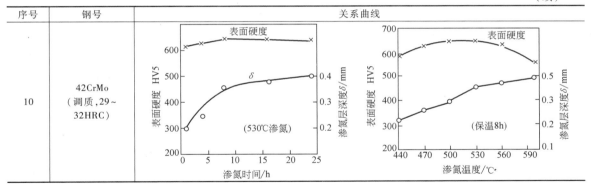

齿轮离子渗氮工艺举例。

机床齿轮：图 4-97 所示为 38CrMoAl 齿轮的离子渗氮工艺曲线。

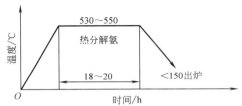

图 4-97 38CrMoAl 齿轮的离子渗氮工艺曲线

注：齿轮模数为 3mm；要求渗层深度为 0.25~0.40mm。

船闸启闭机齿轮：图 4-98 所示为船闸启闭机齿轮的离子渗氮工艺曲线。

3）齿轮的氮碳共渗工艺。氮碳共渗能显著提高齿轮的耐磨性，抗胶合和抗擦伤能力及耐疲劳性能。

氮碳共渗温度一般为 570℃，低于此温度渗速太慢，高于此温度表层易产生疏松结构。

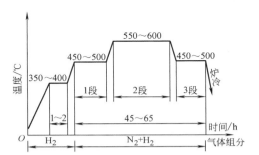

图 4-98 船闸启闭机齿轮的离子渗氮工艺曲线

注：材料为 25Cr2MoV；齿轮模数 m_n 为 6mm；

要求渗层深度为 0.7~0.9mm。

表 4-121 列出了常用齿轮钢材的氮碳共渗工艺及结果，表 4-122 列出了常用材料气体氮碳共渗后的表面硬度和渗层深度，表 4-123 列出了部分常用材料离子氮碳共渗层深度及硬度，可供使用参考。

表 4-121 常用齿轮钢材氮碳共渗工艺及结果

钢材	工艺号	化合层 深度/μm	化合层 硬度 HV0.05	扩散层 侵蚀层深度/mm	扩散层 硬化层深度/mm	备注
45	1	10~12	562~685	0.2~0.4		
	2	24~26	760	—	0.55	
	3	7~15	550~700	0.35~0.55		HV0.1
	4	10~25	450~650	0.24~0.38		
40Cr	1	7~15	211~772	0.15~0.25		
	2	20~24	960	0.40	0.30	
	3	6~12	550~800	0.10~0.20		HV0.1
	4	4~10	560~600	0.12		
30CrMoA	1	7~12	888~940	0.10~0.20		
	2	20~22	1170	0.35	0.22	
	3	5~12	900~1100	0.10~0.20		HV0.1
30CrMo	2	19~21	960	0.40	0.32	
35CrMo	3	5~12	650~800	0.10~0.20		HV0.1
18Cr2Ni4W		9~10	860		0.27	560℃×4h
工艺号	氮碳共渗工艺				温度/℃	时间/h
1	乙醇+氨				570	3
2	盐酸催渗气体氮碳共渗					2
3	尿素					3
4	甲酰胺+尿素					2

表 4-122　常用材料气体氮碳共渗后的表面硬度和渗层深度

序号	材料类别	牌　　号	表面硬度 HV	化合物层深度/mm	扩散层深度/mm
1	碳素结构钢	Q195、Q215、Q235	≥480	0.008~0.025	≥0.20
2	优质碳素结构钢	25、35、45、20Mn、25Mn	≥550		
3	合金结构钢	20Cr、40Cr、20CrMn、40CrMn、20CrMnSi、25CrMnSi、30CrMnSi、35SiMn、42SiMn、20CrMnMo、40CrMnMo、20CrMo、35CrMo、42CrMo、20CrMnTi、30CrMnTi、40CrNi、12Cr2Ni4、12CrNi3、20CrNi3、20Cr2Ni4、30CrNi3、18Cr2Ni4WA、25Cr2Ni4WA	≥600	0.008~0.025	≥0.15
		38CrMoAl	≥800	0.006~0.020	≥0.15
4	灰铸铁	HT200、HT250	≥500	0.003~0.020	≥0.10
5	球墨铸铁	QT500-7、QT600-3、QT700-2	≥500		
6	铁基粉末冶金	—	450~500HV0.1	0.003~0.010	—

表 4-123　部分常用材料离子氮碳共渗层深度及硬度

材料牌号	心部硬度 HBW	化合物层深度/μm	总渗层深度/mm	表面硬度 HV
45	≈150	10~15	0.4	600~700
60	≈30HRC	8~12	0.4	600~700
35CrMo	220~300	12~18	0.4~0.5	650~750
42CrMo	240~320	12~18	0.4~0.5	700~800
40Cr	240~300	10~13	0.4~0.5	600~700
QT600-3	240~350	5~10	0.1~0.2	550~800HV0.1
HT250	≈200	10~15	0.1~0.15	500~700HV0.1

4) 齿轮的深层渗氮。齿轮接触疲劳强度与其硬化层深度/模数之比密切相关，为了提高齿轮承载能力和扩大应用范围，因而出现了深层渗氮技术。常规渗氮层深度一般都小于 0.6mm，而齿轮的深层渗氮深度可达 1.1mm 左右。

表 4-124~表 4-126 列出了气体深层渗氮工艺和结果。

图 4-99 所示为离子深层渗氮工艺曲线。三段深层离子渗氮结果见表 4-127。

表 4-124　单周期气体渗氮工艺

第一段			第二段		
温度/℃	时间/h	分解率（%）	温度/℃	时间/h	分解率（%）
524	16	30~34	524	56	60~64

表 4-125　单周期气体渗氮结果

试样牌号	表面硬度 HRC	渗层深度/mm	白层深度/μm	脆性/级
25Cr2MoV	61	0.63	6	I
42CrMo	60	0.78	3.1	I
40CrNiMo	59	0.74	2	I

表 4-126　两周期气体渗氮结果①

试样牌号	表面硬度 HRC	渗层深度/mm	白层深度/μm	脆性/级
25Cr2MoV	63	0.80	8	I
42CrMo	56	0.95	12	II
40CrNiMo	53.2	1.02	10	I

① 两周期工艺，即表 4-124 单周期工艺再重复一次，以达深层渗氮的目的。

表 4-127　三段深层离子渗氮结果

试样牌号	表面硬度 HV5	渗层深度/mm	白层厚度/μm	脆性/级
25Cr2MoV	600~700	0.95	24	I
42CrMo	566~593	1.0	19	I
40CrNiMo	524~558	0.95	22	I

从渗氮速度及表面白亮层的控制考虑，离子渗氮有独特的优越性。

渗氮齿轮的工业应用：由于常规渗氮层深度较浅，因而在齿轮上的应用受到限制，深层渗氮的出现，使渗氮齿轮的应用范围逐渐扩大。表 4-128 列出了英国的渗氮齿轮工业应用示例。表 4-129 列出了我国渗氮（离子）齿轮的工业应用示例。

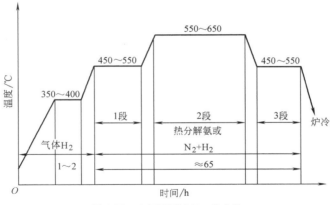

图 4-99　离子深层渗氮工艺曲线

表 4-128　英国的渗氮齿轮工业应用示例

齿轮参数	高速工业用		低速工业用		船用发动机	军舰发动机			非同心轴传动
	蒸汽透平发动机	H/D压缩机	H/D碎煤机	H/D水泥磨	柴油机	燃气透平	燃气透平	燃气透平	燃气透平发动机
功率/kW	6570	4588	336	2237（功率分支）	8056	5787	11190	18550	14000
小齿轮节圆直径/mm	228	158	234	212	560	202	262	365	283
大齿轮节圆直径/mm	838	972	1065	1620	1436	652	1318	1273	1165
模数/mm	4.4	4.23	8.47	8.47	12	6.47	6.47	8	8.47

表 4-129　我国渗氮（离子）齿轮的工业应用示例

齿 轮 名 称	主要参数	基体状态及渗氮工艺	离子渗氮结果
257kW涡轮发电机减速器高速齿轮	材料:40CrNiMo 模数:2.5mm 齿数:256 精度:6 级 线速度:105.8m/s 接触应力:1250MPa	调质:硬度为 320HBW 离子渗氮:520 ~ 560℃ × 50h×[6% ~ 10% N_2 + H_2(其余)]	表面硬度:590 ~ 600 HV5 渗层深度:0.75 ~ 0.8mm 表面相结构:γ' 单相 脆性:Ⅰ级
炼油厂3000kW双圆弧齿轮(对)	材料:34CrNi3Mo 模数:4.5mm 齿数:44/64 精度:5~6 线速度:118 m/s 接触应力:455MPa 弯曲应力:183MPa	调质:硬度为 320~330HBW 离子渗氮:550℃ ×40h	表面硬度:620 ~ 610 HV5 渗层深度:0.5mm 脆性:Ⅰ级

（续）

齿 轮 名 称	主要参数	基体状态及渗氮工艺	离子渗氮结果
 水坝200t启闭机1150减速器齿轮	材料：25Cr2MoV 模数：6mm 齿数：20 精度：6 级	调质：硬度为 310~350HBW 离子渗氮：三段渗氮工艺，共 54h	表面硬度：720~750 HV5 渗层深度：0.7~0.75mm 表面相结构：γ′单相 脆性：Ⅰ级
 344t牵引强力采煤机行星减速器内齿圈	材料：42CrMo 模数：8mm 齿数：66 精度：7 级	三段离子渗氮工艺	表面硬度：640~660 HV5 渗层深度：0.73mm 脆性：Ⅰ级
高速线材轧机齿轮	材料：25Cr2MoV 模数：8mm 精度：6 级	调质：硬度为 260~290HBW 离子渗氮：520~530℃×34h×分解氨	表面硬度：660~730 HV5 渗层深度：0.5~0.55mm 脆性：Ⅰ级
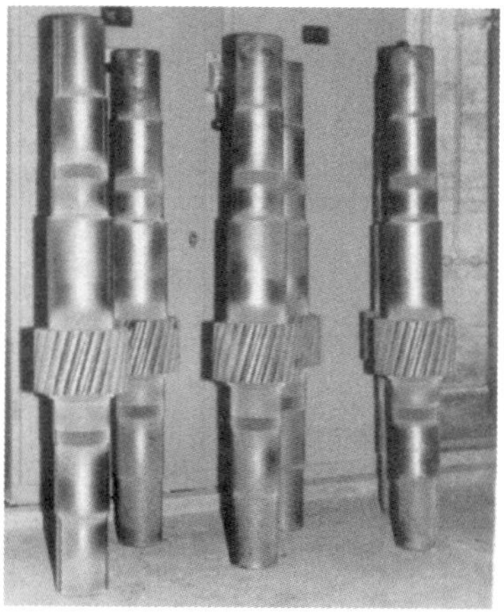 卷扬机输入轴齿轮	材料：25Cr2MoV 模数：9mm 齿数：22 精度：7 级	三段离子渗氮工艺	表面硬度：730~760 HV5 渗层深度：0.8mm 表面相结构：γ′单相 脆性：Ⅰ级

（续）

齿 轮 名 称	主要参数	基体状态及渗氮工艺	离子渗氮结果
轧钢机减速器传动齿轮	材料:42CrMo 模数:10mm 齿数:67 精度:7 级	三段离子渗氮工艺	表面硬度:670~680 HV5 渗层深度:0.83mm 脆性:I 级
核电站海水循环泵齿轮箱内齿圈 φ1556　φ301　φ1394	材料:35CrMoV 模数:11mm 齿数:117 精度:5 级	三段离子渗氮工艺	表面硬度:670~710HV5 渗层深度:0.72~0.74mm 脆性:I 级
地铁联轴器外齿轮 φ132　15	材料:31CrMoV9 模数:3mm 齿数:60 精度:7 级	三段离子渗氮工艺	表面硬度:680~710HV5 0.2mm 处硬度:520~540HV0.3 脆性:I 级
压榨辊蜗杆 1308　φ80	材料:38CrMoAl 模数:14mm 齿数:单头 精度:7 级	540±10 热分解氨 40~50 炉冷 400 200 温度/℃ 时间/h	表面硬度:1020~1050 HV5 渗层深度:0.51~0.53mm 脆性:I 级
掘进机壳体 611　φ931	材料:42CrMo 模数:8 齿数:79 精度:7 级 模数:4.5 齿数:137 精度:7 级 (双联内齿)	三段离子渗氮工艺	表面硬度:600~630HV5 渗层深度:0.53~0.54mm 脆性:I 级
高铁车轴 2750　φ110	材料:DZ2[①] 模数:5 齿数:48 精度:5 级 (渐开线花键)	三段离子渗氮工艺	表面硬度:580~610HV1 渗层深度:0.30~0.50mm 脆性:I 级

① 企业牌号，相当于 27CrNiMo。

　　综合国内外应用实践及从齿轮最大切应力深度分析，目前渗氮齿轮的应用范围可到模数 10mm。

　　5) 气体催渗渗氮。气体渗氮工艺周期较长，而齿轮要求的渗氮层都比较深，为了缩短工艺周期，可采用以下的催渗工艺。

　　① 预氧化催渗渗氮：预氧化催渗渗氮工艺曲线如图 4-100 所示。应注意，在 300~350℃氧化 1.5h 之后，应立即封炉通氨气，排除炉内空气。预氧化催渗与未氧化催渗两段渗氮速度的比较见表 4-130。

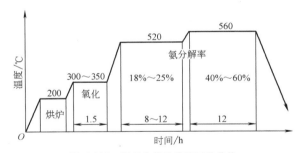

图 4-100　预氧化催渗渗氮工艺曲线

表 4-130　预氧化催渗与未氧化催渗两
段渗氮速度的比较

材料	渗氮时间/ h	是否氧化	渗氮效果	
			渗层深度/mm	硬度 HV0.01
38CrMoAl	24	未氧化	0.28	986～991
40Cr	24	未氧化	0.24	510～519
38CrMoAl	24	氧化	0.46	1018～106
40Cr	24	氧化	0.60	575～595

② 加压脉冲气体渗氮：加压脉冲气体渗氮工艺
方式如图 4-101 所示。不同压力对 35CrMo 钢渗氮层
硬度分布的影响如图 4-102 所示。加压脉冲循环两段
渗氮工艺及效果见表 4-131。

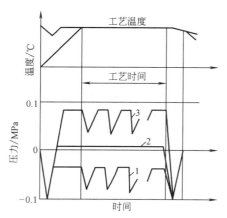

图 4-101　加压脉冲气体渗氮工艺方式
1—低真空脉冲工艺曲线　2—恒压工艺曲线
3—加压脉冲工艺曲线

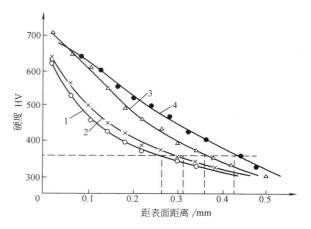

图 4-102　不同压力对 35CrMo 钢渗氮层硬度分布的影响
1—0.2kPa　2—4kPa　3—8kPa　4—30～50kPa

③ 高压渗氮：高压渗氮一般使渗氮工件的表面
压力提高到 0.5～5.5MPa，提高了工件表面的吸附能
力，增加了气体中介质的浓度原子在单位体积内的数
量，有利于工件表面对氮原子的吸附，所以加速了氮
原子的渗入过程。

高压渗氮过程主要依靠氨与工件表面的界面反
应，即工件表面对氨的吸附、分解和析出过程，炉内
的氨分解率提高，这将使氮势降低；随着炉压力的
升高，氨的分解率降低，加速了渗氮，通常控制在
25%～30% 的范围内。高压渗氮温度为 560～600℃。
渗氮后的工件性能稳定。

3. 渗氮齿轮的常见缺陷

渗氮齿轮的常见缺陷及防止措施见表 4-132。

表 4-131　加压脉冲循环两段渗氮工艺及效果

循环 次数	工艺时间/ h	氨分解率 （%）	表面硬度 HV1		化合物层深度/μm		渗层深度/mm	
			38CrMoAl	35CrMo	38CrMoAl	35CrMo	38CrMoAl	35CrMo
1	5	40（530℃）	1051	713	8	21	0.25	0.3
2	10		916	713	13	19	0.34	0.46
3	15	60（580℃）	1051	636	16	25	0.42	0.60

注：530℃×1.5h+580℃×3.5h 为一个工艺循环。

表 4-132　渗氮齿轮的常见缺陷及防止措施

序号	缺陷名称	产生原因	防止措施
1	心部硬度偏低	预备热处理时淬火温度偏低，出现游离铁素体；调质回火温度偏高；调质淬火冷却速度不够	提高淬火温度；充分保温；调质回火温度不宜超过渗氮温度过多
2	渗氮层深度过浅	渗氮温度偏低；氮势不足；保温时间过短	提高渗氮温度；检查是否有漏气之处；提高氮势；延长保温时间
3	表层高硬度区太薄	第一段渗氮温度过低、时间偏短，或者第二段渗氮温度过高	调整第一段渗氮温度，延长保温时间
4	硬度梯度过陡	第二段渗氮温度偏低，时间过短	提高第二段渗氮温度，延长保温时间
5	渗层深度不均匀	渗氮温度不均匀；工件之间相互接触；气流速度过大	正确设计夹具；合理装炉，气体流量控制适中；离子渗氮采用分解氨；改善炉内工件温度的均匀性

（续）

序号	缺陷名称	产生原因	防止措施
6	局部软点	工件表面有氧化皮或其他脏物；防渗镀涂时污染	渗氮前仔细清洗表面；仔细进行防渗镀涂
7	表面硬度偏低	材料有错；渗氮温度过高或过低；渗氮时间不够；氮势偏低	检查核对材料；调整渗氮温度和时间；降低氨分解率；检查炉子是否漏气
8	组织中出现网状或鱼骨状氮化物	齿轮表面有脱碳层；渗氮温度过高；氮势过高	控制渗氮温度和氮势；齿轮倒角；留足加工余量
9	表面脆性高，产生剥落	表面氮含量过高；渗氮层太深；表面脱碳；预备热处理时有过热现象，晶粒粗大	预备热处理时保护加热；留足加工余量；降低氮势；采用二段渗氮法；后期采用退氮方法；细化原始晶粒

参 考 文 献

[1] 黄明志，石德柯，金志浩金属力学性能 [M]. 西安：西安交通大学出版社，1986.

[2] 孙茂才金属力学性能 [M]. 哈尔滨：哈尔滨工业大学出版社，2003.

[3] 潘健生，胡明娟. 热处理工艺学 [M]. 北京：高等教育出版社，2009.

[4] 全国齿轮标准化技术委员会. 直齿轮和斜齿轮承载能力计算　第 5 部分：材料的强度和质量：GB/T 34805—2021 [S]. 北京：中国标准出版社，2021.

[5] 陈国民. 齿轮钢材和热处理质量及其控制 [J]. 汽车工艺与材料，2003（1）：11-14.

[6] 朱孝录. 齿轮传动设计手册 [M]. 北京：化学工业出版社，2005.

[7] 康大韬，叶国斌. 大型锻件材料及热处理 [M]. 北京：龙门书局，1998.

[8] 汪正兵，阮瑞杰，米艳军等. 42CrMo 齿圈毛坯的水-空交替控时淬火工艺 [J]. 金属热处理，2019，44（9）：169-173.

[9] 王向龙，刘玉珠. ZG35CrMo 铸钢齿轮水淬调质 [J]. 金属热处理，1997，（3）：35-37.

[10] 朱法义. 稀土元素在渗碳过程中的行为 [C] //中国机械工程学会第五届年会论文集. 天津：天津大学出版社，1991.

[11] 胡建文，陈国民. 渗碳齿轮有效硬化层深度及碳浓度的设计 [C] //中国机械工程学会第五届年会论文集. 天津：天津大学出版社，1991.

[12] 孙和庆. 大型齿轮的渗碳淬火 [C] //第六届全国热处理大会论文集. 北京：兵器工业出版社，1995.

[13] 马森林. ECM 低压真空渗碳技术应用研究与探讨 [J]. 汽车齿轮，2004（2）：23-30.

[14] 美国金属学会. 美国金属学会热处理手册：D 卷　钢铁材料的热处理 [M]. 北京：机械工业出版社，2018.

[15] 胡昌桂，仲生新. 渗碳过程中的碳势控制 [C] //2005 年齿轮材料与热处理工艺技术发展研讨会论文集. 西安，2005.

[16] 雍岐龙. 钢铁材料中的第二相 [M]. 北京：冶金工业出版社，2006.

[17] 田荃. 两次渗碳工艺 [J]. 金属热处理，1987（12）：38-41.

[18] 朱百智，汪正兵，钮堂松，等. 深层渗碳工艺：缓冲渗碳 [J]. 金属加工（热加工），2012（7）：7-9.

[19] 张连进. 一种快速深层渗碳技术 [J]. 金属热处理，2003，28（10）：56-58.

[20] 袁家祥. 深层渗碳对热处理设备的要求 [C] //2005 年齿轮材料与热处理工艺技术发展研讨会论文集. 西安，2005.

[21] 沈庆通. 齿轮双频感应淬火的进展 [C] //2006 年齿轮感应淬火技术专题研讨会论文集. 太原，2006.

[22] 闫满刚. 齿轮感应淬火工艺方法的进展 [C] //2006 年齿轮感应淬火技术专题讨论文集. 太原，2006.

[23] 刘继全. 内齿圈沿齿沟淬火 [C] //2006 年齿轮感应淬火技术专题讨论文集. 太原，2006.

[24] 李刚，杨劲华. 屏蔽在自动变速器飞轮齿圈高频淬火中的应用 [C] //2006 年齿轮感应淬火技术专题讨论论文集. 太原，2006.

[25] INGHAM D W，PARRISH G. 齿轮的埋液感应淬火 [C] //2006 年齿轮感应淬火技术专题讨论论文集. 太原，2006.

[26] 王茹华，朱会文，卿光宗，等. 高频感应加热淬火中的屏蔽导流技术 [J]. 金属热处理，1998（10）：41-42.

[27] 陈涛，陈彬南. 加压气体渗氮和氮碳共渗的研究 [J]. 金属热处理，1998（3）：5-8.

[28] 赵萍. 快速渗氮工艺 [J]. 金属热处理，1998（4）：40-42.

[29] 郑州机械研究所有限公司. 电力机车齿轮渗碳热处理过程控制规范 [Z]. 2005.

[30] 高永强. 汽车后桥齿轮渗碳工艺 [J]. 金属加工（热加工），2013，19（05）：27-29.

[31] 崔崑. 钢的成分、组织与性能 [M]. 北京：科学出版社，2013.

第 5 章　滚动轴承零件的热处理

洛阳轴承研究所有限公司　叶健熠　杨俊生

滚动轴承品种之多，至今已有 6 万多种，结构上一般由外圈、内圈、滚动体（钢球，滚子—圆柱、圆锥、球面，滚针）及保持架和润滑油、润滑脂等组成。目前，最小的轴承内径仅为 0.5mm，最大轴承的外径达 11m，重量达 10 多吨。滚动轴承多数为高载荷（球轴承的接触应力达 4900MPa，滚柱轴承接触应力达 2940MPa）下运行，在套圈和滚动体接触面上承受着交变应力，高转速（DN 为 $2.5×10^6$mm·r/min）、长寿命条件下服役。其失效的主要形式是疲劳剥落、磨损、断裂等。因此，要求滚动轴承用钢应具有高的硬度、高的抗疲劳性能、高的耐磨性、一定的韧性、良好的尺寸稳定性和冷热加工性，以及良好的环境适应性等，最终表现为使用寿命长和高的可靠性。

本章对滚动轴承零件的热处理工艺及质量要求做了比较全面的阐述，同时增加了新的内容，如滚动轴承的工作条件及对用钢的基本性能要求；高碳铬钢轴承零件预渗氮及碳氮共渗表面改性热处理；轴承零件表面激光相变强化热处理；含氮不锈轴承钢及其热处理等。

5.1　滚动轴承的工作条件及对用钢的基本性能要求

滚动轴承一般由内圈、外圈、滚动体和保持架等部分组成。轴承钢主要用来制造轴承的内、外圈及滚动体，保持架常用光亮的低碳钢板或有色金属及其合金或塑料等制成。

以球轴承为例，它在工作时，内圈和滚珠发生转动和滚动，内圈的任何一部分及每个滚珠会周期性地进入载荷带（见图 5-1），所受载荷的大小由零升到最大值，再由最大值降为零。因此，滚动轴承的内、外圈及滚动体都是在交变的接触应力下工作的，最大接触可达 3000~5000MPa。轴承在运转过程中，滚动体与套圈及保持架之间还有相对滑动，产生相应的摩擦与磨损。滚动体和套圈的工作面还受到含有水分或杂质的润滑油的化学侵蚀。在某些情况下，轴承零件还受到复杂的扭力或冲击载荷。

由上面分析可知，轴承零件常常是在十分复杂的条件下工作的，轴承零件经运转一定时间后会发生失效，轴承的失效形式是各种各样的，最常见的有疲劳剥落、卡死、套圈断裂、磨损、锈蚀、电击伤等，失

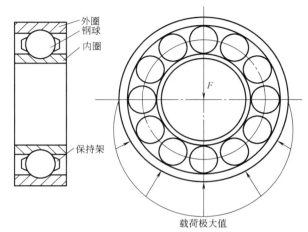

图 5-1　向心球轴承及其载荷分布情况

效的原因也是各种各样的。

滚动轴承损坏的正常形式和常见形式是疲劳剥落，即接触疲劳破坏。疲劳剥落的形式为接触表面局部区域有小片金属剥落，形成剥落坑或麻点，它使轴承工作时噪声增加、磨损加剧、发热，直至轴承损坏。由于引起接触疲劳的应力分布很不均匀，主要集中于表面附近，破坏机理比较复杂。早期认为，在洁净润滑条件下，当接触应力足够大时，由于反复应力的长期作用，在距表面一定深度切应力最大处会出现最初的疲劳裂纹。因为在切应力最大处塑性变形很剧烈，引起金相组织的变化，金相组织由回火马氏体转变为回火屈氏体，这样不仅引起硬度降低，同时还引起比容减小，因而在组织变化区之间的过渡区引起附加应力，最初的疲劳裂纹便出现在这些地方。在正常情况下，此微裂纹与表面大致成 45° 夹角，这称为最大静态切应力理论。后来，有人提出了最大动态切应力理论，认为接触面下平行于滚动方向的最大交变切应力导致疲劳裂纹的产生，继而扩展到表面，产生接触疲劳剥落。总而言之，切应力及由此引起的变形是引起疲劳微裂纹发生的重要条件，而材料内部各种组织缺陷及组织变化则是导致发生疲劳微裂纹的内因，把轴承钢中非金属夹杂物和碳化物缺陷视为钢中既存在裂纹，是当前研究轴承疲劳的最新观点。目前，在提高轴承质量方面，归根到底是如何提高轴承钢的疲劳寿命问题。

鉴于对轴承的工作条件和破坏情况的分析，对轴承钢的性能提出如下要求：

1) 高的淬硬性和一定的淬透性，以保证在热处理后获得高且均匀的表层硬度。高碳铬轴承钢滚动轴承零件热处理后的硬度要求见 GB/T 34891—2017，套圈硬度一般为 58~65HRC，钢球和滚子的硬度一般为 58~66HRC，硬度分布的均匀性一般不大于 1~2HRC。在保证硬度合格的情况下，才能保证轴承的耐磨性。其他如渗碳轴承钢、高碳铬不锈轴承钢、高温轴承钢等均有各自的热处理质量控制标准要求。

2) 高的接触疲劳性能，以保证轴承在承受大载荷的情况下长时间使用。当然，轴承所要达到的额定寿命因轴承的型号及使用设备、工况的不同而异。

3) 高的弹性极限和一定的韧性，以减小或避免由于高的应力作用所产生的永久畸变，满足轴承所必须承受的静、动载荷的需要及承受一定的冲击载荷的作用。

4) 尺寸精度稳定，对于 P4~P2 精密级和超精级轴承特别重要。

5) 具有一定的耐蚀性，在和大气或其他介质接触时要能抵抗化学腐蚀。

6) 能满足大生产的需要，轴承钢必须有良好的冷、热加工工艺性能。

7) 其他。对于在特殊条件下工作的轴承，还应考虑特殊要求。例如，在有冲击条件下工作的轴承，多选用渗碳轴承钢制造；工作时接触到腐蚀性介质的轴承要能耐蚀，应选择不锈轴承钢或耐蚀合金制造；在高温下工作的轴承要能耐高温，则需要选择高温钢制造；在强磁场下工作时的轴承要有强的抗磁性能，则需要选择无磁钢制造等。

为了满足对轴承钢性能的要求和工况条件，首先要提高轴承钢的冶金质量。近年来颁布了两个国家标准，即 GB/T 18254—2016《高碳铬轴承钢》和 GB/T 38885—2020《超高洁净高碳铬轴承钢通用技术条件》。在 GB/T 38885—2020 中，为减少碳化物偏析，最低碳含量降到 0.93%（质量分数，下同），合格范围为 0.93%~1.05%；为提高洁净度，氧含量降低到 ≤5×10⁻⁶，钛含量 ≤（10~15）×10⁻⁶、磷 ≤0.015%、硫 ≤0.006%。这两个标准基本上接近了先进国家的水平，为制订热处理工艺奠定了原材料质量保证。

在众多的轴承钢中，高碳铬轴承钢（简称铬轴承钢或铬钢）是使用最久、用量最大、使用面最广的钢种。在 GB/T 18254—2016 通用标准中共纳入 5 个钢种，分别是 G8Cr15、GCr15、GCr15SiMn、GCr15SiMo、GCr18Mo。GCr15 钢作为这类钢的代表钢种，从 1905 年用于制造滚动轴承至今，已有百余年的历史。由于这类钢的加工工艺性能好，便于得到较稳定而均匀的组织和高而稳定的硬度，具有良好的耐磨性和接触疲劳性能，有一定的防锈性能，合适的弹性和韧性，价格也较低，因而获得广泛的应用。在通常情况下工作的滚动轴承套圈和滚动体就是用这类钢制造的；其他特殊工况条件下，应选用适宜的轴承材料及其相适应的冷、热加工工艺来制造。

5.2 滚动轴承常用钢（合金）及其应用范围

套圈和滚动体通常均采用高碳铬轴承钢制造。长期实践证明，它是制造滚动轴承的最佳钢种，其中 GCr15 钢占滚动轴承用量 80% 以上。对外圈带安装挡边及高冲击载荷下工作的滚动轴承，采用含有铬镍钼等元素的合金渗碳钢制造，对其进行渗碳提高表面硬度，因中心硬度低，具有高的韧性，适用于承受高冲击载荷条件下工作的轴承，如轧机轴承等。

钢中的非金属夹杂易形成早期疲劳剥落，所以高纯度轴承钢（真空感应+真空自耗冶炼）用于制造高可靠性、长寿命、高精度轴承，如航空发动机主轴轴承、高精度陀螺轴承和高精密（P2、P4 级）机床主轴轴承等。对于在化工、航空、原子能、食品、仪器、仪表等现代工业中所用的滚动轴承，还需具有耐蚀、耐低温（-253℃）、耐高温、抗辐射和防磁等特性，以满足特殊的工况要求，这类轴承就需要使用高温轴承钢、不锈轴承钢或特殊合金制造。因此，滚动轴承用材料种类较多，常用滚动轴承用钢与合金及应用范围见表 5-1。

表 5-1　常用滚动轴承用钢与合金及应用范围

类别	统一数字代号	牌号	供应状态	应用范围	最高工作温度/℃	采用标准
高碳铬轴承钢	B00151	G8Cr15	退火或不退火的热轧圆钢、锻造圆钢，退火态冷拉直条及盘圆	适用于通常工作条件下的套圈和滚动体 套圈壁厚 ≤12mm，外径 ≤250mm，滚子直径 ≤22mm，钢球直径 ≤50.8mm	轴承工作温度 -60~120℃，当超过该温度时，需经特殊热处理（S0、S1、S2、S3、S4 等）	GB/T 18254—2016

（续）

类别	统一数字代号	牌号	供应状态	应用范围	最高工作温度/℃	采用标准
高碳铬轴承钢	B00150	GCr15	退火或不退火的热轧圆钢、锻造圆钢，退火态管材、冷拉直条及盘圆	适用于通常工作条件下的套圈和滚动体，在轴承生产中用量达 95% 以上 套圈壁厚 ≤ 25mm，外径 ≤ 250mm，滚子直径 ≤ 22mm，钢球直径 ≤ 50.8mm	轴承工作温度 -60～120℃，当超过该温度时，需经特殊热处理（S0、S1、S2、S3、S4 等）	GB/T 18254—2016（棒材） GB/T 18579—2019（丝材） YB/T 4146—2006（管材）
	B00150	GCr15（HGCr15、SGCr15）	退火或不退火的热轧圆钢、锻造圆钢，退火态冷拉直条及盘圆	适用于航空发动机主轴轴承，陀螺仪表长寿命、高可靠性轴承。采用 VIM + VAR 双真空冶炼，钢中氧含量 ≤ 6×10⁻⁶（质量分数）	轴承工作温度为 -60～120℃，当超过该温度时，需经特殊热处理（S0、S1、S2、S3、S4 等）	GJB 9657—2019
	B00150	GCr15Z	退火或不退火的热轧圆钢、锻造圆钢，退火态冷拉直条及盘圆	精密机床轴承，货车、客车轴承及军用轴承，采用电渣重熔	轴承工作温度为 -60～120℃，当超过该温度时，需经特殊热处理（S0、S1、S2、S3、S4 等）	GJB 6484—2008
	B01150	GCr15SiMnZ（Z 表示电渣钢）				
	B01150	GCr15SiMn	退火或不退火热轧圆钢、锻造圆钢	适用制造大型轴承套圈和滚子 GCr15SiMn，套圈壁厚 > 12～50mm，外径 > 250mm，滚子直径 > 22～55mm；GCr15SiMo，套圈壁厚 > 50mm，滚子直径 > 55mm，外径 > 250mm ≤ 2m	轴承工作温度为 -60～120℃，当超过该温度时，需经特殊热处理（S0、S1、S2、S3、S4 等）	GB/T 18254—2016
	B03150	GCr15SiMo				
	B00150	GCr15	退火或不退火热轧圆钢、锻造圆钢	用于制造准高速铁路客车车轴箱轴承内、外套及机车轴承，为电渣重熔钢，常用贝氏体淬火。时速 > 120～200km/h	使用温度为 -60～150℃	TB/T 3010—2001
	B02180	GCr18Mo				
渗碳轴承钢	B10200	G20CrMoA	退火或不退火热轧圆钢、锻造圆钢	用于制造叉车门架用滚轮、链轮轴承外圈，外球面轴承用紧定螺钉、连杆支承用滚针和保持架组件，特殊用途冲压保持架和冲压滚针轴承外套等	≤ 100	GB/T 3203—2016
	B12210	G20CrNi2MoA	退火或不退火热轧圆钢、锻造圆钢	用于制造铁路货车车轴轴箱轴承的内外套圈，采用电渣重熔（下同），时速 ≤ 120km/h	-60～100	GB/T 3203—2016
	B11200	G20Cr2Ni4A	退火或不退火热轧圆钢、锻造圆钢	用于制造高冲击载荷轴承，如轧机用四列圆柱、圆锥滚子轴承等	≤ 100	GB/T 3203—2016
	B12100	G10CrNi3MoA				
	(ISO683/17B32)	16Cr2Ni4MoA	退火或不退火热轧圆钢、锻造圆钢	用于制造带安装法兰挡边特殊结构轴承圈，如航空发动机轴承内、外套圈等	≤ 100	BTXE 201—2005
	A20202	20Cr	热轧圆钢、φ < 60mm，未退火	用于制造汽车万向节、十字轴、滚针外圈，保持架等	≤ 100	GB/T 3077—2015
	A26202	20CrMnTi				
	U21152	15Mn	圆钢	用于制造汽车万向节轴承外套	< 100	GB/T 699—2015
	U20082	08	钢板、钢带	用于制造冲压保持架、冲压滚针轴承外圈	< 100	GB/T 3077—2015 GB/T 699—2015
	U20102	10				
	U20152	15				

（续）

类别	统一数字代号	牌号	供应状态	应用范围	最高工作温度/℃	采用标准
渗碳轴承钢	A30152	15CrMo	钢板、钢带	用于制造冲压保持架、冲压滚针轴承外圈	<100	GB/T 3077—2015
	A30202	20CrMo				
不锈轴承钢	B21410	G65Cr14Mo	热轧退火圆钢、锻造退火圆钢、冷拉退火直条和钢丝	用于制造低温（−253℃）、耐腐蚀介质中工作的轴承套圈和滚动体，在海水、河水、蒸馏水、浓硝酸条件下工作的轴承，电渣重熔	−253~350	GB/T 3086—2019
	B21890	G95Cr18				
	B21810	G102Cr118Mo				
	S30408	06Cr19Ni10	退火钢板、钢带、圆钢、钢丝	用于制造耐蚀的冲压保持架、铆钉、关节轴承套圈等	<150	GB/T 20878—2007、GB/T 3280—2015、GB/T 1221—2007
	S30210	12Cr18Ni9				
	S42020	20Cr13				
	S42030	30Cr13				
	S43110	14Cr17Ni2				
高温轴承钢	B20443	G13Cr4Mo4Ni4V	热轧退火圆钢、锻造退火圆钢	用于高速[$DN>(2.5~3.0)×10^6$]、高温、高速航空发动机主轴轴承，在高速运转时产生高的离心力，由此而产生的切向拉应力引起轴套的裂纹扩展和断裂。采用一般全淬透性轴承钢，如Cr4MoV、Cr14Mo，在高转速下会产生套圈断裂，采用该钢可解决上述问题，所以 G13Cr4Mo4VA 是新型高速高温渗碳轴承钢，采用（VIM+VAR）双真空冶炼	−60~350	YB/T4106—2000 GJB 9658—2019
	B20440（B24040）	8Cr4Mo4V（GCr4Mo4V）	热轧退火圆钢、锻造退火圆钢、冷拉退火直条和钢丝	用于制造航空发动机主轴轴承耐高温套圈和滚动体，采用（VIM+VAR）熔炼高纯度钢	≤315	YB 4105—2000 GJB 9659—2019 GB/T 38886—2020
	B21440	G105Cr14Mo4		用于制造耐高温、耐蚀套圈和流通动体，电渣重熔	≤315	GB/T 38884—2020
	B21441	G115Cr14Mo4V				
	B25000	GW18Cr5V		用于制造航空发动机耐高温轴承套圈和滚动体	≤500	GB/T 38886—2020
	B24000	GW9Cr4V2Mo		用于制造航空发动机，如 WP-15 发动机等的主轴轴承、耐高温轴承套圈和滚动体	≤500	GB/T 38886—2020
	B24050	GW6Mo5Cr4V2		用于制造航空发动机耐高温轴承套圈和滚动体	≤500	GB/T 38886—2020
	B24090	GW2Mo9Cr4VCo8		用于制造耐高温轴承套圈和滚动体	≤500	GB/T 38886—2020
中碳轴承钢		G55SiMoVA	热轧未退火圆钢、锻造未退火钢、退火冷拉直条及钢丝	它是我国自主开发的钢，用于制造石油、矿山三牙轮钻头钢球、圆柱滚子和井下动力钻具（螺杆、涡轮）滚动轴承	≤150	GB/T 29913.1—2013、YB/T 4572—2016
	A40502	50CrNi	圆钢	用于制造耐冲击载荷的圆柱滚子	≤100	GB/T 3077—2015
	A20402	40Cr（40CrA）	带	用于制造螺旋滚子轴承中的滚子，用于制造轧钢机辊道辊子支撑部位	≤100	GB/T 3077—2015

（续）

类别	统一数字代号	牌号	供应状态	应用范围	最高工作温度/℃	采用标准
中碳轴承钢	U20502	50	热轧退火圆钢、锻制退火圆钢	用于制造轿车、轻型车中第三代、第四代轮毂轴承套圈、等速万向节外套和中间轴	≤100	GB/T 699—2015 GB/T 3077—2015
	U20552	55				
	U21702	70Mn				
	A71452	45MnB				
特大型轴承用钢	A30422	42CrMo	热轧退火圆钢、锻制退火圆钢	用于风力发电偏航、变桨转盘轴承及转盘轴承的套圈，也在矿山、工程机械、港口、龙门吊回转支承上应用	≤100	GB/T 3077—2015、GB/T 699—2015、GB/T 1299—2014
	U21502	50Mn				
	T22345	5CrMnMo				
特殊轴承用钢及合金		00Cr40Ni55Al3	固溶状态，棒、条、丝	用于制造高真空、高温、防磁、耐蚀（抗硝酸、H_2S介质、海水等）套圈和滚动体。它是抗H_2S专用轴承合金	≤450	试制技术条件真空自耗
		Cr23Ni28Mo5-Ti3Al	棒、条	用于制造高温、高压水、低载荷无磁轴承套圈和滚动体	≤250	试制技术条件
	T26377	7Mn15Cr2Al3-V2WMo	棒、条	用于制造1900大型板坯连铸机结晶器的无磁轴承套圈和滚动体	≤500	GB/T 1299—2014
		Monelk500	棒、条、丝	用于制造抗氢氟酸、海水等介质中的轴承零件	≤200	试制技术条件
		GH3030	棒	用于制造高温工件条件下关节轴承套圈	≤500	GB/T 14992—2005
		TBe2	棒、丝	用于制造高灵敏无磁轴承	≤150	GB/T 5231—2022
保持架、铆钉、支柱等用钢	A50402	40CrNiMoA	棒	用于制造航空发动机主轴承中高温、高速实体保持架、较好地满足现代发动机轴承各项要求	≤300	GB/T 3077—2015
		ML15	丝，直径0.8～8mm	用于制造保持器支柱和铆钉	≤100	YB/T 5144—2006
		ML20				
	S30408	06Cr19Ni10	丝、板、带、棒	用于制造耐蚀轴承支持架和铆钉、冲压保持架等	≤300	GB/T 3280—2015
	S32169	07Cr19Ni11Ti				
	S42010	12Cr13				
	S42020	20Cr13				
	S42030	30Cr13				
	S42040	40Cr13				
	U20082	08	钢板、钢带	用于制造冲压保持架（浪形、菊形、槽形、K形、M形）、挡盖、密封圈、防尘盖、冲压滚针轴承外圈		GB/T 13237—2013、YB/T 5059—2013、GB/T 37601—2019
	U20102	10				
	A30152	15CrMo				
	A30202	20CrMo				
	U20152	15	条钢	用于制造碳钢钢球		GB/T 699—2015
	U20302	30	钢板、保持架毛坯	用于制造大型轴承实体保持架、带杆端的关节轴承，以及碳钢轴承内、外套圈	≤100	GB/T 13237—2013
	U20352	35				
	U20452	45				
		T8A	钢带、钢丝	用于制造冲压冠形保持架、弹簧圈、防尘盖等	≤100	YB/T 5058—2005、YB/T 5322—2010
		T9A				

（续）

类别	统一数字代号	牌号	供应状态	应用范围	最高工作温度/℃	采用标准
保持架、铆钉、支柱等用钢	U21653	65Mn	钢带、丝	用于制造高弹性冲压保持架、推力型圈、销圈等	≤100	GB/T 1222—2016
	T38100	HPb59-1（59-1铅黄铜①）	棒、管	用于制造实体保持架	≤100	YS/T 662—2018（管）、YS/T 649—2018（棒）、GB/T 5231—2022、GB/T 1527—2017
	T27600	H62（62黄铜①）	带、板	用于制造保持架	≤100	GB/T 2059—2017（带）、GB/T 2040—2017（板）
	T51510	QSn6.5-0.1（6.5-0.1锡青铜①）	板	用于制造冲压保持架	≤100	GB/T 2040—2017
	C21000	H95（96黄铜①）	细管	用于制造铆钉	≤100	GB/T 1531—2020、GB/T 5231—2022
	T11050	T2（二号铜①）				
	T11090	T3（三号铜①）				
		2A11	管、棒	用于制造实体保持架、关节轴承套圈	≤150	GB/T 4437.1—2015（无缝圆管）、GB/T 3190—2020、GB/T 3191—2019（挤压棒）
		2A12				
	T61760	QAl10-3-1.5（10-3-1.5铝青铜①）	管、棒	用于制造高速高温实体保持架，如航空发动机主轴轴承、铁路机车保持架等	≤200	GB/T 5231—2022、YS/T 622—2018、YS/T 649—2018
	T61780	QAl10-4-4（10-4-4铝青铜①）				
	T64740	QSi3.5-3-1.5（3.5-3-1.5硅青铜①）				
	T64720	QSi1-3（1-3硅青铜①）	带、棒	用于制造冲压保持架、挡盖、关节轴承、套圈	≤100	GB/T 5231—2022

① 曾用名称。

对于保持架材料，要求能够承受在运转中振动与冲击载荷的强度，并且有与套圈、滚动体的摩擦小、重量轻等特性。常用保持架的材料有08、10、30、40、45等优质碳素结构钢，合金结构钢40CrNiMoA，以及铜及铜合金，如HPb59-1、QAl10-3-1.3、QAl10-4-4、QAl10-5-5、QSi1-3、QSi3.5-1.5-1等。通常保持架，一般需进行去应力处理或调质处理。对于特殊用途保持架，需经表面处理，如渗碳、碳氮共渗、氮碳共渗、表面镀银等。

5.3 一般用途滚动轴承零件的热处理

一般滚动轴承零件的制造工艺路线见表5-2。

表 5-2 一般滚动轴承零件的制造工艺路线

零件名称	制造工艺路线
套圈	1）热轧未退火棒料→锻造毛坯→正火*→球化退火→车削加工→淬火→冷处理*→回火→粗磨→稳定化处理（去应力回火）→细磨→精研→成品→清洗→防锈 2）热轧退火棒料（钢管）→车削加工→淬火→冷处理*→回火→粗磨→稳定化处理→细磨→精研→成品→清洗→防锈

（续）

零件名称		制造工艺路线
滚动体	冷冲钢球	钢丝或冷拉条钢→冷冲球坯→光球→淬火→冷处理→回火→稳定化处理*→粗磨→稳定化处理→细磨→稳定化处理*→精磨→精研→成品→防锈→包装
	热冲及模锻钢球	未退火条钢→下料→热锻→球化退火→光球→淬火→冷处理→回火→粗磨→稳定化处理*→精磨→精研→成品→防锈→包装
	圆柱、圆锥滚子及滚针	冷拉钢丝或条钢→冷冲、冷轧或车削→淬火→冷处理*→回火→粗磨→稳定化处理*→细磨→精磨→超精磨→成品→清洗→防锈→包装

注：带 * 者为根据轴承零件的精度和工况要求设定。

套圈、滚动体均应通过热处理获得所需性能。热处理对提高滚动轴承的内在质量，延长使用寿命和可靠性起着重要的作用，所以热处理在轴承制造过程中是关键工序。在轴承制造中，生产上常用的热处理工艺：

1) 常规采用马氏体淬火+回火工艺。

2) 有韧性要求的可以进行 Ms 点附近的分级淬火或高于 Ms 贝氏体等温淬火工艺。常规热处理表面为拉应力，而分级淬火或等温淬火为压应力。

3) 表面硬化处理方法（如渗碳，碳氮共渗等），可获得零件表面的高硬度、最佳硬化层深度和心部具有高的韧性要求，获得表面压应力。

4) 感应淬火工艺近年来发展很快，是节能、环保热处理的最佳选择。

铬轴承钢是制造滚动轴承零件（套圈和滚动体）的主要钢种，其中 GCr15 钢用量最大，其次是 GCr15SiMn 钢。铬轴承钢的使用范围见表 5-3。

表 5-3　铬轴承钢的使用范围

牌号	使用范围					
	套圈壁厚/mm	钢球直径/mm	圆锥滚子直径/mm	圆柱滚子直径/mm	球面滚子直径/mm	滚针直径/mm
GCr15	<25	≤50	≤32	≤32	≤32	所有滚针
GCr15SiMn GCr18Mo	≥25	>50	>32	>32	>32	—

注：随着热处理技术的发展，扩大了 GCr15 钢的使用范围，滚子直径可达 40mm。

5.3.1　高碳铬钢轴承零件马氏体淬火

1. 预备热处理

（1）退火

1) 球化退火。目的是使组织变为均匀分布的细粒状珠光体，获得最佳的可加工性，并为淬火提供良好的原始组织。为淬火、回火后获得最佳的力学性能做准备。例如，GCr15 钢退火组织为均匀细粒状珠光体（碳化物平均直径为 0.5~1.0μm，最小 0.2μm，最大 2.5μm）和不均匀粗粒状珠光体（碳化物平均直径为 2.5~3.5μm，最小 0.5μm，最大 6.0μm）。

对 206 内圈，经不同温度淬火并回火，加工后在轴承寿命试验机上进行力学性能试验，见表 5-4。

表 5-4　退火组织中碳化物颗粒大小和均匀性对轴承接触疲劳寿命的影响

原始组织	淬火温度/℃	平均寿命/h	寿命波动范围/h	稳定系数[1]	原始组织	淬火温度/℃	平均寿命/h	寿命波动范围/h	稳定系数[1]
均匀细小粒状珠光体	820	396	198~561	2.8	不均匀粗粒状珠光体	820	340	89~489	5.4
	840	811	354~1941	5.4		840	505	186~1408	7.6
	860	581	401~818	2.0		860	558	413~870	2.0

[1] 稳定系数为最长与最短寿命之比。

轴承钢球化退火温度：GCr15 钢为 780~810℃，GCr15SiMn 为 780~800℃，GCr18Mo、GCr15SiMo 为 780~810℃。锻件经特殊热处理后，其退火温度应分别降低 10~20℃。球化退火分为一般球化退火、等温球化退火、快速球化退火和循环球化退火等。

一般球化退火：此种工艺可在箱式电炉、台车式电炉、井式电炉和连续推杆式电炉、可控气氛辊底炉中进行。一般球化退火工艺曲线如图 5-2 所示。

等温球化退火：一般在带有风扇的台车式电阻炉中进行，也可用在冷却区带有速冷（风或水冷）装置的推杆式连续退火炉。等温球化退火工艺曲线如图 5-3 所示。

快速球化退火：快速球化退火实质上是正火后再进行退火的工艺。零件正火后获得索氏体组织，然后选用 760 ~ 780℃ 退火。快速球化退火工艺曲线如图 5-4 所示。

循环球化退火：循环球化退火工艺曲线如图 5-5 所示。

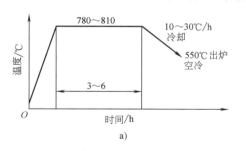

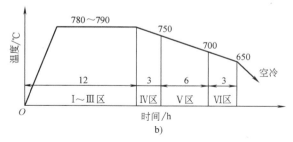

图 5-2　一般球化退火工艺曲线

a）用于箱式、井式炉或台车式炉　b）用于推杆式或大型连续炉

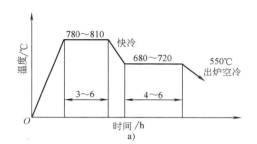

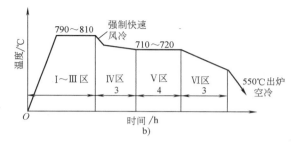

图 5-3　等温球化退火工艺曲线

a）台车炉的等温球化退火　b）带强制快速风冷装置的连续推杆炉的等温球化退火

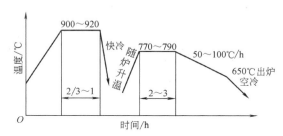

图 5-4　快速球化退火工艺曲线

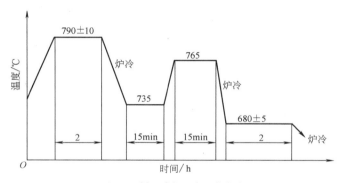

图 5-5　循环球化退火工艺曲线

2）去应力退火。主要目的是消除因机械加工和冷冲压在零件中形成的残余应力。去应力退火工艺曲线如图 5-6。

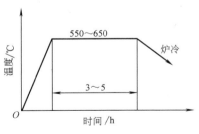

图 5-6　去应力退火曲线

3）再结晶退火。主要用于消除冷轧、冷拔和冷冲压后在零件中所产生的冷作硬化，使破碎了的晶粒得到再结晶。再结晶退火加热规范见表 5-5。

铬轴承钢退火技术要求　铬轴承钢零件球化退火后的技术要求见表 5-6。

退火缺陷及其对策见表 5-7。

表 5-5　再结晶退火加热规范

牌号	温度/℃	时间/h	备注
GCr15	670~720	4~8	具体保温时间应根据装炉量多少确定
GCr15SiMn	650~700	4~8	

表 5-6　铬轴承钢零件球化退火后的技术要求（摘自 GB/T 34891—2017）

检查项目	牌号	
	GCr15(HGCr15、GCr15Z)、G8Cr15	GCr15SiMn、GCr15SiMo、GCr18Mo
硬度①	179~207HBW 或 88~94HRB	179~217HBW 或 88~97HRB
显微组织②	细小均匀分布的球化组织，按第一级别评定；2~4 级为合格组织，同时允许有细点状球化组织，不允许有 1 级（欠热）、5 级（过热）组织	
网状碳化物	按第四级别图评定：不大于 2.5 级	

① 冷成形或细化处理（包括 GCr15，S0~S4）等特殊工艺处理后，轴承零件退火后，硬度应不大于 229HBW（压痕直径不大于 4.0mm）。

② 球化退火后显微组织按碳化物颗粒大小、均匀性和数量评定。美国 ASTMA 892—2001 规定，在 400μm² 面积内碳化物数量越高，球化组织越细，耐磨性越好。其中，CS1 级 508 粒，CS2 级 419 粒，CS3 级 324 粒，CS4 级 234 粒，CS5 级 165 粒，CS6 级 115 粒。考虑经济性和实用性，一般控制在 CS1~CS4 级。不允许有片状球光体 LC2 和超过规定的 CN2 网状碳化物。一般退火工序中不会产生网状碳化物。通常是在锻造过程中因终锻温度过高，冷却太慢形成碳化物网，其特征是网封闭且粗大，若超过规定需用正火来消除，然后再退火。

表 5-7　退火缺陷及其对策

检查项目		缺陷名称	产生原因	补救办法	防止措施
脱碳层		脱碳层超过规定深度	1)原材料锻造或正火脱碳严重 2)炉子密封性差，或者在氧化性气氛中加热，退火温度高，保温时间长 3)正火、重复退火	改其他型号或报废	1)加强对原材料和锻件的脱碳控制 2)正确执行工艺，防止失控、超温 3)尽可能不进行正火和不重复退火 4)提高炉子密封性，在中性火焰炉中加热 5)在可控气氛炉中加热
显微组织	欠热	点状珠光体加部分细片状珠光体	1)加热温度低或保温时间不足 2)原材料组织不均匀 3)装炉量多，炉子的均温性差，或者在正常工艺下，还有部分（局部位置）工件加热不足或保温时间不够 4)加热温度偏高，冷却速度过快	根据不同缺陷调整工艺，进行二次退火	1)合理制订工艺，严格执行工艺 2)改善炉温均匀度 3)装炉量合理，放置要均匀 4)严格控制原材料及锻件质量 5)控制冷却速度不宜太快
	过热	碳化物颗粒大小不一，分布不均匀，粒状珠光体加部分粗片状珠光体	1)加热温度过高，或者在上限温度下保温时间过长 2)原材料组织不均匀 3)装炉量多，炉温均匀性差，或者在正常工艺下仍有部分工件加热温度过高，保温时间过长	先正火而后调整工艺，进行快速退火或正常退火	1)合理制订工艺，严格执行工艺 2)严格控制原材料和锻件质量 3)改善炉温均匀度 4)装炉量合理，摆放均匀

（续）

检查项目	缺陷名称	产生原因	补救办法	防止措施
显微组织	粗大颗粒碳化物	1) 锻造组织有粗大片状珠光体 2) 退火温度偏高,冷却速度慢 3) 原材料碳化物不均匀(网状、带状) 4) 重复退火	先正火再进行一次退火	1) 严格控制原材料和锻件质量 2) 尽量不进行重复退火,更不能进行多次退火
显微组织	网状碳化物超过规定级别	1) 锻造组织有严重碳化物网,退火时无法消除 2) 退火温度过高,同时冷却太慢	先正火再进行一次退火	1) 严格控制锻造组织 2) 防止退火失控、超温和冷却太慢
硬度	太硬	组织不合格 1) 欠热,有片状珠光体残留 2) 冷速太快,产生密集点状珠光体	调整工艺,进行二次退火	加热充分,但不过热,冷速合适
硬度	太软	组织不合格 1) 组织过热 2) 多次退火或冷速太慢	先进行正火,然后进行退火	加热充分,但不过热,冷速合适

（2）正火　锻件正火的目的为消除和改善网状碳化物，细化和均匀化组织，改善退火组织中粗大碳化物组织。正火工艺主要根据正火目的和正火锻件的原始组织来制订。铬轴承钢锻件的正火工艺见表5-8。铬轴承钢正火时常见的缺陷及防止方法见表5-9。

（3）碳化物细化处理　碳化物细化处理工艺主要包括锻造余热淬火后高温回火或等温退火，亚温锻造快速退火和毛坯温挤后高温回火或快速退火等工艺。锻件经细化处理后可比原始晶粒细化 1.5～2.0 级，从而提高钢的韧性、抗弯强度和疲劳寿命。经细

化处理后，碳化物颗粒细，尺寸<0.6μm，同时碳化物的均匀性得到改善。所以，在淬火、回火后可获得均匀的马氏体组织，提高硬度均匀性，从而可提高轴承的耐磨性和接触疲劳寿命。

1）锻造余热淬火后高温回火或快速等温退火。

① 锻造余热淬火＋高温回火。其工艺曲线如图5-7所示。此工艺可获得均匀分布的点状珠光体＋细粒状珠光体组织，硬度一般为 207～229HBW（压痕直径为 4.0～4.2mm）。

表 5-8　铬轴承钢锻件的正火工艺

正火目的	牌号	正火工艺		
		温度/℃	保温时间/min	冷却方法
消除和减少粗大网状碳化物	GCr15	930～950	40～60	根据零件的有效厚度和正火温度正确选择正火后冷却条件,以免再次析出网状碳化物或增大碳化物颗粒及裂纹等缺陷。一般冷却速度>50℃/min。冷却方法有: 1) 分散空冷 2) 强制吹风 3) 喷雾冷却 4) 乳化液中(70～100℃)或油中循环冷却到零件 300～400℃后空冷 5) 70～80℃水中冷却到零件 300～400℃后空冷
	GCr15SiMn	890～920		
消除较粗网状碳化物,改善锻造后晶粒度,消除粗片状珠光体	GCr15	900～920	40～60	
	GCr15SiMn	870～890		
细化组织和增加同一批零件退火组织的均匀性	GCr15	860～900	40～60	
	GCr15SiMn	840～860		
改善退火组织中粗大碳化物颗粒	GCr15	950～980	40～60	
	GCr15SiMn	940～960		

表 5-9　铬轴承钢正火时常见的缺陷及防止方法

缺陷名称	产生原因	防止方法
碳化物网大于标准规定级别	1) 原材料的碳化物网严重 2) 正火温度偏低或保温时间短 3) 正火后冷却速度太慢	1) 加强原材料检验 2) 正确选择正火温度和保温时间 3) 加快冷却,合理选择冷却方法
脱碳严重,超过机械加工余量	1) 锻件本身脱碳严重 2) 在氧化气氛炉中加热 3) 正火温度高,装炉量多,保温时间长	1) 加强原材料脱碳检验,严格执行锻造加热规范 2) 调整加热炉的火焰为还原性,或者采用保护气氛加热 3) 正确选择正火加热温度与保温时间

（续）

缺 陷 名 称	产 生 原 因	防 止 方 法
裂纹	1）锻造时遗留在锻件上 2）冷速太快或出冷却介质温度低	1）加强对锻件正火前的裂纹检查 2）严格执行正火工艺,冷却介质温度不应低于300~400℃,并及时进行退火或回火

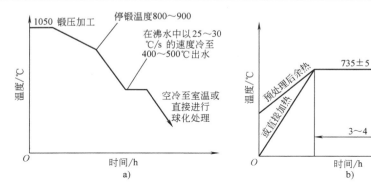

图 5-7　锻造余热淬火 + 高温回火的工艺曲线
a）锻造余热沸水淬火　b）高温回火

② 锻造余热淬火 + 快速等温退火。将锻造余热沸水淬火的锻件加热到略高于 Ac_1 点进行快速等温退火，可获得均匀的细小粒状 + 点状珠光体组织，硬度可为 187~207HBW（压痕直径为 4.2~4.4mm）。其工艺曲线如图 5-8 所示。

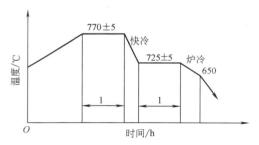

图 5-8　经沸水淬火的锻件进行快速等温退火的工艺曲线

2）亚温锻后碳化物细化工艺。经此种工艺处理后，不仅可细化组织，硬度也能符合标准要求，适用于大批生产，但需指出，供锻压材料的碳化物网必须符合标准规定。亚温锻后碳化物细化工艺曲线如图 5-9 所示。

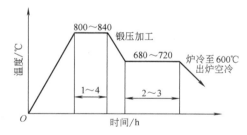

图 5-9　亚温锻后碳化物细化工艺曲线

3）高温固溶后等温淬火 + 高温回火。具体工艺曲线如图 5-10 所示。一般不推荐该工艺，因其能耗大，成本高。

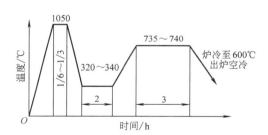

图 5-10　高温固溶后等温淬火 + 高温回火工艺曲线

2. 最终热处理

（1）淬火　淬火可使零件获得高的硬度和耐磨性，高的接触疲劳寿命和可靠性，高的尺寸稳定性。淬火工艺参数包括淬火加热温度、加热时间、淬火冷却介质及冷却方法等。

1）淬火加热温度。淬火最佳加热温度应使奥氏体中有适宜的碳含量，并溶解大量 Cr、Mn、Mo 合金元素，而不产生晶粒长大及出现过热组织。长期实践证明，以 GCr15 钢为例，固溶体中 $w(C)$ 0.5%~0.6%、$w(Cr)$ 1%、未溶解碳化物（质量分数）6%~9% 为最佳。高碳铬轴承钢推荐的加热温度见表5-10。最佳淬火温度为（845±5）℃。

2）加热时间。淬火加热时间包括升温时间、均热时间和保温时间。总的加热时间 = 升温时间 +（升温时间 + 均热时间）×（0.3~0.5）。加热时间与淬火加热温度高低有关。推荐的轴承钢加热温度与加热时间的关系见表 5-11。滚动轴承零件的有效厚度如图 5-11 所示。

表 5-10 高碳铬轴承钢推荐的加热温度

零件名称	零件直径/ mm	牌号	加热温度/ ℃
套圈	2~20	GCr15	830~850
	20~35	GCr15	830~850
	35~150	GCr15	840~860
	150~300	GCr15SiMn	820~840
	300~600	GCr15SiMn	820~840
	600~1800	GCr15SiMn	820~840
滚子	1.5~5	GCr15	840~860
	5~15	GCr15	840~860
	15~23	GCr15	840~860
	23~30	GCr15SiMn	820~840
	30~55	GCr15SiMn	830~850
	55~70	GCr20SiMn	830~850
钢球	0.75~1.5	GCr15	830~850
	1.5~3	GCr15	830~850
	3~14	GCr15	840~860
	14~50	GCr15	840~860
	50~75	GCr15	840~860

表 5-11 推荐的轴承钢加热温度与加热时间的关系

牌号	名称	零件有效 厚度/mm	加热温度/ ℃	加热时间/ min	备注
GCr15	套圈	<3	835~845	23~35	电炉 加热
		>3~≤6	840~850	35~45	
		>6~≤9	845~855	45~55	
		>9~≤12	850~860	55~60	
GCr15SiMn	套圈	>12~15	820~830	50~55	
		>15~20	825~835	55~60	
		>20~30	835~840	60~65	
		>30~50	835~845	65~75	
GCr15	钢球	<3	840~845	23~35	电炉 加热
		>3~15	845~850	35~45	
		>15~50	850~860	50~65	
GCr15	滚子	<3	835~845	23~25	
		>3~10	840~850	35~45	
		>10~22	845~855	45~55	

注：1. 快速（感应）加热温度比表中规定温度高 30~50℃。

2. 产品返修加热温度比正常温度低 5~10℃。

3. 大钢球在水溶性介质中冷却，其加热温度比正常低 10~15℃。

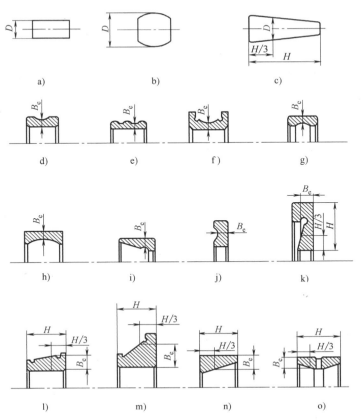

图 5-11 滚动轴承零件的有效厚度

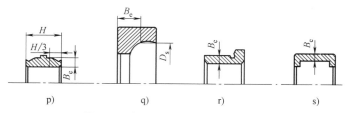

图 5-11　滚动轴承零件的有效厚度（续）

注：1. D 为滚子的有效直径。对圆柱滚子，D 为公称直径；对圆锥滚子，D 为距大端面 $H/3$ 处的直径（H 为滚子长度）；对球面滚子，D 为最大直径。

　　2. B_e 为套圈的有效壁厚。图 d~图 j 所示的套圈 B_e 为套圈的沟底壁厚；图 k 所示的套圈 B_e 为距套圈内环面 $H/3$ 处的厚度（H 为内外直径差值的 $1/2$）；图 l~图 n 所示的套圈 B_e 为距套圈大端面 $H/3$ 处的壁厚（H 为套圈高度）；图 o、图 p 所示的套圈 B_e 为距套圈端面 $H/3$ 处的壁厚（H 为套圈高度）；图 q 所示的套圈 B_e、D_s 分别为接触圆处的厚度和直径；图 r、图 s 所示的套圈 B_e 为套圈滚动面处的壁厚。

3）淬火冷却介质及冷却方法。

① 淬火冷却介质：淬火冷却介质应保证轴承零件在冷却过程中的奥氏体最不稳定区有足够的冷却速度，而不发生非马氏体转变；在马氏体转变范围 Ms~Mf 内缓慢冷却，以达到减少组织转变应力，从而减少套圈的畸变和开裂。轴承钢具有足够的淬透性，按零件大小（指壁厚），通常选用不同冷却特性的淬火油。常用淬火油有普通淬火油、快速淬火油、超速淬火油、光亮淬火油、真空淬火油及分级淬火油等。常用淬火冷却介质所适用的轴承零件的尺寸范围见表 5-12。

② 冷却方法：按轴承零件的不同质量要求、形状、壁厚及尺寸而有所不同。通常马氏体淬火的冷却方式是小制件自由落下缓慢冷却，大制件采用上下振动冷却，压模淬火、分级淬火、等温淬火等。其目的为了使套圈变形小，并获得均匀组织和性能。轴承零件常用的淬火冷却方式与方法见表 5-13。

表 5-12　常用淬火冷却介质所适用的轴承零件的尺寸范围（摘自 JB/T 13347—2017）

类别	淬火冷却介质	GCr15		GCr15SiMn	GCr15SiMo
		套圈有效壁厚/mm≤	滚动体有效壁厚/mm≤	套圈有效壁厚/mm≤	滚动体有效壁厚/mm≤
淬火油	超速淬火油	15	40	50	70
	超速发黑淬火油				
	快速淬火油	12	30	40	60
	快速发黑淬火油				
	快速光亮淬火油				
	快速真空淬火油	10	20	—	40
	真空淬火油	8	15	—	30
	快速等温（分级）淬火油	10	20	35	50
	快速等温（分级）发黑淬火油				
	等温（分级）淬火油	8	16	30	40
	等温（分级）发黑淬火油				
淬火硝盐	50%（质量分数）KNO_3+50%（质量分数）$NaNO_2$	所有零件，特别是不适合油淬的厚壁零件			
	55%（质量分数）KNO_3+45%（质量分数）$NaNO_2$				

注：1. GCr18Mo 轴承零件多采用贝氏体淬火，套圈有效壁厚应≤45mm。

　　2. 表中所列仅为推荐值，最终由用户与制造厂协商确定。

表 5-13　轴承零件常用的淬火冷却方式与方法

零件名称	直径、壁厚/mm	淬火冷却的方式与方法	淬火冷却介质温度/℃
滚动体	大中小型滚子和球	自动摇筐、滚筒、溜球斜板和振动导板等	油:30~60/水溶性介质
中小型套圈	<200	手穿、自动摇筐、循环搅动油、喷油冷却、振动淬火机等	油:80~90
大型套圈	200~400	手穿式旋转、淬火机或吊架穿动，同时喷油冷却	油:60~90
特大型套圈和滚子	薄壁套圈>1000mm 滚子>40	吊架机动冷却，油循环泵搅动油，旋转淬火机冷却	油温:70~90
薄壁套圈	<8	在热油中冷却	热油:80~110
超轻、特轻套圈	—	先在高温油中冷至油温后，放入压模中冷至30~40℃时脱模，或者将加热与保温的套圈直接放入压模中进行油冷	1)模压淬火油温:30~60 2)分级淬火油:80~100（如 KR498）

4)淬火后的质量检验见表 5-14，轴承零件淬火后的显微组织应符合表 5-15 的规定。轴承零件淬回火后的变动量及留量见表 5-16~表 5-18。

5)淬火缺陷及防止办法见表 5-19。

表 5-14　轴承零件淬火后的检验（摘自 GB/T 34891—2017）

零件名称	检验项目	技术要求	检验方法
套圈	1)硬度 2)显微组织 3)裂纹与其他缺陷 4)畸变（椭圆、挠曲及尺寸的胀缩）	1)硬度:淬火后的硬度一般应>63HRC,回火后的硬度应符合标准要求或图样要求 2)显微组织:套圈淬火后的显微组织应由隐晶或细小结晶状马氏体、均匀分布的细小残留碳化物和少量的残留奥氏体所组成，不允许有过热针状马氏体或超过规定的屈氏体组织。淬回火后的碳化物网状≤2.5级 3)不允许有裂纹 4)脱碳、软点等缺陷不得超过规定值 5)套圈的变形按表 5-16~表 5-18 进行控制	1)用洛氏硬度计、表面洛氏硬度计、维氏硬度计或显微硬度计测定 2)淬火、回火后显微组织需在套圈纵断面上进行取样，用金相显微镜进行检验，放大倍数为 500 或 1000 倍 腐蚀剂用 4%硝酸酒精液（质量分数）。显示淬火、回火晶粒度可用苦味酸苛性钠水溶液（2g 苦味酸、25g 氢氧化钠、100mL 蒸馏水），将试样煮沸 20min 3)检查软点和脱碳用冷酸洗方法，其深度用金相法测定。软点用硬度计测定，裂纹用磁力检测、冷酸洗、油浸喷砂等方法进行检验 4)圆度用外径测量仪测量，挠曲用 G803 仪器检验，尺寸胀缩用外径测量仪检验。圆锥内套用 D13 或 D914 检验。当检验出套圈变形超过规定时，则 100%需进行变形的检验。套圈变形超过规定可由生产企业用整形方法解决
钢球	1)硬度 2)显微组织 3)裂纹和其他缺陷	硬度:钢球直径≤45mm,淬火后硬度>64HRC;钢球直径>45mm 淬火后硬度>63HRC,其他均同套圈	同套圈的检验方法 1)、2)、3)
滚柱、滚针	1)硬度 2)显微组织 3)裂纹和其他缺陷	均同套圈	同套圈的检验方法 1)、2)、3)

表 5-15　轴承零件淬回火后的显微组织（摘自 GB/T 34891—2017）

公差等级	零件材料	成品尺寸						显微组织级别		
		套圈有效壁厚/mm		钢球公称直径/mm		滚子有效直径/mm		马氏体（第二级别图）	屈氏体（第三级别图）	
		>	≤	>	≤	>	≤		距工作面3mm 以内	距工作面3mm 以外
所有公差等级	GCr15	微型轴承零件						1~3 级	不允许	
PN	GCr15 G8Cr15	—	12	—	25.4	—	12	1~4		≤1 级
P6		12	15	25.4	50	12	26		≤1 级	≤2 级
P6X										
P6		15	—	50	—	26	—			≤2 级

（续）

公差等级	零件材料	成品尺寸						显微组织级别		
		套圈有效壁厚/mm		钢球公称直径/mm		滚子有效直径/mm		马氏体（第二级别图）	屈氏体（第三级别图）	
									距工作面3mm 以内	距工作面3mm 以外
		>	≤	>	≤	>	≤			
PN P6 P6X P5	其他钢种	—	30	—	50	—	26	1~4 级	≤1 级	≤2 级
		30	—	50	—	26	—			≤2 级
P2	所有钢种	—	12	—	25.4	—	12	1~3 级	≤1 级	
P4		12	—	25.4	—	12	—	1~4 级	≤1 级	≤2 级

注：1. 所有钢种指 G8Cr15、GGCr15、GCr15SiMn、GCr15SiMo 及 GCr18Mo；其他钢种指 GCr15SiMn、GCr15SiMo 及 GCr18Mo。

2. 表中屈氏体指针状屈氏体或块状屈氏体。

表 5-16　轴承外圈淬回火后允许的外径变动量 V_{Dsp} 及外径留量　（单位：mm）

公称外径/mm		直径系列 2、3、4	直径系列 9、8、0、1	尺寸系列 08、09、00、01、82、83	外径留量（推荐值）	
>	≤	外径变动量 V_{Dsp} ≤			min	max
—	30	0.06	0.08	0.10	0.15	0.25
30	80	0.12	0.16	0.18	0.20	0.30
80	150	0.20	0.25	0.30	0.30	0.45
150	200	0.25	0.30	0.35	0.35	0.55
200	250	0.30	0.40	0.50	0.50	0.70
250	315	0.45	0.55	0.65	0.65	0.85
315	400	0.50	0.60	0.70	0.80	1.10
400	500	0.65	0.70	0.85	1.10	1.30
500	630	0.80	0.85	1.00	1.20	1.55

表 5-17　轴承内圈淬回火后允许的内径变动量 V_{dsp} 及内径留量　（单位：mm）

公称内径/mm		直径系列 2、3、4	直径系列 9、8、0、1	尺寸系列 08、09、00、01、82、83	内径留量（推荐值）	
>	≤	内径变动量 V_{dsp} ≤			min	max
—	30	0.05	0.08	0.10	0.15	0.25
30	80	0.12	0.14	0.16	0.20	0.30
80	150	0.18	0.25	0.30	0.30	0.45
150	200	0.25	0.30	0.35	0.35	0.55
200	250	0.30	0.40	0.50	0.50	0.70
250	315	0.45	0.55	0.65	0.65	0.85
315	400	0.50	0.60	0.70	0.80	1.10
400	500	0.60	0.70	0.85	1.10	1.30

注：圆锥滚子轴承内圈以大端直径处为测量基准。

表 5-18　推力轴承轴圈、座圈及中圈淬回火后允许的直径变动量 V_{Dsp}、
平面度 A_{pe} 及高度留量（摘自 GB/T 34891—2017）　（单位：mm）

公称直径/mm		直径系列 2、3、4 轴圈和座圈				直径系列 0、1 轴圈和座圈				中　圈			
		直径变动量≤	平面度≤	高度留量（推荐值）		直径变动量≤	平面度≤	高度留量（推荐值）		直径变动量≤	平面度≤	高度留量（推荐值）	
>	≤			≥	≤			≥	≤			≥	≤
30	50	0.15	0.15	0.30	0.40	0.15	0.20	0.35	0.45	—	—	—	—
50	80	0.25	0.25	0.35	0.45	0.25	0.35	0.40	0.50	—	—	—	—
80	120	0.25	0.35	0.40	0.52	0.35	0.35	0.45	0.57	1.0	0.45	0.50	0.65

（续）

公称直径/mm		直径系列 2、3、4 轴圈和座圈				直径系列 0、1 轴圈和座圈				中　圈			
>	≤	直径变动量≤	平面度≤	高度留量（推荐值）		直径变动量≤	平面度≤	高度留量（推荐值）		直径变动量≤	平面度≤	高度留量（推荐值）	
				≥	≤			≥	≤			≥	≤
120	180	0.30	0.40	0.45	0.57	0.40	0.45	0.50	0.62	1.0	0.55	0.60	0.75
180	250	0.35	0.45	0.50	0.65	0.45	0.55	0.60	0.75	1.0	0.70	0.80	1.00
250	300	0.40	0.55	0.60	0.78	0.55	0.70	0.80	0.98	1.2	0.80	0.90	1.10
300	400	0.45	0.65	0.70	0.90	0.65	0.75	0.90	1.10	1.2	0.90	1.00	1.25
400	500	0.55	0.70	0.80	1.00	0.70	0.85	1.00	1.20	1.2	1.10	1.20	1.45
500	600	0.60	0.80	0.90	1.15	0.80	0.95	1.05	1.35	1.5	1.20	1.40	1.70

注：公称直径指内圈的公称内径或外圈的公称外径。

表 5-19　淬火缺陷及防止办法

检查项目	缺陷名称	产 生 原 因	防 止 办 法
显微组织	过热针状马氏体组织	1）淬火温度过高或在较高温度下保温时间过长 2）原材料碳化物带状严重 3）退火组织中碳化物大小分布不均匀或部分存在细片状珠光体	1）降低淬火温度或缩短加热时间 2）按材料标准控制碳化物不均匀程度 3）提高退火质量，使退火组织为 2～3 级均匀细粒状珠光体（GB/T 34891—2017） 4）>350℃ 去应力后，降低淬火温度返修（二次淬火）
	>1 级的块状屈氏体组织	1）淬火温度偏低、保温时间不足 2）制件有效厚度超标 3）原材料碳化物不均匀性严重和退火组织不均匀	1）提高淬火温度和延长保温时间 2）按材料标准控制碳化物不均匀程度 3）提高退火组织的均匀性 4）可直接返修（二次淬火）
	局部区域有针状马氏体，同时还存在块状、网状和条状屈氏体	1）退火组织极不均匀，有细片状珠光体，组织未球化 2）淬火温度偏高、保温时间长 3）原材料碳化物带状严重	1）降低淬火温度，适当延长保温时间 2）提高冷却能力 3）提高退火组织的均匀性 4）分级淬火工艺或返修（二次淬火）
	网状碳化物>2.5 级	1）原材料的网状超过规定 2）锻造时停锻温度过高及退火温度过高，冷却缓慢形成网状	在保护气氛炉中加热到 930～950℃ 正火，正火后退火，再进行淬火回火
	残留粗大碳化物直径超过 4.2μm	1）反复退火 2）原材料碳化物严重不均匀	加强对原材料的控制，尽量避免反复退火
硬度	硬度偏低，显微组织合格	1）淬火保温时间太短 2）表面脱碳严重 3）淬火温度偏低 4）油冷慢，或油温度高	1）延长保温时间 2）用可控气氛，碳势为 0.9% 3）适当提高淬火温度 5～10℃ 4）增加搅拌力度或更换冷速快的淬火冷却介质
	硬度偏低，显微组织出现块状或网状屈氏体	淬火温度偏低、冷却不良或加热时间不足	1）适当提高淬火温度或延长保温时间 2）强化冷却
软点	表面局部软点（比正常硬度低）	锻造及球化退火过程的脱碳层没处理干净，局部有油污，导致冷却不良	提高锻造质量和保护气氛退火，淬火时保证工件干净及提高冷却能力
表面缺陷	氧化、脱碳、腐蚀坑严重	炉子密封性差，淬火前工件表面清洗不干净或有锈蚀，淬火温度高或保温时间长，锻件和棒料的脱碳严重	改进炉子密封性；淬火前工件表面清洗干净，在可控气氛中加热，碳势为 0.9%；盐浴炉加热淬火后，零件需清洗干净
畸变	畸变量超过规定	退火组织不均匀，切削应力分布不匀，淬火加热温度高，装炉量多，加热不均；冷却太快和不均；加热和冷却中机械碰撞	提高退火组织的均匀性；增加去应力退火工序；降低淬火加热温度；提高加热和冷却的均匀性；在热油中冷却或压模淬火；消除加热和冷却中机械碰撞。采用上述措施后畸变量仍超过规定，可采用整形方法

（续）

检查项目	缺陷名称	产 生 原 因	防 止 办 法
裂纹	淬火裂纹	1）组织过热,淬火温度过高或在淬火温度上限保温时间过长 2）冷却太快,油温低,淬火油中水含量超过0.25%（质量分数） 3）应力集中,如圆锥内套油沟呈尖角。车加工套圈表面留有粗而深的刀痕,以及套圈断面打字处 4）表面脱碳 5）返修中间未经退火 6）淬火后未及时回火	降低淬火温度,提高零件出油温度或提高淬火油的温度,降低车加工表面粗糙度,增加去应力工序,减少表面的脱碳,从设计和加工中避免零件产生应力集中

（2）冷处理　一般情况下,轴承钢在淬火后含有15%左右残留奥氏体（体积分数）,由于这些奥氏体存在于淬火组织中,虽经常规回火处理,仍不能使其全部转变和稳定；当零件在室温条件下长期存放时,其尺寸会因奥氏体转变而变化。冷处理的目的主要是减少淬火组织中残留奥氏体含量,并使剩余的少量残留奥氏体趋于稳定,从而增加尺寸稳定性和提高硬度。

1）冷处理的温度。冷处理的温度主要根据钢的马氏体转变终止点（Mf）、淬火组织中残留奥氏体含量、冷处理对力学性能的影响、零件的技术要求和形状复杂情况而定。GCr15钢在加热到正常淬火温度后连续冷却到低温时,马氏体转变终止点（Mf）在-70℃左右。低于Mf的冷处理,对减少残留奥氏体的效果并不显著。GCr15、GCr15SiMn钢的冷处理温度对残留奥氏体含量的影响如图5-12所示。冷处理温度对GCr15钢的多次冲击疲劳的影响见表5-20,各种热处理规范处理后的套圈尺寸变化如图5-13所示。

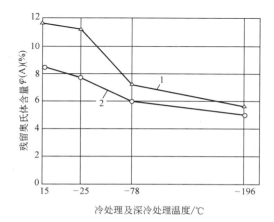

图5-12　GCr15、GCr15SiMn钢的冷处理温度对
残留奥氏体含量的影响
1—GCr15,850℃淬火　2—GCr15SiMn,830℃淬火

表5-20　冷处理温度对多次冲击疲劳的影响

热处理规范	多次冲击疲劳寿命/min			
	第1次	第2次	第3次	第4次
820℃油淬,回火	85	145	55	95
820℃油淬,-50℃冷处理,回火	140	70	—	105
820℃油淬,-80℃冷处理,回火	145	70	220	145
820℃油淬,-183℃冷处理,回火	60	45	40	50

注：试验钢号为GCr15,试样形状为环状,外径为52.5mm,内径为44.80mm,宽度为15.2mm,在直径方向进行冲击,冲击能量为6.08N·m,每分钟208次。

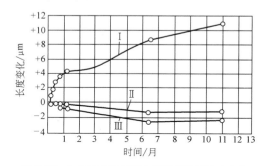

图5-13　各种热处理规范处理后的套圈尺寸变化
Ⅰ—在50~60℃油中淬火,150℃回火2h
Ⅱ—在50~60℃油中淬火,-70℃深冷处理,150℃回火2h
Ⅲ—在50~60℃油中淬火,流动冷水冷却,150℃回火2h

GCr15钢所采用的冷处理温度：一般多在-20℃冷冻室内处理；高精度（P2、P4级）产品零件采用-78℃（干冰酒精）或-196℃（液氮）冷处理,或者其他冷处理方法。

2）冷处理的保温时间。仅从马氏体相变来看,奥氏体的转变是冷到Ms~Mf温度范围内完成的。由于装入量不同,所以生产中的冷处理保温时间通常规定为1~1.5h。但应指出,深冷处理并不能使残留奥氏体全部转变。

3）冷处理的方法。淬火后到冷处理之间的停留时间不宜过长，一般不超过 2h。在生产中，零件淬火后需放置到室温，立即在低温箱或干冰酒精中进行冷处理。从淬冷后到冷处理之间停留时间越短，冷处理的效果越好；停留时间过久，易出现残留奥氏体的陈化稳定，降低冷处理效果。对形状复杂的零件，淬冷到室温后立即进行冷处理会产生开裂。因此，对这类零件，在淬火和冷到室温后，可先进行 110~130℃ 保温 30~40min 预回火，再进行冷处理，但回火会使残留奥氏体陈化稳定。冷处理后，零件应放在空气中恢复到室温后立即进行回火，否则会导致零件开裂。一般从冷处理后至回火的停留时间不应超过 4h。

当对某些零件的尺寸稳定性有特殊要求时，可采用多次冷处理与活化相结合的工艺，即在第一次冷处理后，待零件温度恢复到室温，就进行 110~120℃ 加热 1~2h 的活化处理，出炉后冷到室温再进行第二次冷处理。

（3）回火　GCr15 和 GCr15SiMn 钢在淬火组织中存在着两种亚稳组织，即马氏体和残留奥氏体，有自发转化或诱发转化为稳定组织的趋势。同时，零件在淬火后处于高应力状态，在长时间存放或使用过程中，极易引起尺寸改变，丧失精度，甚至开裂。通过回火可以消除残余应力，防止开裂，并能使亚稳组织转变为相对稳定的组织，从而稳定尺寸，提高韧性，获得良好的综合力学性能。

1）回火温度、回火时间对组织和性能的影响。回火温度和回火时间对 GCr15 和 GCr15SiMn 钢残留奥氏体含量的影响如图 5-14 和图 5-15 所示，对硬度的影响如图 5-16 所示，对 GCr15 钢应力消除程度的影响如图 5-17 所示；回火温度对 GCr15 钢和铬轴承钢接触疲劳寿命的影响见图 5-18 和表 5-21，对 GCr15 钢耐磨性的影响如图 5-19 所示，对 GCr15 钢力学性能的影响如图 5-20 所示。

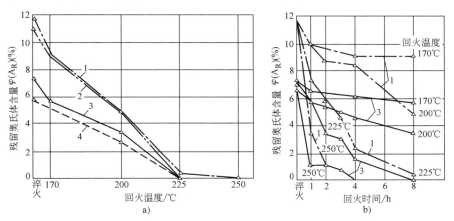

图 5-14　回火温度、回火时间对 GCr15 钢（850℃淬火）残留奥氏体含量的影响
a）回火温度的影响（保温 8h）　b）回火时间的影响
1—未经冷处理（15℃）　2—冷处理（-25℃，1h）　3—冷处理（-78℃，1h）　4—冷处理（-196℃，1h）

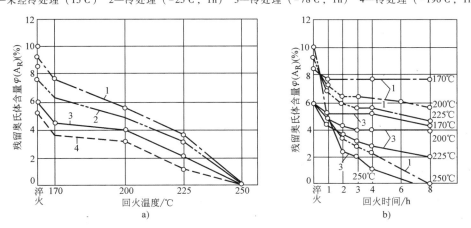

图 5-15　回火温度、回火时间对 GCr15SiMn 钢残留奥氏体含量的影响
a）回火温度的影响（保温 8h）　b）回火时间的影响
1—未经冷处理（15℃）　2—冷处理（-25℃，1h）　3—冷处理（-78℃，1h）　4—冷处理（-196℃，1h）

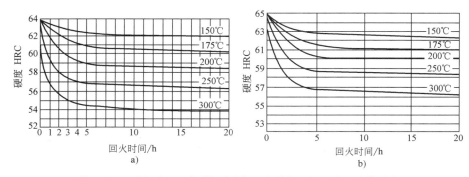

图 5-16 回火温度、回火时间对 GCr15 和 GCr15SiMn 钢硬度的影响

a) GCr15 钢 b) GCr15SiMn 钢

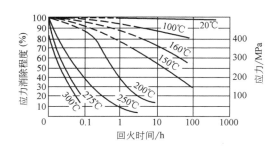

图 5-17 回火温度、回火时间对 GCr15 钢应力消除程度的影响

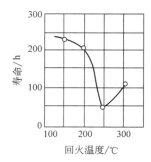

图 5-18 回火温度对 GCr15 钢接触疲劳寿命的影响

表 5-21 回火温度对铬轴承钢接触疲劳寿命的影响

牌号	在下列回火温度下的接触疲劳寿命/h							试验条件
	150℃	180℃	200℃	250℃	300℃	350℃	400℃	
GCr15	230	—	205	—	115	—	—	A
GCr15	290	—	—	200	—	—	—	B
GCr15SiMn	400	490	—	250	—	—	—	C
GCr15	15.1	—	13.6	8.6	6.3	3.6	1.3	D
GCr15SiMn	18.2	—	14.1	9.6	6.6	2.3	1.6	E

注：A—在对滚式疲劳试验机上，使 ϕ14.8mm 的钢球在两个 ϕ150mm 的圆柱之间滚动，载荷 $p = 1.47$kN，转速 $n =$ 1750r/min。

B—用 ϕ15mm 的球，其他同 A。

C—在对滚式疲劳试验机上试验，ϕ15mm 钢球在两个 ϕ250mm 圆柱体之间滚动，载荷 $p = 2.45$kN，转速 $n =$ 1100r/min。

D—在对滚式疲劳试验机上试验，ϕ6mm 圆柱形试样在两个 ϕ150mm 圆柱体之间滚动，载荷 $p = 1.04$kN，转速 $n =$ 6280r/min。

E—试验条件同 D。

2）回火工艺。铬轴承钢回火工艺应根据轴承的服役条件和技术要求来确定。通常分为三种：常规回火，一般轴承零件的回火；稳定化回火，精密轴承零件的回火；高温回火，一些航空轴承及其他特殊轴承零件的回火。为保证轴承在使用条件下尺寸、硬度和性能的稳定，回火温度应比轴承工作温度高 30～50℃。一般轴承的使用温度均在 120℃ 以下，因此常规回火温度采用 150～180℃；对载荷较轻、尺寸稳定性要求高的轴承，其零件可采用 200～250℃ 回火；对在高温下工作的轴承，根据使用温度，零件的回火温度可选用 S0（200℃）、S1（250℃）、S2（300℃）、S3（300℃）或 S4（400℃）。

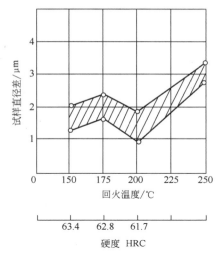

图 5-19　回火温度对 GCr15 钢耐磨性的影响

注：1. 840℃加热，150℃马氏体分级淬火，-78℃×
　　　2h 冷处理，不同温度回火 3h。
　　2. 试样直径差指试样原始直径和经磨损试验后
　　　试样直径之差。

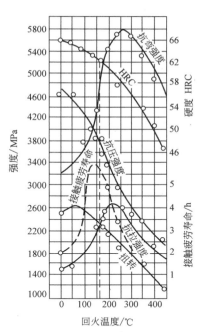

图 5-20　回火温度对 GCr15 钢力学性能的影响

通常按轴承零件大小和精度等级来选择回火时间，一般轴承零件是在热风循环空气电炉、油浴炉或硝盐浴炉中进行回火，保温 3~5h。如果在油浴炉或硝盐浴炉中回火，保温时间可稍缩短。大型和特大型轴承零件的回火时间，根据其尺寸和壁厚可选 6~12h。

一般轴承零件回火规范见表 5-22。精密轴承零件回火可在油炉中进行，并且回火时间可增加 2~3h。轴承零件高温回火规范见表 5-23。为了保证轴承零件有高的尺寸稳定性，零件回火前必须冷却至室温，或者在流动水中冷却，方可进行回火。

表 5-22　一般轴承零件回火规范

零件名称	轴承零件精度等级	回火温度和时间	备注
中小型滚柱	0 级、Ⅰ级、Ⅱ级、Ⅲ级	150~180℃,2.5~4h	滚子直径≤28mm
大型滚柱	一般品	150~180℃,3~6h	28mm<滚子直径≤50mm
	一般品	150~180℃,6~12h	滚子直径>50mm
钢球	一般品	150~180℃,3~4h	钢球直径<48.76mm
	5、10、16 级	150~180℃,3~6h	
中小型套圈	一般品	150~180℃,2.5~4h	—
	P2 级、P4 级	160~200℃,3~6h	
大型轴承套圈(GCr15SiMn 钢)	一般品	150~180℃,6~12h	—
特大型轴承套圈	一般品	150~180℃,8~12h	
关节轴承套圈	一般品	200~250℃,2~3h	—
有枢轴的长圆滚柱	一般品	320~330℃,2~3h	

表 5-23　轴承零件高温回火规范

代号	回火温度/℃			保温时间/h	回火介质
	套圈	滚子	钢球		
S0	200	同一般回火工艺	同一般回火工艺	3	轴承专用回火油、过热气缸油或热风循环电炉中进行
S1	250	直径<15mm 时为 170~180	直径<25.4mm 时为 150~160	3	
		直径≥15mm 时为 250	直径≥25.4mm 时为 250	3	
S2	300	300	300	3	热风循环电炉中进行
S3	350	350	350	3	
S4	400	400	400	3	

3）回火后的技术要求及质量检查。

① 回火后技术要求。轴承零件常规回火后的硬度要求见表 5-24。经高温回火的铬轴承钢制轴承零件的硬度应符合表 5-25 的规定。高于 300℃回火后零件的硬度按图样规定。轴承零件回火后的显微组织、断口、脱碳、畸变等均按淬火后技术要求检验，轴承零件的回火稳定性应小于 1HRC，钢球的压碎载荷不得低于表 5-26 的规定。

② 回火后的质量检查。回火后的质量检查除了淬火、回火后的检查项目，还必须进行钢球压碎载荷和回火稳定性的检查。回火稳定性检查主要是检查回火是否充分，其方法是将已回火零件用原回火温度重新回火 3h，在原回火硬度测点附近复测，硬度下降不超过 1HRC 为合格。钢球载荷压碎试验可按 GB/T 34891—2017 规定进行。

（4）稳定化处理（去应力回火）　稳定化处理主要是为了消除部分磨削应力，进一步稳定组织，提高轴承零件的尺寸稳定性。稳定化处理温度比原回火温度低 20~30℃，一般采用 120~160℃，保温时间为 3~

表 5-24　轴承零件常规回火后的硬度要求

（按 GB/T 34891 的规定）

零件名称	成品尺寸/mm		回火后硬度 HRC
	>	≤	
套圈有效壁厚		12	60~65
	12	30	59~64
	30		58~63
钢球（直径）		30	61~66
	30	50	59~64
	50		58~64
滚子（有效直径）		20	61~66
	20	40	59~64
	40		58~64

注：同一零件表面硬度差按零件大小和直径来区分，见下表。

套圈直径/mm	硬度差 HRC	滚动体直径/mm	硬度差 HRC
≤100	1	≤22	1
100~400	2	>22	2
>400	3		

表 5-25　经高温回火的铬轴承钢制轴承零件的硬度要求（按 GB/T 34891 的规定）

零件名称	成品尺寸/mm		高温回火后硬度 HRC				
	>	≤	200℃（S0）	250℃（S1）	300℃（S2）	350℃（S3）min	400℃（S4）min
套圈（有效壁厚）	—	12	59~64	57~62	55~59	52	48
	12	30	57~62	56~60	54~58		
	30	—	56~61	55~59	53~57		
钢球（直径）	—	30	60~65	58~63	56~60		
	30	50	58~63	57~61	55~59		
	50	—	57~62	56~60	54~58		
滚子（有效直径）	—	20	60~65	58~63	56~60		
	20	40	58~63	57~61	55~59		
	40	—	57~62	57~60	54~58		

表 5-26　钢球压碎载荷（摘自 GB/T 34891—2017、GB/T 308.1—2013）

钢球公称直径/mm	压碎载荷/kN		钢球公称直径/mm	压碎载荷/kN	
	热处理后（不低于）	成品（不低于）		热处理后（不低于）	成品（不低于）
3	3.720	4.800	5.556	12.840	16.270
3.175	4.210	5.390	5.953	14.800	18.130
3.5	5.100	6.570	6	14.990	19.010
3.572	5.300	6.840	6.35	16.760	21.270
3.969	6.580	8.430	6.5	17.640	22.340
4	6.660	8.530	6.747	18.910	24.000
4.366	7.930	10.150	7	20.380	25.870
4.5	8.430	10.780	7.144	21.270	26.950
4.762	9.410	12.050	7.5	23.420	29.690
5	10.390	13.330	7.541	23.650	29.980
5.159	11.300	14.150	7.938	26.260	32.830
5.5	12.640	15.970	8	26.660	33.320

（续）

钢球公称直径/ mm	压碎载荷/kN		钢球公称直径/ mm	压碎载荷/kN	
	热处理后（不低于）	成品（不低于）		热处理后（不低于）	成品（不低于）
8.344	28.920	36.170	21.431	190.600	229.810
8.5	30.090	37.630	22	201.500	241.030
8.731	31.750	39.690	22.225	203.700	246.960
9	33.710	41.940	22.5	211.800	252.480
9.128	34.690	43.170	23	220.330	262.640
9.5	37.630	46.840	23.019	220.700	263.070
9.525	37.830	47.040	23.813	236.180	281.260
9.922	40.990	51.120	24	239.900	287.140
10	41.650	51.940	24.606	252.740	300.700
10.319	44.390	54.880	25	260.290	309.680
10.5	46.130	56.910	25.4	268.720	318.500
11	50.370	62.720	26	281.550	333.200
11.112	51.450	63.700	26.194	285.650	337.940
11.5	55.080	68.510	26.988	303.310	357.700
11.509	55.470	68.600	28	326.540	385.140
11.906	59.000	73.500	28.575	340.060	396.900
12	59.980	74.480	30	374.850	439.040
12.303	63.010	78.400	30.162	378.970	441.000
12.5	65.120	80.810	31.75	419.830	487.060
12.7	67.130	83.300	32	426.500	494.900
13	70.360	87.220	33	454.260	524.070
13.494	75.890	94.080	33.338	462.950	534.100
14	81.630	100.940	34	481.470	557.620
14.288	85.060	104.860	34.925	508.030	582.120
15	92.512	115.640	35	510.190	588.000
15.081	94.770	116.620	36	539.870	617.400
15.875	104.960	128.380	36.512	555.270	632.100
16	106.620	131.320	38	601.430	683.040
16.669	115.740	142.100	38.1	604.560	689.000
17	120.340	147.000	39.688	657.520	735.820
17.462	127.010	154.840	40	666.400	745.780
18	134.950	164.640	41.275	709.520	798.700
18.256	138.770	168.560	42.862	765.180	852.600
19	150.330	182.770	44.45	822.910	911.400
19.05	151.120	183.260	45	843.390	931.000
19.844	164.050	198.940	46.038	880.840	972.340
20	166.600	201.880	47.625	944.720	1038.800
20.5	175.100	211.830	49.212	1019.400	1116.620
20.638	177.380	214.620	50	1041.250	1156.400
21	183.650	221.480	50.8	1077.300	1166.200

4h，有时选择与回火温度相同。各种零件稳定化处理的保温时间，一般应按照轴承精度等级和尺寸与形状来选择。稳定化处理推荐工艺见表 5-27。

（5）轴承零件淬火、回火后的质量控制　按 GB/T 34891—2017《滚动轴承　高碳铬轴承钢零件　热处理技术条件》执行。

表 5-27　稳定化处理推荐工艺

名称	轴承零件精度等级	稳定化处理温度与时间
中小型滚子	0级、Ⅰ级 Ⅱ级	120~160℃,12h 120~160℃,3~4h
钢球	3级,5级 10级,16级	120~160℃,12h
大型钢球	20级、一般品	120~160℃,3~5h
中小型套圈	P2级 P4级	粗磨后:140~180℃,4~12h 细磨后:120~160℃,3~24h
	P4级	120~160℃,3~5h
	短圆柱滚子	120~160℃,3~5h
	PN、P6、P6X	120~160℃,3~4h
大型、特大型套圈	PN~P6	120~160℃,3~4h

5.3.2　高碳铬钢轴承零件贝氏体等温淬火和马氏体分级淬火

铬轴承钢下贝氏体等温淬火热处理后的断裂韧度 K_{IC} 比常规马氏体淬火高，裂纹的扩展速率比常规马氏体要慢，零件表面呈压应力，具有高的韧性、尺寸稳定性高和磨削时不易产生裂纹等优点。适用于工作条件恶劣、润滑差、受高冲击载荷的铁路、轧机、矿山、采煤、钻井等条件下工作。

1. 套圈的贝氏体淬火及技术要求

（1）贝氏体淬火的工艺特点

1）毛坯的碳化物细化处理。通常选用正火和快速退火，要求退火组织为 GB/T 34891 中 2~3 级退火组织。

2）淬火加热温度。比常规马氏体淬火温度高 20~30℃，淬火加热是在可控气氛炉或盐浴炉中进行。

3）贝氏体处理温度。在 220~240℃ 硝盐冷却，按冷却介质的 0.5%~1.5%（质量分数）加水，以调节冷却速度。

4）套圈表面应力。贝氏体等温淬火后的应力是压应力，有利于接触疲劳寿命的提高，无淬火裂纹。

5）尺寸涨大问题。贝氏体淬火后套圈尺寸胀大，以 NJ3226/Q1，S0 为例，01 直径胀大 0.4~0.6mm，02 直径胀大 0.25~0.4mm。

6）尺寸稳定性。贝氏体淬火后的组织由下贝氏体+未溶解碳化物及<3%（体积分数）残留奥氏体组成。在 120℃ 使用温度下，组织稳定，零件尺寸稳定，如用 GCr18Mo 制造的 NJ3226/01、02 尺寸稳定性 ≤ $1.25×10^{-5}$ mm，小于标准规定值 ≤ $1×10^{-4}$ mm。

7）力学性能。贝氏体淬火与常规马氏体淬火相

当，其耐磨性、接触疲劳寿命相当，抗弯强度提高15%，K_{IC} 提高 20%，冲击韧度比回火马氏体高 2 倍以上。

8）贝氏体处理的成本。下贝氏体等温淬火可以减少热应力和变形，使零件表面呈压应力，从而提高了轴承寿命和可靠性，但热处理成本较高。

GCr15、GCr18Mo 贝氏体淬火工艺见图 5-21 和表5-28。贝氏体淬火后，需经 70~80℃ 热水清洗。对于大型轴承零件还需进行回火，推荐的贝氏体处理后的回火工艺见表 5-29。

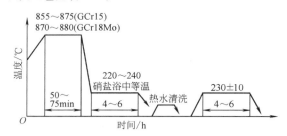

图 5-21　GCr15、GCr18Mo 贝氏体淬火工艺曲线

注：括弧时间 8h 适用 GCr18Mo。

表 5-28　推荐的 GCr15、GCr18Mo 贝氏体淬火工艺

牌号	套圈壁厚/mm	淬火工艺参数		盐浴等温时间/h
		温度/℃	保留时间/min	
GCr15	<10	855~860	60	230~250℃ ×3~4h
	>10~14	860~865	60	
	>14~18	870~880	60	
	>18~22	870~880	60	
	>22~25	875~885	60	
GCr18Mo	40~45	865~870	60	230~250℃ ×8h
	45~50	890~895	60	
	50~55	895~900	60	
	55~60	900~905	60	
100CrMnMo-Si8-4-6[1]	55~60	875~885	60~70	230~250℃ ×10~20h
	60~70	885~895	60~70	
	≥70	895~910	60~70	

[1] 100CrMnMoSi8-4-6 的化学成分（质量分数）为：C0.93%~1.05%，Si0.40%~0.60%，Mn0.80%~1.10%，P<0.025%，S<0.015%，Cr1.80%~2.05%，Mo0.50%~0.60%，O≤15×10^{-4}%。

表 5-29　推荐的贝氏体处理后的回火工艺

牌号	回火工艺	成品硬度 HRC
GCr15	230~240℃×2.5h	58~62
GCr18Mo	230~240℃×4h	58~62
100CrMnMoSi8-4-6	230~240℃×4h	58~62

（2）贝氏体等温淬火的技术要求

1）硬度：成品套圈硬度要求见表 5-30。

2）平均晶粒度：8 级或更细。

3）显微组织：由贝氏体、未溶解碳化物和少量屈氏体组成。贝氏体组织≤1 级为合格。

4）不允许有裂纹。

5）畸变量：贝氏体处理后尺寸均胀大 0.3% ~ 0.4%（直径）。

表 5-30　成品套圈硬度要求

（摘自 GB/T 34891—2017）

牌号	套圈直径/mm	硬度 HRC
GCr15	≤25	58 ~ 62
GCr18Mo GCr15SiMo	≤45	58 ~ 62

2. 套圈的马氏体分级淬火

在生产中，为了减少淬火时薄壁套圈的变形和复杂零件的开裂，可选用马氏体分级淬火。

在高碳铬轴承钢正常的淬火温度和保温时间后，迅速淬入 160 ~ 200℃ ［此温度低于 M_s 点（在 840℃，奥氏体化的马氏体点 M_s 约为 202℃）］的介质中停留一段时间，停留时间由零件的有效壁厚及一次淬入量而定，然后移出介质进行回火，得到的是马氏体组织，这种工艺被称为马氏体分级淬火。目前，大生产中分级淬火的冷却介质为硝盐，故也称盐淬马氏体。

分级淬火后，钢中残留奥氏体含量会增加，其增加量与分级温度及停留时间有关，轴承钢分级温度为 180℃左右，残留奥氏体最多；保温时间越长，残留奥氏体越多，如图 5-22 和图 5-23 所示。图 5-23 还表明，因分级引起的残留奥氏体可以在 -75℃ 冷

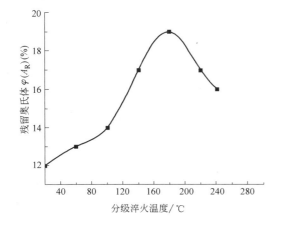

图 5-22　GCr15 分级淬火温度对残留奥氏体量的影响

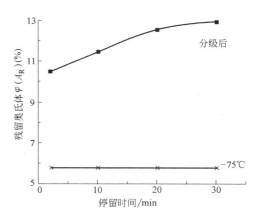

图 5-23　GCr15 于 180℃分级停留时间和冷处理
对残留奥氏体量的影响

处理时进一步转变，因此分级淬火后要增加冷处理工序。

工艺过程：一般在可控气氛多用炉或连续炉中进行，在 835 ~ 850℃保温一定时间（视设备、钢种及产品结构而定），碳势为 0.8 ~ 0.9% →淬入 170 ~ 180℃的硝盐中，保温 8 ~ 10min（视产品结构而定）→清洗烘干→-75℃左右冷处理→常规回火（需 S0 以上的高温回火工件，可不进行冷处理）。

分级淬火适于对有效壁厚为 12 ~ 25mm 的套圈进行淬火，解决了屈氏体≤1 级和淬火畸变大的问题，但不适宜<5mm 太薄和>25mm 太厚的套圈淬火。

热处理质量：按 GB/T 34891—2017 控制。

5.3.3　高碳铬钢轴承零件在各种设备中的热处理工艺

1. 一般铬钢套圈的热处理工艺（见表 5-31）

2. 一般铬钢钢球的热处理工艺（见表 5-32）

3. 一般铬钢滚子、滚针的热处理工艺（见表 5-33）

5.3.4　高碳铬钢轴承零件的感应热处理

铬钢滚动轴承零件采用感应淬火及感应回火，其轴承的使用寿命比在炉中加热淬火、回火的提高 10% ~ 20%。同时，感应淬火的设备占地面积小，节约能源，劳动条件好，便于机械化，而且还具有零件畸变小、氧化脱碳少等特点。适用于大批量生产轴承圈和滚动体。

1. 中型轴承（6308）套圈的感应热处理

轴承套圈大批量感应热处理生产线的工艺流程如下：套圈中频感应加热→送入带有振动淬冷机的油槽中淬冷 1min →清洗→工频感应回火。GCr15 钢制 6308 轴承套圈的感应热处理工艺见表 5-34。

表 5-31　一般铬钢套圈的热处理（均在可控气氛电炉中进行）

零件名称	牌号	主要热处理设备	淬火			清洗	回火	稳定化处理	备注
			淬火温度/℃	总加热时间/min	冷却介质及冷却方法				
微型轴承套圈（零件外径 D≤26mm）	GCr15	输送带可控气氛网带炉或真空炉（根据轴承精度前定）	830~850 840~850	保温按 1.2~1.5min/mm 15~20	1）在 80~100℃轴承专用淬火油（KR468/498）的热油中冷却 2）真空淬油，40~60℃（如 KR348）	淬火后在 3%~5% 水剂金属清洗剂中清洗，液温为 80~100℃（如 KR-F600）	150~180℃×2.5~3h	120~160℃×3~5h	可控气氛的制备：由氨气、甲醇、丙烷组成的，在工作炉内直生式简易。制气工艺碳势好，质量可调 0.8%~1.2% 可调（是当前的主要制气方法）
小型、中小型、中大型轴承套圈（零件外径 26mm<D<200mm）	GCr15	220kW（或 170kW、130kW）可控气氛网带炉	套圈壁厚　Ⅰ区　Ⅱ区　Ⅲ区 3~5mm　840±10　835±5　840±5 >5~8mm　845±10　840±5　845±5 >8~12mm　850±10　840±5　850±5	40~60	1）在 60~90℃的热油中冷却（如 KR468~498） 2）对易畸变的套圈，关闭油循环泵和上下窜动装置 3）对易出现软点的套圈（有效厚度>11mm），下窜动打开上下窜动和油循环冷却泵，强化冷却效果	在 3%~5% 水剂金属清洗中清洗，液温为 80~100℃（如 HR-F600）	150~180℃×2.5~3h	120~160℃×3~5h	同上
		可控气氛箱式电阻炉多用炉	套圈壁厚 3~5mm;835~845 >5~8mm;840~845 >8~12mm;845~850 >12mm;850~860	保温时间 30~40 30~50 40~60 50~70	同上	同上	同上	同上	同上
大型轴承套圈（零件外径 200mm≤D≤440mm）	GCr15SiMn	可控气氛输送带 220kW 式电炉	套圈壁厚　Ⅰ区　Ⅱ区　Ⅲ区 8~12mm　815±10　825±5　820±5 >12~15mm　820±10　825±5　820±5 16~20mm　830±10　830±5　825±5 21~23mm　825±10　835±5　830±5	60~80	轴承专用淬火油，油温为 60~90℃（如 KR180）	同上	150~180℃×4~6h	120~160℃×2.5~3.5h	同上

零件名称	材料	设备	套圈壁厚淬火温度/℃	保温时间/min	淬火介质	清洗	回火		备注
特大型轴承套圈(零件外径440<D≤2000mm)	GCr15SiMn	可控气氛多用箱式电阻炉	8~12mm:820±5 >12~16mm:825±5 17~30mm:835±5	50~70	轴承专用淬火油,油温为70~90℃(KR108)	80~90℃水剂金属清洗剂(KR-F600)	150~180℃×4~6h	120~160℃×2.5~3.5h	同上
		180kW的井式电阻炉	820~840	1)较薄的套圈,工件到温时间小于90min时,保温时间为20~25min 2)一般工件到温时间大于90min时,保温时间为到温时间的1/3	1)轴承专用淬火油(如KR108) 2)开启油泵搅动,强化冷却 3)套圈壁较厚,直径为400~1100mm的用旋转带架机冷却3~5min 4)套圈>1100mm时均带架冷却 5)杜绝压缩空气搅拌	同上	150~180℃×12h	120~160℃×4~8h	1)对易畸变的套圈,淬火冷却后的出油温度应控制在80~120℃,热整形后方可清洗 2)对带油沟的套圈,淬火前需进行力退火,以防止消除油沟产生裂纹,其工艺为600℃×8~10h
关节轴承套圈		可控气氛多用箱式电炉	840~850	35~50	超速淬火油,油温为70~90℃(如KR108)	同上	200~250℃×2.5~3.5h	120~160℃×2.5~3.5h	
中型轴承套圈(等温淬火)	GCr15	可控气氛多用炉	860~880	40~50	在质量分数为50%KNO₃+50%NaNO₃的熔盐浴中240℃×≥4h等温	同上	不进行回火	120~160℃×3~4h(粗磨、细磨后各一次)	贝氏体等温淬火零件的退火组织为点状珠光体,套圈毛坯必须采用细粒状光体,900℃正火和760~780℃快速退火工艺

表 5-32　一般铬钢钢球的热处理工艺

牌号	主要热处理设备	钢球尺寸/mm	淬火				回火
			淬火温度/℃	总加热时间/min	冷却介质及冷却方法	清洗	
GCr15	可控气氛滚筒式电阻炉（如 GTL09-150-500）	5.556~7.144	835±5	18~22			150~180℃×3~4h
		7.144~9.128	835±5	22~26			
		9.128~12	845±5	26~30			
		9.525~12.7	845±5	22~27			
		12.7~14.288	845±5	27~30			
		14.288~22.225	845±5	30~35	快速（光亮）淬火油，油温为 70~90℃，打开油循环泵搅拌冷却		150~180℃×3~5h
		22.225~27.781	855±5	35~45			
		27.781~32.544	855±5	40~45		在温度 80~100℃ 的，浓度为 3%~5% 金属清洗剂中清洗	
		7.938	855±5	55，(65±1) kg			(150±5)℃×2h
		12.7		60，(70±1) kg			(150±5)℃×3h
		15.875	850±5	65，(70±1) kg			(150±5)℃×3h
		19.05		60，(60±1) kg			(150±5)℃×3h
		9.525		45，(40±1) kg			(150±5)℃×3.5h
		17.463		45，(40±1) kg			(150±5)℃×3.5h
GCr15SiMn	RJX-45-9 箱式电阻炉或网带炉，或 BBH-1000 预抽真空箱式多用炉	50.8~76.2	835±5	1.5~2min/mm	在油温为 30~80℃ 的快速（光亮）油中葡动冷却		150~160℃×4~8h

表 5-33　一般铬钢滚子、滚针的热处理工艺

零件名称	牌号	主要热处理设备	淬火				清洗	回火	备注
			滚子直径/mm	淬火温度/℃	总加热时间/min	淬火冷却介质及冷却方法			
滚子	GCr15	可控气氛滚筒式电阻炉或可控气氛网带炉	≤5	830~850	18~22	快速淬火油（如KR108），60~80℃窜动或摇晃冷却	在温度80~90℃的、浓度3%~5%金属清洗剂中清洗	150~180℃×2.5~3.5h	1）为达到淬火硬度均匀性，热处理前需要进行清洗（如KR-F600） 2）对于0级、1级滚子，均在淬火后进行-40~-70℃的冷处理，粗磨后应进行120~140℃×12h的稳定化处理 3）滚子外径≤15mm时用滚筒炉，>15mm时用多用炉，防止发生磕碰
			5~8	830~850	20~24				
			8~10		22~26				
			10~14		24~30				
		可控气氛网带炉	6~10	830~860	29~35				
			10~15		35~37				
			15~22		37~40				
		同上	<6	835~840	保温时间6~8				
			6~11	845±5	保温时间8~10				
			11~16	850±5	10~14			150~180℃×2~3h	
			16~22	855±5	14~18				
滚针	GCr15	网带炉	所有滚针	845~855	30~45				
滚子	GCr15SiMn	可控气氛滚筒式电阻炉	22~28	820~850	保温时间14~16	超速淬火油、硝盐分级或等温淬火	同上	150~180℃×3~4h	
		网带炉、多用炉、辊棒炉（大尺寸滚子）、井式炉（大尺寸滚子）	22~25	830±5	14~16				
			25~30	835±5	15~17				
			30~35	835±5	16~18				
			35~40	840±5	17~19				
			>41	840±5	18~20				

　　轴承套圈在感应热处理自动线上处理比在输送带式炉自动线上处理具有许多优点，6308 轴承套圈在 130kW 输送带式炉中加热与感应加热的经济和技术比较见表 5-35。

表 5-34　GCr15 钢制 6308 轴承套圈感应热处理工艺

轴承零件	中频感应淬火					工频感应回火					
	推料节拍/（件/min）	加热温度/℃	保温时间/s	总加热时间/s	冷却	推料节拍/（件/min）	电参数		加热温度/℃	保温时间/s	总加热时间/s
							U_2/V	I_2/A			
6308/01	9.5	870±5	120	330	油冷	9.5	23.5±0.3	300	215±5	150	300
6308/02	9.5	870±5	120	330		9.5	15.5±0.3	300	215±5	150	300

表 5-35　6308 轴承套圈在 130kW 输送带式炉中加热与感应加热的经济和技术比较

项目	内容		130kW 输送带式炉	6308 自动线感应加热设备	备注
1	淬火、回火耗电量		0.61kW·h/kg	0.38kW·h/kg	
2	材料消耗	镍铬电阻带	153.8kg	200~300kg 纯铜管	可使用3~5年
		耐热钢	1775kg	不超过10kg	
		淬火、回火设备自重	30t	不超过1t	
3	产品质量	脱碳贫碳深度/mm	0.05~0.08	<0.02	在箱式电炉加热淬火+空气回火
		同件硬度差 HRC	<1	<0.5	
		同批硬度差 HRC	<2	<1.0	
		圆度畸变/mm	0.15~0.25	0.08~0.20	
		平均寿命/h	3279	4223	
4	劳动条件		50%以上热量损失，夏天环境温度超过40℃	90%热量用于加热，环境温度同冷加工	
5	适应范围		多品种、多型号	少品种大批量	

2. 钢球的中频感应淬火

（1）感应加热与保温　以 1/2in 钢球感应加热为例，总加热时间为 9.3s，节拍为 6 粒/s，总冷却时间为 9s。在感应器出口处，钢球温度为 920℃，生产率为 200kg/h。经淬火后，钢球硬度、断口、压碎载荷均与电阻炉加热的相同。淬火组织虽不如电阻炉处理的均匀，但也在标准的合格范围内。与电阻炉相比，其技术经济指标见表 5-36。

（2）钢球感应加热后电阻炉保温　采用此种淬火加热装置时质量全面合格，氧化脱碳、压碎载荷高于电阻炉加热淬火的钢球，电力消耗可节约 70%，生产率可提高 2.5 倍（平均 350kg/h）。钢球感应加热与电阻炉保温的温度和时间见表 5-37。

表 5-36　钢球感应加热与电阻炉加热的技术经济指标

加热方式	生产率/(kg/h)	加热时间/s	脱碳深度/mm	氧化耗损(%)	电能消耗/(kW·h/t)
感应加热	200	9.3	0.06	0.1	330
电阻炉加热	70	1800	0.16	0.80	370

表 5-37　钢球感应加热与电阻炉保温的温度和时间

钢球直径/mm	质量/g	加热温度/℃	感应加热时间/s	电阻炉保温时间/min	生产率/(kg/h)
20.89	37.0	840±5	16	10~13	290~310
23.27	52.0	840±5	17.3	12~15	345~375
28.85	99.0	845±5	19.3	15~18	480~530
30.45	117.0	850±5	21	15~18	490~535
36.97	207.0	855±5	30	18~21	495~560

5.3.5　高碳铬钢轴承零件预渗氮和碳氮共渗表面改性热处理

1. GCr15 表面预渗氮或碳氮共渗改性机理

根据疲劳机理中的最大切应力理论，球轴承在承载运转时，疲劳源最容易在表面下最大切应力深度处产生，而后在交变应力的作用下，裂纹向表面扩展，最后导致剥落。如果能在最大切应力深度处造成残余压应力，将会抵消促进裂纹产生并扩展的拉应力的作用，从根本上改变材料的疲劳强度。

渗碳（渗氮）钢表面渗碳、碳氮共渗或渗氮淬火后，表面形成压应力。其原因是：淬火时，因富碳的表层 Ms 点低于低碳的心部，心部先达到 Ms 点而变为马氏体，体积要膨胀 3%~4%，但表层未达 Ms 点而处于奥氏体状态，表层受心部所拉，容易屈服变形而处于松弛受拉状态；随着冷却，当表层达到 Ms 点时，同样因转变而体积膨胀，对已硬化了的心部产生拉应力，淬硬了的心部不易屈服。相对而言，心部对表面产生使之压缩的力，即压应力。故渗碳钢淬火后表面表现为压应力状态。

高碳铬轴承钢本已高碳，再施渗碳钢的高温渗碳工艺不经济也无必要，但让其表层增氮同样可降低 Ms 点，同时含氮马氏体有其独特的优越性能，因此考虑将其低温预渗氮 + 淬火或中温碳氮共渗淬火，在易出疲劳源的皮下最大切应力深度处获得压应力状态，从而提高其疲劳强度，并利用其预渗氮或碳氮共渗作用来提高硬度、耐磨性、回火稳定性、耐蚀性等。将这种表面改性的热处理方法称为马氏体应力淬火。

2. GCr15 钢预渗氮

表 5-38 列出了马氏体应力淬火工艺。经预渗氮处理后，表层因渗氮而 Ms 点下降 100℃ 左右，淬火后表层残留奥氏体量增加，如图 5-24 所示，但经冷处理可使残留奥氏体减少一半左右。采用马氏体应力淬火，在表层一定深度内会造成残余压应力，如图 5-25 所示。

表 5-38　马氏体应力淬火工艺

方法	预备热处理工艺	淬回火处理工艺
预渗氮 + 淬回火	524℃ × 5h，NH3 分解率为 15%~25%；571℃ × 5h，NH3 分解率为 83%~86%。在气体渗氮炉中进行	在保护气氛网带炉中加热：835℃ × 50min，油淬，150℃ × 4h 回火

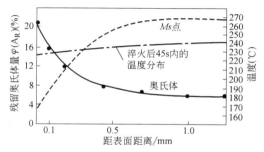

图 5-24　GCr15 钢预渗氮淬火后不同深度的 Ms 点及残留奥氏体量

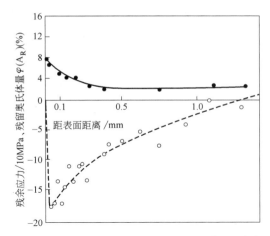

图 5-25　GCr15 预渗氮淬火冷处理回火后表面压应力
及残留奥氏体分布

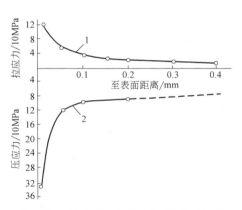

图 5-27　碳氮共渗与普通（常规）淬火试样
表层应力分布
1—普通淬火　2—碳氮共渗

3. GCr15 钢碳氮共渗

GCr15 钢除了预渗氮淬火，对其进行碳氮共渗，同样可以获得马氏体应力淬火的理想效果。将 GCr15 钢试样放在通入氨气、甲醇、丙烷等有机化合物的炉子内，进行 820℃×10h 碳氮共渗，渗后直接油淬，250℃×2h 回火。测定其表层硬度和 C、N 浓度分布，如图 5-26 所示。为了与普通热处理比较，对比试样在多用炉中 825℃×10h 加热淬火、175℃×2h 回火后的应力和硬度。两种处理方法的试样表层应力分布如图 5-27 所示，回火温度对硬度的影响如图 5-28 所示。这些结果表明，碳氮共渗后，0.5mm 深处的表层 C、N 溶度明显升高，并产生残余压应力，硬度及回火稳定性能提高。在同样温度下回火，碳氮共渗淬火试样的硬度比普通淬火高 2~3HRC 左右。

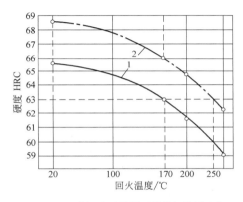

图 5-28　回火温度对普通（常规）淬回火与
碳氮共渗硬度的影响
1—普通常规淬回火　2—碳氮共渗

碳氮共渗层的组织特点是表层含有大量的细小集聚碳化物和氮化物，以及马氏体和残留奥氏体，经不同温度回火后，硬度高于普通常规热处理，因此其接触疲劳寿命较高。另外，研究表明，碳氮共渗不仅提高硬度、回火稳定性、改变表面的应力状态，还可以提高耐磨性（见表 5-39），减少摩擦因数（见表 5-40），还可以提高耐蚀性，如图 5-29 所示。最重要的是提高了接触疲劳寿命，见表 5-41。

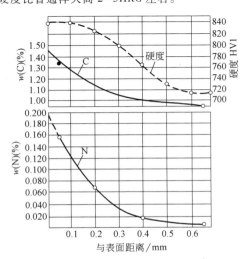

图 5-26　碳氮共渗试样表层硬度及 C、N 浓度分布

表 5-39　碳氮共渗与普通淬火耐磨性对比

方法	磨损深度<0.2μm 的比例（%）		最大磨损量/μm	
	150℃回火	250℃回火	150℃回火	250℃回火
普通淬火	60	28	0.5	0.8
碳氮共渗淬火	100	70	0.2	0.3

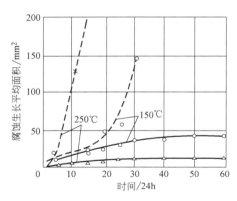

图 5-29　耐蚀性对比（腐蚀生长速度和时间的关系）

—— 碳氮共渗　--- 普通淬火

表 5-40　摩擦因数对比

工艺	碳氮共渗				
时间/s	2000	3000	4000	5000	6000
摩擦因数	0.62	0.63	0.62	0.63	0.65
摩擦因数平均值	0.63				
工艺	常规淬回火				
时间/s	2000	3000	4000	5000	6000
摩擦因数	0.67	0.68	0.68	0.68	0.69
摩擦因数平均值	0.68				

注：1. 在 UMT-2 多功能摩擦磨损试验机上做球-盘往复式干摩擦试验。

2. 试验为 $\phi40mm \times 8mm$ 的两种试样，对磨副为 GCr15 钢球、硬度为 62HRC，试验载荷为 30N，磨损时间为 120min。

表 5-41　接触疲劳寿命对比

淬火工艺	回火工艺	平均硬度 HRC	$L_1^0/10^7 r$[1]	L_{10} 比值	$L_{50}/10^7 r$[1]	L_{50} 比值	特征寿命/$10^7 r$[1]	斜率 b	残留奥氏体量 $\varphi(\%)$
碳氮共渗	$-78℃ \times 1h +$ $170℃ \times 3h$	66	0.808	2.1	3.306	2.4	4.349	1.3366	5.8
	$170℃ \times 3h$	65	0.937	2.4	3.263	2.3	4.159	1.5106	14.6
	$250℃ \times 3h$	62.8	0.328	0.84	1.803	1.3	2.512	1.1052	3.6
普通淬火	$170℃ \times 3h$	64.1	0.391	1	1.409	1	1.809	1.4693	7.6

注：1. GCr15 碳氮共渗工艺：820℃×8h（滴注气氛为甲醇 80~90 滴/分+丙酮 80~90 滴/分+NH₃ 1~1.5L/min，碳势相当于 1.25%）淬火，分不同后续工艺处理。

2. 本试验为 TLP 试验，试验机主轴转速 2040r/min，接触应力为 4508MPa，每组试验 12~14 个推力片。

① r 表示转。

由表 5-41、图 5-29 可知，在相同回火工艺下，碳氮共渗接触疲劳额定寿命 L_{10} 是普通淬回火的 2 倍以上；对比普通淬火和碳氮共渗淬火表明，碳氮共渗的腐蚀生长速度缓慢，耐蚀性明显高于普通淬回火热处理。

5.3.6　轴承零件的真空热处理

1. 轴承零件真空热处理加热和冷却规范

（1）加热　在真空中加热主要是靠热辐射传热的。根据辐射的直射特点，零件在炉内放置时总是难以避免有"背阴"部分，因此容易造成工件加热不均匀，甚至同一零件上温度也有差别，从而导致组织、硬度的不均匀和零件变形增大。为此，零件在加热过程中应进行一次或二次，特殊情况下进行多次预热。当温度达到该钢种的淬火温度后，还可适当延长保温时间，以求加热均匀。

（2）冷却　真空淬火常用的冷却方式有气冷和油冷，也可采用气-油冷。由于真空淬火油在较高真空度下的冷却能力降低，故淬火时应在油面上通入高纯氮或惰性气体以使油面压力提高。其压力大小视钢种和装炉方式、装炉量等不同而异。一般油面压力控制在 39.9~93.1kPa 范围内。淬火油温控制在 50℃ 左右。

对于淬透性好、有效厚度较小的轴承零件，可采用气冷淬火，即在冷却室充填高纯氮或惰性气体，并调节气体压力和流速以控制气冷能力。根据钢种和工件的有效厚度，其气冷压力可由小到大来选择，一般选用 9.31kPa。

一些钢材（包含常用轴承钢 GCr15、不锈轴承钢 G95Cr18、高温轴承钢 8Cr4Mo4V 等）的真空淬火工艺规范见表 5-42。

表 5-42　一些钢材的真空淬火工艺规范

牌号	预热温度/℃	淬火温度/℃	建议真空度/Pa	冷却方法
GCr15	650	830~850	6.667~0.667	油
G95Cr18	850	1040~1070	6.667~0.667	油/惰性气体
8Cr4Mo4V	850	1080~1110	6.667~0.667	油/惰性气体

（续）

牌号	预热温度/℃	淬火温度/℃	建议真空度/Pa	冷却方法
Cr12	815	950～980	6.667～0.667	油/惰性气体
Cr12MoV	820	1000～1060	6.667～0.667	油/惰性气体
GW6Mo5Cr4V2	850	1190～1230	26.664～13.332	油/惰性气体
GW18Cr5V	850	1260～1300	26.664～13.332	油/惰性气体
30CrNiMo	720	830～860	1.332～0.1332	油
30CrMnSi	720	880～900	1.332	油

注：回火可以在其他合适炉温的炉子中热处理。

2. 薄壁套圈真空高压气淬热处理

对于厚壁 GCr15 轴承套圈，普通油淬已能满足对工件变形的要求，而薄壁轴承套圈的普通油淬极易出现工件变形一直是轴承热处理的难点，又因 GCr15 钢的淬透性有限，采用一般气冷时的冷却速度不能使工件淬火，而真空高压气淬工艺具有无氧化、无脱碳的特点，可以实现光亮热处理，使工件脱脂、脱气、避免表面污染和氢脆，同时可以实现对加热速度和冷却速度的控制，从而减小热处理变形，故该淬火工艺是解决 GCr15 薄壁轴承套圈油淬易变形超差的有效方法。有参考文献在 ICBPH100TG-TH 型低压真空渗碳炉、RDES-270/9-900CN 型转底式炉和回火油炉中，对外径为 200mm、宽度为 35mm、有效壁厚为 5mm 的 GCr15 薄壁轴承套圈，分组进行了高压气淬、一般油淬、相同回火工艺下试验对比分析。

（1）热处理工艺　将套圈分成两组，一组进行普通油淬热处理，具体为工艺 1：835℃×40min 加热保温+油冷淬火+170℃×240min 回火；另一组进行真空高压气淬处理，具体为工艺 2：835℃×40min 加热保温+0.3MPa、0.4MPa、0.5MPa、0.6MPa、0.7MPa（生产中常用压力范围）的高纯氮气气冷淬火+170℃×240min 回火。

（2）硬度及金相组织对比　将试验用套圈分别在不同气淬压力下（0.3MPa、0.4MPa、0.5MPa、0.6MPa、0.7MPa）进行气冷淬火+回火试验，测试其表面及心部的硬度值，然后与生产中使用的普通空气加热油淬+回火工艺的套圈进行对比，见表 5-43。对比发现，对于壁厚为 5mm 的轴承套圈，无论多大的气体压力，均能淬硬，并且心部与表面的硬度值相差不大；金相组织均由均匀分布的细小马氏体基体组织、细小残留碳化物、少量的残留奥氏体组成，而且高压气淬与一般油淬后的组织相当。硬度和金相组织均符合 GB/T 34891—2017 的要求。

表 5-43　不同热处理工艺试验的硬度分布

工艺	压力/MPa	不同部位硬度值 HRC	
		心部	表面
气淬	0.3	61.8	61.9
	0.4	62.0	62.1
	0.5	62.1	62.1
	0.6	62.1	62.0
	0.7	62.1	62.2
油淬	—	62.1	62.3

（3）变形量对比　轴承套圈变形的根本原因是淬火过程中产生的热应力和组织应力。当采用普通的油冷淬火时，由于入油的不同时性，造成套圈不同部位的冷却速度存在一定的差异，而淬火油的冷却速度较快，油淬时产生了较大的热应力和组织应力。实际生产中发现，油淬套圈常出现较大变形和翘曲，尤其宽度较大套圈的锥度问题比较突出。高压气淬是采用氮气作为淬火冷却介质，氮气从各个方向同时冲入淬火室，改善了套圈的冷却方式，保证了套圈冷却的同时性和均匀性，减少产品的变形和翘曲，尤其是避免了宽度较大套圈的锥度问题。由表 5-44 可知，随着淬火压力的提高，套圈的直径变动量及端面翘曲量逐渐增加，但相较普通油淬后的变形量均有较大提高，尤其是套圈的锥度大为改善，因此对于薄壁 GCr15 轴承套圈，在保证硬度组织满足要求的条件下，应尽量选取较小的气淬压力。此次试验表明，5mm 厚薄壁轴承套圈的最佳气淬压力为 0.3～0.4MPa。

表 5-44　热处理后变形检测结果对比

编号	直径变动量/mm						端面翘曲/mm						锥度/mm					
	油淬	气淬压力/MPa					油淬	气淬压力/MPa					油淬	气淬压力/MPa				
		0.3	0.4	0.5	0.6	0.7		0.3	0.4	0.5	0.6	0.7		0.3	0.4	0.5	0.6	0.7
1	0.40	0.14	0.25	0.09	0.31	0.28	0.18	0.06	0.06	0.08	0.10	0.16	0.15	0.03	0.04	0.03	0.03	0.02
2	0.38	0.14	0.12	0.28	0.29	0.35	0.15	0.09	0.08	0.14	0.14	0.16	0.12	0.02	0.02	0.03	0.02	0.03
3	0.60	0.12	0.18	0.24	0.18	0.26	0.20	0.05	0.15	0.13	0.15	0.18	0.23	0.03	0.04	0.03	0.03	0.03

（续）

编号	直径变动量/mm						端面翘曲/mm						锥度/mm					
	油淬	气淬压力/MPa					油淬	气淬压力/MPa					油淬	气淬压力/MPa				
		0.3	0.4	0.5	0.6	0.7		0.3	0.4	0.5	0.6	0.7		0.3	0.4	0.5	0.6	0.7
4	0.16	0.20	0.15	0.15	0.25	0.16	0.08	0.02	0.06	0.08	0.12	0.17	0.08	0.02	0.03	0.03	0.02	0.03
5	0.52	0.12	0.08	0.24	0.28	0.32	0.12	0.03	0.04	0.09	0.11	0.14	0.12	0.02	0.03	0.02	0.03	0.04
6	0.19	0.14	0.12	0.19	0.30	0.34	0.04	0.05	0.02	0.16	0.09	0.20	0.09	0.04	0.02	0.03	0.03	0.04
7	0.36	0.18	0.15	0.28	0.35	0.23	0.11	0.06	0.02	0.12	0.16	0.12	0.14	0.03	0.04	0.03	0.04	0.03
8	0.25	0.18	0.20	0.19	0.26	0.38	0.18	0.02	0.06	0.06	0.18	0.13	0.16	0.02	0.04	0.04	0.03	0.02
9	0.48	0.14	0.11	0.21	0.28	0.45	0.28	0.06	0.12	0.09	0.17	0.10	0.18	0.02	0.02	0.03	0.04	0.02
10	0.42	0.16	0.20	0.18	0.26	0.36	0.18	0.06	0.02	0.02	0.10	0.18	0.11	0.03	0.02	0.03	0.03	0.03
平均值	0.38	0.15	0.16	0.21	0.28	0.31	0.16	0.02	0.06	0.11	0.13	0.13	0.13	0.03	0.03	0.03	0.03	0.03

另外，真空高压气淬也适宜于具有高淬透性的高温轴承钢 Cr4Mo4V 及不锈轴承钢 G95Cr18、G102Cr18Mo 等多种钢制薄壁轴承套圈的淬火，同样具有降低淬火变形的作用。

3. 轴承零件真空热处理的其他优越性及不足

真空热处理除上述防氧化、脱碳及洁净光亮的表面质量和文明、环保生产，还有如下的优越性：

1）降低工件的氢含量，提高其接触疲劳寿命。

2）降低残余应力层，改变应力性质。

3）有效防止淬火裂纹的产生。

4）降低工件的变形和磨削时产生的变形。

5）提高材料的强度等。

真空热处理也有其不足之处和局限性，表现在炉子的价格比较贵，并且多是周期性作业，其加工成本目前比较高；对于含蒸气压高、易挥发元素的材料，在加热时真空度受到限制，只有在通入惰性气体提高炉内压力的条件下，才能避免这些元素的大量挥发，如此就要增加加工成本。

5.3.7　轴承零件表面的激光淬火

1. 激光表面相变强化定义

激光表面相变强化技术是将高能量的激光束照射到金属表面，使金属表层的温度急剧升高，激光束离开被照射位置时，由于激光照射位置与金属冷态基体之间的热传导作用，使激光照射位置的温度急剧下降，实现自冷淬火，组织发生转变，实现金属表面相变强（硬）化的过程。

2. 激光淬火的特点

1）激光淬火的冷却速度快，为 $10^4 \sim 10^8 ℃/s$，远大于 Fe-C 合金相图中奥氏体对临界冷却速度的要求，因此很容易经淬火后获得马氏体组织。

2）激光淬火加热速度快，高达 $10^4 \sim 10^6 ℃/s$。

3）奥氏体化时间短，约为 $10^{-2}s$；奥氏体化的温度高，达 1400℃。

3. 激光淬火后的组织

激光淬火后的组织细，要比通常的感应淬火和整体淬火后的组织细 2 个等级。其原因在于，激光相变强化工艺的加热温度较高，加热速度很快，使奥氏体转变在较高的过热度下进行，相变驱动力很大，导致奥氏体的形核率激增。同时，在快速加热和急速冷却下，碳原子在组织转变中的扩散受到很大抑制，奥氏体往往来不及长大及均匀化，使激光作用区晶粒细化。超细的奥氏体在马氏体相变作用下，必然转变成超细的马氏体组织。

激光淬火后的组织一般分为三层，即硬化层、过渡层和基体，其中硬化层的组织又可分为粗晶层和细晶层，这里的粗晶层和细晶层是相对而言的。在激光淬火冷却的过程中，由于冷却是通过自身的热传导，以内部基体作为热量的吸收物质，因此与其他通常的淬火过程相反，在激光淬火过程中，靠近表面的奥氏体组织冷却最慢，其奥氏体晶粒孕育时间更长，因而奥氏体晶粒更大，淬火冷却后的马氏体晶粒也自然更大。如果激光的功率密度过大，还会在表面产生一层过热层或熔化凝固层，这一层的应力一般为拉应力，容易导致裂纹的产生。

激光淬火的淬硬层深度一般为 $0.3 \sim 2mm$。激光淬火的淬硬极限决定于材料的导热性能。激光淬火的淬硬层深度，可以通过激光功率和扫描速度进行控制。

激光淬火硬度的最高位置通常不在表面，而在表面之下几百个微米的位置，如果磨削余量为 0.2mm，则可以获得最终更高的表面硬度值。

4. 激光淬火的强化作用机理

激光淬火的强化作用是由三种强化方式叠加而成的，即马氏体相变强化、细晶强化和弥散强化。

马氏体相变是激光淬火强化的主要方式，是激光将表面加热至奥氏体相变后快速冷却得到的。马氏体强化的本质是碳元素在马氏体晶格中的过饱和导致的畸变强化，激光淬火马氏体中的碳的过饱和程度更高，所以其畸变程度更大，强化效果更好。

细晶强化是由于激光淬火加热温度高，使加热时奥氏体的形核率增大，转变为马氏体时自然会得到更为细小的晶粒，通常比普通淬火后的组织晶粒小两个等级。

弥散强化是由于激光淬火的加热时间短，碳化物来不及溶解，最终弥散在组织中，形成弥散强化效果。

基于这三种强化机理的叠加作用，激光淬火的后的硬度通常比普通淬火后的硬度高。

在激光强化后的马氏体组织中有大量的残留奥氏体，体积分数达到 30% 甚至更高。由于残留奥氏体对应力和缺陷的吸收作用，使激光淬火的耐疲劳和耐磨性更好。

5. 激光淬火的适用性

由于激光淬火的冷却速度可达 10^4℃/s，所以各种类型的轴承钢如 GCr15、GCr15SiMn、9Cr18、42CrMo 等，在激光表面淬火过程中都有足够的冷却速度，以完成马氏体转变。

6. 常用激光淬火器类型及其输出方式

激光器是进行激光表面淬火最基本的设备。根据激光器中工作物质的不同，激光器可分为以下几大类：

（1）固体激光器　这类激光器所采用的工作物质是通过把能够产生受激辐射作用的金属离子掺入晶体或在玻璃基质中构成发光中心而制成的，如以掺钕钇锆石榴石的 YAG 激光器。

（2）气体激光器所采用的工作物质是气体，包括原子气体激光器、离子气体激光器、分子气体激光器，如 CO_2 激光器。

（3）液体激光器　这类激光器所采用的工作物质主要包括两类，一类是有机荧光染料溶液，另一类是含有稀土金属离子的无机化合物溶液。

（4）半导体激光器　以一定的半导体材料作为工作物质而产生受激发射作用。

（5）自由电子激光器　这是一种特殊类型的新型激光器，工作物质为在空间周期变化磁场中高速运动的定向自由电子束。

7. 激光淬火的工艺参数

（1）激光功率　激光功率决定能量的输出，在其他参数一定的情况下进行表面淬火。当激光功率过小时，材料表层难以发生相变，材料表面硬度几乎不变；当激光功率达到某一段数值时，被处理工件的表面硬度随功率的增加而上升，并且几乎呈线性关系；

当激光功率继续增大时，则可能发生材料表面熔化，使其硬度降低，从而影响激光淬火效果。因钢的化学成分及其表面状态不同，通常需结合具体的激光设备，由试验确定激光器输出功率的大小。

（2）光斑尺寸　激光束通过聚焦形成一定形状及尺寸的光斑作用于工件表面，光斑的状况对表面淬火质量有重要影响。光斑的宽度即代表激光扫描的淬火带宽度，光斑的面积则决定激光与材料表面发生相互作用的面积。若光斑尺寸过大，将导致材料表面能量吸收不足，不利于金属发生相变硬化；反之，则易造成工件表面熔化，同时不利于工件表面大面积淬火处理的进行。

（3）扫描速度　激光扫描速度主要影响激光束对工件表面的照射加热时间，在激光输出功率一定的条件下，激光束对工件表面的作用时间决定了激光对工件表面的能量输入，工件表面能够吸收而实现微观结构变化的能量与激光束的能量输入直接关联，即体现了激光束的扫描速度与工件表面吸收能量的紧密联系。但扫描速度不能过小，否则冷却速度过慢，不利于晶粒细化，也不利于实现马氏体转变。

（4）激光器的输出频率　激光器输出激光的频率决定了激光的波长，影响金属材料对激光的吸收。例如，CO_2 激光器的输出波长为 10600nm，而 YAG 激光器的波长为 1064nm，二者的波长相差十倍，对工件表面进行处理时，为了避免反射造成的实际输入效率低的问题，CO_2 激光器需要预先对工件表面进行黑化处理，YAG 激光器不需要预先进行黑化处理，就有良好的吸收率。

（5）激光功率密度　激光工艺参数的组合对硬化层深度有很大的影响，三个参数之间相互协调，互相影响，功率密度 = 激光功率/（扫描速度×光斑面积）。图 5-30 所示为 42CrMo 钢在激光扫描速度为

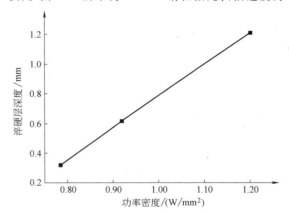

图 5-30　淬硬层深度与激光扫描功率密度关系

300mm/min 时，淬硬层深度与激光扫描功率密度的关系。

8. 激光淬火的优缺点

（1）优点

1）激光淬火比普通淬火硬度高、耐磨性好，对于低中碳钢此效果更为明显。

2）热源属于非接触式加热，而且束斑尺寸小，被处理材料周围热影响区极小，工件变形极小。

3）靠工件自身冷却淬火，不需要任何冷却介质，因而工作环境清洁、无污染。

4）淬硬层深度可以控制。

5）因为光的传递方便，位置、聚焦等参数可用计算机精确控制，便于实现自动化生产。

6）对工件几何特性不敏感。在表面感应淬火过程中，工件的表面形状对淬火质量影响很大，而激光束在一定范围内可以达到任何表面，并且不引起明显

的热量分配不均现象。

（2）缺点

1）设备较贵，一次性投资大，对技术人员要求较高。

2）淬火前表面要增加一道预备热处理工序。

3）大面积淬火时，扫描带之间有软带，硬度不连续。

4）淬硬层深度一般比感应淬火浅。

5）光电转换效率较低。

6）工艺移植性差。当工件的尺寸、材料等因素发生变化时，激光淬火工艺都需要进行改变并进行验证。

9. 激光淬火案例

激光淬火的工艺移植性差，所以激光淬火适合对工艺固化后的工件进行批量生产，而当工件材料、形状等变化时，激光淬火工艺则需要重新试验，确定各项参数。一些轴承零件激光淬火的案例见表 5-45。

表 5-45　一些轴承零件激光淬火的案例

牌号	预备热处理	激光器及选择功率/W	光斑尺寸/mm	扫描速度/（m/min）	最高硬度HV	淬硬层深度/mm	组织形态
42CrMo	—	半导体激光器 35000	1.5×7	1.3	650	1	42CrMo 钢激光淬火区显微组织主要为针状马氏体和极少量残留奥氏体
G95Cr18	真空油淬 1070℃ + 高温回火 200℃	固体激光器 1000	10×1	1	751	0.2	熔融层（柱状晶区 + 等轴晶区）+ 淬硬层（细小马氏体）
GCr15	845℃ 淬火 +520℃ 回火 黑化处理	CO₂ 激光器 2200	9×6	1	1000	0.9	硬化区组织为隐针马氏体 + 残留奥氏体和未熔碳化物
GCr15SiMn	840℃ 淬火 +550℃ 回火 黑化处理	CO₂ 激光器 1000	φ5	0.6	1096	0.25	硬化区组织为隐针马氏体 + 残留奥氏体和未熔碳化物

从表 5-45 可以看出，所有轴承钢进行淬火后得到的都是细小的马氏体，硬度比一般淬火要高。不锈钢在激光淬火时，由于激光的输入功率密度过大，出现了熔化层，在表面产生了柱状晶和等轴晶区。应当说，这在所有材料的激光淬火过程中，当激光功率过大时，都会产生这种现象。

激光淬火后的硬度分布曲线如图 5-31 所示。硬度最高的区域总是在表层下方。

激光淬火后的应力分布曲线如图 5-32 所示。在表层为压应力，从这一点考虑，它可以抵抗裂纹的产生。再考虑其组织中高的奥氏体含量，可以吸收位错能，避免应力集中，从而延缓裂纹的萌生和扩展。

10. 轴承激光淬火应当注意的问题

1）由于轴承零件为环状零件，不可避免地存在

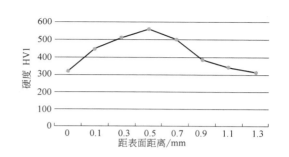

图 5-31　激光淬火的硬度分布曲线

软带问题。软带问题如果不解决，将很可能成为轴承首先疲劳失效的位置。否则，只能应用在一些特殊轴承上，如轴承偏转角度有限，软带存在对轴无影响的情况下。

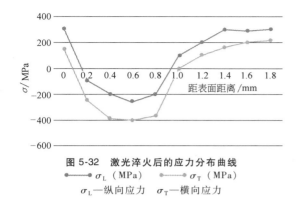

图 5-32　激光淬火后的应力分布曲线
- ● σ_L（MPa）　　- ● σ_T（MPa）
σ_L—纵向应力　　σ_T—横向应力

2）当轴承滚道更宽时，受制于光斑尺寸的限制，必然需要多次淬火，才能淬硬轴承整个滚道，因此存在淬火的搭接问题，在搭接区会造成高温回火的软化作用。

3）激光淬火的深度有限。由于激光淬火的深度通常较浅，因此在轴承设计中，当载荷较大时，必须避免承载导致的轴承基体层的塑性变形，而使表层被压碎失效。

4）激光淬火需要以基体为吸收热量的源头对淬火区进行冷却，由于淬火区的温度为 1000℃ 以上，深度约为 1mm，而轴承冷却时，要降低到常温下，因此应考虑热量再度平衡的吸纳极限问题。激光淬火时，基体的厚度需达到淬硬层深度的 9 倍左右，才能实现激光的快速冷却，否则将会影响激光淬火后所能达到的硬度。因此，过薄的零件不适合进行激光淬火。

5）以激光的快速加热和急速冷却来获得优异的热处理性能，可以称之为传统的激光相变强化；而当条件受到限制，如零件厚度过小，快速加热和快速冷却不能有效实现时，需要辅助其他的外界条件来实现，这时激光处理后的组织及其性能会有所差异。依据其对附加条件的依赖程度，其相变机理会过渡到与传统热处理相似，只是仅仅以激光为热源的相变处理，而没有快速加热和急速冷却所能获得的优异性能。

5.3.8　渗碳钢制中小型轴承零件的热处理

对承受高冲击载荷的轴承零件，要求轴承工作表面具有高的硬度、耐磨性、高抗疲劳性，而心部具有高的强韧性，因此常采用渗碳钢制造。目前，轴承制造中常用的渗碳轴承钢有 15Mn、G20Cr2Ni4A、G20Cr2Mn2MoA、G20CrNiMoA 等，原材料执行 GB/T 3203，轴承零件热处理技术条件执行 JB/T 8881—2020。其用途分别为，15Mn 钢主要用于制造汽车万向节轴承外套；20Cr2Ni4A 和 20Cr2Mn2MoA 钢也用于制造飞机起落架轴承；G20CrNiMoA 钢主要用于制造耐高冲击载荷轴承零件，如汽车方向盘轴承外套，G20Cr2Ni4A 钢也用于制造汽车轮毂轴承等。

渗碳质量要求与渗碳工艺

1）中小型轴承零件的有效渗碳层深度见表 5-46。

表 5-46　中小型轴承零件的有效渗碳层深度

有效零件壁厚/mm	有效渗碳层深度/mm
≤8	0.7～1.2
>8～14	1.0～1.6
>14～20	1.5～2.3
>20～50	≥2.5
>50～80	≥3.0
>80	≥3.5

2）渗碳淬火后的表面硬度应为 62～66HRC，回火后应为 59～64HRC；心部硬度一般为 30～48HRC。表面不允许有软点和硬度不均匀现象。

3）渗碳轴承零件淬火、回火后的渗层断口应为灰色瓷状细小晶粒断口；中心断口应为纤维状，不允许有粗大晶粒断口。渗层的显微组织应为隐晶或细针状马氏体和均匀分布的碳化物，以及少量残留奥氏体，不允许有粗大的碳化物网和明显可见的碳化物针。淬火、回火后不允许有裂纹存在，脱碳层深度不应超过零件的实际最小留量。

4）渗碳层表面碳浓度应控制在 0.8%～1.05%（质量分数），过渡层碳浓度梯度要平缓。

5）中小型渗碳轴承零件的热处理工艺见表 5-47。

表 5-47　中小型渗碳轴承零件的热处理工艺

牌号	渗碳零件名称	热处理设备	渗碳和淬火、回火后的技术要求	渗碳（淬火、回火）工艺
15Mn	汽车万向节滚针轴承外套	井式气体渗碳炉、多用箱式装料炉、推盘炉	1）渗层深度为 0.8～1.3mm 2）渗层硬度：表面为 60～64HRC，心部>25HRC 3）渗碳层组织应为细小针状马氏体和少量残留奥氏体 4）不允许有裂纹 5）畸变不能超过总量的 1/2	温度/℃：920±10 炉冷，870，60～80 热清洗，150～160；18～22，20min，5；时间/h。毛坯冷挤压后，在 680～710℃ 进行 3～4h 去应力退火。渗碳剂用氮甲醇+丙烷。

（续）

牌号	渗碳零件名称	热处理设备	渗碳和淬火、回火后的技术要求	渗碳（淬火、回火）工艺
G20Cr2Ni4A	汽车方向盘轴承外套	同上	1）渗层深度：776801、676701 为 1.3～1.7mm，776901 为 1.2～1.5mm　2）渗层硬度：表面硬度为 56～60HRC，心部硬度为 28～45HRC，其他技术要求同 15Mn 钢零件	1）毛坯经 930～940℃ 加热，保温 30～50min 后空冷正火，然后再经 630～650℃ 回火或 680～700℃×4～6h 低温退火　2）渗碳工艺如下图所示渗碳剂用氮甲醇+丙烷 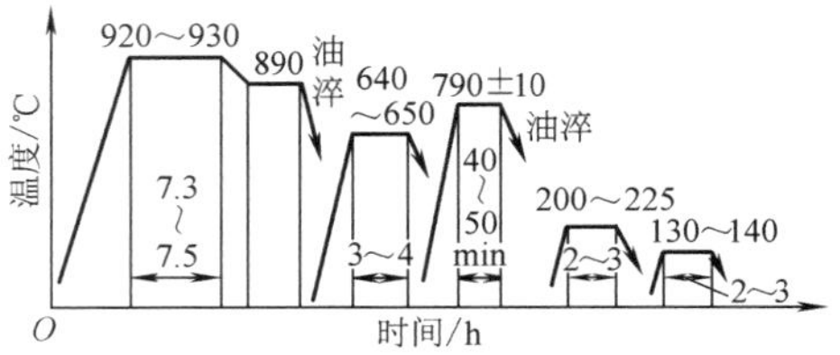
	飞机起落架轴承	同上	1）渗层深度：7511 内外套为 1.3～1.6mm，滚子为 1.4～1.6mm；7512S 内套为 1.8～2.2mm，外套为 1.3～1.6mm；7516S 内套为 1.3～1.6mm，外套为 1.8～2.2mm，滚子为 1.7～1.9mm　2）渗层硬度：表面为 61～64HRC，心部>35HRC	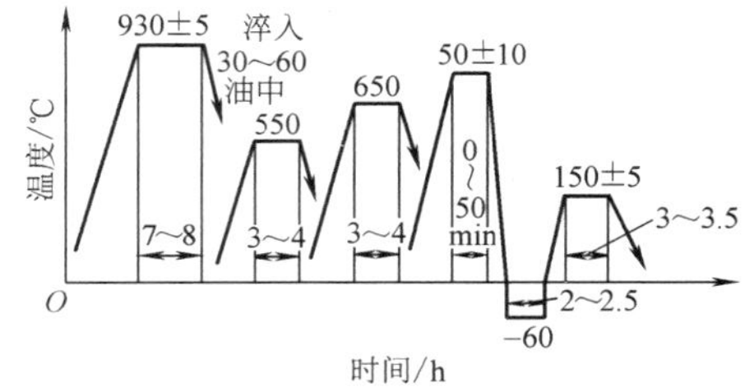 渗碳剂用氮甲醇+丙烷
G20CrNiMo	轴承套圈（外径为 135mm，高度为 36mm，壁厚为 9.1mm）	同上	1）有效渗层深度为 1.4～1.8mm　2）表面碳浓度应为 0.8%～9%（质量分数）　3）硬度：表面为 59～63HRC，心部>30HRC　4）显微组织：表面应为细针状马氏体+少量残留碳化物，不得有粗大碳化物网；心部应为低碳马氏体+少量铁素体	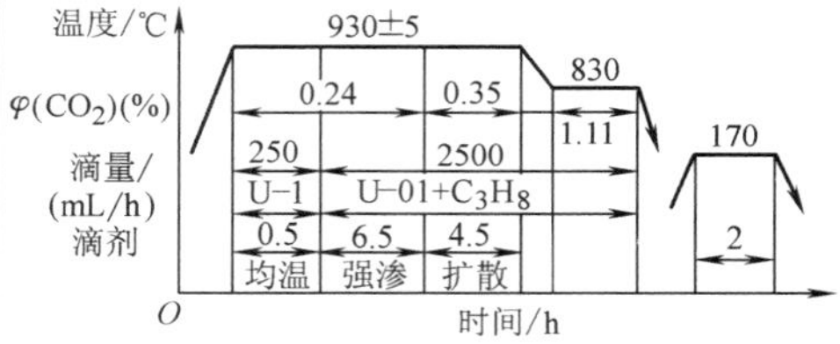 渗碳剂用氮甲醇+丙烷

5.3.9　中碳合金钢轴承零件的热处理

1. 轴承常用的中碳合金钢及其热处理

对承受冲击载荷条件下工作的轴承，除了选用合金渗碳钢，还可采用中碳合金钢来制造。主要中碳合金钢在轴承上的应用见表 5-48。中碳合金钢轴承零件的热处理工艺见表 5-49。其淬火后的金相组织执行 GB/T 38720—2020《中碳钢与中碳合金结构钢淬火金相组织检验》。

表 5-48　主要中碳合金钢在轴承上的应用

牌号	应用
40Cr	用于制造在高冲击载荷下工作的螺旋滚子轴承零件
65Mn	用于制造有切口螺旋滚子轴承外套、锁圈和弹簧等
55SiMoV（52SiMoVA 50SiMoA）	用于制造石油与矿山三牙轮钻头中滚动体和井下动力钻具滚动轴承

表 5-49　中碳合金钢轴承零件的热处理工艺

零件名称	牌号	零件技术要求	退火(或正火)	淬火、回火	备注
螺旋滚子	40Cr	淬火回火后硬度为 40~50HRC	1)冷卷螺旋滚子的再结晶退火 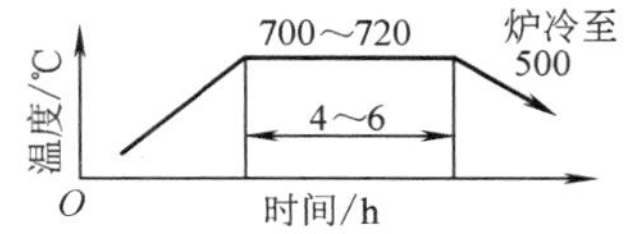 700~720　4~6　炉冷至500 2)热卷螺旋滚子的退火工艺 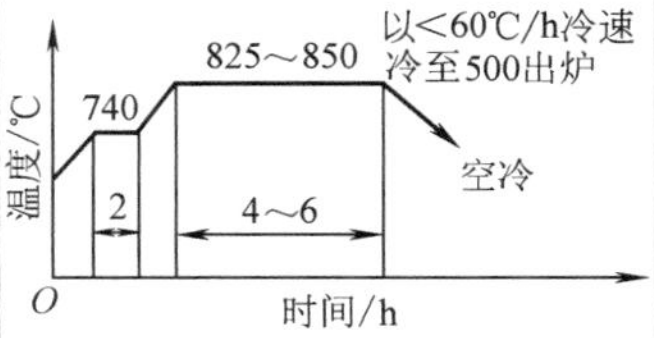 740　2　825~850　4~6　以<60℃/h冷速冷至500出炉　空冷	830~860　25~40min　在30~60的普通淬火油中冷却　320~340　2~3　空冷	1)在退火加热时,要注意防止脱碳,可用铸铁屑或木炭装箱密封退火 2)退火组织欠热者可按原工艺再退火一次 3)为防止脱碳,需在可控气氛电炉内加热淬火
滚子	50CrNiA	淬火回火后硬度为 50~55HRC	1)退火 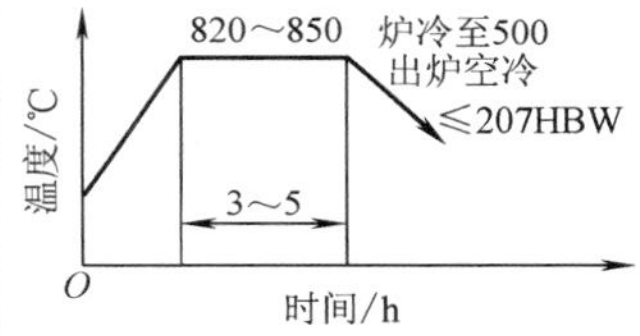 820~850　3~5　炉冷至500出炉空冷 ≤207HBW 2)正火:840~860℃,空冷,670~690℃回火后空冷	840~860　4min/mm　在30~60普通淬火油中冷却　170　3　空冷	
套圈和滚动体	55SiMoVA (52SiMoVA、50SiMo)	按 JB/T 6366—2007 执行,淬回火后硬度为 55~59HRC,组织为板条状马氏体+残留奥氏体+少量碳化物	1)正火和高温回火:860~870℃保温 30~40min,空冷;700~730℃×4~6h,炉冷至650℃ 2)退火:740~760℃×4h,然后以≤20℃/h炉冷至650℃ 退火后硬度为179~255HBW 3)对于锻件,如套圈毛坯、大钢球坯,采用720~730℃×6~8h 4)返修品采用720℃×6~8h退火	1)淬火:860~870℃×40~50min,淬油 淬火后硬度≥58HRC 2)回火:220~280℃×3h,空冷 回火后硬度:套圈为54~58HRC,钢球为55~59HRC(特殊要求为54~58HRC) 3)渗碳及渗后热处理:(930±10)℃×24~28h(C_P为0.8%~1.0%)→870℃油淬→680℃×4~8h高温回火→(850±10)℃×40~60min油淬→200~220℃×3~4h回火	大型钢球(φ76.2mm)可在碳酸钠水中冷却,其淬火温度应降低 20~30℃,通常选用(840±5)℃ 采用可控气氛加热淬火

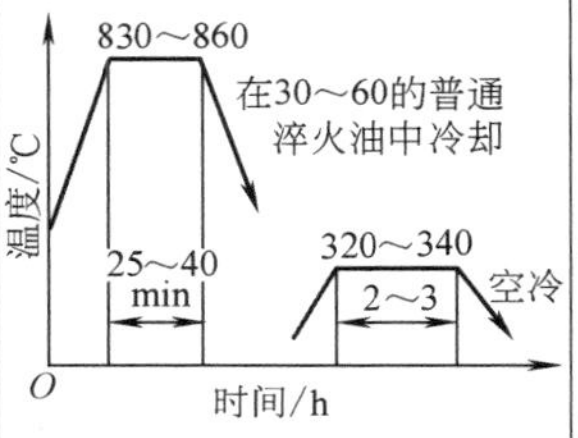

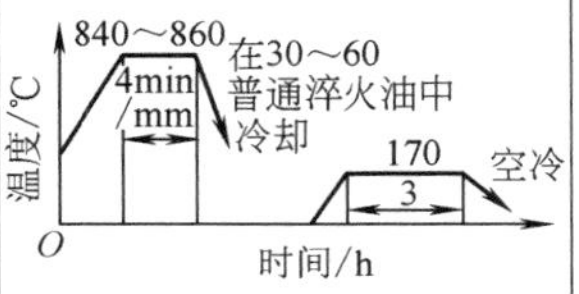

2. 55SiMoVA 钢制轴承零件热处理质量要求

(1) 55SiMoVA　常规马氏体淬回火要求　55SiMoVA (55SiMoA) 钢属于耐冲击轴承钢,淬火回火后具有高的强度、韧性、耐磨性和疲劳强度,它是制造三牙钻头中滚动体 (钢球、圆柱滚子) 和井下动力钻具滚动轴承的专业用钢。30 多年的使用证明,是适宜上述使用条件的最佳钢种。其化学成分（质量分数）为 C0.48% ~ 0.55%，Mn0.30% ~ 0.55%，Si0.90% ~ 1.10%，V0.15%~0.25%，S、P≤0.15%。采用真空脱气或电渣重熔，硬度为 55~58HRC，抗拉强度为 2137MPa，屈服强度为 1999MPa，伸长率为 7%，断面收缩率为 25%。

零件淬回火后的技术要求（马氏体淬回火）按 JB/T 6366—2007 的规定：

1）硬度。套圈、钢球、滚子淬火后的硬度应不低于 58HRC；经 200~280℃ 回火后的硬度：套圈为 54~58HRC，钢球为 55~59HRC（特殊要求为 54~58HRC），滚子为 55~59HRC（特殊要求为 55~58HRC 或 59~62HRC）。

① 同一零件的硬度差。套圈外径小于 100mm，滚动体直径不大于 22mm，同一零件硬度差不大于 1HRC；套圈外径大于 100mm，滚动体直径大于 22mm，同一零件硬度差不大于 2HRC。

② 同一批零件硬度差不大于 3HRC。

2）晶粒度。淬火后的奥氏体实际晶粒度应为 8 级或更细晶粒为合格，按 GB/T 6394 执行。

3）显微组织。应为隐晶、细小结晶马氏体，少量残留奥氏体和残留碳化物。淬回火后的显微组织按

JB/T 6366 评定，1~3 级为合格。

4）裂纹。不允许有裂纹。

5）套圈变形和表面质量。按 JB/T 6366—2007 的规定执行。

6）钢球的压碎载荷。按 JB/T 6366—2007 的规定执行。

7）回火稳定性按 JB/T 6366—2007 的规定执行。

（2）55SiMoVA 渗碳+淬回火要求

1）表面碳含量。$w(C)$ 为 0.75% ~ 0.80%。如果有特殊要求，表面碳含量可按产品图样规定执行。

2）硬度。渗碳零件可渗碳后直接淬火，回火或渗碳随后油冷、高温回火；二次淬回火，其硬度、淬火后的表面硬度不低于 60HRC。

3）回火后的硬度。表面硬度为 58~62HRC（特殊要求为 59~62HRC），心部硬度不低于 54HRC。

4）渗碳层深度。按 JB/T 6366—2007 中的规定执行。

5）晶粒度。渗碳淬火后的晶粒度应为 5 级或更细的晶粒。

6）显微组织。按 JB/T 6366—2007 中的规定执行。

常用 55SiMoVA 钢制钢球的压碎载荷应符合表 5-50 的规定。

表 5-50　常用 55SiMoVA 钢制钢球的压碎载荷

钢球公称直径/ mm	压碎载荷/kN		钢球公称直径/ mm	压碎载荷/kN	
	淬回火后	成品		淬回火后	成品
5	16.0	20.0	17.462	186	232
5.5	19.2	24.0	19.05	220	275
6	22.8	28.5	22.225	296	370
6.35	25.5	31.8	25.4	382	477
6.5	26.8	33.5	26	400	500
7.938	39.7	49.5	26.988	429	536
9.525	56.5	70.5	28	462	577
10.319	65.8	82.2	28.575	476	595
11.112	76.5	95.5	30	526	658
12.7	100	125	31.75	584	730
14.288	126	157	38	820	1020
15.875	154	193	41.275	958	1200

5.4　特大、特轻、微型、精密等轴承零件的热处理

5.4.1　特大及重大型轴承零件的热处理

制造特大及重大型轴承零件的材料主要有：① 高淬透性高碳铬轴承钢，如 GCr15SiMn、GCr15SiMo 等，常用于马氏体淬火、马氏体分级或贝氏体等温淬火；

② 渗碳轴承钢，如 G20Cr2Ni4A、G20Cr2Mn2Mo 等，常用于渗碳淬回火；③ 中碳合金钢，如 42CrMo、5CrMnMo、5CrNiMo、50Mn 等，常用于表面感应淬火。

1. 42CrMo、5CrMnMo、5CrNiMo、50Mn 钢制转盘轴承套圈的感应淬火

（1）锻造毛坯的调质　轴承套圈不仅要求滚道表面耐磨，而且要有一定的强度，为了改善淬火前的组

织，套圈毛坯必须进行调质处理。5CrMnMo（5CrNiMo）钢调质处理工艺曲线如图 5-33 所示，调质处理后的硬度为 230~260HBW。50Mn、42CrMo 正火状态的硬度为 187~241HBW，调质状态为 229~269HBW。

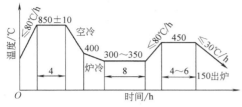

图 5-33 5CrMnMo（5CrNiMo）钢调质处理工艺曲线

（2）转盘轴承（也称回转支承轴承）套圈感应加热热处理 转盘轴承多用于重型起重、挖掘、风力发电偏航、隧道掘进机械及雷达、火炮等方面的回转支承。此种轴承常用 5CrMnMo、50Mn、42CrMo 钢制造，套圈滚道表面硬度要求为 55~62HRC，有效硬化层深度按表 5-51 执行，并允许在滚道上有一宽度小于 30mm 的软带，且其硬度不应低于 40HRC。过去采用火焰淬火，温度高低不稳，因而其硬化层深度与硬度不均，且软带较宽，硬度也低；现采用中频感应无软带淬火，布置多个感应器，不仅淬硬深度和硬度均匀一致，而且加热时间短，零件畸变小，氧化和脱碳少，同时劳动条件也较好。

表 5-51 套圈滚道的有效硬化层深度

（摘自 JB/T 10471—2017）

钢球公称 直径/mm	>		30	40	50
	≤	30	40	50	—
有限硬化层 深度/mm	≥3.0		≥3.5	≥4.0	≥5.0

注：1. 滚道有效硬化层深度为滚道表面检测至硬度为 48HRC 处的垂直距离。

2. 50Mn、42CrMo 正火状态硬度为 187~241HBW，调质状态硬度为 229~269HBW。

3. 套圈滚道表面硬度为 55~62HRC。

重大型轴承套圈的感应加热采用频率为 2500Hz，感应器固定，并与套圈表面保持 3~5mm 间隙，套圈随工作盘的转动而进行连续加热。淬火温度为 830~900℃，淬火冷却介质是从感应器中喷出的 0.05%（质量分数）聚乙烯醇水溶液。淬火后应立即进行 150℃回火。经淬火后的套圈的表面硬化层深度可达 4~6mm，均匀度仅差 0.5mm，表面硬度为 55~62HRC，畸变为 0.25~0.35mm。

2. 特大型轴承零件的渗碳

（1）渗碳硬化层深度及变形量 淬火后的表面硬度和显微组织与中小型渗碳轴承零件的要求相同，

要求的有效渗碳淬火硬化层深度见表 5-52，变形量见表 5-53。

（2）硬度 渗碳轴承零件的表面硬度和心部硬度见表 5-54。

表 5-52 特大型渗碳轴承零件的有效渗碳淬火硬化层深度（摘自 JB/T 8881—2020）

内外圈有效壁厚		滚动体	
有效壁厚/ mm	渗碳淬火硬化层 深度/mm	滚子直径/ mm	渗碳淬火硬化层 深度/mm
≤50	≥2.5	≤50	≥2.5
>50~80	≥3.0	>50~80	≥3.0
>80	≥3.5	>80	≥3.5

表 5-53 特大型渗碳轴承零件的变形量

（摘自 JB/T 8881—2020）（淬硬层深度 ≥2.5mm）

外圈公称外径 D 或内圈公称内径 d		直径变动量 ≤		平面度误差 ≤	
>	≤	外圈	内圈	外圈	内圈
—	400	—	0.50	—	0.30
400	450	0.60	0.60	0.20	0.40
450	500	0.70	0.70	0.35	0.50
500	600	0.90	0.90	0.40	0.60
600	700	1.00	1.00	0.50	0.70
700	800	1.20	1.10	0.60	0.80
800	900	1.30	1.20	0.70	0.80
900	1000	1.50	1.30	0.80	0.90
1000	1100	1.50	1.50	1.00	1.00
1100	1200	1.80	1.60	1.10	1.20
1200	—	2.00	1.60	1.20	1.20

注：渗碳轴承零件在渗碳、淬火、回火过程中都会产生收缩。

表 5-54 渗碳轴承零件的表面硬度和心部硬度

（摘自 JB/T 8881—2020）

有效 渗碳 淬火 硬化 层深 度 /mm	牌号	心部硬度 HRC	表面硬度 HRC	
			一次淬火或 二次淬火后	常规 回火后
<2.5	G20CrMoA G20CrNiMoA	30~45	61~66	59~64
	G20CrNi2MoA G20Cr2Ni4A	32~48		
≥2.5	G20Cr2Ni4A G10CrNi3MoA G20Cr2Mn2MoA	32~48	≥61	58~63

（3）热处理工艺 毛坯锻造后要进行低温退火，其工艺为（680±10）℃（G20Cr2Ni4A）或（650±10）℃（G20Cr2Mn2MoA），保温 8~12h，炉冷。加工后进行渗碳、淬火、回火，如图 5-34 所示。

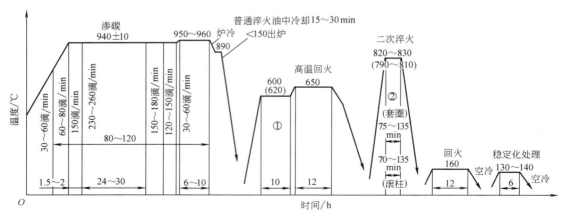

图 5-34 特大型轴承零件的渗碳、淬火、回火工艺曲线

注：1. 设备为 180kW 井式渗碳炉。

2. 目前使用的渗碳剂为氮甲醇+丙烷，深层渗碳的强渗期与扩散期的碳势均为 1.15%，高温回火及二次淬火+回火工艺同上。

① (600±10)℃，20Cr2Mn2MoA；(620±10)℃，20Cr2Ni4A。

② 820~830℃，20Cr2Mn2MoA；790~810℃，20Cr2Ni4A。

为了防止套圈畸变（胀缩、椭圆、挠曲），在二次淬火加热时，要保证套圈装架平整，并采用模压淬火，以防止套圈淬火收缩并保证平面度误差在允许范围内，模具需根据每个型号的具体情况专门设计。

5.4.2 特轻轴承零件的热处理

特轻轴承套圈（外径与内径的比值 ≤1.143）在制造过程中，特别是在热处理过程中易产生畸变。其热处理工艺是：采用正火或快速退火球化工艺对毛坯进行碳化物均匀细化处理，车削加工后进行去应力退火；采用马氏体分级淬火、模压淬火，淬火温度偏下限；在磨削加工后进行附加回火等。特轻轴承套圈的热处理工艺曲线如图 5-35 所示。

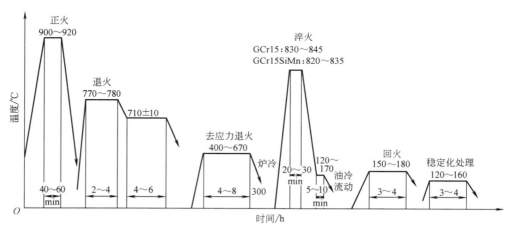

图 5-35 特轻轴承套圈的热处理工艺曲线

注：套圈壁厚 ≤8mm，采用马氏体分级淬火、模压淬火或 80~120℃热油中冷却；套圈壁厚 >8mm，采用旋转淬火或搅拌冷却。

5.4.3 微型轴承零件的热处理

微型轴承（指轴承内径 <9mm）应具有高精度、高灵敏度、长寿命及使用可靠等特点，要求热处理后应具有高而均匀的硬度和耐磨性，以及高的尺寸稳定性。由于其接触应力小（<1960MPa），不易产生疲劳剥落，主要失效形式是磨损。目前，微型轴承所选用的钢种有 HGCr15、95Cr18 和 Cr4Mo4V、W18Cr4V、W9Cr4V2Mo。零件热处理一般采用保护气氛或真空热处理。微型轴承零件的热处理技术要求见表 5-55，

微型轴承零件真空热处理工艺曲线如图 5-36 所示，其零件真空淬火工艺参数见表 5-56。微型轴承零件淬火后，对 GCr15 钢制 P2、P4 级零件和 95Cr18 钢制轴承零件均需于淬火后 60min 内进行冷处理（温度为-70℃以下，时间不少于 60min）。轴承零件的回火：GCr15 和 G95Cr18、G102Cr18Mo 钢制零件在烘箱或油炉中进行，温度为 150～160℃，时间为 3～6h；Cr4Mo4V、W18Cr4V、W9Cr4V2Mo 钢制零件在真空炉中进行三次回火，温度为 540～560℃，时间为 2h。此外，对一些特殊用途的轴承零件，可进行化学气相沉积（CVD）TiC 或 TiN 来降低轴承工作面的摩擦因数。GCr15 钢制微型轴承零件在保护气氛炉中的热处理工艺见表 5-57。为了保证零件有高的尺寸稳定性，其残留奥氏体量（体积分数）应≤3%。

表 5-55　微型轴承零件的热处理技术要求

零件名称及材料	技 术 要 求		
	金相组织	硬度	表面质量
套圈 ZGCr15	按 ZBJ 11038—1993，合格级别为 1~3 级	61~65HRC（739~856HV），同一零件不同三点硬度差应小于 1HRC	1）表面呈银白色 2）不得有氧化、脱碳、黑斑、裂纹、软点和锈蚀
钢球 ZGCr15		62~66HRC（766~906HV），其他同上	
套圈、钢球 G95Cr18 G102Cr18Mo	按 JB/T 1460—2011，合格级别为 2~5 级	≥58HRC（664HV），其他同上	油淬表面是黄灰色，允许有油淬引起的黑色层。其他同上
套圈 Cr4Mo4V （GCr4Mo4V）	按 JB/T 2850—2007、合格级别为 2~4 级	60~65HRC	表面应为银白色，不得有氧化和脱碳
钢球 Cr4Mo4V （GCr4Mo4V）		61~66HRC	
套圈 GW18Cr5V	按 JB/T 11087—2011 淬火后晶粒度应符合标准中 1~4 级。回火后合格组织为 1~4 级	61~65HRC	表面应为银白色，不得有氧化和脱碳
钢球 GW18Cr5V		61~65HRC	
套圈 GW9Cr4V2Mo	同上	61~65HRC	表面应为银白色，不得有氧化和脱碳

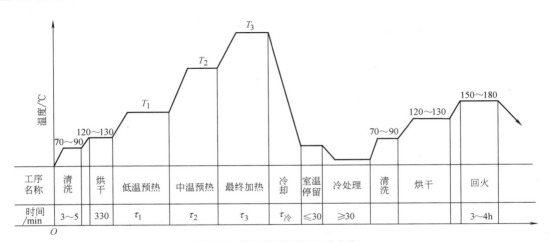

图 5-36　微型轴承热处理工艺曲线

表 5-56　微型轴承零件真空淬火工艺参数

零件名称及材料	装炉量/kg	低温预热 T1/℃	τ1/min	中温预热 T2/℃	τ2/min	最终加热 T3/℃	τ3/min	气冷 压力/MPa	时间/min	终止温度/℃	油冷 压力/MPa	时间/min	油温/℃
轴承套圈 GCr15	5	500	15	730	30	840~850	35~50	—	—	—	0.04	3~5	50~60
	10					840~850	35~60						
	15					840~850	40~60						
钢球 GCr15	2	500	15	730	30	840~850	30~50	—	—	—	0.04	3~5	50~60
	7					840~850	30~60						
	11					840~850	30~60						
轴承套圈 G95Cr18	5	600	10	850	30~40	1070~1080	20~25	—	—	—	0.04	3~5	50~60
	10			850	50~70	1070~1080	25~30						
	15			850	80~100	1070~1080	25~30						
钢球 G95Cr18	5	600	10	850	40~50	1070~1080	20~30	—	—	—	0.04	3~5	50~60
	7			850	60~70								
	11			850	90~110								
套圈、钢球 GCr4Mo4V	5	600	10	850	40~50	1080~1100	20~30	—	—	—	0.04	3~5	50~60
	7			850	60~70								
	11			850	90~110								
套圈、钢球 GW18Cr5V	3	600	20	850	10	1260~1270	12~15	0.093	10~15	室温	—	—	—
	5		30		15		15~20						
	7		40		20		20~25						
	10		50		25		25~30		2~3	800~900	0.093	3~5	50~60
套圈、钢球 GW9Cr4V2Mo	3	600	30	850	15	1190~1200	15~20	0.093	10~15		—	—	—
	5		40		20		20~25		10~15				
	7		50		25		25~30		2~3	800~900	0.093	3~5	50~60

注：1. 65kW 双室真空炉，可以油淬或气淬。

2. 加热室真空度为 $1 \sim 10^{-1}$ Pa。

3. 为了减少真空热处理变形，可采用多次预热，冷却可采用可控冷速，如真空中预冷、吹冷、气冷后再在油中冷却。

表 5-57　GCr15 钢制微型轴承零件在保护气氛炉中的热处理工艺

零件名称	热处理设备	淬火 温度/℃	保温时间/min	淬火冷却介质和方法	冷处理	回火	稳定化处理
套圈	可控气氛输送带式炉和网带式电炉	835~850	套圈壁厚 δ<1mm，10~12；δ>1~1.5mm，12~15；δ>1.5~2.5mm，15~20	在 80~100℃的轴承专用淬火油（如 KR498）中冷却	流动冷水冲洗后在 -60~-80℃保持 1~2h	150~180℃×3~4h	120~160℃×6~8h，2 次
钢球	可控气氛滚筒电炉	840~850	钢球直径<1mm，8~10；直径>1.0~1.5mm，10~12；直径>1.5~3.175mm，12~16	在 80~100℃的轴承专用淬火油（如 KR108）中冷却	流动冷水冲洗后在 -60~-80℃保持 1~2h	150~180℃×3~4h	120~160℃×2~8h，2 次

5.4.4　高碳铬钢精密轴承零件的热处理

精密轴承，特别是 P2、P4 级轴承，要求具有高精度、长寿命、耐磨及高的尺寸稳定性，主要用于坐标镗床主轴轴承、机床主轴轴承、电动机主轴轴承等。零件一般要选用 GCr15、GCr15SiMn

钢制造，根据工况需求，也可选用其他钢种制造。高碳铬轴承钢（GCr15 类）套圈毛坯要进行细化处理和快速退火；淬火应在可控气氛下或真空炉中加热，温度采用中、下限，经保温后进行马氏体分级淬火或旋转机冷却，以减少畸变；零件在淬冷至室温后 30min 中内进行 -70℃×1~2h 冷处理；根据要求可以适当提高回火温度，延长保温时间，以及在磨削加工后进行二次稳定化处理。精密轴承零件在箱式电炉或网带炉中加热淬火，其热处理工艺见表 5-58。

表 5-58　精密轴承零件在真空炉（或网带炉）中的热处理工艺

牌号	零件名称	淬火			清洗	冷处理	回火	稳定化处理
		淬火温度/℃	加热时间/min	淬火冷却介质及冷却方法				
GCr15 GCr15SiMn	P₄级轴承套圈	GCr15：835~850 GCr15SiMn：810~830	45~60	1）套圈壁厚≤8mm，在轴承专用淬火油（如 KR498）中冷却，关闭循环泵和窜动 2）套圈壁厚>8mm，在 80~90℃ 的油温中（如 KR468）冷却，打开循环泵并调整到中档位置，进行窜动频率调整	在液温为 80~90℃ 的质量分数为 3%~5% 水剂金属清洗剂（如 KR-F600）中清洗	-60~-80℃ 或更低×1~1.5h	160~200℃×3~4h	粗磨后：140~180℃×4~12h 细磨后：120~160℃×6~24h
GCr15 GCr15SiMn	P₂级轴承套圈	GCr15：835~850 GCr15SiMn：810~830				-80℃ 或更低×1~1.5h	150~160℃×3~4h	

近年来曾对 GCr15 钢轴承精研后的工作表面试验了二重叠法注入氮离子，显著提高了其表面硬度、耐磨性和接触疲劳寿命。注入氮离子后零件无畸变，表面无氧化，并能很好地保持原有尺寸精度和表面光洁。二重叠法氮离子注入试验工艺见表 5-59。

对于 P2、P4 级轴承零件，要求残留奥氏体量≤5%。

表 5-59　二重叠法氮离子注入试验工艺

注入能量/keV	注入剂量/（N⁺/cm²）	束流/μA	工作室真空度/Pa	工作室温度/℃
100	$3×10^{17}$	120~130	0.00133	<150
40	$1.8×10^{17}$	100~120		

5.4.5　铁路车辆轴箱轴承零件的热处理

铁路轴承包括铁路机车滚动轴承（如机车转向架轴箱轴承、牵引电动机主发电机轴承、传动系统轴承）和铁路车辆车轴轴箱滚动轴承。该类轴承工作条件恶劣、工作温度高（200℃），要求具有长寿命、高的可靠性等特点。制造这类轴承均采用电渣重熔钢 GCr15Z、GCr18MoZ、G20CrNi2MoA。

1. 铁路客车轴箱轴承热处理技术要求

套圈采用 φ80mm、φ120mm 棒料 GCr18MoZ 锻造而成，套圈锻造后进行球化退火，其工艺曲线如图 5-37 所示。

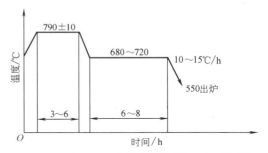

图 5-37　GCr18MoZ 钢制套圈的球化退火工艺曲线

退火后要求硬度为 179~217HBW，显微组织按 GB/T 34891—2017 中的 2~3 级。套圈采用贝氏体等温淬火工艺。

贝氏体等温淬火后的技术要求（按 GB/T 34891—2017 执行）：

1）套圈硬度为 58~62HRC，同一零件硬度差≤1HRC。滚子的硬度（GCr15Z）为 59~64HRC。

2）显微组织按 GB/T 34891—2017 评定，≤1 级为合格。晶粒度为 8 级或更细晶粒度。

3）其他按 GB/T 34891—2017 中规定执行。

4）套圈尺寸变化，外径胀大 0.3%~0.5%。

GCr18MoZ 准高速铁路客车轴承套圈的热处理均在

REDS270-CN 可控气氛辊底炉上进行：淬火炉膛可放置 15 个料盘，等温槽可容纳 72 个料盘（3 层），淬火冷却介质 $NaNO_3$、KNO_3 的质量分数为 50%、50%，另加质量分数为 1%～1.5% 水调节冷却速度。等温介质 $NaNO_3$、

KNO_3 的质量分数为 50%、50%。其工艺过程为：上料台，保护气氛辊底炉加热→淬火槽→等温槽→风冷却台→热水清洗→漂洗→烘干→卸料。GCr18MoZ 套圈贝氏体等温淬火工艺曲线如图 5-38 所示。

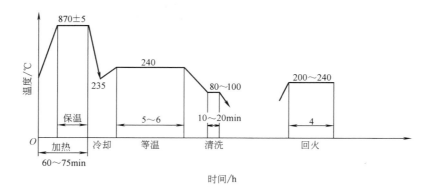

图 5-38　GCr18MoZ 钢制套圈的贝氏体等温淬火工艺曲线

经贝氏体等温淬火后，套圈外径胀大，其胀大量按直径的 0.3%～0.5% 变化。其变化量应考虑套圈的磨削加工量。

圆柱滚子采用马氏体淬火，并在可控气氛电炉中进行，淬火后经 200℃ 回火，其硬度为 60～64HRC，粗磨后进行稳定化处理（200℃×4～6h）。

2. 350000 型铁路货车车轴轴箱轴承的热处理

铁路货车轴箱轴承内外套圈均采用 G20CrNi2MoA 电渣钢 $\phi80$、$\phi120mm$ 棒料锻造而成。圆锥滚子采用 ZGCr15 钢制造。

内外套圈锻件的热处理为正火+高温回火，或者高温回火。锻造始锻温度为（1180±25）℃，终锻温度为 880～930℃。锻后硬度高，难以切削加工，需进行正火+高温回火处理，其工艺曲线如图 5-39 所示。采取上述工艺处理后，硬度为 163～202HBW。

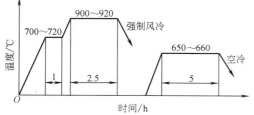

图 5-39　轴承套圈的正火+高温回火工艺曲线

（1）内、外套圈成品零件渗碳处理后的技术要求

1）渗碳层深度为 1.5～2.3mm，热处理后的有效渗碳层深度为 1.8～2.6mm（测至 550HV 处）。

2）零件表面 $w(C)$ 为 0.90%～1.10%。

3）零件成品表面硬度为 59～64HRC，心部硬度

为 32～48HRC。

4）显微组织为细小结晶马氏体，均匀分布的碳化物，不允许出现网状或块状碳化物；心部组织为板条状马氏体，不允许出现块状铁素体组织。其余未规定项目，如表面硬度差、脱碳及软点、裂纹、套圈变形量等按 JB/T 8881—2020 的规定执行。

5）外套需进行跌落试验。

6）内套需进行扩张试验。

（2）内外套渗碳热处理　G20CrNi2MoA 钢渗碳是在 CTP-13-35-301522-AS 连续渗碳生产线上进行，推料周期为 40min，渗碳生产线的工艺曲线如图 5-40 所示。渗碳也可在可控气氛井式渗碳炉内进行。

轴承套圈二次淬火和回火在 CTP-243615-AS 生产线上进行，推料周期为 7min，淬火在 40～60℃ KR-118 快速淬火油中喷油冷却 1min，其工艺曲线如图 5-41。回火在 RJC-65-3 循环空气回火炉中进行，其工艺为 170℃×3～6h。套圈粗磨后进行附加回火，其工艺为（150±10）℃×3～5h。

（3）渗碳、二次淬回火后的技术要求

1）渗碳、一次淬火热处理的技术要求。渗碳层深度为 1.8～2.6mm，表面碳浓度（质量分数）为 0.85%～1.05%；一次淬回火后零件的表面硬度为 62～66HRC，心部硬度为 35～45HRC。

2）二次淬回火技术要求。渗碳层深度为 1.8～2.6mm，成品零件渗碳层深度为 1.5～2.3mm，零件表面碳含量（质量分数）为 0.85%～1.05%；二次淬回火后的零件表面硬度为 62～66HRC，回火后的硬度为 60～64HRC，心部硬度为 35～45HRC。

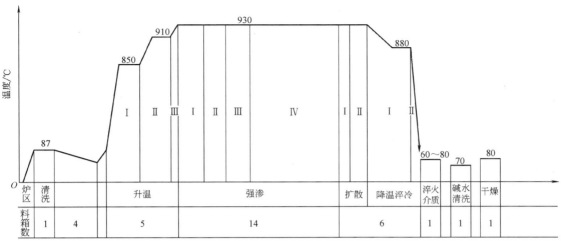

图 5-40 渗碳生产线的工艺曲线

注：1. "60~80℃" 为淬火冷却介质温度，"70℃" 为碱水清洗与温水清洗液温度，80℃ 为干燥温度。

　　2. 推料周期为 40min。

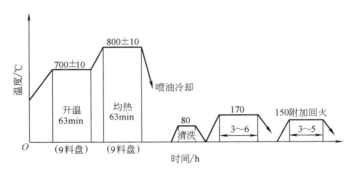

图 5-41 轴承套圈二次淬火、回火工艺曲线

3）二次淬回火（最终）后，表面显微组织为细小结晶马氏体、均匀分布的碳化物及残留奥氏体，心部组织为板条状马氏体。淬回火组织按 JB/T 8881—2020 的规定执行，1~3 级合格。

3. 350000 型圆锥滚子的热处理

在输送带连续式电炉中进行：Ⅰ区温度为 830℃，Ⅱ区温度为 835℃，Ⅲ区温度为 845℃，总加热时间为 60min。装一层，油温为 30~60℃，（170±5）℃×6h 回火，回火后硬度为 60~64HRC，其他均按 GB/T 34891—2017 的规定执行。轴承套圈粗磨后进

行 150℃×4~6h 的补充回火。

4. 铁路机车滚动轴承零件的热处理

铁路机车滚动轴承均采用 ZGCr15、ZGCr18Mo 钢或真空脱气钢制造。

热处理技术条件：成品硬度要求见表 5-60。

其他如金相组织、同一零件的硬度差、套圈变形量等均按 GB/T 34891—2017 的规定执行。

热处理工艺为（845±25）℃×50~75min→60~90℃油冷→清洗→回火［套圈 200℃×6~8h，滚子 180℃×6~8h］。粗磨后应进行附加回火，即 180℃×4h。

表 5-60 热处理零件成品硬度要求

套圈壁厚/mm	回火后硬度 HRC	钢球直径/mm	回火后硬度 HRC	滚子直径/mm	回火后硬度 HRC
≤12	59~64	≤30	60~65	≤20	60~64
>12~30	57~62	>30~50	59~64	>20~40	58~64
—	—	>50	58~64		

5.4.6　汽车轴承零件的热处理

汽车轴承品种多，适用于高、中、低档轿车，大、中、小型客车，重、中、轻型货车及各种工程机械、农业机械等。轴承要求能适应高速（150km/h）、长寿命、高可靠性、低噪声、轻型化等要求。因此，汽车轴承用钢甚多，汽车轴承用钢应具有高纯净度，钢中氧含量≤9×10^{-6}（质量分数）。近几年，通用汽车轴承热处理要求轴承按常规热处理及产品图要求执行。

1. 汽车轮毂轴承单元（HBU）的热处理

第一代汽车轮毂轴承结构为双列角接触球轴承单元（DAC）和双列圆锥滚子轴承单元（DU），该类轴承采用GCr15钢制造，热处理采用常规马氏体淬回火工艺。

第二代汽车轮毂轴承单元为外套凸缘（带法兰）

双列角接球轴承单元和双列圆锥滚子轴承单元，内套和滚动体均采用GCr15钢制造。凸缘外套采用GB/T 699中的50、55中碳钢制造（日本S55C、美国1070Mn等）。钢中氧含量<20×10^{-6}（质量分数）。

第三代汽车轮毂轴承单元带凸缘外套选用中碳钢或中碳合金钢制造，滚动体用GCr15钢制造。

第四代汽车轮毂轴承单元内外凸缘套与等速万向联轴器连接，内外套选用中碳钢50、55、50Mn等制造。

凸缘套圈结构复杂，必须选用表面感应加热热处理。图5-42所示为1~3轮毂轴承单元结构。其技术要求：材料为中碳钢50、55；滚道的表面硬度为58~64HRC，同一零件硬度均匀性≤2HRC，中心硬度为22~28HRC；淬硬层深度≥1.5mm；不允许有裂纹。具体要求按产品图样执行。第三代轮毂轴承零件的表面热处理技术要求如图5-43所示。

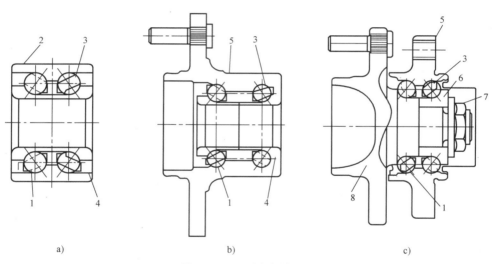

图5-42　1~3代轮毂轴承单元结构

a）第一代轮毂单元 HubⅠ　b）第二代轮毂单元 HubⅡ　c）第三代轮毂单元 HubⅢ

1—钢球　2—外圈　3—保持架　4—内圈　5—带凸缘的外圈　6—小内圈　7—锁紧螺母　8—带凸缘的内圈

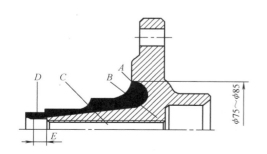

图5-43　第三代轮毂轴承零件的表面热处理技术要求

表面感应加热热处理采用中频电源：功率为

100~160kW，频率为2400~8000Hz可调；在专用淬火机床上进行，加热后喷水冷却，冷却用聚合物水溶液。感应器按产品图样进行特殊的设计，用铜管制造，回火为（160±10）℃×3h。

A处：法兰根部淬硬层直径要求达到$\phi75$~$\phi85$mm。

B处：要求与中心线夹角为45°方向上的淬硬层深度为1.25~2.5mm，淬硬层硬度为55~62HRC。

C处：要求淬硬层深度为1.75~4.5mm，淬硬层硬度为61~65HRC。

D处：淬硬层深度为0.5~1.8mm，淬硬层硬度大于40HRC。

E 处：不能淬透。

2. 水泵轴承的热处理

水泵轴承适用于汽车、拖拉机、工程机械等内燃机用水泵，它是在水滴飞溅的环境下工作。水泵轴承有两种结构形式，即两列钢球式和一列钢球一列滚子式，如图 5-44 所示。

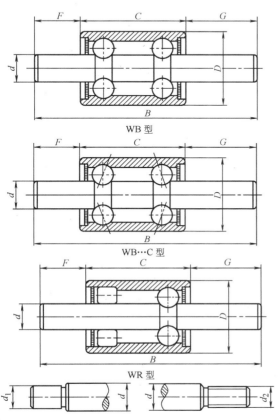

图 5-44　水泵轴承结构形式
注：WB、WB…C 型为双列钢球式，
WR 型为一列钢球、一列滚子式。

这种轴承是由套圈、心轴（水泵轴）和滚动体（钢球、滚子）组成。

水泵轴应具有高的硬度、耐磨性和足够的韧性，以适应恶劣环境下工作。

套圈、心轴用 GCr15 钢制造，其热处理的技术要求如下。

（1）GCr15 钢马氏体淬回火工艺　要求套圈硬度为 60~64HRC，心轴硬度为 58~62HRC，其余按 GB/T 34891—2017 中的规定执行。

GCr15 钢制套圈、心轴的热处理工艺：零件淬火前的原始组织为细小均匀分布的球化索氏体组织。热处理在可控气氛网带式热处理生产线上进行，淬火温

度为（840±5）℃，加热时间为 45~55min，冷却在 60~90℃油中进行，热水清洗；回火在热风循环电炉中进行，回火温度为（160±10）℃，保温 4~6h。

（2）心（水泵）轴的感应淬火　水泵轴中频表面硬化处理应大力推广，它是节能、无污染清洁热处理，能细化组织，表面呈压应力，能达到强韧性最佳配合，有利于提高轴承寿命。表面感应加热前的原始组织为球化组织，退火后硬度控制在 190~207HBW。水泵轴表面淬回火的技术要求如图 5-45 所示。

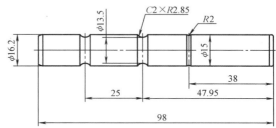

图 5-45　水泵轴表面淬回火的技术要求

注：1. 轴表面中频加热淬火（包括倒角、端面除外），硬度为 60~64HRC。

2. 淬硬层深度为 1.5~2.5mm，R2.85 部位需防变形，同一零件硬度差不超过 2HRC。

3. 直径方向硬化层深度差不大于 0.5mm。

4. 显微组织按 GB/T 34891—2017 的规定。

感应加热设备：功率为 100~160kW，频率 4000~30000Hz，配有卧式淬火机床，感应器用铜管按产品图样进行设计制造。淬火温度为 850~870℃，加热时间为 60~80s。淬火冷却用聚合物水溶液喷冷；对于变截面水泵轴，应选用立式淬火机床为宜。回火可采用感应加热回火（200~220℃×10~15min）或在热风循环电炉中进行，回火工艺为 150~160℃×4~6h。

3. 汽车万向联轴器十字轴热处理

十字轴由 20Cr、20CrMnTi 钢制成。十字轴采用表面硬化的方法（如渗碳处理）硬化。

十字轴渗碳处理后的技术要求：十字轴轴颈有效硬化层深度按表 5-61 中的规定；十字轴轴颈的表面硬度为 58~64HRC，同一个十字轴轴颈表面硬度差不大于 2HRC；20CrMnTi 钢制心部硬度为 33~48HRC，当用其他钢制造时，心部硬度为 25~45HRC；不允许存在裂纹。

20CrMnTi 钢在井式炉中的渗碳工艺为：925℃渗碳，渗碳剂为氮甲醇+丙烷，强渗期碳势为 1.15%，扩散期碳势为 0.85%，渗碳层深度满足要求后降至 860℃出炉空冷；淬回火工艺为：830℃×45min（实操中的保温时间应按装炉量和壁厚考虑）油淬→170℃×3~4h 回火。

表 5-61　十字轴轴颈有效硬化层深度

轴颈直径 d_0/mm	≤18	>18~30	>30~50	>50
硬化层深度/mm	0.6~1.0	0.8~1.2	1.0~1.4	1.1~1.5

4. 等速万向联轴器轴承热处理

等速万向联轴器轴承要求所有零件耐摩擦、耐磨损，疲劳强度和其静态及动态下的扭转强度必须达到

设计要求。除了轴承钢球和滚子，所有零件应进行表面硬化处理，如渗碳或高频感应淬火。

等速万向联轴器的主要组成零件及其性能要求如图 5-46 所示。

等速万向联轴器由外套、内套、钢球（滚子）和保持架组成。BJ 型万向联轴器的结构如图 5-47 所示。

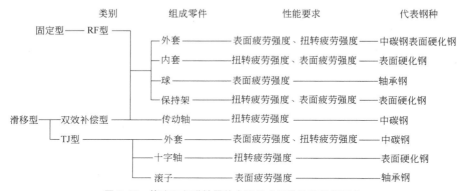

图 5-46　等速万向联轴器的主要组成零件及其性能要求

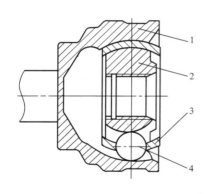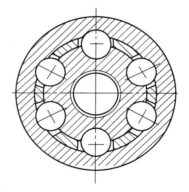

图 5-47　BJ 型万向联轴器的结构
1—外套　2—星形套　3—保持架　4—钢球

外套采用 $w(C)$ 为 0.45%~0.53% 的中碳合金钢制造，进行高频感应淬火。

内套（即星形套）对表面疲劳强度和扭转强度均有要求，因形状复杂不利于用高频感应淬火，目前大多使用 20CrMnTi、20Cr、20GrMo 等渗碳合金钢制造内套。

钢球和滚子采用 GCr15 制造，进行马氏体淬回火处理。

保持架采用 15Cr 渗碳钢制造。

十字轴采用 20Cr、20CrMo 渗碳钢制造。

外套（壳体）表面球形沟槽部位采用冷锻成形，无须机械加工。通常采用 $w(C)$ 0.45%~0.53% 碳素钢制造。

外套的表面淬火：TJ 型万向联轴器采用移动法

（3 个沟槽），6 个沟槽采用一次淬火法。

高频电源：功率为 100~160kW，频率为 3~30kHz，硬化层深度为 3.0~7.0mm。电源采用晶闸管式，感应器按产品图样要求设计与制造。热处理在专用淬火机床上进行。淬火温度为 850℃。加热时间为 60~180s。加热后喷水冷却，回火工艺为（150~160）℃×3~6h。

等速万向联轴器内套（星形套）的热处理：内套（星形套）选用 20CrMnTi 钢制造，其工艺路线为锻造→正火→机械加工（车、铣）→渗碳→淬火→回火→喷砂→磨削。正火工艺为 950℃×2~3h 风冷，正火后的硬度为 179~217HBW。成品的技术要求：表面硬度为 58~62HRC，渗碳层深度为 1.2~1.5mm，其他按 JB/T 8881—2020 的规定执行。

渗碳在 RJT-105-9J 井式气体渗碳炉中进行，渗碳剂为氮甲醇+丙烷，强渗期碳势为 1.15%，扩散期碳势为 0.85%，渗碳层深度满足要求后，降至 860℃ 出炉空冷；淬回火工艺为 830℃×45min（实操中的保温时间应按装炉量和壁厚考虑）油淬→170℃×3～4h 回火。

5.5 特殊用途轴承零件的热处理

5.5.1 耐蚀轴承零件的热处理

1. 高碳铬不锈轴承钢及其他不锈钢

耐蚀轴承零件通常采用不锈钢制造，所用钢号和用途见表 5-62。

表 5-62 耐蚀轴承零件用钢牌号和用途

牌号	用　途
G65Cr14Mo G95Cr18 G102Cr18Mo	1）适于制造在海水、河水、蒸馏水、硝酸、海洋性气候蒸汽等腐蚀介质中工作的轴承套圈和滚动体 2）适于制造微型轴承套圈和钢球 3）适于制造在高真空及在 −253～350℃ 范围内工作的轴承零件（套圈及滚动体）
06Cr19Ni10 12Cr18Ni9	适于制造耐蚀轴承保持架、防尘盖、铆钉、套圈、钢球等
14Cr17Ni2	适于制造高速耐蚀轴承保持架
20Cr13	适于制造 BK 型滚针轴承的外套
30Cr13	适于制造关节轴承的内套
40Cr13	适于制造耐蚀轴承的滚针和套圈

2. G65Cr14Mo、G95Cr18、G102Cr18Mo 不锈钢轴承零件的热处理

G65Cr14Mo、G95Cr18、G102Cr18Mo 钢为高碳铬的马氏体不锈钢，原材料执行 GB/T 3086—2019，轴承零件热处理技术条件标准为 JB/T 1460—2011。该类钢经热处理（淬火、冷处理、回火）后具有高的硬度、弹性、耐磨性及优良耐蚀性，主要适于制造在腐蚀介质中工作的轴承套圈和滚动体，也可以用来制造耐高温轴承。

（1）锻造与退火 在锻造过程中，由于这类钢的导热性差，钢中复合碳化物在高温下溶于奥氏体中的速度慢，因此锻造加热速度不宜过快；又因该钢淬透性好，故锻后的冷却速度要慢，应在石灰、热砂或保温炉中冷却。锻件的组织不允许有过热、过烧、孪晶，以及因停锻温度过高、冷却速度慢所产生的粗大碳化物网。正常的锻造组织应由马氏体、奥氏体和一次、二次碳化物组成，钢的晶粒也应细小。锻造工艺曲线如图 5-48 所示，锻造后的退火工艺见表 5-63。退火后应按 JB/T 1460—2011 标准检查。其技术要求如下：

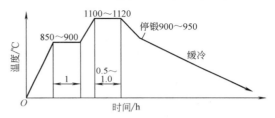

图 5-48　G65Cr14Mo、G95Cr18、G102Cr18Mo 钢制套圈锻造工艺曲线

1）硬度。应为 197～255HBW（压痕直径为 4.3～3.8mm）。

2）显微组织。应为均匀分布的球化组织，允许有分散的一次碳化物，不允许有孪晶碳化物存在。

3）脱碳层深度。脱碳层深度不得超过淬火前每边最小加工余量的 2/3。热冲钢球退火后脱碳层的测量应在试件的垂直于环带横截面的磨面上进行。

表 5-63　G65Cr14Mo、G95Cr18、G102Cr18Mo 钢制轴承零件锻造后的退火工艺

退火名称	工　艺　曲　线	应 用 范 围	备　　注
低温球化退火	700～780　炉冷至 600 出炉空冷　4～6	1）冷冲和半热冲钢球退火 2）淬火过热与欠热零件的返修 3）消除残余应力	零件加工余量小时需密封退火或保护气氛炉退火
等温球化退火	850～870　炉冷　730　<90℃/h 冷至 600 出炉空冷　3～6　3～6	热冲钢球和锻件毛坯退火	零件加工余量小时需密封退火或保护气氛炉退火

（续）

退火名称	工艺曲线	应用范围	备注
一般球化退火	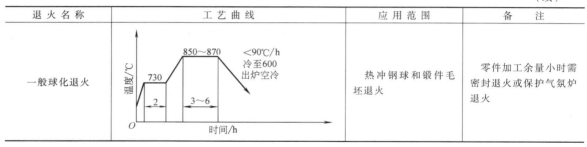	热冲钢球和锻件毛坯退火	零件加工余量小时需密封退火或保护气氛炉退火

（2）淬火、回火

1）硬度。G65Cr14Mo、G95Cr18、G102Cr18Mo 钢制套圈和滚动体淬火、回火后的硬度要求见表 5-64。同一零件的硬度差：套圈直径≤100mm，滚动体有效直径≤22mm，应≤1HRC；套圈直径>100mm，滚动体有效直径>22mm，应≤2HRC。

表 5-64　G65Cr14Mo、G95Cr18、G102Cr18Mo 钢制套圈和滚动体淬火、回火后的硬度要求

回火温度/℃	套圈、滚动体硬度 HRC	回火温度/℃	套圈、滚动体硬度 HRC
150~160	≥58	250	≥54
200	≥56	300	≥53

2）显微组织。套圈、滚动体淬火、回火后的显微组织应为隐晶、细小结晶马氏体和一、二次残留碳化物及残留奥氏体。按 JB/T 1460—2011 第二级别图

评定，2~5 级为合格组织。

3）裂纹。淬火、回火后，不应有裂纹。

4）套圈变形。套圈热处理后的变形按本企业规范执行，或者参照 GB/T 34891 中规定执行。变形超过规定时应进行整形。

5）表面质量。表面的脱碳、贫碳应保证在成品零件中不存在。

6）其他。对于在腐蚀介质内工作的轴承零件，如有要求，则需进行耐蚀性检查。此项检查，一般用人造海水或稀硝酸水溶液来进行。对于在低温下工作的轴承套圈，尚需进行尺寸稳定的检查。检查时将装配前的套圈尺寸测定后，置于-200~-180℃低温下停留 1~1.5h，取出后再在室温测定其尺寸，尺寸变化应在合格范围内。

（3）钢球压碎载荷　G65Cr14Mo、G95Cr18、G102Cr18Mo 钢制钢球的压碎载荷见表 5-65。

表 5-65　G65Cr14Mo、G95Cr18、G102Cr18Mo 钢制钢球的压碎载荷（摘自 JB/T 1460—2011）

钢球公称直径/mm	压碎载荷/kN 淬回火后	成品	钢球公称直径/mm	压碎载荷/kN 淬回火后	成品
3	3.68	4.8	8.731	29.8	37.2
3.175	3.90	5.10	9	33.5	41.5
3.5	5.45	6.95	9.5	35.2	44.0
3.969	6.20	7.90	9.525	35.5	44.2
4	6.22	7.95	10	40.5	49.8
4.5	8.40	10.8	10.319	41.5	51.5
4.762	8.90	11.2	11	47.8	59.2
5	10.8	13.5	11.112	48.5	59.8
5.5	11.8	15.0	11.5	51.5	64.2
5.556	12.0	15.2	11.509	51.8	64.5
5.953	13.8	17.0	11.906	55.5	69.0
6	14.8	18.8	12	57.5	71.5
6.35	15.8	20.0	12.303	59.2	73.5
6.5	18.0	23.2	12.7	63.2	78.2
7	19.5	24.8	13	65.2	83.2
7.144	20.0	25.5	13.494	67.8	86.5
7.5	23.2	29.0	14	74.5	94.5
7.938	24.8	30.8	14.288	76.0	96.2
8	27.2	34.0	15	84.2	105
8.5	29.0	36.2	15.081	84.5	105

（续）

钢球公称直径/mm	压碎载荷/kN		钢球公称直径/mm	压碎载荷/kN	
	淬回火后	成品		淬回火后	成品
15.875	93.8	118	28	282	348
16	98.8	125	28.575	288	355
16.669	102	130	30	318	392
17	110	138	30.162	320	395
17.462	115	142	31.75	355	438
18	122	152	32	375	460
18.256	125	155	33.338	392	480
19	135	168	34	418	510
19.05	135	168	34.925	430	522
19.844	148	182	35	450	545
20	155	190	36	462	558
20.638	158	198	36.512	470	568
21	172	215	38	510	615
22	182	225	40	682	695
22.225	185	228	41.275	600	718
23	195	235	42	632	750
23.019	198	238	42.862	648	765
23.812	212	258	44.45	697	820
24	225	275	45	755	882
25	235	288	47.625	800	935
25.4	240	292	48	858	992
26	260	315	50	895	1032
26.988	272	328	50.8	910	1050

（4）淬火、回火工艺 淬火通常是在真空炉中加热，淬火加热温度一般选用 1050~1100℃。加热时需先在 800~850℃预热，再升温到淬火加热温度。预热时间一般为淬火加热保温时间的两倍，保温时间按零件有效厚度来计算。G65Cr14Mo、G95Cr18、G102Cr18Mo 钢制轴承零件的淬火工艺见表 5-66。在 ZC2-65 双室真空炉中的热处理工艺曲线如图 5-49 所示。工作温度为 -253~100℃的轴承零件热处理工艺

表 5-66　G65Cr14Mo、G95Cr18、G102Cr18Mo 钢制轴承零件的淬火工艺

有效厚度/mm	预热		加热		加热设备	备　注
	温度/℃	时间/min	温度/℃	时间/min		
<3	800~850	6~10	1050~1070	3~6	真空炉	加热的保温时间可按 1min/mm 计算，厚度>14mm 者可按 40~70s/mm 计算 G65Cr14Mo 淬火温度以 1040~1060℃为宜
3~5	800~850	10~15	1050~1080	6~10		
6~8	800~850	15~20	1070~1080	10~13		
9~12	800~850	20~25	1080~1100	13~15		
13~16	800~850	25~30	1080~1100	14~16		
17~20	800~850	30~35	1080~1100	16~20		
21~25	800~850	35~40	1080~1100	19~23		

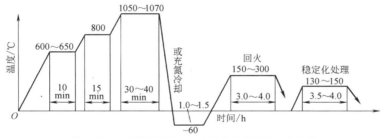

图 5-49　在 ZC2-65 双室真空炉中的热处理工艺曲线

曲线如图 5-50 所示。

（5）G95Cr18（Mo）类不锈轴承钢淬回火缺陷及防止　此类不锈钢在淬火、回火工序中常见的缺陷及防止方法见表 5-67。

3. 其他不锈钢轴承零件的热处理

1）奥氏体不锈钢的固溶处理工艺见表 5-68。

2）12Cr13、20Cr13、30Cr13、40Cr13 和 14Cr17Ni2 钢的热处理工艺见表 5-69。

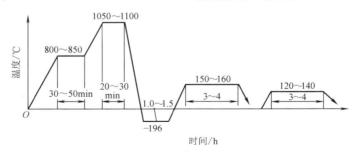

图 5-50　工作温度为 -253～100℃ 的轴承零件热处理工艺曲线

表 5-67　G95Cr18（Mo）类不锈轴承钢在淬火、回火工序中常见的缺陷及防止方法

缺 陷 名 称		产 生 原 因	防 止 方 法
显微组织 不合格	欠热	淬火温度低,保温时间短	提高淬火温度或适当延长保温时间
	过热	淬火温度超过上限且保温时间过长	降低淬火温度或适当缩短保温时间
	孪晶碳化物	锻造温度过高且加热时间长	严格控制锻造加热温度和时间
	一次碳化物沿晶界析出	停锻温度高,超过 1000℃	控制停锻温度在 900～950℃
畸变		1）淬火温度高或冷却太快 2）加热不均或套圈摆放不当	1）用淬火温度的中下限加热 2）在 120～150℃ 的热油中或在静止空气中淬火冷却
硬度偏低		1）淬火温度低或保温时间短 2）回火温度过高 3）退火组织不均	1）提高淬火温度,延长保温时间 2）降低回火温度 3）控制材料质量
裂纹		1）淬火温度高,冷却太快 2）原材料（锻件）有裂纹或工件表面有缺陷 3）淬火后工件未冷到室温就进行冷处理或冷处理后未及时回火	1）严格执行工艺 2）加强对材料和锻件表面质量检查
脱碳与贫碳		1）在电炉加热时间长,温度高 2）工件在淬火前存在脱碳、贫碳层	1）在保护气氛炉、真空炉中加热 2）控制淬火前工件脱碳、贫碳层

表 5-68　奥氏体不锈钢的固溶处理工艺

牌号	固 溶			时效	备 注
	温度/℃	冷却	硬度 HBW		
06Cr19Ni10	1080～1100	1）40℃ 的自来水 2）碳酸钠水溶液	<170	850℃×2h 水冷或空冷	1）在真空炉中加热,按有效厚度 1.5～2min/mm 计算,在电炉中加热可适当延长保温时间 2）去应力退火:300～350℃×4～6h
12Cr18Ni9	1）1100～1150 2）1090～1100		137～179 143～159		
07Cr9Ni11Ti	1）1100～1150 2）1090～1100		143～159		

表 5-69 12Cr13、20Cr13、30Cr13、40Cr13 和 14Cr17Ni2 钢的热处理工艺

牌号	退火			淬火			回火		
	温度/℃	冷却	硬度 HBW	温度/℃	冷却	硬度 HBW	温度/℃	时间/h	硬度 HBW
12Cr13	700~800 (3~6h)	空冷	170~200	1000~1050	油、水或空冷		650~700	2	187~200
	840~900 (常用860) (2~4h)	以≤25℃/h 炉冷至600℃出炉	≤170	927~1010	油	380~415	230~270	1~3	360~380
	850~880 (2~4h)	以20~40℃/h 炉冷至600℃空冷	126~197	925~1000	油或空冷	380~415	230~270	2	360~380
							500	2	260~330
							600	2	215~250
							650	2	200~230
							700	2	195~220
20Cr13	700~800 (2~6h)	空冷	200~230	1000~1050	油或水	—			
	850~880 (2~4h)	以20~40℃/h 冷却至600℃空冷	126~197	927~1010	油	380~415	330~370	1~3	360~380
	840~900 (常用860℃) (2~4h)	以≤25℃/h 冷至600℃空冷	≤170	950~975	油	—	630~650	2	217~269
30Cr13	同20Cr13	同20Cr13	200~230	1000~1050	油	—	200~300	—	48HRC
			131~207	980~1070	油	530~560	150~370	—	48~53HRC
			≤217	1000~1050	油	485	200~300	—	≥48HRC
			—	975~1000			200~250	—	429~477
40Cr13	同20Cr13	同20Cr13	200~300	1050~1100	油		150~370	1~3	48~53HRC
			143~229	980~1070	油	530~560	—	—	—
			≤217						
14Cr17Ni2	780 (2~6)h	空冷	126~197				300	2	≥35HRC
	650~760 (10h)	空冷	260~270	950~975	油	38~43HRC	275~320		321~363
	850~880 (2~4h)	炉冷至750℃ 出炉空冷	≤250				530~550	—	235~277

5.5.2 含氮不锈轴承钢及其热处理

1. 氮在钢中的作用和含氮不锈轴承钢牌号

不锈轴承钢加入 N 元素的作用：

1) 氮取代碳，降低钢中碳的含量，使钢中的碳含量一般控制在 0.25%~0.35% （质量分数），避免大块共晶碳化物的形成。

2) 氮作为比碳作用更强的间隙强化元素，更小的原子半径使其在固溶于基体的同时还可少量溶于碳化物中，可有效地抑制合金中碳化物沿晶界大量析出，从而减少了网状碳化物的形成，提高耐冲击性能。

3) 国内外关于高氮钢的研究表明，由于氮元素的加入，钢的强度、断裂韧性、耐磨性及耐蚀性等得到了有效的改善。

4) 对钢性能的改善可归因于氮元素在钢中的独特性能，氮能促进细小弥散分布氮化物的析出，从而增强其耐磨性能。为了保证热处理可获得较高的硬度和高韧性，$w(C+N)$ 应≥0.6%。

5) 国外研究发现，在不锈轴承钢中加入高氮（质量分数为 0.42%），可以大幅度提高不锈轴承钢的耐蚀性和耐温性能，可用于制作高温轴承钢和超低温轴承钢，如德国的 Cronidur30（X30N）高氮钢。

因 X30N 钢具有优异性能，国外很早将该钢应用于制造航天、航空等复杂工况下的轴承及机械制造业。目前，该钢在我国逐步推广使用，按化学元素成分含量对应于我国的牌号为 G30Cr15Mo1SiN（简称 G30N）。

作为制造高硬度轴承零件使用的含氮不锈轴承钢

目前有 4 个牌号，即 G30Cr15Mo1SiN（简称 G30N）、G60Cr15Mo1N（简称 G60N）、G90Cr18Mo1N（简称 G90N）和 G40Cr15Mo2VN（简称 G40N），化学成分见表 5-70。其中 G30N 钢最常用。

表 5-70　含氮不锈轴承钢的化学成分

钢号	化学成分（质量分数，%）									
	C	N	Si	Mn	S	P	Cr	Ni	Mo	V
G30N	0.25 ~ 0.35	0.3 ~ 0.5	≤1.0	≤1.0	≤0.015	≤0.025	14 ~ 16	≤0.5	0.85 ~ 1.10	—
G60N	0.6 ~ 0.7	0.15 ~ 0.25	≤1.0	≤1.0	≤0.015	≤0.025	14 ~ 16	≤0.5	0.6 ~ 0.8	—
G90N	0.9 ~ 1.2	0.15 ~ 0.25	≤1.0	≤1.0	≤0.015	≤0.025	16 ~ 18	≤0.75	0.4 ~ 1.5	—
G40N	0.37 ~ 0.45	0.16 ~ 0.25	≤0.6	≤0.6	≤0.015	≤0.025	15 ~ 16.5	≤0.5	1.5 ~ 1.9	0.2 ~ 0.4

2. G30N 钢的热处理与性能

（1）退火与淬回火　经试验研究，G30N 钢的退火、淬回火工艺为：

1）退火温度控制在 850 ~ 880℃较佳，退火后硬度为 200 ~ 240HBW。

2）G30N 钢在 1020 ~ 1030℃淬火温度范围内淬火既能保证材料的硬度，又能得到良好的显微组织。

3）优化的热处理工艺：淬火加热温度为 1020℃保温一定时间，出炉淬火油快速冷却，冷处理温度为 -80℃，冰冷 90min，取出放至室温，然后再用回火工艺为 150℃×4h 或 475℃×2h 回火两次。硬度均达到≥58HRC。

另外，根据使用需求，对其淬回火工艺还有如下选择方案：

1）≥58HRC（高硬度），最高耐蚀性，延展性低的工艺：淬火温度为 1020 ~ 1030℃，热透后保温 20 ~ 30min 油淬；深冷：-80 ~ -60℃×1h；回火：150 ~ 180℃×2h，两次。

2）≥58HRC（高硬度），高工作温度，高耐蚀性的工艺：淬火温度为 1020 ~ 1030℃，热透后保温 20 ~ 30min 油淬；深冷：-80 ~ -60℃×1h；回火：475 ~ 500℃×2h，两次。

3）52 ~ 57HRC，延展性好，高耐蚀性的工艺：淬火温度为 1020 ~ 1030℃，热透后保温 20 ~ 30min 油淬；深冷：-80 ~ -60℃×1h；回火：250 ~ 300℃×2h，两次。

4）30 ~ 40HRC，高延展性，低硬度的工艺：淬火温度为 1000 ~ 1010℃，热透后保温 20 ~ 30min 油淬；回火：550 ~ 600℃×2h，两次。

（2）G30N 钢淬回火后的性能（并与 G95Cr18 对比）

1）G30N 钢退火后的硬度为 197 ~ 255HBW（94HRB ~ 100HRB）。

2）G30N 钢淬回火后的硬度实测为 58 ~ 61HRC。

3）G30N 钢淬回火后，残留奥氏体含量实测为 9% ~ 13%（体积分数）。

4）耐盐雾腐蚀试验。CRONIDUR® 30（欧洲牌号，相当于我国的 G30N）的耐蚀性明显优于 AISI 440C（美国牌号，相当于我国的 G102Cr18Mo），如图 5-51 所示。

CRONIDUR®30　　　　　　　　　AISI 440 C

图 5-51　CRONIDUR® 30 与 AISI440C 盐雾试验对比

5）接触疲劳寿命。G30N（CRONIDUR® 30）与轴承钢 GCr15（52100）、高温钢 8Cr4Mo4V（M50）、不锈钢 G102Cr18Mo（AISI440C）、渗碳高温钢 G13Cr4Mo4Ni4V（M50NiL）经热处理后的典型性能和轴承试验寿命对比见表 5-71 与图 5-52。

表 5-71　轴承钢经热处理后的典型性能

性　能	牌　号				
	GCr15	8Cr4Mo4V	G30N	G102Cr18Mo	G13Cr4Mo4Ni4V（渗碳淬火）
硬度 HRC	>58	>60	>58	>58	>60
屈服强度/MPa	1940	2200	1850	1900	—
极限强度/MPa	2200	2480	2150	2050	—
断裂伸长率（%）	1	1.5	3	0.2	—
扭弯强度/MPa	790	810	1350	—	—
断裂韧性 K_{IC}/MPa·m$^{1/2}$	>20	>20	>20	>15	>15
温度范围/℃	120	320	320	120	320
耐蚀性	差	差	优	良	差

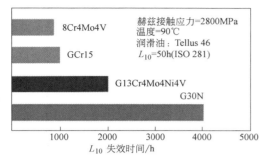

图 5-52　轴承试验寿命对比

6）碳化物颗粒大小统计分析。G30N 钢低温

回火后的碳化物尺寸主要集中在 0.3~0.5μm 范围内，而随回火温度升高，碳化物颗粒长大，尺寸主要集中在 0.6~0.8μm 范围内；G95Cr18 钢的碳化物尺寸主要集中在 1.1~2.0μm 范围内，不同回火温度下的碳（氮）化物数据统计见表 5-72 和表 5-73。

7）高温硬度。选取 G95Cr18 钢件淬火后 150℃回火的试样、G30N 钢件淬火后 150℃回火的试样和 475℃回火的试样进行高温硬度试验。高温硬度试验是在 HRN/T150A 高温硬度计上进行的。试验载荷选用 150kgf，试样在高温硬度计实验台上保护气氛状态下进行加热，均匀加热到试验温度，保温 10min 后直接测定试样的洛氏硬度。试验结果见表 5-74。

表 5-72　G30N 钢淬火+150℃回火与 475℃回火后碳（氮）化物数据统计

回火温度/℃	统计方式	尺寸范围/μm				
		≤0.2	0.3~0.5	0.6~0.8	0.9~1.2	>1.2
150	数量/个	37	277	97	20	1
	相应百分比（%）	8.6	64.1	22.5	4.6	0.2
475	数量/个	4	65	126	35	1
	相应百分比（%）	1.7	28.1	54.6	15.2	0.4

表 5-73　G95Cr18 钢 150℃回火后碳化物数据统计

回火温度/℃	统计方式	尺寸范围/μm				
		≤0.2	0.3~0.5	0.6~1.0	1.1~2.0	2.1~3.0	>3.0
150	数量/个	5	30	41	79	24	2
	相应百分比（%）	2.8	16.5	22.7	43.6	13.3	1.1

表 5-74　三种试样的高温硬度值试验结果

类型	不同温度下的高温硬度值 HRC					
	常温	150℃	200℃	300℃	400℃	500℃
G30N（150℃回火）	59.8	55.7	54.4	53.0	51.6	51.0
G30N（475℃回火）	59.5	58.3	57.7	57.2	52.1	47.4
G95Cr18（150℃回火）	61.0	58.2	55.4	52.3	48.4	43.7

5.5.3　高温轴承零件的热处理

随着现代航空工业的发展，要求滚动轴承具有高硬度、耐高温、更高的 DN 值（$2.4×10^6$），在进一步提高推重比的条件下，具有更高寿命、可靠性等。习惯上把能够在 250℃ 以上工作的轴承称为耐热轴承或高温轴承，制造高温轴承的钢种称为耐热轴承钢或高温轴承钢。通常，高温轴承钢基本上分为三类：

1）高速工具钢 W 系、Mo 系，如 W18Cr4V、W9Cr4V2Mo、8Cr4Mo4V。

2）马氏体不锈钢，如 Cr14Mo4、Cr14Mo4V。

3）新型高温渗碳轴承钢，如 G13Cr4Mo4Ni4V。

制造耐高温轴承零件的钢，除了要求在一定高温条件下保持高硬度，还必须具备耐磨损、耐疲劳、抗氧化、耐蚀、抗冲击、良好尺寸稳定性和较好的可加工性等。耐高温轴承钢的牌号和应用见表 5-75。

1. GCr15 钢制高温轴承零件的热处理

GCr15 钢制轴承零件的使用温度一般不超过 120℃，因此该钢严格来说不属于高温轴承钢，但为使其能在 250~300℃下工作，就必须提高该钢的回火稳定性，对锻件毛坯要进行碳化物细化处理，并采用最佳热处理工艺。

（1）套圈毛坯预备热处理　碳化物细化处理工艺曲线如图 5-53 所示。

碳化物细化后的球化组织组织按 GB/T 34891—2017 第一级别检查，应为 2 级或更细；硬度为 200~229HBW。

表 5-75　耐高温轴承钢的牌号和应用

牌　号	应　用
GCr15	用于制造工作温度为 -55~200℃ 的套圈和滚动体
GCrSiWV[①]	用于制造工作温度为 -55~250℃ 的套圈和滚动体
8Cr4Mo4V（Cr4Mo4V）	用于制造工作温度为 -55~315℃ 的套圈和滚动体
G115Cr14Mo4V	用于制造高温腐蚀介质中工作的轴承套圈和滚动体,工作温度为 -55~430℃
G13Cr4Mo4Ni4V	用于制造高温高速（DN 值>2.4×10⁶）航空发动机主轴承,工作温度为 -55~350℃
G20W10Cr3NiV	用于制造高温轴承外套,工作温度为 -55~300℃
W9Cr4V2Mo	用于制造工作温度为 -55~450℃ 的套圈和滚动体
W18Cr4V	用于制造工作温度为 -55~500℃ 的套圈和滚动体

① 非标在用牌号。

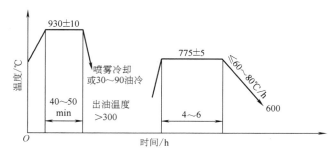

图 5-53　GCr15 钢制套圈碳化物细化处理工艺曲线

（2）淬火、回火工艺　GCr15 钢制轴承零件的真空淬火回火工艺曲线如图 5-54 所示。回火温度根据轴承使用温度来选择。GCr15 钢制轴承零件的回火工艺参数见表 5-76，高温回火后的硬度见表 5-77。

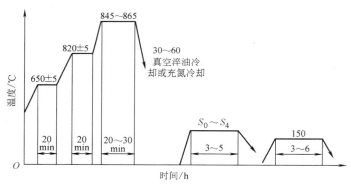

图 5-54　GCr15 钢制轴承零件的真空淬火回火工艺曲线
注：设备为 65 型双室真空淬火炉。

表 5-76　GCr15 钢制轴承零件的回火工艺参数

回火代号	套圈/（℃×h）	滚子/（℃×h）	钢球/（℃×h）
S0	200×3~5	150~160×3	150~160×3
S1	250×3~5	直径≤15mm 180×3 直径>15mm 250×3	直径≤25.4mm 160×3 直径>25.4mm 250×3
S2	300×3~5	300×3	300×3
S3	350×3~5	350×3	350×3
S4	400×3~5	400×3	400×3

对于 HGCr15 钢制高温轴承零件，在保证尺寸的情况下允许返修。返修前进行 600~650℃×4h 装箱高温回火。建议高温轴承零件均在真空炉中加热淬火，以保证零件表面光亮、无氧化、无脱碳、变形小，表面呈压应力。

2. GCrSiWV 钢制轴承零件的热处理

（1）热处理工艺　5D32118CQ 轴承系采用耐 250℃ 的 GCrSiWV 轴承钢制造。GCrSiWV 钢制轴承零件的正火、退火工艺曲线如图 5-55 所示，淬火、回火及稳定化处理工艺曲线如图 5-56 所示。

表 5-77　GCr15 钢制轴承零件回火后的硬度

回火温度/℃	回火代号	硬度 HRC		
		GCr15、ZGCr15、HGCr15		
		套圈	钢球	滚子
200	S0	60~63	62~66 不进行高温回火	61~65 不进行高温回火
250	S1	58~62	58~62 直径大于 25mm 时 进行高温回火	58~62 直径大于 15mm 时 进行高温回火
300	S2	55~59	55~59	55~59
350	S3	≥52	≥52	≥52
400	S4	≥48	≥48	≥48

注: 1. 回火保温时间均为 3~4h。

2. 若用户要求钢球或滚子进行 S0、S1 高温回火时，其硬度要求与套圈相同。

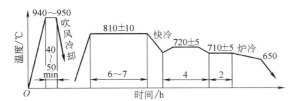

图 5-55　GCrSiWV 钢制轴承零件的正火、退火工艺曲线

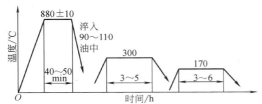

图 5-56　GCrSiWV 钢制轴承零件的淬火、
回火及稳定化处理工艺曲线

（2）技术要求　轴承锻件退火的组织应为细小和均匀的珠光体，硬度一般为 207~229HBW。

淬火、回火组织为隐晶马氏体+少量碳化物，晶粒度为 9~10 级，淬火后硬度≥65HRC，回火后硬度≥60HRC。淬火、回火后零件的脱碳、贫碳层一般为 0.06~0.07mm。

3. Cr4Mo4V（8Cr4Mo4V）钢制高温轴承零件的热处理

（1）技术要求　Cr4Mo4V（8Cr4Mo4V）高温轴承钢淬回火后的技术要求执行 JB/T 2850—2007。

1）硬度。淬火后的硬度应≥63HRC，回火后套圈的硬度为 60~65HRC，滚动体的硬度为 61~66HRC。同一零件的硬度差：套圈外径大于 100mm，滚动体直径大于 22mm，硬度差应≤2HRC；套圈外径<100mm，滚动体直径<22mm，硬度差应≤1HRC。回火稳定性：回火前后的硬度差应≤1HRC。

2）显微组织：淬火后的晶粒度按 JB/T 2850—2007 中第二级别图评定，2~4 级为合格。淬回火

的显微组织应为细小马氏体+一次及二次碳化物+少量的残留奥氏体，按 JB/T 2850—2007 中第二级别图评定，2~4 级为合格。

3）裂纹：淬回火后不允许有裂纹。

4）表面质量：表面脱碳、贫碳深度应保证在成品中不存在。

5）套圈的变形量：推荐按 JB/T 1255—2014 中的规定执行。

6）Cr4Mo4V 钢球压碎载荷按表 5-78 的规定。

（2）热处理工艺　Cr4Mo4V 钢制高温轴承零件的退火工艺见表 5-79，真空热处理工艺见表 5-80，真空热处理工艺曲线如图 5-57 所示。

Cr4Mo4V 钢制轴承零件经真空热处理后的硬度为 63~65HRC，零件表面光亮。

零件冷至室温后，在中温炉内（或真空炉内）回火。一般回火工艺为 530~550℃×2h，3 次，每次 2~3h。每次回火后，需零件冷却至室温后再升温，进行第二次、第三次回火。

为了提高 Cr4Mo4V 钢制轴承零件经的强韧性，可采用下贝氏体等温淬火。例如，航空燃油泵轴承（68813N）在高应力和高速运转中同时承受冲击载荷，若采用常规热处理，轴承工作表面常出现早期疲劳，寿命为 300h，而采用下贝氏体等温淬火，轴承寿命达到 500h。Cr4Mo4V 钢制高温轴承零件的下贝氏体等温淬火工艺曲线如图 5-58 所示。

4. W18Cr4V（GW18Cr5V）、W9Cr4V2Mo（GW9Cr4V2Mo）钢制高温轴承零件的热处理

W18Cr4V、W9Cr4V2Mo 钢制高温轴承零件的退火工艺见表 5-81，真空热处理工艺规范见表 5-82，W18Cr4V 钢制高温轴承零件的淬回火工艺曲线如图 5-59 所示，钢球的压碎载荷见表 5-83，执行标准为 JB/T 11087—2011。

表 5-78　Cr4Mo4V 钢球压碎载荷（摘自 JB/T 2580—2007）

钢球公称直径/mm	压碎载荷/kN		钢球公称直径/mm	压碎载荷/kN	
	淬回火后	成品		淬回火后	成品
3	5.52	6.91	17	159	199
3.175	6.18	7.73	17.462	167	209
3.5	7.50	9.38	18	177	221
3.969	9.65	12.0	18.256	182	227
4	9.72	12.1	19	196	245
4.5	12.3	15.3	19.05	196	246
4.762	13.7	17.2	19.844	212	265
5	15.1	18.9	20	215	269
5.5	18.2	22.8	20.638	228	285
5.556	18.5	23.2	21	235	294
5.953	21.3	26.6	22	256	320
6	21.6	27.0	22.225	261	326
6.35	24.1	30.2	23	278	347
6.5	25.3	31.6	23.019	278	348
6.746	27.2	34.0	23.812	288	360
7	29.2	30.4	24	299	374
7.144	30.4	36.5	25	322	403
7.5	33.4	41.7	25.4	331	414
7.938	37.3	46.6	26	346	432
8	37.8	47.3	26.988	369	461
8.5	42.5	53.2	28	393	492
8.731	44.8	56.1	28.575	408	510
9	47.5	59.4	30	444	556
9.5	52.8	66.0	30.162	449	561
9.525	53	66.3	31.75	490	612
9.922	57.4	71.7	32	496	620
10	58.2	72.8	33.338	533	666
10.319	61.9	77.4	34	551	688
11	69.9	87.4	34.925	576	720
11.112	71.3	89.1	35	578	722
11.5	76.2	95.3	36	606	758
11.509	76.3	95.3	36.512	620	775
11.906	81.5	101	38	630	828
12	82.7	103	38.1	665	831
12.303	86.7	108	40	719	899
12.7	92.1	115	41.275	756	945
13	96.2	120	42	776	970
13.494	103	129	42.862	802	1000
14	110	138	44.45	848	1060
14.288	115	143	45	865	1080
15	126	157	47.625	945	1180
15.081	127	159	48	952	1190
15.875	140	175	50	1012	1260
16	142	177	50.8	1034	1290
16.669	153	192			

表 5-79　Cr4Mo4V 钢制高温轴承零件的退火工艺

零件名称	技 术 要 求	退火名称	退火工艺	备 注
锻造的内外套和热冲钢球	按 JB/T 2850—2007 的规定 1）退火后的硬度为 197~241HBW 2）脱碳层：套圈和滚动体的脱碳层深度不得超过每边留量的 2/3。钢球脱碳层深度不得超过磨削加工每边留量的 2/3	一般退火	720，850±10，2，4~6，以 20~30℃/h 冷速冷至 600 出炉	为防止氧化脱碳，可用铸铁屑装箱密封
		等温退火	720，840±10，720±10，2，4~6，4~6，10~30℃/h，炉冷至 600	
冷冲球		低温退火	650~680，4~6，炉冷至 600 出炉	

表 5-80　Cr4Mo4V 钢制高温轴承零件的真空热处理工艺

加热规范				淬火温度/℃			回火规范/ （℃×min）	回火后的硬度 HRC
预热温度/℃	时间/min	预热温度/℃	时间/min	终加热推荐/（℃×min）	期望	安全		
600	保温 10	800	保温 15	1090×20	1100	1120	530 ~ 550℃×2h 三次，稳定化处理（290±5）×4~6	60~65（套圈）61~66（滚动体）

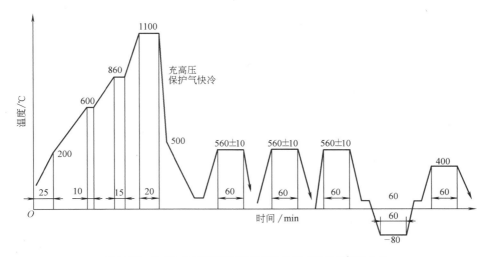

图 5-57　Cr4Mo4V 钢制高温轴承零件的真空热处理工艺曲线

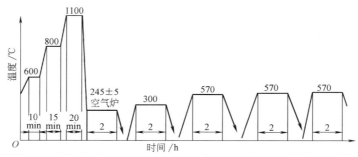

图 5-58　Cr4Mo4V 钢制高温轴承零件的下贝氏体等温淬火工艺曲线

表 5-81　W18Cr4V、W9Cr4V2Mo 钢制高温轴承零件的退火工艺

零件名称	牌　号	技术要求	退火名称	工艺曲线	备注
热冲球与半热冲球	W18Cr4V W9Cr4V2Mo	按 JB/T 11087—2011 的规定 1）退火硬度为 197～255HBW 2）脱碳层深度不应大于单边最小加工余量的 2/3	低温退火	720～760，炉冷至 600 出炉，4～8	锻件留量小时应装箱密封退火
锻造的套圈和热冲球	W18Cr4V W9Cr4V2Mo		等温退火	720，850±10，30℃/h，720±10，炉冷至 600 出炉，1，2～4，4～6	

表 5-82　W18Cr4V、W9Cr4V2Mo 钢制高温轴承零件的真空热处理工艺规范

牌号	加热规范				加热推荐规范/（℃×min）	回火规范/（℃×h）	回火后	淬火温度/℃	
	一次预热温度/℃	时间/min	二次预热温度/℃	时间/min			硬度 HRC	期望	安全
W18Cr4V	600	10	1000	15	1225×20	550～570℃×3～5 次	61～65	1250	1280
W9Cr4V2Mo	600	10	1000	15	1220×20	560×3～5 次	61～65	1220	1240

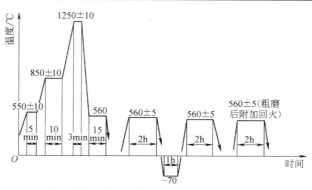

图 5-59　W18Cr4V 钢制高温轴承零件的淬回火工艺曲线

注：1. W9Cr4V2Mo 钢的最终淬火温度为 1210±10℃。

　　2. 回火一次后，可用一次冷处理代替一次高温回火。

表 5-83　W18Cr4V、W9Cr4V2Mo 钢制钢球的压碎载荷（摘自 JB/T 11087—2011）

钢球公称直径/mm	压碎载荷/kN		钢球公称直径/mm	压碎载荷/kN	
	淬火回火后	成品		淬火回火后	成品
4	6.66	8.53	13	70.36	87.72
4.5	8.43	10.78	13.494	75.85	94.08
4.762	9.41	12.05	14	81.63	100.94
5	10.39	13.33	14.288	85.06	104.86
5.556	12.84	16.27	15.081	94.77	116.62
5.953	14.80	18.13	15.875	104.96	128.38
6.35	16.76	21.27	16.669	115.74	142.10
6.5	17.64	22.34	17.462	127.01	154.84
6.747	18.91	24.0	18	134.95	164.64
7.144	21.27	26.95	18.256	138.77	168.56
7.5	23.42	29.69	19.05	151.12	183.26
7.938	26.26	32.83	19.844	164.05	198.94
8.5	36.09	37.63	20	166.60	201.88
8.731	31.75	39.69	20.688	177.38	214.62
9	33.71	41.94	21	183.65	221.48
9.525	37.83	47.04	22	201.50	241.03
10	41.65	51.94	22.225	203.70	246.96
10.319	44.39	54.88	23.019	220.70	257.74
11.112	51.45	63.70	23.812	236.18	281.26
11.509	55.47	68.60	24	239.90	287.14
11.906	59	73.5	25.4	268.72	318.50
12	59.98	74.48	26.988	303.31	357.70
12.303	63.01	78.40	28.575	340.06	396.9
12.7	67.13	83.30	30.162	378.97	441.00

热处理后的技术要求：

1）硬度。淬火后的硬度应≥63HRC，回火后的硬度为 61~65HRC。

2）同一零件的硬度差。套圈直径<100mm，滚动体直径≤22mm，同一零件硬度差≤1HRC；套圈直径>100mm，滚动体直径>22mm，同一零件硬度差≤2HRC。

3）淬火后的晶粒度。应符合 JB/T 11087—2011，1~4 级为合格。

4）显微组织。淬火回火后的显微组织应为马氏体、一次、二次碳化物和少量残留奥氏体。1~4 级为合格。

5）回火稳定性。轴承零件淬火、回火后需进行回火稳定性检查。相应点的最大硬度差应≤1HRC。其回火规范为 560℃×2h，回火后测定回火前后相应点的硬度。

6）零件不允许有裂纹。

7）脱碳层深度应小于 0.09mm。可按各企业标准执行。

5. G13Cr4Mo4Ni4V 钢制高温渗碳轴承零件的热处理

大多数航空发动机主轴轴承的 DN 值≤2.2×10^6，轴承的工作温度在 220℃ 以下。为了提高发动机效率，降低燃料消耗率，轴承的转速需相应提高。在高温下，DN 值提高到 2.3×10^6，采用全淬透钢（Cr4Mo4V、W18Cr4V）制造的轴承将面临套圈断裂的问题。G13Cr4Mo4Ni4V 高温渗碳轴承钢是 Cr4Mo4V 的改型钢，其 $w(C)$ 降低了 10% 左右，$w(Ni)$ 增加了 4%，既保持了 Cr4Mo4V 的各种高温性能，又提高了断裂韧度，心部的断裂韧度 $K_{IC}>60MPa \cdot m^{1/2}$，而心部硬度为 43~45HRC，有效地阻止了裂纹，减缓和消除了套圈断裂失效的危险。我国从 20 世纪 90 年代曾对该钢进行了全面的研究，发动机高温主轴承高速寿命已达到设计要求。套圈的制造工艺路线为锻件→退火→车削加工→渗碳→高温回火→去除不需要渗碳层→二次淬火→第一次高温回火→冷处理→二次高温回火→冷处理→高温回火→粗磨附加回火→细磨附加回火。

（1）退火工艺　G13Cr4Mo4Ni4V 钢制套圈的退火工艺曲线如图 5-60 所示。退火后的硬度≤230HBW，组织为均匀细粒状珠光体。

（2）渗碳　套圈的渗碳在井式渗碳炉或可控气

氛多用炉中进行，碳势采用微机自动控制。

渗碳的技术要求：渗碳层深度为 1.6 ~ 1.8mm（有效深度为 1.0 ~ 1.5mm），表面碳含量为 0.75% ~ 85%（质量分数）。其渗碳工艺曲线如图 5-61 所示。

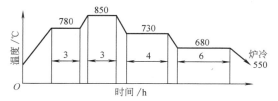

图 5-60　G13Cr4Mo4Ni4V 钢制套圈的退火工艺曲线

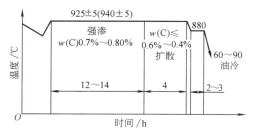

图 5-61　G13Cr4Mo4Ni4V 钢制套圈的渗碳
工艺曲线（渗碳剂为氮甲醇+丙烷）

注：1. 括号内渗碳温度的渗碳时间相应缩短。
　　2. 渗碳时间按产品图中样有效渗碳层深度确定。

（3）高温回火　高温回火是使渗碳层中的奥氏体转变成珠光体，呈细小的均匀球化组织，降低硬度，去除不需要渗碳层，为最终淬火提供良好的原始组织。其高温回火工艺曲线如图 5-62 所示，高温回火后的硬度为 43HRC 左右。

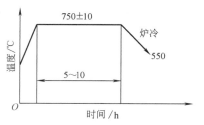

图 5-62　G13Cr4Mo4Ni4V 钢制套圈的高温回火工艺曲线

（4）最终热处理　淬火、回火后的技术要求。

1）渗氮。渗碳层深度为 1.6 ~ 1.8mm（有效深度为 1.0 ~ 5mm），按产品图样规定执行。渗碳层的表面碳含量为 0.75% ~ 0.85%（质量分数），以保证成品的表面碳含量 >0.8%（质量分数）。渗碳层表面硬度为 60 ~ 64HRC，心部硬度为 35 ~ 48HRC。渗碳层的显微组织为隐晶（细小结晶）马氏体，均匀细小分布的残留碳化物与少量残留奥氏体，心部组织为低碳板条状马氏体。

2）变形量。套圈的变形量按大小而定，以保证磨削加工时能去除脱碳、贫碳层，深度应不大于 0.06mm，表面应力呈压应力。

G13Cr4Mo4Ni4V 钢制套圈的淬火、回火推荐在真空炉中进行，也可在盐浴炉中进行。其渗碳后淬回火工艺曲线如图 5-63 所示，淬火后的硬度不小于 63HRC。

（5）去应力处理　粗磨后（第一次）的去应力处理为 520℃×4 ~ 6h；细磨后（第二次）在循环空气炉中进行，工艺为 250℃×8 ~ 10h；精磨后（第三次）在油中进行，工艺为 200 ~ 250℃×8 ~ 12h。

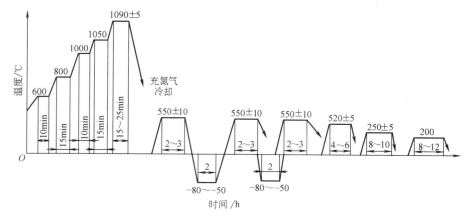

图 5-63　G13Cr4Mo4Ni4V 钢制套圈渗碳后的淬回火工艺曲线

6. 不锈钢高温轴承零件的渗氮处理

渗氮的不锈钢有 12Cr18Ni9、06Cr19Ni10、12Cr13、20Cr13 等。

（1）渗氮前的预备热处理　渗氮前的预备热处理是为了消除应力，改善组织，减少畸变，为提高渗氮质量创造条件。不锈钢渗氮前的预备热处理见表 5-84。

表 5-84　不锈钢渗氮前的预备热处理

牌　号	渗氮前的预备热处理	热处理后的硬度 HBW
12Cr13	1000～1050℃淬水；700～780℃回火，水冷或空冷	179～241
20Cr13	1000～1050℃淬水；600～700℃回火，水冷或空冷	241～341
06Cr19Ni10、12Cr18Ni9	1000～1150℃淬水；700℃×20h 或 800℃×10h 回火	≤187

（2）去除钝化膜　由于不锈钢中的合金元素（如铬和镍等）与空气中的氧接触后，在零件表面形成一层极薄而致密的氧化膜，即钝化膜（厚度为 1～3nm，呈无色玻璃状），覆盖在金属表面，使渗氮无法进行，因此必须将其去除。去除钝化膜的方法有如下几种。

1）喷砂：用细砂在 1.5～2.5MPa 压力下喷吹零件的表面以去除膜。

2）在渗氮炉中加入氯化铵，氯化铵的加入量按炉子体积进行计算，通常为 80～250g/m³。为了减慢氯化铵的分解速度，常在其中加入一定比例的细砂。

3）酸洗：在硝酸、氢氟酸、盐酸水溶液中酸洗，其溶液（1000mL）的成分如下：硝酸（相对密度 1.4）140mL，氢氟酸（相对密度 1.13）60mL，盐酸（相对密度 1.19）10mL，其余为水。

酸洗温度为 70～80℃，酸洗时间以使原表面失去光泽为准，然后在 40～50℃热水中刷洗，再在流动冷水中冲洗，最后烘干。

4）喷砂和炉中放置氯化铵相结合，喷砂、酸洗后应立即装炉。

（3）渗氮工艺　不锈钢轴承零件的渗氮工艺见表 5-85，渗氮温度与氨分解率的关系见表 5-86。

（4）渗氮后的质量检查　渗氮后质量检查的项目包括外观、渗氮层深度、渗氮层表面硬度和脆性及畸变等。

（5）不锈钢轴承零件渗氮时常见的缺陷及防止方法（见表 5-87）

表 5-85　不锈钢轴承零件的渗氮工艺

牌号	渗氮规范			渗氮层深度/mm	渗氮层表面硬度 HV
	温度/℃	时间/h	分解率（%）		
06Cr19Ni10 12Cr18Ni9	Ⅰ 560	30	45～55	0.15～0.20	950～1150
	Ⅱ 580	20	55～65		
	Ⅰ 560	8	25～40	0.15～0.20	950～1150
	Ⅱ 560	34	40～60		
	Ⅲ 580	3	85～95		
	560	48～60	40～50	0.15～0.25	900～1200
	580	80	35～55	0.2～0.3	900～1200
12Cr13	500	48	18～25	0.15	1000
	600	48	30～50	0.30	900
	500～520	55	20～40	0.15～0.25	950～1100
	540～560	55	40～45	0.25～0.35	850～950
	Ⅰ 530	18～22	35～45	≥0.25	≥650
	Ⅱ 580	15～18	50～60		
20Cr13	500	48	20～25	0.12	1000
	560	48	35～55	0.26	900

注：Ⅰ、Ⅱ—两段渗氮，Ⅲ—三段渗氮。

表 5-86　不锈钢轴承零件的渗氮温度与氨分解率的关系

渗氮温度/℃	520	560	600	650
氨分解率（%）	20～40	40～55	40～70	50～90

表 5-87　不锈钢轴承零件渗氮时常见的缺陷及防止方法

缺陷名称	产 生 原 因	防 止 方 法
局部渗不上	1）零件清洗不干净 2）装炉量多，炉气不均匀 3）加入氯化铵量小 4）设备老化，管道堵塞	1）严格对零件进行清洗 2）减少装炉量，改进炉内管道系统，提高炉气的均匀性 3）适当增加氯化铵量 4）定期维修设备和清洗管道

（续）

缺陷名称	产生原因	防止方法
腐蚀	液氨水分多,放入 NH_4Cl 量过多,操作不当	使用纯度 ≥99.8 的氨,氯化铵控制在 80~200g/m³
脆性大	未按工艺执行,液氨水分过多,渗氮零件倒角太小,炉子密封性不好	渗氮零件倒角 ≥0.5mm,使用一级氨,增加高温回火工序
内套内径黑皮磨不掉	内套内径磨削时尺寸增大或渗氮后尺寸缩小	内套内径磨削后按图样控制尺寸,或者适当加大内径留量
畸变大	渗氮前零件存在较大的加工应力或操作不当	对易畸变零件,渗氮前应进行高温回火和尽量采用低温渗氮
渗氮层深度不够	渗氮温度低或保温时间短	提高渗氮温度或延长保温时间

5.5.4 防磁轴承零件的热处理

防磁轴承需选用磁导率 $\mu<1.0$ 的材料制造。常用防磁轴承材料有 QBe2.0、Monelk-500、00Cr40Ni55Al3、Cr23Ni28Mo5Ti3AlV、7Mn15Cr2Al3V2WMo 和 00Cr15Ni60Mo16W4 等。

1. 7Mn15Cr2Al3V2WMo 钢制轴承零件的热处理

7Mn15Cr2Al3V2WMo 系奥氏体沉淀硬化无磁钢。它的固溶处理温度为 （1180±5）℃，保温时间为 40~60min，在 ≤40℃ 流动水中冷却；时效温度为 650℃，保温 20h。7Mn15Cr2Al3V2WMo 钢制轴承零件的固溶时效工艺曲线如图 5-64 所示。

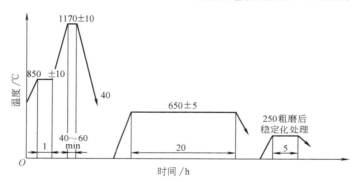

图 5-64　7Mn15Cr2Al3V2WMo 钢制轴承零件的固溶时效工艺曲线

固溶时效处理后的硬度：套圈的硬度>42HRC，滚子的硬度>43HRC，中隔圈的硬度>41HRC。

2. Cr23Ni28Mo5Ti3AlV（52#合金）合金制轴承零件的热处理

Cr23Ni28Mo5Ti3AlV 系 Fe 基奥氏体沉淀硬化性合金，简称 52#合金。它的强化通过固溶时效实现，固溶时效后的硬度为 48~52HRC，其固溶时效工艺曲线如图 5-65 所示。

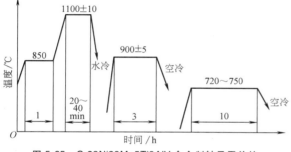

图 5-65　Cr23Ni28Mo5Ti3AlV 合金制轴承零件的固溶时效工艺曲线

对于固溶热冲球（加热到 1100~1120℃），经锉削、软磨后不需要进行固溶处理，直接采用 900℃× 3h 中间时效和 720~750℃×10h 最终时效。

3. 00Cr40Ni55Al3 合金制滚动轴承零件的固溶时效处理

该合金系 Cr、Ni 基无磁弥散硬化耐蚀合金，在 500℃ 以下具有高的性能。在许多腐蚀介质，如硝酸、H_2S、海洋性气候等条件下，有好的耐蚀性。同时，该合金无磁，也可用于制作高温、无磁轴承。该合金是通过固溶时效或固溶、冷变形、再时效后具有优良的综合性能，如高温硬度等。它的强化相由 γ 相分解，析出 α 相及其与基体共格的面心立方晶格 γ′ 相和 $Ni_3(Al)$ 相所致。固溶时效后具有高的硬度、强度及耐蚀性。00Cr40Ni55Al3 合金制滚动轴承零件固溶时效对力学性能的影响见表 5-88。

该合金固溶温度、保温时间、晶粒大小对硬度的影响见表 5-89，00Cr40Ni55Al3 时效温度及时间对力学性能的影响如图 5-66~图 5-68 所示。

表 5-88　00Cr40Ni55Al3 合金制滚动轴承零件固溶时效对力学性能的影响

合金牌号	热处理制度	R_m/MPa	$R_{p0.2}$/MPa	A(%)	硬度
00Cr40Ni55Al3	1160~1180℃ 水淬	≤882	—	20~30	≤90HRB
	1160~1180℃ 水淬，600~650℃×5h 时效	≥1470	—	5	≥55HRC
00Cr40Ni55Al3.5	1150℃水淬	784~882	588	>30	90~100HRB
	1200℃，水淬，70% 冷变形，500~550℃×5h 时效	1960~2371.6	1666	—	64~67HRC

表 5-89　00Cr40Ni55Al3 合金固溶温度、保温时间、晶粒大小对硬度的影响

固溶温度 /℃	保温时间 /h	晶粒大小（级）	硬度 HRC
1180	0.5~2	8~9	26~28
1200	0.5~2	7~8	25~26
1220	0.5~2	5~7	21~23
1240	0.5~2	5~3	17~19

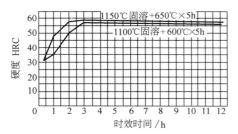

图 5-66　00Cr40Ni55Al3 合金时效时间对硬度的影响

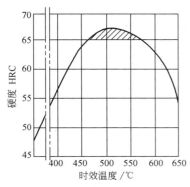

图 5-67　00Cr40Ni55Al3 合金的冷变形量（变形量 90%）、时效温度对硬度的影响

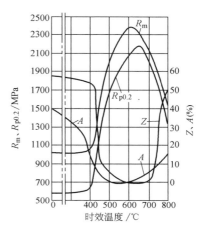

图 5-68　00Cr40Ni55Al3.5 合金时效温度对力学性能的影响（1150℃淬火）

表 5-90　00Cr40Ni55Al3 合金制套圈和钢球的固溶与时效工艺

序号	名称		固溶工艺	时效工艺
1	套圈		棒料固溶：1150~1180℃×40~60min，水淬	600~650℃×5~10h 后空冷
2	钢球	冷冲	线材固溶：1150~1180℃×30~40min，水冷	600℃×5~10h 后空冷
		热冲	1150~1170℃×30~40min，热冲	600℃×5~10h 后空冷

该合金制造滚动轴承零件的工艺路线为原材料经固溶处理→冷冲球或热冲球套圈车削加工→锉削、软磨接近成品尺寸→时效处理、粗磨、细磨、精磨→成品尺寸→装配。00Cr40Ni55Al3 合金制套圈和钢球的固溶与时效工艺见表 5-90。

固溶时效后零件的热处理技术要求：固溶处理晶粒度为 6~9 级；时效后的硬度：套圈 ≥55HRC，钢球 ≥56HRC；不允许有裂纹。

4. MonelK-500 合金制轴承零件热处理

该合金是奥氏体沉淀硬化型无磁耐蚀 Ni-Cu 合金，具有较好的力学性能和耐蚀性。在固溶状态下，塑性好，可采用冷变形且焊接性好。少量的 S、Pb 杂质元素使合金力学性能恶化，产生热脆性。因此，在进行加热时，严禁使用含有 S、Pb 等元素燃料加热。

该合金耐蚀性优良，适用于制造工作温度 ≤120℃，在氢氟酸、磷酸、H_2S 气体、氯化物、海水等腐蚀介质中工作的滚动轴承零件，如 3/16G200 合金球等。它可以通过冷变形和时效提高硬度，同时对耐蚀性影响较小。

该合金可通过固溶（固溶后冷变形）和时效处理提高强度，以固溶态或冷变形态交货。固溶态交货硬度 ≤170HV，冷变形态交货硬度 ≤279HBW（视冷变形量而定）。固溶处理工艺为 870~980℃×1~1.5h，在 ≤40℃ 的流动水中冷却；时效处理工艺为 550~600℃×4~5h 后空冷。

固溶+20%冷变形后的力学性能：R_m = 784~999MPa，A≥20%，硬度≥20HRC。

固溶后 20%冷变形+550~600℃×4~5h 时效后的力学性能：R_m = 1029MPa，A>10%，硬度为 28~35HRC。

固溶后 40%冷变形+530~550℃×5~6h 时效后的力学性能：R_m = 1176~1372MPa，A>5%，硬度>30HRC。

以加工 3/16G200 合金球为例，其制造工艺路线为固溶→冷冲球→锉削加工→软磨→时效处理→硬磨、精磨至成品尺寸。

5. 00Cr15Ni60Mo16W4 合金制轴承零件的固溶时效处理

00Cr15Ni60Mo16W4（又称 HastelloyAlloyC-276）合金系奥氏体加工硬化型 Ni-Cr-Mo-W 系耐蚀合金，适用于制造在氯碱、农药、石油化工、海水等腐蚀介质中工作的轴承零件。

该合金固溶态塑性好，冷加工强化效应大，经冷变形及时效后，可获得高的强度和硬度。

固溶处理工艺为 1150~1200℃，≤40℃ 流动水中冷却。

时效处理工艺为 450~500℃×5~7h 后空冷。固溶时效后的硬度 ≥40HRC。

该合金冷变形量对硬度的影响见表 5-91。

表 5-91　00Cr15Ni60Mo16W4 合金冷变形量对硬度的影响

冷变形量（%）	0	5	10	25	33	50	60
硬度 HV	244~257	256~266	283~303	362	386~412	399~441	426~441

6. 铍铜（TBe2）轴承零件的热处理

TBe2 的热处理包括固溶和时效。固溶后应获得单相的 α 固溶体组织。最高固溶温度不能超过包晶反应的温度 864℃，一般选用 780~800℃。在这个温度范围内，合金中固溶体的 Be 含量与 864℃ 时的基本接近，所以在时效后有最佳的性能。保温时间一般按零件的厚度、装炉量和选用的设备而定。一般情况下，在电炉中加热，零件厚度 <3mm 时，保温时间为 30~60min；零件厚度 >3mm 时，保温时间为 60~120min。

固溶后的冷却采用低于 30℃ 的水。由于铍铜在固溶后的冷却过程中，脱溶进行得非常迅速，零件加热后应迅速淬入水中，以便获得单相过饱和的 α 固溶体。

铍铜的时效温度选用 315~330℃ 较好，保温时间为 2~3h。

铍铜（TBe2）制轴承零件的热处理工艺见表 5-92。铍铜（TBe2）热处理常见的缺陷及防止方法见表 5-93。

表 5-92　铍铜（TBe2）制轴承零件的热处理工艺

零件名称	技术要求	工序名称	热处理规范
套圈和滚动体	固溶时效后的硬度≥38HRC	固溶时效	

表 5-93　铍铜（TBe2）热处理常见的缺陷及防止方法

缺陷名称	产生原因	防止方法
固溶时效后的硬度 <38HRC	1）时效温度高 2）固溶温度和保温时间不合适	1）零件加热前要清洗干净 2）在保护气氛炉或真空炉中加热
零件氧化	1）零件清洗不干净 2）加热时氧化	对原材料进行固溶→车削加工→时效处理→磨削加工→稳定化处理
畸变	零件在固溶处理时易畸变	校型

5.6　其他轴承零件的热处理

5.6.1　保持架、铆钉等轴承零件的热处理

滚动轴承中的保持架用于保持滚动体彼此相隔一定距离，并阻止滚动体之间的相互冲撞与摩擦。对于滚柱轴承保持架，还有防止滚柱歪斜的作用。在工作时，保持架除了受离心力的作用，还与轴承套圈和滚动体发生滑动摩擦。所以，保持架材料应具有良好的导热性、耐磨性、一定的强度和小的摩擦因数，与套圈和滚动体应有相近的膨胀系数，并且要便于加工等。有些特殊的保持架还要求有自润滑性、耐高温和耐蚀性等。中小型轴承通常采用冲压保持架，大型轴承一般采用机械加工的保持架。保持架常用的金属材料及其用途见表 5-94，保持架、铆钉等零件的热处理工艺见表 5-95。

表 5-94　保持架常用的金属材料及其用途

材料牌号	用　途
08、10、15	用于制造 BK、HK 型轴承滚针轴承外套，浪形、盒形、菊形、筐形、Z 形、盆形、E 形等冲压保持架和防尘盖、挡圈、密封圈等
ML15、ML20	用于制造保持架铆钉、长圆柱和螺旋滚子等轴承的支柱
20、40、45	用于制造特大型轴承支柱、大型圆锥轴承的内外隔圈和保持架等
40CrNiMoA	用于制造高温、高速轴承实体保持架，工作温度≤315℃
06Cr19Ni10、07Cr19Ni11Ti、14Cr17Ni2	用于制造防锈性能较高的保持架、垫圈和铆钉
S16SiCuCr①	用于制造在润滑不良条件下工作的轴承保持架
T8A、T10A	用于制造冠形保持架、防尘盖等
H62、H96	用于制造冲压保持架和铆钉
HPb59-1	用于制造高强度实体保持架和保持架挡圈
QAl10-3-1.5	用于制造高温、高速实体保持架，工作温度≤200℃
QSi1-3	用于制造实体保持架、挡盖和关节轴承内套
QSi3.5-3-1.5	用于制造高温、高速实体保持架，工作温度≤315℃
2A11、2A12	用于制造高温、高速实体保持架
T2、T3	用于制造冲压铆钉

① 非标牌号，目前很少使用。

表 5-95　保持架、铆钉等零件的热处理工艺

零件名称	牌号	技术要求	工艺名称	热处理工艺	备注
铆钉	ML15 或 ML20	消除加工硬化	软化退火	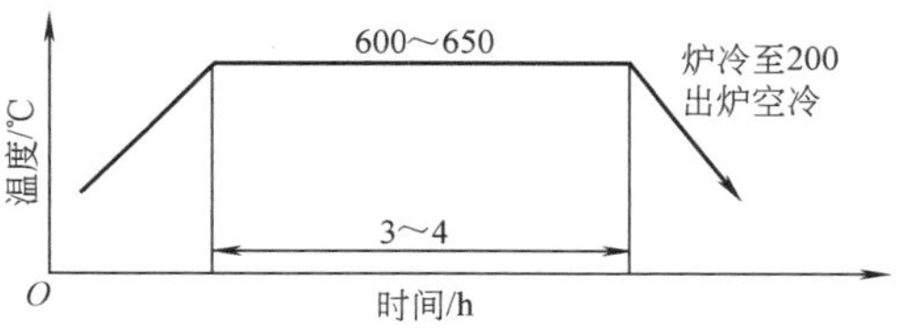 600~650，3~4，炉冷至200出炉空冷	需无氧化退火
保持架	45	241~285HBW	淬火+回火	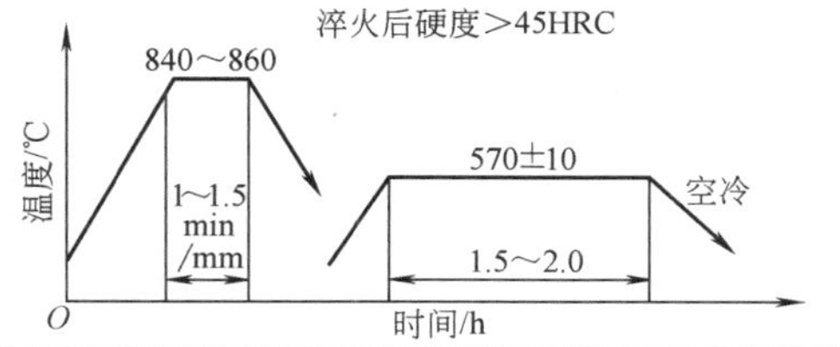 淬火后硬度>45HRC，840~860，1~1.5 min/mm，570±10，1.5~2.0，空冷	
锁圈	65Mn	1)53~55HRC 2)40~45HRC	淬火+回火	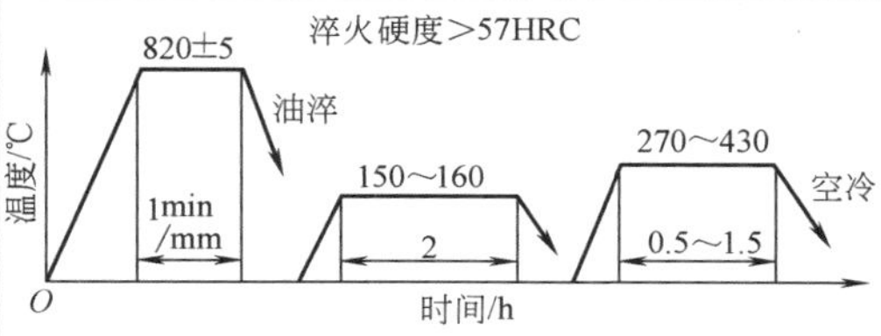 淬火硬度>57HRC，820±5，油淬，1min/mm，150~160，2，270~430，0.5~1.5，空冷	为防止变形，淬火后先低温回火，再放入专用的夹具内进行回火

（续）

零件名称	牌号	技术要求	工艺名称	热处理工艺	备注
保持架	14Cr17Ni2	231~363HBW 或 255~302HBW	淬火+回火	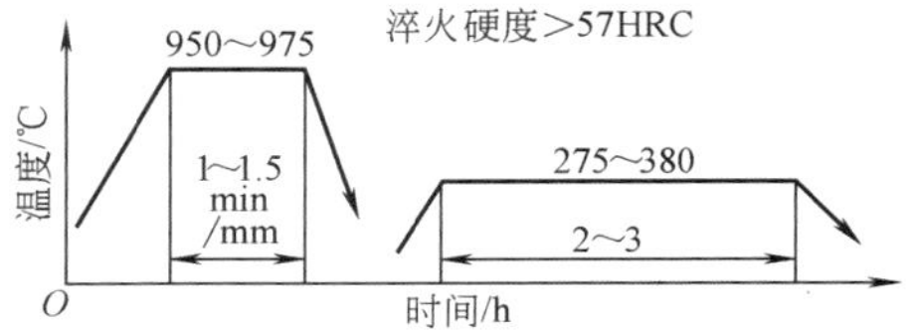 温度/℃ 950~975 淬火硬度>57HRC 1~1.5min/mm 275~380 2~3 时间/h	300℃×2h回火,>35HRC 530~550℃×1.5h回火,≥235~277HBW
冲压保持架及铆钉	06Cr19Ni10 或 07Cr19Ni11Ti	消除加工硬化（软化处理）	淬火	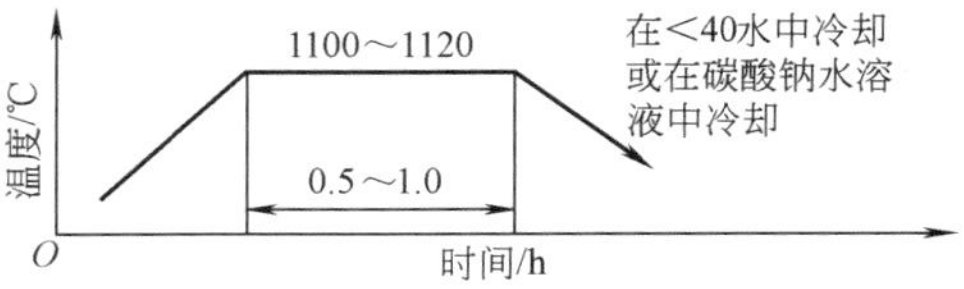 温度/℃ 1100~1120 0.5~1.0 在<40水中冷却或在碳酸钠水溶液中冷却 时间/h	最好在真空炉中加热
冲压保持架	08、10	消除加工硬化	软化退火	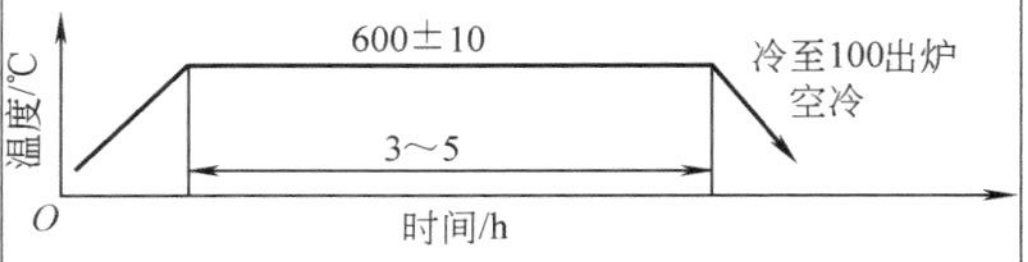 温度/℃ 600±10 3~5 冷至100出炉空冷 时间/h	需无氧化退火
保持架	S16SiCuCr 石墨钢	1）硬度为149~197HBW 2）显微组织为珠光体+石墨+少量铁素体,不允许有封闭网状碳化物 3）钢中化合碳量（总碳量）减去石墨碳含量 $w(C) \geqslant 0.4\%$ 4）石墨形状:链状球状或少量条状	退火（或淬火+回火）	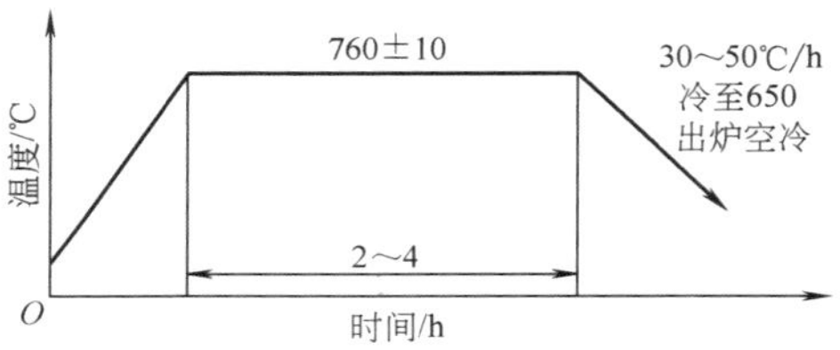 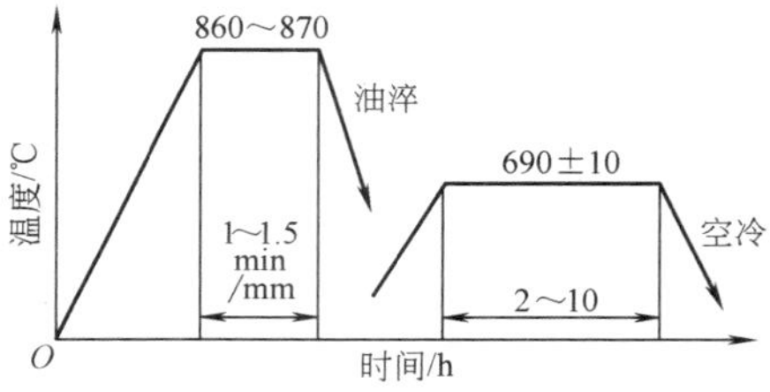 温度/℃ 760±10 2~4 30~50℃/h冷至650出炉空冷 时间/h ; 温度/℃ 860~870 油淬 1~1.5min/mm 690±10 2~10 空冷 时间/h	自润滑保持架
挡圈保持架	08、10	氮碳共渗后,硬度>40HRC,渗氮层深度为0.4~0.7mm,处理后表面应为均匀银白色	氮碳共渗	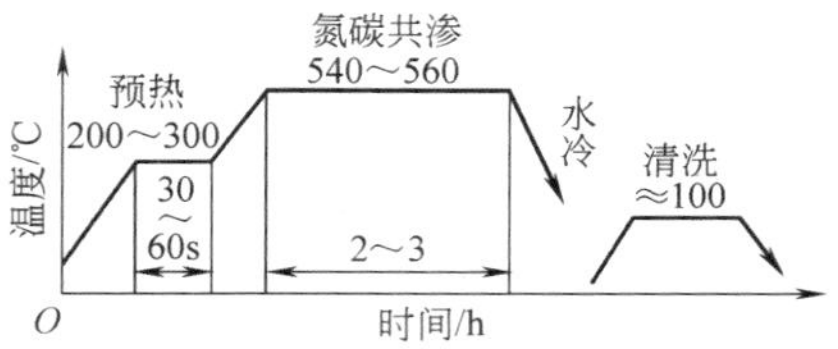 温度/℃ 预热200~300 氮碳共渗540~560 30~60s 2~3 水冷 清洗≈100 时间/h 1）氮碳共渗保温时间:挡圈厚度<2.5mm时为2h,挡圈厚度>2.5~4mm时为2.5h,挡圈厚度4~6mm时为3h 2）在质量分数为5%~10%热碳酸钠水溶液中进行100%清洗,150℃×3h回火	
保持架	40CrNiMoA	33~37HRC	淬火+高温回火	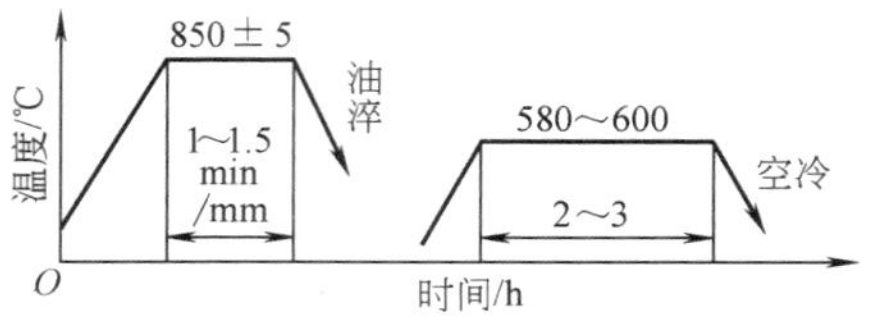 温度/℃ 850±5 油淬 1~1.5min/mm 580~600 2~3 空冷 时间/h	

（续）

零件名称	牌号	技术要求	工艺名称	热处理工艺	备注
冲压保持架	H62	消除加工硬化	软化退火	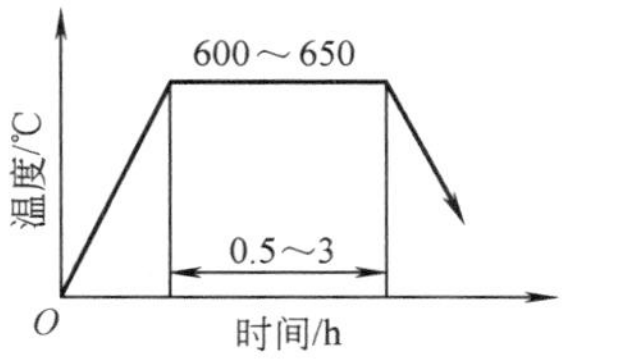 必须装箱密封退火，在退火箱出炉后待零件冷至100℃以下时开箱	冷加工后必须进行去应力退火，270～300℃×2～3h
保持架	QSi1-3	177～209HBW	固溶+时效	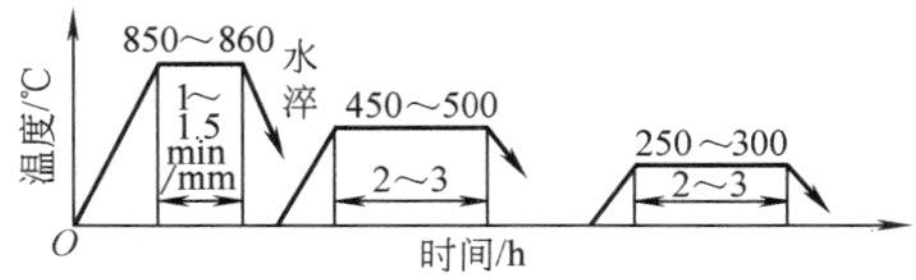	将管材进行热处理，达到要求后再加工成保持架，并进行去应力退火
保持架	QAL10-3～1.5	1）130～200HBW 2）202～269HBW	固溶+时效	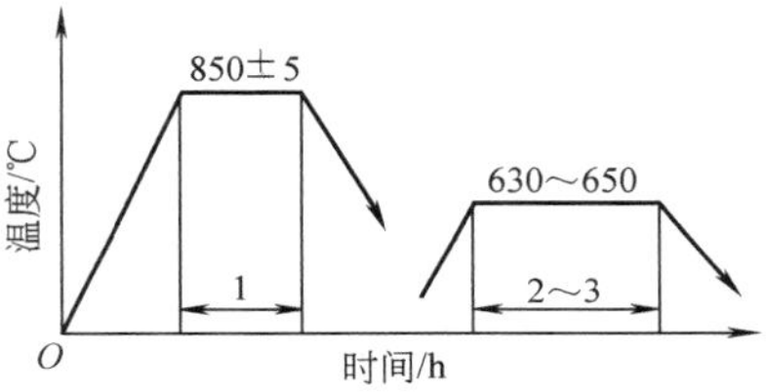	
保持架	QAL10-3～1.5	130～200HBW	固溶+时效	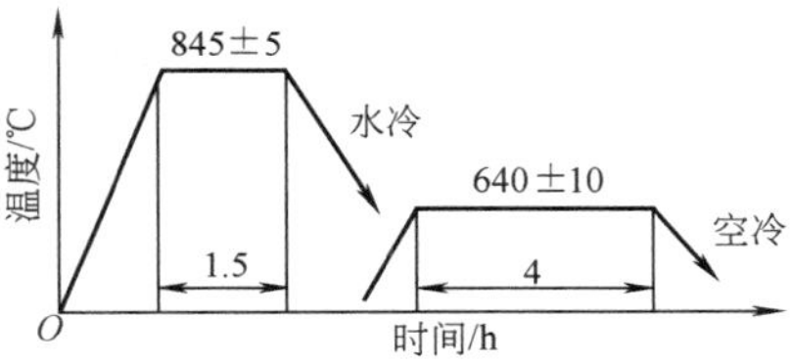	
保持架	HPb59-1	消除加工硬化	软化退火或去应力退火	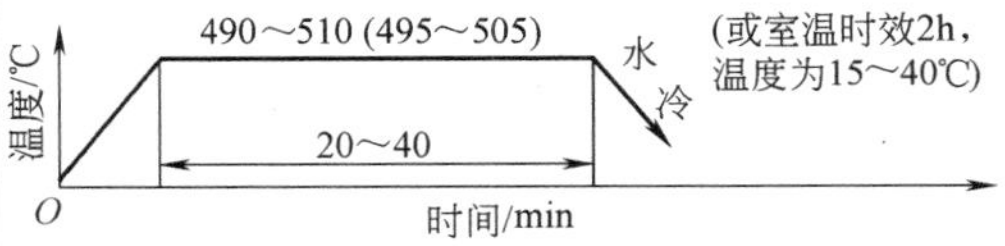	括号内是去应力退火温度
保持架	2A11（T4） 2A12（T4）	>60HRB	固溶+时效	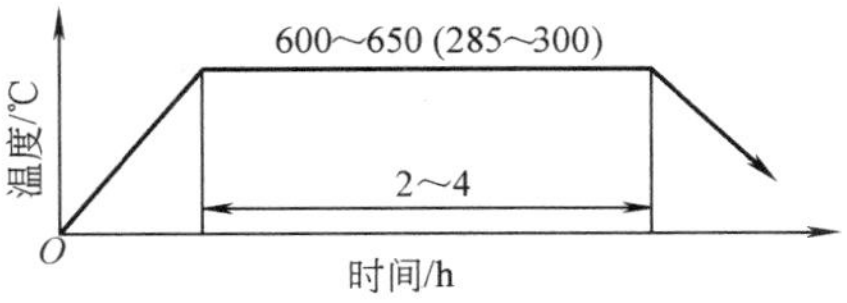	括号内为人工时效温度

5.6.2　冲压滚针轴承零件的热处理

冲压外圈滚针轴承常用光亮的冷轧优质碳素结构钢带（08、10、15、20）和合金结构钢带15CrMo、20CrMo制造。

冲压滚针轴承包括带保持架的HK、BK型滚针轴承和冲压外圈满滚针、无保持架的F、MF型滚针轴承，如图5-69和图5-70所示。

该类轴承体积小，使用范围广，生产批量大，每

年3亿~4亿套，通常采用表面化学热处理，如渗碳、氮碳共渗等方法。

1. 冲压滚针轴承热处理的技术要求

冲压滚针轴承热处理的技术要求按JB/T 7363—2011《滚动轴承　低碳钢轴承零件碳氮共渗热处理技术条件》执行。

1）硬度。碳氮共渗（或渗碳）直接淬火并回火后的表面硬度和心部硬度见表5-96。

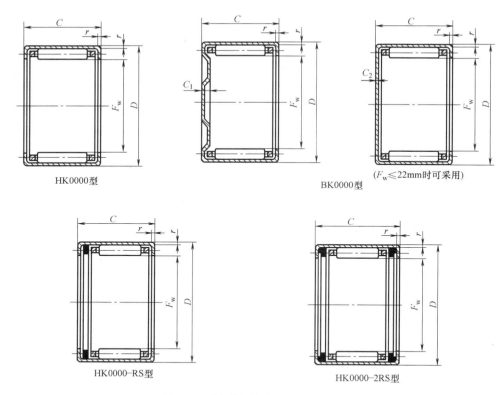

HK0000型　　　　　　　BK0000型　　　（$F_w \leqslant 22mm$时可采用）

HK0000-RS型　　　　　　　HK0000-2RS型

图 5-69　带保持架的冲压外圈滚针轴承

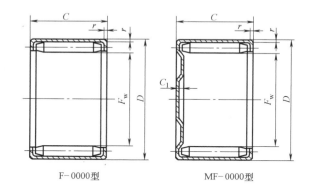

F-0000型　　　　　　　MF-0000型

图 5-70　冲压外圈满装滚针轴承

C—冲压外圈宽度　C_1—冲压外圈成形底面的端部厚度

D—冲压外圈外径　F_w—滚针组总体内径　r—倒角尺寸

2）硬化层深度。按 JB/T 7363—2011 的要求执行。特殊要求按产品图样规定执行。冲压外圈的有效硬化层深度应从表面垂直测到 550HV 处。若用户对硬化层深度未提出要求，可按表 5-97 所列的碳氮共渗（或渗碳）总硬化层深度执行。

3）显微组织。滚针轴承零件碳氮共渗后的显微组织应为含氮马氏体、碳氮化合物及残留奥氏体，按

JB/T 7363—2011 标准级别图评定，第一级别图的 1 级、2 级为合格，不允许有 3 级、4 级黑色组织存在。渗碳后的显微组织应为细针状马氏体、分散细小的碳化物及少量残留奥氏体，可参照 JB/T 8881—2020 的级别图评定。

4）直径变动量。最终热处理后，轴承零件的直径变动量按表 5-98 的规定执行。

表 5-96　碳氮共渗（或渗碳）直接淬火并回火后的
表面硬度和心部硬度（JB/T 7363—2011）

产品类型	钢种	硬度 HV		
		淬火	回火	
		表面硬度	表面硬度	心部硬度
保持架	碳素结构钢	≥713	380～650	140～380
	合金结构钢	≥713	420～620	270～350
冲压外圈	碳素结构钢	≥766	664～856	140～450
	合金结构钢	≥766	664～856	270～450

注：若用户对心部硬度无要求，生产厂家可不检查心部
　　硬度

表 5-97　碳氮共渗（或渗碳）总硬化层深度
（摘自 JB/T 7363—2011）

产品类型	最小壁厚/mm	总硬化层深度/mm	
		碳素结构钢	合金结构钢
保持架	≤0.5	0.02～0.07	0.05～0.12
	>0.5～1.0	0.02～0.15	0.07～0.15
	>1.0	0.02～0.15	0.08～0.20
冲压外圈	≤0.5	0.07～0.18	
	>0.5～1.0	0.08～0.25	
	>1.0	0.15～0.30	

表 5-98　轴承零件的直径变动量

零件外径/mm	直径变动量/mm
<25	≤0.02
25～50	≤0.03
>50	<0.05

2. 冲压外圈滚针轴承碳氮共渗（或渗碳）热处理工艺

渗碳气制备：①将质量分数为 97% 的工业甲醇（CH_3OH）在 820℃以上温度通入炉内，裂解形成保护气氛（称为载气），然后通入纯度为 99.9% 的化学纯乙醇（C_2H_5OH）或丙烷作为富化气形成渗碳气氛，控制碳势为 0.80%～1.10%；②用氮气、甲醇、丙烷组成的可控气氛进行渗碳；③碳氮共渗时向炉内通入氨气（NH_3），其量控制在 0.5%～3%（炉内容积）。设备为可控气氛网带炉。

装炉方法：当零件外径≤25mm 时，允许散装均匀一层进入炉内；当零件外径>25mm 时，工件之间应有一定间隙且排放整齐进入炉内。

加热温度：渗碳温度为（870±10）℃，碳氮共渗温度为（850±5）℃，时间为 50～60min，按渗层深度确定。

冷却：淬火油温控制在 60～90℃，静油冷却，以减少变形。对于易变形的零件，油温控制在 100～120℃。

（1）低碳钢制轴承零件热处理工艺

1）08、10、15、20 钢冲压的 BK、HK 型冲压滚针轴承零件在网带炉内的化学热处理工艺见表 5-99。

2）20 钢制冲压外圈碳氮共渗（或渗碳）与回火工艺曲线如图 5-71 所示。

3）08、10、15、20 钢制保持架碳氮共渗与回火工艺曲线如图 5-72 所示。

表 5-99　BK、HK 型冲压滚针轴承零件在网带炉内的化学热处理工艺

技　术　要　求	热处理工艺	备　　注
外圈碳氮共渗 1）碳氮共渗直接淬火后表面硬度应>766HV，回火后应为 664～856HV 2）共渗层深度根据图样要求 3）渗层的显微组织应为细小针状马氏体和少量残留奥氏体，心部为基体组织 4）畸变量要求：尺寸变化不超过 0.02mm，圆度不超过 0.04mm 5）表面为银灰色 6）碳氮共渗深度 　壁厚≤0.50mm，渗层深度为 0.10～0.18mm 　壁厚>0.5～1.0mm，渗层深度为 0.15～0.25mm 　壁厚>1.0mm，渗层深度为 0.18～0.30mm	 1）零件在共渗前必须经 3h 以上窜光，使表面清洁和光亮，并需经汽油或乙醇清洗 2）滴注法：碳氮共渗的渗剂流量控制（以 CC-45-9X 为例） | CH_3OH 流量	8～12mL/min
C_2H_5OH 流量	8～12mL/min
NH_3 流量	0.2～0.5L/h		炉内分三个区。碳氮共渗时间要根据零件渗层深度的要求而定 不同回火工艺的表面硬度 150℃×2h：720～832HV 180℃×2h：619～697HV 250℃×1h：484～619HV 350℃×45min：434～484HV 370℃×45min：392～446HV

（续）

技 术 要 求	热 处 理 工 艺	备　　注
保持架渗碳 1）推力轴承保持架 　厚度 ≤ 0.56mm，有效硬化层深度（DC）= 0.01～0.04mm 　厚度>0.56～0.90mm，DC = 0.02～0.10mm 　厚度>0.90mm，DC = 0.10～0.20mm 2）径向轴承保持架 　厚度 ≤ 0.63mm，DC = 0.01～0.08mm 　厚度>0.63～1.0mm，DC = 0.02～0.10mm 　厚度>1.0mm，DC = 0.10～0.20mm	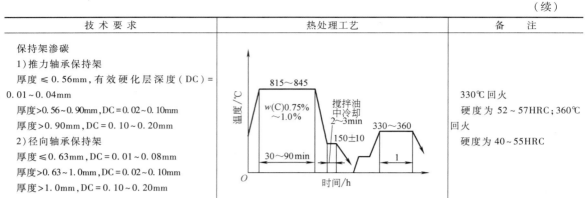	330℃ 回火 　硬度 为 52～57HRC；360℃ 回火 　硬度 为 40～55HRC

（2）合金结构钢（15CrMo）制轴承零件碳氮共渗（或渗碳）热处理工艺

1）合金结构钢（15CrMo）制薄壁冲压外圈在毛坯拉深时极易产生裂纹等缺陷，因此必须进行去应力退火。

15CrMo 钢去应力退火的技术要求：

① 15CrMo 钢制滚动轴承零件去应力退火后的硬度应小于 128HBW（140HV、78HRB），采用小载荷维氏硬度计直接在工件的平整端面上测试。

② 去应力退火后的显微组织不作考核。

③ 去应力退火后的表面允许存在少量氧化皮，应采用审光法去除。

15CrMo 钢制冲压外圈的去应力退火工艺曲线如图 5-73 所示。通常在箱式炉或井式炉内进行（若能采用保护气氛或在真空炉内执行工艺则更为理想），应防止工件严重氧化脱碳。为此，要求将工件装在相对密封的容器内，周围或上部用铸铁粉或铸铁屑覆盖保护。去应力退火保温结束后，随炉冷却 40～60min，空冷到室温后将工件从容器内取出。

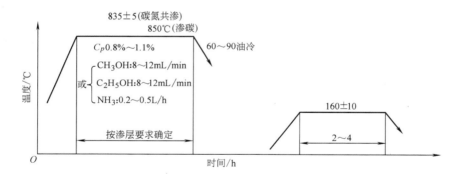

图 5-71　20 钢制冲压外圈碳氮共渗（或渗碳）与回火工艺曲线

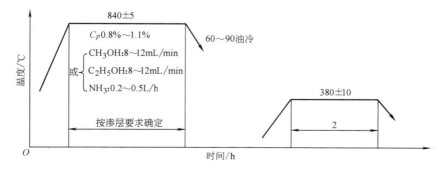

图 5-72　08、10、15、20 钢制保持架碳氮共渗与回火工艺曲线

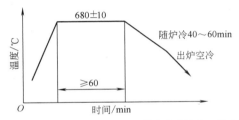

图 5-73　15CrMo 钢制冲压外圈的去应力退火工艺曲线

2）15CrMo 钢制轴承零件最终热处理工艺。

① 工艺温度及工艺时间。15CrMo 钢制冲压外圈低温渗碳工艺温度为（800±5）℃，也可采用（840±5）℃碳氮共渗工艺，但在制订工艺及生产过程中必须考虑尺寸胀缩等因素。15CrMo 钢机制轴承保持架碳氮共渗工艺温度（850±5）℃。低温渗碳及碳氮共渗工艺时间根据渗层深度要求确定。

② 回火。15CrMo 钢制冲压外圈采用（160±10）℃×2h 低温回火工艺。15CrMo 钢机制轴承保持架采用（580±20）℃×（1～2）h 高温回火工艺。

（3）08、10、15CrMo 钢制保持架氮碳共渗的技术要求

1）硬度：常规氮碳共渗的硬度要求为 360～600HV0.05。硬度随工艺温度的提高而降低，但工艺温度必须控制在相变温度以下，否则即变成低温碳氮共渗了。

2）渗层：白亮层深度要求为 0.005～0.01mm。

3）心部组织为基体组织。

4）氮碳共渗工艺曲线如图 5-74 所示。

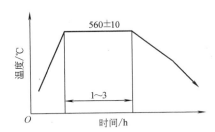

图 5-74　08、10、15CrMo 钢制保持架氮碳共渗工艺曲线

注：表面硬度为 654HV，心部硬度为 166HV，
渗层深度为 0.0075mm。

氮碳共渗气氛为乙醇和氨气，可在连续式网带炉（或渗氮炉）中进行。

08、10 钢冲压保持架采用渗碳处理，渗碳温度为（845±5）℃，渗碳时间根据产品图样要求而定，通常加热 60～90min，在 120～150℃油中进行分级淬火；回火工艺按零件硬度来选择，如硬度为 52～57HRC，用 330℃×1h；硬度为 40～55HRC，用 360℃×1h。

（4）渗碳处理　15CrMo 钢制摩托车大头连杆冲压滚针保持架渗碳工艺。技术要求：渗碳层深度为 0.08～0.10mm；表面硬度为 410～590HV，心部硬度 ＞ 270～350HV；表面 $w(C)$ 为 0.7%～0.9%，变形量 ≤ 0.03mm。

其最佳工艺为（840±5）℃×45～60min 渗碳 → 60～90℃油淬 → 清洗 → 350℃×2h 回火。渗碳在可控气氛网带式炉中进行，渗剂采用滴注法炉内裂解，甲醇流量为 10～15mL/min，乙醇流量为 5～8mL/min。

（5）08、10、15CrMo 钢冲压外圈渗碳处理　渗碳在可控气氛连续网带炉中进行。渗碳温度为：Ⅰ 区 870℃，Ⅱ 区 870℃，Ⅲ 区 840℃；时间为 30～60min；油淬。气氛：甲醇 7m³/h，丙烷 260L/h；碳势控制在 0.80%～1.0%。渗碳层深度为 0.08～0.14mm，硬度为 710～810HV。回火工艺为 150～160℃×1～2h，在循环空气电炉中进行。

弯边工艺：冲压套圈口部需局部高频感应加热退火，以便装配时弯边，退火温度控制在 600～700℃，时间约为 1s。退火后的硬度控制在 480HV 左右，以保证弯边不产生裂纹。

冲压外圈退火后应进行振动抛光，以去除退火痕迹，通常采用振动甩光（加磨料）4h 即可。装配完滚针和保持架后，可在滚边机上进行弯边。

高频感应加热退火部位控制应不超过变薄拉深台阶下 1mm，以保证滚道部位的硬度不低于 664HV。高频感应加热设备的功率为 8～30kW，频率为 200～300kHz，并配有退火机床。通常退火机床由调速电动机、时间继电器、感应圈和工作台等组成。

冲压外圈滚针轴承的渗碳（或碳氮共渗）热处理采用组装后进行整体热处理，经多年生产实践表明，其产品质量完全可满足用户要求。该工艺优点是节能、生产率高、成本低，适用于大批量生产。

带保持架冲压外圈滚针轴承由冲压外圈、保持架和滚针三部分组成。滚针必须达到 GB/T 309—2021 中 G3、G5 级要求方可装入冲压外圈和保持架，然后进行弯边，待全部完成后再进行热处理。热处理前，成品必须清洗干净、烘干后，方可进入热处理工序；热处理后，产品质量符合要求后再进行甩光处理，待冲压外圈表面质量达到要求后，再进行清洗、防锈、涂油，包装出厂。

对于冲压外圈中的焊接保持架，为了提高综合力学性能，必须进行渗碳或碳氮共渗处理，其工艺与冲压外圈滚针轴承相同。

3. 整体冲压滚针轴承的热处理

将冲压外圈、滚针和保持架组装一起，进行整体冲压滚针轴承渗碳淬火的热处理工艺，在国外已经有

50 多年的历史，它适合极大批量的生产，生产率很高。国内企业近些年来也纷纷投入生产，改变了过去多道工序分散加工质量不稳定的缺陷。

其制造工艺路线是：

（1）滚针制造　将 GCr15（100Cr6）的冷拉钢丝在高速切断机上落成滚针坯料→在倾斜一定角度的八角形滚筒中加入滚针坯料、各种磨料、抛光润滑剂等介质，以一定的转速、几十个小时不停地运转，运转中的滚针坯料通过相互间的摩擦、滚针坯料沿着滚筒壁的摩擦力及从滚筒壁的上端自由落下的冲击动作，完成滚针的倒角、圆弧、外径的成形，通过投影仪检测达到技术要求后→热处理→磨削加工→分选分类。

滚针的热处理是在大型滚筒炉内进行的，对于小批量多品种的淬火，可采用小型八角形滚筒炉加热淬火，通入可控气氛保护，碳势为 1.0%～1.1%，加热温度为 845～870℃，加热时间为 35～50min（视产品规格而定），淬入快速淬火油中，油温为 80～90℃，淬火后的硬度：表面为 780～940HV，心部为 760～840HV，回火采用滚筒式回火炉，160～180℃×2h 空冷，回火后的硬度 ≥810HV，显微组织达到 GB/T 34891—2017 要求。

将热处理完工后的滚针经 3～4 道磨削加工、抛光→全自动高速分选机进行尺寸分选→入库。

（2）冲压外圈和保持架　制造它们的材料是碳含量极低的 [$w(C) = 0.006\%～0.009\%$] 光亮冷轧钢卷，厚度为 0.63～1.50mm（根据产品要求选择），硬度为 90～120HV，金相组织为均匀的颗粒状铁素体＋极少量的三次游离渗碳体。

冲压外圈的成形是在一台多功能高速冲床上进行的，通过 4～5 个工位（模具）迅速冲压成滚针轴承

外圈后→清洗、烘干、防锈处理。保持架的成形工艺与冲压外圈一样。

（3）组装　将热处理完后并分选好的滚针通过全自动高速组装机装入还没有经过渗碳淬火的保持架和套圈内，并立即通过全自动高速卷边机压制成整体冲压滚针轴承。

（4）热处理　清洗烘干→渗碳淬火、回火→检验→入库。在网带炉内进行整体冲压滚针轴承的渗碳淬火，技术要求：套圈的渗碳层深度为 0.08～0.33mm（每种产品的渗层深度是不一样的），硬度为 840～900HV；保持架的渗碳层深度为 0.02～0.12mm（每种产品的渗层深度不一样），硬度为 410～550HV；滚针的硬度 ≥810HV。

渗碳淬火工艺：渗碳淬火温度为 820～870±5℃（不同产品温度不同），时间为 30～100min（不同产品渗层不一样），淬入 80～90℃ 的快速淬火油，碳势为 0.9%～1.1%，采用氮气、甲醇、丙烷组成的炉内直生式制气方式。

GCr15 钢滚针重复淬火可以细化碳化物颗粒，提高耐磨性和抗疲劳性能。冲压外圈渗碳淬火后的表面屈氏体 ≤1 级。

（5）可控气氛的制备　高碳钢制件的气氛应该使用可控气氛，而不是保护气氛，保护气氛仅用于原材料等预备热处理件。在众多的制气工艺中，氮气、甲醇、丙烷组成的炉内直生式制气方式简易、质量可靠，是国内外普遍采用技术。

（6）淬火冷却介质的选用　国内外普遍采用热处理专用油和专用盐，分为普通淬火油、光亮淬火油、快速光亮淬火油、超速光亮淬火油、专用淬火油（轴承、齿轮、紧固件等）和专业硝盐成品专用盐。

参 考 文 献

［1］王浩，叶健熠，薛文方，等. 渗氮预处理对 GCr15 轴承钢性能的影响 ［J］. 轴承，2016（7）：37-38，43.

［2］单琼飞，王鑫，薛文芳，等. GCr15 钢碳氮共渗与马氏体淬火组织及性能对比研究 ［J］. 哈尔滨轴承，2021（02）：28-31.

［3］李付伟，龚建勋，宋华华，等. GCr15 钢制薄壁轴承套圈高压气淬工艺及分析 ［J］. 轴承，2015（08）：30-32.

［4］雷声. 轴承表面的激光相变硬化关键技术研究 ［D］. 合肥：合肥工业大学，2010：9-10.

［5］黄雄荣. G95Cr18 高碳铬不锈钢的激光淬火 ［J］. 热处理，2018，33（02）：6-9.

［6］刘耀中，王中王，张增歧. 热处理工艺对 55SiMoV 钢组织与性能的影响 ［J］. 金属热处理，1996（2）：10-13.

［7］王鑫，叶健熠，刘传铭，等. 高氮不锈轴承钢 G30Cr15Mo1SiN 淬火及常规回火工艺与性能 ［J］. 中国金属通报，2020（4）：210-211.

［8］王锡樵. 轴承钢热处理应用技术 ［M］. 北京：机械工业出版社，2022.

第6章 弹簧的热处理

杭州兴发弹簧有限公司 张 俊

弹簧是一种利用材料特性和自身结构特点进行能量形式转变的机械零件。弹簧产品或结构装置适用于机械储能和释放、缓冲和减振、力学特性控制和计量、机械运动的驱动和控制等，因而广泛应用于机械设备、各种汽车车辆、新能源车、气液阀门控制、工程机械（挖掘机、推土机等）、轮轨车辆和地基、发电机组地基和电闸开关、发动机传动轴、中高层楼房建筑、钟表等方面和领域的储能、减振，也广泛应用于弹性元件的计量等。各种类型和形式的弹簧是量大面广的通用零部件的基础零件。它的基本功能是可以把机械功或动能转换为形变能，或者把形变能转换为动能或机械功，以便达到缓冲或减振、控制运动或复位、储能或测量等目的。影响弹簧质量和使用寿命的因素很多，如设计、材料选择、生产工艺及工况条件和环境等，其中产品设计、材质、热处理、喷丸、热压和表面保护等对弹簧的各种性能及其使用寿命和可靠性有决定性的影响。

本章主要介绍各类机械中常用的弹簧材料和典型弹簧的热处理，对于特殊用途的弹性材料和元件的热处理只做简单介绍。

6.1 弹簧的分类、服役条件、失效形式和性能要求

6.1.1 弹簧的分类

弹簧种类很多，可以按产品的用途分类，也可以按功能材料类别、功能特性方式、形状、主要制造工艺方法、不同规格等等来分类和命名。不同的行业喜欢采用更适合自己的分类和命名，常用的分类和命名采用 GB/T 1805—2021《弹簧 术语》中列出了 124 种（有重叠命名）。弹簧行业 2021 年提出的内部标准《弹簧分类》中分为 15 个小类。弹簧行业多采用按形状分类为主；弹簧用户更偏向用功能特性来分类和命名。表 6-1 中列出了常用的弹簧分类方法和弹簧名称。

表 6-1 弹簧的分类方法和弹簧名称

分类方法	弹簧名称	主要特征
按材料类别分类	钢铁弹簧	采用弹簧钢或其他适用的金属材料制作的弹簧
	纤维增强复合材料	采用碳纤维、玻璃纤维等组成的复合材料制作的弹簧
	橡胶弹簧	采用橡胶或聚酯类化合物等材料制作的弹簧
	空气弹簧	以空气介质压缩特性制作的弹簧
按功能特性分类	压缩弹簧	承受轴向压力的弹簧
	拉伸弹簧	承受轴向拉力的弹簧
	扭转弹簧	承受绕纵轴方向扭矩的弹簧
	等刚度弹簧	负荷与变形呈线性关系，刚度恒定的弹簧
	变刚度弹簧	负荷与变形呈非线性关系，刚度非恒定的弹簧
	恒力弹簧	工作负荷或扭矩不随变形变化的弹簧
	等刚度片簧	负荷与变形呈线性关系，刚度恒定的片弹簧
	变刚度片簧	负荷与变形呈非线性关系，刚度非恒定的片弹簧
按应用分类	悬架弹簧	主要应用在乘用车、商用车、轮轨车辆悬架机构上的弹簧
	稳定杆	主要应用在乘用车、商用车、悬架机构左右平衡上的弹簧
	气门弹簧	内燃发动机气阀控制机构上应用的弹簧
	离合器弹簧	离合器上应用的弹簧
	液力变扭器弹簧	液力变扭器上用于控制扭矩的弹簧
	变速器弹簧	手动、自动变速器机构中的各种弹簧
	夹箍弹簧	主要起（气管、油管、水管等连接）紧箍或支撑夹箍作用的弹簧
	座椅弹簧	应用在座椅角度和前后的机械调节机构上的弹簧
	卡圈弹簧	主要应用在轴类轴向控制的弹簧圈
	支撑圈弹簧	起缓冲和储能作用的弹簧
	驻动器制动弹簧	在制动器中起储能转变成机械运动作用的弹簧

（续）

分类方法	弹簧名称	主要特征
按应用分类	保险带弹簧	保险带机构中用于控制拉力的弹簧
	乘用车行李箱弹簧	乘用车行李箱中用于开启关闭功能的弹簧,形式有拉簧或扭杆、空气弹簧、压簧等
	油封弹簧	起密封作用的闭圆环形弹簧
	液压支架弹簧	应用于隧道支架机构的弹簧
	张紧轮弹簧	应用于自动调整传动带张紧程度的弹簧
	螺纹丝套弹簧	一般用于基体较软或容易打滑的螺纹连接结构
按形状分类	螺旋弹簧	线材卷绕成螺旋形状的弹簧
	截锥弹簧	截锥形状,承受轴向负荷的弹簧
	中凹形弹簧	中凹形状,主要应用在较大行程的弹簧
	中凸形弹簧	中凸形状,又称紧凑型,主要使用在较小空间的弹簧
	蜂窝式弹簧	蜂窝或吊钟铃形状,主要应用在高频负荷的气门弹簧
	弧形弹簧	弧形,主要用于扭转状态的扭矩控制
	波形弹簧	波形,主要用于缓冲、减振
	矩形圈弹簧	矩形圈形状,主要应用在特殊机械形状结构中
	涡卷弹簧	涡卷形状,主要有并圈涡卷和有缝涡卷
	扭杆弹簧	杆件弹簧,一般承受弯扭作用载荷的弹簧
	蝶形弹簧	蝶形,单片或多片组合使用,具有较小行程的可控刚度的弹簧
	膜片弹簧	盆形膜片形状,主要应用在离合器中起缓冲作用
	环形弹簧	环形,主要应用在特殊机械形状结构中
	蛇形弹簧	蛇形,主要应用在座椅上,起减振作用

6.1.2　弹簧的服役条件和失效形式

1. 弹簧的服役条件

弹簧的服役条件指它工作的环境（温度和介质）及应力状态等因素。弹簧应在服役条件下实现其产品功能。工作环境温度可分为低温（室温以下，常见的有-40℃）、室温、较高温度（90～200℃）和超高温（600℃以上）几个层次；工作环境介质有空气（不同相对湿度的空气）、溶盐水溶液（包括海水、盐碱地域、溶盐水渍公路等）、燃烧产物和化学成分气体、油及酸碱水、放射辐射等。普通机械弹簧一般是在室温或较高工作温度、大气条件下承受负荷，也有用于耐蚀、承受高应力高应变等各种特殊用途的弹簧。应当指出，工作持续时间和可靠性都是需要考虑的重要因素。

弹簧的负荷特性由弹簧变形时负荷与变形之间的关系曲线表示，常见的弹簧负荷与变形的负荷特性曲线主要有线性和非线性，直线为线性，曲线为非线性。各类弹簧的负荷特性见表6-2。

表 6-2　各类弹簧的负荷特性

负荷特性	负荷特性曲线	主要类型的弹簧特征
负荷与变形呈线性关系（恒刚度）	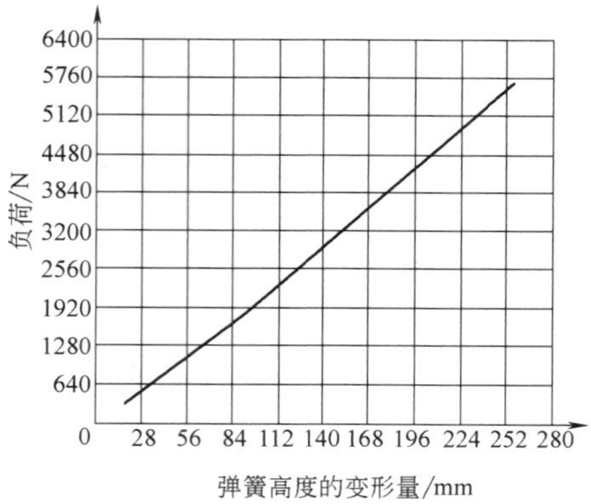	一般为圆柱螺旋型、等线径线材料或棒材料、有效圈数（或等节距型）、扭杆类、单片板簧等弹簧

纵轴：负荷/N（640、1280、1920、2560、3200、3840、4480、5120、5760、6400）
横轴：弹簧高度的变形量/mm（0、28、56、84、112、140、168、196、224、252、280）

（续）

负荷特性	负荷特性曲线	主要类型的弹簧特征
负荷与变形呈非线性关系（变刚度）	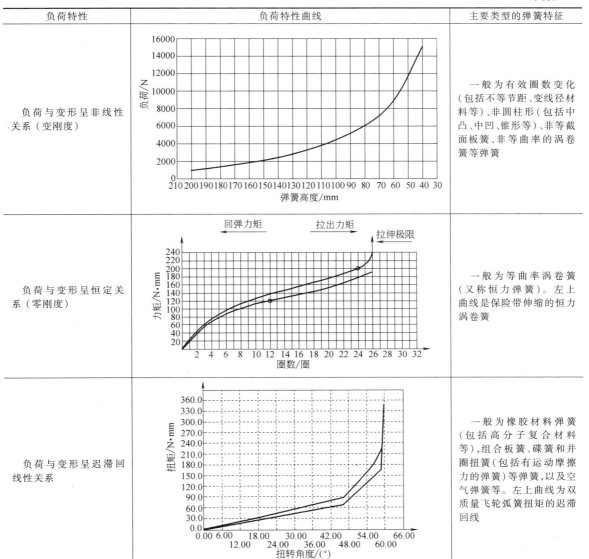	一般为有效圈数变化（包括不等节距、变线径材料等）、非圆柱形（包括中凸、中凹、锥形等）、非等截面板簧、非等曲率的涡卷簧等弹簧
负荷与变形呈恒定关系（零刚度）		一般为等曲率涡卷簧（又称恒力弹簧）。左上曲线是保险带伸缩的恒力涡卷簧
负荷与变形呈迟滞回线性关系		一般为橡胶材料弹簧（包括高分子复合材料等），组合板簧、碟簧和并圈扭簧（包括有运动摩擦力的弹簧）等弹簧，以及空气弹簧等。左上曲线为双质量飞轮弧簧扭矩的迟滞回线

　　弹簧载荷形式有动载荷和静载荷。动载荷包括正弦波脉冲型、正反波形型、弯扭组合、扭转剪切组合等。动载荷中率频也常作分类，通常在服役频率20Hz 以上时需要考虑动载状态的应力变化，有些重要弹簧常承受复杂的交变载荷。静载荷包括维持的载荷、储能等，往往与弹簧所处的环境，如温度、介质、甚至复杂变化的环境有关。

　　无任何种载荷，弹簧零件的真实工作应力状态是技术指标的关键，是设计弹簧、选材及热处理，以及整个生产工艺流程的极其重要的参数和依据。

　　在外力作用下，弹簧材料内部往往产生不同的应力，如弯应力、扭转应力或扭弯复合应力等。在弹簧材料的截面部位、层次上有不同的应力分布，如在弹簧材料不同部位、不同方向或截面上的正应力 σ_x、σ_y、σ_z 和切应力 τ_{xy}、τ_{xz}、τ_{yz}，以及三维转换而来的主应力 σ_1（principle stress），米塞斯应力 σ_{zs}（mises stress），特斯卡应力 σ_1（tresca stress）。

2. 弹簧的失效形式

　　由于弹簧应用场合（服役状况）的复杂性，其失效形式也多种多样，主要有断裂失效、松弛（变形）失效两大类。在断裂失效中常见的是疲劳断裂，在轻量化高应力弹簧中常见有应力腐蚀疲劳断裂和夹杂物导致或诱发的早期疲劳断裂，也有少量的大载荷冲击断裂等；松弛失效有动载作用下的，静载作用下的，也有时效导致的失效等。

在失效分析中，可依据弹簧断口特征形貌来判断其断裂失效模式，可根据弹簧的断裂件（失效件）找出其断裂源、裂纹扩展和最后破断，解析其断裂的原因和机理。断裂，尤其是脆性断裂是工程机构中功能、结构件危害最大的风险因素，因此失效分析和预防防范，包括可靠性统计和分析非常重要。

同样，在失效分析中可依据弹簧松弛（变形）特征、材料特性、组织结构、应用环境作用等来分析其松弛（现在行业中也称其蠕变）失效的原因和机理。松弛失效在高精度力学特征的弹簧产品中是很重要的技术性指标。

弹簧的失效形式有多种多样，其原因也因此比较复杂，涉及产品设计、材料选用、制造工艺、过程质量控制、安装和应用是否正确合理。了解弹簧的失效分析，对产品设计、原辅材料选择、热处理工艺等工艺过程及表面保护等环节具有重要的技术依据和产品实现的重要意义。这里重点介绍热处理工艺。典型弹簧的失效形式见表 6-3。

表 6-3　典型弹簧的失效形式

典型弹簧	工况环境及受力条件	危害风险	主要失效形式和特征
乘用车悬架弹簧（螺旋压缩弹簧）	受不同频率脉动振幅负荷、地区地面泥沙冲击、冬季盐水溅、冬夏温度变换等	脆性断裂（疲劳），甚至刺破轮胎，在行驶时可能造成翻车，车毁人亡 过度松弛会造成车子平衡失控、行驶异响等	疲劳或腐蚀疲劳断裂、松弛（蠕变）失效
商用车悬架弹簧（板簧）	受不同频率脉动振幅负荷、地区地面泥沙冲击、冬季盐水溅、冬夏温度变换等	脆性断裂（疲劳），在行驶时可能造成翻车，车毁人亡 过度松弛会造成车子平衡失控、过度侧倾、行驶异响、翻车风险等	疲劳或腐蚀疲劳断裂、接触磨损疲劳、松弛（蠕变）失效
轮轨（高铁、城轨）车辆转向架弹簧（也称悬架弹簧）	受不同频率脉动振幅负荷、地区季节温差变化、气候干湿影响等	脆性断裂（疲劳）或过度松弛，在行驶时可能造成出轨翻车，车毁人亡	疲劳或腐蚀疲劳断裂、松弛（蠕变）失效
车辆稳定杆（也称抗倾平衡杆）	受不同频率脉动振幅负荷、地区地面泥沙冲击、冬季盐水溅、冬夏温度变换等	脆性断裂（疲劳），甚至刺破轮胎，在行驶转弯时或左右摇簸时可能造成严重侧倾翻车，车毁人亡 过度松弛会加重上述危害	疲劳或腐蚀疲劳断裂、松弛（蠕变）失效
内燃机气门阀弹簧	受不同频率（甚至 35Hz 以上高频）脉动振幅负荷、温度（尤其是排气阀弹簧）作用	疲劳断裂、松弛造成发动机停机或颤动、功率下降，造成车辆、船舶发动机熄火	疲劳断裂或应力腐蚀疲劳断裂
气体、液体等阀门弹簧	受介质、温度、应力大小作用	松弛、断裂，造成阀门失效	时效松弛或断裂，腐蚀疲劳
工程机械弹簧（挖掘机、推土机、减震阻尼器、建筑隔振阻尼器等弹簧）	受脉动振幅负荷、环境温度、酸性环境介质腐蚀	脆性断裂（主要疲劳断裂）	疲劳断裂，大负荷冲击载荷断裂

6.1.3　弹簧产品的性能要求

弹簧是机械和仪器上的重要部件，应用非常广泛。弹簧的主要作用是储能减振，它一般是在动负荷下工作，即在冲击、振动或长期均匀的周期改变应力的条件下工作，起到缓和冲击力，使与它配合的零部件不致受到冲击而早期破坏。

不同应用场合的弹簧有其独自的性能要求。归纳各种弹簧的性能要求，主要有力学特性、疲劳性能、松弛性能、耐高温和超高温、耐超低温、耐某种介质、耐气候环境影响、可靠性、尺寸稳定性、电磁性能等。弹簧质量好坏应包括弹簧材料、几何形状、尺寸精度和表面质量（美观）等，其中对弹簧材料的性能要求是其重点。

1. 力学性能

弹簧是利用其弹性变形来吸收和释放外力，所以弹簧是在弹性范围内工作的，不允许产生永久变形。对于减振储能的弹簧，从吸收能量的角度考虑，要求有高的弹性极限，在弹性范围内单位体积的弹性应变能为 $R_p^2/2E$，所以 R_p 越大越能吸收弹性应变能。此外，高的屈强比可以充分提高强度的利用率。因此，要求弹性应变能较大，也就是要求弹簧材料有良好的微塑性变形抗力，即弹性极限 R_p、屈服极限（R_{eL}、R_{eH} 或弹性极限 $R_{p0.2}$）和屈强比（R_{eL}/R_m）要高，所以弹簧钢一般属于高强度或超高强度钢。弹簧材料的种类和热处理工艺对上述性能影响很大。相对而言，它们对钢材的弹性模量（E 或 G）的影响较小。所以，优选合金成分和改善热处理技术是提高弹性的主要方向。

另一方面，许多重要弹簧是在交变载荷条件下长期工作的，则要求弹簧有很高的疲劳强度，同时要求有良好的抗应力松弛性能，减少永久变形，以便保证机电产品效率的正常发挥和仪表的工作灵敏性及可靠性。疲劳失效和松弛失效是弹簧主要的失效形式。一般来说，钢的疲劳极限和松弛极限与强度极限有相当紧密的关系，强度极限越高，疲劳极限也相应要高，抗松弛的能力也越强。因为应力松弛过程就是弹簧长期在室温或较高温度下工作时材料内部的微塑性变形逐渐转变为永久变形的必然结果。疲劳极限与材料的内部夹杂物、表面质量有关，为了提高弹簧的耐用度，对材料的冶金质量有很高要求。例如，要求弹簧材料表面不应有裂纹或类裂纹、凹坑、刻痕等缺陷，在弹簧加工过程中更不应产生上述缺陷，要求钢质纯净，第二相质点匀、细、圆，显微组织均匀，不含脆性马氏体等，尽可能减少表面脱碳。同时，要求材料尺寸公差应按合同或有关标准进行验收。

2. 理化性能

弹簧的工况很复杂，在某些环境下，有些弹簧产品需要有特殊的化学和物理性能，如导电、无磁、耐高温、耐低温和耐腐蚀等性能，而有些则需要有形状记忆特性等。

有些弹簧是在较高或高温下长期工作的，因此要求弹簧材料有良好的耐热性，即有高的蠕变极限、蠕变速率较小和较低的应力松弛率。相反，有些弹簧是在严寒地带工作，则要求材料有较高的低温韧性、较低的脆性转化温度，以免发生冷脆。这方面的性能与弹簧材料的化学成分和组织状态有密切关系。

对在腐蚀介质中工作的弹簧，其表层金属与腐蚀介质发生化学或电化学反应，弹簧表层逐渐被腐蚀，易造成腐蚀脆性断裂。特别是在交变应力作用下，材料的疲劳极限将显著降低，弹簧更易发生腐蚀疲劳断裂失效。所以，在这种情况下使用的弹簧必须具有良好的耐蚀性。

对精密仪器和电器仪表中的弹性元件，要求有高导电、无磁、不产生火花或恒弹性等。例如，铜合金弹性材料能满足高导电性能要求，钛合金、铜合金及奥氏体不锈钢弹性材料能满足无磁的要求，恒弹性合金的热胀系数很小，弹性模量在 $-50\sim100℃$ 的范围内基本上无变化，这是精密测量仪表及电子仪器中比较理想的弹性材料。

3. 工艺性能

弹簧在制造过程中要具有较好的工艺性能，有一定的塑性和淬透性，抗氧化和抗脱碳性，小的过热敏感性。淬透性是热处理的前提条件，好的塑性能使弹簧成形更容易；好的抗氧化和抗脱碳性，小的过热敏感性是弹簧热处理质量更容易得到保证。

对淬火强化处理的弹簧钢还应有足够的淬透性，如果钢的淬透性不够，那么弹性极限和疲劳强度都会下降。因此，对于要求淬火而其截面尺寸较大的弹簧，其钢材应有相应的淬透性、较小的过热敏感性和表面脱碳倾向，才能保证弹簧表里组织和性能的均匀性。在冷、热成形时，要求材料有足够的塑性和良好的弯曲、扭转及缠绕性能，以便保证或提高弹簧的制造质量。尺寸较小的弹簧热处理时变形大，难以矫正和保证弹簧产品质量，宜选用已强化的弹簧材料，冷成形后不经淬火、回火，只需进行低温退火，这样更能保证大批量小弹簧的产品质量和成本低廉。

另外，对弹簧钢用材质也有较高的要求，应高于一般的工业用钢。弹簧钢应有较好的冶金质量和组织均匀性，要严格控制材料的内部缺陷；由于残余应力改变了受力模式，所以弹簧应具有良好的表面质量。表面不允许有裂纹、夹杂、折叠、严重脱碳等，这些表面缺陷往往会成为应力高度集中的地方和疲劳裂纹源，显著地降低弹簧的疲劳强度。

6.2　弹簧材料及其热处理

弹簧制造工艺中的热处理技术与弹簧材料化学成分和元素特性密切相关，常用的弹簧材料主要是弹簧钢，相应的标准有中国国家标准 GB/T 1222、欧盟标准 EN 10089、日本工业标准 JIS G 4801、韩国标准、俄罗斯标准等；各类行业标准，如中国冶金行业标准 YB，中国机械行业标准 JB，中国有色金属行业标准 YS；学会、协会类标准，如美国材料与试验协会标准 ASTM A 689、ASTM A229/229M，美国汽车工程师协会标准 SAE；以及知名企业或大型钢铁企业的企业标准等。

常用的金属类弹簧材料有碳素弹簧钢、低合金弹簧钢、高强度弹簧钢、超高强度弹簧钢，以及具有特殊性能的弹簧材料，如不锈耐酸弹簧钢、耐热弹簧钢、电磁特性弹簧材料（镍基、钴基、钛基合金、铜基合金）等；非金属类弹簧材料有橡胶、塑料、陶瓷及流体等。近年来，碳纤维增强复合材料、玻璃纤维增强复合材料也得到广泛应用。本章只介绍金属类弹簧材料，其中又以常用的弹簧材料为重点。

6.2.1　弹簧常用原材料供货状态及其热处理

制造弹簧的原材料初始状态（供货状态）主要有热轧供货状态（尺寸较大的棒直料和尺寸较小的线盘料）、退火+冷拉或冷轧供货状态（软态料）、韧化处理+冷拉或冷轧供货状态（硬态料）、油淬火回火（实际是经过淬火回火的线材，过去通常采用油淬火加调质回火，现在更多用水淬火，但称呼仍习惯用油淬火回火线材）供货状态。

弹簧行业常用的材料及其供货状态标准有国家标准类，如 GB/T 1222—2016《弹簧钢》、GB/T 4357—2022《冷拉碳素弹簧钢丝》、GB/T 2059—2017《铜及铜合金带材》、GB/T 2965—2007《钛及钛合金棒材》、GB/T 5231—2022《加工铜及铜合金牌号和化学成分》、GB/T 5235—2007《加工镍及镍合金化学成分和产品形状》、GB/T 18983—2017《淬火-回火弹簧钢丝》、GB/T 21652—2017《铜及铜合金线材》、GB/T 21653—2008《镍及镍合金线和拉制线坯》等；行业标准类，如 YB/T 5058—2005《弹簧钢、工具钢冷轧钢带》、YB/T 5063—2007《热处理弹簧钢带》、YB/T 5253—2011《弹性元件用合金 3J21》、YB/T 5256—2011《弹性元件用合金 3J1 和 3J53》、YB/T 5310—2010《弹簧用不锈钢冷轧钢带》、YB/T 5311—2010《重要用途碳素弹簧钢丝》、YB/T 5318—2010《合金弹簧钢丝》、YB/T 5319—2010《弹簧垫圈用梯形钢丝》、YS/T 571—2009《铍青铜圆形线材》、YS/T 323—2019《铍青铜板材、带材和箔材》等。

1. 弹簧钢热轧供货态材料及其热处理

弹簧钢热轧（WHR）线材的供货态主要用于制造热处理线材的原材料，所以通常称为弹簧钢热处理线材的盘料，但随着热轧技术和质量的不断提高，也有直接用于弹簧制造生产的盘料。在大规格的板簧、大线径螺旋弹簧上更多地应用热轧供货态材料。

弹簧钢热轧供货态的供货标准有 GB/T 33164.2—2016《汽车悬架系统用弹簧钢　第 2 部分：热轧圆钢和盘条》、GB/T 33164.1—2016《汽车悬架系统用弹簧钢　第 1 部分：热轧扁钢》、YB/T 5365—2006《油淬火-回火弹簧钢丝用热轧盘条》、YB/T 4853—2020《气门弹簧用热轧盘条》、YB/T 5100—1993《琴钢丝用盘条》、GB/T 3279—2009《弹簧钢热轧钢板》等。

在应用弹簧钢热轧供货态线材的弹簧制造过程中，需要后续的淬火+调质回火。淬火温度主要是根据不同牌号材料的奥氏体转变温度 A_3 的上限来确定，回火温度则根据弹簧要求的性能，如抗拉强度、塑性指标和硬度来确定，也可以参照 GB/T 1222—2016 推荐的热处理参数；国外牌号弹簧钢可以参照 DIN EN10089：2003 *Hot-rolled steel for quenched and tempered spring technical delivery condition* 推荐的热处理参数。

各种热轧弹簧钢的热处理工艺参数及相应的力学性能见表 6-4。

表 6-4　各种热轧弹簧钢的热处理工艺参数及相应的力学性能（摘自 GB/T 1222—2016）

牌号	热处理[1]			力学性能（不小于）				
	淬火温度/℃	淬火冷却介质	回火温度/℃	抗拉强度 R_m/MPa	下屈服强度 $R_{eL}^{[2]}$/MPa	断后伸长率		断面收缩率 Z（%）
						A（%）	$A_{11.3}$（%）	
65	840	油	500	980	785	—	9.0	35
70	830	油	480	1030	835	—	8.0	30
80	820	油	480	1080	930	—	6.0	30
85	820	油	480	1130	980	—	6.0	30
65Mn	830	油	540	980	785	—	8.0	30
70Mn	[3]	—	—	785	450	8.0	—	30
28SiMnB[3]	900	水或油	320	1275	1180	—	5.0	25
40SiMnVBE[4]	880	油	320	1800	1680	9.0	—	40
55SiMnVB	860	油	460	1375	1225	—	5.0	30
38Si2	880	水	450	1300	1150	8.0	—	35
60Si2Mn	870	油	440	1570	1375	—	5.0	20
55CrMn	840	油	485	1225	1080	9.0	—	20
60CrMn	840	油	490	1225	1080	9.0	—	20

（续）

牌号	热处理①			力学性能（不小于）				
	淬火温度/℃	淬火冷却介质	回火温度/℃	抗拉强度 R_m/MPa	下屈服强度 $R_{eL}^{②}$/MPa	断后伸长率		断面收缩率 Z（%）
						A（%）	$A_{11.3}$（%）	
60CrMnB	840	油	490	1225	1080	9.0	—	20
60CrMnMo	860	油	450	1450	1300	6.0	—	30
55SiCr	860	油	450	1450	1300	6.0	—	25
60Si2Cr	870	油	420	1765	1570	6.0	—	20
56Si2MnCr	860	油	450	1500	1350	6.0	—	25
52SiCrMnNi	860	油	450	1450	1300	6.0	—	35
55SiCrV	860	油	400	1650	1600	5.0	—	35
60Si2CrV	850	油	410	1860	1665	6.0	—	20
60Si2MnCrV	860	油	400	1700	1650	5.0	—	30
50CrV	850	油	500	1275	1130	10.0	—	40
51CrMnV	850	油	450	1350	1200	6.0	—	30
52CrMnMoV	860	油	450	1450	1300	6.0	—	35
30W4Cr2V⑤	1075	油	600	1470	1325	7.0	—	40

注：1. 力学性能试验采用直径 10mm 的比例试样，推荐取留有少许加工余量的试样毛坯（一般尺寸为 11~12mm）。
　　2. 对于直径或边长小于 11mm 的棒材，用原尺寸钢材进行热处理。
　　3. 对于厚度小于 11mm 的扁钢，允许采用矩形试样。当采用矩形试样时，断面收缩率不作为验收条件。
① 表中热处理温度允许调整范围为：淬火，±20℃；回火，±50℃（28SiMnB 钢，±30℃）。根据需方要求，其他钢回火可按±30℃进行。
② 当检测钢材屈服现象不明显时，可用 $R_{p0.2}$ 代替 R_{eL}。
③ 70Mn 的推荐热处理温度为正火 750℃，允许调整范围为±30℃。
④ 典型力学性能参数参见 GB/T 1222—2016 的附录 D。
⑤ 30W4Cr2V 除抗拉强度，其他力学性能检验结果供参考，不作为交货依据。

2. 弹簧钢退火+冷拉、冷轧供货态材料及其热处理

弹簧钢退火+冷拉（WCD）线材或冷轧板材的供货态材料（常称软态料）主要用于制造以线、带、板为原材料的弹簧，也通常应用于弹簧钢热处理线材的盘料，特别是用于制造形状比较复杂的弹簧或异型弹簧（形状多样的弹簧）。有时冷拉、冷轧工序后会再加软化退火或去应力退火以达到标准的指标要求。钢材供货状态的交货硬度见表 6-5。有色金属材料和特殊合金材料也更多地采用固溶处理+冷拉或冷轧后的供货状态，以达到更高强度和更高的尺寸精度。

应用弹簧钢退火冷拉、冷轧材供货态（软态料）原材料的弹簧制造过程中需要后续淬火+回火工序。

表 6-5 钢材供货状态的交货硬度（摘自 GB/T 1222—2016）

组号	牌号	交货状态	代码	布氏硬度 HBW ≤
1	65、70、80	热轧	WHR	285
2	85、65Mn、70Mn、28SiMnB	热轧	WHR	302
3	60Si2Mn、50CrV、55SiMnVB、55CrMn、60CrMn	热轧	WHR	321
4	60Si2Cr、60Si2CrV、60CrMnB、55SiCr、30W4Cr2V、40SiMnVBE	热轧	WHR	供需双方协商
4		热轧+去应力退火	WHR+A	321
5	38Si2	热轧	WHR	321
5		去应力退火	A	280
5		软化退火	SA	217
6	56Si2MnCr、51CrMnV、55SiCrV、60Si2MnCrV、52SiCrMnNi、52CrMnMoV、60CrMnMo	热轧	WHR	供需双方协商
6		去应力退火	A	280
6		软化退火	SA	248
7	所有牌号	冷拉+去应力退火	WCD+A	321
8		冷拉	WCD	供需双方协商

3. 弹簧钢韧化处理+冷拉、冷轧供货态材料及其热处理

弹簧钢韧化处理（也称铅浴处理，国外也称 Patent 处理）+ 冷拉、冷轧供货态的材料也称硬钢丝或琴钢丝（最初用于弦乐器），大多直接用于弹簧的制造生产，特别是用于制造高精度弹簧。这类线材通常采用常规的弹簧钢（GB/T 1222—2016）经过韧化处理+冷拉或冷轧来达到硬钢丝的性能，见表 6-6~表 6-8。这类线材更多直接用于小规格尺寸或形状复杂、尺寸精度高的弹簧成形制造。

基于环保的、现在的韧化热处理工艺更多地采用了水淬工艺，几乎与油淬回火工艺一样。只是通过调质处理，强度较低，塑性韧性较高，以便容易成形比较复杂的异型弹簧。

弹簧钢韧化处理+形变强化供货态常用的标准有 YB/T 5311—2010《重要用途碳素弹簧钢丝》和 YB/T 5063—2007《热处理弹簧钢带》。常用的国外标准有 EN 10270-1：2011 *Steel wire for mechanical springs - part 1 Patented cold drawn unalloyed spring steel wire* 和 JIS G 3506：2017《硬钢丝》等。

在应用弹簧钢韧化处理+冷拉或冷轧供货态材料的弹簧制造过程中，需要后续的去应力回火工序（或称稳定化处理工序）。由于材料牌号不同，回火的工艺参数完全不同。

原材料铅浴处理的主要优点是有很好的导热能力，钢丝可在较短时间内从奥氏体化温度冷却到接近铅浴的温度，获得全部细的索氏体；但要注意，在铅浴中的停留时间不能太短，否则易出现脆性组织马氏体。铅浴淬火工艺中容易出现的质量问题有钢丝表面氧化脱碳和出现脆性马氏体，所以通常在钢丝加热过程中采用热辐射导管和保护气氛来避免氧化脱碳，脆性马氏体是淬火冷却过程中产生的。

铅浴处理（+冷拉或冷轧）是获得高质量弹簧钢丝或带、板材的重要工艺，但该工艺的缺点是铅蒸气和铅尘埃等污染环境，易引起工作人员铅中毒，造成严重公害。现在都采用非铅浴处理，水或水基乳化液淬火技术发展的很好，所以大多数企业都采用这种环保水基乳化液或直接采用水的淬火冷却介质了，也有企业采用正火方式来取代铅浴淬火。

表 6-6　冷拉碳素弹簧钢丝原材料热处理后交货状态 L、M、H 的力学性能（摘自 GB/T 4357—2022）

钢丝公称直径 d[①] /mm	抗拉强度[②]/MPa					所有级别的最小断面收缩率（%）
	SL 级	SM 级	DM 级	SH 级	DH 级	
0.05					2800~3520	
0.06					2800~3520	
0.07					2800~3520	
0.08		2780~3100			2800~3480	
0.09		2740~3060			2800~3430	
0.10		2710~3020			2800~3380	
0.11		2690~3000			2800~3350	
0.12		2660~2960			2800~3320	
0.14		2620~2910			3800~3250	
0.16		2570~2860			2800~3200	
0.18		2530~2820			2800~3160	
0.20		2500~2790			2800~3110	
0.22	—	2470~2760	—	—	2770~3080	—
0.25		2420~2710			2720~3010	
0.28		2390~2670			2680~2970	
0.30	2370~2650	2370~2650	2660~2940	2660~2940	
0.32	2350~2630	2350~2630	2640~2920	2640~2920	
0.34	2330~2600	2330~2600	2610~2890	2610~2890	
0.36	2310~2580	2310~2580	2590~2890	2590~2890	
0.38	2290~2560	2290~2560	2570~2850	2570~2850	
0.40	2270~2550	2270~2550	2560~2830	2560~2830	
0.43	2250~2520	2250~2520	2530~2800	2530~2800	
0.45	2240~2500	2240~2500	2510~2780	2510~2780	
0.48	2220~2480	2220~2480	2490~2760	2490~2760	

（续）

钢丝公称直径 $d^{①}$ /mm	抗拉强度^{②}/MPa					所有级别的最小断面收缩率（%）
	SL 级	SM 级	DM 级	SH 级	DH 级	
0.50	—	2200~2470	2200~2470	2480~2740	2480~2740	—
0.53		2180~2450	2180~2450	2460~2720	2460~2720	
0.56		2170~2430	2170~2430	2440~2700	2440~2700	
0.60		2140~2400	2140~2400	2410~2670	2410~2670	
0.63		2130~2380	2130~2380	2390~2650	2390~2650	
0.65		2120~2370	2120~2370	2380~2640	2380~2640	
0.70		2090~2350	2090~2350	2360~2610	2360~2610	
0.80		2050~2300	2050~2300	2310~2560	2310~2560	
0.85		2030~2280	2030~2280	2290~2530	2290~2530	
0.90		2010~2260	2010~2260	2270~2510	2270~2510	
0.95		2000~2240	2000~2240	2250~2490	2250~2490	
1.00	1720~1970	1980~2220	1980~2220	2230~2470	2230~2470	
1.05	1710~1950	1960~2220	1960~2220	2210~2450	2210~2450	
1.10	1690~1940	1950~2190	1950~2190	2200~2430	2200~2430	
1.20	1670~1910	1920~2160	1920~2160	2170~2400	2170~2400	
1.25	1660~1900	1910~2130	1910~2130	2140~2380	2140~2380	
1.30	1640~1890	1900~2130	1900~2130	2140~2370	2140~2370	
1.40	1620~1860	1870~2100	1870~2100	2110~2340	2110~2340	
1.50	1600~1840	1850~2080	1850~2080	2090~2310	2090~2310	
1.60	1590~1820	1830~2050	1830~2050	2060~2290	2060~2290	
1.70	1570~1800	1810~2030	1810~2030	2040~2260	2040~2260	
1.80	1550~1780	1790~2010	1790~2010	2020~2240	2020~2240	40
1.90	1540~1760	1770~1990	1770~1990	2000~2220	2000~2220	
2.00	1520~1750	1760~1970	1760~1970	1980~2200	1980~2200	
2.10	1510~1730	1740~1960	1740~1960	1970~2180	1970~2180	
2.25	1490~1710	1720~1930	1720~1930	1940~2150	1940~2150	
2.40	1470~1690	1700~1910	1700~1910	1920~2130	1920~2130	
2.50	1460~1680	1690~1890	1690~1890	1900~2110	1900~2110	
2.60	1450~1660	1670~1880	1670~1880	1890~2100	1890~2100	
2.80	1420~1640	1650~1850	1650~1850	1860~2070	1860~2070	
3.00	1410~1620	1630~1830	1630~1830	1840~2040	1840~2040	
3.20	1390~1600	1610~1810	1610~1810	1820~2020	1820~2020	
3.40	1370~1580	1590~1780	1590~1780	1790~1990	1790~1990	
3.50	1360~1570	1580~1770	1580~1770	1780~1980	1780~1980	
3.60	1350~1560	1570~1760	1570~1760	1770~1970	1770~1970	
3.80	1340~1540	1550~1740	1550~1740	1750~1950	1750~1950	
4.00	1320~1520	1530~1730	1530~1730	1740~1930	1740~1930	
4.25	1310~1500	1510~1700	1510~1700	1710~1900	1710~1900	
4.50	1290~1490	1500~1680	1500~1680	1690~1880	1690~1880	
4.75	1270~1470	1480~1670	1480~1670	1680~1840	1680~1840	
5.00	1260~1450	1460~1650	1460~1650	1660~1830	1660~1830	
5.30	1240~1430	1440~1630	1440~1630	1640~1820	1640~1820	35
5.60	1230~1420	1430~1610	1430~1610	1620~1800	1620~1800	
6.00	1210~1390	1400~1580	1400~1580	1590~1770	1590~1770	
6.30	1190~1380	1390~1560	1390~1560	1570~1750	1570~1750	
6.50	1180~1370	1380~1550	1380~1550	1560~1740	1560~1740	
7.00	1160~1340	1350~1530	1350~1530	1540~1710	1540~1710	
7.50	1140~1320	1330~1500	1330~1500	1510~1680	1510~1680	30

（续）

钢丝公称 直径 $d^{①}$ /mm	抗拉强度^{②}/MPa					所有级别的最小 断面收缩率 （%）
	SL 级	SM 级	DM 级	SH 级	DH 级	
8.00	1120~1300	1310~1480	1310~1480	1490~1660	1490~1660	
8.50	1110~1280	1290~1460	1290~1460	1470~1630	1470~1630	
9.00	1090~1260	1270~1440	1270~1440	1450~1610	1450~1610	
9.50	1070~1250	1260~1420	1260~1420	1430~1590	1430~1590	
10.00	1060~1230	1240~1400	1240~1400	1410~1570	1410~1570	30
10.50		1220~1380	1220~1380	1390~1550	1390~1550	
11.00		1210~1370	1210~1370	1380~1530	1380~1530	
12.00	—	1180~1340	1180~1340	1350~1500	1350~1500	
12.50		1170~1320	1170~1320	1330~1480	1330~1480	
13.00		1160~1310	1160~1310	1320~1470	1320~1470	

注：1. 本表的钢丝公称直径为推荐的优选直径系列。调直后，直条定尺钢丝的极限强度最多可能降低 10%，调直和切断作业还会降低扭转值。

2. S 级适用于静载荷；D 级适用于动载荷或以动载荷为主，或旋绕比小，或成形时要经受剧烈弯曲。对应弹簧应力水平，钢丝可分为三种强度等级，即低抗拉强度（L）、中等抗拉强度（M）和高抗拉强度（H）。

① 中间尺寸钢丝抗拉强度值按表中相邻较大钢丝的规定执行；中间规格的最小断面收缩率按临近较小直径取值，如 7.20mm 的最小断面收缩率取 35%。

② 对于具体的应用，供需双方可以协商采用合适的强度等级。

表 6-7　重要用途碳素弹簧钢丝的主要力学性能（摘自 YB/T 5311—2010）

直径 /mm	抗拉强度 R_m/MPa			直径 /mm	抗拉强度 R_m/MPa		
	E 组	F 组	G 组		E 组	F 组	G 组
0.10	2440~2890	2900~3380	—	0.90	2070~2400	2410~2740	—
0.12	2440~2860	2870~3320	—	1.00	2020~2350	2360~2660	1850~2110
0.14	2440~2840	2850~3250	—	1.20	1940~2270	2280~2580	1820~2080
0.16	2440~2840	2850~3200	—	1.40	1880~2200	2210~2510	1780~2040
0.18	2390~2770	2780~3160	—	1.60	1820~2140	2150~2450	1750~2010
0.20	2390~2750	2760~3110	—	1.80	1800~2120	2060~2360	1700~1960
0.22	2370~2720	2730~3080	—	2.00	1790~2090	1970~2250	1670~1910
0.25	2340~2690	2700~3050	—	2.20	1700~2000	1870~2150	1620~1860
0.28	2310~2660	2670~3020	—	2.50	1680~1960	1830~2110	1620~1860
0.30	2290~2640	2650~3000	—	2.80	1630~1910	1810~2070	1570~1810
0.32	2270~2620	2630~2980	—	3.00	1610~1890	1780~2040	1570~1810
0.35	2250~2600	2610~2960	—	3.20	1560~1840	1760~2020	1570~1810
0.40	2250~2580	2590~2940	—	3.50	1500~1760	1710~1970	1470~1710
0.45	2210~2560	2570~2920	—	4.00	1470~1730	1680~1930	1470~1710
0.50	2190~2540	2550~2900	—	4.50	1420~1680	1630~1880	1470~1710
0.55	2170~2520	2530~2880	—	5.00	1400~1650	1580~1830	1420~1660
0.60	2150~2500	2510~2850	—	5.50	1370~1610	1550~1800	1400~1640
0.63	2130~2480	2490~2830	—	6.00	1350~1580	1520~1770	1350~1590
0.70	2100~2460	2470~2800	—	6.50	1320~1550	1490~1740	1350~1590
0.80	2080~2430	2440~2770	—	7.00	1300~1530	1460~1710	1300~1540

注：E 组、F 组对应的钢丝公称直径范围为 0.10~7.00mm，G 组对应的钢丝公称直径范围为 1.00~7.00mm。

表 6-8　热处理钢带材料的牌号及力学性能（摘自 YB/T 5063—2007）

牌号	强度级别	抗拉强度 R_m/MPa
T7A、T8A、T9A、T10A、 65Mn、60Si2MnA、70Si2CrA	I	1270~1560
	II	>1560~1860
	III	>1860

注：1. 强度级别为 I、II 级的可进行断后伸长率的测定，其数值由供需双方规定。

2. 厚度不小于 0.25mm 的钢带可进行维氏硬度试验来替代拉伸试验。硬度数据由供需双方规定。

弹簧钢韧化处理线材具有较高的抗拉强度、很好的塑性和加工工艺性能（如弯曲、扭转、缠绕等），所以广泛应用于工作应力不是很高，但形状复杂的异型弹簧（如卡簧、拉簧、扭簧、卡圈等）。

4. 弹簧钢油淬火回火供货状态线材及其热处理

油淬火回火线材一般线径规格 1.50 ~ 25.00mm，以盘料方式供货。随着弹簧钢线材热处理技术的快速发展，油淬火回火线材可达到很高的综合力学性能，而且后续热处理工艺简单、高效，弹簧工件热处理后不易变形等，因而得到了广泛的应用。

油淬火回火线材按照弹簧产品的应用要求和技术等级不同，主要分成四类，即应用机械类弹簧，应用内燃机阀门类弹簧、应用轻量化高应力类弹簧和应用抗应力腐蚀疲劳类弹簧。目前还没有关于第四类油淬火回火线材的国家和行业标准，但已有许多的企业标准。

应用机械类弹簧的油淬火回火线材：GB/T 18983—2017 中规定的淬火-回火弹簧钢丝，JIS G 3560—1994 中规定的弹簧用油淬火回火钢丝；EN 10270-2：2011 Steel wire for mechanical springs - part 2 Oil hardened tempered spring steel wire、ASTM A229/A229M—2018 Standard Specification for Steel Wire, Quenched and Tempered for Mechanical Springs、ASTM A877/A877M—2017 Standard Specification for Steel Wire, Chromium-Silicon Alloys, Chrome-Silicon-Vanadium Alloy Valve Spring Quality，以及企业标准，如 Suzuki. Garphyttan 公司的 Q/320501 SGSZ01—2018 Wire for quenched and tempered springs 中规定的淬火回火钢丝。

应用内燃机阀门类弹簧的油淬火回火线材：GB/T 18983—2017 中 VD 级钢丝，EN 10270-2：2011 Steel wire for mechanical springs - part 2 Oil hardened tempered spring steel wire 中的 VD 级钢丝，JIS G 3561—1994 中规定的阀门弹簧用油淬火回火钢丝，《ASTM A230/A230M：2005（2011）Standard specification for steel wire, Oil-tempered for carbon valve spring quality 中规定的油淬火钢丝，以及一些热处理线材企业标准，如 Suzuki. Garphyttan 公司的《Q/320501 SGSZ01—2018 Wire for quenched and tempered springs 中的 OTEVA 70SC、OTEVA75SC、OTEVA90/91SC、OTEVA100/101SC，SWOSC-V、SWOSC -VHV 等。

应用轻量化高应力类弹簧的油淬火回火线材：采用这类材料的动机与采用阀门用材料差不多，都是追求弹簧产品的轻量化和高应力及高的质量可靠性，只是阀门用材料要求在高频疲劳、较高温度环境下具有高的抗疲劳和抗松弛性能，所以两者应用的材料标准也类似。此类油淬火回火线材在材料牌号、规格、性能级别上具有更大的选择范围。

应用抗应力腐蚀疲劳类弹簧的油淬火回火线材：由于用户企业和弹簧制造企业还未完善和统一技术评价指标，目前还未制定国家标准和行业标准，但已有许多的企业正在积极开发和颁发相应的线材技术标准，如中国宝武钢铁集团有限公司的 BHS2100、B60SiCrV7-M，日本 KOBELCO 的 UHS1900、UHS1970、KBFLEX2100。

各种淬火-回火弹簧钢丝的主要力学性能见表 6-9。

表 6-9　各种淬火-回火弹簧钢丝的主要力学性能（摘自 GB/T 18983—2017）

静态级、中疲劳级钢丝							
直径范围 /mm	抗拉强度 R_m/MPa					断面收缩率 Z[①]（%）≥	
	FDC TDC	FDCrV-A TDCrV-A	FDSiMn TDSiMn	FDSiCr TDSiCr-A	TDSiCr-B	TDSiCr-C	FD	TD
0.50 ~ 0.80	1800 ~ 2100	1800 ~ 2100	1850 ~ 2100	2000 ~ 2250	—	—	—	—
>0.80 ~ 1.00	1800 ~ 2060	1780 ~ 2080	1850 ~ 2100	2000 ~ 2250	—	—	—	—
>1.00 ~ 1.30	1800 ~ 2010	1750 ~ 2010	1850 ~ 2100	2000 ~ 2250	—	—	45	45
>1.30 ~ 1.40	1750 ~ 1950	1750 ~ 1990	1850 ~ 2100	2000 ~ 2250	—	—	45	45
>1.40 ~ 1.60	1740 ~ 1890	1710 ~ 1950	1850 ~ 2100	2000 ~ 2250	—	—	45	45
>1.60 ~ 2.00	1720 ~ 1890	1710 ~ 1890	1820 ~ 2000	2000 ~ 2250	—	—	45	45
>2.00 ~ 2.50	1670 ~ 1820	1670 ~ 1830	1800 ~ 1950	1970 ~ 2140	—	—	45	45
>2.50 ~ 2.70	1640 ~ 1790	1660 ~ 1820	1780 ~ 1930	1950 ~ 2120	—	—	45	45
>2.70 ~ 3.00	1620 ~ 1770	1630 ~ 1780	1760 ~ 1910	1930 ~ 2100	—	—	45	45
>3.00 ~ 3.20	1600 ~ 1750	1610 ~ 1760	1740 ~ 1890	1910 ~ 2080	—	—	40	45
>3.20 ~ 3.50	1580 ~ 1730	1600 ~ 1750	1720 ~ 1870	1900 ~ 2060	—	—	40	45
>3.50 ~ 4.00	1550 ~ 1700	1560 ~ 1710	1710 ~ 1860	1870 ~ 2030	—	—	40	45
>4.00 ~ 4.20	1540 ~ 1690	1540 ~ 1690	1700 ~ 1850	1860 ~ 2020	—	—	40	45

（续）

直径范围 /mm	抗拉强度 R_m/MPa						断面收缩率 $Z^{①}$（%） ≥	
	FDC TDC	FDCrV-A TDCrV-A	FDSiMn TDSiMn	FDSiCr TDSiCr-A	TDSiCr-B	TDSiCr-C	FD	TD
>4.20~4.50	1520~1670	1520~1670	1690~1840	1850~2000	—	—	40	45
>4.50~4.70	1510~1660	1510~1660	1680~1830	1840~1990	—	—	40	45
>4.70~5.00	1500~1650	1500~1650	1670~1820	1830~1980	—	—	40	45
>5.00~5.60	1470~1620	1460~1610	1660~1810	1800~1950	—	—	35	40
>5.60~6.00	1460~1610	1440~1590	1650~1800	1780~1930	—	—	35	40
>6.00~6.50	1440~1590	1420~1570	1640~1790	1760~1910	—	—	35	40
>6.50~7.00	1430~1580	1400~1550	1630~1780	1740~1890	—	—	35	40
>7.00~8.00	1400~1550	1380~1530	1620~1770	1710~1860	—	—	35	40
>8.00~9.00	1380~1530	1370~1520	1610~1760	1700~1850	1750~1850	1850~1950	30	35
>9.00~10.00	1360~1510	1350~1500	1600~1750	1660~1810	1750~1850	1850~1950	30	35
>10.00~12.00	1320~1470	1320~1470	1580~1730	1660~1810	1750~1850	1850~1950	30	35
>12.00~14.00	1280~1430	1300~1450	1560~1710	1620~1770	1750~1850	1850~1950	30	35
>14.00~15.00	1270~1420	1290~1440	1550~1700	1620~1770	1750~1850	1850~1950	30	35
>15.00~17.00	1250~1400	1270~1420	1540~1690	1580~1730	1750~1850	1850~1950	30	35

静态级、中疲劳级钢丝

直径范围/mm	抗拉强度 R_m/MPa				断面收缩率 Z（%） ≥
	VDC	VDCrV-A	VDSiCr	VDSiCrV	
0.50~0.80	1700~2000	1750~1950	2080~2230	2230~2380	—
>0.80~1.00	1700~1950	1730~1930	2080~2230	2230~2380	—
>1.00~1.30	1700~1900	1700~1900	2080~2230	2230~2380	45
>1.30~1.40	1700~1850	1680~1860	2080~2230	2210~2360	45
>1.40~1.60	1670~1820	1660~1860	2050~2180	2210~2360	45
>1.60~2.00	1650~1800	1640~1800	2010~2110	2160~2310	45
>2.00~2.50	1630~1780	1620~1770	1960~2060	2100~2250	45
>2.50~2.70	1610~1760	1610~1760	1940~2040	2060~2210	45
>2.70~3.00	1590~1740	1600~1750	1930~2030	2060~2210	45
>3.00~3.20	1570~1720	1580~1730	1920~2020	2060~2210	45
>3.20~3.50	1550~1700	1560~1710	1910~2010	2010~2160	45
>3.50~4.00	1530~1680	1540~1690	1890~1990	2010~2160	45
>4.00~4.20	1510~1660	1520~1670	1860~1960	1960~2110	45
>4.20~4.50	1510~1660	1520~1670	1860~1960	1960~2110	45
>4.50~4.70	1490~1640	1500~1650	1830~1930	1960~2110	45
>4.70~5.00	1490~1640	1500~1650	1830~1930	1960~2110	45
>5.00~5.60	1470~1620	1480~1630	1800~1900	1910~2060	40
>5.60~6.00	1450~1600	1470~1620	1790~1890	1910~2060	40
>6.00~6.50	1420~1570	1440~1590	1760~1860	1910~2060	40
>6.50~7.00	1400~1550	1420~1570	1740~1840	1860~2010	40
>7.00~8.00	1370~1520	1410~1560	1710~1810	1860~2010	40
>8.00~9.00	1350~1500	1390~1540	1690~1790	1810~1960	35
>9.00~10.00	1340~1490	1370~1520	1670~1770	1810~1960	35

高疲劳级钢丝

① FDSiMn 和 TDSiMn 直径不大于 5.00mm 时，$Z \geqslant 35\%$；直径大于 5.00~14.00mm 时，$Z \geqslant 30\%$。

油淬火回火钢丝的热处理工艺：淬火加热主要有两种方式：一种是保护气氛电阻或燃烧加热+电阻或燃烧加热回火（国际上通常称为 OTW，即油淬火回火钢丝），由多根线材，如 4 根、8 根、12 根甚至 24 根线材一起热处理，生产线如图 6-1 所示；另一种是感应加热油或水淬+感应加热或电阻加热回火（国际上通常称为 ITW，感应加热回火钢丝），一般用于较粗线材，如 8～25mm 线径的单根线材热处理，生产线如图 6-2 所示。

图 6-1 保护气氛电阻或燃烧加热+电阻或燃烧加热回火钢丝生产线

不同企业采用的热处理工艺稍有不同。油淬火回火钢丝制造企业常用的热处理工艺见表 6-10，表 6-11

列出了感应加热油或水淬+感应加热或电阻加热回火的热处理工艺。

图 6-2 感应加热油或水淬+感应加热或电阻加热回火钢丝生产线

近年来，油淬火回火钢丝的强韧性、抗应力腐蚀疲劳性能不断创新发展，主要的热处理改进有：①油淬火的介质从原来采用淬火油介质改成水基淬火冷却介质，更加环保、组织更加均匀细致；②采用快速回火工艺，即采用更高温度、更精控的回火时间来提高回火的调质质量和生产率；③高抗拉强度、高屈强比材料采用表面软化技术，降低表层在 0.05～0.08mm 范围（具体要看热处理线材的直径和强度等级）的硬度，降低表层范围内夹杂物的敏感性，降低成形过程中的有害应力影响，增加弹簧成形工艺性能等。所以，表 6-10 和表 6-11 中所列的热处理工艺参数只能作为推荐参数。

表 6-10 油淬火回火钢丝制造企业常用的热处理工艺

材料牌号	淬火加热温度/℃	淬火冷却介质	回火温度/℃	回火冷却介质
碳素钢系列 65Mn、67、70、T9 等	800～860	油或水	350～400	水
硅-锰钢系列 40SiMn、55SiMn、60Si2Mn	800～880		350～450	
铬-钒钢系列 50CrV	800～880		380～450	
硅-铬钢系列 55SiCr、60Si2Cr	820～900		380～480（快速回火 450～580）	
硅-铬-钒钢系列 55SiCrV、60Si2CrV	820～900			

注：钢丝制造企业选择的精确热处理工艺参数是依据热处理钢丝需要的力学性能指标来决定的。

表 6-11 感应加热油或水淬+感应加热或电阻加热回火的热处理工艺

材料牌号	淬火加热温度/℃	淬火冷却介质	回火温度/℃	回火冷却介质
碳素钢系列 65Mn、67、70、T9 等	840～900	油或水	350～400	水
硅-锰钢系列 40SiMn、55SiMn、60Si2Mn	830～900		380～450	
铬-钒钢系列 50CrV	840～900		420～480	
硅-铬钢系列 55SiCr、60Si2Cr	840～880		380～480（快速回火 480～580）	
硅-铬-钒钢系列 55SiCrV、60Si2CrV	850～890			

注：不同企业采用感应加热的工艺参数都不太相同。对超高频表面软化热处理工艺，因材料不同、抗拉强度不同、软化层硬度和深度要求不同，回火加热时间不同等因素，采用的回火温度也不同（各企业有自己的技术规范和 Know-How 技术）。

5. 弹簧成形前钢板及薄钢带原材料的热处理

板材和带材供货形式也是弹簧原材料中较为常见的，如商用车悬架板簧、截锥涡卷弹簧（俗称竹笋弹簧）、平面涡卷弹簧等。薄钢板和钢带多用来制造涡卷弹簧、碟簧、波形弹簧、夹箍、片簧等，钢种有碳素钢、低合金钢及高合金钢类。

较大规格（厚度）的弹簧钢板供货状态主要是热轧态或退火冷轧态，或者最后加退火或去应力回火以达到标准，如 GB/T 1222—2016 规定的技术指标。

较小规格（厚度）的弹簧钢薄板和钢带主要的交货状态可分为两类：一类是热轧钢带、（退火）冷轧钢带（特殊材料也有固溶+形变处理钢带）；另一类是强度和硬态较高的热处理钢带，有调质（淬火、回火态）和贝氏体钢带。弹簧行业常用弹簧薄钢板和钢带的种类及技术标准有 GB/T 1222—2016、YB/T 5063—2007、YB/T 5058—2005。常用弹簧钢薄板和钢带的种类及技术指标见表 6-12。

表 6-12　常用弹簧钢薄板和钢带的种类及技术指标（摘自 YB/T 5063—2007）

薄板和钢带的种类	材料牌号	
	T7A、T8A、T9A、T10A、65Mn、60Si2MnA、70SiCrA	
	抗拉强度级别及指标	
	I	1270～1560MPa
	II	>1560～1860MPa
	III	>1860MPa

随着轻量化要求的提高，在带材、板材选择上也趋向高强度材料。碳素钢牌号常采用从 65Mn、67 到 70，日本 JIS 标准的 72B，甚至更高的 T9A、T10A 等。弹簧合金钢常也采用 GB/T 1222—2016 中的 SiCr 和 SiCrV 系列的高强度弹簧钢。

6.2.2　特殊用途的弹簧材料及其热处理

有些弹簧因为应用场合和要求的特点，对弹簧成品有特殊的要求，如耐高温、耐腐蚀、耐低温、非铁磁性、高的恒弹性、记忆合金、增材制造、甚至超导性能等。除了材料不同，其制造的热处理工艺也不同，可以参考 YB/T 5302—2010 高速工具钢丝、YB/T 5310—2010 弹簧用不锈钢冷轧钢带、GB/T 2965—2007《钛及钛合金棒材》、GB/T 3620.1—2016《钛及钛合金牌号和化学成分》。

1. 常用耐高温弹簧材料及其热处理

常用低合金弹簧钢能在较低温度范围内工作，如 50CrV、55SiCr、60Cr2Si 允许的工作温度为 250～300℃，60Si2CrV 的最高使用温度为 350℃。当工作温度更高时，可选用各种不锈弹簧钢、高合金工具钢或耐热弹性合金。

常用耐高温弹簧材料及其热处理规范见表 6-13 和表 6-14。

表 6-13　常用耐高温弹簧材料及其热处理规范

牌号	推荐的热处理规范			力学性能			最高应用温度/℃
	淬火温度/℃	淬火冷却介质	回火温度/℃	R_m/MPa	R_{eL}/MPa	$Z(\%)$	
30W4Cr2V	1000～1050	油	600	1750～1770	1600～1610	-10	500
4Cr5MoSiV1	1000～1050	油、空气	580～620	硬度 48～52HRC			600
W18Cr4V	1000～1200	油、空气	第一次 400，第二次 480	硬度 55～63HRC			500
W6Mo5Cr4V2	1210～1230	油、空气	第一次 550，第二次 350，第三次 700	硬度 44～48HRC			500
06Cr18Ni11Ti（1Cr19Ni9Ti）	固溶冷拉硬态原材料	水、空气	时效 280～360/1.5hr	硬度 ≥38HRC			300
08Cr18Ni10Ti（1Cr18Ni10Ti）	固溶冷拉硬态原材料	水、空气	时效 280～360/1.5hr	硬度 ≥38HRC			300
07Cr17Ni7Al（SUS631）	固溶冷拉原材料 1）半硬态 1/2H，固溶 950℃×1h 2）硬-软态，固溶 950℃×1h 3）硬态固溶，1000～1050℃×1.5h	空气	1）T 处理时效，510℃×1～2h 2）R 处理时效，室温～70℃×8h+510℃ 1～2h 3）H 处理时效，480～500℃×1～2h	硬度 ≥42HRC			350

注：1. 表中所列热处理规范是弹簧制造企业常用的热处理工艺，也可以参照参考文献［5］中介绍的热处理规范。
　　2. 括号内的牌号为非标在用或等同我国牌号的国外牌号。下同。

2. 其他特殊耐高温、耐蚀钢在弹簧上的应用

在腐蚀性介质中或在较高温度下工作的弹簧和弹性元件，采用低合金弹簧钢来制造已不能胜任，必须用不锈钢或耐热钢来制造。

马氏体相变强化的不锈弹簧钢有 20Cr13、30Cr13、40Cr13 及 14Cr17Ni2 等。Cr13 型马氏体不锈钢在弱腐蚀介质（如空气、水蒸气、淡水、盐水、硝酸及某些浓度不高的有机酸等）、温度不超过 30℃的情况下都有良好的耐蚀性，14Cr17Ni2 有良好的耐酸性，能耐一定温度、浓度的硝酸及大多数有机酸和有机盐的水溶液。

通用的 18-8 型镍铬奥氏体不锈钢比马氏体不锈钢具有更好的耐蚀性及良好的冷变形性能。有关标准推荐的不锈弹簧钢有 07Cr17Ni7、06Cr19Ni10 等。

镍基耐热合金属于高级弹性合金，具有高弹性、高疲劳极限、高的弹性稳定性、耐蚀、无磁等，用于制造在燃气中长期工作的弹性元件及钟表仪器中的精密弹簧。

钛合金突出的优点是密度低、耐蚀性好，发展很快。近年来，钛合金在弹簧和弹性元件上也有了很好的应用。钛合金相对于钢具有较低的弹性模量，R_{eL}/E 值大，适合制造弹性元件。另外，钛合金优异的疲劳性能和耐蚀性可提高弹簧的使用寿命。

其他特殊耐高温、耐蚀钢或合金在弹簧上的应用见表 6-14。

表 6-14　其他特殊耐高温、耐蚀钢或合金在弹簧上的应用

钢种	牌号	淬火温度/℃	回火温度/℃	抗拉强度 R_m/MPa	最高应用温度/℃
马氏体类不锈钢	30Cr13、40Cr13	1000~1100	450~550	≥1200	300
钛合金类	TC3	固溶 800~850	480℃×5h	≥1200	980
	TC4		480℃×4h	≥1200	
固溶性不锈钢类	12Cr17Ni7（SUS301）	固溶（1050）冷拉原材料	280~360	1000~1579（带）1373~2206（丝）	300
	06Cr19Ni10（SUS304）			1000~1569（带）800~1200（丝）	
镍基合金类	GH4145（NiCr15Fe7NbTiAl）	固溶冷拉原材料	730℃×16h+650℃×2h	1770~1800	600
	GH4169（NiCr19Fe18Nb5Mo3TiB）	固溶冷拉原材料	790℃×8h+620℃×8h	1750~1800	600
	Monel（美国牌号）	时效 400~500℃,保温时间 t,$t=5d+C$（d 是工件有效直径，C 是加权系数,取值 60、90、120,普通产品 60,重要产品 120）		≥1300	430
	InconelX（美国牌号）InconelX750（美国牌号）	1150℃×2h+730℃×16h+650℃×2h		1770~1800	550

注：表中所列是弹簧制造企业常用的热处理工艺，也可以参照参考文献〔5〕。

3. 有色金属材料和弹性合金材料在弹簧制造上的应用

有色金属材料或特殊性能的合金材料主要有铜系合金、镍系弹性合金，其中铜系合金主要应用铍青铜系列。

（1）弹簧用铍青铜的热处理　弹簧常用的铜系合金有铍青铜、黄铜、硅青铜、锡青铜和白铜等，铍青铜应用最广。

铜系合金在弹簧制造过程中主要是沉淀硬化时效处理，热处理工艺比较简单。依据产品的最终强度或硬度的要求来确定时效参数。表 6-15~表 6-18 列出了铍青铜常用的热处理工艺和力学性能。

铜系合金弹簧的工艺路线：材料（材料供应商已完成固溶处理）→成形→时效处理→（端磨）→（倒角或去毛刺）→（喷丸工序）→强压（或次载荷强化）→力学特性检测→包装。

时效热处理缺陷和防范：主要的缺陷是时效后力学性能不理想。原因是对应采用的原材料交货态和相应的时效温度或保温时间不合理。

表 6-15　铍青铜圆形线材时效热处理后的力学性能和时效热处理工艺（摘自 YS/T 571—2009）

材料	状态	抗拉强度 R_m/MPa	时效热处理工艺		
			温度/℃	时间/min	冷却方式
铍青铜圆形线材	TF00	1050~1380	315±5	180	空冷
	TH01	1150~1450	315±5	120	空冷
	TH02	1200~1480	315±5	90	空冷
	TH03	1250~1585	315±5	60	空冷
	TH04	1300~1585	315±5	60	空冷

注：1. 直径不大于 1.0mm 的线材，供方可以不进行拉伸试验，但必须保证。
　　2. 用于特殊用途的产品可采用其他热处理工艺，其性能要求应由供需双方协商确定。

表 6-16　铍青铜板材和带材交货态的力学性能（摘自 YS/T 323—2019）

材料	牌号	材料状态	抗拉强度 R_m/MPa	断后伸长率 $A_{11.3}$(%)	硬度 HV
铍青铜板材和带材	TBe2、TBe1.9	TB00	400~560	≥35.0	≤140
		TD01	520~610	≥10.0	120~220
		TD02	590~690	≥6.0	140~240
	TBe1.7		550~650		130~230
	TBe2	TD04	≥650	≥2.0	≥170
	TBe1.9				≥160
	TBe1.7		≥590		≥150

注：1. 厚度≤0.25mm 的带材，抗拉强度、断后伸长率报实测值，硬度不作规定。
　　2. 固溶处理（TB00）、固溶热处理+冷加工（1/4 硬）（TD01）、固溶热处理+冷加工（1/2 硬）（TD02）、固溶热处理+冷加工（硬）（TD04）状态带材的沉淀热处理制度应符合 YS/T 323—2019 附录 B 的规定，热处理后各状态的性能应符合表 6-18 的规定。

表 6-17　铍青铜板材和带材沉淀热处理工艺（摘自 YS/T 323—2019）

材料	牌号	状态	加热温度/℃	保温时间/h	冷却方法
铍青铜板材和带材	TBe2、TBe1.9、TBe1.7	TD04、TD02	320±10	2	空冷
		TB00、TD01	320±10	2.5~3.0	空冷

表 6-18　铍青铜板材和带材沉淀热处理后的力学性能（摘自 YS/T 323—2019）

材料	牌号	状态	抗拉强度 R_m/MPa	断后伸长率/$A_{11.3}$(%)≥	硬度 HV≥
铍青铜板材和带材	TBe2	固溶热处理+沉淀热处理（TF00）	1140~1340	3.0	320
	TBe1.9				350
	TBe2、TBe1.9	固溶热处理+冷加工（1/4 硬）+沉淀热处理（TH01）	1210~1410	2.5	320~420
	TBe2、TBe1.9	固溶热处理+冷加工（1/2 硬）+沉淀热处理（TH02）	1280~1480	1.0	340~440
	TBe1.7		1170~1380	1.0	320~420
	TBe2	固溶热处理+冷加工（硬）+沉淀热处理（TH04）	1310~1520	1.0	360
	TBe1.9				370
	TBe1.7		1240~1450	1.0	340

　　（2）弹簧用弹性合金的热处理　弹性合金具有良好的弹性性能，不同的合金材料还在无磁性、恒弹力、低内耗等方面有特殊的专项性能，因而广泛应用于精密仪器仪表中的弹性元件或其他特殊要求的弹性元件。弹性元件常用的有镍基钴基类弹性合金材料。

　　弹性合金根据性能特点分为高弹性合金和恒弹性合金。高弹性合金具有高弹性模量、高弹性极限、高硬度、高强度和低的滞弹性效应，某些合金还具有耐腐蚀、耐高温、高导电、耐高压、抗磁性等特性，常用的高弹性合金有 3J1 和 3J21；恒弹性合金指在一定温度范围内，弹性模量或固有频率几乎不随温度变化，即弹性模量温度系数或频率温度系数很小的合金，常用的恒弹性合金有 3J53 和 3J58。弹性合金的交货状态主要有冷拉或冷轧态、软态、剥皮压光或磨光态。常用弹性合金牌号和特性见表 6-19～表 6-22。

表 6-19　弹性元件用合金 3J1 和 3J53 材料的化学成分（摘自 YB/T 5256—2011）

牌号	化学成分（质量分数，%）									
	C	Mn	Si	P	S	Ni	Cr	Ti	Al	Fe
3J1	≤0.05	≤1.00	≤0.80	≤0.020	≤0.020	34.50~36.50	11.50~13.00	2.70~3.20	1.00~1.80	余量
3J53	≤0.05	≤0.80	≤0.80	≤0.020	≤0.020	41.50~43.00	5.20~5.80	2.30~2.70	0.50~0.80	余量

表 6-20　弹性元件用合金交货状态（未时效处理）的力学性能（摘自 YB/T 5256—2011）

牌号	产品形状	交货状态	厚度或直径[①]/mm	抗拉强度 R_m/MPa	伸长率 A(%)
3J1	带	软化	0.20~0.50	≤980	≥20
	丝	冷拉	0.20~3.00	≥980	—
3J53	带	软化	0.20~0.50	≤882	≥20
	丝	冷拉	0.20~3.00	≥931	—

① 其他尺寸交货状态合金材料的力学性能指标由供需双方协商。

表 6-21　弹性元件用合金时效处理后的力学性能（摘自 YB/T 5256—2011）

牌号	产品形状	交货状态	厚度或直径[①]/mm	抗拉强度 R_m/MPa ≥	伸长率 A(%) ≥
3J1	带	冷轧	0.20~2.50	1372	5
		软化	0.20~1.00	1176	8
	丝	冷拉	0.50~5.00	1470	5
	棒	冷拉	3.00~18.0	1372	5
	圆、扁材	热轧、热锻	6.0~25.0	1176	10
			>25.0~60.0	1030	14
			>60	800	14
3J53	带	冷轧	0.20~2.50	1225	5
		软化	0.20~1.00	1078	8
	丝	冷拉	0.50~5.00	1372	5
	棒	冷拉	3.00~18.0	1323	5
	圆、扁材	热轧、热锻	6.0~25.0	1078	10
			>25.0	实测	实测

① 其他尺寸交货状态合金材料时效热处理后的力学性能指标由供需双方协商。

表 6-22　弹性合金交货状态合金带材时效热处理后的屈服强度（摘自 YB/T 5256—2011）

牌号	交货状态	厚度/mm	屈服强度 $R_{p0.2}$/MPa ≥
3J1	冷轧	0.50~2.50	980
	软化	0.50~1.00	735
3J53	冷轧	0.50~2.50	882
	软化	0.50~1.00	686

6.3　典型弹簧制造过程中的热处理

6.3.1　乘用车和商用车悬架弹簧的热处理

悬架弹簧是一类量大面广的典型弹簧，乘用车悬架弹簧主要形式是螺旋压缩弹簧（见图 6-3），有些皮卡车（pick-up）、大型越野车（SUV）或多用途商务车（MPV）也采用板簧（见图 6-4）或扭杆弹簧（见图 6-6）。螺旋压缩悬架弹簧的线径通常为 8.00~23.0mm，随着新能源电池车辆市场分量不断上升，备车重量有所增加，弹簧载荷较大，线径选用较大。

商用车（轻卡、集卡及载重货车）多数采用板簧，部分小、中型客车也采用螺旋压缩弹簧。

乘用车用螺旋压缩悬架弹簧的主要制造工艺有两种，即冷成形制造工艺和热成形制造工艺。

图 6-3　悬架用螺旋压缩弹簧

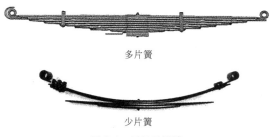

多片簧

少片簧

图 6-4　悬架用板簧

乘用车用螺旋压缩悬架弹簧冷成形工艺路线：油淬火回火钢丝（热处理高强度线材）→冷成形→去应力回火→（热压）→喷丸工序→（冷压调整）→涂层→力学特性检测→成品包装。

由于油淬火回火线材（OTW 或 ITW）原材料已经过热处理，所以只需要进行去应力回火，其工艺也比较简单。热处理参数设计准则是保持热处理线材的综合性能，消除冷成形产生的有害拉应力，稳定形状和尺寸等。

乘用车用螺旋压缩悬架弹簧主要采用的原材料是 55SiCr、55SiCrV、60Si2Cr、60Si2CrV，也有 55CrMn、55SiMnVB、60Si2Mn、50CrV 等，去应力回火温度为 380~450℃；有的企业采用快速回火工艺，温度更高些。后续接热喷丸工序的热压工艺加热温度通常为 220~280℃，不接热喷丸工序的热压工艺加热温度通常为 250~350℃。油淬火回火线材悬架弹簧制造企业常用的热处理工艺参数及力学性能见表 6-23。

表 6-23　油淬火回火线材悬架弹簧制造企业常用的热处理工艺参数及力学性能

材料牌号	去应力回火温度/℃	抗拉强度 R_m/MPa	断面收缩率 Z（%）　≥
55SiCr、55SiCrV	390~420	1700~2050	35
60Si2CrV	380~420	1800~2150	35
60Si2Mn（不常用）	400~450	1500~1900	30
50CrV（不常用）	390~450	1400~1800	35

注：本表推荐的是弹簧制造企业悬架弹簧常用的牌号和工艺参数，也可以采用 GB/T 18983—2017、EN 10270-2：2011 中的 FD 等级线材，或者其他企业标准，如宝钢集团宝通公司 B55SiCr、BHS2100、BTW-180、BTW-190、BTW-200、BTW-210 等，日本高周波热炼公司推荐的 SWI-180、SWI-200 等的热处理工艺参数。若采用快速去应力回火工艺，回火温度可以再高些。

乘用车用螺旋压缩悬架弹簧去应力回火的缺陷及其主要原因：

1）去应力回火导致硬度下降和抗拉强度下降。主要原因是回火温度过高或保温时间过长。

2）冷卷成形工序后弹簧有害残余拉应力未能很好消除。主要原因是回火温度过低，或者保温时间太短或回火时弹簧受热不均匀等。

3）变形过大。主要原因是回火方式不合理，或者回火时弹簧相互缠结，在热应力作用下变形。

乘用车用软态料悬架弹簧热成形制造工艺路线：软态料（热轧、冷拉、冷轧）→加热+成形→淬火→回火→（热压）→喷丸工序→（冷压调整）→涂层→力学特性检测→成品包装。

由于采用的原材料是软态，必须要进行热处理（见表 6-24）。淬火加热方法有感应加热、保护气氛燃烧炉或电阻加热炉加热、导电式加热等。淬火加热的温度与热成形工序需要的时间有关。

表 6-24　软态料（热轧、退火冷拉）悬架弹簧的热处理工艺参数

材料牌号	淬火（入淬火冷却介质前）温度/℃	回火温度/℃	抗拉强度 R_m/MPa	断面收缩率 Z（%）　≥
55SiMnVB、60Si2Mn	850~880	420~460	1500~1800	30
50CrV	840~880	420~460	1400~1800	35
55CrMn	840~860	420~480	1500~1900	35
55SiCr(V)　60Si2Cr(V)	840~880	380~450	1600~2100	35

注：本表推荐的是弹簧制造企业悬架弹簧常用的牌号和工艺参数，也可以采用 GB/T 1222—2016 或 EN 10890—2003 推荐的热处理工艺参数。若采用快速回火工艺，回火温度可以再高些。

软态料悬架弹簧热处理缺陷及其防范：

1）淬火硬度不足。主要原因是加热温度过低或保温时间不够，或冷却不足、不均匀等。

2）过热或过烧。过热还可再淬火回火得以补救，过烧只能报废。主要原因是加热温度过高或保温时间太长等。

3）表面氧化及脱碳严重。主要原因是加热状态下炉温气氛碳势不够，氧含量太高。感应加热的是加热时间过长。

4）变形不符合技术要求。主要原因是热处理时

组织变形和热应力变形防范不到位，包括加热工装模具、加热方式和速度、淬火冷却方法等不当。

其防范方法就是针对原因进行合理消除和改进。

商用车用悬架弹簧（钢板弹簧，简称板簧）主要采用热成形制造工艺。

1）多片簧：热轧原材料→下料→钻（冲）孔→卷耳→端部加工（压延、边孔、压包槽等）→淬火→回火→喷丸工序→（冷压调整）→涂层→组装→力学

特性检测→组件涂层→成品包装。

2）少片簧：热轧原材料→下料→钻（冲）孔→长锥延伸→端部加工（切边、冲边孔、压包槽、压弯等）→卷耳→淬火→回火→喷丸工序→涂层→组装→力学特性检测→组件涂层→成品包装。

采用热轧原材料的弹簧必须要进行热处理。淬火加热方法有保护气氛燃烧或电阻辐射加热、感应加热等。板簧常用的材料和热处理工艺参数见表6-25。

表 6-25　板簧常用的材料和热处理工艺参数

材料牌号	厚度/mm	淬火温度/℃	回火温度/℃	抗拉强度/MPa ≥	断后伸长率（%）≥	断面收缩率（%）≥
50CrMnVA	14～25	870	460	1550	10	40
50CrV	14～25	850	500	1320	12	40
51CrMnV	20～40	850	450	1370	8	35
52CrMnMoV	35～45	860	450	1450	6	35
52CrMoA	35～45	890	450	1500	8	40
60Si2Mn	≤13	870	515	1570	5	20
52CrMoV4	35～45	860	450	1550	6	35
FAS3550	20～40	900	425	1600	8	40
55CrMn	≤20	840	480	1270	9	25
60CrMn	≤25	840	480	1270	9	25

注：表内参数是弹簧制造企业常用的工艺参数，仅作推荐，也可以依据 GB/T 1222—2016《弹簧钢》推荐的热处理工艺参数（比较保守）来确定。

板簧热处理缺陷及其防范：

1）淬火硬度不足。主要原因是板簧加热温度过低或保温时间不够，或者冷却不足、不均匀造成等。

2）过热或过烧。板簧过热还可再淬火回火得以补救，过烧只能报废。主要原因是板簧加热温度过高或保温时间太长等。

3）簧板表面氧化及脱碳严重。主要原因是加热状态时炉温气氛碳势不够，氧含量太高。

4）板簧变形不符合技术要求（如旁弯等）。主要原因是热处理时组织变形和冷热应力变形防范不到

位，包括加热工装模具、加热方式和速度、淬火冷却方法等不当。

其防范方法就是针对原因进行合理消除和改进。

6.3.2　乘用车和商用车稳定杆的热处理

乘用车和商用车稳定杆（或称抗侧倾平衡杆）也属于弹簧产品类，如图6-5所示。产品的功能是在车辆左右侧倾时产生相反的扭矩和弯曲，从而抵抗外力扭矩达到平衡车身的作用。

图 6-5　典型的乘用车稳定杆

乘用车和商用车稳定杆主要采用的钢种，棒材牌号有 55CrMn（国外牌号 55Cr3）、55SiCr、65Mn、55SiMn、60Si2Mn、50CrV 等，管材（焊接管、无缝管）牌号有 26MnB、34MnB、30CrMo 等，乘用车稳定杆主要选择较高强度的棒材和管材；商用车稳定杆料径较大，主要选择淬透性较高的钢材。两者均遵守 GB/T 1222—2016《弹簧钢》、GB/T 3077—2015《合金结构钢》、GB/T 28300—2012《热轧棒材和盘条表面质量

等级交货技术条件》、BS EN ISO 683-2：2018《热处理钢、合金钢和易切削钢　第 2 部分：淬火和回火用合金钢》、GB/T 2102—2006《钢管的验收、包装、标志和质量证明书》、GB/T 33821—2017《稳定杆用无缝钢管》、BS EN 10305-2：2016《精密装置用钢管　技术交货条件　第 2 部分：焊接冷拔管》的规定。

乘用车稳定杆常用的制造工艺有热成形制造工艺和冷成形制造工艺。

（1）乘用车稳定杆热成形制造工艺　软态料热成形实心稳定杆工艺是弹簧行业中应用最广泛的制造工艺。

乘用车实心稳定杆主要采用软态料（热轧、冷拉、冷轧态）热成形+淬火→回火生产工艺，乘用车软态料实心稳定杆热成形制造工艺：软态棒料（热轧态、冷轧或冷拉态）→端部加热+端部成形→整体加热+热成形→淬火→回火→（检验工序）→喷丸工序→涂层→组装衬套（+连杆）工序→包装。

乘用车软态料实心稳定杆热成形制造工艺过程中的热处理：棒材端部加热通常采用感应加热，也有采用火焰燃烧加热；整体棒材加热通常采用感应加热、步进式燃烧或电阻加热炉加热，也有采用导电式加热等。热成形后直接淬火，进入淬火冷却介质前的温度是采用材料组织转变临界温度 Ac_1、Ac_3 + 30～50℃（最低温度要求），回火温度见表 6-26。弹簧制造企业往往采用较高的温度淬火，以获得更高的硬度和强度。

表 6-26　软态棒料（热轧态、冷轧或冷拉态）稳定杆热成形淬火回火工艺

材料牌号	入淬火冷却介质前的温度/℃	回火温度/℃	抗拉强度 R_m/MPa	断面收缩率 $Z(\%)$　≥
65Mn、70、80	820～840	350～450	900～1200	30%
50CrV	840～880	390～450	1200～1600	35%
55SiMn、60Si2Mn	840～880	400～450	1200～1800	25%
55CrMn	840～880	400～480	1000～1500	25%
55SiCr、60Si2Cr+（V）	840～860	390～450	1800～2100	30%

注：表内参数是弹簧制造企业常用的工艺参数，仅作推荐，也可以依据 GB/T 1222—2016 推荐的热处理工艺参数（比较保守）来确定。

乘用车空心稳定杆热成形制造工艺（此种制造工艺目前应用的越来越少了）：软态管材（热轧态、冷轧或冷拉态）→整体加热+热成形+淬火→回火→端部加热+端部成形→喷丸工序→涂层→组装衬套工序→包装。

乘用车空心稳定杆热成形制造工艺过程中的热处理工艺：管材通常采用感应加热、燃烧或电阻加热、导电式加热等+热成形和淬火。

乘用车软态料稳定杆（实心、空心）热成形制造过程中的热处理缺陷及其防范：

1）淬火硬度不足。主要原因是加热温度过低或保温时间不够，或者冷却不足、不均匀等。

2）过热或过烧。过热还可再淬火回火得以补救，过烧时只能报度。主要原因是加热温度过高或保温时间太长等。

3）表面氧化及脱碳严重。主要原因是导电式加热的加热时间过长；步进炉加热的炉温气氛碳势不够，氧含量太高。

4）稳定杆局部区域硬度不均匀。主要原因是稳定杆棒材长度较大，热处理加热方式、淬火冷却方法等不当。

5）淬火开裂、变形过大。淬火或回火方式不合理，加热或冷却不均匀。

其防范方法就是针对原因进行合理消除和改进。

（2）乘用车稳定杆冷成形制造工艺　乘用车稳定杆冷成形制造工艺的优点：成形工艺简单，对形状复杂和尺寸精度高的稳定杆，成形控制容易、生产工艺柔性强（CNC 加工成形）、工装模具成本低等，是

空心稳定杆和小线径实心稳定杆的主要的生产工艺方式。实心稳定杆采用冷成形工艺的不多，即采用硬态料（油淬火回火线材）+去应力回火和软态料冷成形+淬火回火生产工艺。这种工艺一般用于较小线径的实心稳定杆，否则对成形设备的功率要求太大。

硬态料（油淬火回火线材）实心稳定杆冷成形制造工艺：硬态棒料→冷成形→去应力回火→端部加热+端部成形→（检验工序）→喷丸工序→涂层→组装衬套工序→包装。

硬态料（油淬火回火线材）实心稳定杆冷成形制造过程中的热处理为去应力回火，常用的工艺参数见表 6-27。

硬态料实心稳定杆冷成形制造过程中的热处理缺陷及其防范：

1）硬度偏低。去应力回火温度太高或保温时间过长。

2）变形超差。回火方式不合理或回火炉回火温度不均匀。

软态料（热轧、冷拉、冷轧态）实心稳定杆冷成形制造工艺：软态棒料→冷成形→淬火→回火→端部加热+端部成形→喷丸工序→涂层→组装衬套工序→包装，也有先端部成形，然后再整体成形的工艺。

软态料（热轧、冷拉、冷轧态）实心稳定杆冷成形制造过程中的热处理为淬火和回火，常用的工艺参数见表 6-26（与棒材热成形后的淬火回火一样）。软态料（焊接钢管、无缝钢管）空心稳定杆冷成形工艺是弹簧行业中应用最广泛的制造工艺。

表 6-27　硬态料实心稳定杆常用的去应力回火工艺参数

材料牌号 （GB/T 18983—2017）	去应力回火温度/ ℃	抗拉强度 R_m/MPa	断面收缩率 Z （%）
碳素钢系列	250~350		
Cr-V 系列	400~450	维持 GB/T 18983—2017《淬火-回火弹簧钢丝》FD、TD 及 VD 的	
Si-Mn 系列	400~450	力学性能	
Si-Cr 系列	400~450		

注：表内参数是弹簧制造企业常用的工艺参数，仅作推荐。具体精确参数可根据工件残余应力的去除程度来确定。

空心稳定杆冷成形制造工艺：冷成形制造工艺的空心稳定杆都采用软态管材（热轧态、冷轧或冷拉态的焊接钢管或无缝钢管），制造过程的热处理必须有淬火和回火。整体加热通常采用导电式加热，或燃烧或电阻加热炉加热，或感应加热等。淬火加热温度是所用材料的组织转变临界点 Ac_1、Ac_3 + 30 ~ 50℃，弹簧制造企业常用的钢管牌号及热处理工艺参数见

表 6-28。常规稳定杆端部加热成形后自然冷却（正火态）就可以了，因为稳定杆端部的工作应力较小。

空心稳定杆冷成形制造工艺：钢管→冷成形→整体加热淬火→回火→端部加热+端部成形→（检验工序）→喷丸工序→涂层→组装衬套工序→包装。

空心稳定杆冷成形制造工艺过程中的热处理为淬火和回火，常用工艺参数见表 6-28。

表 6-28　常用的钢管牌号及热处理工艺参数

材料牌号		淬火温度（或 入淬火冷却介 质前）/℃	回火温度/ ℃	抗拉强度 R_m/MPa	断后伸长率 A（%）
焊接钢管	26MnB	840~880	350~450	900~1200	≥303
	34MnB	840~880	390~450	1200~1600	≥30
无缝钢管	30CrMo、 35CrMo、40CrMo	850~880	460~510	450~600	≥22

注：表内所列材料牌号是弹簧制造企业最常用的原材料。其他钢管牌号，如焊接钢管，可选择 BS EN 10305-2：2016 推荐的牌号或者供需双方协议；无缝钢管可选择 GB/T 33821—2017《汽车稳定杆用无缝钢管》推荐的牌号。

稳定杆（实心、空心）冷成形制造过程中的热处理缺陷及其预防：

1）淬火硬度不足。主要原因是加热温度过低或保温时间不够，或者冷却速度不足、不均匀等。

2）过热或过烧。过热还可再淬火回火得以补救，过烧只能报废。主要原因是加热温度过高或保温时间太长等。

3）表面氧化及脱碳严重。主要原因是导电式加热的加热时间过长，整体加热的炉温气氛碳势不够，氧含量太高。

4）稳定杆局部区域硬度不均匀，尤其在空心稳定杆上最常见。主要原因是稳定杆折弯处壁厚不均造成导电加热方式加热温度不均匀，容易产生过热过烧，也有淬火冷却方法不当等。

其防范方法就是针对原因进行合理消除和改进。

6.3.3　车用悬架扭杆弹簧的热处理

车用悬架扭杆弹簧（见图 6-6）是一种悬架结构中的零件，它利用扭杆的扭转弹性变形起到弹簧的作用，具有结构简单，占用空间尺寸较小等优点。通常采用的材料牌号有 28Mn6（德国牌号，相当于我国的

30Mn2）20CrMo，标准 GB/T 3077—2015《合金结构钢》中的牌号，也有采用行业、学会标准中的牌号，如 SAE 5160H。

图 6-6　车用悬架扭杆弹簧

车用悬架扭杆常用的制造工艺路线：棒材→镦锻+打顶尖孔→加热淬火→回火（一次或二次）→检测+矫正→喷丸工序→（强扭）→涂防锈油→包装。

车用悬架扭杆材制造过程中的热处理为端部加热成形，淬火和回火。淬火的加热温度为 880 ± 10℃，但工艺上最重要的是控制工件进入淬火冷却介质时的温度，见表 6-29。有的弹簧制造企业将加热时的机械加工与淬火放在一个工序上先后完成，所以在实际操作中加热温度会更高一些。另外，感应加热时采用辐射仪测温和控温，针对的是表面温度，也会采用更高些温度，而入淬火槽时采用辐射仪测温和控温却设定较低点的温度。

表 6-29　车用悬架扭杆材热处理工艺参数

材料牌号	端部成形加热温度/℃	淬火加热温度/℃	入淬火冷却介质前温度/℃	淬火冷却介质	硬度 HB	回火温度/℃	硬度 HB
28Mn6	850~900	870~890	≥850	油、水	≥540	470~480	325~370
20CrMo						460~500	250~350
SAE 5160H	910~930	910~930	≥850	油	≥58HRC	410~420	444~496

注：表内参数是弹簧制造企业常用的参数，也可以参考 GB/T 3077—2015《合金结构钢》的推荐。

热处理缺陷及其防范：与悬架弹簧热成形制造工艺一样。

6.3.4　车用驻动器弹簧的热处理

乘用车、商用车、高铁车辆、城市轨交车辆（地铁）的驻动器弹簧安装在驻动缸体内，主要是蓄能和释放的功能。驻动器弹簧通常的外形是鼓形弹簧，有等径线材，也有变径线材，如图 6-7。采用的原材料牌号主要有 55SiCr、60Si2Cr 系列（+V）、60Si2Mn、55CrMn 等，几乎与乘用车悬架弹簧一样。

图 6-7　乘用车用驻动器弹簧

车用驻动器弹簧的主要制造工艺有冷成形制造工艺和热成形制造工艺。

1）冷成形制造工艺：油淬火回火线材（硬态料）→冷成形→去应力回火→（热压）→喷丸工序→冷压→涂层→负荷检测→包装。

2）热成形制造工艺：热轧、冷拉或冷轧料（软态料）→加热+热成形→淬火→回火→（热压）→喷丸工序→冷压→涂层→负荷检测→包装。

车用驻动器弹簧的制造工艺工程中的热处理：

1）冷成形工艺过程中的热处理。冷成形工艺制造过程的去应力回火与采用的原材料有关（强度等级、冷成形旋绕比、抗回火稳定性不一样，其回火温度也不一样），由于采用的材料和工艺与悬架弹簧的几乎一样，技术参数选择的准则同样是保持原材料的特性，消除冷成形带来的有害残余应力。

2）热成形工艺过程中的热处理。热成形工艺制造过程的加热方式主要有燃烧炉或电阻加热炉加热、感应加热，加热温度与悬架弹簧几乎一样，见表 6-23 和表 6-24。产品应用的材料牌号和热处理参数与悬架弹簧的几乎一样，回火参数选择的准则是保证达到弹簧要求的特性，即高的抗拉强度、屈强比和韧性、抗疲劳性能等。

热处理缺陷及其预防：与乘用车悬架弹簧一样。

6.3.5　汽车用内燃机发动机气门弹簧的热处理

内燃发动机气门弹簧是一种对质量要求很高的弹簧，其特点是高应力（通常最大工作切应力达 900~1200MPa）、高频疲劳寿命高（通常为 $1.0 \times 10^7 \sim 6.0 \times 10^7$ 次，B10，B5），主要应用于乘用车、商用车（包括柴油发动）、船用发动机（柴油发动机）、铁路内燃发动机车辆等。

如图 6-8 所示，乘用车内燃发动机气门弹簧线径一般在 2.0~6.5mm，船用和铁路车辆内燃机甚至达到 11.0mm。

图 6-8　内燃机气门弹簧

气门弹簧常用的制造工艺：油淬火回火钢丝→冷成形→去应力回火（SOF 或 piece hardening+回火）→端磨→倒角（去毛刺）→喷丸强化工序→热压→负荷检测→防锈工序→包装。〔注：SOF（德文：spanung optimal fertigung）→应力优化分布的加热淬火工艺；piece hardening—单件弹簧感应加热淬火工艺〕

气门弹簧制造工艺过程中的热处理主要有去应力回火和热压加热。

弹簧制造企业常用的气门弹簧去应力回火工艺参数见表 6-30。

气门弹簧热压工艺的加热温度一般是 160~230℃，主要是热压工序是在喷丸强化工序之后，为确保不损失喷丸效果，所以最高加热温度不能超过 230℃。

SOF 和 piece hardening 工艺都是弹簧制造企业的 Know-How 技术，弹簧材料不同、热处理方式不同，其工艺参数也完全不同。

有些高应力气门弹簧也采用低温渗氮工艺，但效率低，成本较高。

表 6-30　弹簧制造企业常用的气门弹簧去应力回火工艺参数

材料标准	材料牌号	去应力回火温度/℃	力学性能
GB/T 18983—2017《淬火-回火弹簧钢丝》	VD 等级 Cr-V 系列	400~450	维持 GB/T 18983—2017《淬火-回火弹簧钢丝》VD 的力学性能
	VD 等级 Si-Cr 系列	380~420	
	VD 等级 Si-Cr-V 系列	390~430	
EN 10270-2：2011《机械弹簧用钢丝　第 2 部分：油淬回火弹簧钢丝》	VD 等级 C 系列	不推荐	不推荐
	VD 等级 Cr-V 系列	400~450	维持 EN 10270-2 VD 等级各系列的力学性能
	VD 等级 Si-Cr 系列	380~420	
	VD 等级 Si-Cr-V 系列	390~430	
ASTM A877/A877M—2017《铬硅合金钢丝，铬硅钒合金阀门弹簧质量的标准规范》	GradeA（Cr-Si）	400~420	维持 ASTM A877/A877M—2017 GradeA，B，C 和 D 级别的力学性能
	GradeB（Cr-Si-V）	400~420	
	GradeC（Cr-Si-Ni-V 和 GradeD（Cr-Si-Mo-V）	400~420	
JIS G 3561—1994《气门弹簧用油回火钢丝》	SWOSC-V	420±5	维持 JISG 3561—1994 各系列的力学性能
Suzuky. Garphjyten 公司	OTEVA70SC	420±5	维持 Suzuky. Garphjyten 公司等级各系列的力学性能
	OTEVA75SC SWOSC-VHV	420±5	
	OTEVA 90/91SC	去应力回火：450±5 渗氮温度：450~470℃×5~20h	
	OTEVA 100/101SC		

注：表内参数是弹簧制造企业常用的工艺参数，仅作推荐，也可以采用标准推荐的参数。快速回火工艺的去应力回火温度更高些。工艺参数设计准则是在不损失原材料特性的基础上，去应力温度和时间的具体精确参数可以依据工件残余应力的去除程度来确定。

热处理缺陷及其防范：

1）硬度偏低。去应力回火温度太高或时间太长。SOF 或 piece hardening 的淬火和回火工艺不合理，回火温度过高或保温时间过长。

2）冷卷成形后有害残余拉应力太大。去应力回火温度过低或时间不够或回火不均。

3）应力腐蚀裂纹。未及时进行去应力回火，冷卷成形后有害残余拉应力未及时消除。

4）变形离散度大。热处理加热或冷却不均匀。

5）有淬火和回火热处理工艺的工件氧化脱碳。加热炉温气氛碳势不够或氧含量太高；感应加热的时间过长。

6）有淬火和回火热处理工艺的工件过热过烧。热处理加热工艺参数不当。

7）有淬火和回火热处理工艺的工件硬度过高。回火温度过低。

8）成品喷丸残余压应力太小、深度不够。除了喷丸工序自身问题，热压温度过高或时间太长（喷丸工序后热压工艺类）。

其防范方法就是针对原因进行合理消除和改进。

6.3.6　汽车用自动变速器弹簧的热处理

汽车用自动变速器弹簧（见图 6-9）在自动变速器系统中规格繁多，线径为 1.0~8.0mm，多数弹簧线径为 1.0~3.0mm，特点是精度高、疲劳寿命长、可靠度高、抗松弛性高等。采用油淬火回火钢丝冷成形工艺，常用牌号有 GB/T 18983—2017 中的 VD 等级、也有采用国外标准，如 EN 1027-2 中的 TD、VD 等级、ASTM 288/299M 和 JIS G 3506 等，甚至一些企业标准，如 Suzuki. Garphyten 公司的企业标准 OTEVA 70SC、OTEVA 75SC 和 SWOSC-VHV 等。

汽车用自动变速器弹簧常用的制造工艺路线：油淬火回火钢丝→冷成形→去应力回火→端磨→喷丸工序→热压（冷压）→负荷检测→上防锈油→包装。

汽车用自动变速器弹簧制造工艺过程中常用的热处理主要有去应力回火和热压工艺。汽车用自动变速器弹簧所用的材料和工艺与气门弹簧完全一样，只不过比气门弹簧的负荷更小、钢丝线径更小。去应力回火的温度与气门弹簧一样，见表 6-30。

汽车用自动变速器弹簧热压工艺的加热温度一般

图 6-9　自动变速器弹簧

是 190～230℃，主要是热压工序是在喷丸强化工序之后，为确保不损失喷丸效果，所以最高加热温度不能超过 230℃。

6.3.7　汽车用离合器螺旋弹簧和膜片弹簧的热处理

1. 汽车用离合器螺旋弹簧

汽车用离合器螺旋弹簧是车辆动力总成系统里的弹簧，其特点是轻量化、紧凑型、精度要求高等，制造工艺基本上与气门弹簧一致，但商用车离合器弹簧的线径更大，一般为 1.50～10.00mm。随着轻量化、高应力要求的提高，这类弹簧与气门弹簧一样，常采用阀门等级的原材料，也常采用 SOF 和 piece hardening 及低温渗氮。

动力传动系统减振螺旋弹簧（见图 6-10）常为组合弹簧，常采用渗氮弹簧钢和渗氮工艺以提高表面抗干涉、耐磨性和疲劳强度，与气门弹簧所采用的材料和工艺类似。

图 6-10　动力传动系统减振螺旋弹簧（离合器弹簧、
液力变扭器弹簧、双质量飞轮弹簧等）

汽车用离合器螺旋弹簧常用的制造工艺路线：油淬火回火钢丝→冷成形→去应力回火（SOF 或 piece hardening+回火）→端磨→倒角（去毛刺）→（低温渗氮+去白壳层喷丸）喷丸强化工序→（热压）→负荷检测→防锈工序→包装。

汽车用离合器螺旋弹簧制造工艺过程中的热处理主要有去应力回火和热压加热。弹簧制造企业常用的汽车用离合器液力变扭器弹簧去应力回火工艺参数见表 6-37，除采用 VD 等级材料，也常采用 TD 和 FD 等级材料。

汽车用离合器螺旋弹簧热压工艺的加热温度一般是 160～230℃，主要是热压工序是在喷丸强化工序之后，为确保不损失喷丸效果，所以最高温度不能超过 230℃。

热处理缺陷及其防范与气门弹簧一样。

2. 汽车用离合器膜片弹簧

汽车用离合器膜片弹簧（见图 6-11）的特点是结构简单、紧凑，具有非线性力学特性等，因此广泛应用。常用材料为 50CrV 或 60Si2Mn 板材，其主要失效形式为早期断裂和应力松弛。

图 6-11　离合器膜片弹簧

汽车用离合器膜片弹簧常用的制造工艺路线：板材（冷轧态）→机械加工材料成形→加热冲压成形→淬火→回火→喷丸强化工序→强压（热压或多次冷压）→力学特性检测→表面保护处理→包装。

汽车用离合器膜片弹簧的热处理（工艺参数见表 6-31）：

1）淬火工艺主要有保护气氛箱式电炉加热或感应加热等。

2）回火工艺有连续式或步进式炉回火（一般采用多片工装夹具）。

表 6-31　膜片弹簧常用的热处理工艺参数

材料牌号	淬火温度/℃	硬度 HRC	回火温度/℃	硬度 HRC
50CrV	880~920	≥57	450~480	42~46
60Si2Mn	860~920	≥58	450~490	42~48

注：膜片弹簧应用的其他材料牌号可以选自 GB/T 1222—2016《弹簧钢》，热处理参数也可以采用此标准推荐的参数。

6.3.8　汽车行李舱扭杆弹簧的热处理

汽车行李舱扭杆弹簧（见图 6-12）是利用扭杆扭转的弹性变形来起到弹簧的作用，在汽车行李舱机械结构上具有结构简单、占用空间小、应变性能较大等优点，因而应用广泛。

行李舱扭杆弹簧常用的材料有 GB/T 18983—2017 中规定的淬火-回火弹簧钢丝、GB/T 4357—2022 中规定的冷拉碳素弹簧钢丝。由于日系车辆行李舱较多采用这类结构，扭杆弹簧材料也有采用 JIS G 3560—1994 中规定的油淬火回火钢丝、JISG 3521—1991 中规定的硬拉钢丝等。

行李舱扭杆弹簧常用的制造工艺：

1）油淬火回火钢丝的扭杆制造工艺：成形→去

图 6-12　汽车行李舱扭杆弹簧

应力回火→强扭→分选→表面处理→打标识→包装。

2）冷拉碳素钢丝的扭杆制造工艺：成形→去应力回火→强扭→分选→表面处理→打标识→包装。

行李舱扭杆弹簧制造工艺过程中的热处理为去应力回火（或称稳定化处理），见表 6-32。

表 6-32　行李舱扭杆弹簧采用的材料及去应力回火工艺

材料		去应力回火工艺	硬度
GB/T 18983—2017（或 JIS G 3560—1994）	油淬火回火类钢丝各种 FDC、TDC、VDC 强度等级线材	去应力回火温度为 380~460℃（不论是何种化学成分钢种，不论原材料是何种强度等级，具体回火温度和时间的选择依据冷成形工序后工件上残余拉应力的消除程度决定）	工艺设计准则上保持原材料的硬度或抗拉强度
GB/T 4357—2022（或 JIS G 3521—1991）	韧化处理冷拉钢丝各种 SL、SM、SH 强度等级线材	去应力回火温度为 250~400℃（不论是何种化学成分钢种，不论原材料是何种强度等级，具体回火温度和时间的选择依据冷成形工序后工件上残余拉应力的消除程度决定）	

1）油淬火回火钢丝扭杆的去应力回火：380~460℃范围内调整选定。

2）冷拉碳素钢丝扭杆的去应力回火：250~400℃范围内调整选定。

扭杆弹簧制造过程中的热处理缺陷和防范：

1）强度或硬度偏低。主要原因是回火温度过高或保温时间过长。

2）扭杆产品折弯处疲劳寿命偏低或变形、松弛超差。原因是回火温度过低或保温时间过短，造成产品有害残余拉应力太大，降低了后续强扭工序的效能。也有原因 1）导致。

3）工件变形超差。回火方式或工装不合理。

6.3.9　轮轨列车转向架弹簧的热处理

高速轮轨列车转向架弹簧实际上就是轮轨车辆（高铁、城市轨道交通等车辆）上的悬架弹簧，如图 6-13 所示。其特点是负荷较大，高铁悬架弹簧的力

学特性和形状尺寸精度较高，常归纳到大弹簧（负荷较大、线径较大的弹簧）。力学特点是横向刚度和载荷区间接触线等要求。常用的材料有 50CrV、55SiCrV、60Si2CrV，也有采用 EN 13298：2003 中的材料。

图 6-13　轮轨列车转向架弹簧

高速轮轨列车转向架弹簧的制造工艺：棒材（热轧、冷轧或冷拉料表面剥皮或磨光）→（端部碾

扁）→加热成形（包括形状修正）→淬火→回火→端磨→倒角（去毛刺）→喷丸强化工序→强压→［无损检测（磁粉检测+退磁）］→负荷刚度检测→表面涂层

→包装。

高速轮轨列车转向架弹簧的热处理主要有淬火和回火（见表 6-33）。

表 6-33　高速轮轨列车转向架弹簧的热处理工艺参数

材料	入淬火冷却介质前温度/℃	硬度 HRC	回火温度/℃	硬度 HRC	抗拉强度 R_m/MPa	断面收缩率 Z（%）
GB/T 1222—2016，50CrV	≥840	≥56	450~480	47~52	1500~1800	≥35
GB/T 1222—2016，55SiCrV	≥820	≥58	400~450	48~53	1600~1900	≥30
GB/T 1222—2016，60Si2CrV	≥830	≥58	420~460	48~54	1800~2000	≥25

注：表中温度是弹簧制造企业常用的温度，也可以参照 GB/T 1222—2016 推荐的温度（通常是加热保温温度）。

淬火加热一般采用保护气氛燃烧炉或电炉、感应加热。由于采用热成形及修正，所以加热温度比一般淬火温度要高一些，但进入淬火冷却介质前的温度并不高，一般为 Ac_1、Ac_3+20℃，工序中甚至还要补加热。

回火温度选择主要根据弹簧的硬度（或抗拉强度和断面收缩率）要求来确定，一般比 GB/T 1222—2016 标准推荐的温度更低一些，抗拉强度和硬度更高一些。

高速轮轨列车转向架弹簧制造工艺中的热处理缺陷和防范：

1）表面氧化脱碳。原因是保护气氛碳势太低或感应加热速度太慢。

2）过热过烧。原因是温度过高、保温时间过长。

3）淬火开裂。主要原因是淬火方式不合理、中低温度区间冷却速度过快等。

4）淬透性不足，未淬透（有未熔铁素体），硬度不够。主要原因是选材不合理、冷却方式和速度不合理。

5）淬火变形大。主要原因是冷却方式不合理或冷却不均匀等。

6）淬火后残留奥氏体量太多。原因是加热温度太低和保温时间不足，奥氏体化学成分均匀化不够。

7）淬火后、回火后硬度超差。原因是淬火、回火工艺参数温度和时间不合理。

其防范方法就是针对原因进行消除和改进。

6.3.10　轮轨列车驻动制动器弹簧的热处理

轮轨列车驻动制动器弹簧（见图 6-14）的工作原理、形状和特性与商用车和乘用车的制动器弹簧一样，只是负荷、刚度更大，线径更大且都是变径线材

（为了空间更紧凑）。所以，制造工艺有所不同，但热处理工艺几乎相同，常用的材料也相同，都是高强度的 Si-Cr-V 系列弹簧钢。

图 6-14　轮轨列车驻动制动器弹簧

轮轨列车驻动制动器弹簧制造工艺有冷成形制造工艺和热成形制造工艺。

1）冷成形制造工艺：棒材（主要是变径料）→冷成形→加热→淬火→回火→喷丸强化工序→强压→表面涂层→负荷检测→包装。

冷成形一般采用分片组合芯轴卷簧成形或 CNC 卷簧机成形。加热一般采用保护气氛燃烧炉或电炉。

2）热成形制造工艺：棒材（主要是变径料）→加热→热成形+淬火→回火→喷丸强化工序→强压→［无损检测（磁粉检测+退磁）］→表面涂层→负荷检测→包装。

热成形棒材加热一般采用保护气氛燃烧炉或电炉，或者组合频率和区域感应加热（企业的 Know-How 技术）。热成形有双端圈卷绕工艺或端圈卷绕+特种端圈成形机成形。

轮轨列车驻动制动器弹簧制造过程中的热处理主要有淬火和回火，其工艺参数见表 6-34。

表 6-34 轮轨列车驻动制动器弹簧的热处理工艺参数

材料牌号	淬火温度/℃	回火温度/℃	抗拉强度 R_m/MPa	断面收缩率 Z(%)
50CrV	840~860	380~500	1500~1900	≥30
55SiCrV	850~870	420~460	1500~1900	≥30
60Si2CrV	860~880	450~530	1600~2100	≥25

注：本表推荐的是弹簧制造企业悬架弹簧常用的牌号和工艺参数，主要是根据产品特性要求来调整回火工艺参数，也可以采用 GB/T 1222—2016《弹簧钢》中推荐的热处理工艺参数。采用快速回火工艺时的回火温度可以再高些。

6.3.11 轮轨列车铁路地基隔振弹簧的热处理

随着城市轨道交通（地铁）的迅速发展，轮轨列车铁路地基隔振弹簧（见图 6-15）也在迅速发展。其产品特点是圈数较少，线径较大，旋绕比也较小。采用的材料有 50CrV、60Si2CrV 等。

轮轨列车铁路地基隔振弹簧的制造工艺：定尺棒料→加热+热卷成形→修正+淬火→回火→端磨（或机械加工+端磨）→倒角（去毛刺）→喷丸强化工序→强压→[无损检测（磁粉检测+退磁）]→表面涂层（粉末涂层或油漆）→负荷检测→包装。

图 6-15 地铁地基隔振弹簧

轮轨列车铁路地基隔振弹簧制造过程中的热处理有淬火和回火，其工艺参数见表 6-35。

淬火加热采用保护气氛的燃烧炉和电炉，或者采用感应加热，再实施热卷成形淬火；回火一般采用连续式回火炉或罩式回火炉。

热处理的缺陷和防范：与高铁转向架弹簧一样。

表 6-35 轮轨列车铁路地基隔振弹簧制造过程中的热处理工艺参数

材料牌号	淬火（入淬火冷却介质前）温度/℃	回火温度/℃	抗拉强度 R_m/MPa	断面收缩率 Z(%)
50CrV	840~860	380~500	1500~1900	≥30
60Si2CrV	850~880	460~530	1600~2100	≥25

注：本表推荐的是弹簧制造企业地基隔振弹簧常用的牌号和工艺参数，也可以采用 GB/T 1222—2016《弹簧钢》推荐的热处理工艺参数。采用快速回火工艺时的回火温度可以再高些。

6.3.12 工程机械大弹簧的热处理

弹簧行业通常称作工程机械大弹簧的主要是用于推土机、挖掘机等胀紧机构上的弹簧，发电机组的减振机构上的弹簧、高压开关机构上的弹簧、高层建筑的隔振阻尼器上的弹簧等。产品特点是负荷较大，线径大（φ20.0~φ100.0mm）（见图 6-16）。不同应用的弹簧的材料也很繁杂，主要有高碳系列、硅锰系列、铬钒系列、铬锰系列和硅铬系列的弹簧钢。

图 6-16 大线径弹簧（φ20.0~φ100.0mm）

工程机械大弹簧常用的制造工艺：定尺棒料

（热轧、冷轧冷拉态）→（端部加热碾扁）→加热+热卷成形→淬火→回火→端磨，或者机械切削→去毛刺（机械切削或磨削）→喷丸强化工序→强压→形状尺寸检测→[无损检测（磁粉检测+退磁）]→表面涂层（粉末涂层或油漆）→负荷检测→包装。

工程机械大弹簧常用的热处理有端部加热碾扁成形（正火）、淬火和回火，其工艺参数见表 6-36。

工程机械大弹簧制造工艺过程中的热处理缺陷和防范：

1) 表面氧化脱碳。原因是保护气氛碳势太低或感应加热速度太慢。

2) 过热过烧。原因是温度过高、保温时间过长。

3) 淬火开裂。主要原因是淬火方式不合理，中低温度区间冷却速度过快等。

4) 淬透性不足，未淬透（有未熔铁素体），硬度不够。主要原因是选材不合理、冷却方式和速度不合理。

5) 淬火变形大。主要原因是冷却方式不合理或冷却不均匀等。

6) 淬火后残留奥氏体量太多。原因是加热温度

表 6-36　工程机械大弹簧常用材料及制造过程中的热处理工艺参数

材料牌号	碾扁加热温度/℃	淬火温度/℃	回火温度/℃	硬度 HRC
40SiMnVBE	950~1050	860~880	280~420	45~53
50CrV	950~1050	840~860	380~500	42~51
60Si2Mn	950~1050	850~870	420~460	42~48
55SiCrV	950~1050	850~870	420~460	48~52
60Si2CrV	950~1050	860~880	460~530	46~53

注：表中所列材料或其他材料也可以参照 GB/T 1222—2016《弹簧钢》中推荐的热处理工艺参数。若采用快速回火，则由企业自行决定。

太低和保温时间不足，奥氏体化学成分均匀化不够。

7）淬火后、回火后硬度超差。原因是淬火、回火工艺参数温度和时间不合理。

其防范方法就是针对原因进行消除和改进。

6.3.13　碟簧的热处理

碟簧（见图 6-17）因其形状为蝶形，故行业中称其碟簧。产品特点是体积紧凑、刚度较大且可以变刚度，其种类可以参考参考文献［3］。最常用的材料有 65Mn、70、85、60Si2Mn、50CrV、55CrMn、52CrMnMoV、60CrMnB、55SiCr、60Si2CrV 等，主要采用 GB/T 1222—2016《弹簧钢》中规定的材料。有些应用在高温或腐蚀环境中的碟簧也采用耐高温合金或耐蚀钢种，见表 6-6 和表 6-7 中的一些材料。常用的成形方式是采用钢带、钢板冲压成形，大碟簧也有机械切削加工成形。常用的热处理有淬火回火，等温淬火、特殊钢种有固溶处理+时效处理等。复杂形状、大尺寸、高精度要求的碟簧更多地采用等温淬火，以保证更好的质量控制。

碟簧最常用的制造工艺：板材→冲压（冷、热冲压或机械切削）成形→倒角（去毛刺）→淬火+回火

图 6-17　碟簧

（或等温淬火）→（喷丸强化工序）→强压→负荷检测→上防锈油（或表面涂层）→包装。

固溶时效材料的碟簧采用固溶化好的原材料，碟簧工件在成形后实施时效处理（长时间回火或多次回火等）来代替淬火回火工序。等温淬火通常采用盐浴淬火热处理。

碟簧制造工艺过程中的热处理：碟簧制造企业制造碟簧工艺中的热处理的目的是保证最终达到产品的性能要求。不同的产品特性要求其热处理工艺参数稍有不同，碟簧最常用制造工艺中的热处理工艺参数见表 6-37。为防止变形和提升生产率，通常采用多片（工装组合或捆扎）回火。

表 6-37　碟簧最常用制造工艺中的热处理工艺参数

材料牌号	淬火温度/℃	回火温度/℃	硬度 HRC
65Mn、70、85	820~840	450~550	38~50
	盐浴等温淬火：加热温度 860~880℃，盐浴温度 200~300℃		根据工件硬度要求调整盐浴温度
50CrV	860~880	460~500	47~52
60Si2Mn	850~870	440~480	48~53
52CrMnMoV	860~880	440~500	43~50
55CrMn	860~880	450~500	43~50
60CrMnB	850~870	450~500	44~52
55SiCr	860~880	440~480	48~53
60Si2CrV	850~870	440~480	48~54

注：碟簧的热处理工艺参数基本上都参照 GB/T 1222—2016《弹簧钢》中推荐的参数。在实际应用中，弹簧制造企业一般选择获得更高强度和屈强比的热处理工艺参数。

碟簧制造工艺过程中的热处理缺陷和防范：

1）氧化脱碳。原因是加热环境不当，保护气氛碳势偏低或含氧量偏高等。

2）过热过烧。原因是淬火温度不当、组织转变温度过高或保温时间过长等。

3）变形超差。原因是加热或冷却方式不合理。

其防范方法就是针对原因进行消除和改进。

6.3.14　弹性挡圈（卡簧）的热处理

弹性挡圈，又称卡簧，在各种机械结构中是一种应用广泛的弹性零件（见图 6-18）。形状多种多样，主要功能是用于轴向定位。通常采用高强度碳素钢，如 65Mn、67、70、72B 等，可参考 YB/T 5311—2010

《重要用途碳素弹簧钢丝》、GB/T 18983—2017《淬火-回火钢丝》和 JIS G 3506：2017《高碳钢线材》。弹性挡圈的热处理主要是去应力回火（或称稳定化处理），其目的是消除成形工艺中产生的拉应力，提高屈服强度。对有喷丸工序的工件，可以消除喷丸产生的拉应力（第二类内应力），提高屈服强度，稳定产品的形状尺寸。

图 6-18　卡簧

弹性挡圈的制造工艺：线材（韧化处理或油淬火回火钢丝）→成形→去应力回火→形状检测→表面处理（发蓝、发黑或上防锈油等）→包装。

弹性挡圈制造工艺工程中的热处理为去应力回火（或称稳定化处理）。回火温度为 250~280℃。

弹性挡圈制造工艺过程中的热处理缺陷和防范：

1）硬度偏低。原因是去应力回火温度太高或时间过长。

2）回火后（或稳定化处理后）成品加载下变形

太大。除原因 1）外，可能是回火温度太低或时间不足。

其防范方法就是针对原因进行消除和改进。

6.3.15　平面涡卷弹簧的热处理

平面涡卷弹簧（见图 6-19）是一种采用钢带卷制成的弹簧，有非接触式和接触式，如座椅角度调节器弹簧、门窗调节器弹簧、发条弹簧等都是非接触式平面涡卷弹簧，而恒力拉力器、保险带拉力器弹簧则是接触式平面涡卷弹簧。

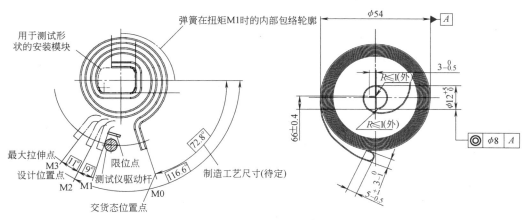

图 6-19　平面涡卷弹簧

平面涡卷弹簧常采用的材料有 65Mn、70、T9A、60Si2Mn（A）、70Si2CrA，YB/T 5063—2007《热处理弹簧钢带》YB/T 5310—2010《弹簧用不锈钢冷轧钢带》、YB/T 5058—2005《弹簧钢、工具钢冷轧钢带》中规定的材料，以及 EN 10270-1：2012、SAE J403—2009、ASTM A29/AM12：2013、AISI 1086 中

规定的材料。材料选择的原则是由产品最终的特性要求来决定的，材料形状一般是矩形钢带或圆边的矩形钢带。原材料状态有软态的退火冷轧或硬态的热处理（韧化处理）钢带。接触式平面涡卷弹簧都采用硬态的热处理弹簧钢带或不锈钢带。在保险带机构中的接触式平面涡卷簧需要反转安装进机构。

1. 平面涡卷弹簧制造工艺

（1）非接触式平面涡卷弹簧的制造工艺

1）软态钢带（退火冷轧态）→（小角度折弯处局部加热退火软化）→卷绕成形→淬火→回火→（喷丸工序）→加载强化（缠紧处理）→检测→表面涂层→包装。

2）硬态钢带（热处理钢带、不锈钢带）→（锐角折弯处局部加热退火软化）→卷绕成形→去应力回火→（喷丸工序）→加载强化（缠紧处理）→检测→表面涂层→包装。

（2）接触式平面涡卷弹簧的制造工艺 硬态钢带（热处理钢带）→（锐角折弯处局部加热退火软化）→卷绕成形→去应力回火→（喷丸工序）→加载强化（缠紧处理）→检测→（表面上防锈油）→包装。

2. 平面涡卷弹簧制造工艺过程中的热处理

1）非接触式平面涡卷弹簧制造工艺过程中的热处理：主要有锐角折弯处的软化退火，淬火回火或去应力回火。常用的热处理工艺参数见表 6-38 和表 6-39。

2）接触式平面涡卷弹簧制造工艺过程中的热处理：主要有锐角折弯处的软化退火，去应力回火。常用的热处理工艺参数见表 6-38。

表 6-38 硬态料平面涡卷弹簧制造过程中的热处理工艺参数

材料（硬态料）	锐角处退火加热温度/℃	去应力回火温度/℃	硬度 HRC
YB/T 5063—2007 YB/T 5058—2005 65Mn、70	材料规格不同,加热温度也不同:380~500	290±10	非退火区:38~43 退火区:25~30
YB/T 5063—2007 YB/T 5058—2005 70Si2Cr		290±10	非退火区:38~43 退火区:25~30
YB/T 5063—2007 YB/T 5058—2005 62A、62B、72B		290±10	非退火区:38~43 退火区:25~30
EN 10270-1:2012		290±10	非退火区:42~46

注：平面涡卷弹簧常用的材料主要选自 GB/T 1222—2016《弹簧钢》，热处理工艺可以采用 GB/T 1222—2016 中推荐的工艺参数。

表 6-39 软态料平面涡卷弹簧制造过程中的热处理工艺参数

材料（软态料）	锐角处退火加热温度/℃	淬火温度/℃	回火温度/℃	硬度 HRC
GB/T 1222—2016 50CrVA	380~500 （感应加热、火焰加热或导电式加热等）	830~840	380~500	47~50

注：现在涡卷弹簧很少采用软态材料，目的是简化制造工艺、防止热处理造成的变形和其他缺陷。若采用软态弹簧钢材料，其热处理工艺可以采用 GB/T 1222—2016 中推荐的淬火、回火工艺参数。

3. 平面涡卷弹簧制造工艺过程中的热处理缺陷和防范

1）软态料涡卷弹簧硬度超差。淬火、回火的温度和时间不合理。

2）硬态料涡卷弹簧硬度偏低。去应力回火温度太高或时间过长。

3）折弯处过热过烧。折弯处局部加热温度过高或时间过长。过烧工件只能报废。

其防范方法就是针对原因进行消除和改进。

6.4 弹簧的特殊热处理

6.4.1 弹簧的渗氮

弹簧通过化学热处理改变其组织结构来达到所希望的特殊性能。渗氮工艺就是把氮渗入弹簧钢体表面，从而改变表面组织结构，提高表面硬度、热硬性、表面耐磨性、抗咬合性、疲劳裂纹的萌生值与疲劳寿命等。弹簧常采用低温渗氮热处理工艺。较高温渗氮（≥460℃）一般仅用于不锈钢或其他特殊钢种，常用弹簧钢（GB/T 1222—2016）一般也不采用高温渗氮、高温触媒渗氮或离子渗氮等，因为非特殊的弹簧钢弹簧不宜长时间高温保温。常用的弹簧渗氮方式是采用较低温度的渗氮，渗氮温度为 400~470℃（非分段渗氮），时间为 6~20h，以同时保证油淬火回火钢丝弹簧次表层、心部依旧拥有高强度的特性。

采用低温渗氮工艺的弹簧主要是内燃机动力总成系统中的弹簧，有气门弹簧、离合器弹簧、液力变扭器弹簧、双质量飞轮弹簧等。低温渗氮工序是在弹簧制造过程中的倒角（去毛刺）工序之后和强化喷丸工序之前进行。渗氮工序的技术质量指标主要有表层硬度、硬化层深度和分布、心部硬度、白亮层厚度。

常用的渗氮热处理工艺见表 6-40。

表 6-40　常用的渗氮热处理工艺

材料		加热温度/℃	表层硬度 HV0.5	通常要求硬化层深度/μm
GB/T 18983—2017 VD 级	55SiCr	等温式 420~430	≥700	≥400
	60SiCrV	等温式 420~430	≥750	≥400
Suzuki. Garphytten 公司标准	OTEVA 70SC SWOSC-V	等温式 420~430	≥700	≥400
	OTEVA 75SC SWOSC-VHV	等温式 420~430	≥750	≥400
	OTEVA 90/91SC	等温式 430~460×5~20h	表面≥800 心部≥560	≥800
	OTEVA 100/101SC	等温式 450~470×5~20h	表面≥850 心部≥610	≥800

弹簧表面渗氮热处理的缺陷和防范如下：

1）渗氮后过渡层、心部硬度偏低。原因是渗氮温度偏高或时间过长。

2）渗氮层硬度偏低或深度不够。原因是保温时间不足，渗氮温度太低。此缺陷可以通过重新渗氮来补救。

3）表面出现高硬度渗氮白亮层。原因是渗氮过程中温度过高、氮浓度过高和时间太长，含氮奥氏体的 γ 相转成 ε 相和 ζ 相，太高的硬度反而使疲劳强度降低，在弹簧上是有害组织，需要清除。

4）渗氮层硬度不均匀。原因是炉内温度、气流的均匀性、工件表面清洁度不好。

6.4.2　弹簧的盐浴热处理

弹簧的盐浴热处理主要有淬火盐浴加热、盐浴等温淬火、盐浴回火。各种熔盐作为加热介质都有热传导好、对流性（流动性）好、比热高、工件变形小、工件氧化脱碳小等优点。以前广泛应用于高应力、高精度的弹簧热处理，但后来因为各种盐类会造成环境污染或排污治理成本太高，所以现在盐浴加热淬火和盐浴回火基本上不用了。盐浴等温或分段淬火主要应用于高精度弹簧，如高应力高精度的碟簧、夹箍、弹链片簧等，而且现在也更多地改用环保材料或水基介质，也有企业采用特种熔盐作为加热介质，同时实施液态渗氮、碳氮共渗等。表 6-41 列出了弹簧工件盐浴热处理常用的介质和工艺。

必须指出，在盐浴热处理后，工件清洗液（清洗用水）都需循环过滤蒸发回收，以达到环保排放要求。

表 6-41　弹簧工件盐浴热处理常用的介质和工艺

弹簧工件材料	应用温度/℃	熔盐（质量分数）	熔点/℃	备注
碳素钢、硅-锰系列、铬-锰系列、铬-钒系列、硅-铬系列、硅-铬-钒系列的弹簧钢（GB/T 1222—2016《弹簧钢》）	840~890	50%NaCl+50%KCl	560	不建议
	250~500	50%NaNO₂+50%KNO₃	221	—

6.4.3　弹簧的喷丸强化处理

喷丸强化是弹簧制造过程中非常重要的强化工艺，热喷丸工艺是其中很常用的、高效的工艺方法。根据强化喷丸机理，加热温度范围通常为 230~280℃。温度太低就不能起到喷丸效果，达不到需要的残余应力峰值和深度；温度太高就不能保持弹簧工件上的有益残余应力。热喷丸的加热方式通常采用连续式加热炉加热，或者利用回火炉出炉控制弹簧余热温度来实施热喷丸。需要指出的是，喷丸工序本身是产生热量的，而且同时产生金属粉尘，设备上应有粉尘集成器，所以务必要做好降温和防火防爆的措施，如石灰粉阻燃、干冰降温等。

6.4.4　弹簧的加温加载（强压）处理

通常，当弹簧产品在负荷（或长度）≤5% 有松弛要求时，都需要在制造过程中采用热强压工艺。弹簧热强压工艺的加热方式一般采用连续式加热炉加热，也有利用回火或去应力回火的余热来作为热强压的加热方式。原则上，热强压温度只要低于回火温度都可以，但非全程变形量的加载难以控制弹簧的形状尺寸，所以优先的工艺是：弹簧工件全程变形量 + ≥工作环境温度。常用的弹簧工件热强压工艺见表 6-42。

若热强压工序前已完成喷丸强化工序的弹簧制造工艺流程，喷丸工序后的热强压温度不能太高，最大 230℃，目的是防止喷丸后的有益残余应力降低或消失。

表 6-42　常用的弹簧工件热强压工艺

弹簧材料	喷丸工序前的热强压温度/℃	喷丸后的热强压温度/℃	热强压载荷应力/MPa
碳素钢、硅-锰系列、铬-锰系列、铬-钒系列、硅-铬系列、硅-铬-钒系列的弹簧钢（GB/T 1222—2016《弹簧钢》）	1）热强压工序后应用余热连续热喷丸工序：200~300 2）热强压工序后无连续热喷丸工序 ①油淬火回火钢丝弹簧：最高去应力回火温度 ②非油淬火回火钢丝弹簧：最高回火温度	150~230	弹簧工件全程变形量或介于屈服极限应力与抗拉极限应力之间

注：现在更多的企业发展了智能热强压工艺，不仅控制热强压的强化效果，而且对产品的精度也得到了精确控制。热强压加热温度要避免所用材料的第一类和第二类回火脆温度区间。

参 考 文 献

[1]　中国机械工程学会材料学会. 疲劳失效分析 [M].
　　 北京：机械工业出版社，1987.

[2]　崔崑. 钢铁材料及有色金属材料 [M]. 北京：机械
　　 工业出版社，1981.

[3]　张英会，刘辉航，王德成. 弹簧手册 [M]. 3 版. 北
　　 京：机械工业出版社，2008.

[4]　张俊. 国家职业标准弹簧工（技师）培训教材.
　　 [M]. 上海：机械工业职业技能鉴定指导中心上海分
　　 中心，2015.

[5]　日本弹簧技术研究会. 弹簧的设计和制造及信赖性
　　 [M]. 日刊工业新闻社，2000.

[6]　日本弹簧技术研究会. 弹簧之设计及制造 [M]. 赖
　　 耿阳，译. 台南：复汉出版社，2001.

[7]　安云铮. 热处理工艺学 [M]. 北京：机械工业出版
　　 社，1988.

[8]　汽车工程编辑委员会. 汽车工程手册 [M]. 北京：
　　 人民交通出版社，2014.

第7章　紧固件的热处理

　　紧固件是机械、汽车、发电、冶金、电器、仪表、石油、化工、建筑和交通运输等设备及工具上不可缺少的通用零部件，主要种类有螺纹紧固件、垫圈、挡圈、销和铆钉等。随着工业的发展，新型紧固件不断出现，对性能要求也越来越高，因而热处理的重要性更为突出。

7.1　螺纹紧固件的热处理

7.1.1　通用螺纹紧固件的热处理

　　通用螺纹紧固件系指 GB/T 3098.1—2010、GB/T

3098.2—2015 所对应的螺栓、螺钉、螺柱和螺母。这类紧固件用量最大，使用范围最广。

1. 力学性能分级

　　根据 GB/T 3098.1—2010，螺栓、螺钉和螺柱的力学性能和物理性能见表 7-1。根据 GB/T 3098.2—2015，粗牙螺纹螺母的硬度性能见表 7-2，粗牙螺纹螺母的保证载荷见表 7-3，细牙螺纹螺母的硬度性能见表 7-4，细牙螺纹螺母的保证载荷见表 7-5。

表 7-1　螺栓、螺钉和螺柱的力学性能和物理性能（摘自 GB/T 3098.1—2010）

序号	力学性能和物理性能		性能等级									
			4.6	4.8	5.6	5.8	6.8	8.8 $d\leqslant$16mm[①]	8.8 $d>$16mm[②]	9.8 $d\leqslant$16mm	10.9	12.9/$\underline{12.9}$
1	抗拉强度 R_m/MPa	公称[③]	400		500		600	800		900	1000	1200
		min	400	420	500	520	600	800	830	900	1040	1220
2	下屈服强度 R_{eL}[④]/MPa	公称[③]	240	—	300	—	—	—	—	—	—	—
		min	240	—	300	—	—	—	—	—	—	—
3	规定塑性延伸强度 $R_{p0.2}$/MPa	公称[③]	—	—	—	—	—	640	640	720	900	1080
		min	—	—	—	—	—	640	660	720	940	1100
4	紧固件实物的规定塑性延伸 0.0048d 的应力 R_{pf}/MPa	公称[③]	—	320	—	400	480	—	—	—	—	—
		min	—	340[⑤]	—	420[⑤]	480[⑤]	—	—	—	—	—
5	保证应力 S_p[⑥]/MPa	公称	225	310	280	380	440	580	600	650	830	970
	保证应力比 $S_{p,公称}/R_{eL,min}$ 或 $S_{p,公称}/R_{p0.2,min}$ 或 $S_{p,公称}/R_{pf,min}$		0.94	0.91	0.93	0.90	0.92	0.91	0.91	0.90	0.88	0.88
6	机械加工试件的断后伸长率 A(%)	min	22	—	20	—	—	12	12	10	9	8
7	机械加工试件的断面收缩率 Z(%)	min	—					52		48	48	44
8	紧固件实物的断后伸长率 A_f(%)	min	—	0.24	—	0.22	0.20	—	—	—	—	—
9	头部坚固性		不得断裂或出现裂纹									
10	维氏硬度　HV($F\geqslant$98N)	min	120	130	155	160	190	250	255	290	320	385
		max	220[⑦]				250	320	335	360	380	435
11	布氏硬度　HBW($F=30D^2$)	min	114	124	147	152	181	245	250	286	316	380
		max	209[⑦]				238	316	331	355	375	429
12	洛氏硬度　HRB	min	67	71	79	82	89	—				
		max	95.0[⑦]			99.5		—				
	洛氏硬度　HRC	min	—					22	23	28	32	39
		max	—					32	34	37	39	44
13	表面硬度	max	—					⑧		⑧⑨		⑧⑩
14	螺纹未脱碳层的高度 E/mm	min	—					1/2H_1		2/3H_1		3/4H_1
	螺纹全脱碳层的深度 G/mm	max	0.015									

（续）

序号	力学性能和物理性能		性能等级									
			4.6	4.8	5.6	5.8	6.8	8.8 $d\leqslant$ 16mm[1]	8.8 $d>$ 16mm[2]	9.8 $d\leqslant$ 16mm	10.9	12.9/ 12.9
15	再回火后硬度的降低值 HV	max	—							20		
16	破坏扭矩 M_B/N·m	min	—							按 GB/T 3098.13 的规定		
17	冲击吸收能量 KV[11][12]/J	min	—	27	—		27	27	27	27		[13]
18	表面缺陷		GB/T 5779.1[14]									GB/T 5779.3

注：H_1——最大实体条件下外螺纹的牙型高度。

① 数值不适用于栓接结构。

② 对栓接结构 $d\geqslant$ M12。

③ 规定公称值，仅为性能等级标记制度的需要。

④ 在不能测定下屈服强度 R_{eL} 的情况下，允许测量规定非比例延伸 0.2% 的应力 $R_{p0.2}$。

⑤ 对性能等级 4.8、5.8 和 6.8 的 $R_{pf,min}$ 数值尚在调查研究中。表中数值是按保证载荷比计算给出的，而不是实测值。

⑥ GB/T 3098.1—2010 中表 5 和表 7 规定了保证载荷值。

⑦ 在紧固件的末端测定硬度时，应分别为 250HV、238HBW 或 HRB_{max}99.5。

⑧ 当采用 HV0.3 测定表面硬度及芯部硬度时，紧固件的表面硬度不应比芯部硬度高出 30HV 单位。

⑨ 表面硬度不应超出 390HV。

⑩ 表面硬度不应超出 435HV。

⑪ 试验温度在 -20℃测定。

⑫ 适用于 $d\geqslant$ 16mm。

⑬ KV 数值尚在调查研究中。

⑭ 由供需双方协议，可用 GB/T 5779.3 代替 GB/T 5779.1。

表 7-2　粗牙螺纹螺母的硬度性能（摘自 GB/T 3098.2—2015）

螺纹规格 D （mm）	性能等级													
	04		05		5		6		8		10		12	
	维氏硬度 HV													
	min	max	min	max	min	max	min	max	min	max	min	max	min	max
M5≤D≤M16	188	302	272	353	130	302	150	302	200	302	272	353	295[3]	353
M16<D≤M39	188	302	272	353	146	302	170	302	233[1]	353[2]	272	353	272	353
	布氏硬度 HBW													
	min	max	min	max	min	max	min	max	min	max	min	max	min	max
M5≤D≤M16	179	287	259	336	124	287	143	287	190	287	259	336	280[3]	336
M16<D≤M39	179	287	259	336	139	287	162	287	221[1]	336[2]	259	336	259	336
	洛氏硬度 HRC													
	min	max	min	max	min	max	min	max	min	max	min	max	min	max
M5≤D≤M16	—	—	—	30	26	36	—	30	—	30	26	36	29[3]	36
M16<D≤M39	—	—	—	30	26	36	—	30	—	36[2]	26	36	26	36

① 对高螺母（2 型）的最低硬度值：180HV（171HBW）。

② 对高螺母（2 型）的最高硬度值：302HV（287HBW；30HRC）。

③ 对高螺母（2 型）的最低硬度值：272HV（259HBW；26HRC）。

表 7-3　粗牙螺纹螺母的保证载荷（摘自 GB/T 3098.2—2015）

螺纹规格 D （mm）	螺距 P /mm	保证载荷[1]/N						
		性能等级						
		04	05	5	6	8	10	12
M5	0.8	5400	7100	8250	9500	12140	14800	16300
M6	1	7640	10000	11700	13500	17200	20900	23100
M7	1	11000	14500	16800	19400	24700	30100	33200
M8	1.25	13900	18300	21600	24900	31800	38100	42500
M10	1.5	22000	29000	34200	39400	50500	60300	67300
M12	1.75	32000	42200	51400	59000	74200	88500	100300
M14	2	43700	57500	70200	80500	101200	120800	136900

（续）

螺纹规格 D （mm）	螺距 P /mm	保证载荷[1]/N						
		性能等级						
		04	05	5	6	8	10	12
M16	2	59700	78500	95800	109900	138200	164900	186800
M18	2.5	73000	96000	121000	138200	176600	203500	230400
M20	2.5	93100	122500	154400	176400	225400	259700	294000
M22	2.5	115100	151500	190900	218200	278800	321200	363600
M24	3	134100	176500	222400	254200	324800	374200	423600
M27	3	174400	229500	289200	330500	422300	486500	550800
M30	3.5	213200	280500	353400	403900	516100	594700	673200
M33	3.5	263700	347000	437200	499700	638500	735600	832800
M36	4	310500	408500	514700	588200	751600	866000	980400
M39	4	370900	488000	614900	702700	897900	1035000	1171000

[1] 使用薄螺母时，应考虑其脱扣载荷低于全承载能力螺母的保证载荷。

表 7-4　细牙螺纹螺母的硬度性能（摘自 GB/T 3098.2—2015）

螺纹规格 $D×P$ （mm）	性能等级												
	04		05		5		6		8		10		12	
	维氏硬度 HV												
	min	max	min	max	min	max	min	max	min	max	min	max	min	max
8×1≤D≤16×1.5	188	302	272	353	175	302	188	302	250[1]	353[2]	295[3]	353	295	353
16×1.5<D≤39×3					190		233		295	353	260		—	—
	布氏硬度 HBW												
8×1≤D≤16×1.5	179	287	259	336	166	287	179	287	238[1]	336[2]	280[3]	336	280	336
16×1.5<D≤39×3					181		221		280	336	247		—	—
	洛氏硬度 HRC												
8×1≤D≤16×1.5	—	30	26	36	—	30	—	30	22.2[1]	36[2]	29[3]	36	29	36
16×1.5<D≤39×3					29.2		36		24		—	—

[1] 对高螺母（2 型）的最低硬度值：195HV（185HBW）。
[2] 对高螺母（2 型）的最高硬度值：302HV（287HBW；30HRC）。
[3] 对高螺母（2 型）的最低硬度值：250HV（238HBW；22.2HRC）。

表 7-5　细牙螺纹螺母的保证载荷（摘自 GB/T 3098.2—2015）

螺纹规格 $D×P$ （mm）	保证载荷[1]/N						
	性能等级						
	04	05	5	6	8	10	12
M8×1	14900	19600	27000	30200	37400	43100	47000
M10×1.25	23300	30600	44200	47100	58400	67300	73400
M10×1	24500	32200	44500	49700	61600	71000	77400
M12×1.5	33500	44000	60800	68700	84100	97800	105700
M12×1.25	35000	46000	63500	71800	88000	102200	110500
M14×1.5	47500	62500	86300	97500	119400	138800	150000
M16×1.5	63500	83500	115200	130300	159500	185400	200400
M18×2	77500	102000	146900	177500	210100	220300	—
M18×1.5	81700	107500	154800	187000	221500	232200	—
M20×2	98000	129000	185800	224500	265700	278600	—
M20×1.5	103400	136000	195800	236600	280200	293800	—
M22×2	120800	159000	229000	276700	327500	343400	—
M22×1.5	126500	166500	239800	289700	343000	359600	—
M24×2	145900	192000	276500	334100	395500	414700	—
M27×2	188500	248000	351100	431500	510900	536700	—
M30×2	236000	310500	447100	540300	639600	670700	—
M33×2	289200	380500	547900	662100	783800	821900	—
M36×3	328700	432500	622800	804400	942800	934200	—
M39×3	391400	5158000	741600	957900	1123000	1112000	—

[1] 使用薄螺母时，应考虑其脱扣载荷低于全承载能力螺母的保证载荷。

根据 GB/T 3098.2—2015 的规定，按螺母高度，螺母分为三种型式。

1）0 型、薄螺母：$0.45D \leqslant$ 螺母最小高度 $m_{\min} <$ $0.8D$ 的螺母为 0 型、薄螺母，性能等级按 04、05 级。

2）1 型、标准螺母：螺母最小高度 $m_{\min} \geqslant 0.8D$ 的螺母为 1 型、标准螺母，性能等级按 5、6、8、10、12 级。

3）2 型、高螺母：螺母最小高度 $m_{\min} \approx 0.9D$ 或 $>0.9D$ 的螺母为 2 型、高螺母，性能等级按 8、10、12 级。

有关螺纹紧固件力学性能的一些技术说明如下：

（1）保证应力（S_P）　系指螺栓或螺母应保证的承载能力。用规定的螺纹夹具在试验机上对试件施加轴向载荷，将载荷加到试件要求的应力时保持 15s，去除应力后螺栓的永久伸长量 $\leqslant 12.5 \mu m$ 为合格；螺母以可用手拧下或用扳手旋松不超过半圈后，用手拧下为合格。

（2）楔负载试验　用规定斜度的垫片垫着螺栓头部进行拉力试验，拉力试验应持续到发生断裂。断裂应发生在未旋合螺纹长度内或无螺纹杆部，而不应发生在头部和头杆连接处。

最小拉力载荷 $F_{m\min}$ 符合 GB/T 3098.1—2010 为合格。楔载不适用于沉头螺钉、螺柱和螺杆。

（3）头部坚固性试验　对 $d \leqslant 10mm$ 且长度太短而不能进行楔载荷试验的螺栓，要求做这项试验。把螺栓插到支撑平面和孔轴线成一定角度的孔板中（板的厚度应大于螺栓直径的两倍），用锤打击螺栓头部，使头部支撑面和模具的支撑面相贴合。在头杆结合处，放大 8～10 倍目测检查，不能发现任何裂纹。对于全螺纹的螺栓，即使在第一扣螺纹上出现了裂纹，只要头部未断掉，仍视为合格。

（4）E、G 和 H_1 值的含意　是金相法测量脱碳层时的表示方法，如图 7-1 所示。

用金相法测量脱碳层时，将试件置于显微镜下，应放大 100 倍进行检查。

（5）螺母的级别　04、05 表示螺母公称高度为螺纹公称直径的 0.45～0.8 的螺母。前面不带"0"的级别表示螺母的公称高度大于或等于螺纹公称直径的 0.8 的螺母。

（6）增碳试验　表面硬度在紧固件的头部或末端进行测定。基体金属硬度从距螺纹末端 $1d$ 处截取一个横截面，制备并测定。表面硬度值应等于或小于基体金属硬度值加上 30HV。超过 30HV，表示已增碳。对于 10.9 或 12.9 级，最大表面硬度不应大于

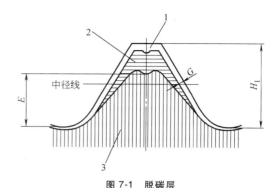

图 7-1　脱碳层

1—全脱碳　2—不完全脱碳　3—基体金属
E—螺纹未脱碳层的高度　G—螺纹全脱碳层的深度
H_1—最大实体条件下外螺纹的牙型高度

390HV 或 435HV。

2. 常用材料

根据螺纹紧固件成形方法的不同，对材料的要求和选择也不同。冷镦或冷挤压成形的螺纹紧固件要求材料的塑性好，形变抗力小，表面质量高，以保证冷作成形且不会开裂，应选用冷镦用钢；热压热锻成形的要求材料具有良好的热塑性，保证热作成形且不产生裂纹，应选用热加工用钢。切削成形的紧固件要求材料的可加工性好，要求材料为片状珠光体组织，甚至要求用易切削钢。

（1）用于冷作成形的钢材　YB/T 4155—2006 中列出了标准件用碳素钢热轧圆钢及盘条，GB/T 6478—2015 中给出了冷镦用钢（仍沿用铆螺二字的拼音"ML"表示，如 ML10、ML40Cr、ML15MnVB 等）。

对用于冷作成形的钢材，S、P、Si、Mn 元素含量一般要比同类牌号的一般用钢低，铸锭和材料的表面质量控制比较严格，以减小变形抗力和防止变形开裂。表 7-6～表 7-8 分别列出了这些钢的化学成分和力学性能。

（2）用于切削和热压成形的钢材　国家标准中所列各种牌号的普通碳钢、碳素结构钢和合金结构钢都可用于切削成形。为了提高切削速度，6.8 级和低于 6.8 级的螺栓，以及 4、5、6、04 级的螺母允许使用易切削钢。用于切削和热压成形的国家标准中所列各种牌号的普通碳钢、碳素结构钢和合金结构钢都可以用于切削成形。为了提高切削速度，6.8 级和低于 6.8 级的螺栓，以及 4、5、6、04 级的螺母允许使用易切削钢。

热压、热锻成形时应选用热作用钢，即保证热顶锻性能的钢。

（3）材料的选择和力学性能的关系　GB/T

3098.1—2010 和 GB/T 3098.2—2015 中都推荐了各级别的螺栓、螺母用钢的成分，可详见标准。为了选择方便，表 7-9 列出了不同强度级别、不同直径的螺栓推荐选用的常用钢的牌号。

表 7-6　普通碳素铆螺钢化学成分和力学性能

牌号	化学成分（质量分数，%）					试样处理规范	R_m	A	冷顶锻试验 $x = h_1/h$	热顶锻试验
	C	Mn	Si ≤	S ≤	P ≤		MPa	（%） ≤		
BL2[①]	0.09~0.15	0.25~0.55	0.10	0.030	0.030	热轧状态	335~410	33	0.4	1/3 高度
BL3[①]	0.14~0.22	0.30~0.60	0.10	0.030	0.030		370~460	28	0.5	1/3 高度

注：h—顶锻前试样高度（两倍圆钢直径），h_1—顶锻后试样高度。
① 曾用牌号。

表 7-7　冷镦用钢的化学成分

序号	统一数字代号	牌号	化学成分（质量分数，%）					
			非热处理冷镦用钢					
			C	Si	Mn	P	S	Al_t
1	U40048	ML04Al	≤0.06	≤0.10	0.20~0.40	≤0.035	≤0.035	≥0.020
2	U40068	ML06Al	≤0.08	≤0.10	0.30~0.60	≤0.035	≤0.035	≥0.020
3	U40088	ML08Al	0.05~0.10	≤0.10	0.30~0.60	≤0.035	≤0.035	≥0.020
4	U40108	ML10Al	0.08~0.13	≤0.10	0.30~0.60	≤0.035	≤0.035	≥0.020
5	U40102	ML10	0.08~0.13	0.10~0.30	0.30~0.60	≤0.035	≤0.035	—
6	U40128	ML12Al	0.10~0.15	≤0.10	0.30~0.60	≤0.035	≤0.035	≥0.020
7	U40122	ML12	0.10~0.15	0.10~0.30	0.30~0.60	≤0.035	≤0.035	—
8	U40158	ML15Al	0.13~0.18	≤0.10	0.30~0.60	≤0.035	≤0.035	≥0.020
9	U40152	ML15	0.13~0.18	0.10~0.30	0.30~0.60	≤0.035	≤0.035	—
10	U40208	ML20Al	0.18~0.23	≤0.10	0.30~0.60	≤0.035	≤0.035	≥0.020
11	U40202	ML20	0.18~0.23	0.10~0.30	0.30~0.60	≤0.035	≤0.035	—
			表面硬化型冷镦用钢					
序号	统一数字代号	牌号	C	Si	Mn	P	S	Cr	Al_t
12	U41188	ML18Mn	0.15~0.20	≤0.10	0.60~0.90	≤0.030	≤0.035	—	≥0.020
13	U41208	ML20Mn	0.18~0.23	≤0.10	0.70~1.00	≤0.030	≤0.035	—	≥0.020
14	A20154	ML15Cr	0.13~0.18	0.10~0.30	0.60~0.90	≤0.035	≤0.035	0.90~1.20	≥0.020
15	A20204	ML20Cr	0.18~0.23	0.10~0.30	0.60~0.90	≤0.035	≤0.035	0.90~1.20	≥0.020
			调质型冷镦用钢					
序号	统一数字代号	牌号	C	Si	Mn	P	S	Cr	Mo
16	U40252	ML25	0.23~0.28	0.10~0.30	0.30~0.60	≤0.025	≤0.025	—	—
17	U40302	ML30	0.28~0.33	0.10~0.30	0.60~0.90	≤0.025	≤0.025	—	—
18	U40352	ML35	0.33~0.38	0.10~0.30	0.60~0.90	≤0.025	≤0.025	—	—
19	U40402	ML40	0.38~0.43	0.10~0.30	0.60~0.90	≤0.025	≤0.025	—	—
20	U40452	ML45	0.43~0.48	0.10~0.30	0.60~0.90	≤0.025	≤0.025	—	—
21	L20151	ML15Mn	0.14~0.20	0.10~0.30	1.20~1.60	≤0.025	≤0.025	—	—
22	U41252	ML25Mn	0.23~0.28	0.10~0.30	0.60~0.90	≤0.025	≤0.025	—	—
23	A20304	ML30Cr	0.28~0.33	0.10~0.30	0.60~0.90	≤0.025	≤0.025	0.90~1.20	—
24	A20354	ML35Cr	0.33~0.38	0.10~0.30	0.60~0.90	≤0.025	≤0.025	0.90~1.20	—
25	A20404	ML40Cr	0.38~0.43	0.10~0.30	0.60~0.90	≤0.025	≤0.025	0.90~1.20	—
26	A20454	ML45Cr	0.43~0.48	0.10~0.30	0.60~0.90	≤0.025	≤0.025	0.90~1.20	—
27	A30204	ML20CrMo	0.18~0.23	0.10~0.30	0.60~0.90	≤0.025	≤0.025	0.90~1.20	0.15~0.30
28	A30254	ML25CrMo	0.23~0.28	0.10~0.30	0.60~0.90	≤0.025	≤0.025	0.90~1.20	0.15~0.30
29	A30304	ML30CrMo	0.28~0.33	0.10~0.30	0.60~0.90	≤0.025	≤0.025	0.90~1.20	0.15~0.30
30	A30354	ML35CrMo	0.33~0.38	0.10~0.30	0.60~0.90	≤0.025	≤0.025	0.90~1.20	0.15~0.30
31	A30404	ML40CrMo	0.38~0.43	0.10~0.30	0.60~0.90	≤0.025	≤0.025	0.90~1.20	0.15~0.30
32	A30454	ML45CrMo	0.43~0.48	0.10~0.30	0.60~0.90	≤0.025	≤0.025	0.90~1.20	0.15~0.30

（续）

含硼调质型冷镦用钢										
序号	统一数字代号	牌号	化学成分（质量分数，%）							
			C	Si	Mn	P	S	B	Al_t	其他
33	A70204	ML20B	0.18~0.23	0.10~0.30	0.60~0.90	≤0.025	≤0.025	0.0008~0.0035	≥0.02	—
34	A70254	ML25B	0.23~0.28	0.10~0.30	0.60~0.90	≤0.025	≤0.025	0.0008~0.0035	≥0.02	—
35	A70304	ML30B	0.28~0.33	0.10~0.30	0.60~0.90	≤0.025	≤0.025	0.0008~0.0035	≥0.02	—
36	A70354	ML35B	0.33~0.38	0.10~0.30	0.60~0.90	≤0.025	≤0.025	0.0008~0.0035	≥0.02	—
37	A71154	ML15MnB	0.14~0.20	0.10~0.30	1.20~1.60	≤0.025	≤0.025	0.0008~0.0035	≥0.02	—
38	A71204	ML20MnB	0.18~0.23	0.10~0.30	0.80~1.10	≤0.025	≤0.025	0.0008~0.0035	≥0.02	—
39	A71254	ML25MnB	0.23~0.28	0.10~0.30	0.90~1.20	≤0.025	≤0.025	0.0008~0.0035	≥0.02	—
40	A71304	ML30MnB	0.28~0.33	0.10~0.30	0.90~1.20	≤0.025	≤0.025	0.0008~0.0035	≥0.02	—
41	A71354	ML35MnB	0.33~0.38	0.10~0.30	1.10~1.40	≤0.025	≤0.025	0.0008~0.0035	≥0.02	—
42	A71404	ML40MnB	0.38~0.43	0.10~0.30	1.10~1.40	≤0.025	≤0.025	0.0008~0.0035	≥0.02	—
43	A20378	ML37CrB	0.34~0.41	0.10~0.30	0.50~0.80	≤0.025	≤0.025	0.0008~0.0035	≥0.02	Cr:0.20~0.40
44	A73154	ML15MnVB	0.13~0.18	0.10~0.30	1.20~1.60	≤0.025	≤0.025	0.0008~0.0035	≥0.02	V:0.07~0.12
45	A73204	ML20MnVB	0.18~0.23	0.10~0.30	1.20~1.60	≤0.025	≤0.025	0.0008~0.0035	≥0.02	V:0.07~0.12
46	A74204	ML20MnTiB	0.18~0.23	0.10~0.30	1.30~1.60	≤0.025	≤0.025	0.0008~0.0035	≥0.02	Ti:0.04~0.10

注：Al_t 表示全铝量；测定酸溶铝质量分数不小于 0.015%，应认为是符合本标准。

表 7-8　冷镦用钢的力学性能

序号	牌　号	试件热处理制度	力 学 性 能				硬　度
			$R_{p0.2}$	R_m	A	Z	热轧状态硬度
			MPa		（%）		HBW
			≥		≥		≤
1	ML10Al	渗碳温度:880~980℃ 直接淬火温度:830~870℃ 保温时间不少于1h 回火温度:150~200℃ 回火时间最少1h	250	400~700	15	—	137
2	ML15Al		260	150~750	14	—	143
3	ML15		260	450~750	15	—	—
4	ML20Al		320	520~820	11	—	156
5	ML20		320	520~820	11	—	—
6	ML20Cr		490	750~1100	9	—	—
7	ML25	正火温度:Ac_3+30~50℃ 保温时间不少于30min,空冷	275	450	23	50	170
8	ML30		295	490	21	50	179
9	ML35		315	530	20	45	187
10	ML40		335	570	19	45	217
11	ML45		355	600	16	40	229
12	ML15Mn	880~900℃淬水,180~200℃回火,水、空冷	705	880	9	40	—

（续）

序号	牌　号	试件热处理制度	力 学 性 能				硬 度
			$R_{p0.2}$	R_m	A	Z	热轧状态硬度
			MPa		（%）		HBW
			≥		≥		≤
13	ML25Mn	正火温度:Ac_3+30~50℃ 保温时间不少于30min,空冷	275	450	23	50	170
14	ML30Mn		295	490	21	50	179
15	ML35Mn		430	630	17	—	187
16	ML35Cr	830~870℃淬油;540~680℃回火,水冷	630	850	14	—	—
17	ML40Cr	820~860℃淬油;540~680℃回火,水冷	660	900	11	—	—
18	ML30CrMo	860~900℃淬油;490~590℃回火,水冷	785	930	12	50	—
19	ML35CrMo	830~870℃淬油;500~600℃回火,水冷	835	980	12	45	—
20	ML42CrMo	830~870℃淬油;500~600℃回火,水冷	930	1080	12	45	—
21	ML20B	860~900℃淬油;550~660℃回火,水冷	400	550	16	—	—
22	ML28B	850~890℃淬油;550~660℃回火,水冷	480	630	14	—	—
23	ML35B	840~880℃淬油;550~660℃回火,水冷	500	650	14	—	—
24	ML15MnB	860~900℃淬水;200~240℃回火,水、空冷	930	1130	9	45	—
25	ML20MnB	860~900℃淬水;550~660℃回火,水、空冷	500	650	14	—	—
26	ML35MnB	840~880℃淬油;550~660℃回火,水冷	650	800	12	—	—
27	ML15MnVB	860~900℃淬油;340~380℃回火,水冷	720	900	10	45	207
28	ML20MnVB	860~900℃淬油;370~410℃回火,水冷	940	1040	9	45	—
29	ML20MnTiB	840~880℃淬油;180~220℃回火,水冷	930	1130	10	45	—
30	ML37CrB	835~875℃淬油;550~660℃回火,水冷	600	750	12	—	—

表 7-9　不同强度级别、不同直径的螺栓推荐选用的常用钢的牌号

公称螺纹直径/mm	强 度 等 级					
	3.6、4.6、4.8	5.6、5.8	6.8	8.8	10.9	12.9
	牌　号					
≤6	Q215A、Q235A、Q215B、Q235B、10、15、20、BL2、BL3（DL2、DL3）（TL2、TL3）ML10、ML15、ML20 Y12 SWRCH18A（日本）（ML18Mn）SWRCH22A（日本）（ML20Mn）	20、30、35 ML20、ML35、SWRCH22A、SWRCH35K（日本）（ML35）	30、35、45 ML30、ML35、ML45 SWRCH35K、SWRCH45K（日本）（ML45）	35、45 15MnB ML35、SWRCH35K ML45、SWRCH45K ML15MnB、SAE10B21（美国）（ML20B）	35、45、15MnVB ML35、ML45、ML15MnVB	40Cr、35CrMo、ML35CrMo SCM435、SCM440（日本）（ML42CrMo）
>6~12					40Cr、20MnTiB、20MnVB、SCM435（日本）（ML35CrMo）	
>12~24				35、45、15MnB ML35[1]、ML45[1] ML15MnVB SWRCH35K、SWRCH45K、10B21 40Cr、ML20MnTiB	ML20MnTiB、ML20MnVB、ML40Cr、SCM435	
>24~30				20Cr、20MnTiB、20MnVB ML20MnTiB、ML20MnVB 40Cr SCM435	40CrMn、35CrMo、ML35CrMo、SCM435、42CrMo、SCM440	40CrMnMo、30CrMnSiA、SCM435、SCM440、42CrMo

注：括号内为原牌号所属国别和相当于我国的牌号。

[1] 选用这些材料时应先进行淬透性试验，按相同材料、相近规格螺栓热处理工艺淬火并回火，然后在距试杆端头1倍直径处切开，在其横截面上1/2半径与轴心线间的区域内测量硬度，三点都能达到GB/T 3098.1—2010规定的硬度范围时，这批材料可用于制造本栏的螺栓材料；如果只是表面能达到，而心部达不到规定硬度时，该批材料只能改作制造比本栏直径小一级或强度级别低一级的螺栓。

3. 预备热处理

坯料预备热处理的目的是为以后的加工成形做好显微组织准备。成形的方法不同，要求的组织也不同，因而热处理工艺不同。

（1）球化退火　冷作用钢要求进行球化退火，以得到铁素体基体上均匀分布的球状碳化物组织。球化组织硬度低、塑性好，冷作成形时不易产生裂纹。表 7-10 列出了一些钢材的球化退火工艺。

（2）改善切削性能的热处理　为了改善切削性能，要求钢材具有片状珠光体组织，这种组织易断屑、不粘刀、表面光洁。碳素钢、低碳低合金钢一般采用正火，而中碳合金钢要求完全退火，见表 7-11。

（3）再结晶退火　在冷拔过程中，由于加工硬化，需进行中间退火，即再结晶退火，以恢复材料冷拔前的性能。退火应考虑变形量与再结晶时晶粒度之间的关系，防止晶粒粗大。压缩比为 20% ~ 40% 时钢材的再结晶退火工艺见表 7-12。

表 7-10　一些钢材的球化退火工艺

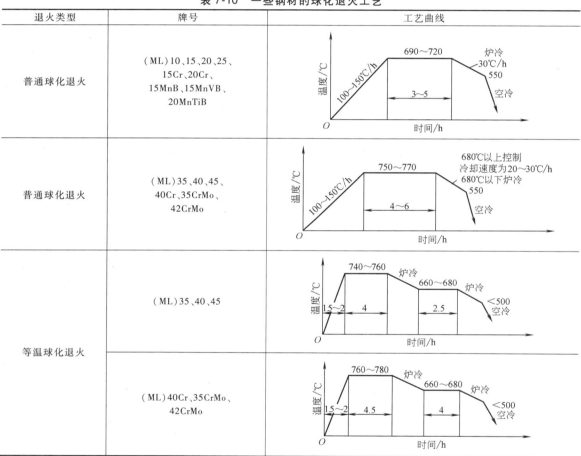

退火类型	牌号	工艺曲线
普通球化退火	（ML）10、15、20、25、15Cr、20Cr、15MnB、15MnVB、20MnTiB	
普通球化退火	（ML）35、40、45、40Cr、35CrMo、42CrMo	
等温球化退火	（ML）35、40、45	
	（ML）40Cr、35CrMo、42CrMo	

注：应根据炉型、炉子大小适当调整工艺参数。紧固件冷作用钢球化退火后，球化等级一般控制在 4~6 级，球化等级评定按 GB/T 38770—2020 进行。

表 7-11　切削用钢的正火和退火工艺

牌号	工艺曲线
08、10、15、20、25、30、35、40、45、10Mn、15Mn、20Mn、15Cr、20Cr、Y12、Y20	

（续）

牌号	工艺曲线
Y30、Y40、Y40Mn、 30Mn、35Mn、40Mn、 40Cr、45Cr、35CrMo、42CrMo	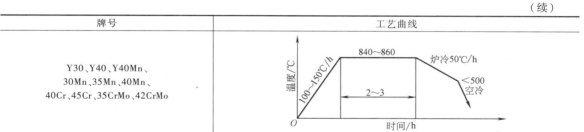

注：应根据炉型、炉子大小适当调整工艺参数。

表 7-12　压缩比为 20%～40%时钢材的再结晶退火工艺

牌号	工艺曲线	牌号	工艺曲线
Q215A、Q215B、 Q235A、Q235B、 BL2、BL3		（ML）10、15、20 （冷镦螺栓）	
（ML）10、15、20 （冷镦螺母）	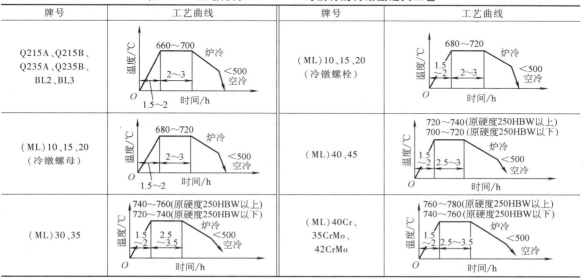	（ML）40、45	
（ML）30、35		（ML）40Cr、 35CrMo、 42CrMo	

注：应根据炉型、炉子大小适当调整工艺参数。

4. 成品或半成品的最终热处理

（1）一般热处理要求　力学性能为 8.8 级和高于 8.8 级的螺栓，05、8（>M16 的 1 型粗牙螺母）10及 12 级的粗牙螺母，05、6（>M16）、8、10 及 12 级的细牙螺母，一般都要求经过调质处理，才能达到力学性能规定中的各项要求。

根据螺栓和螺母的螺纹精度、硬度、加工方法、工艺路线和用户具体要求，或进行成品热处理，或进行半成品热处理。成品热处理是在零件全部加工成形（含螺纹）后进行淬火和回火。螺纹精度为 6H、6g的一般规格的螺栓和螺母可以进行成品热处理，以减少滚丝轮、搓丝板、丝锥等工具的消耗量，提高生产率和降低成本。半成品热处理是在加工螺纹之前或下料之后的坯料状态下进行淬火和回火。螺纹精度高于6H、6g 或对加工工艺、表面粗糙度和畸变等有特殊要求的螺栓和螺母，以及切削加工的小批零件常进行这种方式的热处理。

切削成形的螺栓和螺母在加工时原材料表面的脱碳层已基本切除，可以在脱氧良好的盐浴炉中加热淬火。但是，当采用冷镦成形时，原材料的脱碳层不但仍然存在，而且被挤向牙尖（见图 7-1）。尽管在严格脱氧的盐浴炉中或一般保护气氛炉中加热，也无法克服原材料造成的脱碳。因此，E 值和 G 值往往超过标准规定的允许范围。只有采用可以严格控制碳势的可控气氛炉，才可以在加热的同时，对脱碳的表面进行适度的复碳，以保证 E 值和 G 值都在合格范围之内。

（2）热处理设备的选择　通用紧固件生产量大、价格低廉、利润微薄，但螺纹部分又是比较细微相对精密的结构。因此，要求热处理设备必须具备生产能力大、自动化程度高、热处理质量好，同时要求设备造价和运行成本必须尽可能低。20 世纪 90 年代以来，带有保护气的连续式热处理生产线已占主导地位。炉型有振底炉机组、网带炉机组和链板炉机组等，其中以振底炉的设备造价最低，热效率最高，维修费用又最低，因此热处理成本也最低，而网带炉居中，链板炉最高。在网带炉中无罐式又优于罐式的。振底炉、网带炉适用于中小规格紧固件，链板炉适于较大的紧固件。

（3）热处理工艺的确定　各种材料制造的螺栓和螺母的热处理规范可参考表 7-13。具体编制热处理工艺时，还应根据所使用的设备、装载方式、零件的尺寸和结构特点并结合工艺试验来制订。一般来说，对于淬火加热的保温时间，盐浴炉中工件装筐的按 0.4min/mm，单件吊装的按 0.3min/mm（按有效厚度）计算；对于气体加热炉，堆装的按料层计算，即 1.2～1.5min/mm，散装的按 1～1.2min/mm 计算

（按散装零件的有效厚度）。在连续式淬火炉的额定生产率下，零件在炉内有效加热区中通过的时间一般为 20～60min。直径小或料层薄的取下限，直径大或料层厚的取上限。振底炉的热效率比网带炉、链板炉高，加热时间可以短些。对需要复碳的零件，可根据气氛的类型、炉子性能、原材料脱碳层深度等情况确定合适的加热时间，一般可以等于或略长于正常淬火加热时间。

表 7-13　各种材料制造的螺栓和螺母的热处理规范

牌号	淬火温度/℃	淬火冷却介质	性能等级	回火温度/℃	冷却介质	硬度
35 ML35 SWRCH35K 35CrA 10B30（美国）（ML30B） 35B2（德国） （ML35B）	830～890	质量分数为 5% 的盐水/水溶性淬火液/淬火油	8.8	480～520	空气或水	22～32HRC
			9.8	440～480		28～37HRC
			10.9	410～450		32～39HRC
	830～890	质量分数为 5% 的盐水/水溶性淬火液/淬火油	05	450～490	空气或水	26～36HRC
			6	520～560		30_{max}HRC
			8	500～540		200～302HV
			10	440～480		272～353HV
			12	420～480		295～353HV
45 ML45 SWRCH45K 40Mn	820～880	质量分数为 5% 的盐水/水溶性淬火液/淬火油	8.8	500～540	空气或水	22～32HRC
			9.8	460～500		28～37HRC
			10.9	430～470		32～39HRC
			05	480～520		26～36HRC
			6	540～580		30_{max}HRC
			8	520～560		200～302HV
			10	460～500		272～353HV
			12	440～480		295～353HV
20Mn ML20Mn 20MnB ML20MnB SWRCH22A 10B21 15B25Mn（日本） （ML25MnB） 20MnTiB ML20MnTiB	860～930	质量分数为 5% 的盐水/水溶性淬火液/淬火油	8.8	430～470	空气或水	22～32HRC
			9.8	390～430		28～37HRC
			05	390～430		26～36HRC
			6	450～500		30_{max}HRC
			8	460～500		200～302HV
			10	440～480		272～353HV
			12	420～460		295～353HV
35CrMo ML35CrMo 40Cr ML40Cr SCM435	820～880	水溶性淬火液/淬火油	8.8	590～630	空气或水	22～32HRC
			9.8	540～580		28～37HRC
			10.9	490～530		32～39HRC
			12.9	410～450		39～44HRC
			05	610～650		26～36HRC
			6	630～670		30_{max}HRC
			8	630～670		200～302HV
			10	530～580		272～353HV
			12	520～570		295～353HV
42CrMo ML42CrMo 42CrMo4 SCM440	820～880	水溶性淬火液/淬火油	8.8	620～660	空气或水	22～32HRC
			9.8	570～610		28～37HRC
			10.9	510～550		32～39HRC
			12.9	440～480		39～44HRC
			05	630～660		26～36HRC

（续）

牌号	淬火温度/℃	淬火冷却介质	性能等级	回火温度/℃	冷却介质	硬度
42CrMo ML42CrMo 42CrMo4 SCM440	820~880	水溶性淬火液/淬火油	6	640~690	空气或水	30$_{max}$HRC
			8	640~690		200~302HV
			10	540~590		272~353HV
25Cr2Mo1V 25Cr2Mo1VA 21CrMoV5-7 （德国）（25Cr2MoV）	880~930	水溶性淬火液/淬火油	8.8	670~720	空气或水	22~32HRC
			9.8	650~690		28~37HRC
			10.9	630~670		32~39HRC
			12.9	560~610		39~44HRC
			05	660~720		26~36HRC
			6	670~720		30$_{max}$HRC
			8	680~720		200~302HV
			10	660~700		272~353HV
40CrNiMoV 40CrMoV 40CrMoV4-6 （德国）（35CrMoV） SNB16（日本） （40CrMoV）	820~900	水溶性淬火液/淬火油	8.8	660~720	空气或水	22~32HRC
			9.8	660~720		28~37HRC
			10.9	640~690		32~39HRC
			12.9	590~630		39~44HRC
			05	660~720		26~36HRC
			6	680~720		30$_{max}$HRC
			8	680~720		200~302HV
			10	660~710		272~353HV
42Cr9Si2 40Cr10Si2Mo	950~1030	淬火油/空气/氮气	8.8	670~720	空气或水	22~32HRC
			9.8	630~670		28~37HRC
			10.9	610~650		32~39HRC
			12.9	580~630		39~44HRC
			05	660~700		26~36HRC
			6	680~720		30$_{max}$HRC
			8	680~720		200~302HV

注：括号内为相当于我国的牌号。

淬火冷却介质的选择首先应保证有足够的冷却能力。冷镦用钢的淬透性一般低于相同牌号的非冷镦钢，因此淬火冷却介质的冷却能力应选用高一些的，还应考虑畸变和开裂。碳含量大于 0.4%（质量分数）的碳素钢，开裂倾向严重，特别是淬火冷却介质的冷却能力与零件直径（厚度）的配合不当时，开裂倾向特别严重。曾经有这样的事例，45 钢制造的 M10 螺栓，按正常温度加热淬火，无论是盐水或清水，都产生相当比例的裂纹，当直径增大到 M16 时，用同批钢材制造的零件，以相同条件淬火，则没有裂纹产生。当把上述淬火冷却介质换成 25%（质量分数）NaOH 水溶液时，M10 的螺栓也不出现裂纹。对于长杆零件，应当注意弯曲问题，必要时可增加矫直工序。螺母淬火后容易出现内径胀大，应根据淬火后内径胀大的统计数据在螺母加工时相应减小内径尺寸。

零件的回火温度应按力学性能要求适当选择。表 7-13 已给出一些参考数据，但不能低于表 7-14 给出的最低回火温度，特别是低碳合金钢。

表 7-14　各级螺栓用钢化学成分范围及最低回火温度（摘自 GB/T 3098.1—2010）

性能等级	材料和热处理	化学成分极限（熔炼分析）（质量分数,%）[1]				回火温度/℃ ≥
		C	P	S	B[2]	
		最小	最大	最大	最大	最大	
4.6[3][4]	碳钢或添加元素的碳钢	—	0.55	0.050	0.060	未规定	—
4.8[4]		—	0.55	0.050	0.060		
5.6[3]		0.13	0.55	0.050	0.060		
5.8[4]		—	0.55	0.050	0.060		
6.8[4]		0.15	0.55	0.050	0.060		

（续）

性能等级	材料和热处理	化学成分极限（熔炼分析）（质量分数，%）[1]					回火温度/℃ ≥
		C		P	S	B[2]	
		最小	最大	最大	最大	最大	
8.8[6]	添加元素（如硼、锰或铬）的碳钢淬火并回火	0.15[5]	0.40	0.025	0.025		425
	碳钢淬火并回火	0.25	0.55	0.025	0.025	0.003	
	合金钢淬火并回火[7]	0.20	0.55	0.025	0.025		
9.8[6]	添加元素（如硼、锰或铬）的碳钢淬火并回火	0.15[5]	0.40	0.025	0.025		425
	碳钢淬火并回火	0.25	0.55	0.025	0.025	0.003	
	合金钢淬火并回火[7]	0.20	0.55	0.025	0.025		
10.9[6]	添加元素（如硼、锰或铬）的碳钢淬火并回火	0.20[5]	0.55	0.025	0.025		425
	碳钢淬火并回火	0.25	0.55	0.025	0.025	0.003	
	合金钢淬火并回火[7]	0.20	0.55	0.025	0.025		
12.9[6][8][9]	合金钢淬火并回火[7]	0.30	0.50	0.025	0.025	0.003	425
12.9[6][8][9]	添加元素（如硼、锰、铬或钼）的碳钢淬火并回火	0.28	0.50	0.025	0.025	0.003	380

① 有争议时，实施成品分析。

② 硼的含量（质量分数）可达 0.005%，非有效硼由添加钛和/或铝控制。

③ 对 4.6 和 5.6 级冷镦紧固件，为保证达到要求的塑性和韧性，可能需要对其冷镦用线材或冷镦紧固件产品进行热处理。

④ 这些性能等级允许采用易切钢制造，其硫、磷和铅的最大含量（质量分数）为：硫 0.34%；磷 0.11%；铅 0.35%。

⑤ 对碳含量（质量分数）低于 0.25% 的添加硼的碳钢，其锰的最低含量（质量分数）分别为：8.8 级为 0.6%；9.8 级和 10.9 级为 0.7%。

⑥ 对这些性能等级用的材料，应有足够的淬透性，以确保紧固件螺纹截面的芯部在"淬硬"状态、回火前获得约 90% 的马氏体组织。

⑦ 这些合金钢至少应含有下列的一种元素，其最小含量（质量分数）分别为：铬 0.30%；镍 0.30%；钼 0.20%；钒 0.10%。当含有二、三或四种复合的合金成分时，合金元素的含量不能少于单个合金元素含量总的 70%。

⑧ 对 12.9/12.9 级，表面不允许有金相能测出的白色磷化物聚集层。去除磷化物聚集层应在热处理前进行。

⑨ 当考虑使用 12.9/12.9 级时，应谨慎从事。紧固件制造者的能力、服役条件和扳拧方法都应仔细考虑。除了表面处理，使用环境也可能造成紧固件的应力腐蚀开裂。

对于允许表面较粗糙的螺栓，如电杆螺栓和建筑上使用的螺栓，在可控气氛炉中加热后可直接落入热镀锌槽中进行贝氏体等淬火，同时完成热镀锌工序，省去回火工序。

对性能优良的可控气氛热处理生产线，螺栓或螺母的发蓝工序可在回火炉中与回火工序一道完成，省去发蓝工序；也可以配制一定成分的发蓝液，从回火炉中出来的零件直接落入这种发蓝液中，完成发蓝处理工序。

（4）炉气及气氛控制　吸热式气氛、滴注式气氛和氮基气氛（包括空分氮、氨燃烧气氛、净化放热式气氛等）都可以用作紧固件淬火加热的保护气氛或复碳气氛。甲醇滴注或炉外裂解形成的气氛，理论氢含量 $[w(H_2)]$ 为 66.7%，对处理件有产生氢脆的危险，又易爆炸，成本又高，应尽量不选用。吸热式气氛使用的历史较长，也比较普遍，但不适合回火保护，因为当温度低于 700℃ 时，一氧化碳不稳定，将析出大量炭黑。氮基气氛氢含量低，没有氢脆和爆炸危险，低温下也不析出炭黑，不但可作为淬火加热时的保护气氛，还可用于回火的保护加热，且原料来源广。

与气体渗碳相比，淬火加热周期较短，尤其是连续式炉、零件不停地进入炉中，空气和水分也随之带入炉中，增加了气氛的氧化和脱碳趋势。炉气和零件的碳含量根本无法建立平衡状态。为了防止零件脱碳，必须增加碳氢化合物的添加量。从实际测量炉气成分可以看到，炉气中 CH_4 的含量远远高于炉气平衡时对应零件碳含量碳势相应的 CH_4 含量，由此证明炉气是处于非平衡状态。因此，也就不能应用炉气平衡理论，即用碳势控制仪表来控制炉内气氛，除非把生产过程放得非常缓慢。在实际的生产过程中，零件脱碳、渗碳的控制是借助于随炉金相分析的结果与炉气中 CH_4 含量或对应的露点或氧势值建立经验曲线，确定合理的控值范围，以此指导生产中调整碳氢化合物的添加量，从而使 CH_4 或露点或氧势达到规定的范围，保证零件表面的碳含量达到合格范围。

螺纹的脱碳会导致螺栓在未达到力学性能要求的拉力时先发生滑丝，使螺纹紧固件失效，因此规定了各个级别的 E 值和 G 值。前面已经谈到原材料的脱碳，如果退火不当，更会使原材料脱碳加剧。另外，由于淬火加热炉气控制不当，也会造成螺纹脱碳超差。对于 E 值和 G 值超差的脱碳螺纹件，在淬火加热的同时，必须采取复碳工艺。这是一项比较复杂的热处理工艺。在复碳时，除了按淬火时控制炉子气氛，还要掌握好复碳时间和炉气碳势的搭配关系。图 7-2 所示为非平衡条件下的复碳过程。图 7-2a 所示为螺纹牙的原始脱碳状态，E 和 G 值均已超差；

图 7-2b 所示为一般渗碳过程，复碳则相当这两种情况的叠加，图 7-2c 所示为经过时间 t_1 后的结果，复碳不足；图 7-2d 表示经过时间 t_2 后的结果，复碳适当；图 7-2e 所示为经过时间 t_3 的结果，复碳过度。大量的生产实践证明，经过以上的复碳过程，尽管在热处理前螺纹的 E 和 G 值已超差，都可以在最终热处理后使其都达到合格范围。

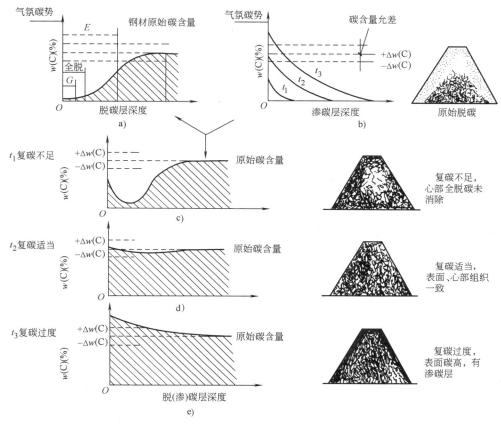

图 7-2　非平衡条件下的复碳过程

a）原始脱碳状态　b）一般渗碳过程　c）复碳不足　d）复碳适当　e）复碳过度

7.1.2　专用螺纹紧固件的热处理

1. 专用紧定螺钉

紧定螺钉的用材和热处理方法与通用螺纹紧固件基本相同，可以参照通用螺纹紧固件的热处理工艺进行。

紧定螺钉的力学性能等级见表 7-15。

2. 自攻螺钉、自攻锁紧螺钉和自钻自攻螺钉

这几种螺钉都用渗碳钢制造，经浅层渗碳（或碳氮共渗）后淬火并低温回火，达到其力学性能要求。它们的力学性能要求详见 GB/T 3098.5—2016、GB/T 3098.7—2000 和 GB/T 3098.11—2002。现将这

些标准中有关渗层深度、硬度要求及推荐用材综合于表 7-16 中。

这类螺钉由于要求具备能自攻、自钻低碳钢板的性能，因此要求高硬度的表面以实现切削和挤压能力，同时还必须有足够的心部强度和韧性的配合，以防止在工作中发生扭曲或扭断。

这类螺钉的渗碳属于浅层渗碳。因此，国内外大都选用网带炉或振底炉连续生产线生产。

3. 耐蚀紧固件

对于一般在常温下防止大气腐蚀的紧固件，可以用普通钢材制造，然后经表面镀锌或镀铬，也可以采用化学热处理来提高表面的耐蚀性，但当对耐蚀性要

求更高时，应选用不锈钢制造。

（1）不锈钢螺栓、螺钉、螺柱和螺母的材料和力学性能　执行 GB/T 3098.6—2014 的规定，不锈钢紧固件的材料用英文字母 A、C 和 F 及其后的数字表示，英文字母放在前面，中间用 "-" 字线隔开，后面用数字表示力学性能的级别，该数字对应其抗拉强度（R_m/MPa）的 1/10，详见表 7-17。不锈钢紧固件材料的化学成分见表 7-18。马氏体和铁素体钢组紧固件的力学性能见表 7-19。奥氏体钢组紧固件的力学性能见表 7-20。

表 7-15　紧定螺钉的力学性能等级（摘自 GB/T 3098.3—2016）

力学性能			性能等级			
			14H	22H	33H	45H
维氏硬度 HV10		≥	140	220	330	450
		≤	290	300	440	560
布氏硬度 HBW（$F = 30D^2$）		≥	133	209	314	428
		≤	276	285	418	532
洛氏硬度	HRB	≥	75	95	—	—
		≤	105	—	—	—
	HRC	≥	—	—	33	45
		≤	—	30	44	53
螺纹未脱碳层的高度 E/mm		≥	—	$1/2H_1$	$2/3H_1$	$3/4H_1$
全脱碳层的深度 G_{max}/mm		≤	—	0.015	0.015	不允许有全脱碳层
表面硬度 HV0.3		≤	—	320	450	580

注：内六角紧定螺钉没有 14H、22H 级和 33H 级。H_1—最大实体条件下外螺纹的牙型高度。

表 7-16　自攻螺钉、自攻锁紧螺钉和自钻自攻螺钉的渗碳深度、硬度和推荐用材料

名称	螺纹规格	渗碳层深度/mm		硬度		推荐用材料
		min	max	表面	心部	
自攻螺钉 （GB/T 3098.5—2016）	ST2.2 和 ST2.6	0.04	0.10	≥450HV0.3	螺纹规格≤ST3.9：270~370HV5 螺纹规格≥ST4.2：270~370HV10	渗碳钢 ML15Mn、ML20Mn、ML15MnB、SWRCH18A、SWRCH22A 等
	ST2.9~ST3.5	0.05	0.18			
	ST3.9~ST5.5	0.10	0.23			
	ST6.3~ST9.5	0.15	0.28			
自攻锁紧螺钉 （GB/T 3098.7—2000）	M2、M2.5	0.04	0.12	≥450HV0.3	290~370HV10	渗碳钢 ML16Mn、ML20Mn、ML15MnB、SWRCH18A、SWRCH22A 等
	M3、M3.5	0.05	0.18			
	M4、M5	0.10	0.25			
	M6、M8	0.15	0.28			
	M10、M12	0.15	0.32			
自钻自攻螺钉 （GB/T 3098.11—2002）	ST2.9、ST3.5	0.05	0.18	≥530HV0.3	螺纹规格≤ST4.2：320~400HV5 螺纹规格>ST4.2：320~400HV10	渗碳钢 ML16Mn、ML20Mn、ML15MnB、SWRCH18A、SWRCH22A 等
	ST4.2~ST5.5	0.10	0.23			
	ST6.3	0.15	0.28			

表 7-17　不锈钢紧固件的性能（摘自 GB/T 3098.6—2014）

类别	组别	性能等级
奥氏体	A1、A2、A3、A4、A5	50
		70
		80
马氏体	C1	50
		70
		110
	C3	80
	C4	50
		70
铁素体	F1	45
		60

表 7-18 不锈钢紧固件材料的化学成分（摘自 GB/T 3098.6—2014）

| 类别 | 组别 | 化学成分[1]（质量分数,%） | | | | | | | | | | | 注 |
		C	Si	Mn	P	S	N	Cr	Mo	Ni	Cu	W	
奥氏体	A1	0.12	1	6.5	0.2	0.15~0.35	—	16~19	0.7	5~10	1.75~2.25	—	[2][3][4]
	A2	0.10	1	2	0.05	0.03	—	15~20	—[5]	8~19	4	—	[6][7]
	A3	0.08	1	2	0.045	0.03	—	17~19	—[5]	9~12	1	—	[8]
	A4	0.08	1	2	0.045	0.03	—	16~18.5	2~3	10~15	4	—	[7][9]
	A5	0.08	1	2	0.045	0.03	—	16~18.5	2~3	10.5~14	1	—	[8][9]
马氏体	C1	0.09~0.15	1	1	0.05	0.03	—	11.5~14	—	1	—	—	[9]
	C3	0.17~0.25	1	1	0.04	0.03	—	16~18	—	1.5~2.5	—	—	—
	C4	0.08~0.15	1	1.5	0.06	0.15~0.35	—	12~14	0.6	1	—	—	[2][9]
铁素体	F1	0.12	1	1	0.04	0.03	—	15~18	—[10]	1	—	—	[11][12]

[1] 除已表明者，均系最大值。
[2] 硫可用硒代。
[3] 如镍含量低于8%（质量分数，后同）时，则锰的最小含量为5%。
[4] 镍含量大于8%时，对铜的最小含量不予限制。
[5] 由制者确定钼的含量，但对某些使用场合，如有必要限定钼的极限含量时，则应在订单中由用户注明。
[6] 如果铬含量低于17%，则镍的最小含量应为12%。
[7] 对最大碳含量达到0.03%的奥氏体不锈钢，氮含量最高可以达到0.22%。
[8] 为稳定组织，钛含量应≥（5×C%）~0.8%，并应按本表适当标志，或者铌和/或钽含量应≥（10×C%）~1.0%，并应按本表规定适当标志。
[9] 对较大直径的产品，为达到规定的机械性能，由制造者确定可以用较高的含碳量，但对奥氏体钢不得超过0.12%。
[10] 由制者确定可以有钼。
[11] 钛含量可能为（5×C%）~0.8%。
[12] 铌和/或钽含量应≥（10×C%）~1.0%。

表 7-19 马氏体和铁素体钢组紧固件的力学性能（摘自 GB/T 3098.6—2014）

| 钢的类别 | 钢的组别 | 性能等级 | 抗拉强度 $R_m^{[1]}$/MPa ≥ | 规定塑性延伸率为0.2%的应力 $R_{p0.2}^{[1]}$/MPa ≥ | 断后伸长率 $A^{[2]}$/mm ≥ | 硬度 | | |
						HBW	HRC	HV
马氏体	C1	50	500	250	0.2d	147~209	—	155~220
		70	700	410	0.2d	209~314	20~34	220~330
		110[3]	1100	820	0.2d	—	36~45	350~440
	C3	80	800	640	0.2d	228~323	21~35	240~340
	C4	50	500	250	0.2d	147~209	—	155~220
		70	700	410	0.2d	209~314	20~34	220~330
铁素体	F1[4]	45	450	250	0.2d	128~209	—	135~220
		60	600	410	0.2d	171~271	—	180~285

[1] 按螺纹公称应力截面积计算。
[2] 按 GB/T 3098.6—2014 中 7.2.4 规定测量的实际长度。
[3] 淬火并回火，最低回火温度为275℃。
[4] 螺纹公称直径≤24mm。

表 7-20　奥氏体钢组紧固件的力学性能（摘自 GB/T 3098.6—2014）

钢的类别	钢的组别	性能等级	抗拉强度 $R_m^{①}$/MPa ≥	规定塑性延伸率为 0.2% 的应力 $R_{p0.2}^{①}$/MPa ≥	断后伸长率 $A^{②}$/mm ≥
奥氏体	A1、A2、A3、A4、A5	50	500	210	0.6d
		70	700	450	0.4d
		80	800	600	0.3d

① 按螺纹公称应力截面积计算。
② 按 GB/T 3098.6—2014 中 7.2.4 规定测量的实际长度。

（2）典型钢种的耐蚀性　12Cr13 和 20Cr13 钢具有较高的韧性和冷变形性能，经过热处理后抛光的螺栓和螺母，在弱腐蚀介质（如盐水溶液、一定含量的硝酸、醋酸及若干含量不高的有机酸等）中，当温度不超过 30℃ 时具有良好的耐蚀性，但在硫酸、盐酸、热磷酸、热硝酸、熔融碱、水果汁、蔬菜汁及乳制品中耐蚀性较差。

022Cr18Ti 钢在退火状态下使用，在硝酸和有机酸（除醋酸、蚁酸、草酸）中有良好的耐蚀性。

14Cr17Ni2 钢经淬火、回火后具有高的强度、韧性和耐蚀性，对氧化性的酸类（一定温度、含量的硝酸，大多数有机酸），以及有机盐类的水溶液，都具有良好的耐蚀性。

12Cr18Ni9 钢经固溶处理后呈单相奥氏体组织，在不同温度和含量的各种强腐蚀介质（如硝酸、大多数有机酸和无机酸的水溶液、磷酸、碱及煤气等）中均有良好的耐蚀性。

06Cr17Ni12Mo2Ti 钢由于 Ni 和 Mo 含量的增加，增强了在稀硫酸中的耐蚀性，可用于硫酸铵化肥、人造纤维等工业使用的 1%～20%（质量分数）稀硫酸中。

（3）坯料预备热处理　奥氏体型不锈钢经过固溶处理可使其软化。固溶温度一般为 1000～1150℃，加热均匀后水冷；对直径小于 6mm 的线材，在牵引式可控气氛连续退火炉中加热后，可在强循环的可控气氛中气冷。固溶热处理后得到单一而均匀的奥氏体组织，硬度低，便于冷成形。

铁素体型和马氏体型不锈钢一般要求低于临界点退火，包括再结晶退火。退火温度为 700～780℃。

（4）成品或半成品的最终热处理　为了达到 GB/T 3098.6—2014 规定的力学性能要求，奥氏体型和铁素体型不锈钢的强化途径主要靠冷作硬化。例如，12Cr18Ni9 钢制螺栓采用冷拉、冷镦及滚压螺纹后，其 $R_m ≥ 1078$MPa。

对于要求 $R_m ≥ 700$MPa 的马氏体不锈钢紧固件，需经淬火和回火。淬火温度为 925～1050℃，980℃ 附近加热可获得高的淬火硬度。表 7-21 列出了几种不锈钢的热处理规范及力学性能。

不锈钢热处理应尽可能在可控气氛中进行。奥氏体型和铁素体型不锈钢及 14Cr17Ni2 等马氏体型不锈钢，因其铬含量较高，应选用氢气或氨分解气体保护，炉子要求有耐热钢炉罐，炉气露点应控制在 -60℃ 以下。对于 06Cr13 型不锈钢，推荐采用氢含量高于 18%（体积分数）的氨燃烧气体保护，露点也要控制在 -60℃ 以下。CO 对铬是氧化性气氛，因此含有 CO 的各种保护气氛都不能用于不锈钢的热处理。

4. 耐高温和低温连接副

GB/T 3098.8—2010 规定了耐热用螺纹连接副。这类连接副既要承受高温、交变载荷，又要在相当大的程度上保持预紧力和耐疲劳强度的工况条件下使用，要求具有高的抗松弛性、足够的强度、低的缺口敏感性、一定的持久强度、小的蠕变脆化倾向和良好的抗氧化性。表 7-22 列出了不同温度时耐热螺纹连接副的材料选用。表 7-23 列出了几种钢材的高温力学性能。表 7-24 列出了几种钢材的抗松弛性。

表 7-21　几种不锈钢的热处理规范及力学性能

牌号	热处理规范				力学性能					硬度 HBW	备注
	淬火温度/℃	淬火冷却介质	回火温度/℃	冷却介质	R_m/MPa ≥	$R_{p0.2}$/MPa ≥	A(%) ≥	Z(%) ≥	a_K/(J/cm²) ≥		
12Cr13	1000～1050	水或油	700～790	油、水或空气	588	412	20	60	88.2	—	—
	925～1000	油	230～370	空气	1274	931	15	60	—	360～380	回火 2h
	925～1000	油	540	空气	980	784	20	65	—	260～330	回火 2h
	925～1000	油	600	空气	784	617.4	22	65	—	210～250	回火 2h

（续）

牌号	热处理规范				力学性能					硬度 HBW	备注
	淬火温度/℃	淬火冷却介质	回火温度/℃	冷却介质	R_m/MPa ≥	$R_{p0.2}$/MPa ≥	A(%) ≥	Z(%) ≥	a_K/ (J/cm²) ≥		
12Cr13	925~1000	油	650	空气	715.4	588	23	68	—	200~230	回火 2h
	再结晶退火规范:760℃×2h, 炉冷至 600℃出炉				—					170~195	供中间退火参考
20Cr13	1050	水或油	700~790	空气	647	441	16	55	78.4	—	—
	1050	空气	500	空气	1225	931	7	45	49	—	—
	1050	空气	600	空气	833	637	10	55	68.6	—	—
	1050	油	660	空气	847.7	695.8	19	63.5	127.4	—	—
	再结晶退火规范:780℃×2h, 炉冷至 600℃出炉空冷				—						供中间退火参考
14Cr17Ni2	950~975	油	273~500	油	1078		10		49	—	—
	1030	油	680	油	940.8	754.6	17	59		—	—
	再结晶退火规范:780℃×2h,炉冷至 500℃出炉空冷				—						供中间退火参考
12Cr18Ni9	1000~1150	水	—		539~637	196~343	50~60	60~70	196	—	退火
	1000~1150	水	时效:800℃×10h		641.9	303.8	55	75	245	—	时效
	850	水									供中间退火参考

表 7-22 不同温度时耐热螺纹连接副的材料选用

持续工作的极限温度(参考)/℃	螺栓、螺柱		螺母	
	材料牌号	标准编号	材料牌号	标准编号
400	35、45	GB/T 699—2015	35	GB/T 699—2015
500	30CrMo、35CrMo	GB/T 3077—2015	35、45	GB/T 699—2015
510	21CrMoVA	GB/T 20410—2006	20CrMo 35CrMo	GB/T 3077—2015
550	20Cr1Mo1VA、21CrMoVA	GB/T 20410—2006	25Cr2MoV、35CrMoV	GB/T 3077—2015
570	20Cr1Mo1VTiB、20Cr1Mo1VNbTiB	GB/T 20410—2006	20Cr1Mo1V、21CrMoVA	GB/T 20410—2006
600	18Cr12MoVNbN	GB/T 20878—2007	20Cr1Mo1V1A	GB/T 20410—2006
650	GH2132	GB/T 14994—2008	GH2132	GB/T 14994—2008

注：1. 螺栓、螺柱应比螺母的硬度高（如高 30~50HBW）。
2. 受力套管的材料，推荐采用与螺母相同的材料。

在低温条件下工作的螺栓和螺母，当工作温度低于某一临界值时，钢材的韧性急剧下降而产生脆断。所以，应选用适当的钢材和热处理工艺，使其在较低的工作温度下仍能保持一定的韧性。一般钢（除硼钢）在 -30℃ 以上工作时的 a_K 值降低不大。

目前，我国还没有对低温下工作的螺纹连接副进行专门的规定，此处仅根据有关资料进行简单的介绍。表 7-23 ~ 表 7-25 列出了几种钢材的相关性能，这些钢材适用于制造在 -30℃ 以下温度工作的螺纹连接副。

表 7-23　几种钢材的高温力学性能

牌号	热处理条件	性能	高温短时力学性能/MPa	蠕变极限/MPa	持久极限/MPa	使用范围
30CrMo	880℃油淬 650℃回火	R_m	20℃ 725.2；200℃ 656.6；300℃ 715.4；400℃ 629.2；500℃ 558.6	$R_m/10^4$：450℃ —；500℃ 139.2；550℃ 57.8	$R_m/10^4$：400℃ 294；425℃ 186.2；450℃ 107.8；475℃ —	<450℃ 螺栓
		R_{eL}	20℃ 588；200℃ 490；300℃ 519.4；400℃ 480.2；500℃ 421.4	$R_{eL}/10^5$：450℃ 107.8；500℃ 68.6；550℃ 34.3	$R_{eL}/10^5$：400℃ 225.4；425℃ 132.3；450℃ 75.5；475℃ —	<500℃ 螺母
35CrMo	880℃油淬 650℃回火	R_m	20℃ 877.1；400℃ 733；450℃ 669.3；500℃ 545.9；—	$R_m/10^4$：450℃ 156.8；500℃ 83.3；550℃ 49	$R_m/10^4$：—	<480℃ 螺栓
		R_{eL}	20℃ 771.3；400℃ 575；450℃ 554.7；500℃ 487.1；—	$R_{eL}/10^5$：450℃ 102.9；500℃ 49；550℃ 24.5	$R_{eL}/10^5$：—	<510℃ 螺母
25Cr2MoV	930℃油淬 620~650℃回火	R_m	20℃ 882；200℃ 744.8；300℃ 700.7；400℃ 637；500℃ 558.6	$R_m/10^4$：450℃ 78.4；500℃ 49；550℃ 29.4	$R_m/10^4$：500℃ 254.8~284.2；525℃ —；550℃ 88.2；600℃ 49	<530℃ 螺栓
		R_{eL}	20℃ 784；200℃ 656.6；300℃ 607.6；400℃ 588；500℃ 480.2	$R_{eL}/10^5$：450℃ 225.4；500℃ 186.2~205.8；550℃ 107.8	$R_{eL}/10^5$：500℃ 186.2~205.8；525℃ 107.8；550℃ 58.8；600℃ 29.4	<570℃ 螺母
25Cr2Mo1V	第一次正火 1030~1050℃，第二次正火 950~970℃，650~680℃回火	R_m	20℃ 872.2；500℃ 695.8；550℃ 666.4；600℃ 656.6	$R_m/10^4$：450℃ 225.4	$R_m/10^4$：550℃ 215.6	<570℃ 螺栓
		R_{eL}	20℃ 766.4；500℃ 646.8；550℃ 597.8；600℃ 558.6	$R_{eL}/10^5$：550℃ 147~176.4		
42CrMo	855℃油淬 750℃回火	R_{eL}	20℃ 882；100℃ 833；200℃ 764.4；300℃ 680；350℃ 637	$R_m/10^4$：400℃ 392；450℃ 235.2；500℃ 127.4	$R_m/10^4$：500℃ 215.6；550℃ —；593℃ —	<550℃ 的大截面螺栓
12Cr13	1030~1050℃油淬 750℃回火	R_m	20℃ 602.7；200℃ 529.2；400℃ 490；500℃ 362.6；600℃ 225.4	$R_m/10^4$：450℃ 120.5；500℃ 55.9；550℃ 34.3	$R_m/10^4$：170℃ 254.8；500℃ 215.6；530℃ 186.7	<500℃，但在 375~175℃ 略有热脆性
		$R_{p0.2}$	20℃ 406.7；200℃ 367.5；400℃ 362.6；500℃ 274.4；600℃ 176.4	$R_{eL}/10^5$：450℃ 102.9；500℃ 93.1	$R_{eL}/10^5$：500℃ 186.2；530℃ 156.8	

材料	热处理	项目	(1)	(2)	(3)	(4)	(5)	单位	(6)	(7)	(8)	(9)	单位	(10)	(11)	(12)	(13)	使用温度
20Cr13	1030~1050℃油淬 750℃回火	温度/℃	20	300	400	500	550		400	450	500	593		450	470	500	530	<500℃
		R_m	705.6	543.9	519.4	431.2	343	$R_m/10^4$	127.4	—	156.8	66	$R_m/10^4$	254.8	215.6	186.7	98	
		$R_{p0.2}$	509.6	392.0	396.9	357.7	274.4	$R_{eL}/10^5$	78.4	49	49	29.4	$R_{eL}/10^5$	215.6	186.2	156.8	74.5	
12Cr18Ni9	1050℃淬水, 持久极限经800℃×10h时效	温度/℃	20	400	600	700	800		482	593	704	815		550	600	650	700	<600℃
		R_m	607.6	441	392	274.4	176.4	$R_m/10^4$	172.5	89.2	32.3	5.88	$R_m/10^4$	186~235.2	127.4~166.6	58~89.8	49~68.6	
		$R_{p0.2}$	274.4	176	176	156.8	98	$R_{eL}/10^5$	—	86.2	18.6		$R_{eL}/10^5$	137.2~196	88.2~127.4	39.22~68.6	29.4~49	
12Cr18Ni9	1050℃淬水, 持久极限经800℃×10h时效	温度/℃	20	400	600	700	800		482	593	704	815		550	600	650	700	<600℃
		R_m	607.6	441	392	274.4	176.4	$R_m/10^4$	172.5	89.2	32.3	5.88	$R_m/10^4$	186~235.2	127.4~166.6	58~89.8	49~68.6	
		$R_{p0.2}$	274.4	176	176	156.8	98	$R_{eL}/10^5$	—	86.2	18.6		$R_{eL}/10^5$	137.2~196	88.2~127.4	39.22~68.6	29.4~49	
20Cr1Mo1-VTiB	1050℃淬油 680℃回火6h	温度/℃	室温	500	540	570	—		570	—	—	—		—	—	—	—	<570℃ 螺栓
		R_m	1006.5	742.8	713	662.5	—	$R_m/10^5$	172.5~211.7	—	—	—		—	—	—	—	
		R_{eL}	955.5	693.8	676	632.1	—		—	—	—	—		—	—	—	—	
20Cr1Mo1-VNbB	1000℃正火, 670℃回火6h, 1050℃淬油, 680℃回火6h	温度/℃	室温	500	540	570	—		570	—	—	—		—	—	—	—	<570℃ 螺栓
		R_m	1015.3	742.8	713	662.5	—	$R_m/10^5$	172.5~211.7	—	—	—		—	—	—	—	
		R_{eL}	928.1	693.8	676	632.1	—		—	—	—	—		—	—	—	—	

表 7-24　几种钢材的抗松弛性

牌号	热处理状态	试验温度/℃	初应力/MPa	在下列时间(h)内的残余应力/MPa											
				25	100	200	500	1000	2000	3000	4000	5000	8000	10000	20000
35CrMo	880℃正火 650℃×2h回火	450	147.0	147.0	100.9	96.0	—	83.3	81.3	77.4	73.5	—	69.6①	—	56.8①
			245.0	245.0	161.7	147.0	—	127.4	120.5	114.7	110.3	—	100.0①	—	80.4①
	1000℃正火 650℃×2h回火	450	147.0	111.7	106.8	—	99.0	96.0	92.1	90.2	—	81.3①	—	68.6①	—
			245.0	193.1	178.4	—	167.9	158.8	149.0	139.2	—	129.4①	—	102.9①	—
	880℃淬油 650℃×2h回火	400	147.0	100.0	87.2	—	66.6	63.7	57.8	55.9	—	51.9①	—	44.1①	—
			245.0	161.7	125.2	—	103.9	97.0	86.2	82.3	—	75.5①	—	62.7①	—
			343.0	219.5	186.2	—	133.3	117.6	108.8	106.8	—	96.8①	—	80.4①	—
			147.0	92.1	81.3	—	64.7	60.3	55.9	52.9	—	46.1①	—	32.3①	—
			245.0	144.1	120.5	—	91.1	85.3	79.4	76.4	—	66.6①	—	51.0①	—
	920℃正火 650℃×2h回火	500	117.6	93.1	89.2	—	86.2	77.4	73.5	72.5	—	68.6	—	55.9	—
			245.0	193.1	180.3	—	165.6	156.8	149.9	137.2	—	122.5	—	90.2	—
			343.0	250.9	235.2	—	214.6	200.9	196.0	186.2	—	176.4	—	147.0	—
	920℃淬油 650℃×2h回火	500	117.6	98.0	93.1	—	81.3	76.4	70.6	67.6	—	55.7	—	37.2	—
			245.0	154.8	145.0	—	125.4	117.6	107.8	101.9	—	91.1	—	70.6	—
			343.0	212.7	193.1	—	167.6	156.8	148.0	137.2	—	122.5	—	92.1	—
	1000℃正火 650℃×2h回火	500	117.6	98.0	95.1	—	89.2	86.2	83.3	81.3	—	76.4	—	68.6	—
			245.0	201.9	192.1	—	179.3	171.5	164.6	158.8	—	149.0	—	127.4	—
			343.0	264.0	252.8	—	237.2	230.3	225.4	217.6	—	210.7	—	186.2	—
25Cr2MoV	980℃正火 650℃×1.5h回火	500	294.0	—	—	181.3	170.5	156.8	143.1	136.2	—	—	—	—	—
			343.0	—	—	210.7	196.0	185.2	156.8	127.4	—	—	—	—	—

	1040℃×1h 正火,960℃×1h 正火,670℃×6h 回火	525	298.0	—	—	194.0	179.3	165.6	—	132.3	128.4	—	—	—	—
			343.0	—	—	219.5	198.0	180.3	—	143.1	131.3	—	—	—	—
		550	294.0	—	—	173.5	155.8	114.7	—	85.3	—	—	—	—	—
			343.0	—	—	200.9	187.3	129.4	—	99.0	—	—	—	—	—
	1030~1050℃正火,650℃×6h 回火	525	245.0	—	—	176.4	164.6	147.0	127.4	122.5	—	—	98.0①	90.2①	—
			294.0	—	—	205.8	196.0	166.6	137.2	129.4	—	—	107.8①	100.9①	—
			343.0	—	—	245.0	225.4	205.8	183.3	166.6	—	—	127.4①	117.6①	—
		550	245.0	—	—	142.1	127.4	107.8	84.3	73.5	—	—	51.0①	42.1①	—
			294.0	—	—	186.2	156.8	129.4	98.0	88.2	—	—	58.8①	49.0①	—
			345.0	—	—	205.8	181.2	140.1	112.7	98.0	—	—	68.6①	58.8①	—
			382.0	—	—	215.6	200.9	174.4	149.0	134.2	—	—	78.4①	63.7①	—
	1030~1050℃正火,950~970℃正火,680℃×6h 回火	525	245.0	—	—	182.3	147.0	142.1	133.3	127.4	—	—	112.7①	105.8①	159.7~178.9
			294.0	—	—	205.8	193.1	176.4	156.8	151.9	—	—	132.3①	125.4①	
			343.0	—	—	211.7	198.0	186.2	166.6	161.7	—	—	142.1①	132.3①	
		550	245.0	—	—	142.1	127.4	117.6	102.9	98.0	—	—	71.5①	65.7①	
			294.0	—	—	162.9	156.8	142.1	122.5	107.8	—	—	78.4①	68.6①	
			343.0	—	—	193.1	173.5	156.8	137.2	122.5	—	—	83.3①	73.5①	
			392.0	—	—	210.7	196.0	176.4	156.8	147.0	—	—	102.9①	88.2①	
20Cr1Mo1VTiB	1050℃油淬 680℃×6h 回火	520	294.0	—	—	—	—	—	—	—	—	—	—	—	—
		570	294.0	—	—	—	—	—	—	—	—	—	—	58.8~88.2	—
20Cr1Mo1VNbTiB	1050℃油淬 680℃×6h 回火	520	294.0	—	—	—	—	—	—	—	—	—	—	196.0①	188.2①
			343.0	—	—	—	—	—	—	—	—	—	—	220.5①	210.9①
		540	294.0	—	—	—	—	—	—	—	—	—	—	175.4①	166.6①
			343.0	—	—	—	—	—	—	—	—	—	—	189.1①	177.4①
			393.0	—	—	—	—	—	—	—	—	—	—	210.7①	196.0①
		570	294.2	—	—	—	—	—	—	—	—	—	—	88.2①	68.6①
			343.0	—	—	—	—	—	—	—	—	—	—	102.9①	88.2①
	1030℃油淬,700℃×6h 回火	540	294.0	—	—	—	—	—	—	—	—	—	—	173.5①	166.6①
	1030℃油淬,725℃×6h 回火		294.0	—	—	—	—	—	—	—	—	—	—	156.8①	151.9①
	1000℃正火,700℃×6h 回火		294.0	—	—	—	—	—	—	—	—	—	—	200.9①	196.0①
	1030℃正火,700℃×6h 回火		294.0	—	—	—	—	—	—	—	—	—	—	206.8①	203.8①

① 外推值。

表 7-25　几种钢材的低温冲击韧度

牌号	热处理规范	常温抗拉强度 R_m/MPa	a_K/(J/cm^2)									
			试验温度/℃									
			+20	0	-20	-50	-80	-100	-140	-188	-196	-253
30CrMo	800℃ 退火	637.0	117.6	98.0	82.3	56.8	25.5	—	—	—		
	860℃ 油淬 700℃ 回火	705.6	189.1	184.2	178.4	159.7	117.6	—	—	—		
	860℃ 油淬 620℃ 回火	891.8	152.9	151.9	149.9	146.0	135.2	—	—	—		
35CrMo	830℃ 油淬 640~650℃ 回火	829.1	171.5	—	172.5	159.7	132.3	93.1	53.9	50.0		
	830℃ 油淬 580℃ 回火	971.2	143.1	—	135.2	134.7	73.5	59.8	44.1	36.3		
42CrMo	830℃ 油淬 580℃ 回火	1005.8	114.7	—	114.7	99.0	82.3	56.8	46.1	45.1		
1Cr18Ni9Ti[①]	1100~1150℃ 水淬 800℃ 时效	641.9	245.0	—	335.2	220.5	205.8	186.2	166.6	137.2	127.4	缺口试样
											>176.4	光滑试样

① 在用非标材料牌号。

5. 耐磨螺栓和螺母

某些螺栓和螺母（如调节螺栓和螺母、部分轮胎螺栓和杯形螺母等）经常需要调整或装卸，应采取增加耐磨性措施，如渗碳、碳氮共渗或高频感应淬火。

这些螺栓和螺母常选用 Q235A、Q235B、10、20、15Cr、20Cr 等制造，也有的用 Y12 易切削钢，经过渗碳或碳氮共渗，达到表面耐磨的目的。一般螺距在 1mm 以下的，渗层深度选 0.05~0.15mm；在 1mm 以上选 0.15~0.30mm。表面硬度为 76~85HRA。

有些 40Cr、35CrMo 或 42CrMo 钢制螺栓，经高频感应淬火，使表面硬度达到 50~55HRC，以达到耐磨的目的。

12Cr13、20Cr13 及 12Cr18Ni9 等不锈钢制螺栓和螺母，为达到耐磨或防止咬死，常进行渗氮处理。为了防止脆性过大，可采用较高温度（如 620℃ 左右）的气体渗氮、碳氮共渗或离子渗氮。

7.2　垫圈、挡圈、销和铆钉的热处理

7.2.1　垫圈和挡圈的热处理

对于一般要求的垫圈和挡圈，可不经热处理而直接使用；对于要求高的，可采用中碳钢或中碳合金钢经调质后使用。目前尚未制定有关标准。

弹性垫圈（包括弹簧垫圈、齿形或锯形锁紧垫圈、鞍形或波形弹性垫圈）和弹性挡圈大多数都用弹簧钢制造，热处理工艺和弹簧热处理相似。表 7-26 列出了它们的主要技术要求。

表 7-26　弹性垫圈及弹性挡圈的主要技术要求

名称及标准编号	材料牌号	力学性能			
		硬度 HRC	弹性	韧性	抗氢脆性
弹簧垫圈 GB/T 94.1—2008	65Mn、70、60Si2Mn	42~50	按 GB/T 94.1—2008 表 3 规定的载荷连续加载三次，自由高度 ≥1.67S	按 GB/T 94.1—2008 规定扭转 90° 不断裂	按 GB 94.1—2008 表 3 规定的载荷加压放置 48h、去载后不断裂
齿形、锯齿锁紧垫圈 GB/T 94.2—1987	65Mn	40~50	压缩到 S+0.12mm，松开后高度 > S + 0.12mm	切开，固定一端拉另一端至一倍内径，不得断裂	压缩到 S+0.12mm，48h 后松开不断裂
鞍形、波形弹性垫圈 GB/T 94.3—2008	65Mn	40~50	按 GB/T 94.3—2008 表 2 规定的载荷压缩并松开 $H \geq H_{min}$	—	按 GB 94.3—2008 表 2 规定的载荷压缩 48h，松开不断裂

（续）

名称及标准编号	材料牌号	力学性能				
		硬度 HRC		弹性	韧性	抗氢脆性
弹性挡圈 GB/T 959.1—2017	C67S、 C75S、70、 65Mn、 60Si2MnA	$d_1 \leq 48mm$	47~54	用定位夹钳缩外径至小于 0.99d_0（孔用），扩内径至 1.01d_0（轴用），连续五次，不超差	把挡圈装在直径等于沟槽尺寸的 1.1 倍的试验轴上，48h 不断裂	—
		48mm<d_1 $\leq 200mm$	44~51			
		200mm<d_1 $\leq 300mm$	40~47			

注：1. S 指垫圈材料的厚度。
　　2. d_0 指垫圈的原始内径，d_1 指弹性挡圈的公称规格。
　　3. H 指弹性试验后垫圈的自由高度。

弹簧垫圈是用梯形弹簧钢丝卷制而成，齿形或锯形锁紧垫圈、鞍形或波形弹性垫圈和锥形弹性挡圈等都是用弹簧钢板冲压成形的。材料的供货状态要求经过球化退火，保证细晶粒的球状碳化物组织。

这类零件的淬火工艺为：65Mn 钢的淬火温度为 820~840℃，60Si2Mn 钢的为 860~880℃，70 钢的为 780~830℃。因为都是小件或薄形零件，淬火冷却介质一般都用油。回火温度一般在 380~450℃，可以根据每个品种的要求及材料的不同而进行相应调整。淬火加热时必须严格防止脱碳和氧化。大批量生产都是在带有保护气氛的振底炉或网带炉淬火—清洗—回火自动线中进行，零星小批零件可在盐浴炉中加热淬火，一般在回火炉中回火。盐浴炉必须严格脱氧，当原材料脱碳超标时，必须进行复碳淬火。

这类零件的硬度检查方法：有的可以直接在洛氏硬度计上测量，有的由于尺寸过小或过薄，只能在显微硬度计上测量。弹性、韧性和氢脆检查，可参考表 7-26 并详细按所列标准检查，这里不一一介绍。

7.2.2　销的热处理

销的种类很多，根据使用条件不同，其材料选择和热处理要求也各不相同。GB/T 121—1986 规定了各种锥销及柱销的技术条件，材料选用和热处理要求见表 7-27。

表 7-27　销的材料选用及热处理要求

材料			热处理（淬火并回火）	表面处理
种类	牌号	标准编号		
碳素钢	35	GB/T 699—2015	28~38HRC	氧化镀锌钝化 （磨削表面除外）
	45		38~46HRC	
合金钢	30CrMnSi	GB/T 3077—2015	35~41HRC	—
铜及铜合金	H62	GB/T 5231—2022	—	—
	HPb59~1	GB/T 5231—2022	—	—
	QSi3~1	GB/T 5231—2022	—	—
特种钢	12Cr13、20Cr13	GB/T 1220—2007	—	—
	14Cr17Ni2		—	—
	12Cr18Ni9		—	—

碳素结构钢和合金结构钢制造的销类，一般进行调质处理，其热处理工艺和设备与螺纹紧固件基本相同。为防止大气或海水腐蚀，对受力不大的可选用铜或铜合金；对在高温或耐蚀条件下使用的，可根据具体工作条件选用 12Cr13、20Cr13、14Cr17Ni2、12Cr18Ni9 等。

7.2.3　铆钉的热处理

根据 GB/T 116—1986 的规定，铆钉用材料、热处理及表面处理见表 7-28。

碳素钢铆钉的原材料要经球化退火（参见表 7-10）。镦制后由于产生了冷作硬化，为便于铆接，应进行再结晶退火。再结晶退火工艺可参照表 7-12 进行。由于铆钉已是成品，应在保护气氛中进行。

奥氏体不锈钢要消除冷作硬化，应加热到 1000~1050℃后在水中淬火，以达到软化的目的。

表 7-28　铆钉用材料、热处理及表面处理

种类	牌号	标准编号	热处理	表面处理
		材料		
碳素钢	Q215、Q235	GB/T 700—2006	退火 （冷镦产品）	无
				镀锌钝化
	10、15 ML10、ML20	GB/T 699—2015 GB/T 6478—2015	退火 （冷镦产品）	无
				镀锌钝化
特殊钢	0Cr18Ni9	GB/T 1220—2007	无	无
	1Cr18Ni9Ti[①]		淬火	
铜及其合金	T2	GB/T 5231—2022	无	无
	T3			钝化
	H62		退火	无
				钝化

① 曾用牌号。

7.3　质量检验和控制

　　紧固件的热处理，除了一般的质量检验和控制，还有一些特殊的质量检验和控制。

7.3.1　脱碳与增碳

1. 脱碳与增碳的检验

　　前面已经谈到，螺纹紧固件的脱碳可按图 7-1 进行金相检验。由于金相检验受观察者的观察误差限制，难以定量判断。当产生争议时，GB/T 3098.1—2010 和 GB/T 3098.3—2016 还规定了用硬度法仲裁。硬度法规定，用 2.94N 载荷的显微硬度计测量检验是在相邻的两个螺纹牙上进行，如图 7-3 所示。测出 HV0.3（1）、HV0.3（2）和 HV0.3（3）三个点的显微硬度值，当

$$未脱碳\ HV0.3（2）\geqslant HV0.3（1）\sim 30 \qquad (7-1)$$
$$未增碳\ HV0.3（3）\leqslant HV0.3（1）+30 \qquad (7-2)$$

时为合格。

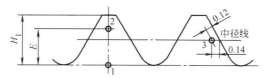

图 7-3　脱碳层的硬度测量法

　　以上两式实际上给出的是零件表面脱碳和渗碳的公差带。由式（7-1）可知，在点 2 处因脱碳造成的硬度降低值不得超过 30HV0.3；由（7-2）式可知，点 3 处因渗碳造成的硬度升高值不得超过 30HV0.3。

　　在大批量热处理生产过程中，金相法也好，显微硬度法也好，只能是定时抽检。因为其检查时间长，成本高，为了及时判断炉子的控碳情况，可以用火花检测和洛氏硬度检测对脱碳和渗碳进行初步判断。火花检测是将已淬火的零件，在砂轮机上由表及里轻轻磨火花，判别表层和心部的碳含量是否一致。当然，这要求操作者要有熟练的技巧和火花鉴别能力。洛氏硬度检测是在六角螺栓的一个侧面上进行的，先将淬火零件的一个六角平面用砂纸轻轻磨光，测第一次洛氏硬度；然后再把这个面在砂轮机上磨去 0.5mm 左右，再测一次洛氏硬度。如果两次的硬度值基本相同，说明既不脱碳、也不渗碳。当前次硬度低于后次时，说明表面脱碳；当前次硬度高于后次硬度时，说明表面渗碳。在一般情况下，当两次硬度差在 5HRC 以内时，用金相法或显微硬度法检查，零件的脱碳或渗碳基本在合格范围之内。脱碳和增碳仲裁是上面提到的维氏硬度法。

2. 脱碳和增碳的控制方法

　　为防止紧固件在热处理过程中脱碳和增碳，热处理设备上必须配备碳势表、氧探头、富化气流量计、保护气氛流量计、空气流量计、控制流量的电磁阀等，在实际生产过程中，通过控制碳势的方法来控制既不脱碳，也不增碳。

　　（1）碳势的设定　根据材质的牌号在碳势表中设定碳势值。一般情况下，紧固件调质时碳势的设定值为材质平均碳含量百分值，如 35 钢设定碳势为 0.35%，40Cr 设定碳势为 0.40%。当然，这也不是绝对的，具体设定值要根据各个设备的具体情况及热处理后表面硬度与心部硬度的差异值来定。如果产品本身要求渗碳，如自攻螺钉，碳势的设定值一般为 0.8%～1.2%。

　　（2）定碳　为了使碳势表显示准确，及时校准及调整碳势表参数，保证碳势表的显示值与炉内实际碳势一致，这个过程称为定碳。定碳有三气分析仪定碳法和定碳片定碳法。网带炉常用的定碳片定碳法如下：

1）将定碳钢箔在定碳棒或钢丝上固定好，以备在气氛稳定后开始定碳。

2）在气氛稳定以后，将钢箔放在网带上随工件进入淬火炉内保温，与工件相同的保温温度和保温时间，记录此时碳势表显示值 C。

3）冷却后即可取出定碳钢箔，如果钢箔有破碎，必须收集所有钢箔碎片，不能有缺少。

4）最后送至实验室，首先用无水乙醇清洗钢箔，钢箔上不能有氧化和炭黑成分，否则误差较大；清洗晾干后即可称量钢箔重量，并按照定碳片计算方法公式计算得到碳势数值 C_p。

$$C_p = C_0 + (W_f - W_p) \times 100\% / W_f$$

式中 C_0——定碳片原始碳含量；

W_p——定碳前定碳片的质量；

W_f——定碳后定碳片的质量。

5）得到实际碳势 C_p 后，与前面的 C 对比，比较这两个数值的偏差，如果偏差不大于 $\pm 0.05\%$，可不用修改仪表中的参数；如果偏差大于 $\pm 0.05\%$，可按仪表说明书中的操作方法修正仪表参数，使仪表显示的碳势尽量与炉内实际碳势数值相符。

7.3.2 淬火控制

在螺纹紧固件检测中，虽然最终检验是检测回火后的产品性能，但如果淬火过程没有控制好，淬火硬度、马氏体数量等没有达到要求时，回火后产品的性能就无法达到要求。

1. 淬火硬度和马氏体数量的控制

紧固件热处理要求淬火达到 90% 左右的马氏体，这样就必须通过控制淬火的最小硬度值或淬火硬度的波动值来这满足 90%（体积分数）马氏体的要求。可按 GB/T 3098.1—2010 规定的方法来测量硬度波动值，以验证是否达到 90%（体积分数）马氏体的要求。如果没达到，可通过调高淬火温度、延长保温时间、提高淬火冷却速度来实现。

判定淬火是否达到 90%（体积分数，下同）的马氏体有两种方法：第一种是在距螺纹末端 $1d$ 处横截面的 1/2 半径与轴心线之间的区域内测定硬度，如果测定的硬度值之差不大于 30HV，则证实材料中的马氏体已达到 90% 的要求；第二种方法是在距螺纹末端 $1d$ 处横截面的 1/2 半径与轴心线之间的区域内测定硬度，如果硬度的最小值不小于表 7-29 碳含量对应的硬度值，则证实材料中的马氏体已达到 90% 的要求。

2. 淬火变形的控制

紧固件在热处理淬火过程中受组织应力和热应力的共同影响，常会产生变形：螺栓在长度方向上产生弯曲变形，螺母在内孔的径向方向会变大或变小，甚至变成椭圆。为了减少变形，应选择合理的淬火温度和升温方式，合理的装料方式，调整好淬火的冷却速度，必要时可增加预备热处理等方法。

表 7-29 碳含量与 90% 马氏体最小淬火硬度比较表

碳含量（质量分数，%）	硬度 HRC
0.15 ~ 0.19	35
0.20 ~ 0.24	38
0.25 ~ 0.29	41
0.30 ~ 0.34	44
0.35 ~ 0.39	47
0.40 ~ 0.44	50
0.45 ~ 0.55	53

注：此表数据参考 SAEJ429。

3. 淬火裂纹的控制

紧固件在热处理淬火过程中受组织应力和热应力的共同影响，加上淬火温度和冷却速度控制不当，当组织应力与热应力叠加超出了零件的断裂强度，就会形成不同程度的淬火裂纹。通过降低淬火温度、淬火冷却速度，增加预备热处理等方法可避免淬火裂纹的产生。

4. 淬火过热过烧的控制

淬火加热温度偏高，使晶粒过度长大，力学性能显著下降，造成过热；如果加热温度失控或控温过高，致使局部晶界氧化和部分熔化，就会造成过烧。为避免过热和过烧产生，必须定期对炉温均匀性和炉温精确度进行测量，对温控表进行校准，同时选择合理的淬火温度进行淬火。

5. 淬火白色磷化物聚集层的控制

GB/T 3098.1—2010 规定，12.9/12.9 螺栓表面不允许有金相能检验出的白色磷化物聚集层，去除磷化物聚集层必须在淬火之前进行。

如果螺栓在淬火前没有去除磷化膜，在淬火加热保温过程中，磷化膜分解时会在表面析出白色的 δ 铁素体聚集层，即磷化物聚集层，如图 7-4 所示.

去除磷化膜可以在热处理前单独设立去磷设备和工序，也可以在热处理生产线上淬火前增加去磷设备，在线去磷。去磷多以碱性去磷为主，可通过调整去磷槽槽液的温度、去磷的时间及去磷液的碱度等参数来控制去磷的效果，并在热处理生产过程中对这些参数要严格控制。

6. 淬火温度的确定

制造紧固件的用材属于亚共析钢，因为紧固件要求具有 90%（体积分数）左右的马氏体，很少采用亚温淬火，而是采用完全淬火。对于亚共析钢，通常

图 7-4　白色磷化物聚集层

采用 $Ac_3+30\sim50℃$ 作为淬火温度。紧固件常用材质的淬火温度可参照表 7-13。

7. 淬火保温时间的确定

热处理淬火保温时间为

$$T=akD$$

式中　T——保温时间（min）；

　　　a——保温时间系数 min/mm，（碳素钢为 1.0，合金钢为 1.2，高合金钢为 2.0）；

　　　k——工件装炉方式修正系数（紧固件的装炉系数一般为 1.5~2.0）；

　　　D——工件的有效厚度（mm）。

7.3.3　回火控制

紧固件热处理的性能主要取决于回火工艺参数，所以在热处理过程中要严格控制回火工艺。

1. 回火脆性的控制

绝大多数淬火钢在 300℃ 左右回火都会不同程度地出现脆性，这类回火脆性称为第一类回火脆性。要避免第一类回火脆性的产生，就应避免在第一类回火脆性区的温度回火。

淬火钢在 450~650℃ 回火后在缓慢冷却时会出现脆性，这类回火脆性称为第二类回火脆性。回火后快速冷却（水冷或油冷）可以避免第二类回火脆性的产生。

2. 回火温度的确定

紧固件热处理硬度等性能的高低基本上由回火温度的高低来决定，一般情况下，回火温度越高，硬度越低，强度越低；反之，回火温度越低，硬度越高，强度越高。回火温度波动越大，硬度和强度的波动就越大。紧固件淬火后回火温度的高低由以下方面决定：

（1）必须满足紧固件最低回火温度的要求　回火温度必须大于或等于最低回火温度。参照 GB/T 3098.1—2010，最低回火温度见表 7-30。

（2）必须满足性能等级的要求　回火温度的高低由不同的材质和不同的性能等级来决定，各性能等级的回火温度可参照表 7-13 来制订。

表 7-30　最低回火温度

螺栓等级	最低回火温度/℃	参照标准
8.8	425	
9.8	425	
10.9	425	GB/T 3098.1
12.9	425	
12.9	380	
自钻自攻螺钉	330	GB/T 3098.11
自挤螺钉	340	GB/T 3098.7

3. 回火产品的防锈控制

回火后的产品如果不采取防锈措施，很快就会生锈，甚至锈蚀，常用的防锈方法是在回火冷却槽中加入防锈油或防锈水，回火后产品直接在冷却槽中浸泡几分钟后取出，以达到防锈效果。防锈油和防锈水要定期维护和添加。

4. 回火延迟时间的控制

淬火结束至回火开始之间的时间称为回火延迟时间，如果延迟时间过长，就会产生裂纹。一般情况下，淬火后立即回火是最理想的状态，但在生产当中会有一定困难，做不到立即回火，但回火延迟时间不得超出规定值。对这个规定值，各生产单位必须以书面形式规定在文件中，也可参照表 7-31 来制订。

表 7-31　回火延迟时间

材质类别	最长回火延迟时间/h
碳钢	8
合金钢	4
弹簧钢	2

注：此表数值仅供参考。

5. 回火保温时间的确定

紧固件的回火保温时间由紧固件的尺寸和装炉方式决定，紧固件有效回火时间一般不小于 60min，有效回火时间指工件达到保温温度后的保温时间。

热处理回火保温时间为

$$T=KAD$$

式中　T——保温时间（min）；

　　　K——回火时间基数，见表 7-32；

　　　A——回火时间系数（min/mm），见表 7-32；

　　　D——工件有效厚度（mm）。

表 7-32　K 和 A 的推荐值

回火条件	300~450℃			>450℃		
	箱式电炉	盐浴炉	连续网带炉	箱式电炉	盐浴炉	连续网带炉
K	20	15	10	10	3	8
A	1	0.4	0.75	1	0.4	0.75

7.3.4 再回火试验

8.8~12.9 级的螺栓、螺钉和螺柱应进行比表 7-14 规定的最低回火温度低 10℃、保温 30min 的再回火试验。在同一试样上，试验前后三点硬度平均值之差不得超过 20HV。

再回火试验可以检查因淬火硬度不足，用过低的温度回火来勉强达到规定的硬度范围的不正确操作，保证零件的综合力学性能。特别是低碳马氏体钢制造的螺纹紧固件，当采用低温回火时，尽管其他力学性能可以达到要求，但在测量保证应力时，残留伸长量波动很大，远远大于 12.5μm，而且在某些使用条件下会发生突然断裂现象。在一些汽车及建筑用螺栓中，已出现过突然断裂事故。通过再回火试验，紧固件的硬度如果明显下降，就可发现淬火不足的问题。当采用高于表 7-14 的最低回火温度回火后，可以消除上述现象，但对采用低碳马氏体钢制造 10.9 级螺栓，应当特别慎重。

7.3.5 氢脆的检查和控制

氢脆的敏感性随紧固件的强度增加而增加。对于 10.9 级及其以上的外螺纹紧固件或表面淬火的自攻螺钉，以及带有淬硬钢制垫圈的组合螺钉等紧固件，为了减小产生氢脆的危险，要求电镀后进行去除氢脆的处理。

去除氢脆的处理应在电镀完成后 4h 内进行，一般在恒温箱中进行，温度为 190~230℃；去氢时间从达到规定温度时开始计算，见表 7-33。

表 7-33 紧固件最短去氢时间

零件	最短去氢时间/h
10.9 级的螺钉、螺栓和螺柱	4
12.9 级的螺钉、螺栓和螺柱	6
带硬度 400~500HV 弹性垫圈组合件	8
带硬度 500~600HV 弹性垫圈组合件	12
自攻螺钉	2
自攻锁紧螺钉	6

弹性垫圈和弹性挡圈在各自的标准中都规定了防止氢脆的技术要求和检查规程。

螺纹紧固件可用旋紧的办法，在专用夹具上，旋到使螺杆承受相当保证应力的载荷下，试验最少应持续 48h，而紧固件至少每隔 24h 重新拧紧一次，并施加到初始的拧紧扭矩或载荷，松后螺纹紧固件不产生断裂。这种方法就作为氢脆的检查方法。

氢脆试验的灵敏度取决于试验的开始时间，所以这种试验应尽快进行，最好在制造过程结束后的 24h 内进行。这个具体时间目前还处在研究中。

参 考 文 献

[1] 全国紧固件标准化技术委员会. 紧固件机械性能 螺栓、螺钉和螺柱：GB/T 3098.1—2010 ［S］. 北京：中国标准出版社，2010.

[2] 全国紧固件标准化技术委员会. 紧固件机械性能螺母：GB/T 3098.2—2015 ［S］. 北京：中国标准出版社，2015.

[3] 樊东黎，徐跃明，佟晓辉. 热处理工程师手册 ［M］. 2 版. 北京：机械工业出版社，2004：623-625.

[4] 全国紧固件标准化技术委员会. 紧固件机械性能 紧定螺钉：GB/T 3098.3—2016 ［S］. 北京：中国标准出版社，2016.

[5] 全国紧固件标准化技术委员会. 紧固件机械性能 自攻螺钉：GB/T 3098.5—2016 ［S］. 北京：中国标准出版社，2016.

[6] 全国紧固件标准化技术委员会. 紧固件机械性能 自挤螺钉：GB/T 3098.7—2000 ［S］. 北京：中国标准出版社，2000.

[7] 全国紧固件标准化技术委员会. 紧固件机械性能 自钻 自攻螺钉：GB/T 3098.11—2002 ［S］. 北京：中国标准出版社，2002.

[8] 全国紧固件标准化技术委员会. 紧固件机械性能 不锈钢螺栓、螺钉和螺柱：GB/T 3098.6—2014 ［S］. 北京：中国标准出版社，2014.

第8章 大型铸锻件的热处理

上海交通大学　顾剑锋

上海电气上重铸锻有限公司　张智峰　王晓芳

铸件按材质类型可分为铸钢件、铸铁件、铸造非铁合金件，而大型铸件通常指铸钢件和铸铁件。典型大型铸件包括机床工具类铸件、重型机械类铸件、电力机械类铸件、石油化工机械类铸件、铁路机车类铸件、船舶机械类铸件、航空航天类铸件、内燃机类铸件等，大型铸件用途非常广泛，涉及工程机械、机床、船舶、航空航天、机车等行业。

由于大型铸件中存在显著的铸造缺陷，如气孔、裂纹、缩孔、缩松、晶粒粗大、组织不均匀和残余内应力等，降低了铸件的力学性能，热处理是消除铸件中铸造缺陷、获得所需力学性能的必要生产工艺。大型铸钢件的主要热处理方式有扩散退火（高温均匀化退火）、正火/回火、退火、淬火/回火、去应力退火、固溶处理、时效处理及预防白点退火等。大型铸铁件通过热处理可大幅度调整和改善力学性能，满足不同使用要求，其常用热处理工艺包括去应力退火、石墨化热处理和改变基体组织热处理三大类。

大型锻件通常指需用1000t或更大吨位自由锻压机生产的锻件。它们大多是国民经济与国防建设所必需的各种大型关键设备，如大型汽轮发电机转子及汽轮机转子，大型轧机的工作辊与支承辊，大型高压容器的筒体与封头，大型舰船的主轴、尾轴与舵杆，大型火炮的身管等的主要基础零部件。这些锻件都是由钢锭直接锻造而成的，因而在热处理中必须考虑冶炼、铸锭、锻造等过程对锻件内部质量的影响。主要影响因素是：

1）化学成分不均匀与多种冶金缺陷的存在。

2）晶粒粗大且很不均匀。

3）较多的气体与夹杂物。

4）较大的锻造应力和热处理应力。

一般来说，锻件的尺寸和重量越大，钢中的合金成分含量越高，这些因大而产生的问题就越严重。

大型锻件在生产中往往要进行好几次热处理，其中在锻造成形后立即进行的热处理称为锻后热处理或预备热处理；为获得最终组织和力学性能的热处理称为最终热处理。

本章首先重点介绍大型锻件的热处理，包括锻后热处理、最终热处理、化学热处理，以及典型大型锻件产品（轧辊、转子、大型筒体与封头等）的热处理；本章的最后一节简单介绍大型铸件热处理及若干典型铸件的热处理实例。

8.1　大型锻件的锻后热处理

大型锻件锻后热处理的目的是：防止产生白点与氢脆，改善锻件内部组织，消除锻造应力，降低硬度，提高锻件的可加工性；细化晶粒，提高锻件的超声检测性能，使锻件获得良好的力学性能或为后续热处理过程准备良好的组织条件。对于不再进行最终热处理的锻件，通过锻后热处理，必须保证锻件达到技术条件规定的组织与性能。

8.1.1　大型锻件中的白点与氢脆

白点是钢中的一种内部裂纹。在锻件的纵向断裂面上呈现为边缘清晰的圆形或椭圆形银白色斑点；在横向低倍试片上呈现为发纹状小裂纹，长度数毫米，最大数十毫米，如图8-1所示。在扫描电镜下，白点的微观形貌为由撕裂岭和解理小平面构成的穿晶准解理，如图8-2所示。

a)

b)

图 8-1　白点的宏观照片

a）横向试样　b）纵向试样

白点的出现将导致锻件横向性能（主要是塑性、韧性）急剧降低并成为最危险的断裂源，严重降低工件的使用性能与寿命。因而，一旦发现白点，锻件应报废或改锻为较小尺寸的锻件。

白点是在钢中的氢与应力联合作用下产生的。白

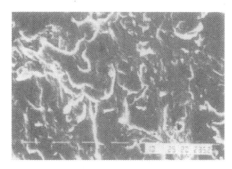

图 8-2　34CrNi3Mo 钢中白点的
扫描电镜照片

点的形成温度一般为 50 ~ 200℃，基本上不随钢的化学成分而变。白点的形成需要孕育期，使钢中的氢形成足够程度的偏聚而使金属脆化。白点多形核于晶界、亚晶界、夹杂物表面及其他晶体缺陷处。

为防止白点的形成，必须将钢中残留氢限制在钢的无白点极限氢含量以下。钢的无白点极限氢含量受控于钢的白点敏感性并与钢的化学成分、组织状态等因素有关。Ni、Mn、Ni-Cr 等合金元素使钢的白点敏感性增高，Zr、Nb、Mo、W、V、Ti、单独存在的 Cr 及稀土元素 Ce 等可使钢的白点敏感性有所下降。在各种组织中，白点敏感性下降的顺序是珠光体、贝氏体、马氏体；混合组织比单一组织更易出现白点。细化晶粒、碳化物质点的细化与片状化、位错密度增加等因素可加大结构缺陷对氢的捕获作用，减小钢的白点敏感性。

按照白点敏感性的不同，可将生产中常用的钢分为以下四组：

第 Ⅰ 组　白点敏感性较低的碳素结构钢和低碳低合金钢，如 25、15CrMo、20CrMo、20MnMo 等，其无白点极限氢含量可取为 3.5×10^{-6}（质量分数）。

第 Ⅱ 组　白点敏感性中等的中碳低合金钢，如 40Cr、35CrMo、34CrMo1A 等，其无白点极限氢含量可取为 3×10^{-6}（质量分数）。

第 Ⅲ 组　白点敏感性较高的中、高碳 Ni-Cr 合金钢，如 40CrNi、34CrNi1Mo、5CrNiMo、70Cr3Mo 与 9Cr2Mo 等，其无白点极限氢含量可取为 2.7×10^{-6}（质量分数）。

第 Ⅳ 组　白点敏感性很高的高镍合金钢，如 10CrNi3MoV（曾 用 牌 号 为 12CrNi3MoV）、18Cr2Ni4WA、34CrNi3Mo、26Cr2Ni4MoV 等。其无白点极限氢含量可取为 1.8×10^{-6}（质量分数）。

还应特别注意，少量残留奥氏体的出现可急剧增大钢的白点敏感性。因为残留奥氏体不仅阻碍氢的扩散逸出，而且有吸引和储存氢的作用，使氢在钢中局部地区高度富集。随后，当残留奥氏体转变为马氏体时，高度富集的氢与巨大的相变应力相结合，形成白点的危险性便大大增加了。

白点所造成的脆性，随钢在加载时应变速率的升高而急剧增加，这种现象称为钢的第一类氢脆。

当钢中的氢不足以形成白点时，钢的塑性、韧性也随钢中氢含量的增加而降低，但下降程度随加载时应变速率的升高而减小，这一现象称为钢的第二类氢脆。随着第二类氢脆的出现，钢的塑性指标可减少一半以上，并在持久加载时导致钢的延迟断裂。因此，对于重要大型锻件，必须考虑第二类氢脆所造成的危害。为避免产生第二类氢脆，重要大型锻件中的剩余氢含量应降至 $(1 ~ 1.5) \times 10^{-6}$（质量分数）以下。

8.1.2　大型锻件的扩氢计算

大型锻件用钢中的原始氢含量因钢的冶炼方法不同而异。根据多年统计资料，在正常情况下的氢含量（质量分数）是

碱性电炉钢：　　$(4 ~ 5) \times 10^{-6}$

经一次真空处理后：$(2 ~ 3) \times 10^{-6}$

经两次真空处理后：$(1 ~ 1.5) \times 10^{-6}$ 或更低

不难看出，只有经过两次真空处理以后，大型锻件用钢方能完全免除白点与氢脆的危害。无以上条件时，为防止白点、氢脆，大型锻坯应在锻后热处理中，通过等温退火将钢中的氢含量降至允许的范围内。

圆柱形大型锻件的扩氢效果可利用如下准则数（特征数）方程进行定量计算：

$$U = \frac{H}{H_0} = \phi \left(\frac{D\tau}{R^2}, \frac{PR}{Q}, \frac{r}{R} \right) \tag{8-1}$$

式中　U——锻件中氢的浓度准则数；

　　　H_0——去氢退火前锻件中原始氢含量；

　　　H——去氢退火后锻件中的氢含量；

　　$D\tau/R^2$——为达到浓度准则数 U 所必需的时间准则数，通常称为傅里叶数，以 Fi 表示，其中 D 为氢的扩散系数，可由表 8-1 查出；τ 为扩散时间（h），R 为圆柱形锻件的半径（cm）；

　　PR/Q——毕欧数，通常以 Bi 表示。其中 P 为渗透性系数，Q 为透过性系数，在计算毕欧数时，比值 P/Q 可近似取为 $1/(2.5\text{cm}^{-1})$；

　　　r/R——位置准则数，r 为计算位置的半径（cm）。

表 8-1　氢在 α-Fe 及 γ-Fe 中的扩散系数

温度/℃	扩散系数（cm²/h）	
	α-Fe	γ-Fe
1500	1.43	1.90
1400	1.38	1.49
1300	1.31	1.19
1200	1.25	0.90
1100	1.19	0.684
1000	1.11	0.468
900	1.02	0.313
800	0.97	0.205
700	0.84	0.112
690	0.8295	—
660	0.798	—
650	0.7875	—
645	0.777	—
630	0.7665	—
620	0.756	—
610	0.7455	—
600	0.735	0.056
500	0.612	0.023
400	0.497	0.007
300	0.360	0.002
200	0.240	—
100	0.008	—
50	0.004	—
20	0.001	—

　　计算时，应先确定毕欧数与位置准则数。若已知扩散时间与扩散温度，即可算出时间准则数，然后由表 8-2 求得相应的浓度准则数 U，进而算出经退火后锻件中指定部位的剩余氢含量。若已知所必须达到的浓度准则数 U，即可算出为此所必需的扩散时间 τ。

　　对于非轴类锻件，扩氢计算准则数方程将变为式（8-2）~式（8-4）的形式。

　　板形件：

$$U = \frac{H}{H_0} = \phi\left(\frac{D_\tau}{S^2}, \frac{PS}{Q}, \frac{x}{S}\right) \tag{8-2}$$

式中　S——板厚的一半（cm）；

　　　　x——计算位置至平板中性面的距离（cm）。

　　短圆柱体：

$$U = \frac{H}{H_0} = \phi_1\left(\frac{D_\tau}{R^2}, \frac{PR}{Q}, \frac{r}{R}\right) \cdot \phi_2\left(\frac{D_\tau}{L^2}, \frac{PL}{Q}, \frac{x}{L}\right) \tag{8-3}$$

式中　R——圆柱体的半径（cm）；

　　　　L——短圆柱体长度的一半（cm）；

　　　　r、x——分别为计算位置的半径和至短圆柱体长度一半处的距离（cm）。

　　平行六面体：

$$U = \frac{H}{H_0} = \phi_1\left(\frac{D_\tau}{S^2}, \frac{PS}{Q}, \frac{x}{S}\right) \cdot$$
$$\phi_2\left(\frac{D_\tau}{B^2}, \frac{PB}{Q}, \frac{y}{B}\right) \cdot \phi_3\left(\frac{D_\tau}{L^2}, \frac{PL}{Q}, \frac{z}{L}\right) \tag{8-4}$$

式中　S、B、L——平行六面体的厚度、宽度与长度的一半（cm）；

　　　　x、y、z——计算位置至厚度、宽度与长度方向中性面的距离（cm）。

　　计算时，ϕ_1、ϕ_2、ϕ_3 等函数的数值可从参考文献［3］中查出。

表 8-2　圆柱形锻件的 Bi、Fi、r/R 与 U 之间的关系

Fi	Bi									
	4		6		10		15		30	
	r/R									
	0.0	0.5	0.0	0.5	0.0	0.5	0.0	0.5	0.0	0.5
	U									
0.02	0.99931	0.99266	—	0.99563	—	0.99176	—	0.99043	—	—
0.04	0.99786	0.96237	0.99886	0.95236	0.99758	0.93678	0.99810	0.92769	0.99839	0.91186
0.06	0.98970	0.90998	0.98805	0.88792	0.98335	0.85918	0.98104	0.84133	0.97798	0.82559
0.10	0.93439	0.79640	0.91635	0.75542	0.89935	0.70956	0.88723	0.68210	0.87109	0.64907
0.20	0.69869	0.55632	0.65034	0.49689	0.59981	0.43926	0.57119	0.40740	0.54186	0.37398
0.30	0.49164	0.38697	0.43206	0.32655	0.37361	0.27301	0.34668	0.24545	0.31547	0.21751
0.40	0.34242	0.26898	0.28441	0.21460	0.23430	0.16977	0.20906	0.14788	0.18369	0.12663
0.50	0.23806	0.18095	0.18696	0.14103	0.14574	0.10559	0.12654	0.08910	0.10695	0.07373
0.60	0.16547	0.12993	0.12286	0.09268	0.09064	0.06567	0.07589	0.05368	0.06227	0.04292
0.80	0.07992	0.06275	0.05306	0.04003	0.03506	0.02540	0.02754	—	0.02111	0.01455
1.00	0.03860	0.03031	0.02291	0.01729	0.01356	0.00982	0.01000	—	0.00716	—
1.20	0.01865	0.01464	0.00900	0.00747	0.00524	0.00380	0.00363	—	0.00243	—
1.40	0.00900	0.00770	0.00427	0.00322	0.00203	0.00147	0.00132	—	—	—
1.50	0.00626	0.00491	0.00281	0.00212	0.00126	0.00092	—	—	—	—

8.1.3　大型锻件的晶粒细化问题

大型锻件由于原始钢锭尺寸较大,凝固结晶缓慢;锻造时间长,加热次数多,而且锻造比小,变形不均匀;加热速度慢,保温时间长;某些大型锻件用钢的奥氏体晶粒遗传严重等原因,往往晶粒十分粗大且不均匀。

晶粒粗大不仅使大型锻件的性能低劣、寿命下降,而且使其在进行超声检测时出现草状波,从而使声波信号迅速衰减,底波消失,以致无法检测。为了提高大型锻件的力学性能和改善其检测性能,必须细化其晶粒组织。

对于大多数锻件来说,通过退火、正火、调质等处理,可使大型锻件中粗大的晶粒得到细化。对于奥氏体晶粒遗传比较严重的钢种（如 26Cr2Ni4MoV、34CrNi3Mo 等）,往往要通过多次正火（或退火）和提高重结晶时的加热速度等方法,才能使锻件的晶粒获得细化或一定程度的细化。

8.1.4　锻后热处理工艺的制订原则与工艺参数

大型锻件在完成锻造工序后应立即进行锻后热处理。在制订工艺时,应遵守以下原则:

1）使锻件尽快地、充分地由奥氏体转变为铁素体-碳化物组织,这样做不仅有利于氢的脱溶与扩散,而且有利于晶粒的调整与细化。应根据钢的过冷奥氏体稳定性,并充分考虑锻件中成分与组织不均匀性的影响,合理确定锻件的冷却速度、过冷温度及过冷保温时间等工艺参数。

2）通过去氢退火将锻件中的氢降至极限氢含量以下并使其分布均匀,以免除白点、氢脆的危害。对多数大型锻件来说,这是锻后热处理的首要任务。去氢退火的关键工艺参数包括:

① 退火温度通常取（650±10）℃,具体数值见表 8-3。因退火温度与高温回火温度相近,故有时将它们列在一起。

② 保温时间参看典型工艺曲线或由式（8-1）~式（8-4）算出。

③ 冷却速度应足够缓慢,以减少锻件中的残余应力。

3）经过一次或多次重结晶使晶粒细化、组织改善、性能提高。

多数碳钢锻件和部分低合金钢锻件的锻后热处理就是最终热处理。对于这类锻件,在锻后热处理中均需安排一次正火和回火,以使其获得必要的组织与性能。对于含合金元素较多、性能要求较高的锻件,尽管还要进行最终热处理,锻后也要进行一次甚至多次重结晶,以便改善锻件的组织与性能,为最终热处理准备良好的组织条件,以提高锻件的超声检测性能。

在重结晶中,关键工艺参数是:

① 加热速度。在大约 600℃ 以下,钢处于冷硬状态,要限制加热速度;在大约 600℃ 以上可以快些。对于尺寸较大或合金元素较多的锻件,可在大约 650℃ 加一个保温台阶,以减小锻件中的内外温差和内应力。

② 加热温度见表 8-3。

③ 在可能的情况下,过冷温度应尽量低一些,以使组织转变更彻底和获得更细的组织。具体数值见典型工艺曲线。

表 8-3　常用大型锻件用钢的正火（退火）、高温回火温度

牌　　号	正火或退火温度/℃		高温回火温度/℃	
	单独生产	配　炉	单独去氢	考虑性能
15	900~920	880~920	620~660	580~660
25	870~890	870~900	620~660	580~660
35	860~880	850~870	620~660	580~660
45	830~860	820~850	620~660	580~660
55	810~830	810~840	620~660	580~660
40Mn	840~860	—	580~620	560~640
50Mn	820~840	—	580~620	560~640
20SiMn	910~930	900~930	630~660	560~660
35SiMn	880~900	880~920	630~660	560~660
35SiMnMo	880~900	880~920	630~660	560~660
60SiMnMo	820~840	810~840	630~660	560~660
37SiMn2MoV	880~900	880~920		560~660
20MnMo	880~900	870~900	630~660	560~660

（续）

牌　号	正火或退火温度/℃		高温回火温度/℃	
	单独生产	配　炉	单独去氢	考虑性能
18MnMoNb	920~940	900~950	640~660	
42MnMoV	870~890	870~900	640~670	
30CrMnSi	880~900	870~920	630~660	560~600
18CrMnTi①	880~900	—	620~660	—
15CrMo	900~920	890~920	630~660	560~660
20CrMo	890~910	880~910	630~660	560~660
30CrMo	870~890	850~900	630~660	560~600
34CrMo1A	860~880	850~900	630~660	
35CrMo	880~900		630~660	
42CrMo	850~870		640~660	
18CrMnMoB	880~900		680~710	
20Cr2Mn2MoA	870~890			
60CrMnMo	830~850	820~860	680~660	
24CrMoV	880~900	870~920	630~660	
30Cr2MoV	940~960		690~720	
35CrMoVA	910~920		630~660	
20Cr	880~900	870~920	630~660	560~660
40Cr	850~870	840~880	630~660	560~660
55Cr	820~840	820~850	630~660	
34CrNiMo	860~880	850~920	630~660	560~660
34CrNi2Mo	860~880	850~920	630~660	560~660
34CrNi3Mo	860~880	850~920	630~660	560~660
18Cr2Ni4WA	900~920	890~920	630~660	
20Cr2Ni4A	870~890		610~650	
6CrW2Si	780~800 （退火）			
5CrMnMo	840~860	830~860	620~660	
5CrNiMo	840~860	830~860	620~660	
5CrNiW	840~860	830~860	620~660	
5CrSiMnMoV①	870~890		640~660	
20Cr13	1000~1050			
30Cr13	1000~1050			
GCr15	790~810 （退火）			
GCr15SiMn	790~810 （退火）			
Cr5Mo	1000~1050	1000~1050		730~750

① 曾用牌号。

8.1.5　大型锻件锻后热处理的基本工艺类型与典型工艺曲线

根据大型锻件所用钢种、截面尺寸、组织性能要求及装炉情况的不同，可将在生产中经常采用的大型锻件锻后热处理工艺分为以下 10 种类型，其工艺曲线如图 8-3~图 8-12 所示。

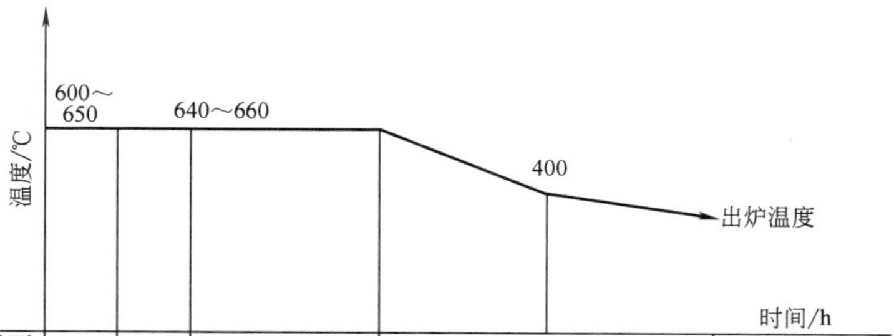

钢组	牌　号	截面尺寸/mm	待料	均温	保温	冷却速度/(℃/h)		出炉温度/℃
I	15、20、25、35、40、45、50、55、40Mn、50Mn	≤300	—	—	3h/100mm 6~9	≤60	—	500
		301~500	—	—	9~15	≤50		400
II	12CrMo、15CrMo、20CrMo、20MnMo、20SiMn、20Cr、30Mn2、42CrMo、40Cr、35CrMo、20Cr13、35SiMn、30Cr13、40Mn2、12Cr13	≤300	—	—	6~7/100mm 14~18	≤60	—	400
		301~500	—	—	18~35	≤50	≤30	300
III	55Cr、34CrMo1	≤300	—	—	24	≤50	—	400
		301~500	—	—	30~50	≤40	≤20	300

图 8-3　等温炉冷工艺曲线

注：一般用于坯料。

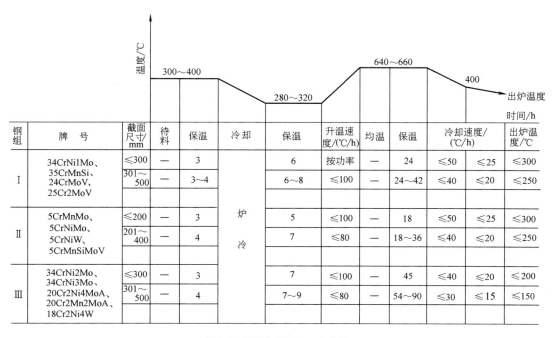

钢组	牌　号	截面尺寸/mm	待料	保温	冷却	保温	升温速度/(℃/h)	均温	保温	冷却速度/(℃/h)		出炉温度/℃
I	34CrNi1Mo、35CrMnSi、24CrMoV、25Cr2MoV	≤300	—	3	炉冷	6	按功率	—	24	≤50	≤25	≤300
		301~500	—	3~4		6~8	≤100	—	24~42	≤40	≤20	≤250
II	5CrMnMo、5CrNiMo、5CrNiW、5CrMnSiMoV	≤200	—	3		5	≤100	—	18	≤50	≤25	≤300
		201~400	—	4		7	≤80	—	18~36	≤40	≤20	≤250
III	34CrNi2Mo、34CrNi3Mo、20Cr2Ni4MoA、20Cr2Mn2MoA、18Cr2Ni4W	≤300	—	3		7	≤100	—	45	≤40	≤20	≤200
		301~500	—	4		7~9	≤80	—	54~90	≤30	≤15	≤150

图 8-4　起伏等温退火工艺曲线

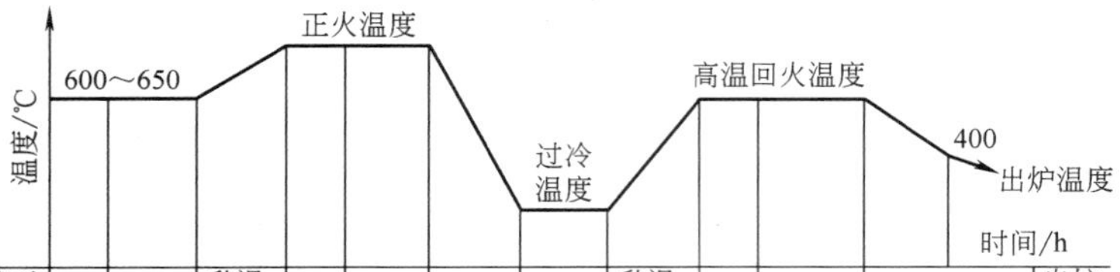

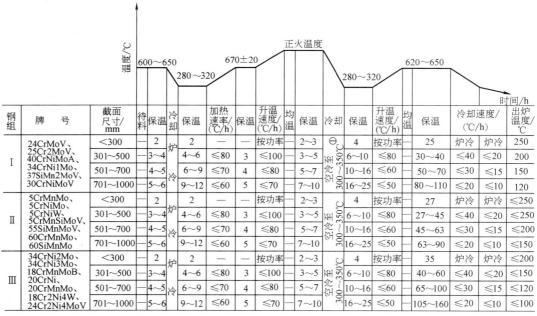

图 8-5　热装炉正火、高温回火工艺曲线

（图上标注：温度/℃　600~650　正火温度　过冷温度　高温回火温度　400　出炉温度　时间/h）

钢组	牌号	截面尺寸/mm	待料	保温	升温速率/(℃/h)	均温	保温	冷却	保温	升温速率/(℃/h)	均温	保温	冷却速度/(℃/h)		出炉温度/℃
Ⅰ	15、20、25、30、35、40、45、50、55、40Mn、50Mn	<250	—	1	按功率	—	1~2	空冷至350~400℃	2	按功率	—	8~12	空	空	
		251~500	—	2		—	2~4		5		—	12~20	空	空	
		501~800	—	3		—	5~7		10		—	20~32	≤50	≤30	350
		801~1000	—	4		—	8~10		15		—	32~40	≤50	≤30	300
		1001~1300	—	5		—	11~14		20		—	40~60	≤40	≤20	250
Ⅱ	15CrMo、20CrMo、20SiMn、20MnMo、12CrMo、18MnMoNb、20Cr、18CrMnTi、35CrMo、30Mn2、18CrMnMo、40Mn2、40Cr、42CrMo、42MnMoV、35SiMn、12Cr13、20Cr13、30Cr13、38SiMnMo、30CrMnSi、Cr5Mo、35SiMnMo	<250	—	2	按功率	—	1~2	空冷至300~350℃	2	按功率	—	10~15	≤60	—	400
		251~500	—	3~5		—	2~4		5		—	15~30	≤50	≤30	350
		501~800	—	5~7		—	5~7		10		—	30~48	≤50	≤30	300
		801~1000	—	7~10		—	8~10		15		—	50~60	≤40	≤20	250
		1001~1300	—	10~13		—	11~14		20		—	70~90	≤30	≤15	200
Ⅲ	50SiMn、55Cr、50Cr、34CrMo1A、35CrMoVA	<250	—	2	按功率	—	1~2	空冷至300~350℃	2	按功率	—	18	≤60	—	400
		251~500	—	3~5		—	2~4		5		—	20~40	≤50	≤30	350
		501~800	—	5~7		—	5~7		10		—	40~64	≤50	≤30	300
		801~1000	—	7~10		—	8~10		15		—	64~80	≤40	≤20	250
		1001~1300	—	10~13		—	11~14		20		—	80~105	≤30	≤15	200

注：1. Ⅰ组钢过冷度为400~500℃，Ⅱ、Ⅲ组钢过冷度为350~400℃。

　　2. 18CrMnMo为曾用牌号，38SiMnMo为非标在用牌号。

图 8-6　热装炉过冷、正火、高温回火工艺曲线

（图上标注：温度/℃　600~650　280~320　670±20　正火温度　280~320　620~650　时间/h）

钢组	牌号	截面尺寸/mm	待料	保温	冷却	保温	加热速率/(℃/h)	保温	升温速率/(℃/h)	均温	保温	冷却	保温	升温速率/(℃/h)	均温	保温	冷却速度/(℃/h)		出炉温度/℃
Ⅰ	24CrMoV、25Cr2MoV、40CrNiMoA、34CrNi1Mo、37SiMn2MoV、30CrNiMoV	<300	—	2	炉冷	2	—		按功率	—	2~3	空冷至300~350℃①	4	按功率	—	25	炉冷	炉冷	250
		301~500	3~4		炉冷	4~6	≤80	3	≤100		3~5	空冷至300~350℃	6~10	≤80		30~40	≤40	≤20	200
		501~700	4~5		炉冷	6~9	≤70	4	≤80		5~7	空冷至300~350℃	10~16	≤60		50~70	≤30	≤15	150
		701~1000	5~6		炉冷	9~12	≤60	5	≤70		7~10	空冷至300~350℃	16~25	≤50		80~110	≤20	≤10	120
Ⅱ	5CrMnMo、5CrNiMo、5CrNiW、5CrMnSiMoV、55SiMnMoV、60CrMnMo、60SiMnMo	<300	—	2	炉冷	2	—		按功率	—	2~3	空冷至300~350℃	4	按功率	—	27	炉冷	炉冷	≤250
		301~500	3~4		炉冷	4~6	≤80	3	≤100		3~5	空冷至300~350℃	6~10	≤80		27~45	≤40	≤20	≤250
		501~700	4~5		炉冷	6~9	≤70	4	≤80		5~7	空冷至300~350℃	10~16	≤60		45~63	≤30	≤15	≤200
		701~1000	5~6		炉冷	9~12	≤60	5	≤70		7~10	空冷至300~350℃	16~25	≤50		63~90	≤20	≤10	≤150
Ⅲ	34CrNi2Mo、34CrNi3Mo、18CrMnMoB、20CrNi、20CrMnMo、18Cr2Ni4W、24Cr2Ni4MoV	<300	—	2	炉冷	2	—		按功率	—	2~3	空冷至300~350℃	4	按功率	—	35	炉冷	炉冷	≤200
		301~500	3~4		炉冷	4~6	≤80	3	≤100		3~5	空冷至300~350℃	6~10	≤80		40~60	≤40	≤20	≤150
		501~700	4~5		炉冷	6~9	≤70	4	≤80		5~7	空冷至300~350℃	10~16	≤60		65~100	≤30	≤15	≤120
		701~1000	5~6		炉冷	9~12	≤60	5	≤70		7~10	空冷至300~350℃	16~25	≤50		105~160	≤20	≤10	≤100

① 在严格测温下，小截面可空冷至300℃；入炉后，如温度回升，可拉台车调整，待炉温稳定后，开始计算保温时间。

正火温度　670±20　装炉温度　300～350　高温回火温度　400　出炉温度　温度/℃　时间/h

牌　号	截面尺寸/mm	温度装炉/℃	保温	升温速度/(℃/h)	保温	升温速度/(℃/h)	均温	保温	冷却	保温	升温/(℃/h)	均温	保温	冷却速度/(℃/h)	出炉温度/℃
15、20、25、35、40、45、50、55、20Cr、40Cr、20MnMo、20SiMn、15CrMo、20CrMo、12CrMoV、35CrMo、34CrMo1A、30CrMnSi、35SiMn、38SiMnMo、35SiMnMo、42CrMo、15CrMoA	<300	≤850	—			—		2		1	按功率	—	2～5	空	空
	301～500	≤650	—		1～2	按功率		2～4	空冷至≤250℃	2	按功率	—	6～10	≤60	400
	501～700	≤550	1～2	≤70	3～4	≤100		5～7		3	≤80	—	10～14	≤50　≤30	350
	701～1000	≤450	2～3	≤60	5～6	≤80		7～10		4	≤60	—	14～20	≤40　≤20	300
	1001～1300	≤300	3～4	≤50	7～8	≤60	—	10～13		5	≤60		20～26	≤30　≤15	250
55Cr、60CrMnMo、Cr5Mo、34CrNi1Mo、34CrNi2Mo、34CrNi3Mo、50SiMn、5CrMnMo、18Cr2Ni4W、5CrNiMo、5CrNiW、5CrMnSiMoV	<300	≤600	1		1	按功率		2		2	按功率		3～8	≤60	400
	301～500	≤500	1～2	≤50	2～3	按功率		2～4	空冷至≤200℃	3	按功率		6～15	≤50	350
	501～700	≤400	2～3	≤40	4～5	≤100		5～7		4	≤60		15～21	≤50　≤30	300
	701～1000	≤300	3～4	≤40	6～7	≤80		7～10		5	≤50		21～30	≤40　≤20	250
	1001～1300	≤250	3～4	≤30	7	≤60	—	10～13		6	≤50		30～40	≤30　≤15	200

图 8-7　冷装炉正火、高温回火工艺曲线

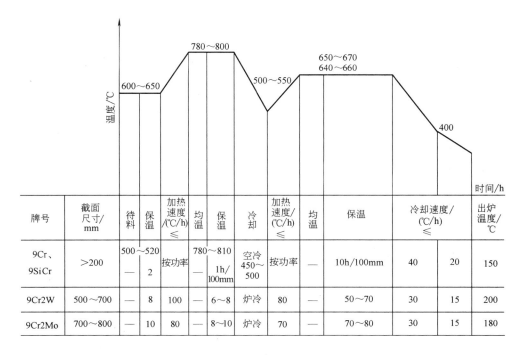

牌号	截面尺寸/mm	待料	保温	加热速度/(℃/h)≤	均温	保温	冷却	加热速度/(℃/h)≤	均温	保温	冷却速度/(℃/h)≤	出炉温度/℃
9Cr、9SiCr	>200	500～520　—	2	按功率	780～810	1h/100mm	空冷 450～500	按功率	—	10h/100mm	40　20	150
9Cr2W	500～700	—	8	100	—	6～8	炉冷	80	—	50～70	30　15	200
9Cr2Mo	700～800	—	10	80	—	8～10	炉冷	70	—	70～80	30　15	180

图 8-8　热装炉球化退火工艺曲线

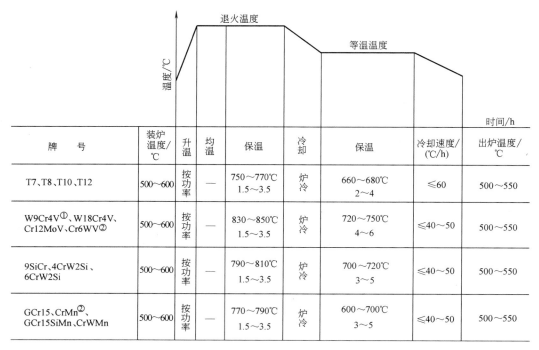

牌 号	装炉温度/℃	升温	均温	保温	冷却	保温	冷却速度/(℃/h)	出炉温度/℃
T7、T8、T10、T12	500~600	按功率	—	750~770℃ 1.5~3.5	炉冷	660~680℃ 2~4	≤60	500~550
W9Cr4V[1]、W18Cr4V、Cr12MoV、Cr6WV[2]	500~600	按功率	—	830~850℃ 1.5~3.5	炉冷	720~750℃ 4~6	≤40~50	500~550
9SiCr、4CrW2Si、6CrW2Si	500~600	按功率	—	790~810℃ 1.5~3.5	炉冷	700~720℃ 3~5	≤40~50	500~550
GCr15、CrMn[2]、GCr15SiMn、CrWMn	500~600	按功率	—	770~790℃ 1.5~3.5	炉冷	600~700℃ 3~5	≤40~50	500~550

图 8-9 冷装炉球化退火工艺曲线

①曾用牌号。
②非标在用牌号。

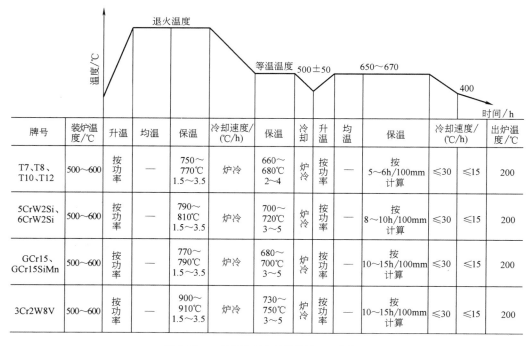

牌号	装炉温度/℃	升温	均温	保温	冷却速度/(℃/h)	保温	冷却	升温	均温	保温	冷却速度/(℃/h)	出炉温度/℃
T7、T8、T10、T12	500~600	按功率	—	750~770℃ 1.5~3.5	炉冷	660~680℃ 2~4	炉冷	按功率	—	按5~6h/100mm计算	≤30	≤15	200
5CrW2Si、6CrW2Si	500~600	按功率	—	790~810℃ 1.5~3.5	炉冷	700~720℃ 3~5	炉冷	按功率	—	按8~10h/100mm计算	≤30	≤15	200
GCr15、GCr15SiMn	500~600	按功率	—	770~790℃ 1.5~3.5	炉冷	680~700℃ 3~5	炉冷	按功率	—	按10~15h/100mm计算	≤30	≤15	200
3Cr2W8V	500~600	按功率	—	900~910℃ 1.5~3.5	炉冷	730~750℃ 3~5	炉冷	按功率	—	按10~15h/100mm计算	≤30	≤15	200

图 8-10 工具钢锭制件锻后热处理工艺曲线

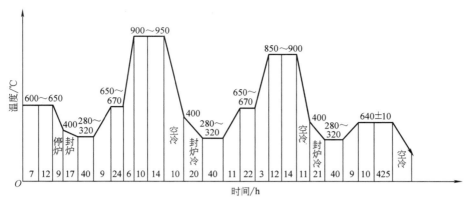

图 8-11　大型汽轮发电机转子锻件锻后热处理工艺曲线

注：材料为 25Cr2Ni4MoV，直径为 φ1200mm。

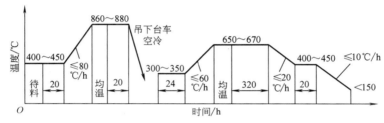

图 8-12　大型支撑辊锻件锻后热处理工艺曲线

注：材料为 70Cr3Mo，直径为 φ1500mm。

8.2　大型锻件的最终热处理

大型锻件的最终热处理多采用淬火、正火及随后的高温回火等工艺，以达到技术条件所要求的性能。

8.2.1　大型锻件淬火、正火时的加热

1. 加热温度

为使负偏析区在加热时达到淬火或正火温度，大型锻件的淬火或正火温度应取规定温度的上限。对于碳偏析比较严重的锻件，可根据不同锭节的实际化学成分，采用不同的加热温度。大型锻件用钢的正火、淬火加热温度见表 8-3 和表 8-4。

2. 加热方式

大型锻件加热时，为了避免过大的热应力，应该控制装炉温度和加热速度。截面大、合金元素含量高的重要锻件，多采用阶梯式加热，即在低温装炉后按

表 8-4　常用大型锻件用钢的淬火加热温度

牌　　号	温度/℃	牌　　号	温度/℃	牌　　号	温度/℃
25	850~880	70Si3MnA[②]	850~870	20CrMo	880~900
35	850~870	35SiMnMo	870~890	30CrMo	860~880
45	830~850	42SiMnMo	850~870	34CrMo1A	850~870
55	800~830	60SiMnMo	830~850	35CrMo	850~870
50Mn	800~820	37SiMn2MoV	850~870	42CrMo	840~860
60Mn	800~820	42SiMnMoV	860~880	20CrMnMoB	870~890
65Mn	800~820	55Si2MnV[①]	850~870	20Cr2Mn2MoA	870~890
35Mn2	800~850	16~20MnNiMo	880~900		800~820
45Mn2	810~840	20MnMo	890~910	30CrMn2MoB	870~890
50Mn2	810~840	18MnMoNb	910~930	32Cr2MnMo	870~890
20SiMn	880~900	32MnMoVB[②]	850~870	35CrMnMo	850~870
35SiMn	860~880	42MnMoV	860~880	40CrMnMo	850~870
42SiMn	840~860	30CrMnSi	850~870	60CrMnMo	830~850
50SiMn	820~840	35CrMnSi	850~870	24CrMoV	870~890
55Si2Mn[①]	860~880	18CrMnTi	800~870	30CrMoV9[③]	850~870
60Si2MnA	850~870	15CrMo	890~910	30Cr2MoV	840~850

（续）

牌　号	温度/℃	牌　号	温度/℃	牌　号	温度/℃
35CrMoVA	890~910	30Cr2Ni2Mo	860~880	5CrSiMnMoV①	850~870
60CrMoV	840~860	25Cr2Ni4MoV	830~850	5SiMn2W	860~890
20Cr	820~840	45CrNiMoV	850~870	4Cr5MoSiV	1020~1050
40Cr	840~860	9Cr2	840~870	3Cr2W8	1040~1060
55Cr	820~840	9Cr2W①	860~880	4SiMnMoV	900~920
40CrNi	840~860	9SiCr	840~860	20Cr13	980~1000
45CrNi	830~850	4CrW2Si	910~930	30Cr13	1000~1050
34CrNiMo④	850~870	6CrW2Si	850~900	GCr15	820~860
34CrNi2Mo	850~870	Cr12MoV	1020~1040	GCr15SiMn	820~840
34CrNi3Mo	850~870		1130~1150	1Cr18Ni9Ti①	1100~1150
18Cr2Ni4WA	890~910	5CrMnMo	830~860	Cr5Mo	1000~1050
20Cr2Ni4A	870~890	5CrNiMo	830~860		
	800~820	5CrNiW	830~860		

① 曾用牌号。
② 非标在用牌号。
③ 德国牌号，相当于我国的30Cr2MoV。
④ 企业牌号。

规定速度加热，在升温中间进行一次或两次中间保温。有些锻件则采用较低的加热速度而不进行中间保温。只有截面尺寸较小、形状简单、原始残余应力较小的碳钢和低合金结构钢锻件，才允许高温装炉、不限制加热速度或在低温装炉后采用最大功率升温。

高温装炉直接加热时，锻件中不同部位的升温曲线如图8-13所示。可以看出，在这种情况下，锻件表面与中心的最大温差很大，出现最大温差时工件心部温度低于200℃，钢仍处于冷硬状态，易因巨大的温差应力而产生内部裂纹。

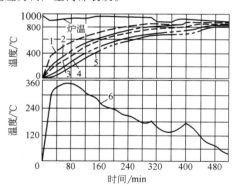

图8-13　φ800mm 40CrNi 钢坯加热曲线（直接加热）
1—距表面10mm　2—距表面70mm　3—距表面
130mm　4—距表面260mm　5—距表面400mm
6—表面与中心温差
注：炉温为95℃，热装炉。

阶梯式加热时锻件中不同部位的升温曲线如图8-14所示。可以看出，由于采取了中间保温，在加热中出现了两次最大温差：第一个出现在心部温度约为350℃时，数值仅为图8-13曲线的1/3；出现第二个最大温差时，锻件心部温度已升高至约700℃，钢已

处于塑性状态，无开裂危险。当锻件尺寸很大时，加热中第一个最大温差的数值仍会较大，这时要在约400℃等温一段时间，待工件表面和中心都升至较高温度时再继续加热。这样可以减小第一个最大温差的数值和使其在更高的温度范围出现。

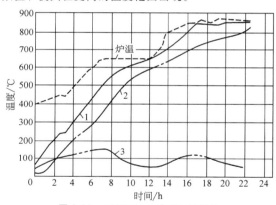

图8-14　φ900mm 40Cr2MoV 锻件
加热曲线（阶梯式加热）
1—距表面15mm　2—中心处　3—表面与中心温差

3. 升温速度

锻件在加热过程的低温阶段，升温速度要控制在30~70℃/h，经中间保温后，整个截面上塑性较好，升温速度可以快些，一般取50~100℃/h。

4. 均温与保温

当加热炉主要测温仪表（一般台车式炉指炉顶测温仪表，井式炉指各段炉壁仪表）指示炉温到达规定温度时，即为均温开始，至目测工件火色均匀并与炉墙颜色一致时为均温终了。

为使工件心部达到规定温度，完成奥氏体转变并使其均匀化，锻件在均温后尚需进行保温。保温时间根据工件有效截面确定。对碳素结构钢与低合金结构钢锻件，保温时间按 $0.8 \sim 1.2h/100mm$ 计算；对中、高合金钢锻件，按 $1.0 \sim 1.5h/100mm$ 计算。各种形状锻件的有效截面计算方法见表 8-5。

表 8-5　有效截面计算方法

锻 件 形 状	尺 寸 关 系	有 效 截 面
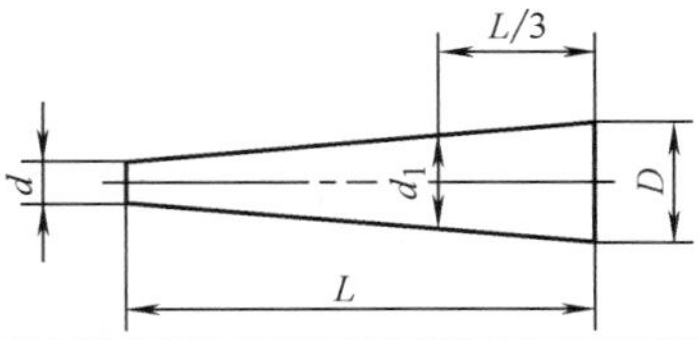 （锥形件图）	$d<D$	d_1
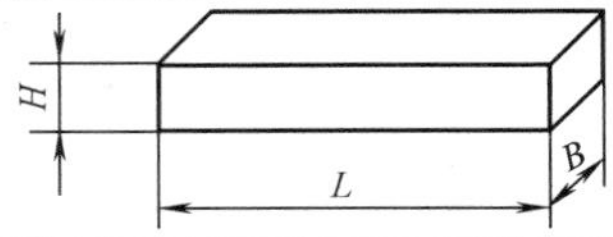 （长方体件图）	$H<B \leqslant 1.5H$	H
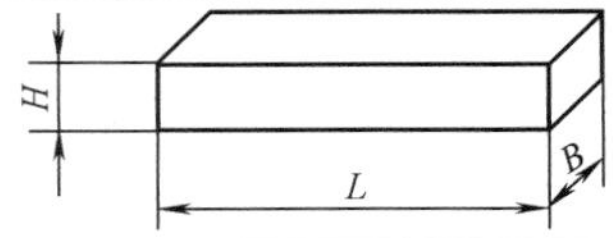 （长方体件图）	1）$1.5H<B \leqslant 3H$ 2）$B>3H$	1）$(1 \sim 1.5)H$ 2）$1.5H$
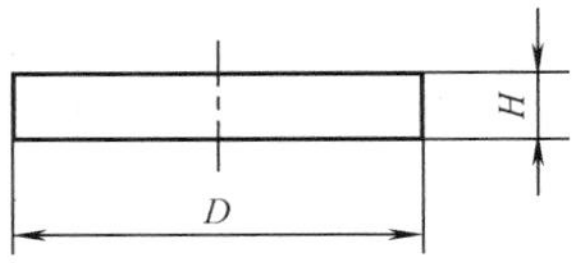 （扁平板件图）	$3H<D$	$1.5H$
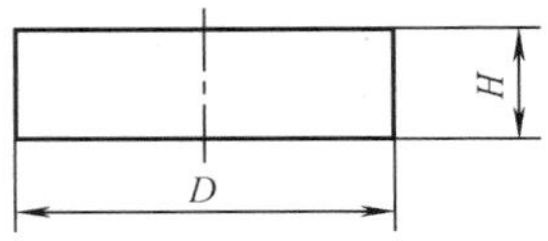 （扁平板件图）	1）$1.5H<D \leqslant 3H$ 2）$H<D \leqslant 1.5H$	1）$(1 \sim 1.5)H$ 2）H
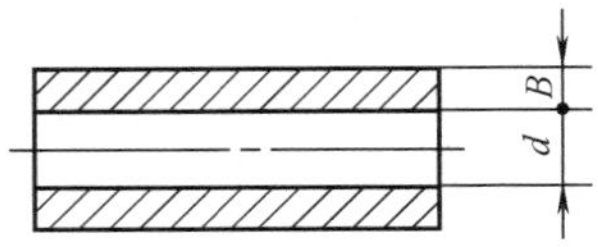 （空心筒件图）	1）$d>B$ 2）$d<B$	1）$1.5B$ 2）$(1.5 \sim 2)B$
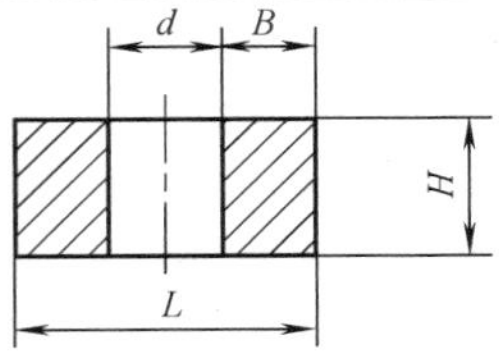 （环形件图）	1）$d<B \begin{cases} B<H<1.5B \\ 1.5B<H \end{cases}$ 2）$d>B \begin{cases} B<H<1.5B \\ 1.5B<H \end{cases}$	1）$\begin{cases} (1 \sim 1.5)B \\ (1.5 \sim 2)B \end{cases}$ 2）$\begin{cases} B \\ (1 \sim 1.5B) \end{cases}$
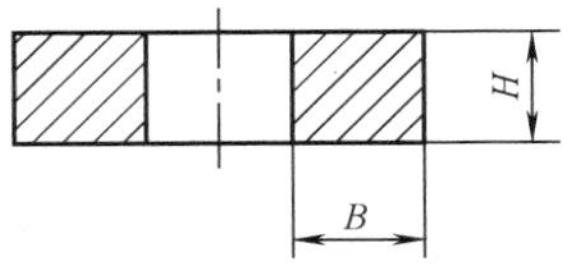 （环形件图）	1）$H<B \leqslant 1.5H$ 2）$B \geqslant 1.5H$	1）$(1 \sim 1.5)H$ 2）$1.5H$
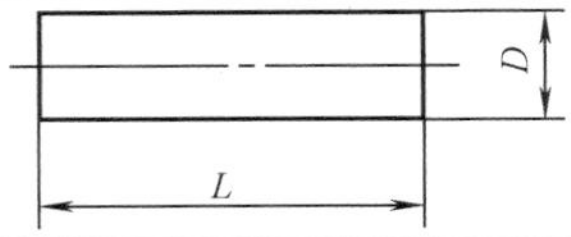 （轴类件图）	$D<L$	D
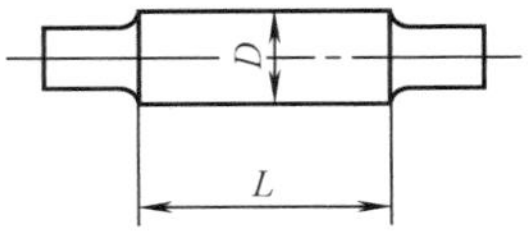 （带台阶轴件图）	$D<L$	D

（续）

锻 件 形 状	尺 寸 关 系	有 效 截 面
	$d<L<D$	L
	$L<d<D$	d

8.2.2 大型锻件淬火、正火时的冷却

在大型锻件淬火、正火冷却过程的工艺参数中，最关键的是选择恰当的冷却速度和终冷温度。

对于性能要求很高的高合金钢大型锻件，必须选择能够保证工件心部奥氏体完全避开珠光体和上贝氏体转变的冷却速度，以使锻件沿整个截面获得下贝氏体或下贝氏体+马氏体组织。

对于大型碳钢和低合金钢锻件，冷却后获得下贝氏体的要求有时难以达到，这时应将心部奥氏体过冷到防止出现粗大珠光体和铁素体的温度，对低合金钢锻件终冷温度可选为 300~350℃；碳钢件可选为 300~350℃。

对照相应锻件的冷却曲线和所用钢种的过冷奥氏体连续转变曲线，可获得锻件尺寸、冷却速度、冷却时间、终冷温度，以及转变产物与性能水平等方面的完整资料。从图 8-15 可以看出，为使锻件心部无珠光体，应保证锻件心部冷却速度不小于 v_1，终冷温度不高于 450℃。如果要使锻件心部获得马氏体组织，必须保证锻件心部冷却速度不低于 v_2，并且应过冷到 300℃ 以下。在确定终冷保持时间时，必须充分考虑组织转变热效应的影响。

1. 冷却方式及冷却曲线

大型锻件常用的冷却方式有静止空气冷却、鼓风

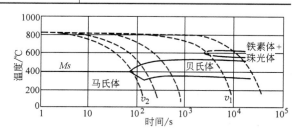

图 8-15　3.5%Ni-Mo-V 钢奥氏体连续冷却转变图

冷却、喷雾冷却、油冷、水冷、喷水冷却及水淬油冷、空-油冷却（延迟淬冷）、水-油双介质淬火、油-空双介质淬火等，这些冷却方式并不能完全满足大型锻件冷却的要求，还有待于寻求新的淬火冷却介质和冷却方法。对形状复杂、截面变化较大的工件，为使冷却均匀和减小淬火应力，有时采用工件炉冷或空冷稍降低温度后再出炉淬火的方法。

（1）水冷　水冷工件经高温回火后的强度、塑性、韧性和脆性转变温度等力学性能都比油冷好（特别是心部性能）。因此，在不引起缺陷扩大的前提下，应采用水冷。但是，这时工件截面上的最大温差可达 750~800℃，若锻件冶金质量不好，巨大的内应力会使工件产生裂纹，甚至断裂。图 8-16~图 8-19 所示为不同钢锻件的不同截面水冷曲线。

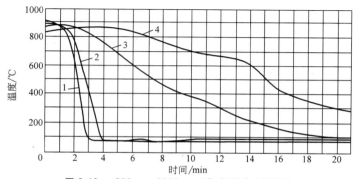

图 8-16　φ300mm×2000mm 9Cr 钢锻件水冷曲线

1—距表面 15mm　2—距表面 30mm　3—距表面 75mm　4—距表面 150mm

注：水温为 20℃。

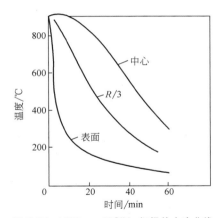

图 8-17 φ450mm 42SiMn 钢锻件水冷曲线

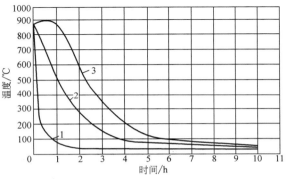

图 8-18 φ920mm 42SiMn 钢锻件水冷曲线
1—表面 2—距表面 230mm 3—中心

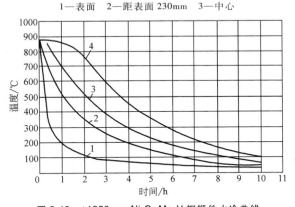

图 8-19 φ1350mm Ni-Cr-Mo-V 钢锻件水冷曲线
1—表面 2—距表面 225mm 3—距表面 450mm 4—中心

当判断锻件淬火冷却中能否采用水冷时,首先应考虑锻件化学成分和基础性能的影响,按式(8-5)计算出锻件的碳当量 CE。

$$CE = w(C) + \frac{w(Mn)}{20} + \frac{w(Ni)}{15} + \frac{w(Cr) + w(Mo) + w(V)}{10}$$

(8-5)

式中 $w(Me)$——相应元素的质量分数(%)。

当计算结果为:

1)锻件中正偏析区的碳当量 CE ≤ 0.75%,正偏析区的碳含量 ≤ 0.31%(质量分数)时,锻件可以毫无危险地采用水淬。

2)锻件中正偏析区的碳当量 CE = 0.75% ~ 0.88%,正偏析区的碳含量 = 0.32% ~ 0.36% 时(质量分数),锻件可以采用水淬,但需特别小心。

3)锻件中正偏析区的碳当量 CE ≥ 0.88%,正偏析区的碳含量 ≥ 0.36%(质量分数)时,若无特殊的指示与指导,禁止水淬。

随着大型锻件用钢碳含量的逐步降低和电渣重熔、钢包精炼、真空除气、真空脱氧等先进冶炼工艺的采用,大型锻件的冶金质量有了明显提高,承受较大淬火应力而不引起开裂的可能性有所增加,应当扩大急冷和深冷的应用。

(2)油冷 油冷时锻件中最大温差比水冷小,一般不超过 500℃。图 8-20 ~ 图 8-23 所示为不同钢锻件的不同截面油冷曲线。采用空-油冷却(延迟淬冷)可显著降低工件内外温差(见图 8-24)。

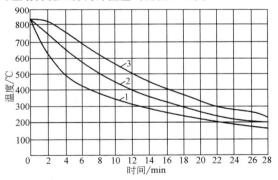

图 8-20 φ200mm 40Cr2MoV 钢锻件油冷曲线
1—表面 2—距表面 1/3 半径处 3—中心

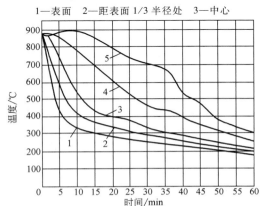

图 8-21 φ460mm×2000mm 50Mn2 钢锻件油冷曲线
1—距表面 15mm 2—距表面 30mm 3—距表面 65mm
4—距表面 120mm 5—距表面 200mm
注:油温 50℃。

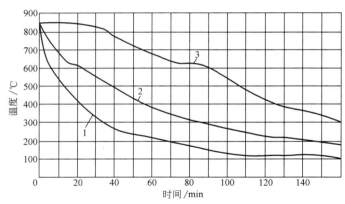

图 8-22　φ700mm 40Cr2MoV 钢锻件油冷曲线

1—表面　2—距表面 1/3 半径处　3—中心

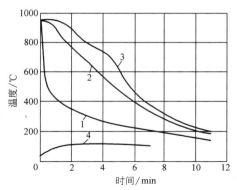

图 8-23　φ1270mm 锻件油冷曲线

1—表面　2—距表面 1/2 半径处

3—中心　4—油温

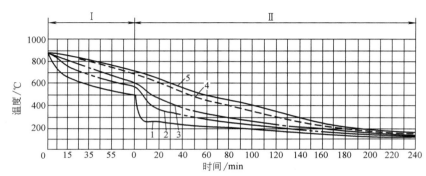

图 8-24　φ600mm 34CrNiMo 钢锻件空冷（Ⅰ）随后油冷（Ⅱ）的冷却曲线

1—距表面 10mm　2—距表面 70mm　3—距表面 105mm　4—距表面 200mm　5—距表面 300mm

（3）空冷　空冷或鼓风冷的冷却能力比水冷、油冷小得多，故在一定程度内可避免锻件内部缺陷的扩大，但空冷时锻件的性能潜力不能充分发挥。图 8-25 和图 8-26 所示为不同大型锻件的空冷曲线。

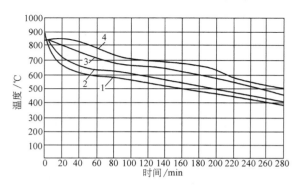

图 8-25　φ650mm 45Cr 钢锻件空冷曲线

1—距表面 20mm　2—距表面 50mm

3—距表面 105mm　4—中心

注：静止空气；加热温度：表面 900℃。

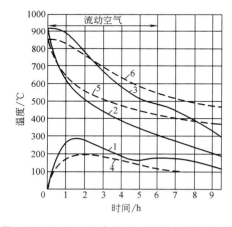

图 8-26　φ950mm 28CrNiMoV7.4 钢锻件空冷曲线

1、4—表面和心部温差　2、5—表面温度

3、6—心部温度

————虚线为静止空气冷却　——实线为鼓风冷却

注：28CrNiMoV7.4 为德国牌号，

相当于我国的 28Cr2Ni1MoV。

（4）水淬油冷　图 8-27 和图 8-28 所示为不同水淬油冷冷却曲线。

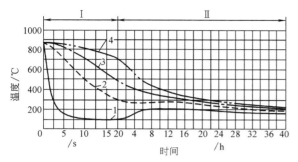

图 8-27　φ400mm 40Cr 钢锻件
先在水中（Ⅰ）后在油中（Ⅱ）冷却曲线
1—距表面 10mm　2—距表面 75mm
3—距表面 130mm　4—距表面 200mm

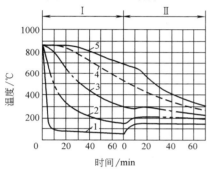

图 8-28　φ800mm 40CrNi 钢锻件先在水中
（Ⅰ）后在油中（Ⅱ）冷却曲线
1—距表面 10mm　2—距表面 70mm　3—距表面 130mm
4—距表面 360mm　5—距表面 400mm

（5）双介质淬火　空-水-空、水-空-水、油-空-油等双介质淬火方式，可使心部热量向外层传播，以减少锻件截面上的温差，使冷却比较均匀，降低淬火应力。

图 8-29 所示为空-水-空双介质淬火曲线。工件在空气中预冷 12min 后随即水冷 2min、空冷 3min，再

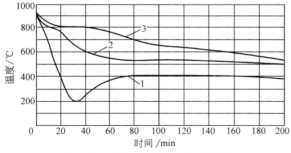

图 8-29　φ870mm 34CrMo1A 钢转子
锻件空-水-空双介质淬火曲线
1—表面　2—距表面 1/3 半径　3—中心

交替冷却至 35min，然后空冷。

（6）喷雾冷却与喷水冷却　喷雾冷却是利用压缩空气与压力水的共同作用，使之成为细雾状向工件表面喷射的冷却方式；喷水冷却是将高压水直接向工件表面均匀喷射的冷却方式。在喷射冷却时，工件要旋转，以使冷却均匀。这种冷却方式的优点是在冷却过程中可以改变风量、水量及水压，以达到调节冷却速度的效果，使在不同冷却阶段得到不同的冷却速度。对有阶梯的工件，在不同截面处可以调节得到不同的冷却能力，使之获得相同的冷却速度。喷水冷却的冷却能力很强，高压水还可以猛烈冲刷工件加热时表面形成的氧化皮。

图 8-30 所示为 φ950mm 28CrNiMoV7.4 钢锻件在鼓风和喷雾冷却时的冷却曲线，图 8-31 所示为 φ1800mm Cr-Ni-Mo-V 钢锻件的喷水冷却曲线。

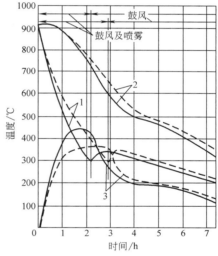

图 8-30　φ950mm 28CrNiMoV7.4 钢锻件在
鼓风和喷雾冷却时的冷却曲线
1—表面温度　2—心部温度　3—表面与心部的温差
注：实线———水压为 4.6MPa 的喷雾冷却，
虚线-----水压为 2.5MPa 的喷雾冷却。

2. 冷却时间的确定

冷却时间指工件在冷却介质中停留的时间。冷却时间过短，会达不到要求的性能，而冷却时间过长、终冷温度过低，会增大淬裂的危险性。所以，确定适当的冷却时间及终冷温度，是大型锻件热处理工艺中的一个重要步骤。

在生产中，淬火冷却主要是控制冷却时间，而工件表面的终冷温度仅作为参考。冷却时间一般根据实测的各种冷却曲线、理论计算及长期生产经验来确定。必须注意，即使具有相同截面的工件，在相同的

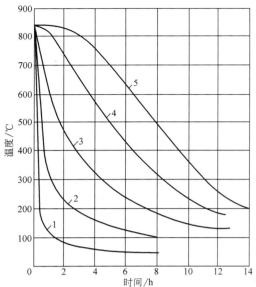

图 8-31　φ1800mm Cr-Ni-Mo-V 钢锻件的喷水冷却曲线
　　1—距表面 15mm　2—距表面 100mm
3—距表面 200mm　4—距表面 450mm　5—中心

淬火冷却介质及冷却时间内冷却，也会由于冷却设备容量、淬火冷却介质的温度、介质循环条件及工件在介质中的移动方式等情况不同，造成工件心部温度的显著差别。所以，在规定冷却时间的同时，还要严格控制冷却条件。

图 8-32 和图 8-33 所示为不同直径锻件在水冷、油冷、空冷时，心部冷却到 450℃ 和 300℃ 时所需的冷却时间（淬火温度取为 860℃，淬火冷却介质温度为 40℃），曲线是由实测数据整理而得到的。表 8-6 列出的一些具体冷却工艺示例可供参考，生产中应根据工件形状、材质及生产条件进行适当调整。

另外，也可采用简化公式来估计冷却时间：

$$\tau = aD \qquad (8-6)$$

式中　τ——冷却时间（s）；

　　　　a——系数（s/mm）；油冷时，$a = 9 \sim 13$；水冷时，$a = 1.5 \sim 2$；水淬油冷时，水淬：$a = 0.8 \sim 1$，油冷：$a = 7 \sim 9$；

　　　　D——工件有效截面尺寸（mm），见表 8-5。

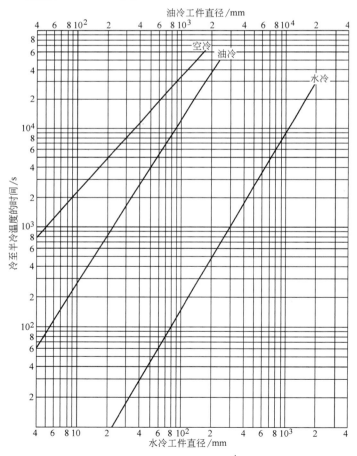

图 8-32　不同直径锻件心部冷却至温度 $T = \dfrac{1}{2}(T_{淬} + T_{介})$ 的时间

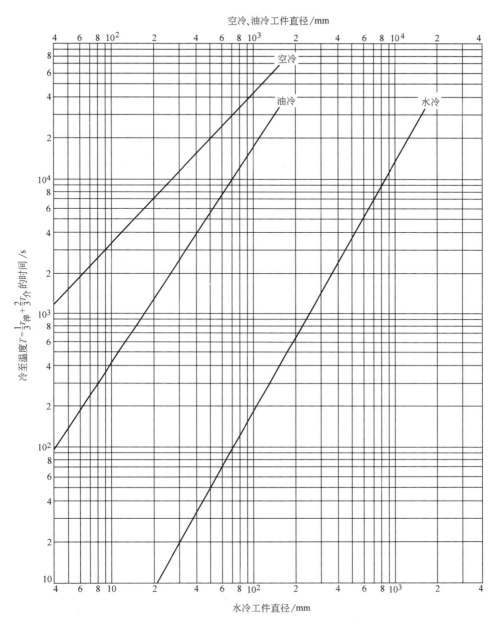

图 8-33　不同直径锻件心部冷却至 $T=\frac{1}{3}T_{淬}+\frac{2}{3}T_{介}$ 的时间

表 8-6　具体冷却工艺示例

冷却		有效截面尺寸/mm									
		≈100		101~250		251~400		401~600		601~800	801~1000
油冷	淬火冷却介质	油		油		油		油		油	油
	淬冷时间/min	20		20~50		60~100		100~150		150~200	200~250
水淬油冷	淬火冷却介质	水	油	水	油	水	油	水	油		
	淬冷时间/min	1~2	~15	1~3	15~30	2~5	25~60	3~6	50~100		

（续）

冷却		有效截面尺寸/mm					
		≈100	101~250	251~400	401~600	601~800	801~1000
水冷	淬火冷却介质	水	水	水			
	淬冷时间/min	10~20	20~50	50~80			
双介质淬冷	淬火冷却介质		水　空　水	水　空　水		油　空　油	油　空　油
	淬冷时间/min		1~3　2~3　3~6	4~8　3~5　6~8		80~100　5~10　30~60	100~140　10~15　50~80

注：1. 碳钢及低合金钢冷却时采用下限，中合金钢采用上限。
　　2. 截面尺寸为401~600mm"水-油"冷却仅适用于碳素结构钢及低合金结构钢。
　　3. 工件装在垫板上淬冷时，应当延迟冷却时间。
　　4. 淬冷前油温不大于80℃，水温为15~35℃。

工件正火时，一般规定表面终冷温度为：碳素结构钢、低合金结构钢不高于250~400℃，高、中合金结构钢、模具钢不高于200~350℃。

8.2.3　大型锻件的回火

大型锻件回火的目的是消除或降低工件淬火或正火冷却时产生的内应力，得到稳定的回火组织，以满足综合性能要求。在回火过程中，还可继续去氢和使氢分布均匀，对降低或去除氢脆的影响是有利的。

大型锻件淬火后应及时回火，规定时间间隔如下：

1）碳素结构钢、低合金结构钢锻件直径不大于700mm者，小于3h；直径大于700mm者，小于2h。

2）中、高合金结构钢锻件不超过2h。

3）水淬、水淬油冷锻件，模具钢、轧辊钢及其他重要锻件，均应立即回火。

1. 回火温度的选择

大型锻件的回火温度应根据对锻件性能、组织的要求和每个锻件的具体情况确定。用小试样做出的回火温度与性能之间的关系曲线，只能作为选择大型锻件回火温度时的参考。

表8-7列出了各种大型锻件用钢的硬度与回火温度的关系，表8-8列出了屈服强度与回火温度的关系，可作为选择回火温度的依据。但应指出，由于各工厂的实际生产条件和生产经验不同，同一牌号锻件的回火温度不必完全一致。

表 8-7　各种大型锻件用钢的硬度与回火温度的关系

牌号	硬度											
	160~220HBW	180~220HBW	197~241HBW	217~255HBW	229~269HBW	241~285HBW	269~302HBW	280~320HBW	320~340HBW	50~70HS	60~80HS	≥75HS
	回火温度/℃											
35	640	570	510①									
45		590	550~590①	530~560	530①	510①						
55			590	570								
65Mn							540					
40Cr			590	560~610①	530~590①	510~560	540					
55Cr					600	570						
35SiMn			580									
20CrMo	660											
20CrMo9(德国)		650										
34CrMo1		670	640	620	590	550~620①	520					
35CrMo		660	610	580	560	530~580①	560①					
24CrMo10(德国)		680										
40CrNi		660	570									
35CrMnMo				610	580							
40CrMnMo				620	600	570						

（续）

牌号	硬度											
	160~ 220HBW	180~ 220HBW	197~ 241HBW	217~ 255HBW	229~ 269HBW	241~ 285HBW	269~ 302HBW	280~ 320HBW	320~ 340HBW	50~ 70HS	60~ 80HS	≥75HS
	回火温度/℃											
60CrMnMo			650③		630			570				
32Cr2MnMo						610	590	580				
30CrMnSi				610	580							
34CrNiMo				630								
34CrNi2Mo					620							
34CrNi3Mo			630④		620	590	560	550	530			
30Cr2Ni2Mo				640		590~ 620②	600②	560				
30Cr2Ni3Mo					640②							
24CrMoV						660						
35CrMoV					590	560						
30CrMoV9(德国)						620						
30Cr2MoV				690④		680						
18MnMoNb					610							
18CrMnMoB						580						
30CrMn2MoB							580					
50SiMnMoB					630							
9Cr2								640				320①
9CrV(曾用牌号)							590③	560③			350①	
9Cr2W				690							350①	
9Cr2Mo										390		320
5CrMnMo						640		560				
5CrNiMo						570					460	
6CrW2Si					670							
20Cr13					630	600						
30Cr13				670③		600③						
Cr5Mo		640										

注：1. 回火温度偏差为±10℃。
　　2. 无标注者为油冷。
① 水淬油冷。
② 水淬。
③ 空冷。
④ 鼓风冷却。

表 8-8　屈服强度与回火温度的关系

温度/℃	R_{eL}/MPa					
	250	300	350	400	450	500
	牌号					
510						
520						
530					40Cr·300	
540					45CrNi·150	
550				40Cr·300	35CrMo·250	35CrMo·400① 35CrMo·150
560	20MnMo③ 35·750③		35① 40·150①	20MnMo① 35CrMo·500	40·60②	20CrMo① 34CrMo1·700
570		35 20MnMo 35·250				40Cr 35CrMo·300

（续）

温度/℃	R_{eL}/MPa					
	250	300	350	400	450	500
	牌号					
580	45.800③	40·300	20MnMo① 40Cr·500	40Cr·200	20CrMo① 35CrMo·150	40Cr·200①
590	20SiMn③		45 45·150	15CrMo	45CrV 50SiMn 35CrMo·450	35CrMo 34CrMo1·500
600	35	40 35·300①		50Mn2 35CrMo·150	40Cr 35CrMnMo·800	18MnMoNb 35CrMnMo·500
610	40 15CrMo·60③	45·500	40·60①	34CrMo1③	35CrMo	34CrMo1
620	15CrMo③		15CrMo	42CrMo·400	18MnMoNb 34CrNi2Mo·400③	Cr13 34CrNiMo 34CrNiMo·200
630	45③	45		40Cr	34CrMo1 34CrMo1·400	35CrMo① 34CrNi3Mo·400④
640		35CrMo·650④	35CrMo 35CrMo·450	20CrMo①	32Cr2MnMo·1300	Cr5Mo1V 35SiMnMo
650				34CrMo1 34CrMo1·250	20CrMo9	24CrMo10
660						
670			34CrMo1 34CrMo1·250		24CrMo10	
680					20Cr13	
690					30Cr2MoV④ 30Cr2MoV·650④	

温度/℃	R_{eL}/MPa			
	550	600	650	700
	牌号			
510		40Cr·30	45CrNi	42CrMo
520				
530	20CrMo 45CrNi·150 40Cr·70	45CrNi		
540	40Cr		42CrMo 40Cr·30①	34CrMo1·200①
550	45CrNi	35CrMo	40Cr① 34CrMo1	35CrMo·100①
560	55·150	18MnMoNb 40Cr·100①	35CrMo·140①	34CrNiMo·300
570	35CrMo	34CrMo1 42CrMo 35CrMo·100①	35CrMo① 34CrMo1·150① 18CrMnMoB·400	30CrMn2MoB·350
580	18MnMoNb 40Cr·150	34CrMo1·100 18CrMnMoB·400①	34CrNiMo·300 35CrMnMo·400	5CrMnMo 18CrMnMoB⑤·350
590	34CrMo1 35CrMo·250	34CrMo1·150① 34CrNiMo·300 18CrMnMoB·350 32Cr2MnMo·650	32Cr2MnMo·400	35CrMo·50① 32Cr2MnMo·300

（续）

温度/℃	R_{eL}/MPa			
	550	600	650	700
	牌号			
600	42CrMo 55Cr·400 40CrNiMo·600	40Cr① 34CrNiMo·250 35CrMnMo·300	5CrMnMo 32Cr2MnMo·300 30CrMn2MoB·500	34CrNi3Mo （30Cr2MnMo）·170②
610	34CrMo1·150 35CrMnMo·500 32Cr2MnMo·750	40CrV① 12Cr13 40CrV·150① 32Cr2MnMo·350	（30Cr2Ni3Mo）·220②	32Cr2MnMo 32Cr2MnMo·220
620	40Cr① 32Cr2MnMo·600 50SiMnMoB·250③	34CrNi3Mo·550 50SiMnMoB·650		
630	2Cr13 40CrV⑤·200① 35CrNiW·250①	45CrV①	32Cr2MnMo	
640	35CrMnMo			
650	30CrMn	34CrNiMo		
670		24CrMoV		30Cr2MoV
680				
690	24CrMoV	30Cr2MoV		
510				
520				34CrNi3Mo
530	25CrNi4⑤·30			
540			34CrNi3Mo	
550	18CrMnMoB 18CrMnMoB·400		45CrNi① 18CrNiW⑤·300	34CrNi3Mo·300① 18CrNiW·200
560	30CrMn2MoB·150	34CrNi3Mo	34CrNi3Mo·300①	34CrNiMo·60
570	45CrNi① 18CrNiW·300		34CrNiMo·60	
580	34CrNi3Mo 34CrNi3Mo·200	34CrNi3Mo·200		
500	32Cr2MnMo·200 30Cr2Ni2Mo·250	34CrNi3MoV		
600				
610		45CrNiMoV⑤		34Cr3WMoV
620			34Cr3WMoV	34CrNi3Mo·70
630	34Cr3WMoV·400			
640	34Cr3WMoV			
650		30Cr2MoV		
660				
670				
680				
690				

注：1. 牌号后有数字者，表示纵向性能，其数字为截面尺寸（mm），有括号者为横向性能，只写钢号者为切向性能。
　　2. 无标明者为油冷。
① 水淬油冷。
② 水淬。
③ 空冷。
④ 鼓风冷却。
⑤ 曾用牌号。

2. 回火中的加热与冷却

（1）入炉温度及升温前的停留时间　高合金钢大型锻件淬冷终了时，心部尚有未充分转变的过冷奥氏体，在回火入炉温度下停留时，表面温度升高，心部温度则继续降低，使心部尚未转变的奥氏体继续分解。所以，在回火入炉的低温下长时间停留，实际上是心部继续冷却的过程。回火入炉温度应根据钢的奥氏体等温转变图来确定，一般在 Ms 点附近，停留时间应保证过冷奥氏体得到充分转变。

碳钢和低合金钢锻件在淬火冷却中，过冷奥氏体转变已经基本完成，入炉回火只是为了减少锻件中的内外温差，以降低锻件中的内应力。

（2）升温、均温和回火保温　回火加热时所产生的热应力与淬火后的残余应力叠加，可促使工件中的缺陷扩大，所以回火加热速度要比淬火加热速度低一些，一般控制在 30~100℃/h。

高温回火时，炉子测温仪表到温后即为均温开始，当锻件表面火色均匀且与炉膛颜色一致时即为均温终了。低温回火时无法判断火色，应根据实际经验，选择足够长的回火时间。

均温结束即为保温开始。实际上，保温时心部继续升温到回火温度，并完成回火转变过程。淬火后的回火保温时间可选为约 2h/100mm，而正火后的回火为约 1.5h/100mm。

（3）回火后的冷却与残余应力　大型锻件高温回火后快冷，会引起大的残余应力，其数值主要取决于该钢的弹塑性转变温度（碳钢和低合金为 400~450℃，合金钢为 450~550℃）以上阶段的冷却速度。为了减小锻件中的残余应力，应尽量降低锻件在高温阶段的冷却速度。为了缩短回火冷却时间以提高生产率，锻件在弹塑性转变温度以下区域可以采取较快的冷却速度。

调质大型锻件中的残余应力是热残余应力，沿截面的分布规律是：表面受压，心部受拉，由中心到表面近似为一条不对称的余弦曲线，中心处的轴向应力约比切向应力大一倍。必要时可根据锻件用钢的物理参数与回火工艺过程对应力分布曲线进行定量计算。

当只需控制锻件表面残余应力时，可以用以下经验公式进行估算：

$$\begin{cases} \sigma_z = 0.48\Delta T \\ \sigma_\tau = 0.42\Delta T \end{cases} \tag{8-7}$$

式中　σ_z、σ_τ——分别为锻件表面的轴向与切向残余应力（MPa）；

ΔT——锻件在高温阶段冷却时，工件中的最大温差（℃）。

通常对重要锻件规定为，经高温回火后工件表面的残余应力值不得高于其屈服强度的 10% 或 40MPa，即可由上式算出在高温回火时应当采取的冷却速度。

（4）回火脆性（第二类回火脆性）　当用对回火脆性敏感的钢材制造大型锻件时，为获得较高的韧性，要求回火后快冷，但这将引起大的残余应力。在不引起回火脆性的温度下（450℃）再进行补充回火，可使残余应力降低 50% 左右。为了保证韧性符合要求而残余应力又小，大型锻件应采用对回火脆性不敏感的碳钢或添加 $w(Mo)$ 为 0.25%~0.5% 或 $w(W)$ 为 0.5%~1% 的合金钢来制造，并尽量降低钢中砷和锡等杂质的含量。

采用合金化的方法来消除大型锻件用钢的第二类回火脆性是有局限性的，关键在于提高钢液的纯净度，尽量减少有害杂质磷、砷、硒、锑的含量及其在晶界上的偏析程度。

8.2.4　大型锻件最终热处理工艺

一般常用大型锻件用钢，按其导热性能、碳化物溶解的难易程度及对终冷温度的要求，可划分为以下四组：

第一组　碳含量（质量分数）小于 0.45% 的碳素结构钢及低合金结构钢。

第二组　碳含量（质量分数）大于 0.45% 的碳素结构钢及低合金结构钢。

第三组　中、高合金结构钢。

第四组　工模具钢。

大型锻件的最终热处理工艺规范见表 8-9 和表 8-10。各组按工件截面大小具体选定工艺参数。对截面更大、合金元素很高的重要锻件应参考专门著作慎重制订。

8.2.5　大型锻件热处理后的力学性能

常用的不同截面的优质碳素钢、合金结构钢大型锻件，在调质处理后的力学性能见表 8-11 和表 8-12。不锈钢和耐酸钢锻件热处理后的力学性能见表 8-13。各表中的性能数据皆指轴类锻件在距表面 1/3 半径处切取纵向试样的性能。

表 8-9　大型锻件最终热处理工艺规范（适用于煤气加热炉）

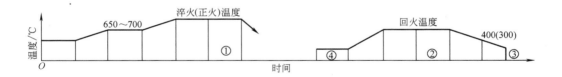

组别	有效截面尺寸/mm	装炉温度/℃	保温时间/h	升温速度/(℃/h)≤	保温时间/h	升温速度/(℃/h)≤	均温时间/h	保温时间/h	冷却	装炉温度/℃	保温时间/h	升温速度/(℃/h)≤	均温时间/h	保温时间/h	冷却速度/(℃/h)≤	冷却	出炉温度/℃
I	≤100	加热温度		—	—		目测	0.6~0.8/100mm	空冷或按表8-6冷却	350~400	—		目测	1.5~2/100mm,但不小于4		空冷	—
	101~250			—	—											空冷	—
	251~400			—	—						1	100				炉冷	500~400
	401~600			—	—						1~2	100				炉冷	450~350
	601~800	600~650			3~4	100						80			50	炉冷	400~300
	801~1000				4~5	80						60			50	炉冷	400~300
II	≤100	加热温度		—	—		目测	0.6~0.8/100mm	空冷或按表8-6冷却	350~400	—		目测	1.5~2/100mm,但不小于4		空冷	—
	101~250			—	—											空冷	—
	251~400			—	—							80				炉冷	500~400
	401~600	600~650			2~3	100						60				炉冷	450~350
	601~800				3~4	80						50			50	炉冷	400~300
	801~1000	400~450	2~3	50	4~5	60						40			40	炉冷	300~200
III	≤100	加热温度		—	—		目测	0.8~1.0/100mm	空冷或按表8-6冷却	250~350		100	目测	1.0~2.5/100mm,但不小于4		空冷	—
	101~250			—	—							100				炉冷	500~400
	251~400			—	—							80				炉冷	450~350
	401~600	600~650			2~3	100						60			50	炉冷	400~300
	601~800				3~4	80						50			40	炉冷	350~250
	801~1000	400~450	2~3	50	4~5	60						40			30	炉冷	300~200
IV	≤100	400~450	1	70	1~2	100	目测	0.8~1.0/100mm	空冷或按表8-6冷却	250~350		80	目测	1.0~2.5/100mm,但不小于4	炉冷	空冷	≤400
	101~250		1~2	60	1~2	100						60			封炉冷	炉冷	400~350
	251~400		1~2	50	2~3	80						50			40	炉冷	350~300
	401~600		2~3	40	3~4	60						40			30	炉冷	300~250
	601~800		2~3	30	4~5	50						30			20	炉冷	250~200

① 对截面很小的工件，保温时间可增长至 1.3~1.5 倍。
② 小截面工件或在较低温度回火时，保温时间可增长至 1.3~1.5 倍。
③ 出炉温度上限适用于畸变倾向小的一般工件，畸变倾向大或重要锻件出炉温度采用下限。
④ 18CrNiW 的回火入炉保温时间为规定的 1.5 倍。

表 8-10　12Cr13、20Cr13、Cr5Mo 大型锻件热处理工艺规范

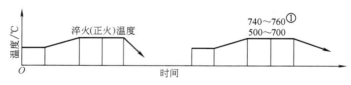

有效截面尺寸/mm	装炉温度/℃	保温时间/h	升温速度/(℃/h)≤	均温时间/h	保温时间/h	冷　却	装炉温度/℃	保温时间/h	升温速度/(℃/h)≤	均温时间/h	保温时间/h	冷　却
≤50	550~650	0.5	—	目测	0.75	按表8-6或空冷	350~400	1	100	目测	1~2	空冷
51~100	400~500	1.0	—		1.0		300~350	1	100		3~4	油冷
101~150	350~450	1.5	—		1.5		300~350	1.5	100		4~6	油冷
151~300②	350~450	2~3	80		2~3	空冷	300~350	2~3	60		6~10	炉冷至250出炉

① 740~760℃ 为 Cr5Mo 钢的回火温度。
② 有效截面尺寸为 151~300mm 的工艺参数仅适用于 Cr5Mo 钢锻件。

表 8-11　优质碳素钢大型锻件热处理后的力学性能

牌号	有效截面尺寸/mm	试样方向	试验状态	力学性能						热处理		
				R_m/MPa	$R_{p0.2}$/MPa	A(%)	Z(%)	a_K/(J/cm²)	硬度HBW	类型	温度/℃	冷却
15	≤100	纵向	正火	350	200	27	55	65	99~143	正火	900~920	空
	>100~300		正火、正火+回火	340	170	25	50	60				
	>300~500		正火+回火	330	150	24	45	55		回火	600~680	空、炉
20	≤100	纵向	正火	400	220	24	53	60	103~156	正火	880~900	空
	>100~300		正火、正火+回火	380	200	23	50	60				
	>300~500		正火+回火	370	190	22	45	60		回火	600~650	空、炉
	>500~700		正火+回火	360	180	20	40	50				
25	≤300	纵向	正火、正火+回火	430	240	22	50	50	110~170	正火	870~890	空
	>300~500		正火+回火	400	220	20	48	40				
	>500~750		正火+回火	390	210	18	40	40		回火	600~650	空、炉
30	≤100	纵向	正火	480	250	19	48	40	126~179	正火	860~880	空
	>100~300		正火、正火+回火	470	240	19	46	35				
	>300~500		正火+回火	460	230	18	40	35		回火	600~650	空、炉
	>500~750		正火+回火	450	220	17	35	30				
35	≤100	纵向	正火	520	270	18	43	35	128~187	正火	860~880	空
	>100~300		正火、正火+回火	500	260	18	40	30				
	>300~500		正火+回火	480	240	17	37	30		回火	600~650	空炉
	>500~750		正火+回火	460	230	16	32	25				
	≤100	纵向	淬火+回火	560	300	19	48	60	≤207	淬火	860~880	水、油
	>100~300		淬火+回火	540	280	18	40	50		回火	600~680	炉、空

（续）

牌号	有效截面尺寸/mm	试样方向	试验状态	力学性能						热处理		
				R_m/MPa	$R_{p0.2}$/MPa	A(%)	Z(%)	a_K/(J/cm²)	硬度HBW	类型	温度/℃	冷却
40	≤100	纵向	正火	560	280	17	40	30	≤207	正火	840~860	空
	>100~300		正火、正火+回火	540	270	17	36	30				
	>300~500		正火+回火	520	260	16	32	25		回火	600~650	炉、空
	>500~750		正火+回火	500	250	15	30	25				
	≤100		淬火+回火	630	350	18	40	50	170~217	淬火	830~850	水
	>100~300			600	300	17	35	40		回火	580~640	炉、空
45	≤100	纵向	正火	600	300	15	38	30	≤207	正火	830~860	空
	>100~300		正火、正火+回火	580	290	15	35	25				
	>300~500		正火+回火	560	280	14	32	25		回火	580~630	炉、空
	>500~750		正火+回火	540	270	13	30	20				
	≤200		淬火+回火	650	360	17	35	40	187~228	淬火	820~850	水、油
										回火	600~640	炉、空
50	≤100	纵向	正火	620	320	13	35	30	≤229	正火	830~860	空
	>100~300		正火、正火+回火	600	300	12	33	25				
	>300~500		正火+回火	580	290	12	30	25		回火	600~650	空、炉
	>500~750		正火+回火	560	270	12	28	20				
	≤100		淬火+回火	700	400	13	34	25	≤241	—		
	>100~300			660	360	12	32	20				
60	≤300	纵向	正火+回火	660	330	10	25	30	175~228	正火	800~820	空
										回火	640~660	炉、空
50Mn	≤100	纵向	正火+回火	650	340	13	35	—	≤225	正火	820~840	空
	>100~300			620	320	12	33			回火	600~650	空
	≤60		淬火+回火	800	550	8	40	35	≥229	淬火	820~840	油
	>60~100			780	500	7	35	30		回火	600~620	空

表 8-12　合金结构钢大型锻件热处理后的力学性能

牌号	有效截面尺寸/mm	试样方向	试验状态	力学性能						热处理		
				R_m/MPa	R_{eL}/MPa	A(%)	Z(%)	a_K/(J/cm²)	硬度HBW	类型	温度/℃	冷却
30Mn2	≤100	纵向	正火	600	300	20	50	80	≤241	正火	840~860	空
	>100~300			560	280	18	48	60				
35Mn2	≤100	纵向	正火	630	320	18	45		≤241	正火	840~860	空
	>100~300		正火+回火	590	300	18	43	30		回火	600~650	空、炉
	≤60	纵向	淬火+回火	800	650	16	50	60	229~269	淬火	800~820	水
	>60~100			760	600	16	50	60		回火	620~640	水
	>100~300			700	500	16	45	60				
45Mn2	≤100	纵向	正火	700	360	16	38		≤241	正火	830~850	空
	>100~300		正火、正火+回火	680	340	15	35			回火	590~650	空、炉
	≤60		淬火+回火	850	700	15	45			淬火	830~850	油
										回火	550~650	水
50Mn2	≤100	纵向	正火	750	400	14	35		187~241	正火	820~840	空
	>100~300		正火、正火+回火	730	380	13	33					
	>300~500		正火+回火	700	360	12	30			回火	590~650	空、炉

（续）

牌号	有效截面尺寸/mm	试样方向	试验状态	力学性能						热处理		
				R_{m}/MPa	R_{eL}/MPa	A(%)	Z(%)	a_{K}/(J/cm²)	硬度HBW	类型	温度/℃	冷却
20MnMo	≤150	切向	正火+回火	480	270	14	40	50	179~217 197~228	正火 回火	900~920 580~600	空 水
	100~300		淬火+回火	510	310	14	40	50		淬火 回火	890~910 580~600	水+油 空
20MnMo1	≤130	切向	正火+回火	500	300	15	40	50	145~190	正火 回火	860~880 590~610	空 空,炉
18MnMoNb	≤115	切向	正火+回火	600	450	16	40	70	187~228	正火 回火 淬火 回火	940~960 630~650 910~930 600~620	空 空,炉 油,水+油 空,炉
	≤300		淬火+回火	650	500	16	40	70				
	>300~500			600	450	16	40	60				
	>500~800			550	400	15	35	50				
20SiMn	≤120	纵向	正火+回火	550	340	32	72	80		正火 回火	930~950 560~610	空 空,炉
	>120~250			540	320	30	68	80				
	>250~400			500	280	16	35	60				
35SiMn	≤100	纵向	淬火+回火	850	550	15	45	60	228~269 217~269 217~255 197~255	淬火 回火	870~900 580~600	油 水+油 油
	>100~300			750	450	14	35	50				
	>300~400			700	400	13	30	40				
	>400~500			680	380	11	28	40				
55Si2MnV （曾用牌号）	≤100	纵向	淬火+回火	950	800	12	40	50		淬火 回火	850~870 620~640	油 空
40Cr	≤100	纵向	淬火+回火	750	520	15	45	60	≤285 ≤269 ≤255	淬火 回火	840~860 540~580	水,油 空
	>100~200			750	500	14	42	50				
	>200~300			700	450	13	40	40				
	>300~500			630	380	10	35	30				
	>500~800			600	350	8	30	25				
35CrMo	≤100	纵向	淬火+回火	750	550	15	45	60	228~269 217~255	淬火 回火	840~860 600~620	油 空
	>100~300			700	500	15	45	50				
	>300~500			650	450	15	35	40				
	>500~800			600	400	12	30	30				
34CrMo1	≤1000	纵向	正火+回火	580	350	17	40	60	179~229	正火 回火	870~890 640~660	空 炉、空
30CrMnSi	≤100	纵向	正火+回火	650	400	16	40	30	≤229 ≤229	淬火 回火	860~880 620~640	水 油、水
	>100~200			600	350	16	40	30				
	≤100		淬火+回火	850	600	16	35	60	241~285 229~269			
	>100~200			720	470	16	35	50				
45CrV （曾用牌号）	400~600	纵向	淬火+回火	800	600	12	40	30	241~285 229~269	淬火 回火	850~870 540~590	油 炉
	>600~900			750	520	10	38	25				
37SiMn2MoV （35SiMnMoV）	≤100	纵向	淬火+回火	900	750	14	40	50	241~286 220~269	淬火 回火	870~890 630~650	油 空
	>100~300			850	700	14	40	50				
	>300~500			800	650	14	40	50				
	>500~700			750	600	14	40	40				
42MnMoV	≤100	纵向	淬火+回火	800	650	12	40	50	241~286 228~269	淬火 回火	830~850 580~650	油 水+油 空
	>100~300			750	600	12	40	50				
	>300~500			700	550	12	35	40				
	>500~700			650	500	12	35	30				
34CrNi1Mo	≤100	纵向	淬火+回火	870	750	15	45	70	≤321	淬火 回火	850~870 560~640	油 炉
	>100~300			780	650	14	40	60				
	>300~500			700	550	14	35	50				
	>500~800			650	500	14	32	40				

（续）

牌号	有效截面尺寸/mm	试样方向	试验状态	R_m/MPa	R_{eL}/MPa	A(%)	Z(%)	a_K/(J/cm²)	硬度HBW	类型	温度/℃	冷却
34CrNi3Mo	≤100 >100~300 >300~500 >500~800 >800~1000	纵向	淬火+回火	920 870 820 750 700	800 750 700	14 14 13	40 38 35	70 60 50	表面264~341 表面262~321 表面241~302	淬火 回火	850~870 560~640	油 炉
18CrNiW（曾用牌号）	25	纵向	一次淬火+二次淬火+回火	1150	850	12	50	100		一次淬火 二次淬火 回火	950 850 160	空 空 空
	≤150	纵向	淬火+回火	1150 1100	850 800	11 12	40 50	90 90	表面332~387	淬火 回火 淬火 回火	860~870 150~170 860~870 550~570	油 空 油 空

表 8-13　不锈钢和耐酸钢热处理后的力学性能

牌号	有效截面尺寸/mm	试样方向	R_m/MPa	R_{eL}/MPa	A(%)	Z(%)	a_K/(J/cm²)	硬度HBW	类型	加热温度/℃	冷却
12Cr13	≤60	纵向	600	420	20	60	90	187~217	淬火+回火	1000~1050 700~790	油、水 油、水、空
20Cr13	≤100	纵向	660	450	16	55	80	97~248	淬火+回火	1000~1050 680~720	油、空 空
30Cr13	≤100	纵向 切向	850 850	650 650	12 10	45 30	50 40	≥241	淬火+回火	1000~1050 600	油 空
17Cr18Ni9	≤60 >60~100 >100~200	纵向	650 600 580	250 240 220	40 35 30	50 45 30	100 80 60	207~341	淬火	1100~1150	水
1Cr18Ni9Ti（曾用牌号）	≤60 >60~100 >100~200	纵向	550 540 500	220 200 200	40 38 25	55 50 30	100 80 60	≤192	淬火	1100~1150	水

8.3　大型锻件的化学热处理

随着对大型重载齿轮、大型齿轮轴及其他大型耐磨、耐压件使用寿命和承载能力要求的不断提高，化学热处理（主要是渗碳和渗氮）在大型锻件生产中的应用日益广泛，并已取得成效。

8.3.1　大型重载齿轮的深层渗碳

1. 主要技术要求

为了防止齿轮表面硬化层被压碎和防止齿面剥落，大型重载齿轮的渗碳层深度应为齿轮模数的0.15~0.25倍，并保证在硬化层过渡区中切应力与抗剪强度之比不大于0.55。为使齿轮具有较高的接触疲劳强度和弯曲疲劳强度，齿轮表层碳的质量分数应控制为0.75%~0.95%。经最终热处理后，对齿轮表面硬度要求分为4级：58~62HRC、55~60HRC、54~58HRC 和 52~56HRC，心部硬度为30~46HRC。渗碳层中的碳化物颗粒应接近球形，直径小于1μm且比较均匀。渗层与心部间过渡平缓，自 w(C) 为0.4%处至心部组织的深度应占整个渗碳层的30%。

经长时间渗碳处理后，心部晶粒度不应低于 6 级。

2. 典型工艺

1）在大型滴注式气体渗碳炉中渗碳，典型工艺曲线如图 8-34 所示。

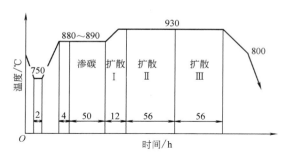

图 8-34　20CrNi2Mo 钢人字齿轮的深层渗碳工艺曲线

注：经球化退火、淬火、回火处理后，有效硬化层深度为 6mm，齿面硬度为 75~77HS。

2）在普通台车炉、井式炉、罩式炉中采用涂覆渗碳，典型工艺曲线如图 8-35 所示。

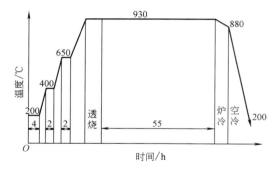

图 8-35　20CrNi2Mo 钢ⓒ 1659mm 大齿轮涂覆渗碳工艺曲线

注：经高温回火、淬火、回火处理后，有效硬化层深度为 4.6mm、齿面硬度为 57~60HRC、碳化物 1~2 级。

渗碳层深度与渗碳扩散时间的关系为

$$\delta = K\sqrt{\tau} \qquad (8\text{-}8)$$

式中　δ——渗碳层深度（mm）；

　　　τ——渗碳扩散时间（h）；

　　　K——计算系数，根据生产经验确定。据介绍，在 925℃ 渗碳扩散时，K 值可取 0.63；930℃ 时，$K = 0.648$；950℃ 时，$K = 0.727$。

8.3.2　大型锻件的渗氮处理

对于轻载、高速齿轮，形状尺寸精度要求很高的齿轮和难于加工的磨损件，渗氮处理是一种比较理想的工艺。42CrMo 钢大型缸体内孔气体渗氮工艺曲线如图 8-36 所示，35CrMo 钢转盘齿轮离子渗氮工艺曲

线如图 8-37 所示。

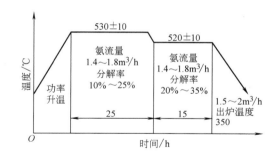

图 8-36　42CrMo 钢大型缸体内孔气体渗氮工艺曲线

注：要求渗氮层深度为 0.4~0.45mm，表面硬度为 530HV10，脆性为 1 级。

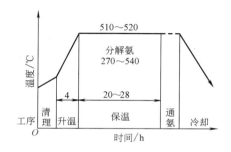

图 8-37　35CrMo 钢转盘齿轮离子渗氮工艺曲线

注：要求渗氮层深度为 0.4~0.5mm，表面硬度为 N500HV，表面脆性为 1 级，脉状组织<1 级。

8.4　热轧锻钢工作辊的热处理

8.4.1　热轧工作辊的种类、材质及技术要求

热轧工作辊按其在轧钢过程中的作用分为开坯辊、型钢轧辊、板带材热轧工作辊。

开坯辊用于将钢锭轧成扁坯或方坯，要承受巨大的冲击力和轧制力作用，同时还受到热钢锭的高温加热作用和强制冷却的作用。因此，开坯辊首先应具有高的强和韧性，保证在工作中辊不断，其次应具有良好的抗热裂性。热轧工作辊为使被轧钢材成为半成品或成品板带材，必须保持良好的表面状态。因此，热轧工作辊除了要求具有抗热裂性，还必须具有良好的耐磨性和抗表面粗糙能力。型钢轧辊的工作条件和要求介于开坯辊和热轧工作辊之间。

热轧工作辊常用材料牌号及其化学成分见表 8-14，表面硬度见表 8-15。

表 8-14　热轧工作辊常用材料牌号及其化学成分（摘自 JB/T 6401—2017）

牌号	化学成分（质量分数,%）								
	C	Si	Mn	P	S	Cr	Ni	Mo	V
60CrMo	0.55~0.65	0.17~0.30	0.50~0.80	≤0.025	≤0.025	0.50~0.80	≤0.25	0.20~0.40	Cu≤0.25
60CrMn	0.55~0.65	0.25~0.40	0.70~1.00	≤0.025	≤0.025	0.80~1.20	≤0.25	—	Cu≤0.25
50Cr2NiMo（50CrNiMo）	0.45~0.55	0.20~0.60	0.50~0.80	≤0.025	≤0.025	1.40~1.80	1.00~1.50	0.20~0.60	Cu≤0.25
50Cr2Mn2Mo（50CrMnMo）	0.45~0.55	0.20~0.60	1.30~1.70	≤0.025	≤0.025	1.40~1.80	—	0.20~0.40	Cu≤0.25
60CrMnMo	0.55~0.65	0.25~0.40	0.70~1.00	≤0.025	≤0.025	0.80~1.20	≤0.25	0.20~0.30	Cu≤0.25
50Cr3Mo	0.42~0.52	0.20~0.60	0.50~0.90	≤0.025	≤0.025	2.00~3.50	≤0.25	0.25~0.60	Cu≤0.25
70Cr3Mo	0.60~0.75	0.40~0.70	0.50~0.90	≤0.025	≤0.025	2.00~3.50	≤0.60	0.25~0.60	Cu≤0.25
50Cr4MoV	0.40~0.55	0.20~0.60	0.50~0.90	≤0.025	≤0.025	3.00~4.50	≤0.60	0.25~0.60	≤0.30 Cu≤0.25
50Cr5MoV	0.40~0.55	0.20~0.60	0.50~0.90	≤0.025	≤0.025	4.00~5.50	≤0.60	0.25~0.60	≤0.30 Cu≤0.25
65Cr5MoV	0.60~0.70	0.30~0.70	0.20~0.60	≤0.025	≤0.025	4.00~5.50	≤0.25	0.50~1.00	0.05~0.10 Cu≤0.25

注：材料牌号后的括号内注明的是旧版标准的牌号，下同。

表 8-15　热轧工作辊的表面硬度（摘自 JB/T 6401—2017）

牌号	粗加工后最终热处理状态		辊坯状态
	辊身 HSD	辊颈 HSD	HSD ≤
60CrMo	33~43	33~43	40
60CrMn	33~43	33~43	40
50Cr2NiMo（50CrNiMo）	35~45	35~45	40
50Cr2Mn2Mo（50CrMnMo）	35~45	35~45	40
60CrMnMo	35~45	35~45	40
50Cr3Mo	45~60	35~45	40
70Cr3Mo	35~60	35~45	40
50Cr4MoV	45~65	35~45	40
50Cr5MoV	45~70	35~45	40
65Cr5MoV	65~85	35~45	40

8.4.2　锻后热处理（正火+回火）

锻后热处理的主要目的是消除锻造应力，细化晶粒，改善可加工性。在钢液氢含量较高的情况下，防止白点形成是最重要的任务之一。为此，要适当延长扩氢时间。热轧工作辊锻后热处理工艺规范如图 8-38 所示。

8.4.3　调质

热轧工作辊的最终热处理是调质。调质前热处理余量一般单边为 10~15mm，尖角要倒钝，尽可能圆滑过渡。对于槽口较大的热轧工作辊，粗加工时要预开槽。调质的目的是保证轧辊表层具有细珠光体或索氏体组织，规定的硬度和力学性能，以及心部具有足够的韧性。热轧工作辊调质工艺规范如图 8-39 所示。

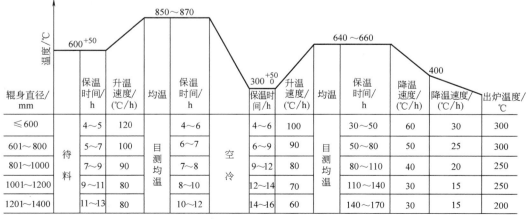

图 8-38　热轧工作辊锻后热处理工艺规范

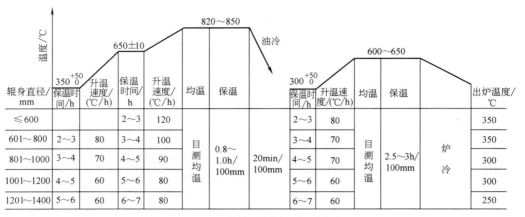

图 8-39　热轧工作辊调质工艺规范

8.5　冷轧锻钢工作辊的热处理

8.5.1　冷轧工作辊的种类和技术要求

冷轧工作辊按所轧制产品可分为冷轧钢铁用、冷轧有色金属用、冷轧特种合金用；按轧机类型可分为连轧机、可逆轧机、平整机和多辊轧机用的冷轧工作辊。典型冷轧工作辊的主要尺寸见表 8-16。

表 8-16　典型冷轧工作辊的主要尺寸

轧机名称	辊身直径/mm	辊身长度/mm	轧辊总长/mm	单重/t
1200 冷轧机	400	1200	2920	1.575
1700 冷轧机	500	1700	3690	3.226
2300 冷轧机	550	2300	5000	5.321
1700 冷连轧机	660	1700	3745	6.06
双机架平整机	610	1700	3745	5.395
铝板轧机	650	2800	5060	8.85

在轧钢时，冷轧工作辊辊身表面将承受巨大的接触应力、交变应力和摩擦力，因此冷轧工作辊应具有很高的强度、硬度和耐磨性、足够的韧性。

冷轧工作辊的技术要求主要有：

1) 表面硬度和有效淬硬层深度见表 8-17。

2) 辊身两端允许软带宽度见表 8-18。

3) 辊身表面除两端软带，硬度不均匀性不大于 ±1.5HS。

表 8-17　冷轧工作辊的表面硬度和有效淬硬层深度

级别	辊身表面硬度 HSD	辊身有效淬硬层深度/mm			辊颈表面硬度 HSD
		直径 ≤300	直径 301~600	直径 601~900	
Ⅰ	≥95	6	10	8	35~50
Ⅱ	90~98	8	12	10	
Ⅲ	80~90	10	15	12	

表 8-18　辊身两端允许软带宽度

（单位：mm）

辊身长度	≤600	601~1000	1001~2000	>2000
允许软带宽度 ≤	40	50	60	70

8.5.2　冷轧工作辊用钢

冷轧工作辊常用材料牌号及其化学成分见表 8-19。

表 8-19　冷轧工作辊常用材料牌号及其化学成分（摘自 JB/T 6401—2017）

牌号	化学成分（质量分数，%）									
	C	Si	Mn	Cr	Mo	V	Ni	Cu	S	P
9Cr2	0.85~0.95	0.25~0.45	0.25~0.35	1.70~2.10						≤0.025
8Cr2MoV	0.80~0.90	0.18~0.35	0.30~0.45	1.80~2.40	0.20~0.40	0.05~0.15				
9Cr2Mo	0.85~0.95	0.25~0.45	0.20~0.35	1.70~2.10	0.20~0.40	—	≤0.25			≤0.025
9Cr2MoV					0.20~0.30	0.10~0.20				
9Cr2W					—	W：0.30~0.60				
9Cr3Mo		0.25~0.70	0.20~0.40	2.50~3.50	0.20~0.40					
8Cr3MoV	0.78~1.10	0.40~1.10	0.20~0.50	2.80~3.20	0.20~0.60	0.05~0.15	≤0.80	≤0.25		≤0.025
8Cr5MoV	0.80~0.90	0.18~0.35	0.30~0.45	4.80~5.50	0.20~0.60	0.10~0.20				≤0.020

8.5.3　冷轧工作辊制造工艺路线

冷轧工作辊制造工艺路线如下：

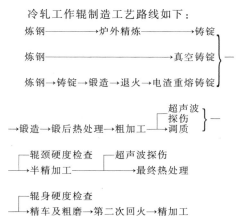

8.5.4　锻后热处理

冷轧工作辊的锻后热处理目的和热轧辊的相同，只是冷轧工作辊用钢是白点敏感性高的钢种，因而防止白点形成就成为最重要任务之一。

冷轧工作辊锻后热处理工艺规范（例一）如图 8-40 所示。若要求热处理后得到球状珠光体，则应将等温温度从 650～660℃ 提高到 700～720℃；若发现组织中有碳化物网，则应延长保温时间或提高至上限；若轧辊直径在 600mm 以上或锻造情况不良，则在等温退火之前应增加一次正火处理，如图 8-41 所示。也有采用两次正火和回火处理的，在这种情况下，可以取消调质工序，但平整机冷轧工作辊除外。

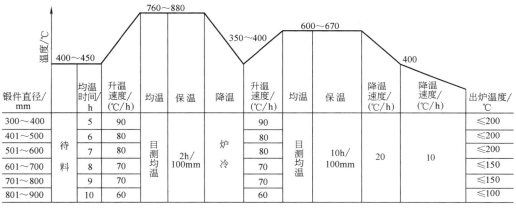

图 8-40　冷轧工作辊锻后热处理工艺规范（例一）

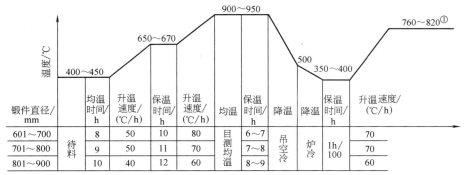

图 8-41　冷轧工作辊锻后热处理工艺规范（例二）

① 后续工艺按图 8-40。

8.5.5　调质

冷轧工作辊调质的目的是彻底消除网状碳化物，细化碳化物，得到细珠光体或索氏体组织，提高屈强比，满足辊颈硬度要求，为最终热处理做好组织准备。

9Cr2Mo 钢冷轧工作辊的调质工艺规范如图 8-42 所示。9Cr2Mo 钢在 900℃保温 3h 后，只有微量未溶碳化物；在 930℃保温 3h 后，碳化物全部溶解，但晶粒急剧长大，淬冷时易开裂。直径大于 700mm 的 9Cr2Mo 钢冷轧工作辊一般不进行油淬调质处理，因为调质效果差，而且容易开裂。

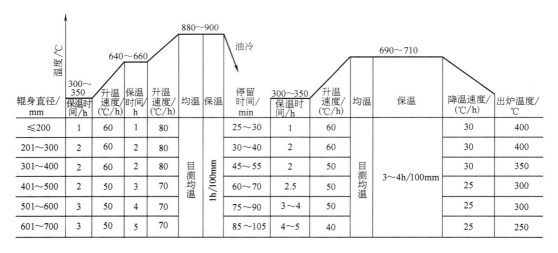

图 8-42　9Cr2Mo 钢冷轧工作辊的调质工艺规范

8.5.6　淬火与回火

冷轧工作辊最终热处理要达到辊身所要求的表面硬度和硬度均匀度，有效淬硬层深度，平缓的硬化过渡区，较好的残余应力状态和组织状态。

淬火方法有整体加热淬火、差温加热淬火和感应淬火三种。

1. 整体加热淬火

炉内整体加热淬火是冷轧工作辊淬火最早使用的方法，其淬火工艺规范如图 8-43 所示。表 8-20 列出了冷轧工作辊淬火时中心孔的冷却时间。加热前，辊颈要进行绝热，安装中心孔通水冷却用导管，辊身表面涂防氧化脱碳剂。加热结束后，先将软管与导管连接好，清除辊身表面氧化皮，然后立即投入水槽中的

激冷圈内进行淬冷。冷轧工作辊整体加热淬火冷却装置如图 8-44 所示。

表 8-20　冷轧工作辊淬火时中心孔的冷却时间

辊身直径/mm	中心孔通水规范/min	备注
200	2/3,3/x	
250	2/3,4/x	
300	2/4,3/3,3/x	
400	3/6,4/5,4/x	
500	3/5,3/4,4/3,3/x	
501~600	3/5,4/4,5/3,6/x	分子为通水时间 分母为停止通水时间 x 为停水后不再通水
601~700	3/6,4/5,5/3,6/x	
701~800	3/5,4/6,5/5,5/4,x	

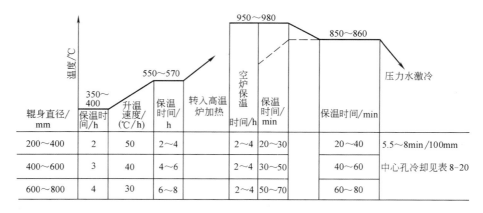

图 8-43　冷轧工作辊整体加热淬火工艺规范

注：虚线为辊身表面温度，即表面加热到 850~860℃ 以后应立即降低炉温。

2. 差温加热淬火

这种方法是将冷轧工作辊辊身置于开合式差温炉内，辊颈处于炉外，在加热过程中轧辊以一定速度自转。在开合式差温热处理炉内的冷轧工作辊的淬火工艺如图 8-45 所示。

3. 感应淬火

冷轧工作辊感应淬火方法有工频连续感应淬火、中频同时感应淬火、双频连续感应淬火、工频双感应器连续感应淬火、工频无导磁体高感应器连续感应淬火等。

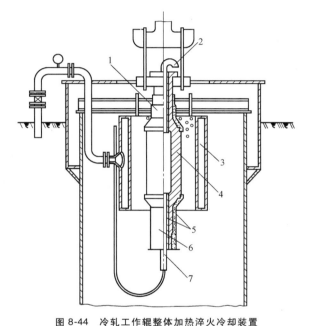

图 8-44　冷轧工作辊整体加热淬火冷却装置
1—上部绝热罩　2—上部内孔导水管　3—淬火激冷圈
4—轧辊　5—绝热材料　6—下部绝热罩
7—下部内孔导水管

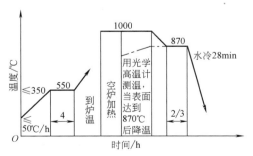

图 8-45　在开合式差温热处理炉内的冷轧工作辊的淬火工艺
注：点画线表示轧辊表面温度。中心孔通水规范：通/停、3/4、4/5、4/x。

（1）工频连续感应淬火　这种方法的淬火装置如图 8-46 所示。

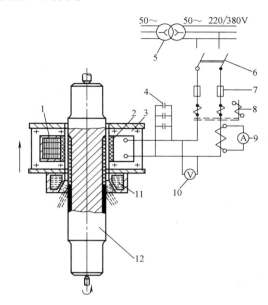

图 8-46　冷轧辊工频连续感应淬火装置
1—感应器绕组　2—隔热层　3—感应器导磁体
4—电容器组　5—变压器　6—开关　7—熔丝
8—接触器　9—电流互感器　10—电压表
11—喷水器　12—轧辊

操作程序如下：

1）预热。冷轧工作辊在感应淬火前要进行预热，其目的是改善淬火后的残余应力状态，增加有效淬硬层深度。

预热方法有：①在淬火机床上用连续感应加热法预热；②在普通热处理炉内整体加热；③先炉内预热，后感应预热。炉内预热规范如图 8-47 所示，感应预热规范见表 8-21。

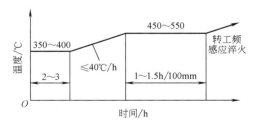

图 8-47　冷轧工作辊炉内预热规范

2）连续感应淬火。冷轧工作辊工频连续感应淬火的基本规范见表 8-22。冷轧工作辊工频连续感应淬火的主要操作过程见表 8-23。

表 8-21　冷轧工作辊感应预热规范

预热次数	感　应　器			两次加热间隔 时间/min	辊身表面 温度/℃
	电压/V	电流/A	上升速度/(mm/s)		
A. 辊身尺寸：φ510mm×1680mm，无中心孔					
1	370	1800	4.0	3	400
2	370	1800	3.2	3	550
3	375	1800	3.0	3	650
4	375	1850	1.8	3	750
B. 辊身尺寸：φ500mm×1200mm，有中心孔					
1	370	1800	2.0	3	500
2	375	1900	1.3	10	800
3	340	1750	1.2	10	820
C. 辊身尺寸：φ400mm×1200mm					
1	400	1800	2.5		715
2	400	1800	2.5		785

表 8-22　冷轧工作辊工频连续感应淬火的基本规范

加热温度/℃	900～940	淬火用水水压/MPa	0.1～0.3
感应器比功率/(kW/cm²)	0.1～0.2	淬火用水消耗量/(m³/h)	≈5(指每 100mm 辊径)
感应器上升速度/(mm/s)	0.8～1.2	淬火续冷时间/min	≈5(指每 100mm 辊径)
淬火用水水温/℃	≤25		

表 8-23　冷轧工作辊工频连续感应淬火的主要操作过程

操作 步骤	操作过程	感应器与工件的相对位置	操作 步骤	操作过程	感应器与工件的相对位置
下部 预热	1)调整感应器，使其与轧辊保持一定相对位置 l_1 (mm) $l_1 = \dfrac{2}{3}H$ 2)绕组通水轧辊自转(10～20r/min) 3)通电加热至规定时间后，感应器上升，开始连续加热	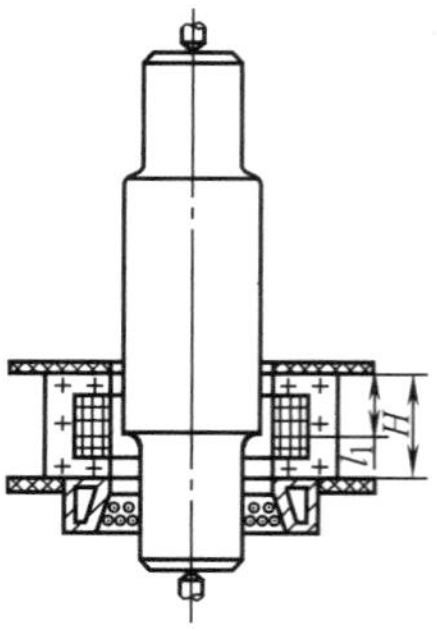	停止 加热	1)感应器上升至 l_3 (mm)，切断电源，继续喷水 $l_3 = 辊身长 + l_1 +$ (20～50mm) 2)感应器以最大速度上升	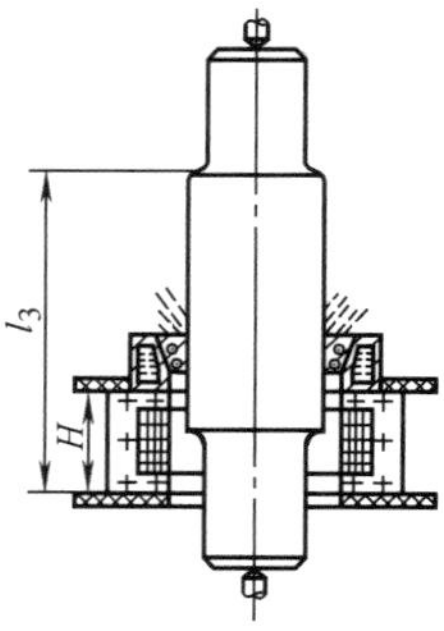
喷水 淬火	感应器上升至规定距离 l_2 (mm)后，喷水冷却轧辊 $l_2 = H + (70～100mm)$	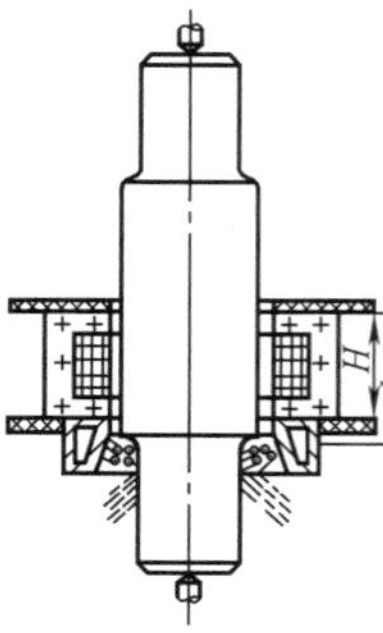	感应器停止上升	1)感应器上升至 l_4 (mm)，停止上升，继续喷水至规定时间 $l_4 = l_3 + (50～100mm)$ 2)停止喷水，感应器下降，卸下轧辊	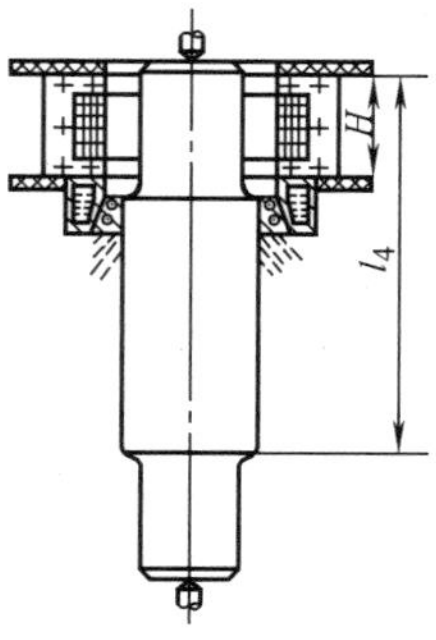

（2）中频同时感应淬火　这种方法是将冷轧工作轧辊身置于高度大于辊身长度的高频感应器内进行感应加热，然后将冷轧工作辊吊入置于水槽中的激冷圈内进行淬冷，如图 8-48 所示。中频频率的选择应根据轧辊直径确定，表 8-24 可供参考。感应器比功率的选择可参考表 8-25。

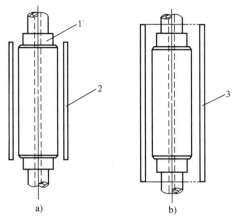

图 8-48　冷轧工作辊中频同时感应淬火

a）同时加热　b）冷却

1—轧辊　2—感应器　3—激冷圈

表 8-24　轧辊加热频率的选择

中频频率/Hz	8000	2500	1200
辊身直径/mm	<200	<350	350～600

表 8-25　中频同时感应淬火感应器比功率的选择

电流频率/Hz	8000	2500	1000
感应器比功率/（W/cm²）	18～22	25～31	15～18

举例：辊身尺寸为 $\phi175mm×375mm$ 的冷轧工作辊，采用 8000Hz 中频同时感应淬火，工艺参数如下：

1）加热温度：880～900℃。

2）感应器输出功率：38～45kW。

3）加热时间：16～17min。

4）淬冷：空冷 70～90s，喷水冷却 8min。

（3）双频连续感应淬火　这种方法是在工频连续感应器和喷水器之间增加一个中频感应器，中频电源以 250Hz 为佳，也有使用 500Hz、1000Hz、1200Hz 和 2500Hz 的。中频感应器高度一般为 150～250mm，频率较低的取下限，频率较高的取上限。

中频感应器的功率一般为工频感应器的 1/2～1/4，中频感应器和工频感应器之间的间距为 90～120mm，感应器上升速度为 0.5～0.6mm/s。

双频感应淬火前，冷轧工作辊要在炉中预热，或者用工频感应器进行连续感应加热预热。

（4）工频双感应器连续感应淬火　这种方法是在工频连续感应淬火的感应器和喷水器之间增加一个工频感应器，这两个单相感应器并联接入电源。上、下感应器功率之比一般在 1.5～2.5 范围内，上、下感应器之间的距离为 60～80mm，感应器上升速度为 0.6～1.0mm/s。

淬火加热前，冷轧工作辊要在炉中预热或感应加热预热。

举例：一根直径为 500mm 的冷轧工作辊的工频双感应器连续感应淬火操作记录见表 8-26。上、下感应器的匝数分别为 19 和 33，感应器内径为 535mm，高度为 200mm，感应器之间的距离为 80mm。

表 8-26　工频双感应器连续感应淬火操作记录

操作项目	预热	淬火加热
感应器起始位置/mm	130	130
下部预热时间/s	30	30
高压电压/V	6500～6600	6400～6500
感应器端电压/V	430	430
感应器电流/A	1750～2000	1750～2050
感应器移动速度/（mm/min）	102	104
冷却水压/Pa	—	19.6×10³
续冷时间/min	—	70

（5）工频无导磁体高感应器连续感应淬火　这种淬火装置如图 8-49 所示，没有导磁体，用耐火水泥固定线圈。线圈高度一般为 450mm 或更高一些，线圈的匝间间距是不相同的。用这种方法加热可以得到较深的有效淬硬层。例如，对直径为 400mm 的冷轧工作辊进行工频无导磁体高感应器连续感应淬火，其操作记录见表 8-27。

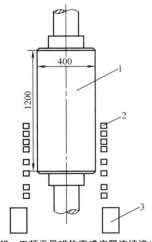

图 8-49　工频无导磁体高感应器连续淬火装置

1—轧辊　2—线圈　3—喷水器

表 8-27　工频无导磁体高感应器
连续感应淬火操作记录

项目	预热	淬火加热
感应器起始位置/mm	270	270
感应器停电位置/mm	1510	1510
高压电压/V	9250	8800
感应器端电压/V	360	340
感应器电流/A	2700	3000
感应器移动速度/(mm/min)	上 180，下 300	60
轧辊转速/(r/min)	100	100
喷水淬冷位置/mm	—	690
续冷位置/mm	—	1860
续冷时间/min	—	30

4. 冷处理

冷轧工作辊淬火后，淬火层中有一部分残留奥氏体，如图 8-50 所示。残留奥氏体的分布状态和数量与淬火工艺有直接关系，而且在低温回火后不发生变化。冷处理的目的是将残留奥氏体含量降低至一定数值，从而提高冷轧工作辊表面硬度和有效淬硬层深度。

中、小型冷轧工作辊一般用干冰加乙醇进行冷处理，大型冷轧工作辊则用液氮或液态空气。当冷轧工作辊温度降至冷处理介质的温度后，即将冷轧工作辊取出空冷。

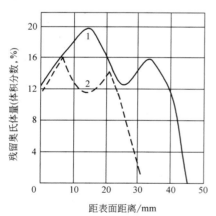

图 8-50　直径为 500mm 的 9Cr2MoV 钢
冷轧辊淬火层中残留奥氏体的分布
1—在 650℃ 的炉中预热　2—四次感应预热

5. 回火

冷轧工作辊淬火后或经冷处理后应及时回火，其目的是减少淬火后的残余应力。

冷轧工作辊回火后残余应力减少的幅度，主要取决于回火温度的高低和回火次数，而与回火时间的长短关系不大。但是，回火温度和回火时间对冷轧工作辊表面硬度的影响却很明显。图 8-51 所示为 9Cr2 钢

淬火后，在不同温度和不同时间回火后的硬度变化曲线。

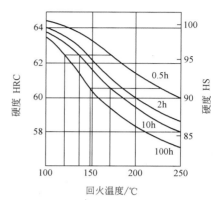

图 8-51　9Cr2 钢的硬度与回火
温度和回火时间的关系

冷轧工作辊在 200℃ 以下回火时，主要是马氏体比容减小，残留奥氏体量变化不大；在 200℃ 以上回火时，残留奥氏体量才明显减少。

冷轧工作辊的回火一般在油槽中进行。冷轧工作辊工频连续感应淬火后的回火规范如图 8-52 所示。

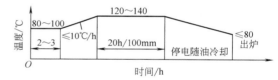

图 8-52　冷轧工作辊工频连续感应淬火后的回火规范

6. 第二次回火

对于要求辊身硬度大于 95HS 的冷轧工作辊，在精车和粗磨后应进行第二次回火。其目的是进一步降低淬火残余应力和磨削应力，其回火温度比第一次回火低 10℃。回火保温时间为第一次回火的一半。

7. 冷轧工作辊热处理质量检查

冷轧工作辊锻后热处理后一般只进行超声检测，有时也用锤式布氏硬度计抽检硬度。调质后沿两条对称母线检查两端辊颈硬度，每条母线不少于两个测定点。最终热处理后，首先进行目测外观检查，然后进行辊身硬度检查。当辊身直径 ≤300mm 时，检查两条母线；当直径 >300mm 时检查 4 条母线，每条母线上相邻两点的间距应大致相等。当辊身长度 >1200mm 时，不应超过 200mm；当辊身长度 ≤1200mm 时，不应超过 150mm，并且每条母线上测定点数不少于 4 点，采用肖氏硬度计进行测量。至于有效淬硬层深度，由于至今国内尚缺可用的仪器，可不进行检测，由工艺保证或在轧辊使用中进行考核。最终热处理后可能出现的质量缺陷和防止措施见表 8-28。

表 8-28　最终热处理后可能出现的质量缺陷和防止措施

缺陷名称	产生原因	防止措施
硬度低	1）淬火温度低 2）淬火水压低、水量不够	1）通过调整电压或机械参数提高淬火温度 2）增大水压或水量
硬度不均匀	1）喷水器反水 2）感应器、喷水器不正	1）降低水压，改变喷水角度 2）调整好感应器、喷水器
辊身下端软带过宽	1）感应器起步位置太高 2）供水过迟	1）降低起步位置 2）提前喷水
辊身上端软带过宽	1）感应器停电过早 2）感应器停止位置过低	1）提高感应器停电位置 2）提高感应器停止位置
辊身上端边缘脱落（掉边）	1）感应器停电过晚 2）感应器停止位置过高	1）降低感应器停电位置 2）降低感应器停止位置 3）加保护环（外径与辊身直径相同）

8. 与热处理质量有关的失效和损坏形式

冷轧工作辊在使用中损坏和失效的主要形式有：

1）辊身表面产生粘辊、辊印、压痕（坑）。

2）辊身表面剥落、掉块、鱼鳞、裂纹。

3）折断、压碎。

4）使用到规定尺寸。

这些损坏和失效的原因很多，如钢的质量差、热处理质量不佳、使用不合理或出现轧制事故、修磨不彻底或不及时、设计结构强度不够等，但与热处理质量有关的失效和损坏的形式有如下一些：

1）从辊身或辊身与辊颈之间的过渡区折断，可能由于热处理残余应力过大，淬硬层薄。

2）裂纹源不在辊身表面的疲劳剥落，可能是淬硬区过渡层残余应力过大，淬硬层薄。

3）辊身中间表面掉块、压碎，可能是因硬化层太薄，而且淬火过渡区很陡。

4）辊印、压痕（坑），可能是淬硬层硬度不足。

5）辊身表面出现裂纹，可能是马氏体针太粗，表面压应力过大，残留奥氏体量过高。

8.6 锻钢支承辊的热处理

8.6.1 支承辊的种类和技术要求

支承辊按所属轧机可分为冷轧支承辊和热轧支承辊。热轧支承辊又可分为板材、带材轧机支承辊、中厚板轧机支承辊和特厚板轧机支承辊。按其制造方法，又有整锻和镶套之分。支承辊的特点之一是尺寸大、重量大，典型支承辊的尺寸范围见表 8-29。支承辊直接与热轧或冷轧工作辊相接触，与冷轧工作辊受力情况相似。其技术要求为：表面硬度见表 8-30，辊身有效淬硬层深度见表 8-31，辊身两端允许软带宽度见表 8-32，辊身表面硬度不均匀性不大于±2HS，辊

颈表面硬度不均匀性不大于±5HS。

表 8-29　典型支承辊的尺寸范围

轧机名称	辊身直径/ mm	辊身长度/ mm	轧辊全长/ mm	单重/ t
1700 热连轧机粗轧	1550	1670	4942	36.5
1700 热连轧机精轧	1570	1700	4800	36.6
铝板轧机	1400	2800	5850	47.4
中厚板轧机	1500	2450	5380	42.8
4200 特厚板轧机	1810	4250	8640	104.4
3300 特厚板轧机	2000	3300	7460	107.7
八辊可逆轧机	1250	1400	5200	24.8
1700 冷轧机	1300	1700	4500	24.1
1700 冷连轧机	1525	1700	4495	33.5

表 8-30　支承辊的表面硬度

使用场合	辊身 HSD			辊颈 HSD
	一级	二级	三级	
热轧	>60~70	>50~60	>40~50	35~50
冷轧	65~75	60~70	55~65	

表 8-31　辊身有效淬硬层深度

硬度	辊身有效淬硬层深度/mm			
	9Cr2Mo、 70Cr3Mo、 70Cr3NiMo	50Cr5MoV	45Cr4NiMoV	40Cr4MoV
40~50	≥70	—	—	≥90
>50~60	≥65	≥80	≥70	≥80
>60~70	≥60	≥75	≥65	—
65~75	≥55	≥70	≥60	

表 8-32　辊身两端允许软带宽度

辊身长度/mm	<1500	1500~2000	>2000
允许软带宽度/mm	≤60	≤80	≤100

8.6.2 支承辊用钢

支承辊常用材料牌号及其化学成分见表 8-33，有时也使用 9Cr2V、60CrMnMo 等钢。

表 8-33　支承辊常用材料牌号及其化学成分（摘自 JB/T 6401—2017）

牌号	化学成分（质量分数）（%）									用途
	C	Si	Mn	P	S	Cr	Ni	Mo	V	
9Cr2Mo	0.85~0.95	0.25~0.45	0.20~0.35	≤0.025	≤0.025	1.70~2.10	—	0.20~0.40	Cu≤0.25	辊套
70Cr3Mo	0.60~0.75	0.40~0.70	0.50~0.90	≤0.025	≤0.025	2.00~3.50	≤0.60	0.25~0.60	Cu≤0.25	
70Cr3NiMo	0.60~0.80	0.40~0.70	0.50~0.90	≤0.025	≤0.025	2.00~3.00	0.40~0.60	0.25~0.60	Cu≤0.25	
40Cr4MoV（40Cr3MoV）	0.35~0.45	0.40~0.80	0.50~0.80	≤0.020	≤0.020	3.00~4.00	≤0.30	0.50~0.80	≤0.30 Cu≤0.25	
45Cr4NiMoV	0.40~0.50	0.40~0.80	0.60~0.80	≤0.020	≤0.020	3.50~4.50	0.40~0.80	0.40~0.80	0.05~0.15 Cu≤0.25	
50Cr5MoV	0.40~0.60	0.40~0.80	0.50~0.80	≤0.020	≤0.020	4.50~5.50	≤0.60	0.40~0.80	≤0.30 Cu≤0.25	
42CrMo	0.38~0.45	0.20~0.40	0.50~0.80	≤0.030	≤0.030	0.90~1.20	—	0.15~0.25	Cu≤0.25	心轴
35CrMo	0.32~0.40	0.20~0.40	0.40~0.70	≤0.030	≤0.030	0.80~1.10	—	0.15~0.25	Cu≤0.25	
55Cr	0.50~0.60	0.20~0.40	0.35~0.65	≤0.030	≤0.030	1.00~1.30	—	—	Cu≤0.25	

8.6.3　锻后热处理

支承辊用钢是白点敏感性较高的钢种，而且支承辊截面很大，当钢锭氢含量较高时，防止白点形成就成为锻后热处理的首要任务。另外，还要细化奥氏体晶粒，消除网状碳化物和使珠光体球化。

9Cr2Mo 钢整锻支承辊和辊套锻后热处理规范参照图 8-40 和图 8-41 进行；42CrMo 和 35CrMo 钢心轴按合金结构钢大型锻件热处理规范，70Cr3Mo 钢整锻支承辊锻后热处理规范如图 8-53 所示。

8.6.4　预备热处理

整锻支承辊粗加工后进行预备热处理，目的是细化晶粒，为最终热处理做好组织准备，满足辊颈硬度要求。支承辊预备热处理工艺规范如图 8-54 所示。

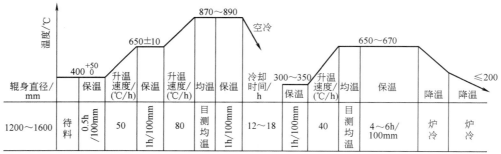

图 8-53　70Cr3Mo 钢整锻支承辊锻后热处理规范

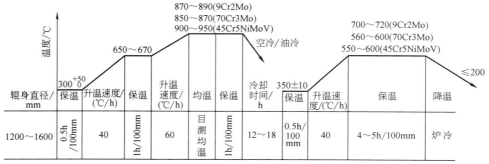

图 8-54　支承辊预备热处理工艺规范

8.6.5　最终热处理

最终热处理要达到辊身所要求的表面硬度、硬度均匀性和有效淬硬层深度。

1. 整锻支承辊的最终热处理

整锻支承辊的最终热处理常采用以下三种方法。

（1）正火+回火　对于辊身表面硬度要求为 40~50HSD 的支承辊，一般用 9Cr2Mo 钢制造，最终热处理为正火加回火。其热处理工艺规范可采用图 8-54 所示工艺参数，但回火温度应降至 600~650℃。

（2）工频连续感应淬火和回火　对于辊身要求硬度大于 50HSD 的锻钢支承辊，一般采用工频连续感应淬火和回火。

1）预热：先按图 8-47 所示规范在炉中预热，然后再进行 1~2 次感应加热预热。

2）感应淬火：采用比功率为 $0.07~0.10kW/cm^2$ 的三相感应器，感应器上升速度为 0.6~1.0mm/s，淬火续冷时间为 35~45min。

3）回火：支承辊回火工艺规范如图 8-55 所示，支承辊回火后表面硬度与回火温度的关系如图 8-56 所示。

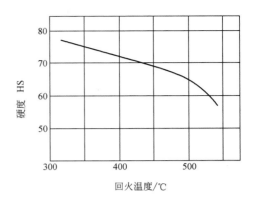

图 8-56　支承辊回火后表面硬度与回火温度的关系

热处理炉中进行中温预热，以减少快速加热过程中的热应力，淬火后得到较好的残余应力状态。预热温度一般为 400~600℃，在差温炉中预热取上限。预热时间以支承辊辊身表里温度大体一致为准。

在快速升温过程中，炉温为 950~1050℃，辊身表面升温速度为 150~250℃/h，辊身表面温度要控制在 880~930℃ 范围内，并以此调节炉温。在保温过程中，每保温一个小时，有效加热层增加 25~30mm。

从快速升温开始到高温保温结束，辊身心部或中心孔表面温度不超过 700℃，要适当降低预热温度或提高升温速度，否则从快速加热开始到保温结束要进行中心冷却。

为了避免过大的热处理应力，又能得到要求的有效淬硬层深度，差温加热支承辊淬火可采用喷水/喷雾方式。

淬火结束后，允许进行粗略的硬度检查，并应尽快入炉回火。70Cr3Mo 钢支承辊差温热处理工艺规范如图 8-57 所示。

2. 镶套辊辊套的最终热处理

9Cr2Mo 钢镶套辊辊套最终热处理工艺规范如图 8-58 所示。

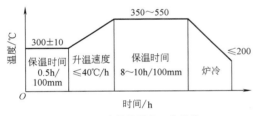

图 8-55　支承辊回火工艺规范

（3）差温淬火和回火　采用差温淬火的支承辊在淬火前要留有较大的热处理余量，一般单边为 3~5mm。

在进行差温加热前，支承辊要在差温炉或者普通

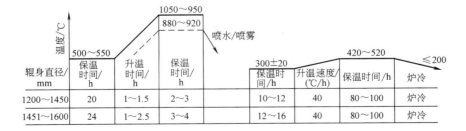

辊身直径/mm	500~550 保温时间/h	升温时间/h	880~920 保温时间/h	300±20 保温时间/h	升温速度/(℃/h)	420~520 保温时间/h	≤200 炉冷
1200~1450	20	1~1.5	2~3	10~12	40	80~100	炉冷
1451~1600	24	1~2.5	3~4	12~16	40	80~100	炉冷

图 8-57　70Cr3Mo 钢支承辊差温热处理工艺规范

注：虚线上的数字为辊身表面温度，以此控制炉温。

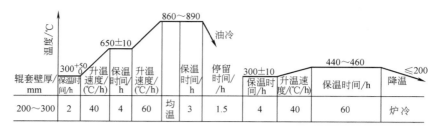

图 8-58　9Cr2Mo 钢镶套辊辊套最终热处理工艺规范

辊套壁厚/mm	保温时间/h	升温速度/(℃/h)	保温时间/h	升温速度/(℃/h)	保温时间/h	停留时间/h	保温时间/h	升温速度/(℃/h)	保温时间/h	降温
200~300	2	40	4	60	均温	3	1.5	4	40	60　炉冷

8.7　大型转子锻件的热处理

8.7.1　大型转子锻件的种类和技术要求

转子多为动力机械和工作机械中的主要旋转部件，而最具代表性的大型转子是发电设备中的汽轮机转子和汽轮发电机转子。按转子结构划分，有整体、套装、半整体半套装和焊接转子等；按使用材料划分，有碳素钢和合金钢转子。

汽轮机转子和汽轮发电机转子在高速旋转下运行，不仅承受巨大离心力和因自重引起的弯矩，还要传递扭矩载荷。此外，汽轮机转子在承受因温度梯度引起的热应力的同时，高压、中压转子更要承受 400~560℃ 的高温工作温度，而发电机转子运转时则还存在下线槽根部处的应力集中等复杂载荷。因此，对汽轮机转子和汽轮发电机转子的强度、韧性、脆性转变温度、组织性能均匀性及残余应力水平等都有较高的要求。具体来说，对于汽轮机高压、中压转子锻件，要有高的室温和高温强度，塑性和韧性好，蠕变强度高，脆性转变温度低；对汽轮机低压转子和汽轮发电机转子材料，要有高的强度和塑性、优越的韧性、低的脆性转变温度；同时，发电机转子还要有良好的导磁性。根据发电功率的不同，汽轮发电机转子锻件的力学性能见表 8-34 和表 8-35，汽轮机转子锻件的力学性能见表 8-36 和表 8-37。

表 8-34　50~200MW 汽轮发电机转子锻件的力学性能（摘自 JB/T 1267—2014）

项目	取样位置	锻件级别				
		I [1]	II [2]	III	IV	V
$R_{p0.2}$/MPa　≥	径向	390	440	490	540	585
	纵、切向	440	490	540	585	585
	中心孔纵向	—	—	450	490	535
R_m/MPa　≥	径向	540	585	640	665	690
	纵、切向	585	640	690	715	735
	中心孔纵向			590	615	640
A_5(%)　≥	径向	15	15	17	18	18
	纵、切向	16	16	17	18	18
	中心孔纵向	—	—	—	—	—
Z(%)　≥	径向	—	22	45	55	55
	纵、切向	35	35	45	55	55
	中心孔纵向	—	—	—	—	—
KV_8^{2}/J　≥	径向			90	80	80
	纵、切向	50	60	90	80	80
$FATT_{50}^{2}$/℃　≤	径向	—	—	0	−18	−18
	纵、切向	—	—	5	0	0
推荐用钢		34CrMo1A 25CrNi1MoV 34CrNi1Mo	34CrNi3Mo 25CrNi1MoV 25Cr2Ni4MoV		25Cr2Ni4MoV	

① 表中 I 、II 级锻件数据为 $R_{p0.2}$、A、KU_2 的数值。

② 对于 III 级锻件，除 25Cr2Ni4MoV，冲击吸收能量数据均为 KU_2 的数值；采用 34CrNi3Mo 钢制造时，不要求 $FATT_{50}$ 性能。

表 8-35　300~600MW 汽轮发电机转子锻件的力学性能

项目	取样位置	锻件级别	
		Ⅰ	Ⅱ
$R_{p0.2}$/MPa	纵向、切向、径向	590~690	660~760
	中心孔芯棒纵向	540~690	610~760
R_m/MPa　≥	纵向、切向、径向	670	740
	中心孔芯棒纵向	620	690
A_5(%)　≥	纵向、切向、径向	18	17
	中心孔芯棒纵向	17	16
Z(%)　≥	纵向、切向、径向	55	55
	中心孔芯棒纵向	50	45
KV/J　≥	纵向、切向、径向	100	90
$FATT_{50}$/℃　≤	纵向、切向、径向	−23	−12
	中心孔芯棒纵向	−10	0

表 8-36　25~200MW 汽轮机转子和主轴锻件的力学性能（摘自 JB/T 1265—2014）

项目	取样位置	锻件强度级别							
		345	490	590	690		735		760
$R_{p0.2}$/ MPa	轴端纵向	≥345	≥490	590~690	690~790	690~790	735~835	735~835	760~860
	本体径向	≥345	≥490	590~690	690~790	690~790	735~835	735~835	760~860
	中心孔纵向	—	≥450	≥550	≥660	≥660	≥685	≥685	≥720
R_m/ MPa　≥	轴端纵向	570	640	720	790	790	855	855	860
	本体径向	570	640	720	790	790	855	855	860
	中心孔纵向	—	600	690	760	760	810	810	830
A_{50mm} ($d_0=12.5mm$) [A](%)　≥	轴端纵向	[17]	[15]	15	18	[14]	16	[13]	17
	本体径向	[14]	[11]	15	18	[12]	16	[11]	17
	中心孔纵向	—	[13]	15	18	[12]	16	[10]	16
Z (%)　≥	轴端纵向	40	40	40	56	40	45	40	53
	本体径向	35	35	40	56	35	45	35	53
	中心孔纵向	35	35	40	53	35	45	35	45
KV_2 [KU_2]/ J　≥	轴端纵向	[40]	[50]	8	95	[50]	40	[40]	81
	本体径向	[31]	[45]	8	95	[45]	40	[30]	81
	中心孔纵向	—	[40]	7	61	[35]	35	[30]	41
$FATT_{50}$/ ℃　≤	本体径向		85	116	−18	—	—	—	−7
	中心孔纵向	—	100	121	10	—	—	—	27
推荐用钢		34CrMo1	28CrMoNiV	30Cr1Mo1V	30Cr2Ni4 MoV	34CrNi3 Mo	30Cr2Ni4 MoV	34CrNi3 Mo	30Cr2Ni4 MoV

注：有中心孔的主轴锻件取轴端和中心孔位置的试样做性能试验；无中心孔的主轴锻件取切向试样做性能试验。

表 8-37　300MW 以上汽轮机转子锻件的力学性能（摘自 JB/T 7027—2014）

项目	取样位置	锻件强度级别		
		590	690	760
$R_{p0.2}$/MPa	本体径向、轴端	590~690	690~790	760~860
	中心孔（纵向）	≥550	≥660	≥720
R_m/MPa　≥	本体径向、轴端	720	790	860
	中心孔（纵向）	690	760	830
A_{50mm} ($d_0=12.5mm$) (%)　≥	本体径向、轴端	15	18	17
	中心孔（纵向）	15	18	16
Z (%)　≥	本体径向、轴端	40	56	53
	中心孔（纵向）	40	53	45
KV_2[1]/ J　≥	本体径向	8	95	81
	中心孔（横向）	7	61	41

（续）

项目	取样位置	锻件强度级别		
		590	690	760
FATT₅₀[①] /℃ ≤	本体径向	116	−18	−7
	中心孔（横向）	121	10	27
上平台能量 /J ≥	本体径向	75	95	81
	中心孔（横向）	47	68	54
推荐用钢		30Cr1Mo1V	30Cr2Ni4MoV	

① 对于Ⅲ级锻件，除25Cr2Ni4MoV，冲击吸收能量均为 KU_2 数值；采用34CrNi3Mo钢制造时，不要求 FATT₅₀ 性能。

8.7.2　大型转子锻件用钢

大型转子锻件一般选用 Cr-Mo、Cr-Mo-V、Cr-Ni-Mo、Cr-Ni-Mo-V 合金钢材料，其牌号及其化学成分见表8-38。

8.7.3　发电机转子与汽轮机低压转子热处理

1. 锻后热处理

大型转子锻件锻后热处理的主要目的是消除锻造应力、调整组织、细化晶粒，为后续性能热处理和超声检测做组织准备。Cr-Mo、Cr-Ni-Mo 钢采用一次完全奥氏体化重结晶和两次过冷处理工艺，锻后热处理工艺规范如图8-59所示；Cr-Ni-Mo-V 钢合金元素含量高，奥氏体极为稳定，并且有组织遗传现象，直径较大的转子需采用至少两次完全奥氏体化重结晶及两次过冷工艺，热处理工艺规范如图8-60所示。

表8-38　大型转子锻件常用材料牌号及其化学成分

牌号	化学成分（质量分数，%）										
	C	Mn	Si[①]	P ≤	S ≤	Cr	Ni	Mo	V	Cu ≤	Al ≤
34CrMo1	0.30~ 0.38	0.40~ 0.70	0.17~ 0.37	0.020	0.020	0.70~ 1.30	≤0.40	0.40~ 0.55	—	0.20	—
34CrNi1Mo	0.30~ 0.40	0.50~ 0.80	0.17~ 0.37	0.015	0.018	1.30~ 1.70	1.30~ 1.70	0.20~ 0.30	—	0.20	—
34CrNi3Mo	0.30~ 0.40	0.50~ 0.80	0.17~ 0.37	0.015	0.018	0.70~ 1.10	2.75~ 3.25	0.25~ 0.40	—	0.20	—
25CrNi1MoV	0.22~ 0.28	≤0.70	≤0.30	0.015	0.018	1.00~ 1.50	1.00~ 1.50	0.25~ 0.40	0.05~ 0.15	0.20	—
25CrNiMoV	0.22~ 0.28	0.30~ 0.60	0.17~ 0.37	0.020	0.020	1.00~ 1.50	1.00~ 1.50	0.25~ 0.40	0.05~ 0.15	≤0.20	—
28CrMoNiV	0.25~ 0.30	0.30~ 0.80	≤0.30	0.012	0.012	1.10~ 1.40	0.50~ 0.75	0.25~ 1.00	0.25~ 0.35	0.20	0.010
30CrMoNiV	0.28~ 0.34	0.30~ 0.80	≤0.30	0.012	0.012	1.10~ 1.40	0.50~ 0.75	1.00~ 1.20	0.25~ 0.35	0.20	0.010
25Cr2Ni4MoV	≤0.25	≤0.35	≤0.35	0.015	0.018	3.25~ 4.25	0.25~ 0.50	0.05~ 0.20	0.05~ 0.15	0.20	—
30Cr2Ni4MoV	≤0.35	0.20~ 0.40	≤0.10	0.010	≤0.010	1.50~ 2.00	3.25~ 3.75	0.30~ 0.60	0.07~ 0.15	0.15	0.010
30Cr1Mo1V	0.27~ 0.34	0.70~ 1.00	0.20~ 0.35	0.012	0.012	1.05~ 1.35	≤0.50	1.00~ 1.30	0.21~ 0.29	0.15	0.010

① 采用真空碳脱氧时，硅含量应不大于0.10%（质量分数）。

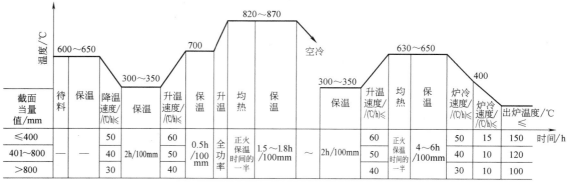

图8-59　汽轮机低压和发电机转子锻件（Cr-Ni-Mo）锻后热处理工艺规范

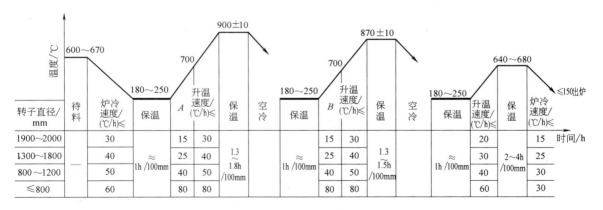

图 8-60　汽轮机低压和发电机转子锻件（Cr-Ni-Mo-V）锻后热处理工艺规范

注：1. 粗实线——表示接触式热电偶的保持温度。

　　2. 转子直径<1000mm 时，可采用一次奥氏体化，A、B 为采用一次奥氏体化处理的连接点。

2. 性能热处理

大型转子锻件的性能热处理一般采用调质处理，通过调质处理保证锻件获得需要的力学性能，其工艺规范如图 8-61 所示。

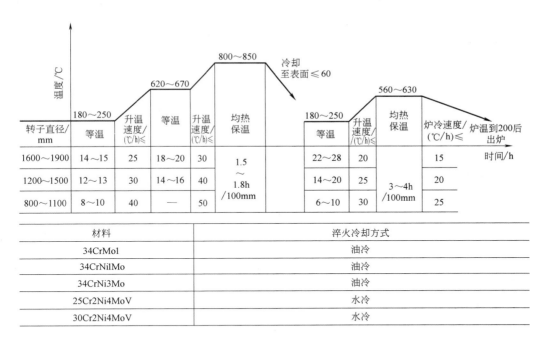

材料	淬火冷却方式
34CrMo1	油冷
34CrNi1Mo	油冷
34CrNi3Mo	油冷
25Cr2Ni4MoV	水冷
30Cr2Ni4MoV	水冷

图 8-61　汽轮机低压和发电机转子锻件性能热处理工艺规范

8.7.4　汽轮机高、中压转子锻件热处理

1. 锻后热处理

汽轮机高、中压转子锻件锻后热处理的主要目的是消除锻造应力和调整组织，为后续性能热处理和超声检测做组织准备。高、中压转子锻件的锻后热处理一般为高温正火+回火工艺。汽轮机高、中压转子锻件锻后热处理工艺规范如图 8-62 所示。

2. 性能热处理

汽轮机高、中压转子锻件性能热处理一般采用淬火+回火工艺，淬火后可获得贝氏体组织。其性能热处理工艺规范如图 8-63 和图 8-64 所示。

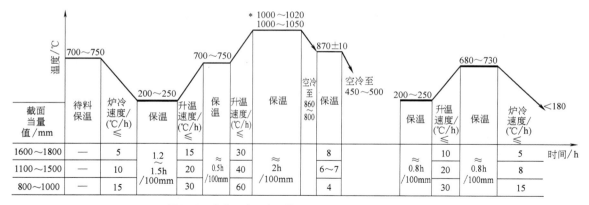

图 8-62　汽轮机高、中压转子锻件锻后热处理工艺规范

注：1. 粗实线 ━━━ 表示接触式热电偶的保持温度。

2. "＊" 表示 30Cr2MoV 钢的奥氏体化温度。

3. 870℃ 保温结束后，空冷至 450~500℃ 再进炉，缓冷到过冷保温温度。

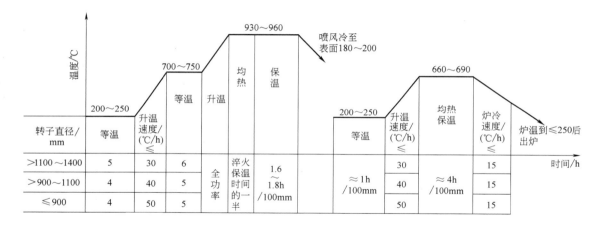

图 8-63　汽轮机高、中压转子锻件（Cr-Mo-V）性能热处理工艺规范

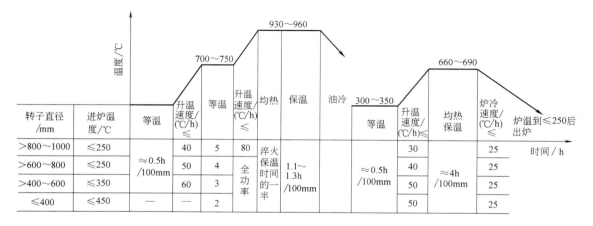

图 8-64　汽轮机高、中压转子锻件（Cr-Ni-Mo-V）性能热处理工艺规范

8.8　大型筒体与封头锻件热处理

8.8.1　大型筒体与封头的种类和技术要求

大型容器的壳体是由筒体和封头两大类锻件构成的一个密闭容器。大型容器在国民生活中普遍存在，主要应用于石油、化工、核电等领域。因此，大型筒体与封头锻件一般分为化工容器用筒体和封头锻件、核电蒸汽发生器用筒体和封头锻件、核电压力容器用筒体和封头锻件，以及核电稳压器用筒体和封头锻件等。

化工容器、核电容器均在一定的压力、温度和介质条件下长时间工作，因此对于壳体材料，除了要求有较高的常温力学性能，根据其不同的使用工况，还要求有一定的高/低温性能。表 8-39 列出了大型筒体和封头锻件的常用材料牌号及化学成分，表 8-40 列出了一般化工容器和核电容器筒体、封头锻件用钢的力学性能要求。

表 8-39　大型筒体和封头锻件常用材料牌号及化学成分

材料牌号	化学成分（质量分数，%）													
	C	Mn	Si	S	P	Cr	Ni	Cu	Mo	V	Nb	Ti	B	Al	Co
12Cr2Mo1V	≤0.15	0.30~0.60	≤0.10	≤0.010	≤0.012	2.00~2.50	≤0.25	≤0.25	0.90~1.10	0.25~0.35	≤0.070	≤0.030	≤0.002	—	
SA-508Gr.3（美国牌号）	≤0.25	1.20~1.50	≤0.40	≤0.025	≤0.025	≤0.25	0.40~1.00	≤0.20	0.45~0.60	≤0.05		≤0.015	≤0.003	≤0.025	≤0.20
18MND5（法国牌号）	≤0.20	1.15~1.55	0.10~0.30	≤0.008	≤0.008	≤0.25	0.50~0.80	≤0.08	0.45~0.55	≤0.01				≤0.04	
16MND5（法国牌号）	≤0.20	1.15~1.55	0.10~0.30	≤0.005	≤0.008	≤0.25	0.50~0.80	≤0.08	0.45~0.55	≤0.01				≤0.04	≤0.03

表 8-40　一般化工容器和核电容器筒体、封头锻件用钢的力学性能要求

材料牌号	室温				350℃		KV	
	$R_{p0.2}$/MPa	R_m/MPa	A（%）	Z（%）	$R_{p0.2}$/MPa	R_m/MPa	测试温度/℃	考核值
12Cr2Mo1	310~620	520~680	≥19	≥45	—	—	-30	三个试样平均值≥55J，允许其中一个试样最低值≥48J
12Cr2Mo1V	415~620	586~758	≥18	≥45	—	—	-30	三个试样平均值≥54J，允许其中一个试样最低值≥47J
SA-508Gr.3Cl.1	≥345	550~725	≥18	≥38	≥285	≥505	4.4	三个试样平均值≥41J，允许其中一个试样最低值≥34J
SA-508Gr.3Cl.2	≥450	620~795	≥16	≥35	≥370	≥558	21	三个试样平均值≥48J，允许其中一个试样最低值≥41J
18MND5（筒体、上封头）	≥450	600~720	≥20	—	≥380	≥540	-20	三个试样平均值≥40J，允许其中一个试样最低值≥28J
18MND5（下封头）	≥420	580~700	≥20	—	≥350	≥522	-20	
16MND5	≥400	550~670	≥20	—	≥300	≥497	-20	

注：SA-508Gr.3Cl.1 和 16MND5 相当于我国的 16MnNiMo，SA-508Gr.3Cl.2 和 18MND5 相当于我国的 18MnNiMo。

8.8.2　锻后热处理

大型筒体与封头锻件锻后热处理的主要目的是消除锻造应力，细化组织，改善可加工性。在钢锭中氢含量较高的情况下，需在锻后进行扩氢处理防止形成白点。

大型筒体与封头锻件锻后热处理工艺规范如图 8-65 所示。为了保证锻件心部达到规定温度，完成奥氏体转变，并实现均匀化，通常在均温后需进一步保温，保温时间根据锻件的有效厚度确定。典型大型筒体与封头锻件锻后热处理的有效厚度计算方法见表 8-41。

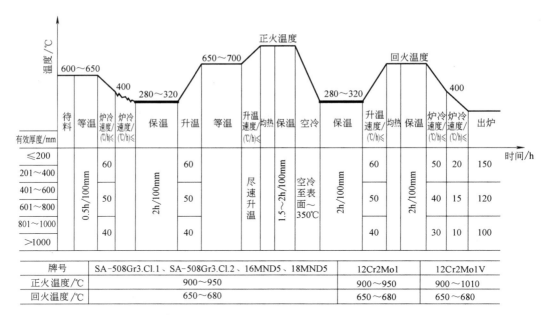

牌号	SA-508Gr3.Cl.1、SA-508Gr3.Cl.2、16MND5、18MND5	12Cr2Mo1	12Cr2Mo1V
正火温度/℃	900~950	900~950	900~1010
回火温度/℃	650~680	650~680	650~680

图 8-65　大型简体与封头锻件锻后热处理工艺规范

注：1. 粗实线 ▬▬ 表示锻件本体上接触式热电偶的保持温度，〰〰 表示接触式热电偶装上后的变化温度，其余为炉气温度。

2. 若锻压最后一火次存在多次返工或变形量较小等情况，可考虑在正回火前增加一次正火，增加的正火奥氏体化温度一般较现有工艺的正火温度高 10~30℃。

表 8-41　典型大型简体与封头锻件锻后热处理的有效厚度计算方法

名称	锻件形状	尺寸关系	有效厚度 D
简体类		$t > 2d_1$	$D = t$
		$t \leqslant 2d_1$	$D = 2t$
封头板坯（冲压成形类封头）		$H < d \leqslant 1.5H$	$D = H$
		$1.5H < d \leqslant 3H$	$D = 1.5H$
		$d > 3H$	$D = 2H$
异型封头（旋压成形）			$D = d$ 取壁厚最厚处值

8.8.3　性能热处理

大型简体和封头锻件的性能热处理一般采用调质处理，其工艺规范如图 8-66 所示。性能热处理中的保温时间根据锻件的有效厚度确定，典型大型简体与封头锻件性能热处理的有效厚度计算方法见表 8-42。

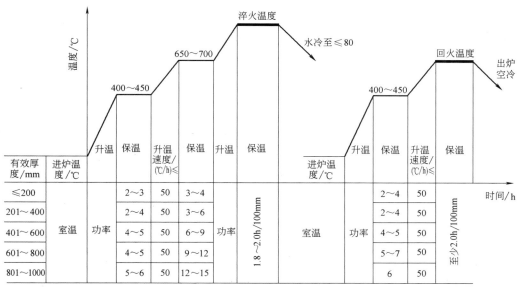

有效厚度/mm	进炉温度/℃	升温	保温	升温速度/(℃/h)≤	保温	升温	保温		进炉温度/℃	升温	保温	升温速度/(℃/h)≤	保温
≤200			2～3	50	3～4						2～4	50	
201～400			2～4	50	3～6						2～4	50	
401～600	室温	功率	4～5	50	6～9	功率	1.8～2.0h/100mm		室温	功率	4～5	50	至少2.0h/100mm
601～800			4～5	50	9～12						5～7	50	
801～1000			5～6	50	12～15						6	50	

牌号	SA-508Gr3.Cl.1/16MND5	SA-508Gr3.Cl.2/18MND5	12Cr2Mo1	12Cr2Mo1V
淬火温度/℃	870～910	870～910	900～940	940～990
回火温度/℃	645～665	635～655	650～710	680～710

图 8-66　大型筒体与封头锻件性能热处理工艺规范

注：图中黑粗线——表示锻件本体上接触式热电偶的保持温度。

表 8-42　典型大型筒体与封头锻件性能热处理的有效厚度计算方法

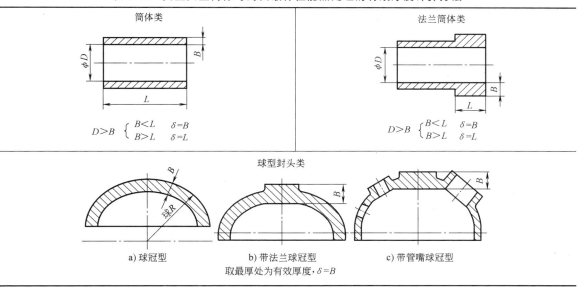

8.9　大型锻件的其他热处理工艺

8.9.1　锻件切削加工后的去应力退火

　　一般锻件切削加工后的去应力退火工艺见表 8-43。

　　细长比大于 10 的轴及板类锻件的去应力退火工艺见表 8-44。

　　1）对有硬度及力学性能要求的零件，消除应力温度应比最后热处理回火温度低 20～30℃。

　　2）对有回火脆性的钢，消除应力温度宜采用 400～450℃，但保温时间应当加长。

表 8-43　一般锻件切削加工后的去应力退火工艺

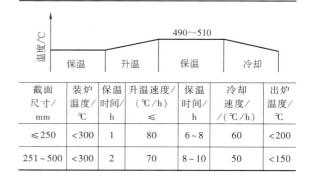

截面尺寸/mm	装炉温度/℃	保温时间/h	升温速度/(℃/h) ≤	保温时间/h	冷却速度/(℃/h)	出炉温度/℃
≤250	<400	—	100	6~8	停火炉冷	<350
251~500	<350	1~2	80	8~12	60	<250
>500	<200	2~3	60	12~14	40	<200

表 8-44　细长比大于 10 的轴及板类锻件的去应力退火工艺

截面尺寸/mm	装炉温度/℃	保温时间/h	升温速度/(℃/h) ≤	保温时间/h	冷却速度/(℃/h)	出炉温度/℃
≤250	<300	1	80	6~8	60	<200
251~500	<300	2	70	8~10	50	<150

8.9.2　锻件矫直加热与回火工艺

锻件热处理后的加热矫直与回火工艺见表 8-45。

表 8-45　锻件热处理后的加热矫直与回火工艺

牌号	截面尺寸/mm	弯曲度/(mm/m)	矫直方法	装炉温度/℃	保温时间/h	升温速度/(℃/h) ≤	保温时间/h	矫直	装炉温度/℃	升温速度/(℃/h) ≤	保温时间/h	冷却速度/(℃/h)	出炉温度/℃
w(C)<0.4%碳钢、20SiMn、20MnMo、15CrMo、17MoV、20CrMo9、24CrMo10	<400	<15	冷矫	加热温度	—	—	4~6	停矫温度不低于350~400℃	350~400	—	6~8	空冷	—
	<400	<15	热矫				6~9				8~12	炉冷	≤450
	400~700	<10	冷矫							80			
	400~700	>10	热矫										
	<700	全部	热矫		—	—	9~12			80	12~15		≤400
35CrMo、35SiMn、34CrMo1A、45、40Cr,以及Ⅱ、Ⅲ组合金结构钢	<400	<10,<60/全长	冷矫	加热温度	—	—	4~6	停矫温度不低于350~400℃	350~400	80	6~8	炉冷	≤400
	<400	>10,<60/全长	热矫										
	400~700	<6,<30/全长	冷矫				6~10			60	8~12	50	≤350
	400~700	>6,>30/全长	热矫										
	>700	全部	热矫				10~14			50	12~15		≤300
55Cr、60Mn、60SiMn、60CrNi及工模具钢	<400	<3	冷矫	400~450	2~3	50	4~7		350~400	50	6~8	50	≤350
	<400	>3	热矫										
	>400	全部	热矫	400~450	2~3	40	7~14			40	8~15	40	≤250

矫直前加热 500~650　矫直后回火 500~650

注：1. 经第二次热处理的锻件均采用热矫（碳钢及低合金钢截面<150mm者可冷矫）。
　　2. 阶梯轴类锻件截面过渡区大于 80mm 者一律热矫。
　　3. 矫直前加热温度及矫直后去应力退火温度，均应低于工件回火温度。

8.9.3　电渣焊焊接件的热处理工艺

简体或其他零件电渣焊接后需进行热处理，以改善焊缝及热影响区的显微组织，消除焊接应力，获得良好的力学性能。35 钢、20MnMo 钢电渣焊焊接件热处理工艺见表 8-46；去应力退火工艺见表 8-47。

表 8-46　电渣焊焊接件热处理工艺

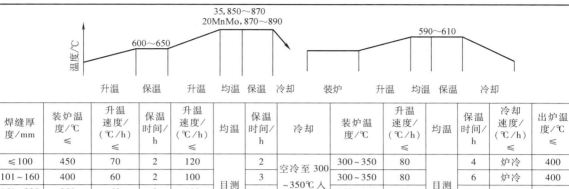

焊缝厚度/mm	装炉温度/℃ ≤	升温速度/(℃/h) ≤	保温时间/h	升温速度/(℃/h) ≤	均温	保温时间/h	冷却	装炉温度/℃	升温速度/(℃/h) ≤	均温	保温时间/h	冷却速度/(℃/h)	出炉温度/℃ ≤
≤100	450	70	2	120	目测	2	空冷至300~350℃入炉回火	300~350	80	目测	4	炉冷	400
101~160	400	60	2	100		3		300~350	80		6	炉冷	400
161~220	350	60	3	100		4		300~350	70		8	60	350
221~300	350	50	3	80		5		300~350	70		10	60	350

　注：本规范适用于 35、20MnMo 钢制电渣焊焊接件。

表 8-47　焊接件去应力退火工艺

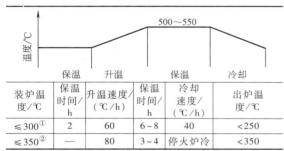

装炉温度/℃	保温时间/h	升温速度/(℃/h)	保温时间/h	冷却速度/(℃/h)	出炉温度/℃
≤300[①]	2	60	6~8	40	<250
≤350[②]	—	80	3~4	停火炉冷	<350

① 适用于形状复杂、容易产生变形的焊接件。
② 适用于形状简单、不容易产生变形的焊接件。

8.10　大型铸件的热处理

　　大型铸钢件的强度与锻钢件相近，但塑性、韧性较差，内部组织不均匀、不致密，内部化学成分偏差较大，导热性较差，而且形状复杂。因此，在热处理中要特别注意减少内部应力，防止产生开裂问题，但不必考虑氢的危害。在制订热处理工艺时，可参考相同钢号的奥氏体等温转变图、奥氏体连续冷却转变图和淬透性曲线；但必须注意化学成分不均匀、晶粒大及其他铸造缺陷的影响。

8.10.1　大型铸件热处理的种类与目的

　　（1）均匀化退火　其目的在于消除或减轻铸钢件中的成分偏析，改善某些可溶性夹杂物（如硫化物等）的形态，使铸件的化学成分、内部组织与力学性能趋于均匀和稳定。

　　（2）正火+回火　通过重结晶细化内部组织，提高强度和韧性，使铸件得到良好的综合力学性能，并使工件的可加工性得到改善。

　　（3）退火　其目的是稳定铸件的尺寸、组织与性能，使铸件的塑性、韧性得到明显提高。退火过程操作简便，热处理应力很小，但工件强度、硬度稍低一些。

　　（4）调质　由于淬火（油冷或喷雾）时热处理应力很大，要慎重采用。调质处理只用于铸件性能要求很高的情况，而且只能在铸件经过充分退火之后进行。通过调质处理，可使铸件的综合力学性能得到较大幅度的提高。

　　（5）去应力退火　其目的在于去除铸件中的内应力，主要用于修补件、补焊件、焊接件及粗加工应力的去除，以防止缺陷并使工件尺寸稳定。去应力退火的温度必须低于工件回火温度 10~30℃；保温时间（h）一般按 <δ/25 计算（δ 为工件最大壁厚，mm），随后在炉内缓冷。

8.10.2　重型机械类铸件热处理实例

　　重型机械包括冶金机械、矿山机械、电站机械、起重机械、运输机械、船舶机械等，其中冶金机械中大型铸件较多，尺寸更大。冶金机械包括冶金炉、加热炉、轧钢机、连铸机等设备的机械部分。

　　冶金机械类铸件的特点是质量较大，壁较厚，形状较简单的多，部分铸件要求耐热。从受力情况看，有动载荷，也有静载荷，部分铸件受重载荷。

　　1. 轧钢机机架

　　ZG230-450 轧钢机机架的高温退火工艺曲线如图 8-67 所示。

　　2. 汽轮机缸体

　　ZG20CrMoV 汽轮机缸体的热处理工艺曲线如图 8-68 所示。

　　3. 水轮机叶片

　　ZG06Cr13Ni6Mo 水轮机叶片的热处理工艺曲线如图 8-69 所示。

4. 轧钢机减速器大齿轮热处理实例

铸件材质：铸造合金钢 ZG35Cr1Mo。

铸件热处理工艺：正火+回火。热处理工艺曲线如图 8-70 所示。

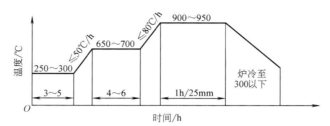

图 8-67　ZG230-450 轧钢机机架的高温退火工艺曲线

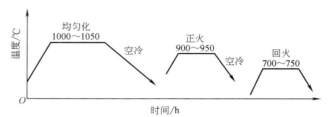

图 8-68　ZG20CrMoV 汽轮机缸体的热处理工艺曲线

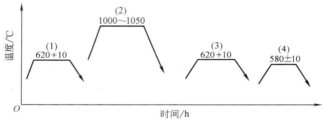

图 8-69　ZG06Cr13Ni6Mo 水轮机叶片的热处理工艺曲线

（1）软化退火　（2）高温正火　（3）一次回火（最大限度地得到稳定的诱导奥氏体）

（4）二次回火（为了得到回火马氏体和诱导奥氏体）

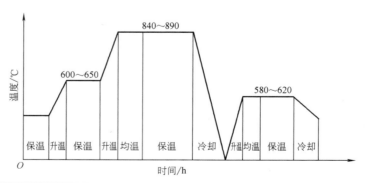

铸件有效截面尺寸/mm	装炉温度/℃	保温时间/h	升温速度/(℃/h)	保温时间/h	升温速度/(℃/h)	均温时间/h	保温时间/h	冷却方式	升温速度/(℃/h)	均温时间/h	保温时间/h	冷却速度/(℃/h)	出炉温度/℃
<100	<450	—	≤100	1.5	≤120	—	1.5	空冷	≤120	—	3	≤80	≤450
100~200	<400	1.5	≤90	2	≤100	—	1.5~3.0	空冷	≤100	—	3~6	≤70	≤400
200~400	<350	2.0	≤80	3	≤100	—	2.0~4.5	空冷	≤80	—	4~9	≤60	≤300

图 8-70　轧钢机减速器大齿轮热处理工艺曲线

5. 轧辊热处理实例

铸件特点：铸件重量 25.8t。工作面尺寸 $\phi1200\times2350mm$。

铸件材质：合金球墨铸铁。

化学成分（质量分数）：C 3.3%~3.6%，Si 0.5%~0.6%，Mn 0.4%~0.6%，P<0.08%，S<0.06%，Mo 0.4%~0.6%，Cr 0.09%~0.12%，Ni 1.8%~2.2%。

铸件热处理工艺：正火+回火。四辊可逆中板轧机轧辊热处理工艺曲线如图 8-71 所示。

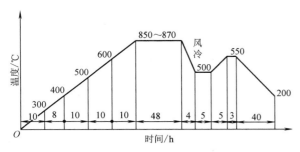

图 8-71 四辊可逆中板轧机轧辊热处理工艺曲线

热处理后检验铸件力学性能：抗拉强度为 650~700MPa，断后伸长率 A 为 2%~3%，冲击韧度为 10~15J/cm²。

6. 500kg 钢锭模热处理实例

铸件材质：球墨铸铁 QT450-10。

化学成分（质量分数）：C 3.6%~4.0%，Si 2.3%~2.7%，Mn<0.6%，P<0.2%，S<0.04%，Mg 0.04%~0.07%。

铸件热处理工艺：低温石墨化退火。500kg 钢锭模低温石墨化退火工艺曲线见图 8-72。

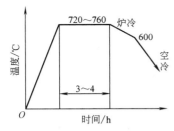

图 8-72 500kg 钢锭模低温石墨化退火工艺曲线

热处理后铸件检验：

1）力学性能。抗拉强度 R_m>450MPa，断后伸长率 A>10%，硬度为 170~200HBW。

2）金相组织。铁素体>9%（体积分数），余为珠光体。

7. 150t 转炉大齿轮轴热处理实例

铸件特点：结构为一不等截面轴；外形尺寸：直径为 850~1050mm，长度为 3870mm；重量为 24.5t，承受低速重载。

铸件材质：铸造低合金钢 ZG35CrMoV。

铸件热处理目的：消除铸造过程中产生的粗大魏氏组织，提高强度硬度。

铸件热处理工艺：浇注后均匀化退火+粗加工后调质，工艺曲线如图 8-73 所示。

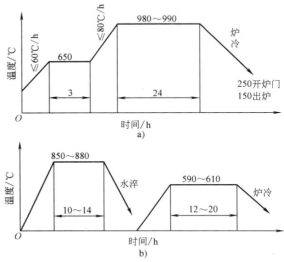

图 8-73 150t 转炉大齿轮轴热处理工艺曲线
a）均匀化退火 b）调质处理

8. 渣缸热处理实例

铸件材质：球墨铸铁 QT600-3。

化学成分（质量分数）：C 3.3%~3.5%，Si 2.8%~3.2%，Mn 0.4%~0.6%，P<0.07%，S<0.025%，RE 0.02%~0.04%，Mg 0.05%~0.09%。

铸件热处理工艺：退火，工艺曲线如图 8-74 所示。

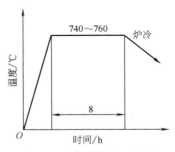

图 8-74 渣缸热处理工艺曲线

热处理后铸件检验：

1）力学性能。抗拉强度 R_m 为 650~750MPa，断后伸长率 A_4 为 3%~7%，冲击韧度 a_K<10~40J/cm²，硬度为 210~250HBW。

2）金相组织。珠光体 30%~50%（体积分数），渗碳体与磷共晶小于 1.5%（体积分数），其余为铁素体。

9. 炼焦炉炉门框热处理实例

铸件材质：球墨铸铁 QT600-3。

化学成分（质量分数）：C 3.3% ~ 3.5%，Si 2.4% ~ 3.1%，Mn 0.5% ~ 0.7%，P < 0.08%，S < 0.025%，RE 0.04% ~ 0.05%，Mg 0.03% ~ 0.05%。

铸件热处理工艺：退火，工艺曲线如图 8-75 所示。

热处理后铸件检验：

1）力学性能。抗拉强度 R_m 为 630 ~ 700MPa，伸长率 A_4 为 5% ~ 7%，冲击韧度 a_k 为 25 ~ 50J/cm²，硬度为 210 ~ 250HBW。

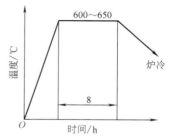

图 8-75 炼焦炉炉门框热处理工艺曲线

2）金相组织。珠光体 30% ~ 45%（体积分数），渗碳体与磷共晶小于 1.5%（体积分数），其余为铁素体。

冶金机械球墨铸铁件热处理实例见表 8-48。

表 8-48 冶金机械球墨铸铁件热处理实例

铸件名称	化学成分（质量分数，%）								热处理工艺	金相组织	力学性能			
	C	Si	Mn	P	S	RE	Mg	合金元素			R_m/MPa	A(%)	a_K/(J/cm²)	硬度HBW
烧结机锥齿轮	3.4 ~ 3.6	2.5 ~ 2.9	0.5 ~ 0.7	<0.07	<0.025	0.03 ~ 0.04	0.04 ~ 0.08	—	920℃，保温 3h，空冷	φ（珠光体）大于 75%，余为铁素体，球化 1~2 类	760 ~ 860	2 ~ 4	10 ~ 25	255 ~ 280
卷管机胎模	3.4 ~ 3.6	2.5 ~ 2.8	0.6 ~ 0.8	<0.15	<0.05	≥0.03	≥0.035	Mo 0.2 ~ 0.5	920 ~ 950℃，保温 3h；炉冷至 840 ~ 860℃，保温 3h，油淬；400℃回火，保温 12h，空冷	索氏体，少量铁素体	900 ~ 1100	1 ~ 2	8 ~ 17	400 ~ 500

10. 矿山机械球墨铸铁件热处理实例（见表 8-49）

表 8-49 矿山机械球墨铸铁件热处理实例

铸件名称	化学成分（质量分数，%）							热处理工艺	金相组织	力学性能			
	C	Si	Mn	P	S	RE	Mg			R_m/MPa	A(%)	a_K/(J/cm²)	硬度HBW
反击式破碎机锤头板	3.3 ~ 3.7	2.3 ~ 2.9	0.4 ~ 0.6	<0.08	<0.025	0.02 ~ 0.06	0.04 ~ 0.06	900℃，保温 3h，油淬；400℃回火	索氏体，少量铁素体，渗碳体与磷共晶小于2%（体积分数，下同），球化 1~2 类	1000 ~ 1200	1 ~ 2	10 ~ 15	480 ~ 530
悬浮分级机锥齿轮	3.4 ~ 3.7	2.4 ~ 2.9	0.6 ~ 0.8	<0.08	<0.03	0.04 ~ 0.06	0.04 ~ 0.08	900 ~ 920℃，保温 3h，空冷	珠光体大于 75%，渗碳体与磷共晶小于 1.5%，余为铁素体，球化 1~2 类	800 ~ 900	2 ~ 5	10 ~ 30	255 ~ 320
减速机机体	3.5 ~ 3.9	2.2 ~ 3.1	0.6 ~ 0.9	<0.1	<0.02	0.02 ~ 0.06	0.04 ~ 0.06	500℃，保温 1h，升温至 860℃，保温 1h，空冷；500 ~ 550℃回火，保温 40min，空冷	珠光体大于 90%，余为铁素体，球化 1~2 类	700 ~ 900	2 ~ 5	—	250 ~ 290
筒型内滤真空过滤机蜗轮	3.5 ~ 3.9	2.2 ~ 3.1	0.6 ~ 0.9	<0.1	<0.02	0.02 ~ 0.06	0.04 ~ 0.06	500℃，保温 1h，升温至 850℃，保温 1 ~ 1.5h；降至 700 ~ 720℃，保温 1 ~ 1.5h，炉冷	铁素体大于 95%，余为珠光体	450 ~ 530	15 ~ 20	—	156 ~ 196

11. 矿山机械铸钢件热处理实例（见表 8-50~表 8-52）

表 8-50　矿山机械铸钢件热处理实例（一）

矿山机械铸件		热处理规范
类别	材料	
机座、锤砧、箱体垫铁及托盘等热处理用附件	$w(C)$ 为 0.2%~0.3% 的碳钢	890~910℃ 正火 600~620℃ 回火
飞轮机架、锤体、水压机、工作缸等	$w(C)$ 为 0.3%~0.4% 的碳钢	840~860℃ 正火 600~620℃ 回火
联轴器、车轮、气缸、齿轮、齿轮圈等	$w(C)$ 为 0.4%~0.5% 的碳钢	850~860℃ 正火 600~620℃ 回火
较高压力作用下承受摩擦和冲击的零件，如齿轮等	ZG40Mn	850~860℃ 正火 400~450℃ 回火
承受摩擦的零件，如齿轮等，耐磨性比 ZG40Mn 高	ZG40Mn2	830~850℃ 正火+350~400℃ 回火 830~850℃ 淬火+350~450℃ 回火
高强度的零件，如齿轮和齿轮圈等	ZG50Mn2	810~830℃ 正火 550~600℃ 回火
水压机的工作缸、水轮机转子等，铸造性能及焊接性能良好	ZG20SiMn	900~920℃ 正火 570~600℃ 回火
承受摩擦的零件	ZG20SiMn	870~890℃ 正火+570~600℃ 回火 870~880℃ 淬火+400~450℃ 回火
齿轮车轮及其他耐磨零件	ZG42SiMn	860~880℃ 正火+520~680℃ 回火 860~880℃ 淬火+520~680℃ 回火
齿轮、齿圈等，可代替 ZG40Cr	ZG50SiMn（非标在用牌号）	840~860℃ 正火+520~680℃ 回火
高强度铸件，如齿轮、齿轮圈等	ZG40Cr1	830~860℃ 正火+520~680℃ 回火 830~860℃ 淬火+520~680℃ 回火
承受冲击磨损零件，如齿轮、滚轮等	ZG35CrMnSi	880~900℃ 正火+400~450℃ 回火
链轮、电铲的支撑轮、轴套、齿轮、齿轮圈等零件	ZG35Cr1Mo	900℃ 正火+550~600℃ 回火 850℃ 淬火+600℃ 回火
起重机及矿山机械上的车轮，耐磨性较高，焊接性差	ZG65CrMn（非标在用牌号）	840~860℃ 正火+600~650℃ 回火
各种破碎机衬板、锤头、挖掘机斗齿、履带板等承受冲击磨损的零件，耐磨性高	ZGMn13（曾用牌号）	1050~1100℃ 水韧处理

表 8-51　矿山机械铸钢件热处理实例（二）

矿山机械铸件		正火（淬火）规范					
材料	铸件壁厚/mm	装炉		650~700℃		淬火	
		温度/℃	均温时间/h	加热速率/ （℃/h） ≤	均温时间/h	加热速率/ （℃/h） ≤	保温时间/h
$w(C)$ 为 0.2%~0.4% 的碳钢	<200	≤650	—	—	2	120	1~2
	200~500	400~500	2	70	3	100	2~5
	500~800	300~350	3	60	4	80	5~8
	800~1200	250~300	4	40	5	60	8~12
	1200~1500	≤200	5	30	6	50	12~15
$w(C)$ 为 0.4%~0.5% 的碳钢 ZG40Mn ZG40Mn2 ZG50Mn2	<200	400~500	2	100	3	100	1~2

（续）

矿山机械铸件		正火（淬火）规范					
		装炉		650~700℃		淬火	
材料	铸件壁厚/mm	温度/℃	均温时间/h	加热速率/（℃/h）≤	均温时间/h	加热速率/（℃/h）≤	保温时间/h
ZG20SiMn	200~500	250~350	3	80	4	80	2~5
ZG35SiMn							
ZG42SiMn							
ZG50SiMn							
ZG40Cr1							
ZG35CrMoSi	500~800	200~300	4	60	5	60	5~8
ZG35Cr1Mo							
ZG65Mn							
ZGMn13	<40	<450	1~1.5	<100	1~1.5	—	1
	40~80	<350	1.5~2	50~70	1.5~2	70~90	1~1.5

表 8-52 矿山机械铸钢件热处理实例（三）

矿山机械铸件		正火（淬火）后回火规范					
		装 炉		回火		冷却速度/（℃/h）≤	出炉温度/℃
材料	铸件壁厚/mm	温度/℃	均温时间/h	加热速率/（℃/h）≤	保温时间/h		
w(C)为 0.4%~0.5%的碳钢	<200	300~400		120	2~3	停火开炉冷闸门	450
	200~500	300~400		100	3~8	停火开炉冷闸门	400
	500~800	300~400	2	80	8~12	停火开闸门 停火开闸门	350
	800~1200	300~400	3	60	12~18	50 30	300
	1200~1500	300~400	3	50	18~24	40 30	250
w(C)为 0.4%~0.5%的碳钢 ZG40Mn ZG40Mn2 ZG50Mn2	<200	300~400	1	100	2~3	停火开炉冷闸门	350
ZG20SiMn ZG35SiMn ZG42SiMn ZG50SiMn	200~500	300~400	2	80	3~8	停火开炉冷闸门	350
ZG40Cr1 ZG35CrMnSi ZG35Cr1Mo ZG65Mn	500~800	300~400	2	60	8~12	停火开闸门 停火开闸门 50 30	300

参 考 文 献

［1］ 康大韬，叶国斌. 大型锻件材料及热处理 ［M］. 北京：科学出版社，1998.

［2］ 仲复欣. 大型重载齿轮的深层渗碳 ［J］. 金属热处理，1985（3）：28-33.

［3］ 石康才，陈立人. 离子渗氮工艺在石油钻采机械中的应用 ［J］. 金属热处理，1987（4）：26-28.

［4］ 机械工程学会铸造分会. 铸铁 ［M］. 北京：机械工业出版社，2002.

［5］ 陈琦，彭兆弟. 铸件热处理实用手册 ［M］. 北京：龙门书局，2000.

［6］ 全国热处理标准化技术委员会. 大型锻钢件的锻后热处理：GB/T 37558—2019 ［S］. 北京：中国标准化出版社，2019.

［7］ 全国热处理标准化技术委员会. 大型锻钢件的正火与

退火：GB/T 37559—2019 [S]. 北京：中国标准化出版社，2019.

[8] 全国热处理标准化技术委员会. 大型锻钢件的淬火与回火：GB/T 37464—2019 [S]. 北京：中国标准化出版社，2019.

[9] 机械工业大型铸锻件标委会. 大型高铬锻钢支承辊：JB/T 11021—2010 [S]. 北京：机械工业出版社，2010.

[10] 机械工业大型铸锻件标委会. 大型锻造合金钢支承

辊：JB/T 4120—2017 [S]. 北京：机械工业出版社.

[11] 中国国家标准化管理委员会. 锻钢冷轧工作辊：GB/T 13314—2008 [S]. 北京：中国标准出版社，2008.

[12] 机械工业大型铸锻件标委会. 大型锻造合金钢热轧工作辊：JB/T 3733—2017 [S]. 北京：机械工业出版社，2017.

第9章 工具的热处理

上海工具厂有限公司　祝新发　张岸

9.1 工具的服役条件及工具用钢

9.1.1 工具的服役条件

本章所叙述的内容包括在机床上使用的切削工具（机用工具）和各种手工工具的热处理。被切削的材料包括钢铁、有色金属及木材等各种材料。手工工具属低速切削，切削刃工作时主要承受各种摩擦，有时伴有较大的冲击；机用工具切削速度较快，切削过程中通常承受较大的切削力、剧烈的摩擦，产生大量的摩擦热，切削刃上承受较高的温度，在连续切削工作时往往还要承受冲击和振动。

一般工具用钢在室温下应具有 60HRC 以上的硬度。材料硬度越高耐磨性越好，但抗冲击韧性相对就降低。所以，要求刀具材料在保持有足够的强度与韧性条件下，尽可能有高的硬度与耐磨性。

热硬性（又称热稳定性和红硬性）越好的刀具材料允许的切削速度就越快。刀具耐热性取决于被加工材料的可加工性、切削用量和冷却条件，是选择刀具材料十分重要的因素。

刀具材料还需有较好的工艺性。工具钢应有较好的热处理工艺性：淬火变形小、淬透层深、脱碳层浅；高硬度材料需有可磨削加工性；需焊接的材料，宜有较好的导热性和焊接性。

此外，选择刀具材料时，应根据被加工材料和切削状况及工艺需要，在保证主要性能要求前提下，尽可能选用性价比高的材料。

9.1.2 工具的失效方式

切削工具常见的失效方式主要有以下几种：

1. 磨损

磨损是在正常使用情况下，切削工具最常见的失效形式。切削工具产生严重磨损时会发出尖叫声或产生明显振动，甚至无法切削。磨损大都是由于工具与被加工工件或切屑之间的磨粒磨损造成的，有时也可能是由于工件表面形成积屑瘤而形成的黏着磨损所造成的。

工具产生不正常磨损的主要原因是耐磨性不高，耐磨性不高大都是由于硬度不足或热硬性不足造成

的。热处理时产生的工具表面脱碳、脱元素等现象也可能造成耐磨性降低。为提高工具表面的耐磨性，应该选择高耐磨性、高热硬性的原材料。热处理时，在不使切削刃脆化的前提条件下，尽量提高工具的硬度；通过选择合适的表面处理，也可以提高工具表面的耐磨性。

2. 崩刃

崩刃也是切削工具常见的失效形式之一，包括微崩刃、大块崩刃、掉牙、掉齿等现象。很多崩刃现象的产生是由于切削时切削刃长期承受周期性的循环应力所产生的一种疲劳破坏现象，有时也可能是由于突然产生的冲击应力造成的。

间断切削的工具或切削时承受较大冲击载荷的工具更容易产生崩刃现象。制造这类工具的原材料应该组织均匀，不应有严重的碳化物偏析，热处理硬度宜取下限，不应产生过热及回火不足等增加工具脆性的现象。

3. 断裂、破碎

切削工具由于承受较大的冲击力或因工具自身的脆性较大，有时会产生整体断裂、破碎现象，如钻头的扭断、折断，拉刀的拉断，锯条的折断，锯片铣刀的破碎等都属于这一类。

工具的断裂、破碎与工具本身的韧性不足有关，但这种失效不完全是韧性不足引起的。例如，拉刀的断裂有时就是因为强度不足或有内裂纹引起的。仪表用的小钻头多以折断形式失效，但试验分析表明，小钻头折断不完全是钻头本身脆性大造成的，多数情况下是因为钻头的耐磨性不够，产生较大的磨损后还继续钻削，切削阻力增大，致使钻头折断。

4. 被加工工件达不到技术要求

在切削过程中，由于工具产生严重磨损或工具的切削刃上有明显的崩刃现象，这时工具虽然可以继续切削，但由于被加工工件的尺寸精度或表面粗糙度达不到技术要求，因而工具不能继续使用。

9.1.3 工具用钢

1. 工具钢的牌号

根据 GB/T 221—2008《钢铁产品牌号表示方法》，工具钢通常分为碳素工具钢、合金工具钢、高

速工具钢三类。作为切削工具用钢，手工工具和低速切削工具通常选用碳素工具钢或合金工具钢，机床上用的切削工具一般多选用高速工具钢。

常用工具钢的牌号、化学成分及性能指标见表 9-1～表 9-4。在碳素工具钢中有 T7～T13 等牌号；在合金工具钢中推荐了国内常用的牌号，以及近年来新出现并纳入标准的牌号；在高速工具钢中推荐了一些普通高速工具钢、高性能高速工具钢及粉末高速钢的牌号，包括一些国外应用较多的高速工具钢牌号，供读者选用。

表 9-1　常用碳素工具钢的牌号及化学成分（摘自 GB/T 1299—2014）

统一数字代号	牌号	化学成分(质量分数,%)		
		C	Si≤	Mn≤
T00070	T7	0.65～0.74	0.35	0.40
T00080	T8	0.75～0.84	0.35	0.40
T01080	T8Mn	0.80～0.90	0.35	0.40～0.60
T00090	T9	0.85～0.94	0.35	0.40
T00100	T10	0.95～1.04	0.35	0.40
T00110	T11	1.05～1.14	0.35	0.40
T00120	T12	1.15～1.24	0.35	0.40
T00130	T13	1.25～1.35	0.35	0.40

表 9-2　常用合金工具钢的牌号及化学成分（摘自 GB/T 1299—2014）

	GB/T 1299—2014		ASTM	化学成分(质量分数,%)						
	牌号	统一数字代号	牌号	C	Si	Mn	Cr	W	Mo	V
量具刃具用钢	9SiCr	T31219		0.86～0.95	1.20～1.60	0.30～0.60	0.95～1.25	—	—	—
	8MnSi	T30108		0.75～0.85	0.30～0.60	0.80～1.10	—	—	—	—
	Cr06	T30200	W5	1.30～1.45	≤0.40	≤0.40	0.50～0.70	—	—	—
	Cr2	T31200	L3	0.95～1.10	≤0.40	≤0.40	1.30～1.65	—	—	—
	9Cr2	T31209	L	0.80～0.95	≤0.40	≤0.40	1.30～1.70	—	—	—
	W	T30800	F1	1.05～1.25	≤0.40	≤0.40	0.10～0.30	—	—	—
耐冲击工具用钢	4CrW2Si	T40294	S1	0.35～0.45	0.80～1.10	≤0.40	1.00～1.30	2.00～2.50		
	5CrW2Si	T40295		0.45～0.55	0.50～0.80	≤0.40	1.00～1.30	2.00～2.50		
	6CrW2Si	T40296		0.55～0.65	0.50～0.80	≤0.40	1.10～1.30	2.20～2.70		
	6CrMnSi2Mo1V	T40356		0.50～0.65	1.75～2.25	0.60～1.00	0.10～0.50		0.20～1.35	0.15～0.35
	5Cr3MnSiMo1V	T40355		0.45～0.55	0.20～1.00	0.20～0.90	3.00～3.50		1.30～1.80	
	6CrW2SiV	T40376		0.55～0.65	0.70～1.00	0.15～0.45	0.90～1.20	1.70～2.20		0.10～0.20
冷作模具用钢	9Mn2V	T20019	O2	0.85～0.95	≤0.40	1.70～2.00				
	CrWMn	T21290	O7	0.90～1.05	≤0.40	0.80～1.10	0.90～1.20	1.20～1.60		
	7CrMnSiWMoV	T21357	CH-1	0.65～0.75	0.85～1.15	0.65～1.05	0.90～1.20		0.20～0.50	0.15～0.30
	Cr8Mo2SiV	T21350	DC53	0.95～1.03	0.80～1.20	0.20～0.50	7.80～8.30		2.00～2.80	0.25～0.40
	6Cr4W3Mo2VNb	T21386	65Nb	0.60～0.70	≤0.40	≤0.40	3.80～4.40	2.50～3.50	1.80～2.50	0.80～1.20
	6W6Mo5Cr4V	T21836	6W6	0.55～0.65	≤0.40	≤0.60	3.70～4.30	6.00～7.00	4.50～5.50	0.70～1.10
	7Cr7Mo2V2Si	T21317	LD	0.68～0.78	0.70～1.20	≤0.40	6.50～7.50		1.90～2.30	1.80～2.20
	Cr12	T21200	D3	2.00～2.30	≤0.40	≤0.40	11.50～13.00	—	—	—
	Cr12MoV	T21319	D2	1.45～1.70	≤0.40	≤0.40	11.00～12.50		0.40～0.60	0.15～0.30
	Cr12Mo1V1	T21310	D2	1.40～1.60	≤0.60	≤0.60	11.00～13.00		0.70～1.20	0.50～1.10

表 9-3　常用高速钢的牌号及性能指标

类型		牌号[1]			密度/（g/cm³）	20~600℃线胀系数/10⁻⁶K⁻¹	退火硬度HBW≤	淬回火硬度HRC	抗弯强度σ_bb/MPa
		GB/T 9943—2008	ISO 4957	简称					
低合金高速钢		W3Mo3Cr4V2	HS3-3-2	W3V2	7.9	13.0	255	63~65	4000~4500
		W4Mo3Cr4VSi	—	W4	7.96	13.0	255	63~66	4000~4500
普通高速钢		W18Cr4V	HS18-0-1	T1	8.7	11.4	255	64~66	2500~3500
		W2Mo8Cr4V	HS1-8-1	M1	7.9	12.5	255	63~65	3000~4000
		W2Mo9Cr4V2	HS2-9-2	M7	8.0	12.5	255	64~66	3000~4000
		W6Mo5Cr4V2	HS6-5-2	M2	8.16	13.0	255	64~66	3500~4500
		CW6Mo5Cr4V2	HS6-5-2C	CM2	8.16	13.0	255	64~66	3000~4000
		W6Mo6Cr4V2	HS6-6-2	—	8.16	13.0	262	64~66	—
		W9Mo3Cr4V	—	W9	8.25	12.9	255	64~66	3500~4500
高性能高速钢	高钒	W6Mo5Cr4V3	HS6-5-3	M3	8.16	12.1	262	64~66	3200~4300
		CW6Mo5Cr4V3	HS6-5-3C	CM3	8.16	12.1	262	64~66	3000~3500
		W6Mo5Cr4V4	HS6-5-4	M4	8.1	12.1	269	64~66	—
	含钴	W12Cr4V5Co5	—	T15	8.2	11.4	277	65~67	2500~3500
		W6Mo5Cr4V2Co5	HS6-5-2-5	M35	8.16	13.0	269	64~67	3000~4000
		W6Mo5Cr4V3Co8	HS6-5-3-8	PM30	8.2	—	285	65~69	4000~5000[2]
		W7Mo4Cr4V2Co5	—	M41	8.17	—	269	66~68	—
		W2Mo9Cr4VCo8	HS2-9-1-8	M42	8.0	12.5	269	66~68	2500~3500
		W10Mo4Cr4V3Co10	HS10-4-3-10	T42	8.3	10.7	285	66~69	2000~3000
	含铝	W6Mo5Cr4V2Al	—	M2Al	8.0	13.0	269	65~67	2500~3500

① 牌号中化学元素后面的数字表示该元素的平均质量分数（%），未注者在 1% 左右。
② W6Mo5Cr4V3Co8 的抗弯强度来自粉末冶金工艺生产的产品。

表 9-4　各国生产的粉末冶金高速钢牌号及主要化学成分

钢号	近似钢号				主要化学成分（质量分数,%）					
	中国安泰河冶	奥地利Bohler	法国Erasteel	美国Crucible	C	W	Mo	Cr	V	Co
PMM3	HOP M3	S790	ASP2023	REX M3-1	1.3	6.2	5	4	3	—
PMM4	HOP M4	S690	EM4	CPM M4	1.35	5.5	4.7	4.2	4	—
PMT15	HOP T15		ASP2015	CPM T15	1.55	12	—	4	5	5
PMT15M	HOP T15M	S390	ASP2052		1.6	10	2.2	4.7	4.8	8
PM30	HOP 2030	S590	ASP2030	CPM REX45	1.3	6.5	4.9	4	2.9	8.3
PM60	HOP 2060		ASP2060		2.3	6.5	7	4.2	6.5	10.5

注：PM—粉末冶金。安泰河冶、Bohler、Erasteel 和 Crucible 是高速钢制造企业。

2. 工具钢的性能

工具钢应具备的主要性能是高的硬度，高的耐磨性（即高的抗磨损能力），高热硬性，足够的韧性与强度，良好的工艺性（如淬硬性、淬透性、淬火畸变的大小、脱碳敏感性等热处理性能，以及可加工性、可磨削性、焊接性等），并兼具经济性。切削用工具钢的相对性能指标见表 9-5。

表 9-5　切削用工具钢的相对性能指标

材料类型	耐磨性	韧性	热硬性	淬硬层深度	成本
碳素工具钢	2~4	3~7	1	浅	1
油淬工具钢	4	3	3	中	1
高碳高铬钢	8	1~2	6	深	3
高速工具钢	7~9	1~3	8~9	深	3~5

由表 9-5 可见，在几种类型的工具钢中，碳素工具钢的耐磨性和热硬性最低，淬硬层深度最浅，淬火时产生畸变和开裂的倾向大，但价格低廉，常用于制造形状简单的工具，一般在 150℃ 以下使用。

低合金工具钢一般是在碳素工具钢的基础上加入一定的元素，如 Cr、W、Mo、V、Mn、Si、Co 等，以提高材料的淬透性，增加其耐磨性。由于钢中合金元素的加入，使过冷奥氏体的稳定性增大，临界冷却速度降低，同时部分合金元素可形成合金碳化物，因此在淬火时可获得较高的硬度。

合金工具钢可以使用较缓和的淬火冷却介质（油或低温熔盐）进行淬火，以减少刀具的变形和开裂。常用于制造截面较大、形状较复杂、切削条件较苛刻、碳素工具钢无法胜任的手工工具和切削性能要求不高的切削工具，一般在 300℃ 以下使用。

碳素工具钢和合金工具钢一般用作凿子、锤头、木工工具、冲头、剪刀、钻头、锉刀、手工丝锥、板牙、锯条、铰刀、圆锯片、搓丝板等工具。

表 9-5 中各项性能指标的含义如下：

耐磨性：指材料的耐磨损性能，数值越大，材料的耐磨损性能越好。

韧性：材料受到使其发生形变的力时对折断的抵抗能力，其定义为材料在破裂前所能吸收的能量与体积的比值。数值越大，材料的韧性越好，发生脆性断裂的可能性越小。

热硬性：又称热稳定性和红硬性，表中指刀具材料在高温工作条件下保持高硬度的能力。数值越大，热硬性越好，刀具的切削性能越好。

淬硬深度：表中指淬硬层深度，也称淬透层深度，指由钢的表面到钢的半马氏体区（组织中马氏体的体积分数占 50%、其余 50% 为珠光体类型组织）组织处的深度（也有个别钢种，如工具钢、轴承钢、需要量到体积分数为 90% 或 95% 的马氏体区组织处）。钢的淬硬层深度越大，表明这种钢的淬透性越好。

成本：表中指钢材的材料成本。数值越大，表明用这种钢制备工具时所需的材料成本越高。

Cr12 型高碳高铬工具钢的碳含量高、铬含量高，有很高的耐磨性、淬透性，有较高的回火稳定性及很小的淬火畸变，因此适用于制造断面尺寸较大、形状复杂、耐磨性要求较高的工具。

高速工具钢的耐磨性和热硬性最好，淬硬层深度深，淬火畸变和开裂的倾向小，但它的韧性低，价格昂贵。因此，高速工具钢适用于制造切削速度较高的机用切削工具，包括形状复杂的大规格的各种切削工具。

高速工具钢按照主要合金元素配比可以分为通用高速钢、低合金高速钢和高性能高速钢；按照制造工艺可分为熔炼高速钢和粉末冶金高速钢，近年还出现了喷射成形高速钢。

高速工具钢碳元素含量一般为 0.7%～1.6%（质量分数，下同），W、Mo、Cr、V、Co 等主要合金元素总量为 10%～40%，Cr 含量在 4% 左右。通用高速钢是机械加工中最常用的刀具材料，约占高速钢总量的 65%。目前用量最多的是钨钼系 W6Mo5Cr4V2（M2）高速钢，较早的钨系高速钢 W18 已很少采用。通用高速钢一般用于制作直钻、机用丝锥、立铣刀、机用铰刀、车刀等螺纹、有孔或拉削刀具。

高性能高速钢是在普通高速钢基础上增加一定的合金元素，使其元素质量分数达到 ≥2.60% 的 V，或 ≥4.50% 的 Co，或 0.80%～1.20% 的 Al，同时增加碳元素而形成的钢种，国产的含氮高速工具钢也在此列，其常温硬度为 66～69HRC，耐磨性与耐热性有显著的提高。含钴的高速工具钢具有很高的热硬性和耐磨性，常用于切削高强度调质钢及不锈钢、耐热钢等难加工材料，特别适于制作滚刀、锯片、铣刀等复杂切削刀具。高碳高钒高速工具钢和含铝、含氮的高速工具钢的耐磨性极好，但可磨削性变差，适于制造形状简单，或热处理后不需要再磨削或只需少量磨削的工具，如高性能车刀等。需要指出，近年来国内一款丝锥用高钒高速钢应用逐渐广泛，欧洲典型牌号为 W7Mo5Cr4V3，国内牌号为 HYTV3（W5Mo6Cr4V3）。此款高钒高速钢制作的机用丝锥，切削性能要优于普通高速钢丝锥。

粉末冶金高速钢是通过高压高纯氮将液态高速钢气雾化形成细小的高速钢粉末，装包套后经热等静压（HIP）而成的高速钢。我国目前已可批量生产粉末冶金高速钢，见表 9-4。

粉末冶金高速钢与传统熔炼高速钢比较，有如下优点：

1）结晶组织细小均匀（碳化物颗粒尺寸 2～5μm），无碳化物的偏析，硬度达 66～70HRC，抗弯强度为 3500～5000MPa，硬度与韧性同时提高。

2）由于物理力学性能各向同性，可减少热处理变形与应力，尤其适于制造精密刀具。

3）由于钢中的碳化物细小均匀，使磨削加工性得到显著改善，钒含量多者，改善程度就更为显著。

4）粉末冶金高速钢提高了材料的利用率。

粉末冶金高速钢适于制造大尺寸刀具、精密刀具、复杂刀具，如插齿刀、滚刀、螺纹刀具、铣刀等，也可用于制造切削难加工材料的刀具。粉末冶金高速钢因为基本不存在碳化物偏析现象，淬火冷却时开裂风险小，尤其适合采用真空热处理来制造工具。

喷射成形高速钢是利用高压惰性气体将合金液流雾化成细小熔滴并在沉降过程中冷却凝固，在尚未完全凝固前沉积成坯件，后续通过变形加工和热处理形成的高速钢。具有氧含量低、宏观偏析小、组织均匀细小的特点，力学性能较传统高速钢明显改善，大截面钢材碳化物偏析改善尤其显著。喷射成形高速钢目前较为成熟的应用领域主要是大截面刀具、复杂刀具，如滚刀、铜带铣刀、锯片等，切削性能相对熔炼高速钢有明显提升，接近于相同成分的粉末冶金高速钢。例如，我国河冶科技股份有限公司生产的

HSF838 喷射成形高速钢，成分与 ASP2030 粉末冶金高速钢成分相同。该钢作为切削刀具用途时具有很好的耐磨性与强韧性，适于制作钻头、拉刀、插齿刀、立铣刀、滚刀等。资料表明，其在相同硬度时的耐磨性比粉末冶金高速钢 HOP2030 提高 30% ~ 50%；浙江正达模具有限公司生产的 M35 成分的喷射成形高速钢制成的 φ110mm 大尺寸滚刀进行切削试验时发现：单次寿命比进口 M35 高速钢的单次寿命提高了 20%，比进口 S390 材料的单次寿命提高了 47%，深受刀具用户喜爱，但喷射成形高速钢由于在生产过程中钢水雾化时多采用氮气保护，钢材组织中带入的氮含量较高，磨削加工相应较为困难，也给喷射成形高速钢的推广应用带来一定的困扰。

表 9-6 中列出了几种高速工具钢主要性能的相对指数。耐磨性最好的高速工具钢是 W12Cr4V5Co5，相对耐磨性指数为 92；W18Cr4V 高速工具钢的耐磨性最差，相对耐磨性指数只有 40。韧性最好的高速工具钢是 W2Mo9Cr4V2，相对韧性指数为 75；W12Cr4V5Co5 高速工具钢的韧性最差，相对韧性指数只有 27。热硬性最好的高速工具钢是 W2Mo9Cr4VCo8，相对热硬性指数为 92。可磨削性以 W18Cr4V 为最好，相对可磨削性的指数为 80。W12Cr4V5Co5 和 W6Mo5Cr4V4 两种高速工具钢的可磨削性的指数最低，只有 20。

表 9-6　几种高速工具钢主要性能的相对指数

牌号	对应的美国牌号	相对耐磨性	相对韧性	相对热硬性	相对可磨削性
W6Mo5Cr4V2	M2	52	72	40	60
W6Mo5Cr4V4	M4	80	48	68	20
W2Mo9Cr4V2	M7	58	75	41	52
Mo8Cr4V2	M10	54	72	40	50
W6Mo5Cr4V3Co8	M36	52	40	75	60
W18Cr4V	T1	40	60	40	80
W12Cr4V5Co5	T15	92	27	80	20
W2Mo9Cr4VCo8	M42	90	40	92	40

此外，从表 9-6 中可以看出，W2Mo9Cr4VCo8 是一种各项性能指数都很好的高性能高速工具钢，相对耐磨性指数为 90，相对热硬性指数为 92，均为最高档次；相对韧性指数和相对可磨削性指数也不低，都是 40，它是一种综合性能较好的高性能高速工具钢。

3. 工具钢的选用

选择工具用钢时，首先，要考虑工具的使用寿命，必须使工具能够很好地服役；其次，还要考虑工具的生产率、制造难易和生产成本的高低等因素。

选材时，要根据工具的类型、规格大小、切削方式是连续切削还是断续切削、切削速度的高低、进给量的大小、有无切削液、被加工材料的可加工性好坏等诸多因素，确定该种工具要求的最主要的性能是什么，是耐磨性、韧性还是热硬性。例如，插齿刀、拉刀属于断续切削，所以韧性是第一位的性能要求；铣刀和滚刀属于高速重切削，耐磨性要求是第一位的；钻头属于低速重切削和半封闭式切削，所以韧性和热硬性同等重要；丝锥由于切削时容易折断，所以韧性和强度要求是第一位的。

根据工具对性能的主要要求，选择最合适的材料。表 9-5 和表 9-6 列出的几种工具钢和几种高速工具钢各种性能的相对指数，在选择工具材料时可以作为参考。

同样一种工具可能因切削条件的差别而对性能的要求有所不同。例如，粗加工用的车刀由于是高速切削，切削用量较大，通常要求具有很高的热硬性，而精加工用的车刀由于切削用量较小，热硬性要求不高，因而对耐磨性的要求较高。

同样，也要考虑生产率的高低和制造的难易。例如，为提高生产率而采用热轧成形法制造钻头，此法要求材料必须具备很高的热塑性，因此采用具有良好热塑性的 W6Mo5Cr4V2 高速工具钢制造；齿轮滚刀和剃齿刀热处理后需要磨削加工，其材料必须具备良好的可磨削性。耐磨性和热硬性都很好的 W6Mo5Cr4V2Al 高速工具钢就是因为可磨削性差，大大降低了生产率，因而不能用来制造这种齿轮刀具。

选材时，还要考虑生产成本。例如，不要求热硬性的手工工具和低速切削的工具，选用高速工具钢就会大大增加生产成本，浪费资源，因而一般不选用高速工具钢。同样，对热硬性要求不太高的切削工具，一般不选用 W2Mo9Cr4VCo8 的钴高速工具钢制造，否则不仅增加生产成本，而且含钴的 W2Mo9Cr4VCo8 高速工具钢也发挥不了热硬性好的优势。

低合金高速工具钢通常作为普通高速工具钢的代用品，用来制造某些不太重要的工具，其目的是降低工具的制造成本，因为低合金高速工具钢的合金元素含量比正常的高速工具钢低，价格比较便宜。试验证明，低合金高速工具钢进行氮化钛或其他工艺的物理涂层后，切削性能大幅度提高，甚至超过普通的高速工具钢，符合低碳生产理念。

粉末高速工具钢的最大特点是碳化物的颗粒细小均匀，与冶炼法相比可以在钢中加入更多的碳、钒等合金元素，得到性能更高的高速工具钢。粉末高速工具钢的可磨削性好，更适于制造形状复杂的齿轮刀具。特别需要的地方也可选用合金元素含量更高的粉末高速工具钢。

目前，在工具选材方面的大体情况如下。通常钳工五金工具类的锤子、虎钳、锻工锤等承受冲击的工具用 T7 和 T8 钢制造；锉刀、手用锯条和低速切削的金属带锯多用 T10 和 T12 钢制造；机用锯条和高速切削的金属带锯用高速工具钢制造；木工用的圆锯、手锯和錾子多用 T8 和 T10 制造，切削速度较高时，也

采用高速工具钢制造；手用丝锥、板牙、铰刀常用 9SiCr、GCr15、GCr6 或 T12 钢制造，要求耐磨性高的圆板牙也采用高速工具钢制造，机用丝锥则采用高速工具钢制造。

滚丝轮和搓丝板要求具有较高的耐磨性，尺寸较大，多采用高碳高铬钢 Cr12MoV 制造。

机床上使用的金属切削工具，如铣刀、钻头、铰刀等一般可以采用 W6Mo5Cr4V2、W9Mo3Cr4V 等普通高速工具钢制造。滚刀、插齿刀、剃齿刀等齿轮刀具根据被加工的材料不同和切削速度的高低一般可以采用普通高速工具钢 W6Mo5Cr4V2 制造，也可以采用 W6Mo5Cr4V2Co5、W2Mo9Cr4VCo8 等高性能高速工具钢制造；必要时也可以采用 ASP2052、ASP2023 和 ASP2030 等粉末高速工具钢制造。表 9-7 列出了 ASP 系列粉末冶金高速工具钢适于制作的刀具。有些热硬性要求不高的切削工具也可采用低合金高速工具钢制造。

表 9-7　ASP 系列粉末冶金高速钢适于制作的刀具

钢种	ASP2015	ASP2017	ASP2023	ASP2030	ASP2052	ASP2060
适于制作刀具名称	加工高温合金用拉刀	丝锥、粗加工用立铣刀	剃齿刀、拉刀	齿轮滚刀、插齿刀	齿轮滚刀、立铣刀	铰刀、精加工立铣刀、拉刀

普通车刀一般采用 W6Mo5Cr4V2 制造，高性能车刀应该采用耐磨性高的高速工具钢制造，如采用 W12Cr4V5Co5、W6Mo5Cr4V2Al 和 W10Mo4Cr4V3Al（曾用牌号）制造，可以得到较高的使用寿命。

9.1.4　工具用钢的质量要求

1. 碳素工具钢与合金工具钢的质量要求

碳素工具钢与合金工具钢退火后的珠光体级别和网状碳化物级别按 GB/T1299—2014《工模具钢》的第二级别图和第三级别图评定，见表 9-8。

Cr12 型高铬工具钢的共晶碳化物组织按 GB/T 14979—1994《钢的共晶碳化物不均匀度评定法》第四级别图评定，其合格级别应符合表 9-9 中 2 组的规定。

表 9-8　碳素工具钢和合金工具钢的退火组织要求

牌号	珠光体组织	网状碳化物
T7、T8、T8Mn、T9	≤ϕ60mm 者 1~5 级	≤ϕ60mm 者 ≤2 级
T10、T11、T12、T13	≤ϕ60mm 者 2~4 级	≤ϕ60mm 者 ≤2 级 >ϕ60~ϕ100mm 者 ≤3 级
9SiCr、Cr06、CrWMn、CrMn	1~5 级	≤ϕ60mm 者 ≤3 级
螺纹刃具用 9SiCr	2~4 级	≤ϕ60mm 者 ≤2 级

表 9-9　冷作模具钢共晶碳化物不均匀度合格级别

钢材直径或边长/mm	共晶碳化物不均匀度合格级别	
	1 组	2 组
	级　≤	
≤50	3	4
>50~70	4	5
>70~120	5	6
>120~400	6	协议
>400	协议	协议

注：扁钢的合格级别由供需双方协商确定。根据需方要求，并在合同中注明，也可以按 1 组供应。

球化组织良好的钢淬火过热敏感性小，可加工性好，工艺性能好。严重的网状碳化物会使钢的塑性降低，淬火开裂倾向增大，增加切削刃的脆性，降低工具的使用寿命。

此外，对碳素工具钢与合金工具钢的淬火硬度、淬透性等也有要求，但这些技术要求一般都能得到保证，所以工具制造者一般都不做这方面的检验。

2. 高速工具钢的质量要求

（1）碳化物不均匀度　高速工具钢碳化物不均匀度按 GB/T 14979—1994《钢的共晶碳化物不均匀度评定法》评定。尺寸不大于 120mm 的钢棒，钨系牌号按第一级别图，钨钼系按第二级别图评定，应符合表 9-10 的规定，并且不应有不变形或少变形的共

晶碳化物存在。尺寸大于 120mm 的钢棒、W6Mo5Cr4V2、W9Mo3Cr4V 按第三级别图评定,合格级别应符合表 9-10 的规定。碳化物不均匀度级别过高,钢的强度和热硬性下降,脆性增大,刀具容易产生崩刃、断齿等现象,显著地降低工具的使用寿命。同时,碳化物不均匀度的增加会造成淬火时钢的晶粒不均匀长大,增加钢过热的敏感性,增加工具的淬火开裂倾向。

表 9-10　高速工具钢碳化物不均匀度级别的规定

截面尺寸(直径、边长、厚度或对边距离)/mm	共晶碳化物不均匀度合格级别/级　≤
≤40	3
>40~60	4
>60~80	5
>80~100	6
>100~120	7
>120~160	6A、5B
>160~200	7A、6B
>200~250	8A、7B

有时用户需对高速工具钢材料进行锻打,经反复锻打后碳化物会发生弯曲、折叠现象,此时的碳化物级别应按 JB/T 4290—2011《高速工具钢锻件　技术条件》评定。

(2)大块角状碳化物　高速工具钢中碳化物的尺寸不应过大,否则也会降低工具的使用寿命,甚至造成切削时产生崩刃现象。高速工具钢中大块角状碳化物尺寸的大小应符合 GB/T 9943—2008《高速工具钢》的规定。钨系高速工具钢中的大块角状碳化物当呈分散分布和集中分布时,其最大尺寸应符合表 9-11 的规定。钨钼系高速工具钢中的大颗粒碳化物最大尺寸应符合表 9-12 的规定。钨钼系高速工具

钢钢丝的碳化物尺寸不得大于 12.5μm。

表 9-11　钨系高速工具钢大块角状碳化物的允许尺寸

级别	分散分布的角状碳化物/μm	集中分布的角状碳化物/μm
1	18	16
2	21	18
3	23	21
4	25	23
>4	双方协议	双方协议

表 9-12　钨钼系高速工具钢大颗粒碳化物的允许尺寸

级别	1	2	3	4	5	6
碳化物尺寸/μm	—	6.1	8.3	12.5	15.6	22.1

(3)宏观组织　高速工具钢的宏观组织按 GB/T 1979—2001《结构钢低倍组织缺陷评级图》进行检验和评级,当高速工具钢尺寸不大于 120mm 时,中心疏松、一般疏松和锭型偏析均不得大于 1 级。

9.2　工具钢的热处理工艺

9.2.1　碳素工具钢与合金工具钢的热处理工艺

1. 退火

为了降低钢材的硬度,便于切削加工;为了得到较好的退火组织,为淬火作准备;为了淬火工件重新淬火,工具钢需要进行退火。碳素工具钢与合金工具钢的退火工艺见表 9-13。

对不容易球化的钢可以采用循环退火的方法,第一次等温后重新加热到退火温度,而后再冷却到等温温度保温,这样反复多次,以增进球化效果。

表 9-13　碳素工具钢和合金工具钢的退火工艺

牌号	加热		冷却			硬度 HBW
	温度/℃	保温时间/h	缓冷	等温		
				温度/℃	保温时间/h	
T7	740~750			650~680		≤187
T8	740~750			650~680		≤187
T9	740~750			650~680		≤192
T10	750~760	2~4	<30℃/h,炉冷到 500~600℃出炉	680~700	4~6,等温后炉冷到 500~600℃出炉	≤197
T11	750~760			680~700		≤207
T12	760~770			680~700		≤207
T13	760~770			680~700		≤217
9SiCr	790~810			700~720		179~241
CrWMn	770~790	2~4	<30℃/h,炉冷到 500~600℃出炉	680~700	4~6,等温后炉冷到 500~600℃出炉	207~255
CrMn①	780~800			700~720		197~241
Cr2	770~790			680~700		179~229

（续）

牌号	加热		冷却			硬度 HBW
	温度/℃	保温时间/h	缓冷	等温		
				温度/℃	保温时间/h	
9Mn2V	750~770			670~690		≤229
GCr6②	780~800			700~720		179~207
GCr15	780~800		<30℃/h,炉冷到 500~600℃ 出炉	700~720	4~6,等温后炉冷到 500~600℃ 出炉	179~207
CrW5①	800~820	2~4		680~700		229~285
Cr6WV①	830~850			720~740		≤235
Cr12	850~870			730~750		217~269
Cr12MoV	850~870			730~750		207~255

① 非标在用牌号。
② 曾用牌号。

2. 正火

为细化已经过热的工具钢的晶粒度或消除过共析钢网状碳化物，应该对工具钢进行正火处理。碳素工具钢和合金工具钢的正火工艺见表 9-14。细化晶粒可以采用中下限加热温度；消除网状碳化物应采用上限加热温度，促使碳化物完全溶入奥氏体。碳素工具钢和合金工具钢的正火组织一般为片状珠光体，通常还要进行球化退火，使珠光体球化。

3. 调质

为了使工件加工后能够得到较低的表面粗糙度值，细化淬火前的组织，减少最终的热处理畸变，并得到高而均匀的淬火硬度，可以采用调质作为预备热处理工序。碳素工具钢和合金工具钢的调质工艺见表 9-15。

表 9-14 碳素工具钢和合金工具钢的正火工艺

牌号	加热温度/℃	保温时间系数 (s/mm)	冷却方式	硬度 HBW
T7	800~820			241~302
T8	760~780			241~302
T9	780~800			241~302
T10	830~850			255~329
T11	840~860			255~329
T12	850~870	盐浴炉:20~25 空气炉:50~80	视工件尺寸大小可采取空冷、风冷、硝盐(400℃左右)冷却、油冷	269~341
T13	860~880			269~341
Cr2	930~950			302~388
9SiCr	900~920			321~415
CrMn	900~920			321~415
CrWMn	970~990			388~514
GCr6	900~950			270~390
GCr15	900~950			270~390

表 9-15 碳素工具钢和合金工具钢的调质工艺

牌号	淬火		回火		硬度 HBW
	温度/℃	冷却介质	温度/℃	时间/h	
T8	770~780	水	640~680	2~3	183~207
T10	780~810	水	640~680	2~3	183~207
T12	800~830	水	640~680	2~3	183~207
9SiCr	860~890	油	700~720	2~3	197~241
CrMn	850~880	油	700~720	2~3	197~241
CrWMn	830~860	油	700~720	2~3	207~245
GCr15	840~870	油	700~720	2~3	197~241
GCr6	810~840	油	700~720	2~3	197~241

4. 去应力退火

去应力退火用于消除由于冷塑性加工产生的加工硬化或消除切削加工产生的内应力。去应力退火常用的温度为 600~700℃，根据工件的大小和装炉量的不同，保温时间为 0.5~3h，采用空冷或炉冷。

Cr12MoV 钢的去应力退火温度可以采用 760~790℃。

为消除磨削加工产生的内应力，可以采用 500℃ 退火；为消除精磨后的内应力，退火温度甚至可以降至 160℃。

5. 淬火

（1）淬火加热　碳素工具钢和合金工具钢工具的淬火加热可在盐浴炉中进行，必须在脱氧状态良好的条件下才能对工具进行加热；通常盐浴中的氧化物含量应控制在 3%（质量分数）以下，以避免工具加热时产生氧化脱碳。

在可控气氛炉中加热可以很好地防止工具表面产生氧化脱碳，许多手工工具和五金工具常采用可控气氛炉或保护气氛炉加热，还可以实现自动化连续生产，大大提高生产率。

Cr12MoV 钢制的滚丝轮和搓丝板采用真空气淬热处理有很好的效果，但对大多数碳素工具钢和合金工具钢来说，采用真空炉的意义不大。这主要是因为，这些工具本身的售价较低，采用设备复杂的真空炉会提高生产成本，同时在技术上也有一定的难度，因为一般气淬不足以使碳素工具钢和合金工具钢淬硬。

现在，工具很少采用直接在空气炉中加热淬火，因为这会造成工具表面的氧化脱碳，这对高碳钢的工具来说是不允许的。在特殊的情况下，当一定要在空气炉中加热时，可以在工具的表面涂一层硼砂，以减少氧化脱碳。

碳素工具钢和合金工具钢的热处理工序为预热→淬火加热→冷却→回火。

在淬火加热之前，工具应进行预热，对形状复杂的刀具，预热工序更是必不可少。预热的温度一般为 500~650℃，Cr12MoV 类的高碳高铬工具钢应该增加一次 800~850℃ 的预热。通常预热的保温时间与淬火加热时间相同。

碳素工具钢与合金工具钢的淬火回火工艺见表 9-16。

1）淬火加热温度。淬火加热温度根据表 9-16 进行选择，应根据加热介质的不同、工具形状复杂程度和材料的原始组织等因素进行调整。

在空气炉中加热时，应比盐浴炉加热提高 10~20℃。工具形状复杂、截面尺寸变化较大时，为减少淬火畸变和开裂，可以采用下限淬火加热温度；具有片状珠光体或细粒状珠光体组织的钢过热倾向大，宜采用下限淬火温度。

淬火冷却方法也影响淬火加热温度的选择。采用油或熔盐等较缓慢的淬火冷却介质淬火时，加热温度可以采用比水溶液淬火高 10~20℃；采用贝氏体等温淬火或马氏体分级淬火时，可以采用上限的淬火加热温度。

对尺寸较大（≥ϕ25mm）需要水淬的碳素工具钢工具，为避免因淬硬层浅，硬度梯度陡而产生弧状裂纹，应该适当提高淬火加热温度。例如，T12 钢制的大规格手用丝锥，淬火温度可以提高到 800~820℃。

碳素工具钢和合金工具钢的淬火组织的检验通常以工具钢淬火后马氏体针的大小，即以马氏体的级别来衡量淬火的效果，一般马氏体针应该在 3 级以下。淬火温度过高，马氏体针粗大，会增加工具的淬火开裂倾向。

表 9-16　碳素工具钢与合金工具钢的淬火回火工艺

牌号	淬火			回火	
	加热温度/℃	冷却介质	硬度　HRC	加热温度/℃	硬度[①]　HRC
T7	780~800 800~820	盐或碱的水溶液 油或熔盐	62~64 59~61	140~160 160~180 180~200	61~63 58~61 56~60
T8	760~770 780~790	盐或碱的水溶液 油或熔盐	63~65 60~62	140~160 160~180 180~200	62~64 58~61 56~60
T10	770~790 790~810	盐或碱的水溶液 油或熔盐	63~65 61~62	140~160 160~180 180~200	62~64 60~62 59~61
T12	770~790 790~810	盐或碱的水溶液 油或熔盐	63~65 61~62	140~160 160~180 180~200	62~64 61~63 60~62
T13	770~790 790~810	盐或碱的水溶液 油或熔盐	63~65 62~64	140~160 160~180 180~200	62~64 61~63 60~62

（续）

牌号	淬火			回火	
	加热温度/℃	冷却介质	硬度　HRC	加热温度/℃	硬度[1] HRC
Cr2	830~850 840~860	油 硝盐	62~65 61~63	130~150 150~170	62~65 60~62
9SiCr	850~870	油,硝盐	62~65	140~160 160~180	62~65 61~63
CrMn	840~860	水,油	63~66	130~140 160~180	62~65 60~62
CrWMn	820~840 830~850	油 硝盐	62~65 62~64	140~160 170~200	62~65 60~62
SiMn	780~800 800~840	水 油,硝盐	62~65	150~160	62~64
9Mn2V	780~800	油,硝盐	≥62	150~200	60~62
CrW5	820~860	水,油	64~66	150~170 200~250	61~65 60~64
Cr6WV	950~970 990~1010	油 硝盐	62~64 62~64	150~170 190~210 第一次 500 第二次 190~210	62~63 58~60 57~58
Cr12MoV	1000~1040 1115~1130	油,硝盐 油,硝盐	62~63 45~50	150~170 200~275 510~520 多次	61~63 57~59 60~61
GCr6	800~825 790~810	油,硝盐 水	62~65 63~65	160~180	≥61
GCr15	830~850 840~860	油 硝盐	62~65 61~63	160~180	≥61

① 碳素工具钢为在盐或碱水溶液中淬冷并经相应温度回火的硬度。

2）淬火加热时间。　淬火加热时间的长短与工具的尺寸大小、钢材的种类等因素有关，通常以工具的有效厚度乘以加热系数来确定。工具的有效厚度计算方法和普通工具钢的淬火加热系数见表 9-17。

表 9-17　工具的有效厚度计算方法和普通
工具钢的淬火加热系数

工具类型	有效厚度	淬火加热 系数/(s/mm)
圆棒形工具（如钻头、 铰刀、圆拉刀等）	外径	碳素工具钢 空气炉:50~80 盐浴炉:20~25 合金工具钢 空气炉:70~90 盐浴炉:25~30
扁平形的工具（如锯 片、圆板牙、搓丝板、扁拉 刀等）	厚度	
空心圆柱形工具	（外径- 内径）/2	
不规则形状工具	主要部分 的厚度	

按表 9-17 选择淬火加热系数时，较小尺寸的工具宜选择上限加热系数。选择上限淬火温度时，宜选择下限加热系数。某些五金工具常采用快速加热或高频感应加热，淬火温度远远高于正常淬火加热温度，此时加热系数应大大缩小。此外，选择淬火加热系数时，还应考虑加热设备的类型、容量、装炉量和装夹方式及预热情况等因素。

在一定的淬火加热温度下，保温时间的长短必须以奥氏体均匀化为目标。通常工具淬火加热时间应该包括工件入炉以后，加热炉的仪表升高到设定淬火温度的时间，全部工件都达到淬火加热温度的时间，所有工件由表面到心部全部热透的时间。同时还必须考虑钢的组织转变和组织均匀化的时间。图 9-1 所示为淬火温度和加热时间对 T8 钢组织转变的影响。到达淬火温度时，钢的组织为珠光体；从左向右，第一条线是形成 φ（奥氏体）= 0.5% 的线（组织为珠光体+奥氏体+碳化物），第二条线为 φ（奥氏体）= 99.5% 的线（组织为奥氏体+碳化物），以后再经过较长时间的保温才形成均匀的奥氏体。

以上是 T8 共析钢的情况，如果是亚共析钢，还必须考虑铁素体溶入奥氏体的时间；对过共析钢来说，如果需要碳化物溶解，同样也要考虑碳化物溶解时间。通常人们在计算加热时间时往往都没有考虑奥氏体组织的均匀化时间。

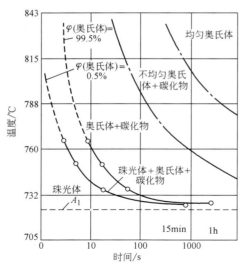

图9-1　淬火温度和加热时间对T8钢组织转变的影响

（2）冷却　碳素工具钢与合金工具钢的淬火冷

却介质，根据工具的材料、硬度、畸变要求及工件的尺寸大小来选择。不含合金元素的碳素工具钢一般都采用水溶液、水-油或水-硝盐浴（或碱浴）双介质淬火，含合金元素的合金工具钢或小尺寸的碳素工具钢件可以采用油冷或硝盐浴（或碱浴）冷却。Cr12型高铬钢可以采用油冷，在真空炉中加热时采用氮气冷却。碳素工具钢与合金工具钢的淬火冷却方法的选择可以参考表9-18。

质量分数为40%~50%NaOH饱和水溶液的冷却能力比质量分数为5%~10%NaOH水溶液的为好，工件产生畸变和开裂的倾向也小。对某些易畸变的工件，有时可以采用150℃的热油淬火。油温在80~120℃时，既有较高的冷却能力，又有利于减少畸变。

马氏体分级淬火和贝氏体等温淬火适用于合金工具钢和小尺寸的碳素工具钢件。分级和等温温度的高低及保温时间的长短，可根据工具的硬度、性能要求及畸变和开裂倾向大小来决定。

表9-18　碳素工具钢与合金工具钢的淬火冷却方法的选择

冷却方法	淬火冷却介质（质量分数）	介质温度/℃	适用范围
单液淬火	水溶液：40%~50%NaOH 5%~10%NaOH（或NaCl）	≤40	>φ12mm，形状简单的碳素工具钢
	L-A N15、L-AN32淬火油	20~120	合金工具钢，<φ5mm碳素工具钢
双介质淬火	水溶液-油		>φ12mm，形状复杂的碳素工具钢
	水溶液-硝盐（或碱浴）		>φ12mm，形状复杂的碳素工具钢
马氏体分级淬火	50%KNO₃+50%NaNO₂	150~200	合金工具钢，<φ12mm碳素工具钢
	85%KOH+15NaNO₂， 以及总质量为3%的水	150~180	合金工具钢，≤φ25mm的碳素工具钢
贝氏体等温淬火	硝盐	150~200	合金工具钢，<φ12mm碳素工具钢
	碱浴	150~180	合金工具钢，≤φ25mm碳素工具钢

6. 回火

碳素工具钢和合金工具钢的回火温度可以根据表9-15进行大致选择，也可以根据第4卷中"淬火钢在不同温度回火的力学性能曲线"的内容来选择。贝氏体等温淬火的工具可以采用下限的回火温度。在硝盐中或油中回火时，回火时间为1.5~2h，工件的尺寸较大或装炉量较多时回火时间应适当延长。

碳素工具钢与合金工具钢一般都只进行一次回火，Cr12Mo类的工具钢采用高温淬火时，淬火后钢中存在大量的残留奥氏体，应进行多次回火。

9.2.2　高速工具钢的热处理工艺

1. 退火

由于高速工具钢中有较高的碳含量和大量的合金元素，在冶金厂轧制或锻造后，即使在空冷的情

况下，也会有较高的硬度，因此必须进行软化退火，达到标准规定的硬度值才能出厂。工具制造者有时要对高速工具钢钢材进行锻造成形或为改善碳化物偏析而进行锻造，有时用热轧成形的方法制造工具，有时要对淬火件进行返修等都需要对高速工具钢进行退火。

近年来，国内外的试验都表明，高速工具钢退火时，如果保温时间太长，由于碳化物聚集长大，会显著地降低工具的使用寿命，因此选择合理的退火工艺规范非常重要。

常用高速工具钢的热处理工艺见表9-19。退火的保温时间根据装炉量等情况应有所不同，一般应为3~4h。保温后可采用10~20℃/h的速度冷却至600℃以下出炉，也可采用冷至740~760℃、停留4~6h、再冷至600℃以下出炉的等温退火方法。

表 9-19　常用高速工具钢的热处理工艺

牌号	退火温度/℃	退火硬度 HBW	淬火温度/℃	回火温度/℃	回火硬度 HRC
W18Cr4V	850~870	≤255	1270~1285	550~570	≥63
9W18Cr4V[①]	840~860	≤262	1260~1280	550~570	≥63
W9Mo3Cr4V[①]	840~870	≤255	1220~1240	550~570	≥63
W12Cr4V5Co5	850~870	≤277	1220~1240	530~550	≥65
W6Mo5Cr4V2	840~860	≤255	1210~1230	540~560	≥63
9W6Mo5Cr4V2[②]	840~860	≤255	1190~1210	540~560	≥65
W6Mo5Cr4V2Al	840~860	≤269	1220~1240	540~560	≥65
W6Mo5Cr4V3	840~860	≤262	1190~1210	540~560	≥64
W2Mo9Cr4V2	840~860	≤255	1190~1210	540~560	≥65
W6Mo5Cr4V2Co5	840~860	≤269	1190~1210	540~560	≥64
W6Mo5Cr4V3Co8	840~860	≤269	1190~1210	540~560	≥64
W7Mo4Cr4V2Co5	870~890	≤269	1180~1200	530~550	≥66
W2Mo9Cr4VCo8	870~890	≤269	1170~1190	530~550	≥66

① 曾用牌号。
② 非标在用牌号。

　　高温退火是一种新的退火方法，可以大幅度缩短退火周期，提高退火质量。高温退火方法的加热温度为 $Ar_1+(10~20)$℃，即退火温度由普通退火的 840~860℃ 提高到 880~920℃。以前的退火方法是在 Ar_1 点以下保温，由于温度较低，虽然保温时间长，但高速工具钢仍然不能进行充分的再结晶，钢材不能充分软化。高温退火时温度在 Ar_1 以上，相变可以瞬间完成，相变进行得很充分，进行了完全的再结晶，因而钢材充分软化。

　　图 9-2 所示为高速工具钢高温退火工艺曲线与普通退火工艺曲线的比较。由图可见，高温退火工艺的保温时间大大缩短，冷却阶段的保温时间几乎被取消，因而退火周期大大缩短。高温退火钢材的硬度更低，可加工性更好，切削效率可以提高 20%；制成工具的使用寿命比普通退火的高速工具钢制造的工具提高 15%~20%。

2. 改善可加工性的热处理

　　为改善高速工具钢的可加工性，改善工具的表面粗糙度，可以按表 9-20 推荐的工艺对高速工具钢进行预备热处理，使毛坯的硬度为 280~370HBW。

　　表 9-20 中一次处理的方法（工艺方法 Ⅰ、Ⅱ）比调质处理（工艺方法 Ⅲ）的效果更好。采用此法处理的高速工具钢在较大的切削用量的条件下，加工的表面粗糙度 Ra 可以达到 1.6μm。

　　一次处理的方法加热温度较低，在以后淬火加热时奥氏体晶粒度不均匀长大的倾向小。淬火前进行 720~760℃ 的退火，可避免晶粒不均匀长大。

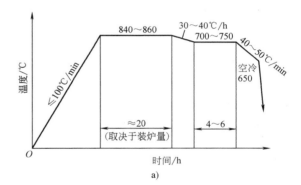

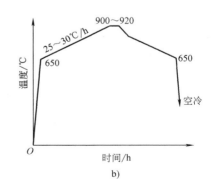

图 9-2　高速工具钢高温退火工艺曲线与普通退火工艺曲线的比较
a）普通退火工艺曲线（Ю. А. Геллр 建议）
b）高温退火工艺曲线

表 9-20　改善高速工具钢可加工性的预备热处理

工艺方法	加热温度/℃		加热系数 /（s/mm）	冷却方法	回火
	W18Cr4V	W6Mo5Cr4V2			
Ⅰ	850～870	840～860	25～35	风冷或油冷	—
Ⅱ	880～890	870～880	20～30	720～730℃停留 60～90s 后空冷	—
Ⅲ	900～920	880～900	15～20	空冷或油冷	620～700℃× 0.5～2h

3. 去应力

对经塑性变形方法加工的毛坯及冷拉、冷挤的各种工具的原材料或毛坯，为消除钢的冷作硬化现象，采用 720～760℃的低温退火方法。对形状复杂、切削加工量较大或薄片状工具，为了减少淬火畸变或产生淬火裂纹，常用 600～650℃高温回火法消除应力。为消除磨削加工的应力，可在 200～500℃回火 1～2h，粗磨后可在 500℃去应力，精磨后可在 200℃去除应力。

4. 淬火

高速工具钢的热处理主要有真空热处理和盐浴热处理两种。高速工具钢采用真空热处理后淬火变形小、表面光洁、无氧化脱碳，并且热处理质量稳定，重复性好，在一定程度上能提高高速工具钢工具的切削寿命。同时，真空热处理与盐浴热处理相比，对环境无污染、无须高温烘烤，生产方式清洁卫生，并且真空热处理时生产用水可以实现循环利用，是绿色的热处理生产方式，在高速钢工具生产中应用日益广泛，不断取代盐浴热处理，是工具热处理行业未来的发展方向。

对大型复杂刀具、细长刀具、接柄刀具等特殊刀具，真空淬火尚有一定难度，盐浴处理仍是目前适用的热处理方法，还将在一定的时间内继续存在。

下面叙述的高速工具钢热处理工艺参数主要适用于盐浴炉加热。

（1）预热　高速工具钢导热性差，工件不容易热透，淬火加热前必须进行预热，一般要进行两次预热。

低温预热：450～500℃，保温 1～1.5min/mm（空气炉）；600～650℃，保温 0.8～1.0min/mm（盐浴炉）。

中温预热：800～850℃，保温 0.4～1.0min/mm（盐浴炉）。

对尺寸不大、形状简单的工具，可以采用一次预热；对大多数工具来说，以两次预热为好，这有利于减少淬火的畸变和开裂，而且第一次预热可烤干工具表面的水分，工具进入盐浴炉时不会产生盐浴溅射现象，生产更加安全，也可采用三次预热的方法，即再增加一次 1050～1100℃的高温预热。高温预热时间与淬火加热时间相同。高温预热可以使工具表层与心部温差更小，更有利于减少工具的畸变与开裂，同时可以适当缩短淬火加热时间。

（2）淬火加热

1）淬火加热温度。高速工具钢工具淬火加热温度的选择，首先是由制造工具的高速工具钢的成分决定的；其次也要考虑工具的种类和规格，专门针对具体加工对象制造的工具，还必须考虑被加工材料的可加工性和切削规范等使用条件。

各种常用高速工具钢的淬火温度见表 9-19。推荐的几种低合金高速工具钢的热处理规范见表 9-21。

表 9-21　几种低合金高速工具钢的热处理规范

牌号	国家	淬火温度/℃	回火温度/℃
D950	瑞典	1160～1180	540～560
Vasco dyoc	美国	1150～1190	525～560
W4Mo3Cr4VSi	中国	1160～1180	540～560
W3Mo2Cr4VSi[①]	中国	1160～1180	540～560

① 非标在用牌号。

随着淬火加热温度的升高，碳化物不断地溶入高速工具钢的基体，残留碳化物的数量不断减少。图 9-3 所示为 W18Cr4V 和 W6Mo5Cr4V2 两种高速工

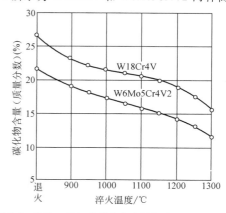

图 9-3　高速工具钢中碳化物含量与淬火温度的关系

具钢中碳化物含量与淬火温度的关系。W18Cr4V 高速工具钢中碳化物的质量分数，淬火加热前在 25% 以上，加热到 1300℃时只有 15% 左右；W6Mo5Cr4V2 高速工具钢中碳化物的质量分数，淬火加热前在 20% 以上，加热到 1300℃时只有 10% 多一些。

随着碳化物不断溶入基体，基体中的 C 及 W、Mo、Cr、V 等合金元素的含量不断升高，这有利于提高淬火后形成的马氏体的耐磨性和热硬性。图 9-4

所示为 W18Cr4V 和 W6Mo5Cr4V2 两种高速工具钢中合金元素含量与淬火温度的关系。基体中 C 的含量几乎随着淬火加热温度的升高而直线上升。Cr 的含量随着淬火温度的升高而增加，1100℃以上 Cr 含量不再增加，说明 Cr 的碳化物在 1100℃几乎全部溶入基体。W、Mo、V 的含量随着淬火加热温度的升高而不断上升，直到 1300℃其含量还在增加，说明此时这些碳化物只是部分溶入基体，尚未完全溶解。

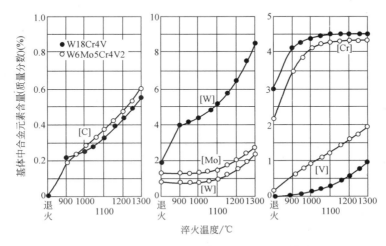

图 9-4　高速工具钢中合金元素含量与淬火温度的关系

2）淬火加热时间。高速工具钢的淬火加热时间通常以工具的有效厚度乘以加热系数来计算。高速工具钢在盐浴中的加热系数与淬火加热温度有关，在 1150～1240℃加热时可选用 10～12s/mm，在 1250～1300℃加热时可选用 8～12s/mm。工具的种类、规格不同，加热系数也应进行适当调整。

淬火加热系数只是作为单件加热时计算加热时间的依据，在实际生产大量装炉时，必须考虑加热炉的类型、结构、功率、升温速度、工具的装夹方式、装炉量大小和预热情况等因素，以便确定最终的加热时间。

高速工具钢淬火加热时要达到比较高的奥氏体化程度，淬火加热温度和保温时间都很重要，只是淬火温度的作用更大一些。综合考虑的两者作用，可以用淬火参量公式来表达。

$$P = t(37 + \lg\tau)$$

式中　P——淬火参量；

$\quad\quad t$——淬火加热温度；

$\quad\quad \tau$——淬火加热时间。

式中的淬火参量 P 代表了淬火加热温度和加热时间的综合作用。在淬火过程中，无论淬火加热温度和保温时间怎样变化，只要两者的作用最终结果和淬

火参量相同，那么奥氏体化的程度就应该是相当的。图 9-5 所示为淬火参量与碳化物量和残留奥氏体量的关系。

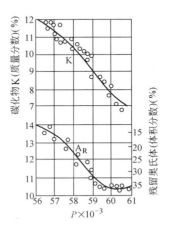

图 9-5　淬火参量与碳化物量和
残留奥氏体量的关系

（3）冷却　从确保在冷却过程中碳化物不从奥氏体中析出、保证最好的合金化程度的角度来说，高速工具钢的淬火冷却应该是冷却速度越快越好，但从避免工具产生开裂和减少畸变的角度来说，冷却速度

越慢越好。在实际生产中，往往都是在保证淬火硬度的前提下，尽量缓慢冷却，以免产生开裂、畸变。

当高速工具钢从高温炉中取出后，在浸入淬火冷却介质之前，即使在高温短时间的停留都会有碳化物析出。这种碳化物的析出过程通过高倍电子显微镜可以清晰地观察到。

图9-6所示为W2Mo9Cr4V2高速工具钢在1190℃奥氏体化后，冷却时中间停留对碳化物析出的影响。图9-6a所示为从奥氏体化温度直接水冷，中间没有停留，基体和晶界都非常清晰，没有任何析出物。图9-6b所示为从奥氏体化温度冷却到980℃停留30s，晶界和晶粒内部都有碳化物析出。

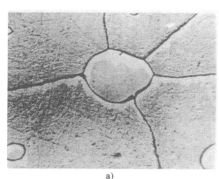

a)

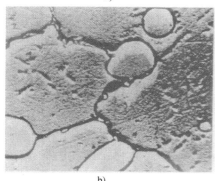

b)

图9-6　高速工具钢冷却时中间停留对碳化物析出的影响

a) 从奥氏体化温度直接水冷 12600×

b) 在980℃停留30s后水冷 12600×

从工具使用寿命的角度来说，高速工具钢淬火冷却时，最好立即浸入淬火冷却介质，中间停留会引起碳化物的析出，从而损害工具的耐磨性和热硬性。

关于高速工具钢淬火的冷却方法，早期较普遍采用的油冷淬火现在已经较少采用。目前，国内工具厂多采用500~600℃的分级冷却。俄罗斯曾试验提高分级温度，甚至把分级温度提高到680℃。提高分级温度有利于减少淬火畸变，欧美国家则多采用550℃的分级温度。从工具使用寿命的角度来说，应该是分级

的温度越低，工具寿命越长。

从减少工具淬火畸变、防止开裂的角度来说，等温淬火更有利。进行等温淬火的工具应先在分级盐浴中冷却，然后再冷却到贝氏体转变区等温停留。通常是在240~260℃，等温60~240min。由表9-22可见，W18Cr4V高速工具钢从淬火加热的奥氏体状态在260℃停留（等温）60min以上，可以形成大量贝氏体。随着停留时间的延长，贝氏体含量增加，马氏体含量减少，残留奥氏体含量增加。大量贝氏体的形成可以显著地提高钢的韧性，但钢的硬度有所下降。

表9-22　等温时间对W18Cr4V高速工具钢组织和硬度的影响

等温时间/h	等温后冷却的马氏体点/℃	室温下的相组成（体积分数，%）				硬度HRC
		碳化物	贝氏体	马氏体	奥氏体	
0	210	5	0	75	20	65.6
1	160	5	25	45	25	65.5
2	70	5	40	20	35	61.2
3	<0	5	50	0	45	57.8
4	<0	5	55	0	40	59.4

5. 回火

高速工具钢的回火应达到最佳的二次硬化效应、残留奥氏体充分分解和彻底消除残余应力三大目标。

普通高速工具钢的回火硬化峰值在560℃左右，所以高速工具钢的回火温度通常选择在560℃。回火硬度峰值的位置与回火的保温时间有一定的关系。图9-7所示为回火保温时间从0.5h增加到100h时，回火硬度峰值的变化情况。由图可见，随着回火保温时间的延长，回火硬度峰值的位置向低温方向移动。反之，回火温度的升高，也可以缩短回火保温时间。正是基于这种原因，高温短时间的回火才得以实现。

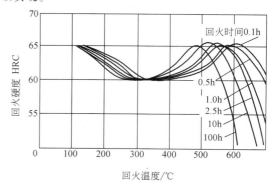

图9-7　高速工具钢回火温度和回火时间与回火硬度的关系

回火温度与回火保温时间的关系可以用回火参量来表示：

$$P = t(20 + \lg\tau)$$

式中　P——回火参量；

　　　t——回火温度；

　　　τ——回火时间。

尽管回火温度、回火保温时间有所不同，只要回火参量相同，回火的效果就相当。

形状简单的一般高速工具钢工具可以采用两次回火，形状复杂的大型工具可以采用三次、甚至四次回火。对于贝氏体等温淬火的高速工具钢工具、高碳高速工具钢及含钴高速工具钢工具，由于淬火后残留奥氏体量较多，可适当增加回火次数。

低高温回火法，即先在 320~380℃ 回火一次，然后在 560℃ 回火两次，可以使 W18Cr4V 和 W6Mo5Cr4V2 高速工具钢的硬度增加 0.5 ~ 2HRC，冲击韧度提高 20% ~ 50%，工具的切削寿命提高 40%。这是由于低温回火时有渗碳体型碳化物析出，促进高温回火（560℃）时 M$_2$C 型碳化物的大量均匀析出，减少了碳化物沿晶界析出，同时低温回火时也有部分残留奥氏体转变成贝氏体。低温回火的高速工具钢比普通回火的高速工具钢有较高的硬度和韧性。

在单件加热或自动线上回火时，可以采用 580℃×20min 或 600℃×10min 快速回火。

为了防止回火过程中奥氏体陈化稳定，回火后应该尽快冷却至室温。对形状复杂的大型工具，第一次回火时必须缓慢加热（可在 400℃ 预热）或在 500℃ 以下入炉，然后缓慢上升至回火温度保温；冷却时也应缓慢（也可置于铁桶内冷却），以防开裂。

6. 同步热处理

同步热处理指高速工具钢工具在盐浴热处理时，实行淬火加热、冷却和回火工序采用同样的保温时间，即以同一节拍进行生产。它可以实现热处理的全盘自动化，大幅度缩短生产周期，同时保证了产品质量的一致性和稳定性。生产实践证明，自动化热处理的工具比普通热处理的工具切削寿命可以提高 20% ~ 30%。

实现同步热处理的关键是正确选择回火温度和保温时间，以便与淬火加热保温时间相匹配，实现同节拍生产。图 9-8 所示为 W6Mo5Cr4V2 和 W6Mo5Cr4V2Co5 两种高速工具钢高温回火时回火温度与保温时间的关系，供选择回火工艺参数时参考。

图 9-8 中，在 I 区内任何一点的回火温度与回火时间的搭配组成的回火规范，均可使高速工具钢工具达到正常回火；在 II 区内选择的回火规范会造成过回

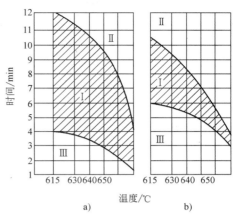

图 9-8　高温回火时回火温度与保温时间的关系
a）W6Mo5Cr4V2（1220℃ 加热淬火）
b）W6Mo5Cr4V2Co5（1235℃ 加热淬火）

火；在 III 区内选择的回火规范会造成回火不足。

7. 高温盐浴热处理表面脱碳的检测和温度控制

（1）盐浴加热表面脱碳的检测　当高速工具钢工具在高温盐浴炉中加热时，虽然对盐浴定期进行脱氧，但由于加热温度高，工具表面不可避免地要产生脱碳现象，因此会影响工具淬火的质量。

长期以来，国内流行的控制脱碳的方法是对盐浴中氧化钡的含量进行控制，但这种方法只能间接地反映工具表面的脱碳情况。

国外很多国家采用钢箔法测量高温盐浴的脱碳倾向，这比测量盐浴中氧化钡的含量能更直接地反映出工具表面的脱碳情况。具体的方法：用 0.1mm 厚、尺寸为 70mm×20mm 的 $w(C)$ 为 1.0% 的高碳钢钢箔，在盐浴的使用温度加热 8min，然后水冷。根据钢箔的脱碳情况，可以判断盐浴的脱碳倾向。判断钢箔脱碳的情况有三种方法。

1）弯曲法。对加热并水冷的钢箔进行弯曲，根据钢箔的弯曲程度，可以判断盐浴的脱碳倾向。根据经验并结合化验分析，可以确定某一个弯曲度为合格标准。

2）定碳法。化验经高温盐浴加热并水冷的钢箔的碳含量，如果 $w(C)$ 在 0.96% 以上，即确定盐浴状态良好。

3）仪器法。由于钢的碳含量不同，其热电势的高低也不同，因此可以利用测量钢箔表面热电势的方法来显示钢的表面碳含量的高低。国外已有专门的仪器测量钢箔的脱碳情况，称为交流器，如图 9-9 所示。这种仪器的原理是利用两个电极 3 和 4，一个是被加热的电极，另一个是冷的电极，两个电极之间由于温差产生热电势。由于盐浴的脱碳情况不同，因而

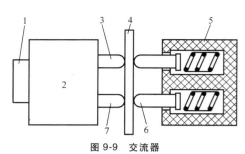

图 9-9　交流器

1—连接电缆和补偿接头　2—机壳　3—被加热
的电极　4—热处理的被测钢箔　5—夹持压紧器
的外壳　6—夹持压紧器　7—冷的电极

钢箔的碳含量不同，所以在两个电极之间产生的热电势不同，由此可以检测出试样的脱碳情况。由于事先测量了不同的碳含量钢箔的热电势，因此很容易测出钢箔的脱碳情况。

（2）高温盐浴温度的控制　高温盐浴炉控温一直是一个难题，其难点在于，在 1200~1300℃的高温下，由于没有合适的耐高温材料作保护管，无法直接用热电偶作为感温元件，长期以来一直采用辐射高温计作为感温元件。

采用辐射高温计作为感温元件的最大缺点：由于辐射高温计固定在盐浴炉的上方，高温盐浴表面有大量的烟雾，影响测量结果的稳定性和准确性；同时，采用辐射高温计测量的只是盐浴表面的温度，这与在盐浴内部加热的工件的实际温度有一定的差值。

为了降低辐射式高温计的测温误差，应采用铂铑$_{10}$-铂热电偶定期进行现场校温，以校正辐射高温计本身误差，并可校正盐浴表面内部温度不一致的误差。

当高温盐浴炉使用不是很频繁时，也可以采用接触式金属陶瓷套管的热电偶直接进行测温。例如，采用金属陶瓷+刚玉双层保护管的 WRTY 型热电偶，可以直接插入盐浴炉进行测温，它在 1200~1300℃温度的盐浴中使用寿命可达 1400h。

8. 真空热处理

高速工具钢真空热处理后表面光亮、无氧化脱碳，淬火变形小，有利于提升工具的强度和韧性。同时，真空热处理与盐浴热处理相比，是环境友好型的绿色热处理工艺，在高速工具钢工具生产中应用日益广泛。

（1）真空加热技术　工件在真空炉中加热，以辐射加热为主，在 700℃以下辐射效率低，升温速度很慢。现代真空加热技术中，在 ≤850℃工件预热阶段采用循环对流加热装置来缩短预热时间，提高生产

率。通常在前炉门设置对流风扇，也可以把对流风扇放置在炉内侧面，在 0.2MPa 氮气炉压下进行对流换热。对流加热的优点有：

1）每炉淬火加热时间约可缩短 1/3。例如，直径 105mm 的零件预热至 700℃，真空辐射加热需 110min，对流加热只需 85min。

2）可以使工件受热更均匀，并减少加热过程中的热应力和变形。

高速工具钢真空热处理应采用多级加热技术，一方面，易使刀具受热均一，降低变形，减小热应力；另一方面，多级加热有助于缩短高温阶段的停留时间，可以细化晶粒，在保证产品硬度的基础上，有助于提高产品的强度和韧性。同时，还有助于降低残留奥氏体含量，降低脱碳风险等。一般可采用 3~4 段预热，3 段预热的温度可以采用 500~650℃、800~850℃、1000~1050℃。

当装炉量不太大时，真空热处理可以采用接近或稍低于盐浴炉加热的淬火加热温度。例如，W6Mo5Cr4V2 高速工具钢可以采用 1200~1220℃。当装炉量较大时，应注意炉子中心部位的工件被遮挡，热量辐射不到，即形成"阴影"，造成较大的温差，因此应适当延长淬火加热保温时间。

（2）高压气淬技术　真空气淬的冷却速度与气体种类与压强、气体流速、炉子结构与装炉状态有关。可供采用的冷却气体有氮、氩、氢、氦等，各种气体的冷却能力见表 9-23。

表 9-23　各种气体的冷却能力

冷却介质和淬火参数	传热系数[W/(m² · K)]
盐浴 500℃分级冷却	350~450
油（20~80℃）静止	1000~1500
水（15~25℃）	3000~3500
$1×10^5$Pa N$_2$ 循环	100~150
$6×10^5$Pa N$_2$ 快速循环	300~400
$10×10^5$Pa N$_2$ 快速循环	400~500
$20×10^5$Pa He$_2$ 快速循环	900~1000
$20×10^5$Pa H$_2$ 快速循环	~1300
$40×10^5$Pa H$_2$ 快速循环	~2200

可见，冷却压强为 $6×10^5$Pa 的循环 N$_2$，流速为 60~80m/s 时已达到 500℃盐浴分级冷却的能力；炉压达 $20×10^5$Pa 的循环 H$_2$ 或 He 的冷却能力可达到静止油的水平；$40×10^5$Pa 的 H$_2$ 的冷却能力接近于水淬。

高速工具钢工具在真空炉中淬火的冷却方式现在大都采用高纯氮气冷却（氮气的纯度：99.999%）。当采用氮气冷却时，随着氮气压力的增大，其冷却能力也随之增加（见图 9-10）。

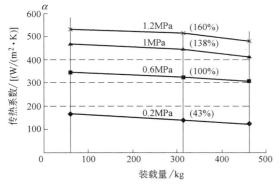

图 9-10　不同气淬压强下传热系数的比较

注：炉型为 Turbo Treat（610mm×
610mm×910mm）全石墨热室。

真空气淬大致可分为加压气淬（0.2MPa）、高压气淬（0.6～1.2MPa）和超高压气淬（1.6～4.0MPa）。高速工具钢真空热处理时通常采用高压气淬。N₂气淬压强为 0.5MPa 时，高速工具钢工具的尺寸可以达到 100mm，接近盐浴分级淬火的冷却能力，可以保障大截面工具能被淬透。

采用常压氮气冷却时，冷却速度很小，只适用于尺寸很小或对热硬性要求不高的工具。

（3）分级等温淬火技术　真空淬火过程中，对于大型刀具，在冷却过程中，一方面，将造成刀具内外冷却速度不一致，导致应力产生；另一方面，在 600℃以下快速冷却，刀具内外相变转变的速度不一，外面已开始奥氏体向马氏体的快速转变，而心部还未进行或转变速度较慢，这些将导致相变应力的快速增大，在很大程度上将增大刀具淬火开裂的风险。对此，可以在真空热处理中采用分级等温淬火技术，或者采用多次分级淬火技术，它是大截面高速工具钢刀具或高速工具钢复杂刀具真空淬火的关键技术之一。

高速工具钢真空分级等温淬火技术，一般通过在 600℃以下降低风机冷却速度，或者采用对流加热等措施，使刀具内外温度趋于一致，降低刀具表面冷却速度，以此达到降低刀具内外冷却速度差，减少淬火过程中刀具开裂、变形的目的。例如，大模数双刃高效齿轮滚刀采用的真空热处理工艺（由张宏康高工提供）：

滚刀规格：m14，单件质量为 31.5kg。

滚刀尺寸：外径 × 长度 × 孔径 = φ220mm × 260mm×d60mm。

材料：S390（奥地利 BOHLER 生产），牌号为 W10Mo2Cr5V5Co8，w(C)= 1.6%。

技术要求：66～67HRC。

该滚刀（见图 9-11）齿形为主、副齿结构，形状特殊，齿形尖而单薄，热处理不当极易掉齿，应采用分级等温淬火技术，以减少内应力，防止畸变和开裂。热处理设备为 H3626-1.2MPa 气淬真空炉。

图 9-11　大模数双刃高效齿轮滚刀

大模数双刃高效齿轮滚刀真空气淬工艺记录曲线如图 9-12 所示。

真空气淬后，及时在 540～550℃回火，每次保温 2h，共 4 次。并在第一次回火后进行－120℃×2h 的深冷处理后再进行第二次回火。

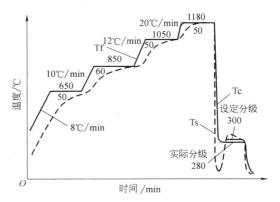

图 9-12　大模数双刃高效齿轮滚刀
真空气淬工艺记录曲线

Tf—真空气淬工艺的设定加热温度曲线，下方对应的
虚线表示采用该工艺时炉中的实际加热温度曲线

Ts—真空气淬冷却时工件表面的温度变化曲线

Tc—真空气淬冷却时工件心部的温度变化曲线

热处理后经检测，淬火晶粒度为 11#，回火程度 1 级，硬度为 66.5～66.8HRC。用户反馈，该滚刀在滚削 φ1.6m×3m 达标齿轮时，切削效率比原来提高 2 倍以上。

高速工具钢工具在真空炉中淬火时，容易产生混晶现象，即晶粒的尺寸大小相差悬殊。有时也会因为冷却速度不足而产生碳化物析出的现象。工件表面脱元素也是高速工具钢真空淬火时容易产生的表面缺陷。但只要采取相应的工艺措施，这些问题就可以得到解决。

9. 粉末冶金高速工具钢的热处理

（1）粉末冶金高速工具钢的特性　粉末冶金高速工具钢采用熔融钢液高压气雾化制粉，经过筛选、分选、装罐压实、抽真空密封和热等静压等工序，制成钢锭，再锻造，轧制成粉末冶金钢材。

粉末冶金高速工具钢是由非常细小的颗粒压制而成，它的碳化物颗粒均匀细小，因此它克服了冶炼法制造的高速工具钢碳化物偏析带来的一系列缺点，并

诞生了冶炼法不可能制造的新成分高速工具钢。

1）改善了材料的力学性能。与冶炼法制造的普通高速工具钢相比，粉末冶金法制造的高速工具钢的力学性能大幅度提高。粉末冶金法制造的 M2（W6Mo5Cr4V2）高速工具钢，比普通 M2 高速工具钢的韧性高 20%，而有些粉末冶金高速工具钢的力学性能，比冶炼法制造的高速工具钢提高的幅度更大。表 9-24 列出了普通的 M42（W2Mo9Cr4VCo8）、T15（W12Cr4V5Co5）和 M4（W6Mo5Cr4V4）高速工具钢和用粉末冶金法制造的 CPM M42、CPM T15 和 CPM M4 高速工具钢，在相近的化学成分和热处理硬度条件下，力学性能的比较情况。

表 9-24　普通高速工具钢与粉末冶金高速工具钢的性能比较

序号	牌号	淬火回火硬度 HRC	冲击吸收能量/J	抗弯强度/MPa	磨削比[①]
1	普通 M42	68	5.8	2600	1.8
	CPM M42	68	12.0	4060	5.0
2	普通 T15	66	5.4	2200	0.6
	CPM T15	65.5	28.5	4040	2.2
3	普通 M4	64	13.5	3640	1.1
	CPM M4	64	43.4	5430	2.7
4	CPM Rex76	69	13.6	4150	3.8
5	普通 M2	65	17.6	3880	3.9

① 磨削比=金属磨削的体积/砂轮磨损体积。

由表 9-24 可见，CPM M42、CPM T15 和 CPM M4 三个牌号粉末冶金高速工具钢的冲击吸收能量分别为普通 M42、T15 和 M4 的 2.1 倍、5.3 倍和 3.2 倍。三个牌号粉末冶金高速工具钢的抗弯强度分别为普通高速工具钢的 1.6 倍、1.8 倍和 1.5 倍。

粉末冶金高速工具钢热处理后的硬度更均匀，组织也更均匀，工具不再会因为碳化物堆积或大块碳化物而产生切削刃崩刃。

2）改善了材料的工艺性能。首先是改善了材料的可磨削性，对大部分粉末冶金高速工具钢来说，可以比普通高速工具钢成倍地提高可磨削性。由表 9-24 可见，CPM M42、CPM T15 和 CPM M4 三个牌号粉末冶金高速工具钢的磨削比分别为普通高速工具钢的 2.8 倍、3.7 倍和 2.5 倍。

当普通高速工具钢的 $w(V) > 3\%$ 时，已经不好磨削；当 $w(V) > 5\%$ 时，几乎就不能磨削，但粉末冶金高速工具钢 T15 的 $w(V)$ 为 5%，仍然有较好的可磨削性。有的粉末冶金高速工具钢中的 $w(V)$ 为 9% 时，还可以磨削。这样，在用粉末冶金高速工具钢制造齿轮刀具等磨削加工量较大的工具时，生产率可以大幅度提高。

粉末冶金高速工具钢还克服了普通高速工具钢的

锻造困难，热处理容易过热、开裂、畸变等缺点。

3）制造出合金元素含量更高的新牌号高速工具钢。由于不再担心碳化物的偏析问题和磨削及锻造等工艺问题，因此粉末冶金高速工具钢的成分有了巨大的突破。首先是大幅度提高了钢中的钒含量，绝大多数粉末冶金高速工具钢的 $w(V)$ 都 >3%，有的 $w(V)$ 高达 9.8%。同时，还提高了钢中的碳含量，绝大多数粉末冶金高速工具钢都是高碳高速工具钢，其 $w(C)$ 均 >1.20%，一些牌号粉末冶金高速工具钢的 $w(C) > 2\%$。

粉末冶金高速工具钢的价格比普通高速工具钢贵，一般只有对有特殊要求的齿轮刀具和切削难加工材料的刀具才采用。

（2）粉末冶金高速工具钢的牌号和成分　目前粉末冶金高速工具钢的生产厂家主要在瑞典（已被法国 ERASTEEL 公司收购）、美国、日本和奥地利，其生产的粉末冶金高速工具钢的牌号和化学成分见表 9-25。我国国内粉末高速工具钢的生产起步较晚，天工国际有限公司于 2019 年投产了国内首条粉末冶金工业化生产线，目前我国河冶科技股份有限公司也已生产出 HOP 系列粉末冶金高速钢（见表 9-4），并具备年产 2000t 粉末冶金高速钢的生产能力。

表 9-25　粉末冶金高速工具钢的牌号和化学成分

国别	牌号	主要合金元素成分（质量分数，%）					
		C	W	Mo	Cr	V	Co
法国	ASP2023	1.28	6.40	5.00	4.20	3.10	—
	ASP2030	1.28	6.40	5.00	4.20	3.10	8.50
	ASP2053	2.45	4.20	3.10	4.20	8.00	—
	ASP2060	2.30	6.50	7.00	4.00	6.50	10.50
美国	CPM Rex T15	1.50	12.0	—	4.00	5.00	5.00
	CPM Rex 76	1.50	10.0	5.30	3.80	3.10	9.00
	CPM Rex 10V	2.40	—	1.0	5.30	9.80	—
	CPM Rex 20	1.30	6.30	10.50	4.00	2.00	—
	CPM Rex 25	1.80	12.50	6.50	4.00	5.00	—
日本 （HITACHI）	HAP10	1.35	3.00	6.00	5.00	3.80	—
	HAP20	1.40	2.00	7.00	4.00	4.00	5.00
	HAP40	1.30	6.00	5.00	4.00	3.00	8.00
	HAP50	1.60	8.00	5.00	4.00	4.00	8.00
	HAP70	2.00	12.00	10.00	4.00	5.00	12.00
日本 （NACHI）	FAX38	1.30	6.0	5.0	4.0	3.0	8.0
	FAX55	1.60	12.0	—	4.0	5.0	5.0
奥地利	S390PM	1.60	10.50	2.00	4.80	5.00	8.00
	S590PM	1.30	6.30	5.00	4.20	3.00	8.40
	S690PM	1.33	5.90	4.90	4.30	4.10	—
	S790PM	1.30	6.30	5.00	4.20	3.00	—

（3）粉末冶金高速工具钢的热处理　各国的粉末冶金高速工具钢根据其牌号和化学成分的不同，都有其相应的热处理规范，以下为一些热处理工艺参数的举例。

1）粉末冶金高速工具钢的退火。瑞典对其四种牌号的粉末冶金高速工具钢推荐的退火规范为：在850~900℃保温后，以≤10℃/h 的速度缓冷至 700℃出炉。

2）粉末冶金高速工具钢的淬火。从热处理的基本原理来说，粉末冶金高速工具钢与普通高速工具钢的热处理应该是相同的，其差别在于粉末冶金高速工具钢的碳化物颗粒均匀细小，更容易溶入基体，因此相同化学成分的粉末冶金高速工具钢可以选择比普通高速工具钢稍低的淬火温度（降低 5~8℃）。同样，由于粉末冶金高速工具钢奥氏体更容易均匀化，可以采用较短的保温时间，可以减少 1/3 的保温时间。

各国的粉末冶金高速工具钢根据其牌号不同，其淬火规范也不同。例如，法国的四种牌号粉末冶金高速工具钢的淬火温度均为 1160~1180℃；美国粉末冶金高速工具钢 CPM Rex T15 的淬火温度采用 1230℃，CPM Rex M42 的淬火温度采用 1190℃，CPM Rex 20 采用 1190℃；奥地利的粉末冶金高速工具钢 S390 PM 的淬火温度采用 1150~1240℃；日本 HITACHI 粉末冶金高速工具钢的淬火温度见表 9-26。日本 NACHI

粉末冶金高速工具钢 FAX38 的淬火温度采用 1160~1210℃，FAX55 的淬火温度采用 1200~1240℃。

3）粉末冶金高速工具钢的回火。由于粉末冶金高速工具钢的碳化物均匀细小，奥氏体化更充分，回火二次硬化效应更充分，回火的效果更好。回火的温度和保温时间与普通高速工具钢大体相同，一般采用两次或三次回火。日本 HITACHI 粉末冶金高速工具钢的热处理工艺参数见表 9-26。有的粉末冶金高速工具钢对回火温度进行了调整，如奥地利的 S390PM 粉末冶金高速工具钢采用 500℃回火。

表 9-26　日本 HITACHI 粉末冶金高速
工具钢的热处理工艺参数

牌号	硬度 HRC	淬火温度/ ℃	回火温度/ ℃	回火 次数
HAP10	61~64	1100~1170	560~580	2
	64~66	1100~1200	550~570	2
HAP20	62~65	1100~1170	560~580	3
	65~67	1100~1190	550~570	3
HAP40	63~65	1100~1170	560~580	3
	65~68	1180~1200	550~570	3
HAP50	64~66	1100~1170	560~580	3
	66~69	1170~1200	550~570	3
HAP70	65~69	1160~1180	560~580	3
	68~70	1180~1210	560~580	3

10. 深冷处理

通常人们把工件在干冰或氟利昂气体中冷却到 -80℃ 左右称为冷处理。深冷处理则是冷却到更低的温度，一般都是采用液体氮使工件冷却到 -190℃ 以下。

液氮处理可以采用液氮罐直接冷却，也可采用可以进行控温的深冷处理箱冷却，并用微型计算机进行程序控制，整个程序完全自动进行。深冷处理液氮流程如图 9-13 所示。它主要由低温储存器、循环风机、螺纹管、温度控制器和室温蒸发器等部分组成。

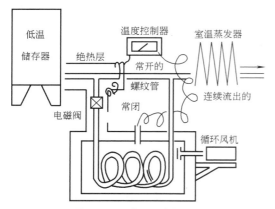

图 9-13　深冷处理液氮流程

在深冷处理箱中通常采用较长的保温时间，其程序为工具缓慢冷却到 -193.9℃，保温 10~40h，然后再升温到 50℃，最后缓冷到室温。整个工艺过程由计算机控制完成。

与干冰冷处理相比，采用液氮深冷处理对提高高速工具钢工具耐磨性的效果更好（见表 9-27）。在工业化国家，深冷处理的应用已有多年历史，特别是用于工厂自制的工具效果更好。深冷处理的高速工具钢钻头、车刀、铣刀、丝锥、拉刀和齿轮刀具的效果很好，大都可以提高刀具寿命 2~4 倍，高者可达 5 倍以上。

表 9-27　深冷处理的效果比较

被处理材料	冷却介质	处理温度/℃	耐磨性变化
W18Cr4V	干冰	-78.5	比未处理件提高 1.5 倍
	液氮	-190	比未处理件提高 2.25 倍
W2Mo8Cr4V	干冰	-78.5	比未处理件提高 1 倍
	液氮	-190	比未处理件提高 1.75 倍

深冷处理后，刀具的韧性、硬度、强度变化不大，深冷处理之所有能够提高刀具的寿命，主要是深

冷处理后高速工具钢中的残留奥氏体彻底转变，马氏体孪晶亚结构细化，同时钢中析出细小的碳化物，使钢的耐磨性大为提高。

11. 高速工具钢刀具的表面强化

高速工具钢刀具表面强化的方法很多，蒸汽处理和氧氮共渗是目前国内在商品钻头上应用最多的方法。表面渗氮处理也可以明显提升高速钢刀具的切削寿命。物理气相沉积（PVD）涂层法是强化效果最好的方法，虽然价格较贵，但能够实现刀具的强力高效切削，得到了广泛的应用，尤其适用精密的齿轮刀具或在数控机床及加工中心上使用的高速钢刀具。电火花强化、超声波强化、镀硬铬等方法对自用刀具也有较好的强化效果。激光表面强化和离子注入等新技术也正在引起人们的关注，而基于盐浴发展而来的盐浴氮碳共渗复合处理（QPQ 处理）技术、硫碳氮共渗等表面强化技术等，虽有提高刀具切削性能的效果，但生产过程需要采用盐浴，并会形成一定数量的剧毒氰化物，与当代绿色生产环保理念不符，不推荐继续应用。

（1）蒸汽处理　蒸汽处理是很老、也很实用的表面强化方法，直到现在，国内外在高速工具钢钻头等工具上的应用仍很普遍。蒸汽处理是使工具在过热的蒸汽中加热，表面形成 1~5μm 厚致密的蓝黑色 Fe_3O_4 氧化膜（见图 9-14）。氧化膜不仅使工具有了漂亮的商品外观，增加了工具表面的防锈能力，而且工具切削时还可以储存切削液，减少摩擦，延长工具的使用寿命。通常蒸汽处理可以提高工具寿命 30% 左右。

图 9-14　蒸汽处理形成的氧化膜　500×
注：w（硝酸乙醇）为 4% 浸蚀。

蒸汽处理的温度为 540~560℃，保温时间为 60~90min；进汽压力为 0.04~0.05MPa；正常处理时，炉膛的压力为 0.03~0.05MPa。处理的次数为一次或两

次。预先清理是得到良好氧化膜的关键之一，可以采用化学脱脂法，必要时可以采用三氯乙烯气相脱脂。蒸汽处理后，刀具表面应浸淬火油或锭子油。工具表面色泽应比较均一，不应有明显的花斑、锈迹或发红。用质量分数为 10%CuSO$_4$ 溶液滴在刀具的非棱角处，18~25℃温度下，10min 内工具表面不得析出铜。

（2）氧氮化（氧氮共渗）　氧氮化处理是目前我国在高速工具钢直柄钻头上应用很多的表面强化方法。它是在含氮和含氧的气氛中进行氧氮共渗，渗层内部是氮的扩散层，外层为氧化膜（见图 9-15）。渗氮层具有高的耐磨性，氧化膜主要起防锈作用，对提高可加工性也有一定的好处。JB/T 3912—2013《高速钢刀具蒸汽处理、氧氮化质量检验》对氧氮化的质量和检验方法进行了规定。高速工具钢钻头氧氮化渗层的深度应为 10~30μm，表面硬度为 900~1050HV，氧化膜的厚度为 1~4μm。氧氮化一般可以提高高速工具钢直柄钻头寿命 50%~100%。

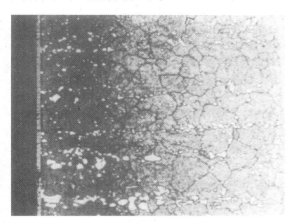

图 9-15　氧氮共渗层组织　500×
注：浸蚀剂为甲醇：盐酸：硝酸＝100：10：3。

氧氮化根据原料不同可以分为很多种，目前应用较多的是氨水汽化法及氨气和水蒸气混合法。

1）氨水汽化法。以 25% 左右（质量分数）的氨水滴入渗氮炉中分解。以 45kW 电炉为例，其工艺方法为：工件于 350℃入炉，以 140~160 滴/min 的速度滴入氨水，排气 30min 左右。升温到 540~560℃以后，以 200 滴/min 的速度滴入氨水（800~1000mL/h），保温 90~120min。出炉后空冷，浸油。该法的特点是设备简单，投资少。缺点是氮的浓度不好控制，若氨水的来源及浓度不稳定，将影响渗层质量的稳定性。

2）氨气和水蒸气混合法。由液氨汽化和锅炉水蒸气混合通过过热炉，使混合气的温度升到 250℃以上，然后通入氧氮共渗炉中。通过控制氨气和水蒸气的比例，可以控制渗层中的氮含量。通常氨气和水蒸气的比例为 1：1。氧氮共渗的温度为 540~560℃，保温时间根据装炉量的不同，通常为 1.5~3h。该法的优点是可以较大范围内调节氮含量；缺点是质量不容易稳定控制，管道设备较复杂，设备投资较大。

（3）渗氮　高速工具钢表面渗氮处理有气体渗氮和离子渗氮两种工艺。

1）气体渗氮。传统的气体渗氮工艺易产生疏松多孔的化合物层，渗层脆性大，渗氮层深度较浅，极大限制了渗氮工艺在高速工具钢刀具上的应用。随着计算机技术的发展，生产中实现了氮势的自动控制，渗氮效果得到很大提升，同时也出现了短时渗氮、低压脉冲渗氮和奥氏体渗氮等新工艺。

高速工具钢刀具通常将 500~560℃ 的低温氮化作为刃磨成形后的最终表面硬化处理，获得 900~1450HV 的表层硬度。普通高速工具钢刀具经渗氮处理后，其工作寿命可提高一倍以上。

常用渗氮温度为 560℃，渗氮时间为 15~40min，氨分解率为 40%~60%，扩散层深度为 0.02~0.05mm。渗氮时，应控制氨分解气氛的氮势，避免生成脆性的 ε 白亮层或扩散层中出现网状的碳化物。由于化合物层很薄，脆性不大，刀具耐磨性大幅度提高，并提高了刀具的疲劳强度和耐蚀性。

2）离子渗氮。离子渗氮是将工件置于压力为 13.3~133Pa 的渗氮气氛（氨分解气或 N$_2$-H$_2$ 混合气体）中，直流电压为 500V 左右时，利用工件（阴极）和阳极（一般为炉壁）之间产生的离子轰击进行渗氮的工艺。高速钢刀具离子渗氮温度一般为 450~500℃，渗层深度一般为 0.02~0.10mm。因为渗氮温度低，通过调节气体成分、压力、电离电压，可以获得无 ε 白亮层的渗层，渗层质量好，硬度较高。经离子渗氮后的高速工具钢工具，其切削性能都有不同程度的提高，有的可提高数倍。

（4）离子硫氮共渗　离子硫氮共渗是在真空条件下，通过离子轰击使气氛中的硫氮同时渗入工件表面的热处理工艺。高速工具钢工具硫氮共渗所用气氛一般为 NH$_3$、H$_2$S。

在离子渗氮装置上，向真空室内通入的活性气体中除了 NH$_3$ 还有 H$_2$S，一般 φ（NH$_3$）：φ（H$_2$S）＝ 10：1，在离子渗氮的同时完成表面硫化层的形成。硫在工具表面有润滑和减少摩擦的作用。

离子硫氮共渗温度为 550℃，时间为 15~30min，渗层深度为 0.051~0.067mm。

（5）物理涂层（PVD）　物理涂层也称气相沉积，在工具上应用的主要是氮化钛和氮铝化钛涂层。

物理涂层的方法一般是在真空中使金属 Ti 或 Ti-Al 气化且离子化，与氮离子互相撞击，在电磁场的作用下，从而在工件表面形成氮化钛或氮铝化钛镀层。

作为高速工具钢工具的物理涂层方法，按沉积过程中金属 Ti 熔化、蒸发和离子化形成的原理不同，镀层的主要方法有阴极溅射法、辉光放电离子镀法和弧光放电离子镀法。目前，较先进的方法是弧光放电离子镀方法中的多弧离子镀和非平衡阴极磁控溅射离子镀。阴极溅射法生成的镀层组织致密，生产过程容易控制；多弧离子镀沉积速度快，生产率高，结合强度高，大小件均适合。

弧光放电离子镀就是将 Ti 置于真空中，用弧光放电使其熔化、蒸发，由放电的强弱来控制蒸发量的大小。图 9-16 所示为多弧离子镀装置。阴极电弧源置于装置上部及四周，可以在整个真空室内获得大量均布的单原子金属 Ti，并均匀快速地在工件表面沉积成镀层。

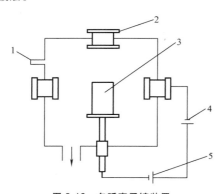

图 9-16　多弧离子镀装置
1—反应气进口　2—阴极电弧源　3—工件
4—主弧电源　5—工件偏压电源

PVD 涂层法通常在刀具表面形成 $2 \sim 6 \mu m$ 的 TiN 等镀层，其硬度在 2000HV 以上。镀层不宜过厚，否则容易使切削刃脆化。PVD 涂层具有很高的耐磨性，一般可以提高工具寿命 $2 \sim 5$ 倍，提高工具切削效率 30% 以上，尤其适用于齿轮滚刀、插齿刀等精密工具。在常用涂层中，TiN、TiC 涂层的硬度一般为 2000HV 左右，TiAlN 涂层为 $3000 \sim 3500HV$，TiCN 涂层为 $3500 \sim 3700HV$。随着 PVD 涂层在高速、高效切削领域的不断发展，具有高硬度、高耐磨性、高耐热性的高性能涂层或复合涂层也不断被开发出来。AlCrSiN 涂层的热稳定性可达 1000℃，涂层室温硬度可达 HV3400 以上；AlCrN 涂层室温硬度达 HV3000 以上，热稳定性也可以达到 900℃，能明显提升刀具的切削性能，但 PVD 涂层设备投资较大，生产成本较高，操作过程也比较复杂，要求被处理的工具表面粗糙度值较低。

（6）激光表面强化　很多国家对高速工具钢的激光热处理进行了大量的试验研究工作。高速工具钢表面激光强化主要有激光淬火、激光重熔和激光合金化等多种方法。

1）激光淬火。它是利用激光束的高密度能量，使高速工具钢工具表面快速加热相变，然后利用工具本身的自然快速冷却，使工具表面淬硬。由于快速加热和快速冷却的结果，在工具表面形成高硬度淬火层（1000HV），从而提高工具的耐磨性。

工具的激光淬火实际上是一种表面硬化，形成马氏体与碳化物的混合物淬火层。采用激光淬火的工具通常需要预先进行正常的淬火才能有较好的效果。

2）激光重熔。它是利用激光快速加热，使工件表面相当薄的一层组织快速熔化。高速工具钢快速熔化区的组织为精细的枝晶马氏体、残留奥氏体、未溶碳化物和 δ 铁素体的混合物，回火后析出枝晶状的 M_6C 碳化物。激光表面熔化区在 600℃ 高温回火时才能达到硬度峰值，最高硬度可达 1200HV（见图 9-17）。

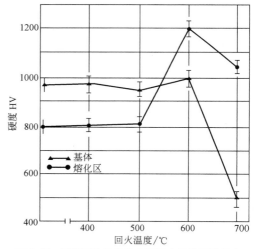

图 9-17　重熔区和正常淬火区回火后的显微硬度

W6Mo5Cr4V2 高速工具钢车刀采用功率为 800W 的 CO_2 激光器熔化后，于 560℃×2h 回火后，熔化区深度为 $600 \sim 800 \mu m$，从而提高了高速工具钢的硬度和韧性，切削时车刀的寿命提高了 200%～500%。

3）激光合金化。它是在工件表面涂上合金元素粉末，然后利用高能激光束使其快速熔化，在工件表面上形成一层合金层，以提高钢的耐磨性和热稳定性。用于激光合金化的常用元素和化合物有 C、WC、Co、BC 等粉末，再加添加剂、黏结剂，混合后制成饱和涂料。

激光合金化的涂层厚度一般不超过 $80 \sim 100\mu m$，最好利用 $10 \sim 40J$ 铷激光器熔化。利用 Co（钴）作合金化涂料，激光合金化后 Co 溶入基体，提高了 $\alpha \to \beta$ 的转变温度和回火稳定性，回火时形成金属间化合物，并析出 M_6C 碳化物，促进弥散硬化，提高了二次硬化作用。表面软化温度比普通高速工具钢提高了 $350℃$，比激光淬火提高了 $70 \sim 100℃$，工具可承受 $675 \sim 680℃$ 的高温。

用功率为 $1kW$ 的 CO_2 激光器在 W6Mo5Cr4V2 高速工具钢工具的表面采用 W 粉末激光合金化，可以形成 $80 \sim 100\mu m$ 的合金层，进行 $560℃$ 两次回火以后，把合金层磨削到 $40 \sim 50\mu m$，经这样处理的单刃车刀，切削寿命可以提高 600%。

（7）离子注入法　它首先将要注入的元素离子化，并在数千伏的电压下，将离子导入质量分析器进行筛选，然后在几十千伏到几百千伏的高压下将离子加速到要求的高能状态，最后在处理室内对工件进行扫描，把离子注入工件的表面。离子注入与以往的扩散法不同，不受固溶度和扩散系数的限制，可以将任何一种元素注入任何一种物质中去，可以得到以往技术不可能得到的特殊成分和结构。由于处理温度在 $150℃$ 以下，工件无畸变。它与 PVD 等方法不同，注入层与基体之间无明显界限，所以膜层不易剥落。

注入的元素有 N、Ti、C、P、Mo、B、Ta、Co 等，主要的作用是改善材料的耐磨性、耐蚀性和耐疲劳性能。英国采用离子注入法可使高速工具钢丝锥的寿命提高 12 倍；美国对 M35、M7、M2 等高速工具钢注入 WC、Co，可使工具寿命提高 $2 \sim 6$ 倍，已经大量用于生产。离子注入法用于 M2 高速工具钢的冲头，甚至可以提高寿命 $70 \sim 80$ 倍。

9.3　工具钢热处理后的金相组织

在几种有代表性的碳素工具钢、合金工具钢和高速工具钢淬火及回火后的金相组织中，碳化物、残留奥氏体所占的比例见表 9-28。

9.3.1　碳素工具钢与合金工具钢热处理后的金相组织

1. 碳素工具钢与合金工具钢热处理后的相组成

从表 9-28 可以看出，亚共析钢 T7、共析钢 T8 由于没有过剩碳化物，淬火后的组织中 94%～98%（体积分数）为马氏体，仅有 2%～5%（体积分数）的残留奥氏体。回火后钢中的残留奥氏体没有变化，但有 3%～5%（体积分数）的碳化物析出。这种钢的耐磨

性主要取决于马氏体基体。

表 9-28　工具钢热处理后的相组成

牌号	相组成[①]（体积分数，%）			
	淬火后		回火后	
	碳化物	残留奥氏体	碳化物	残留奥氏体
T7	—	2～3	3	2～3
T8	—	4～5	4～5	4～5
T12	3～5	5～8	10～12	5～8
CrWMn	4～6	16～18	12～14	16～18
Cr12MoV	8～9	18～20	15～16	18～20
W18Cr4V	16～19	22～25	22～24	<1
W6Mo5Cr4V2	14～16	20～22	20～22	1

① 基体为马氏体。

过共析钢 T12 淬火后有 3%～5%（体积分数）的碳化物未溶入奥氏体而被保留下来，同时还有 5%～8%（体积分数）的残留奥氏体未发生转变。回火后残留奥氏体的数量不变，但有碳化物析出，使碳化物的数量增加到 10%～12%。碳化物数量的增加提高了钢的耐磨性。

CrWMn、Cr12MoV 等合金工具钢的情形与 T12 钢相似，只是淬火后残留碳化物和残留奥氏体的数量更多。残留碳化物的数量达到体积分数为 4%～9%，残留奥氏体的数量达到体积分数为 16%～20%。回火后这两种钢的碳化物数量增加到体积分数为 12%～16%，而残留奥氏体的数量不变（Cr12MoV 钢 $1000℃$ 淬火）。由于碳化物数量的增加且碳化物为合金碳化物，因而这类钢比碳素工具钢有更高的耐磨性。

2. 碳素工具钢与合金工具钢热处理后的金相检验

碳素工具钢热处理后的金相检验主要是检验马氏体针的大小，用以衡量淬火加热是否恰当，有无淬火过热或淬火不足的现象发生。图 9-18 所示为碳素工具钢的淬火马氏体级别。丝锥、锉刀淬火后的马氏体级别不应大于 3 级；手用锯条不应大于 2.5 级。马氏体级别过高（如达到 4 级上），说明淬火温度过高，工具的韧性下降。如果工具的刃部发现有屈氏体，说明淬火温度不足，这是不允许的。

9SiCr 类的低合金工具钢淬火组织的金相检验仍以检验淬火后马氏体针的大小作为衡量标准。合金工具钢淬火后的马氏体尺寸按图 9-19 评定，丝锥、板牙、搓丝板不应大于 3.5 级，铰刀不应大于 3 级。

3. 普通工具钢热处理后的组织缺陷举例

碳素工具钢与合金工具钢热处理后常见的组织缺陷有 T12A 钢退火的石墨化（见图 9-20），T12A 钢淬火脱碳（见图 9-21），以及 CrWMn 钢的碳化物网

（见图 9-22）等；淬火形成的 4 级以上的粗大马氏体　　也应视为淬火过热缺陷组织。

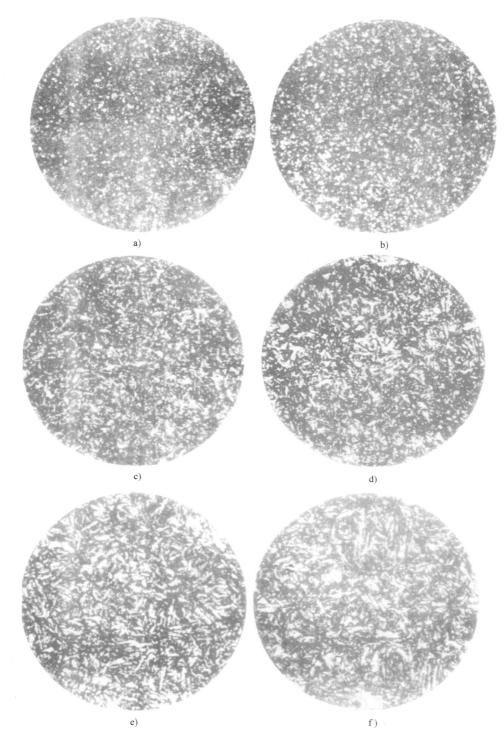

图 9-18　碳素工具钢淬火马氏体级别　500× $[w（硝酸乙醇）为 4\% 浸蚀]$
a）1 级　b）2 级　c）3 级　d）4 级　e）5 级　f）6 级

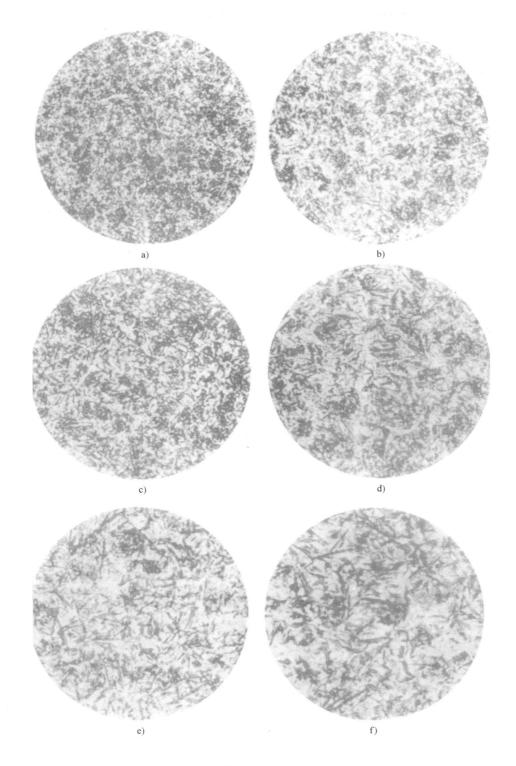

图 9-19　合金工具钢淬火马氏体级别　500× ［w（硝酸乙醇）为 4% 浸蚀］
a）1 级　b）2 级　c）3 级　d）4 级　e）5 级　f）6 级

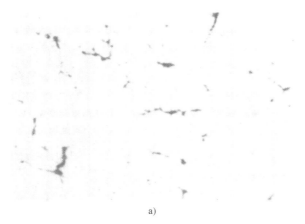

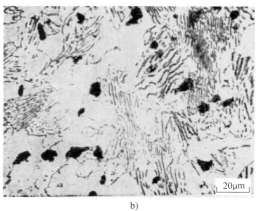

20μm

a)　　　　　　　　　　　　b)

图 9-20　T12A 钢退火石墨化　500×

a）未浸蚀　b）w（硝酸乙醇）为 4% 浸蚀

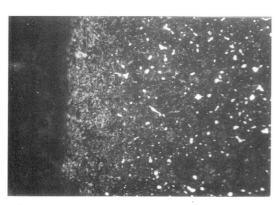

图 9-21　T12A 钢淬火脱碳（经回火）　500×

[w（苦味酸乙醇）为 4% 浸蚀]

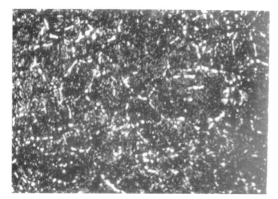

图 9-22　CrWMn 钢碳化物网　500×

[w（硝酸乙醇）为 4% 浸蚀]

9.3.2　高速工具钢热处理后的金相组织

1. 高速工具钢热处理后的相组成

W18Cr4V 高速工具钢淬火后的相组成见表 9-22，

隐针马氏体的基体上还保留有体积分数为 14%～19% 的未溶碳化物和 20%～24% 的残留奥氏体。回火后碳化物增加到体积分数为 20%～24%，残留奥氏体减少到 1% 以下。碳化物的增加是由于回火时析出了二次碳化物，二次碳化物通常为 M_2C 和 M_6C。

高速工具钢淬火后形成的隐针马氏体非常细小。在显微镜下很难评定，所以通常以晶粒度的大小来评定。

2. 高速工具钢热处理后的金相检验

（1）淬火晶粒度　W6Mo5Cr4V2 等钨钼系高速工具钢淬火晶粒度如图 9-23 所示。

高速工具钢淬火晶粒度的大小是淬火加热温度和加热时间的直接反映，它与钢的强度、韧性、耐磨性、热硬性和工具的使用寿命有直接关系，对车刀、大规格锥柄钻头等要求耐磨性、热硬性较高且承受冲击力较小的工具，淬火晶粒度可以稍粗大一些；对小规格钻头、中心钻、丝锥、细长拉刀等要求较高强度和韧性的刀具，淬火晶粒度应稍细一些。

各种高速工具钢工具淬火晶粒度的参考数据见表 9-29。可以根据工具的生产和使用情况具体选择晶粒度最佳范围。

在检查淬火晶粒度时，尚需参考碳化物溶解情况来综合考虑淬火加热的效果。碳化物溶解情况目前尚无较好的检查方法，通常以淬火后每个晶粒内残留的碳化物颗粒的多少来衡量，如在 9# 大小晶粒内，有 5～8 颗碳化物时为碳化物溶解良好，9～12 颗时为一般，13～15 颗时则为较差。

粉末高速工具钢淬火晶粒度通常小于等于 10#。进行晶粒度评级时，因晶粒细小，可采用截数法，即 Synder-Graff 分割法（S-G 晶粒度）进行评级。该方法是选取具有代表性的晶粒的视野，用目镜中的标尺

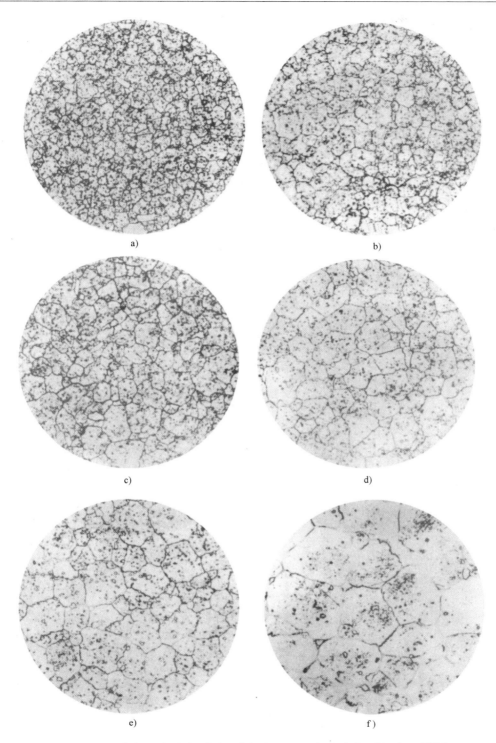

a)　　　　　　　　　　　　　　b)

c)　　　　　　　　　　　　　　d)

e)　　　　　　　　　　　　　　f)

图 9-23　高速工具钢淬火晶粒度（钨钼系）　500×［w（硝酸乙醇）为 4% 浸蚀］

a）11 号　b）10.5 号　c）10 号　d）9.5 号　e）9 号　f）8 号

进行测量。测量时，在试样实际长度为 0.005in （0.127mm）的线段内，观察截取有多少颗奥氏体晶粒。随机选取试样的不同位置，计算 10 次测量的平均值。在实际测量中，一般放大 1000 倍，即显微镜下长度放大为 5in（127mm）时进行。此方法国外通用，且可与 ASTM 法（按规定视野内晶粒数多少评级）晶粒度评级值等同评级。

S-G 晶粒度与 ASTM 晶粒度的换算公式如下：

$$G = 6.635\lg(S\text{-}G) + 2.66$$

式中　　G——ASTM 晶粒度；

　　　　S-G——Snyder-Graff 晶粒度。

S-G 晶粒度与 ASTM 晶粒度的对应曲线如图 9-24 所示（JB/T 9986—2013《工具热处理金相检验》）。

（2）高速工具钢淬火过热程度的检查　高速工具钢淬火过热程度以碳化物形貌的变化来确定。根据碳化物沿晶界的伸长、拖尾及呈网状的程度来确定过热级别。图 9-25 所示为适用于 W6Mo5Cr4V2 等钨钼系高速工具钢的 4 级过热级别图。

对通用高速工具钢过热的评定标准（《JB/T 9986—2013 工具热处理金相检验》）如下：

一级，碳化物变形，轻微角化。

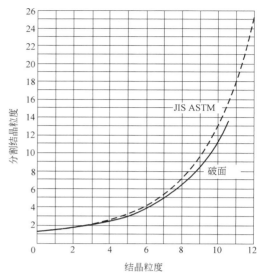

图 9-24　ASTM 晶粒度与 Snyder-Graff
晶粒度的对应曲线

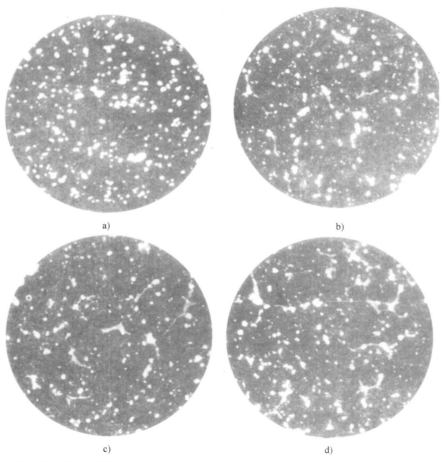

a)　　　　　　　　　　　　b)

c)　　　　　　　　　　　　d)

图 9-25　高速工具钢的 4 级过热级别图（钨钼系）　500×［w（硝酸乙醇）为 4% 浸蚀］

a) 1 级　b) 2 级　c) 3 级　d) 4 级

二级，碳化物角化，粘连，并轻微拖尾。

三级，碳化物托尾呈线段状。

四级，碳化物拖尾呈半网状。

五级，碳化物拖尾接近全网状。

对粉末高速工具钢过热的评定标准（《JB/T 9986—2013 工具热处理金相检验》）如下：

一级，碳化物有粘连倾向。

二级，碳化物粘连。

三级，碳化物拖尾。

四级，碳化物产生网角。

五级，碳化物形成半网状。

高速工具钢工具产生严重淬火过热时，脆性增加，容易产生崩刃，甚至不能切削。各种工具允许的淬火过热级别见表 9-29。

表 9-29　高速工具钢工具热处理金相检验技术要求

工具名称	规格（mm）	淬火晶粒度/级		过热程度允许级别/级	回火程度允许级别/级
		钨钼系	钨系		
直柄钻头	≤φ3	10.5~12	10~11.5	≤1	
	>φ3~φ20	9.5~11	9~10.5	≤2	
中心钻		10~11.5	9.5~11	≤1	
锥柄钻头	≤φ30	9.5~11	9~10.5	≤2	
	>φ30	9.0~10.5	8.5~10		
切口、锯片铣刀		10~11.5	9.5~11	≤2	
铣刀、铰刀		9.5~11	9~10.5	≤2	≤2
车刀	≤16×16	8.5~10.5	8~10	≤2	
	>16×16			≤3	
齿轮刀具		9.0~11	9.0~10.5	≤2	
螺纹刀具		10~11.5	9.5~11	≤1	
拉刀		9.0~11	9.0~10.5	≤1	

（3）高速工具钢回火质量的检验　高速工具钢正常回火后，用质量分数为 4% 的硝酸乙醇腐蚀后，基体组织为黑褐色；回火不充分时颜色变浅，甚至有时会显现出晶界。根据基体组织对腐蚀的接受程度，可以判断回火是否充分。回火程度的检验受腐蚀剂的浓度、浸蚀温度的高低、浸蚀时间的长短影响较大。对质量分数为 4% 的硝酸乙醇溶液规定的浸蚀规范为：20~25℃ ≤3min；26~30℃ ≤2min；>30℃ ≤1min。

图 9-26 所示为 W6Mo5Cr4V2 等钨钼系高速工具钢回火程度级别图，1 级和 2 级为回火充分和正常回火，3 级为回火不充分。钨系高速工具钢和大尺寸高速工具钢的回火程度级别另有规定。大规格高速工具钢碳化物偏析严重，碳化物聚集处的奥氏体合金化程度高，不易受浸蚀，容易显示回火不充分。

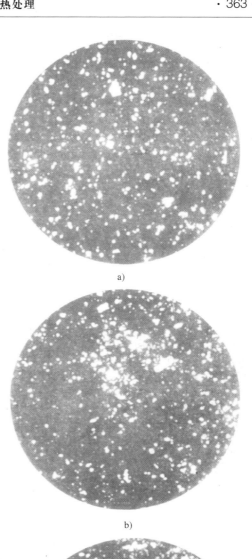

a)

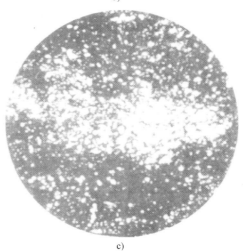

b)

c)

图 9-26　高速工具钢回火程度级别图

（钨钼系）　500× [w（硝酸乙醇）为 4% 浸蚀]

a）1 级　b）2 级　c）3 级

3. 高速工具钢热处理后的组织缺陷

高速工具钢热处理常见的组织缺陷有图 9-27 所示的淬回火脱碳组织，图 9-28 所示的淬火过烧组织及图 9-29 所示的淬火萘状断口组织。萘状断口组织的重要特征是晶粒大小不均，有个别粗大晶粒。图 9-25 中的严重过热也属于热处理组织缺陷。

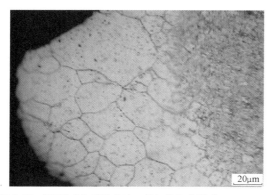

图 9-27　W6Mo5Cr4V2 高速工具钢淬回火脱碳组织　500×
[w（硝酸乙醇）为 4%浸蚀]

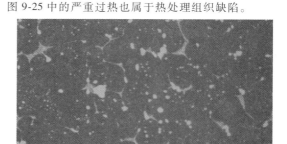

图 9-28　W6Mo5Cr4V2 高速工具钢淬火过烧组织　500×
[w（硝酸乙醇）为 4%浸蚀]

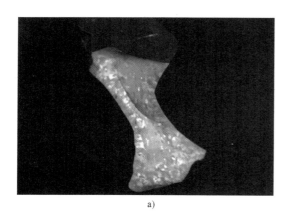

a)

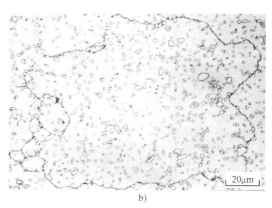

b)

图 9-29　高速工具钢淬火的萘状断口组织 [w（硝酸乙醇）为 4%浸蚀]
a) 5×　b) 500×

9.4　影响高速工具钢工具使用寿命的因素

一般的工具热处理工作者往往着眼于制造出合格的产品，不出废品，但一个好的工具热处理工作者应该制造出切削寿命最长的工具，即所谓的名牌或王牌工具，这也是工具的使用者最期望的。

国内外大量的切削试验表明，用同一牌号高速工具钢制造的尺寸精度几乎相同的工具，国内与国外，国内不同企业，甚至同一企业的同一批产品，其切削寿命相差也很大，有时高达 20 倍。能够找出影响工具使用寿命的因素，从而能制造出长寿命的工具是一个极为重要的课题。

影响工具使用寿命的四大因素主要有材料、几何形状、热处理和质量保证。以下主要论述材料和热处理因素对工具寿命的影响。

9.4.1　材料的影响

1. 材料种类的影响

合理选材是得到长的使用寿命的最重要的条件。所谓合理选材就是根据工具的种类、规格、被加工材料和具体的切削条件等因素，找出工具要求的主要性能是耐磨性、韧性、热硬性，还是有其他的工艺性能要求，再根据材料所具备的各种性能指标来选择材料的种类和具体牌号，以便最大限度地满足工具对材料的性能要求，得到最好的切削效果。

如果选材不合理，就不可能得到长的使用寿命。例如，要求高热硬性的工具不采用高速工具钢，而用碳素工具钢或合金工具钢；要求热硬性很高的工具不采用钴高速工具钢，只采用普通高速工具钢，都不可能得到高长工具使用寿命。

有时为了某种特殊用途，不应该只按常规选材。例如，切削速度不高的圆板牙，通常国内是用 9SiCr 等低热硬性的材料制造，而在国外，对某些要求耐磨性较高的圆板牙则采用高速工具钢制造，因此其切削寿命肯定是 9SiCr 材料制造的圆板牙不能相比的。又如，某些自动线上的工具，为了延长使用时间，减少换刀次数，常采用高级材料制造。

2. 材料质量的影响

材料质量对工具使用寿命的影响最突出的是高速工具钢的碳化物分布的影响。例如，W18Cr4V 高速工具钢的碳化物不均匀度级别由 3 级增大到 7 级，插齿刀的切削寿命下降 30%。大块碳化物在切削过程中甚至会造成刀具崩刃，当然会降低工具的切削寿命。碳素工具钢与合金工具钢的网状碳化物对工具的使用寿命有不利的影响，严重的碳化物网可能引起工具崩刃。碳素工具钢的严重石墨化也会影响工具的使用寿命。

9.4.2　热处理的影响

1. 退火的影响

高速工具钢的退火方法和退火温度对工具使用寿命的影响较大。例如，W6Mo5Cr4V2 高速工具钢轧制钻头，在不同的温度轧制后，采用低温的回火退火比正常的相变退火有较长的使用寿命，如图 9-30 所示。

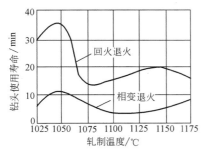

图 9-30　退火方法对钻头使用寿命的影响

高速工具钢工具锻造或轧制后，退火温度过高或保温时间过长会引起碳化物聚集长大，淬火时不易溶入基体，因而影响工具的切削性能，降低工具的使用寿命，如图 9-31 所示。

2. 淬火的影响

（1）淬火加热的影响　淬火加热对工具使用寿命的影响最大，通常在热处理时是根据淬火晶粒度和碳化物溶解情况来判断淬火温度是否合适，但这种方法不够严格，因为它只是给一个晶粒度的范围。

从工具使用寿命出发，最直接的办法还是针对具

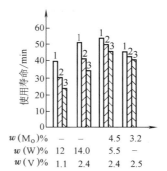

图 9-31　退火保温时间对工具使用寿命的影响
1—未退火　2—退火 20h　3—退火 50h

体的工具和使用条件选择不同的淬火加热规范并直接进行切削试验，确定能够得到最佳使用寿命的淬火规范。

从充分发挥合金化的角度来说，最好的淬火规范是在保持高速工具钢足够韧性的前提下，碳化物充分溶入基体，以便回火时能充分二次硬化，从而得到最佳的使用寿命。

（2）淬火冷却的影响　如果单纯从切削寿命的角度来看，高速工具钢淬火冷却的速度越快越好。图 9-32 对三种高速工具钢的试验表明，在几种冷却方法中，水冷和油冷淬火的工具使用寿命最长。因为它保证了在冷却过程中最少量的碳化物析出，从而保证了更充分的二次硬化，得到最高的耐磨性。

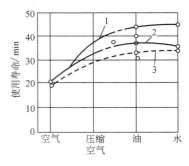

图 9-32　冷却速度对高速工具钢工具使用寿命的影响
注：1、2、3 分别为三个牌号的高速工具钢。

如果单纯从工具使用寿命的角度出发，在不产生开裂和工具畸变合格的条件下，淬火冷却速度越快，工具使用寿命越长。同样的道理，分级冷却温度越低，与奥氏体化温度的温差越大，因而冷却速度快，碳化物析出少，工具的使用寿命会长，因此，550℃分级淬火应该比 600℃ 或更高的温度分级有更长的使用寿命。图 9-33 证实了这一说法，随着分级温度的升高，工具的使用寿命缩短。

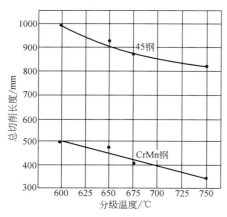

图 9-33　分级温度对工具使用寿命的影响

3. 回火的影响

高速工具钢的回火应该以得到最高的二次硬化效果为主要目标，然后是残留奥氏体充分转变和彻底消除应力。图 9-34 表明，在未经回火或一次回火时，由于回火不充分或应力未彻底消除，会缩短工具的使用寿命。当然，回火过度时会引起硬度下降，也会缩短工具的使用寿命。

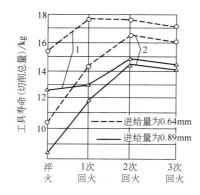

图 9-34　回火对工具使用寿命的影响
1—W18Cr4V 钢　2—W6Mo5Cr4V2 钢

9.4.3　力学性能的影响

1. 硬度的影响

硬度是高速工具钢热处理唯一的必须检测的指标。几种高速工具钢的试验结果说明，高速工具钢的硬度越高，耐磨性也越高，如图 9-35 所示。但是，金属切削是一个复杂的过程，因此工具的耐磨性不等于切削寿命。对几种高速工具钢工具试验的结果说明，过高的硬度反而会降低工具的使用寿命，如图 9-36 所示。一般说来，对某种工具，在一定的切削条件下，都有一个可以得到最高使用寿命的最佳硬度。

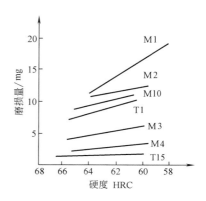

图 9-35　硬度与耐磨性的关系
注：牌号为美国牌号。

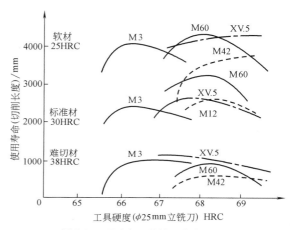

图 9-36　硬度与工具使用寿命的关系

2. 韧性的影响

韧性是影响高速工具钢工具使用寿命的重要因素。但因为工具的标准中未对韧性作具体的规定，所以往往被人们忽视。图 9-37 表明，工具的硬度过高会导致韧性下降，切削刃变脆就是工具寿命缩短的原

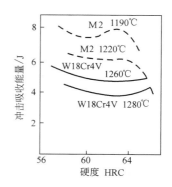

图 9-37　高速工具钢工具
硬度对韧性的影响

因。国外对此非常重视，并进行了大量的试验研究。

9.4.4　显微组织的影响

1. 晶粒度的影响

淬火晶粒度是检验高速工具钢淬火组织的最重要的指标。晶粒度在一定程度上可以反映出高速工具钢的奥氏体化的程度。高速工具钢的晶粒度与钢的化学成分，碳化物颗粒的大小和分布及钢材预先退火的方法等因素有很大的关系。因此，即使是不同批号的同一牌号的高速工具钢也不可能在淬火温度与晶粒度之间找到严格的对应关系。

高速工具钢的晶粒度对工具使用寿命的影响已有大量试验数据，但各国试验的结论不尽相同。

美国用粉末冶金高速工具钢（排除碳化物偏析的影响）进行的试验说明，连续切削工具的使用寿命几乎不受晶粒度的影响，而断续切削工具的使用寿命几乎与晶粒度大小呈直线关系，晶粒越细，工具使用寿命越长（见图 9-38）。

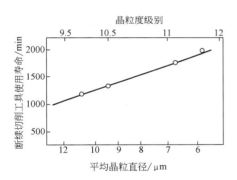

图 9-38　奥氏体晶粒度对工具使用寿命的影响

苏联对直径为 8mm 的 W6Mo5Cr4V2 高速工具钢钻头试验的结果认为，9~10 级晶粒度时工具有最长的使用寿命，过细或过粗的晶粒度都会使工具使用寿命降低，如图 9-39 所示。

德国的试验结果认为，高速工具钢工具的使用寿

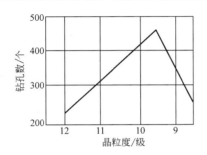

图 9-39　晶粒度对高速工具钢
钻头使用寿命的影响

命与晶粒度之间无明显的关系[5]。

美国钢铁学会工具钢分会和金属切削研究会联合进行大量试验后得出的结论比较客观，他们认为，工具的具体情况不同，晶粒度的影响不完全一致。应该根据工具的品种规格、工具的材料和切削条件及被加工材料等因素，以实际切削试验得到的具体结果为准。

2. 碳化物溶解情况的影响

在专业工具制造企业中，将高速工具钢工具淬火时碳化物的溶解情况作为检验的内容。一般来说，就是规定在淬火后检查，在一个晶粒内残留几颗未溶的碳化物为合格。虽然这种方法不太严格，但在一定程度上反映了碳化物的溶解情况。

高速工具钢工具淬火时，应该在保证一定韧性的条件下，尽量使碳化物充分溶入基体，以便在回火时有最大的二次硬化效应。

最新的切削试验证明，高速工具钢二次硬化析出的二次碳化物对工具使用寿命的影响远大于一次碳化物和基体合金化的作用。

9.4.5　表面状态的影响

1. 表面脱碳、脱元素的影响

高速工具钢工具在盐浴中加热淬火不可避免地会产生脱碳，用控制 BaO 含量的方法不能保证完全不脱碳，当采用精密的金相法（如萨道夫斯基法）检查时，切削刃都有不同程度的脱碳。严格的检查表明，在盐浴中加热，高速工具钢表面还有脱元素的现象，如图 9-40 所示，在高温盐浴中保温 2min，高速工具钢表面 Mo 的含量就已经明显下降，W 的含量也开始下降。

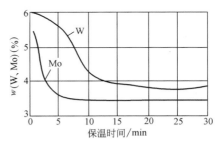

图 9-40　高速工具钢表面 W、Mo
含量与盐浴中保温时间的关系

如果工具热处理后，不是前刃面和后刃面同时刃磨，表面碳和合金元素含量的降低无疑会降低工具的使用寿命。

2. 刃磨烧伤的影响

很多精密工具热处理后表面要进行刃磨，以除去

表面缺陷，但如果刃磨时进给量过大，产生大量热量，也会造成高速工具钢表面硬度降低，损害工具的使用性能，严重时可能降低工具使用寿命 30%（见图 9-41）。

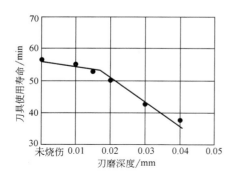

图 9-41　刃磨烧伤对工具使用寿命的影响

3. 表面强化的影响

好的表面处理会有效地提高工具的使用寿命。例如，氧氮化可以提高工具使用寿命 30% ~ 80%，而 PVD 涂层可以提高工具使用寿命 300% ~ 500%。高速工具钢工具的使用寿命经常好坏不均，好坏相差很大。例如，同一批钻头，有的可钻 200 多个孔，有的却只能钻 10 个孔，使用寿命相差 20 倍。

9.5　典型工具的热处理

9.5.1　锉刀的热处理

1. 技术要求

锉刀的服役条件主要是承受摩擦磨损，因此要求锉刀要有高的硬度和耐磨性。锉刀通常采用碳素工具钢 T12 制造。锉刀热处理的关键是防止淬火时齿部发生脱碳和要求在淬火的同时进行熟练的矫直。

锉刀的技术要求：

1）硬度：刃部 64 ~ 67HRC，柄部 ≥ 35HRC。

2）淬火深度：齿尖以下 >1mm。

3）金相组织：马氏体针 <3 级，齿部无脱碳。

4）畸变：弯曲 <0.1mm/100mm。

2. 热处理工艺

锉刀的热处理工艺路线：淬火加热→冷却→热矫直→冷透→清洗→回火→清洗→检查。

为防止锉刀淬火时氧化、脱碳，可采用高频感应快速加热或在含有黄血盐的盐浴中进行加热。含黄血盐的盐浴成分（质量分数）为黄血盐 35% + 碳酸钠 15% + 氯化钠 50%。其中黄血盐的成分可以在 10% ~ 40% 范围内选择，但盐浴中的氰根（CN⁻）需控制在

5% 以上，以免齿部产生脱碳。

锉刀的热处理工艺。

1）淬火温度：750 ~ 790℃。

2）淬火冷却介质：低于 30℃ 的盐水或清水。

3）回火：160 ~ 180℃ × 45 ~ 60min。

3. 工艺说明

1）小锉刀采用较高的淬火温度，在碱浴中冷却。

2）淬火热矫直是当锉刀在水中淬火冷却到 180 ~ 200℃ 时，从水中取出在水槽边矫直的方法。准确掌握锉刀在水中的冷却时间十分重要，出水过早，会因锉刀内部热量的散出使锉刀回火，因而降低锉刀的硬度；出水过晚，则因锉刀完全淬硬增加矫直的困难，甚至造成锉刀开裂或折断。锉刀应在短时间内矫直好，然后完全浸入水中冷透。

9.5.2　手用锯条的热处理

1. 技术要求

手用锯条的服役条件与锉刀相似，基本上属于摩擦磨损，但手用锯条较薄，容易折断，而且锯齿也容易产生崩刃。因此，手用锯条除了要求有高的硬度和耐磨性，还必须有很好的韧性和弹性。通常手用锯条采用 T10、T12 碳素工具钢，或者采用低碳钢（20 钢）渗碳淬火制成。

手用锯条的技术要求：

1）硬度：82.5 ~ 84.5HRA；销孔处：<74HRA。

2）金相组织：马氏体 <2.5 级。

3）畸变：侧面平面度误差 <1.2mm；平面度误差 <1.5mm；锯条弯成 200mm 的半圆复原后，畸变不能超差。

2. 热处理工艺

T10、T12 钢手用锯条的热处理工艺见表 9-30，淬火温度为 770 ~ 790℃，油冷，175 ~ 185℃ 回火 45min。

表 9-30　T10、T12 钢手用锯条的热处理工艺

预热	加热	冷却	回火	销孔处理	备注
650 ~ 720℃	770 ~ 790℃	油淬	175 ~ 185℃ 45min	550 ~ 650℃ 5 ~ 10s 回火	为防止淬火加热时氧化、脱碳，可用下列成分（质量分数）盐浴加热：NaCN20%，NaCl60%，Na₂CO₃20%，CN⁻ 控制在 5% ~ 6%

手用锯条淬火时，为减少侧弯，应采用合适的夹具，使锯条处于紧张状态下淬硬。淬火时产生的平面

弯曲，可置于压紧的夹具中，在回火时压平。

锯条材料如果采用 20 钢，可采用液体渗碳，渗碳后直接淬火。渗碳盐浴的参考配方（质量分数）：尿素 40%＋碳酸钠 28%＋氯化钾 20%＋氯化钠 12%。

大量生产时，可采用高频感应淬火。由于高频感应淬火只淬硬齿部和背部，锯条的韧性好，可大大减少锯条使用时的折断现象。同时高频感应淬火容易实现自动化和机械化，提高生产率，改善劳动条件。

也有的企业试验采用低碳钢材料，刃口进行表面离子渗钨、铬等合金元素，制造出类似高速工具钢成分的锯条，切削效果很好。

9.5.3　手用丝锥的热处理

1. 技术要求

手用丝锥是一种加工内螺纹的低速切削刀具，主要失效形式是摩擦磨损，切削刃部分要求具有较高的硬度和耐磨性，而刀体承受扭力，所以心部应具有一定的韧性和较高的强度。

手用丝锥的材料多采用 T12 碳素工具钢和 GCr15 低合金钢制造。

（1）T12 钢手用丝锥技术要求

1）刃部硬度：规格 M1～M3 的丝锥为 59～61HRC；规格 M3～M8 的丝锥为 60～62HRC；规格＞M8 的丝锥为 61～63HRC。

2）柄部硬度：30～45HRC（＜M12 的丝锥为 30～55HRC）。

3）金相组织：淬火马氏体＜3 级，表面无脱碳。

4）畸变（最大弯曲度）：小于 M12 为 0.06mm；大于等于 M12 为 0.08mm。螺纹中径及倒锥度控制在要求范围内。

（2）GCr15 钢手用丝锥技术条件

1）刃部和柄部硬度：与 T12 钢手用丝锥相同。

2）畸变（最大弯曲度）：小于 M12 为 0.06mm；大于等于 M12 为 0.08mm。热处理后中径及倒锥度达到规定要求。

3）金相组织：淬火马氏体针小于等于 2.5 级，表面无脱碳。

4）原材料：残留碳化物网小于等于 3 级，球状珠光体级别为 2～5 级。

2. 热处理工艺

（1）T12 钢手用丝锥热处理工艺　热处理工艺路线：预热→加热→冷却→清洗→柄部处理→回火→清洗→硬度检查→矫直→发黑→检查

T12 钢手用丝锥的热处理工艺见表 9-31。

表 9-31　T12 钢手用丝锥的热处理工艺

预热	加热	冷却			柄部处理	回火
		≤M12	M12～25	＞M25		
600～650℃	770～790℃	200～220℃ 硝盐等温 30～40min	180℃碱浴分级后在硝盐中等温	水油双介质淬火	600℃×10～60s，水冷	180～220℃×90～120min

（2）GCr15 钢手用丝锥热处理工艺　热处理工艺路线与 T12 钢手用丝锥相同。

GCr15 钢手用丝锥的热处理工艺见表 9-32。

表 9-32　GCr15 钢手用丝锥的热处理工艺

规格	预热温度/℃	加热温度/℃	冷却	柄部处理	回火温度/℃
≤M8	600～650	840～850	190～200℃硝盐等温 30～45s/mm	600℃×10～60s，水冷	170～180
M9～M14		840～850	180～190℃硝盐等温 20～30s/mm		170～175
M16～M20		840～850	180～190℃硝盐等温 18～22s/mm		170～175

3. 热处理工艺说明

1）专业工具厂生产的手用丝锥多采用滚压法制造。在原材料与滚丝尺寸正常的情况下，较大规格（＞M8）的手用丝锥采用较高的淬火温度和较低的等温温度，以便得到较高的淬火硬度和较深的淬硬层；较小规格的丝锥采用较低的淬火温度和较高的等温温度，以便得到较高韧性。

2）滚压后中径尺寸接近上限的丝锥，应在保证硬度的前提下，采用下限淬火温度和上限等温温度，以便减少中径尺寸淬火回火后的增量。中径尺寸接近中下限者，应在保证金相组织合格的前提条件下，采用上限淬火温度和下限等温温度，以便增加淬火回火后的尺寸增量。

3）在等温冷却时应控制好等温时间。等温后冷至室温检查硬度，根据淬火硬度确定回火工艺。

4）由于手用丝锥淬火时柄部与刃部一起硬化。淬火后必须进行柄部退火。柄部退火可以采用高频感应加热或盐浴加热。盐浴加热采用快速回火，加热后水冷。加热时只允许柄部的 1/3～1/2 浸入盐浴中。

9.5.4　圆板牙的热处理

1. 技术要求

圆板牙属于手工切削或低速切削的工具，要求齿部有较高的耐磨性，同时齿部不能太脆，因此要有较高的韧性。圆板牙多用 9SiCr 钢制造。

1）硬度：60~63HRC。

2）金相组织：马氏体针<3 级。

3）尺寸：螺纹的中径应控制在要求的范围内。

2. 热处理工艺

圆板牙的热处理工艺路线：预热→淬火加热→冷却→检查→回火→清洗→检查→发黑→外观检查。

圆板牙的热处理工艺见表 9-33。

表 9-33 圆板牙的热处理工艺

预热	加热	冷却					回火
		M1~M2.5	M3~M5	M6~M9	M10~M15	M16~M24	
600~650℃	850~870℃	160~170℃× 30~45min	170~180℃× 30~45min	180~190℃× 30~45min	190~200℃× 30~45min	200~210℃× 30~45min	190~200℃ 90~120min

3. 工艺说明

1）由于大直径钢材的中心组织比小直径的钢材的中心组织差，因此大规格的圆板牙常采用稍低的淬火温度。

2）提高等温温度容易使板牙螺纹中径胀大，反之则使中径缩小。在实际生产中，大规格圆板牙趋向于缩小，小规格圆板牙趋向于胀大，因此大规格圆板牙的等温温度比小规格的高。通过调节等温温度，可以控制圆板牙螺纹的中径尺寸。

3）根据圆板牙的淬火硬度，确定回火工艺参数。

9.5.5 手用铰刀的热处理

1. 技术要求

手用铰刀是手用或低速切削的工具，主要要求的性能是耐磨性，因此手用铰刀刃部要求高硬度。手用铰刀常用的材料为 9SiCr 钢。

1）硬度要求。规格 $\phi3mm~\phi8mm$，62~64HRC；$>\phi8mm$，63~65HRC。

2）柄部硬度：30~45HRC。

3）手用铰刀的弯曲畸变量根据直径和长度的不同，允差为 0.15~0.3mm。

2. 热处理工艺

手用铰刀的热处理工艺路线：预热→淬火加热→冷却→矫直→回火→清洗→硬度检查→发黑→外观检查。

手用铰刀可采用整体淬火，然后进行柄部退火。柄部退火可采用在 600℃ 硝盐中加热 20~40s 后水冷，或者在 820~830℃ 盐浴中加热 8~20s，淬入 150~180℃ 硝盐中，冷却 30s 以上，也可采用高频加热退火。

手用铰刀的热处理工艺见表 9-34。

3. 工艺说明

1）为了减少手用铰刀的淬火弯曲，淬火前进行去应力退火。

表 9-34 手用铰刀的热处理工艺

预热	加热	冷却		回火	
		$\phi3mm~\phi13mm$	$\phi13mm~\phi50mm$	$\phi3mm~\phi8mm$	$\phi10mm~\phi50mm$
600~650℃	850~870℃	160~180℃，硝盐	≤80℃油冷至100~150℃	170~180℃× 90~120min	140~160℃× 90~120min

2）为减少直径小于 13mm 铰刀的畸变，淬火温度可取下限，采用在硝盐中进行马氏体分级淬火。对于直径大于 13mm 的铰刀，为提高其淬透性，可采用上限淬火温度，热油冷却。

3）对切削部分较长、淬火弯曲超差的铰刀，可采用下列方法矫直。

① 淬火矫直。铰刀淬火后利用余热进行矫直，适用于小批量或大规格铰刀的矫直。

② 夹具矫直。把畸变超差的铰刀置于夹具中（见图 9-42），给弯曲部分加压，然后连同夹具一起浸到 140~160℃ 硝盐中，加热 10min 后，取出水冷。经检查合格后进行稳定化处理。此方法适用于大量生产或对淬火矫直后未合格的铰刀的稳定化处理。

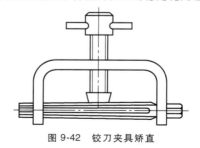

图 9-42 铰刀夹具矫直

9.5.6 搓丝板的热处理

1. 技术要求

搓丝板是滚压螺纹的工具，工作时齿部承受强烈的挤压力和冲击力，通常因为齿尖的磨损或齿面的疲劳破坏而失效，因此搓丝板要求齿部有较高的耐磨性和耐疲劳性能。搓丝板通常由 9SiCr 钢、Cr12MoV 钢及 DC53 钢制造。

1）硬度：齿部以下 3~5mm 为 58~61HRC。

2）基体组织：淬火马氏体<3 级，齿面无脱碳。

3）畸变：宽度和长度方向的平行度公差在允许的范围内，畸变是热处理过程中的关键问题。

2. 热处理工艺

9SiCr 钢搓丝板通常在盐浴炉中进行热处理。Cr12MoV 钢和 DC53 钢搓丝板可以在盐浴炉中进行热处理，也可在真空炉中进行热处理。

（1）9SiCr 钢搓丝板的盐浴热处理　9SiCr 钢搓丝板在盐浴炉中热处理的工艺路线：预热→淬火加热→冷却→清洗→回火→清洗→硬度检查→发黑→外观检查。

9SiCr 钢搓丝板盐浴热处理工艺见表 9-35。

表 9-35　9SiCr 钢搓丝板盐浴热处理的工艺

预热	加热	冷却		回火
		≤M6	>M6	
600~650℃	860~870℃	170~180℃ 硝盐	≤80℃ 油冷	210~230℃× 2~3h

（2）Cr12MoV 钢搓丝板的真空热处理　Cr12MoV 钢搓丝板比 9SiCr 钢搓丝板具有更高的耐磨性。采用真空热处理淬火畸变小，容易满足齿部对畸变的高要求。真空热处理也减少了齿面脱碳的可能性，有利于提高搓丝板的使用寿命，是比盐浴热处理更好的一种热处理方法。

Cr12MoV 钢搓丝板真空热处理的工艺见表 9-36。

表 9-36　Cr12MoV 钢搓丝板真空热处理的工艺

第一次预热	第二次预热	淬火加热	冷却	回火
650~700℃， 60~80s/mm 真空度为 0.133Pa	850~900℃， 60~80s/mm 真空度为 1.33~13.3Pa	1030~1040℃， 40~60s/mm 真空度为 50~133Pa	真空 油	170℃× 2h， 2 次

（3）DC53 钢搓丝板的真空热处理　DC53 钢搓丝板真空热处理的工艺见表 9-37。

表 9-37　DC53 钢搓丝板真空热处理的工艺

第一次预热	第二次预热	淬火加热	冷却	回火
650~700℃， 60~80s/mm 真空度为 0.133Pa	850~900℃， 60~80s/mm 真空度为 1.33~ 13.3Pa	1020~ 1040℃， 40~60s/mm 真空度为 50~133Pa	真空 油	低温回火 180~200℃ 高温回火 500~530℃ ×2h，2 次

3. 工艺说明

（1）盐浴炉淬火畸变的控制　搓丝板在滚压齿形的过程中，由于金属塑性流动阻力的影响，使齿面形成中部外凸的形状。淬火时希望形成齿面内凹趋向，以抵消挤压成形时造成的外凸形状。

盐浴淬火时，常用提高齿面冷却速度的方法使齿面产生内凹，这可借助图 9-43 所示的夹具。由于两块搓丝板相背，齿面向外，在背部常垫有一定厚度的铁板，从而使齿部形成比背面较快的冷却速度。一般通过背部垫不同厚度的铁板来达到调节冷却速度的目的，大规格的搓丝板应采用较薄的铁板，而动块搓丝板则应采用比静块更薄的铁板。

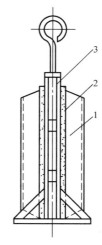

图 9-43　搓丝板淬火夹具
1—搓丝板　2—铁板　3—夹具

（2）畸变超差的矫正　搓丝板通常由于纵向平行度超差而不合格。对轻微超差者，可在磨底平面时垫些纸片进行少量修正，对超差严重者则必须矫正。

1）内凹超差。搓丝板齿面内凹超差时可采用背面热点法矫正（见图 9-44）。为防止热点引起裂纹，搓丝板先在 180℃ 硝盐中预热 30~60min，然后取出

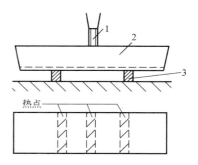

图 9-44　搓丝板齿面内凹热点法矫正
1—火焰　2—搓丝板　3—垫块

并擦去表面附着的盐，悬空放置。用氧乙炔焰热点，热点处表面的温度和热影响区以不影响内部硬度为原则，热点后空冷。经 180～200℃ 去应力回火 1～2h 后，清洗、上油、防锈。

2) 外凸超差。搓丝板齿面外凸超差时可在背面局部加热，将齿面向上，在矫直机上加压矫正（见图 9-45），保持压力至室温。为避免加压时损伤齿部，压头应做成与搓丝板齿距相同的螺纹压头。

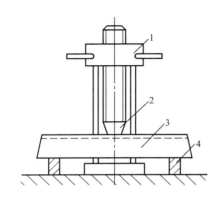

图 9-45　搓丝板齿面外凸热点法矫正
1—矫直机　2—螺纹压头　3—搓丝板　4—垫块

9.5.7　滚丝轮的热处理

1. 技术要求

滚丝轮是外螺纹滚压工具，工作时刃部承受摩擦、疲劳和冲击，因此滚丝轮要求有高的耐磨性、高的疲劳强度和高的韧性。滚丝轮一般用热处理畸变小，淬透性好，耐磨性高的 Cr12 型高铬钢制造，应用较多的是 Cr12MoV 钢。

硬度为 59～62HRC；要求滚丝轮表面无脱碳、无麻点。

2. 热处理工艺

根据螺纹成形的方法，滚丝轮有滚制和磨制两种，其热处理工艺和设备也随之不同。

（1）滚制滚丝轮　由于螺纹滚压成形后不再进行磨削加工，因此热处理操作中要减少畸变和防止麻点。盐浴加热容易在齿部形成麻点。早期采用箱式电炉、密闭加热（以木炭为保护介质），后来为真空炉加热、氮气冷却的真空气淬所代替。滚制滚丝轮真空热处理工艺见表 9-38。

（2）磨制滚丝轮　磨制滚丝轮的热处理工艺路线：预热→淬火加热→冷却→回火→清洗→冷处理→回火→清洗→硬度检查→发黑（或喷砂）→外观检查。

表 9-38　滚丝轮真空热处理工艺

工艺	滚制滚丝轮（真空加热）	磨制滚丝轮（盐浴加热）
预热	800～850℃，60s/mm 真空度为 (66.7～1.3)×10² Pa	600～650℃，60s/mm 800～850℃，30s/mm
加热	1020～1040℃， 40～60s/mm 真空度为氮气 (6.7～5.3)×10⁴ Pa	1090～1110℃， 15～20s/mm
冷却	(8.1～8.8)×10⁴ Pa 氮气压下油淬（油温 40～80℃）≤180℃出炉 (4～7)×10⁵ Pa 氮气冷却至 ≤65℃出炉	180～250℃， 硝盐 20min （或≤120℃热油）
回火	第一次　200～ 220℃×3h 第二次　180～ 200℃×2h	1)470～520℃，硝盐，2h 2)-70～-80℃×30～40min 3)470～520℃，硝盐，2h

由于热处理后要磨制螺纹，因此对热处理的表面质量要求不太高。淬火加热可以在盐浴炉中进行，常常采用淬火和高温回火，以得到二次硬化的效果。二次硬化的滚丝轮脆性稍大，因此应适当降低淬火加热温度，其热处理工艺见表 9-38。

3. 工艺说明

滚丝轮采用真空热处理，寿命长，外观好。如果条件不具备，可采用木炭装箱方法。其工艺为：800～850℃预热，900～950℃二次预热。淬火加热温度为 1010～1030℃，保温时间为 50～60min；淬火冷却：150～180℃硝盐，保温 20～30min 或油冷。回火：200～240℃×2～4h。

9.5.8　机用丝锥的热处理

1. 技术要求

机用丝锥切削时主要承受挤压力、摩擦力和扭矩力。常见的失效形式为崩刃、磨损和折断，因此要求具有耐磨性、韧性及一定的硬度，但对红硬性的要求不高。常用高速钢材料制造，分整体高速钢丝锥与柄部为结构钢的接柄丝锥。

1) 刃部硬度见表 9-39。

表 9-39　机用丝锥刃部硬度允许的最低值

规格	高速钢丝锥	高性能高速钢丝锥
≤M3	750HV	64.0HRC
>M3～M6	62HRC	64.0HRC
>M6	63HRC	65.0HRC

2) 丝锥柄部离柄端两倍方头长度的硬度不低

于 30HRC。

3）刃部材料为 W6Mo5Cr4V2、W6Mo5Cr4V2Co5、W2Mo9Cr4V2、W5Mo6Cr4V3（HYTV3，欧洲牌号）。

4）柄部材料，整体丝锥同刃部，接柄丝锥柄部为 45 钢或 40Cr 钢。

2. 热处理工艺

机用丝锥的热处理工艺路线：预热→加热→冷却→清洗→回火→清洗→柄部处理→清洗→回火→清洗→检查→喷砂→外观检查。

淬火加热：机用丝锥传统加热方式为盐浴。通常在 820～860℃ 进行预热。淬火加热温度和加热时间可参考表 9-40。机用丝锥柄部热处理工艺可参考表 9-41。现在生产批量大的工具制造企业多采用真空气淬的方式进行热处理，质量稳定，节约能源且无污染。

表 9-40 机用丝锥热处理工艺（盐浴热处理）

材料牌号	规格	预热		加热	冷却	回火
		箱式炉	盐浴炉			
W6Mo5Cr4V2（M2）	M3～M6		820～860℃ 30～40s/mm	1180～1200℃ 15～20s/mm	580～620℃	540～560℃× 1h，3 次
	>M6～M60		820～860℃ 20～24s/mm	1215～1230℃ 10～12s/mm	580～620℃	540～560℃× 1h，3 次
	>M60～M80	500～520℃ 1.5min/mm	820～860℃ 14～16s/mm	1215～1225℃ 7～8s/mm	580～620℃ 400～450℃	540～560℃× 1h，3 次
	>M80	500～520℃ 1.5min/mm	820～860℃ 12～14s/mm	1215～1225℃ 6～7s/mm	580～620℃ 400～450℃ 240～280℃ 等温 90min	540～560℃× 1h，4 次
W2Mo9Cr4V2（M7） 或 HYTV3 W5Mo6Cr4V3 （HYTV3）	M3～M8		820～860℃ 30～40s/mm	1170～1190℃ 15～20s/mm	580～620℃	540～560℃× 1h，3 次
	>M8～M60		820～860℃ 20～24s/mm	1190～1210℃ 10～12s/mm	580～620℃	540～560℃× 1h，3 次
	>M60～M80	500～520℃ 1.5min/mm	820～860℃ 14～16s/mm	1190～1210℃ 7～8s/mm	580～620℃ 400～450℃	540～560℃× 1h，3 次
	>M80	500～520℃ 1.5min/mm	820～860℃ 12～14s/mm	1190～1210℃ 6～7s/mm	580～620℃ 400～450℃ 240～280℃ 等温 90min	540～560℃× 1h，4 次
W6Mo5Cr4V2Co5 （M35）	M3～M8		820～860℃ 30～40s/mm	1180～1220℃ 15～20s/mm	580～620℃	540～560℃× 1h，3 次
	>M8～M60		820～860℃ 20～24s/mm	1190～1225℃ 10～12s/mm	580～620℃	540～560℃× 1h，3 次
	>M60～M80	500～520℃ 1.5min/mm	820～860℃ 14～16s/mm	1190～1225℃ 7～8s/mm	580～620℃ 400～450℃	540～560℃× 1h，3 次
	>M80	500～520℃ 1.5min/mm	820～860℃ 12～14s/mm	1190～1225℃ 6～7s/mm	580～620℃ 400～450℃ 240～280℃ 等温 90min	540～560℃× 1h，4 次

注："材料牌号"括号内为国外牌号。

表 9-41 机用丝锥柄部处理工艺

柄部材料	处理方式	规格	加热		冷却		回火	
			温度/℃	时间/(s/mm)	介质	时间	温度/℃	时间
高速钢	退柄	M3～M10	840～860	20～40	空冷	冷至室温	540～560	1h
	退柄	M12～M22	840～860	12～20	空冷	冷至室温	540～560	1h
	淬柄	>M22	860～900	12～20	240～400℃ 硝盐	12～20s/mm	380～400	1h

（续）

柄部材料	处理方式	规格	加热		冷却		回火	
			温度/℃	时间/(s/mm)	介质	时间	温度/℃	时间
45 钢	淬柄	M14~M20	890~900	8~10	150~180℃ 硝盐	120~150s	400	1h
	淬柄	>M22	890~900	7~8	先水冷后 150~180℃ 硝盐	0.4s/mm 12~20s/mm	590±5	1~1.2s/mm
40Cr 钢	淬柄	≥M14	920~930	7~8	≤80℃油	0.3~0.4s/mm	380~400	30~45min

对于机用丝锥真空热处理，相应的工艺规范和曲 线见表 9-42 和图 9-46。

表 9-42　机用丝锥真空热处理工艺规范

材料牌号	规格	加热温度/℃	冷却压力/MPa	回火（真空回火）
W6Mo5Cr4V2 （M2）	M3~M6	1180~1200		540~560℃×1h，3 次
	>M6~M60	1215~1230		540~560℃×1h，3 次
	>M60~M80	1215~1225		540~560℃×1h，3 次
	>M80	1215~1225		540~560℃×1h，4 次
W2Mo9Cr4V2（M7）或 （HYTV3）W5Mo6Cr4V3	M3~M8	1170~1190		540~560℃×1h，3 次
	>M8~M60	1190~1210	0.6~0.8	540~560℃×1h，3 次
	>M60~M80	1190~1210		540~560℃×1h，3 次
	>M80	1190~1210		540~560℃×1h，4 次
W6Mo5Cr4V2Co5（M35）	M3~M8	1180~1220		540~560℃×1h，3 次
	>M8~M60	1190~1225		540~560℃×1h，3 次
	>M60~M80	1190~1225		540~560℃×1h，3 次
	>M80	1190~1225		540~560℃×1h，4 次

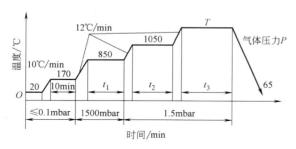

图 9-46　机用丝锥真空热处理工艺曲线

注：1. 1mbar = 10^2Pa。

2. T 是丝锥真空热处理时的最高加热温度，P 是真空热处理时采用的气淬压力，T、P 取值可参照表 9-42 中的加热温度和冷却压力；t_1、t_2、t_3 是真空多级加热技术中在各级加热温度下的保温时间，应根据真空热处理时的丝锥用材、规格、装炉量与装炉方式，以及具体真空处理设备来确定。

对于整体硬度，回火后无须进行柄部处理。如果对柄部硬度有要求，相应的处理方式同盐浴热处理，见表 9-40。

3. 工艺说明

1）机用丝锥淬火加热温度一般低于正常淬火工艺温度。规格为 M3~M6 的机用丝锥采用低温淬火工艺，以提高韧性。

2）规格大于 M60 的机用丝锥采用二次分级淬火，分级时间与淬火加热时间相同。

3）规格大于 M80 的机用丝锥除二次分级淬火冷却，还需等温淬火，等温温度为 240~280℃，等温时间为 60~90min。

4）大规格机用丝锥采用下限加热系数，小规格采用上限加热系数。

5）规格小于等于 M12 的机用丝锥淬火后先退柄后回火，大于 M12 的淬火后先回火再柄部处理。

6）规格小于等于 M22 的整体机用丝锥先整体淬火后退柄，大于 M22 的先淬刃部，后淬柄部。

7）规格为 M14~M20 的接柄丝锥，柄部加热后淬 150~180℃硝盐，规格为大于等于 M22 的接柄丝锥柄部加热后先水冷后用 150~180℃硝盐冷却，并采用快速回火工艺。

9.5.9　麻花钻的热处理

1. 技术要求

麻花钻属于半封闭式切削，散热困难，升温快，冷却条件差，刀具在切削时承受较大的切削力和剧烈的摩擦，在断续切削时还承受冲击和振动。主要失效形式为热磨损，还有崩刃、断裂、卷刃等，因此要求钻头刃部应具有高的硬度、耐磨性和热硬性，一定的韧性和高的强度，特别是抗扭强度。因为钻削时刃部全部参与切削，要求钻头整个刃部的性能必须均匀一致。

根据使用条件不同，麻花钻分别采用普通高速钢、高性能高速钢和低合金高速钢材料制造。

麻花钻的热处理技术要求：

（1）工作部分硬度要求（整体麻花钻在离刃尖 4/5 刃长上，焊接麻花钻在离刃尖 3/4 刃长上）（见表 9-43）。

表 9-43　麻花钻工作部分（刃部）硬度要求

钢种	规格	刃部硬度 HRC
普通高速钢、低合金高速钢	≤φ5mm	62.5~65.5
	>φ5mm	63.0~66.0
高性能高速钢	≤φ5mm	64.5~68.0
	>φ5mm	65.0~68.0

（2）柄部硬度

1）直柄麻花钻：整体麻花钻柄部硬度，距柄端 1/3 柄长处，≤45HRC；距柄端 2/3 柄长处，≥30HRC。

2）焊接麻花钻：柄部硬度，柄端向上 20mm 处，30~45HRC。

3）锥柄麻花钻：扁尾至锥柄长度 1/3 范围内，30~45HRC。

2. 热处理工艺

（1）盐浴热处理工艺　麻花钻盐浴热处理工艺路线：装夹→预热→加热→冷却→金相检查→清洗→喷砂→矫直→回火→清洗→柄部处理→检查→喷砂→防锈。

麻花钻盐浴热处理工艺见表 9-44。

麻花钻柄部热处理工艺见表 9-45。

表 9-44　麻花钻盐浴热处理工艺

材料牌号	预热		加热		盐浴冷却		回火		
	温度/℃	时间/(s/mm)	温度/℃	时间/(s/mm)	温度/℃	时间/(s/mm)	温度/℃	时间/(s/mm)	次数
W4Mo3CrVSi	800~900	20~30	1170~1190	10~15	500~600	10~15	540~560	1~1.5	3
W6Mo5Cr4V2		20~30	1215~1230	10~15		10~15			3
W9Mo3Cr4V		20~30	1215~1235	10~15		10~15			3
W18Cr4V		20~30	1270~1285	10~15		10~15			3
W6Mo5Cr4V3		20~30	1200~1230	10~15		10~15			3
W6Mo5Cr4V2Co5（M35）		20~30	1210~1230	10~15		10~15			3
W2Mo9Cr4VCo8（M42）		20~30	1165~1190	10~15		10~15			3

表 9-45　麻花钻柄部热处理工艺

材料	规格 φd/mm	加热		冷却		快速回火（硝盐浴）	
		温度/℃	时间/s	介质	时间/s	温度/℃	时间/s
45 钢	φ10~φ14	910~930	60~80	流动水（≤60℃）	4~6	540~560	20~25
	φ14.25~φ23		80~100		6~8		30~35
	φ23.25~φ31.75		100~120		10~12		40~45
	φ31.8~φ50.5		120~140		12~15		50~60
40Cr 钢	φ10~φ14	910~930	90~100	流动水（≤60℃）	30~50	540~560	20~25
	φ14.25~φ23		100~120		50~60		30~35
	φ23.25~φ31.75		120~150		60~80		40~45
	φ31.8~φ50.5		150~180		80~100		50~60

（2）真空热处理工艺　麻花钻真空热处理工艺路线：去油→烘干→装夹→入炉→真空淬火→金相检查→蒸汽炉回火→检查。

麻花钻真空热处理工艺见表 9-46。

3. 工艺说明

第一次预热温度在 850℃ 以下，升温速度为 5~10℃/min；第二次预热温度为 850~1050℃，升温速度为 10~15℃/min；1050℃ 以上至淬火加热温度的升温速度为 15~20℃/min。气淬时，先快冷，风机处于高速旋转状态；慢冷时，降低风机转速或采用分级等温冷却，冷至 ≤65℃ 出炉。

表 9-46　麻花钻真空热处理工艺

| 材料 | 一次预热 | | 二次预热 | | 加热 | | 冷却 | | 蒸汽回火 |
	温度/℃ 时间/min	真空度/ 10^2 Pa	温度/℃ 时间/min	真空度/ 10^2 Pa	温度/℃× 时间/min	真空度/ 10^2 Pa	氮气压力/ MPa	时间/ min	温度/℃× 时间/min, 次数
W6Mo5Cr4V2(M2)	840℃~ 850℃× 60~80min	0.01~0.1	1050℃× 40~50min	1~3	1215~1225× 35~50	1~3	0.5~0.8	快冷, 10~15 慢冷, 20~30	540~ 560℃× 3h, 3~4次
W9Mo3Cr4V (W9)					1215~1225× 35~50				
W6Mo5Cr4V2 Co5(M35)					1210~1225× 35~50				
W2Mo9Cr4VCo8 (M42)					1160~1180× 35~50				

9.5.10　车刀的热处理

1. 技术要求

车刀要求具有高的耐磨性、热硬性，热处理硬度在 64HRC 以上，通常以高硬度为好。

热处理后车刀的弯曲允许量，依规格不同为 0.15~0.3mm。

为了满足车刀高耐磨性、高热硬性的要求，尤其是在切削用量较大及切削难加工材料和切削长工件中间不得换刀等情况下，应采用高碳、高碳高钒甚至含钴的高速工具钢，如 9W6Mo5Cr4V2（非标在用牌号）、W12Cr4V5Co5、W10Mo4Cr4V3Al（非标在用牌号）、W6Mo5Cr4V2Al、W6Mo5Cr4V3 等。加工有色金属等软材料的工具可采用普通高速工具钢或合金钢制造。

2. 热处理工艺

车刀的热处理工艺路线：预热→淬火加热→冷却（矫直）→清洗→回火→清洗→表面整理→检查。

（1）淬火加热　车刀淬火加热通常采用盐浴炉。应该在 850℃ 左右进行预热。淬火加热温度和加热时间可参考表 9-47 和图 9-47（系指在足够功率的盐浴炉中，装炉量较大的情况下的淬火加热系数）。

表 9-47　几种高速工具钢车刀的淬火温度

牌号	车刀断面 尺寸/mm	加热温度/ ℃	晶粒度/级
W6Mo5Cr4V2	≤9×9	1235~1245	9~9.5
	>9×9~26×26	1240~1250	8.5~10
W18Cr4V	≤9×9	1290~1300	8.5~9.5
	>9×9~26×26	1300~1310	8~9
CW6Mo5Cr4V3	≤9×9	1215~1225	9~9.5
	>9×9~26×26	1220~1230	8.5~10

为了获得足够高的耐磨性和热硬性，车刀热处理尽量采用高的淬火加热温度，最高温度在钢的熔点以下 20℃ 左右，因此小颗粒碳化物充分溶解，钢的晶

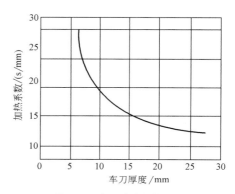

图 9-47　车刀淬火加热系数

粒粗大，具有轻度过热组织，但不允许出现碳化物网、莱氏体等严重过热或过烧组织，以免力学性能过分降低。

（2）淬火冷却　车刀淬火通常采用油冷或在 550~620℃ 的盐浴中冷却。对厚度 ≤12mm、长度达 200mm 的细长车刀，为减少畸变，可在 240~280℃ 的硝盐中保温 1.5~2h，进行分级淬火。

车刀直立装夹时，淬火后不经矫直就能达到畸变的允许值。对细长车刀，可在油冷或分级淬火后于室温下冷矫直。

（3）回火　高速工具钢车刀一般采用 560℃ 三次回火，每次保温 1~1.5h，也可在 560℃ 两次回火，每次保温 2~2.5h。

在淬火后进行 -70~-80℃ 的冷处理可提高车刀的切削性能。如果进行 -190℃ 的深冷处理，对提高车刀的切削性能效果会更好。

9.5.11　拉刀的热处理

1. 技术要求

拉刀是低速切削的工具，在切削过程中承受很大的拉应力，主要的破坏形式是齿部磨损，有时也会产

生拉断等情况，因此制造拉刀的材料首先必须具备很高的耐磨性，要有很高的抗拉强度，同时拉刀热处理后需要磨削加工，因此材料的可磨削性要好。拉刀一般由普通高速工具钢制造，不太重要的拉刀也可采用合金工具钢制造。

拉刀热处理后的硬度要求：切削齿、精切齿部分 63～67HRC；前后导向部分 ≥50HRC；柄部 40～52HRC。

拉刀热处理后的径向圆跳动允许量见表 9-48。

表 9-48　拉刀热处理后的径向圆跳动允许量

全长/mm	直径/mm		
	≤50	>50～90	>90
	径向圆跳动量/mm		
≤900	0.25	0.30	0.35
900～1200	0.30	0.35	0.40
>1200	0.35	0.40	0.40

2. 热处理工艺

拉刀热处理工艺路线：预热→淬火加热→冷却热矫直→（清洗）→回火（热矫直）→回火→柄部处理→清洗→检查→表面处理。淬火加热通常采用盐浴炉，回火采用电阻炉或盐浴炉。

（1）预热　一般拉刀在 800～870℃ 预热一次，时间为加热时间的 2～3 倍。当拉刀直径 ≥60mm 时，需经 550～600℃ 低温预热，保温 1h 以上（空气炉），然后进行中温预热。

（2）淬火加热　在保证硬度合格的前提条件下，为减少畸变，应选择较低的淬火温度和较长的保温时间。拉刀的淬火加热温度和淬火保温时间的加热系数可参考表 9-49 和图 9-48。

表 9-49　拉刀淬火加热温度

牌号	拉刀直径/mm	加热温度/℃
W18Cr4V	≤50	1270～1280
	50～90	1265～1275
	>90	1260～1270
W6Mo5Cr4V2	≤50	1215～1225
	50～90	1210～1220
	>90	1205～1215

（3）淬火冷却　拉刀的淬火冷却根据生产现场的条件和需要可在以下的冷却方式中选择：

1）油冷。拉刀在进行淬火加热后浸入 60～120℃ 的热油中，待拉刀表面冷却到 200～300℃ 后（小拉刀应取上限），取出热矫直。为减少拉刀淬火畸变，应注意油槽温度的均匀性，并使用静止的油淬火。

2）短时间等温冷。拉刀在 550～620℃ 的盐浴中分级，待表面温度冷却到 650～700℃ 时转入 240～

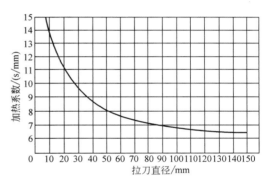

图 9-48　拉刀淬火加热系数

280℃ 的硝盐中等温 30～40min，再取出热矫直。直径较大的拉刀（直径 ≥70mm），应采用两次等温，即在 550～620℃ 分级冷却后，转入等温炉前需在 540～550℃ 盐浴中保温。

3）长时间等温冷。拉刀在 550～620℃ 的盐浴中分级冷却后，在 240～280℃ 等温 3h，然后空冷至室温，清洗后冷热矫直。

上述油冷和短时间等温冷的大型拉刀，在冷却到 200℃ 左右时，将导向部分浸入中温盐浴中加热（浸入深度 20mm），可减少顶针孔开裂的危险。同时，在拉刀冷至室温前，不能清洗，清洗时应将水煮沸，以防产生开裂。

（4）回火　拉刀回火温度为 550～570℃，保温 1～3h，一般回火两次。长时间等温冷却的拉刀回火 4～5 次。回火应及时，一般拉刀冷至室温后在 2～4h 内回火。易开裂的大型拉刀应在冷至室温前（150℃ 左右）就回火，需回火 4 次。

（5）柄部处理　柄部加热温度为 890～910℃，保温时间按 12～18s/mm 计算，淬火采用油冷或在 250℃ 左右的硝盐中冷却，小型拉刀可采用空冷。

3. 矫直

矫直是拉刀热处理的关键工序，需要很高的操作技巧和非常丰富的实践经验，拉刀热处理的成败与否多取决于能否很好地完成矫直操作。

拉刀矫直前，先正确找出弯曲部位、弯曲方向和弯曲量，然后根据拉刀的尺寸和工序选择不同类型的压力机。

（1）淬火后的热矫直

1）单方向弯曲的拉刀。一般可按表 9-50 的步骤矫直。最大弯曲量多位于前导向部和刃部的前几个齿。每次加压时，拉刀受力点应沿同一方向（各截面径向圆跳动最高点的连线），并自精切齿向柄部移动。刃部长度在 1000mm 左右者压 4 点，刃部长度在 750mm 者压 3 点，500mm 以下者压 2 点或 1 点。

2）S 形（波形）弯曲的拉刀。当对 S 形弯曲的拉刀开始矫直时，可按表 9-51 的步骤压成单向弯曲，然后按表 9-50 的步骤继续矫直。

表 9-50　单方向弯曲拉刀的热矫直步骤

步骤	弯曲示意图	矫直时拉刀温度/℃	弯曲方向	加压后弯曲量
1		150~200	原弯曲方向	—
2		150~200	第一次压后方向	原弯曲量的 1/3~1/2
3		≈100	恢复到原弯曲方向	—
4		≈100	第二次压后方向	根据弯曲恢复量确定
5		≈50	恢复到原弯曲方向或平直	—
6		≈50	第三次压后方向	留出弯曲恢复量，可为 0.3~1.5mm

注：1. 细长拉刀或大直径拉刀应增加矫直次数为 4~5 次。
　　2. 油冷却的拉刀，第一次加压后应达到平直，以观察弯曲恢复方向，并增加一次矫直。

表 9-51　S 形弯曲拉刀的热矫直步骤

步骤	弯曲示意图	矫直时拉刀温度/℃	弯曲方向	加压后弯曲量
1		150~200	原弯曲方向	—
2		150~200	单方向弯曲	成倍增加
3		150~200	平直	—

（2）回火后热矫直　拉刀回火后弯曲会恢复，可待出炉后在螺旋压力机上持压热矫直。回火热矫直的效果以第一次回火后进行矫直为好，以后逐渐减弱。一般拉刀回火后冷至 400℃ 左右（细长拉刀的温度可高些）开始加压。拉刀在压力下冷却，使弯曲得到矫直，通常在冷至室温前卸去应力。

如果在回火热矫直后有回火工序，则将拉刀向反方向压过一些，以备在回火后弯曲的恢复。

（3）精修矫直　回火和柄部处理后的拉刀，若仍未达到弯曲允许值，可选择以下方法精矫。

1）将直径和弯曲量基本相同的两支拉刀的凸面对凸面靠拢，在最高点中间垫以淬硬的钢块，然后用钢丝将柄部和精切齿部扎紧，使拉刀产生与原变形方向相反的弹性变形，在回火过程中即发生部分塑性变形，从而达到矫直的目的。

2）利用在柄部与前导部之间未淬硬部位加压的方式，使拉刀形成波形弯曲，从而保证柄部和刃部偏差均在公差范围之内。

3）用淬火回火后的钢锤敲击拉刀凹形面的容屑槽的底部，可使弯曲矫正，但此法易损坏刃齿并引起裂纹，因此此法只用于弯曲量较小的中小型拉刀的精矫。

9.5.12　齿轮刀具的热处理

1. 技术要求

齿轮刀具主要指插齿刀、齿轮滚刀、剃齿刀等齿轮加工工具。齿轮刀具切削规范较严，要求精度较高，因此制造齿轮刀具的材料要具有较高的耐磨性和韧性，较好的热硬性，还要有较好的可磨削性；精密的齿轮刀具还要求有较高的内孔尺寸稳定性。

齿轮刀具热处理硬度一般规定为 63~66HRC，高性能高速工具钢制造的齿轮刀具硬度要求为 65~68HRC。

齿轮刀具一般都由高速工具钢制造，切削难加工材料的或在较高速度下切削的齿轮刀具，常采用 W6Mo5Cr4V2Co5、W2Mo9Cr4VCo8 等高性能高速工具钢制造，必要时也可采用粉末冶金高速工具钢制造。

2. 热处理工艺特点

齿轮刀具的热处理与一般高速工具钢刀具的热处理基本相同，其不同之处在于：

1）由于齿轮刀具，特别是大规格齿轮刀具，高速工具钢的碳化物聚集较严重，刀具尺寸大，形状复杂，热处理时容易产生过热和裂纹。

2）部分大型刀具内孔尺寸较大，尺寸精度要求较高，若制造后长期存放，由于残留奥氏体的转变和内应力的变化，常发生内孔胀大、精度超差现象。

为了防止齿轮刀具淬火开裂的发生，常采取以下措施：

1）适当降低淬火温度。延长淬火加热保温时间，通常大规格齿轮刀具采用淬火温度的下限。例如，W18Cr4V 高速工具钢采用 1265～1275℃ 淬火，W6Mo5Cr4V2 高速工具钢采用 1210～1220℃ 淬火。淬火加热系数可参考图 9-49。

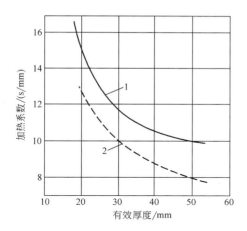

图 9-49 大规格齿轮刀具的淬火加热系数
1—盘形刀具 2—筒形刀具

2）等温处理。大型齿轮刀具经多次分级冷却后，于 240～280℃ 等温 2～4h，可以有效地防止淬火开裂。对容易开裂的刀具，应在第一次回火加热后，立即转入等温槽进行等温处理，其方法与淬火等温处理相同。经等温处理的刀具，需经 4～5 次回火。

3）及时回火。大规格齿轮刀具的淬火裂纹一般产生于冷却到马氏体点以下的温度。因此，对未经等温处理的刀具，可在其表面温度冷至 100℃ 左右及时入炉回火，这样可减少开裂趋向，此时需增加一次回火。

4）对大规格的齿轮刀具，可采用电渣重熔高速工具钢制造。这种高速工具钢沿断面尺寸由里向外，碳化物偏析相差很小，可有效地防止淬火开裂。同样，采用碳化物细小均匀的粉末冶金高速工具钢制造，也有效地防止淬火开裂。

为了防止长期存放时发生尺寸胀大，稳定齿轮刀具的尺寸，可采取以下措施：

1）冷处理。齿轮刀具淬火后进行冷处理可以促进残留奥氏体的转变，防止长时间存放变形。为防止开裂，冷处理可在第一次或第二次回火后进行。冷处理温度为 -70～-80℃，保温时间为 60min。

2）人工稳定化处理。刀具在磨削后于 500℃ 保温 1h 回火或在 200℃ 保温 2h 回火，可以消除磨削应力，提高储存期间的尺寸稳定性。必要时，可把最终的磨削工序分为粗磨和精磨两次进行，粗磨后于 500℃ 回火 1h，精磨后于 200℃ 回火 1h，这样可以彻底消除磨削应力，尺寸会更加稳定。

3. 齿轮刀具的真空热处理

齿轮刀具采用真空热处理，可以得到无氧化脱碳的光洁表面，省去酸洗、喷砂等工序。齿轮刀具真空油淬可比盐浴加热分级淬火减少畸变 30%，真空气淬的畸变会更小。

齿轮刀具真空热处理工艺规范举例：模数为 3mm 的 W6Mo5Cr4V2 高速工具钢齿轮滚刀真空热处理的工艺如下。

（1）淬火加热

1）预热为 800℃×20min；真空度为 0.133Pa；

2）预热为 1000℃×20min；真空度为 133Pa（充氮气）；

3）加热为 1220℃×25min；真空度为 133Pa（充氮气）。

（2）冷却 在真空油淬炉中淬冷或在高压真空气淬炉中采用 50×10⁴Pa 压力冷却。氮气的纯度（体积分数）要求在 99.999% 以上。

（3）回火 真空淬火后，为保持工具光洁的表面，应采用真空回火。为增加热传导能力，回火炉抽真空后应回充 6.7×10⁴Pa 的氮气。真空回火每次保温 2h，可回火 3 次。为提高效率，降低成本，也可采用井式电阻炉代替真空回火炉，通入氮气保护进行回火。

9.5.13 小型高速工具钢刀具的热处理

小型刀具指直径小于 3mm 的杆状刀具和厚度小于 0.5mm 的片状刀具。

小型刀具体积小、刃薄，虽然切削量不大，但要求刀具必须有高的强度和韧性；在热处理畸变、表面腐蚀及脱碳等方面，比一般刀具有更高的要求。

小型刀具常用材料有 W6Mo5Cr4V2 和 W18Cr4V 等牌号高速工具钢。相比之下，在正常热处理后，W6MoCr4V2 高速工具钢有更高的强度和韧性，淬火温度也比较低，有利于减少淬火畸变，因此一般多选择 W6Mo5Cr4V2 高速工具钢。

1. 热处理工艺

（1）盐浴热处理 小型刀具对热硬性要求不高，在达到相同硬度的前提下，采用较低的淬火温度和正常的回火温度，比用正常淬火温度和较高的温度回火（≥600℃）可得到更高的强度和韧性。小型刀具的盐浴热处理工艺见表 9-52。

（2）真空热处理 高速工具钢小钻头采用真空热处理，可以提高生产率，避免淬火脱碳，减少热处理畸变。

表 9-52　小型刀具的盐浴热处理工艺

牌号	淬火		回火			硬度 HRC
	温度/ ℃	时间/ s	温度/ ℃	时间/ h	次数	
W6Mo5Cr4V2	1200 ~ 1210	50 ~ 80	560 ~ 580	1 ~ 1.5	3	61 ~ 63
W18Cr4V	1240 ~ 1260	40 ~ 60	560 ~ 580	1 ~ 1.5	3	61 ~ 63
W6Mo5Cr4V2	1200 ~ 1220	40 ~ 80	560 ~ 580	1 ~ 1.5	3	62 ~ 65
W18Cr4V	1250 ~ 1270	40 ~ 60	560 ~ 580	1 ~ 1.5	3	62 ~ 65

　　W6Mo5Cr4V2 高速工具钢小钻头真空淬火方法：用 ϕ20mm 左右的不锈钢套筒装钻头，套筒高于钻头长 5~10mm；装量松紧适当；套筒放在托盘上，可放 3~4 层；装量为 1000~1500 件。

　　小钻头的真空热处理工艺规范大体如下：

　　1）预热为 750℃×20min；真空度为 0.133Pa。

　　2）预热为 850℃×20min；真空度为 0.133Pa。

　　3）预热为 1050℃×20min；真空度为 133.3Pa。

　　4）加热为 1205 ~ 1210℃ × 20min；真空度为 133.3Pa。

　　5）冷却为 $6.7×10^3$Pa 氮气冷却。

2. 工艺说明

　　（1）去应力退火　如果原材料是盘钢丝和薄钢带，则毛坯下料后，应在加压状态下于 600~650℃加热 4~6h（可用木炭作为保护介质），以消除内应力和矫正毛坯的畸变。

　　（2）盐浴淬火　盐浴淬火时，由于小型刀具尺寸很小，可以不用预热。

　　图 9-50 所示为小钻头淬火用磁性夹具。钻头的柄部吸附于磁性夹具，刃部浸入盐浴中加热。

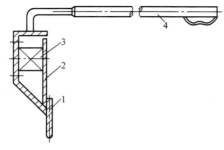

图 9-50　小钻头淬火用磁性夹具
1—钻头　2—铁板　3—磁铁　4—手柄

图 9-51 所示为切口铣刀淬火用夹具，刀具固

定在小槽上，保持垂直的加热状态，使其不易畸变。

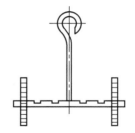

图 9-51　切口铣刀淬火用夹具

　　（3）回火　小型刀具允许的热处理畸变很小，淬火产生的畸变很难在冷状态下矫正，因此应采用回火热矫直的方法。

　　小钻头可采用图 9-52 所示的回火矫直夹具，刀具整齐地排列在正三角形的铁盒中，用楔铁插入施压，装夹后在硝盐炉或空气炉中回火。

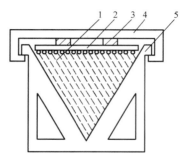

图 9-52　小钻头回火矫直夹具
1—钻头　2—压板　3—楔铁
4—框架　5—三角盒

　　切口铣刀按一致的弯曲方向重叠，用螺栓压板夹紧，如图 9-53 所示。第一次回火加热到 350~400℃，保温 1~2h，取出拧紧螺母，使其压平，然后再入炉升温继续回火。

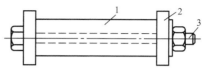

图 9-53　切口铣刀回火夹具
1—铣刀　2—压板　3—螺栓

　　（4）清洗　盐浴加热的小型刀具，必须经反复多次的沸水清洗，彻底清除表面的残存盐，以防刀具表面发生腐蚀。

　　（5）表面处理　盐浴加热易造成刀具表面颜色不均，有碍外观，并降低表面的防锈能力。由于小型刀具不宜进行喷砂，可进行发黑处理或蒸汽处理。在进行蒸汽处理前，最好在加入 0.2%～0.5%（质量分数）尿素的稀盐酸中浸 30～60s，以除去工件表面的锈斑，随后进行中和清洗，再进行蒸汽处理。

9.5.14　高速工具钢对焊刀具的热处理

为节约高速工具钢，杆状刀具非切削部分采用结构钢（45 钢或 40Cr 钢），结构钢部分与高速工具钢部分通过电弧焊或摩擦焊焊接。由于焊缝的存在和焊接高温的影响，使其热处理方法与整体高速工具钢刀具有所不同。

1. 对焊后的冷却

对焊时，在焊缝两侧很小区域内被加热到很高的温度，焊后如果直接空冷，高速工具钢一侧发生马氏体相变，结构钢的柄和未受热影响的高速工具钢部分则仍为索氏体-珠光体组织（见图 9-53）。由于显著的比体积差将引起巨大的组织应力，以致产生裂纹。这种裂纹一般都发生在高速工具钢一侧自淬硬区到未受热影响区的过渡层。对圆棒来说，此裂纹呈环形并与焊缝平行。

为此，对焊刀具焊接后应立即投入 650～750℃（珠光体转变区）的炉中保温，待料罐装满后再保温 1～2h，然后直接升温到退火温度进行退火。如果保温后没有条件继续进行退火处理，则保温的温度应在珠光体转变速度最大的区域（740～760℃），保温时间延长至 2～3h，使焊缝两侧都充分转变成珠光体-索氏体组织，随后空冷时可避免开裂。

2. 退火

焊接毛坯的退火规范可参考表 9-19，但退火温度应提高 10～20℃，保温时间按装炉量多少确定，一般采用 6～8h，以强化扩散作用，提高焊缝强度。

3. 淬火

焊接刀具盐浴淬火加热的长度应离焊缝 10～15mm。加热长度太短会减少切削部分的有效长度，加热超过焊缝易产生裂纹。当加热超过焊缝时，高速工具钢一侧将全部淬硬成马氏体组织，而结构钢一侧为过热的魏氏体组织，焊缝两侧悬殊的比热容差会产生巨大的组织应力，应力峰值出现在焊缝截面上高速工具钢部分脱碳层（对焊加热时氧化所致）的内侧。因此，裂纹通常出现在邻近焊缝的高速工具钢部分，并呈弧状。如果在焊缝以下加热，则马氏体分级淬火后，焊缝一侧的高速工具钢组织从屈氏体过渡到马氏体（见图 9-54），缓和了比体积差，使应力减小。

图 9-54　W18Cr4V 钢（右）与 45 钢（左）对焊组织（空冷）　400×
[w（硝酸乙醇）4%浸蚀]

有些刀具由于结构上的特点，不得不超过焊缝加热，为了防止裂纹，应采用以下做法：采用短时间或长时间等温淬火；淬火冷却至 100℃ 左右立即回火；淬火后不宜直接进行冷处理和冷矫直；不要进行酸洗处理。

焊接刀具的淬火开裂，多为焊接不良所致。这种裂纹的特征与热处理不当引起的裂纹有所不同。前者往往是沿焊缝截面发生的，断口处常见莱氏体、黑色氧化物夹杂、萘状断口或者焊缝外缘表面存在脱碳层等缺陷（见图 9-55）。

图 9-55　W18Cr4V 钢（右）与 45 钢（左）对焊后淬火、回火组织　400×
[w（硝酸乙醇）4%浸蚀]

9.5.15　常用五金和木工工具的热处理

常用五金和木工工具的热处理工艺参数见表 9-53。

表 9-53　常用五金和木工工具的热处理工艺参数

工具名称及简图	材料	硬度 HRC		淬火			回火温度/℃
		工作部分 a	其他部分 b	加热方式	加热温度/℃	冷却介质	
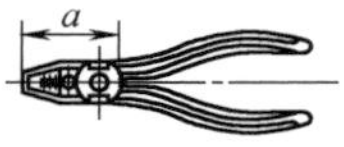 剥线钳	T7、T8	52~56		大量生产:气体保护炉　少量单件:盐浴炉局部加热	780~800	钳口油冷 3~4s 后,全部油冷、水冷或淬碱浴	200~260
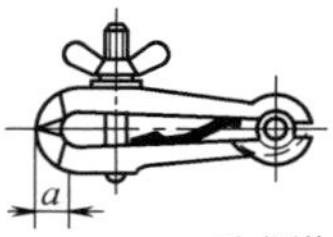 手虎钳	45、50	42~50		整体加热、局部淬火或局部加热整体淬火	810~840	水	300~380
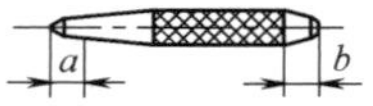 中心冲	T7、T8	53~57	32~40	整体加热,a、b 段分别淬火;a 段回火后 b 段局部高温快速回火	770~780	水	270~300
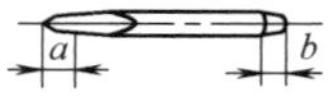 钳工錾子	T7、T8	53~57	32~40	整体加热,a、b 段分别淬火;a 段回火后 b 段局部高温快速回火	770~780	水	270~300
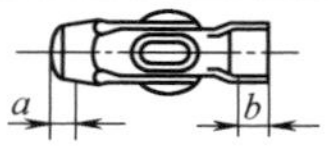 钳工锤	50	49~56		专业生产:连续式加热炉,局部淬火	810~840	水	250~300
	T7、T8			少量单件:盐浴炉局部加热淬火	770~780		270~350
 一字(十字)螺丝刀	50、60	48~52		局部加热淬火或整体加热局部淬火	820~850	水	250~320
	T7、T8				770~780		300~350
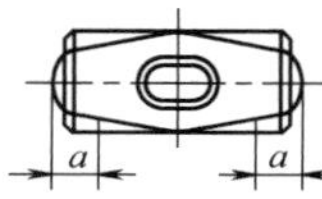 大锤	T7	49~56		局部加热淬火或整体加热局部淬火	790~810	水	270~350
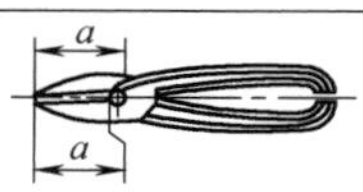 铁皮剪	T7	52~60		局部加热淬火或整体加热局部淬火	780~800	水	200~320
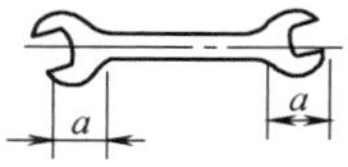 呆扳手	50	全部 41~47		盐浴炉或连续式加热炉	820~840	水	380~420
	40Cr				840~860	油 硝盐	400~440
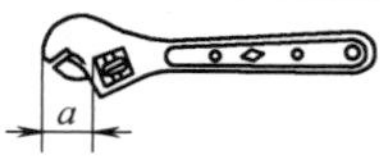 活扳手	50	全部 41~47		盐浴炉或连续式加热炉	810~830	水油分级	380~420
	40Cr				840~860	油 硝盐	400~440
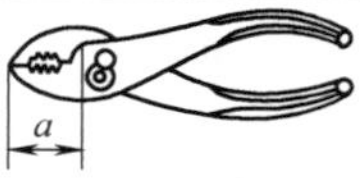 鲤鱼钳	50	48~54		局部加热淬火或整体加热局部淬火	820~840	水	290~310
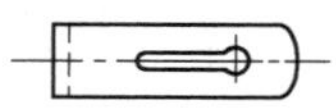 木工刨刀片	轧焊刀片 GCr15 刀体:20	61~63		整体加热全淬或局部淬火	840~860	油	150~170
	T8、T9	57~62			770~790	水	220~230

（续）

工具名称及简图	材料	硬度 HRC		淬火			回火温度/ ℃
		工作部分 a	其他部分 b	加热方式	加热温度/ ℃	冷却介质	
木工錾子	T8、T9	57~62		局部加热淬火 或整体加热局部 淬火	770~780	水	200~230
木工斧	T7、T8	50~56		局部加热淬火 或整体加热局部 淬火	770~790	水	270~350
木工手锯	T10	42~47		盐浴炉或保护 气体炉	770~790	油	450~470
木工钻头	T7、T8	44~48		局部加热淬火 或整体加热局部 淬火	770~780	水	360~420
木工钳子	T7	43~50		局部加热淬火 或整体加热局部 淬火	770~780	水	300~400

参 考 文 献

[1] 赵建敏，查国兵. 常用孔加工刀具 [M]. 北京：中国 标准出版社，2014.

[2] 河冶科技股份有限公司. 粉末冶金高速钢-产品概述 [OL]. http：//www. hsscn. com/detail. php？Id＝5. [2017-09-01].

[3] 崔崑，钢的成分、组织与性能　第四分册：工模具钢 [M]. 2 版. 北京：科学出版社，2019.

[4] 李惠友. 怎样才能使高速钢工具达到最高使用寿命 （续1）[J]. 工具技术，1998（3）：33-38.

[5] 李倬勋. W3Mo2Cr4VSi 低合金高速钢代 M2 通用高速 钢制造 TiN 涂层刀具的可能性研究 [J]. 工具技术，1992（1）：26-27.

[6] 李惠友. 国外刀具热处理技术近况（二）[J]. 工具技术，1996（5）：24-26.

[7] 钟黎平，高温盐浴炉炉温测量方法的探讨：第五届全 国温度测量与控制技术会议学术论文集 [C/OL] 桂 林：中国计量测试协会，中国物理协会（2007-09-01）：570-574. https：//d. wanfangdata. com. cn/confer-ence/ChZDb25mZXJl.

[8] 薄鑫涛，郭海祥，袁凤松. 实用热处理手册 [M] 上 海：上海科学技术出版社，2009.

[9] 图恒悦，张宏康. 真空热处理 [M/OL]. 中国真空 网：60-61. www. chinesevacuum. com.

[10] 吴元昌. Crucible 公司的粉末冶金高速钢 [J]. 工具 技术，1995（1）：33-35.

[11] 李惠友. 国外刀具热处理技术近况（三）[J]. 工具 技术，1996（6）：34-37.

[12] 薄鑫涛，郭海祥，袁凤松. 实用热处理手册 [M]. 上海：上海科学技术出版社，2009.

[13] 唐明，代明江，韦春贝，等. 基体偏压对 AlCrSiN 涂 层结构及力学性能的影响 [J]. 材料导报 B，2018，32（9）：3099-3013.

[14] 刘灵云，林松盛，王迪，等. CrAlN 抗冲蚀涂层制备 及性能研究 [J]. 真空，2020，57（2）：40-45.

[15] 任颂赞，叶俭，陈德华. 金相分析原理与技术 [M]. 上海：上海科学技术文献出版社，2012.

[16] 邓玉坤. 高速度工具钢 [M]. 北京：冶金工业出版 社，2002.

[17] ГЕППЕР Ю. А. Инструмент Стали [M]. Москва：Металлугия，1983.

[18] СМОПВНИКОВЕА. Средстваконтроля обезуглерожив а юшей а ктивности высоко температурных соляных Ванн для термическая брботкии нструмента [J]. Ми ТОМ，1987（3）：26-30.

[19] ЗАБПАЛКИЙ В К. Сокрашенный отжиг быстрежушей стали [J]. М иТОМ，1987（3）：32-34.

第 10 章　模具的热处理

深圳市和胜金属技术有限公司　朱喆　朱本一

10.1　模具材料的分类

在现代工业生产中，模具是实现少、无屑先进制造技术中的重要工艺装备，模具产品的质量不仅关系到生产制品的质量和性能，而且直接影响生产率和成本。模具使用情况统计分析表明，模具的质量在很大程度上取决于模具材料和热加工工艺。根据模具的使用条件，正确地选择模具材料和制订合理的工艺非常重要。

模具材料按模具的用途可分为冷作模具钢、热作模具钢、塑料模具钢及其他模具材料（硬质合金、钢结硬质合金、铸铁等）。这里所指的模具材料均指模具工作部分用材。

（1）预硬模具钢　模具行业的发展牵引着模具钢、模具加工、模具热处理互动发展。最深刻的变化是预硬模具钢的诞生，模具钢的连铸连轧和模具高速切削的创新为预硬模具钢从低硬度发展到高硬度的可能扫清了障碍。预硬模具钢已涵盖了塑料模具钢、冷作模具钢、热作模具钢及高速钢，硬度也从 30HRC、40HRC、50HRC 直至 60HRC，"门类齐全，自成体系"，国内外各种预硬模具钢牌号及预硬硬度见表 10-1。

表 10-1　国内外各种预硬模具钢牌号及预硬硬度

模具钢类型		GB 通用牌号	美国 AISI 牌号	日本 JIS 牌号	德国 DIN 牌号	钢厂牌号					
						宝钢	抚顺特钢	一胜百（瑞典）	大同（日本）	日立金属（日本）	不二越（日本）
塑料模具钢		3Cr2Mo	P20		1.2311	BSMP20C（28~36HRC）			PXA30（30~33HRC）	HPM7（29~33HRC）	
		3Cr2MnNiMo	P20+Ni		1.2738H	BSM718（33~37HRC）		ASSAB 718 HH（36~40HRC）		HPM1（37~41HRC）	
	耐腐蚀模具钢	2Cr13	420		1.2083		FS610（30~35HRC）	MIRRAX 40（38~42HRC）			
		4Cr13	420H		1.2083H	BSM136H（30~36HRC）	FT64（30~35HRC）		S-STAR（31~34HRC）	HPM38（29~33HRC）	
		4Cr13NiVSi	421H				FS136（32~36HRC）				
		3Cr17Mo			1.2316		FS640（30~35HRC）				
		3Cr17NiMoV					FS650（30~35HRC）				
	沉淀硬化钢	—						CPRRAX 336 耐蚀（34~50HRC）			

（续）

模具钢类型	GB 通用牌号		美国 AISI 牌号	日本 JIS 牌号	德国 DIN 牌号	钢厂牌号					
						宝钢	抚顺特钢	一胜百（瑞典）	大同（日本）	日立金属（日本）	不二越（日本）
塑料模具钢	沉淀硬化钢	—								CENAV 防锈（37~42HRC）	
		—								NAK55 易切（37~43HRC）	
		1Ni3MnCuMoAl	P21			BSM80（38~42HRC）				NAK80（40~43HRC）	
冷作模具钢										CX1（50~51HRC）	
										SLD-f（60~61HRC）	
热作模具钢	4Cr5MoSiV1		H13	SKD61	1.2344					DH2F（37~41HRC）	FDAC（38~42HRC）
预硬高速钢	W6Mo5Cr4V2（58~66HRC）		M2	SKH51	1.3343						SKH9（58~64HRC）
	W6Mo5Cr4V2Co5（60~66HRC）		M35	SKH55	1.3243						HM35（60~64HRC）
	W2Mo9Cr4VCo8（60~68HRC）		M42	SKH59	1.3247						HM42（60~65HRC）
	W6Mo5Cr4V3（60~66HRC）		M3								
	W6Mo5Cr4V2Al（60~67HRC）										
	W6Mo5Cr4V3Co8（64~68HRC）			SKH40							FAX38（64~68HRC）

注：近年，机械加工切削理论创新取得新突破，已实现了高硬度钢材的铣削。高速 5 轴数控铣床，主轴转速为 30000r/min，最高达 300000r/min，驱动功率 15kW，最高达 80kW；机床刚度高，不但可对硬度 60HRC 钢材进行切削，而且精度高，成本低，交货快，加工面光亮，无淬火变形和开裂风险。这种高速铣削促进了高硬度预硬模具钢的应用。

预硬模具钢几乎可使模具从单件单独热处理变成模具钢材料热处理，采用预硬模具钢可缩短模具制造近一半的时间，又免除了淬火开裂和变形风险，正好顺应当今模具发展潮流。我国对模具钢材的预硬热处理也进行了深入研究和生产，并取得了巨大成就。

（2）冷作模具钢　冷作模具钢用于制造冲裁模、拉深模、弯曲模、成形模、剪切模、冷镦模、冷挤压模、滚丝模和拉丝模等。按工艺性能和承载能力，冷作模具钢的分类见表 10-2。

（3）热作模具钢　根据合金元素的含量和热处理工艺性能，热作模具钢的分类见表 10-3。

（4）塑料模具钢　塑料模具用钢与冷作、热作模具用钢性能要求有很大差别，目前已形成塑料模具钢系列，其分类见表 10-4。

表 10-2　冷作模具钢的分类

类型	牌号
低变形钢	9Mn2V、CrWMn、9CrWMn、MnCrWV、9SiCr
高耐磨微变形性钢	Cr12、Cr12MoV、Cr12Mo1V1、Cr8Mo2SiV、Cr5Mo1V、Cr4W2MoV
高强度高耐磨性钢	W6Mo5Cr4V2、W12Mo3Cr4V3N(V3N)[①]
高强韧性钢	6W6Mo5Cr4V、6Cr4W3Mo2VNb、7Cr7Mo2V2Si、7CrSiMnMoV、6CrNiMnSiMoV、8Cr2MnWMoVS
抗冲击性钢	4CrW2Si、5CrW2Si、6CrW2Si、9SiCr、60Si2Mn、5CrMnMo、5CrNiMo

① 近年新研发的钨钼系含氮超硬型高速钢。

表 10-3　热作模具钢的分类

类型	牌号	
高强韧热作模具钢	5CrNiMo、5CrMnMo、4CrMnSiMoV、5CrMnMoSiV[①]、4SiMnMoV[①]、5Cr2NiMoV[①]、3Cr2WMoVNi	
高热强热作模具钢	3Cr2W8V、4Cr5MoSiV、4Cr5MoSiV1、4Cr5W2VSi、4Cr5Mo2V、3Cr3Mo3V、5Cr4Mo3SiMnVAl、3Cr3Mo3W2V、5Cr4W5Mo2V、4Cr3Mo3SiV、4Cr5WMoVSi[①]、35Cr3Mo3VNb(HM-3)[①]	
高耐磨热作模具钢	8Cr3	
特殊用途热作模具钢	奥氏体耐热钢	7Mn15Cr2Al3V2WMo、50Mn18Cr4VA[①]、Cr14Ni25Co2V[①]、45Cr14Ni14W2Mo[①]
	马氏体时效钢	DINI、2799(X2 NiCoMoTi12-8-8)(德国)
	高速钢	W18Cr4V、W6Mo5Cr4V2

① 非标在用牌号。

表 10-4　塑料模具钢的分类

类型	牌号
调质型	45、55、40Cr、5CrNiMo、5CrMnMo
预硬型	3Cr2Mo、5CrNiMnMoVSCa、3Cr2NiMnMo、4Cr5MoSiV、8Cr2MnWMoVS
耐蚀型	2Cr13、4Cr13、2Cr17Ni2、3Cr17Mo
时效硬化型	06Ni6CrMoVTiAl、2CrNi3MoAl、1Ni3CuMnAl、Cr4Ni3MnCuAl[①]、00Ni18Co8MoTiAl(3D 打印中广泛应用)

① 新开发牌号。

（5）其他模具材料　其他模具材料主要有硬质合金、钢结硬质合金、铸铁、有色金属及非金属材料等。

为了满足高耐磨、高抗压、高精度、高寿命的需要，冲裁模、冷镦模及挤压模等，特别是多工位级进冲模的凸凹模部分常选用硬质合金或钢结硬质合金材料制作模具。钢结硬质合金的化学成分和性能见表 10-5。

表 10-5　钢结硬质合金的化学成分和性能

合金牌号[①]	硬质相类及含量（质量分数,%）	硬度 HRC		抗弯强度/MPa	冲击韧度/(J/cm²)	密度/(g/cm³)
		加工态	工作态			
TLMW50	WC50	35~42	66~68	2000	8~10	10.2
DT	WC40	32~38	61~64	2500~3600	1.8~2.5	9.8
GW50	WC50	35~42	66~68	1800	1.2	10.2
GW40	WC40	34~40	63~64	2600	9	9.8
GJW50	WC50	34~38	65~66	2000	7	10.2
GT33	TiC33	38~45	67~69	1400	4	6.5
GT35	TiC35	39~46	67~69	1400~1800	6	6.5
GTN	TiC25	32~36	64~68	1800~2400	8~10	6.7
TM6	TiC25	35~38	65	2000	—	6.6

① 企业牌号。

10.2　冷作模具的热处理

10.2.1　冷作模具的工作条件和要求

冷作模具主要用于完成金属或非金属材料的冷成形，包括冲裁模、弯曲模、拉深模、冷挤压模和冷镦模等。

1）冲裁模工作部位是刃口，要求工作中刃口不易崩刃、不易变形、不易磨损和不易折断。

2）弯曲模和拉深模用于板材的成形，工作应力一般不大。拉深模要求工作面保持光洁,不易发生黏着磨损和磨料磨损;弯曲模除以上要求,还要求有一定的抗断裂能力。

3)冷挤压模和冷镦模属体积成形,工作应力大。它们虽属冷作模具,但材料在型腔中剧烈变形的同时产生热量,模具在反复的应力和温度约300℃环境中工作,要求模具工作时不变形、不开裂、不易磨损。

几种典型冷作模具工作应力和使用硬度比较如图 10-1 所示。

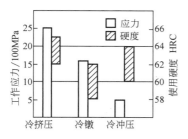

图 10-1　几种典型冷作模具工作
应力和使用硬度比较

10.2.2　冷作模具的主要失效形式

冷作模具主要失效形式有过载失效、磨损失效、黏着失效和多冲疲劳失效四种形式。

(1)过载失效　模具材料本身承载能力不足以抵抗工作载荷作用而引起的失效。当材料韧性不足时易产生脆断和开裂,当强度不足时易产生变形,如镦粗或断裂失效。冷挤压模和冷镦模产生此类失效。

(2)磨损失效　模具工作部位与被加工材料之间的磨损,使工作部位(刃口、冲头)形状和尺寸发生变化而引起失效。对工作表面尺寸和质量要求高

的冲裁模、冷挤压模易产生此类失效。

(3)黏着失效　模具工作部位与被加工材料在高应力作用下润滑膜破裂,干滑动摩擦发热而导致被加工材料"冷焊"到模具表面,同时被加工产品表面质量出现划痕等,即黏着磨损。在拉深模、弯曲模及冷挤压模中易发生此类失效。

(4)多冲疲劳失效　冷作模具承受的载荷都是以一定冲击速度和能量反复作用,其工作状态与小能量多冲疲劳试验相似。由于模具材料硬度高,多冲疲劳寿命多在 1000～5000 次,而且裂纹萌生期占寿命绝大部分,疲劳源和裂纹扩展区不明显。多冲疲劳失效常见于重载模具零件,如冷挤压、冷镦冲头等。

10.2.3　冷作模具材料的选用

为了满足冷作模具高应力、高耐磨和长寿命需要,通常选用高碳钢或高碳合金钢。选材时,应依据模具结构、服役条件、被加工材料性质、设备及润滑条件、加工产品批量等综合考虑。

(1)选用钢材原则　首先满足使用性能,根据模具使用要求,提出模具材料的性能指标(硬度、强度、韧性、耐磨性、变形性、可加工性等);其次发挥材料潜力,由于模具材料不同,加工工艺和改性技术可以得到不同性能的组合,优选性能组合仍然是节能、节材、提高模具性能的主要途径;经济合理,由于模具产品的特殊要求,模具材料和加工技术的成本较高,应综合考虑优选经济合理的模具材料和生产工艺。

(2)常用冷作模具钢的选用　常用冷冲和冷锻模具材料选用及热处理工艺与使用性能见表 10-6～表 10-9。

表 10-6　常用冷冲模具材料选用表

模具类型	使用条件	推荐材料	工作硬度 HRC
冲裁模	轻载($\delta \leqslant 2mm$)	T10A、9SiCr、CrWMn、9Mn2V、Cr12	54～62(凸模) 58～64(凹模)
	重载($\delta \geqslant 2mm$)	Cr12MoV、Cr4W2MoV、5CrW2Si、7CrSiMnMoV、6CrNiMnSiMoV	56～62(凸模) 58～64(凹模)
	精冲	Cr12、Cr12MoV、Cr4W2MoV、W6Mo5Cr4V2、8Cr2MnWMoVS	58～62(凸模) 59～63(凹模)
	易断凸模	W6Mo5Cr4V2、6Cr4W3Mo2VNb、6W6Mo5Cr4V、Cr8Mo2SiV、7Cr7Mo2V2Si	54～62
	高寿命、高精度模	Cr12MoV、Cr8Mo2SiV、8Cr2MnWMoVS(或硬质合金类)	58～62(凸模) 60～64(凹模)
弯曲模	复杂模	CrWMn、Cr12、Cr12MoV、Cr4W2MoV、Cr8Mo2SiV、	56～62(凸模) 58～64(凹模)
拉深模	一般模	T8A、T10A、CrWMn、Cr12、7CrSiMnMoV	54～62(凸模) 58～64(凹模)

（续）

模具类型	使用条件	推荐材料	工作硬度 HRC
拉深模	重载长寿命模	Cr12MoV、Cr8Mo2SiV、Cr4W2MoV、W18Cr4V、W6Mo5Cr4V2、硬质合金类	56~62（凸模） 58~64（凹模）
大型拉深模	中小批量	HT250、HT300	170~260HBW
		QT600-3	197~269HBW
	大批量	镍铬铸铁	火焰淬火 40~45HRC 激光淬火 45~50HRC
		钼铬铸铁、钼钒铸铁	火焰淬火 50~55HRC 激光淬火 55~60HRC

表 10-7　常用冷锻模具材料选用 （JB/T 7715—2017）

模具名称	使用条件	推荐用材料牌号	工作硬度 HRC
轻载冷挤模	铝合金：单位挤压力 ≤ 1500N/mm²	Cr2MnCrWV（小型）	60~62
		Cr12MoV（中型）	56~58
		YG15	
重载冷挤压模	钢件：单位挤压力 1500~2000N/mm²	凸模：6W6Mo5Cr4V、W6Mo5Cr4V2	60~62
		凹模：Cr12MoV、6Cr4W3Mo2VNb、CrWMn	58~60
		YG20C	61~63
	钢件：单位挤压力<2500N/mm²	凸模：W6Mo5C4V2	
模具型腔冷挤压凸模	一般中、小型	Cr12、9SiCr	59~61
	大型复杂件	5CrW2Si	59~61
	成批压制（单位挤压力<2500N/mm²）	Cr12MoV、Cr8Mo2SiV、6Cr4W3Mo2VNb	59~61
		W6Mo5Cr4V2、W18Cr4V	61~63
切斜刀	低碳钢	T10A、Cr2	刃口 61~63
	中碳钢、合金结构钢	Cr12、Cr12MoV、Cr8Mo2SiV、W18Cr4V	刃口 60~62
切料模	低碳钢	T10A、Cr2	59~61
	中碳钢、合金结构钢	Cr12、Cr12MoV、Cr8Mo2SiV、W18Cr4V	59~61
初镦冲头	低碳钢	T10A	59~61
	中碳钢、合金结构钢	T10A、Cr2	59~61
初镦凹模	低碳钢	T10A	59~61
	中碳钢、合金结构钢	Cr12MoV、6Cr4W3Mo2VNb、7Cr7Mo2V2Si、YC20C	59~61
初镦凹模套	低碳钢、中碳钢、合金结构钢	5CrNiMo、T10A	47~51
终镦冲头	低碳钢	T10A、60Si2Mn、7CrSiMnMoV	53~57
	中碳钢、合金结构钢	6Cr4W3Mo2VNb、7Cr7Mo2V2Si、W18Cr4V、W6Mo5Cr4V2	61~63
终镦凹模	低碳钢	T10A、6Cr4W3Mo2VNb、7Cr7Mo2V2Si、5Cr4Mo3SiMnVAl	59~61
	中碳钢、合金结构钢	Cr12MoV、Cr8Mo2SiV、5CrSiMnMoV、7Cr7Mo2V2Si、6Cr4W3Mo2VNb、YG20C	55~60
终镦凹模套	低碳钢、中碳钢、合金结构钢	5CrNiMo	47~51
整形冲头	低碳钢、中碳钢、合金结构钢	T10A、60Si2Mn	59~61
整形凹模	低碳钢、中碳钢、合金结构钢	T10A、Cr12MoV	59~61
整形凹模套	低碳钢、中碳钢、合金结构钢	5CrNiMo	47~51
切边冲头	低碳钢	9SiCr、Cr12MoV	60~63
	中碳钢、合金结构钢	5Cr4Mo3SiMnVAl、6Cr4W3Mo2VNb、7Cr7Mo2V2Si	59~62
切边凹模	低碳钢	T10A	61~63
	中碳钢、合金结构钢	Cr12MoV、Cr8Mo2SiV、7Cr7Mo2V2Si	61~63
冲孔冲头	低碳钢、中碳钢、合金结构钢	W18Cr4V、W6Mo5Cr4V2	57~62
冲孔凹模	低碳钢、中碳钢、合金结构钢	W18Cr4V、W6Mo5Cr4V2	60~63

（冷挤压模）

（续）

模具名称		使用条件	推荐用材料牌号	工作硬度 HRC
冷挤压模	顶料杆	直径≤12mm，低碳钢，中碳钢，合金结构钢	65Mn	58~60
		直径>12mm，低碳钢，中碳钢，合金结构钢	9SiCr	58~60
	缩径模芯	低碳钢	YG20C	59~61
	缩径模套	中碳钢	5CrNiMo	47~51
		合金钢		
粉末冷压模	凸模	—	W6Mo5Cr4V2、W18Cr4V、YG20、Cr12、Cr12MoV、Cr8Mo2SiV、Cr4W2MoV、6W6Mo5Cr4V1	59~63
	凹模	—		
冷精压模	平面精压模	有色金属	T10A	59~61
		钢件	Cr2、Cr12MoV、Cr8Mo2SiV	59~61
	刻印精压模	有色金属	9Cr2	58~60
		钢件	Cr12MoV、Cr8Mo2SiV	
		不锈钢、高强度材料	6W6Mo5Cr4V、6Cr4W3Mo2VNb、5CrW2Si	
	立体精压模	浅型腔	Cr2、9Cr2	60~62
			5CrW2Si	54~56
		复杂型	5CrNiMo、5CrMnMo、9SiCr	57~60

注：可以选用性能相近的其他材料和采用适当的表面改性处理技术。

表 10-8　部分冷作模具钢热处理工艺及力学性能

材料和典型热处理工艺	压缩屈服强度/MPa	弯曲屈服强度/MPa	弯曲断裂强度/MPa	挠度/mm	冲击韧度/(J/cm²)	断裂韧度/MPa·m^(1/2)	硬度HRC	备注
W6Mo5Cr4V2 1190~1210℃淬火+560℃回火	≈3000	≈4000	≈4300	2.4	≈55	≈16	62~64	冷挤压模，冲头
Cr12MoV 1020℃淬火+200℃回火	≈2400	≈2500		2.3	≈12	≈7	60~62	冷冲模，冷镦模
Cr12 950~980℃淬火+200℃回火	≈2600	≈1900		1.7	≈8		60~62	冷冲模，拉深模
Cr8Mo2SiV 1020~1040℃淬火+530℃回火	≈3000	≈3200			≈22		61~63	冷冲模，拉深模
CrWMn 840℃淬火+200℃回火	≈2300	≈1700		2.3	≈2.2		60~62	冷冲模，拉深模
6Cr4W3Mo2VNb(65Nb) 1150℃淬火+520~560℃回火	≈2600	≈3700	≈4200	6.0	≈50	≈17	60~62	冷挤压模，冷镦模
7Cr7Mo2V2Si(LD) 1150℃淬火+550℃回火	≈2700	≈3900	≈4600	4.7	≈50	≈17	60~62	冷挤压模，冷冲模
6Cr4Mo3Ni2WV(CG2)[①] 1100℃淬火+540℃回火	≈2400	≈3700	≈4300	3	≈25	≈19	60~62	冷冲模，切边模
5Cr4Mo3SiMnVAl(012Al) 1090~1120℃淬火+510℃回火	≈2400	≈3600	≈4200	4	≈20	≈16	60~62	冷镦模，冲头
7CrSiMnMoV(CH1) 840~900℃淬火+200℃回火	≈2300	≈3200	≈4000	4.2	≈17		60~62	冷冲模，拉深模
8Cr2MnWMoVS(8Cr2S) 860~880℃淬火+200℃回火	≈2400	≈3100		4	≈30		60~62	冷冲模，塑料模
6CrNiSiMnMoV(GD) 900℃淬火+200℃回火	≈2200	≈3000	≈3700	5		≈21	60~62	冷冲模，冷挤压模
9Cr6W3Mo2V(GM)[①] 1120℃淬火+540℃回火	≈3000	≈3600		4.8	≈22	≈20.2	62~64	冷冲模，切边模
W18Cr4V 1260℃淬火+560℃回火	≈3000		≈2800	1.8	≈16		62~64	冲头

① 新研发的模具钢牌号。

表 10-9　常用冷作模具钢使用性能和工艺性能比较

牌号	工作硬度 HRC	耐磨性	韧性	淬火不变形性	淬硬深度	可加工性	脱碳敏感性
Cr12	58~64	好	差	好	深	较差	较小
Cr12MoV	55~63	好	较差	好	深	较差	较小
Cr8Mo2SiV	58~64	好	好	好	深	较差	较小
CrWMn	58~62	中等	中等	中等	较浅	中等	较大
Cr4W2MoV	58~62	较好	较差	中等	深	较差	中等
6W6Mo5Cr4V	56~62	较好	较好	中等	深	中等	中等
W18Cr4V	60~65	好	较差	中等	深	较差	小
W6Mo5Cr4V2	58~64	好	中等	中等	深	较差	中等
T10A	56~62	较差	中等	较差	浅	好	大
5CrNiMo	47~51	中等	好	较好	较深	好	中等
60Si2Mn	47~51 57~61	中等	中等	较差	较深	较好	极大
6Cr4W3Mo2VNb(65Nb)	57~61	较好	较好	中等	深	较差	较小
7Cr7Mo2V2Si(LD)	57~62	较好	较好	中等	深	较差	较小
7CrSiMnMoV(CH-1)	57~61	较好	较好	好	较深	中等	中等
6CrNiSiMnMoV(GD)	57~62	较好	较好	好	较深	中等	中等
5Cr4Mo3SiMnVAl(012Al)	52~54 57~62	较好	较好	好	深	较差	较大

10.2.4　冷作模具的热处理工艺

冷作模具热处理主要包括模具预备热处理和模具最终热处理两类。此外,还有模具加工中的工序间热处理和使用中的恢复热处理等。

1. 模具的预备热处理

模具预备热处理主要包括退火和调质处理。主要目的是消除毛坯残留组织缺陷,降低硬度,以便于后续冷热加工处理,提高性能和寿命。

1) 去应力退火的目的是消除模具淬火或精加工前的残余应力,或者避免高速钢返修淬火时出现的萘状断口。其工艺规范见表 10-10。

表 10-10　去应力退火工艺规范

碳素工具钢及合金工具钢	加热至 630~650℃,保温 1~2h
高合金工具钢	加热至 680~700℃,保温 1~3h

2) 球化退火的目的是获得满意的机械加工性能,为淬火做组织准备。球化退火组织对最终热处理后的强韧性、畸变、开裂倾向、耐磨性、断裂韧度有显著的影响。

球化温度以 Ac_1 以上 20~50℃ 为宜,保证能加速球化过程和形成均匀的球化体。要避免在退火中温度过低出现残留的厚片状碳化物,温度过高出现新的片状及棱角状碳化物。球化退火的等温温度和保持时间

以选择在不出现片状或片状、球状混合组织,并有合适的球化速度范围为宜。

3) 调质处理的目的是获得细珠光体和超细碳化物,消除碳化物网、带,消除加工后的残余应力,改善组织,便于机械加工,防止淬火开裂和减小淬火畸变。

冷作模具钢的调质工艺,可采用在常规加热温度淬火后进行 640~680℃ 高温回火的工艺。调质后的硬度一般 ≤229HBW。

2. 模具的最终热处理

(1) 淬火工艺　冷作模具钢常用的淬火工艺规范见表 10-11,冷作模具钢常用加热系数见表 10-12。模具淬火处理时的脱碳、氧化、内应力及组织不均匀性对磨损、开裂、疲劳强度及抗黏着性能均有显著的影响。对要求耐磨或随后进行电加工的模具,应采用上限加热温度和保温时间系数;对要求强韧性的模具,可采用下限加热温度和保温时间系数。

(2) 回火工艺　冷作模具淬火后应及时回火,以防止淬火应力引起的变形和开裂。常用冷作模具钢回火温度和硬度见表 10-13。回火时间根据模具钢种类和尺寸大小而定,一般碳素工具钢与低合金工具钢为 90~180min,高合金模具钢为 120~180min。

冷作模具钢应避免在表 10-14 所列的回火脆性温度范围内回火。回火温度对几种冷作模具钢抗压强度的影响如图 10-2 所示。

表 10-11　冷作模具钢常用的淬火工艺规范

模具类别	牌号	淬火温度/℃	冷却方法	要求回火后硬度 HRC
大中型重载模具	Cr2、9Cr2、GCr15	810~850	水喷淬或碱水淬	>58
中型模具	9CrWMn	820~840	油	62~64
简单模具	Cr12	960~1000	160~180℃热油	62~64
复杂模具		1080~1100		40~50
重载模具	Cr12MoV	1020~1040	油	60~62
微畸变淬火	Cr12MoV	980~1020	空冷、铝板	58~62
高韧性模具	Cr8Mo2SiV	1020~1040	空冷、油冷	60~64
	W6Mo5Cr4V2	1140~1160	油	57~61
高抗压、高强度模具	W6Mo5Cr4V2	1160~1200	油	59~62
	W18Cr4V	1200~1250	油	59~64
高耐磨、高强韧模具	Cr4W2MoV	900~920 960~980 1020~1050	油 空气、油 油、蒸汽	58~62
高强韧模具	7Cr7Mo2V2Si(LD)	1100~1150	油冷	≥60
	6Cr4W3Mo2VNb (65Nb)	1080~1120 1120~1160 1180~1190	油	≥61

表 10-12　冷作模具钢的常用加热系数

钢种	加热温度/℃	加热系数 K/(min/mm)	
		真空炉	电阻炉
碳素工具钢	550~620	—	—
	760~840	—	1~1.5
低合金模具钢	550~620	—	—
	820~950	1.5~2	1~1.5
中、高合金模具钢	550~620	—	—
	800~850	1.5~2	1~1.5
	950~1100	1~1.5	0.6~0.8
	950~1100(不预热)	1.3~1.5	1~1.3

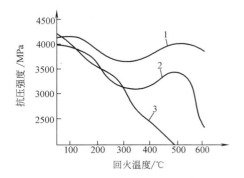

图 10-2　回火温度对几种冷作模具
钢抗压强度的影响

1—W6Mo5Cr4V2 钢　2—Cr12MoV 钢　3—CrWMn 钢

3. 冷作模具的热处理工艺举例

典型冷作模具及其热处理工艺举例见表 10-15。精密及性能要求较高的模具，应在保护气氛炉或真空炉中进行热处理。

4. 高韧性 Cr8 型冷作模具钢热处理

Cr12MoV 钢过去采用 1020℃淬火，200℃低温回火，淬火硬度达 60HRC，有 20%（体积分数）残留奥氏体，可改善韧性，但残余应力无法充分消除。20 世纪 80 年代出现线切割，频频发生开裂，采用 500℃高温回火缓解了开裂现象，但硬度只有 58~60HRC。因此，不得不考虑在 Cr12MoV 钢的基础上，把 C、Cr 各降 1/3，以提高韧性；为适应高温回火，增加 Mo、V，以强化二次硬化。试验表明，在 520~540℃回火后硬度为 62~64HRC，电加工开裂和变形随之减少，现已被广泛用于冷冲模、剪切模、滚边模、拉丝模、搓丝板等。如果选材合适，模具使用寿命可成倍或几十倍增加。国内外 Cr8 型及其改良型钢牌号见表 10-16。热处理工艺如图 10-3 所示，气淬压力 2bar（1bar = 10^5Pa），不要超过 3bar。

Cr8 钢硬度虽高，但耐磨性仍逊于 Cr12 钢，所以市场上两者并存。模具行业竞争日趋剧烈，交货期成为竞争力。要求 Cr8 钢提高切削性。研究者认为，钢中已有的碳化物也相当于夹杂物，硫的加入不会恶化钢的性能，所以有的企业添加有"硫"。

表 10-13　常用冷作模具钢的回火温度与硬度

牌号	淬火硬度 HRC	达到下列硬度（HRC）范围的回火温度/℃				
		45～50	52～56	54～58	58～61	60～63
T7A	62～64	330	250	220	170	150
T8A	62～64	350	270	230	190	160
T10A、T12A	62～64	370	290	250	210	170
9Mn2V	62	380	300	250	220	150～180
Cr2	62	450	290	300	200	150
9SiCr	65	450	350	320	250	190
5CrW2Si		420	280	250	—	—
Cr12（980℃淬火）	63	—	—	320～350	250	180～190
Cr12MoV（1030℃淬火）	63		540	530	500	170
Cr8Mo2SiV（1030℃淬火）	64		580	560	540	180～200 520～530
5CrMnMo		380	250	200	—	—
W6Mo5Cr4V2	>60	—	—	—	620	560
W18Cr4V	>62	—	—	—	620	560
6W6Mo5Cr4V						560
Cr4W2MoV	60～62	—	—	—	520～540	—
7Cr7Mo2V2Si（LD）						530～540
6Cr4W3Mo2VNb（65Nb）				540～580		
60Si2Mn		400		300～350		

表 10-14　冷作模具钢的回火脆性温度范围

牌号	CrWMn	9Mn2V	GCr15	9SiCr	Cr12	Cr12MoV
温度/℃	250～300	190～230	200～250	200～240	290～330	325～375

表 10-15　典型冷作模具及其热处理工艺举例

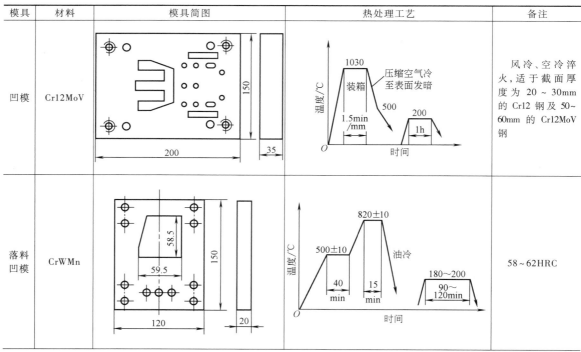

模具	材料	模具简图	热处理工艺	备注
凹模	Cr12MoV			风冷、空冷淬火，适于截面厚度为 20～30mm 的 Cr12 钢及 50～60mm 的 Cr12MoV 钢
落料凹模	CrWMn			58～62HRC

（续）

模具	材料	模具简图	热处理工艺	备注
搓丝板	Cr8Mo2SiV	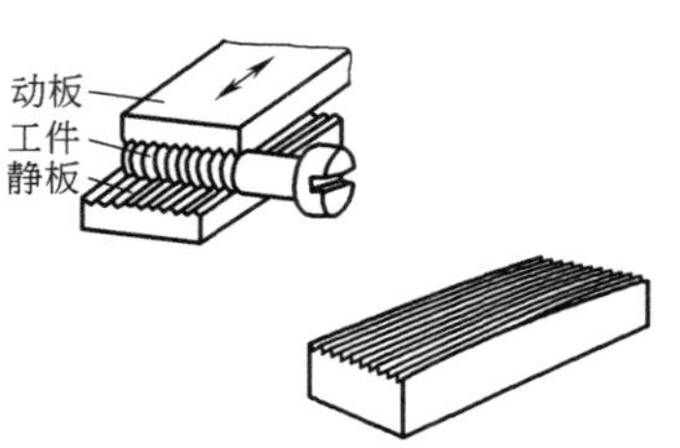 动板 工件 静板	温度/℃：550、850、1020～1040（1h，油冷）、530×2次 时间/min	62～63HRC，搓制不锈钢 SUS304（日本牌号，相对我国的 06Cr19-Ni10）螺钉，寿命为 21000h
活塞销冷挤冲头	W6Mo5-Cr4V2		温度/℃：850、1190（油冷）、560×3次（1.5h） 时间	62～64HRC，φ48 活塞销（20Cr），寿命平均为 1.5 万件
汽车板簧冲孔凸模	W6Mo5-Cr4V2	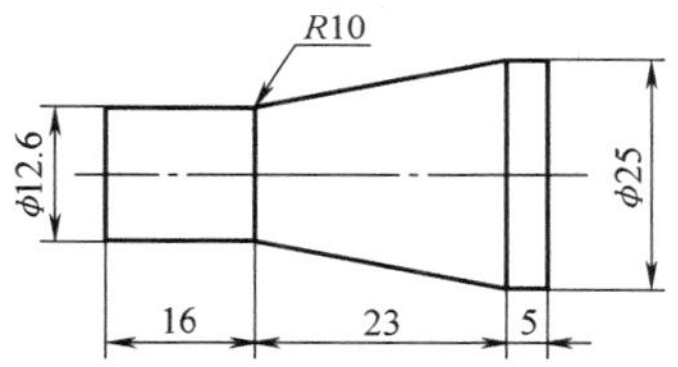 R10 φ12.6 φ25 16 23 5	温度/℃：850、1160（油冷）、210×2次（2h） 时间	60～62HRC，冲压 9mm 钢板，寿命为 1200～2000 次
硅钢片冷冲模	Cr12MoV		温度/℃：850、1060（油冷）、400（1h）、-196 冷处理、400（1h） 时间	60～62HRC，冲模刃磨寿命为 6 万片/次

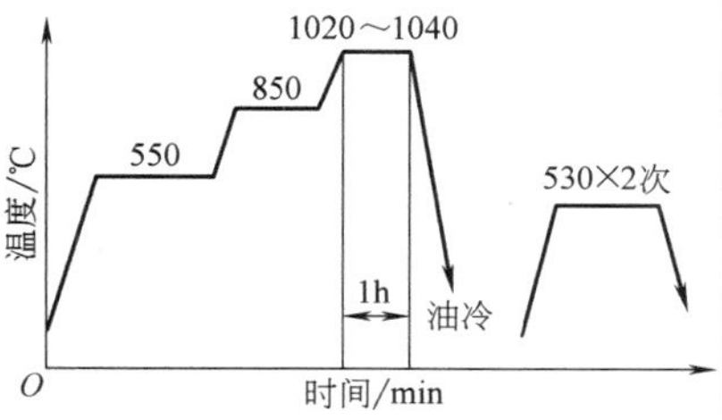

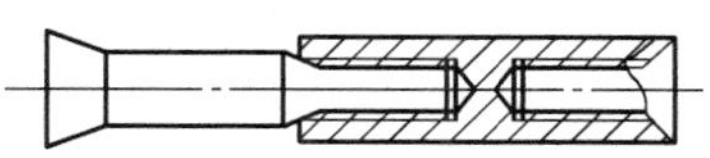

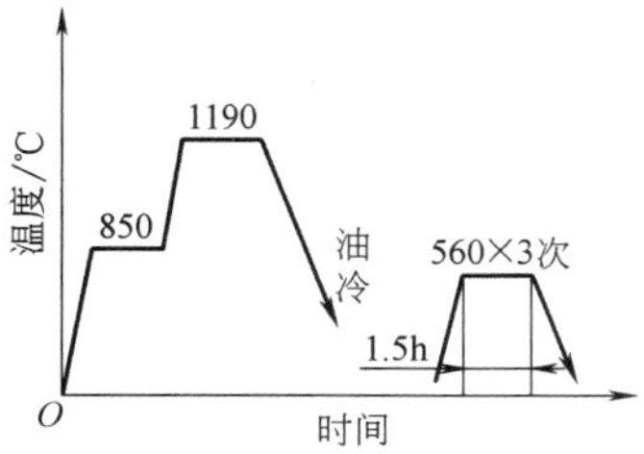

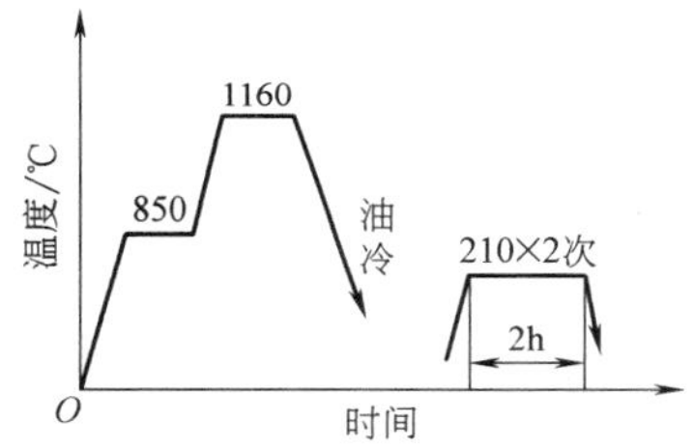

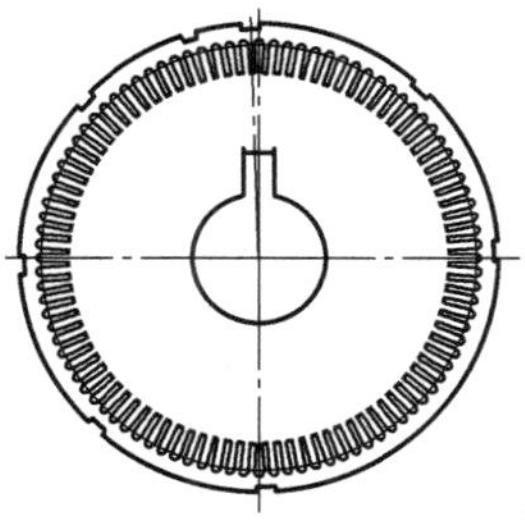

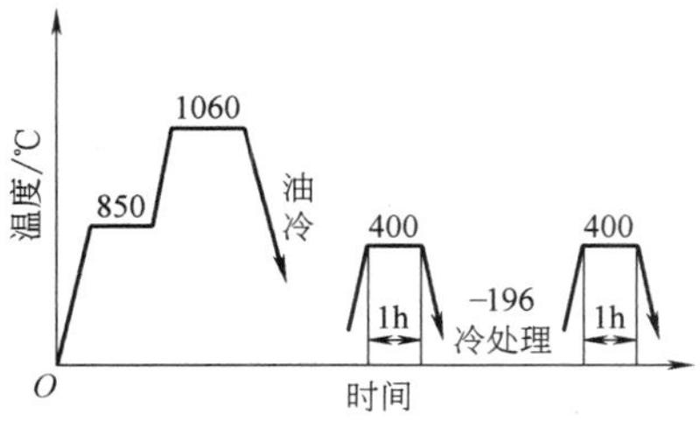

表 10-16　国内外 Cr8 型及其改良型冷作模具钢牌号

GB 通用牌号	钢厂牌号						
	宝钢	抚顺特钢	一胜百	百禄	大同	日立金属	高周波钢业
5Cr8MoSiV			VIKING				
Cr8Mo2SiV	BSMC53	FS353	ASSAB88	K340	DC53	SLD-8	KD21
Cr8Mo2SiV 改良		FS383	CALDIE	K353		SLD-Magic	KD11MAX

随着精密模具占比逐渐增大，尤其是芯片类电子模，精度是"微米"级的。Cr8 钢制模具存在"尺寸稳定性"问题，要求存放变形量小于 10μm/300mm。究其原因是 Cr8 钢中残留奥氏体中铬的质量分数比 Cr12 钢少 2%，稳定性差，在存放过程中向马氏体转变倾向大，只要有 1% 残留奥氏体转变，存放变形量就超过 10μm/300mm。研究表明，办法之一用冷处理（-60℃）或深冷处理（-168℃），以消除残留奥氏体，但不可能完全消除；办法之二稳定残留奥氏体，从 Cr8 钢奥氏体等温转变图上可知，残留奥氏体稳定

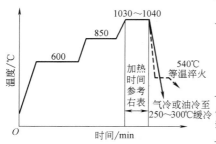

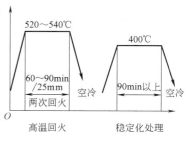

图 10-3　Cr8 型冷作模具钢热处理工艺

区在 360~420℃，试验确定采用 400℃×1h 的稳定化处理，存放变形量可符合要求，如图 10-4 所示。

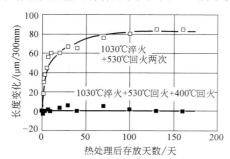

图 10-4　Cr8 型钢稳定化处理后存放变形

当今模具日趋精密化，要求淬火回火变形量接近于"0"，微变形热处理成为当务之急。影响钢热处理变形量的最大因素是钢中的碳含量。如果碳含量恒定，那么变形量就有规律可循。淬火温度是恒定在 1020~1030℃ 的，如果淬火后能把残留奥氏体的体积分数控制在 5%~20% 范围内，模具长度应缩短，但最大缩短量不要超过 0.05%。回火后由于残留奥氏体转变成马氏体，长度呈线性增长，回火温度提高到 500℃ 后，又呈现收缩。由此较容易对模具变形量进行调节，实现近零变形热处理。现行标准中规定的碳含量范围过大，难以实现微变形热处理。

在回火过程中，硬度峰值与零变形不在同一个回火温度，使得两者无法兼容。Cr8 钢利用二次硬化原理必然会出现这种现象，而沉淀硬化的硬度峰值出现在较低的温度。如果同时引入沉淀硬化，那么可使硬度峰值回火温度与零变形回火温度靠近，这为实现微变形热处理创造了有利条件。有的国外 Cr8 钢的成分中出现铜、铝类元素，即属此类。

5. 高钒粉末模具钢

为了解决高钒钢冶炼的困难和一次碳化物偏析严重问题，以粉末冶金技术研发成功粉末高速钢，继而研发出 Cr12 型粉末模具钢，由于粉末冶金不受钒含量的限制，最高 V 含量高达 15%（质量分数），其特点是具有更好的耐磨性、韧性和等向性。

基于粉末模具钢与普通 Cr 型钢模具淬火时的同炉混装，低淬火温度又有利于控制淬火变形，其渗氮、热扩散（TD）和物理气相沉积（PVD）性能极好，且使涂层性能充分发挥。其价格昂贵，但模具使用寿命长摊薄了单件冲压成本，如考虑未计入成本的停机损失、修磨刃口等费用，综合成本是降低的。

高钒粉末模具钢适用于厚板冲裁模，也适用于以低接触载荷冲压软而黏的材料，如奥氏体不锈钢、铜等。表 10-17 列出了国外常见的高钒粉末模具钢的化学成分和淬火工艺参数。

在实际应用中，如精冲汽车零件，冲压材料是 3.0~5.6mm 厚的球化退火 40CrMo 钢板，之前冲模材料使用常规 M 高速钢（硬度为 60~62HRC）。第一次修模前的模具使用寿命分别为 30000 件和 75000 件，主要为冲头端面出现崩角，改用 K490Microclean 高钒粉末模具钢后（硬度为 60~62HRC），使用寿命提高到 120000 件，达到客户预期效果，仍可继续使用。

表 10-17　国外常见的高钒粉末模具钢的化学成分和淬火工艺参数

牌号	模具钢厂	化学成分（质量分数，%）							淬火温度/℃	淬火后硬度HRC
		C	Cr	Mn	Mo	W	V	其他		
VANADIS4	乌德霍姆	1.4	4.7	0.4	3.5	—	3.7		950~1150	58~64
VANADIS8	乌德霍姆	2.3	4.8	0.4	3.6	—	8		1020~1180	60~65
VANCRON	乌德霍姆	1.3	4.5	0.4	1.8	—	10	N:1.8	950~1150	58~65

（续）

牌号	模具钢厂	化学成分（质量分数，%）							淬火温度/℃	淬火后硬度 HRC
		C	Cr	Mn	Mo	W	V	其他		
CPM3V	坩埚工业	0.8	7.5	—	1.3	—	2.75	—	1025~1120	56~62
CPM9V	坩埚工业	1.8	5.25	0.5	1.3	—	9		1065~1175	44~56
CPM10V	坩埚工业	2.45	5.25	0.5	1.3	—	9.75	S：0.07	1010~1175	56~63
CPM15V	坩埚工业	3.4	5.25	0.5	1.3	—	14.5	S：0.07	1065~1175	56~63
ASP2009	埃赫曼高速钢	1.9	5.25	—	1.3	—	9.1		1050~1180	50~55
ASP2011	埃赫曼高速钢	2.45	5.25	—	1.3	—	9.75		1000~1180	54~62
K390	百禄	2.47	4.2	0.4	3.8	1	9	Co：2.0	1030~1080	58~64
K497	百禄	1.85	5.3	0.5	1.3	—	9		1070~1150	52~58

10.3　热作模具的热处理

10.3.1　热作模具的工作条件和要求

热作模具主要用于加热金属或液态金属制品的成形，这类模具可分为机锻模、锤锻模、热挤压模和压铸模等。

1）机锻模是用于各种压力机进行毛坯成形的工具，其模具承受载荷近于静态。

2）锤锻模是用各种吨位锤产生巨大的冲击功进行毛坯变形的工具，毛坯在短时间内快速成形，模具承受很大冲击载荷和热磨损。

3）热挤压模是将加热到一定温度的金属毛坯挤压成形的模具（冲头），承受巨大压力、弯矩、拉力及其与金属毛坯的摩擦。

4）压铸模是液态金属制品成形的工具，要求有一定的强韧性、耐热疲劳性和耐蚀性。

10.3.2　热作模具的主要失效形式

热作模具失效形式主要有变形失效、热疲劳失效、断裂失效和热磨损失效四种。

1）变形失效指在高温下毛坯与模具长期接触使用后，模具出现软化而发生塑性变形。对于钢铁材料成形，当模具表面软化后硬度低于 30HRC 时，容易发生变形而堆塌。工作载荷大、工作温度高的挤压模

具和锻模凸起部位易产生这类失效。

2）热疲劳失效指在环境温度发生周期性变化条件下工作的模具表面出现网状裂纹。热作模具工作温差大，急冷急热反复速度快的热压铸模具、锻模等易出现热疲劳裂纹。此裂纹属于表面裂纹，一般较浅，在机械应力作用下向内部扩展，最终产生断裂失效。

3）断裂失效指材料本身承载能力不足以抵抗工作载荷而出现失稳态下的材料开裂，包括脆性断裂、韧性断裂、疲劳断裂和腐蚀断裂。热作模具断裂（特别是早期断裂），与工作载荷过大、材料处理和选材不当及应力集中等有关。挤压冲头及模具凸起部位、根部等易出现断裂失效。

4）热磨损失效指模具工作部位与被加工材料之间相对运动产生的损耗，包括尺寸超差和表面损伤两种形式。模具工作温度、材料的硬度、合金元素及润滑条件等都影响模具磨损。相对运动剧烈和有凸起部位的模具，如热挤压冲头等，易产生磨损失效。

10.3.3　热作模具材料的选用

影响热作模具使用寿命的因素很多，如模具的受力情况、工作温度、冷却方式，被加工材料的性质、变形量、变形速度及润滑条件等。因此，在选择材料时，应根据模具的类型及具体工作条件合理地选用。各种常用热作模具材料的选用见表 10-18。常用热作模具钢的使用性能和工艺性能比较见表 10-19。

表 10-18　各种常用热作模具材料的选用

模具类型	零件名称和工作条件	推荐材料	工作硬度 HRC
锤锻模	高度≤275mm（小型）	5CrMnMo、5CrNiMo、4SiMnMoV	38~42（模面）
	高度>275~325mm（中型）	5CrMnMo、5CrNiMo、4SiMnMoV	33~38（模尾）
	高度>325~375mm（大型）	5CrNiMo、5CrMnMoSiV、4CrMnSiMoV、5CrNiTi	34~40（模面）
	高度>375mm（特大型）	5CrNiMo、5CrMnMoSiV、4CrMnSiMoV、5CrNiTi、5CrNiW	28~35（模尾）
	堆焊模块	5Cr2MnMo	350~400HBW
	镶块式	4Cr5MoSiV1、3Cr2W8V、3Cr3Mo3W2V	

（续）

模具类型	零件名称和工作条件			推荐材料	工作硬度 HRC
机锻模	整体式			5CrNiMo、5CrMnMo、4CrMnMoSiV、5CrMnMoSiV、4Cr5MoSiV、4Cr5MoSiV1、4Cr5W2VSi、3Cr2W8V、4Cr3Mo3W2V	28~34
	镶拼式	镶块		4Cr5MoSiV1、4Cr5MoSiV、4Cr5W2VSi、3Cr2W8V	
		模体		5CrNiMo、5CrMnMo	
热挤压模	冲头			3Cr2W8V、3Cr3Mo3W2V、4Cr5W2VSi、4Cr5MoSiV1、4Cr5MoSiV	44~55
	凹模			3Cr2W8V、3Cr3Mo3W2V、4Cr5MoSiV、4Cr5MoSiV1、硬质合金、钢结硬质合金、高温合金	
温挤压模	冲头凹模			W18Cr4V、W6Mo5Cr4V2、6W6Mo5Cr4V、6Cr4W3Mo2VNb	50~62
高速锻模	凸、凹模			4Cr5W2VSi、4Cr5MoSiV、4Cr5MoSiV1、4Cr3Mo3W4VNb	44~55
热切边模	凸、凹模			6CrW2Si、5CrNiMo、3Cr2W8V、4Cr5MoSiV1、4CrMnSiMoV、8Cr3、W6Mo5Cr4V2、W18Cr4V、硬质合金	35~55
压铸模	锌及其合金			40Cr、30CrMnSi、40CrMo、CrWMn、5CrMnMo、4Cr5MoSiV、3Cr2W8V、20（碳氮共渗）	50~60
	铝、镁及其合金			3Cr2W8V、4Cr5MoSiV、4Cr5MoSiV1、4Cr5W2SiV、3Cr3Mo3V2V、4Cr5Mo2V、4Cr5Mo3V、DIN1.2779（X2NiCoMoTi12-8-8）	42~50
	铜及其合金			3Cr2W8V、3Cr3Mo3W2V、3Cr3Mo3VCo3	290~375HBW
	钢铁材料			3Cr2W8V（表面渗金属 Cr-Al-Si）	400~690HV

10.3.4　热作模具的热处理工艺

热作模具的工作条件恶劣，特别是工作温度高，对性能要求苛刻。为了适应不同状态下使用，热作模具的材料和热处理工艺要求都比较高。下面主要对锤锻模、热挤压模、金属压铸模具用钢的热处理工艺分别进行介绍。

1. 锤锻模的热处理工艺

（1）锤锻模用钢　用于锤锻模的钢主要有5CrNiMo、5CrMnMo、5Cr2MnMo、5Cr2NiMoVSi 钢等。这类锤锻模用钢的淬硬深度及 600~700℃ 时的硬度见表 10-20。硬度与冲击韧度的关系如图 10-5 所示。

（2）锤锻模的热处理工艺

1）退火。锤锻模具钢需在锻后进行完全退火或等温退火，其退火工艺见表 10-21，不同尺寸的模块退火工艺见表 10-22。

对于易形成白点的模块，需进行预防白点退火，如图 10-6 所示。

2）淬火。模具在淬火前应检查和清除刀痕等加工缺陷。为避免氧化、脱碳，应采用保护气氛或装箱保护加热。锤锻模具钢的淬火工艺见表 10-23。

锤锻模在淬火加热时，要进行一次或二次预热。锤

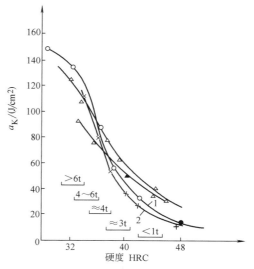

图 10-5　锤锻模用钢的硬度与冲击韧度的关系
1—5CrNiMo 钢　2—5CrMnMo 钢
注：所标吨数系指锻锤的吨位。

锻模常规的淬火温度是选在奥氏体晶粒不长大的温度范围，以保证有较高的断裂韧性。对热锻模具钢组织与断裂韧度之间关系的深入研究表明，采用较高温度淬火，有助于提高锻模的断裂抗力，减少锻模的开裂。

表 10-19　常用热作模具钢的使用性能和工艺性能比较

牌号	热处理硬度 HRC	室温力学性能				高温屈服强度			高温冲击韧度			高温硬度			抗氧化			热稳定性	热磨损		热疲劳		热熔损	可锻性	可加工性
		屈服强度	断面收缩率	断裂韧性	韧性	600℃	650℃	700℃	600℃	650℃	700℃	600℃	650℃	700℃	600℃	700℃	1000℃		850℃	950℃	950~20℃	750~20℃			
5CrNiMo	41~41.6	差	良	优	优	差	差	差	中	中	良	差	差	差	差	差	中	差	差	差	中	差		优	优
5CrMnMo	41~42.3	差	良	中	中	差	差	差	良	良	良	差	差	差	差	差	良	中	差	中	中	中			
5CrMnSiMoV	39.8~40.3	差	良	优	优	差	差	中	良	良	优	中	差	差	差	差	良	差	差	中	中	差		优	中
5Cr2NiMoVSi	38.8~40.2	差	优	优	优	中	差	中	优	优	优	中	中	中	中	差	优	良	中	中	良	中	优	良	良
4Cr5MoSiV1	43.7~44.2	差	优	良	良	良	中	中	中	良	良	良	良	差	优	优	优	中	优	中	良	中	优		
	47~48	良	良	良	良	优	中	差	中	优	良	优	优	差	优	优	优	中	良	中	中	中	优	良	良
4Cr5MoSiV	49.2~50	优	良	中	良	良	中	中	中	中	良	良	中	差	优	优	优	中	良	中	中	中	良	优	中
4Cr5W2VSi	48.5~49.2	良	良	中	良	良	中	中	中	中	良	良	中	差	良	优	优	中	优	中	良	中	良	优	良
4Cr5Mo2MnVSi	44.2~45	优	中	中	良	优	中	中	优	优	良	优	良	差	优	优	优	中	差	良	良	中	良	良	中
4Cr3Mo3W2V	44~44.2	中	中	中	中	良	中	中	中	中	中	中	中	差	良	优	优	良	差	良	良	差	差		
	48.2~48.5	良	良	差	良	良	良	中	中	中	良	良	良	差	良	优	良	中	中	良	良	中	差		中
4Cr3Mo3SiV	47~48.8	优	优	中	中	优	优	优	优	优	优	优	优	优	优	优	优	中	良	优	优	优	良	良	
3Cr3MoVNb	40.5~41.2	中	优	中	良	良	良	良	良	良	良	中	良	中	中	良	中	中	中	良	良	优	优		
	47.5~48	中	优	中	良	良	中	优	优	优	良	优	优	优	中	中	差	中	良	良	中	优	优		良
4Cr3Mo3W4VNb	49.0~49.5	优	差	差	差	优	优	优	良	优	良	优	优	优	中	中	良	中	中	中	优	中			

表 10-20　锤锻模用钢的淬硬深度和 600~700℃时的硬度

牌号	淬硬深度	在 600~700℃时的硬度 HBW
5CrNiMo	300mm×300mm×400mm,经 820℃加热淬火,650℃回火 10h 后,整个截面硬度一致	207~125
5CrMnMo	90~100mm	175~115
5Cr2NiMoVSi	160mm×200mm 截面可淬硬	—

表 10-21　锤锻模具钢退火工艺

牌号	加　　热		等　　温		硬度 HBW	冷却方式
	温度/℃	时间/h	温度/℃	时间/h		
5CrMnMo	850~870	4~6	650~680	2~4	197~241	以 50℃/h 炉冷至 500℃出炉
5CrNiMo	760~780	4~6	650~680	2~4	197~241	
5Cr2NiMoVSi	790~810	4~6	720~730	2~4	220~230	

表 10-22　不同尺寸模块的退火工艺

锤锻模规格尺寸/mm	600~650℃预热时间/h	升温	加热温度/℃	保温时间/h	冷却
250×250×250	2	随炉缓慢升温	830~850	4~5	随炉冷却(以 50℃/h)至 500℃以下出炉空冷
300×300×300	3		830~850	5~6	
350×350×350	4		830~850	6~7	
400×400×400	5		840~860	7~8	
450×450×450	6		840~860	8~9	
500×500×500	7		840~860	9~10	

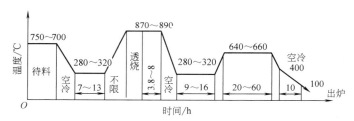

图 10-6　5CrMnSiMoV 钢模块普通退火与预防白点退火工艺曲线

表 10-23　锤锻模具钢的淬火工艺

牌号	淬火温度/℃	淬火冷却介质	硬度 HRC
5CrNiMo	830~860	油	58~60
5CrMnMo	820~850	油	52~58
5Cr2NiMoVSi	940~970	油	60~61

锤锻模在常规温度淬火后,一般在钢中残留着约 10%(体积分数)的残留奥氏体。在箱式电炉中加热时,加热系数按 2~3min/mm 选用,盐浴炉加热时则为 1min/mm。对尺寸较大的锤锻模,在淬火时要预冷到 780~800℃后再淬冷。小模块的预冷时间为 3~5min,大模块为 0.5~8min。淬冷油的允许温度范围为 30~80℃。

一般锤锻模在冷至 150~200℃时,就应从油槽中取出,立即装炉回火。

3) 回火。模具的回火温度,要按模具的工作条件和不发生脆断来确定。锤锻模的燕尾因应力集中较大,要求有高的韧性,其硬度要低于型腔的硬度。

锤锻模具钢的回火温度与硬度的关系见表 10-24。

锤锻模回火的时间应充分,否则会造成模具心部硬度偏高,产生开裂。

锤锻模回火后的冷却应注意防止产生第二类回火脆性,同时应进行二次回火。第二次回火温度低于第一次回火温度约 10℃,保温时间可缩短 20%~25%。

锤锻模燕尾的回火可在专用的燕尾回火炉中进行,也可采用降低燕尾冷却速度及燕尾预冷的淬火方法,有时可采用燕尾自回火法。

(3) 堆焊锤锻模的热处理工艺　堆焊锤锻模可以用 45Mn2 钢作为铸钢基体,用 5Cr2MnMo 钢作堆焊层。

5Cr2MnMo 钢经 880℃淬火、620℃回火后的硬度为 388~354HBW,$a_K \geq 30J/cm^2$,R_m 为 1350MPa,其性能与 5CrNiMo 钢相近,但高温性能要高一些。堆焊

表 10-24　锤锻模具钢的回火温度与硬度的关系

牌号	回火温度/℃	回火硬度 HRC
5CrMnMo	460~490	42~47
	490~520	38~42
	520~550	34~38
5Cr2NiMoV	500	50.5
	550	49.5
	640~660	41~45
	660~680	37~41

锤锻模的使用寿命与 5CrNiMo 钢锻模相当。

5Cr2MnMo 钢堆焊锤锻模的退火工艺曲线如图 10-7 所示，5Cr2MnMo 钢堆焊锤锻模的淬火与回火工艺见表 10-25。

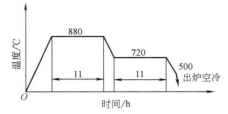

图 10-7　5Cr2MnMo 钢堆焊锤锻模的退火工艺曲线

表 10-25　5Cr2MnMo 钢堆焊锤锻模的淬火与回火工艺

工艺		堆焊锤锻模类型（高度 H/mm）			
		小型（≤275）	中型（≤325）	大型（≤375）	特大型（≤500）
		硬度 HBW			
		444~398	388~354	363~321	341~309
淬火	加热时间/h	3~3.5	4~4.5	5~5.5	5~6
	加热温度/℃	880	880	880	880
	保温时间/h	3~3.5	4~4.5	5~5.5	5~6
	出炉后预冷时间/min	3~4	4~5	5~6	6~7
	油冷时间/min	30~35	45~50	60~80	90~100
	出油温度/℃	150~180	150~180	150~180	150~180
回火	回火温度/℃	580	600	620	630~640
	回火时间/h	3~3.5	3.5~4.0	4.0~4.5	4.5~5.0

2. 热挤压模具的热处理工艺

（1）热挤压模具用钢　热挤压模具用钢要求有高的断裂抗力，抗压、抗拉及屈服强度，韧性，断裂韧度，回火稳定性及高温强度，室温和高温硬度。此外，还要求具有高的导热性、小的线胀系数、高的高温相变点和抗氧化能力。热挤压模具的主要用钢见表 10-26。

（2）热挤压模具的热处理工艺

1）退火。热挤压模具在锻后需经良好的球化退火，以改善组织，消除内应力，降低硬度，为最终热处理做好组织准备。

热挤压模具钢的退火工艺见表 10-27。为确保模具钢具有良好的耐磨性、韧性和小的热处理畸变倾向，退火后要十分注意碳化物的形状、大小及分布状态。

3Cr2W8V、3Cr3Mo3VNb、5Cr4W5Mo2V 等热挤压模具钢还可用图 10-8 所示的快速球化退火工艺。该工艺由一次加热油淬（温度可为淬火温度）和二次加热后随炉冷却两个工序组成。特点是在两次加热时不用保温和等温，只需均温即可。炉冷的冷却速度可在较大的范围内变化，而对组织和退火的硬度影响

不大。图 10-9 所示为三种钢快速球化退火二次加热温度与硬度的关系。表 10-28 列出了三种热挤压模具钢快速球化退火工艺及其硬度。三种钢在快速球化退火后，硬度均可控制在 220HBW 以下，球化组织均匀，可避免链状碳化物的出现。

表 10-26　热挤压模具的主要用钢

模具名称	牌号	工作硬度 HRC	备注
机械压力机及水压机冲头	3Cr2W8V	44~50	水冷却
	3Cr3Mo3W2V	44~50	
	6Cr4Mo3Ni2WV	48~52	
	3Cr3Mo3VNb	44~98	
	5Cr4Mo3SiMnVAl	48~52	
	5Cr4W5Mo2V	48~52	
	4Cr5W2VSi	43~47	
	4Cr5MoSiV1	43~47	
机械压力机及水压机凹模	3Cr2W8V	38~45	水冷却
	3Cr3Mo3W2V	43~46	
	3Cr3Mo3VNb	43~46	
	6Cr4Mo3Ni2WV	48~52	
	4Cr3Mo3W4VNb	48~52	
	4Cr5MoSiV	43~47	
	4Cr5MoSiV1	43~47	

表 10-27　三种热挤压模具钢快速球化
退火工艺及其硬度

牌号	快速球化退火工艺	退火后硬度 HBW
3Cr2W8V	840～880℃→720～740℃ 等温，炉冷至 500℃ 出炉	≤241
3Cr3Mo3W2V	870℃ 加热→730℃ 等温，炉冷至 500℃ 以下出炉	229～197
3Cr3Mo3VNb	840℃ 加热→710℃ 等温，炉冷至 500℃ 以下出炉	187
5Cr4W5Mo2V	850℃ 加热→750℃ 等温，炉冷至 500℃ 以下出炉	212～197
4Cr3Mo3W4VTiNb	850℃ 加热→720℃ 等温，炉冷至 500℃ 以下出炉	229～170
4Cr5MoSiV 4Cr5MoSiV1（H13）	860～890℃ 加热，炉冷至 500℃ 以下出炉	≤223
4Cr5W2VSi	860～880℃ 加热，炉冷至 500℃ 出炉	≤229
5Cr4Mo3SiMnVAl	860℃ 加热→720℃ 等温，炉冷至 500℃ 以下出炉	≤229

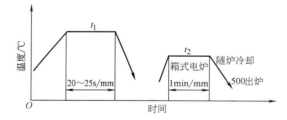

图 10-8　热挤压模具钢快速球化退火工艺

注：对于 t_1，3Cr2W8V 取 1050℃，3Cr3Mo3VNb 取 1030℃，5Cr4W5Mo2V 取 1100℃；

对于 t_2，3Cr2W8V 取 850～870℃，3Cr3Mo3VNb 取 850～870℃，5Cr4W5Mo2V 取 850～870℃。

表 10-28　三种热挤压模具钢快速
球化退火工艺及其硬度

牌号	快速球化退火的加热温度/℃		硬度 HBW
	一次加热（t_1）	二次加热（t_2）	
3Cr2W8V	1050	850～870	220
3Cr3Mo3VNb	1030	850～870	180～200
5Cr4W5Mo2V	1100	850～870	200

2）调质。为了获得均匀的圆、细碳化物分布，热挤压模具可采用调质作为预备热处理。3Cr3Mo3W2V 锻

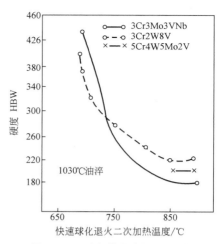

图 10-9　三种钢快速球化退火二次
加热温度与硬度的关系

后经 1150℃ 油淬、730℃ 高温回火后可显著提高断裂韧度。

3）正火。中碳高合金、大截面（>φ100mm）热挤压模具钢易出现沿晶链状碳化物，在球化退火时难以消除，还需用正火予以消除。3Cr3Mo3W2V 锻后经 1130℃ 正火和球化退火后，可消除链状碳化物。

4）淬火。淬火温度要按模具的工作条件、结构及形状、制造工艺和性能要求来确定。对断裂韧度、抗热疲劳和抗热磨损要求较高及淬火处理后需电加工的模具，要采用上限和较高的温度淬火；对要求畸变小、晶粒细、韧性高的模具，应用低限的温度淬火。表 10-29 所列为推荐的热挤压模具钢的淬火工艺。

表 10-29　热挤压模具钢的淬火工艺

牌号	淬火温度/℃	淬火冷却介质	淬火后硬度 HRC
3Cr2W8V	1050～1100	油	50
	1150～1160	油	53～55
3Cr3Mo3W2V	1030～1090	油	52～55
3Cr3Mo3VNb	1060～1090	油、盐水	46～48
5Cr4W5Mo2V	1130～1150	油	56～60
4Cr3Mo3W4VTiNb	1160～1200	油	55～57
4Cr5MoSiV	1020～1050	油、空气	53～55
4Cr5MoSiV1（H13）	1020～1080	油、空气	53～55

淬火加热保温时间的选择应保证组织转变的完成和可获得要求的合金元素固溶度。淬火加热保温时间过短，将降低钢的热硬性及耐回火性。淬火加热保温时间对 3Cr3Mo3VNb 钢硬度的影响见表 10-30。

中碳合金钢制热作模的淬冷一般可采用油淬。对于畸变要求较高的模具，还可采用 80～150℃ 的热油冷却。3Cr2W8V 钢制热挤压模具按图 10-10 所示工

艺处理后，畸变量可在 0.03mm 以下。对于要求高强韧性的模具，要采用高的淬冷速度，以抑制碳化物的沿晶析出和出现上贝氏体，提高其强韧性和耐回火性，但其冷却速度必须控制在不出现淬火开裂和畸变在允许的范围内。

5）回火。热挤压模具回火温度的选择应是在不影响模具的抗脆断能力及抗热疲劳性能的前提下，尽可能提高模具的硬度。因此，应根据模具的工作条件和具体的失效形态来确定具体的回火温度和硬度。热

挤压模具钢的回火工艺见表 10-31。

表 10-30　淬火加热保温时间对 3Cr3Mo3VNb 钢硬度的影响

处理状态	硬度 HRC					
	淬火加热保温时间/min					
	1	2	4	6	8	20
1060℃油淬	42.0	45.0	47.0	47.0	47.5	48.0
600℃第一次回火后	43.0	45.0	48.0	48.5	48.0	49.0
570℃第二次回火后	42.5	45.5	47.5	48.0	48.5	48.5

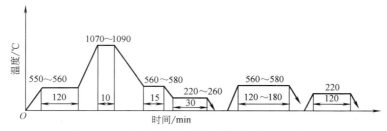

图 10-10　3Cr2W8V 钢制热挤压模具的热处理工艺曲线

表 10-31　热挤压模具钢的回火工艺

牌号	淬火温度/℃	回火工艺				回火后硬度 HRC
		温度/℃	时间/h	次数	冷却方式	
3Cr2W8V	1050~1100	560~580	>2	>1	空、油	44~48
		600~640	>2	>1	空、油	40~44
	1100~1150	600~620	≥1	≥2	空、油	44~48
		640~660	≥1	≥2	空、油	40~44
4Cr5W2VSi	1050~1100	580~620	≥2	≥2	空、油	48~52
		520~560	≥2	≥2	空、油	52~56
3Cr3Mo3W2V	1030~1050	650~660	≥2	≥2	空、油	38~44
		600~620	≥2	≥2	空、油	48~52
5Cr4Mo3SiMnVAl	1090~1100	580~600	≥2	≥2	空、油	53~55
4Cr3Mo3W4VNb	1170~1190	620~640	≥2	≥2	空、油	50~52
3Cr3Mo3VNb	1070~1090	610~630	≥2	≥2	空、油	45~47
5Cr4W5Mo2V	1120~1140	620~640	≥2	≥2	空、油	49~51

3. 金属压铸模具钢的热处理

压铸金属用模具根据被压铸材料性质的不同，可分为压铸锌合金用模具、压铸铝合金（或镁合金）用模具、压铸铜合金用模具及压铸铁金属用模具。由于使用条件，特别是工作温度不同，所用的模具材料及热处理工艺也不同。

（1）压铸锌合金用模具的热处理　压铸锌合金用模具型腔的工作温度不超过 400℃，用一般结构钢制的模具使用寿命为 20 万～40 万次，优质模具钢制的模具使用寿命可高达 100 万次以上。

压铸锌合金用模具用钢有合金结构钢，如 40Cr、30CrMnSi、40CrMo，模具钢，如 CrWMn、5CrMnMo、4Cr5MoSiV、3Cr2W8V 等。

（2）压铸铝合金用模具的热处理　压铸铝合金用模具型腔的工作温度高达 600℃左右，其主要失效形式为粘模、热疲劳，拐角和夹角及锐边处开裂（粗裂纹或劈裂）、磨损或腐蚀。

1）压铸铝合金用模具用钢。我国在 20 世纪 80 年代初引进 H13 钢（美国牌号，相当于我国的 4Cr5MoSiV1），是目前使用最广的铝合金压铸模钢。1990 年以前，以钢材成分不变，确保"韧性"为目标，冶炼上以精炼（主要是电渣重熔），热处理上以扩散退火、超细化处理，锻轧上以多向锻造或双向热轧等工艺措施稳定"韧性"，模具爆裂现象显著减少。抚顺特殊钢股份有限公司和宝钢集团有限公司开发出高级优质 4Cr5MoSiV1 钢，与其近似的国内外牌号见表 10-32。

表 10-32　与 4Cr5MoSiV1 近似的国内外牌号

中国 GB/T 1299	宝钢 特钢有限公司	抚顺特钢	瑞典 一胜百	日本 大同	日本 日立金属	德国 DIN	美国 AISIASTM
4Cr5MoSiV1 T23353	优质 G 级 4Cr5MoSiV1[①] 高质 Q 级 4Cr5MoSiV 特质 P 级 SWPH13（BSM8407）	F413 F413（电渣）	8407 ORVAR SUPREME	DHA1 DHA1-A	DAC	1. 2344 X4CrMoV51	H13 （电渣重熔）

① 宝钢的同一种钢，三种不同级别钢的区别在于：化学成分逐级降低 S、P 含量（采用多种精炼技术）；力学性能逐级
提升韧性和等向性；热处理扩散退火、超细化处理，减小偏析，细化晶粒和碳化物。

1990 年以后，H13 钢潜力挖尽，改变为调整钢材成分，从而出现许多新钢种。

4Cr5MoSiV1 钢制作的大中型模具，特别是热锻模在使用中开裂者多，表明钢材韧性不足。研究表明，奥氏体晶界上存在着难以察觉的碳化物，而且是碳化钒，恶化韧性，因此"减钒增韧"，钒的质量分数从 1.0% 减到 0.4%。

对大模具来说，4Cr5MoSiV1 钢的淬透性明显不足（指贝氏体淬透性，与传统珠光体淬透性不同）。随着压铸模日益大型化，与市场矛盾深化，必须调整成分，采用"高钼低硅"才是出路。图 10-11 所示为压铸铝合金模具用钢连续冷却组织转变图。贝氏体转变时间向右约延长 2 倍，淬透性大幅提升。中心部即使出现贝氏体，因其转变温度也降低 50℃，得到的是下贝氏体，冲击性能仍超 NADCA 207—2008《图谱北美压铸模金相标准》要求，淬透性进一步提升。降低硅含量，可让更多钼溶入奥氏体中，增加二次硬化能力。油淬淬透性达 500mm。国内有宝钢 SWBPH1 钢、抚钢 FS448（Superior），国外有瑞典 DIEVAR 钢，现已成为热作模具钢中的标杆钢种。与 SWBPH1 钢近似的国内外牌号见表 10-33。

表 10-33　与 SWBPH1 钢近似的国内外牌号

GB 通用牌号		钢厂牌号						
		宝钢	抚顺特钢	一胜百 （瑞典）	百禄 （奥地利）	大同 （日本）	日立金属 （日本）	高周波钢业 （日本）	肯特 （德国）
低钒 4Cr5MoSiV			FS413	8402	W300				USN
4Cr5MoSiV1		SWPH13	FS418	8407	W302	DHA1	DAC	KDA1	USD
低硅高钼压铸模具钢	4Cr5Mo1V	SWQH13		8418	W302		DAC-55		HP1
	4Cr5Mo2V	SWBPH1	FS443	DIEVAR[①]	W350	HD31S HD31-EX[②]	DAC10		TQ1
	4Cr5Mo3V				W360				RPU
高导热压铸模具钢				QRO-90	W321	DHA-Therm[③]			RP

① DIEVAR 钢的化学成分（质量分数）：C 0.35%，Si 0.20%，Mn 0.48%，Cr 5.00%，Mo 2.30%，V 0.50%。
② HD31-EX 钢的化学成分（质量分数）：C 0.35%，Si 0.24%，Mn 0.59%，Cr 5.47%，Mo 3.08%，V 0.82%。
③ 钢的热导率为 37W/(m·K)［H13 为 23W/(m·K)］，用于制造压铸模分流锥，加快压铸生产节拍。可解决压铸"爆溅"（压铸手机外壳时曾发生过）。

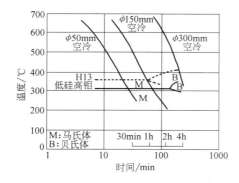

图 10-11　压铸铝合金模具用钢
连续冷却组织转变图

2）压铸铝合金模具用钢的热处理工艺。压铸铝合金模具用钢的淬火与回火工艺见表 10-34。压铸铝合金模具用钢的热处理工艺曲线如图 10-12 所示。热处理后的硬度一般不超过 48HRC，过高易产生热裂。图 10-13 所示为四种压铸铝合金模具用钢的热处理工艺曲线。

汽车轻量化中，一体化压铸铝合金模具单套重 36t，最大单件重 7t，尺寸为 800mm×2000mm×600mm。已有的压铸铝合金模具用钢的淬透性小（油淬极限厚度仅 350mm），已成为挡在热处理面前的一大难题，而马氏体时效钢加上先进的热处理技术，最有可能从中脱颖而出。

表 10-34　压铸铝合金模具用钢的淬火与回火工艺

牌号	淬火与回火工艺		硬度 HRC
3Cr2W8V	550~600℃预热,1050℃加热,预冷至850℃油淬在610和580℃进行两次回火(结合进行渗氮或氮碳共渗)		40~45 (渗氮表面硬度为 56~58HRC)
4Cr5Mo2V	1030~1050℃加热,油、气淬,再进行 560~600℃回火		45~52
DIN1.2779[1] (X2NiCoMoTi12-8-8)	固溶温度为 900℃,空冷,时效温度为 600℃ 离子渗氮:渗层深度为 0.1~0.15mm,表面硬度为 900~1100HV		50

[1] 18Ni(250) 为 $w(Ni)$ = 18%的马氏体时效钢,马氏体逆向转变为奥氏体($\alpha \rightarrow \gamma$)的温度为 525℃,时效温度选用 480℃,低于铝压铸模使用温度,因此必须将其转变温度提高到 650℃,对应的镍含量降低到 12%(质量分数,下同),钛含量降低到 0.5%,钼含量提升到 8%,时效温度提高到 600℃,最终组成 DIN 1.2779 铝压铸模钢。其特点是在使用温度高于时效温度时,硬度值仍能保持在 45HRC 以上,而 H13 钢硬度已降到 35HRC 以下,表面所产生的龟裂细小。

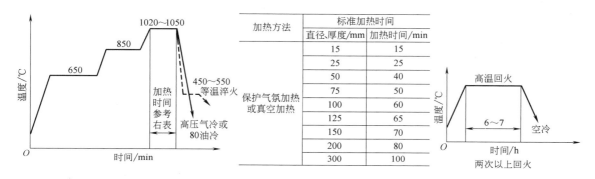

加热方法	标准加热时间	
	直径、厚度/mm	加热时间/min
保护气氛加热 或真空加热	15	15
	25	25
	50	40
	75	50
	100	60
	125	65
	150	70
	200	80
	300	100

图 10-12　压铸铝合金模具用钢的热处理工艺曲线　(4Cr5Mo2V 钢)

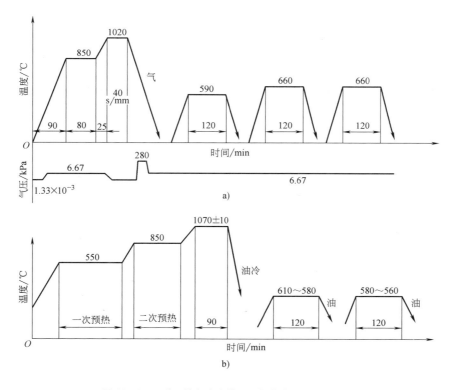

图 10-13　四种压铸铝合金模具用钢的热处理工艺曲线
a)4Cr5MoSiV1　b)3Cr2W8V

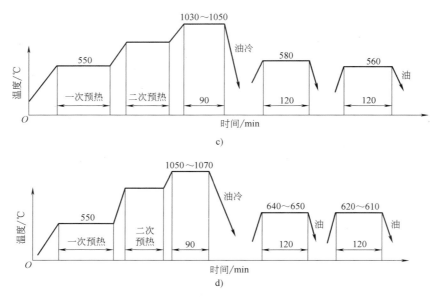

图 10-13　四种压铸铝合金模具用钢的热处理工艺曲线（续）

c）3Cr3Mo3W2V　d）3Cr3Mo3VNb

当采用 1MPa 高压气淬真空炉淬火加热时，大件、复杂件必须采用 550~650℃和 800~850℃两次预热，中小件可用 800~850℃一次预热。模具在炉内摆放时要让每一件都能均匀受热；预热升温速度≤220℃/h；到达预热温度后保温，当模具内部和表面温差≤60℃后即可升温转入下一步。当达淬火温度，心部也到温后，保温 30min。气淬时压力不得低于 0.5MPa，尽可能用 1MPa。心部冷却速度不得低于 3℃/min，尽可能大于 5℃/min，以获得较好的韧性。

如果采用分级淬火，表面冷却到 450~400℃时停止冷却，待心部冷下来；当表面和心部温差≤110℃时，立即快冷，一旦冷到 65~45℃，马上转入回火炉。分级淬火可减少变形，以免开裂。

大型模淬火时，模具内部及表面均应设置铠装热电偶。模具心部热电偶无法安装时，可用同样厚度模块，钻孔到模具心部供插入热电偶测温，也可将模具水道临时用作测温用，孔口用耐火纤维堵住。

国内外热处理专利中有许多关于铝合金压铸模的淬火冷却技术，读者可自行查阅。

回火通常采用空气循环炉即可。理论上，根据工作硬度和钢的回火温度-硬度曲线来制订回火工艺。但实际上，大件、复杂件，常采用三次回火。第一次是试回火，回火温度一般为 550~650℃，常用 580~600℃，以摸清钢的回火稳定性，决定第二次回火温度。如果第二次回火后硬度达到要求，则第三次回火温度应比第二次回火温度低 30~50℃；如果第二次回火后硬度仍高于要求硬度，则提高第三次回火温度，力求达到要求硬度。回火时间应按有效厚度，以 60min/25mm 计。

对 4Cr5MoSiV 钢制大型压铸模，回火时应分段升温，避免模具外软里硬而导致开裂。淬火后有约体积分数为 3%的残留奥氏体。残留奥氏体的等温转变图与淬火奥氏体等温转变图相同。回火预热温度应结合淬火奥氏体等温转变图来选择，避免在回火预热过程中残留奥氏体形成上贝氏体或珠光体。

3Cr2W8V 钢的高温强度比 4Cr5MoSiV 钢高而韧性低，为保证韧性，应选择偏低硬度。3Cr2W8V 钢制压铸模型腔的硬度通常推荐为 42~48HRC，4Cr5MoSiV 和 4Cr5MoSiV1 钢的硬度为 44~50HRC。实际生产中也有选用硬度为 40~44HRC 的，更多情况下是按压铸机锁模力或模板厚度选择硬度，如图 10-14 所示。可酌情提高 2HRC。

3）压铸铝合金用模具的防粘模处理。粘模是压铸铝合金用模具常见的失效形式，采用渗氮或氮碳共渗处理是防粘模的有效措施，而 TD 处理或 PVD 涂层效果更佳。

① 液体氮碳共渗。可在尿素、碳酸钠、碳酸钾、氢氧化钾的混合盐浴中进行。盐浴温度为 570℃，表面硬度为 1150HV，渗层深度为 0.025mm。

② 离子氮碳共渗。在离子渗氮炉中，现多以氢气和氮气进行离子氮碳共渗，处理时间为 4h。化合物层厚度为 0.021mm，有的要求无白层，扩散层厚

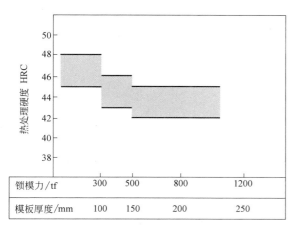

图 10-14 压铸机锁模力、模板厚度确定
铝合金压铸模型腔硬度

度为 0.212mm，表面硬度为 965HV。

③ 氧化处理。当真空渗氮在炉内冷却到 450℃时，通入水蒸气或其他氧化性气体，氧化时间为 1h，表面生成 3～15μm 厚的 Fe_3O_4 黑色氧化膜。能有效减少粘铝和熔融。

（3）压铸铜合金用模具的热处理工艺　铜合金的熔点为 850～920℃，压铸铜合金用模具型腔的最高工作温度可达 750℃以上，因此对模具用料要求有更高的热强性和热疲劳抗力。

1）模具材料。压铸铜合金的模具材料和使用寿命见表 10-35。一般的压铸铜合金的模具使用寿命为数千次。

表 10-35　压铸铜合金的模具材料和使用寿命

模具材料	被压铸材料	使用寿命（参考）/万次
3Cr2W8V	黄铜	1.8～3.5
3Cr3Mo3V	黄铜	4.0～5.0
4Cr5MoSiV	黄铜	0.5

2）压铸铜合金用模具的热处理工艺。压铸铜合金用模具的热处理工艺见表 10-36。

表 10-36　压铸铜合金用模具的热处理工艺

钢号	退火温度/℃	淬火		回火温度/℃	硬度HBW
		温度/℃	冷却介质		
3Cr2W8V	850	1100～1150	油、空气	670～700	290～375
3Cr3Mo3V	710～750	1020～1070	油、空气	670～700	290～375

当采用气体渗氮时，为防止出现铜合金粘模现象，渗氮后要经 520℃×4h 的扩散处理，使表面硬度降至 700HV 左右，以免发生剥落、开裂。

（4）压铸钢用模具的热处理工艺　压铸钢用模具的型腔表面温度可达 1000℃以上，模具使用寿命很短，仅几百次就会因腐蚀、热裂、畸变而失效。

1）模具材料。表 10-37 列出了压铸钢用模具材料及其热处理。

表 10-37　压铸钢用模具材料及其热处理

材料及热处理	压铸零件及材料	寿命/次	失效原因
3Cr2W8V，常规热处理	T8 钢，肋骨剪（质量 97g）	数十至数百	大裂纹
3Cr2W8V，表面渗铝	T8 钢，肋骨剪（质量 97g）	1190	网状裂纹
	20Cr13 钢，汽轮机叶片	100 余	网状裂纹
3Cr2W8V，Cr-Al-Si 三元共渗	20Cr13 钢，汽轮机叶片	100 余	网状裂纹

2）模具的热处理工艺。3Cr2W8V 钢制压铸模可用渗铝、三元共渗来提高模具的表面性能。渗铝时可用 98%（质量分数）铝铁合金+2%（质量分数）氯化铵的渗剂，铝铁合金中 w（Al）为 50%。将零件与渗剂共同装入箱内加热，加热温度为 950℃，保温 15h。开箱后，模具重新装炉升温到 900℃，保温 4h 后，出炉空冷。渗铝层深度为 0.3mm，表面硬度为 386～405HV。

Cr-Al-Si 三元共渗渗剂组成（质量分数）为铬粉 40%，硅铁粉 10%，铝铁粉 20%，三氧化二铝粉 30%，另加氯化铵 1%。将零件装入箱内，埋在渗剂中，在炉内 1050℃的温度加热 10h 后渗层深度为 0.08～0.20mm，渗层硬度为 500～690HV。模具在三元共渗后需进行淬火、回火处理，如图 10-15 所示。

4. 热冲压成形模具钢的热处理

热冲压成形技术是一项解决冷冲压汽车超高强度钢板回弹大难题的创新性工艺。抗拉强度 ≥980MPa 的超高强度钢板冲压件，典型的有汽车车身的前后防撞杆、前后保险杠、左右车门防撞杆，A 柱、B 柱、C 柱加强板，地板中通道梁、车顶加强梁等。

热冲压成形模具既要把钢板成形为零件，又要依靠模具冷却使成形零件在模内完成淬火，因此除了要求模具钢耐磨损、耐热疲劳，因模具内部设有冷却水道，还要求模具钢耐水锈、耐应力腐蚀，并要求导热性好，以对模内冲压件实现淬火，加快生产节拍。表 10-38 列出了国内外常见的热冲压成形模具钢牌号。

国内仍以使用 4Cr5MoSiV 为主，以降低成本。

热冲压成形模具的失效形式以磨料磨损为主。图 10-16 所示为热冲压成形模具钢 4Cr5Mo2V 的热处理工艺曲线。

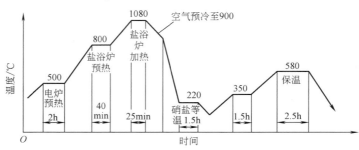

图 10-15　经 Cr-Al-Si 三元共渗后的 3Cr2W8V 钢制模具的热处理工艺曲线

注：压铸叶片模具尺寸为 300mm×129mm×60mm。

表 10-38　国内外常见的热冲压成形模具钢牌号

GB 通用牌号	钢厂牌号								
	宝钢	抚顺特钢	一胜百（瑞典）	百禄（奥地利）	大同（日本）	日立金属（日本）	高周波钢业（日本）	ROVALMA	肯特（德国）
4Cr5MoSiV		FS413	8402	W300					USN
4Cr5MoSiV1	SWPH13	FS418	8407	W302	DHA1	DAC	KDA1		USD
4Cr5Mo2V	SWBPH1	FS443	DIEVAR	W303	HD31-EX	DAC10			
热成形专用钢	SDCM-S（上海大学）			W360	DHA-HS1		KDAHP1	HTCS-130	CR7V-L

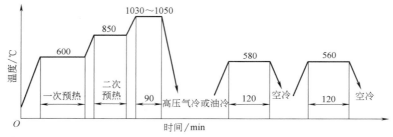

图 10-16　热冲压成形模具钢 4Cr5Mo2V 的热处理工艺曲线

目前，热冲压成形模具钢朝两个方向发展，即高硬度热冲压成形模具钢和高热导率热冲压成形模具钢。

德国 CR7V-L 热冲压成形模具钢的目标硬度为 52HRC，以高的碳含量达到更高的耐磨性。图 10-17 所示为 CR7V-L 钢的热处理工艺曲线。

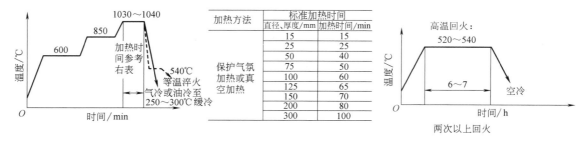

图 10-17　CR7V-L 钢的热处理工艺曲线

日本 KDAHP1 热冲压成形模钢的热导率［32W/（m·K）］仅为铁的 1/3，H13 钢［24W/（m·K）］为铁的 1/4。因此，模块不宜过大，淬火温度宜高，淬火冷却速度宜快（用油淬或炉子最高压力气淬），冷却终止温度为 100～150℃。回火温度按要求硬度确定，回火次数不少于两次。装入炉温 ≤300℃回火炉内进行回火。其热处理工艺曲线如图 10-18 所示。

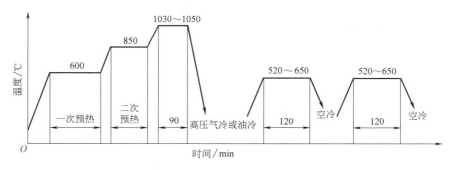

图 10-18　KDAHP1 热冲压成形模钢的热处理工艺曲线

用此钢制作的模具热冲压强度为 1470MPa、厚度为 1.8mm 的裸板、镀 Zn 板或镀 Al 板，制成轿车 A 柱、B 柱及其加固件，门梁、防撞梁等，分别从 2015 或 2017 年使用至今。

10.4　塑料模具的热处理

10.4.1　塑料模具的工作条件和分类

按塑料制品不同，塑料模具可分为热塑性塑料模具和热固性塑料模具两类。其工作条件见表 10-39。

1）热固性塑料模具。在加热和一定条件下，能直接固化成不溶或不熔性的塑料制品的工具。成形材料主要是酚醛树脂、三聚氰胺树脂等。

2）热塑性塑料模具。在加热温度内可反复软化和冷凝成形制品的工具。成形材料主要是聚乙烯、尼龙等。

表 10-39　塑料模具的工作条件

名称	工作条件	工作特点
热固性塑料用压模	受热（200～250℃）、受力大、易磨损、易侵蚀，还受到脱模的周期性冲击和碰撞	压制各种胶木粉。一般含有大量固体充剂，多以粉末直接加入压模，热压成形，热机械载荷及磨损较重
热塑性塑料注射模	受热、受压、受磨损，但不严重，部分品种含有氯及氟等析出腐蚀性气体，有较大侵蚀作用	塑料中通常不含固体填料，以软化形态注入型腔，当含有玻璃纤维填料时会加剧对型腔的磨损

10.4.2　塑料模具的主要失效形式

塑料模具失效形式主要有三种，即表面损伤失效、塑性变形失效和断裂失效。

1）表面损伤失效。模具型腔表面质量恶化、尺寸超差及表面侵蚀；热固性模具成形中的固体添加剂及热塑性模具成形材料中的 Cl、F 元素都会加剧表面损伤。

2）塑性变形失效。模具在持续加热、受压力作用下局部发生塑性变形，通过提高模具表面强度、硬度可改善使用性能。

3）断裂失效。塑料模具形状复杂，存在应力集中，易产生断裂。复杂型腔、大中型塑料模具可选用合金钢类材料（如渗碳钢或预硬钢）以提高断裂抗力。

10.4.3　塑料模具材料的选用

塑料模具形状复杂，加工难度大，一般说来价格比较昂贵。为保证模具的使用寿命，防止早期损坏，合理地选择模具材料是十分重要的。

1. 塑料模具钢的性能要求

塑料模具钢的使用要求与冷作模具钢、热作模具钢相比，力学性能要求不太高，表面性能要求高。具体要求如下：

1）较高的硬度、好的耐磨性。型腔表面硬度要求为 30～60HRC，淬火硬度 >55HRC，并要有足够的硬化深度；心部有足够强韧性，以免发生脆断、塑性变形。

2）一定的抗热性和耐蚀性。

3）由于塑料模具一般结构较复杂，型腔表面粗糙度值要求低，精度要求高，同时要保证有优良的工艺性能：热处理变形小，并有较好的淬透性；可加工性好，要有优良的抛光性能和耐磨性；对使用冷挤成形工艺加工的塑料模，要求材料有较好的冷挤压成形性，退火后硬度要低，塑性要好，变形抗力要小，便于成形加工，淬火后变形抗力高。

4）其他工艺性能要良好，如可锻性和焊接性等。

表 10-40 列出了常用塑料模具钢使用性能和工艺性能比较。

表 10-40　常用塑料模具钢使用性能和工艺性能比较

类别	牌号	使用硬度 HRC	耐磨性	抛光性能	淬火后变形倾向	硬化深度	可加工性	脱碳敏感性	耐蚀性
	45	30~50	差	差	较大	浅	好	较小	差
	40Cr	30~50	差	差	中等	浅	较好	小	较差
淬硬型	CrWMn	58~62	中等	差	中等	浅	中等	较大	较差
	9SiCr	58~62	中等	差	中等	中等	中等	较大	较差
	9Mn2V	58~62	中等	差	小	浅	较好	较大	尚可
	5CrNiMnMoVSCa	40~45	中等	好	小	深	好	较小	中等
预硬型	3Cr2NiMnMo	32~40	中等	好	小	深	好	中等	中等
	3Cr2Mo	40~58	中等	好	较小	较深	好	较小	较好
	8Cr2MnWMoVS	40~42	较好	好	小	深	好	较小	中等
耐蚀型	20Cr13	30~40	较好	较好	小	深	中等	小	好
	12Cr18Ni9	30~40	较好	较好	小	深	中等	小	好

2. 塑料模具的材料选用（见表 10-41）

表 10-41　塑料模具的材料选用

工作条件	推荐材料
小批量、低精度、小尺寸模具	SM45、SM55 或 10、20 钢渗碳、40Cr 低熔点合金、锌基合金等
较大载荷、较大批量的模具	20Cr、12CrNi3A（渗碳）
大型、复杂、大批量的注射模具和挤压成形模	3Cr2NiMnMo、3Cr2Mo、5CrNiMo、5CrMnMo
热固性塑料模具和高耐磨的注射模具等	T10A、T12A、9Mn2V、CrWMn、9SiCr、MnCrWV、Cr2、GCr15、8Cr2Mn WMoVS、Cr12、Cr12MoV 等
耐腐蚀、高精度	20Cr13、40Cr13、90Cr18MoV、12Cr18Ni9
复杂、精密、高耐磨	5CrNiMnMoVSCa、8Cr2MnWMoVS、4Cr5MoSiV、06Ni6CrMoVTiAl、2CrNi3MoAl、00Ni18Co8MoTiAl

10.4.4　塑料模具钢的热处理工艺

　　塑料模具钢的热处理包括预备热处理和最终热处理。要求处理后的模具有适中的工作硬度，易于加工；足够的强度和韧性；较小的淬火变形量，型腔表面容易抛光；一定的耐蚀性和耐热性。

　　1. 退火

　　表 10-42 列出了塑料模具用钢的退火工艺。对冷压成形模用钢，要求硬度≤150HBW，$A \geqslant 35\%$；对型腔复杂的深型腔，要求硬度≤130HBW，$A \geqslant 45\%$。

　　2. 淬火

　　塑料模具淬火时，要采取防氧化、脱碳、侵蚀和畸变的措施。

　　3. 回火

　　塑料模具用钢回火温度与硬度的关系见表 10-43。

表 10-42　塑料模具用钢的退火工艺

牌号	加热 温度/℃	加热 时间/h	等温 温度/℃	等温 时间/h	冷却方式	退火后硬度 HBW
40、40Cr	820~840	>2	—	—	炉冷至 500℃，出炉空冷	≤163
T7A~T12A	760~780	3~4	680~700	5~6	炉冷至 500℃，出炉空冷	187~207
CrWMn	780~790	2~4	680~700	4~6	炉冷至 300℃，出炉空冷	207~255
5CrNiMnMoVSCa	760~780	2	670~690	6~8	炉冷至 550℃，出炉空冷	217~220
8Cr2MnWMoVS	790~810	2~3	690~710	4	炉冷至 550℃，出炉空冷	≤229
2CrNi3MoAl	740~760	2~4	680~700	4~6	出炉空冷（或水冷）	240
3Cr2Mo	850±10	2	720±10	4	炉冷 500℃，出炉空冷	≤229
3Cr2NiMnMo	850±10	2	700±10	4	炉冷 500℃，出炉空冷	≤229

表 10-43 塑料模具用钢回火温度与硬度的关系

牌号	达到下列硬度的回火温度/℃					
	28~32HRC	30~35HRC	35~40HRC	40~45HRC	45~50HRC	50~54HRC
45	470~500	430~480	370~430	310~370	260~310	160~180
40Cr	420~480	400~440	340~400	270~340	210~270	160~180
8Cr2MnWMoVS	—	—	≈650	≈630	≈580	≈500
5CrNiMnMoVSCa	—	—	≈650	≈600	≈550	≈300
3Cr2Mo	≈700	≈650	≈550	400~550	300~400	≈200
3Cr2NiMnMo	—	≈650	≈600	≈550	350~450	≈150
2Cr13	—	≈600	≈550	300~500	<200	—
4Cr13	650	≈600	≈580	≈550	500~530	200~300

4. 预硬型塑料模具用钢的热处理工艺（见表 10-44）

表 10-44 预硬型塑料模具用钢热处理工艺

牌号	退火温度/℃	硬度 HBW	淬火温度/℃（冷却方式）	硬度 HRC	回火温度/℃	硬度 HRC
5CrNiMnMoVSCa	780	≤255	880（油冷或空冷）	>58	200	57
					300	54
					400	50.5
					500	48
					600	43.5
					650	36
8Cr2MnWMoVS	800±10	≤255	860~900（空冷）	63	200	62.3
					500	53.7
					550	51.1
					600	47.1
					650	36.7
3Cr2NiMnMo	650~700	≤255	850~870（油冷）	52	250	49.5
					400	47.0
					550	41.5
					600	37.0
					650	35.0
3Cr2Mo	710~740	≤235	840~870（油冷）	51	200	50
					300	48
					400	46
					500	42
					600	36

沉淀硬化钢的热处理工艺可参照表 10-45。1Ni3MnCuMoAl 类沉淀硬化钢属低碳贝氏体钢，其热处理由固溶和沉淀硬化组成：

1) 固溶处理：850~900℃，保温时间按 1.2min/mm 计算，空冷。固溶处理是一种软化处理，冷却速度较慢，热应力小，残余应力就小，加工变形也就小。

2) 沉淀硬化处理：490~520℃，保温 5h，空冷（不是淬火硬化，无"质量效应"，截面硬度特别均匀）。

如果采用油冷，获得的将是低碳马氏体钢，就存在淬透性问题。对大截面模块，获得的将是表面为马氏体，心部为贝氏体、铁素体，截面硬度均匀性变差，残余应力也增大。

表 10-45 沉淀硬化钢的热处理工艺

牌号	固溶温度/℃	时效温度/℃	硬度 HRC
06Ni6CrMoVTiAl	800~850（油冷）	500~520（6~8h）	42~47
2CrNi3MoAl	850~900（油冷）	510~530（8~10h）	40~42
1Ni3MnCuMoAl	850~900（油冷）	510~530（8~10h）	40~42

5. 时效塑料模具钢的热处理工艺

马氏体时效硬化模具钢的热处理工艺可参照表

10-46 实施。对镜面度要求 10000~12000# 的大截面模块选用马氏体时效钢，热处理工艺与沉淀硬化钢类似，但两者机理不同，性能差别也很大，因镍含量高，价格贵，几乎没有应用。

表 10-46　马氏体时效硬化模具钢的热处理工艺

牌号	固溶温度/℃	时效温度/℃	硬度 HRC
00Ni18Co8MoTiAl	820(1h)	480(3h)	50~54

6. 塑料模具的热处理工艺举例

1）1Ni3MnCuMoAl 钢制塑料制品用模。要求硬度为 38~42HRC，变形量要求 ≤0.03/5mm。塑料制品用模和热处理工艺曲线如图 10-19 所示。

2）光学硬质镜片（以 CR-9 透明塑料制造）、手机壳塑料制品用模。要求硬度为 50~55HRC，变形量要求 ≤0.02mm。塑料制品用模和热处理工艺曲线如图 10-20 所示。

3）CrWMn 钢制胶木用模。要求硬度为 51~55HRC，畸变量要求 B（见图 10-21）为 0，A（见图 10-21）为 0.07mm。胶木用模和热处理工艺曲线如图 10-21 所示。

4）T10A 钢制塑料用模。要求硬度为 52~56HRC，畸变量为 -0.05mm。塑料用模和热处理工艺曲线如图 10-22 所示。

5）5CrMnMo 钢制塑料用凹模。要求硬度为 50~53HRC，畸变量为 A（见图 10-23）处为 -0.06mm，B（见图 10-23）处为 -0.04mm。塑料用凹模和热处理工艺曲线如图 10-23 所示。

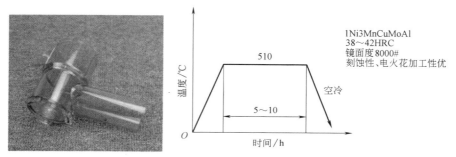

图 10-19　1Ni3MnCuMoAl 钢制塑料制品用模和热处理工艺曲线

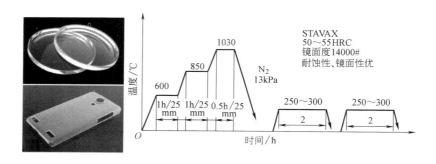

图 10-20　STAVAX 光学硬质镜片、手机壳塑料制品用模和热处理工艺曲线

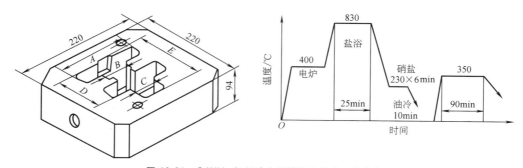

图 10-21　CrWMn 钢制胶木用模和热处理工艺曲线

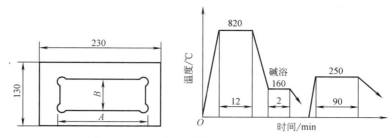

图 10-22　T10A 钢制塑料用模和热处理工艺曲线

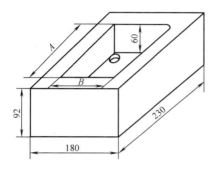
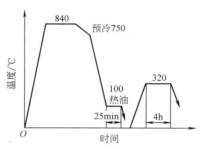

图 10-23　5CrMnMo 钢制塑料用凹模和热处理工艺曲线

10.5　模具强韧化热处理

采用高强韧模具材料和强韧化处理及表面强化工艺，是提高模具使用性能和延长模具使用寿命的十分重要的措施，但由于模具的尺寸、形状的复杂程度和工作条件及失效类型的差异极为悬殊，因此在选材、

确定热处理工艺和使用硬度时，要十分注意模具的具体使用条件。

10.5.1　模具强韧化处理工艺

高强韧模具材料的应用及使用寿命见表 10-47。
模具的强韧化处理工艺及应用实例见表 10-48。

表 10-47　高强韧模具材料的应用及使用寿命

牌号	热处理工艺	应用	使用寿命/万次
3Cr3Mo3W2V（HM1）	550℃第一次预热，800℃第二次预热，1030～1060℃加热，油淬；600～620℃回火三次；硬度为 44～48HRC	轴承套圈热挤压凸凹模	1～3
	550℃第一次预热，800℃第二次预热，1110～1130℃加热，油淬；640～660℃回火三次；硬度为 38～42HRC	高强度钢形状复杂锻件精锻模	≈0.1
3Cr3Mo3VNb（HM3）	550℃第一次预热，800℃第二次预热，1040～1060℃加热，油淬；560～640℃回火；硬度为 48～42HRC	易脆裂的轴承套圈热挤压模	1～3
		连杆辊锻模	1～2
		压铸铝合金模	15～20
5Cr4W5Mo2V（RM2）	550℃第一次预热，800℃第二次预热，1120～1140℃加热，油淬；610～630℃回火两次；硬度为 50～52HRC	轴承套圈热锻冲模	1～2
5Cr4Mo3SiMnVAl（012Al）	550℃第一次预热，800℃第二次预热，1090～1110℃加热，油淬；520～540℃×2h 回火三次；硬度为 60～62HRC	M12 六角螺母下冲模	11
6Cr4W3Mo2VNb（65Nb）	550℃第一次预热，800℃第二次预热，1150～1170℃加热，油淬；540～570℃回火三次；硬度为 58～60HRC	M10 螺栓冷镦顶模	16～20
		平圆头十字槽冲模	9
		不锈钢异形件冷镦模	2～2.5

（续）

牌号	热处理工艺	应用	使用寿命/万次
Cr4W2MoV	550℃ 第一次预热,800℃ 第二次预热,980～1000℃ 加热,油淬;400～420℃ 回火两次;硬度为 56～58HRC	钢板弹簧冲孔凸模	0.08
8Cr2MnWMoVS	预硬态使用:860～880℃ 加热,空冷,硬度为 60～64HRC;560～620℃ 回火,硬度为 36～44HRC;560℃ 离子渗氮 8h,硬度为 1000～1100HV0.1	胶木模、陶土模	
	在高硬态使用,550℃ 第一次预热,800℃ 第二次预热,860～900℃ 空淬;160～250℃ 回火;硬度为 58～60HRC	电阻连接复合模	60～150
7Cr7Mo3V2Si（LD-2）	550℃ 第一次预热,800℃ 第二次预热,1090～1100℃ 加热,油淬;520～540℃ 回火两次;硬度 58～60HRC	M10 六角螺母下冲模	18
		M12 六角螺栓冷镦模	40
		3/4in（1in＝25.4mm）轴承钢球冷镦模	3.5～4

注：模具的热处理工艺及使用硬度要按模具的尺寸大小、形状复杂程度及工作条件选定。

表 10-48　模具的强韧化处理工艺及应用实例

模具名称	模具材料	强韧化处理工艺	应用效果及使用寿命/万次
枪管座锻模	3Cr2W8V	高温淬火、高温回火:1130～1150℃ 加热,油淬;640～660℃ 回火;硬度为 38～42HRC	0.1～0.8
分电器螺塞螺纹滚丝模	Cr12MoV	贝氏体等温淬火:980～1000℃ 加热,270～280℃×4h 等温空冷;400～420℃ 回火;硬度为 54～56HRC	5～8
硅钢片冲孔冲模（φ10mm）		1030～1050℃ 空冷,在 -70℃ 冷处理 60min;180～200℃ 的回火	刃磨寿命 12（未冷处理的为 5 万次）
不锈钢餐具中温热辊轧模具	5Cr4W5Mo2V	中温回火:1130～1140℃ 加热,油淬;440～450℃ 回火;硬度为 54～58HRC	15～25
精密冲模	CrWMn	贝氏体等温淬火:820～840℃ 加热,在 230～240℃ 等温后空冷;230～250℃ 回火;硬度为 54～56HRC	8～10
活塞销冷挤冲头	W6Mo5Cr4V2	1170～1190℃ 加热,油淬;560℃ 回火三次;硬度 62～64HRC	1～1.5
螺钉冷镦模	W6Mo5Cr4V2	1170～1180℃ 加热,油淬;200～220℃ 回火;硬度 60～62HRC	10～15

10.5.2　模具真空热处理工艺

1. 真空热处理工艺

对于要求尺寸和性能稳定的高精密模具,常常采用真空热处理工艺。常用合金工具钢真空热处理工艺见表 10-49。真空高压气淬的淬硬能力见表 10-50。

2. 真空淬火时间估算

（1）真空淬火预热加热时间

1）经典加热时间估算　高合金钢和高速钢模件真空炉典型三段淬火加热曲线如图 10-24 所示。

表 10-49　常用合金工具钢真空热处理工艺

钢号	预热		真空度/Pa	淬火			回火			硬度 HRC
	一次预热温度/℃	二次预热温度/℃		加热温度/℃	真空度/Pa	冷却介质	加热温度/℃	真空度/Pa	冷却介质	
9CrSi	500～600		10^{-1}～1	850～870	10^{-1}～1	油	170～190	空气炉	空气	61～63
CrWMn	500～600		10^{-1}～1	820～840	10^{-1}～1	油	170～185	空气炉	空气	62～63
CrMn	500～600		10^{-1}～1	840～860	10^{-1}～1	油	170～190	空气炉	空气	60～63
9Mn2V	500～600		10^{-1}～1	780～820	10^{-1}～1	油	170～190	空气炉	空气	58～62
5CrMnMo	500～600		10^{-1}～1	830～850	10^{-1}～1	油或氮气	450～500	$(5～7)×10^4$	氮气	38～44
5CrNiMo	500～600		10^{-1}～1	840～850	10^{-1}～1	油或氮气	450～500	$(5～7)×10^4$	氮气	39～44.5
Cr12	500～550	800～850	10^{-1}～1	960～980	10^{-1}～1	油	180～240	空气炉	空气	60～64
Cr12MoV	500～550	800～850	10^{-1}～1	1020～1040	10^{-1}～1	油或氮气	480～510	空气炉	空气	58～62

（续）

钢号	预热			淬火			回火			硬度 HRC
	一次预热温度/℃	二次预热温度/℃	真空度/Pa	加热温度/℃	真空度/Pa	冷却介质	加热温度/℃	真空度/Pa	冷却介质	
Cr8Mo2SiV	500~550	800~850	10^{-1}~1	1020~1040	10^{-1}~1	油或氮气	500~540	空气炉	空气	60~64
4Cr13	500~550	800~850	10^{-1}~1	1000~1050	10^{-1}~1	油或氮气	180~300 500~560	空气炉	空气	49~51
4Cr13NiVSi	500~550	800~850	10^{-1}~1	1000~1050	10^{-1}~1	油或氮气	180~300 500~560	空气炉	空气	49~51
3Cr17Mo	500~550	800~850	10^{-1}~1	1000~1070	10^{-1}~1	油或氮气	180~300 500~560	空气炉	空气	44~46
3Cr17NiMoV	500~550	800~850	10^{-1}~1	1030~1070	10^{-1}~1	油或氮气	180~300 500~560	空气炉	空气	44~46
9Cr18	500~550	750~820	10^{-1}~1	1000~1050	10^{-1}~1	油或氮气	170~250	空气炉	空气	55~59
3Cr2W8V	480~520	800~850	10^{-1}~1	1050~1100	1~10	油或氮气	560~580	$(5~6.7)×10^4$	氮气	42~47
4Cr5W2VSi	480~520	800~850	10^{-1}~1	1050~1100	1~10	油或氮气	600~650	$(5~6.7)×10^4$	氮气	38~44
7CrSiMnMoV	500~600		10^{-1}~1	880~900	10^{-1}~1	油或氮气	450 200	$(5~6.7)×10^4$	氮气 空气	52~54 60~62
4Cr5MoSiV1	500~550	800~820	10^{-1}~1	1020~1050	10^{-1}~1	油或氮气	560~600	$(5~6.7)×10^4$	氮气	45~50
5Cr5WMoSi	500~600	800~820	10^{-1}~1	990~1020	10^{-1}~1	油或氮气	560~600	$(5~6.7)×10^4$	氮气	50~55
W6Mo5Cr4V2	500~600	800~850	10^{-1}~1	1150~1220	10	油或氮气	540~600	$(5~6.7)×10^4$	氮气	62~65
W18Cr4V	500~600	800~850 三次预热: 1000~1100	10^{-1}~1	1000~1100 1240~1300	10	油或氮气	540~600	$(5~6.7)×10^4$	氮气	62~66
7Cr7Mo2V2Si	550	800~850	10^{-1}~1	1080~1150	10	油或氮气	530~630	$(5~6.7)×10^4$	氮气	62~55

表 10-50　真空高压气淬的淬硬能力

AISI（美）	AFNOR（法）	DIN（德）	GB（中）	主要成分（质量分数,%）						相应压力下的淬硬尺寸/mm			硬度 HRC
				C	Cr	Ni	Mo	V	W	0.6 MPa	1MPa	2MPa	
—	—	50NiCr13	—	0.45~0.55	0.09~1.20	3.00~3.50				80	100	120	59
—	—	—	—	0.40~0.50	1.2~1.5	3.8~4.3	0.15~0.35			160	180	200	56
01	90MWCV5	100MnCrW4	MnCrWV	0.90~1.05	0.5~0.7	Mn:1.0~1.2	0.05~0.15		0.5~0.7	40	80	120	64
S1	55WC20	60WCrV7	5CrW2Si	0.55~0.65	0.9~1.2		0.15~0.20		1.8~2.1	60	80	100	60
02	90MV8	90MnCrMoV51	9Mn2V	0.85~0.95	0.2~0.5	Mn:1.9~2.1	0.05~0.15		—	40	80	120	63
A2	Z100CDV5	X100CrMnV51	Cr5Mo1V	0.90~1.05	4.80~5.50		0.90~1.20	0.10~0.30		160	200	200	63
D3	Z200C12	X210Cr12	Cr12	1.90~2.20	11.0~12.0					60	100	160	64
D6	Z200CW12	X210CrW12	—	2.0~2.25	11.0~12.0		0.90~1.10		0.60~0.80	160	200	200	65
DC	Z160CDV12	X155CrVMo121	Cr12MoV	1.50~1.60	11.5~12.5		0.60~0.80	0.07~0.12		160	200	200	63

（续）

AISI（美）	AFNOR（法）	DIN（德）	GB（中）	主要成分（质量分数,%）						相应压力下的淬硬尺寸/mm			硬度 HRC
				C	Cr	Ni	Mo	V	W	0.6 MPa	1MPa	2MPa	
L6	55NCDV7	55NiCrNoV6	5CrNiMo	0.50~0.60	0.60~0.80	1.50~1.80	0.25~0.35	0.07~0.12	—	100	160	200	56
H11	Z3sCDV5	X38CrMoV51	4Cr5MoSiV	0.33~0.43	4.75~5.50	—	1.10~1.60	0.30~0.60	—	160	200	250	54
H13	Z40CDV5	X40CrMoV51	4Cr5MoSiV1	0.32~0.43	4.75~5.50	—	1.10~1.75	0.80~1.20	—	160	200	250	54
H10A	32DCV28	X32CrMoV33	4Cr3Mo3SiV	0.35~0.45	3.00~3.75	—	2.00~3.00	0.25~0.75	—	100	140	160	50
420	Z40C14	X42Cr13	4Cr13	0.38~0.45	12.5~13.5	—	—	—	—	100	120		56
—	—	X36CrMo17	—							140	160		50
M2	Z8SWDCV 06-05-04-02	S6-5-2	W6Mo5Cr4V2	0.84~0.92	3.8~4.5		4.70~5.20	1.70~2.00	6.00~6.70	100	120	150	65
M42	Z110DKCWV 19-08-04-02-01	S2-10-1-8	W2Mo9Cr4VCo8	1.05~1.12	3.60~4.40	Co: 7.50~8.50	9.00~10.0	1.00~1.30	1.20~1.80	120	150	180	66
M48	Z130WKCDV 10-10-04-04-03	S10-4-3-10	—	1.20~1.35	3.8~4.5	Co: 10.0~11.0	3.50~4.00	3.00~3.50	9.50~11.00	120	150	180	67
ES 2100	100C6	100Cr6	GCr15	0.95~1.10	1.35~1.65						10	20	63
—	35NCD6	34CrNiMo6	34Cr2Ni2Mo	0.30~0.38	1.40~1.70	1.40~1.70	0.15~0.30			20	40	60	54
—	—	100CrMo73	—	0.90~1.05	1.65~1.95		0.20~0.40			5	10	25	64

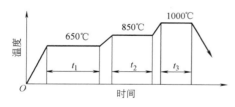

图 10-24　真空炉典型三段淬火加热曲线

2）经典热处理加热时间计算。计算公式为

$$t = \alpha D + E$$

式中　t——加热时间（min）；

α——透热系数（min/mm），t_1 时，α 为 2.0~1.5；t_2 时，α 为 1.5~1.0；t_3 时，α 为 1.0~0.8；

D——有效厚度（mm），圆棒，D 为直径 ϕ；方形，D 为 1.2×边长 d；板状，D 为 1.4×厚度 δ；管件，若高度与壁厚之比 ≤1.5，D 以高度 h 计；若高度与壁厚之比 ≥1.5，

D 以 1.5×壁厚 δ 计；若高度与壁厚之比 ≥7，D 以 0.8×直径 ϕ 计；

E——匀热后保温时间（min）。

当模件混装时，加热时间应按最大模件厚度计算。通常混装时模件较密集，应适当延长时间 0.5~1h。因为模件都是高合金钢，钢中合金碳化物多，过热不敏感，晶粒不会粗大，当然高速钢除外。

图 10-25 中的淬火加热曲线是来对炉子温度-时间设定用的，所显示的是炉膛内的实际温度变化。图 10-25 表明，加热用的是两段预热，而对于模件心部来说，处于不停的理想升温状态。炉膛热电偶的保温时间是用来让升温快的表面和慢的心部的温度差逐步缩小，减小热应力。一旦表面和内部温差（$T_S - T_C$）≤50℃，就应升温转入下一段。

从图 10-25 可知，t_1 时间最长，因为在真空低温（600℃以下）条件下加热时单靠辐射传热，热效率低下，如图 10-26 所示。

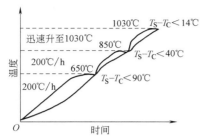

图 10-25　4Cr5MoSiV 模块在真空炉内
二段预热时内部及表面温度实测曲线

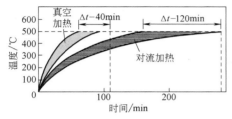

图 10-26　低温 500℃真空加热和对流加热比较

从图 10-27 可知，500℃真空低温加热时的加热时间是对流加热的 1.5 倍，匀热时间是 2 倍。为此，现代真空气淬炉通常在炉门处设有对流风扇，模具装炉、抽真空后反充氮气至 0.2MPa，在开炉升温的同时启动对流风扇搅动炉内气体流动，同时温度均匀性也得以改善。当温度达到 850℃时辐射传热增强，对流减弱，关停对流风扇。

当加热进入 t_3 段后，由图 10-25 可知：加热时间由升温时间、匀热时间和保温时间三部分组成。由于所用模具钢多数是高合金钢，热导率低，拉长了升温时间和匀热时间。此时加热速度应尽量快，避免晶粒粗大，这里主要是指高速钢。

对于匀热后的保温时间，由于合金碳化物溶解和奥氏体均匀化缓慢，也拉长了保温时间，具体参见表 10-51。

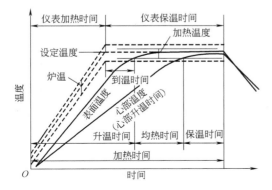

图 10-27　淬火加热时仪表、热电偶、工件内外到温状态

表 10-51　真空匀热后保温时间参考值

材料	材料举例	保温时间/min（心部到温后计）	预热情况
低合金钢	40Cr、35CrMo、65Mn	5~10	650℃预热一次
中合金钢	CrWMn、9CrSi、5CrNiMo	10~20	650℃预热一次
高合金钢	Cr12MoV、H13、3Cr2W8V	20~40	650℃、850℃预热两次
高速钢	W6Mo5Cr4V2、W18Cr4V	15~20	650℃、850℃预热两次

3）模件混装时的加热时间计算。此时常按装炉量计算，经验公式为

$$t_1 = t_2 = t_3 = 0.4G + D$$

式中　G——装炉量（kg）；

其余各符号的意义同前。

① 对于小件（有效厚度 ≤20mm），或者之间的摆放空隙 ≥D，保温时间可以减少，即

$$t_1 = t_2 = 0.1G + D$$

$$t_3 = 0.3G + D$$

② 对于大件（有效厚度 D ≥100mm），最后的保温时间可以减少，即

$$t_1 = t_2 = t_3 = 0.4G + 0.6D$$

如果加热温度高，可缩短保温时间。例如，对 ϕ20mm 的 DC53 冲头，在 1030℃加热时可按小件公式计算保温时间，而对于 ϕ20mm 的 M2 高速钢，在 1200℃加热时，按 $t_1 + t_2 = 0.1G + D$ 计算，而 $t_3 = 0.07G + D$。

在专业模具热处理厂实际生产中，通常是改用一次预热，提高 t_1 阶段的温度，取消 t_2 阶段的预热，以增强辐射传热。对于单一大模件，以有效厚度计算加热时间。对于同时有形状各异、大小不同的模件，则进行混装，同一料筐内放入的模件有效厚度差不超过 50mm，每料筐装载 200kg。

对各类高合金钢，预热温度为 800℃，预热保温时间为 60min，淬火温度为 1020℃，热透后的保温时间（奥氏体化时间）为 90min。

对高速钢（W6Mo5Cr4V2），每料筐装载 70kg，预热温度为 900℃，淬火温度为 1180~1200℃，预热保温时间为 30min，热透后的保温时间为 30min，0.2MPa 氮气冷却 40min。

对各类低中合金钢，预热温度为 750℃，预热保温时间为 60min，淬火温度为 820℃，热透后的保温时间为 90min，油中冷却 15~20min。

（2）淬火冷却时间

1）预冷。淬火前预冷与否，可能会影响淬火变形。如果直接油冷或气冷，尺寸变化大；如果预冷控制适当，则尺寸不变或少变；如果预冷时间过长，尺寸又变大。对于有效厚度为 20~60mm 中小件，一般预冷时间为 0.5~3min。

分析认为，不预冷直接淬火时，内应力以热应力为主，体积收缩；预冷时间过长时，内应力以相变应力为主，体积膨胀。所以，如果预冷时间适当，热应力和相变应力、体积缩胀相互抵消，尺寸可能不变或少变。

2）气冷。真空气淬时通入 0.2MPa 以下的氮气进行气冷，冷到 100℃ 以下出炉。

气冷时间的经验计算公式为

$$t_4 = 0.2G + 0.3D$$

式中　t_4——气冷时间（min）。

其余各符号的意义同前。

3）油冷。淬火油温度一般控制在 60~80℃，出油温度通常控制在 100~200℃。

油冷时间的经验计算公式为

$$t_5 = 0.02G + 0.1D$$

式中　t_5——油冷时间（min），这时出炉温度约为 150℃。

其余各符号的意义同前。

（3）回火加热　图 10-28 所示为 400 × 400 × 400mm（500kg）铝压铸模在 620℃ 回火加热和保温时实测的表面和心部温度变化曲线。

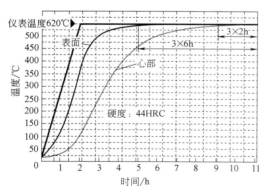

图 10-28　铝压铸模回火加热和保温时
实测的表面和心部温度变化曲线

由图 10-28 可知，心部回火保温时间是 2h，表面是 6h。若按回火三次计，相当于表面回火温度比心部高 20℃，表面硬度比心部低 5HRC。由于心部也经历 500℃ 以上回火，硬度也有下降，表面实际硬度比心部低 3HRC。表面硬度低，易龟裂；心部硬度高，

易开裂，这对大型模具使用寿命影响极大，不亚于淬火冷却速度的影响。回火采用分段加热，如图 10-29 所示。

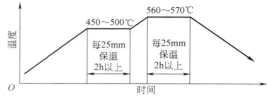

图 10-29　预热回火工艺曲线

4Cr5MoSiV 钢在淬火状态下有约 3%（体积分数）的残留奥氏体，残留奥氏体的等温转变图与淬火奥氏体的相同。如果预热温度低于 380℃，保温时间长，残留奥氏体可能转变成上贝氏体；如果预热温度高于 500℃，可能转变成珠光体。因此，预热温度选 450~500℃。

3. 高压气淬真空炉的冷却能力

高压气淬真空炉最重要的指标是冷却能力。不能只看标牌上的最大压力指标。好的 0.6MPa 气淬真空炉的气淬冷却能力可相当于差的 1MPa 气淬真空炉的气淬冷却能力，关键在于两者换热器和风机效率不同。大型铝压铸模气淬时，炉子气淬冷速能力更是炉子性能的核心所在。在验收所购的真空炉时，应该测定炉子的气淬冷却能力。不同企业生产的气淬炉差别甚大，即使是同一气淬炉在使用过程中气淬能力也日益下降，需要定期检测。一般采用模拟试块，试块形状和大小可由各企业各自结合实情确定。图 10-30 所示为国外某企业测定高压气淬真空炉冷却能力用模拟试块。

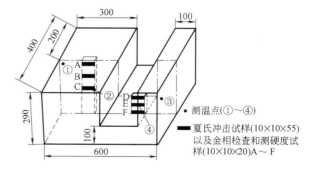

图 10-30　测定高压气淬真空炉冷却能力用模拟试块

试块气淬火后截取试样，经冲击、硬度和显微组织等检测，各项指标应符合规定要求。表 10-52 和表 10-53 列出了其测评项目和测评结果。

10.5.3　模具表面强化技术及其应用

1. 表面强化方法的选择原则

各种表面强化方法的主要特性比较见表 10-54。

表 10-52　测评项目

钢材	SKD61 钢(4Cr5MoSiV 钢)
形状	模块尺寸为 760mm×560mm×250mm(560kg),由制造商和用户在合同中确定
淬火	820℃×6h/950℃×0.5h/1030℃×2.5h/0.6MPa 气淬。淬火硬度≥48HRC
评估项目	各热电偶测得的冷却曲线 测量淬火回火后变形 测定硬度和冲击性能 裂纹检查:目视,荧光检测 金相检查

表 10-53　测评结果

炉形		气淬真空炉
淬火加热		1025℃×6h
冷却		0.3MPa 氮气,2h
冷却到 300℃的时间		试块心部,90min
		表面,30min
回火		1)610℃×6h 2)550℃×7h
取样位置	硬度HRC	冲击韧度 $a_{KU}(J/cm^2)$
上	45	24.5
中	45.5	16.3
下	45.5	19.5

表 10-54　各种表面强化方法的主要特性比较

性能	表面处理方法													
	镀		氮碳共渗	离子渗氮	真空渗氮	渗硫	渗硼	CVD TiC	PVD TiC	TD 法			超硬合金	工模具钢
	Cr	Ni-P								VC	NbC	Cr₇C₃		
硬度	良	良	良	良	良	一般	优	优	优	优	优	优	优	标准
耐磨性	良	良	良	良	良	一般	良	优	优	优	优	良	优	标准
抗热黏着性	良	良	良	良	良	良	良	优	优	优	优	良	优	标准
抗咬合性	良	良	良	良	良	良	优	优	优	优	优	良	优	标准
抗冲击性	一般	一般	一般	一般	一般	标准	一般	标准	标准	标准	标准	标准	一般	标准
抗剥落性	一般	一般	良	良	优	一般	良	良	良	良	良	良	—	—
抗变形开裂	一般	一般	优	良	良	优	良	良	良	良	良	良	—	—

(1) 提高模具表面的耐磨性　模具钢的耐磨性与钢中碳化物的类型与数量有关,即使是高碳高铬类模具钢,其耐磨性仍不能满足要求。采用表面强化的方法来提高模具表面的耐磨性是行之有效的。有关资料表明,气体氮碳共渗可使高速钢表面的耐磨性提高 2~5 倍,渗硼层、渗钒层、碳化钛层的耐磨性就更高。

(2) 耐磨性与强韧性的良好配合　对大多数模具材料来说,提高强韧性往往要损失耐磨性。解决这个矛盾的方法是选择合适的模具材料,进行适当的热处理,使其获得最佳的强韧性基体,然后通过表面强化的方法提高表面耐磨性。例如,缝纫机梭子的冷挤压凸模,采用高速钢 W18Cr4V 制造,模具经常碎裂,使用寿命较短;改用基体钢 6Cr4W3Mo2VNb 后韧性大大改善,但耐磨性不足,寿命仅为 1.6 万件;用 6Cr4W3Mo2VNb 淬火后加气体氮碳共渗处理,其寿命达到 2.68 万件,基体的强韧性与表面耐磨性达到了良好的配合。

(3) 提高抗黏着能力　在拉深模、挤压模等类模具中,常发生"冷焊"现象,解决这类问题的方法是通过表面处理来降低模具表面的摩擦因数。有的表面处理方法使其表面疏松、内有微孔,塑性好,不但有利于降低表面摩擦因数,而且微孔中的油还可以改变润滑状况,提高抗拉毛、烧伤和抗咬合能力。表面渗硫、渗氧就具有这类特性。

(4) 改变表面应力状态　模具钢经过淬火、回火后,表面处于拉应力状态,这将促使裂纹的早期形成。很多表面处理方法可以改变模具表面的这种应力状态,变拉应力为压应力。由于表面形成了较大的残余压应力,从而延迟了疲劳裂纹的产生和扩展,有利于提高模具的冲击疲劳失效抗力,延长了模具使用寿命,这是仅采用模具新钢种和改变热处理工艺方案所不能做到的。例如,电子束相变强化表面和真空渗氮处理后均可使模具表面形成 600~800MPa 的残余压应力。

(5) 提高抗氧化性和耐蚀性　有些热作模具和塑料模具均有氧化和腐蚀问题,仅仅靠模具材料本身固有的性能来满足使用要求,往往感到不足,因此常常需要用表面强化处理的方法来弥补。例如,在塑料模具钢表面镀铬就具有较好的耐蚀性。

2. 表面强化技术的应用

(1) 渗氮　这是模具表面改性常用的方法。部分模具的渗氮工艺和效果见表 10-55。

表 10-55　部分模具的渗氮工艺和效果

渗氮类型	工艺规范						
	模具材料	渗氮工艺				渗氮层深度/mm	表面硬度HV
		阶段	温度/℃	时间/h	氨分解率(%)		
气体渗氮	3Cr2W8V	I	480~490	20~22	15~25	0.20~0.35	≥600
		II	520~530	20~24	30~50		
		III	600~620	2~3	100		
	Cr12MoV	I	490~500	15	15~25	0.15~0.25	≥750
		II	520~530	30	35~50		
		III	540~550	2	100		
	40Cr	I	470~480	10	15~25	0.20~0.28	≥480
		II	510~520	25	30~50		
		III	550~560	2	100		

气体氮碳共渗	3Cr2Mo $NH_3 + CO_2$

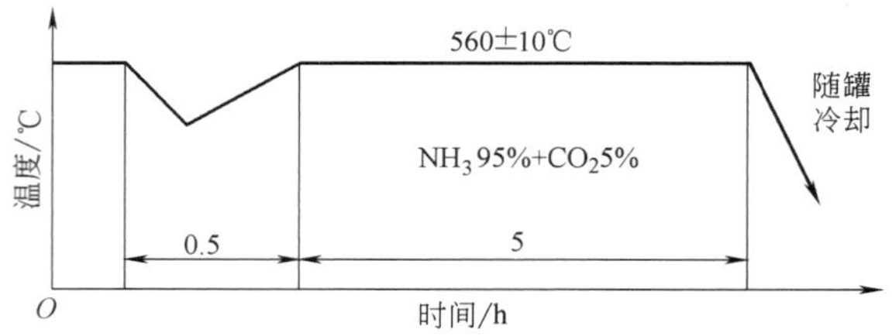

560±10℃
随罐冷却
NH_3 95%+CO_2 5%
0.5　　5
温度/℃　　时间/h

部分模具钢的渗氮工艺与使用效果

离子渗氮	模具名称	模具材料	渗氮工艺	使用效果
	冲头	W18Cr4V	500~520℃×6h	提高2~4倍
	铝压铸模	3Cr2W8V	500~520℃×6h	提高1~3倍
	热锻模	5CrMnMo	480~500℃×6h	提高3倍
	冷挤压模	W6Mo5Cr4V2	500~550℃×2h	提高1.5倍
	压延模	Cr12MoV	500~520℃×6h	提高5倍

真空渗氮	Cr12MoV钢冷作模

渗层深度：0.05mm，表面硬度：1000HV

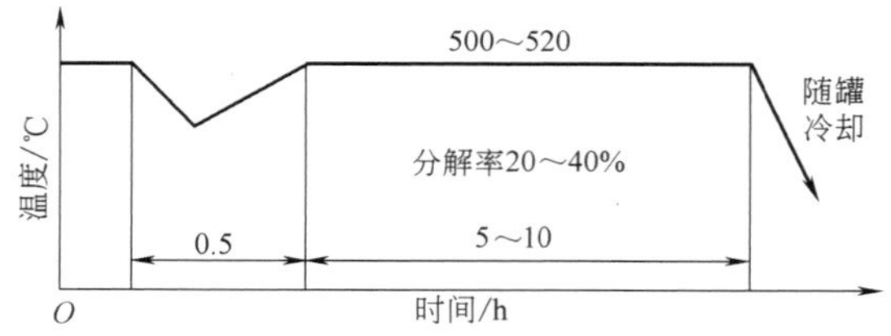

500~520
随罐冷却
分解率20~40%
0.5　　5~10
温度/℃　　时间/h

真空脉冲氮碳共渗	4Cr5MoSiV钢铝压铸模 4NH_3 65%+N_2 30%+CO_2 5%；真空度 -60kPa，充气到2~4kPa，保压2~4min 渗氮工艺：560℃×5h；渗氮层深度：0.10~0.15mm，表面硬度：1100HV

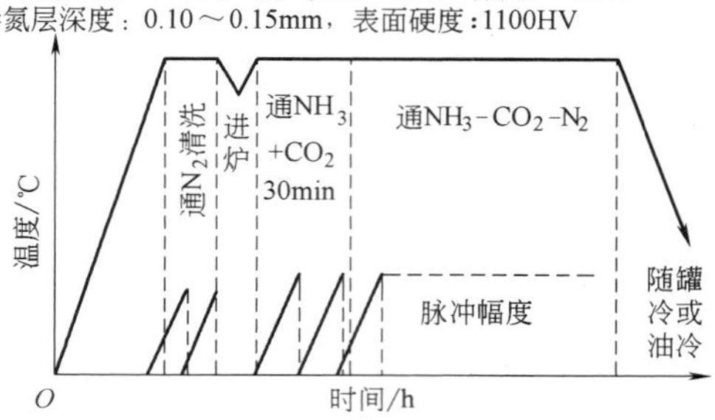

通N_2清洗　进炉　通NH_3+CO_2 30min　通NH_3-CO_2-N_2
脉冲幅度
随罐冷或油冷
温度/℃　　时间/h

（续）

渗氮类型	工艺规范
真空脉冲氮碳共渗	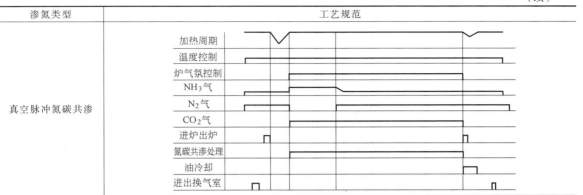

（2）渗硫 低温电解渗硫法：以工件为阳极，坩埚或辅助工具为阴极，在硫氰酸盐浴中，通过电场的作用，熔盐发生电解电离，产生 S^{2-} 离子并推向阳极，与 Fe^{2+} 离子结合形成 FeS 硫化层。

熔盐成分（质量分数）：75% KCNS+25% NaCNS，另加 1%~3% $K_4Fe(CN)_6$。

处理温度为 180~200℃，时间为 10~25min，工作电压为 0.8~4V，工作电流为 2~7A。

工艺流程：脱脂酸洗→水清洗（干燥）→装夹→烘干（预热）→电解渗硫→清洗→烘干→浸油→检验。

（3）渗硼 渗硼是模具制造中比较有效的化学热处理工艺。渗硼层硬度高（1500~2000HV），耐磨性好，耐热性能显著提高。常用的渗硼工艺规范见表 10-56。

表 10-56 常用的渗硼工艺规范

渗硼类型		工艺规范				
	序号	配方（质量分数）	处理材料	工艺	渗层深度/μm	组织
固体渗硼	1	20%~30% 木炭粉+5% KBF_4+0.5%~3%$(NH_2)_2CS$，余为硼铁合金	45 钢	700~900℃×3h	40~184	双相
	2	5% KBF_4+5% B_4C+90% SiC	45 钢	700~900℃×4h	20~200	双相
	3	10% KBF_4+50%~80% SiC，余为硼铁合金	45 钢	850℃×4h	90~100	单相 Fe_2B
	4	5%~20% KBF_4，余为硼铁合金	55 钢	750~950℃×6h	40~230	双相
	5	80% B_4C+20% Na_2CO_3	20 钢	900~1100℃×3h	90~320	双相
	6	90% 硼铁+10% 碱金属的碳酸盐（膏剂）	55 钢	900~1100℃×5h	75~340	单相 Fe_2B
	7	95% B_4C+2.5% Al_2O_3+2.5% NH_4Cl	45 钢	950℃×5h	160	双相
	8	80% B 粉+16% $Na_2B_4O_7$+4% KBF_4	40Cr	900℃×1~2h	130~160	双相
盐浴渗硼	1）45 钢：400~450℃预热 2h；920~950℃渗硼 3~5h，空冷至淬火温度，水或油冷；160~180℃回火 1~1.5h；清洗，100℃ 2）Cr12MoV：400~600℃预热 2h；940~950℃渗硼 3~5h，980℃保温后油淬；清洗，100℃；(250±10)℃回火 1~2h 盐浴渗硼剂的配方（质量分数） 1）70% 硼砂+20% SiC+10% NaCl 2）85% 硼砂+10% Al 粉+5% NaCl 3）50% 硼砂+10% SiC+10% KCl+20% Na_2AlFe_6+5% B_4C+5% Cr_2O_3					

（4）TD 处理 特指用热扩散法在表面生成超硬碳化物层。狭义是碳化钒层，广义是包括碳化钒、碳化铌、碳化铬等碳化物层。常用超硬碳化物涂层的种类和性能见表 10-57。

表 10-57 常用超硬碳化物涂层的种类和性能

碳化物种类	密度/(g/cm³)	熔点/℃	硬度 HV	弹性模量/GPa	电阻率/μΩ·cm	线胀系数/K^{-1}	成键方式
TiC	4.93	3067	2800	470	52	$(8.0~8.6)×10^{-6}$	金属键
ZrC	6.63	3445	2560	400	42	$(7.0~7.4)×10^{-6}$	金属键

（续）

碳化物种类	密度/ (g/cm³)	熔点/℃	硬度 HV	弹性模量/ GPa	电阻率/ μΩ·cm	线胀系数/K⁻¹	成键方式
VC	5.41	2648	2900	430	59	7.3×10^{-6}	金属键
NbC	7.78	3613	1800	580	19	7.2×10^{-6}	金属键
TaC	14.48	3985	1550	560	15	7.1×10^{-6}	金属键
Cr₃C₂	6.68	1810	2150	400	75	11.7×10^{-6}	金属键
Mo₂C	9.18	2517	1660	540	57	$(7.8 \sim 9.3) \times 10^{-6}$	金属键
WC	15.72	2776	2350	720	17	$(3.8 \sim 3.9) \times 10^{-6}$	金属键

碳化钒层的最大优点是与基体的结合力超强，最大缺点是氧化温度较低。通常以耐磨性为主的选择碳化钒，要求兼顾韧性时可选择碳化铌，要求兼顾耐蚀性时可选择碳化铬。Cr12MoV 钢 TD 处理后的显微组织如图 10-31 所示。

图 10-31　Cr12MoV 钢 TD 处理后的显微组织
注：碳化钒涂层厚度为 5~15μm，
硬度≥3000HV，结合力 1 级。

TD 处理的盐浴配比见表 10-58。

图 10-32 所示为 TD 处理的工艺流程。

表 10-58　TD 处理的盐浴配比

渗入元素	盐浴组成（质量分数）	渗层深度/μm	流动性
渗铬	10%金属铬粉 B+90%无水硼砂	17.5①	好
渗钒	10%钒铁 B+90%无水硼砂	22.0①	好
渗铌	7%NbB+93%无水硼砂	17.2②	好
渗铌	3%NbB+97%无水硼砂	14.7②	好

① T8A 材料，温度为 1000℃，保温 6h。
② T12A 材料，温度为 1000℃，保温 5.5h。

处理用钢的碳含量越高越好，冷作模绝大多数选用 Cr12MoV、Cr8Mo2SiV 高碳高合金钢，压铸模选用 4Cr5MoSiV1 中碳高合金钢。钢的淬火温度与 TD 处理的温度最好相同，便于 TD 处理和淬火一体化。6Cr4W3Mo2VNb（65Nb）、7Cr7Mo2V2Si（LD）基体钢及高速钢淬火温度与 TD 处理温度不匹配，TD 处理和淬火只能分开进行。碳化钒层磨掉后可再次处理。

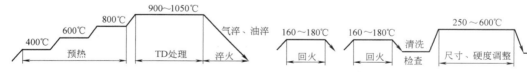

图 10-32　TD 处理工艺流程

TD 处理温度范围为 900~1050℃，保温时间为 5~10h。图 10-33 所示为 Cr12MoV 钢在 1020℃下 TD 层厚度与处理时间的关系曲线。

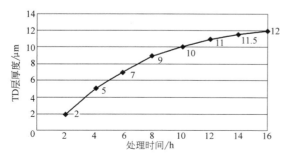

图 10-33　Cr12MoV 钢 TD 层厚度与处理时间的关系曲线

TD 处理操作工艺：

1）验收。核对货单和货物上的钢材牌号、数量、重量是否相符；检查模件尺寸和表面粗糙度，表面不应有锈迹、碰伤、裂纹、补焊等缺陷。

2）对工件进行预抛光。

3）调整好盐浴成分和活性。

4）模具装入料筐，先在预热炉中烘干。

5）入炉后逐段加热到规定的处理温度；在保温过程中，料筐应定时上下移动搅动盐浴，保温结束后直接淬火；冷却方式视钢材种类、处理件复杂度、精度而定，确保淬火变形最小化；冷却后洗掉残盐。

6）按要求硬度回火，同时调整尺寸。回火最好在真空回火炉或保护气氛炉中进行。

7）对模具工作面进行精抛，模具表面呈银亮色。

8）检查 TD 层硬度、厚度、结合力，基体硬度和变形大小，表面状态，打印出合格报告单。

9) 包装发货。

在我国，TD 处理主要用于 980MPa 以下高强度和超高强度汽车钢板的拉深、弯曲、切边，广泛应用于机械行业。

TD 处理在硼砂浴中进行。硼砂熔点为 740℃，分解温度为 1573℃，在 1020℃工作时不挥发，即无废气；用后的废硼砂被全部回收，为耐热玻璃原料，即无废渣；硼砂水溶液在医学上是弱消毒剂，过滤后回炉使用，即无废水。因此，属无公害热处理。

（5）LT 工艺　特指硫氮碳共渗工艺，武汉材料保护研究所研制的再生盐 J-1 用于 LT 处理工艺，可以实现金属表面的氮、硫、碳、氧四元共渗，提高了金属表面的抗咬合性、耐磨性、抗疲劳性和耐蚀性等，在模具上的应用取得了良好效果。

LT 工艺处理温度低（500~580℃），工艺时间短（1~1.5h），渗层深度为 8~12μm，设备仅需一个中温外热式盐浴炉。工艺流程为脱脂→预热→LT 处理（500~580℃×10~180min）→冷却→沸水去盐→沸水烫干→浸热油。

（6）离子注入　金属的离子注入工艺是将高能束流的离子轰入金属材料表面，形成极薄的近表面合金化层，从而改变金属表面的物理、化学和力学性能。部分模具离子注入后的使用寿命见表 10-59。

表 10-59　部分模具离子注入后的使用寿命

模具	材料	注入元素	使用寿命
钢丝模	YG8	N	提高 3 倍
铜丝模	YG3	N	提高 5 倍
冲模	Cr 钢	N	提高 2 倍
丝锥	W6Mo5Cr4V2	N	提高 2 倍

（7）表面强化应用效果　模具的表面强化工艺及应用效果见表 10-60。

（8）物理气相沉积（PVD）超硬涂层　物理气相沉积应归属于化学热处理范畴，是离子渗氮的延伸。现实是离子渗氮与离子镀结合在一起，两者在同一炉内进行，机理相通。已有 "DUPLEX" 术语，中文暂译为 "离子渗镀"。离子镀涂层的发展历程如图 10-34 所示。

表 10-60　模具的表面强化工艺及应用效果

模具名称	模具材料	表面强化工艺	应用效果
磁性材料粉末压制模	Cr12MoV	粉末渗硼：渗剂为 93%SiC+5%KBF$_4$+2%B$_4$C 工艺：900~920℃×4h 渗硼，油冷；200℃回火	6 个月
拉深冲模	40Cr	盐浴渗硼：渗剂为 6% NaCl + 12% Na$_2$CO$_3$ + 70% Na$_2$B$_4$O$_7$ + 12%SiC 工艺：930~950℃×3~4h 渗硼，850℃预冷，油淬；0℃×4h 回火	约 1 万次
M14 螺母冷镦模	Cr12MoV	氮碳共渗：渗剂为甲醇：氨=（2~3）：（8~7） 工艺：540~560℃×3~4h，空冷或油冷	10~15 万次
级进式连续拉深凹模	Cr12	盐浴渗钒：渗剂为 10%V$_2$O$_5$+5%Al+85%Na$_2$B$_4$O$_7$ 工艺：940~950℃×3~4h 渗钒，油冷；200℃回火	一次拉深寿命可达 8 万次

注：表面强化工艺中渗剂成分均为质量分数。

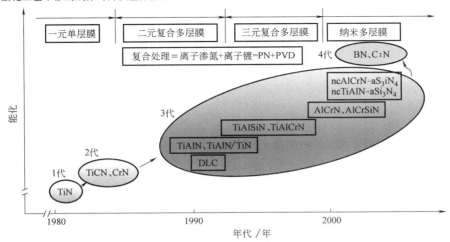

图 10-34　离子镀涂层的发展历程

各种超硬氮化物及其性能见表 10-61。工业用超硬涂层的种类、性能和用途见表 10-62。

表 10-61　各种超硬氮化物及其性能

相		密度/ (g/cm³)	熔点/ ℃	硬度 HV	弹性模量/ GPa	电阻率/ μΩ·cm	线胀系数/ 10⁻⁶K⁻¹	成键方式	晶格类型
氮化物	TiN	5.40	2950	2100	590	25	9.4	金属键	B1-NaCl
	ZrN	7.32	2982	1600	510	21	7.24	金属键	B1-NaCl
	VN	6.11	2177	1560	460	5	9.2	金属键	B1-NaCl
	NbN	8.43	2204	1400	480	58	10.1	金属键	六方
	CrN	6.12	1050	1100	400	640	23	金属键	B1-NaCl
	C-BN	3.48	2730	≈5000	660	1018	—	共价键	立方
	Si₃N₄	3.19	1900	1720	210	1018	2.5	共价键	正方 SiN₄ 和六方 Si
	AlN	3.26	2250	1230	350	1015	5.7	共价键	

表 10-62　工业用超硬涂层种类、性能和用途

性能和用途	氮化钛系	氮化铬系	氮化钛铝系	氮化铝铬系	类金刚石系
膜厚/μm	2~5	2~5	3~5	3~5	0.5~1.5
颜色	金黄色	银色	紫色	银黑色	黑色
维氏硬度 HV0.025	2000+	1700+	3000+	3000+	2000~3500
干摩擦因数(对偶 SUJ-2)	0.4	0.3	0.45	0.45	0.1
耐热性/℃	600	800	800	1000	300
处理温度/℃	<500	<500	<500	<500	<250
涂层特征	通用性膜	耐热性、耐磨损性、耐软质金属黏结性	高温耐磨损性	高温耐磨损性	低摩擦因数、低负荷滑动件、抗铝黏结
应用案例	一般切削刀具常用的模具	铜合金切削刀具常用的模具	高速切削工具耐热模具	干式切削刀具耐热模具	铝切削刀具滑动部件

1) 多层涂层结构系统。长期以来，超硬涂层一直无法应用于模具，特别是重载荷冲模和热作模具，这是因为单层涂层结合力不够，承载能力也不足。由于低温离子渗氮（在 400~450℃下渗氮）低于模具的回火温度，既不降低硬度，也不造成变形，由此使离子镀进入模具领域。此外，离子镀也根据每种涂层各自特性按需要进行排列组合发展出多层、亚层结构。

① 多层结构是由两层或两层以上不同物质叠合或交替叠合而成的涂层，具体是：a）基材，工具钢；b）渗氮层，离子渗氮；c）界面层，涂层与钢分界面；d）结合层，最好能上下层互溶；e）中间层，除同结合层和功能层有良好的结合力，主要对功能层起机械支撑作用；f）功能层，决定层系在整个寿命周期内实现主要功能。多层结构如图 10-35 所示。

功能层	
中间层	
结合层	界面层
渗氮层	
基材	

图 10-35　多层结构

② 亚层结构层中有三种亚层结构，如图 10-36 所示。

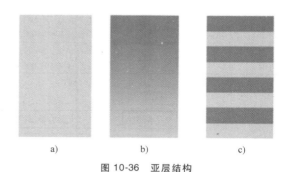

图 10-36　亚层结构
a）单层　b）梯度　c）交替

单层亚层结构，结构单一，成分均匀，最为常见；梯度亚层结构，结构单一，成分由低到高，成分变化限于按"线性"或"抛物线"变化，常用作中间层，可减小上下两层间成分或热膨胀系数差别过大；交替亚层结构，两种不同亚层交替出现，至少交替一次。常用于功能层，以阻断裂纹向层内深处扩展。亚层还有单相和多相之分，一般限于两相，如图 10-37 所示。

图 10-37　单相和多相（两相）组织

a）单相　b）多相（两相）

亚层中除了单相和多相，还有纳米复合体，它是由纳米晶和非晶组成的两相组织，称为"纳米复合体"，不是通常的机械混合两相组织。图 10-38 所示为由非晶 TiAlN 和纳米晶 Si_3N_4 组成的纳米复合体显微组织及其示意图。

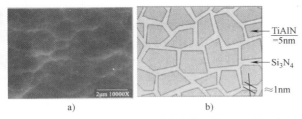

图 10-38　nc-TiAlN/a-Si_3N_4 纳米复合体显微组织及其示意图

a）显微组织　b）示意图

在图 10-38 中，纳米晶 Si_3N_4 包围着非晶态 TiAlN 使其晶粒无法长大，按 Hall-Patch 公式计算，如此细微的晶粒，硬度达 55GPa，韧化效果十分显著。这种以超硬的氮化物作为脆性相——第一相，单质软金属作为韧性相——第二相，可大幅度提高涂层韧性中新一代涂层的发展方向之一。

纳米层有增韧效应，机理是裂纹扩展到调制界面发生转向；纳米层有增硬效应，按照 Hall-Petch 式计算，在微米范围内硬度随调制周期 λ 的减小而增加。纳米层调制周期通常不超过 20nm，纳米层厚度在 7~8nm 时硬度呈最大值，因此通过优化纳米层结构有望获得高硬度、高韧性涂层。图 10-39 所示为调制周期 λ＜20nm 的纳米层显微组织，图 10-40 所示为多层亚结构涂层。

纳米层厚5μm

图 10-39　调制周期 λ＜20nm 的纳米层显微组织

多层结构可充分利用每层的各自特性，还可发挥

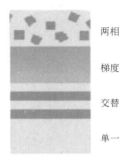

图 10-40　多层亚结构涂层

层间各种耦合效应，因此具有许多远超单层结构的性能。涂层中所谓的"增韧"，就是利用裂纹扩展到层间界面时发生转向、分叉和钝化等多种方式来阻止裂纹向层内扩展，再加上亚层，结构丰富多彩，可创造出各种性能的超硬涂层。

2）涂层系统设计。以热冲压多元多层多相涂层为例，在热冲压钢上沉积 CrAlN 时，可采用基体/Cr 结合层/CrN 中间层/CrAlN 梯度结构中间层/CrAlN＋CrN 纳米交替结构功能层的涂层设计方案。如图 10-41 所示。

5.0μm CrAlN+CrN纳米交替结构功能层

0.4μm CrAlN梯度结构中间层

0.3μm CrN中间层

0.3μm Cr结合层

60μm 渗氮次层

钢（基体）

图 10-41　CrAlN＋CrN 纳米交替多层＋DUPLEX 组成涂层

3）类金刚石（diamond-like carbon，DLC）涂层。离子镀涂层中另一个重要分支为 DLC 涂层，是新一代超硬涂层技术和应用的典型代表及发展方向之一。

DLC 涂层不是由单质组成的，而是由一种含有 SP^2 和 SP^3 键，几乎不含 SP^1 键的亚稳非晶碳组成。常用的 DLC 有 DLD（a-C）、DLC（a-C：H）、DLC（ta-C）和 DLC（ta-C：H）四种，加上石墨、金刚石，共六种的分子结构，如图 10-42 所示。

其中，a-C（amorphouscarbon）表示非晶碳；ta-C（tetrahedralamorphouscarbon）表示四面体非晶碳；

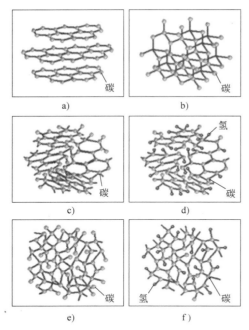

图 10-42　石墨、金刚石和四种 DLC 分子结构

a) 石墨　b) 金刚石　c) a-C　d) a-C：H
e) ta-C　f) ta-C：H

":H"表示含氢。通常 DLC 是这四种的总称。

在 DLC 中，还有掺杂金属的非晶碳（a-C：Me，Me = W、Ti、Mo、Al 等金属）和改性含氢非晶碳（a-C：H：X，X = Si、O、N、F、B 等），在超硬涂层中很少应用。

图 10-43 所示为 DLC 三元相图。从图 10-43 可知，按照成分，DLC 可分为含氢 DLC 与无氢 DLC 两大类。无氢 DLC 涂层性能优于有氢 DLC，硬度更高，磨损速率极低；含氢 DLC 涂层主要以 CH_4 等气体作为碳源而获得含有大量饱和 SP^3 键的氢原子，但在使用过程中氢会逸出，恶化性能，而无氢 DLC 涂层中

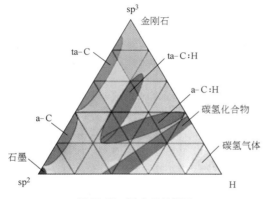

图 10-43　DLC 三元相图

SP^3 键全部由 C 原子组成，结构更加稳定。

图 10-44 所示为四种 DLC 膜的纳米硬度和密度。我国将 ta-C 称为超级 DLC。

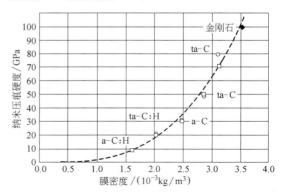

图 10-44　四种 DLC 膜的纳米硬度和密度

注：纳米硬度（GPa）×100≈维氏硬度 HV，
高硬度时误差 30%。

无氢 DLC 的高硬度特性主要取决于 SP^3/SP^2 比值。SP^3 键超过 70% 的 DLC 涂层与金刚石涂层有很多相似的性质。SP^3 键小于 40% 的 DLC 涂层性质介于金刚石和石墨之间。SP^3 键决定涂层的力学性能，SP^2 键决定了涂层的物理性能。通过调整制备工艺，控制 SP^3 键和 SP^2 键的比例，可以获得不同性质的 DLC 涂层。

ta-C 涂层与 a-C：H 涂层用于铝、铜冲模效果比较见表 10-63。

表 10-63　ta-C 涂层与 a-C：H
涂层用于铝、铜冲模效果比较

用途	材料	原涂层/失效类型	ta-C 涂层寿命比 a-C：H 涂层提高倍数
拉深模和凸模	铝	a-C：H/金属黏附、磨损	4 倍
冲模和凸模	铝	无涂层/金属黏附	6 倍
成形模和凸模	铜	a-C：H/金属黏附、磨损	4 倍
注塑模零件	塑料+玻璃纤维 35%	无涂层/腐蚀、磨损	4 倍

DLC 和 ta-C 涂层在我国已可生产，但质量有待稳定和提高。

10.6　典型模具热处理

1. 3Cr2Mo 钢模板预硬热处理

在我国，大型 P20 系列塑料模具钢（3Cr2Mo 钢）模块的预硬化热处理（淬火回火）已开始采用

在连铸连轧后在离线连续淬火回火炉内完成，可代替传统台车炉。

东北大学 RAL 团队开发出离线最厚为 300mm 的钢板辊式淬火生产线，如图 10-45 所示。其最大特点是冷却强烈，避开了过渡沸腾和膜沸腾，实现了全面的核沸腾，心部冷却速度较普通水淬高一倍以上，而且冷却均匀，实现了全宽 5m、全长 26m 超快速均匀冷却，淬火板材平直。

回火炉采用高速风机强对流加热，低温换热效率高，升温快；炉温均匀性为 ±3℃，控温精度为 ±2℃，如图 10-46 所示。

图 10-45　钢板辊式淬火生产线

图 10-46　高精度、高均匀性（±3℃）回火炉

下一代在线淬火回火生产线中的控冷淬火是 Super-OLAC（super on-line accelrated cooling），即超级在线加速冷却，冷却速度达到极限，冷却均匀性极高，可抑制钢板翘曲，是一套多功能冷却系统。图 10-47 所示为各种冷却方式的冷却特点比较。

下一代在线回火炉是 "OnlineT"，称为 HOP（heat treatment on-line process），是利用大功率电磁感应线圈实现在线回火。感应加热的热通量为 10 ~ 100kW/m²，比煤气加热高约 100 倍，其流程短、能耗少、成本低、质量高。表现为由于对回火碳化物分布和大小可控，通过组织最优化设计，使碳化物均

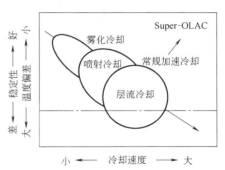

图 10-47　各种冷却方式的冷却特点比较

匀、细小地分布于基体上，钢材强韧性得以大幅度提高。

在精密模具和大型模具加工中，加工变形问题突出，虽然国内外预硬塑料模钢标准中均无 "尺寸稳定性" 要求，但国外著名钢厂实际上均进行内控。测试方法为采用模拟法加工出模具，测量其变形量，如图 10-48 所示。

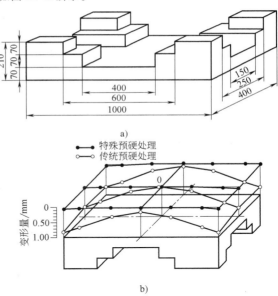

图 10-48　预硬钢厚模板加工变形试样和结果
a）加工试样外形　b）测变形量

如果采用 550℃ 高温回火，将低于模具加工中去除应力和渗氮的温度，导致尺寸收缩，这对大型或精密模具是致命的。世界各钢厂采用 "特殊热处理"，这种 "特殊热处理" 实际上就是 "强冷淬火、短时高回"。

国产预硬塑料模钢模板因加工变形只被用来制造低端模具，国产预硬塑料模钢应尽快转向高端发展。

2. 3Cr2MnNiMo 钢锻块预硬热处理

例如，采用 3Cr2MnNiMo 钢锻造模块制造汽车保

险杠注塑模。

（1）预硬塑料模钢锻块热处理

1）常规淬火。采用油淬或水溶性淬火冷却介质（PAG）冷却。图 10-49 所示为宝钢产 P20 系列塑料模具钢（厚度 600mm）淬火工艺曲线。

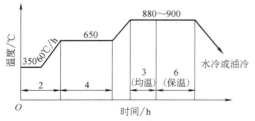

图 10-49　P20 系列塑料模具钢
（厚度 600mm）淬火工艺曲线

2）交替冷却淬火。上海交通大学团队研发的 AT2Q 淬火技术淬火（水与空气为介质，交替淬火冷却）冷却参数通过数值模拟确定，通过计算机控制淬火槽。图 10-50 所示为 3Cr2MnNiMo 塑料模具钢 AT2Q 淬火技术淬火在不同部位的冷却曲线。

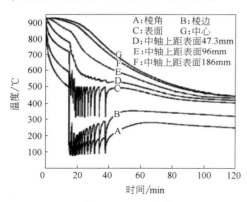

图 10-50　3Cr2MnNiMo 塑料模具钢 AT2Q
淬火技术淬火在不同部位的冷却曲线

3Cr2MnNiMo 钢模块直接水淬，棱角和棱边处采用预冷水淬易产生表面裂纹。AT2Q 淬火技术预冷交替水淬-空冷，借助预冷让棱角、棱边和表面先发生珠光体转变，以避免开裂，最大截面尺寸可达 900mm，但也出现过预冷后出现软区，若不预冷有出现裂淬的可能。

大型锻造模块浸液法和 AT2Q 淬火技术的冷却均匀性有待完善。有的国外钢厂已另辟蹊径。

（2）高硬深腔预硬塑料模钢热处理　以深腔模为例表示淬透性的影响，说明心部硬度的重要性。图 10-51 所示为塑料模淬透性与型腔工作面的关系。只有高硬度高淬透性钢才能确保型面的镜面度。此类淬透

性往往用可硬化硬度分布曲线表示，如图 10-52 所示。

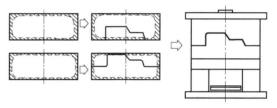

图 10-51　塑料模淬透性与型腔工作面的关系

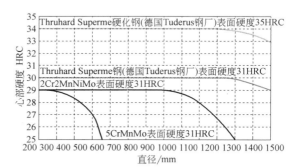

图 10-52　各预硬塑料模钢可硬化硬度分布曲线

由图 10-52 可知，预硬钢正向大截面、高硬度方向发展。其目的是提高模具镜面度。通过改变化学成分，从热处理着手，研发出了硬度为 32~36HRC（目标 34~38HRC，甚至 36~40HRC）、截面尺寸 ≥ 1300mm、镜面度为 6000#（甚至 10000#）的预硬塑料模钢。

现我国推出的有宝钢 BSM718（33~37HRC）、抚钢 FS718H（33~38HRC）、FS2738HH mod（37~42HRC）、FS2738HH mod ESR（38~42HRC）、中国钢研 S231H mod（30~35HRC）、S238H mod（35~39HRC）等。

3. 镜面沉淀硬化塑料模钢预硬处理

大型、深腔、镜面的汽车车灯模用的预硬塑料模钢镜面度低，仅为 3000#，如图 10-53 所示。截面硬度均匀性也达不到 ±1.5HRC，不能满足要求。

低碳 1Ni3MnCuMoAl 沉淀硬化塑料模钢为低碳贝氏体钢，可满足大截面、高镜面度的要求。热处理工艺为固溶处理+沉淀硬化处理。固溶冷却时采用空冷，应力小，因无珠光体转变，不存在淬透性问题，几乎全部转变为低碳贝氏体。薄板叠放空冷同样可以得到低碳贝氏体。沉淀硬化过程中因析出镍铝金属间化合物和铜而硬化，硬度为 38~42HRC。根据用户要求，可以预硬状态（固溶+沉淀硬化处理）交货（硬度约为 40HRC），也可以固溶状态交货（硬度约为 30HRC），粗加工后再进行硬化处理。预硬处理的工艺曲线如图 10-54 所示。

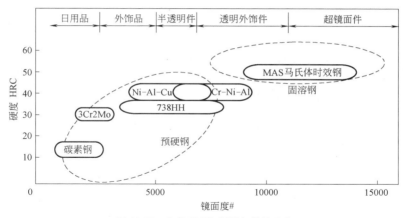

图 10-53 各种预硬塑料模钢的镜面度

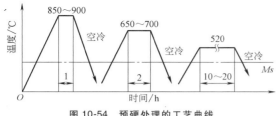

图 10-54 预硬处理的工艺曲线

当预硬状态下切削困难或在固溶状态下因切削时进刀量和切削速度过大造成切削硬化时，也可进行二次固溶处理；如果再硬化，可再进行固溶处理，硬度可降到 30~32HRC。固溶处理为 650~660℃×2h，空冷。如果切削加工时有加工变形，应进行去应力处理：525℃×2h，空冷。加工变形试样检测及其去应力处理效果见表 10-64。

表 10-64 加工变形试样检测及其去应力处理效果

方案	热 处 理	去应力处理	变形量（%）		加工变形试样检测
			t	s	
1	预硬处理→下料→机械加工	—	0.020	2.37	
2	预硬处理→下料→粗加工（留 0.05~0.10mm 余量）→去应力处理→精加工→（去应力处理）→研抛（留 0.01mm 余量）	525℃×2h（41HRC）	0.013	0.00	

当型芯、型腔加工有细而长的部分时，在制模开合过程中容易折断（与贝氏体脆性有关）。如果试用模具开合未发生折断，则以后使用不会发生折断。

钢的渗氮性良好，520℃×5h 氮碳共渗层的表面硬度约为 800HV，深度为 0.2mm，收缩率为 0.02%。这是渗氮温度高于沉淀硬化温度所致，因此渗氮可取代沉淀硬化处理。

4. 镜面耐水锈沉淀硬化塑料模钢预硬处理

大屏幕液晶电视机窗口面板、高铁窗边框等模具要求生产出的薄壁注塑件表面高亮，不用喷漆就可直接使用。1Ni3MnCuAl 钢曾得到广泛应用，但注塑件模屡屡发生冷水道锈蚀甚至堵死，所以急需一种耐水锈的沉淀硬化塑料模钢。

要提高 Ni-Cu-Al 沉淀硬化钢的耐水锈性必须"加铬"，但可加工性显著恶化，处于两难之中。试验发现，如果加铬同时降低碳的质量分数到 0.1% 以下，可加工性突然变好，显微组织为粗大的低碳板条马氏体，如图 10-55 所示。如果碳的质量分数低于 0.05%，则产生铁素体，可加工性能又恶化。如果铬的质量分数 ≥8% 会产生碳化铬，导致可加工性能和热导率［250℃时的热导率为 35W/（m·K）］双降，铬过少抗水锈能力差，由此诞生了 Cr-Ni-Al 耐水锈型沉淀硬化钢。此钢在批量生产中，厚度 ≥500mm 的模块韧性不稳，通过二次开发推出了 CENA V 钢（业内称"高光蒸汽钢"，为加热内设蒸汽管道）。国内已有抚钢 DTP90，中国钢研 S280HESR、S280HSUP 等同类钢种，其预硬处理工艺曲线如图 10-56 所示。

当采用此钢制造需渗氮的高精度模具时，建议采用 520℃ 渗氮或氮碳共渗。气体渗氮表面硬度高达 1000HV，深度为 0.1mm，可用于制造增强玻璃纤维塑料注塑模的型芯或型腔。对抽针、顶杆类的小件或带有尖角类的大件，宜采用低氮势或薄层渗氮，以避

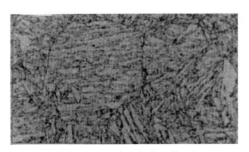

图 10-55　Cr-Ni-Al 钢的显微组织

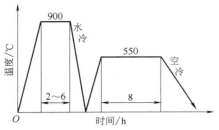

图 10-56　预硬处理工艺曲线

免渗层剥落。

5. 飞机起落架模具热处理

图 10-57 所示为飞机起落架模具。模具材料应符合 GB/T 24594—2009 的规定。EAF 电弧炉+LF 精炼+VD 真空脱气炉（喂 Ca-Si 线）+钢锭（底浇注/氩气保护）+锻造+退火+去黑皮+SEP1921 C/C 级超声检测。锻造比 ≥4，直线度误差 ≤3mm/1000mm。锻材规格为 $\phi80 \sim \phi1200mm$，方钢截面尺寸为 $80 \sim 1200mm$，长度为 $3 \sim 16m$。

锻材先后通过了 ISO 9001：2000 质量管理体系

认证，中国 CCS、意大利 RINA、韩国 KR、日本海事协会 NK、法国 BV、美国 ABS、俄罗斯 RS、英国劳氏 LR、德国劳氏 GL 船级社认证，以及武器装备质量体系的认证。

飞机起落架模具热处理后的性能要求：起落架模具尺寸为 $4000mm \times 2000mm \times 550mm$，材料为 4Cr5MoSiV1（电渣重熔），要求硬度为 $40 \sim 45HRC$，$R_{p0.2} \geqslant 1250MPa$，$R_m \geqslant 1350MPa$，$A \geqslant 9\%$，$Z \geqslant 30\%$，变形量 $\leqslant 10mm$。

采用 $\phi3.5m \times 4.5m$ 的井式加热炉，控温精度为 $\pm2℃$。淬火硬度 $\geqslant 52HRC$，硬度用里氏硬度计测量，变形量用直尺测量。脱脂后随即装入回火炉。根据第一次回火硬度高低，确定调整第二次回火温度。热处理检测结果：硬度为 $43 \sim 45HRC$，变形量为 2mm。为慎重起见，生产前先用 $550mm \times 550mm \times 550mm$ 模拟试块试淬试回，试验结果全部符合要求。飞机起落架模具的热处理工艺曲线如图 10-58 所示。

图 10-57　飞机起落架模具

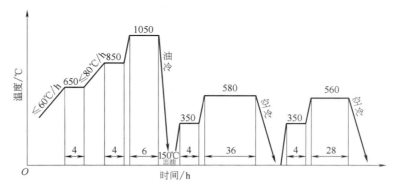

图 10-58　飞机起落架模具的热处理工艺曲线

6. 航发涡轮盘模具热处理

图 10-59 所示为航发涡轮盘锻模。材料选用 55CrNiMo 钢，涡轮盘外形尺寸为 $\phi1600mm \times 400mm$，硬度要求为 $40 \sim 46HRC$，变形量 $\leqslant 5mm$。为防过度氧

化、脱碳，模具表面刷涂防氧化涂料。预冷温度用红外辐射测温仪测定。热锻涡轮盘模具的热处理工艺曲线如图 10-60 所示。

淬火冷却时，应在空气中预冷（$750 \sim 780℃$），

图 10-59　航发涡轮盘锻模

待四角及模边发黑，竖直方向入油，油温应控制在 40~80℃范围内，模具冷却后的出油温度应为 150~180℃；模具出油后应立即回火，升温速度≤100℃/h，在 350℃进行 2~4h 均温；回火的温度及时间根据模面实际淬火硬度和模具尺寸大小决定，回火时一定要

在空气循环炉内进行，并确保空气循环流动，以保证炉温均匀性；回火模具在空气冷却时，不能直接与地面接触。

手携电动砂轮机打光打平，采用里氏硬度计检查硬度；用直尺检查变形量，实际变形量为 2mm。

7. 航发压气机盘等温锻造模具热处理

等温锻造时，锻模温度与锻造材料的温度相同，高温合金、钛合金等锻造材料不同，锻造温度也不同，通常在 700~1100℃温度范围内。表 10-65 列出了国内外等温锻模用材料的化学成分和使用温度。美国用 TZM 钼基合金存在韧脆转变，需在 1400~1700℃真空或氢气中进行热处理，我国采用高钨镍基铸造合金。

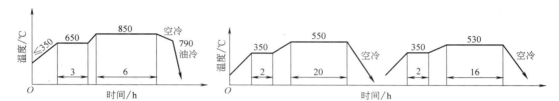

图 10-60　热锻涡轮盘模具的热处理工艺曲线

表 10-65　国内外等温锻模用材料的化学成分和使用温度

合金名称	使用温度/℃	化学成分（质量分数，%）										
		Al	C	Cr	Co	Fe	Mn	Mo	Ni	Si	Ti	其　他
Inconel 713C（美）	≤1000	6.1	0.12	13		1	0.15	4.2	余量	0.4	0.6	Nb：20，B：0.012，Zr：0.1
Inconel 718（美）		0.5	0.04	19	—	18.5	0.2	3	52.5	0.2	0.9	Nb：5.1
In-100（美）		5.5	0.18	10	15	0	0	3	60	0	4.7	B：0.014，Zr：0.06，V：1
Udimet500（美）		2.9	0.08	18	18.5	0.0	0.0	4	54		2.9	B：0.06，Zr：0.05
Udimet700（美）		4.0	0.06	17	17	0		5	余量		3.5	C：0.06，B：0.03
Astroloty（美）		4	0.06	15	17	—		5.3	55		3.5	B：0.03
TZM（美）	≤1700	—	0.03	—		<0.01	0.008	余量	<0.002		0.48	H<0.0005，O<0.0025
K403（中）	≤1000	5.3~5.9	0.11~0.18	10.0~12	4.5~6.0	≤2.0	≤0.5	3.8~4.5	余量	≤0.5	2.3~2.9	W：4.8~5.5、B：0.012~0.022、Zr：0.03~0.08、Ce≤0.01、P≤0.02、S≤0.01
Nimowal（日）	≤1070	6	—					10	余量			Y：0.01，W：1.2
ЖС6-К（俄罗斯）	≤1000	5.5	0.16	11	4.5	<2	<0.4	4	余量	<0.4	2.75	B：0.02
ЖС6-У（俄罗斯）	≤1000	5.1	0.13	8	9.5	—		1.2	余量		2	Zr<0.04，B<0.035，W：9.5，Ce<0.02，Nb：0.08，Y<0.01

1）TC11 钛合金在 900~980℃下等温锻造。模具材料选用由 K403 改型的铸造高温合金，寿命达数百件。图 10-61 所示为直径 700mm、质量达 80kg 的二级压气机叶盘锻模。已锻制出 1、2、3 级压气机盘锻件（达到 I 类锻件），而一般热锻难以达标。

2）工作温度为 950~1100℃的高温镍基合金涡轮

盘等温锻造。模具材料采用 K403 合金，其热处理工艺曲线如图 10-62~图 10-64 所示。

8. 汽车 B 柱热冲压成形模热处理

热冲压成形工艺伴随着汽车轻量化而出现，广泛用于超高强度钢的冲压生产。超高强度（热成形）钢（包括前后防撞梁）主要用于保护驾驶室和前后

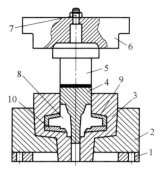

图 10-61　二级压气机叶盘锻模

1—垫环　2—下模　3—内凹模

4—凸模　5—压头　6—上模

7—螺母　8—坯料　9—镶块　10—定位盘

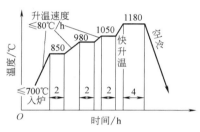

图 10-62　固溶处理曲线

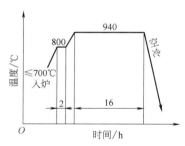

图 10-63　中间处理曲线

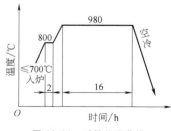

图 10-64　时效处理曲线

主体，高强高韧性钢在碰撞后能起到吸收冲击能的作用，高强钢主要是加强车身结构。市售汽车车体结构尚不能像图 10-65 中所示的那样大量采用热成形钢，主要受限于热冲压成形技术和成本问题。

热冲压模钢正向高导热、高耐磨方向发展，把两者

图 10-65　车体结构

结合一起的有 CP2M 钢，采用真空高压气淬和离子渗氮工艺，其热处理工艺曲线如图 10-66 和图 10-67 所示。

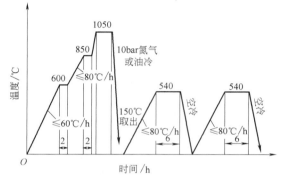

图 10-66　CP2M 钢 B 柱模块淬回火工艺曲线

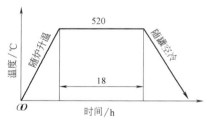

图 10-67　CP2M 钢 B 柱模块离子渗氮工艺曲线

成形模通常在凸缘 R 处磨损，以磨料磨损为主。其寿命以新模 R 为 4mm 作起点，R 磨损到 8mm 报废。CP2M 钢模具冲压 83000 件时，R 磨损到 6mm，而即使热作模中的王牌——DIN 1.2367 钢，已磨损到 8mm，仅为 CP2M 钢寿命的 80%。

有的企业选用 H13 钢，使用不长时间后，R 磨损到 8mm，要求 PVD 离子镀。经 AlCr 复合离子镀，在热冲压时很快就剥落。从图 10-68 可知，H13 钢软化抗力低，又是旧模具，R 处硬度降到 25HRC，丧失支撑涂层的能力。

上海大学吴晓春团队研发的 SDCM-S 高导热热冲压成形模具钢也成功地在实际生产中得到应用。

9. 大型铝合金压铸模气油淬

铝合金压铸模的热处理通常按模具大小分别采用

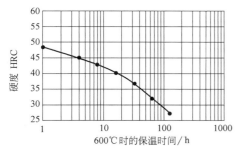

图 10-68　H13 钢软化抗力

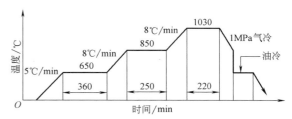

图 10-69　2367 钢铝合金压铸模的真空热处理工艺曲线

不同的淬火冷却方法。要让模具心部有足够韧性，需加快冷却，而要减少模具变形，又必须慢冷。压铸模的热处理处于这对矛盾之中。铝合金压铸模各种淬火冷却工艺都是依据钢材的连续冷却组织转变图制订出来的。

（1）小型铝合金压铸模的淬火冷却　采用空冷、风冷或油冷均可。

（2）中型铝合金压铸模的淬火冷却

1）出炉空冷，转入油中冷却淬火。

2）在高压真空气淬炉中加热结束后，以 0.1～0.4MPa 压力氮气冷却，待表面温度降到 500℃ 再补充通入氮气，压力提高到 0.5～1MPa 冷却淬火。

3）在高压真空气淬炉中等温。加热结束后，以 0.5～1MPa 压力氮气冷却，待表面温度降到 500℃ 关闭风扇，待表面温度回升到 550℃，开启风扇（此时用半速），把温度控制在 450～550℃，待内部及表面温差<90℃后，控制风扇电动机以全速加快冷却。

（3）大型铝合金压铸模的淬火冷却　凡模具厚度大于 250mm 的大型铝合金压铸模，心部难以淬透。如果冷却控制不当，就会出现淬火开裂，或者在使用早期开裂。目前，大型压铸模普遍采用真空高压气淬炉，以 0.6～1MPa 的压力冷却淬火，其冷却速度与油相比相差甚大。

广州市型腔模具公司对大型铝合金压铸模的冷却淬火先以 0.6～1MPa 压力气冷，防止二次碳化物沿晶界析出；当表面温度冷到 750℃ 左右时移入真空炉，在空气中慢冷，同时通过红外测温枪和插入测温孔内的电偶检测；当表面和心部的温差≤90℃ 时，即转入 130℃ 的油浴中快冷，避免出现上贝氏体转变；待工件表面冷至 60℃ 后，进行第一次回火。图 10-69 所示尺寸为 940mm×915mm×325mm 2367 钢铝合金压铸模的真空热处理工艺曲线。该工艺使用至今未出现过淬火开裂，全面达到 NADCA 提出的各项要求。

10. 六角螺栓钢结硬质合金冷挤模热处理

钢结硬质合金也称碳化物钢，广泛应用于紧固件行业之中。通过不断地改进，钢结硬质合金的质量明显提高。过去由于我国受热等静压设备所限，国产钢结硬质合金在实际使用中常出现龟裂和变形，冷挤 3000 件左右就需要修整或更换模具，采用改锻解决了这一问题，其工艺类似于莱氏体钢改锻。

1）改锻后进行退火。图 10-70 所示为 GT35 钢结硬质合金等温球化退火工艺曲线。

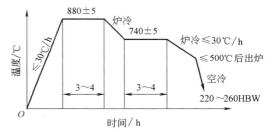

图 10-70　GT35 钢结硬质合金等温球化退火工艺曲线

2）淬火。在烧结和淬火加热过程中，碳化物和钢基体有很强的焊合作用。强碳化物形成元素 W、Ti 等会溶入钢基体中；提高临界温度，并使共析点 "S" 左移，即由原来亚共析的钢基体烧结成共析或过共析基体，由碳钢基体烧结成合金钢基体。所以，加热速度应慢，奥氏体化温度要比原基体高得多，保温时间也长一倍。由于有孔洞，水淬易开裂、生锈，一般采用油淬。

GT35 钢结硬质合金模具淬火工艺曲线如图 10-71 所示。200℃ 低温度回火一次，最终硬度为 59～63HRC。回火温度对 GT35 钢结硬质合金硬度的影响见表 10-66。

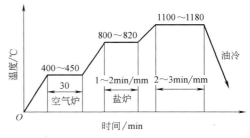

图 10-71　GT35 钢结硬质合金模具淬火工艺曲线

表 10-66　回火温度对 GT35 钢结硬质合金硬度的影响

回火温度/℃	淬火态	200	300	400	500	600
硬度 HRC	71~72	68~69	67~68	65~66	61~62	57~58

3）渗硼处理。成品模具通过渗硼，硼化物能填充烧结合金孔隙，提高致密度，提高表层硬度、耐磨性、热硬性、耐蚀性、抗擦伤、抗黏结和抗咬合等性能，能进一步提高合金模具的使用寿命，由此模具寿命从原来的 3000 件提高到了 8000~10000 件。

成品模具通过离子涂膏渗硼，渗层表面硬度达到 1300HV 以上。图 10-72 所示为渗硼层厚度与温度和时间的关系曲线。

11. 电动汽车用无磁模具钢热处理

随着新能源汽车的兴起，对生产电动汽车的电动

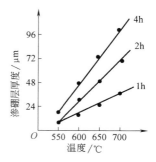

图 10-72　渗硼层厚度与温度和时间的关系

机所用的稀土永磁材料需求急剧增长，广泛应用于伺服电动机、无刷直流电动机、步进电动机与 IT 产品、核磁共振、扬声器等产品中，特别适于用作电动汽车的驱动电动机、风力发电机。图 10-73 所示为稀土永磁材料在轿车上的应用。

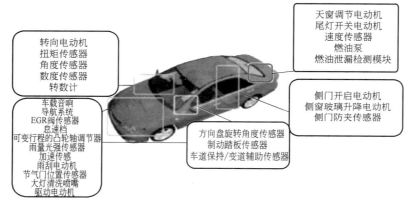

图 10-73　稀土永磁材料在轿车上的应用

（1）7Mn15Cr2Al3V2WMo 钢　制造稀土永磁瓦片的模具因其磁力强大而必须用无磁模具钢制造。7Mn15Cr2Al3V2WMo 是 GB/T 1299—2014 中唯一列入的无磁模具钢，此类钢属高锰奥氏体钢，无磁性。其在定向外磁场下压制，要求不导磁、不漏磁。

无磁模具钢制稀土永磁瓦片的压制模制造工艺路线为：锻造→高温退火→粗加工→固溶处理→半精加工→时效→精加工→氮碳共渗。7Mn15Cr2Al3V2WMo 钢制稀土永磁瓦片压制模的高温退火和固溶处理工艺曲线如图 10-74 和图 10-75 所示。

在进行时效处理时，通过从奥氏体中析出 VC 碳化物引发沉淀硬化进而实现强化，钢的抗拉强度达 1400MPa，硬度≥45HRC，如图 10-76 所示。

因稀土永磁粉末硬度高（≥50HRC），还需进行表面硬化，通常采用气体氮碳共渗，如图 10-77 所示。

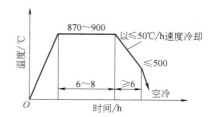

图 10-74　高温退火工艺曲线（硬度 28~32HRC）

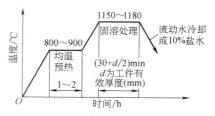

图 10-75　固溶处理工艺曲线（硬度 157~264HBW）

磁性检测表明，氮碳共渗没有对模具磁性造成影响。

氮碳共渗后，模件会有微量变形，凸模外形膨胀，凹模内腔收缩，胀缩量为 0.01～0.02mm。只要氮碳共渗前将模具的尺寸进行调整，一般都可控制在要求范围之内。

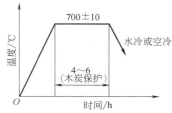

图 10-76　时效处理工艺曲线（硬度 45～50HRC）

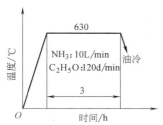

图 10-77　气体氮碳共渗工艺曲线

（2）50Mn18Cr4VA 无磁模具钢　7Mn15Cr2Al3-V2WMo 钢的铝含量高，铸造性差，已逐渐被 50Mn-18Cr4VA 钢（企业牌号）替代。50Mn18Cr4VA 钢用于制造高速切削数控机床用的高速稀土永磁电动机转子（80000r/min），其模具固溶处理和气体氮碳共渗处理工艺曲线如图 10-78 和图 10-79 所示，使用寿命达一百万次。

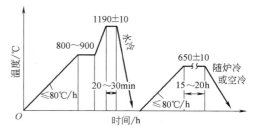

图 10-78　50Mn18Cr4VA 钢制模具固溶处理
工艺曲线（硬度 ≥45HRC）

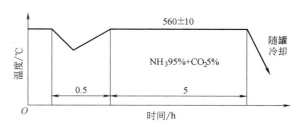

图 10-79　50Mn18Cr4VA 钢制模具气体氮碳共渗处理工艺曲线
（硬度 ≥650HV，渗层深度为 0.1～0.2mm）

12. 汽车覆盖件模离子渗氮

汽车模具外形尺寸为 5～6m，模具单件质量为 20～30t。早期受制于较低的冲压水平及对汽车安全性要求不高，汽车覆盖件采用软钢板（强度 ≤350MPa 冷轧）制造，模具采用铸铁制造。表 10-67 列出了国内外汽车覆盖件模具用铸铁对照。

表 10-67　国内外汽车覆盖件模具用铸铁对照

铸铁种类		灰铸铁	球墨铸铁	球墨铸铁	合金球墨铸铁	MoCr 合金铸铁
德国牌号		GG25	GGG50	GGG60	GGG70L	GG25MoCr
相近牌号	中国	HT250	QT500-7	QT600-3	—	—
	日本	FC250	FCD500	FCD600	KSCD800I	—
	美国通用公司	GM238	—	—	GM338M	GM241
供货状态		铸态	退火	正火	正火	时效
硬度 HBW		160～210	170～230	190～270	227～270	190～240
抗拉强度/MPa		≥250	≥500	≥600	700～1000	360～470

汽车覆盖件模具的整体表面强化有镀铬和离子渗氮。镀铬存在镀层厚度不均、局部脱落，一副模具在寿命期内重复镀约六次；离子渗氮技术已代替镀铬，寿命期内只需渗氮一次，Mo-Cr 合金铸铁渗氮效果更好。表 10-68 列出了离子渗氮常用铸铁牌号及离子渗氮层硬度和深度。

表 10-68　离子渗氮常用铸铁牌号及离子渗氮层硬度和深度

铸铁名称	德国牌号	对应中国牌号	化合物层深度/μm	化合物层硬度 HV0.1（HRC）	渗氮层深度/mm	表面硬度 HV1（HRC）
灰铸铁	GG25	HT250	4～15	800～1100（63～71）	0.1～0.3	350～500（37.5～49.5）
灰铸铁	GG25V	—	4～15	800～1100（63～71）	0.1～0.3	400～550（42.0～52.5）

（续）

铸铁名称	德国牌号	对应中国牌号	化合物层深度/μm	化合物层硬度 HV0.1（HRC）	渗氮层深度/mm	表面硬度 HV1（HRC）
球墨铸铁	GGG50	QT500-7	4～15	800～1100（63～71）	0.2～0.3	400～600（42.0～55.0）
球墨铸铁	GGG60	QT600-3	4～15	800～1100（63～71）	0.2～0.4	450～650（46.0～57.5）
球墨铸铁	GGG70	QT700-2	4～15	800～1100（63～71）	0.2～0.4	450～650（46.0～57.5）
球墨铸铁	GGG70L	—	4～15	800～1100（63～71）	0.2～0.4	600～800（55.0～63.0）

汽车覆盖件模具离子渗氮工艺：

1）渗氮前的清洗。铸铁模具在离子渗氮前，必须彻底清洗模具表面及疏松孔中的油污及杂质。清洗彻底与否直接影响打弧时间长短。

2）缓慢升温。铸铁材料导热性差，模具有效厚度为 200～400mm，为了减少模具内外温差和充分排除材料中的有害气体，升温速度宜≤60℃/h。

3）渗氮气体成分。根据铸铁材料成分、原始组织及对渗氮层的不同要求选择。

① 要求高耐磨性时，表层应是以 ε 相为主的化合物层，可采用氮气的体积分数为 60%～70% 的氮氢混合气。

② 要求长寿命、高精度时，表层应有足够深的、硬度高的扩散层，可采用氮气的体积分数为 20%～30% 的氮氢混合气。

4）渗氮温度和时间。铸铁模具的渗氮温度不宜超过 580℃，以避免石墨化，可选用 520～560℃，时间选用 12～24h。

5）处理过程。抽真空 2h，初真空度达 50Pa；在 300℃、400℃分级升温共 56h，在氮气保护下加热到 540℃，改用氮氢混合气，保温 24h，气压为 350Pa；随炉冷 25h，至约 100℃出炉。总时间约为 110h。

6）检验结果。表面硬度为 525～585HV1，渗氮层深度为 0.4mm，渗氮后模具表面为银灰色。变形量极小，一般不需磨抛加工，如果型腔表面有轻微氧化，则抛光至 $Ra \leqslant 0.8\mu m$。图 10-80 所示为合金球墨铸铁离子渗氮后渗氮层的硬度分布。

7）使用情况。冲压 20 万件完好无损，继续使用。

13. 模具真空渗氮

手机铝合金外壳压铸模具选用 4Cr5MoSiV 钢，采用真空渗氮工艺，明显改善了整体的脱膜性、抗热冲蚀性和热龟裂性。

一汽权仁泽团队针对 H13 钢制四工位齿轮热镦模（水冷却）寿命的问题，采用真空渗氮，根据模具工况、失效分析，精准化控制渗氮层的表面硬度、深度和化合物层、脉状组织，热镦模寿命从 2000～3000 件提高到 17000～19000 件，继而又通过控制渗

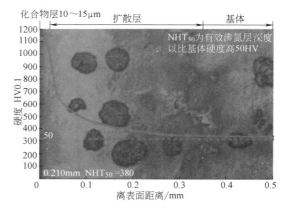

图 10-80　合金球墨铸铁离子渗氮后渗氮层的硬度分布（含有效渗氮层深度）

氮层的硬度分布曲线斜率、次表层硬度，使模具寿命提高到 23000～26000 件，与进口模具寿命相当。

4Cr5MoSiV 钢在不同氮势下真空渗氮后的显微组织如图 10-81 所示。各类热作模具钢的真空渗氮必须根据不同类型的模具选择不同的真空渗氮工艺，见表 10-69。各种气体渗氮处理后的显微组织如图 10-82 所示。

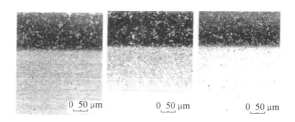

图 10-81　4Cr5MoSiV 钢在不同氮势下真空渗氮后的显微组织

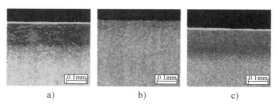

图 10-82　各种气体渗氮处理后的显微组织
a）ZD-A　b）ZD-B1　c）ZD-C

表 10-69 各类热作模具钢的真空渗氮工艺

| 模具 | 企业处理代号 | 要求性能 | | | 适用对象 | | | 模具硬度 | 表面硬度 | 渗氮层深度/ |
		耐磨	抗龟裂	抗熔蚀	压铸模	热锻模	铝挤压模	HRC	HV	mm
铝挤压模	ZD-A	√					√	47~50	950~1100	0.08~0.12
压铸模	ZD-B1		√		√			45~49	700~1000	0.05~0.08
	ZD-B2			√	√			45~53	900~1100	0.10~0.15
冲模	ZD-C	√				√		45~49	900~1100	0.15~0.20

　　铝压铸模广泛采用真空渗氮+后氧化，在渗氮冷却到 400~450℃时，通入氧气+氮气，保持 4h，表面形成 2~10μm Fe_3O_4 膜，改善了模具表面的熔蚀、黏着性能。

14. 多用模具钢

　　预硬塑料模具钢与渗氮相结合，可创造出独特的性能，用作塑料模具钢、冷作模具钢、热作模具钢和机械零件，成为一种多用钢。

　　(1) 落料模　模具材料选用 D2 (美国牌号，相当于我国的 Cr12MoV) 和 DC53 (日本牌号，相当于我国的 Cr8Mo2SiV) 材料，冲压板材厚度为 3.8mm，抗拉强度为 270MPa，模具在冲压 10000~15000 次后均出现开裂，而选用瑞典萨博钢厂的 TOOLOX44 钢，并经渗氮，冲压 25 万次以上检验后仍可继续使用。图 10-83 所示为各种模具钢制落料模使用寿命比较。

TOOLOX44渗氮
冲压板材：厚度3.8mm，抗拉强度270MPa

模具材料：D2

使用寿命：
- D2 58~60HRC 10000次开裂
- D2 54~56HRC 10000次开裂
- DC53(8%Cr) 15000次开裂
- TOOLOX44渗氮 >254000次现仍在使用

图 10-83 各种模具钢制落料模使用寿命比较

　　(2) 离合器外壳成形模　离合器壳体外形如图 10-84 所示。模具采用 Cr12MoV 钢，在冲压 1000 件后下模凸缘处剥落 (见图 10-85)，改用 DC53 钢 1000 件后剥落，后改用 TOOLOX44+盐浴渗氮，生产 10000 件。因国内外对渗氮质量无标准规定，国内企业自行

图 10-84 离合器壳体外形

图 10-85 损坏模具 (三处剥落)

规定：硬度 ≥55HRC，压痕四周无裂纹，判为合格。

　　此工艺适用范围：①适用于冲裁厚钢板、不锈钢板和铝板。不适用于高速、重冲击载荷下使用；②适用于产量中等、铸件表面质量要求高的铝压铸模具；③可用于制作连杆热锻模具。

　　瑞典萨博钢厂宣称，所开发的 TOOLOX 系列钢的特别之处在于采用了"CSR 精炼技术和专有热处理技术"。这种热处理技术就是前述的预硬钢"控轧强冷高回"处理，深圳模具制造商采用 3Cr2Mo 预硬塑料模具钢替代 TOOLOX 钢，所制作的冲模成功出口德国，反映良好。

15. 灯具模离子镀氮化钛

　　为解决灯具塑胶的透光性和生产中的粘模问题，灯具模采用离子镀 TiN 涂层取得较好效果。图 10-86 所示为 TiN 涂层灯具模。

图 10-86 TiN 涂层灯具模

16. 轮毂模拟热挤压模离子渗镀氮化铬

　　图 10-87 所示为轮毂模拟热挤压模及寿命对比。模具材料牌号为 DIN1.2365 (相当于我国的 4Cr3Mo3SiV)，热处理按热作模具钢热处理标准进行，淬火后回火三次，硬度为 41~45HRC。离子渗氮工艺：体积分数为 3% N_2 + 97% H_2 混合气体，$T = 520℃$，$p = 430Pa$，$t = 7h$。渗氮扩散层深度为 90μm，化合物层深度为

$10\mu m$，渗氮层硬度为 1200HV10。CrN 阴极电弧离子镀工艺参数见表 10-70。表 10-71 列出了离子渗氮 + CrN 涂层性能。

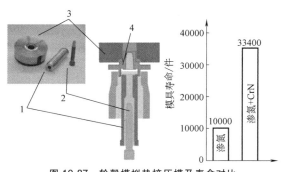

图 10-87　轮毂模拟热挤压模及寿命对比
1—冲头套　2—冲头　3—上模　4—锻件轮毂

表 10-70　CrN 阴极电弧离子镀工艺参数

气体	压力/ 100Pa	温度/ ℃	$U_{偏压}$/ V	弧电流/ A	时间/ min
$100\% N_2$	2.0×10^{-2}	400	-150	80	60

表 10-71　离子渗氮 + CrN 涂层性能

扩散层 深度/ mm	$\varepsilon + \gamma'$ 深度	渗氮层 硬度 HV10	CrN 厚度/μm	CrN 硬度/MPa	表面 粗糙度 $Ra/\mu m$
0.09	—	900	4.5	22×10^{-3}	0.40

17. H13 液压阀壳体压铸模离子渗镀氮化铬

液压阀壳体压铸模采用 H13 钢，其离子渗镀处理工艺参数见表 10-72。

表 10-72　H13 离子渗镀处理工艺参数表

渗镀处理方法	渗氮参数	渗氮层深度/ mm	渗氮层硬度 HV1	TiN 沉积参数	TiN 厚度/ μm
离子渗氮 + TiN 一体处理	$25\% N_2 + 75\% H_2$ 混合气体 $T = 540℃, p = 0.4MPa, t = 8h$	0.08/0.10	1103	$100\% N_2, T = 350℃,$ $p = 12Pa, U_{偏压} = 150V$	2.0
离子渗氮 + TiN 分离处理	$15\% N_2 + 85\% H_2$ 混合气体 $T = 530℃, p = 0.25MPa, t = 8h$	0.08/0.09	1103	$100\% N_2, T = 350℃,$ $p = 12Pa, U_{偏压} = -150V$	2.0
气体渗氮 + TiN 分离处理	$100\% NH_3$ 流量 $= 208m^3/h,$ $T = 540℃, t = 8h$	0.10/0.12	1159	$100\% N_2, T = 350℃,$ $p = 12Pa, U_{偏压} = -150V$	2.0

注："渗氮参数"中的百分数为体积百分数。

18. 曲轴锻造模具多元多层涂层

曲轴锻造模具是由北京化工大学以简单的非晶结构和纳米晶结构组成的多元高熵合金氮化物膜为主体的多元多层渗涂层结构。曲轴锻造模具通常单次锻打4000 次，经过渗涂处理后可达上万次，其处理前后对比如图 10-88 所示。

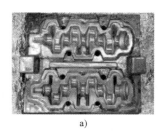
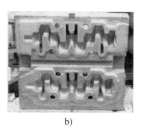

a)　　　　　　　　　　b)

图 10-88　渗镀复合处理前后对比
a）处理前　b）处理后

19. 汽车稳定杆模具 AlTiN 涂层

经渗镀复合处理后的汽车稳定杆的模具寿命比处理前提高 2 倍。扬州大学将汽车稳定杆热锻模材料改为高速钢，选择 AlTiN 涂层，在专业涂层公司用磁控溅射制作。汽车稳定杆热锻模寿命比较见表 10-73。

表 10-73　汽车稳定杆热锻模寿命比较

钢材/涂层	最低 寿命/次	最高 寿命/次	平均 寿命/次
H13	4831	6145	5404
W6Mo5Cr4V2/无涂层	9882	13275	11835
W6Mo5Cr4V2/AlCrN	23709	27418	25347

20. 冷冲压超高强度汽车钢板成形模电弧离子镀

对于不允许热处理变形的模具或冲压抗拉强度 ≥980MPa 的超高强度钢板成形模，TD 处理受到限制。在冲压超高强度钢板及不锈钢板时，模具表面和冲压件表面易发生黏附，如图 10-89 所示。

模具表面应用：图 10-90 所示的 HKS-G 涂层较好解决了表面黏附难题。HKS-G 涂层对不同强度和厚度的钢板适用范围如图 10-91 所示。PVD 离子镀HKS-G 涂层的特点见表 10-74。图 10-92 和图 10-93 所示的汽车消声器拉伸凹模和消声器是非常典型的难拉深的不对称矩形件，HKS-G 涂层也适用于冲压奥氏体不锈钢的拉深模。

21. 引线框架模涂类金刚石（DLC）膜

电动汽车电池等用的模具，其冲压材料，如铝、铜、镍及其合金和树脂等材料，特别容易黏模，造成

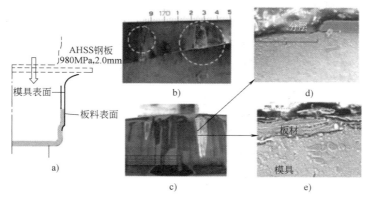

图 10-89　980MPa 超高强度汽车钢板冷成形时的黏附

a）弯曲成形模具　b）冲压件（AHSS）板材黏附处　c）模具黏附处

d）模具黏附处界面　e）模具黏附处 SEM 图像

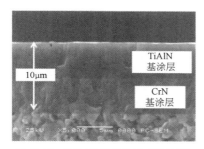

图 10-90　HKS-G 涂层截面 SEM 图像

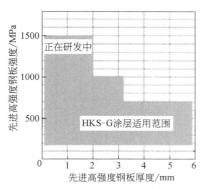

图 10-91　HKS-G 涂层适用范围

表 10-74　PVD 离子镀 HKS-G 涂层的特点

涂层	HKS-G	VC	TiC
制备方法	PVD（AIP）	高温扩散（TD）	高温 CVD
处理温度/℃	400～500	900～1000	900～1000
硬度/GPa	35	35	30
氧化开始温度/℃	≥1000	500	500
承载能力	优秀	良好	一般

冲压件划伤，甚至尺寸超差。黑色 DLC 膜具有表面平滑、抗黏附、化学稳定性高、摩擦因数极小的特性。

图 10-92　汽车消声器拉伸凹模

图 10-93　汽车消声器

半导体用引线框架模冲裁 0.1mm 铜或镀铜薄片，用磁控溅射法涂 DLC 膜，涂层厚度为 0.5～1.0μm，硬度为 2500～3500HV，寿命成倍提高。DLC 半导体芯片引线框架精密模具如图 10-94 所示。

图 10-94　DLC 半导体芯片引线框架精密模具

普通含氢 DLC 因碳键上的碳被氢原子所占，硬度稍低。不含氢的 ta-C 膜厚度虽薄（0.1～0.2μm），但富有弹性，冲压时不会因弹性变形而剥落，如冲压连接器磷青铜箔（厚 0.06mm）时，寿命高出硬质合金 3 倍。电动汽车电池模涂 ta-C 膜后，完全抑制了冲压件材料黏附在模具表面，用户相当满意。

22. 汽车覆盖件模具的 TD 处理

汽车钢板强度从 350MPa 低强度进入 780MPa 高强度后，模具承载的接触载荷大大增加，表面镀铬和离子渗氮已难以满足要求。针对这一情况，将其结构改成镶块结构，磨损、划伤严重部位制成镶块并进行 TD 处理。轿车覆盖件模具中的拉深、弯曲、卷边、切边模多数采用 TD 处理。TD 处理在高强度汽车钢板冲模使用效果如下：

（1）B 柱成形模镶块　图 10-95 所示为车身 B 柱成形模外形，图 10-96 所示为 B 柱成形模镶块。镶块材料为 SKD11（日本牌号，相当于我国的 Cr12Mo1V1），尺寸为 308mm × 260mm × 170mm；板材强度为 780MPa，厚度为 1.8mm。TD 处理后，层厚为 10μm，硬度为 3000HV，基体硬度为 58 ~ 62HRC，表面粗糙度 $Ra<0.2\mu m$，使用寿命达到 8 万次以上。

图 10-95　车身 B 柱成形模外形

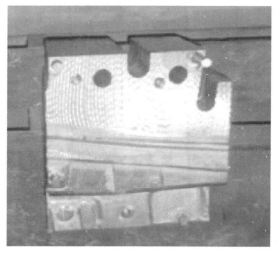

图 10-96　B 柱成形模镶块

（2）冲裁模　如冲裁 0.5mm 厚的 SUS304（日本

牌号，相当于我国的 06Cr19Ni10）不锈钢板 φ5mm 的标准冲头，使用时侧面发生料屑黏附，磨损也大，而且黏附较多时常常出现冲头折断的情况。使用 Cr8Mo2SiV 钢经 TD 处理后，一次刃磨前寿命就比原 W6Mo5Cr4V2 钢冲头的寿命提高了 6.3 倍。另外，在冲头侧面上的 TD 层对性能也无不良影响，经过刃磨的冲头也达到与刃磨前相同的使用效果。

（3）弯曲模　在弯曲成形时，模具和弯曲件表面摩擦，温度瞬间升高造成黏合，有时仅生产数百片冲压件，表面就严重拉毛。经过 TD 处理后，与原来淬火回火的 Cr12MoV 钢模具相比，其使用寿命延长了 86 倍。

23. 管材穿孔顶头 TD 处理

采用不同模具钢，如图 10-97 所示的 Cr12MoV、Cr8 和基体钢制造的管材穿孔顶头，在相同 TD 处理条件下，使用寿命分别提高 1.5 倍和 3 倍，其使用寿命比较如图 10-98 所示。

图 10-97　不同模具钢制管材穿孔顶头

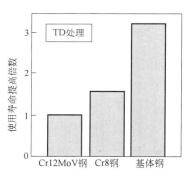

图 10-98　不同模具钢制管材穿孔顶头使用寿命比较

不同模具钢制穿孔顶头 TD 处理后的使用寿命取决于 TD 层下的基体硬度，硬度越高支撑能力越强，使用寿命越长。在 TD 层形成过程中，钢表面的碳参与形成 VC 层而贫碳，近表面硬度下降，支撑能力减弱，如图 10-99 所示。

24. 汽车覆盖件模具激光淬火

激光淬火可在大气下进行，不需要真空。激光功率密度高（$10^4 \sim 10^9 W/cm^2$），能量可集中在光斑上。激光淬火是激光应用之一，还有激光熔焊、激光打孔、激光喷丸、激光抛光、激光熔覆、激光合金化、

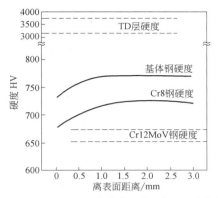

图 10-99　TD 处理后材料基体硬度随表面距离的变化

激光清洗等。各种激光处理所用的能量密度和相互作用时间如图 10-100 所示，这是激光淬火的前提。

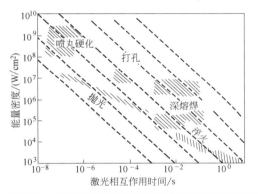

图 10-100　各种激光处理所用的能量密度和相互作用时间

我国现已掌握了激光淬火这项关键工艺。拉深模镶件的激光淬火如图 10-101 所示。拉深模与板材接触的外角 R 凸出处和板材流动较大的接触面在拉深

过程中发生强烈摩擦，需要对该处淬火。

切边模或整形模镶件的激光淬火难度更大，需要对整形面淬火，如图 10-102 所示。淬火面积大，极易产生回火，导致型面硬度不匀。

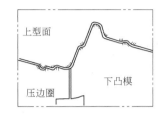

图 10-101　拉深模镶件的激光淬火

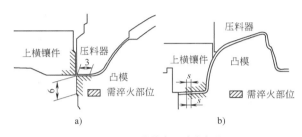

图 10-102　镶件表面淬火部位
a）切边模淬火　b）整形模淬火

激光淬火加工工艺流程：型面粗加工、半精加工→钳工组装→型面精加工→激光淬火→调试研配出件。激光淬火模具几乎没有变形，硬度均匀、可控。

以整形模镶件为例，材料为 Cr12，宽带扫描，激光淬火，工艺参数：功率 $P = 3kW$，激光扫描速度 $v = 1m/min$，光斑尺寸 $B = 2.5mm \times 17mm$，离焦量 = 165mm。硬化层深度达 0.5mm，硬度为 55.5 ~ 63HRC，最佳搭接率为 18%。

参 考 文 献

[1]　冯晓曾，李士玮，武维扬，等. 模具用钢和热处理 [M]. 北京：机械工业出版社，1984.

[2]　许发樾. 模具标准应用手册 [M]. 北京：机械工业出版社，1994.

[3]　蒋昌生. 模具材料及使用寿命 [M]. 江西：江西人民出版社，1982.

[4]　冯晓曾，王家瑛，何世禹. 提高模具寿命指南：选材及热处理 [M]. 北京：机械工业出版社，1994.

[5]　全国模具标准化技术委员会. 锻模　冷锻模用钢　技术条件：JB/T 7715—2017 [S]. 北京：机械工业出版社，2017.

[6]　全国模具标准化技术委员会. 锻模　热锻模用钢　技术条件：JB/T 8431—2017 [S]. 北京：机械工业出版社，2017.

[7]　姜祖赓，陈再枝，任民恩，等. 模具钢 [M]. 北京：冶金工业出版社，1988.

[8]　陈蕴博. 热作模具钢的选择与应用 [M]. 北京：国防工业出版社，1993.

[9]　陈再良，陈蕴博，佟晓辉，等. 典型冷作模具钢性能与失效关系探讨 [J]. 金属热处理，2006，31（2）：87-93.

[10]　王德文. 新编模具实用技术 300 例 [M]. 北京：科学出版社，1996.

[11]　崔崑. 国内外模具钢发展概况 [J]. 金属热处理，2007，32（1）：1-11.

[12]　徐进，陈再枝. 模具材料应用手册 [M]. 北京：机械工业出版社，2001.

[13]　陈再枝，马党参. 塑料模具钢应用手册 [M]. 北京：

化学工业出版社，2005.

[14] 赵昌盛. 实用模具材料应用手册 [M]. 北京：机械工业出版社，2005.

[15] 包耳，任意远，张天强，等. 真空热处理工艺参数的选择 [J]. 国外金属热处理，2005 (4)：41-42.

[16] 王国栋. 新一代控制轧制和控制冷却技术与创新的热轧过程 [J]. 东北大学学报（自然科学版），2009 (7)：12.

[17] 薄鑫涛，陈汉辉，邢励. 大型 P20 系列塑料模具钢模块预硬化处理工艺探讨 [J]. 五钢科技，2001 (2)：38.

[18] 陈乃录，左训伟，徐骏，等. 数字化控时冷却工艺及设备的研究与应用 [J]. 金属热处理，2009，34 (3)：37-42.

[19] Buderus Edelstahl GmbH 广告样本 [Z]. 2012.

[20] 内田宪正. 金型用工具钢の开发现状と热处理技术 [J]. 热处理平成，13 (41)：206-209.

[21] 蒋世伟，周国星. H13 特大型模具的热处理 [J]. 热处理，2015，30 (4)：41-44.

[22] 李青，韩雅芳，肖程波，等. 等温锻造用模具材料的国内外研究发展状况 [J]. 材料导报，2004 (4)：9-11，16.

[23] 谭海林. 基于 K403 材料的模具切削加工工艺研究 [J]. 机械制造，2009，47 (536)：58-60.

[24] WILZER J J，ESHER C，KOTZIAN M. OptimiertiEigenshaften von Werkzeugstahl für Pressshartewerkzerge

[J]. HTM 2016，1：30-41.

[25] 通口成起，梅森直树，增田哲. 也. 高热传导率を有するホットスタンピング金型用钢 RDH395 [J] 电气制钢，2018，89 (1)：29.

[26] 马广兴，叶能，肖伟雄. 大型复杂模具热处理工艺的控制 [J]. 模具制造，2014 (9)：83.

[27] 杨光龙，黄玉芳，黄晓琴. 提高 GT35 钢结硬质合金冷挤压模的工艺研究 [J]. 机械研究与应用，2020 (2)：147-150.

[28] 王维军，马中伟，王伟. 无磁钢制模具的热处理 [J]. 机械工人（热加工），2003，8：52-54.

[29] 王一官，朱德华，王建新. 可用于磁性材料模具的高强度高硬度 50Mn18Cr4VA 的开发 [J]. 磁性材料及器件，2001 10：55.

[30] 杜树芳，巢云飞，杜恒山. 汽车模具的离子渗氮 [J]. 金属热处理，2006，31 (11)：81-85.

[31] 权仁泽. 热锻模具氮化技术应用研究 [J]. 金属加工（热加工），2015 (13)：5-6.

[32] 卡正文. AlCrN 涂层在热锻模中的应用 [J]. 模具工业，2015，41 (2)：51.

[33] 山本兼司，久次米进，殿村刚志，等. ハイテン成型用金型向け高耐久性表面处理. [J]. 神户製钢技报，2019，69 (1)：41-44.

[34] 尧军，陈平. 浅析激光淬火技术在汽车模具中的应用 [J]. 金属加工（热加工），2019，(12)：54-57.

第11章　量具热处理

成都新成量工具有限公司　徐和平　刘群荣　谢永辉

11.1　量具用材料

11.1.1　对量具用材料的要求

选择量具用材料应着重考虑对量具耐磨性、尺寸稳定性、可加工性、耐蚀性和环保要求等方面的影响。

（1）耐磨性　量具工作面必须有高的耐磨性才能在长期使用中保持精度，因此淬火硬度高、耐磨性好的过共析钢常在入选之列。必要时，在工作面也可钎焊硬质合金或采用表面涂层处理等。

（2）尺寸稳定性　量具在使用和存放过程中应能保持最小的尺寸变化，因此量具中应尽量减少残留奥氏体量和残余应力值。一般认为，含Cr、W、Mn等合金元素的钢对减小时效变形有良好作用。

（3）可加工性　良好的可加工性可保证批量生产中热处理的高生产率，减少热处理后磨削加工时受损伤的可能性。为此，应选用可加工性好、材质均匀、组织良好及退火硬度适当的材料。

（4）耐蚀性　为提高量具对大气、手汗等的耐蚀性，许多量具采用镀铬等表面处理方法或采用马氏体不锈钢。例如，千分尺的某些零件采用无光泽镀铬；千分表量杆因表面处理不能保证齿条精度而选用不锈钢95Cr18；小卡尺零件采用30Cr13或40Cr13不锈钢板冲裁制成，大卡尺则采用20Cr13或30Cr13不锈钢长方形管制成。在量具生产中，为保证耐蚀性，已越来越多地采用可淬硬的不锈钢。

（5）非钢材料　陶瓷已在量块中应用，碳纤维、铝合金等也已在大型量具（如大卡尺、大千分尺等）产品中应用。其中，陶瓷和碳纤维都无须后续热处理；铝合金型材可不做后续热处理，若有特别需要，也可进行表面微弧氧化及着色处理。

（6）环境保护　为适应新的环保要求，适用于真空炉淬火或保护气氛炉淬火、蒸汽处理的模具钢、低合金高速钢或普通高速钢也用来制作量具（如H11、4241、W4Mo3Cr4VSi、W6Mo5Cr4V2等用于制作小塞规、校对规等），并且有越来越广泛应用的趋势。

以上各项要求应根据各种量具的不同特点、精度等级、制造方法和单件或批量生产等因素综合考虑，其他如淬透性、强度、热胀系数等，可根据产品性能要求加以考虑。

11.1.2　量具常用钢种及质量要求

量具常用钢种及其特点见表11-1。

表11-1　量具常用钢种及其特点

牌　号	应　用	特　点
GCr9[①]	中、小型高精度量规及量具零件	1）碳化物颗粒均匀细小，退火及淬火硬度均匀 2）硫含量低，夹杂物少 3）经适当热处理后尺寸稳定性好 4）淬透性：GCr9尚好，GCr15较好，GCr15SiMn更好
GCr15	各种量规、量块及其他高精度量具零件，如千分尺螺纹量杆、正弦规工作台及滚柱等	
GCr15SiMn	尺寸较大或厚实的高硬度、高精度的量具零件和量规，如石油量规，正弦规工作台等	
H11[②] 4241[③] W4Mo3Cr4VSi W6Mo5Cr4V2	小型的量具零件。如校对规等	1）淬火畸变小，淬透性好 2）淬火硬度高，适用于表面涂层 3）适用于真空淬火及蒸汽处理
CrWMn	要求高硬度、高耐磨性的量规和量具零件	1）淬火硬度高，耐磨性好，淬透性好 2）碳化物细小，淬火后晶粒细 3）退火易生成碳化物网，磨削性较差，磨削时较易出现裂纹 4）退火硬度较高
90Cr18MoV	耐磨及耐锈蚀的量具零件，如百分表量杆等	1）耐蚀性好，耐磨性好 2）碳化物分布不均匀 3）可加工性及抛光性尚好 4）适用于表面涂层

（续）

牌　号	应　用	特　点
20Cr13 30Cr13 40Cr13	耐磨及耐蚀的量规及量具零件。如卡尺尺身、尺框等，也可用于渗氮量块	1）耐蚀性好，耐磨性好，淬火回火后硬度低于 90Cr18MoV 的硬度 2）碳化物分布较均匀 3）可加工性及抛光性好 4）40Cr13 适用于表面涂层
T8A T10A	尺寸不大、具有一定韧性和耐磨性的量具零件，如卡尺尺身、尺框，宽座角尺长边，百分表销子等	1）退火硬度低，可加工性好，磨削性及抛光性好 2）随碳含量增加，耐磨性也提高 3）淬透性差，淬火易出现软点，淬火畸变大，耐磨性不如含铬钨等元素的合金工具钢
T12A	尺寸不大、高耐磨性的量具零件，如百分表齿轮、下轴套等	
65	尺寸不大、具有一定韧性和耐磨性的量具零件，如卡尺尺身、尺框	1）退火硬度低，可加工性好，磨削性及抛光性好 2）淬火畸变大，耐磨性不如含铬钨等元素的合金工具钢 3）价格便宜
65Mn	卡尺平弹簧、卡尺深度尺及其他量具用弹性零件	1）价格便宜 2）容易过热
20	千分尺微分筒体	1）易购半成品 2）无须热处理

① 曾用牌号。

② H11 为美国牌号，相当于我国的 4Cr5MoSiV。

③ 4241 为非标在用牌号。

　　量具工作面要求高度光洁，若对钢中非金属夹杂物和碳化物液析等不加以控制，可能在量块等表面粗糙度值极低的表面上产生细小的点状缺陷；夹杂物还可能引起区域性的残余应力分布，导致力学性能的各向异性，加大不均匀的变形；较严重的碳化物偏析则可能造成残留奥氏体的不均匀分布，影响尺寸稳定性。因此，对量具用钢的原材料显微组织的级别往往有一定要求，可参考表 11-2。

表 11-2　对量具用钢的原材料显微组织的级别要求

钢种	退火组织 合格级别/级			残留碳化物 网合格级别/级			带状组织 合格级别/级	非金属夹杂物（GB/T 18254—2016）合格级别/级			
	GB/T 18254—2016	GB/T 1299—2014	GB/T 1298—2008	GB/T 18254—2016	GB/T 1299—2014	GB/T 1298—2008	GB/T 18254—2016	氧化物	硫化物	碳化物液析	点状不变形夹杂
铬轴承钢	2~4			≤2.5			≤2.0	≤2.0	≤2.5	≤1.0	≤2.0
合金工具钢		1~5			≤3						
碳素工具钢			T8　1~5			≤2					
			T10　2~4								
			T12　2~4								

注：1. 除量块等特高精度和极小表面粗糙度值的工件，一般量规和量具零件对非金属夹杂物可不做特殊要求。其他钢种用作量块等工件时，对非金属夹杂物的要求可参照表中铬轴承钢标准。

　　2. 若条件许可，对量块等工件，带状组织及塑性夹杂物的标准可分别按 2 级要求。

　　3. 合金工具钢的退火组织按 GB/T 1299—2014 规定为 1~5 级，但对不再经预备热处理（如调质等）的量具用钢，最好要求退火组织合格级别为 1~4 级。

　　4. 65、65Mn 钢按 GB/T 711—2017 要求。

　　5. 不锈钢按 GB/T 4237—2015 要求。

　　6. 高速钢按 GB/T 9943—2008 要求。

11.2　钢制量具热处理工艺

量具工作时受外加应力小，工作环境一般都较好。量规和量具零件的热处理原则上与一般工具钢和结构钢的热处理相似，只是根据要求的不同，需更多地考虑尺寸稳定性、工作面耐磨性及耐蚀性等。

11.2.1　量具制造工艺路线简介

量具制造工艺路线：锻造→退火→正火或调质→切削加工→淬火→热矫直→清洗（冷水冲洗）→冷处理→回火→矫直→人工时效→清洗→防锈→磨削加工→人工时效→精磨（或研磨）→涂层（当使用耐高温回火材料时可选 H11、W4Mo3Cr4VSi、W6Mo5Cr4V2、40Cr13 等）。

根据不同产品的要求选用以上全部或部分工序，或者另外安排制造工艺路线。

11.2.2　预备热处理（或第一次热处理）

（1）退火　量具退火工艺规范见表 11-3。

（2）正火　为改善一些中碳钢量具零件的原始组织，减小机械加工表面粗糙度和提高强度，可用正火作为预备热处理或最终热处理。

（3）消除网状碳化物　若过共析钢中网状碳化物较严重或组织粗大，淬火时和磨削时都容易产生裂纹。淬火前，这类组织缺陷可以用适当的预备热处理来减轻或消除，以调整到所需的硬度和组织（见表11-4）。这只是一种补救措施，关键仍在于正确掌握钢的停锻温度和冷却速度，使退火后不存在碳化物网。

（4）调质　为改善机械加工表面质量，细化淬火前的组织，消除机械加工应力，减小热处理变形并得到均匀而稍高的硬度，可用调质处理作为预备热处理，以调整到适宜加工的组织和硬度（见表11-4）。

对批量生产和最终热处理后不便于用磨床加工的量规和量具零件，淬火前的表面粗糙度往往是生产过程中的关键问题之一，必须予以重视。淬火前的表面粗糙度按加工方法不同（精车、铰孔、拉削等）与显微组织有直接关系，因此常需要选用适当的预备热处理工艺来调整显微组织。

表 11-3　量具退火工艺规范

牌　号	加　热		冷　却			硬度 HBW
	温度/℃	时间/h	缓慢冷却	等温后冷却		
				温度/℃	等温时间/h	
65	660~680	1~3	以 <30℃/h 炉冷至 500~600℃ 出炉空冷			≤25HRC
T8	740~750			650~660		≤187
T10	740~750			680~700		≤197
T12	760~770			680~700		≤207
GCr9	780~800	2~6		710~720	等温 4~6h 后炉冷到 500~600℃，出炉	170~207
GCr15	780~800			710~720		179~207
CrWMn	770~790			680~700		207~255
GCr15SiMn	790~810			710~720		179~207
90Cr18MoV	700~750[1] 850~880[2]		以 <20℃/h 炉冷至 500~600℃，出炉空冷	680~700		≤230
H11、W6Mo5Cr4V2 4241、W4Mo3Cr4VSi	840~880			720~760		≤30HRC
20Cr13、30Cr13、40Cr13	760~800[1]					200~240
	850~870[2]					≤217

① 高温回火软化，可根据情况选用。

② 完全退火，可根据情况选用。

表 11-4　常用量具钢消除碳化物网及调质处理规范

牌号	消除碳化物网处理				调质处理			
	除网温度[1]/℃	冷却	回火温度[2]/℃	冷　却	淬火温度/℃	冷却	回火温度/℃	冷　却
GCr9	880~900	油	700~720	炉冷至≤ 500℃，出炉	830~860	油	700~720	炉冷至≤ 500℃，出炉
GCr15	900~920	油	700~730		840~870	油	700~720	
CrWMn	930~960	油	710~730		830~860	油	700~720	
GCr15SiMn	880~900	油	700~730		830~860	油	700~720	

（续）

牌号	消除碳化物网处理				调 质 处 理			
	除网温度^①/℃	冷却	回火温度^②/℃	冷　却	淬火温度/℃	冷却	回火温度/℃	冷　却
T10	800~820	油	700~720	炉冷至≤	780~810	油	690~710	炉冷至≤
T12	820~840	油	700~720	500℃,出炉	790~820	油	690~710	500℃,出炉

① 碳化物网粗、厚、完整的采用上限除网温度，细、薄、不完整的碳化物网选用较低的除网温度。

② 也可用常规退火工艺代替除网处理后的回火。

11.2.3　最终热处理（或第二次热处理）

1. 淬火

根据产品技术要求或加工制作的需要，量规和量具零件可以选用真空炉、可控气氛炉、激光或感应加热设备进行加热。针形塞规直径小，可在专用夹具上直接通电加热自冷淬火。

（1）淬火夹具的设计　应不用或少用量具工作面作为与夹具接触的支承面；夹具及装载的工件应不致影响气体或冷却介质的畅通流动；长形工件应沿轴线方向直立装载；装载的工件尽量不相互接触；工件在夹具上装卸方便又不容易滑落；夹具本身有足够的强度并便于修理。单件或少量生产时工件用钢丝绑扎。

（2）淬火温度　常用量具钢的淬火温度可参考表 11-5。原始组织为极细的片状或点状珠光体的零件和返修品取表中下限或较低的淬火温度，反之则取表中上限或较高的淬火温度。

（3）加热时间　根据炉型、装炉量、工件尺寸及形状因素来确定。通常可控气氛炉选用 1~2min/mm，真空炉选用 40~80min/炉。

（4）淬火冷却介质　可选用淬火油、氮气等，根据不同产品及钢的牌号选择。

表 11-5　常用量具钢的淬火及回火温度

牌　　　号	淬火温度/℃	淬火冷却介质	淬火后硬度 HRC	回火温度/℃	回火后硬度 HRC
GCr9	820~850	油	62~66	130~170	62~65
GCr15	830~860	油	62~66	130~170	62~65
GCr15SiMn	820~850	油	62~66	130~170	62~65
CrWMn	820~850	油	62~66	130~170	62~65
T8A	750~780	油	62~65	130~150	≥62
T10A	760~790	油	62~65	130~160	≥62
T12A	760~790	油	62~65	130~160	≥62
4241、W6Mo5Cr4V2、W4Mo3Cr4VSi	1160~1200	气体	62~65	540~560	≥62
H11	1020~1060	气体	50~54	520~560	≥50
20Cr13	950~980(真空)	油、氮气	40~45	200~250	≥40
	980~1050(保护气氛)	油			
30Cr13	950~1000(真空)	油、氮气	42~48	220~280	≥40
	1000~1060(保护气氛)	油			
40Cr13	960~1020(真空)	油、氮气	48~53	400~500	≥42
	1020~1080(保护气氛)	油			
90Cr18MoV	1050~1070	油	>55	200~300	53~58
				550~580	43~46
65	790~820	油	>50	400~420	40~45
65Mn	790~820	油	>56	300	≥52
				400	≥45
				500	≥37

2. 回火

以在烘箱或热浴（油）中回火为宜。烘箱加热效率很低，如用于回火，炉内须用风扇强制对流传热，而且回火保温时间至少应比热浴回火长 1~2 倍或更多，并宜适当地提高回火温度。同时，为适应环保要求，必须对可能产生的油烟进行净化处理。一般只要回火温度选择适当，回火保温时间稍长并无不利之处，而回火保温时间不足则对量具可能产生不良影响。

（1）回火温度　常用量具钢的回火温度可参考表11-5。

（2）回火时间　根据设备装炉方式、装炉量及工件大小来确定。热浴回火保温时间应不少于1h，截面尺寸在50mm以上者需2~4h。有时将回火与稳定化处理合并进行则需更长时间。

不进行冷处理的量具淬火后应立即进行回火，以免发生裂纹。

3. 冷处理

对尺寸稳定性要求高的工件，淬火冷至室温后应立即（最好在0.5h以内）进行冷处理，将工件冷至-70~-180℃（温度应根据具体材料和产品要求选择，不宜过低。有些材料用过低的温度冷处理，反而不利于残留奥氏体量的减少。通常采用-70~-80℃即可），使残留奥氏体尽可能多地转变为马氏体，工件硬度也会相应地有所提高。随后进行的回火（或人工时效处理）则促使合金元素重新分配，降低应力，使组织结构趋于稳定。

冷处理在以液氮为冷却剂的冷冻箱中进行。在冷处理过程中，当冷至规定温度后应保持0.5~1h，以保证工件都达到此温度。工件淬冷后，应冷至室温再进行冷处理，以防止急冷产生裂纹。对形状复杂或厚薄悬殊的工件，冷处理前，宜将细薄部分用石棉包扎；冷处理完毕后，待工件温度升至室温时应立即进行回火或人工时效。操作时应戴手套等防护用品，以防止冻伤。冷处理前，应吹干工件上的水分及去除附着在工件上的杂物。

4. 时效处理

人工时效宜在热浴中进行。一般量规（硬度≥62HRC）可在淬火后以140~160℃进行8~10h人工时效（与回火合并进行）。对要求硬度≥63HRC的量块等产品，则在回火后再进行120℃×48h的人工时效处理，或者冷处理与时效处理反复数次的冷热循环处理。

工件在精磨后宜在120℃时效10h，以消除磨削应力。工件精磨后留出少量研磨余量，然后在室温存放半年或一年（时间越长越好）进行自然时效，最后再研磨成成品，这是保持尺寸稳定性的最佳方案。

5. 矫直

矫直有两类方法。

（1）热矫直　工件未冷透时趁热矫直，或者对淬火后需用较高温度回火的工件用专用夹具进行回火矫直，工件夹紧后送进回火炉中，待工件及夹具加热后取出再次夹紧，然后缓慢冷却。

（2）冷矫直　工件淬火及回火后冷压或冷敲（常用反压法）矫直。冷矫直后的工件需进行去应力回火，回火温度不应超过原来的回火温度。这种措施不能保证消除全部矫直应力，因此对容易发生扭曲的量具零件，应尽量设法减少淬火时的变形，已发生变形的零件则最好采用热矫直。

量具零件在装配过程中不允许再进行敲打，否则经过一段时间后可能使量具（如卡尺、千分尺等）使用不灵活，甚至卡住。

11.2.4　量具热处理的技术要求

1. 硬度

在有关国家标准中，对各种量具的硬度都有明确的规定（见表11-6）。为提高耐磨性，生产企业可以在保证尺寸稳定性的前提下适当提高硬度要求。

表 11-6　量具热处理硬度要求举例

标 准 号	产 品 名 称	测量面硬度值
GB/T 21389—2008	游标、带表和数显卡尺	碳素钢或工具钢≥664HV（≈58HRC） 不锈钢≥551HV（≈52.5HRC） ［非测量面≥377HV（≈40HRC）］
GB/T 1216—2018	外径千分尺	工具钢≥740HV（≈61.8HRC） 不锈钢≥552HV（≈52.5HRC）
GB/T 6093—2001	量块	≥800HV0.5（≈63HRC）
GB/T 22521—2008	角度量块	≥795HV（≈63HRC）
GB/T 1957—2006	光滑极限量规	≥700HV（≈60HRC）
GB/T 22512.2—2008	石油钻杆接头螺纹量规	60~63HRC（供参考）

2. 显微组织

量具热处理的显微组织要求见表11-7。为提高产品质量，生产企业可制定高于表11-7规定的企业标准。

表 11-7　量具热处理的显微组织要求

钢种	回火级别/级	过热级别/级	马氏体级别/级	屈氏体量	碳化物网等级	脱碳层
高速工具钢	≤2	<1				
碳素工具钢			≤3.5	测量面不允许有屈氏体	≤3	测量面经磨加工后应保证无脱碳层
合金工具钢铬轴承钢			≤3			
不锈钢			≤3			

注：高频感应淬火后的马氏体级别允许放宽 0.5 级或 1 级。如碳素工具钢可允许为 4 级或 4.5 级。

11.2.5　量块及高尺寸稳定性量规的热处理特点

量块是长度计量的基准，技术要求也最高。按 GB/T 6093—2001《几何量技术规范（GPS）　长度标准　量块》的规定，量块测量面的硬度不应低于 800HV0.5（≈63HRC），尺寸稳定性技术标准见表 11-8。

表 11-8　量块尺寸稳定性技术标准

精度等级	每年长度的最大允许变化量/μm
K、0	$\pm(0.02+0.25\times10^{-6}ln)$
1、2	$\pm(0.05+0.5\times10^{-6}ln)$
3	$\pm(0.05+1.0\times10^{-6}ln)$

注：表中 ln 为量块标称长度（mm）。

钢制量块：在 10～30℃ 范围的线胀系数应为 $(11.5\pm1.0)\times10^{-6}℃^{-1}$。此数值为一般钢的线胀系数值，以便在测量钢制件时不会因线胀系数不同而造成误差。

硬质合金量块：硬度可达 70HRC，耐磨性高而研磨表面粗糙度低，尺寸稳定性好，但材料和加工成本高，其线胀系数只有 $6.5\times10^{-6}℃^{-1}$，与 GB/T 6093—2001 的要求相差甚多。

陶瓷量块：尺寸稳定性、研磨表面粗糙度和耐磨性更佳，但也有和硬质合金制造量块所遇到的类似问题，其线胀系数约为 $(6～9)\times10^{-6}℃^{-1}$，因此目前用于制造量块的材料仍以过共析钢为主。

用 30Cr13 或 40Cr13 不锈钢渗氮制成的量块具有 900～1000HV 的表面硬度，研磨后测量面的表面粗糙度和色泽皆优于淬火钢，而且耐蚀性强。这种量块的心部是经过调质处理的索氏体组织，因此尺寸极稳定。缺点是材料和制造成本高于淬火钢。此外线胀系数为 $(9.98～11)\times10^{-6}℃^{-1}$，比 GB/T 6093—2001 的规定稍低，但差别不大，是可供考虑的量块制造的方案之一。

对材料质量方面的要求，量块比一般量具严格（见表 11-2 注 1 和 注 2），以保证加热时固溶均匀，

不易过热，研磨后表面粗糙度值低。

现行的含铬轴承钢标准对材质要求高，适宜用于制造量块。

根据一般的经验，整体热处理的量块成品在放置过程中的前八九个月尺寸变化较大，以后逐渐减小。尺寸变化的过程有的是先缩后胀，也有的是先胀后缩，这可能是工艺条件或工艺方法，甚至是实际操作上的差别而造成的组织和应力的差异所产生的后果。

总之，量块热处理工艺的要点在于，尽量减少残留奥氏体量，增加马氏体的正方度及减小残余应力。

对 GCr15 钢制量块，可选用 $(850\pm5)℃$ 在油中淬火至室温，及时进行 -78℃ 冷处理，以减少残留奥氏体量；然后进行回火，以增加马氏体正方度和减少残余应力。推荐采用以下工艺：$(850\pm5)℃$ 加热→常温油冷→-78℃ 冷处理→140～150℃ 回火三次，每次保温 1h（分三次回火有利于保持高硬度）→120℃ 人工时效 48h→精磨→120℃ 保温 10h（去应力回火）→研磨。

国外有冷处理和回火多次交替的工艺，以求得到最佳的尺寸稳定性。尽管多次交替反复冷处理和回火的循环热处理效应递减，但总的效果却提高了。其工艺为：$(850\pm5)℃$ 加热→常温油冷→-78℃ 冷处理→150℃ 回火两次，每次 1h→-78℃ 冷处理→150℃ 回火 1h→-78℃ 冷处理→120℃ 人工时效 48h→精磨→120℃ 保温 10h→研磨。

用 30Cr13 或 40Cr13 钢经调质或高温回火软化（见表 11-3）得到 240HBW 左右的索氏体组织，再经气体渗氮而制成的量块，表面硬度 >900HV，研磨精度高，尺寸稳定性极佳。推荐的渗氮工艺为：表面活化处理，540～550℃ 气体渗氮（氨分解率为 25%～30%），长度 ≤10mm 的量块渗氮 24h（渗层深度为 0.15～0.18mm），长度为 20～100mm 的量块渗氮 48h（渗层深度为 0.22～0.24mm）。

对于长度大于 100mm 的 GCr15 量块，为保证尺寸稳定，可采用两端工作部分局部淬火的方法。其工

艺为先将长量块整体淬火及经 280~300℃回火，然后用感应加热对两端分别淬火，最后进行 120~130℃回火 24h。

对于长度小于 5mm 的量块，绝对尺寸变化量很小，因此不做过多地考虑，但磨削后常因应力重新分布而发生翘曲变形，故对小规格量块应注意尽量减少淬火和磨削应力。

如前所述，淬火钢的马氏体分解和残留奥氏体转变是自发过程，因此将热处理后的量块坯料经粗加工后留出少量加工余量，在室温自然时效半年至一年后再进行最后的精磨和研磨是提高量块尺寸稳定性的最佳方案。

上述内容也适用于其他需要尺寸稳定的精密零件的热处理。

11.2.6 热处理后机械加工（磨削）对量具的影响

量规和量具零件多采用过共析钢，以期淬火后得到高硬度。经热处理后的高硬度工件在磨削时常存在各种弊病，影响产品质量或形成废品。除磨削时冷却不足或不当、砂轮选择不合适或修磨不及时、磨削规范不当，以及机床振动等多种原因，有时也和材料或热处理不合适有关，这类问题在量具生产中时有发生，造成冷、热加工之间的问题混淆不清。在此将对这类问题的相互影响和关联进行综合分析，供读者参考。

（1）烧伤　在磨削时的瞬时高温下，金属表面可能产生一层极薄的氧化膜，呈现出不同的回火色，并造成一定厚度的热影响区，从而使表层硬度下降，通常称其为烧伤、软化或磨糊。

烧伤变色通常不均匀，如烧伤很轻或随后的研磨使变色层被除去，常看不出烧伤的痕迹，但对表层的耐磨性会有影响，必须防止。磨削操作不当，砂轮选择不合适或砂轮磨钝等常成为烧伤的重要因素。一般而言，材料或热处理质量与烧伤没有太大的关系。

（2）裂纹　磨削不规范（或磨削条件不当），在被磨削的表面形成一个个较强烈的烧伤中心，造成不均匀的应力，在交替的高温与急冷下应力值渐增，直至产生裂纹。因烧伤中心很多，相互间距小，故磨削裂纹呈细小网状，数量多而深度浅，裂纹走向垂直于砂轮前进方向，裂纹断面上一般无氧化色。

淬火温度过高、回火不足可造成工件残余应力大，即使在合理的磨削条件下也可能产生磨削裂纹，但这种裂纹相对于纯粹的磨削裂纹来说一般较稀疏，

也较宽而深。较严重的网状碳化物和材料导热性差都能促进磨削裂纹的产生。

钢中残留奥氏体在磨削时可能转变成淬火马氏体，使工件变脆，所以残留奥氏体量多的工件在磨削时容易发生磨削裂纹。

工件硬度与磨削裂纹的形成有关，硬度小于 55HRC 的工件虽可能发生烧伤但产生磨削裂纹的情况极少；60HRC 以上的工件，都会使磨削裂纹发生的可能性大为增加。磨削裂纹多在表面发生变色后才出现，烧伤前很少开裂。

（3）变形（翘曲）　即使磨削状况良好，因磨削而使磨面呈现拉应力仍是不可避免的。另外，因为磨去了一层金属，使原来处于平衡状态的应力遭受破坏，使工件处于新的不稳定的应力状态，磨后的工件会因应力的重新分布而很快发生时效变形（翘曲），较长且不厚的工件（如卡尺尺身等零件）最为严重。

为减少上述弊病，各道冷、热加工工序都应尽量减少引入的应力；在磨削加工之间进行人工时效；沿工件合适的长度方向安排磨削方向。另外，特别强调，磨削过程中应经常翻面，注意使工件正反两面的磨削量基本一致，使两面引入的磨削应力尽量达到平衡，这一点是非常重要的。

11.2.7 表面涂层

为了进一步提高量具表面的耐磨性，部分量具零件在装配包装前可实施表面涂层，如不锈钢制小卡尺尺身可选用 CrN 涂层，高速钢制小塞规可选用 TiN、TiCN、DLC（类金刚石）等涂层，见表 11-9。

表 11-9　量具适用涂层

涂层	颜色	硬度 HV	涂层厚度/μm	适用产品
CrN	银灰	≈2000	≈2	卡尺尺身
TiN	金黄	≈2200	1~4	塞规等
TiCN	灰白	≈3000	1~4	
DLC	黑	≥3000	1~2	

11.3 典型量具热处理

11.3.1 百分表零件的热处理

千分表、百分表品种规格很多，为适用于不同的场合，其结构和选料都不尽相同。百分表零件的热处理见表 11-10。

表 11-10　百分表零件的热处理

零件名称	零件简图及技术条件	热处理流程	热处理工艺	备　注
测杆	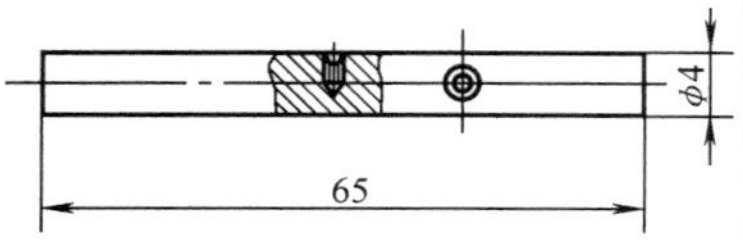 材料：95Cr18 硬度：53～57HRC 直线度：≤0.05mm	清洗→淬火→回火→清洗→矫直→稳定化处理→清洗	淬火（真空炉）：加热温度为 1050～1060℃，保温 40min（真空度为 13.33～1.33Pa）通氮冷却 回火：在电炉中加热至 200～250℃，保温 4h 稳定化处理：在电炉中加热至 180～220℃，保温 4h	1）也可在可控气氛炉中加热，油淬 2）淬火夹具应能保持测杆直立，相互间有一定间隔，使加热均匀，减少弯曲；夹具使用前应清除一切污物，保证清洁
轴齿轮	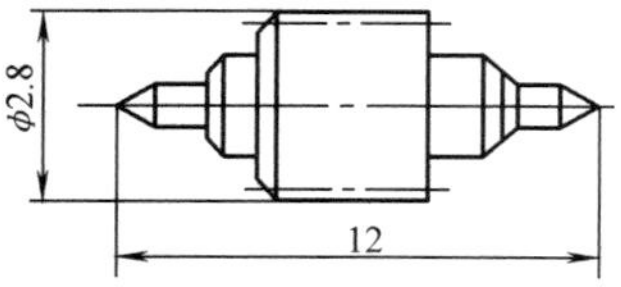 材料：25Cr13Ni2 硬度：50～55HRC	清洗→淬火→回火→清洗	淬火（真空炉）：工件用汽油洗净，装在洁净的不锈钢小盘中，允许重叠，但不可堆放过厚；在 1050～1060℃保温 60～80min，真空度为 13.33～1.33Pa，保温后通氮冷却 回火（油槽）：140～160℃×2h，回火后用汽油洗净	—
下轴套	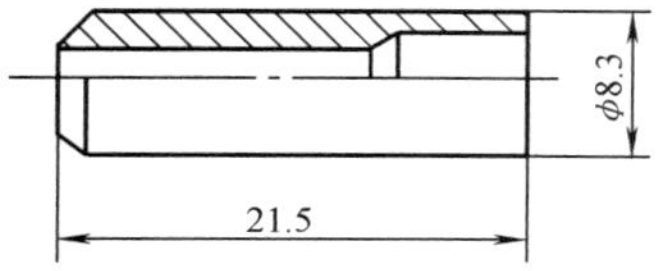 材料：T12A、40Cr13 硬度：58～62HRC(T12A) 　　　45～50HRC(40Cr13) 淬火马氏体级别： 　　　≤2.5级(T12A)	淬火→热水洗→回火→清洗→防锈处理(T12A)	淬火：T12A 用保护气氛炉（网带炉）：温度为 780～800℃，可调变频器频率为 18Hz，碳势≥0.4%，油冷 40Cr13 用真空炉：980～1000℃×40min，油或氮气冷却；40Cr13 也可用保护气氛炉（网带炉）：温度为 1020～1050℃，可调变频器频率为 18Hz，碳势≥0.4%，油冷 回火：210～230℃×2h	—

11.3.2　游标卡尺零件的热处理

游标卡尺零件在热处理过程中易产生畸变，故需采取有效防止措施。游标卡尺主要零件的热处理见表 11-11。

表 11-11　游标卡尺主要零件的热处理

零件名称	零件简图及技术要求	热处理工艺流程	热处理工艺	备　注
高度尺底座	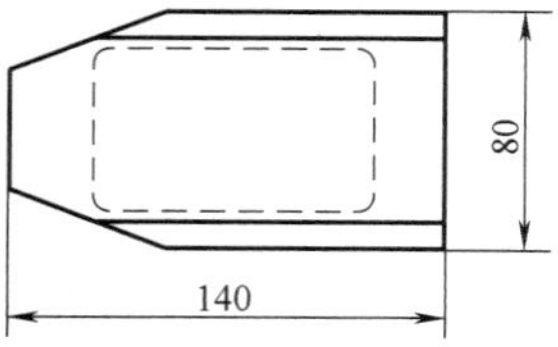 材料：15 或 20 渗层深度：1～1.2mm 表面硬度：≥50HRC	渗碳→机械加工→淬火→回火→（清洗）→防锈处理	真空渗碳：980～1020℃×3～5h，1～3000Pa 真空淬火：860～880℃×40min，油冷 回火：160～180℃×2h	—

（续）

零件名称	零件简图及技术要求	热处理工艺流程	热处理工艺	备　注
卡尺尺身	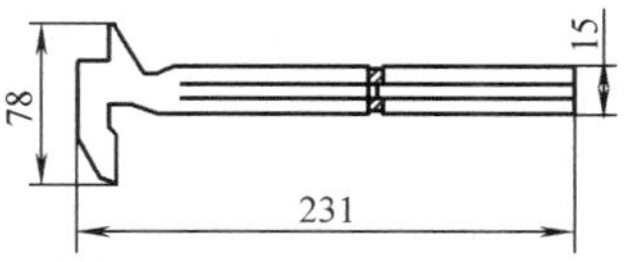 材料：65、T8A 或 40Cr13 测量面及距测量面 2mm 处硬度：58~63HRC（65、T8），52.5~58HRC（40Cr13），距测量面 2mm 以外的尺身硬度为 40~48HRC，测量面淬火马氏体级别≤3 级（T8A）平面度（平面及侧面）：≤0.1mm	淬火→清洗→回火（装夹具压直）→高频感应加热，卡爪测量面局部淬火（淬大爪→清洗→淬小爪）→回火→清洗→矫直→稳定化处理→清洗→防锈处理	用保护气氛炉淬火，如网带炉（65：810~820℃；T8A：770~780℃；40Cr13：900~920℃，可调变频器频率为 18Hz，碳势≥0.4%，油冷）。其中，40Cr13 也可用真空炉淬火（980~1000℃，油冷） 回火（电炉）用专用夹具（见下图）夹紧，在 380~420℃（65、T8A）或 400~450℃（40Cr13）回火并矫直 3h（65、T8A）或 4h（40Cr13） 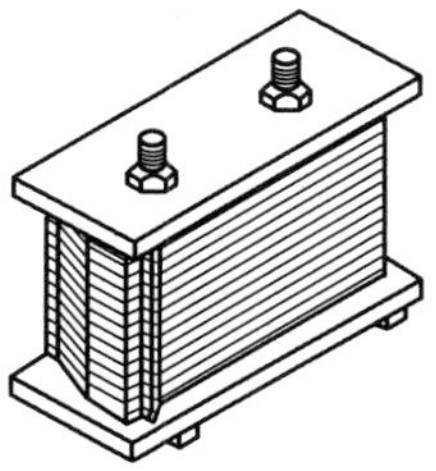 高频感应淬火：用专用感应器将大爪测量部分局部加热至 860~900℃（65、T8A）或 1100~1130℃（40Cr13），浸入 150~170℃硝盐浴中分级冷却，清洗；然后用专用感应器局部加热小爪测量部分（加热温度同大爪），再浸入 150~170℃硝盐浴中分级冷却 回火：150~170℃×2h 稳定化处理：凡经过冷矫直的尺身应在 150~170℃进行 2h 的稳定化处理	1）淬火后，在专用夹具上压紧回火矫直，若回火后仍有弯曲超差者，可进行一次冷矫直，然后补充一次压紧回火 2）为使高频感应加热卡爪局部淬硬，达到需要的淬硬深度，又不使卡爪过热，加热时应多次断续送电 3）若尺身采用 40Cr13 钢制成，装配前进行涂层处理，可大幅度提高其耐磨性

11.3.3　千分尺零件的热处理

千分尺品种规格较多，其中以中、小尺寸的千分尺使用最广，其主要零件的热处理见表 11-12。

表 11-12　千分尺主要零件的热处理

零件名称	零件简图及技术要求	热处理工艺流程	热处理工艺	备　注
螺纹测杆	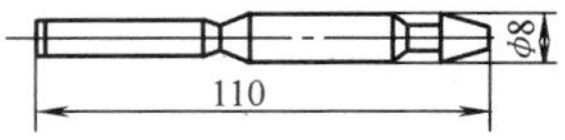 材料：GCr15 硬度：58~62HRC 直线度：≤0.15 mm 淬火马氏体级别：≤2 级	淬火→回火→清洗→矫直→稳定化处理→清洗→磨削加工→端部焊硬质合金处表面活化→高频感应加热焊硬质合金测头	淬火（真空）：700~750℃预热 60min，再加热到 850~870℃，保温 40min，油冷 淬火（保护气氛—网带炉）：温度为 840~860℃，可调变频器频率为 14Hz，碳势≥0.4%，于 30~70℃油中冷却 回火：190~210℃×2h 稳定化处理：160~180℃×2h	淬火后弯曲在允许范围内的，可省去矫直和稳定化处理工序

（续）

零件名称	零件简图及技术要求	热处理工艺流程	热处理工艺	备　注
校对量柱	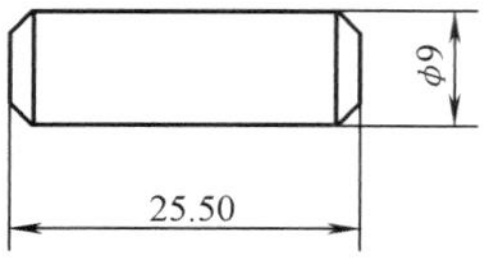 材料：GCr15 硬度：62～65HRC 直线度：根据不同长度量柱而定 淬火马氏体级别：≤2级 （$\phi 9$，25.50）	淬火→清洗→深冷处理→回火→清洗→中间部分高频感应加热退火→矫直→稳定化处理→清洗	淬火（真空）：700～750℃预热 60min，再加热到 850～870℃，保温 40min，油冷 淬火（保护气氛—网带炉）：温度为 840～860℃，可调变频器频率为 14Hz，碳势≥0.4%，于 30～70℃油中冷却 冷处理：-70～-80℃冷透，保持 30～60min 回火：130～150℃×8h 中间部分退火（感应加热）：量柱中间部分局部加热到 700～800℃，空冷	1）淬火后弯曲超差的，可对量柱中间部分进行局部退火，以便矫直。矫直后应进行稳定化处理 2）淬火后弯曲在允许范围内的，可省去局部退火及矫直、稳定化处理等工序

11.3.4　螺纹环规和塞规的热处理

　　环规和塞规是检查外径和孔径尺寸的量规，螺纹环规热处理后只进行余量极小的研磨加工，因此要求淬火前有较高的尺寸精度和较小的表面粗糙度值，淬火后畸变小、脱碳极少，并有较好的研磨性能。其热处理工艺举例见表 11-13。

表 11-13　螺纹环规和塞规热处理工艺举例

零件名称	零件简图及技术要求	热处理工艺流程	热处理工艺	备　注
螺纹环规	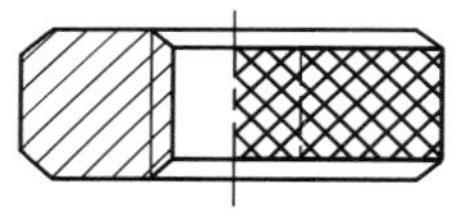 材料：GCr15 硬度：调质后为170～229HBW，成品为58～63HRC 显微组织要求：调质后要求马氏体级别为1～3级，成品要求马氏体级别≤3级	调质（可选）→机械加工→淬火→清洗→回火→清洗→防锈处理	1）调质（可选）：淬火时（保护气氛—网带炉）：温度为 840～860℃，可调变频器频率为 14Hz，碳势≥0.4%，冷却 30～70℃油；然后在电炉中进行 700～720℃×10h 的高温回火 2）淬火：保护气氛（网带炉），加热温度为 850～860℃，可调变频器频率为 7～18Hz，碳势≥0.4%，于 30～70℃油中冷却；真空炉，700～750℃预热 60min，加热到 850～870℃保温 40min，油冷 3）回火：160～180℃×8h	调质处理的目的在于降低机械加工内螺纹的表面粗糙度值
螺纹塞规	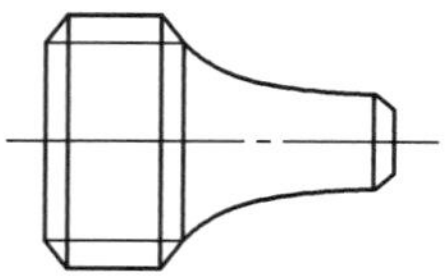 材料：GCr15 硬度：58～63HRC 淬火马氏体级别：≤3级 材料：4241 硬度：≥62HRC 回火级别：≤2级	淬火→清洗→回火→清洗→防锈处理	GCr15：淬火 保护气氛（网带炉）：加热温度 850～860℃，可调变频器频率为 7～18Hz，碳势≥0.4%，于 30～70℃油中冷却 真空炉：700～750℃预热 60min，加热到 850～870℃保温 40min，油冷 回火：160～180℃×8h 4241：淬火 真空炉：850～860℃预热 60min，加热到 1160～1180℃保温 40min，高压氮气冷却 回火（蒸汽处理）：560℃×2h，三次	光滑塞规，若用高速钢等耐高温回火材料制成，则成品后进行涂层处理，可提高其使用寿命几倍甚至几十倍

参 考 文 献

［1］　安敏，付中元，袁超，等．淬火后清洗和冷处理工艺对 9Cr18 钢轴承套圈残留奥氏体含量的影响［J］．金属热处理，2021，46（6）：21-24.

［2］　崔崑．钢的成分、组织与性能［M］．北京：科学出版社，2013.

［3］　全国钢标准化技术委员会．高碳铬轴承钢：GB/T 18254—2016［S］．北京：中国标准出版社，2016.

［4］　全国量具量仪标准化技术委员会．游标、带表和数显卡尺：GB/T 21389—2008［S］．北京：中国标准出版社，2006.

［5］　全国量具量仪标准化技术委员会．外径千分尺：GB/T 1216—2018［S］．北京：中国标准出版社，2018.

［6］　全国量具量仪标准化技术委员会．几何计量技术规范（GPS）　长度标准　量块：GB/T 6093—2001［S］．北京：中国标准出版社，2001.

［7］　全国量具量仪标准化技术委员会．角度量块：GB/T 22521—2008［S］．北京：中国标准出版社，2009.

［8］　全国量具量仪标准化技术委员会．光滑极限量规　技术条件 GB/T 1957—2006［S］．北京：中国标准出版社，2006.

［9］　全国钢标准化技术委员会．工模具钢：GB/T 1299—2014［S］．北京：中国标准出版社，2014.

第 12 章　汽车、拖拉机及柴油机零件的热处理

东风汽车公司　朱蕴策

12.1　活塞环的热处理

活塞环包括气环和油环，又有整体环和组合环之分。气环主要用来密封气体，一般汽油机设 2~3 道气环，柴油机设 3~4 道气环。油环用来调节（或控制）气缸壁上的润滑油。有些发动机的油环采用螺旋撑簧油环，由铸铁环体和螺旋撑簧组成；有些汽油发动机的油环采用钢带组合油环，由刮环和衬环组成。

12.1.1　活塞环的服役条件和失效形式

活塞环在高温、高压的燃气介质中往复运动，在润滑不良的条件下，与气缸套发生激烈的摩擦。随着发动机性能指标的不断提高，压缩比及转速也相应提高，活塞环的工作条件更为恶劣。

活塞环的主要失效方式是磨损、擦伤和疲劳折断。

12.1.2　活塞环的材料

1. 对材料性能的要求

活塞环的材料应在工作温度下保持足够的强度和弹性，具有良好的抗擦伤性、耐磨性和较小的摩擦因数，并有一定的韧性、抗疲劳能力和良好的抗燃气腐蚀能力，且易于制造。

2. 材料类型

GB/T 1149.3—2010《内燃机　活塞环　第 3 部分：材料规范》规定了气缸直径小于或等于 200mm 的往复活塞式内燃机活塞环的基本材料及其力学性能，见表 12-1。

表 12-1　活塞环材料及其力学性能

级别	力学性能			材　料						典型应用
	典型弹性模量/MPa	最低抗弯强度/MPa	类型	最低硬度值①			特殊要求	细级别		
				HV30	HRB	HRC				
10	90000	300	灰铸铁	200	93	—	不经热处理	MC11		压缩环、刮环及油环
	90000	350		205	95	—		MC12		
	100000	390		205	95	—		MC13		
20	115000	450	灰铸铁	255	—	23	热处理	MC21		压缩环,刮环
		450		290	—	28		MC22		
		450		390	—	40		MC23		
		500		320	—	32		MC24		
	130000	650		365	—	37		MC25		
30	145000	550	碳化物铸铁	265	—	25	热处理珠光体	MC31		
		500		300	—	30	热处理马氏体	MC32		
40	160000	600	可锻铸铁	210	95	—	热处理珠光体	MC41		压缩环、刮环及薄形油环
		600		250	—	22	热处理马氏体	MC42		
		600		300	—	30		MC43		
		1000		280	—	27	热处理碳化物	MC44		
50	160000	1100	球墨铸铁	255	—	23	热处理马氏体	MC51		
		1300		255	—	23		MC52		
		1300		290	—	28		MC53		
		1300		210	95	—	珠光体	MC54		
				225	97	—	铁素体	MC55		
		1300		345	—	35	热处理马氏体	MC56		
60	210000	—	钢	370	—	38	铬钼钒合金	MC61		压缩环
				390	—	40	铬硅合金	MC62		螺旋撑簧和压缩环
				485	—	48	铬硅合金	MC63		压缩环
				450	—	45	铬硅合金	MC64		

（续）

级别	力学性能			材料					典型应用
级别	典型弹性模量/MPa	最低抗弯强度/MPa	类型	最低硬度值①			特殊要求	细级别	典型应用
				HV30	HRB	HRC			
60	210000	—	钢	270	—	26	马氏体[w(Cr)≥11%]	MC65	压缩环;油环及刮片环
				270	—	26	马氏体[w(Cr)≥17%]	MC66	压缩环及刮片环
				—②	—	—	奥氏体[w(Cr)≥16%]	MC67	衬环
				45②	—	—	非合金	MC68	衬环及刮片环

① 硬度值是三个测量点（开口、离开口 90°和 180°处各一点）的平均值。HV30 硬度试验按 GB/T 4340.1—2009 的规定进行。HRB 和 HRC 仅供参考，采用 HRB 和 HRC 硬度测量方法，受活塞环几何形状和材料的限制，所列硬度值仅适用于各个细级别规定的材料。其他硬度测量法及其相当值由供需双方协商决定。

所有的硬度值是指成品整体环和刮片环，而渗氮钢环的硬度值仅适用于其心部硬度。

② 衬环的硬度值取决于制造工艺，成品衬环的硬度值由供需双方协商决定。

（1）铸铁　活塞环常采用灰铸铁和合金铸铁，石墨形态为片状，因而具有良好的导热性、减摩性、耐磨性和抗擦伤能力。大量生产中最常用的合金铸铁是铬合金铸铁和钨合金铸铁。加入钼、钒、钛等合金元素可以提高热稳定性、细化晶粒和提高耐磨。高速柴油机采用含多合金元素（如镍、铬、钼、钨、钒、铌等）的合金铸铁，其基体组织上形成较多细小硬质点，从而提高活塞环的耐磨性。

球墨铸铁活塞环具有高的强度、弹性和抗折断能力，特别适用于要求高载荷、高速运行的发动机。球墨铸铁活塞环的缺点是抗擦伤能力和减摩性不如片状石墨铸铁，所以应通过镀铬、喷涂钼等表面处理改善早期走合性能，提高其表面的抗擦伤能力和耐磨性。

活塞环材料有时还采用半可锻铸铁。半可锻铸铁中的碳、硅含量在可锻铸铁和灰铸铁之间，高于一般可锻铸铁的上限，并加有合金元素（主要是铬、钼）。由于高温石墨化退火不完全，基体组织中留有一部分未分解的碳化物。

此外，蠕墨铸铁具有介于球墨铸铁和灰铸铁之间的力学性能、物理性能和铸造工艺性能，也可望在活塞环生产中得到应用。

常用铸铁活塞环材料的化学成分见表 12-2。使用此表时，应根据生产条件和零件特征，通过试验和试生产确定合适的化学成分范围，以达到预期的材料性能指标。几种铸铁活塞环材料的性能比较见表 12-3。

表 12-2　常用铸铁活塞环材料的化学成分

材料名称	化学成分(质量分数,%)												
材料名称	C	Si	Mn	P	S	W	Cr	Mo	Cu	V	Ti	Mg	其　他
钨铬钼合金铸铁	3.65~3.90	2.6~2.8	0.85~0.95	0.45~0.50	≤0.1	0.35~0.45	0.15~0.20	0.15~0.20	—	—	—	—	—
	3.6~3.9	2.5~2.9	0.7~1.0	0.4~0.5	≤0.1	0.3~0.5	0.15~0.35	0.15~0.35	—	—	—	—	—
铬铌合金铸铁	3.7~3.9	2.7~2.9	0.6~0.8	0.3~0.5	≤0.05	—	0.25~0.35	—	—	—	—	—	Nb: 0.25~0.35
铬钼铜合金铸铁	2.9~3.3	1.9~2.4	0.9~1.3	0.35~0.65	≤0.1	—	0.2~0.5	0.3~0.6	0.8~1.4	—	—	—	—
	3.0~3.5	1.8~2.2	0.8~1.0	0.4~0.6	≤0.1	—	0.25~0.5	0.35~0.6	0.7~1.0	—	—	—	—
	3.6~4.0	2.0~2.3	0.6~0.9	0.4~0.6	≤0.1	—	0.2~0.3	0.2~0.3	0.2~0.3	—	—	—	—
钨铬合金铸铁	3.5~3.9	2.4~2.9	0.6~0.9	0.25~0.45	≤0.1	0.4~0.8	0.2~0.5	—	—	—	—	—	—
钨钒钛合金铸铁	3.6~3.9	2.2~2.7	0.6~1.0	0.35~0.50	≤0.06	0.4~0.65	—	—	0.05~0.1	0.1~0.15	0.01~0.1	—	—
	3.6~3.9	2.5~2.9	0.7~1.0	0.4~0.5	≤0.1	0.3~0.5	<0.2	—	0.2~0.3	0.1~0.3	0.1~0.15	—	—

（续）

材料名称	化学成分（质量分数，%）											
	C	Si	Mn	P	S	W	Cr	Mo	Cu	V	Ti	Mg	其　他
钨钒钛合金铸铁	3.4~3.9	2.4~2.9	0.6~0.9	0.25~0.45	≤0.1	0.3~0.5	—	—	—	0.15~0.25	0.05~0.1		
钨铬铜合金铸铁	2.8~3.1	1.8~2.1	0.8~1.0	0.3~0.45	≤0.1	0.35~0.45	0.25~0.4	—	0.6~1.0				
球墨铸铁	3.4~3.8	2.1~2.6	0.6~0.9	≤0.1	≤0.016		0.2~0.4	0.4~0.8					
	3.4~3.6	2.5~3.0	≤0.6	≤0.1	≤0.03		0.1~0.2			>0.03			RE: 0.01~0.025
	3.6~3.8	3.0~3.3	0.7~0.9	<0.2	≤0.03			0.2~0.35		>0.03			RE: 0.015~0.03
半可锻铸铁	2.5~3.0	1.7~2.0	0.7~1.0	<0.1	<0.12		0.4~0.6	0.4~0.6					

表 12-3　几种铸铁活塞环材料的性能比较

材料名称（成分：质量分数）	抗弯强度 σ_{bb}/MPa	抗拉强度 R_m/MPa	伸长率 A(%)	硬度 HRB	冲击韧度 a_K/(J/cm²)	弹性模量 E/GPa
灰铸铁	≥350	—	—	96~106		77~82
合金铸铁（Cr 0.3%）	500~550	—	—	96~106		90~101
合金铸铁（Cr 0.2%，Mo 0.2%）	500~530	—	—	100~105		85~90
合金铸铁（W 0.4%，Cr 0.2%，Mo 0.2%）	≥400	—	—	98~108		90~110
球墨铸铁	1300~1600	650~750	≥3	100~112	≥20	155~175
球墨铸铁	≥1200	≥600	≥2	—		160
半可锻铸铁	880	—	—	98~108		142~171

（2）钢　钢活塞环具有强度高、抗折断性能好、尺寸小、大量生产时成本低等优点，用作第一道气环或油环时，通常配以不同的表面涂层。

钢带组合油环有较好的控油效果，而且生产方便、成本低，在大量生产中经常选用，其材料一般是 T8A 和 65Mn 钢。

螺旋撑簧油环中，撑簧材料采用碳素弹簧钢丝、65Mn 及 50CrVA 钢等。

第一道气环采用 SAE 9254 [$w(Cr) \leq 1\%$] 并经镀铬（或等离子喷钼）处理，或者采用高铬钢 [$w(Cr) = 18\%$ 钢、$w(Cr) = 13\%$ 钢] 并经渗氮处理，这在国外汽油机中的应用迅速增长。I 型截面油环采用 $w(Cr) = 13\%$ 钢、$w(Cr) = 6\%$ 钢并经渗氮处理，与铸铁环相比，具有径向弹力均匀、减摩、降低油耗、减少排放等优点，已大量应用于内燃机活塞环。

（3）铁基粉末冶金　粉末冶金工艺具有金属利用率高、机械加工量少、降低能耗、材料性能均匀、材料内部孔隙有储油功能等优点。英国在 1979 年已有几种轿车发动机采用铁基粉末冶金活塞环，直径小于 50.8mm（2in）的活塞环，生产能力为 300 片/min。制造工艺路线为：混合配料→压制→烧结→再次压制→再次烧结→浸油→精整。

粉末冶金活塞环材料的化学成分和力学性能见表 12-4。

表 12-4　粉末冶金活塞环材料的化学成分和力学性能

化学成分（质量分数，%）								力学性能		
C	Si	Mn	S	P	Mo	Cu	Fe	R_m/MPa	E/GPa	硬度 HV
0.9~2.0	≤0.3	≤0.5	≤0.2	≤0.2	0.4~1.7	2.0~4.5	余量	385	117	150

3. 材料选择

活塞环材料种类较多，选择材料时，不仅要根据不同内燃机的各道环的工作要求，还要从气缸—活塞—活塞环摩擦副的材料匹配，以及制造方便和经济合理等方面进行综合考虑，以追求最佳的组合和较高的工程效率。

12.1.3　活塞环的热处理工艺

1. 活塞环的制造工艺路线

（1）铸铁活塞环　铸铁活塞环可采用单体铸造

和筒体铸造。通常，品种单一、生产量大的活塞环采用单体铸造，而品种多、产量较低的活塞环宜采用筒体铸造。它们的制造工艺路线分别为：

单体铸造→机械加工→去应力退火→半精加工→表面处理→精加工→表面处理→成品。

筒体铸造→机械加工→热定形→内外圆加工→表面处理→精加工→表面处理→成品。

（2）钢带组合油环　刮环的制造工艺路线：下料→淬火→回火→拉边→绕圆→热定形→镀铬→磷化→切口、修口。

衬环有波形环和 U 形环，其制造工艺路线：下料→成形→淬火→回火→表面处理→切口、修口。

2. 热处理工艺

（1）去应力退火

1）凡仿形加工成椭圆形的铸铁活塞环，在粗磨两端面后应进行去应力退火，其目的是消除铸造应力和机械加工应力，稳定加工过程中及使用过程中活塞环的尺寸及精度，可采用图 12-1a 或 b 所示的工艺。经图 12-1a 所示工艺处理后的活塞环的硬度均匀性较好。

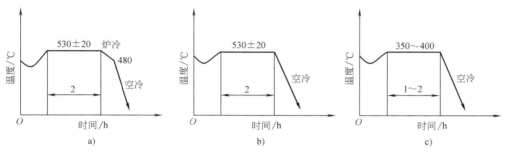

图 12-1　活塞环去应力退火工艺

a）、b）铸铁活塞环　c）螺旋撑簧

2）螺旋撑簧去应力退火工艺如图 12-1c 所示。

（2）热定形　筒体铸造正圆形半成品环在没有仿形车设备时，必须进行热定形处理，使活塞环在工作状态时有恰当的弹力。

热定形前，将开口的环装夹，使环撑开有一定开口间隙。装夹方法有两种：

1）用椭圆形心轴装夹，心轴直径比环的内径稍大些，使切口处形成合适的间隙。

2）用 T 形或楔形撑板装夹，把环的开口撑大到合适间距。

铬钼铜合金铸铁及钨铬铜合金铸铁活塞环的热定形工艺如图 12-2 所示，保温时间应随环的尺寸加大而适当延长。灰铸铁的制动气泵小型环的热定形温度采用 500~550℃。经过这样处理后，环在自由状态下呈椭圆形。

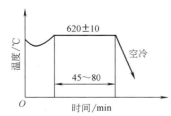

图 12-2　合金铸铁活塞环的热定形工艺

应注意热定形夹具的合理设计和保证炉温均匀，

以防止活塞环的硬度不均和开口间隙不一。另外，热定形温度较高，应采取措施防止零件氧化。

（3）钢带环的热处理　刮环用钢带的淬火、回火是在管式炉内进行的。例如，某厂采用的管子直径为 25mm、淬火加热炉长 5m、功率为 15kW，回火炉长 6m、功率为 5kW。淬火冷却介质为淬火油。回火后在通水冷却的压模中冷却。钢带在炉内的行进速度为 3m/min。

将淬火、回火后的钢带拉边后在绕圆机上绕圆，随后将它和定形胎套一起放到热定形筒内，四周用铸铁屑填紧，封盖后在炉内进行光亮热定形处理。其淬火、回火和热定形温度见表 12-5。

表 12-5　刮环淬火、回火和热定形温度

材料	淬火温度/℃	回火温度/℃
T8A	860±10	380±10
65Mn	870±10	390±10

材料	热　定　形		
	温度/℃	时间/min	硬度 HRA
T8A	380±10	120	74~78
65Mn	390±10	120	74~78

衬环的热处理工艺是将 T8A 钢带压成 U 形或波形，然后在滚压淬火设备上进行滚压淬火，带速为 2.8~3m/min，再在 380℃ 的井式回火炉中回火 60min，

回火后空冷。成品硬度为 70~75HRA。

（4）球墨铸铁环的淬火、回火　淬火时将环重叠并在夹具上压紧，按图 12-3 所示的工艺在有保护气氛的炉内进行加热，油淬后经碱水清洗并烘干后回火。

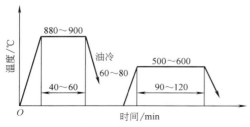

图 12-3　球墨铸铁活塞环淬火回火工艺

12.1.4　活塞环的表面处理

活塞环表面处理的目的是提高耐磨性、耐热性，改善与气缸壁的走合性能。通常在气环的外圆面上镀铬、喷涂钼或进行渗氮，端面进行磷化处理。油环一般进行镀锡或磷化处理，也可镀铬、喷涂钼。表 12-6 列出了常用的表面处理工艺及其性能特点。

活塞环最常用的表面处理工艺是镀铬，它能成倍地提高耐磨性。为了走合好，有的企业采用了松孔镀铬或疏型松孔网纹镀铬，有的企业在镀铬并珩磨后再进行液态喷砂处理，以产生点状小浅孔铬层，不仅改善了表面润滑，而且平衡了铬层的拉应力，提高了环的抗疲劳能力。

表 12-6　常用的表面处理工艺及其性能特点

工　艺	硬化层深度/mm	硬度HV	耐热温度/℃		特　　点
			熔点	软化点	
镀铬	0.15~0.20	≥750	1778	300	耐磨
喷涂钼	0.15~0.25	700~800	2640	500	耐热、耐黏着磨损
渗氮	0.15~0.30	750~950	1530	500	耐磨、抗擦伤、抗咬合

对于要求更高的耐热性和抗黏着磨损能力的活塞环，可以采用喷涂钼处理。钼涂层软化温度高，热稳定性好。多孔的喷涂钼层能储油，有利于走合、抗拉缸。常用的喷涂钼的方法有钼丝喷涂和等离子喷涂。典型的等离子喷涂工艺参数如下：

喷枪至工件距离	110mm
喷枪输出功率	17.4kW
喷枪工作电压	58V
喷枪工作电流	300A
送粉气流量	600~800L/h
涂层缠绕间距	1.58mm
保护气流量　氮	400~550L/h
氩	1200~1300L/h
生产能力	70 片/40min

喷涂钼成本高、工艺较复杂，仅在机车等高载荷活塞环上应用。

进入 21 世纪以来，由于环保新法规的出台，商品中禁止含有镉、六价铬、汞、铅等元素，传统的镀铬技术受到环保法规的限制和挑战。同时，随着发动机节能、减排技术的发展及比功率的提高，活塞及活塞环的机械负荷和热负荷也在不断提高，对活塞环的耐磨性、耐热性、抗擦伤性、抗黏着磨损和耐蚀性的要求越来越高，由此开发了活塞环的各种表面复合处理技术，如物理气相沉积（PVD）/化学气相沉积（CVD）、等离子增强（VDCPECVD）、纳米陶瓷涂层技术、Ni-P 基纳米涂层等。生产实际中，也有在镀铬层中采用复合电沉积技术，在镀铬层中复合弥散的二硫化钼、石墨颗粒获得耐磨减摩复合涂层，与纯铬层相比，摩擦因数降低 40%~50%，并使活塞环和对应的气缸耐磨性、使用寿命大幅度提高。活塞环类别、材料及表面处理工艺见表 12-7。

12.1.5　活塞环的质量检验

铸铁活塞环的金相检验要求见表 12-8 和表 12-9，活塞环的力学性能及其他技术要求的检验见表 12-10。

表 12-7　活塞环类别、材料及表面处理工艺

环类别	材　料	环外圆	环端面
顶环	球墨铸铁	镀铬	磷化
	硅铬钢	镀铬/复合镀	四氧化三铁
			固体润滑膜
	马氏体不锈钢	渗氮	磷化、固体润滑剂
		复合分散镀	
		PVD/CVD	

（续）

环　类　别			材　料	环　外　圆	环　端　面
二道环			球墨铸铁	镀铬	磷化
			灰铸铁	磷化	磷化
油环	三片组合	刮片环	碳素钢	镀铬	四氧化三铁
					磷化
			马氏体不锈钢	渗氮/复合镀	磷化
		衬环	奥氏体不锈钢	渗氮/复合镀	
	二件组合	环体	碳素钢	渗镀铬	四氧化三铁
			马氏体不锈钢	渗氮	磷化
		螺旋衬簧	碳素钢	渗镀铬	
			奥氏体不锈钢	渗氮	

表 12-8　普通合金铸铁单体铸造和筒体铸铁活塞环的金相检验要求

检 验 项 目			标 准 规 定			评 定 方 法
			JB/T 6016.1—2008	QC/T 555—2009	JB/T 6290—2007	
石墨	石墨长度/μm	单体环断面系数	≤150/≤0.8	≤120/≤0.8	—	在整个磨面内选取最长的石墨进行评定，不允许有3根石墨超出规定尺寸
			≤180/>0.8~1.0	≤150/>0.8~1.0	—	
			≤200/>1.0~1.2	≤180/>1.0~1.2	—	
			≤220/>1.2	≤200/>1.2	—	
		筒体环径向厚度/mm	—	—	≤150/<4.5	
			—	—	≤180/≥4.5	
	E 型石墨（%）	单体环	≤10	≤5	—	有 3 个视场不合格则判为不合格
		筒体环径向厚度/mm	—	—	≤20/<4.5	
			—	—	≤10/≥4.5	
基体组织	磷共晶链长/μm	单体环断面系数	≤150/≤1.0	≤150/≤1.1	—	珠光体、磷共晶、铁素体在整个磨面选取最差视场进行评定，若有 3 个视场不合格则判为不合格，游离渗碳体和莱氏体有 1 个视场出现则判为不合格
			≤180/>1.0	≤180/>1.1	—	
		筒体环	—	—	≤200	
	单个磷共晶面积/μm²		≤1000	≤1000	≤2000	
	磷共晶-碳化物复合物	碳化物长度/μm	≤30	≤30	≤50	
		碳化物面积/μm²	≤300	≤300	≤500	
	游离铁素体（体积分数，%）		≤5	≤5	≤3	
	珠光体		应为索氏体型珠光体、细片状珠光体，允许有针状组织，不允许有粒状珠光体、游离渗碳体和莱氏体存在			

注：JB/T 6016.1—2008《内燃机　活塞环　金相检验　第 1 部分：单体铸造活塞环》。
　　QC/T 555—2009《汽车、摩托车发动机单体铸造活塞环　金相标准》。
　　JB/T 6290—2007《内燃机　筒体铸造活塞环　金相检验》已作废，仅供参考。

表 12-9　球墨铸铁活塞环的金相检验要求

检 验 项 目		标 准 规 定		评 定 方 法
		JB/T 6016.3—2008	QC/T 284—1999	
石墨	球化率（%）	≥75	≥70	在整个磨面上选取最差的视场进行评定（每个视场不允许有 3 颗石墨超过规定尺寸），有 3 个视场不合格则判为不合格
	球径/μm	≤50	≤45	
基体组织	游离铁素体（体积分数，%）　铸态、正火	≤15	≤15	在整个磨面上选取最差视场进行评定，如有 3 个视场不合格则判为不合格
	淬火、回火	≤5	≤5	
	磷共晶（体积分数，%）	≤1	≤1	
	碳化物（体积分数，%）	≤3	游离渗碳体、碳化物及磷共晶总含量≤5	
	珠光体片间距离/μm	—	≤0.60	

注：JB/T 6016.3—2008　《内燃机　活塞环　金相检验　第 3 部分：球墨铸铁活塞环》。
　　QC/T 284—1999　《汽车摩托车发动机　球墨铸铁活塞环金相标准》。

表 12-10　活塞环的力学性能及其他技术要求的检验

检验项目			技术要求	
			QC/T 554—1999	TB/T 3475.4—2017
硬度 HRB	铬合金铸铁	$D \leqslant 150mm$	98~108	94~107
		$D > 150mm$		
	钨合金铸铁		96~106	—
	球墨铸铁		100~110	40~46 HRC
同片环上硬度差　HRB			≤4	≤3($D \leqslant 200mm$)
				≤4($D > 200mm$)
典型弹性模量 E/GPa	合金铸铁	单体铸造	98±14	—
		筒体铸造		
	球墨铸铁及可锻铸铁		球墨铸铁 156.8±14	—
	钢		—	—
抗弯强度 σ_{bb}/MPa	合金铸铁	单体铸造	≤392	—
		筒体铸造		
	可锻铸铁		—	—
	球墨铸铁		≤882	—
弹性模量与抗弯强度极限值的比值 E/σ_{bb}			≤240	—
切向弹力消失率(%)(试验温度×时间)	合金铸铁		≤20(350℃×6h)	12(300℃×3h)
	球墨铸铁		≤12(350℃×6h)	8(300℃×3h)
不镀铬环外圆漏光度(弧度)	每处检查		≤25°	—
	同片环总和		≤45°	—
	开口两侧		各15°内不许漏光	各30°内不许漏光

注：表中 D 为环的外圆直径。

12.2　活塞销的热处理

12.2.1　活塞销的服役条件和失效形式

活塞销用于连接活塞和连杆小头，在运动时相当于双点支承梁，在较高工作温度下承受非对称交变载荷和一定的冲击载荷，其表面长期在润滑条件较差（一般靠飞溅润滑）的摩擦条件下工作。

活塞销的主要失效形式是表面磨损和疲劳裂纹。

12.2.2　活塞销材料

活塞销要求具有足够的强度、韧性、耐磨性及疲劳性能，为减小往复惯性力，还要求重量小。因此，活塞销通常采用渗碳钢制造，渗碳热处理后进行精加工，以满足较低的表面粗糙度值和较高精度要求。活塞销常用材料及技术要求见表 12-11。

活塞销内孔、外圆表面渗碳层深度的技术要求见表 12-12。

表 12-11　活塞销常用材料及技术要求

适用范围		气缸直径≤200mm 的内燃机	机车、动车用柴油机	船用柴油机
材料牌号		20、15Cr、20Cr、20Mn2、20CrMo、20CrMnTi	12CrNi3A、18Cr2Ni4WA、20CrMnTi、20Cr	15、20[①]、15Cr、20Cr[①]
渗碳层深度/mm		详见表 12-12	1.1~1.7	0.6~0.8($\delta < 3.5mm$) 0.8~1.2($\delta = 3.5~8mm$) 1.2~1.8($\delta > 8mm$)
内孔表面脱碳		贫碳层深度 ≤0.03mm（一等品、优等品）	—	—
硬度 HRC	外圆表面	58~64 57~64（有体积稳定性要求时）	60~63(12CrNi3A) 57~62（其余材料）	56~61
	同一销上硬度差	≤3	≤3	≤5

（续）

适用范围		气缸直径≤200mm 的内燃机		机车、动车用柴油机	船用柴油机
硬度 HRC	心部硬度	20	≤38（δ=2~10mm）	21~42	—
		15Cr、20Cr	24~45（δ=2~10mm）		
			20~40（δ=10~18mm）		
		20Mn2	24~48（δ=2~18mm）		

注：表中 δ 为活塞销壁厚。

① 20、20Cr 钢的碳含量不得超过 0.22%（质量分数）。

表 12-12　活塞销内孔、外圆表面渗碳层深度的技术要求

活塞销壁厚/mm		1.5~3	>3~4	>4~6	>6~8	>8~10	>10
渗碳层深度/mm	外圆表面	≥0.25	≥0.30	≥0.40	0.5~1.2	0.6~1.2	0.8~1.7
	内孔表面		≥0.05	≥0.10	≥0.40		
内外表面渗碳层深度之和占壁厚的比例（%）		≤40		≤35		≤33	—

注：内孔表面不渗碳时，外圆表面渗碳层深度由产品图样确定。

碳素钢及 15Cr、20Cr、20Mn2 等钢的渗碳层深度为过共析层+共析层+1/2 过渡层。外圆表面渗碳层深度小于或等于 0.6mm 时，过共析层+共析层深度应占渗碳层深度的 25%~70%，并允许不出现过共析层。

12CrNi3A、18Cr2Ni4WA、20CrMnTi 等钢的渗碳层深度为过共析层+共析层+过渡层，过共析层+共析层深度应为渗碳层深度的 50%~75%。

12.2.3　活塞销的热处理工艺

1. 活塞销的制造工艺路线

活塞销的制造工艺路线为：

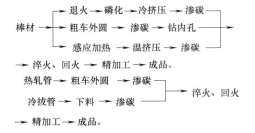

大量生产的活塞销均为冷挤压或温挤压成形，产量较少的活塞销则采用钻削加工成形或管材制造。

2. 冷挤压活塞销坯料的退火

冷挤压活塞销坯料退火的目的主要是降低硬度、提高塑性，为挤压工艺做好准备。活塞销材料的退火要求及典型工艺见表 12-13。

坯料退火后尚需进行磷化处理，以改善冷挤压条件，减小挤压成形所需的挤压力和提高挤压模具的使用寿命。

采用温挤压可以取消坯料的退火和磷化处理。某企业采用 2500Hz 中频感应加热，螺旋形的感应圈长达 1500mm。直径为 28mm 的活塞销坯料在感应圈内的总加热时间约为 1min，坯料加热到 600℃后逐个挤压成形。

表 12-13　活塞销材料的退火要求及典型工艺

材料牌号	退火工艺	硬度 HBW
15Cr	（750±10）℃加热，随炉冷到 550℃出炉空冷	≤137
20Cr、20CrMo	（860±10）℃加热，滴甲醇保护，随炉冷到 600℃出炉坑冷（进行表面保护，防止脱碳和氧化）	≤140
20Cr	（850±10）℃燃油炉内装箱加热，炉冷到 300℃以下空冷	≤140
20	（880±10）℃加热，保温 0.5h 后空冷	≤140

3. 活塞销渗碳热处理工艺

（1）工艺及设备　渗碳钢活塞销通常在渗碳后进行淬火、低温回火处理。性能要求较高的活塞销则采用二次淬火、回火处理，第一次淬火的目的在于消除渗层中的网状渗碳体，并细化心部组织；第二次淬火是为了细化渗层组织并使渗层得到高硬度。合金元素含量较高的活塞销在渗碳淬火后要进行深冷处理，以减少渗层中的残留奥氏体量，特别是要求尺寸稳定的活塞销，更需要进行深冷处理以控制残留奥氏体量。

汽车、拖拉机用活塞销生产企业一般采用 20Cr、20CrMo 钢冷挤压成形和双面渗碳处理。渗碳层深度一般根据活塞销的壁厚来决定，目前有关标准中的技术要求尚不够准确，应与渗碳工艺过程精确控制的技术水平相适应，进一步优化设计—材料—工艺三方面的组合，在保证零件服役性能的条件下降低成本，提高效率。活塞销渗碳热处理后的表面硬度为 58~64HRC，同一销上的硬度差应不大于 3HRC，心部硬度为 24~45HRC。表面显微组织为细针状马氏体，允许有少量块状碳化物，不允许有粗块状或连续网状碳

化物，碳化物 1~4 级为合格；心部显微组织为板条状马氏体和铁素体，不得有大块铁素体。热处理后一般内孔不再进行磨削加工，应控制贫碳层深度小于 0.03mm。

1）渗碳工艺及设备。常采用井式渗碳炉滴注式气氛气体渗碳或吸热式气氛气体渗碳。滴注式气体渗碳剂一般采用煤油和甲醇，20Cr 钢活塞销的渗碳工艺曲线和参数见图 12-4 和表 12-14。吸热式气氛渗碳常采用吸热式气氛为载气，丙烷或甲烷为富化气。典型渗碳工艺的主要参数渗碳温度为（930±10）℃，排气期气氛为 RX5≈7m³/h、C₃H₈0.2m³/h，渗碳期气氛为 RX2m³/h、C₃H₈0.15m³/h，炉压为 600Pa；扩散温度为（900±10）℃，扩散期气氛为 RX2m³/h、

C₃H₈0.15m³/h，炉压为 250~400Pa，降温至 850℃ 出炉风冷。渗碳设备为 RJJ-105-9T。采用渗碳气氛碳势控制技术时，一般强渗期碳势控制在 1.1%~1.25%，扩散期碳势控制在 0.75%~0.85% 为宜。

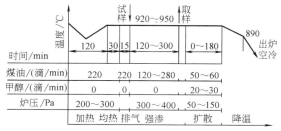

图 12-4　20Cr 钢活塞销的渗碳工艺曲线

注：采用 RJJ-105-9T 渗碳炉。

表 12-14　20Cr 钢活塞销的渗碳工艺参数

| 渗碳层深度/mm | 渗碳温度/℃ | 试　棒 | | 滴量/（滴/min） | | | 扩散期时间/h | 表面碳含量（质量分数，%） |
		炉内时间/h	要求层深/mm	强渗期 煤油	扩散期 煤油	扩散期 甲醇		
1.3~1.9	950±10	5	1.4	120	—	60~70	2.5~3	0.8~1.05
1.0~1.4	940±10	3	1.1	180	50~60	20~30	2	0.8~1.05
0.8~1.1	940±10	2.5	0.8	200	50~60	20~30	1.5	0.8~1.05
0.5~0.8	930±10	2	0.8	280				0.7~1.0

注：渗碳设备为 RJJ-105-9T 井式气体渗碳炉，滴量每 100 滴为 4mL。

2）渗碳后的热处理工艺及设备。渗碳后一般在带有水冷却套的冷却井中冷却，把甲醇送入冷却井中保护以避免脱碳。

在小批量生产场合，重新加热淬火设备可采用盐浴炉，活塞销盐浴淬火加热温度和时间见表 12-15。淬火冷却介质为 PZ-2A 快速淬火油，淬火硬度高（>58HRC）且均匀，无淬火软点。采用油浴炉回火，回火温度为 160~180℃，回火时间为 2h。

表 12-15　活塞销盐浴淬火加热温度和时间

壁厚 δ/mm	<3	3~4	>4~6	>6~8	>8
加热温度/℃	840	840	840	870	870
加热时间/min	0.8δ	0.8δ	0.8δ	0.7δ	0.7δ

在大批量生产场合，重新加热淬火设备通常为网带式炉。某企业 20Cr 活塞销采用网带式炉加热，炉气气氛为 RX 气氛，淬火加热温度为（840±10）℃，保温时间为 60min，淬火冷却介质为快速淬火油。回火温度为（190±10）℃，回火时间为 90min。

（2）铬钢活塞销渗碳层碳化物的控制　铬钢活塞销渗碳时若控制不当，易在表层形成粗大碳化物块；当表层碳含量超过共析成分时，渗碳后的冷却速度慢（如炉冷或冷却筒冷却），易析出大块状碳化物和形成网状碳化物。粗大块状碳化物和网状碳化物削

弱了渗层与金属基体的联结，易造成应力集中，使渗层变脆，应予严格控制。目前，碳势控制技术已普及，缺少碳势控制手段的生产企业为防止出现以上碳化物缺陷，应加速实现碳势控制，并全面优化渗碳工艺（如渗碳、扩散温度、炉气氛和时间控制，渗碳后的冷却控制等），以获得合适的表面碳含量和碳浓度分布，合适的渗层和心部显微组织，为渗碳后的热处理做好准备。

（3）内孔渗碳淬硬对活塞销疲劳寿命的影响　内孔渗碳淬硬活塞销比内孔不渗碳淬硬活塞销有较高的疲劳寿命。使用调查表明，双面渗碳不仅提高了活塞销的疲劳寿命，还可以大量节约原材料，简化工艺过程，降低生产成本。因此，大量生产活塞销的企业普遍采用双面渗碳淬硬工艺。只有某些生产批量小，又受到制造工艺限制的活塞销仍采用单面渗碳。

根据光测弹性应力分析的试验结果，在图 12-5 所示的活塞销内孔的 C 点和 D 点或 D′点之间存在很大的平面拉应力。内孔表面未经淬硬的活塞销，在内孔 C 点和 D 点或 D′点之间的某一点上首先产生疲劳损坏，而内孔的表面淬硬的活塞销，首先在外表面产生疲劳裂纹。所以，对内孔未渗碳淬硬的活塞销，内孔的表面粗糙度很重要，内孔表面粗糙度值越低，则疲劳寿命越高。

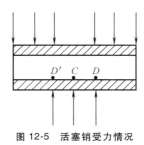

图 12-5 活塞销受力情况

（4）活塞销的稀土低温渗碳直接淬火工艺 稀土低温渗碳直接淬火工艺从 1990 年起在六家活塞销生产企业进行了试验和生产应用，渗碳温度为 860～880℃，平均渗速为 0.13～0.16mm/h。经 2000h 耐久性考核，平均磨损量为 0.015mm，最大磨损量为 0.02mm。按活塞销的平均磨损量在 0.1mm 时作为报废计算其寿命时，该工艺生产的活塞销的寿命为 12000h。在试验载荷为（21±1）kN、载荷比为 0.25

的试验条件下进行失圆应力疲劳寿命对比试验表明，该工艺较常规工艺处理的活塞销的疲劳寿命提高 2.1 倍。

与渗碳后缓冷重新加热淬火工艺相比，该工艺的主要特点有：

1）由于稀土的微合金化作用，在渗层中形成弥散分布的碳化物，使其周围基体的碳含量较低，直接淬火后形成板条状或细针状马氏体，较高碳马氏体有更好的韧性，可能对疲劳寿命有所贡献。

2）活塞销内孔表面的脱碳和贫碳都会使其可靠性降低，重新加热淬火很容易引起内孔表面脱碳，而直接淬火工艺可以有效地防止或减轻内孔表面的脱碳现象。

12.2.4 活塞销的质量检验

常用钢活塞销的质量检验见表 12-16。

表 12-16 常用钢活塞销的质量检验

检验项目		检验方法	检验要求
渗碳层深度（金相法）		过共析层+共析层+1/2 过渡层	按产品图样要求（渗碳直淬件可按硬度法测定有效硬化层深度）
		过共析层+共析层+过渡层	按产品图样要求，过共析层+共析层深度应为渗碳层深度的 50%～75%
硬度 HRC	表面	不同部位至少测三点，取平均值	按产品图样要求，同一销的工作面硬度差不大于 3HRC
	心部		
组织	渗碳层	距活塞销两端 20mm 之内横向截取，观察整个截面	细针状马氏体，不允许有粗块状或连续网状碳化物
	心部		板条状马氏体和铁素体，不允许有大块铁素体
表面质量		观察	无裂纹、锈蚀、麻点、黑斑、刻痕、磨削缺陷、碰撞痕迹、尖角、毛刺、氧化皮
无损检测		磁力检测	无裂纹，注意退磁
压碎试验		在两平面间压碎或用 V 形槽	

12.2.5 活塞销的常见热处理缺陷及预防补救措施

活塞销的常见热处理缺陷及预防补救措施见表 12-17。

表 12-17 活塞销的常见热处理缺陷及预防补救措施

缺陷名称	产生原因	预防补救措施
渗层碳含量过高，表层有粗块状或连续网状碳化物，淬火后渗层中残留奥氏体级别过高等	1）渗碳炉气气氛碳势过高 2）强渗后扩散时间不够或扩散温度过低	1）应控制炉气气氛使碳势合适 2）改进扩散工艺，在 900～920℃ 扩散，以消除过多的碳化物 3）在 860～880℃ 长时间加热后淬火，以消除碳化物网 4）采用深冷处理或二次淬火，消除过量的残留奥氏体
渗层碳含量过低	1）渗碳时炉气气氛碳势过低 2）炉气气氛循环不良 3）零件装炉量过大	1）严格控制炉气气氛碳势 2）改进炉气气氛循环系统 3）减少装炉量，保证零件间间隙合适，避免堆放 4）渗层深度未超上限者允许补渗
渗碳层深度不合格	1）渗碳温度控制不当 2）渗碳时间控制不当	1）健全温度控制管理体系并认真实施 2）严格控制渗碳时间 3）渗碳层深度偏浅时允许补渗

（续）

缺 陷 名 称	产 生 原 因	预防补救措施
渗碳层深度不均匀	1）零件表面附有脏物或积灰 2）装炉不当,零件表面相互挤碰	1）渗碳前应清理 2）装炉要合理,零件摆放避免相互挤碰 3）渗层深度未超上限者允许降低渗碳温度补渗
表面脱碳	1）渗碳后在空气中冷却时冷却速度过慢 2）重新加热淬火时炉气氛碳势过低	1）空冷时避免零件密集堆放 2）渗碳后在保护气氛中冷却 3）放在带水套的冷却井中冷却 4）脱碳层深度在磨削余量范围时允许通过,否则报废
材料裂纹	原材料缺陷	报废

12.3　连杆的热处理

12.3.1　连杆的服役条件和失效形式

连杆由小头、杆身和大头三部分组成。连杆小头与活塞一起做往复运动,大头与曲轴一起做旋转运动,杆身做复杂的平面摆动。连杆在工作中除受交变的拉、压应力,还要承受弯应力。

连杆的失效形式主要是疲劳断裂,常发生在连杆上的三个高应力区,即杆身中间、小头和杆身的过渡区及大头和杆身的过渡区（螺栓孔附近）。原材料的缺陷、锻造折叠及淬火裂纹的漏检也常常导致连杆断裂。

12.3.2　连杆材料

1. 连杆常用材料及技术要求

QC/T 527—1999 规定,连杆应采用下列牌号的材料:40、50（精选碳含量）、45Mn、40Cr、35CrMo、42CrMo。

由于球墨铸铁和可锻铸铁的可加工性优良,在交变载荷作用下的疲劳强度与一般碳素钢相近,而制造成本低,有少数机型也使用铸铁连杆。

连杆常用调质钢材料及技术要求见表 12-18。

连杆调质处理后的显微组织应为均匀的细晶粒索氏体,不允许有片状铁素体,脱碳层深度在工字形表面上不得大于 0.10mm。

一般规定连杆经热处理后力学性能为:抗拉强度 $R_m \geqslant 750\text{MPa}$；屈服强度 $R_{eL} \geqslant 550\text{MPa}$；冲击韧度 $a_K \geqslant 60\text{J/cm}^2$。

连杆调质后均应进行强化喷丸处理。

2. 非调质钢

采用铁素体-珠光体型非调质钢制造汽车连杆、曲轴等零件,由于可取消调质工序、改善可加工性,与调质钢相比,具有简化工艺过程、提高材料利用率、改善零件质量、降低能耗和制造成本低等优点,因而可取得良好的经济效益和社会效益。这类钢的化学成分特点是在中碳钢基础上适当提高硅、锰元素含量 [$w(\text{Si})$ 一般在 0.2%～0.5%,$w(\text{Mn})$ 一般在 1.5%以下],并添加微量钒、铌、钛等元素,通过相间沉淀析出、晶粒细化及促进晶内铁素体（IGF）组织形成等途径提高钢的强韧性。此外,为改善钢的可加工性,通常加入硫 [$w(\text{S})$ 为 0.035%～0.08%]。

我国自“七五”以来,在非调质钢研制及应用方面取得了显著成果。表 12-19 和表 12-20 分别列出了国内用于制造连杆的几种非调质钢的化学成分和力学性能。

表 12-18　连杆常用调质钢材料及技术要求

牌　号	技 术 要 求		备　注
	热 处 理	硬度 HBW	
45	调质	217～293	一般规定在同一连杆上的硬度差应小于或等于 40HBW
40Cr	调质	217～293	
35CrMo	调质	217～293	
40MnB	调质	229～269	
55	锻造余热淬火、回火	229～269	表中硬度范围系某些生产企业的技术规定
18Cr2Ni4W	调质	321～363	

表 12-19　连杆用非调质钢的化学成分

牌　号	化学成分（质量分数，%）						
	C	Si	Mn	S	P	V	其　他
F35VS	0.32 ~ 0.38	0.17 ~ 0.37	0.6 ~ 1.0	0.04 ~ 0.07	≤0.04	0.07 ~ 0.12	Cr≤0.25　Ni≤0.25　Cu≤0.25
YF35MnV（N）①	0.32 ~ 0.38	0.20 ~ 0.50	1.3 ~ 1.5	0.02 ~ 0.06	≤0.035	0.07 ~ 0.12	Cr≤0.25　Ni≤0.25　Cu≤0.25　（N≤0.0090）
F35MnVS	0.32 ~ 0.38	0.17 ~ 0.37	1.1 ~ 1.4	0.04 ~ 0.08	≤0.04	0.07 ~ 0.12	Cr≤0.25　Ni≤0.25　Cu≤0.25
F38MnVS	0.37 ~ 0.42	0.50 ~ 0.75	1.30 ~ 1.50	0.045 ~ 0.065	≤0.035	0.080 ~ 0.13	Cr：0.10 ~ 0.20　Mo≤0.06　Cu≤0.25 Al：0.01 ~ 0.03　N：0.01 ~ 0.02　Ni≤0.20
F40MnVS	0.36 ~ 0.42	0.20 ~ 0.50	1.3 ~ 1.5	≤0.04	≤0.035	0.07 ~ 0.12	Cr≤0.25　Ni≤0.25　Cu≤0.25
43MnS	0.40 ~ 0.46	0.10 ~ 0.40	0.95 ~ 1.3	0.06 ~ 0.09	≤0.025	—	Al：0.015 ~ 0.040　Ti≤0.01　Cr≤0.25　Ni≤0.25 Mo≤0.05　Cu≤0.40

① 曾用牌号，现为 F35MnVS。

表 12-20　连杆用非调质钢的力学性能

牌　号	R_m/MPa	$R_{p0.2}$/MPa	A（%）	Z（%）	a_K/（J/cm²）	硬度 HBW
F35VS	≥790	≥520	≥17	≥33	≥48	207 ~ 241
YF35MnV（N）	≥735	≥490	≥15	≥45	≥49	223 ~ 262
F35MnVS	≥850	≥600	≥18	≥40	≥60	229 ~ 269
F38MnVS	≥862	≥579	≥15	≥30	K≥39J	265 ~ 302
F40MnVS	≥720	≥480	≥15	≥40	K≥39J	255 ~ 302

　　为了保证在大批量连续生产条件下非调质钢零件性能和质量的稳定，不仅要求严格控制钢材化学成分（包括残留元素）和冶金质量（如钢的纯净度及晶粒度等），更需严格控制锻坯的加热温度、终锻温度等热加工参数及锻后的控制冷却，以获得要求的珠光体-铁素体组织和性能。

12.3.3　连杆的热处理工艺

1. 连杆的制造工艺路线

调质钢连杆一般的制造工艺路线为：

锻造→调质→喷丸→硬度及表面检验→矫正→精压→无损检测→机械加工→成品。

　　不少企业采用锻造余热淬火后回火来代替调质，回火后趁热矫正代替冷矫正以减少矫正应力。

　　非调质钢连杆应于锻造后在控制冷却曲线实现控制冷却，以获取稳定的组织和性能。

2. 连杆的调质工艺

常用碳素钢和合金结构钢连杆的调质工艺见表 12-21。

3. 连杆锻造余热淬火、回火工艺

采用锻造余热淬火，不仅可简化工艺、节能，而且还可改善可加工性、提高力学性能。经不同工艺处理的 40Cr 和 45 钢连杆的力学性能见表 12-22。

表 12-21　常用碳素钢和合金结构钢连杆的调质工艺

用　途	牌号	淬　火		回　火			硬度 HBW
		加热温度/℃	冷却方式	加热温度/℃	保温时间/min	冷却方式	
轿车、吉普车及小型拖拉机	40Cr	860±10	油冷	620±10	60	水冷	241 ~ 298
	45	840±10	油冷	670±10	60	空冷	207 ~ 241
	45Mn2	840 ~ 860	油冷	620 ~ 640	162	喷水	228 ~ 269
载重车及拖拉机	45	终锻≥950	60 ~ 110℃ 热油 35s	610±10	120	空冷	217 ~ 289
	45	810 ~ 830	油冷	580 ~ 600	120	空冷	228 ~ 269
	40MnB	850±10	油冷	650±10	120	空冷	229 ~ 269
	55	终锻≥900	油冷	650±10	150	水冷	229 ~ 269

（续）

用　　　途	牌号	淬　　火		回　　火			硬度 HBW
		加热温度/℃	冷却方式	加热温度/℃	保温时间/min	冷却方式	
重型车	40Cr	850±10	油冷	610±10	210	水冷	223~280
	40CrMoA[①]	860±10	油冷	550±10	180	空冷	
	40SiMn[①]	860±10	油冷	560±10	150	空冷	
大功率柴油机	42CrMo	870±10	油冷	610~630	240	空冷	298~321
		860±10	油冷	550~580	180	空冷	311~331

① 非标在用牌号。

表 12-22　经不同工艺处理的 40Cr 和 45 钢连杆的力学性能

牌号	热处理工艺	力　学　性　能				
		R_m/MPa	Z（%）	A（%）	a_K（纵向/横向）/ （J/cm^2）	硬度 HBW
40Cr	1160℃锻造余热淬火→660℃回火	856	66.1	19.5	166/94	252~260
	850℃淬火→610℃回火	799	65.6	20.6	163/59	249~255
45	1180℃锻造余热淬火→600℃回火	914	58.2	19.3	123	246
	850℃淬火→550℃回火	877	57.4	18.2	121	235

　　$w(C)$ 为 0.40%~0.55%的中碳钢锻件通常采用锻造余热淬火。大批量生产时应注意以下几点：

　　1）锻造加热温度以 1100~1220℃为宜，如 45 钢的锻造加热温度可选在 1150~1220℃范围内。

　　2）实际生产中，终锻温度即淬火温度，一般为 900~1050℃。操作中应注意控制终锻至入油淬火之间的停留时间，以防析出铁素体。

　　3）应控制淬火油温度及连杆在油中停留时间。

　　4）为了防止淬火后放置时间过长，引起裂纹，应于淬火后及时回火。

　　对于大批量生产，感应加热是一种既经济又有效的毛坯加热方法。由于控制温度准确，可保证终锻温度稳定，特别适合采用锻造余热淬火工艺。这在企业设计（新企业设计或老企业技术改造）时应予以优先考虑。以下介绍应用实例。

　　某企业生产的 488 发动机连杆，材料为 40Mn2S 钢，化学成分（质量分数）为 C 0.38%、Mn 1.50%、S 0.074%、P 0.018%、Si 0.33%、Cr 0.2%。钢材的轧制温度为 1180~1210℃，终轧温度为 850℃。轧材的规格为 φ40mm 及 φ35mm 两种，分别用于试制连杆体和连杆盖。锻造生产工艺为下料→感应加热→辊锻制坯→液压模锻成形→切边→余热淬火→回火→强力喷丸→无损检测→精压→硬度检查→重量检查。辊锻温度为 1250~1280℃，淬火温度为 900~950℃，回火温度为 600~610℃。锻件的显微组织为回火索氏体+少量游离铁素体，组织级别为 1 级。热处理后，锻件表面脱碳层深度为 0.05~0.08mm，金属低倍组织流

线与外形相符，连杆硬度为 229~255HBW，硬度差为 26HBW。连杆锻件的整体拉伸断裂载荷为 131.0kN。连杆锻件表面经喷丸强化处理后，表面残余压应力为 240~300MPa。连杆锻件可加工性良好，重量公差合格。试制连杆的拉压疲劳强度为 286.2MPa，连杆杆身的安全系数为 1.87~2.23。发动机台架试验和行车道路试验未发现异常。

　　某企业生产的柴油发动机连杆，采用材料为 40MnB 钢。坯料规格是 55 方钢。锻造加热采用中频感应加热，加热温度为 1200~1250℃，淬火温度约为 900℃，回火温度为 620~630℃。淬火冷却介质为淬火油，油温为 40~80℃，油中停留时间不少于 10min。淬火后的硬度为 444~578HBW，回火后的硬度为 255~302HBW。力学性能为：R_{eL} = 816MPa，R_m = 952MPa，A = 18%，Z = 57.5%。

　　4. 聚合物淬火冷却介质的应用

　　聚合物淬火冷却介质的应用发展较快，这类介质通过改变含量、温度和搅拌，可得到水和油之间较大范围的冷却速度，满足不同的应用。此外，它对改善生产环境（安全、减少污染和排放等）及节约燃料资源也有重要意义。在这类介质中，PAG（聚烷撑乙二醇）淬火液应用比较广泛，其国产产品有较好的技术特性，并取得生产应用实效。

　　应用聚合物淬火冷却介质时，应根据介质特性，对淬火冷却装备系统进行必要的技术改造，使冷却工艺参数处于受控状态，以保证获得稳定的淬火能力。

　　某企业生产 42CrMo 钢连杆及曲轴锻件，调质设备为推杆式连续热处理炉生产线。为解决"水淬开

裂，油淬不硬"问题，选择北京华立精细化工公司生产的今禹 8-20PAG 淬火冷却介质，设计了一套与该淬火冷却介质相配套的冷却循环装置，保证淬火液温度严格控制在最佳使用温度 30～60℃，并通过试验优选出较适宜的今禹 8-20 含量（质量分数）：用于连杆的为 12%，用于曲轴的为 8%～9%。经生产考核表明，两种零件淬火效果好，产品合格率高。该企业使用今禹 8-20 淬火冷却介质已有多年，未发生淬火冷却介质变质、冷却特性变差等质量问题，并且使用含量低、黏度小，淬火时带出量少，消耗费用仅为油淬的 50%～60%，可大幅度减少生产费用及不良品的损失费用。

5. 非调质钢连杆控制冷却工艺

非调质钢应用初期在强韧性配合上表现为韧性稍差、可加工性不够稳定等问题，这除了与钢材及锻造工艺有关，更重要的是锻后冷却控制粗放，无法保证稳定得到合适的显微组织和力学性能。

北京机电研究所有限公司根据汽车工业规模化生产对连杆性能稳定性的要求，开发研制出非调质钢连杆控制冷却生产线，可用于汽车连杆控制冷却，实现冷却速度在 20～120℃/min 范围按设计曲线自动控制。

非调质钢依靠控制锻后冷却速度来获得合适的组织。非调质钢的组织是铁素体+珠光体，并在铁素体基体上分布着碳化物等沉淀析出相。在 750～550℃ 范围内的冷却速度决定着铁素体与珠光体的相对量。冷却速度快，对铁素体析出有抑制作用，珠光体量多且细化，还可抑制沉淀相的粗化，使其强度高而塑性低；冷却速度慢，使铁素体得以充分析出，同时珠光体会相对粗化，使韧性、塑性提高而强度下降。因而，通过控制冷却速度可获得较好强韧性的综合性能。例如，经试验表明，F35VS 钢锻造加热温度应选为 1050～1220℃，锻后冷却速度应为 60～100℃/min。

某企业生产轿车连杆，材料为 43MnS 钢，锻造加热温度为 1150～1250℃，终锻温度为 900～1100℃。连杆锻后控制冷却在通过式的辊链炉中进行，入炉温度不得低于 800℃。设备分三区控温，一、二区具有加热与冷却功能，三区只冷却，温度控制在 250～550℃，连杆在炉中运行时间为 12～15min，出炉时连杆小头温度应低于 400℃，出炉后空冷。控制冷却设备生产率为 480～720 件/h。经以上"控锻控冷"处理后的连杆锻件硬度为 217～255HBW，组织为片状珠光体+网状铁素体（不允许有贝氏体、马氏体），小头、大头部分从表面到心部的晶粒度等级为 6～7 级到 4 级，杆身部分的晶粒度等级为 7～6 级。

6. 连杆的强化喷丸

连杆锻件应进行强化喷丸，可以使材料表层产生剧烈的塑性变形，晶体点阵发生畸变，形成高密度的位错缠结，从而使表层强化。50 钢光滑试样经强化喷丸后，表面硬度由 270HV1 提高到 350HV1。表 12-23 列出了 50 钢试样强化喷丸后的残余压应力及强化层深度。

表 12-23　50 钢试样强化喷丸后的残余压应力和强化层深度

喷丸强度（弧高）[①]/mm	表面残余压应力/MPa	强化层深度/mm
0.18C	490	0.4
0.20C	600	0.5

① 以弧高（单位为 mm）表示喷丸强度，数字后字母表示试样标准，如 0.18C 表示采用 C 型标准试样测量弧高为 0.18mm。

45 钢连杆调质处理后，其硬度为 228～269HBW，未强化喷丸的表面压应力仅为 50MPa，甚至有的表面处于拉应力状态，而 18Cr2Ni4W 连杆热处理后，距表面深度 0.3～0.4mm 处还有 294～392.3MPa 拉应力。当喷丸强度为 0.18C 时，45 钢连杆的表面残余压应力提高到约 350MPa。用 ±374MPa 交变应力在高频疲劳试验机上试验时，连杆疲劳寿命由未喷丸时的 48 万次提高到 190 万次。230 和 150 型发动机的 18Cr2Ni4W 钢连杆在热处理后需经抛光处理，劳动强度大，生产率低，产品质量差。改用强化喷丸后，提高劳动生产率 15 倍，还明显提高了弯曲、拉压疲劳强度。表 12-24 列出几种连杆强化喷丸的工艺参数。

表 12-24　几种连杆强化喷丸的工艺参数

牌　号	钢丸直径/mm	喷丸速度/（m/s）	钢丸流量/（kg/min）	喷丸强度（弧高）/mm	喷丸时间/min	覆盖率/（%）
18Cr2Ni4W	0.8～1.2	70～80	—	—	4	≥100
18Cr2Ni4W	1.0～1.2	75～82	300	0.38～0.44C	3～4	≥100
45	1.0～1.2	70	140～160	0.18C	1.5	≥100
42CrMoA	0.8～1.0	70～80	200	0.46～0.76A	1～1.2	≥100

7. 胀断连杆

发动机连杆胀断加工技术是连杆生产的一项新技术，有着传统连杆加工方法无法比拟的优越性，其加工工序少，节省精加工设备、节材、节能，生产成本低。胀断连杆可使连杆头盖、杆的定位精度、装配精度大幅度提高，显著提高连杆的承载能力、抗剪能力，对提高发动机生产技术水平和整机性能具有重要影响。

连杆分离面的胀断工艺是把连杆盖从连杆本体上断裂而分离开来。其加工方法是先在连杆大头孔的断裂线处加工出两条应力集中槽，然后带楔形的压头向下移动进入连杆大头孔，当压头向下移动时，对连杆大头孔产生径向力，使其在应力集中槽处出现裂缝；在径向力的作用下，裂缝继续扩大，最终把连杆盖从连杆本体上胀断而分离出来。理想的连杆及连杆盖涨断后的分离面是不带任何塑性变形的脆性断裂，使其可装配性达到最佳。影响其脆性断裂的因素很多，如断裂速度及材料等。典型胀断连杆用钢的化学成分见表 12-25。胀断连杆用钢的力学性能见表 12-26。国内某主机生产企业在连杆设计时用 F35MnVS 钢胀断连杆代替传统的 C70S6 钢，零件的疲劳极限提高了22%，实现零件设计减重 18%，为降低发动机运动部件能耗起到了良好作用。

表 12-25　典型胀断连杆用钢的化学成分

牌　　号[①]	化学成分(质量分数,%)								
	C	Si	Mn	S	P	Cu	Cr	Ni	V
C70S6	0.69	0.22	0.59	0.065	0.005	0.09	0.15	0.08	0.04
70MnVS4	0.70	0.18	0.83	0.061	0.010	0.07	0.11	0.10	0.11
36MnVS4	0.36	0.73	1.02	0.075	0.018	0.12	0.15	0.11	0.27
46MnVS4	0.48	0.63	1.03	0.063	0.010	0.14	0.26	0.20	0.13
70MnVS4(高级)	0.70	0.20	0.83	0.082	0.014	0.17	0.15	0.15	0.19

①　为德国牌号。下同。

表 12-26　胀断连杆用钢的力学性能

材料牌号	C70S6	70MnVS4	36MnVS4	46MnVS6	70MnVS4(高级)
屈服强度/MPa	660	701	850	849	823
抗拉强度/MPa	1058	1077	1070	1157	1217
断后伸长率(%)	9.5	9.1	10.3	10.0	9.0
断面收缩率(%)	31	33.7	42.1	32.2	19.2
硬度 HBW	306	307	321	324	345
胀断连杆材料的疲劳性能					
材料牌号	C70S6	70MnVS4	36MnVS4	46MnVS6	70MnVS4(高级)
应力幅(NG=10/7 时,p_0=50%)/MPa	397	441	507	496	543
拐点 NK	5/105	5/105	1/106	2/106	5/105
疲劳强度范围内韦勒疲劳曲线斜率	20.5	19.7	20.5	20.5	18.0

12.3.4　连杆的质量检验

40、40Cr、40MnB 钢连杆的质量检验见表 12-27。

表 12-27　40、40Cr、40MnB 钢连杆的质量检验

检验项目	检验方法	检验要求
表面质量	观察	无裂纹、发纹、折叠、过烧、氧化坑、错移、金属未充满
纤维方向	显示宏观组织	金属纤维方向应沿着连杆中心线并与外形相符,无紊乱及间断
硬度	按图 12-6 所示位置检查	按产品图样要求
显微组织	按图 12-6 所示部位取样抽检,参考图 12-7 评级	匀细的索氏体。可参考图 12-7 评级,1~4 级为合格,5~6 级须经喷丸强化后方可装车,7~8 级需重新调质
无损检测	磁粉检测	有裂纹者报废

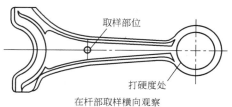

图 12-6　连杆硬度及显微组织检测部位

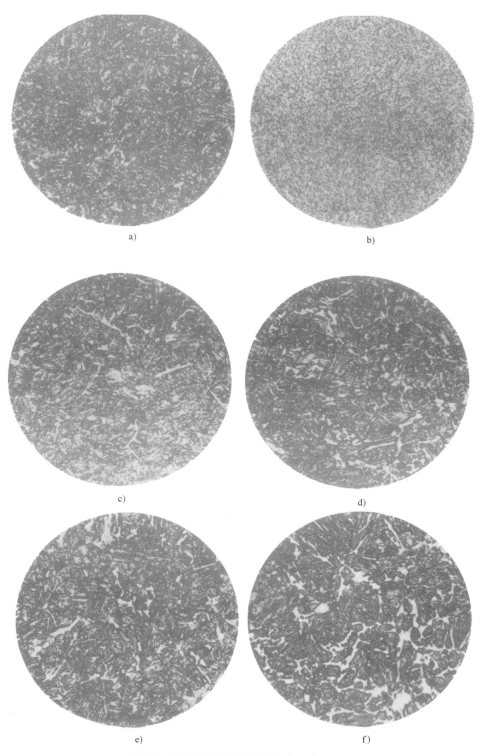

图 12-7　汽车连杆及连杆盖显微组织标准　400×

a) 1 级　b) 2 级　c) 3 级　d) 4 级　e) 5 级　f) 6 级

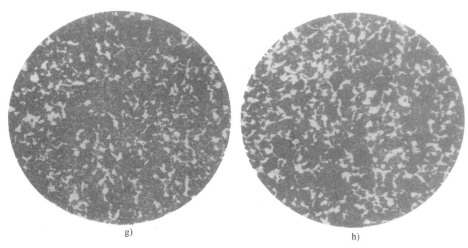

图 12-7　汽车连杆及连杆盖显微组织标准　400×（续）

g）7 级　h）8 级

12.3.5　连杆的常见热处理缺陷及预防补救措施

连杆热处理常见缺陷及预防补救措施见表 12-28。

连杆生产中均需 100% 检查硬度和裂纹，也可采用剩余磁场检测装置进行硬度自动分选。

连杆酸洗处理多数已被喷丸清理替代，采用喷丸清理后给磁粉检测带来困难，只能改用荧光检测，使连杆缺陷部位聚集的荧光磁粉在紫外灯下激发出黄绿光。国外已有利用光电转换元件取代目测的自动分选装置，这种自动检测装置的检测灵敏度（缺陷尺寸×深度）为 4mm×0.5mm，检测速度为 50 件/h。

表 12-28　连杆热处理常见缺陷及预防补救措施

缺 陷 名 称	形 成 原 因	预防及补救措施
块状夹杂物（见图 12-8）	冶炼不良	加强原材料进厂检验
折叠（见图 12-9）	锻造不良	加强锻件表面质量检验
脱碳	1）高温下锻造加热时间过长 2）热处理操作不当	控制加热时间或通保护气氛，防止连杆在锻造、热处理过程中脱碳
硬度低	加热温度低或淬火冷却速度慢	重新淬火
淬火裂纹	淬火冷却过快，材料成分不对	注意材料成分和选择冷却条件
组织不均匀	淬火操作不当，冷却速度慢	严格执行淬火工艺，加强抽检，以便及时发现

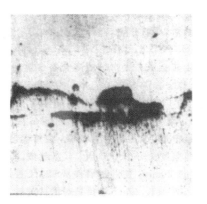

图 12-8　40 钢连杆显微组织中的
块状夹杂物　100×

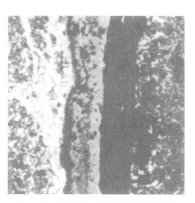

图 12-9　40 钢连杆锻造折叠的显微
图片（裂纹附近严重氧化脱碳）

12.4　曲轴的热处理

12.4.1　曲轴的服役条件和失效形式

曲轴主要承受交变的弯曲-扭转载荷和一定的冲击载荷，轴颈表面还会受到磨损。

曲轴在使用过程中的主要失效形式有如下两种：

1）疲劳断裂。多数是轴颈与曲柄过渡的圆角处产生疲劳裂纹，随后向曲柄深处发展造成曲轴断裂；其次是轴颈中部的油道内壁产生裂纹，发展为曲柄处的断裂。

2）轴颈表面的严重磨损。

12.4.2　曲轴材料

制造曲轴的材料有钢和球墨铸铁，钢又可分碳素结构钢（如 45、50 钢）、合金结构钢（如 40Cr、50Mn、35CrMo、42CrMo、35CrNiMo、18Cr2Ni4WA）及非调质钢（如 F45VS、F48MnV、F49MnVS）。最常用的材料是 45 钢和球墨铸铁，非调质钢的应用发展很快，而球墨铸铁在轿车上用得较广，特别是自然吸气发动机曲轴大量采用球墨铸铁材料。曲轴材料的选择，首先要满足零件力学性能的要求，它取决于发动机设计的强度水平；其次要考虑曲轴的疲劳强度和耐磨性。

曲轴的性能除了与材料有关，还取决于热处理及其他表面强化工艺，零件的加工精度和表面粗糙度也有十分重要的影响，对载荷较大的曲轴，通常采用合金结构钢制造，而锻坯要求进行调质处理，目的是提高强度并为以后的感应淬火做好准备。如果能采用锻造余热淬火、回火或锻后控冷正火，则可达到节能、改善可加工性、提高零件质量的目的，而采用非调质钢，则可获得更显著的效果。

锻钢曲轴对材料的要求如下：

1）钢的碳含量要精选，碳含量的变动范围应不大于 0.05%（质量分数）。钢的硫、磷含量应严格控制。

2）钢的非金属夹杂物、脆性夹杂物、塑性夹杂物的含量标准，应不超过 GB/T 10561—2005 规定的 2.5 级。

3）钢的淬透性曲线应在所用钢号的淬透性曲线范围内。

球墨铸铁曲轴应按 GB/T 1348—2009 中的规定，采用不低于牌号为 QT700-2 的球墨铸铁制造。内燃机标定转速低于 1500r/min 的球墨铸铁曲轴可以采用不低于牌号 QT600-3 的球墨铸铁制造。

汽车发动机曲轴常采用力学性能不低于 QT600-3 的球墨铸铁制造。农业用发动机曲轴规定球墨铸铁的力学性能有不低于 QT800-2 的。

12.4.3　曲轴的热处理工艺

1. 曲轴的制造工艺路线

锻钢曲轴和球墨铸铁曲轴的制造工艺路线分别是：

1）锻钢曲轴：锻坯调质（或正火）→矫直→清理→检验→粗加工→去应力退火→精加工→表面热处理→矫直→磨削加工→检验。

2）球墨铸铁曲轴：铸造→正火（或正火加高温回火）→矫直→清理→加工→去应力退火→表面热处理→矫直→精加工。

球墨铸铁曲轴也有采用加合金元素、铸态不经预备热处理的，其制造工艺路线为：

铸造→清理→加工→表面热处理→精加工。

曲轴预备热处理的目的是使曲轴达到必要的力学性能、改善可加工性，并为最终热处理做好组织准备。最终热处理的目的是提高曲轴的疲劳强度和耐磨性，达到产品设计要求。

气缸直径小于或等于 200mm 的往复活塞式内燃机曲轴的热处理技术要求见表 12-29。

曲轴用非调质钢的化学成分和力学性能见表 12-30。

某企业曲轴用非调质钢 F49MnVS，对残留元素及元素分析允许偏差规定为：残留元素 $w(Cr) \leqslant 0.30\%$、$w(Mo) \leqslant 0.08\%$、$w(Ni) \leqslant 0.040\%$、$w(Cr+Ni+Mo) \leqslant 0.40\%$，元素分析允许偏差（质量分数，%）为：$C \pm 0.03$、$Si \pm 0.03$、$P \pm 0.006$、$S^{+0.008}_{-0.005}$、$Mn \pm 0.04$、$V \pm 0.03$。按 JK 图片评定非金属夹杂物的最高允许含量为：A4、B2、C1、D1。曲轴锻造工艺为中频感应加热，加热温度为（1230±25）℃，终锻温度为（1125±20）℃。锻件的控制冷却在长约 80m 的隧道式冷却装置中进行。曲轴悬挂吊装，由传动链传送。控制冷却装置由 A 段、B 段、C 段组成。A 段长 35m，经过 20min，使曲轴锻件从 920℃ 控制冷却到 600℃；B 段长 29m，主要是对锻件进行消除应力冷却，使锻件温度降至 200℃；C 段长 10m，使锻件强制冷却至能用手摸为止。锻件经过控制冷却装置的总时间约为 35min。

各种发动机曲轴所用材料牌号及热处理工艺见表 12-31。

2. 曲轴的感应淬火

曲轴在大批量生产中广泛采用感应淬火。淬火方法通常有两种：一种是采用整圈分开式感应器，曲轴

表 12-29　气缸直径小于或等于 200mm 的往复活塞式内燃机曲轴的热处理技术要求

项　目			锻　钢	球墨铸铁
预备热处理	毛坯硬度 HBW	调质	207～320	
		正火	163～277	220～320
	同一曲轴硬度差 HBW		≤50	≤50
	显微组织 (体积分数)	调质	索氏体,1～4 级	—
		正火	晶粒度,I4～10 级 晶粒不均匀度级差 ≤ 3 级 不允许有魏氏组织 带状组织不大于 3 级	石墨球化级别 1～3 级 石墨球径大小 5～8 级 珠光体含量≥珠 85 级,须经表面处理的曲轴珠光体含量≥珠 75 级 游离渗碳体≤2%,磷共晶≤1.5%,总量≤3%
最终热处理	轴颈表面感应淬火、渗氮处理	淬硬层深度/mm	2.0～4.5	1.5～4.5
		硬度 HRC　45 钢	≥52	42～55
		合金钢	≥53	
		同一曲轴硬度差 HRC	≤6	≤6
		显微组织	细针状马氏体,3～7 级	3～6 级
	氮碳共渗	渗层深度/mm	≥0.10	
		表面硬度 HV 0.10	≥420	
	离子渗氮	渗层深度/mm	≥0.15	
		表面硬度 HV 0.10	≥500	

表 12-30　曲轴用非调质钢的化学成分和力学性能

牌号	化学成分(质量分数,%)						力学性能					
	C	Si	Mn	S	P	V	R_m/ MPa	$R_{p0.2}$/ MPa	A (%)	Z (%)	K/J	硬度 HBW
F45VS	0.42～ 0.48	0.17～ 0.37	0.5～ 0.8	≤0.035	≤0.035	0.06～ 0.12	≥686	≥441	≥17	≥40	≥49	—
F48MnV	0.45～ 0.51	0.17～ 0.37	0.90～ 1.20	0.010～ 0.035	≤0.035	0.05～ 0.10	≥689	≥400	≥13	≥26	—	207～ 269
F49MnVS	0.44～ 0.50	0.15～ 0.35	0.60～ 1.00	0.045～ 0.065	≤0.035	0.08～ 0.13	780～ 900	≥500	≥8	≥20	≥40	238～ 281

表 12-31　各种发动机曲轴所用材料牌号及热处理工艺

用途	材料牌号	预备热处理		最终热处理		
		工艺	硬度 HBW	工艺	硬化层深度/mm	硬度 HRC
轿车、轻型车、拖拉机	45	正火	170～228	感应淬火,回火	2～4.5	55～63
	50Mn	调质	217～277	氮碳共渗,570℃×180min,油冷	>0.5	≥500HV0.1
	QT600-3	正火	229～302	氮碳共渗,560℃×180min,油冷	≥0.1	>650HV
载重车及拖拉机	QT600-3	正火	220～260	感应淬火,自回火	2.9～3.5	46～58
	45	正火	163～196	感应淬火,自回火	3～4.5	55～63
	45	调质	207～241	感应淬火,自回火	≥3	≥55
重型载重车	45	正火	—	氮碳共渗	≥0.30	≥300HV10
	QT900-2	正火+回火	280～321	—	—	—
	35CrMo	调质	216～269	感应淬火,回火	3～5	53～58
大功率柴油机	QT600-3	正火+回火	240～300	—	—	—
	35CrNi3Mo	调质	—	渗氮,490℃×60h	≥0.3	≥600HV
	35CrMo	调质	—	离子渗氮,515℃×40h	≥0.5	≥550HV10
	QT600-3	正火+回火	—	渗氮,510℃×120h	≥0.7	≥600HV

在静止状态下的感应淬火方法；另一种是采用半圈淬火感应器，曲轴在旋转状态下的感应淬火方法。

曲轴半圈淬火感应器由有效圈、外侧板、定位块、淬火冷却装置四个主要部分组成，如图 12-10 所示。电流通过有效圈将电能转变为热能。半圈淬火感应器有效圈是由异形纯铜管焊接成一个串联的"8"字形回路的半圆形施感导体，如图 12-11 所示。

6100 发动机曲轴轴颈和有效圈尺寸见表 12-32。

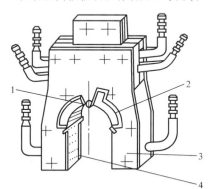

图 12-10　半圈淬火感应器
1—定位块　2—有效圈　3—外侧板
4—淬火冷却装置

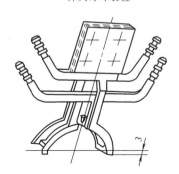

图 12-11　半圈淬火感应器有效圈

表 12-32　6100 发动机曲轴轴颈和有效圈尺寸

轴颈名称	轴颈尺寸/mm		有效圈形状	有效圈尺寸/mm	
	直径	宽度		直径	宽度
连杆轴颈	64	37.46～37.66	大于半圈 3mm	69	34
小主轴颈	76	35.75～35.90		81	32
大主轴颈	76	43.61～43.71		81	40

曲轴是一个形状复杂的零件，当采用整圈分开式感应器使曲轴在静止状态下感应淬火时，感应器所产生的纵向（轴向）磁场，由于曲柄对磁场的屏蔽，使被加热的曲轴轴颈圆周及轴向各部位产生极大的差异，导致淬火后轴颈圆周各处的轴向硬化区差异极大；静止状态下感应加热，感应器与轴颈的位置相对固定，感应器与轴颈圆周各处的径向间隙无法保持一致，导致淬火后轴颈圆周硬化层深度不均。因此，此种淬火方法已很少被采用。

采用半圈淬火感应器曲轴旋转感应加热方法，不仅因为改变了感应器产生的磁场方向，由纵向变为横向（周向），基本消除了曲柄对磁场的屏蔽，从而使淬火后轴颈各处的硬化区保持均匀，而且由于曲轴相对感应器旋转，感应器靠定位块对轴颈进行相对的柔性跟踪旋转运动，感应器借助于定位块，能稳定地保持感应器与轴颈的间隙，保证了淬火后轴颈硬化层深度的均匀性和稳定性。因此，曲轴半圈感应器旋转加热淬火正越来越被广泛运用。

采用半圈感应器旋转加热淬火的优点是硬化层深而均匀、硬化区宽度均匀、能减轻曲轴淬火畸变量和防止油孔淬裂。表 12-33 列出了 6100 发动机铸态球墨铸铁曲轴的感应加热电参数和淬火工艺参数。

曲轴轴颈采用半圈感应淬火后，虽然大幅度提高了轴颈的耐磨性，但由于轴颈与曲柄连接的圆角处未淬火，在此处产生了较大的拉应力，使曲轴的疲劳强

表 12-33　6100 发动机铸态球墨铸铁曲轴的感应加热电参数和淬火工艺参数

淬火轴颈	变压器匝比	电参数				淬火工艺参数				硬化层深度/mm
		电压/V	电流/A	功率/kW	功率因数/cosφ	加热时间/s	提前冷却时间/s	冷却时间/s	水压/MPa	
连杆轴颈	13/2	720	155	100	0.93	10.2	0.5	3.7	0.10	2.5～4.5
小主轴颈	14/2	620	190	88	0.96	9.8	0.5	4.8	0.20～0.30	2.25～4.25
大主轴颈	13/2	620	165	95	0.85	10.4	0	4.8	0.35	2.25～4.25

注：曲轴材料为 QT600-3（含铜）；原始组织为铸态，珠光体含量≥75%（体积分数），硬度为 220～260HBW；电源设备为 BPSD160/8000；感应器与零件之间间隙为 2mm。

度有所降低。为了适应大功率的汽车、拖拉机、柴油机的需要，采用轴颈、圆角同时感应淬火的方法是十分有效的。

轴颈、圆角同时淬火的感应器，是在轴颈半圈淬火感应器的基础上，通过改变有效圈弧形段截面的角度，并增添弧段的导磁体，使圆角和轴颈同时在较强的感应电流下被加热淬火。

曲轴经轴颈、圆角同时感应淬火后，不仅可以消

除轴颈与圆角交接处的拉应力，而且使圆角处产生了较大的压应力，因而大幅度提高了曲轴的疲劳强度。锻钢曲轴经轴颈、圆角同时淬火后疲劳强度可提高 1 倍以上，而对球墨铸铁曲轴，淬火后疲劳强度仅提高 30% 左右，所以对球墨铸铁曲轴，为较大幅度地提高疲劳强度，往往采用圆角滚压或渗氮工艺 + 圆角滚压。

495 发动机曲轴轴颈、圆角同时感应加热的电参数和淬火工艺参数见表 12-34，感应淬火后的硬化层硬度分布如图 12-12 所示。

表 12-34　495 发动机曲轴轴颈、圆角同时感应加热的电参数和淬火工艺参数

淬火轴颈	变压器匝比	电 参 数				淬火工艺参数				终冷温度/℃
		电压/V	电流/A	功率/kW	功率因数 cosϕ	加热时间/s	加热温度/℃	冷却介质	冷却时间/s	
主轴颈	8/1	650	160~180	100~120	0.97	13	880~930	风-雾-风	2-4-4	300~380
连杆轴颈	8/1	650	140~160	90~110	0.97	10	880~930	风-雾-风	2-3-4	300~380

注：材料为 QT600-3（含铜）；原始组织为正火加高温回火，珠光体含量 ≥85%（体积分数），硬度为 240~320HBW；技术要求：硬度为 50~55HRC，层深为 3~4mm；电源设备为 BPS100/8000×2；感应器与曲轴之间间隙：轴向 a_1 = 1mm，径向 a_2 = 2mm，径向中间 a_3 = 2.5mm。

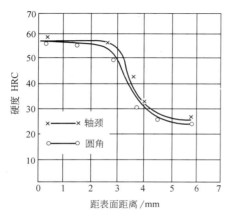

图 12-12　硬化层硬度分布

曲轴轴颈、圆角同时感应淬火时，除了应保证圆角的硬化层深度达到产品图样的规定；还应控制硬化层的形状和分布，使硬化层在整个圆角处完整延续并圆滑过渡。

此外，圆角磨削加工后的表面粗糙度对曲轴的疲劳寿命也有直接影响，应引起足够的重视。若在圆角处出现台阶、烧伤，此处即为疲劳裂纹的起源，将造成曲轴的早期损坏。

曲轴轴颈、圆角同时感应淬火将会增加畸变。根据曲轴形状、尺寸特征，选择合理的淬火次序；根据曲轴材料的淬火冷却特性，确定合适的延迟淬火冷却工艺等，均可减少曲轴的淬火畸变。

为保证曲轴工作中的尺寸精度，应在感应淬火后的低温回火过程中采用专用夹具进行静态逆向矫直，利用相变塑性达到无应力矫直的效果。

PAG 淬火冷却介质在大型曲轴感应淬火中的应用也引人注目。某企业生产 42CrMoA 锻钢曲轴，主轴颈直径为 68mm，感应淬火后硬度 ≥55HRC，回火后硬度

≥51HRC，有效硬化层硬度 ≥45HRC，淬硬层金相组织 4~7 级为合格，淬硬层深度 ≥3mm。曲轴采用晶体管固态中频感应加热电源、半自动卧式感应淬火机、曲轴专用淬火感应器，半圆形感应器带喷水孔，加磁屏蔽，淬火冷却介质为十堰双齐 TWZ-Ⅱ水基淬火剂（PAG 型），使用浓度为 10%~12%（质量分数），对应 V300 冷却速度为 42~53℃/s，介质使用温度 25~35℃，主轴颈感应淬火处理时，工件转速为 30r/min，加热时间为 18~20s，预喷水冷却时间为 2~2.5s，喷水冷却时间为 20~24s，感应加热频率为 9~10kHz，加热功率为 110~120kW；连杆颈感应淬火处理时，工件转速为 30r/min，加热时间为 14~20s，预喷水冷却时间为 2s，喷水冷却时间为 10~22s，加热延迟时间为 0~6s，感应加热频率为 9~10kHz，加热功率为 90~110kW，淬火后经 250℃ 回火。经大批量生产验证，曲轴感应淬火生产质量稳定，热处理后尺寸在要求范围内，无淬火开裂，后续磨削加工无裂纹。

曲轴感应淬火后多采用自热回火处理。对尺寸精度要求较高的曲轴，应采用热风循环的低温回火炉进行回火，如 40Cr 钢曲轴采用（160±20）℃×2h 充分回火，可将硬度控制在较窄的范围，如 55~60HRC，可以减少磨削裂纹，还能在长期使用过程中保证曲轴的尺寸稳定性。

3. 曲轴的渗氮和铁素体氮碳共渗

大功率柴油机（如机车和船舶用的柴油机）曲轴通常采用离子渗氮或气体渗氮处理。其渗层较深，工艺周期很长，往往选用大型专用设备。曲轴渗氮后，具有很高的表面硬度，极好的耐磨性、疲劳强度，耐蚀性也很好，但由于工艺费用十分昂贵，目前只在少数性能要求较高的大型曲轴上应用。

汽车、拖拉机曲轴往往采用铁素体氮碳共渗，其

渗层虽然很薄，但具有摩擦因数小、抗咬合、抗擦伤能力强，疲劳强度高与耐磨性优异等性能，这种工艺还具有处理温度较低、时间短、热处理畸变小、节能效果显著、工艺费用较低等优点，因而得到广泛应用。

盐浴氮碳共渗工艺对环境的污染不容忽视，所以不宜大规模推广。目前，国内曲轴较多采用的是含氧气氛的气体氮碳共渗。图12-13所示为495柴油机曲轴在连续式推盘炉生产线上进行气体氮碳共渗处理的工艺曲线。

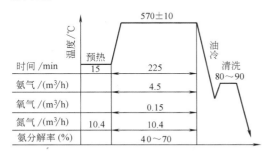

图12-13 495柴油机曲轴气体氮碳共渗处理工艺曲线

注：材料为QT600-3，毛坯正火硬度为229~302HBW，渗层深度为0.10~0.30mm。

对于锻钢曲轴或球墨铸铁曲轴，由于加工过程和热处理过程所产生的应力，在表面热处理后均产生畸变，而矫直又会显著降低曲轴的疲劳强度，特别是氮碳共渗处理的曲轴，其硬化层薄，几乎没有加工磨量，所以更需严格控制畸变。毛坯热处理后可以采用热矫正，冷矫正及粗加工后均应进行去应力退火。去应力退火温度一般应高于氮碳共渗温度，通常采用600℃，保温2h。在粗加工后的去应力退火过程中，一般要通入氮气保护，以防止曲轴氧化。如果氮碳共渗后的曲轴还要矫正，矫正后应在氮碳共渗温度和气氛的条件下进行去应力退火，随后要进行磁粉检测和退磁处理。

4. 球墨铸铁曲轴热处理

铸铁成分、铸造和热处理质量对球墨铸铁曲轴的性能影响很大。铸态球墨铸铁不允许有石墨飘浮、皮下气孔和疏松等缺陷，球化分级按GB/T 9441—2021《球墨铸铁金相检验》评定，一般应不低于4级。热处理工艺参数的影响和要求可参见第1卷有关球墨铸铁热处理部分。

球墨铸铁曲轴的化学成分、力学性能和预备热处理工艺见表12-35和表12-36。

表12-35 球墨铸铁曲轴的化学成分

序号	化学成分(质量分数,%)								牌号
	C	Si	Mn	P	S	Mg	RE	其他	
1	3.80~4.05	2.0~2.3	0.6~0.8	<0.1	<0.03	0.025~0.045	0.02~0.035	—	QT600-3
2	3.7~3.9	2.0~2.3	0.5~0.8	≤0.1	≤0.025	0.03~0.045	0.025~0.04	—	QT600-3
3	3.0~3.5	2.4~2.8	0.3~0.5	<0.1	0.03~0.035	0.045~0.05	0.04~0.05	Cu:0.35~0.40	QT600-3
4	3.6~3.8	2.1~2.4	0.3~0.5	≤0.075	≤0.03	0.045~0.07	0.03~0.05	Mo:0.25~0.35 Cu:0.5~0.7	—
5	3.5~3.7	2.4~2.6	0.7~0.9	0.06~0.08	0.012~0.018	0.04~0.06	0.03~0.05	—	QT600-3
6	3.7~4.2	2.4~2.6	0.5~0.8	<0.1	≤0.02	>0.04	—	—	—
7	3.0~3.5	2.2~3.0	0.3~0.5	<0.1	≤0.03	0.02~0.05	0.03~0.06	—	—
8	3.5~3.8	1.8~2.2	0.5~0.8	≤0.1	≤0.03	0.045~0.06	0.035~0.05	—	QT600-3

表12-36 球墨铸铁曲轴的力学性能和预备热处理工艺

序号	力学性能					显微组织(体积分数)				预备热处理工艺
	R_m/MPa	R_{eL}/MPa	A(%)	a_K/(J/cm²)	硬度HBW	球化分级	Fe₃C量	珠光体量	其他	
1	760~930	693	2~4	20~40	255~285	≥4级	<3%	>85%	不允许有二次碳化物存在	880~900 空冷 2.5~3; 550~600 空冷 2.5~3
2	700~800	650~730	2~3	5~20	240~300	≥4级	≤5%+磷共晶	≥70%		920±10 空冷 30min; 550±10 空冷

（续）

序号	力学性能					显微组织（体积分数）				预备热处理工艺
	$R_m/$ MPa	$R_{eL}/$ MPa	$A/$ (%)	$a_K/$ (J/cm²)	硬度 HBW	球化 分级	Fe₃C 量	珠光 体量	其他	
3	800～900	—	2～4	20～50	250～330	≥4级	≥4级	≤5% +磷 共晶	80%～95%	温度/℃：890±10，保温2～2.5，空冷；500～550，保温3，空冷（时间/h）
4	≥900	—	≥2	≥20	280～341	≥4级	≤2%	≥70%	不允许存在磷共晶	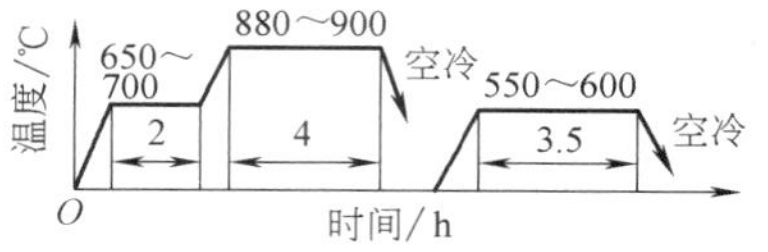 温度/℃：650～700，保温2；880～900，保温4，空冷；550～600，保温3.5，空冷（时间/h）
5	≥600	—	2	15	240～280			75%～90%		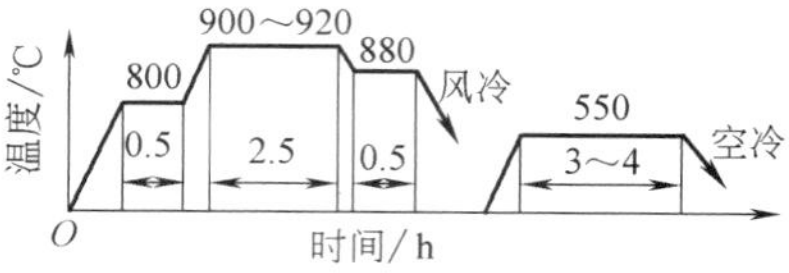 温度/℃：800，0.5；900～920，2.5；880，0.5，风冷；550，3～4，空冷（时间/h）
6	780～930	—	2.7～5	25～40	228～320		≤2%	≥85%		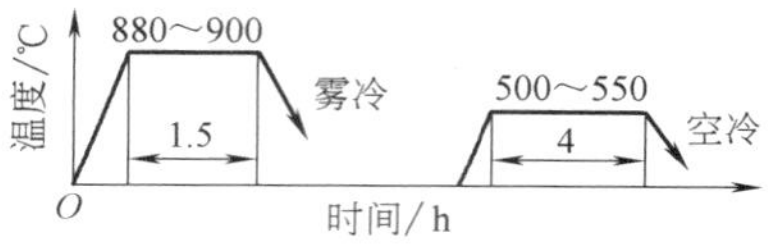 温度/℃：880～900，保温1.5，雾冷；500～550，保温4，空冷（时间/h）
7	700～900	—	3	>25	229～285	≥4级	≤3% +磷 共晶	75%～80%		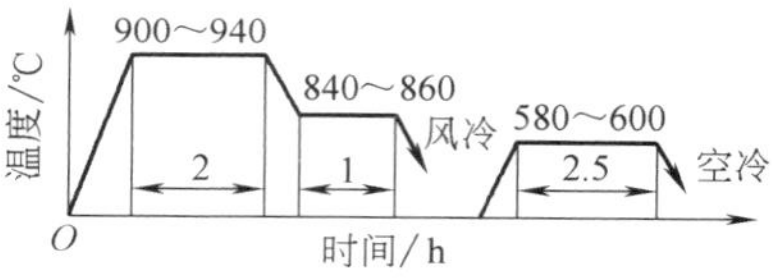 温度/℃：900～940，2；840～860，1，风冷；580～600，2.5，空冷（时间/h）
8	600	—	2	15	240～280	≥4级	≤2%	≥80%		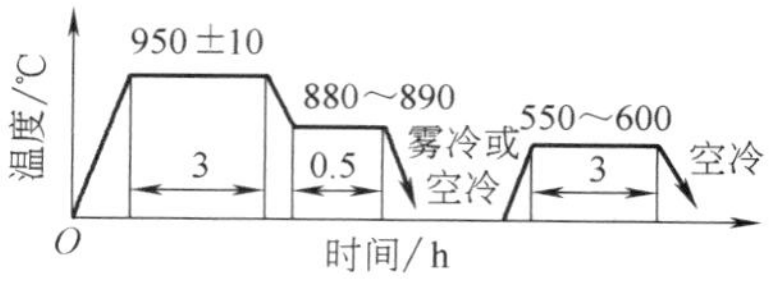 温度/℃：950±10，3；880～890，0.5，雾冷或空冷；550～600，3，空冷（时间/h）

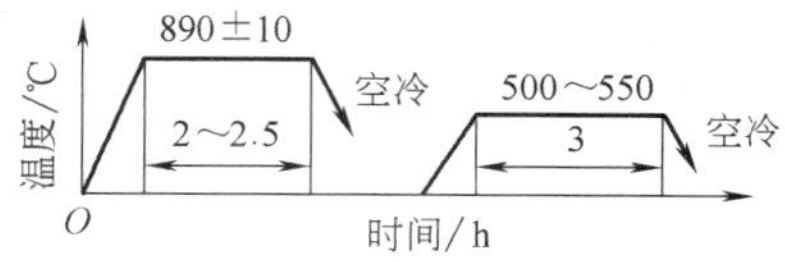

注：本表中序号与表12-35相对应，其材料牌号和化学成分见表12-35。

球墨铸铁曲轴主要采用正火处理（见表12-31）。为提高球墨铸铁曲轴的力学性能，也可采用调质或正火后进行表面淬火、贝氏体等温淬火等工艺。感应淬火的方法与锻钢曲轴相似，但加热速度应稍低些（一般为75～150℃/s）。淬火加热温度可取900～950℃，自热回火温度约为300℃，炉中回火温度为180～220℃。经此处理后的表面硬度为52～57HRC。球墨铸铁曲轴经圆角、轴颈同时感应淬火后的疲劳强度有显著提高，但由于球墨铸铁组织不同于钢，疲劳强度提高的幅度不如钢（一般提高30%左右，而钢可提高1倍以上）。球墨铸铁曲轴和锻钢曲轴一样，均可经氮碳共渗处理使疲劳性能和耐磨性大幅度提高，与锻钢曲轴不同的是所得氮碳共渗层深度较浅，硬度较高。

圆角滚压是提高曲轴承载能力常用的工艺措施之一。与曲轴轴颈、圆角同时感应淬火及渗氮、氮碳共渗等工艺相比，圆角滚压具有强化效果显著、效率高、成本低等优点，因而在汽车发动机曲轴中的应用日益广泛。以铸态珠光体球墨铸铁曲轴为例，经圆角滚压后，其弯曲疲劳强度提高的幅度可达 100% 以上，远高于其他工艺的强化效果，使球墨铸铁曲轴的疲劳强度水平达到甚至超过同尺寸的锻钢曲轴。东风汽车公司经过 10 年的研究，先后开发出 QS-1 型专用和 QR-1 型通用曲轴圆角滚压机床，研制了曲轴弯曲变形的滚压矫直专家系统，并在 6102D$_2$ 柴油发动机中成功地利用圆角滚压球墨铸铁曲轴取代了原锻钢曲轴，并投入批量生产。

12.4.4　曲轴的质量检验

GB/T 23339—2018 对曲轴材料的化学成分、本体硬度、力学性能、硬化层深度、表面硬度和硬化层宽度、渗氮曲轴的渗氮层深度和表面硬度、显微组织、表面质量及磁粉检测等项目的检验方法和检验规则做了规定。

曲轴感应淬火的质量检验见表 12-37。

表 12-37　曲轴感应淬火的质量检验

检验项目		检验要求	检验设备或方法
淬硬层组织	钢	3~7 级马氏体	金相显微镜，400 倍
	球墨铸铁	3~6 级马氏体	
淬硬层深度		按 GB/T 5617—2005 及产品图样的技术要求	维氏硬度计，载荷 10~50N（1~5kgf）
淬硬区长度及位置		按产品图样要求	腐蚀法或硬度法
表面硬度		按产品图样要求	硬度计或锉刀
裂纹		不允许有任何裂纹	磁粉检测机
表面烧伤		淬火表面不得烧伤	—

12.4.5　曲轴的常见热处理缺陷及预防补救措施

曲轴感应淬火常见缺陷及防止措施见表 12-38。

表 12-38　曲轴感应淬火常见缺陷及防止措施

缺陷名称	产生原因	防止措施
淬硬层分布不均	1）轴颈与感应器不同心 2）感应器内电流分布不均 3）油孔影响	1）保证轴颈与感应器同心度误差不大于 1mm 2）在感应器上合理配置导磁体 3）油孔中打入钢（或铜）销子
油孔处的放射性裂纹	1）油孔处加热不均或局部过热 2）油孔周围冷却不均或过于激烈引起裂纹的发展	1）油孔中打入钢（或铜）销子 2）合理配置导磁体 3）适当提前冷却 4）改用半圈感应器加热和浸水冷却 5）改用其他淬火冷却介质
"C" 形裂纹和淬硬层剥落	1）锻造折叠 2）淬硬层过深或层深偏差大 3）油孔内壁淬火裂纹的发展 4）自热回火温度低 5）磨削工艺不当 6）材料淬透性过高	1）改进锻造工艺 2）油孔中打入钢（或铜）销子 3）油道壁过薄，应改进设计 4）保证回火温度 5）用半圈感应器加热和浸水冷却 6）改进磨削工艺 7）检查材料的化学成分和淬透性
淬火过渡区域的裂纹	1）淬火应力集中 2）磨削工艺不当	1）保证感应器与轴颈的合理间隙 2）改善磨削工艺
淬硬表面的网状裂纹	1）淬硬表面过热和激烈冷却 2）淬硬层太深或自热回火温度低 3）磨削量过大	1）适当减少加热时间或比功率 2）保证感应器与轴颈间的合适间距 3）降低冷却水压，提高水温，保证自热回火温度 4）改善磨削工艺
硬度不够和软点	1）材料碳含量低或有严重带状组织 2）淬火温度低 3）冷却水温高或水压低 4）感应器喷水孔部分堵塞	1）确保材料化学成分和组织合格 2）适当延长加热时间 3）适当提高冷却水压和降低水温 4）清理感应器喷水孔

12.5　凸轮轴的热处理

12.5.1　凸轮轴的服役条件和失效形式

凸轮轴是发动机配气机构中的主要零件，它的主要作用是保证气门按一定的时间开启和关闭。凸轮与挺杆组成一对摩擦副。

凸轮轴在工作过程中除承受一定的弯曲和扭转载荷，主要是凸轮部分承受周期变化的挤压应力，以及与挺杆体相接触产生的滑动带滚动的摩擦。

凸轮轴的主要失效方式是凸轮的黏着磨损（也称擦伤，严重时产生熔接现象）和凸轮表面因挤压应力的反复作用而造成的麻点或表面剥落，以及凸轮尖的磨损。所以，要求凸轮轴除具有相应的强度和硬度，还应具有良好的抗擦伤性、抗接触疲劳能力和耐磨性。

12.5.2　凸轮轴材料

凸轮轴材料主要取决于其在发动机中的工作条件、使用工况；凸轮—挺杆间的最大接触应力、相对滑动速度、润滑条件、润滑油的品种、匹配挺杆的材料、硬度及表面状况；带有机油泵传动齿轮的凸轮轴尚须考虑机油泵驱动齿轮的工作载荷等。

凸轮轴根据其在发动机中的位置可分为下置凸轮轴和顶置凸轮轴。下置凸轮轴广泛应用于大中型发动机，由于凸轮—挺杆间的接触应力大，易造成点蚀、剥落；螺旋齿轮驱动机油泵传动齿轮时负荷、滑差较大，易造成磨损。顶置凸轮轴广泛应用于轿车、轻型车高速发动机，由于转速高、润滑条件差，凸轮轴易出现擦伤和磨损。可见，对于不同结构，不同车型、速度和功率的发动机，凸轮轴的工作条件、使用工况不同，因而对材料的要求也有所不同。

制造凸轮轴的材料、工艺种类较多，可分为钢和铸铁两大类。钢凸轮轴按毛坯不同可分为锻钢凸轮轴、辊锻（楔横轧）凸轮轴及圆钢切削而成的凸轮轴。按最终热处理工艺可分为感应淬火钢凸轮轴、渗碳钢凸轮轴、渗氮（或氮碳共渗）钢凸轮轴（按渗氮方法不同，还可分为气体、离子渗氮或氮碳共渗）。铸铁凸轮轴可分为冷激铸铁凸轮轴、可淬硬铸铁凸轮轴、球墨铸铁感应淬火凸轮轴、氩弧重熔铸铁凸轮轴、激光熔凝强化铸铁凸轮轴等。

各种发动机凸轮轴所用材料及热处理工艺见表 12-39。

汽车、拖拉机厂常采用 45 钢感应淬火来生产凸轮轴，所用材料应严格控制碳含量 [精选碳含量（质量分数）0.42% ~ 0.47%]，以保证合适的淬透性。

合金铸铁的弹性模量比中碳钢和球墨铸铁低，而且还具有减小接触比压和保持润滑油膜的优点。所以，对于功率大、转速高的发动机凸轮轴，往往采用合金铸铁来制造。常用的两种合金铸铁的化学成分见表 12-40。此类铸铁均需经热处理使凸轮尖部达到一定的硬度，也称可淬硬铸铁，尤其前一种广泛用于小轿车的发动机中。

冷硬铸铁凸轮轴是借助冷铁对高温铁液的激冷作用，使凸轮的升程区，尤其是凸轮尖部表面局部激冷而获得白口组织的耐磨层，因此不需热处理。

冷硬铸铁凸轮轴凸轮尖部表面组织为软硬相间的复相组织，其渗碳体具有很高的硬度和低的摩擦因数。因此，与冷激铸铁挺杆匹配时不易发生黏着现象。摩擦过程初期，珠光体因磨耗而凹下，形成渗碳体突起，两个表面实际上是渗碳体骨架相互接触，避免了珠光体与珠光体的粘接。另外，在珠光体凹下部分易于储存润滑油，改善了润滑效果。因此，冷硬铸铁凸轮尖和冷硬铸铁挺杆这对摩擦副的油膜保持性好，摩擦阻力小且磨损极微，可以在相当大的载荷及转速范围内工作而保持较高的耐磨性。

冷硬铸铁凸轮轴具有优良的抗擦伤性能，对润滑油品种不敏感，同时也有较好的抗点蚀剥落性和较高的耐磨性，并且生产成本低。冷硬铸铁凸轮轴在欧洲各国的汽车及拖拉机上用得比较多，在美国及日本都用在载重车上。

冷硬铸铁的化学成分，主要是碳含量要足够高，以保证冷激层硬度和碳化物量。根据设计结构的不同，可选择加入合金元素，主要是铬，有时也加入少量的钼、铜、镍，以提高强度及硬度。典型的冷硬铸铁凸轮轴的化学成分见表 12-41。

可淬硬铸铁与冷硬铸铁凸轮轴的轴颈一般不需进行感应淬火。

表 12-39　各种发动机凸轮轴所用材料及热处理工艺

用途	材料	预备热处理		最终热处理		
		工艺	硬度 HBW	工艺	硬化层深度/mm	硬度 HRC
小型拖拉机 轿车 吉普车	QT600-3	正火	229 ~ 302	贝氏体等温淬火	—	43 ~ 50
	合金铸铁	去应力退火	241 ~ 302	贝氏体等温淬火,氮碳共渗	0.10 ~ 0.15	>700HV
	45	调质	187 ~ 229	感应淬火、回火	3.0 ~ 6.0	轴颈 55 ~ 63 齿 45 ~ 58
轿车	合金铸铁	去应力退火	248 ~ 331	凸轮感应淬火、回火	—	52 ~ 60
轿车、载重车	冷硬铸铁	去应力退火	凸轮尖,>47HRC	—	—	—

（续）

用途		材料	预备热处理		最终热处理		
			工艺	硬度 HBW	工艺	硬化层深度/mm	硬度 HRC
载重车拖拉机		45	正火	163~197	感应淬火、回火	2.5~5.5	轴颈 55~63 齿 45~58
		QT600-3	去应力退火	230~280	贝氏体等温淬火	—	≥45
重型车		20	—	—	渗碳淬火、回火	1.3~1.7	58~62
		QT600-3	去应力退火	≥170	贝氏体等温淬火	—	43~51
		50	正火	—	感应淬火、回火	2.0~4.0	59~63
大功率柴油机	船	20CrMnTi	正火	—	渗碳淬火、回火	1.7~2.2	56~61
	机车	50Mn	退火 去应力退火	241~285	感应淬火、回火 凸轮	2~5	58~62
					轴颈	1.5~4	55~62
		45	正火	—	感应淬火、回火	1.3~2.5	50~55

表 12-40　常用的两种合金铸铁的化学成分

材料名称	化学成分（质量分数，%）									
	C	Si	Mn	S	P	Ni	Cr	Mo	V	Cu
镍铬钼合金铸铁	3.2~3.4	2.00~2.20	0.65~0.85	<0.10	<0.10	0.40~0.50	0.90~1.10	0.40~0.45	—	—
铜钒钼合金铸铁	3.2~3.4	1.90~2.20	0.70~0.90	<0.10	<0.10			0.40~0.60	0.30~0.50	0.80~1.00

表 12-41　典型的冷硬铸铁凸轮轴的化学成分

材料名称	化学成分（质量分数，%）								
	C	Si	Mn	S	P	Ni	Cr	Mo	Cu
铬镍钼合金铸铁	3.6	2.0	0.7	<0.15	<0.15	0.2	0.5~1.1	0.2	—
低铬合金铸铁	3.6	1.5	0.6	—	—	—	0.1~0.3	—	—

12.5.3　凸轮轴的热处理工艺

1. 凸轮轴的感应热处理

汽车、拖拉机等内燃机的凸轮轴大都采用感应热处理以提高强度及耐磨性。根据凸轮轴结构和要求的不同，可对凸轮轴的凸轮、支承轴颈、偏心轮、齿轮等不同部位按不同要求进行感应淬火。

加热方法：根据不同结构的凸轮轴可采用一次加热一个部位或一次加热多个部位。

感应器类型：凸轮轴（特别是凸轮）淬火感应器一般可分为两类，即圆形感应器和仿凸轮形感应器。前者应用普遍，多数用于凸轮轴中频感应淬火；后者多数用于凸轮高频感应淬火或具有特殊形状、特殊要求的凸轮感应淬火。圆形感应器内径大于支承轴颈的外径，零件与感应器间的间隙较大，并且凸轮周边与感应器间隙不等，多采用零件旋转加热方式。多个凸轮（或多个部位）同时淬火采用多个圆形感应器并联的组合感应器，加热方式采用零件旋转加热。仿凸轮形状感应器，零件与感应器的间隙较小，并且也比较

均匀，间隙可根据凸轮各部位不同硬化层深度的要求来改变仿形形状。为了获得凸轮周边均匀的硬化层深度，一般对曲率半径较小的部分增大间隙。仿凸轮形感应器一般做成分开式，适合于单件和小批量生产。

在凸轮轴感应淬火中，常出现因凸轮之间或凸轮与其他淬火部位（如偏心轮、齿轮等）之间的间距过小，而发生后淬火的凸轮对它紧邻的已淬火的凸轮或其他已淬火部位造成回火现象，使该处硬度降低。这是感应器所产生的磁场在感应器轴向两端的漏磁使已淬火凸轮局部范围二次加热所致。为了避免这一现象，在感应器轴向两端必须采取屏蔽措施，如在感应器有效圈外侧加"Π"形导磁体，使感应器有效圈所产生的磁场集中在有效圈的内侧，以减少磁场的泄漏，同时也提高了感应器的输出效率。图 12-14 所示为一个带有屏蔽装置的凸轮轴感应加热用双圈圆形感应器。生产实践证明，如果在"Π"形导磁体的两端分别加一纯铜片重复屏蔽，则屏蔽效果更好（见图 12-15）。6102 发动机凸轮轴中频感应淬火工艺参数及技术要求见表 12-42。

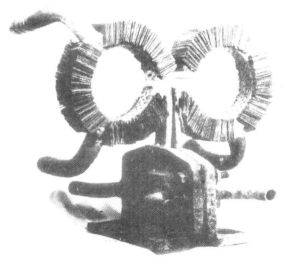

图 12-14　凸轮轴感应加热用的双圈圆形感应器

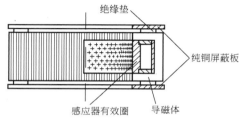

图 12-15　"∏"形导磁体两端加屏蔽

某企业生产可淬硬铸铁凸轮轴，采用 108 中频发电机组电源、立式通用淬火机 GCT-120，圆形感应器带喷水孔，加磁屏蔽，单个凸轮加热，淬火冷却介质为 8%～10%（质量分数）的聚丙烯酸钠（ACR）水溶液，工件转速为 100r/min，加热时间为 6～8s，预冷 1s，喷淬 4～6s。尖部硬度为 51～54HRC，升程处淬硬层深度≥3mm，淬火后经 250℃×1.5h 回火。20 世纪 90 年代，该企业在凸轮轴加工线上装一凸轮轴全自动淬火机，专门处理 4 缸汽油机的合金铸铁凸轮轴，生产能力为 120 根/h，该淬火机采用晶闸管中频电源，在 3.6kHz 时输出 200kW，有可控温的淬火液槽及淬火机，有软化水的冷却循环系统，有一电控柜。凸轮轴材料为镍铬钼合金铸铁，铸态组织：尖部附近 3mm 深度处是细片状珠光体基体上初生渗碳体及石墨；基圆部分的合金碳化物允许全部网状分布；石墨为 A 型、E 型，长度 4～7 级；基体硬度为 241～320HBW。制造工艺路线为：铸坯铣两端面→钻中心孔→粗、精车支承轴颈→加热 10～13s，预冷>5s→淬火。淬火后的组织为表层细针状马氏体+残留奥氏体+少量珠光体，初生渗碳体未改变；淬硬层深度≥1.5mm，桃尖允许较深，淬硬层不进入杆部；表层硬度为 48HRC。为降低表面淬火应力、稳定组织，有利于消除磨削裂纹，淬火后在 1000～2500Hz 中频感应加热回火设备中进行低温回火。

表 12-42　6102 发动机凸轮轴中频感应淬火工艺参数及技术要求

淬火部位	变压器匝比	电参数					热处理参数				淬火后硬度 HRC	淬硬层深度/mm
		空载电压/V	载荷电压/V	电流/A	有效功率/kW	功率因数 cosφ	加热时间/s	间隙时间/s	冷却时间/s	水压/MPa		
大轴颈	19/1	750	740±5	270±5	95	0.96	4.4	0	4.4	0.15	55～63	3.4
小轴颈	19/1	750	740±5	245±5	82	0.95	4.0	0	4.0	0.15	55～63	—
齿轮	19/1	750	740±5	215±5	62	0.90	4.3	0	1.3	0.15	45～58	—
凸轮	12/1	750	700±5	220±10	70	0.96	4.1	0	2.5	0.15	55～63	2.9，尖 4.8
偏心轮	12/1	750	650±10	230±10	70	0.96	3.3	0	4.4	0.15	55～63	—

注：材料为 45 钢，锻件正火后的硬度为 163～197HBW；电源设备为 BPS100/8000，淬火水温为 35～40℃。

2. 凸轮轴的化学热处理

虽然中碳钢感应淬火的凸轮轴有较高的硬度，但其耐磨性不如渗碳淬火的凸轮轴，在某些情况下，为获得更高的耐磨性，可采用 20、20Cr 或 20CrMnTi 钢进行渗碳淬火（见表 12-39）。鉴于凸轮轴渗碳后磨量较大（0.4～0.5mm），故需增加渗碳层深度。渗碳后一般采用重新加热淬火，以保证显微组织良好，使用寿命长。淬火、回火后的凸轮轴硬度应不低于 56HRC，汽车凸轮轴应不低于 58HRC。

气体氮碳共渗能显著提高抗擦伤和防止热胶合、咬合的能力。在 100℃ 的工作温度下，氮碳共渗的抗咬合能力与抗擦伤能力均超过淬火、回火，甚至超过渗碳淬火。合金铸铁氮碳共渗后的硬度高达 700HV，耐磨性为中碳钢感应淬火件的 2 倍。例如，680 汽油发动机的合金铸铁凸轮轴采用贝氏体等温淬火及去应力处理后再进行气体氮碳共渗处理，如图 12-16 所示。

某企业生产 EQ491 凸轮轴，材料为铬钼合金铸铁，制造工艺路线为：铸造毛坯→钻中心孔→中频感应淬火→粗磨→精磨→矫直→清洗→离子氮碳共渗→抛光。离子氮碳共渗设备为 LD-75A 离子氮化炉，凸轮轴采用竖直插入方式装夹，装载量为 300 根/炉。主要工艺参数：共渗温度为 550～600℃，时间为 2.5～4h，氨气流量为 0.6～1.5L/min，丙烷气流量为 5～15mL/min，压力为

1500~2200Pa，电压为 500~800V，电流为 20~80A，冷却方式为真空炉冷。处理后化合物层深度为 0.008~0.016mm，扩散层深度大于 0.20mm。

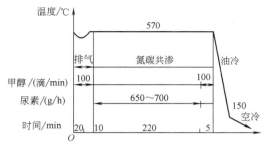

图 12-16 凸轮轴气体氮碳共渗工艺曲线
注：材料为合金铸铁；渗层深度为 0.10~0.15mm；设备为 RJJ-35。

除合金铸铁，球墨铸铁凸轮轴也可采用氮碳共渗处理及离子渗氮处理。SH760 汽车凸轮轴采用尿素氮碳共渗处理后，解决了凸轮轴的早期拉毛和磨损的质量问题，产品质量稳定，使用寿命成倍提高。氮碳共渗的缺点是渗层较浅，不能承受较大的载荷，一般适用于中小功率发动机。

3. 球墨铸铁凸轮轴的热处理

球墨铸铁凸轮轴一般选用 QT600-3 球墨铸铁，除少数采用中频感应淬火或氮碳共渗，大多数球墨铸铁凸轮轴是采用毛坯正火或去应力退火，加工后进行贝氏体等温淬火。贝氏体等温淬火的工艺参数选择可参阅第 1 卷有关球墨铸铁热处理章节。表 12-43 列出了球墨铸铁凸轮轴贝氏体等温淬火实例。

表 12-43 球墨铸铁凸轮轴贝氏体等温淬火实例

| 序号 | 化学成分（质量分数，%） | | | | | | | 贝氏体等温淬火参数 | | | | 显微组织（体积分数） | 硬度 HRC |
	C	Si	Mn	S	P	Mg	RE	加热温度/℃	保温时间/min	等温温度/℃	停留时间/min		
1	3.7~3.9	2.0~2.3	0.5~0.8	<0.025	<0.1	0.035~0.045	0.025~0.04	860±10	30	270±10	60	贝氏体+≤5%马氏体+少量残留奥氏体	34~38
2	3.5~3.7	2.4~2.6	0.7~0.9	<0.02	<0.1	0.04~0.06	0.03~0.05	870±10	15	240±10	45	贝氏体+10%~15%马氏体+少量残留奥氏体	44~48
3	3.7~4.2	2.4~2.6	0.5~0.8	≤0.02	≤0.1	>0.04	0.02~0.04	860±10	30	290~300	45	贝氏体+少量马氏体和残留奥氏体	39~46

凸轮轴贝氏体等温淬火均在半精加工后进行。经贝氏体等温淬火后，凸轮轴要伸长约 0.3%，应予以注意。贝氏体等温淬火后的凸轮轴弯曲程度一般不超过 0.5mm/m，超差时应施以热矫直。贝氏体等温淬火后可以省去回火处理，淬火后为下贝氏体基体组织，具有良好的综合力学性能，适用于中、小型发动机和中小批量生产。

4. 凸轮轴的其他强化工艺

如前所述，冷硬铸铁凸轮轴具有优良的使用性能，但迄今为止，冷铁只能靠手工摆放，所以生产操作要有严密的协调及组织管理相配合，否则质量就不易稳定。近年来先后出现了非合金灰铸铁凸轮轴表面氩弧重熔和激光重熔（熔凝）硬化工艺，下面分别做一简介。

（1）氩弧重熔铸铁凸轮轴 氩弧重熔铸铁凸轮轴表面形成垂直于凸轮表面的莱氏体组织，凸轮表面硬度为 54~64HRC，硬化层深度为 2~2.5mm，有很高的抗擦伤性、耐磨性和耐热性，在运转中能承受更大的中心压应力（<1000MPa），因而获得良好的使用性能。

氩弧重熔表面硬化工艺采用普通钨极氩弧焊，凸轮接焊机正极，焊炬接负极，凸轮绕轴心转动，焊炬除做横向摆动，还靠一个精密凸轮靠模保证钨棒（焊极）端部到凸轮表面各点的距离不变，凸轮转动一圈，即完成一个凸轮的重熔处理，使凸轮表面的珠光体转变为所希望的莱氏体组织。

凸轮表面氩弧重熔工艺的特点是适用于凸轮间距小的凸轮轴，因为凸轮间距小，采用冷激工艺不易安置冷铁，而氩弧重熔则不受此限制；又由于采用铸铁凸轮的重熔工艺，使铸坯铸造方便，成品率高，便于实现自动化。在逐步稳定氩弧重熔工艺的前提下，这种方法具有较好的发展前景。

（2）激光熔凝强化铸铁凸轮轴　铸铁激光重熔可获得好的表面质量，硬化层深度为 1 ~ 1.3mm，硬度为 60 ~ 68HRC（714 ~ 970HV0.1）；合理的预热和缓冷能有效地清除重熔表层的开裂和气孔，其耐磨性比普通冷硬铸铁提高 2 ~ 3 倍；重熔表层的组织为细密的 Fe_3C（大量）+M（少量）+A（多量），其中 A 具有非常好的强韧性和抗塑变能力，从而赋予硬化层以优异的耐磨性、良好的热硬性和抗擦伤性，这对于在高接触应力、较高温升条件下工作的摩擦副是理想的耐磨层。

12.5.4　凸轮轴的质量检验

JB/T 6728.1—2018 对凸轮轴硬度、力学性能、显微组织、硬化层深度、表面宏观质量及磁粉检测等项目的检验方法和检验规则进行了规定。

凸轮轴感应淬火的质量检验见表 12-44。

12.5.5　凸轮轴的常见热处理缺陷及预防补救措施

凸轮轴感应淬火常见缺陷及防止措施见表 12-45。

表 12-44　凸轮轴感应淬火的质量检验

检验名称	检验项目		检验要求	检验设备或方法	备　注
显微组织	淬硬层组织	钢	3 ~ 7 级马氏体	金相显微镜 400 倍	—
		合金铸铁	细针状马氏体，基体上均匀分布着碳化物网或针和石墨及少量残留奥氏体		
表面质量	淬硬区长度及位置		按产品图样要求	腐蚀法或硬度法	—
	裂纹		不允许有任何裂纹	磁力检测机	100%检测后退磁
	其他		淬火表面不得烧伤		
硬度	表面硬度		按产品图样要求	维氏硬度计或锉刀	—
	淬硬层深度		按 GB 5617—2005 及产品图样的技术要求	维氏硬度计，载荷 10 ~ 50N（1 ~ 5kgf）	界限硬度值 = 0.8×允许的表面硬度下限值（HV）或按相关标准

表 12-45　凸轮轴感应淬火常见缺陷及防止措施

缺陷名称	产生原因	防止措施
凸轮表面软点	零件旋转过快，在凸轮背面形成软点或低硬度	使零件转速降至 50r/min 以下
感应加热时，相邻的淬火轴颈回火	两个淬火部位间距太小；感应器与淬火部位的相对位置不合适	在感应器上加屏蔽装置；在感应器两侧装上导磁材料，以调整感应器的相对位置
凸轮尖部和边角淬硬层崩落	1）凸轮尖部过热 2）淬硬层太深 3）冷却过于激烈 4）自热回火温度低 5）钢的碳含量及淬透性过高 6）感应器与凸轮间隙过小	1）缩短加热时间 2）加大感应器内径和减少感应器有效高度 3）减少冷却水压和提高冷却水温 4）调整零件与感应器的相对位置 5）保证合适的自热回火温度 6）控制好钢的化学成分和淬透性
凸轮尖部硬度偏低和显微组织级别偏低	淬火加热温度不足	在感应器有效圈外圆安装"Π"形硅钢片
铸铁凸轮局部熔化或显微组织中残留奥氏体量过多	淬火加热温度过高	1）缩短加热时间或降低比功率 2）加大感应器内径或减小有效圈高度
铸铁凸轮的硬度不均匀或硬度偏低	1）毛坯铸态组织不合格，如石墨粗大 2）毛坯铸态硬度低 3）加热温度低	1）使毛坯铸态硬度及组织合格 2）适当延长加热时间

12.6　挺杆的热处理

12.6.1　挺杆的服役条件和失效形式

挺杆在发动机气缸体导管内做上下往复运动，同时绕自身轴线做旋转运动。挺杆与凸轮相接触的端面为球面，在与凸轮相对滑动的过程中为点接触（理论上），承受很大的接触应力，最大可达 1500MPa。

挺杆的主要失效形式有磨损、擦伤和接触疲劳破坏。

12.6.2　挺杆材料

1. 挺杆材料及热处理的技术要求

根据 QC/T521—1999，汽车发动机四冲程顶置式及侧置式气门挺杆的材料及热处理的技术要求如下：

1）挺杆可用 15Cr、20Cr、45Cr、20、45 钢制造，也可用化学成分符合图样要求的合金铸铁制造。

2）挺杆材料及热处理技术要求见表 12-46。

3）挺杆底部工作表面需经磷化处理或其他表面处理。

4）挺杆磷化前，底部工作表面应进行检测。如果采用磁粉检测，检测后应退磁。

5）经机械加工后的挺杆工作表面不应有裂纹、蜂窝孔、黑点、刻痕、凹坑等有害缺陷，在挺杆非工作表面允许有少量黑点及加工痕迹。

2. 挺杆材料选择

挺杆和凸轮轴构成一对摩擦副，挺杆材料选择时必须考虑它们之间的适应性。

渗碳后的钢挺杆有较高的硬度、高的接触疲劳强度和耐磨性，但它的储油性和减摩性均较差，所以较易出现擦伤。用合金铸铁制造挺杆和凸轮轴有日益增多的趋向。冷硬铸铁挺杆表面组织中有大量的针状碳化物，它们能起到一个相当坚固的骨架作用，而表面经磨削成微凹的珠光体部分又起着储油作用，因而耐磨性、减摩性及储油性均较好。冷硬铸铁挺杆再经淬火、回火处理能提高接触疲劳寿命。试验和使用的结果表明，经过适当表面强化的合金铸铁挺杆和凸轮轴，在耐磨性和抗擦伤能力等方面都优于钢制挺杆和凸轮轴。目前，以使用铬钼或铬镍钼合金铸铁 [$w(Ni) = 0.4\% \sim 0.50\%$，$w(Cr) = 0.5\% \sim 1.0\%$，$w(Mo) = 0.4\% \sim 0.6\%$] 为多，也有使用铜钒钼合金铸铁的。

表 12-47 列出了一些发动机挺杆和凸轮轴材料的选配。

表 12-46　挺杆材料及热处理技术要求

类　别			钢 制 挺 杆		铸 铁 挺 杆
材料			15Cr、20Cr、20	45Cr、45	合金铸铁
热处理			渗碳或碳氮共渗	感应淬火	—
硬化层深度/mm			0.6~1.5	≥2	≥2
显微组织	底部工作表面		回火马氏体和少量针状屈氏体		针状渗碳体、莱氏体和适量石墨
	杆部		回火屈氏体		细珠光体基体
硬度	底部工作表面	淬火后	58~65HRC		58~65HRC
		不淬火	—		≥52HRC
	杆部及窝座		≥36HRC		241~285HBW
备注			渗层组织应为细致的马氏体，不允许有网状渗碳体、游离铁素体，心部为低碳马氏体	—	底部工作表面应为冷激、冷激淬火或麻口淬火组织

表 12-47　一些发动机挺杆和凸轮轴材料的选配

用　途	挺　杆	硬度 HRC	凸　轮　轴	硬度 HRC
载重车、拖拉机、轿车	1）35 钢碳氮共渗	57~62	45 钢感应淬火	55~63
	2）冷硬铸铁	≥52	45 钢感应淬火	55~63
	3）冷硬铸铁	≥52	冷硬铸铁	>47
	4）20Mn2B 或 20Cr 钢渗碳淬火	55~62	45 钢感应淬火	55~62
	5）冷硬合金铸铁	≥55	球墨铸铁感应淬火	45~55
	6）20 钢渗碳淬火	53~58	球墨铸铁感应淬火	45~55
	7）合金铸铁淬火	58~63	45 钢感应淬火	55~63
	8）冷硬铸铁淬火、回火	≥58	45 钢感应淬火	55~63
	9）冷硬铸铁淬火、回火	≥58	冷硬铸铁	>47
	10）合金铸铁淬火、回火	≥55	合金铸铁凸轮感应淬火、回火	52~60
吉普车、拖拉机	1）35 钢堆焊合金铸铁（冷激）	60~66	45 钢感应淬火	55~63
	2）20Cr 钢渗碳淬火	55~63	球墨铸铁贝氏体等温淬火	43~50
重型载重车	1）合金铸铁氮碳共渗	≥795HV0.5	20 钢渗碳淬火	58~62
	2）50Mn2 钢淬火或冷硬铸铁	47~54	球墨铸铁贝氏体等温淬火	43~51
机车	20Cr 钢渗碳淬火	58~63	45 钢感应淬火	50~55

12.6.3 挺杆的热处理工艺

各种挺杆热处理工艺及技术要求见表 12-48。

1. 钢制挺杆的热处理

在大批量生产中，钢制挺杆通常采用冷挤压或热镦成形，而小批量生产的挺杆则采用棒材加工成形。

（1）制造工艺路线 菌状挺杆通常采用热镦成形，其工艺路线为：

下料→感应加热后热镦→加工→渗碳→淬火、回火→精加工→磷化→成品。

筒状挺杆常采用冷挤压成形，其制造工艺路线为：

下料→退火→磷化、皂化→冷挤压→加工→渗碳或碳氮共渗→淬火、回火→精加工→磷化→成品。

表 12-48 各种挺杆热处理工艺及技术要求

材料	预备热处理	最终热处理	技术要求	
			硬化层深度/mm	硬度HRC
20Cr	退火：(760±10)℃×180min，降到(700±10)℃×120min，炉冷到500℃后出炉空冷	渗碳：(930±10)℃，空冷；盐浴正火：900~920℃，空冷；淬火：(820±10)℃，硝盐浴；回火：(280±10)℃	1.2~1.6	53~60
35钢堆焊合金铸铁	退火：(860±10)℃×120min，降至(750±10)℃，120min后空冷	高频堆焊后水冷，再在(300±10)℃回火3h	堆焊层厚度≥1.5	60~66
35钢或Y15钢	—	碳氮共渗：(860±10)℃，10%盐水（质量分数）淬火；回火：(180±10)℃×90min	0.2~0.4	58~62
冷硬合金铸铁	退火：550℃×4h	淬火：(860±10)℃，油淬；回火：180℃×120min	—	58~63
15Cr	—	(940±10)℃气体渗碳后空冷，(860±10)℃油淬，(180±10)℃回火	1.0~1.4	58~63
可淬硬合金铸铁	—	855℃油淬，160℃回火	—	>55
20	—	(920±10)℃渗碳后空冷，(820±10)℃淬火，(280±10)℃回火	1.1~1.5	53~58
冷硬合金铸铁	退火：(550±10)℃×6h	(560±10)℃液体渗氮[盐浴成分（质量分数）：CO(NH₂)₂：Na₂CO₃：KCl=5：1：1]180min后油冷	—	≥795HV
50Mn2	(820±10)℃×180min退火后，炉冷到600℃后出炉空冷	淬火：820℃，淬入轻柴油回火：300~320℃×2h		47~54

（2）热处理工艺 图 12-17 和图 12-18 分别所示为 15Cr 和 35 钢挺杆在井式炉中的工艺曲线。

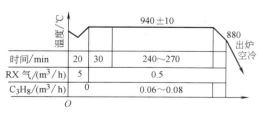

图 12-17 15Cr 钢挺杆在 RJJ-60-9T 井式炉中的渗碳工艺曲线

2. 合金铸铁挺杆的热处理

铸铁挺杆主要有合金铸铁和冷硬铸铁两大类，其他尚有球墨铸铁挺杆。挺杆制造有整体铸造的，有在钢制杆体头部堆焊上合金铸铁的，以及用单体铸造的

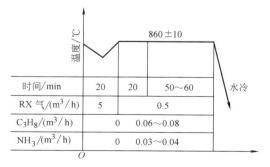

图 12-18 35 钢挺杆在 RJJ-60-9T 井式炉中的碳氮共渗工艺曲线

合金铸铁挺杆头与钢制杆体对焊等形式。

（1）制造工艺路线

1）合金铸铁整体铸造可分为以下几种：

① 合金铸铁整体铸造（不激冷）→去应力退火→机械加工→淬火、回火→精加工→表面处理→成品。

② 合金铸铁整体铸造，端面激冷→去应力退火→机械加工→表面处理→成品。

③ 合金铸铁整体铸造，端面激冷→去应力退火→机械加工→淬火、回火→精加工→表面处理→成品。

2）合金铸铁整体铸造（冷激）→去应力退火→机械加工→氮碳共渗→精加工→成品。

3）钢制杆体→堆焊端部（冷激）→回火→精加工→成品。

4）钢制杆体 单体铸造头部（冷激） → 对焊→热处理→精加工→表面处理→成品。

（2）热处理工艺

1）铸铁挺杆。其热处理工艺随化学成分、使用条件和制造方法的不同有很大差别。铸铁挺杆的使用性能与显微组织、硬度、表层和次表层的残余应力有较大关系。碳化物网将使挺杆早期失效，表现形式是点蚀剥落和快速磨损。显微组织中有较多的垂直于工作球面的针状碳化物，细回火马氏体基体和点状、片状石墨配合时，具有最好的使用性能。较高的硬度对耐磨也是有利的。镍铬钼合金铸铁挺杆的组织和硬度与磨损量的关系如图 12-19 所示。硬度及组织与铸件的合金成分及铸造工艺有关。热处理的主要作用在于使基体组织转变为马氏体，以抵抗高的接触应力，或者通过表面处理的方法提高挺杆端面的硬度。

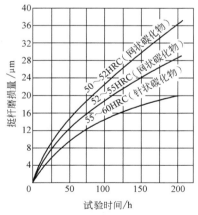

图 12-19 镍铬钼合金铸铁挺杆的组织和硬度与磨损量的关系

注：主要化学成分为 $w(Ni) = 0.4\% \sim 0.5\%$，$w(Cr) = 0.9\% \sim 1.10\%$，$w(Mo) = 0.40\% \sim 0.55\%$。

2）冷硬铸铁挺杆。随着发动机性能指标的不断提高，挺杆端面接触应力也越来越高，容易引起冷硬铸铁挺杆体失效，即疲劳剥落。为此，冷硬铸铁挺杆必须经淬火+回火处理。为保持冷硬铸铁挺杆优良的抗擦伤性能，热处理不得使较多量碳化物分解成团状石墨，并应使基体组织中的珠光体都转变为马氏体，所以淬火加热温度应严格控制，并防止脱碳。

3）高频堆焊冷硬合金铸铁挺杆。通过 300℃ 回火，能减缓应力集中，但不适当地提高回火温度，会降低表面残余压应力，并导致挺杆早期疲劳剥落。图 12-20 表明，回火温度过高会使疲劳寿命下降。图 12-21 所示为不同温度回火后挺杆表面残余应力的分布。

几种冷硬合金铸铁挺杆的热处理工艺见表 12-49。

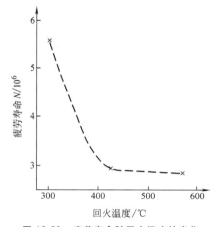

图 12-20 疲劳寿命随回火温度的变化

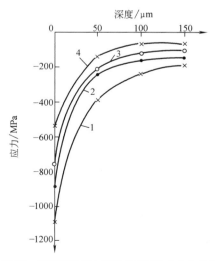

图 12-21 不同温度回火后挺杆表面残余应力的分布
回火温度：1—300℃ 2—400℃ 3—450℃ 4—570℃

表 12-49　几种冷硬合金铸铁挺杆的热处理工艺

材料	化学成分（质量分数,%）	热处理工艺曲线	端面硬度 HRC	显微组织（体积分数）
铬钼合金铸铁	C:3.45~3.65 Si:2.0~2.4 Mn:0.6~0.9 S≤0.12 P≤0.20 Cr:0.2~0.4 Mo:0.3~0.5	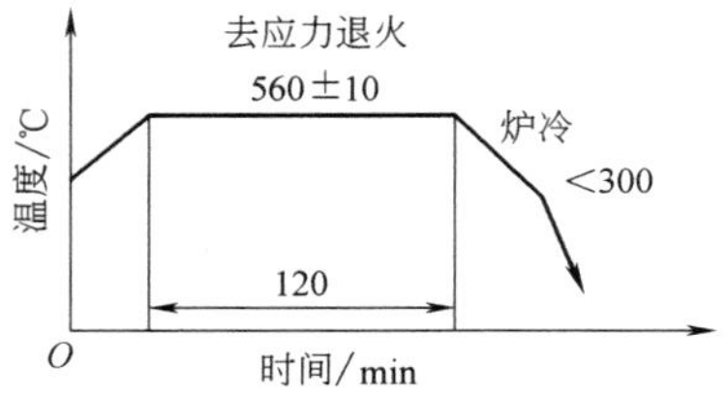 去应力退火 560±10，炉冷 <300，保温 120min（温度/℃—时间/min）	≥52	莱氏体+少量珠光体,有少量点状石墨
镍铬钼合金铸铁	C:3.5~3.7 Si:1.7~1.9 Mn:0.7~1.0 S<0.10 P<0.10 Ni:0.5~0.7 Cr:0.25~0.35 Mo:0.4~0.6	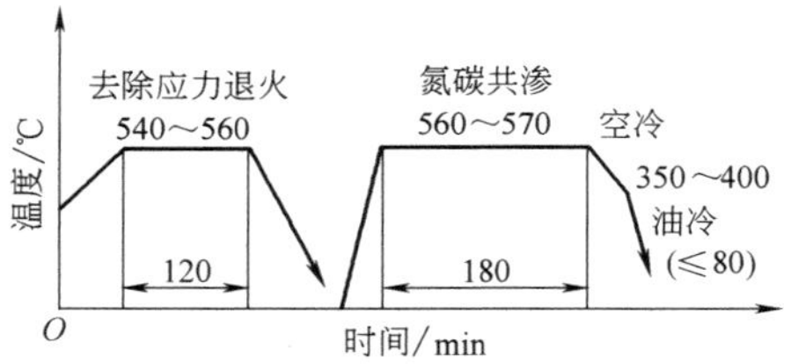 去除应力退火 540~560，保温 120min；氮碳共渗 560~570，保温 180min，空冷 350~400 油冷(≤80)（温度/℃—时间/min）	铸态 55~62,氮碳共渗后 >795HV0.2	球面为较细针状莱氏体,基体为 85% 珠光体,白口层深度为 2~6mm
镍铬钼合金铸铁	C:3.2~3.4 Si:2.20~2.40 Mn:0.65~0.85 S<0.10 P<0.10 Cr:0.90~1.10 Ni:0.40~0.50 Mo:0.40~0.65	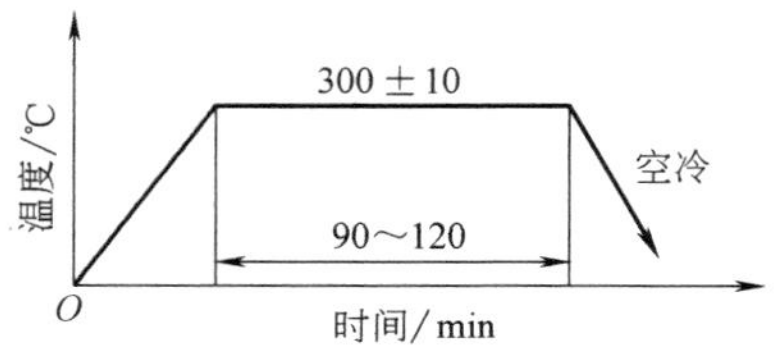 300±10，保温 90~120min，空冷（温度/℃—时间/min）	60~65(20 钢杆体高频堆焊)	挺杆端工作面的显微组织为:30%~60% 碳化物+马氏体+15% 残留奥氏体+≤0.5% 细点状石墨
		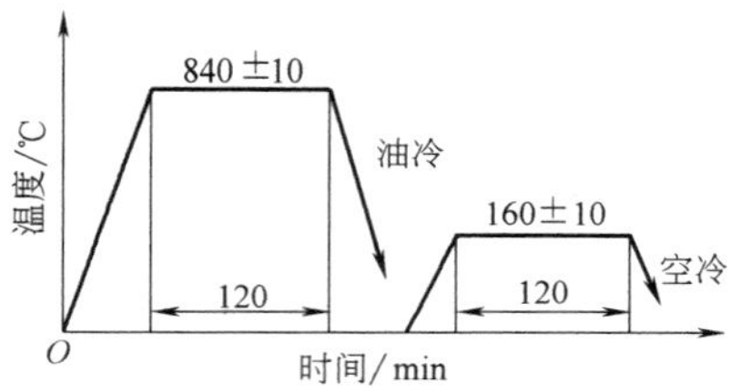 840±10，保温 120min，油冷；160±10，保温 120min，空冷（温度/℃—时间/min）	铸态 277~352HBW;热处理后 57~63	回火马氏体+少量点状石墨+少量渗碳体(垂直于表面,要求保留 10%)
镍铬钼铜合金铸铁	C:3.6~3.8 Si:1.8~2.0 Mn:0.8~0.95 S<0.03 P<0.02 Ni:0.7~0.8 Cr:0.45~0.55 Mo:0.08~0.12	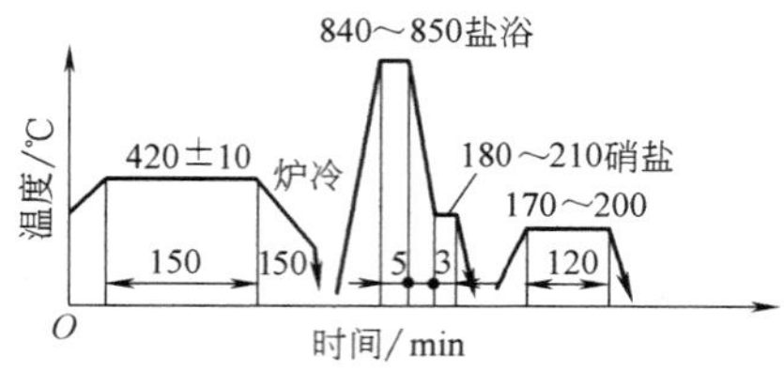 420±10，保温 150min，炉冷 150；840~850盐浴，5、3；180~210硝盐；170~200，保温 120min（温度/℃—时间/min）	63~65	基体:碳化物+极少量莱氏体+马氏体 石墨:呈点状均匀分布<3%,白口层深度为 3~8mm
镍铬钼铜合金铸铁	C:3.4~3.6 Si:2.1~2.4 Mn:0.7~0.9 S<0.05 P<0.1 Cr:0.4~0.6 Mo:0.4~0.6 Cu:0.15~0.2 Ni:0.5~0.7 Ti:0.07~0.1	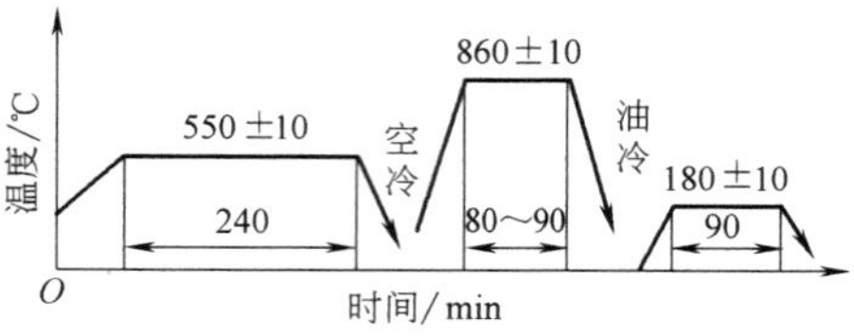 550±10，保温 240min，空冷；860±10，保温 80~90min，油冷；180±10，保温 90min（温度/℃—时间/min）	58~63	—

（续）

材料	化学成分（质量分数,%）	热处理工艺曲线	端面硬度HRC	显微组织（体积分数）
镍铬钼铜合金铸铁	C:3.4~3.6 Si:2.1~2.4 Mn:0.7~0.9 S<0.05 P<0.1 Cr:0.4~0.6 Mo:0.4~0.6 Cu:0.15~0.2 Ni:0.5~0.7 Ti:0.07~0.1	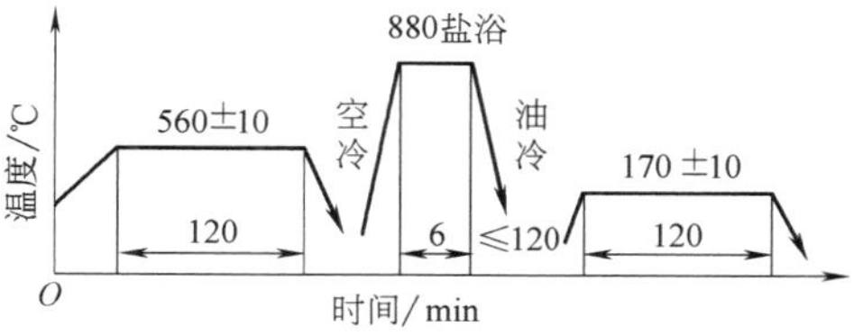	>63	—
铬钼铜合金铸铁	C:3.6~3.8 Si:1.7~1.9 Mn:0.6~0.8 Cr:0.3~0.6 Mo:0.4~0.6 Cu:0.6~0.8 S<0.10 P<0.12	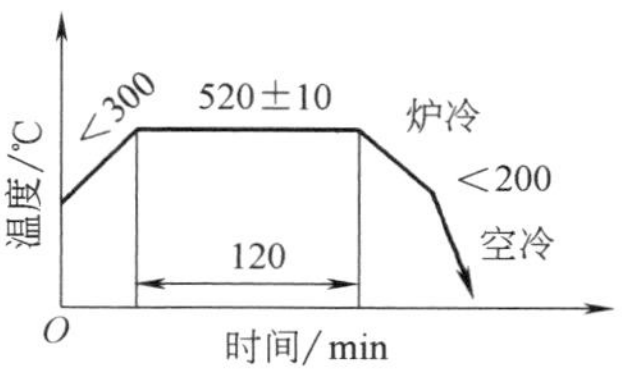	58~63	—

12.6.4　挺杆的质量检验

汽车发动机四冲程顶置式及侧置式气门挺杆的质量检验应按 QC/T 521—1999 规定的检验规则进行。

1. 渗碳钢挺杆的质量检验

渗碳钢挺杆的热处理质量检验见表 12-50。

表 12-50　渗碳钢挺杆热处理质量检验

检验项目	检验方法	检验要求
表面质量	观察	无裂纹、刻痕、发裂、皱纹、碰伤和氧化皮
渗碳层深度/mm	显微检查按过共析层+共析层+1/2过渡层,测量渗碳淬火有效硬化层深度应按 GB/T 9450—2005 测定	按零件图样要求
硬度HRC	10%锉刀检查,2%硬度计检查	按零件图样要求
显微组织 表层	金相显微镜观察	细针状马氏体+碳化物,断续或连续网状碳化物深度 <0.14mm。表面硬度合格时,允许有少量残留奥氏体
显微组织 心部		板条马氏体+铁素体

2. 合金铸铁挺杆的质量检验

镍铬钼合金铸铁挺杆的热处理质量检验见表 12-51。

表 12-51　镍铬钼合金铸铁挺杆的热处理质量检验

检验项目	检验方法	检验要求
硬度HRC	在端面测定,至少三点	58~65（淬火后）
显微组织	每炉最少取一个试样进行金相组织检验	1)热处理零件表面不允许有脱碳、氧化和石墨生长现象 2)基体组织为细马氏体 3)石墨和碳化物分布应符合铸态显微组织检验要求 4)在距端面 2.6~8.5mm 范围内允许出现 6 级碳化物

12.6.5　挺杆的常见热处理缺陷及预防补救措施

1. 渗碳钢挺杆常见热处理缺陷的预防及补救措施（见表 12-52）

表 12-52　渗碳钢挺杆常见热处理缺陷的预防及补救措施

缺陷名称	产生原因	预防及补救措施
渗碳层深度不均（见图12-22 和图 12-23）	炉气流动不良,炉子密封不好,零件不干净并重叠堆放	不许重叠堆放,保证炉气流动好、气氛均匀,不漏气。当渗层偏差小、最大层深未超过规定者可以返修

（续）

缺 陷 名 称	产 生 原 因	预防及补救措施
过热	渗碳温度偏高或渗碳时间过长	应严格按规定操作。过热组织可采取 850~900℃ 正火后重新淬火
渗碳层碳含量过高	渗碳温度过高,炉气碳势过高,扩散时间不够	应严格按规定操作。可采取 900~910℃ 扩散后正火,再重新加热淬火
脱碳（见图 12-24）	炉气碳势低,盐浴脱氧不良,渗碳后空冷太慢	适当提高炉气碳势,在保护气氛中冷却,出炉后散放快冷,可补渗后再加热淬火
软点	淬火温度偏低,连续炉出料端温度低	允许返修淬火

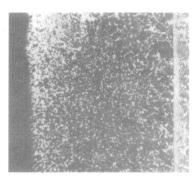

图 12-22　15Cr 钢挺杆渗碳层较浅处的显微组织中出现亚共析组织　100×

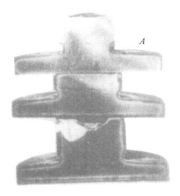

图 12-23　15Cr 钢挺杆渗碳层深度不均的宏观照片
注：图中 *A* 端面因氧化阻碍渗碳,几乎全无渗碳层。

图 12-24　15Cr 钢挺杆表面脱碳的显微组织 100×

2. 镍铬钼合金铸铁挺杆常见热处理缺陷的预防及补救措施（见表 12-53）

表 12-53　镍铬钼合金铸铁挺杆常见热处理缺陷的预防及补救措施

缺陷名称	产 生 原 因	预防及补救措施
表面脱碳	加热温度过高或炉气碳势过低	1）淬火加热应在保护气氛中进行 2）当脱碳层深度低于磨削加工余量时可磨去
过热	加热温度过高	1）严格控制淬火加热温度 2）出现过热不能补救
硬度低	加热温度低或保温时间不足	允许重新加热淬火
淬火软点	淬火零件脏或淬火油温过高	保证零件清洁,保证淬火油温

12.7　排气门的热处理

12.7.1　排气门的服役条件和失效形式

排气门在高温下高速运动和在复杂而多变的应力状态下工作,其盘端面暴露在燃烧室中,承受高温（600~850℃）、高压燃气的冲刷与腐蚀。典型汽车排气门危险区及温度分布状态如图 12-25 所示。从图 12-25 中看出：

1）排气门的最高温度在其盘部和颈部（*A*、*C* 区）,汽油发动机排气门的最高温度在 *C* 区,柴油发动机排气门的最高温度在 *A* 区。这些部位要求具有高的热强度和良好的耐蚀性。

2）与气门座接触的盘锥面（*B* 区）是排气门的又一个危险区,该区要求具有抗热腐蚀、抗热疲劳、抗热损等综合性能。

3）排气门的杆部和杆端部（*D*、*E* 区）分别与导管、摇臂接触,均属磨损区,该区要求具有良好的减摩性和耐磨性。

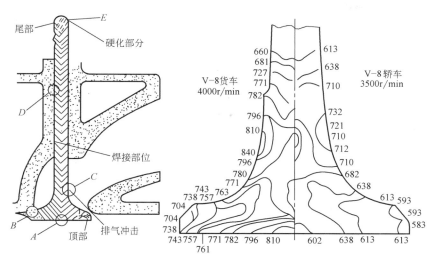

图 12-25　典型汽车排气门危险区及温度分布状态

排气门的失效形式主要是盘部烧蚀、盘锥面腐蚀与磨损、杆部与颈部折断、杆部和杆端面的磨损与擦伤。其中，盘锥面产生腐蚀麻坑较为普遍，而排气门的烧蚀与折断是最严重的失效形式。

12.7.2　排气门材料

1. 排气门材料及技术要求

根据 QC/T 469—2016 《汽车发动机气门技术条件》，排气门材料的化学成分应符合表 12-54 的规定。

常用排气门材料的热处理工艺及力学性能见表 12-55。

QC/T 469—2016 规定，排气门的热处理及其他技术要求如下：

1）气门经调质处理后的硬度为 30～40HRC，每个气门的硬度差不得大于 4HRC。奥氏体钢或焊接气阀的硬度按图样规定。

2）气门杆端面经淬火硬化后的硬度应不低于 48HRC。淬硬层深度不小于 0.6mm，过渡区不得出现在锁夹槽部。

3）合金结构钢及马氏体型钢气门经调质处理后的金相组织为回火索氏体，奥氏体型钢气门的晶粒度在 3 级以上（含 3 级）为合格。

4）外观要求。气门表面不得有裂纹、氧化皮及过烧现象，非加工表面应平整、光滑，不允许有影响使用性能的锻造缺陷，工作表面不得有伤痕、麻点、腐蚀等有害缺陷。

5）气门锻造金属流线应符合气阀外形的纤维方向。

6）杆部焊接的气阀，焊接处的抗拉强度应不低于基体材料的抗拉强度；杆端部焊接气门的抗剪强度

应符合图样规定。

7）气门盘锥面应经密封性试验。

8）气门应经无损检测。磁粉检测后，应进行退磁处理。

2. 排气门材料选择

用于制造排气门的材料要求有足够的高温强度和耐磨性，良好的抗氧化和抗燃气腐蚀性能，较高的热导率和较低的膨胀系数，以及优良的冷热加工性和焊接性。

排气门材料是按照其工作环境温度、介质及耐久性要求来选择的。目前，多数选用马氏体型的 Cr-Si 钢和奥氏体型的 Cr-Mn-Ni 和 Cr-Ni 钢。常用的排气门材料及其技术要求见表 12-56。

12.7.3　排气门的热处理工艺

1. 马氏体型耐热钢排气门的热处理

（1）制造工艺路线　马氏体型耐热钢棒材→电镦→锻造成形→调质→矫直→机械加工→杆端部淬火→抛光→成品。

（2）热处理工艺　马氏体型耐热钢排气门都在稳定的回火索氏体组织状态下使用，其热处理工艺为整体调质后杆端部局部淬火。

42Cr9Si2 钢排气门的调质处理工艺见表 12-57。

42Cr9Si2 钢排气门调质处理后有时会出现冲击韧度偏低的现象，可采用两次淬火调质工艺，第一次在 1020℃加热、油淬；第二次在 960℃加热、油淬后进行回火，回火后水冷。这样处理可提高冲击韧度，改善钢的综合性能，但也降低了排气门的硬度。42Cr9Si2 钢在 450～600℃回火有回火脆性，因此回火后需快速冷却。

表12-54 常用排气门材料的牌号及化学成分（摘自 QC/T 469—2016）

| | 材料牌号 | 化学成分（质量分数,%） | | | | | | | | | | | | | 用途 | 相当牌号 ISO 683/XV |
		C	Si	Mn	P	S	Ni	Cr	Mo	W	N	Co	Fe	其他		
结构钢	40Cr	0.37~0.44	0.17~0.37	0.50~0.80	≤0.035	≤0.035		0.80~1.10							排气门杆部 进气门	
	45Mn2	0.42~0.49	0.17~0.37	1.40~1.80	≤0.035	≤0.035									排气门杆部 进气门	
马氏体钢	42Cr9Si2	0.35~0.50	2.00~3.00	≤0.70	≤0.035	≤0.030		8.00~10.00							进排气门	X45CrSi93
	45Cr9Si3	0.40~0.50	2.70~3.30	≤0.80	≤0.040	≤0.030		8.00~10.00							进排气门	X50CrSi82
	51Cr8Si2	0.45~0.55	1.00~2.00	≤0.60	≤0.030	≤0.030		7.50~9.50							进排气门	
	40Cr10Si2Mo	0.35~0.45	1.90~2.60	≤0.70	≤0.035	≤0.030		9.00~10.50	0.70~0.90						进排气门	
	80Cr20Si2Ni	0.75~0.85	1.75~2.25	≤0.60	≤0.030	≤0.030	1.15~1.65	19.00~20.50							进排气门	
	85Cr18Mo2V	0.80~0.90	≤1.00	≤1.50	≤0.040	≤0.030		16.5~18.5	2.0~2.5					0.30~0.60	进排气门	X85CrMoV182
奥氏体材料	45Cr14Ni14W2Mo	0.40~0.50	≤0.80	≤0.70	≤0.035	≤0.030	13.00~15.00	13.00~15.00	0.25~0.40	2.00~2.75					排气门	
	55Cr20Mn8Ni2N (21-2N)	0.50~0.60	≤0.25	7.00~10.00	≤0.040	≤0.030	1.50~2.75	19.50~21.50			0.20~0.40				排气门	X55CrMnNiN208
	53Cr21Mn9Ni4N (21-4N)	0.48~0.58	≤0.35	8.00~10.00	≤0.040	≤0.030	3.25~4.50	20.00~22.00			0.35~0.50			C+N≥0.90	排气门	X53CrMnNiN219
	20Cr21Ni12N (21-12N)	0.15~0.28	0.75~1.25	1.00~1.60	≤0.035	≤0.030	10.50~12.50	20.00~22.00			0.15~0.30				排气门	
	50Cr21Mn9Ni4Nb2WN (21-4NWNb)	0.45~0.55	≤0.45	8.00~10.00	≤0.050	≤0.030	3.50~5.00	20.00~22.00		0.80~1.50	0.40~0.60			Nb:1.80~2.50 C+N≥0.90	排气门	X50CrMnNiNbN219
	61Cr21Mn10MoVNbN	0.57~0.65	≤0.25	9.50~11.50	≤0.050	≤0.025	≤1.58	20.00~22.00	0.75~1.25		0.40~0.60			V:0.75~1.00 Nb:1.00~1.20	排气门	
	33Cr23Nb8Mn3N (23-8N)	0.28~0.38	0.50~1.00	1.50~3.50	≤0.040	≤0.030	7.00~9.00	22.00~24.00	≤0.50	≤0.50	0.25~0.35				排气门	X33CrNiMnN238
	GH4751 (Inconel 751)	≤0.10	≤0.50	≤1.00	≤0.015	≤0.015	余	14.00~17.00					5.00~9.00	Nb:0.70~1.20 Ti:2.20~2.60 Al:0.90~1.50	排气门	NiCr15Fe7TiAl

材料类别	牌号	C	Si	Mn	P	S	Cr	Ni	Co	Fe	W（Mo）	其他	用途	相近牌号
高温合金	Nimonic 80-A	0.04~0.10	≤1.00	≤1.00	≤0.020	≤0.015	18.00~21.00	余	≤2.00	≤3.00		Cu≤0.20，B≤0.008，Al:1.0~1.80，Ti:1.80~2.70	排气门	NiCr20TiAl
高温合金	Ni30	≤0.08	≤0.50	≤0.50	≤0.015	≤0.015	29.50~33.50	13.50~15.50		余	0.40~1.00	Nb:0.40~0.90，B≤0.010，Al:1.6~2.20，Ti:2.3~2.90	排气门	S66315
钛合金材料	Ti64	≤0.10							≤0.10	≤0.80		Al:5.25~6.75，V:3.35~4.65，O≤0.40，H≤0.02，Y≤0.005，Ti余	进气门	R56401
钛合金材料	Ti6242	≤0.05							≤0.07	≤0.25	1.80~2.20	Al:5.50~6.50，Zr:3.60~4.40，Sn:1.80~2.20，O≤0.20，H≤0.015，Y≤0.005，Ti余	排气门	R54620
堆焊合金	Stellite 6	0.90~1.40	1.60~2.00	≤1.00	≤0.030	≤0.030	26.00~32.00	≤3.00	余	≤3.00	3.50~5.50		盘锥面堆焊	
堆焊合金	Stellite F	1.50~2.00	0.90~1.30	≤0.50	≤0.030	≤0.030	24.00~27.00	20.50~23.50	余	≤1.35	11.50~13.00		盘锥面堆焊	
堆焊合金	P375S（粉）	1.50~1.75	0.90~1.30	≤0.30	≤0.030	0.02~0.03	27.5~29.00	21.00~24.00	余	≤0.60	11.50~13.00		盘锥面堆焊	
堆焊合金	Eatonite 6（粉）	1.50~2.00	1.10~1.50	0.50~1.00	≤0.025	≤0.020	26.00~30.00	15.00~18.00		余	4.00~5.00	O_2+N_2 ≤600×10^{-4}%	盘锥面堆焊	
堆焊合金	Ni102（粉）	0.72~0.84	3.50~4.20				13.00~16.00	余				B:3.0~3.8	杆端面堆焊	
堆焊合金	Stellite F（粉）	1.50~2.00	0.90~1.30	≤0.50	≤0.030	≤0.030	24.00~27.00	21.00~24.00	余	≤0.60	11.50~13.00	B:≤0.05	盘锥面堆焊	

（续）

材料牌号	C	Si	Mn	P	S	Ni	Cr	Mo	W	Co	N	Fe	其他	用途	相当牌号 ISO 683/XV
堆焊合金 Stellite FH	1.30~1.50	1.10~1.40	≤1.00	≤0.030		21.00~24.00	26.00~30.00	≤1.00	11.50~13.00				B:≤0.05	盘堆面焊	
P25	0.55~0.60	≤0.40	9.00~11.00	≤0.030	≤0.040		24.00~26.00	2.50~3.50					Nb+Ta: 1.80~2.20; O$_2$+N$_2$: ≤500×10^{-4}%		

表12-55 常用排气门材料的热处理工艺及力学性能（摘自 QC/T 469—2016）

材料牌号	热处理工艺				力学性能						
	淬火	回火	固溶	时效	R_m /MPa	R_{eL} /MPa	A_5 (%)	Z (%)	布氏硬度 HBW	洛氏硬度 HRC	热处理方法
结构钢 40Cr	(850±10)℃, 油	(520±20)℃, 水冷			≥980	≥785	≥9	≥45	283~341		淬火回火
45Mn2	(850±10)℃, 油	(550±20)℃, 水冷			≥880	≥750	≥10	≥45	283~341		淬火回火
马氏体钢 42Cr9Si2	1000~1050℃, 油	700~780℃, 空冷			≥880	≥590	≥19	≥50	266~325		淬火回火
45Cr9Si3	1000~1050℃, 油	720~820℃, 空冷或水冷			≥900	≥700	≥14	≥40	266~325		淬火回火
51Cr8Si2	1000~1050℃, 油	720~820℃, 空冷或水冷			≥900	≥685	≥14	≥40	266~325		淬火回火
40Cr10Si2Mo	1000~1050℃, 油	720~760℃, 空冷或水冷			≥880	≥680	≥10	≥35	266~325		淬火回火
80Cr20Si2Ni	1030~1080℃, 油	700~800℃, 缓慢冷却			≥880	≥680	≥10	≥15	296~325		淬火回火
85Cr18Mo2V	1050~1080℃, 油	720~820℃, 缓慢冷却			≥1000	≥800	≥7	≥12	296~325		淬火回火
奥氏体 45Cr14Ni14W2Mo			1100~1200℃, 水冷	720~800℃×6h, 水冷	≥690	≥315	≥25	≥35	≤248		固溶时效
55Cr20Mn8Ni2N (21-2N)			1140~1180℃, 水冷	760~815℃×4~8h, 空冷	≥900	≥550	≥8	≥10		≥30	固溶时效
53Cr21Mn9Ni4N (21-4N)			1140~1180℃, 水冷	760~815℃×4~8h, 空冷	≥950	≥580	≥8	≥10		≥28	固溶时效
20Cr21Ni12N (21-12N)			1100~1200℃, 水冷	700~800℃×6h, 空冷	≥780	≥390	≥26	≥20	≤248		固溶时效

材料类别	材料	固溶处理	时效处理	σb	σ0.2	δ	ψ	硬度	状态
材料	50Cr21Mn9Ni4Nb2WN（21-4NWNb）	1160~1200℃，水冷	760~850℃×6h，空冷	≥950	≥580	≥12	≥15	≥28	固溶时效
	61Cr21Mn10MoVNbN	1160~1200℃，水冷	760~850℃×6h，空冷	≥1000	≥800	≥8	≥10	≥30	固溶时效
	33Cr23Ni8Mn3N（23-8N）	1150~1170℃，水冷	800~830℃×8h，空冷	≥850	≥550	≥20	≥30	≥22	固溶时效
高温合金	GH4751（Inconel 751）	1100~1150℃，水	840℃×24h+700℃×2h 空冷	≥1100	≥750	≥12	≥20	≥32	固溶时效
	Nimonic 80-A	1000~1080℃，水	690~710℃×16h 空冷	≥1100	≥725	≥15	≥25	≥32	固溶时效
	Ni30	1050℃，油	750℃×4h 空冷	≥1100	655~670	≥34	≥54	≥31	固溶时效
钛合金材料	TC4（Ti6-4）	890~970℃，空/水	480~690℃，空冷	≥825		≥10	≥25		固溶时效
	TA19（Ti6-2-4-2）	900~980℃，空/水	564~620℃，空冷	≥895	≥825	≥10	≥25		固溶时效
堆焊合金	Stellite6							≥40	
	Stellite F							≥40	
	P37S（粉）							≥40	
	Eatonite 6（粉）							≥32	
	Ni102（粉）							≥50	
	Stellite F（粉）							≥40	
	Stellite FH							≥40	
	P25							≥32	

表 12-56　常用的排气门材料及其技术要求

牌　号	硬度 HRC		杆端部硬化层深度/mm	备　注
	杆部及盘部	杆端部		
42Cr9Si2	30~37	>50	>3	按不同型号发动机的要求提出
	30~40	>50	—	
	32~37	>50	>3	
40Cr10Si2Mo	30~40	≥50	3~5	按不同型号发动机的要求提出
	32~37	≥50	>3	
	30~35	≥50		
45Cr14Ni14W2Mo	220~280HBW 22~30	≥53	2~3	
	—	≥600HV	≥0.04	杆部渗氮
	—	≥750HV	0.05~0.10	杆部离子渗氮
53Cr21Mn9Ni4N	34~40	50~60	0.6~1.0	焊耐磨合金 电解液淬火或感应淬火
53Cr21Mn9Ni4N 与 42Cr9Si2 焊接	28~38	55~63	1.5~3	
53Cr21Mn9Ni4N 与 45Mn2 焊接	28~38	55~63	1.3~2.8	

注：表中数据为有关生产厂的技术要求，有的与国家标准及行业标准略有差异。

表 12-57　42Cr9Si2 钢排气门的调质处理工艺

工序	加热温度/℃	加热介质	保温时间/min	冷却方式	显微组织
淬火	1030~1050	盐浴	5~20	油淬	马氏体+碳化物
回火	680~700	空气	90~120	油冷或水冷	回火索氏体+碳化物

40Cr10Si2Mo 钢排气门的热处理工艺见表 12-58。

排气门热处理后需经喷丸和矫直，为了消除内应力，可再进行第二次回火（300℃×120min，空冷）。马氏体型耐热钢排气门一般都采用杆端部局部淬火，以提高其耐磨性。气门杆端部表面淬火后的硬度应为 50HRC 以上，当杆端部长度大于 4mm 时，硬化层深度应不小于 2mm；当杆端部长度小于或等于 4mm 时，硬化层深度应不小于 1mm。杆端部表面淬火可采用感应加热、电解液加热及火焰加热淬火等方法来实现。

2. 奥氏体型钢排气门的热处理

（1）制造工艺路线　根据 GB/T 12773—2021《内燃机气门用钢及合金棒材》，气门的原材料可按退火状态或固溶处理状态提供。排气门可分为整体排气门与焊接门，不少奥氏体型钢排气门的盘锥面采用等离子堆焊、杆端面采用氧乙炔堆焊硬质合金。奥氏体型钢排气门的制造工艺路线可分为以下两种：

1）整体排气门：下料→电镦→顶锻→热处理→机械加工→盘锥面及杆端面堆焊合金→热处理→精工→表面处理→成品。

2）焊接排气门：盘部、颈部下料→电镦→顶锻→热处理→机械加工→盘锥面堆焊→对焊→矫直
杆部、锁夹槽部、杆端部下料→热处理→机械加工
→去应力→退火→机械加工→杆端部感应淬火。

（2）热处理工艺　奥氏体型钢排气门一般都经固溶处理和时效。53Cr21Mn9Ni4N 钢经不同热处理后的组织和性能见表 12-59。

表 12-58　40Cr10Si2Mo 钢排气门的热处理工艺

序号	淬　火					回　火			硬度 HRC
	温度/℃		加热介质	时间/min	冷却方式	温度/℃	时间/min	冷却方式	
	预热	淬火							
1	850	1040±10	盐浴	5~8	油冷	630±10	150	水冷	31~36
2	850	1050±10	盐浴	5	油冷	680±10	120	空冷	32~37
3	840	1050±10	盐浴	15	油冷	750±10	180	空冷	30~35

表 12-59　53Cr21Mn9Ni4N 钢经不同热处理后的组织和性能

热处理工艺名称	固溶处理	不完全固溶处理	退　火
工艺规范	1150~1180℃×0.5~1h，水冷	1070~1120℃×0.75~1h，水冷	860~900℃×6h，炉冷

（续）

热处理工艺名称		固　溶　处　理	不　完　全　固　溶　处　理	退　　火
显微组织		奥氏体基体+极少量碳化物	奥氏体基体+少量细小均布的碳化物	奥氏体基体+大量细小颗粒状碳化物
晶粒度/级		2~5	5~9	9~10
可加工性		较难切削	较易切削	易切削
高温持久强度	750℃加热 100h	160MPa 1150℃加热、水冷;750℃回火,4h,空冷	125MPa 1100℃加热, 0.5h,水冷;750℃回火,4h,空冷	60MPa 900℃加热,7h,缓冷
	800℃加热 100h	80MPa 1170℃加热, 0.5h,水冷,750℃回火,8h,空冷	62MPa 1100℃加热, 1.5h,水冷;750℃回火,8h,空冷	37MPa 800℃加热,6h,缓冷
室温力学性能	R_m/MPa	710~1150	1070~1275	1050~1128
	R_{eL}/MPa	570~875	760~895	758~765
	A(%)	3.4~36	11~30	12.4~33
	Z(%)	4~32.5	12~31	12.8~30
	硬度 HBW	≥302	280~330	295~310

　　按表 12-59，经不同热处理后，53Cr21Mn9Ni4N钢的显微组织如图 12-26 所示，从表 12-59 可以看出，原材料采用退火状态，具有良好的电镀和可加工性。经加工后进行固溶热处理，可获得良好的高温强度。

　　另外，53Cr21Mn9Ni4N 钢的固溶温度范围很窄，固溶温度过低，则冷拔、矫直比较困难；若固溶温度过高，易产生过热、过烧。如果产生这类缺陷，生产企业是无法补救的。

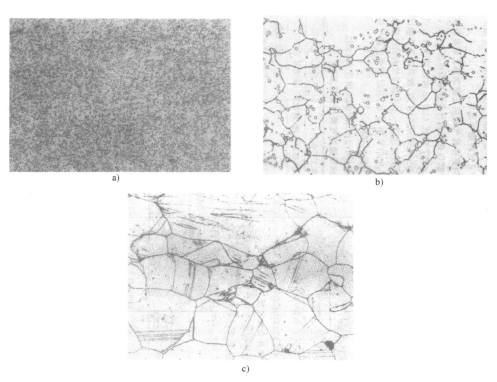

a)

b)

c)

图 12-26　经不同热处理后 53Cr21Mn9Ni4N 钢的显微组织

a）退火　400×　b）不完全固溶处理　400×　c）固溶处理　100×

　　53Cr21Mn9Ni4N 钢排气门的典型热处理工艺曲线如图 12-27 所示。

　　原材料若已经过固溶处理，则制造企业不再进行固溶处理，只需进行时效处理。时效处理不但可以消

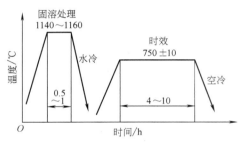

图 12-27　53Cr21Mn9Ni4N 钢排气门
的典型热处理工艺曲线

除加工应力，而且可以提高强度、硬度和韧性。时效温度应严格控制，温度过高，会产生层状析出，析出物主要是 $M_{23}C_6$ 和少量 CrN。层状析出会导致降低室温韧性、疲劳强度、耐蚀性。层状析出的产生还与固溶温度过高、固溶后冷却速度太慢、钢中氮含量不合理等因素有关。一旦产生层状析出，生产中是很难补救的，所以生产中应严格控制，以防止这种组织出现。

奥氏体型钢整体排气门应在磨削加工后进行镀铬或渗氮处理，以提高杆部及杆端面耐磨性。

采用 42Cr9Si2 钢或 45Mn2 钢制造杆部，可以节省贵重的 53Cr21Mn9Ni4N 钢，改善导热性，以及通过适当的热处理进一步改善排气门的使用性能。53Cr21Mn9Ni4N 钢与 42Cr9Si2 钢焊接排气门的热处理工艺见表 12-60。

表 12-60　53Cr21Mn9Ni4N 钢与 42Cr9Si2
钢焊接排气门的热处理工艺

热处理工艺名称	热处理工艺规范
53Cr21Mn9Ni4N 固溶处理、时效	见图 12-27
42Cr9Si2 淬火、回火	1050℃ 盐浴炉加热 5 ~ 20min 后淬油，670℃ 回火 1h
去应力退火	370℃×1h

焊接排气门的杆端部应进行感应淬火或电解液淬火。21-4N 钢排气门的杆端面和盘锥面可根据设计要求堆焊钴基或镍基合金，常用的有司太立（Stellite）合金，国产的 Co-01 ~ Co-04、Ni-02 ~ Ni-04 等钴基或镍基合金。

机车及船用大功率柴油机的排气门常用 45Cr14Ni14W2Mo 钢制造，其化学成分见表 12-61。

45Cr14Ni14W2Mo 钢排气门的热处理工艺曲线如图 12-28 所示。

表 12-61　45Cr14Ni14W2Mo 钢的化学成分（质量分数）　　　　　　（%）

材料	C	Si	Mn	S	P	Ni	Cr	Mo	W	Cu	Fe
45Cr14Ni14W2Mo	0.40 ~ 0.50	≤0.80	≤0.70	≤0.030	≤0.035	13.00 ~ 15.00	13.00 ~ 15.00	0.25 ~ 0.40	2.00 ~ 2.75	0.30	余量

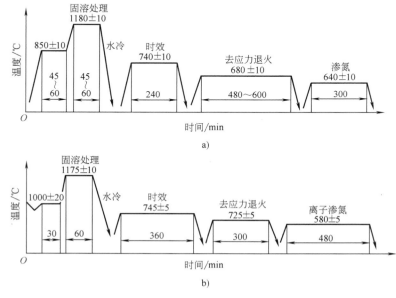

图 12-28　45Cr14Ni14W2Mo 钢排气门的热处理工艺曲线
a）工艺曲线 1　　b）工艺曲线 2

12.7.4　排气门的质量检验

排气门热处理质量检验见表 12-62。

表 12-62　排气门的热处理质量检验

检验项目		检验方法	检验要求
纤维方向		宏观检查	锻造金属流线应符合气门外形的纤维方向
表面质量		观察	表面不得有裂纹、氧化皮及过烧现象。工作表面不得有伤痕、麻点、腐蚀等有害缺陷,非加工表面应平整、光滑,不允许有影响使用性能的锻造缺陷
硬度	杆部、盘部	硬度测量	30~40HRC(每个气门的硬度差不得大于 4HRC)
	杆端部		≥48HRC
基体金相组织	合金结构钢	相显微镜观察	应为回火索氏体,其游离铁素体含量不得超过视场面积的 5%(体积分数),1 级合格。奥氏体晶粒度≥6 级
	马氏体型钢		应为回火索氏体,不允许有游离铁素体及连续网状碳化物,奥氏体晶粒度≥6 级
	奥氏体型钢		为奥氏体,奥氏体晶粒度≥3 级,层状析出物应符合产品图样及技术文件规定
渗氮层	渗氮层深度	金相显微镜观察	应符合产品图样及技术文件规定
	渗氮层疏松		1~3 级为合格
	渗氮层中氮化物		马氏体型钢气门离子渗氮渗氮层中氮化物级别 1~3 级合格
堆焊层		金相显微镜观察	堆焊合金层与基体之间应为冶金结合,其金相组织及冶金质量应符合产品技术文件的规定
杆端部淬火硬化层		金相显微镜观察	硬化层深度应符合 JB/T6012.2—2008 或产品图样要求
无损检测		磁粉检测	应无裂纹
		超声检测	用于焊接排气门焊缝检测,应无裂纹

12.7.5　排气门的常见热处理缺陷及预防补救措施

排气门的常见热处理缺陷及预防补救措施见表 12-63。

表 12-63　排气门的常见热处理缺陷及预防补救措施

缺陷名称	产生原因	预防补救措施
裂纹	锻造温度过高或停锻温度太低	调质前进行磁粉检测,可检查出锻造裂纹,如果裂纹深度≤0.5mm 可除去
奥氏体晶粒粗大	锻造加热温度过高,固溶温度过高、时间过长	应严格按规定操作
奥氏体钢的层状析出	固溶和时效温度过高、时间过长,固溶后冷却速度不够,钢中氮含量不合适	严格按规定操作,检查钢中氮含量

12.8　半轴的热处理

12.8.1　半轴的服役条件和失效形式

半轴是机动车辆上驱动车轮的杆件。一般载重车采用全浮式半轴,主要承受驱动和制动转矩;小客车多用半浮式半轴,工作载荷为弯扭复合力矩。此外,半轴还要承受一定的冲击载荷。

多数半轴为一端法兰式(见图 12-29a),重型车常用二端花键式(见图 12-29b),而越野车的内、外半轴是变截面台阶轴(见图 12-29c)。半轴使用寿命主要决定于花键齿的抗压陷和耐磨损的性能。载重车半轴易损坏的部位还有杆部与凸缘的连接处(图 12-29a 中 C 处)或花键端(图 12-29a 中 A 处)及花键与杆部相连接处(图 12-29a 中 B 处)。A 处的花键齿与齿轮直接接触,受冲击扭转力最大;B、C 处应力集中严重。在上述部位易产生疲劳断裂。

12.8.2　半轴材料

半轴应具有足够的强度(大多数半轴的计算工

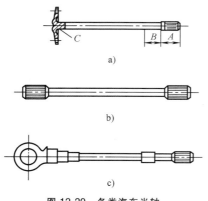

图 12-29　各类汽车半轴

a）一端法兰式　b）二端花键式

c）变截面台阶轴

作应力 $\tau_{max} = 347 \sim 530MPa$）、韧性和良好的抗疲劳性能，一般都用中、低碳合金钢制造。当硬度在 45HRC 以下时，半轴的疲劳强度随硬度增加而成比例地增加。所以，调质半轴的硬度范围以 37～47HRC 为宜。

图 12-30 所示为半轴沿长度方向和截面的应力分布。除法兰盘根部和花键根部应力较高，其他部分是较均匀的，而截面内应力是表面最大、心部为零。因此，在选用材料和强化工艺时，应保证半轴的强度分布能与其在使用工况下的应力分布相适应。

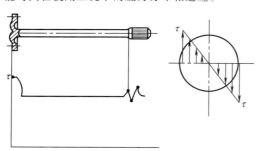

图 12-30　半轴沿长度方向和截面的应力分布

按照 QC/T 293—2019《汽车半轴技术条件和台架试验方法》的规定，汽车半轴的技术要求主要有：

1）在保证产品设计性能要求条件下，推荐采用的半轴材料牌号为 40Cr、40CrH、42CrMo、42CrMoH、40MnB、40MnBH、50CrV 和 50CrVA，也允许采用满足 QC/T 293—2019 要求的其他材料。

2）半轴热处理工艺推荐采用预调质处理后表面中频感应淬火工艺。半轴经预调质处理后的心部硬度为 24～30HRC；中频感应淬火处理后杆部表面硬度不低于 52HRC；花键处允许降低 3HRC；杆部有效硬化层深度范围为杆部直径的 10%～20%，同一截面有效

硬化层深度变化不大于杆部直径的 5%；杆部圆角应淬硬；法兰盘硬度不低于 24HRC。在保证半轴性能指标要求的条件下，也允许采用其他热处理工艺，如正火处理后进行表面中频感应淬火工艺。

3）感应淬火后半轴的金相组织：预调质处理后表面中频感应淬火处理，硬化层为回火马氏体，心部为回火索氏体；正火处理后表面中频感应淬火处理，硬化层为回火马氏体，心部为珠光体+铁素体。

4）半轴表面不应有折叠、凹陷、砸痕及裂纹等缺陷。杆部表面允许有磨去裂纹的痕迹，磨削后存在的磨痕深度不大于 0.5mm，同一横断面不允许超过两处。

5）半轴磁力检测后应退磁。无论是预调质半轴还是表面感应淬火的半轴，均要选择淬透性合适的材料，以保证半轴的淬硬层深度达到规定要求。所以，小型的汽车、拖拉机半轴往往选用 40Cr、40MnB 钢制造，而重型载重汽车半轴需选用淬透性较高的合金结构钢，如 42CrMo、40CrNi、40CrMnMo。材料淬透性太低，则半轴的静扭转强度和疲劳极限将达不到要求，而淬透性过高，则表层残余压应力降低，使疲劳强度下降，甚至形成淬火裂纹。

半轴常用材料及技术要求见表 12-64。

越野车的内、外半轴一般是变截面台阶轴，要求具有较高的冲击韧性，过去往往采用低碳合金钢渗碳性，现多采用中碳合金钢感应淬火。

12.8.3　半轴的热处理工艺

1. 半轴的预调质

（1）制造工艺路线　下料→锻造成形→正火或退火→机械加工→调质→喷丸→矫直→精加工→成品。

（2）热处理工艺　预调质半轴的锻坯热处理主要考虑机械加工的要求，一般采用正火处理；对于正火后硬度过高的钢材，可采用退火。表 12-65 列出了几种半轴锻坯的热处理工艺。半轴预调质处理工艺见表 12-66。

2. 半轴的感应淬火

（1）制造工艺路线　下料→锻造成形→调质或正火→铣端面、钻中心孔→矫直→机械加工→清洗→中频感应淬火、回火或自热回火→矫直→精加工→成品。

锻坯热处理的目的，除了考虑机械加工的要求，还要为感应淬火做好组织准备。一般采用调质处理，有条件的企业最好采用锻热淬火+高温回火，这对以后的加工和感应淬火都极为有利。

表 12-64 半轴常用材料及技术要求

产品	牌号	预备热处理	整体调质		感应淬火		渗碳淬火	
			杆部硬度 HRC	法兰硬度 HRC	硬化层深度/mm	表面硬度 HRC	渗层深度/mm	表面硬度 HRC
轿车，吉普车	40Cr	—	28~32	28~32	4~6	50~55	—	—
	40MnB	正火	41~47	—	—	—	—	—
	20CrMnTi	—	—	—	—	—	1.5~1.8	58~63
	42CrMo	—	37~41	22~32	1~2	50~55	—	—
载重车	40Cr	正火	—	—	3~6	49~62	—	—
	12Cr2Ni4A	正火	—	—	—	—	1.2~1.6	58~63
	40MnB	正火，187~241HBW	—	—	4~7	52~58	—	—
	40MnB	调质，229~269HBW	—	—	4~7	52~63	—	—
重型车	40CrMnMo	退火，≤255HBW	37~44	—	—	—	—	—
	40Cr	正火	—	—	7~10	50~55	—	—
	40CrNi	退火	—	—	8~10	53~60	—	—

表 12-65 几种半轴锻坯的热处理工艺

牌 号	工艺	加热温度/℃	保温时间/min	冷 却 方 式	硬度 HBW
40MnB、40Cr 40CrMnMo	正火	860~900	45	流动空气冷却，以80℃/h的冷却速度冷到600℃后空冷	187~241
	退火	860~880	100		≤255

表 12-66 半轴预调质处理工艺

牌号	淬 火			回 火			
	加热温度/℃	保温时间/min	冷却方式	加热温度/℃	保温时间/min	冷却方式	硬度 HRC
40MnB	840±10	45	油冷	300~350	150~180	水冷	41~47
40CrMnMo	840±10	60	油冷	480±10	120	水冷	37~44
40Cr	840~860	50~55	垂直入水3~5s后提法兰出水空冷	400~460	120~150	水冷	37~44

此外，应高度重视冷热加工协调对热处理质量的影响。例如，汽车半轴感应加热定位，应根据加工工艺特性进行分析，做到冷热加工工艺、检验定位基准统一。半轴法兰端中心孔深度与法兰内端面的相对位置要准确，以保证法兰内端面与矩形感应器的距离。此距离过大或过小，都不能保证感应淬火的质量，将

导致半轴工作时早期损坏。

（2）热处理工艺

1）半轴感应淬火后的力学性能。半轴经感应淬火后，屈服强度与疲劳极限均有提高，尤以疲劳极限的提高最为显著。半轴静扭试验对比结果见表12-67，40MnB 钢半轴疲劳寿命对比试验结果见表12-68。

表 12-67 半轴静扭试验对比结果

半轴直径/mm	牌号	热 处 理	硬化层深度/mm	屈服扭矩/N·m	断裂扭矩/N·m	最大扭角/(°)	断裂部位
35	40Cr	调质	—	5000~5600	7700~8100	90~100	近花键杆部
		调质+感应淬火	≈4	6000~6500	8200~8500	60~90	
50	40MnB	调质	—	16500~17000	23700~24500	300~600	杆部
		正火+感应淬火	4	15000~17000	16750~20500	45~75	花键尾根
		正火+感应淬火	5	16000~18000	19000~23000	37~53	花键尾根
		正火+感应淬火	6.5	18000~20000	23000~24500	42~50	花键尾根
		正火+感应淬火	8	21000~22000	28500~30000	55~63	花键尾根
52	40MnB 40CrMnMo	调质+感应淬火	10~11	20000~20500	30000	63~67	花键尾根
		正火+感应淬火	16~17	23000~25500	30000~32000	63	花键尾根
		调质	—	20000~21000	30000	150~790	

表 12-68　40MnB 钢半轴疲劳寿命对比试验结果

编号	热处理	表面硬度 HRC	硬化层 深度/mm	硬化层深度与直径 之比（%）	循环次数/ 10^3 次	损坏情况	备注
1	调质	37~42	—		132	花键部分断裂	
2		54~58	4~6.5	8~13	590	花键齿早期断裂	第一组
3	中频感应淬火	46~48	3~6.5	6~13	501	未损坏	
4		52~58	3.2~6.6	—	501	花键处产生疲劳裂纹	
5	调质	37~42	—		9	近花键处断裂	
6	中频感应淬火 250℃回火	52	4~7	9.5	200	未断	第二组
7	中频感应淬火 300℃回火	50~52	4~7	9.5	134	杆部断裂	
8	中频感应淬火 250℃回火	52~54	4~7	9.5	200	未断	

注：第一组扭转力矩为 0~6000N·m，第二组扭转力矩为 0~3300N·m，频率为 400 次/min，扭转摆角为 ±5.75°。

表 12-67 中数据表明，感应淬火半轴的静扭强度高于调质半轴，感应淬火硬化层越深，其静扭强度越高。数据还表明，40MnB 钢中频感应淬火可以代替 40CrMnMo 钢调质半轴。表 12-68 中数据表明，中频感应淬火半轴疲劳寿命比调质半轴提高很多倍，因此半轴预调质处理工艺多数已被中频感应淬火所取代。

2）半轴感应淬火工艺参数的选择。半轴淬硬层深度的确定应以保证半轴内任何一点的扭转应力均小于或等于该点的剪切屈服强度为前提。图 12-31 中的点画线表示半轴感应淬火后的强度分布情况，$a'o$ 表示半轴的扭转应力分布情况。若淬硬层太浅，则半轴强度不足，图 12-31a 中 $b'b$ 区域为危险区；若淬硬层太深（见图 12-31c），则由于半轴表层残余压应力降低而降低疲劳寿命。合适的淬硬层深度应如图 12-31b 所示。

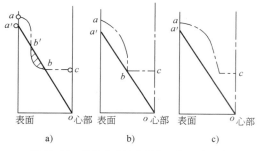

图 12-31　半轴感应淬火硬化层与强度分布
a）太浅　b）合适　c）太深

通常，感应淬火硬化层深度可以根据半轴杆部直径的大小和产品设计结构形状来确定。对轻型载重车和小轿车的法兰式半轴（杆直径在 50mm 以下），淬硬层深度可按下列要求确定（见图 12-32）。

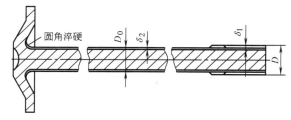

图 12-32　半轴表面淬火的硬化层深度

花键部：齿根硬化层深度（按测量到半马氏体区计算）应达到花键部轴颈的 10%（$\delta_1 = 10\%D$）。

杆部：硬化层深度应达到杆部直径的 15%（$\delta_2 = 15\%D_0$）。

法兰根部：要求法兰与杆部连接的过渡圆角淬硬。在实际生产中，圆角处硬化区域的最小直径应比半轴杆部直径大 25%。

这些要求是为了保证半轴的静扭强度和疲劳强度。花键与杆部的淬硬层深度对静扭强度影响较大，法兰圆角淬硬对疲劳极限影响较大。每种表面淬火半轴都有最佳的硬化层深度，应考虑硬化层深度对表层残余压应力的影响。表 12-69 列出了直径为 50mm 的带法兰 40MnB 钢半轴感应淬火后花键尾根部的残余压应力。

从表 12-69 可以看出，硬化层深度超过最佳值后，再增加硬化层深度则表面残余压应力下降。试验表明，随表面残余压应力下降，其疲劳寿命也随之缩短。

半轴感应淬火一般都采用功率为 100~320kW、频率为 2500~8000Hz 的中频电源，连续加热时，频率较低，整体一次感应淬火所需频率较高，功率也大些。为了保证法兰圆角加热，可采用带导磁体的感应器。

表 12-69　40MnB 钢半轴感应淬火后花键残余压应力

工　艺	硬化层深度/mm	硬化层深度与直径之比（%）	残余压应力/MPa
正火+感应淬火	4	8	400
正火+感应淬火	5	10	480
正火+感应淬火	6.5	13	324
正火+感应淬火	8	16	340
调质	—	—	260

半轴整体感应淬火后可以自热回火。连续加热淬火的半轴可以采用整体感应加热回火，中频电源功率为 100kW、频率为 2500Hz，也可采用在电炉内回火，

回火温度一般为 180~250℃。回火后的表面硬度为 52~58HRC。

EQ1090E 后桥半轴连续淬火后经不同方式回火的试验数据见表 12-70。数据表明，感应加热回火的疲劳寿命较炉中回火的长。其原因是，感应快速加热时，最表层首先瞬时产生马氏体分解，使体积收缩处于相变超塑性阶段，待整体回火完成后表层形成更大的压应力，具有一个更理想的有利于提高疲劳强度的应力分布，而炉内加热缓慢没有这种条件。

3）半轴感应淬火举例。40MnB 钢带法兰半轴的表面感应淬火技术要求见表 12-71。其淬火工艺可以采用连续加热淬火和整体一次加热淬火，工艺参数见表 12-72 和表 12-73。

表 12-70　EQ1090E 后桥半轴连续淬火后经不同方式回火的试验数据

回火方式	淬硬层深度/mm			表面硬度 HRC			疲劳次数
	花键	杆部	法兰根部	花键	杆部	法兰根部	
炉中回火	5.0	7.0	5.0~8.4	52~61	52~56	52~56	55.8×10⁴ 次出现裂纹
感应加热回火	5.6~6.0	6.0~7.0	6.0~8.0	52~58	52~57	51~54	试至 724×10⁴ 次未断
矫直后感应加热回火	5.5	6.0	6.3~8.0	53~57	55~58	53~56	试至 727×10⁴ 次未断

表 12-71　40MnB 钢带法兰半轴的表面感应淬火技术要求

车　型	技术要求				零件简图
	硬　度		硬化层深度/mm		
	正火后 HBW	表面淬火后 HRC	花键部	杆部	
CA10	187~241	52~58	4~6	5~7	
EQ1090	187~241	52~63	4~7	4~7	

注：表图中括号内尺寸为 EQ1090 半轴尺寸。

表 12-72　40MnB 钢带法兰半轴感应淬火的工艺参数（CA10）

项　目	连续淬火			整体淬火
	法兰圆角	杆部	花键	
发电机空载电压/V	340	400	400	750
发电机负载电压/V	335	410	400	730
发电机负载电流/A	280	285	250	460
发电机有效功率/kW	85	89	85	260
功率因数 cosφ	1.0	0.99	0.98	0.9
变压器匝比	11/1			12/4
电容量/μF	147.35			—
加热时间/s	—			58
冷却时间/s	—			28
水压/MPa	0.15~0.35			0.15~0.35
淬火冷却介质温度/℃	25~45			30~40
淬火冷却介质（质量分数）	0.2%~0.3% 聚乙烯醇水溶液			水
感应器移动速度/(mm/s)	3~12，常用 3~6			—

表 12-73　40MnB 钢带法兰半轴感应淬火的工艺参数（EQ1090）

项　目	连续淬火			整体淬火	
	法兰圆角	杆部	花键	机组	晶闸管电源
发电机空载电压/V	—	—	—	750	
发电机负载电压/V	420	750	750	730	620
发电机负载电流/A	140	145	145	460	1000
发电机有效功率/kW	33	80	75	260	400
功率因数 cosφ	0.9	0.93	0.9	0.95	0.95
变压器匝比	24/1			5/2	5/2
电容量/μF	39.5			28	240
加热时间/s				60	32
冷却时间/s				28	28
水压/MPa	0.15~0.3			0.15~0.3	
淬火冷却介质温度/℃	20~40			25~40	
淬火冷却介质（质量分数）	0.2%~0.3% 聚乙烯醇水溶液			水	
感应器移动速度/(mm/s)	3~12				

半轴曾采用连续淬火，其感应器如图12-33所示。现在采用矩形感应器进行整体一次加热淬火，其感应器如图12-34所示。

半轴连续淬火存在效率低，不便于机械化和自动化的缺点，而且连续淬火使半轴靠近光杆的花键区常常产生软带，强度较低，使用中往往在花键尾部断裂。这是由于感应器移到该处时，磁感应线强烈地偏移到未失去铁磁性的光杆部位所引起的。当采用矩形感应器进行整体一次感应加热时，其有效圈电流方向平行于半轴中心线，并产生垂直于工件

轴线的横向磁场，所以半轴的轴向几何尺寸变化（如花键—光杆、多阶轴及台肩轴等）时不会引起磁感应线的偏移。所以，工件表面的感应电流是均匀的，半轴表面可以获得均匀加热。图12-35所示为采用矩形感应器整体一次感应淬火时实际观察的半轴表面均温加热曲线。由于在有效圈A端圆弧（见图12-34）上镶有硅钢片导磁体，所以法兰根部圆角部位升温较快，加热均温时间长，保证了该处的硬化层深度和足够的硬化区域。采用整体一次感应淬火还能提高花键齿顶的硬度。

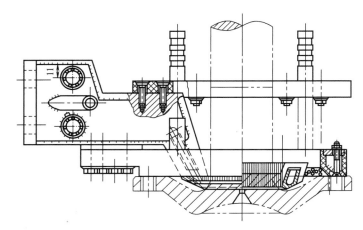

图 12-33　半轴连续淬火曾用感应器

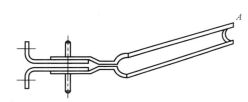

图 12-34　半轴整体一次感应淬火用感应器

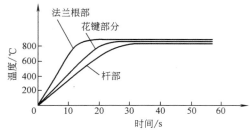

图 12-35　采用矩形感应器整体一次感应
淬火时半轴表面的均温加热曲线

采用矩形感应器加热时，由于感应器和零件之间间隙较大（一般为5~8mm），所以升温慢，加热时间长，硬化层较厚且均匀。

半轴回火也可采用矩形感应器加热，升温速度为15~20℃/s，控制感应加热回火温度在（250±10）℃范围内，可以使半轴表面硬度控制在52~63HRC的范围内，性能良好。

3. 半轴的渗碳热处理

（1）制造工艺路线　下料→锻造成形→预备热处理→矫直→机械加工→渗碳→淬火、回火→矫直→精加工→成品。

（2）热处理工艺　渗碳半轴锻坯热处理主要考虑机械加工的要求，并为渗碳热处理做好组织准备，一般采用正火处理。对于正火后硬度较高的钢材，可以再加一次高温回火处理。表12-74列出了几种渗碳半轴锻坯的热处理工艺。

表 12-74　几种渗碳半轴锻坯的热处理工艺

牌号	工艺名称	加热温度/℃	保温时间/min	冷却方式	硬度HBW
12Cr2Ni4	正火	960~980	150~180	空冷	≤269
	回火	640~660	120	空冷	
20CrMnTi	正火	960~980	150~180	风冷	156~207

20CrMnTi 钢半轴的热处理工艺曲线如图 12-36 所示。

12.8.4　半轴的质量检验

常用合金结构钢半轴调质的质量检验见表 12-75，半轴表面感应淬火的质量检验见表 12-76。

12.8.5　半轴的常见热处理缺陷及预防补救措施

半轴预调质的常见缺陷及预防补救措施见表 12-77。半轴表面感应淬火的常见缺陷及预防补救措施见表 12-78。

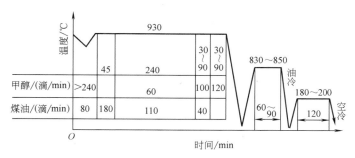

图 12-36　20CrMnTi 钢半轴的热处理工艺曲线

表 12-75　常用合金结构钢半轴调质的质量检验

检验项目		检验方法	检验要求
硬度	淬火后	用硬度计测量抽检	≥49HRC
	回火后		38~50HRC
硬化层深度		测至半马氏体区	大于杆部半径的 1/2
显微组织	硬化层	显微观察	回火后为索氏体或带有部分屈氏体的索氏体
	心部		从中心到花键底部半径 3/4 范围允许有铁素体
径向圆跳动/mm		顶尖孔定位	符合图样及工艺文件要求

表 12-76　半轴表面感应淬火的质量检验

检验项目	检验方法	检验要求		
		花键部	杆部	法兰圆角
硬化层深度	硬度计（GB/T 5617）	$\delta_1 \approx$ 10%D	$\delta_2 \approx$ 15%D_0	圆角淬硬
表面硬度	硬度计	≥49 HRC	≥52 HRC	—
硬化部位	硬度计或锉检	符合图样要求		
显微组织	显微观察	硬化层内为回火马氏体，心部为回火索氏体		
畸变	百分表	符合图样要求 一般情况下，杆部径向圆跳动 ≤1mm 花键部径向圆跳动 ≤0.3mm		
无损检测	磁粉无损检测机	无裂纹		

表 12-77　半轴预调质的常见缺陷及预防补救措施

缺陷名称	产生原因	预防补救措施
淬火后硬度低或硬化层深不够	1）加热温度低或加热时间短 2）加热后在空气中停留时间长，零件降温过多 3）水温太高	可重新加热淬火
杆部淬火裂纹	钢中碳和合金元素含量偏高，淬透性偏高	检验原材料淬透性，改变淬火冷却速度
花键裂纹	1）淬火加热温度高 2）水温过低	严格执行工艺
回火后硬度低	回火温度高、时间长	可返修
淬火裂纹	原材料缺陷或冷却工艺不当	加强原材料检验及管理，调整冷却工艺

表 12-78　半轴表面感应淬火的常见缺陷及
预防补救措施

缺陷名称	产生原因	预防及补救措施
硬化层组织不均匀	感应加热温度低或淬火冷却速度慢	严格执行工艺
花键裂纹	材料淬透性高,冷却太快,硬化层太深	1)提高淬火水温,用热水淬火 2)采用聚合物淬火冷却介质 3)检验原材料淬透性
淬火软带	在连续淬火时,由于零件形状尺寸变化使磁通改变而引起	1)改用矩形感应器 2)减慢感应器移动速度或加大功率 3)将预备热处理正火改为预调质
软点	冷却不均或加热不均	改进工艺
畸变	1)淬火应力 2)顶针压力 3)半轴自重及旋转离心力	1)淬火后矫直 2)淬火机床上自动矫正

12.9　喷油泵柱塞偶件和喷油嘴偶件的热处理

12.9.1　喷油泵和喷油嘴偶件的服役条件和失效形式

喷油泵柱塞偶件由柱塞与柱塞套组成,喷油嘴偶件由针阀体与针阀组成。柱塞偶件和喷油嘴偶件均属精密偶件,要求尺寸配合精度高、因而尺寸稳定性要高。它们是在一定配合间隙下工作的,通常由于磨损使间隙超差而失效。喷油嘴位于燃烧室顶部,因此还要求具有一定的耐蚀性和回火稳定性。

12.9.2　喷油泵和喷油嘴材料

柱塞偶件和喷油嘴偶件除应符合上述工作条件、达到规定的使用性能,还要求热处理畸变小。喷油泵和喷油嘴偶件常用材料及技术要求见表 12-79。

GCr15 钢广泛用于柱塞偶件和中、小功率柴油机的针阀偶件。大功率柴油机常用 W18Cr4V 和 W6Mo5Cr4V2 钢制造针阀,用 18Cr2Ni4WA 钢制造针阀体。机车用柴油机可采用 27SiMnMoVA 钢制造针阀体。随着柴油发动机性能指标的不断提高,对喷油泵和喷油嘴偶件的要求越来越高,其选材也更科学。

表 12-79　喷油泵和喷油嘴偶件常用材料及技术要求

材料牌号	技术要求		用途
	热处理	硬度 HRC	
GCr15	球化退火,淬火及深冷处理,回火,稳定化处理	62~65	柱塞、柱塞套
GCr15SiMn	正火,球化退火,去应力退火,淬火及冷处理,回火,稳定化处理	62~65	柱塞、柱塞套
CrWMn	淬火及冷处理,回火,稳定化处理	62~65	柱塞、柱塞套
W18Cr4V	退火,淬火,回火,稳定化处理	62~66	针阀
W6Mo5Cr4V2	退火,淬火,回火,稳定化处理	62~66	针阀
18Cr2Ni4WA	渗碳(层深 0.6~0.9mm),淬火及冷处理,回火,稳定化处理	≥58	针阀体
25SiCrMnVA	渗碳,淬火,回火,稳定化处理	≥58	针阀体
27SiMnMoVA[①]	渗碳(层深 0.5~0.9mm),淬火,回火,稳定化处理	58~62	针阀体

① 非标在用牌号。

某企业采用 20CrMoS（非标在用牌号）钢制造用于重载车的发动机喷油嘴偶件,材料化学成分（质量分数,%）为：C0.17~0.22,Si0.15~0.40,Mn0.60~0.90,Cr0.30~0.50,Mo0.40~0.55,S0.015~0.040,P≤0.035,Al≤0.05；末端淬透性为 J9=31~44HRC；供货状态为冷拉退火态,显微组织为铁素体+珠光体,硬度为 179~239HBW。与传统材料 18Cr2Ni4WA 相比,其主要特点有：

1）由于 Ms 点较高（18Cr2Ni4WA 为 310℃,20CrMoS 为 360℃）,可减少残留奥氏体含量（在相同渗碳热处理条件下,18Cr2Ni4WA 的残留奥氏体体

积分数为 18%,20CrMoS 的残留奥氏体体积分数为 3.4%）。大量检测证明,喷油嘴一般在 250℃ 左右的环境下工作,若存在大量残留奥氏体,会在一定温度下逐渐转变为马氏体,引起体积膨胀,尺寸发生变化,造成卡死失效。因此,减少残留奥氏体含量是延长使用寿命的途径之一。

2）经快速室温磨损对比试验表明,两种材料试样的相对耐磨性较接近,18Cr2Ni4WA 为 2.7160~4.4120mm,20CrMoS 为 3.9810~5.1430mm。

3）在相同机械加工工艺条件下,20CrMoS 的综合加工性能优于 18Cr2Ni4WA。20CrMoS 的可加工性

良好，能满足高速精密加工的需要。

4）20CrMoS 的线胀系数较小，并且与配合件的线胀系数接近。

5）20CrMoS 经渗碳随罐风冷后，不需进行高温回火，因此畸变量小。20CrMoS 渗层碳化物形态和分布良好，回火稳定性优于 18Cr2Ni4WA。

经耐久试验和可靠性考核，证明 20CrMoS 钢制造的喷油嘴具有较长的使用寿命，能满足柴油机的高速增压使用要求。

12.9.3 喷油泵和喷油嘴偶件的热处理工艺

1. 制造工艺路线

热轧退火棒材→自动机械加工→热处理→精加工→稳定化处理→成品。

2. 热处理工艺

（1）渗碳　针阀体形状复杂、精度高，要求有高的耐磨性、尺寸稳定性和一定的韧性，因此很多企业采用低碳合金结构钢制造，并经渗碳热处理。国内除部分企业仍沿用中孔堵碳的固体渗碳工艺，很多企业采用低温 820～830℃ 或中孔塞碳棒的 860～880℃ 的气体渗碳法。对 18CrNi8（非标在用牌号）钢针阀体采用真空渗碳技术，930℃ 真空渗碳，以脉冲方式通入乙炔渗碳气体，每个渗碳时段通入乙炔流量为 1500～3000L/h，强渗和扩散时段各为 5 个时段，强渗时间为 14min，扩散时间为 69min。采用 1MPa 高纯度氮气气淬。真空渗碳件质量优良。真空渗碳具有渗层均匀、质量好、无非马氏体组织、热处理畸变小、能耗低、运行费用小、有利环境保护及方便生产等优点。

（2）马氏体分级淬火　部分偶件采用马氏体分级淬火。马氏体分级淬火是从奥氏体化温度淬到稍高于或稍低于上马氏体点温度的液态介质（如热油、盐浴等）中，在淬火冷却介质中保温到整个钢件内外温度均匀后取出缓慢冷却（通常在空气中），以避免钢件内外产生大的温差。当钢件冷却到室温时，整个截面很均匀地形成马氏体，因而避免了形成过大的残余应力。因此，马氏体分级淬火是减轻零件开裂、减小零件畸变及残余应力的有效措施。马氏体分级淬火时必须控制的工艺参数为奥氏体化温度、分级淬火热浴的温度、在热浴中的保温时间及从热浴中取出后的冷却工艺等。

马氏体分级淬火温度对钢淬火后的残留奥氏体量影响很大。此温度过低或过高，都会影响奥氏体的稳定性。分级温度过低时，不但会提高残留奥氏体量，而且还会使随后的冷处理效果减弱。马氏体分级淬火温度和保温时间对 GCr15 钢残留奥氏体量的影响如图 12-37 所示。

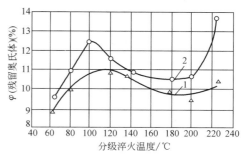

图 12-37　马氏体分级淬火温度和保温时间对 GCr15 钢残留奥氏体量的影响

1—850℃ 油淬，分级淬火保温 5min
2—850℃ 油淬，分级淬火保温 30min

马氏体分级淬火保温时间以工件内外温度均匀为止，按偶件的大小不同，一般为 2～5min。保温时间过长将引起残留奥氏体量增加（见图 12-38）。

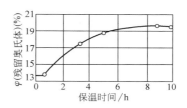

图 12-38　GCr15 钢 [$w(C)$ = 1.04%，$w(Cr)$ = 1.56%，$w(Mn)$ = 0.3%] 850℃加热、175℃分级保持不同时间对残留奥氏体量的影响（分级后油冷）

从分级淬火热浴中取出后的冷却方式对残留奥氏体量也有很大影响（见图 12-39）。分级等温后水冷，残留奥氏体量最少，油冷则略有增加，空冷时残留奥氏体量比油冷时有较大的增加。在实际生产中还应控制淬火油温和从油槽中取出工件的时间，淬火油温过高或过早地从油槽中取出工件（工件未冷透），均将使残留奥氏体量增多。

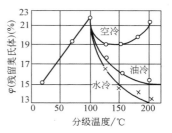

图 12-39　GCr15 钢 880℃加热，在 Ms 点以下不同温度分级保持 30min 后冷到室温时的残留奥氏体量和冷却方式、分级温度的关系

（3）光亮淬火　偶件的淬火多数是在盐浴中进行加热，容易出现脱碳或贫碳现象；盐浴淬火后清洗困难，其细小的喷孔常被残存的盐渣阻塞。清洗不净还会造成喷孔堵塞、中孔及座面锈蚀、雾化不良或卡死现象。

在含氧的保护气氛中往往会对铬合金元素产生氧化，使零件表面形成 0.01~0.03mm 的黑色组织（屈氏体），增加研磨困难，缩短使用寿命，所以采用氮基气氛保护较为合理。目前所用的氮气纯度为 99.5%（体积分数），再加适量有机液体，GCr15 钢淬火后贫碳及黑色组织可控制在 0.02mm 以内。

高速钢和轴承钢采用真空淬火能进一步提高产品质量，表面光亮不用清理，硬度均匀稳定，淬火畸变小，重现性好。

（4）冷处理　冷处理要及时，尽可能在淬火后立即进行，在室温停留的时间最好不超过 30min。例如，GCr15 钢淬火后在室温停留 1h，其残留奥氏体稳定化效应则显著增长（见图 12-40）。

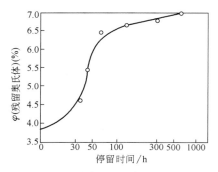

图 12-40　淬火后室温停留时间对在
−78℃冷处理效果的影响

注：GCr15 钢，850℃加热后淬入 15℃油中。

如果冷处理前先进行回火再冷处理，则使冷处理效果大为减弱，使工件耐磨性降低（见图 12-41）。

（5）回火　主要根据偶件的硬度要求选择回火温度。在硬度达到技术要求的前提下，尽可能选择较高的回火温度，以提高马氏体和残留奥氏体的稳定性，松弛淬火应力和保证尺寸稳定。通常 GCr15 钢制柱塞偶件的硬度要求为 62~65HRC，一般采用 160℃回火，回火时间为 2~6h。

（6）稳定化处理　精密偶件均需进行 1~2 次稳定化处理，160℃回火后的 GCr15 钢可采用 130℃稳定化处理 4~6h，通常在粗磨后进行。用 GCr15SiMn 或 W18Cr4V 制造的偶件通常采用 2~3 次稳定化处理。W18Cr4V 的稳定化处理温度为 120℃，时间为 6h，而 GCr15SiMn 钢的三次稳定化处理温度分别为

175℃、155℃和 130℃，时间各为 8h。三次稳定化处理分别在回火、粗磨和精磨后进行。

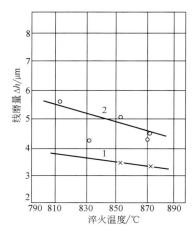

图 12-41　CrWMn 钢淬火后立即冷处理
与淬火后经回火再冷处理的耐磨性比较
1—立即冷处理　2—回火后再冷处理

3. 精密偶件的热处理工艺举例

（1）GCr15 钢柱塞偶件的热处理工艺　GCr15 钢柱塞偶件热处理的硬度要求为 62~65HRC，可以采用油冷淬火，其热处理工艺曲线如图 12-42 所示，也可采用马氏体分级淬火，其热处理工艺曲线如图 12-43 所示。

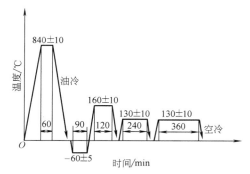

图 12-42　GCr15 钢柱塞偶件的热处理工艺曲线　（油淬）

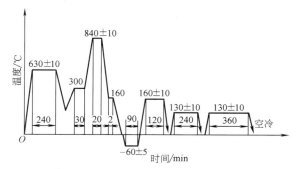

图 12-43　GCr15 钢柱塞偶件的热处理工艺曲线
（马氏体分级淬火）

（2）GCr15SiMn 钢柱塞偶件的热处理工艺　其热处理工艺曲线图 12-44 所示。

（3）18Cr2Ni4WA 钢针阀体的热处理　18Cr2Ni4WA 钢针阀体可以采用两种热处理工艺：

1）渗碳后随罐空冷后直接冷处理，其热处理工艺曲线如图 12-45 所示。热处理硬度要求≥58HRC。

当残留奥氏体量多导致硬度降低时，可重复进行冷处理，并回火一次，回火时间为 120min。若上述方法仍达不到硬度要求，可先在（650±10）℃实施保温 4h 的回火，然后再加热到（800±10）℃，保温 150～180min，通入吸热式保护气氛和少量丙烷；出炉后油冷（油温保持在 100～140℃），清洗后、再按图 12-45 所示的热处理工艺曲线进行冷处理、回火和稳定化处理。

2）渗碳后重新加热淬火，其热处理工艺曲线如图 12-46 所示。

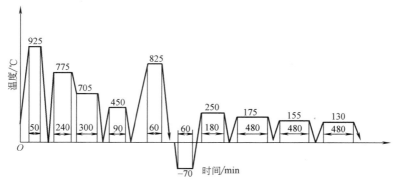

图 12-44　GCr15SiMn 钢柱塞偶件的热处理工艺曲线

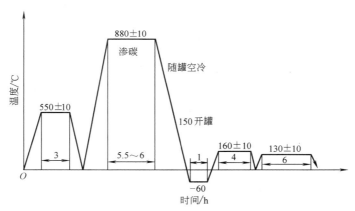

图 12-45　18Cr2Ni4WA 钢针阀体的热处理工艺曲线（直接冷处理）

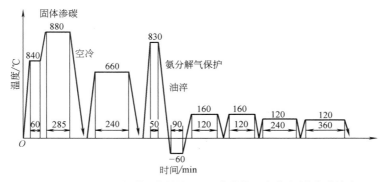

图 12-46　18Cr2Ni4WA 钢针阀体的热处理工艺曲线（渗碳后重新加热淬火）

针阀体内孔直径很小，顶端喷孔仅 0.25mm 左右，在气体渗碳条件下较难保证孔内渗碳要求，所以多数企业均采用固体渗碳。上述两种工艺均采用固体渗碳。

（4）25SiCrMoVA 钢针阀体的热处理工艺　其热处理工艺曲线如图 12-47 所示。

（5）W18Cr4V 钢针阀的热处理工艺　W18Cr4V 钢针阀热处理硬度要求为 62~66HRC，其热处理工艺有两种，即油淬或马氏体分级淬火，其热处理工艺曲线如图 12-48 和图 12-49 所示。

（6）W6Mo5Cr4V2 钢针阀的热处理工艺　其热处理工艺曲线如图 12-50 所示。

（7）各种偶件的真空热处理　GCr15 钢、高速钢偶件的真空淬火及 27SiMnMoV 钢偶件的真空渗碳淬火（渗碳层深度为 0.5~0.9mm）工艺曲线分别如图 12-51~12-53 所示。

在实际生产中，零件先脱脂，经 200℃烘干 30min 后方可装炉，装炉后先抽真空，待真空度达 2.66Pa 后升温。GCr15 钢在加热到 840℃ 时真空度不高于 5.32Pa，高速钢淬火加热时的真空度低于 3.33Pa，950℃保温完成后即升压，压力为 53~93Pa，并升温加热。27SiMnMoV 钢偶件渗碳处理时，在 930℃前保持真空度为 6.65Pa，在 930℃ 渗碳期的前 60min 内，每隔 5min 送一次气，气体中丙烷和氮气各 50%（体积分数），总耗气量为 80~110L/min；在扩散期（30min）及随后冷却至 900℃ 过程中保持真空。

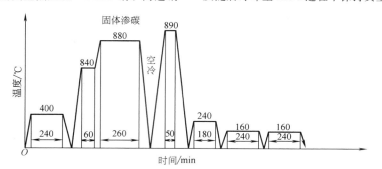

图 12-47　25SiCrMoVA 钢针阀体的热处理工艺曲线

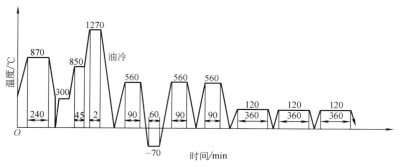

图 12-48　W18Cr4V 钢针阀的热处理工艺曲线（油淬）

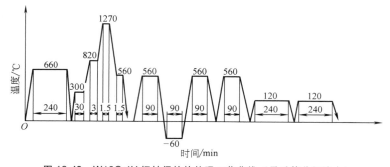

图 12-49　W18Cr4V 钢针阀的热处理工艺曲线（马氏体分级淬火）

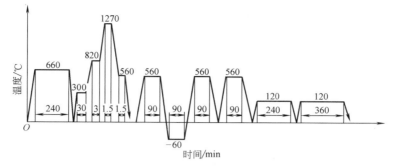

图 12-50 W6Mo5Cr4V2 钢针阀的热处理工艺曲线

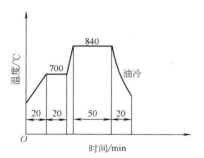

图 12-51 GCr15 钢偶件真空
淬火热处理工艺曲线

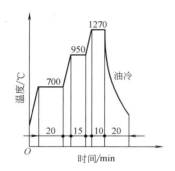

图 12-52 W18Cr4V 高速钢偶件真空
淬火热处理工艺曲线

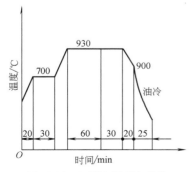

图 12-53 27SiMnMoV 钢偶件
真空渗碳淬火热处理工艺曲线

所有的淬油工件在淬油前应送氮气入炉，炉压升至 61180~86450Pa 后打开内炉门，将工件淬油，从内炉门打开到工件入油应在 8~10s 内完成。工件淬油时间一般为 20min 左右，出油后在前室需停留20min 左右，待温度降到 100℃ 后送入氮气或空气，在压力达到 100kPa 后开外炉门，工件出炉。

12.10 履带板的热处理

12.10.1 履带板的服役条件和失效形式

拖拉机和推土机的履带板主要承受压力和一定的冲击载荷，其表面与地面或泥沙碎石接触产生磨损。

履带板的主要失效形式是表面磨料磨损、压弯和断裂。

12.10.2 履带板材料

履带板要求具备足够的强度、一定的冲击韧性和良好的耐磨性。履带板的常用材料及技术要求见表 12-80。

表 12-80 履带板的常用材料及技术要求

材料牌号	热处理技术要求
40SiMn2[①]	调质，364~444HBW 齿部中频感应淬火，45~58HRC； 其余部分，32~45HRC
ZGMn13-1	水韧处理，156~229HBW
ZG31Mn2Si	淬火并低温回火，38~54HRC

① 非标在用牌号。

大、中型履带拖拉机（包括推土机、起重机）常用热轧的 40SiMn2 履带异形板材，小型拖拉机常用 ZGMn13-1 及 ZG31Mn2Si 铸造履带板，它们的化学成分见表 12-81。

高锰钢 ZGMn13-1 属高碳、高合金钢，是高合金耐磨专用钢。高锰钢经过固溶处理（俗称水韧处理）后，在室温下为奥氏体组织。这种钢的韧性、塑性高，但屈服强度与硬度较低，在很大压力和冲击载荷

作用下发生塑性变形时，奥氏体转变成马氏体，产生明显的加工硬化，使硬度由 200HBW 提高到 45 ~

55HRC，耐磨性大大提高，适于制造拖拉机履带板，但由于合金含量高，所以成本较高。

表 12-81　常用履带板材的化学成分

牌号	化学成分（质量分数，%）							
	C	Si	Mn	S	P	其　　　他		
40SiMn2	0.37 ~ 0.44	0.60 ~ 1.00	1.40 ~ 1.80	≤0.040	≤0.040	—		
ZGMn13-1	1.00 ~ 1.45	0.30 ~ 1.00	11.00 ~ 14.00	≤0.040	≤0.090	—	—	—	—
ZG31Mn2Si	0.23 ~ 0.36	0.50 ~ 0.90	1.00 ~ 1.65	≤0.050	≤0.050	Cr≤0.50	Ni≤0.50	Cu≤0.50	—

ZG31Mn2Si 可以用来替代 ZGMn13-1 制造小型拖拉机的履带板。铸造后经变质处理、水韧处理和回火获得低碳马氏体组织。

大、中型拖拉机、推土机履带板广泛采用 40SiMn2 钢，它们在钢厂热轧成型钢，便于机械加工厂制造。

12.10.3　履带板的热处理工艺

1. 40SiMn2 钢履带板的热处理

（1）制造工艺路线　热轧成形→下料→机械加工→热处理→成品。

（2）热处理工艺　40SiMn2 钢可采用快速加热，在清水中淬冷。40SiMn2 钢淬透性较高，受淬火冷却介质温度变化影响较小，但对回火脆性很敏感。当 200~300℃回火时，冲击韧度为 22J/cm²；当回火温度 380~510℃时，冲击韧度为 90~110J/cm²。其热处理工艺曲线如图 12-54 所示。

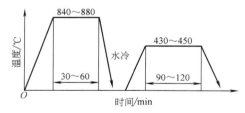

图 12-54　40SiMn2 钢履带板的热处理工艺曲线

图 12-55 所示为拖拉机履带板的横截面及硬度要求。它是在柴油加热的推杆式连续炉内进行热处理的。若采用箱式电炉，往往由于装载量较多，需保温 60~90min。

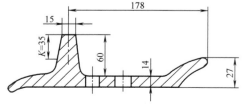

图 12-55　拖拉机履带板的横截面及硬度要求

注：K 段内硬度为 45~58HRC，其余硬度为 32~45HRC。

只进行上述调质处理的履带板，耐磨性较差，平均使用寿命仅 2000~3000h。根据使用要求，齿部（即履刺部分）硬度应略高于板部的硬度，以提高齿部的耐磨性，而板部硬度稍低，有利于防止断裂。为达到履带板横截面不同部位的硬度要求（见图 12-55），通常采用两种工艺：一种是履带板整体调质后用 100kW、8000Hz 的中频电流对齿部进行感应淬火，然后回火；另一种是整体加热淬火后中频感应加热回火。在回火时，应设计合适的感应器，以调节感应器与履带板各部位之间的间隙，使履带板齿部和板部获得不同的硬度。

2. ZGMn13-1 钢履带板的热处理

（1）制造工艺路线　铸造→热处理→成品。

（2）热处理工艺　铸态组织不允许有明显的柱状结晶。有 3~4 级的柱状晶者应先进行退火处理。消除部分柱状晶后再进行水韧处理。消除柱状晶的退火工艺曲线如图 12-56 所示。铸态组织中没有柱状晶的履带板可直接进行水韧处理。履带板在连续式炉中加热，其水韧处理工艺曲线如图 12-57 所示。

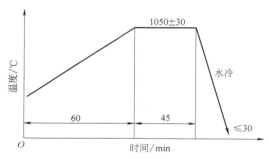

图 12-56　ZGMn13-1 钢履带板的退火工艺曲线

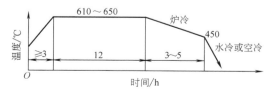

图 12-57　ZGMn13-1 钢履带板水韧处理工艺曲线

3. ZG31Mn2Si 钢履带板的热处理

（1）制造工艺路线　铸造→热处理→成品。

（2）热处理工艺 履带板在连续式炉中加热，其水韧处理及回火工艺曲线如图 12-58 所示。

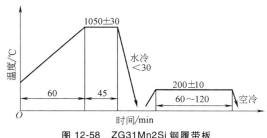

图 12-58 ZG31Mn2Si 钢履带板
水韧处理及回火工艺曲线

12.10.4 履带板的质量检验

40SiMn2 钢及 ZG31Mn2Si 钢履带板在热处理过程中仅检验硬度。ZGMn13-1 钢履带板在连续式炉中进行水韧处理时，每隔 2h 检查两块履带板的显微组织，中央试验室还定期抽检履带板的硬度。40SiMn2、ZG31Mn2Si 和 ZGMn13-1 钢履带板的热处理质量检验要求见表 12-82。

淬火组织为 7～10 级的 ZGMn13 钢履带板为不合格品，允许重新加热进行水韧处理，但只允许返修一次，返修不合格应做报废处理。

表 12-82 40SiMn2、ZG31Mn2Si 和 ZGMn13-1 钢履带板的热处理质量检验要求

检验项目	检验要求		
	40SiMn2	ZG31Mn2Si	ZGMn13-1
硬度	整体 364～444HBW 或齿部 45～58HRC，其余 32～45HRC	38～54HRC	156～229HBW
显微组织	—	—	按碳化物的形态（溶解、析出、过烧）、大小、分布情况，以及基体晶粒大小定级。一般规定 1～6 级为合格，7～10 级为不合格

参 考 文 献

[1] 崔崑. 钢的成分、组织与性能 [M]. 北京：科学出版社，2013.

[2] 潘健生，胡明娟. 热处理工艺学 [M]. 北京：高等教育出版社，2009.

[3] 陈蕴博，马鸣图，王国栋. 汽车用非调质钢的研究进展 [J]. 中国工程科学，2014，16（2）：4-17，45.

[4] 胡明娟，潘健生. 钢铁化学热处理原理 [M]. 上海：上海交通大学出版社，1996.

[5] 王先逵. 机械加工工艺手册：第 1 卷 工艺基础卷 [M]. 北京：机械工业出版社，2014.

[6] 全国内燃机标准化技术委员会. 内燃机 活塞环 第 3 部分：材料规范：GB/T1149.3—2010 [S]. 北京：中国标准出版社，2011.

[7] 全国汽车标准化技术委员会. 汽车发动机气门技术条件：QC/T469—2016 [S]. 北京：科学技术文献出版社，2016.

[8] 朱法义，林东，刘志儒，等. 活塞销的稀土低温渗碳直接淬火新工艺 [J]. 金属热处理，1997（9）：27-28.

[9] 魏青松. 活塞环高耐磨耐蚀纳米复合表面处理技术 [J]. 现代零部件，2014（8）：42-43.

[10] 朱正德. 动力总成曲轴感应淬火表面强化工艺的应用 [J]. 金属加工（热加工），2018（2）：13-16.

第 13 章　金属切削机床零件的热处理

重庆机床（集团）有限责任公司　罗南忠

13.1　机床导轨的热处理

13.1.1　导轨的服役条件及失效形式

机床的床身、立柱、横梁和转台都有导轨，机床的精度、加工精度和使用寿命在很大程度上取决于其导轨的几何精度和内在质量。机床导轨有滑动导轨、滚动导轨和静压导轨三种类型。滑动导轨的失效形式主要有三种，一是导轨工作面磨损，丧失精度；二是导轨工作面拉伤，表面粗糙度恶化；三是导轨工作面碰伤。滚动导轨的主要失效形式为接触疲劳损坏和重压下产生塑性变形。机床导轨维修

的工作量占整台机床维修工作量的比例很大。正确合理地选择机床导轨的材料和热处理方法（对于渗氮、渗碳处理等控制合理的硬度梯度）是提高其耐磨性、抗擦伤能力和疲劳强度，保持精度，延长使用寿命的重要措施之一。

13.1.2　导轨材料

机床主导轨按所用材料可分为铸铁导轨和镶硬化钢导轨。其他材料，如树脂混凝土和陶瓷等应用尚少。塑料导轨主要用于导轨副的运动导轨，即上导轨或称副导轨。机床常用的导轨材料见表 13-1。

表 13-1　机床常用的导轨材料

材料类别		牌　　　号	热　处　理	配合副（上导轨）	特　　点
铸铁	灰铸铁	HT250、HT300、HT350。低应力铸铁（抗拉强度 250~ 300MPa）	感应淬火或火焰淬火，导轨面硬度不小于 65HS 或 68HS，有效硬化层深度不小于 1.5mm（高频感应淬火不小于 0.8mm）	填充聚四氟乙烯导轨软带，HT200、HT250	1）耐磨性好 2）抗擦伤能力较好 3）承载能力：黏结填充聚四氟乙烯导轨软带的导轨副一般不大于 1MPa，铸铁导轨副一般不大于 1.5MPa
			接触电阻加热淬火		
			高温时效或振动时效	填充聚四氟乙烯导轨软带	1）可进行刮研加工 2）耐磨性一般 3）抗擦伤能力差
	球墨铸铁	QT500-7、QT600-3	表面淬火与灰铸铁表面淬火相同	填充聚四氟乙烯导轨软带，HT200、HT250	1）刚度高 2）耐磨性和抗擦伤性能均较好
			高温时效或振动时效		1）刚度高 2）可进行刮研加工
	耐磨铸铁	MTPCuTi25、30 MTP25、30 MTVTi25、30 MTCrMoCu25、30、35 MTCrCu25、30、35	高温时效或振动时效	填充聚四氟乙烯导轨软带 与主导轨同类的低一级的耐磨铸铁 ZZnAl4Cu1Mg	1）导轨面可不淬火 2）可进行刮研加工 3）耐磨性较好 4）承载能力：黏结填充聚四氟乙烯导轨软带的导轨副一般不大于 1MPa，耐磨铸铁导轨副一般不大于 1.5MPa

（续）

材料类别		牌　　号	热　处　理	配合副(上导轨)	特　　点
钢	轴承钢	GCr15 GCr15SiMn	1)球化退火 2)整体淬火或表面淬火,要求硬度为58～63HRC,有效硬化层不小于1.5mm 3)低温时效	1)滑动导轨填充聚四氟乙烯导轨软带,HT200、HT250、HT300 2)滚动导轨:GCr15滚动体	1)接触疲劳强度高 2)耐磨性好 3)抗擦伤能力强 4)承载能力:滑动导轨软带配合副一般不大于1MPa;铸铁配合副一般不大于1.5MPa
	工具钢	T7、T8、9Mn2V、9SiCr、CrWMn、7CrSiMnMoV			
	结构钢	45、55、40Cr、42CrMo、50CrVA	1)正火或调质 2)整体或表面淬火 3)低温时效 4)油煮定性 5)深冷处理	填充聚四氟乙烯导轨软带,HT200、HT250、HT300	1)耐磨性好 2)抗擦伤能力较好 3)承载能力同上栏滑动导轨 4)一般不用于滚动导轨
	渗碳钢	20Cr、15CrMn、17Cr2Ni2Mo、20Cr2Ni4、20CrMnTi、20CrMnMo	1)正火 2)渗碳后整体淬火或表面淬火,硬度要求为58～63HRC 3)低温时效	1)滑动导轨:填充聚四氟乙烯导轨软带,HT200、HT250、HT300 2)滚动导轨:GCr15滚动体	1)接触疲劳强度高 2)耐磨性好 3)抗擦伤能力强 4)承载能力同上一栏
	渗氮钢	38CrMoAl、38CrMoAlA	1)调质或正火 2)渗氮,渗层深度≥0.5mm,表面硬度≥850HV	填充聚四氟乙烯导轨软带,HT200、HT250、HT300	1)耐磨性最好 2)抗擦伤能力最好 3)热处理变形小 4)承载能力:一般不大于1MPa 5)一般不用于滚动导轨

13.1.3　铸铁导轨的感应淬火

机床导轨采用感应淬火,工艺参数易于控制,淬火质量稳定,生产率高。常用感应淬火的频率范围有高频、超音频、中频三种。

选择设备频率的主要依据是对导轨有效硬化层深度的要求。高频感应淬火的淬硬层深度为1mm左右,超音频的淬硬层深度为1.5～2mm,中频的淬硬层深度为2～4mm。

1. 加热设备

通常,高频感应加热设备的振荡频率为200～300kHz,超音频加热设备的振荡频率多用30～50kHz,高频、超音频感应加热设备的输出功率有60kW、100kW、200kW、250kW几种。中频感应加热设备的振荡频率一般为2500Hz和8000Hz,输出功率分别有100kW、200kW、250kW和500kW几种。为保证输出功率的稳定,保持淬火过程中导轨淬火温度均匀一致,感应加热设备应配备电源稳压装置。感应加热电源设备当前逐步被环保、高效的绝缘栅双极晶体管（IGBT）感应加热电源所取代。

2. 淬火机床

目前,我国各机床企业在用的淬火机床大多数是自制或由大型机床（如磨床、单臂刨床等）改装而成的。淬火机床按感应器、导轨的固定或移动可分为感应器固定、导轨移动,导轨固定、感应器移动两种。感应器固定,感应加热输出电缆线短,功率损耗少。按工作台的移动方式,淬火机床又可分为台车式感应淬火机床与滑动式感应淬火机床等。

图13-1所示为台车式感应淬火机床。淬火工件

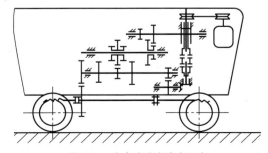

图 13-1　台车式感应淬火机床

放在台车工作台上，台车在轨道上行走，感应器固定，但需加浮动机构，以保持运行中感应器与导轨之间的间隙一致。

滑动式淬火机床一般用大型机床改装，被淬火机床导轨放在其工作台上，工作台移动，感应器固定。经改装制成的淬火机床，工作台运行平稳，系统精度

高，则此种淬火机床在淬火运行中能很好地保持感应器与导轨间的间隙一致，运行速度恒定，经淬火后的导轨质量比较稳定。图 13-2 所示为用单臂刨床改装的滑动式淬火机床，承载 10t，可进行长×宽×高 = 7000mm×1200mm×1000mm 规格以下床身导轨的淬火。

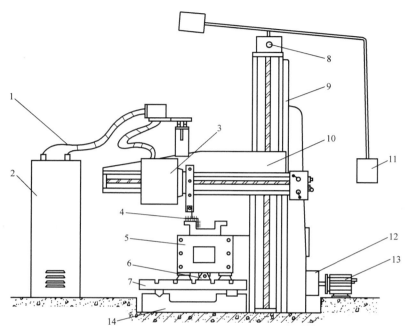

图 13-2　用单臂刨床改装的滑动式淬火机床

1—电源铜排　2—感应电源电柜　3—淬火变压器　4—感应器　5—被淬火床身
6—调整楔铁　7—机床工作台　8—升降电动机　9—立柱　10—悬臂
11—控制盘　12—减速箱　13—调速电动机　14—机床导轨

图 13-3 所示为一台中频感应淬火机床。淬火机床用一台大型机床改装而成，中频淬火变压器和感应器装在溜板上，由溜板拖动淬火变压器和感应器做直线运动，实现连续淬火。

3. 感应器

导轨感应加热的感应器，无论高频、超音频还是中频，设计原则大致相同，只是在具体的导轨淬火过程中，有关数据应通过试验加以调整。下面介绍的是导轨超音频加热时的感应器。

感应器的制作：将 ϕ12mm 或 ϕ14mm 的 T1、T2 纯铜管拉成方管，制作成仿导轨形状的双回路有效圈，其中一个回路的功能为预热，称为预热圈；另一个回路完成导轨表面的淬火加热并喷液冷却淬火，称为加热圈（见图 13-4）。加热圈与预热圈的间距为 a，若只有加热圈安装导磁体，预热圈不装时，此间距可选 5~6mm；若加热圈和预热圈均安装导磁体时，此

间距取 10~12mm。此间距的减小有利于避免导轨两端出现软带。

在感应器加热圈外侧内棱上沿 45° 方向钻喷水孔，直径为 1mm，孔中心距为 3mm；当淬火面积大，进水量不够时，可在感应器上另加 2~3 个进水孔（水压应控制在 0.10~0.15MPa）。为提高加热效果，在感应器的预热圈和加热圈上应粘接导磁体，导磁体粘接的位置与数量需通过工艺试验确定。淬火感应器与电源连接的夹持部分依不同的机床有所不同，图 13-4 中未画出。

（1）山形导轨淬火感应器（见图 13-5）　为使导轨峰顶不过热，感应器内角 α 应小于山形导轨角（5°~15°），最佳角度需通过工艺试验确定。为提高加热效果，应分别在预热圈和加热圈的适当位置安装导磁体（图中未画出），以得到硬化深度较均匀的淬火层。

（2）V 形导轨淬火感应器（见图 13-6）　感应器

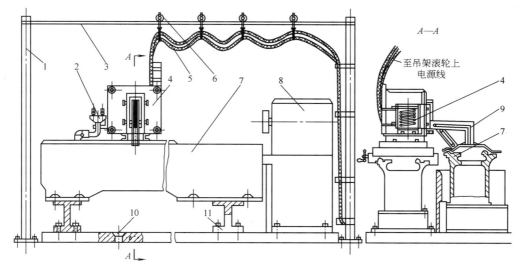

图 13-3　中频感应淬火机床

1—立柱　2—分水器　3—钢索　4—淬火变压器　5—导线　6—滚轮　7—工件（被淬火机床床身）

8—淬火机　9—感应器　10—下水道　11—工作台

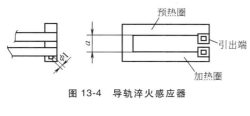

图 13-4　导轨淬火感应器

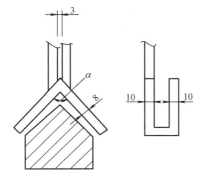

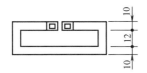

图 13-5　山形导轨淬火感应器

与导轨底部的间隙应尽量小，一般取 1.5～2mm，感应器内角 α 一般小于 V 形导轨内角（25°～30°），最佳角度需通过工艺试验确定。在预热圈和加热圈上应安装适当数量的导磁体（图 13-6 中未画出），以提高

加热效果。为防止 V 形槽内未淬火区积水影响加热，应在感应器预热圈后部增设 V 形风嘴，向床身导轨运动的反方向吹风。

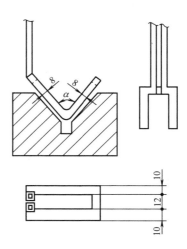

图 13-6　V 形导轨淬火感应器

（3）平导轨感应器（见图 13-7）感应器伸出导轨长度 $a=5mm$，在预热圈和加热圈分别安装适当数量的导磁体（图 13-7 中未画出），以得到更好的加热效果。

（4）矩形导轨淬火感应器（见图 13-8）　感应器与淬火导轨面的间隙：$a=4.5mm$、$b=1.5mm$。根据导轨各面的加热情况确定。在感应器预热圈和加热圈的不同位置安装适当数量的导磁体（图 13-8 中未画出）。

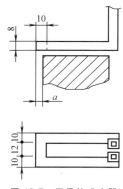

图 13-7　平导轨感应器

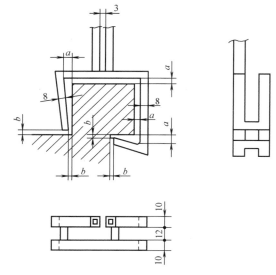

图 13-8　矩形导轨淬火感应器

导磁体材料的使用与感应加热设备频率有关，一般高频和超音频设备所使用的导磁体，是由铁氧体，即铁磁性氧化物制成，它是由 Fe_2O_3、ZnO、CuO、NiO 等氧化物粉末按比例混合，经过压制、烧结而成的 n 形元件；频率为 2500Hz 所使用的导磁体，是由 0.2~0.5mm 厚的硅钢片制成；频率为 8000Hz 所使用的导磁体，是由 0.1~0.35mm 厚的硅钢片制成。硅钢片应经过磷化处理，以保证片间绝缘。中频设备使用的导磁体也可用中频铁氧导磁体，其铁氧体密度为 4.5~5g/cm³，最高磁导率 $\mu \geqslant 62.5 \times 10^{-4}$H/m（直流特性），相对磁导率 $\mu = 6.25 \times 10^{-4}$H/m，电阻 > 10kΩ，中频耗损 ≤ 0.05W/kg。

4. 工艺参数

1）导轨淬火温度：900~920℃。

2）导轨移动速度（或感应器移动速度）：视具体导轨加热情况而定，高频、超音频的移动速度一般

可取 2~4mm/s。

3）感应器与导轨表面的间隙：可参考图 13-5~图 13-8。

4）冷却：由感应器加热圈外侧内棱喷水孔沿 45°方向向移动的反方向喷水（或聚合物水溶液）冷却，压力一般控制在 0.10~0.15MPa。

5）回火：在加热炉中进行低温回火，也可采用导轨淬火余热自回火。

5. 灰铸铁导轨淬火实例

例 1　XKA714 数控铣床导轨的超音频淬火，其导轨截面如图 13-9 所示。导轨长 1.04m，材料为 HT300，要求导轨上表面及内侧表面淬火，硬度为 67~74HS。

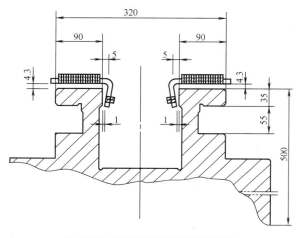

图 13-9　XKA714 数控铣床导轨截面

感应器及与导轨的间隙如图 13-9 所示。为使淬火导轨表面加热温度均匀，分别在感应器预热圈和加热圈粘接相同数量的导磁体。为减少淬火后的导轨下凹变形，上导轨面淬火前加工成中间上凸 0.20~0.25mm。

感应淬火加热设备功率为 200kW，频率为 30~50kHz。

淬火工艺：加热温度为 900~920℃；导轨移动速度为 3.3mm/s；电参数：阳极电压为 3.5kV，阳极电流为 5.5A，栅极电流为 1A；喷水压力 0.15MPa。

回火：淬火余热自回火。

分别先后淬左、右导轨，但导轨淬火时运动方向应同向。淬火后硬度为 67~74HS，淬硬层深度 > 1.5mm。

例 2　仪表机床床身导轨超音频淬火

仪表机床床身导轨截面及其感应器如图 13-10 所示。材料为 HT300，要求导轨表面淬火，硬度为 67~74HS。为使导轨淬火后畸变小，采取双导轨同时淬火，感应器为双轨式感应器，感应器与导轨面的间隙

如图 13-10 所示。为保证导轨面能加热到淬火温度且温度均匀，分别在感应器适当部位粘接一定数量的导磁体。由图 13-10 可见，淬火时感应器距燕尾底平面间隙仅 1.5~2mm，所以棱角处易烧损，为避免此情况发生，应将此处铁屑、油污等清理干净，并去毛刺，将棱角处适当倒钝。

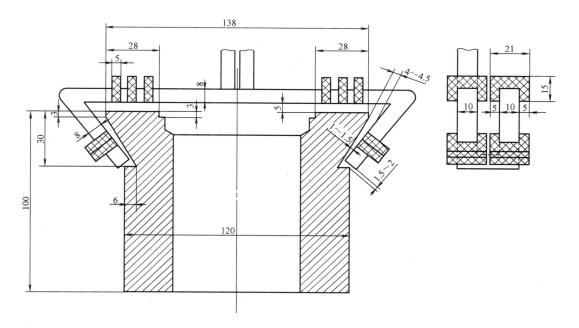

图 13-10　仪表机床床身导轨截面及其感应器

感应加热设备功率为 200kW，频率为 30~50kHz。

淬火工艺：加热温度为 900~920℃；导轨移动速度为 3.3mm/s；电参数：阳极电压为 4.5kV，阳极电流为 4.2A，栅极电流为 0.8A，喷水压力为 0.15MPa。

回火：180℃×2h。

淬火后硬度：导轨上表面 67~74HS，燕尾斜面上应有 2/3 高度的硬度大于 67HS。

6. 感应淬火导轨灰铸铁技术条件和质量要求

（1）灰铸铁的技术条件　所用灰铸铁应满足 JB/T 3997—2011《金属切削机床灰铸铁件　技术条件》的要求，$w(P) \leqslant 0.15\%$，化合碳为 0.6%~0.8%（质量分数）。导轨表面硬度：导轨长度≤2500mm 时，不得低于 190HBW；导轨长度>2500mm 或重量>3t 时，不得低于 180HBW。显微组织应符合表 13-2 规定。导轨的加工表面粗糙度 $Ra<3.2\mu m$。除有特殊要求，凡边缘、尖角都应倒角。

（2）淬火后的质量要求

1）淬火表面不得有裂纹、烧伤。

2）成品表面平均硬度值。灰铸铁 HT200 和 HT250 导轨的硬度应 ≥65HS，HT300 和 HT350 导轨的硬度应 ≥68HS，规定淬硬区域内不应有软点、软带。

表 13-2　灰铸铁导轨显微组织合格范围

项　目	合格范围
石墨	分布形状以 A 型为主，放大 100 倍时，长度为 5~30mm
珠光体	$\varphi(P) \geqslant 95\%$，以索氏体和细片状珠光体为主，最大片间距在放大 500 倍<2mm
铁素体	$\varphi(F) <5\%$
磷共晶	$\varphi(磷共晶)<2\%$，小块状，分布均匀
游离碳化物	不允许存在

3）中频和超音频感应淬火的成品表面显微组织 3~6 级合格，高频感应淬火者允许出现 7 级，不允许有粗大马氏体+大量残留奥氏体的过热组织或屈氏体及珠光体+马氏体组织。

4）成品有效硬化层深度，高频感应淬火，≥0.8mm；超音频感应淬火，≥1.5mm；中频感应淬火，≥2.0mm。

7. 灰铸铁导轨感应淬火常见缺陷及解决办法（见表 13-3）

13.1.4　铸铁导轨的火焰淬火

铸铁导轨火焰淬火有工艺及设备简单易行的优点，但其缺点是加热温度较难控制，容易过热，淬后变形较大。

火焰淬火灰铸铁的技术要求与感应淬火的要求相同。

固定机床床身，用氧乙炔焰加热，使火焰喷嘴及喷水装置沿导轨表面移动，连续进行淬火。加热过程中，必须保持乙炔和氧气压力稳定，火焰喷嘴垂直导轨表面，移动速度均匀。

火焰喷嘴及冷却水喷嘴常用 ϕ12mm×2mm 无缝钢管压扁，弯成与导轨面相似的形状，火焰喷嘴面向导轨的一侧钻 ϕ0.5mm 的小孔若干，小孔间距约 3mm。导轨淬火火焰喷嘴如图 13-11 所示。

表 13-3　灰铸铁导轨感应淬火常见缺陷及解决办法

缺　陷	产 生 原 因	解 决 办 法
硬度低	原始组织中铁素体含量较多,化合碳含量低,原材料硬度低	严格按 JB/T 3997 控制原材料 通过正火消除铁素体,并提高原材料硬度
	加热温度低,淬火组织中保留有较多的铁素体	适当提高加热温度
	加热温度过高,淬火组织中有较多的残留奥氏体	适当降低加热温度,因此原因重复淬火前应进行高温回火
	冷却不足	适当提高淬火冷却介质的喷射压力
硬化层浅或淬硬层深度不均;硬度不均和有软带	感应器与导轨面间隙不均或不合理	正确设计感应器及浮动装置,合理布置导磁体
	淬火冷却介质温度过高或喷射压力低、压力不稳定	降低淬火冷却介质温度,提高淬火冷却介质喷射压力
	移动速度不均匀	调整或维护机床,使导轨或感应器的移动速度稳定
	在淬火导轨的起止端或中断淬火后又继续淬火的交界处常出现软带	为避免起始端软带的产生,感应器可伸出起淬端外 3~5mm 处预热,使起淬端达到 750℃ 左右再开始进行连续淬火。尾端可装与导轨截面相同的辅助导轨,保证该处加热足够。中断淬火后应退回起始端再淬
淬火裂纹	原材料成分不符或有组织缺陷	严格按 JB/T 3997 标准控制原材料
	淬火加热温度高,冷却太剧烈	适当降低淬火加热温度,降低淬火冷却介质压力
	淬火中途停顿,随后从该处继续接淬,重复淬火前未进行高温回火或正火	淬火中途停顿后,应退回起始端重淬,重淬前应进行高温回火或正火
	裂纹最易发生于导轨的两端,特别是淬火终端。一般情况,裂纹易发生于淬硬与未淬硬的过渡区域或未淬硬区	调整起始端和终端的加热、冷却状况;两端可加与床身导轨截面相同的辅助导轨,以改善两端的加热状况
淬火畸变	导轨感应淬火后导致表面下凹,导轨长度方向的中部表面下凹值最大,下凹值的大小与床身的刚度、长度、淬火硬度、淬硬层深度、金相组织、感应器的设计及淬火操作等有关	导轨面淬火的床身设计应保证有足够刚度
		调整冷热加工工序,如将不需淬火的导轨底面的机械加工放在淬火后进行,以保证床身淬火时有较高的刚性
		合理设计感应器,尽可能采用双导轨(或多条导轨)同时淬火,若只能单条导轨淬火时,应保证两导轨(或多条导轨)面上淬火时的移动方向一致
		导轨与感应器的相对移动速度应均匀;导轨与感应器之间的间隙在淬火运动过程中应保持一致
		在导轨淬火前的机械加工中,应使导轨自两端至中部逐渐凸起,中部最大凸起 0.1~0.3mm;也可在淬火时加一使导轨面上凸的预应力,用以抵消淬火后的下凹

为了使导轨面的棱角处不致产生局部过热，在山形导轨峰部、V 形导轨上部及平面导轨两边缘处要适当加大火焰喷嘴小孔的间距。冷却水喷嘴与火焰喷嘴制成一体，二者之间间距为 10~20mm。冷却水喷嘴的孔径取 0.8~1.0mm，喷水孔之间中心距为 3mm。冷却水孔应向运行的反方向倾斜 10°~30°，冷却水压≥0.15MPa。

火焰正常颜色为蓝色，焰长 10~15mm，火焰喷嘴与导轨面距离取 8~10mm，火焰喷嘴的喷焰孔数目、乙炔的压力和火焰喷嘴的移动速度分别根据淬火表面宽度和要求的淬硬层深度选择，见表 13-4 和表 13-5。

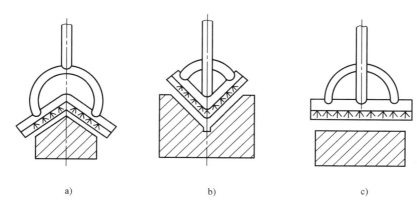

图 13-11　导轨淬火火焰喷嘴

a) 山形导轨　b) V 形导轨　c) 平面导轨

表 13-4　喷焰孔数和乙炔压力与导轨面宽度的关系

导轨表面宽度/ mm	6.35	12.7	19.0	25.0	31.0	38.0	44.0	50.0	57.0	63.0	70.0	76.0
喷焰孔数	3	5	7	9	11	13	15	17	19	21	23	25
乙炔压力/ MPa	0.03	0.045	0.063	0.08	0.056	0.063	0.07	0.077	0.084	0.091	0.097	0.105

注: 山形导轨峰部、V 形导轨上部及平面导轨两侧边缘处出焰孔的孔距应适当加大。

表 13-5　火焰喷嘴移动速度与淬硬层深度的关系

火焰喷嘴移动速度/(mm/min)	50	75	100	125	150	175
淬硬层深度/mm	8	6.4	4.8	3.2	1.6	0.8

火焰淬火后的导轨应在加热炉中进行低温回火，也可采用淬火余热自回火或火焰加热回火。

手工操作的火焰淬火，虽然操作简单，成本低，但工艺稳定性差，加热温度难以控制，目前应用在导轨淬火上的已少见。

质量检查:

1) 外观。不允许有淬火裂纹及烧伤熔融。

2) 硬度。按图样要求，硬度不均性不得大于 10HS。

3) 淬硬层深度及金相组织。必要时，检查与导轨截面形状相同的试块硬化层深度及金相组织是否符合图样或工艺要求。

4) 畸变量 ≤0.20mm/m。

13.1.5　铸铁导轨的接触电阻加热淬火

接触电阻加热淬火的优点是设备及工艺操作简单，普通灰铸铁机床导轨经此法淬火后，比不淬火的导轨耐磨性可提高 1 倍，并显著改善抗擦伤能力; 缺点是只有局部导轨面被淬硬，且淬硬层很浅，容易出现打火烧伤。该工艺方法多用于机床导轨的维修中。

进行接触电阻加热淬火的铸铁导轨，对灰铸铁材料的要求同感应淬火，表面粗糙度 Ra 应为 1.6 ~ 3.2μm，淬火前应将导轨表面油污清洗干净。

1. 设备

接触电阻加热淬火设备是小车式淬火机，如图 13-12 所示。在导轨磨削加工后即可进行接触电阻加热淬火。淬火机主要由主变压器、电动机、控制变压器、铜滚轮 (淬火头) 等组成。淬火机主变压器容量一般为 1~3kVA，具有多组抽头，以便于调整工作电流。在一台淬火机上可以用一个铜滚轮与导轨构成一对电极; 为了提高淬火效率，也可采用双轮或多轮。当采用多轮时，每两轮串联成一组，每组各用一台变压器，以便于调整电流，使淬火均匀。一般所用的铜滚轮用纯铜制成，其圆周上的花纹为 "S" 形 (见图 13-13)，也有鱼鳞形和锯齿形花纹的。为防止铜滚轮温度过高，可在轮轴中通水冷却。

接触电阻加热淬火后的畸变不大，可用磨石手工或机械打磨去除淬火时在导轨表面形成的一薄层熔结物和氧化物。为提高效率，可制作专用磨光机。当零件要求更低的表面粗糙度值时，可进行精磨加工。

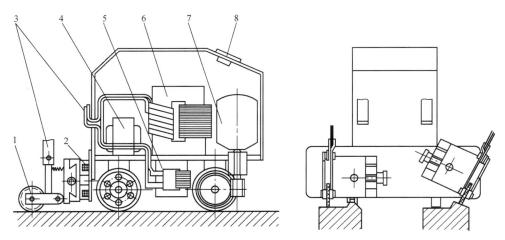

图 13-12　小车式接触电阻加热淬火机
1—铜滚轮　2—电磁离合器　3—铜排导线　4—控制变压器
5—电流互感器　6—主变压器　7—电动机　8—电流表

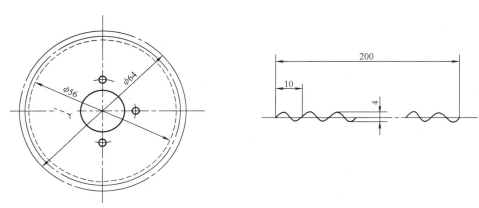

图 13-13　铜滚轮

2. 淬火工艺参数

淬火铜滚轮轮缘花纹线宽 $\delta = 0.8 \sim 1\text{mm}$，淬火电流 $I = 450 \sim 600\text{A}$。

变压器二次电压：开路电压 $<5\text{V}$，负载电压为 $0.5 \sim 0.6\text{V}$。电流小，加热不足，淬硬层浅；电流过大，加热温度过高，易出现打火烧伤凹坑。

铜滚轮线速度 $v = 2 \sim 3\text{m/min}$。速度过慢，加热时间长，淬火温度高，易形成较多残留奥氏体，严重时甚至会形成莱氏体，造成硬度低，耐磨性下降；速度过快，淬火温度低，淬硬层深度及宽度减小，甚至出现淬火条纹断续现象，也会使耐磨性降低。

铜滚轮施于导轨表面的压力 $F = 40 \sim 60\text{N}$。接触压力过低时，接触电阻大，加热温度过高，易形成残留奥氏体及莱氏体；接触压力过高时，接触电阻小，加热温度低，淬硬层过浅，硬度不足。

铜滚轮进给量 $=(0.9 \sim 1.0) \times$ 铜滚轮曲线跨距。

3. 质量检验

淬火后质量评定按 JB/T 6954—2007《灰铸铁材料接触电阻加热淬火质量检验与评级》进行。主要检验项目有：经磨石手工或机械打磨或精磨加工后的硬化层深度 $\geqslant 0.18\text{mm}$；硬度 $\geqslant 550\text{HV}$；淬硬面积应不少于需淬火表面的 25%；显微组织为隐晶马氏体 + 少量残留奥氏体或细针状马氏体 + 少量残留奥氏体，2~4 级为合格；淬火条纹力求排列整齐，少无断线，少无烧伤小坑，淬火面上不允许有纵向软带。

灰铸铁导轨经接触电阻加热淬火的显微组织与耐磨性的对比试验结果见表 13-6。由表可见，Ⅰ、Ⅱ 组正常淬火显微组织（JB/T 6954—2007 的 2~4 级）的耐磨性比铸态的提高 1 倍以上，而 Ⅲ、Ⅳ 组过热、过烧非正常组织（JB/T 6954—2007 的 5~6 级）的耐磨性没有提高，甚至下降了。

表 13-6　显微组织与耐磨性的对比试验结果

试验组别	处理状态及显微组织	相对耐磨性(%)	试验条件
I	接触电阻加热淬火,马氏体+少量残留奥氏体	267	压力为 105.8kPa,L-AN32 全损耗系统用油润滑
	铸态,主要为片状珠光体	100	
II	接触电阻加热淬火,马氏体+少量残留奥氏体	223	压力为 55.9kPa,L-AN32 全损耗系统用油+0.2%(质量分数)Cr_2O_3 润滑
	铸态,主要为片状珠光体	100	
III	接触电阻加热淬火,粗大马氏体+多量残留奥氏体和莱氏体	97	
	铸态,主要为片状珠光体	100	
IV	接触电阻加热淬火,粗大马氏体+多量残留奥氏体和莱氏体	75	
	铸态,主要为片状珠光体	100	

13.1.6　镶钢导轨热处理

在磨床及数控机床中,为提高机床的定位精度,减少传动阻力,以便机床传动及进给系统动作轻便、反应灵敏,常使用滚动导轨。铸铁导轨不能适应滚动的点或线接触疲劳载荷,而镶钢淬硬导轨的接触疲劳强度较高,一般要求滚动导轨硬度≥60HRC。如果硬度降低,则承载能力明显下降,如硬度为 55HRC 时的承载能力仅为 60HRC 时的 2/3;同时,淬硬层还需有足够深度。

镶钢导轨一般较长,截面不对称,侧面有安装孔,在热处理过程中往往易产生淬火畸变。减少畸变的措施如下:

1)做好预备热处理,如材料的正火、球化退火和去应力退火等。

2)采用分级淬火,减少淬火的组织应力。

3)淬火空冷过程中趁热矫直。

4)先将导轨装配在机床上或工装、工件上再进行感应淬火、回火。

5)采用渗氮工艺硬化。

6)为保证导轨精度,应进行多次时效或稳定化处理。

7)采用吊挂装炉方式进行加热、淬火、渗碳、渗氮等。

8)进行多次低温热矫直、回火。

镶钢滚动导轨的热处理方式有整体淬火、渗碳淬火、感应淬火和渗氮等,见表 13-7。

13.1.7　机床导轨用材和热处理的进展

机床导轨用材和热处理明显的发展趋向:

1)铸铁淬火导轨比例增加。

2)镶钢导轨比例增加。

表 13-7　镶钢导轨的热处理

镶钢导轨图样	制造工艺路线	热处理工艺
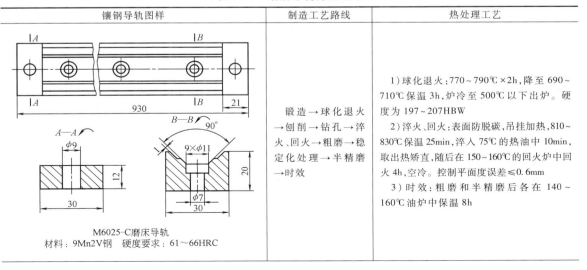 M6025-C磨床导轨 材料:9Mn2V钢　硬度要求:61~66HRC	锻造→球化退火→刨削→钻孔→淬火、回火→粗磨→稳定化处理→半精磨→时效	1)球化退火:770~790℃×2h,降至 690~710℃保温 3h,炉冷至 500℃以下出炉。硬度为 197~207HBW 2)淬火、回火:表面防脱碳,吊挂加热,810~830℃保温 25min,淬入 75℃的热油中 10min,取出热矫直,随后在 150~160℃的回火炉中回火 4h,空冷。控制平面度误差≤0.6mm 3)时效:粗磨和半精磨后各在 140~160℃油炉中保温 8h

（续）

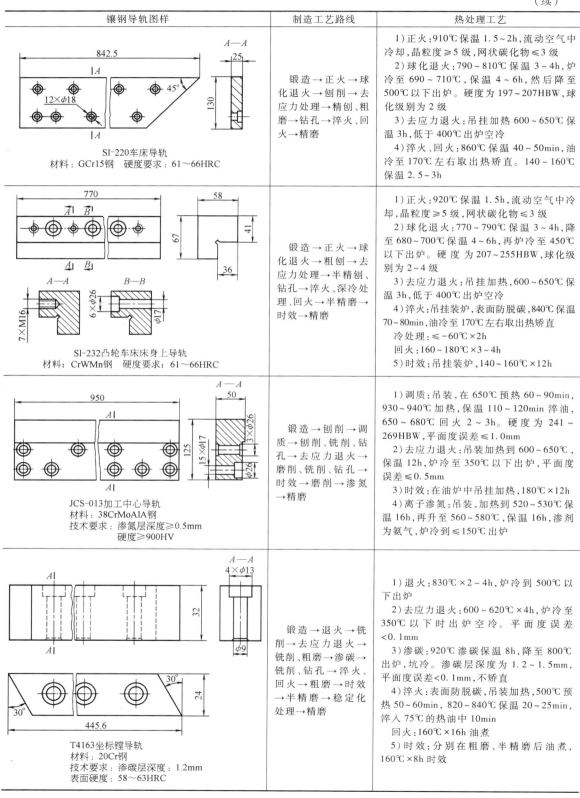

镶钢导轨图样	制造工艺路线	热处理工艺
842.5 A—A 25 130 12×φ18 45° SI-220车床导轨 材料：GCr15钢　硬度要求：61~66HRC	锻造→正火→球化退火→刨削→去应力处理→精刨、粗磨→钻孔→淬火、回火→精磨	1）正火：910℃保温 1.5~2h，流动空气中冷却，晶粒度≥5 级，网状碳化物≤3 级 2）球化退火：790~810℃保温 3~4h，炉冷至 690~710℃，保温 4~6h，然后降至 500℃以下出炉。硬度为 197~207HBW，球化级别为 2 级 3）去应力退火：吊挂加热 600~650℃保温 3h，低于 400℃出炉空冷 4）淬火、回火：860℃保温 40~50min，油冷至 170℃左右取出热矫直。140~160℃保温 2.5~3h
770 A B 67 41 A B 36 A—A B—B 7×M16 6×φ26 φ17 SI-232凸轮车床床身上导轨 材料：CrWMn钢　硬度要求：61~66HRC	锻造→正火→球化退火→粗刨→去应力处理→半精刨、钻孔→淬火、深冷处理、回火→半精磨→时效→精磨	1）正火：920℃保温 1.5h，流动空气中冷却，晶粒度≥5 级，网状碳化物≤3 级 2）球化退火：770~790℃保温 3~4h，降至 680~700℃保温 4~6h，再炉冷至 450℃以下出炉。硬度为 207~255HBW，球化级别为 2~4 级 3）去应力退火：吊挂加热，600~650℃保温 3h，低于 400℃出炉空冷 4）淬火：吊挂装炉，表面防脱碳，840℃保温 70~80min，油冷至 170℃左右取出热矫直 冷处理：≤-60℃×2h 回火：160~180℃×3~4h 5）时效：吊挂装炉，140~160℃×12h
950 A—A 50 A 125 15×φ17 3 φ26 φ26 A φ26 JCS-013加工中心导轨 材料：38CrMoAlA钢 技术要求：渗氮层深度≥0.5mm 　　　　　硬度≥900HV	锻造→刨削→调质→刨削、铣削、钻孔→去应力退火→磨削、铣削、钻孔→时效→磨削→渗氮→精磨	1）调质：吊装，在 650℃预热 60~90min，930~940℃加热，保温 110~120min 淬油，650~680℃回火 2~3h。硬度为 241~269HBW，平面度误差≤1.0mm 2）去应力退火：吊装加热到 600~650℃，保温 12h，炉冷至 350℃以下出炉，平面度误差≤0.5mm 3）时效：在油炉中吊挂加热，180℃×12h 4）离子渗氮：吊装，加热到 520~530℃保温 16h，再升至 560~580℃，保温 16h，渗剂为氨气，炉冷到≤150℃出炉
A—A 4×φ13 A 32 A φ9 30° 24 30° 445.6 T4163坐标镗导轨 材料：20Cr钢 技术要求：渗碳层深度：1.2mm 　　　　　表面硬度：58~63HRC	锻造→退火→铣削→去应力退火→铣削、粗磨→渗碳、铣削、钻孔→淬火、回火→粗磨→时效→半精磨→稳定化处理→精磨	1）退火：830℃×2~4h，炉冷到 500℃以下出炉 2）去应力退火：600~620℃×4h，炉冷至 350℃以下时出炉空冷。平面度误差<0.1mm 3）渗碳：920℃渗碳保温 8h，降至 800℃出炉，坑冷。渗碳层深度为 1.2~1.5mm，平面度误差<0.1mm，不矫直 4）淬火：表面防脱碳，吊装加热，500℃预热 50~60min，820~840℃保温 20~25min，淬入 75℃的热油中 10min 回火：160℃×16h 油煮 5）时效：分别在粗磨、半精磨后油煮，160℃×8h 时效

3）直线滚动导轨比例增加。直线滚动导轨的突出优点是无间隙，可施加预紧力，刚度高，能长期保持精度，可高速运行，低速无爬行。直线滚动导轨主要由导轨体、滑块、保持器、滚珠和端盖等组成。国内外大都在专业生产厂制造、组装或单元部件出售。

4）非金属导轨，特别是塑料导轨比例增加。

5）采用水基淬火冷却介质代替水作为灰铸铁导轨淬火冷却介质的比例增加。采用适当含量的水基淬火冷却介质，不但能保证灰铸铁导轨表面淬火硬度和淬硬层深度，而且有利于防止导轨淬火开裂，减小畸变，并对导轨起到一定的工序间防锈作用。

6）近年来，采用数控导轨淬火机床、精制淬火感应器，使导轨淬火质量得到很大提高。此外，淬火畸变较小的激光淬火在机床导轨上也有少量应用，它的畸变量仅为高频感应淬火的 $1/10 \sim 1/5$，可大幅度减少淬火后的磨削加工。

7）随着导轨长度的增加，采用两段或多段导轨进行热处理，经机械加工后在机床上组装使用，极大地减少了留磨余量，大幅度降低了对热处理工装和设备的投入。

13.2　机床主轴的热处理

13.2.1　主轴的服役条件及失效形式

主轴是机床的重要零件之一，主要传递动力。切削加工时，高速旋转的主轴承受弯曲、扭转和冲击等多种载荷，要求它具有足够的刚度和强度、耐疲劳、耐磨损及精度稳定等性能。

与滑动轴承相配的轴颈可能发生咬死（又称抱轴），使轴颈工作面咬伤，甚至咬裂，这是磨床砂轮主轴常见的失效形式之一。主要原因有润滑不足、润滑油不洁净（含有杂质微粒）、轴瓦材料选择不当、结构设计不合理、加工精度不够、主轴副装配不良及间隙不均等。咬死现象一旦发生，则主轴运转精度下降，磨削时产生振动，被磨削零件表面出现波纹。解决措施除针对上述原因改进，在主轴选材和热处理方面，应提高硬度、热硬性、热强度以增强抗咬死能力。实践证明，抗咬死能力依 65Mn 钢中频感应淬火→GCr15 钢中频感应淬火→38CrMoAlA 钢渗氮顺序提高。

带内锥孔或外圆锥度的主轴，工作时与配合件虽无相对滑动，但装卸频繁。例如，铣床主轴常需调换刀具，磨床头尾架主轴常需调换卡盘和顶尖，磨床砂轮主轴常需调换砂轮等，在装卸中都易使锥面拉毛磨损，影响精度，故也需硬化处理。

与滚动轴承相配的轴颈虽无磨损，但为改善装配工艺性和保证装配精度也需一定的硬度。

13.2.2　主轴材料

主轴依用材和热处理方式可分为四种类型，即局部（或整体）淬火主轴；渗碳主轴；渗氮主轴和调质（或正火）主轴。与滚动轴承或静压轴承配合的主轴宜采用渗碳淬火主轴或局部（或整体）淬火主轴，大直径渗碳淬火主轴应选用含合金元素多的渗碳钢，有效渗碳硬化层深度取上限。局部（或整体）淬火主轴一般选用中碳结构钢，硬度要求高的可选用高碳合金钢。与滑动轴承配合的主轴宜采用渗氮主轴，要求较低的也可采用渗碳主轴或高碳合金钢主轴。调质（或正火）主轴仅适用于部分重型机床或低速机床。主轴材料及其热处理技术要求与特点见表 13-8。

表 13-8　主轴材料及其热处理技术要求与特点

热处理类别	牌　号	热处理技术要求	特　点
渗碳	20Cr 15CrMo 20CrMo 20CrMnTi 20CrMnMo 20CrNi3 15CrMn 20MnVB 12CrNi3	1）正火或调质 2）主轴端部工作面及轴承支承部位渗碳层深度为 $0.8 \sim 1.6mm$，局部加热或整体淬火，硬度为 58~63HRC 3）低温时效（精密件）	1）耐磨性好 2）承受冲击性能较好 3）对整体淬火件，去渗碳层部位可机械加工
局部淬火 （或整体淬火）	45 50 60 40Cr 50Cr 42CrMo 40MnVB	1）调质（T235 或 T265）或正火 2）主轴端部工作面及轴承支承部位局部淬火，硬度为 48~53HRC 或 52~57HRC，感应淬火有效硬化层深度不小于 1mm（对于小直径主轴可整体淬火，C48 或 C52） 3）低温时效（精密件）	1）耐磨性好 2）生产成本低 3）能承受一定冲击

（续）

热处理类别	牌　　号	热处理技术要求	特　　点
局部淬火 （或整体淬火）	65Mn GCr15 GCr15SiMn 9Mn2V	1）调质（T235或T265）或球化退火 2）主轴端部工作面及轴承支承部位局部淬火，硬度为58~63HRC，感应淬火有效硬化层深度不小于1mm（对于小直径和短主轴可整体淬火，C58） 3）低温时效（精密件）	1）耐磨性好 2）精加工后表面粗糙度 Ra 为0.02~0.04μm 3）整体淬火主轴承受冲击性能差
渗氮	38CrMoAl 38CrMoAlA	1）调质（T235或T265）或正火 2）渗氮层深度为0.4~0.9mm，硬度≥850HV 3）低温时效（精密件）	1）耐磨性好 2）抗胶合能力强，不易"抱轴" 3）精加工后表面粗糙度 Ra 为0.04μm 4）不能承受撞击
调质（或正火）	45 55 40Cr 50Mn2	调质（T235）或正火	1）生产成本低 2）仅适用于部分重型机床或低速机床

注：C48表示工件淬火回火后的硬度达到48HRC；T235表示调质硬度为235HBW；其他依此类推。

13.2.3　主轴的热处理工艺

典型机床主轴的热处理工艺实例如下：

例1　XA6132A铣床主轴（见图13-14）

材料为45钢；要求头部140mm段淬火，硬度为48~53HRC。

制造工艺路线：锻造→正火→机械加工→淬火、回火→机械加工。

热处理工艺：

（1）正火　840~860℃×3~4h加热后空冷。

（2）淬火　淬火前先将主轴头部所有螺纹孔和销孔分别用螺钉和销堵上。主轴吊挂，头部140mm段浸入盐浴中于820~840℃加热20~22min，出炉后吊挂置于主轴内锥孔淬火专用喷头上，喷头整个浸入质量分数为5%~10%的NaCl水溶液中，喷冷9~11s后转入油槽中冷却。

（3）快速回火　吊挂，将140mm段部分浸入硝盐浴中于380~400℃加热20~25min，出炉后空冷。

（4）清洗、喷砂，防锈

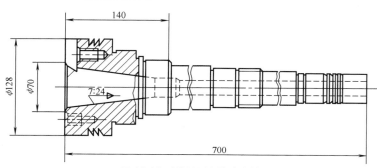

图13-14　XA6132A铣床主轴

例2　XHA784加工中心主轴（见图13-15）

材料为20CrMnMo钢，要求头部144.4mm段及尾部30mm段渗碳淬火，渗碳层深度为1.3~1.5mm，硬度为60~65HRC。

制造工艺路线：锻造→机械加工→渗碳→机械加工（头部螺纹孔、销孔和尾部键槽等）→淬火→机械加工。

热处理工艺：

（1）渗碳　930℃强渗4.5h，扩散2.5h，降温至800℃出炉坑冷，热矫直。

（2）淬火　头部：先将主轴头部螺纹孔、销孔堵上，然后吊挂于盐浴炉中，830~850℃加热头部144.4mm段20~22min，油冷13~15min。尾部：吊挂于盐浴炉中，830~850℃加热尾部30mm段10~15min，油冷4~5min，空冷至室温后清洗。

（3）回火　于180℃回火3~3.5h。

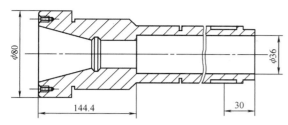

图 13-15　XHA784 加工中心主轴

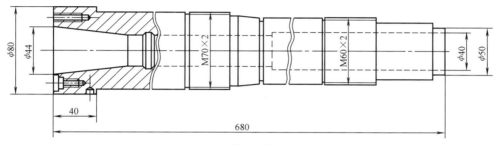

图 13-16　精密数控车床主轴

例 3　精密数控车床主轴（见图 13-16）

材料为 15CrMo 钢，渗碳层深度为 1.1～1.4mm，硬度为 58～63HRC，螺纹、螺纹孔处防渗碳。

制造工艺路线：下料→粗车→调质（T215）→钻孔、半精车，螺纹 M70×2 处加工至 $\phi75$mm，M60×2 处加工至 $\phi65$mm→渗碳淬火→螺纹处车去渗碳层、车螺纹、粗磨→稳定化处理→半精磨→精磨。

热处理工艺：

（1）调质　900℃×2h 油冷，500×2h 回火。

（2）渗碳淬火　螺纹孔处用螺钉防渗碳保护，螺纹处外圆及端面涂防渗碳涂料保护。渗碳淬火设备为多用炉。渗碳温度为 925℃，强渗阶段为 4.5h，碳势 $w(C)$ 为 1.15%；扩散阶段为 2.5h，碳势 $w(C)$ 为 0.75%，渗碳结束后降温至 780℃，均温 0.5h，置多用炉前室油冷。

（3）回火与矫直　180～200℃ 回火 3～3.5h。回火后趁热矫直至径向圆跳动≤0.10mm，矫直后再回火、矫直，直至合格。

（4）稳定化处理　油煮 160℃×12h。

例 4　数控龙门铣主轴（见图 13-17）

材料为 38CrMoAlA 钢，要求渗氮层深度为 0.6mm，硬度≥850HV，螺纹、花键处及平衡区不渗氮。

制造工艺路线：锻造→粗车→调质（T265）→精车、钻孔、攻螺纹、钳→时效→磨、车、粗磨→渗氮→钳、磨、车螺纹、精磨。

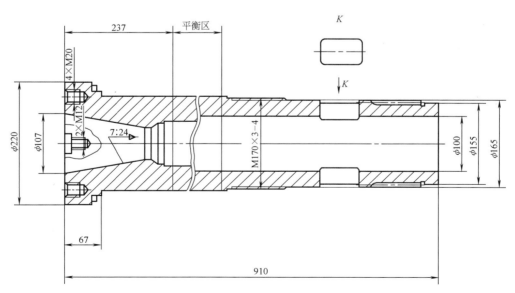

图 13-17　数控龙门铣主轴

热处理工艺：

（1）调质　要求硬度为 250～280HBW，940℃×3～4h 油冷，650～670℃×3～4h 回火。

（2）时效　600℃×5h 降温至 350℃以下出炉空冷。

（3）渗氮　离子渗氮。螺纹孔用螺钉防渗氮保护，M170 螺纹、尾部花键和平衡区用薄铁板（镀锌铁板应将镀层去除）包裹防渗氮。两段渗氮，一段 530～540℃×15h，两段 550～560℃×20h，控制压力在 240Pa 左右。

例 5　M1432 磨床主轴（见图 13-18）

材料为 38CrMoAlA 钢，要求渗氮层表面硬度 ≥950HV，渗氮层深度 ≥0.43mm，硬度梯度要求单边磨去 0.08mm，硬度 ≥900HV，畸变要求径向圆跳动 ≤0.05mm。

热处理工艺：

（1）调质　粗车后加热到 940℃，保温 2.5～3h，油淬，在 650～690℃回火 3～3.5h。硬度为 248～280HBW。

（2）时效　半精车后在 610℃×5～5.5h，炉冷至 ≤350℃出炉空冷。

（3）渗氮　精车并磨削后进行两段离子渗氮，一段 500℃×18h，二段 570℃×20h，分解氨流量为 0.5L/min。渗氮后表面硬度为 1081～1115HV。单边磨去 0.1mm，硬度仍有 907～933HV，脆性 1 级，径向圆跳动 ≤0.03mm。渗氮前螺纹部分进行防渗保护。

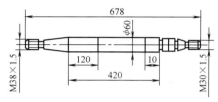

图 13-18　M1432 磨床主轴

例 6　T615K 镗床镗杆（见图 13-19）

材料为 38CrMoAlA 钢，基体硬度为 220～250HBW，渗氮层表面硬度 ≥900HV 钢，渗氮层深度为 0.45～0.65mm。

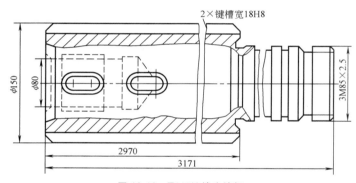

图 13-19　T615K 镗床镗杆

热处理工艺：

（1）退火　锻后 840～870℃×5h，炉冷至 550℃，出炉空冷。

（2）调质　粗车后 930～950℃×1.5h，油淬；620～650℃×5h 回火，空冷，矫直；600～620℃×5h 回火，空冷，矫直；再回火、矫直，直到合格。

（3）去应力处理　精车外圆及锥孔，粗刨键槽后进行 600～620℃×10～12h，炉冷至 150℃出炉空冷。

（4）渗氮　渗氮前螺纹处进行防渗保护。粗磨后气体渗氮，先在氨分解率为 18%～25% 的气氛中经 500～510℃×20h 渗氮，再于氨分解率为 40%～50% 的气氛中经 510～520℃×70h 渗氮，最后在氨分解率＞90% 的气氛中退氮 2h，炉冷至 150℃出炉。硬度 ≥950HV，精磨、精研后成品表面硬度 ≥900HV。

例 7　TY7432 剃齿刀磨齿机前主轴（见图 13-20）

材料为 GCr15 钢，要求硬度为 62HRC。

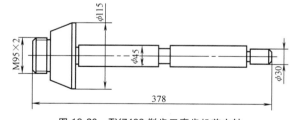

图 13-20　TY7432 剃齿刀磨齿机前主轴

热处理工艺：

（1）球化退火　锻后 780℃×2h 炉冷至 710℃×4h，再炉冷至 ≤500℃，出炉空冷。显微组织为球状珠光体 2～5 级，碳化物网 ≤3 级。

（2）淬火　车削后盐浴炉淬火，先在 550℃预热，升温到 850℃，保温 40min，淬入 160℃硝盐，保持 12min 取出空冷。

（3）冷处理　淬火后 -60℃处理 2h，取出。

（4）回火　回复到室温后进行 160℃×8h 回火。

（5）时效　粗磨后 160℃×16h 时效，径向圆跳动 ≤0.2mm。

例 8　MQ8260 曲轴磨床头架主轴（见图 13-21）

材料为 65Mn 钢，要求调质到（250±15）HBW，外圆 ϕ110m、ϕ85mm 及 5 号锥孔要求淬火硬度为 56~62HRC。

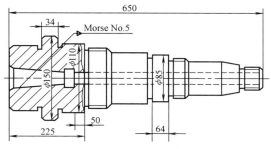

图 13-21　MQ8260 曲轴磨床头架主轴

热处理工艺：

（1）退火　锻后 800℃×3h，炉冷至 550℃后空冷。

（2）调质　车内外圆后进行 810℃×2h，油淬；630℃×3.5h 高温回火，空冷。

（3）淬火　225mm 段局部盐浴炉淬火，800℃×20min，淬入盐水 10s 取出入油冷；ϕ85mm×64mm 段中频感应淬火，在 ZP100、2500Hz 中频设备上加热。感应器内径为 95mm，高度为 25mm，功率为 50kW，

移动速度为 120~130mm/min

（4）回火　整体 200℃×4h 空冷。

（5）时效　粗磨加工后 160℃×6h 时效，空冷。

在局部盐浴炉淬火前，ϕ150mm×34mm 段和螺纹段应包扎石棉耐火绳，保证淬火硬度 ≤30HRC，为随后的钻孔和车螺纹做好准备。50mm 段为淬火过渡区，不考核硬度。

例 9　M7150A 平面磨床砂轮主轴（见图 13-22）

材料为 65Mn 钢，要求心部调质到（250±15）HBW，表面中频感应淬火硬度 ≥59HRC。

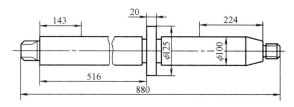

图 13-22　M7150A 平面磨床砂轮主轴

热处理工艺：

（1）退火　锻后 800℃×3h，炉冷至 550℃出炉空冷。

（2）调质　810℃×2.5h，先盐水冷 20s 再油冷，然后 600℃×4h 回火，空冷。

（3）中频感应淬火　精车后进行中频感应淬火，使用 ZP-100、2500Hz 设备，工艺参数见表 13-9。

表 13-9　M7150A 平面磨床砂轮主轴中频感应淬火工艺参数

淬火部位尺寸/ mm	功率/ kW	移动速度/ （mm/min）	温度/ ℃	感应器尺寸/ mm	淬火冷却介质
ϕ100×143	50	110~130	820	ϕ115×29	喷水
ϕ100×224					
ϕ125×20	50	同时加热	840	ϕ135×34	喷雾 20s,空冷

（4）回火　160℃×4h。

（5）时效　粗磨后 160℃×10h。20mm 段的两边及锥体段硬度允许低至 50HRC。

例 10　CA8480 轧辊车床主轴（见图 13-23）

材料为 45 钢，要求表面感应淬火，硬度为 45~50HRC。

热处理工艺：

（1）正火　锻后 850~870℃空冷。

（2）感应淬火　粗车后使用 208 中频发电机和 ϕ1000mm×5000mm 卧式淬火机淬火。工艺参数见表 13-10。

（3）回火　井式炉 320~340℃×4h，空冷。

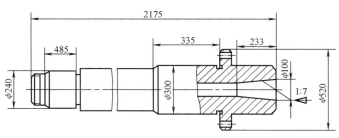

图 13-23　CA8480 轧辊车床主轴

表 13-10　CA8480 轧辊车床主轴中频感应淬火工艺参数

淬火部位	感应器尺寸/mm	匝比	功率因数 cosφ	电容/kF	电压/V	功率/kW	淬火方式	速度/(mm/min)
1：7 锥孔	L=250	1：6	0.95	627	600	120	连续	—
φ300mm 外圆	φ308×22	1：6	0.90~0.95	481	750	190	连续	感应器移动 150~170
φ200mm 外圆	φ247×16							

　　锥孔用锉刀检查硬度为 45~50HRC，有 8~15mm 宽的软带。φ300mm 及 φ240mm 外圆肖氏硬度为 60~70HS。φ300mm 一段靠法兰盘处允许有 15mm 宽的淬火过渡区。

　　例 11　C2150 卧式六轴自动车床主轴（见图 13-24）

　　材料为 45 钢无缝钢管，要求调质硬度为 235HBW，表面淬火硬度为 48~53HRC。

热处理工艺：

　　（1）调质　830~850℃×1.5h，水淬；600℃×2h 回火。硬度为 220~250HBW。

　　（2）感应淬火　在 GP-100、250kHz 高频感应加热设备上对粗、精车后的主轴进行淬火，工艺参数见表 13-11。内孔淬火采用图 13-25 所示的内孔感应器。

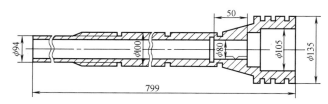

图 13-24　C2150 卧式六轴自动车床主轴

表 13-11　C2150 卧式六轴自动车床主轴高频感应淬火工艺参数

淬火部位	感应器截面尺寸/mm	感应器与轴表面间隙/mm	线速度/(mm/s)	加热温度/℃	淬火冷却介质
内孔、外圆	8×7	2	3	900~920	自来水喷冷

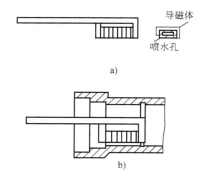

图 13-25　内孔感应器
a）感应器结构　b）淬火时位置

　　淬火表面硬度为 52~57HRC，淬硬层深度为 1.0~1.5mm，径向圆跳动 ≤0.40m。内孔硬度可用手提式 Emco-Intesfs83 型内表面洛氏硬度计测量。

　　（3）回火　220~240℃×2h。

13.2.4　机床主轴用材及热处理的进展

　　机床主轴的转速越来越快，一般在 10000r/min 以上，国外数控加工中心的主轴转速为 5 万~6 万 r/min，甚至更高；精度越来越高；传递转矩越来越大，对主轴提出了更高的精度保持性、耐磨性，以及抗擦伤、抗咬死等的要求，促使其用材和热处理向更高档次发展，主要表现在以下几方面：

　　1）渗碳主轴和渗氮主轴均有较大幅度的增加，渗碳、渗氮层深度增加，硬度梯度平缓。

　　2）局部淬火结构钢机床主轴的碳含量有向高含量发展趋向。例如，使用 50、55、60 和 65Mn 钢代替原 45、40Cr 钢，以提高其淬火硬度。

　　3）研制新型的刚度高、惯性小、耐磨性好的陶瓷主轴材料，表面喷涂陶瓷的主轴已有应用。

　　4）滚动轴承和静压轴承的主轴应用有增加趋势。

　　5）美国超精密加工机床主轴有的采用不锈钢制造，以求获得高硬度、高耐蚀性和低表面粗糙度值的统一。

　　6）用于加工中心和数控机床的电主轴，结构简单、紧凑，传动平稳、振动噪声小，能实现无级变速和高转速、高精度，近年来得到了较快发展。

13.3　机床丝杠的热处理

13.3.1　丝杠的服役条件及失效形式

丝杠是机床的重要零件之一，常用于机床的进给机构和调整移动机构。在螺纹车床、螺纹磨床、铲床、坐标镗床和测量机中，其精度高低直接影响这些机床的加工精度、定位精度或测量精度。数控机床在高进给速度下要求工作平稳和高定位精度，故应使用滚珠丝杠副减少摩擦阻力。其动、静摩擦因数相差极小，在静止、低速和高速时摩擦转矩几乎不变，传动灵敏、平稳，低速不爬行。传动效率可达 90% 以上，比梯形丝杠副高 2~4 倍；滚珠丝杠可消除轴向间隙，提高轴向刚度；预拉伸安装可减少丝杠的受热伸长量，故定位精度和重复精度高。

滑动丝杠的主要失效形式是磨损，滚珠丝杠的主要失效形式是接触疲劳，同时也存在磨损。对于精密滑动丝杠和精密滚珠丝杠，还应具有良好的几何精度稳定性。此外，在腐蚀性介质和较高温度等特殊条件下工作的丝杠，还要求具有耐蚀性和耐热性等。

13.3.2　丝杠材料

（1）梯形丝杠材料　梯形丝杠的材料和热处理工艺选用的一般原则如下：

1）低精度、轻载荷丝杠常用碳素结构钢制造，经正火、调质处理，或者用冷轧易削钢直接机械加工而成。

2）低精度、有耐磨性要求的丝杠可用中碳结构钢制造，经氮碳共渗处理直接使用。

3）高精度、轻载荷丝杠常用碳素工具钢或合金工具钢制造，经调质或球化退火处理。

4）高精度、工作频繁的丝杠常用合金工具钢制造，整体淬火，还有采用高级渗氮钢制造，经渗氮处理。渗氮丝杠可承受较高的工作温度。

5）高精度、要求耐磨的小规格丝杠可用低合金钢制造，进行渗碳淬火。

6）用于测量、受力不大的丝杠可采用感应淬火。

梯形丝杠材料见表 13-12。梯形丝杠原材料的允许缺陷级别见表 13-13。

表 13-12　梯形丝杠材料

丝杠精度等级及工作条件		牌　　号	热　处　理
普通精度（≥7 级）	轻载	45、50	正火或调质
		Y45MnV[①]	—
	中载	40Cr、45、Y40Mn	氮碳共渗、硫氮碳共渗
高精度（≤6 级）	轻载	T10A、T12A、45、40Cr	调质、球化退火
	重载	9Mn2V、CrWMn、T12A	淬火
		38CrMoAlA、35CrMo	渗氮
	高温	05Cr17Ni4Cu4Nb	固溶处理+时效

① 非标在用材料。

表 13-13　梯形丝杠原材料的允许缺陷级别

丝杠精度		≤6 级		7 级	≥8 级	渗氮丝杠
钢　　号		（T10A）（T12A）	CrWMn 9Mn2V	T10（T10A）T12（T12A）45、40Cr Y40Mn	45 40Cr Y40Mn	20CrMnTi 38CrMoAlA
宏观检查	中心疏松	≤2	≤2	≤3	≤3	≤2
	一般疏松	≤2	≤2	≤3	≤3	≤2
	方形液析	≤2	≤2	≤3		≤2
微观检查	氧化物	≤2	≤2	≤3	≤3	≤2
	硫化物	≤2	≤2	≤2	≤3	≤2
	氧硫化合物	≤3	≤3	≤4	≤5	≤3
	带状碳化物	≤2	≤2			
	网状碳化物	≤3[①] ≤2[②]	≤3	碳素工具钢≤3[①] ≤2[②]		
	珠光体球化级别	2~4	2~4	碳素工具钢 2~4		

注：括号中的牌号为可供应的、可选的高级优质钢。
① 截面尺寸>60mm。
② 截面尺寸≤60mm。

（2）滚珠丝杠材料　滚珠丝杠的材料和热处理工艺选用的一般原则如下：

1）低精度、轻载荷滚珠丝杠用碳素结构钢制造，有些可冷轧成形直接使用。

2）高精度、大载荷滚珠丝杠多用合金工具钢和轴承钢制造。常采用感应淬火，也有采用火焰淬火和整体淬火的。

3）小规格滚珠丝杠有些企业习惯用渗碳淬火。

4）某些热处理时易变形的高精度滚珠丝杠可用渗氮钢制造，经渗氮处理后使用。

5）在腐蚀和高温环境中工作的滚珠丝杠可选用沉淀硬化不锈钢制造。

滚珠丝杠材料及热处理见表13-14。

滚珠丝杠原材料的允许缺陷级别见表13-15。

表 13-14　滚珠丝杠材料及热处理

丝杠精度等级及工作条件	牌　号	热　处　理
低精度、轻载	冷轧60钢	—
高精度、重载	GCr15、GCr15SiMn CrWMn、9Mn2V 50CrMo	外圆中频感应淬火，沿滚道感应淬火，整体淬火
高精度、热处理易变形	38CrMoAlA	渗氮
小规格	20CrMnTi	渗碳淬火
腐蚀、高温介质工作	1Cr15Co14 Mo5VN①	固溶+深冷+时效
	05Cr17Ni4Cu4Nb	固溶+时效

① 非标在用牌号。

表 13-15　滚珠丝杠原材料允许缺陷级别

检查	项目	精度		
		精密级	标准级	普通级
宏观检查	中心疏松	≤2	≤2.5	≤2
	一般疏松	≤1	≤1.5	≤2
	偏析	≤2	≤2	≤2
微观检查	氧化物	≤2	≤2.5	≤3
	硫化物	≤2	≤2.5	≤3
	网状碳化物	≤2.5	≤3	≤3
	带状碳化物	≤2	≤3	≤3
	碳化物液析	≤2	≤2	≤2
	珠光体 球化级别	GCr15、GCr15SiMn：2~5级 9Mn2V、CrWMn：2~4级		

（3）滚珠螺母和反向器的材料及热处理　滚珠丝杠副的滚珠螺母和反向器的用钢及热处理技术要求见表13-16。

表 13-16　滚珠螺母和反向器的用钢及热处理技术要求

零件名称	牌　号	热处理技术要求
滚珠螺母	GCr15、CrWMn	整体淬火，60~62HRC
反向器	GCr15、CrWMn	整体淬火，58HRC
	20CrMnTi	离子渗氮层深度为0.3~0.4mm，硬度≥550HV
	40CrMo、40Cr	离子渗氮层深度为0.3~0.4mm，硬度≥500HV

13.3.3　梯形螺纹丝杠的热处理

1. 普通丝杠的热处理

（1）正火　载荷轻的7级和7级以下梯形螺纹丝杠可采用此种工艺。为减少正火时弯曲变形，可将坯料用电阻加热、三辊热矫直的方法进行正火。

（2）调质　中碳结构钢调质后的硬度要求为220~250HBW。回火后若径向圆跳动超差，应进行矫直，并做去应力处理。与电炉加热调质相比，中频感应加热调质具有操作方便、劳动强度低、质量稳定、氧化脱碳少、成本低的优点。中频感应加热调质自动线已在生产中应用多年，效果良好。

（3）气体氮碳共渗　20世纪80年代中期开始采用此种工艺处理普通梯形丝杠，耐磨性提高1倍左右，适用于中等载荷。例如，X60铣床工作台升降丝杠，尺寸为φ32mm×620mm，45钢制造。棒料经正火后粗加工，经590~600℃×6~8h，随炉冷却至300℃以下出炉空冷的去应力处理，再进行气体氮碳共渗。共渗气源有乙醇水溶液裂解气+氨气和直接滴乙醇入渗氮炉，同时通氨气。要求表面硬度为480HV0.1，白亮层深度≥12μm。典型工艺是在570℃保温3~4h。冷却方式有两种：一种是提罐至炉外冷却，继续通氨气和裂解气，待冷却到180℃以下，丝杠出罐，表面呈银灰色；另一种是保温结束后立即出炉，出罐油冷，表面呈黑色。也有在精车螺纹后进行硫氮碳共渗处理的。例如，45钢的7级普通丝杠，在RRN-60-6型炉进行滴注式硫氮碳共渗。滴注液配比为80mL工业乙醇+20mL硫代氰酸铵（NH₄CN），滴量为100~140滴/min（2.5~3mL/min），氨流量为20~25L/min，处理温度为570~580℃，保温3~4h，提罐冷却。表面硬度≥480HV0.1，白亮层厚度≥12μm。

2. 精密丝杠的热处理

6 级和 6 级以上丝杠为精密丝杠。

（1）精密不淬硬丝杠　通常用高碳工具钢制造，少数用结构钢制造。

例 1　SC8630 车床 T85×12 丝杠

材料为 T12A 钢，下料后进行球化退火，车、磨后分别进行中、低温时效。其热处理工艺曲线如图 13-26 所示。硬度 ≤207HBW。

例 2　45 钢 ϕ35mm×1150mm 6 级丝杠在粗车后进行正火、调质，在精车和粗磨后进行中、低温时效。其热处理工艺曲线如图 13-27 所示。硬度为 190~220HBW。

（2）精密淬硬丝杠

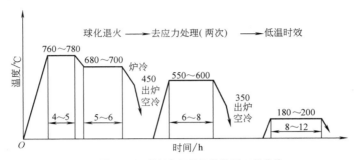

图 13-26　T12A 钢丝杠热处理工艺曲线

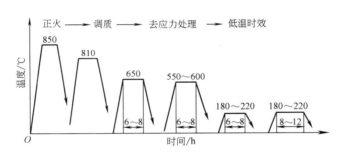

图 13-27　45 钢丝杠热处理工艺曲线

例 3　SM8650A 车床丝杠

丝杠直径为 102mm，全长 6486mm，螺纹部分长 5460mm，螺纹部分采用 14 段相接，每段长 392mm（包括接头每段长 421mm），如图 13-28 所示。材料为 T12A 钢。下料后球化退火，车外圆及铣梯形螺纹，然后在 550~600℃ 去应力处理，再于 760~780℃ 加热淬火，220~260℃ 回火，磨外圆和螺纹后进行低温时效，其热处理工艺曲线如图 13-29 所示。硬度为 56~60HRC，径向圆跳动 ≤0.15mm。

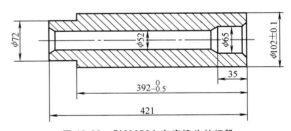

图 13-28　SM8650A 车床接头丝杠段

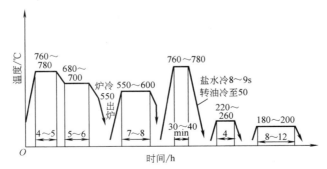

图 13-29　T12A 钢车床接头丝杠热处理工艺曲线

例 4　C8955 铲床丝杠（见图 13-30）

螺纹精度 6 级。材料为 CrWMn 钢，整体淬硬。

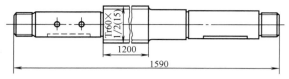

图 13-30　C8955 铲床丝杠

制造工艺路线：下料 ϕ70mm×1595mm→正火→球化退火→粗车外圆及螺纹→去应力处理→粗磨外圆、半精车螺纹、铣键槽→淬火、回火→粗磨外圆及螺纹→低温时效→精磨外圆及螺纹。其热处理工艺曲线如图 13-31 所示。6 级精度丝杠低温时效 1 次，4 级和 5 级精度低温时效两次。成品硬度为 56~61HRC。

例 5　中小规格精密淬硬丝杠（直径<50mm）淬硬丝杠多用 9Mn2V 钢制造。

制造工艺路线：下料→正火（消除网状碳化物合格者不做）→球化退火→粗车外圆和螺纹→去应力处理→粗磨外圆、半精车螺纹、铣键槽→淬火、回火→粗磨外圆及螺纹→低温时效→精磨外圆及螺纹。其热处理工艺曲线如图 13-32 所示。

例 6　S7332 螺纹磨床丝杠（见图 13-33）

材料为 9Mn2V 钢，5 级精度。

制造工艺路线：下料→调质→粗车及粗磨外圆→中频感应淬火→热矫直→冷处理→回火→磨外圆、粗磨螺纹→低温时效→精磨—低温时效。

热处理工艺：

（1）中频感应淬火　设备为 100kW、2500Hz 的中频发电机，卧式淬火机，带有三个淬火托架。输出功率 40kW，电压为 400V，电流为 120A，$\cos\phi$0.95，感应器内径为 ϕ80mm，高 20mm，感应器移动速度为 100mm/min。

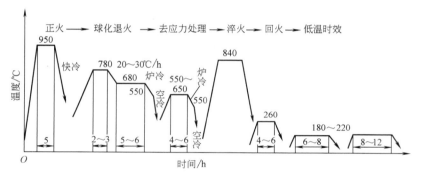

图 13-31　CrWMn 钢铲床丝杠热处理工艺曲线

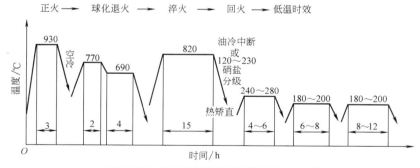

图 13-32　9Mn2V 钢淬硬丝杠热处理工艺曲线

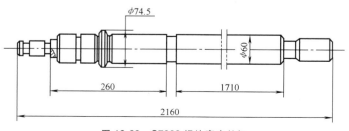

图 13-33　S7332 螺纹磨床丝杠

（2）冷处理　-70℃×2h。

（3）回火　200~240℃×6~8h。

（4）低温时效　180~200℃×12~24h，两次。

淬火层深度为 5.5~6mm，硬度≥56HRC，显微组织为细针状马氏体+均匀分布的碳化物，径向圆跳动≤0.7mm。

例 7　C8955 铲床丝杠

材料为 20CrMnTi 钢，要求渗氮。

制造工艺路线：下料 φ70mm×1038mm→车外圆→正火或调质→粗车→去应力处理→精车螺纹→低温时效→研磨中心孔→半精磨外圆→磨螺纹→离子渗氮→研磨中心孔→精磨螺纹及外圆。

热处理工艺：

（1）正火　950℃加热，空冷。

（2）调质　860~880℃加热，保温 1.5~2h，油冷；580~600℃加热，回火 6~8h，炉冷至 300℃以下出炉。

（3）低温时效　180~220℃×8~12h。

（4）离子渗氮　丝杠在井式离子渗氮炉中垂直对称吊挂，530℃×18h，压力为 200~270Pa，冷至 150℃出炉。要求渗氮层总深度≥0.4mm，表面硬度≥650HV5，渗氮层脆性≤1 级，单边磨去 0.05mm 后硬度≥600HV5，渗氮后径向圆跳动≤0.05mm，外观为银灰色，渗层显微组织为白色致密的化合物层+扩散层，允许有少量断续脉状碳氮化合物，不允许有粗大组织出现。

13.3.4　滚珠丝杠的热处理

1. 滚珠丝杠的种类

滚珠丝杠按加工方法不同，大致可分为两大类，即磨制丝杠和轧制丝杠。

磨制丝杠工艺复杂，精度高，能达到 5 级以上高精度，用于制作定位精度高的滚动传动元件；轧制丝杠工艺简单，精度较低，一般只能达到 5 级以下精度，用于制作精度要求低的、以灵活传递动力为主的滚动传动元件。另外，小批量或单件生产的短丝杠也可车削螺纹后淬火，再磨削制成。

滚珠丝杠作为重要的机床传动功能部件，目前基本上已实现了由专业厂进行专业化生产，生产工艺逐渐完善，产品质量也在逐步提高。

2. 滚珠丝杠副的主要构件

滚珠丝杠副由带双圆弧螺纹滚道的滚珠丝杠、钢球及带双圆弧螺纹滚道的滚珠螺母、循环机构（返回器或插管）密封件、预紧元件等组成，丝杠与螺母不直接接触，其中间放置各种规格的与双圆弧滚道相匹配的淬硬钢球。钢球以 GCr15 钢或 GCr15SiMn 钢制造，硬度为 60~63HRC。

3. 滚珠丝杠的制造工艺路线及热处理工艺

（1）制造工艺路线　以 GQ2005-320 滚珠丝杠为例，材料为 GCr15 钢。进料状态为网状碳化物不大于 2.5 级，珠光体球化级别为 2~4 级。

1）磨制丝杠的制造工艺路线：下料→车→钳（矫直）→高温时效→外圆磨→中频感应淬火→研磨中心孔→外圆磨→螺纹磨→低温时效→研磨中心孔→外圆磨→螺纹磨→低温时效→车→铣（键槽）→研磨中心孔→外圆磨（磨外圆成）→螺纹磨（磨滚道成）→螺纹磨（M15×1-6g 螺纹）→钳（去毛刺）。

2）轧制丝杠的制造工艺路线：下料→钳（矫直）→轧制→钳（矫直）→中频感应淬火→钳（矫直）→抛光→车、磨、铣两端未淬火区以达到图样要求。

（2）热处理工艺　以 GCr15 丝杠为例，当原材料网状碳化物大于 2.5 级时应增加正火工序；当原材料网状碳化物大于 2.5 级及珠光体球化级别大于 4 级时，应增加球化退火工序。

1）正火：900~950℃×1~2h，出炉空冷。网状碳化物应≤2.5 级。

2）球化退火：790~800℃×2~6h，随炉降至 690~700℃保温 1~2h，以约 50℃/h 的冷却速度随炉冷至 500℃以下出炉。硬度应为 170~207HBW，珠光体球化级别应为 2~4 级。

3）高温时效：200℃入炉，以 100~150℃/h 的升温速度升至 550~600℃，保温，以约 50℃/h 的冷却速度降至 200℃出炉。

4）中频感应淬火：约 900℃连续加热，喷水或水溶性淬火冷却介质，（180±10）℃回火。检查淬硬层深度，硬度为 58~62HRC。

5）低温时效一：（170±10）℃×12h。

6）低温时效二：（160±10）℃×（12~24）h。

对高精度滚珠丝杠或对丝杠心部有高于球化退火硬度要求的，可以在粗车后加调质处理，再进行后续加工。

20CrMnTi 钢制丝杠需经渗碳淬火，38CrMoAl 钢制丝杠需经渗氮处理，18Cr2Ni4WA 钢制丝杠需经碳氮共渗处理。

4. 整体淬火丝杠

直径较小、长度较短的滚珠丝杠可在车螺纹后进行整体淬火。常用整体淬火滚珠丝杠的热处理工艺参数见表 13-17。

表 13-17　整体淬火滚珠丝杠的热处理工艺参数

牌号	淬火温度/℃	回火温度/℃		回火时间/h	时效/温度×时间	
		58~62HRC	56~60HRC		58~62HRC	56~60HRC
GCr15	845~865		200~220		第一次时效	第一次时效
GCr15SiMn	830~850	160~180	220~240	4~6	140~160℃×6~8h	140~160℃×6~8h
9Mn2V	800~820		240~260		第二次时效	第二次时效
CrWMn	830~855		260~320		140~160℃×8~12h	140~160℃×8~12h

丝杠的装炉方式：无论是淬火、回火还是时效，为避免产生过大的弯曲畸变，均应吊挂装炉。淬火时应垂直入油。

220℃以下的回火一般采用油炉，220℃以上的回火宜在井式回火炉中进行。

对在井式油浴炉中进行时效的、精度较低的丝杠，时效时间可取下限，精度较高的应取上限。

整体淬火滚珠丝杠的预备热处理和其他有关问题可参照梯形螺纹精密淬火丝杠有关内容。

5. 滚珠丝杠螺母的材料选择、制造工艺路线及热处理工艺

（1）材料选择　滚珠丝杠螺母的材料选择基本上分两类：一类是中、高碳钢或轴承钢，经过盐浴淬火或真空淬火获得高硬度；另一类是低碳合金钢，经过化学热处理的方法，如渗碳淬火获得硬化层。

常用的滚珠丝杠螺母材料及热处理见表 13-18。

表 13-18　常用的滚珠丝杠螺母材料及热处理

牌号	热处理
GCr15 、CrWMn	盐浴淬火或真空淬火
20CrMnTi	渗碳淬火
38CrMoAl	渗氮

以某产品为例，材料为 GCr15 钢。制造工艺路线：下料→粗车（外圆、内孔、端面）→粗磨（内孔、外圆、端面）→车螺纹滚道→铣扣头→镗孔、铣键槽→钻攻螺纹孔（钳）→真空淬火（58~62HRC）→喷砂→精磨内孔、外圆及端面→研磨孔（反向器孔）→磨齿→精磨螺纹滚道至成品尺寸。

（2）热处理工艺　GCr15 钢原材料金相组织网状碳化物不大于 2.5 级，珠光体球化级别 2~4 级为合格，若不合格应增加正火、球化退火调整至合格。

真空淬火：（550±10）℃预热，（850±10）℃加热保温后淬油，（170±10）℃回火。硬度为 58~62HRC。

6. 滚珠丝杠表面产生磨削裂纹的原因分析及解决措施

滚珠丝杠表面经感应淬火、磨削螺纹后，通过着色或磁粉检测，有时在螺纹滚道的圆弧上出现轴向的或网状的裂纹，严重的甚至在磨削螺纹过程中凭肉眼

就可发现。产生磨削裂纹一般是原材料、热处理和磨削三方面存在问题的综合结果，但有时某一方面的问题是主要的原因。

（1）磨削裂纹的原因分析

1）原材料方面。原材料网状碳化物级别超差或球化退火组织不合格（有片状珠光体）是造成磨削裂纹的原因之一。碳化物不均匀易造成丝杠表面淬火后表面硬度和内应力分布不均，碳化物较集中的地方的内应力也较集中，在丝杠磨削时，如果该处的内应力超过材料的抗拉强度，就会产生磨削裂纹。片状珠光体存在，易造成丝杠表面淬火后晶粒粗大，从而降低材料的抗拉强度，磨削时在内应力超过材料的抗拉强度的部位易产生磨削裂纹。

2）热处理方面。主要表现为淬火温度过高或回火不足。淬火温度过高，淬火后形成粗大的马氏体组织会大大降低材料的抗拉强度；回火不足（回火温度低、回火时间短），会造成丝杠淬火时形成的内应力消除不彻底。丝杠磨削时，丝杠淬火、回火后的残余内应力与磨削时产生的磨削应力相叠加，当叠加后的应力超过材料的抗拉强度时，丝杠表面就会出现磨削裂纹。

3）磨削方面。磨削工艺、操作的不规范也是磨削裂纹的重要原因。它使磨削时产生过量的磨削热，过量的磨削热使丝杠表面"二次回火"而体积收缩，使表面受拉应力；磨削热过多甚至使丝杠表面温度达到材料的淬火温度，在磨削液的冷却作用下，丝杠表面形成"二次淬火"，同样会造成表面拉应力增加。当表面拉应力超过材料抗拉强度时，表面就出现了磨削裂纹。

（2）避免磨削裂纹的措施

1）原材料方面。以滚珠丝杠最常用的 GCr15 钢为例，金相组织参照 JB/T 1255—2014《滚动轴承高碳铬轴承钢零件　热处理技术条件》中表 1 的规定：球化组织符合第一级别图中的 2~4 级为合格组织，网状碳化物不大于第四级别图中的 2.5 级为合格。在生产中，生产单位应对进厂钢材进行理化检验。对检验出网状碳化物超差的，应进行正火→球化退火；碳化物分布特别不均的还应先进行锻打，再进

行正火→球化退火处理。对检验出球化组织不合格的，应进行球化退火处理，直至钢材的碳化物不均匀性和球化退火组织合格才能投产。

2）热处理方面。正确选择淬火感应器、感应器与丝杠的间隙，正确选择电参数（电流、电压、输出功率和移动速度），控制加热温度和加热时间，避免加热温度过高，保证丝杠淬火后回火要充分。如果原材料合格，淬火温度也不高，磨削时即使调整磨削规范也不能避免产生磨削裂纹，应考虑淬火后增加一次回火，即淬火后进行两次回火，以更有效地释放、消除丝杠淬火时产生的内应力，减少产生磨削裂纹的倾向。若在磨削过程中发现有磨削裂纹时，应立即停止磨削，测量剩余磨量，根据剩余磨量的多少，可进行再次回火或低温时效，对再磨削时避免产生裂纹很有效。

3）磨削方面。正确选择磨削工艺参数，以尽量减少磨削热，如合理选择砂轮的种类、粒度、硬度和转速等，减小每次进给量，选择冷却性能好的磨削液，设置的磨削液喷头能有效地将新磨削表面冷却。

13.3.5　丝杠的特殊热处理工艺

1. 沉淀硬化不锈钢丝杠

（1）材料和技术条件　例如，丝杠尺寸为 $\phi45mm \times 1880mm$，选用 05Cr17Ni4Cu4Nb（17-4PH）沉淀硬化不锈钢制造。此钢碳含量极低 $[w(C) \leq 0.07\%]$，耐蚀性强，经固溶热处理和时效可获得高耐磨性、高温强度、良好的低温延性和可加工性。硬度为 40~46HRC。

（2）制造工艺路线　下料→固溶热处理→粗车→时效→车削→低温时效（径向圆跳动超差时，允许冷戗矫直）→车削→低温时效→磨削。

（3）热处理工艺　为获得最佳处理效果，根据此类不锈钢中所含合金元素的微小变化，其热处理工艺应做适当调整。下面推荐两种化学成分的 05Cr17Ni4Cu4Nb 钢的热处理工艺，供参考使用。

1）成分（质量分数）为 C0.021%、Mn0.59%、Si0.26%、P0.005%、S0.003%、Cr16.32%、Ni4.2%、Cu3.97%、Nb0.53%的钢。在井式炉中加热进行固溶热处理：850℃预热 1h，（1050±10）℃×1.5h，油冷，硬度为 30~32HRC；再经（510±10）℃×1.5h 时效，硬度为 42~46HRC。

2）成分（质量分数）为 C0.028%、Mn0.47%、Si0.45%、P0.004%、S0.009%、Cr16.94%、Ni4.0%、Cu3.44%、Nb0.41%的钢。在盐浴炉中进行固溶处理，于 850℃入炉，随炉升温至 1070℃，保温 80min，油冷（油温 60~70℃），硬度为 30HRC；再经 470℃空气炉

时效 4h，硬度为 43~45HRC。应当指出，在盐浴炉中加热固溶处理的 05Cr17Ni4Cu4Nb 钢表面有约 1mm 厚的异相层，应用时要加以考虑。

2. 沉淀硬化不锈钢滚珠丝杠

一种高强度、耐蚀不锈钢丝杠 CQ44×728mm，硬度要求为 52~56HRC，力学性能要求为 $R_m \geq 1000MPa$，$a_K \geq 20J/cm^2$。

材料为 1Cr15Co14Mo5VN $[w(C) = 0.13\%~0.19\%$，$w(Cr) = 14\%~15.2\%$，$w(Co) = 13.4\%~14.4\%$，$w(Mo) = 4.4\%~5.2\%$，$w(V) = 0.4\%~0.6\%$，$w(N) = 0.025\%~0.06\%]$ 沉淀硬化不锈钢。经表 13-19 所列的热处理工艺处理，能满足上述各项技术要求，并且具有较好的耐蚀性和耐磨性。

表 13-19　1Cr15Co14Mo5VN 钢热处理工艺

序号	工序名称	工艺参数	硬度 HRC
1	退火	（860±10）℃×2~3h，炉冷	28~29
2	固溶处理	（1050±10）℃×60min，油冷	47~48
3	冷处理	-78℃×30min	48~49
4	一次时效	（540±10）℃×2h，空冷	51~52
5	二次时效	（540±10）℃×2h，空冷	54~55

3. 碳氮共渗空心滚珠丝杠

一种外径为 37.8mm、壁厚为 3.6mm、全长为 1027mm，螺纹部分要求硬度为 58~62HRC，渗层深度要求为 0.8~1.1mm 的空心滚珠丝杠，材料为 18Cr2Ni4WA 钢。由于它细长，若渗碳淬火则变形太大，而渗氮则硬化层深度太浅，故采用碳氮共渗。

渗剂用三乙醇胺和甲醇，在 RJJ-105-9T 渗碳炉中进行滴注式气体碳氮共渗。采用二次加热淬火，可获得较好的显微组织和力学性能，表面硬度为 50~60HRC，内部硬度为 41~42HRC。其热处理工艺曲线如图 13-34 所示。

共渗前，丝杠内孔用抗渗粉堵塞保护，可保证内孔表面粗糙度不变，无渗碳现象。碳氮共渗二次加热淬火后丝杠长度收缩较大，对于不同尺寸和材料，应摸清其收缩规律；在共渗前车螺纹时，应将收缩量事先予以补偿，使共渗淬火后精磨螺纹时不致磨不出成品。

4. 高温快速加热梯形螺纹丝杠

一种全长 1467mm 的梯形螺纹丝杠：①材料为 42CrMo 钢，要求调质硬度为 265HBW；②螺纹部分长度为 806mm，外径为 41.3mm，要求硬度为 48~53HRC；③轴承部位长度为 50mm，外径为 40mm，要求硬度为 52~57HRC。由于零件细长，整体淬火变形很大，矫直困难，因此螺纹采用高温快速加热淬火，轴承部位采用高频感应淬火。

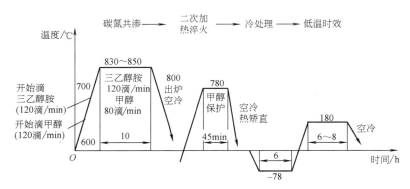

图 13-34　18Cr2Ni4WA 钢空心滚珠丝杠的热处理工艺曲线

制造工艺路线：下料→正火→粗车→调质→机械加工→高温快速加热淬火→回火→感应淬火→回火→机械加工→低温时效→研磨中心孔→精磨螺纹及外圆。

热处理工艺：

（1）正火　860~880℃×1~1.5h，空冷。

（2）调质　840℃×35~40min，油淬；670~690℃×3~3.5h 回火，空冷。硬度为 250~280HBW。

（3）高温快速加热淬火　炉温加热至 920℃，均温 20min；丝杠采用吊装入炉，加木炭保护，炉温至 850℃，保温 2.5~3min，出炉垂直入油，上下运动，冷却。螺纹部位硬度为 51~55HRC。

（4）回火　250~270℃×4~4.5h，空冷。硬度为 49~52HRC。

（5）高频感应淬火　轴承部位 870~890℃ 连续加热淬火，采用质量分数为 5%~8% 聚烷撑二醇（PAG）水溶性淬火冷却介质。硬度为 57~60HRC。

（6）回火　230~250℃×4~4.5h，空冷。硬度 53~56HRC。

（7）低温时效　180~200℃×8~10h，两次。

13.4　机床基础件的去应力处理

13.4.1　机床基础件的服役条件及失效形式

机床铸造和焊接基础件（如床身、立柱、工作台、横梁、主轴箱、溜板、壳体等）是整台机床的基座和骨架，起着支承作用。这类零件在铸造、焊接及随后的机械加工过程中，都不可避免地在其内部形成残余应力。产品在使用过程中因受外力、振动、环境温度变化，随时间的迁移，残余应力会逐渐松弛和重新分布，从而导致零件变形，丧失原有的几何精度，使整台机床精度下降。为解决上述问题，应在粗加工后尽可能消除其残余应力，并使最后残存不多的

内应力分布趋于均衡稳定。高精度精密机床和精密仪器的基础件，常在半精加工后再进行一次去应力处理。

常用的消除和稳定残余应力的时效方法有自然时效、热时效和振动时效三种。

13.4.2　自然时效

自然时效是将粗加工后的零件放置在露天环境，经受昼夜、严寒、酷暑、风吹、日晒和雨淋等作用而引起残余应力松弛，从而稳定尺寸精度。此法消除应力很有限，但对稳定尺寸精度也有些作用。由于其周期太长（1 年以上），占用资金、场地，其效果也不及热时效和振动时效，逐渐已不作为单独使用的时效方法。

13.4.3　热时效

1. 工序安排

热时效应放在粗加工之后，以便将铸造或焊接残余应力和粗加工形成的残余应力一并消除和均匀化。高精度机床可在半精加工后进行第二次热时效。凡加工量大的面、孔、槽等均应在第一次时效前加工。

2. 装炉

钢铁件在热时效温度下的强度会下降，极易发生弯曲、扭转等畸变。装炉时须注意以下几点：

1）长薄件放置应使竖直方向有较大弯曲刚度，如长而扁的工作台应使侧面向下立放。

2）轻薄或结构复杂零件的支承点位置应使重量平均分布或增加支承点，尽量减少零件承受的弯应力。

3）应将平面和刚性大的面平放在炉底，大件和重要件不应放在小件和易变形件之上，小件不应套装在大件之中。分层装炉时，上下垫铁要对正，不得相互错开，以防工件弯曲。

4）装炉不宜过满，零件与炉壁，各零件之间的

间隔不应小于 100～300mm，以利炉气流通，温度均匀。

3. 热时效工艺规范（见表 13-20）

为充分有效地去除应力，应控制炉膛内温度并使其均匀，一般采用多点控温，保持温差小于 100℃；

缓慢升温，以小于 50℃/h 为宜，不得高于 100℃/h；降温速度也不可太快，一般取 30～50℃/h；出炉温度不可太高，炉冷至 150℃ 以下方可出炉空冷。同时满足以上四点才能获得几何尺寸稳定的基础件。

4. 机床基础件热时效工艺实例（见表 13-21）

表 13-20　热时效工艺规范

零 件 材 料		壁厚/mm	加热温度/℃	保温时间/h
灰铸铁	HT200	<50	550±50	2
	HT250	50～100		壁厚每增 25mm 延长 1～1.5
	HT300	>100		6
合金铸铁		<50	580±50	2
		50～100		壁厚每增 25mm 延长 1～1.5
		>100		6
焊接钢结构		<50	$Ac_1-(100～200)$	2

表 13-21　机床基础件热时效工艺实例

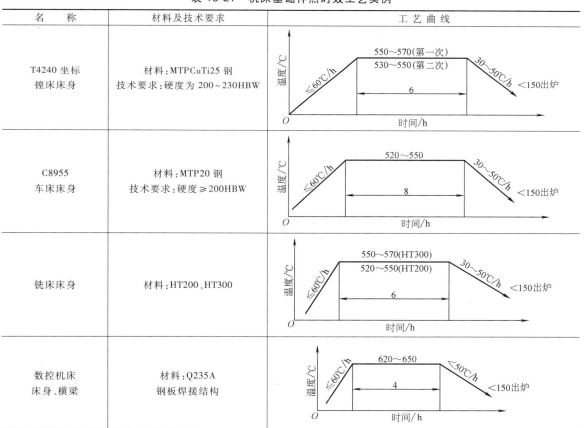

名　称	材料及技术要求	工艺曲线
T4240 坐标镗床床身	材料:MTPCuTi25 钢 技术要求:硬度为 200～230HBW	
C8955 车床床身	材料:MTP20 钢 技术要求:硬度≥200HBW	
铣床床身	材料:HT200、HT300	
数控机床床身、横梁	材料:Q235A 钢板焊接结构	

5. 热时效的优缺点

在 Ac_1 点以下的 500～650℃ 范围内的高温热时效能消除 60% 以上的残余应力，是消除残余应力的有效方法。如果铸件在热时效后再配以短时间的自然时效（一般 3～6 个月），对稳定尺寸精度能起到更好的作用。热时效的缺点是设备投资较高、生产周期长、能耗高，并且不能用于淬硬的导轨等零件。

13.4.4　振动时效

将铸件按适当的形式支承或置于振动台上，将激振器牢固地装夹在工件振动的波峰处，工件在激振器所施加的周期性外力的作用下产生共振，各部位所受的交变应力与内部的残余应力叠加，使工件局部发生屈服，引起微小塑性变形，导致残余应力松弛或稳定或重新分布，趋于均匀，并增强了金属基体的抗变形能力，达到提高工件几何精度稳定性的目的，这种工艺方法称为振动时效。

振动时效对工作环境有一定的噪声及振动污染，但一次性投资小，生产周期短，能耗仅为热时效的 1/10，设备轻小，使用方便，对材料有强化作用，从而提高了构件的抗变形能力和尺寸稳定性。另外，此方法还适合于处理不能采用热时效的淬硬零件。

13.5　机床其他零件的热处理

13.5.1　机床附件的热处理

机床附件指与主机配套的转台、分度头和自定心卡盘等部件，其热处理工艺实例见表 13-22。

表 13-22　机床附件热处理工艺实例

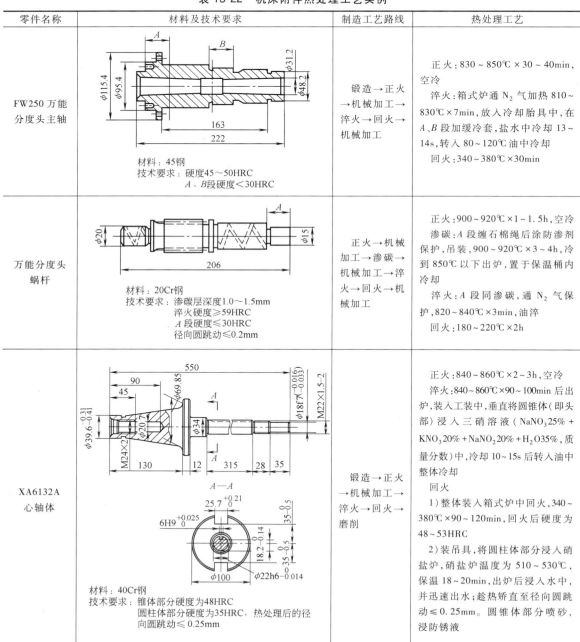

零件名称	材料及技术要求	制造工艺路线	热处理工艺
FW250 万能分度头主轴	材料：45 钢 技术要求：硬度 45～50HRC A、B 段硬度＜30HRC	锻造→正火→机械加工→淬火→回火→机械加工	正火：830～850℃×30～40min，空冷 淬火：箱式炉通 N₂ 气加热 810～830℃×7min，放入冷却胎具中，在 A、B 段加缓冷套，盐水中冷却 13～14s，转入 80～120℃ 油中冷却 回火：340～380℃×30min
万能分度头蜗杆	材料：20Cr 钢 技术要求：渗碳层深度 1.0～1.5mm 淬火硬度≥59HRC A 段硬度≤30HRC 径向圆跳动≤0.2mm	正火→机械加工→渗碳→机械加工→淬火→回火→机械加工	正火：900～920℃×1～1.5h，空冷 渗碳：A 段缠石棉绳后涂防渗剂保护，吊装，900～920℃×3～4h，冷到 850℃ 以下出炉，置于保温桶内冷却 淬火：A 段同渗碳，通 N₂ 气保护，820～840℃×3min，油淬 回火：180～220℃×2h
XA6132A 心轴体	材料：40Cr 钢 技术要求：锥体部分硬度为 48HRC 圆柱体部分硬度为 35HRC，热处理后的径向圆跳动≤0.25mm	锻造→正火→机械加工→淬火→回火→磨削	正火：840～860℃×2～3h，空冷 淬火：840～860℃×90～100min 后出炉，装入工装中，垂直将圆锥体（即头部）浸入三硝溶液（NaNO₃25% + KNO₃20% + NaNO₂20% + H₂O35%，质量分数）中，冷却 10～15s 后转入油中整体冷却 回火 1）整体装入箱式炉中回火，340～380℃×90～120min，回火后硬度为 48～53HRC 2）装吊具，将圆柱体部分浸入硝盐炉，硝盐炉温度为 510～530℃，保温 18～20min，出炉后浸入水中，并迅速出水；趁热矫直至径向圆跳动≤0.25mm。圆锥体部分喷砂，浸防锈液

（续）

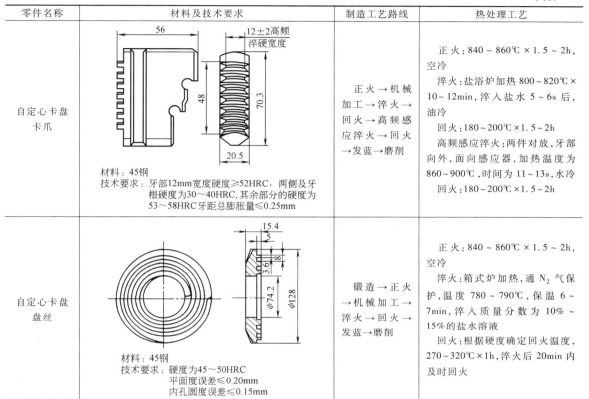

零件名称	材料及技术要求	制造工艺路线	热处理工艺
自定心卡盘 卡爪	材料：45钢 技术要求：牙部12mm宽度硬度≥52HRC，两侧及牙根硬度为30～40HRC，其余部分的硬度为53～58HRC牙距总膨胀量≤0.25mm	正火→机械加工→淬火→回火→高频感应淬火→回火→发蓝→磨削	正火：840～860℃×1.5～2h，空冷 淬火：盐浴炉加热800～820℃×10～12min，淬入盐水5～6s后，油冷 回火：180～200℃×1.5～2h 高频感应淬火：两件对放，牙部向外，面向感应器，加热温度为860～900℃，时间为11～13s，水冷 回火：180～200℃×1.5～2h
自定心卡盘 盘丝	材料：45钢 技术要求：硬度为45～50HRC 平面度误差≤0.20mm 内孔圆度误差≤0.15mm	锻造→正火→机械加工→淬火→回火→发蓝→磨削	正火：840～860℃×1.5～2h，空冷 淬火：箱式炉加热，通N₂气保护，温度780～790℃，保温6～7min，淬入质量分数为10%～15%的盐水溶液 回火：根据硬度确定回火温度，270～320℃×1h，淬火后20min内及时回火

13.5.2　机床离合器零件的热处理

机床离合器的主要零件有摩擦片、连接件、花键套、磁轭和齿环等。机床离合器承受冲击及磨损，因此要求具有高的耐磨性和弹性。在这几种零件中，摩擦片仍采用传统的热处理工艺，常用 15、Q235A 钢渗碳或 65Mn、60Si2Mn 等钢制造。由于摩擦片一般很薄，热处理过程中极易发生畸变。减少畸变的措施有：

1）对渗碳摩擦片，应严格控制渗碳层中的碳含量及渗碳层的均匀性。

2）压平淬火。

3）装胎具回火。

连接件、花键套、磁轭和齿环等均可采用激光淬火，其优点是质量明显优于普通盐浴或感应淬火，降低能耗，根治了过去连接件爪部工作面硬度低、卡爪内侧变形大，花键套键侧面硬度低、内孔变形超差、小孔处开裂，磁轭和齿环渗碳淬火变形大、发生断齿、两者啮合不良、传递力矩不足及发生打滑等缺陷。

机床离合器零件热处理工艺实例见表 13-23。

表 13-23　机床离合器零件热处理工艺实例

零件名称	材料及技术要求	制造工艺路线	热处理工艺
X62W 万能升降台铣床摩擦片	材料：Q235A钢 技术要求：渗碳层深度为0.4～0.5mm 硬度为40～50HRC 平面度误差≤0.10mm	机械加工→渗碳→淬火→回火→磨削	渗碳：920～930℃×2～2.5h，冷至750℃出炉 淬火：箱式炉通N₂气加热，900～920℃×1～1.5min，油淬 回火：装胎具380～420℃×1～1.5h，从炉中取出拧紧胎具螺栓，再装炉回火，380～420℃×1～1.5h

（续）

零件名称	材料及技术要求	制造工艺路线	热处理工艺
DLMD 电磁 离合器 摩擦片	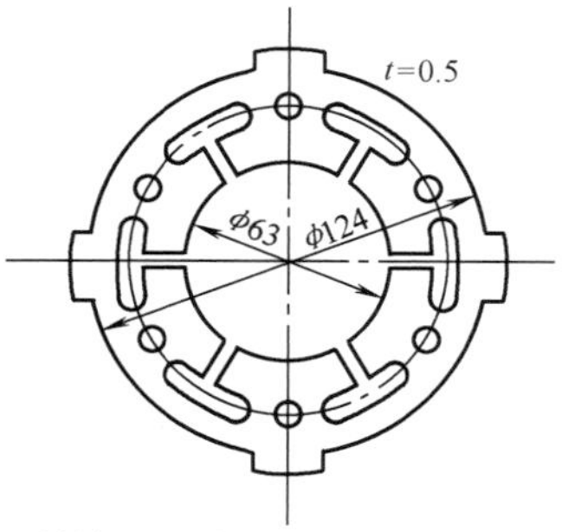 $t=0.5$　$\phi63$　$\phi124$ 材料：65Mn钢 技术要求：硬度为44～48HRC 　　　　　平面度误差≤0.10mm	冲片→淬火 →回火→磨削	淬火：箱式炉通 N_2 气加热，820～840℃×1.5～2min，油淬 回火：装胎具，340～360℃×1h
电磁 离合器 摩擦片	精度Ⅳ级，模数$m=1.5$mm，齿数$z=98$ 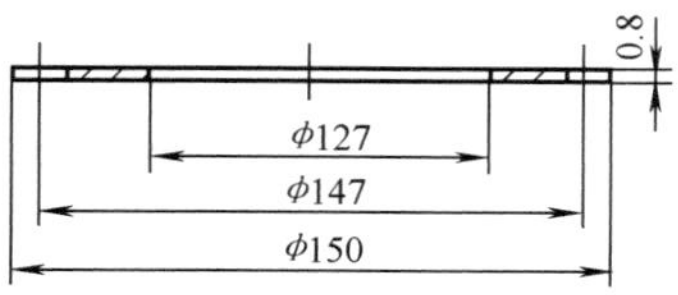 0.8　$\phi127$　$\phi147$　$\phi150$ 材料：6SiMnV钢 技术要求：硬度为55～60HRC 　　　　　平面度误差≤0.10mm	锻造→退火 →切片→淬火 →回火→磨削	退火：740～760℃×2～4h，冷至500℃以下出炉 淬火：箱式炉通 N_2 气加热，860～880℃×3～4min，出炉后放在平台上用铁块压平淬火 回火：装胎具回火，380～420℃×1～1.5h
DLM06.3 电磁 离合器 连接件	 材料：45钢 技术要求：硬度≥55HRC 　　　　　淬硬层深度≥0.3mm 　　　　　爪部直径变形≤0.1mm 　　　　　硬化面积≥80%	完成全部机械加工后，在数控激光热处理机上自动进行六个爪的12个侧面激光扫描淬火	激光输出功率 $P=1000$W 透镜焦距 $f=350$mm 离焦量 $d=59$mm 扫描速度 $v=1000$mm/min 生产节拍 $t=45$s/件 结果：硬度为 57～60HRC 硬化层深度为 0.3～0.6mm 直径变形 ≤±0.03mm 爪侧面 100%淬硬
K5-D2 花键套	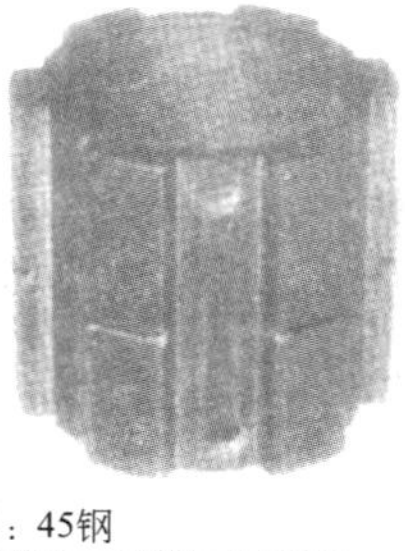 材料：45钢 技术要求：硬度≥55HRC 　　　　　个别点允许硬度≥50HRC 　　　　　淬硬层深度≥0.3mm 　　　　　内径变形≤0.05mm 　　　　　硬化面积≥80%	完成全部机械加工后，在数控激光热处理机上自动进行六个花键的12个侧面激光扫描淬火	激光输出功率 $P=1000$W 透镜焦距 $f=350$mm 离焦量 $d=59$mm 扫描速度 $v=1200$mm/min 结果：硬度为 55～63HRC 硬化层深度为 0.3～0.5mm 内径变形 = 0～0.03mm

（续）

零件名称	材料及技术要求	制造工艺路线	热处理工艺
XE-10 牙嵌式电磁离合器的磁轭和齿环	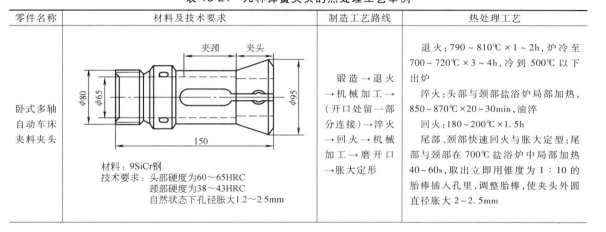直径116mm，齿高0.45mm 齿顶宽0.26mm，齿根部厚0.35mm 齿的环形宽8mm 材料：42CrMo钢、45钢、20CrMnTi钢均可 技术要求：硬度≥45HRC，齿侧面硬化带允许有 $\leq \frac{1}{4}$ 齿高硬度低于45HRC(436HV0.1) 变形：淬火前后磁轭、齿环100%成对检查啮合情况	完成全部机械加工后，最终进行激光淬火	激光输出功率 $P=1200\mathrm{W}$ 特殊设计 R 透镜 8mm 宽的环形斑齿面一次扫描完成淬火 离焦量 $d=15\mathrm{mm}$ 被淬火面与水平面夹角 7° 扫描速度 $v=500\mathrm{mm/min}$ 结果

材料牌号	硬度		淬硬层深度/mm
	HV0.1	HRC	
42CrMo	720	60.2	1.05
45	560	53	0.94
20CrMnTi	520	50.7	1.00

齿面翘曲 0.03～0.08mm

42CrMo 钢淬火显微组织为针状马氏体+部分板条状马氏体

13.5.3　弹簧夹头的热处理

弹簧夹头要求头部耐磨，颈部弹性好。常用 T8A、65Mn、60Si2Mn、9SiCr 等钢制造。弹簧夹头形状复杂，淬火时容易发生开裂和变形。

1. 防止开裂，减少变形的措施

1）头部先加热一段时间，再整体入炉加热。

2）颈部薄截面处用铁皮或石棉绳保护。

3）淬火加热保温结束，薄截面处预冷到 700℃ 左右再淬火。

4）在硝盐浴中进行分级或等温淬火。

5）要求头部和颈部应有不同硬度的弹簧夹头，可进行尾部至颈部在盐浴炉中的局部回火，加热时间不超过 3min，出炉油冷；头部与颈部截面相差较大者，在 500～700℃ 盐浴炉中快速回火，加热时间不超过 1min，出炉油冷。

2. 几种弹簧夹头的热处理工艺举例（见表 13-24）

表 13-24　几种弹簧夹头的热处理工艺举例

零件名称	材料及技术要求	制造工艺路线	热处理工艺
卧式多轴自动车床夹料夹头	材料：9SiCr钢 技术要求：头部硬度为60～65HRC 颈部硬度为38～43HRC 自然状态下孔径胀大1.2～2.5mm	锻造→退火→机械加工→（开口处留一部分连接）→淬火→回火→机械加工→磨开口→胀大定形	退火：790～810℃×1～2h，炉冷至700～720℃×3～4h，冷到500℃以下出炉 淬火：头部与颈部盐浴炉局部加热，850～870℃×20～30min，油淬 回火：180～200℃×1.5h 尾部、颈部快速回火与胀大定型：尾部与颈部在700℃盐浴炉中局部加热40～60s，取出立即用锥度为1：10的胎棒插入孔里，调整胎棒，使夹头外圆直径胀大2～2.5mm

（续）

零件名称	材料及技术要求	制造工艺路线	热处理工艺
卧式多轴自动车床送料夹头	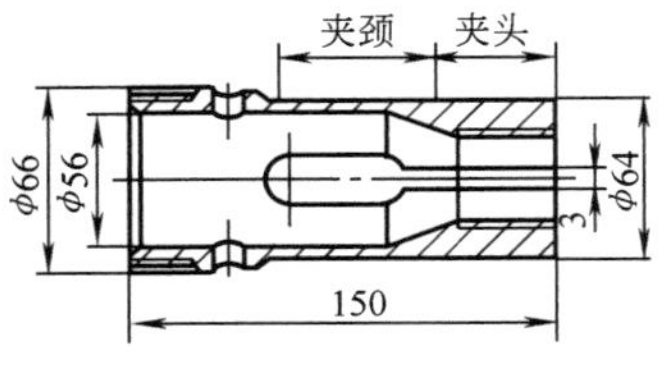 材料：T8A钢 技术要求：头部硬度为58~64HRC 颈部硬度为38~43HRC 自然状态下三爪并紧	锻造→退火→机械加工→淬火→回火→磨削	退火：740~760℃×1~2h，炉冷到650~680℃×1~2h，冷至500℃以下出炉 淬火：将头部并紧，用钢丝捆牢头部与颈部，在820~830℃盐浴炉中局部加热15~20min，淬入140~180℃碱浴，冷却5~10min，清洗 回火：180~200℃×1.5h 颈部回火：尾部与颈部在700℃盐浴炉中局部加热15~20s，空冷
仪表机床小型专用夹头	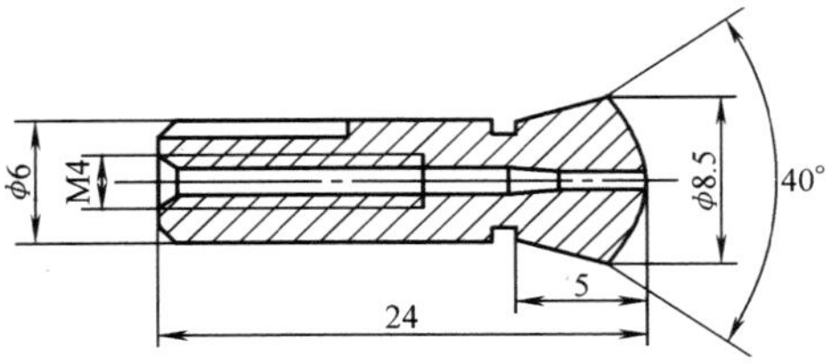 材料：60Si2MnA钢 技术要求：头部硬度≥59HRC 颈部硬度为40~45HRC	退火→机械加工→淬火→回火→磨削	退火：810~830℃×1~2h，炉冷至700~720℃×2~3h，冷至500℃以下出炉 淬火：300~400℃预热，盐浴炉加热840~860℃×2~2.5min，淬入280~300℃（硝盐浴）×20~30s，转入160~180℃热油中冷却 颈部回火：尾部与颈部在540~560℃硝盐浴中加热20~30s，油冷
磨阀瓣机床专用夹头	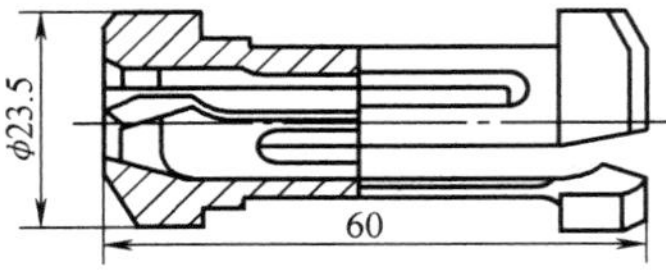 材料：65Mn钢 技术要求：两端头部硬度为58HRC 中部硬度40~45HRC	锻造→正火→高温回火→机械加工→淬火→回火→机械加工	正火：780~810℃×40~60min，空冷 高温回火：680~700℃×1~2h 淬火：盐浴炉加热810~830℃×10~15min，出炉预冷，待中部冷到700℃左右，淬入160~180℃硝盐浴中冷却 回火：硝盐浴加热，500~520℃×3~4s，油冷（利用截面壁厚差快速回火）

13.5.4　蜗杆的热处理

蜗杆螺纹表面与蜗轮相对滑动，摩擦发热较严重，容易产生磨损和胶合。蜗杆推荐用钢及其热处理技术要求见表13-25。

蜗轮常用材料有 ZCuSn10Pb1、ZCuSn6Zn6Pb3、ZCuAl10Fe3、ZCuSn10Zn2 等铸造铜合金和灰铸铁 HT200、HT250、HT300，球墨铸铁 QT450-10 以及耐磨铸铁等。精度高的蜗轮需经时效处理。另外，静压蜗轮表面可采用涂层塑料。

表 13-25　蜗杆推荐用钢及其热处理技术要求

热处理类别	牌号	热处理技术要求
渗碳	20Cr 15CrMo 20CrMo 20CrMnTi 20CrMnMo	正火 渗碳淬火：硬度为58HRC 或渗碳感应淬火：硬度为58HRC 分度蜗杆需低温时效
渗氮 （或氮碳共渗或硫氮碳共渗）	38CrMoAlA	调质：硬度为265HBW 渗氮层深度：0.4~0.5mm 硬度：900HV
	40Cr 35CrMo 42CrMo	调质：硬度为235HBW 或正火 渗氮层深度：0.4mm 硬度：500HV 或氮碳共渗、硫氮碳共渗

（续）

热处理类别	牌号	热处理技术要求
淬火 （或表面淬火）	CrWMn 9Mn2V	球化退火 淬火硬度：56HRC 低温时效
	45 40Cr 42CMo	调质：硬度为 235HBW 淬火或感应淬火硬度：48HRC 齿面淬硬层深度：≥1mm
调质	45 40Cr 42CrMo 30Cr2MoV	调质：硬度为 235HBW

蜗杆的热处理实例：

例 1　调质蜗杆（见图 13-35）

蜗杆材料为 42CrMo 钢，要求调质硬度为 250～280HBW。

制造工艺路线：锻造→粗车→调质→机械加工→时效→机械加工→稳定化处理→半精加工、精加工。

热处理工艺：

（1）调质　箱式炉，860～880℃×4.5～5h，油冷。660～680℃加热 3～4h，空冷。

（2）时效　箱式炉，600～620℃×4～5h，降温至 350℃以下空冷。

（3）稳定化处理　100～110℃油浴炉 24h。

例 2　淬硬蜗杆（见图 13-36）

蜗杆材料为 20CrMnTi 钢。图样技术要求：①齿部 S1.0-C60，心部硬度 30～42HRC；②L、C 轴颈表面 S0.9-C60。

制造工艺路线：锻造→粗车→正火→机械加工→渗碳→φ55mm、齿部两端 φ51.304mm 处车碳层→淬火→机械加工→稳定化处理→精加工。

热处理工艺：

（1）正火　950℃加热，空冷。

（2）渗碳　渗碳的工艺层深度应为图样上标注的深度加上单侧的加工余量。此蜗杆齿单侧留磨量为 0.25～0.3mm，L、C 轴颈表面留磨量为 0.6～0.7mm，因此热处理工艺渗碳层深度为 1.25～1.65mm。

渗碳工艺　渗碳温度为 920℃，强渗时间为 4.5h，扩散时间为 2.5h，降温至 800℃出炉坑冷。渗碳时，随炉装与蜗杆同材料的试样，以备检验。

（3）淬火　井式炉通 N_2 气加热，820～840℃×25～30min，油冷。

（4）回火　180～200℃×2～2.5h，空冷。

（5）稳定化处理　油浴炉 150～160℃×10h，空冷。

检验：测齿部及轴颈处硬度为 60～65HRC，测试样淬火、回火的硬度为 60～65HRC，试样渗碳层深度为 1.3mm。

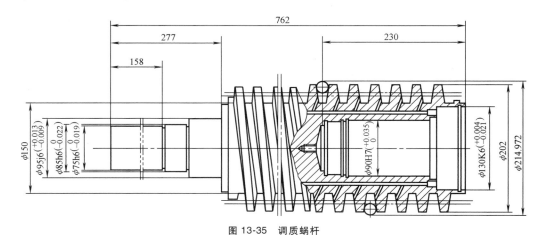

图 13-35　调质蜗杆

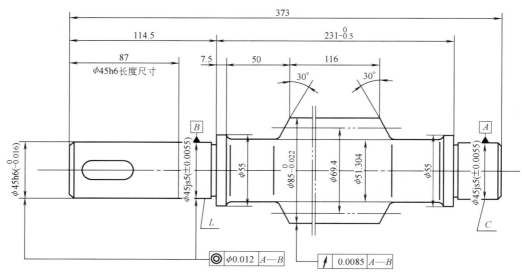

图 13-36　淬硬蜗杆

13.5.5　花键轴的热处理

机床花键轴的主要失效形式是花键的磨损，甚至花键外圆棱边磨成圆角，少数因强度过低，在传递大功率时发生花键轴扭曲报废。因此，选用合适的材料和热处理方式，使其既经济又能满足质量性能的要求

尤为重要。承受转矩较小或一般精度的花键轴可采用调质处理（或正火），也可采用易切削非调质钢 YF40MnV 或 YF45MnV。花键轴上的滑移齿轮移动频繁或精度较高的花键轴应采用结构钢制造，感应淬火；承受转矩大、精度高的花键轴宜采用合金渗碳钢或合金工具钢制造。花键轴用钢及热处理技术要求见表 13-26。

表 13-26　花键轴用钢及热处理技术要求

热处理类别	牌号	热处理技术要求
调质 （或正火）	45、40Cr	调质:硬度为 215HBW 或 235HBW，或正火
	35CrMo、42CrMo	调质:硬度为 235HBW 或 265HBW
	YF45MnV[①]	
感应淬火 （或激光淬火）	45、40Cr、35CrMo、42CrMo	调质:235HBW 或 265HBW 感应淬火硬度:48HRC 或 52HRC （或键侧面激光淬火，硬度≥48HRC）
	9Mn2V	球化退火 调质:265HBW 感应淬火硬度:58HRC （或键侧面激光淬火，硬度≥55HRC）
渗碳淬火	20Cr、15CrMn、20CrMo、 20CrMnTi、20CrMnMo	渗碳层深度:0.8～1.3mm 淬火硬度:58HRC 或感应淬火硬度:58HRC

① 非标在用牌号。

13.5.6　刀杆的热处理

刀杆作为连接机床和刀具的重要"桥梁"，关系着加工精度、刀具寿命、加工效率、表面质量等的优劣。刀杆在不同的金属切削机床有不同的形式，如方刀体、圆刀体等。刀杆通过与刀具配合，带动刀具切削。刀杆的转速一般为 0～1000r/min，间断切削，受力不平衡，承受弯曲、扭转和冲击等多种

载荷，尤其是冲击载荷很大。刀杆的主要失效形式是变形，磨损，甚至断裂。对于承受载荷较小的普通机床的刀杆，一般采用调质+感应淬火；对于承受载荷较大、精度要求较高的机床的刀杆，采用调质+盐浴或仿形感应淬火；对于承受载荷大、精度高的高速、高效机床及加工中心的刀杆，采用合金渗碳钢或合金工具钢及高速工具钢制造。刀杆用钢及热处理技术要求见表 13-27。

表 13-27　刀杆用钢及热处理技术要求

热处理类别	牌号	热处理技术要求
感应淬火	45、40Cr、42CrMo	1) 调质：235HBW 或 265HBW 2) 感应淬火硬度：48HRC 或 52HRC
盐浴淬火 + 感应淬火	45、40Cr、42CrMo	1) 调质：235HBW 或 265HBW 2) 盐浴淬火硬度：52HRC 3) 感应淬火硬度：52HRC
渗碳淬火	20Cr、20CrMo 20CrMnTi、20CrMnMo	1) 渗碳层深度：1.2~1.5mm 2) 淬火硬度：58HRC
淬火	CrWMn、9SiCr、9Mn2V W18Cr4V、W6Mo5Cr4V2	1) 退火 2) 淬火硬度：60HRC 或 62HRC

注：盐浴淬火已逐步被采用仿形感应器感应淬火或合金渗碳钢渗碳淬火取代。

刀杆的热处理实例：

例 1　盐浴淬火 + 感应淬火 Y3180CNC6 刀杆（见图 13-37）

刀杆材料为 40Cr 钢，要求调质硬度为 250~280HBW，锥度及外圆淬火硬度为 52~57HRC。

制造工艺路线：锻造→粗车→调质→机械加工→盐浴淬火→感应淬火→机械加工→稳定化处理→精加工。

热处理工艺：

（1）调质　840~860℃×80~85min，油冷；560~580℃×3~3.5h，空冷。

（2）盐浴淬火　φ60h3 右段缠石棉绳涂白泥，M24 上螺钉，垂直吊挂，右端 7:24 锥度及 φ90mm 外圆浸入盐浴炉，860℃×3~3.5min，在质量分数为 20%~25% 的盐浴中淬火，油冷。M52 左段缠石棉绳涂白泥，M10 上螺钉，垂直吊挂，左端 7:24 锥度浸入盐浴炉，860℃×2~2.5min，油冷。180℃×3.5h 回火，空冷。

（3）感应淬火　φ60h3 外圆连续加热　淬火，冷却介质为 3%~5%（质量分数）PAG 水溶液。超音频 GP100 感应加热设备，功率为 100kW，阳极电压为 12000~13000V，阳极电流为 5A，频率为 25~40kHz，槽路电压为 6000~8000V，栅阳流比为 1:5~1:7。180℃×3.5h 回火，空冷。

（4）稳定化处理　150~160℃油浴炉中保持 10~12h，两次。

检验：刀杆表面各部位硬度为 55~57HRC。

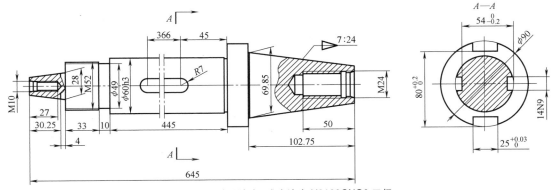

图 13-37　盐浴淬火 + 感应淬火 Y3180CNC6 刀杆

例 2　渗碳淬火 Y31160CNC6 刀杆（见图 13-38）

刀杆材料为 20CrMnTi 钢，要求 S1.2-C58（螺纹与键槽除外）。

制造工艺路线：锻造→粗车→正火→矫直、回火→机械加工→渗碳淬火→回火、矫直→回火→机械加工→稳定化处理→精加工。

热处理工艺：

（1）正火　950℃×2.5~3h，空冷。

（2）矫直、回火　径向圆跳动≤0.50mm，550~570℃×3~3.5h 回火，空冷。检查径向圆跳动，为 0.50mm。

（3）渗碳淬火　刀杆表面留磨余量 0.5~0.6mm，故零件渗碳层深度为 1.45~1.65mm。

所有螺纹孔上的螺钉、螺纹、键槽涂刷防渗剂，零件右端朝下竖直立装（工装未画出）。随炉装试样，备检。多用炉渗碳温度为 925℃，强渗时间为 6h，扩散时间为 4h，降温至 835℃均温 50min 直接淬火。

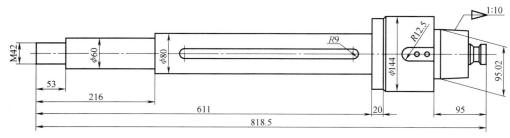

图 13-38　渗碳淬火 Y31160CNC6 刀杆

（4）回火、矫直：190～220℃×4～4.5h 回火，趁热矫直，径向圆跳动≤0.10mm。

（5）回火　190℃×4～4.5h，检查径向圆跳动，为 0.10mm。

（6）稳定化处理　150～160℃油浴炉中保持 10～12h，两次。

检验：刀杆表面各部位硬度为 59～62HRC，试样渗碳层深度为 1.55mm。

13.5.7　分度齿轮的热处理

分度齿轮大量应用于机械上需要分度的机构中，在机床中的应用，如滚齿机床的工作台分度运动副，其运动是机床的核心。同时，作为机床的主传动链之

一，转动频繁。这就要求分度齿轮必须具备良好的精度保持性、耐磨性，高的强度及承载能力，满足不同工况下的运动副要求。分度齿轮经驱动电动机通过联轴器驱动，将转动传递到机床的工作台，形成分度运动。分度齿轮转速通常为 0～300r/min，由冷却油进行循环冷却，工作时受力大。主要失效形式是变形、齿面磨损、甚至是断齿。分度齿轮随着直驱电动机的应用增多而使用逐步减少，但因其相比直驱电动机受力好、效率高、承重大、成本低而不可替代。一般精度要求的分度齿轮采用中碳碳素钢或中碳合金钢调质+齿部感应淬火；精度要求高的分度齿轮采用渗碳钢进行整体渗碳淬火。分度齿轮用钢及热处理技术要求见表 13-28。

表 13-28　分度齿轮用钢及热处理技术要求

热处理类别	牌　　号	热处理技术要求
感应淬火	45、50 40Cr、42CrMo	1）调质：235HBW 或 265HBW 2）感应淬火硬度：48HRC 或 52HRC
渗碳淬火	20Cr、20CrMo 20CrMnTi、20CrMnMo	1）渗碳层深度：1.2～1.5mm 2）淬火硬度：52HRC 或 58HRC

13.5.8　转盘的热处理

转盘应用于机械上需要回转的机构中，在机床中，如立式加工中心的转台，卧式加工中心的回转工作台，滚刀架的转角运动等。其回转精度要求高，同时作为机床的主传动链之一，转动频繁，要求转

盘必须具备良好的精度保持性、耐磨性、高的强度及承载能力，满足不同的运动副要求。转盘的转速一般为 0～10r/min，转速不快，长期受力且受力比较大，但受力比较恒定，没有交变应力。转盘的失效形式主要是磨损。转盘用钢及热处理技术要求见表 13-29。

表 13-29　转盘用钢及热处理技术要求

热处理类别	牌　　号	热处理技术要求
感应淬火 （或激光淬火）	40Cr、42CrMo	1）调质：265HBW 或 285HBW 2）感应淬火硬度：48HRC 或 52HRC（或激光淬火，硬度≥48HRC）
渗氮	38CrMoAl、38CrMoAlA	1）调质：265HBW 2）渗氮层深度：0.4～0.6mm，硬度：900HV
渗碳淬火	20Cr、20CrMo 20CrMnTi、20CrMnMo	1）渗碳层深度：1.5～2.0mm 2）淬火硬度：58HRC 或 62HRC

参 考 文 献

[1]　机床零件热处理编写组. 机床零件热处理 [M]. 北京：机械工业出版社，1982.

[2]　魏德耀. 滚珠丝杠副及其热处理 [J]. 金属加工，2008，19：22-24.

[3]　张魁武. 激光热处理工艺试验及其应用 [J]. 机床，1990（8）：29-31.

[4]　于文强，陈宗民. 金属材料及工艺 [M]. 北京：北京大学出版社，2020.

[5]　李云凯，薛云飞. 金属材料学 [M]. 北京：北京理工大学出版社，2019.

[6]　杨满，刘朝雷. 热处理工艺参数手册 [M]. 北京：机械工业出版社，2020.

[7]　马伯龙，杨满. 热处理技术图解手册 [M]. 北京：机械工业出版社，2015.

[8]　才鸿年，马建平. 现代热处理手册 [M]. 北京：化学工业出版社，2010.

[9]　杨满. 实用热处理技术手册 [M]. 北京：机械工业出版社，2010.

[10]　叶卫平，张覃轶. 热处理实用数据速查手册 [M]. 北京：机械工业出版社，2011.

[11]　赵步青. 工具热处理工艺 400 例 [M]. 北京：机械工业出版社，2010.

[12]　樊东黎，徐跃明，佟晓辉. 热处理工程师手册 [M]. 3 版. 北京：机械工业出版社，2011.

[13]　王邦杰. 实用模具材料与热处理速查手册 [M]. 北京：机械工业出版社，2014.

[14]　刘宗昌，冯佃臣. 热处理工艺学 [M]. 北京：冶金工业出版社，2015.

[15]　沈庆通，梁文林. 现代感应热处理技术 [M]. 2 版. 北京：机械工业出版社，2015.

[16]　樊新民，黄洁雯. 热处理工艺与实践 [M]. 北京：机械工业出版社，2012.

[17]　薄鑫涛，郭海祥，袁凤松. 实用热处理手册 [M]. 2 版. 上海：上海科学技术出版社，2014.

[18]　马伯龙. 实用热处理技术及应用 [M]. 2 版. 北京：机械工业出版社，2015.

[19]　徐永福，周永丹，张振，等. 用 SYSWELD 软件研究齿轮轴渗碳淬火工艺 [J]. 热处理技术与装备，2014（5）：41-44.

第 14 章　气动凿岩工具及钻探机械零件的热处理

张家口永恒热处理有限公司　孙小倩
山东天瑞重工有限公司　　　李永胜

气动凿岩工具是矿山、铁路、交通、水电、建材及国防等各种石方工程中使用最广泛的凿岩工具，而钻探机械则是地质勘探、石油开采等行业使用的主要设备。热处理工艺是决定这些工具和机械零件使用寿命的关键因素。因为实际使用中要求产品的主要和关键零件耐磨性高、耐冲击性好（主要是多次冲击抗力）、抗疲劳性能好。

本章主要介绍气动凿岩工具及钻探机械的典型零件和易损零件的常用材料及其热处理方法。由于凿岩机与冲击器部分重要零件所用材料和热处理工艺基本相似，所以在每一节中一并介绍。

14.1　凿岩机活塞的热处理

14.1.1　工作条件及失效形式

活塞是凿岩机上冲击做功的关键零件，也是最主要的易损件，由它传递凿岩机工作时的冲击和扭转能量。图 14-1 所示为最常用的 YT-24 型凿岩机活塞。

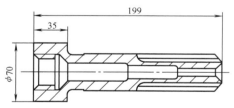

图 14-1　YT-24 型凿岩机活塞

活塞的失效形式主要是冲击端面凹陷、花键磨损、冲击端花键崩裂和折断，以及严重磨损而报废。渗碳处理的低碳合金钢活塞，因冲击端面凹陷失效及疲劳断裂的占多数，而高碳钢活塞的折断是失效的主因。

活塞在工作过程中，其端头反复冲击钎杆或钎头，因接触疲劳剥落和心部强度不足使冲击端面不断凹陷，或者使端面花键崩裂掉块。当端面凹陷到一定程度时，活塞因效率显著降低而报废。

活塞在多次反复冲击下，在外表面大小圆交接处和内表面大小孔过渡处应力集中的地方易产生疲劳折断，如图 14-2 所示。

活塞外表面大圆与缸体和气缸配合，花键齿面与转动套筒配合。在工作过程中，这些配合面互相摩擦，

当磨损到凿岩效率显著下降时，活塞失效而报废。

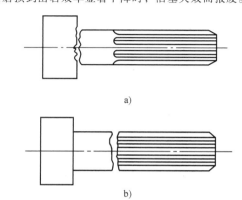

图 14-2　YT-24 型凿岩机活塞的疲劳折断
a）外表面大小圆交接处　b）内表面大小孔过渡处

14.1.2　凿岩机活塞用材料

目前凿岩机，活塞多选用低碳渗碳钢、中碳渗碳钢制造。

1. 20CrMnMo 钢

这种钢是较长期用来制造活塞的一种渗碳钢（化学成分见 GB/T 3077—2015）。用该钢制造的凿岩机与低风压冲击器活塞，其使用寿命已基本上达到过去 12CrNi3 或 12Cr2Ni4 钢制活塞的使用寿命。20CrMnMo 钢活塞的缺点是心部强度低，在工作过程中易出现冲击端面凹陷和花键崩裂。

2. 35CrMoV 钢

为了克服低碳渗碳钢活塞心部强度不足的缺点，采用了提高碳含量的渗碳钢 35CrMoV 制造活塞，其化学成分见 GB/T 3077—2015。这种钢材已成功地用于制造 7566 型和 YT-28 型凿岩机活塞。因它碳含量较高，不但可以降低渗碳层厚度，缩短渗碳时间，而且因淬火后心部强度高，从而克服了 20CrMnMo 渗碳钢制活塞端头凹陷快、易崩齿的缺点。

14.1.3　20CrMnMo 钢活塞的热处理

1. 制造工艺路线

下料→锻造→正火→检验→机械加工→渗碳淬火→清洗→低温回火→检验→抛丸→磨削。

2. 热处理工艺

20CrMnMo 钢活塞需进行渗碳处理，目前多用气体渗碳，极少采用固体或液体渗碳。其热处理工艺见表 14-1。20CrMnMo 钢活塞的渗碳层深度要求为 1.8～2.5mm。

3. 技术要求及质量检查

20CrMnMo 钢活塞的技术要求及质量检验见表 14-2。

4. 常见热处理缺陷及防止方法

20CrMnMo 钢活塞热处理常见缺陷及防止方法见表 14-3。

表 14-1　20CrMnMo 钢活塞的热处理工艺

方法	工序	热处理工艺
气体渗碳	渗碳	渗碳温度：920～930℃，保温15～18h 渗碳介质：丙烷、丙酮、煤油、醋酸乙酯、苯类等＋甲醇
	淬火	加热温度：840～850℃，保温30min，油淬
	回火	加热温度：180～200℃，保温2h，空冷

表 14-2　20CrMnMo 钢活塞的技术要求及质量检验

工　序	项　目	技　术　要　求	质　量　检　验
锻造正火	硬度	≤217HBW	用布氏硬度计抽检 10%～20%
	金相组织	珠光体＋铁素体 晶粒度 5～6 级	用金相显微镜定期检查
渗碳	渗层深度	总渗层深度 ＝ 1.8～2.5mm 总渗层 ＝ 过共析层＋共析层＋1/2 过渡层	1）渗层深度以检查等效随炉试样为准 2）随炉试样应与所渗零件材料批次相同 3）用金相显微镜检查
	渗层表面碳浓度	0.85%～1.05%	1）渗层深度以检查等效随炉试样为准 2）表面 0.10～0.15mm 取样，按 GB/T 4336—2016 中规定的方法进行检验
淬火＋回火	硬度	表面：58～63HRC 心部：38～45HRC	1）洛氏硬度计抽检 10%～15% 2）检查部位：表面为冲击端面，心部在与过渡区相距 2～3mm 处
	有效硬化层	1.8～2.5mm	1）用显微维氏硬度计检查 2）以检验实物为准
	显微组织	表面：马氏体＋残留奥氏体（≤2 级）＋粒状碳化物心部：马氏体＋贝氏体	1）用金相显微镜检查 2）根据 JB/T 7161—2011 评级
	畸变	对无阀凿岩机活塞畸变检查，弯曲度≤0.2mm	用千分表检查

表 14-3　20CrMnMo 钢活塞热处理常见缺陷及防止方法

常 见 缺 陷	产 生 原 因	防 止 方 法
心部硬度低	1）淬火温度低 2）冷速慢	1）选择正确的淬火温度，即略高于心部材料的淬火温度 2）选用冷速快的快速淬火冷却介质
碳化物呈网状分布	1）淬火温度低或保温时间短 2）淬火冷却过程慢 3）渗碳层碳浓度高	1）制订正确的淬火、正火规范，使碳化物充分溶解 2）冷却操作要迅速 3）降低渗碳的碳势
渗层不均匀	1）炉温不均匀 2）气氛不均匀	1）校正炉温，保持炉温准确性；减少装炉量并正确放置 2）保证炉内气氛充分循环
活塞渗碳后出炉空冷时产生表面裂纹	1）冷却速度不合适引起次表面产生马氏体 2）表面碳浓度过高，浓度梯度太陡或不均匀	1）减慢冷速或加快冷速（如油冷），或者快速冷至 450～500℃，再放到 650℃炉中保温后空冷 2）控制碳势，避免表层浓度过高；控制好渗碳时间，尤其是扩散时间

14.1.4　35CrMoV 钢活塞的热处理

1. 制造工艺路线

下料→锻造→退火→检验（硬度）→机械加工→渗碳→检验（渗碳层）→高温回火→淬火→清洗→低温回火→检验→抛丸→磨削。

2. 热处理工艺

其热处理工艺曲线如图 14-3 所示。

整个工艺过程为：

1) 在高碳势气氛中 850℃ 预渗碳。其目的是为了先形成细小的碳化物质点，以便随后升温渗碳时使零件表层碳化物呈颗粒状分布。

2) 再升温到 900～930℃ 进行渗碳。渗碳层深度达到要求后，炉冷至 860℃ 油淬。

3) 进行 600～650℃ 的高温回火。

4) 重新加热至 850℃ 进行淬火处理。

5) 进行 180～200℃ 回火处理。

3. 技术要求及质量检验

35CrMoV 钢活塞的技术要求及质量检验见表 14-4。

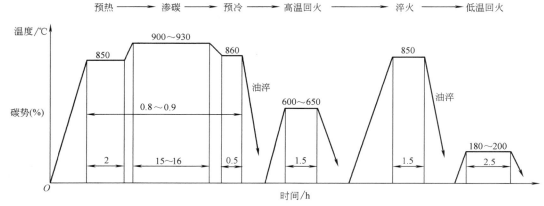

图 14-3　35CrMoV 钢活塞的热处理工艺曲线

表 14-4　35CrMoV 钢活塞的技术要求及质量检验

工序	项目	技 术 要 求	质 量 检 验
锻造退火	硬度	≤241HBW	用布氏硬度计抽检 10%～20%
渗碳	渗层深度	总渗层深度 = 1.6～1.9mm 总渗层 = 过共析层 + 共析层 + 1/2 过渡层	1）渗层深度以检查等效随炉试样为准 2）随炉试样应与所渗零件材料批次相同 3）用金相显微镜检查
	渗层表面碳浓度	0.85%～1.05%	1）渗层深度以检查等效随炉试样为准 2）表面 0.10～0.15mm 取样，按 GB/T 4336—2016 中规定的方法进行检验
淬火+回火	硬度	表面：60～64HRC 心部：50～53HRC	1）洛氏硬度计抽检 10%～15% 2）检查部位：表面为冲击端面，心部在与过渡区相距 2～3mm 处
	有效硬化层	1.6～1.9mm	1）用显微维氏硬度计检查 2）以检验实物为准
	显微组织	表面：马氏体+残留奥氏体（≤2 级）+粒状碳化物 心部：马氏体+贝氏体+铁素体	1）用金相显微镜检查 2）根据 JB/T 7161—2011 评级

14.2　冲击器活塞的热处理

14.2.1　工作条件及失效形式

在冲击器的组成构件中，冲击器活塞是关键的部件之一，这是由于活塞在工作过程中，不仅是冲击器的主要部件，同时还要与钻头冲击碰撞，是受力最复杂、最易损坏的部件，活塞的寿命直接决定了冲击器的使用寿命。其工作条件如下：

1) 活塞是在高气压的作用下发生高频往复运动

或回转运动，因此承受着高冲击速度、高冲击频率，同时由于辅以回转，还要承受较大的扭矩。

2）活塞在工作过程中不停地做往复冲击运动，与缸套相接触，因此它们之间存在较大的摩擦力。

3）活塞在工作过程中，若操作不当还会引起混入泥浆等污染颗粒，造成活塞的侵蚀。

4）当活塞撞击钻头传送冲击能量时，活塞的打击端面承受着与钻头尾部之间较大的交变接触应力。

在冲击器工作过程中，活塞在压缩空气的作用力下做高速的往复冲击运动，其打击端不断撞击钻头尾部，从而实现能量的传递。正是由于冲击过程中活塞复杂的服役条件，使活塞成为一个极其容易损坏的零部件，活塞的失效形式主要可以分为以下几个方面：

1）活塞打击端面早期疲劳断裂或崩块。由于活塞对钻头尾部的频繁冲击，活塞的端面也同时受到由冲击引起的接触压缩应力的作用。在这个过程中，活塞由于长期的影响会导致变形，活塞端面的金属和塑料消耗硬化，然后开始从活塞端面部分的小变形逐渐扩展；随着循环次数的增加，直到活塞打击端面早期疲劳断裂或崩块。

2）活塞表面磨损。为了保证冲击器能够正常工作，冲击活塞必须与缸套保持合适的间隙以做往复运动，但在实际工作过程中，潜孔冲击器常常出现活塞磨损现象。而一旦发生活塞磨损，就会使冲击器的冲击频率下降，影响施工效率。

3）活塞表面的腐蚀。正常工作时，活塞是在微润滑条件下做往复冲击运动，但若操作不当，活塞还会引起混入泥浆等污染颗粒，造成活塞的腐蚀。

14.2.2　技术条件和使用材料

冲击器活塞长期处于较大冲击力的反复作用并在接触疲劳状态下工作，因而活塞表面应有较高的硬度和耐磨性，心部应有足够的强度和韧性。

对于冲击器而言，活塞的选材至关重要，活塞材料的优劣直接影响冲击器的使用寿命。冲击器活塞一般选用低碳合金结构钢进行渗碳。常用的钢种有12Cr2Ni4、18CrNi3Mo（企业牌号）、20CrNi3、20Ni4Mo（企业牌号）、20Cr2Ni4、23CrNi3Mo、34CrNi3Mo、EN30B（英国）等。冲击器活塞用钢的化学成分见表14-5（S，P 含量根据 GB/T 3077—2015 规定）。

14.2.3　制造工艺路线

1）下料→锻造→正火+高温回火→检验→机械加工→渗碳—检验→高温回火（≥1 次）→淬火→清洗→低温回火→检验→喷丸→磨削。

2）下料→锻造→正火+高温回火→检验→机械加工→渗碳淬火→高温回火（≥1 次）→淬火→清洗→低温回火→检验→喷丸→磨削。

表 14-5　冲击器活塞用钢的化学成分

牌号	化学成分（质量分数，%）					
	C	Si	Mn	Cr	Ni	Mo
12Cr2Ni4	0.10~0.16	0.17~0.37	0.30~0.60	0.60~0.90	3.25~3.65	—
20CrNi3	0.17~0.24	0.17~0.37	0.30~0.60	1.25~1.65	3.25~3.65	—
20Cr2Ni4	0.17~0.23	0.17~0.37	0.30~0.60	1.25~1.65	3.25~3.65	—
18CrNi3Mo	0.15~0.20	0.15~0.35	0.55~0.75	1.20~1.40	2.50~2.90	0.20~0.30
20Ni4Mo	0.18~0.23	0.20~0.35	0.50~0.80	—	3.25~3.75	0.20~0.30
23CrNi3Mo	0.19~0.27	0.15~0.40	0.50~0.80	1.15~1.45	2.70~3.10	0.15~0.40
EN30B	0.26~0.34	0.15~0.35	0.40~0.60	1.10~1.40	3.90~4.30	0.20~0.40
34CrNi3Mo	0.30~0.40	0.17~0.37	0.50~0.80	0.70~1.10	2.75~3.25	0.25~0.40

14.2.4　20Ni4Mo 钢高风压活塞的热处理

现以高风压活塞常用钢 20Ni4Mo 为例说明热处理工艺过程。

（1）锻造工艺　20Ni4Mo 钢高风压活塞的锻造工艺见表14-6。

（2）热处理工艺　20Ni4Mo 钢高风压活塞的热处理工艺见表14-7。

（3）20Ni4Mo 钢的力学性能

1）20Ni4Mo 钢不同淬火温度下的力学性能见表14-8。

2）20Ni4Mo 钢的低温冲击韧度见表14-9。

表 14-6　20Ni4Mo 钢高风压活塞的锻造工艺

加热温度/℃	始锻温度/℃	终锻温度/℃	冷却方法
1120~1160	1080~1120	≥800	缓冷

表 14-7　20Ni4Mo 钢高风压活塞的热处理工艺

项目	退火	正火	高温回火	渗碳	一次淬火	高温回火	二次淬火	回火
温度/℃	670	880	680	930	840~860	660~680	780~820	160~180
冷却方式	炉冷	空气	空气	缓冷	油	空气	油	空气
硬度 HBW	≤269	—	≤269	—	—	—	—	表面 ≥58 HRC

表 14-8　20Ni4Mo 钢不同淬火温度下的力学性能

热处理方法	R_m/MPa	$R_{p0.2}$/MPa	A(%)	Z(%)	a_K/(J/cm^2)
900℃ 油淬,200℃ 回火,空冷	1485	1303	13.5	58.5	105
	1490		14.0	60.5	105
870℃ 油淬,200℃ 回火,空冷	1490	1299	14.0	59.5	98
	1495	1308	14.0	60.5	83
840℃ 油淬,200℃ 回火,空冷	1490	1299	13.5	60.5	92
	1490	1299	12.5	60.5	108
810℃ 油淬,200℃ 回火,空冷	1495	1299	12.5	60.5	94
	1495		14.0	61.0	90
780℃ 油淬,200℃ 回火,空冷	1495	1289	13.0	59.5	83
	1499		13.0	59.5	98

注：1. φ20mm 钢材经 950℃ 正火、650℃ 回火空冷后加工成留有余量的试样，再正式进行热处理。

2. 用钢成分（质量分数,%）：C 0.21, Si 0.32, Mn 0.54, Cr 0.11, Ni 3.45, Mo 0.27, P 0.009, S 0.004。

表 14-9　20Ni4Mo 钢的低温冲击韧度

冲击试样缺口形状	不同温度（℃）下的冲击韧度 a_K/(J/cm^2)				
	室温	-20	-40	-60	-80
U 型	88	96	84	84	76
	89	91	83	86	81
	81	89	86	79	78
V 型	72	70	62	50	57
	64	70	70	50	65
	64	60	62	58	50

注：1. 15mm×15mm×55mm 的试样经 950℃ 正火、650℃ 回火空冷，加工成留有余量的 10mm×10mm×55mm 试样，再经 850℃ 油淬、200℃ 回火空冷。

2. 用钢成分（质量分数,%）：C 0.21, Si 0.32, Mn 0.54, Cr 0.11, Ni 3.45, Mo 0.27, P 0.009, S 0.004。

14.2.5　技术要求及质量检验

冲击器活塞的技术要求及质量检验见表 14-10。

表 14-10　冲击器活塞的技术要求及质量检验

项　　目	技 术 要 求	检 验 方 法
渗碳层深度/mm	2.5~3.0	1）渗层深度以检查等效随炉试样为准 2）等效随炉试样应与所渗零件材料批次相同 3）用金相显微镜观察或显微维氏硬度计检查淬火回火后的有效硬化层
表面硬度 HRC	58~62	1）洛氏硬度计抽检 10%~15% 2）表面硬度以实物为准
心部硬度 HRC	38~42	1）洛氏硬度计检验,检查等效随炉试样 2）检查部位:表面为冲击端面,心部在与过渡区相距 2~3mm 处

（续）

项　　目	技 术 要 求	检 验 方 法
表面碳含量 $w(C)$（%）	0.75～0.85	1）以检测等效随炉试样表面碳含量为准 2）表面 0.10～0.15mm 取样，按 GB/T 4336—2016 的方法进行检验
显微组织	表面：马氏体+残留奥氏体（≤3级）+粒状碳化物 心部：马氏体+贝氏体+铁素体	1）用金相显微镜检查 2）根据 GB/T 25744—2010 评级

14.3　凿岩机主要渗碳件的热处理

凿岩机的主要零件大都要求表面耐磨，心部有一定的强度和韧性。因此，渗碳、碳氮共渗是凿岩机零件的主要热处理方法。这些零件主要有缸体、阀、螺旋棒、棘轮、回转爪和钎套等。

14.3.1　工作条件及失效形式

1. 缸体

7655 型缸体（见图 14-4）是凿岩机的主体。凿岩机的配气机构、冲击机构和回转机构都装在缸体中，在工作时，它主要和活塞接触，受冲击和滑动摩擦作用，因此缸体主要是由于内圆表面的磨损而报废。

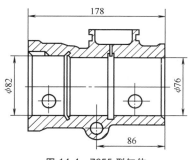

图 14-4　7655 型缸体

2. 阀

凿岩机工作时，凿岩机的阀（见图 14-5）沿着

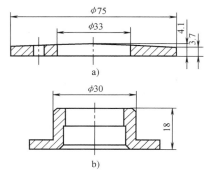

a)

b)

图 14-5　两种型号凿岩机的阀
a) YT-25 型　b) 7655 型

阀套做轴向往复运动。阀主要是承受反复冲击载荷和滑动摩擦。

阀的失效，除了因破裂，一般是以下列两处的磨耗而报废，即阀在前部位置时与阀盖、在后部位置时与阀柜接触撞击的两个侧面处。这两个地方由于冲击磨损的作用，形成了两个环形凹痕，此凹痕加深后使阀的行程加大，极易使阀沿着凹痕破裂而报废。

3. 螺旋棒

7655 型凿岩机的螺旋棒（见图 14-6）和螺母是活塞回程中使活塞产生转动的回转机构中的主要零件，它们的工作条件是承受反复冲击、扭动和滑动摩擦作用。它们是一对摩擦副，在凿岩机使用过程中，由于磨损剧烈而使其配合间隙不断增加，此时活塞用于带动回转的一大部分行程白白消耗在两者间隙的调整上，间隙越大，活塞无益行程也越大。两者间隙增大到一定程度，凿岩机就不能继续使用。因此，螺旋棒和螺母因磨损报废是主要的，因扭断而报废是偶然现象。

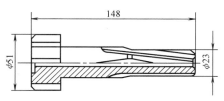

图 14-6　7655 型凿岩机的螺旋棒

4. 棘轮及回转爪

棘轮和回转爪（见图 14-7）是强制活塞在反行程回程时沿着螺旋棒的螺旋槽滑动，从而使凿岩机得到回转动作的制动装置。

在活塞反行程时，与螺旋棒装在一起的回转爪抵住棘轮内齿，使螺旋棒不回转，从而使活塞沿着螺旋棒的螺旋槽进行回转运动。在活塞行程时，螺旋棒可围绕自己轴线沿逆时针方向转动，这时回转爪便在棘轮内齿间交替滑脱，而不阻碍螺旋棒转动。因此，棘轮和回转爪主要是承受摩擦和冲击载荷的作用。

棘轮和回转爪在连续不断的工作中，由于交替摩擦作用，棘轮内齿和回转爪逐渐磨成圆角形。当圆角达到

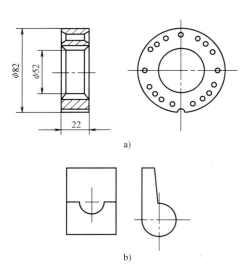

图 14-7　棘轮和回转爪

a) 棘轮　b) 回转爪

一定程度后（目前规定磨损报废限度为 $R1.5mm$），两者不能紧密啮合，从而使制动作用失灵，棘轮与回转爪必须报废。

5. 钎套

钎套是凿岩机主要易损件之一，它压配在转动套内，其六方内孔与钎杆尾部配合并带动钎杆完成回转运动，同时对钎杆起导向作用。当活塞冲击钎尾时，

钎杆尾部在钎套内做高速往复滑动。钎套内孔磨损是其失效的主要形式。当钎套端部六方内孔对边磨损达 2mm 时，超过废弃标准，机器效率显著下降。

14.3.2　技术条件和使用材料

凿岩机主要渗碳件的材料选择和热处理技术条件见表 14-11。

14.3.3　制造工艺路线

锻造（铸造）→正火（退火）→机械加工→渗碳→检验→淬火→清洗→回火→检验→磨削→稳定化处理（棘轮、回转爪不磨削；只有阀才进行稳定化处理）。

14.3.4　热处理工艺

凿岩机主要渗碳件的热处理工艺参数见表 14-12。

14.3.5　渗碳件热处理的质量检验

凿岩机主要渗碳件的技术要求和质量检验见表 14-13。

14.3.6　热处理常见缺陷及防止方法

凿岩机主要渗碳件热处理常见缺陷及防止方法见表 14-14。

表 14-11　凿岩机主要渗碳件的材料选择和热处理技术条件

零件名称	选用材料	渗碳层深度/mm	淬火、回火		
			硬度 HRC	圆度误差/mm	金相组织
缸体	20Cr 20CrMo 20CrMnMo	1.2～1.5	58～63	<0.2	表层：回火马氏体+残留奥氏体（≤3 级）+碳化物
阀	20Cr 20CrMnTi 20Cr	0.8～1.2	58～63	挠度≤0.15	表层：回火马氏体+残留奥氏体（≤2 级） 心部：回火马氏体+贝氏体
	12CrMoV	0.6～1.0	58～63	挠度≤0.15	
螺旋棒	20Cr、20CrMo 20CrMnTi	0.6～0.9	58～63	畸变度<0.1	表层：回火马氏体+残留奥氏体（≤2 级）+粒状碳化物
棘轮	20Cr 20CrMo 20CrMnTi	0.8～1.2	58～63	—	表层：回火马氏体+残留奥氏体（≤3 级）+粒状碳化物（无网状分布）
回转爪	20Cr 20CrMo 30CrMo 35CrMo	0.8～1.2	58～63	—	表层：回火马氏体+残留奥氏体（≤2 级）+粒状碳化物（无网状分布）
钎套	20Cr 20CrMnMo 30CrMnTi	2.0～2.4	60～64	—	表层：回火马氏体+残留奥氏体（≤2 级）+块状、粒状碳化物

表 14-12　凿岩机主要渗碳件的热处理工艺参数

热处理方式		缸体	阀	螺旋棒	棘轮	回转爪 （35CrMo）	钎套
锻件正火	加热温度/℃	890~920	890~920	890~920	890~920	—	890~920
	保温时间/h	2.5	1.5	1.5	1.5	—	1.5
	冷却	空冷	空冷	空冷	空冷	—	空冷
铸件退火	加热温度/℃	880~950	980~1000	—	—	—	—
	保温	2h 后随炉冷至 700℃保温 2h	1.5h	—	—	—	—
	冷却	随炉冷至 300℃后 出炉空冷	炉冷	—	—	—	—
气体渗碳	加热温度/℃	900~930	900~930	900~930	900~930	900~930	900~940
	保温时间/h	8~10	5~7	3~4	5~7	5~7	18~22
	渗碳介质	丙烷+甲醇	丙烷+甲醇	丙烷+甲醇	丙烷+甲醇	丙烷+甲醇	丙烷+甲醇
	冷却	—	—	空气	空气	空气	油
淬火	加热温度/℃	降温至 840~860	降温至 840~860	840~860	840~860	840~860	840~860
	保温时间/h	2	2	2	2	2	2
	冷却	油	油	油	油	油	油
回火	加热温度/℃	200~220	230~250	180~200	200~220	180~210	170~180
	保温时间/h	2	2	2	2	1.5	2
	冷却	空冷	空冷	空冷	空冷	空冷	空冷
气体碳氮 共渗	加热温度/℃	—	—	900~920	860~920	860~920	—
	保温时间/h	—	—	7	6~10	6~10	—
	碳氮共渗介质	—	—	①丙烷+氨气；②三乙醇胺；③苯胺			—
	冷却	—	—	随炉冷 至 850℃ 出炉空冷	随炉降温	随炉降温	—
淬火	加热温度/℃	—	—	820~840	至 840~860	至 840~860 油	—
	保温时间/min	—	—	8~10	30	30	—
	冷却	—	—	油	油	油	—
回火	加热温度/℃	—	—	170~190	200~220	170~190	—
	保温时间/h	—	—	2	2	2	—
	冷却	—	—	空冷	空冷	空冷	—

表 14-13　凿岩机主要渗碳件的技术要求和质量检验

热处理方式	项目	技术要求	检测方法
锻件正火	硬度	143~197HBW	用布氏硬度计抽检 10%~15%
	显微组织	索氏体+铁素体，晶粒度≥5 级	用金相显微镜定期抽查
铸件退火	晶粒度	≥5 级	用金相显微镜定期抽查
	显微组织	珠光体+铁素体	用金相显微镜定期抽查
渗碳 （或碳氮共渗）	渗层深度	1）过共析+共析+1/2 过渡区＝总渗层 2）渗层深度要求见表 14-11	1）渗层深度以检查等效随炉试样为准 2）随炉试样应与零件材料批次相同 3）金相显微镜检查
淬火-回火	硬度	见表 14-11	1）检查部位：各零件表面 2）用洛氏硬度计检查 10%~15%
	畸变		1）用千分表对缸体 100%检查圆度 2）用塞规或塞尺对阀抽检 10%挠度 3）用千分表对螺旋棒检查 10%畸变量
	显微组织		用金相显微镜定期抽查

（续）

热处理方式	项目	技术要求	检测方法
淬火-回火	渗层深度	1) 有效硬化层：以 550HV 处距离表面的距离为准 2) 要求见表 14-11	1) 渗层深度以检查等效随炉试样为准 2) 随炉试样应与零件材料批次相同 3) 显微维氏硬度计检验

表 14-14　凿岩机主要渗碳件热处理常见缺陷及防止方法

常见缺陷	产生原因	防止方法
缸体内径圆度超差	1) 渗碳淬火方式控制不好，冷却操作不对 2) 装炉方式不佳	1) 渗碳时必须直立摆放在挂具上，淬火时垂直入油上下窜动，控制好零件冷却速度 2) 注意装炉方式
铸钢缸体出现渗碳淬火后硬度不均匀，出现软带	化学成分不均匀，有偏析现象	1) 铸钢熔炼要充分搅拌 2) 严格掌握退火工艺
阀在渗碳后畸变大	1) 毛坯在冲压后有内应力 2) 渗碳温度过高	1) 毛坯冲压后进行退火（600℃×2h） 2) 适当降低渗碳温度和增加保温时间来控制畸变量
螺旋棒畸变超差	淬火温度过高和冷却操作不当	1) 严格控制淬火温度，不得偏高 2) 淬冷时垂直入油 3) 畸变超差件可进行加热矫直，在 150~170℃ 保温 30min 以上进行热矫直，然后在 150~170℃ 回火 1h
棘轮磨削时表面龟裂	1) 表面碳浓度过高，回火不足 2) 磨削进给量大，冷却不足，砂轮太硬	1) 降低渗碳炉气碳势 2) 延长回火时间 3) 减小磨削进给量，增加冷却液流量，使用硬度较低的砂轮
回转爪掉渣	表层碳浓度过高，有网状碳化物	不允许表层有网状碳化物，渗碳后可采取二次淬火或正火消除
棘轮、回转爪耐磨性低	此类零件不进行磨削加工，渗碳后多次加热引起脱碳	1) 渗碳后不宜多次加热，最好直接淬火 2) 设置保护碳势

14.4　凿岩机钎头的热处理

14.4.1　工作条件及失效形式

钎头（又称钻头）在凿岩中的功能是钻凿或破碎岩石。在硬质合金未用于凿岩钻具之前，钎头采用高碳工具钢制造，用其直接钻凿岩石；当硬质合金用于凿岩钻具后，钎头用钢的功能转变为镶固或焊接的办法，将硬质合金固定在钎头体上，起固定和支承硬质合金的作用，并保证硬质合金在钻凿岩石过程中不产生移位和脱落。这样，钎头用钢不再局限于工具钢类，也可采用合金结构钢或其他钢种来制造。

钎头的种类很多，钎头由钎头体和硬质合金组成。按硬质合金形状分，有片状钎头（主要有一字形钎头、三刃形钎头、十字形钎头、X 形钎头）、柱齿钎头、复合齿钎头，如图 14-8 所示；按与钎杆的连接形式分，有锥孔连接钎头、螺纹连接钎头、花键连接钎头；按直径大小分，有小钎头、大钎头、中型

钎头；按钎头制造工艺分，有焊接钎头、固齿钎头等；按使用状态分，有凿岩机用钎头、潜孔钻用钎头等。

钎头体起着向硬质合金刀传递冲击功的作用。在凿岩过程中，钎头受力复杂，不但承受由钎杆传递来的脉冲应力波，还要承受岩石反射回来的力波。在某些截面存在由于冲击的反射产生力波叠加现象，使钎头的受力增加到 150%~180%。

钎头失效的原因，除了硬质合金片（柱）脱落和破碎，主要是钎头体胀裤、裂裤和断腰。

钎头体尾部为一锥孔，它与钎杆头部锥体相配合。凿岩时，锥孔部位承受拉力，若热处理质量欠佳，很易发生锥孔胀大（胀裤），使钎头松脱或锥孔壁开裂（裂裤），造成钎头失效。硬质合金与钎头体的膨胀系数相差一倍多，如果钎头热处理时冷速稍快，将会使硬质合金和钎头体之间产生很大的内应力，这种钎头在服役过程中，硬质合金片（柱）很容易脱落。

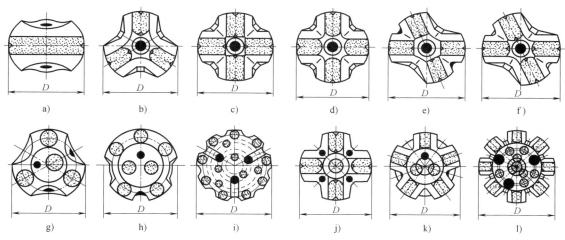

图 14-8　钎头分类

a) 一字形钎头　b) 三刃形钎头　c)、d) 十字形钎头　e)、f) X 形钎头　g)、h)、i) 柱齿钎头　j)、k)、l) 复合齿钎头

14.4.2　技术条件和使用材料

1. 片状钎头用钢的技术条件

片状钎头是我国历史最早、使用最广、生产量最大的钎头品种。片状钎头一般都是用焊接方法将硬质合金焊固在钎头体上，片状钎头用钢的技术条件及基本要求是：

1) 焊接加热后要具有高的空冷硬化能力，焊后空冷钎头体的硬度要达到 35~50HRC 的要求。这一硬度要求是支承片状硬质合金在凿岩过程中的最重要性能。低于这个硬度范围，在凿岩机的高频应力冲击下，尤其是钻凿硬岩时，钎头体片槽变形，容易出现硬质合金片移位而脱片，造成钎头早期报废。

2) 在 35~50HRC 的硬度范围时，钎头体应具有较好的塑性和韧性及抗疲劳性能，避免出现裂裤、胀裤和疲劳断裂。

3) 钎头体应与铜基或银基钎料有较好的浸润性，以保证高的焊接温度和焊接性能及质量。

4) 在焊接温度下不应出现晶粒长大、脱碳或严重氧化等情况。

5) 钢的线胀系数与硬质合金的线胀系数差距越小越好。差距大，焊接应力大，甚至拉裂硬质合金，造成钎头使用时的碎片或炸片现象。

6) 具有较高的热稳定性和一定的高温强度和耐磨性，同时也应避免产生"胀裤"现象。

7) 容易退火软化，并且加工性能要好。

2. 柱齿钎头用钢的技术条件

柱齿钎头是将硬质合金柱齿镶嵌在钎头体上形成的。相对于片状钎头而言，柱齿钎头布齿自由，可根据凿孔直径和破岩负荷大小，合理确定边、中齿数量和位置，其钎头直径不受限制，而且因其是多点破碎，破岩效率更高，既可有效地消除破岩盲区，又避免了岩屑的重复破碎。另外，由于合金柱的耐磨性比片状钎头要高（合金柱齿受力主要是压应力，而合金片是拉应力，合金柱齿典型硬度更高），其不磨寿命更长，重磨工作量小。所以在现代凿岩中，柱齿钎头正占据着越来越重要的位置，呈现出快速发展的趋势。

柱齿钎头的固齿工艺有两种：冷固齿和热镶齿。冷固齿的工艺要点是根据钎头体用钢的屈服极限，计算出齿孔与合金柱之间的配合间隙，用过盈配合的方法，通过外力把柱齿压入齿孔之中；热镶齿工艺是选择热膨胀性和韧性都较好的合金钢作为钎头体用钢，根据钢体与合金柱齿在相同的受热条件下，其热膨胀性的差别，选择合适的过盈量，即可轻松地将合金柱齿镶入钎头体齿孔，待其冷却至常温，钢体收缩即完成固齿过程。柱齿钎头用钢的技术条件及基本要求是：

1) 在热处理状态下，硬度要达到 40~50HRC 的要求。

2) 具有高强度的物理性能，保证高的固齿能力。

3) 要有一定的高温强度和热稳定性，保证使用时的固齿强度。

4) 高的疲劳强度和耐磨性。

5) 有较高的线胀系数和回火稳定性，可以提高固齿温度和保证高的热固齿能力。

6) 容易软化退火和好的尺寸稳定性及可加工性（切削性能、铰孔性能和表面质量等）。

钎头用硬质合金的化学成分及力学性能见表 14-15，钎头体常用材料牌号见表 14-16。

表 14-15　钎头用硬质合金的化学成分及力学性能

牌号	化学成分(质量分数,%)			力学性能		
	Co	其他	WC	洛氏硬度 HRA ≥	维氏硬度 HV ≥	抗弯强度/MPa ≥
GA05	3～6	<1	余量	1800	1250	1800
GA10	5～9	<1	余量	1900	1150	1900
GA20	6～11	<1	余量	2000	1140	2000
GA30	8～12	<1	余量	2100	1080	2100
GA40	10～15	<1	余量	2200	1050	2200
GA50	12～17	<1	余量	2300	1000	2300
GA60	15～25	<1	余量	2400	820	2400

表 14-16　钎头体常用材料牌号

类　型	国内牌号	国外牌号	备　注
片状钎头用钢	24SiMnCrNi2MoA(企业牌号)	瑞典 FF710	—
	25CrNi3Mo(非标在用牌号)	瑞典钎头 2#	—
	30CrNi4Mo(非标在用牌号)	英国 En30B	—
	30CrMnSiNi2Mo(非标在用牌号)	瑞典钎头 3#	—
	40SiMnCrNiMo	瑞典 Z708	—
	45CrNiMo1VA(企业牌号)	瑞典钎头 1#	—
	40MnMoV(非标在用牌号)	—	—
	42CrMo	—	—
柱齿钎头用钢	20Ni4Mo(非标在用牌号)	—	—
	24SiMnCrNi2Mo(企业牌号)	瑞典 FF710	—
	25CrNi3Mo(非标在用牌号)	瑞典钎头 2#	—
	25Cr3Mo(非标在用牌号)	英国 EN40B	—
	30CrNi4Mo(非标在用牌号)	英国 En30B	—
	35CrNiMo(非标在用牌号)	—	—
	40SiMnCrNiMo	瑞典 Z708	热固齿为佳
	40MnMoV(非标在用牌号)	—	热固齿为佳
	45CrNiMo1VA(企业牌号)	瑞典钎头 1#	热固齿为佳

14.4.3　制造工艺路线

1. 片状钎头制造工艺路线

下料→车外形→加工锥孔→铣槽（为装硬质合金刀片）→钻水孔→铣排粉圆弧槽→检验→酸洗→配合金刀片→焊接→淬火→回火→磨刃→发蓝处理→检验。

2. 柱齿钎头制造工艺路线

下料→锻造→正火→检验→机械加工→检验→淬火→清洗→回火→检验→钻、铰孔→检验→配压合金柱→表面清理→防腐→检验。

14.4.4　热处理工艺

1. 空冷硬化钢

因硬质合金和钢材的线胀系数相差过大，钎焊（铜基或银基合金钎料）硬质合金刀片的钎头淬冷时，冷却速度应尽量缓慢，否则刀片与钎体之间的内应力过大，凿岩时刀片易脱落，所以优质钎头均用空冷硬化钢制造。

表 14-17 列出了我国以空冷硬化钢制造优质钎头的热处理工艺。

表 14-17　空冷硬化钢制造优质钎头的热处理工艺

牌　号		24 SiMnNi2CrMoA
退火工艺		加热至750℃保温 4h→炉冷至 650℃保温 4h→随炉冷至室温,钎体硬度<260HBW
淬硬工艺及组织性能	方案 1	刀片钎焊过程的同时,将钎体加热至 900℃左右,然后空冷至室温,最后在 200～300℃进行回火,组织为板条马氏体+粒状贝氏体混合物,硬度为 40～45HRC
	方案 2	刀片焊好后,将钎头重新加热至 860～900℃,空气冷却至室温,最后进行 200～300℃回火,获得板条马氏体+粒状贝氏体混合物,硬度为 40～45HRC

2. 42CrMo 钢

42CrMo 钢与 35CrMo 钢相比，由于碳含量适当增加，因此它的淬透性较高，强度较大，因此 42CrMo 钢可用于制造直径较大的低风压钎头体，其化学成分见 GB/T 3077—2015。

1）42CrMo 钢钎头体的锻造工艺见表 14-18。

表 14-18　42CrMo 钢钎头体锻造工艺

始锻温度/℃	终锻温度/℃	冷却方式
1200～1220	800～850	≥φ50mm，缓冷

2）42CrMo 钢钎头体的热处理工艺见表 14-19。

3．Q45NiCr1Mo1VA 钢

Q45NiCr1Mo1VA 钢属于 Cr-Mo-V 系列的低合金超高强度钢，由于在钢中增加了 Cr、Mo 元素，大幅

度提高了奥氏体化温度，提高了抗回火稳定性，降低了钢的回火脆性。

该超高强度钢属高温回火索氏体钢，采用高温回火，可以得到很好的强韧性配合，在基本相同的屈服强度级别条件下，具有较高的断裂韧性。

此钢具有较好的淬透性能，截面尺寸 <25mm 的部件在静止空气中冷却，即可淬硬。

表 14-19　42CrMo 钢钎头体热处理工艺

项目	正火	高温回火	淬火	回火
加热温度/℃	860～880	530～670	840～860	根据需要选定
冷却方式	空气	空气	油	空气

这种高温回火调质钢球状碳化物弥散分布的基体组织具有良好的抗硫化氢、二氧化碳、氯离子等的应力腐蚀疲劳性能。

这种钢主要用于制造凿岩用钎头体，具有较强的二次硬化效应，在 600℃ 以下的中温区回火，回火硬度为 47HRC，具有相当高的强度与韧性配合，钎头体耐磨、保径好。

该钢热膨胀系数较高，很适合钎头体与硬质合金柱齿热过盈固齿，也可进行钎头过盈固齿工艺及钎头焊片工艺。其化学成分（质量分数）为：C0.42%～0.48%，Si0.15%～0.30%，Mn0.60%～0.90%，Cr0.90%～1.20%，Ni0.40%～0.70%，Mo0.90%～1.1%，V 0.05%～0.15%，P、S≤0.025%。

1）Q45NiCr1Mo1VA 钢的临界点见表 14-20。

表 14-20　Q45NiCr1Mo1VA 钢的临界点
（单位：℃）

Ac_1	Ac_3	Ms
730	790	290

2）Q45NiCr1Mo1VA 钢的线胀系数见表 14-21。

3）Q45NiCr1Mo1VA 钢不同回火温度下的力学性能见表 14-22。

4）Q45NiCr1Mo1VA 钢钎头体的锻造工艺见表 14-23。

5）Q45NiCr1Mo1VA 钢钎头体的热处理工艺曲线如图 14-9 所示。

表 14-21　Q45NiCr1Mo1VA 钢的线胀系数 α

温度/℃	100	200	300	400	500	600	700	800
$\alpha/10^{-6}K^{-1}$	8.1	9.9	11.5	12.6	13.2	13.1	12.9	10.5

表 14-22　Q45NiCr1Mo1VA 钢不同回火温度下的力学性能

热处理方法	R_m/MPa	$R_{p0.2}$/MPa	$A(\%)$	$Z(\%)$	$a_K/(J/cm^2)$
880℃油淬，300℃回火空冷	1878	1621	8	42.8	16.9
880℃油淬，400℃回火空冷	1682	1500	10	38.6	16.7
880℃油淬，450℃回火空冷	1607	1445	10	42.0	17
880℃油淬，500℃回火空冷	1538	1409	12	45.0	20
880℃油淬，550℃回火空冷	1530	1394	12.4	46.8	27
880℃油淬，600℃回火空冷	1447	1357	13	49	33.2
880℃油淬，650℃回火空冷	1311	1210	15	51.3	45.6
880℃油淬，680℃回火空冷	971	896	20	60	81.5
880℃油淬，700℃回火空冷	906	813	19	61.3	96.3
880℃油淬，720℃回火空冷	851	696	23	59	98

表 14-23　Q45NiCr1Mo1VA 钢钎头体的锻造工艺

加热温度/℃	始锻温度/℃	终锻温度/℃	冷却方式
1150～1200	≥1050	≥880	缓冷

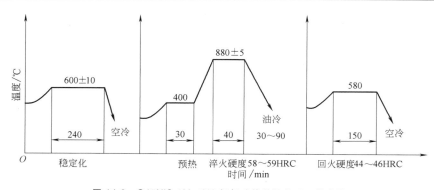

图 14-9　Q45NiCr1Mo1VA 钢钎头体的热处理工艺曲线

4. 24SiMnNi2CrMoA 钢

24SiMnNi2CrMoA 钢是系列钢种，只是碳含量不同。该钢种是一种低合金超高强度钢，极限抗拉强度为 1540~1680MPa，在此范围，它具有高的冲击强度和低的缺口敏感性及好的延伸性。

近年来，该钢为钎头体专用钢种，它是一种低碳合金钢，具有很好的淬透性，室温空冷可得到硬而韧的低碳马氏体，硬度为 45~48HRC；这种钢的正火温度和居里点与所用银基钎料的钎焊温度、合金片的磁饱和等特性相配合，可以获得坚韧的壳体和良好的焊缝。瑞典称此钢为 FF710。

该钢也适用于空冷硬化及气体渗碳（因碳含量而异）。在气体渗碳硬化条件下，它具有高的疲劳强度和耐磨性。

该钢可用于制作硬质合金焊片钎头、热过盈固齿钎头等，其化学成分（质量分数）为：C 0.21% ~ 0.26%，Si1.30% ~ 1.70%，Mn 1.30% ~ 1.70%，Cr0.25% ~ 0.35%，Ni1.65% ~ 2.0%，Mo 0.30% ~ 0.40%，P≤0.025%，S≤0.025%。

1）24SiMnNi2CrMoA 钢的临界点见表 14-24。

表 14-24　24SiMnNi2CrMoA 钢的临界点

（单位：℃）

Ac_1	Ac_3	Ms	Mf
705	850	350	200

2）24SiMnNi2CrMoA 钢不同回火温度下的力学性能见表 14-25。

表 14-25　24SiMnNi2CrMoA 钢不同回火温度下的力学性能

热处理方法	R_m/MPa	$R_{p0.2}$/MPa	$A(\%)$	$Z(\%)$	$a_K/(J/cm^2)$	HRC
930℃×20min 正火，890℃×20min 油淬，100℃回火	1600	1334	15.2	57	94	46.0
930℃×20min 正火，890℃×20min 油淬，200℃回火	1555	1363	13.5	58	92	46.0
930℃×20min 正火，890℃×20min 油淬，300℃回火	1473	1331	13.7	58	70	45.0
930℃×20min 正火，890℃×20min 油淬，400℃回火	1372	1283	15.1	62	77	43.0
930℃×20min 正火，890℃×20min 油淬，500℃回火	1168	1106	16.4	62	95	41.5
930℃×20min 正火，890℃×20min 油淬，600℃回火	979	904	16.2	59	153	40.0

3）24SiMnNi2CrMoA 钢钎头的锻造工艺见表 14-26。

4）24SiMnNi2CrMoA 钢钎头的热处理工艺见表 14-27。

表 14-26　24SiMnNi2CrMoA 钢钎头的锻造工艺

加热温度/℃	始锻温度/℃	终锻温度/℃	冷却方法
1160~1200	1150~1190	≥900	缓冷或坑冷

表 14-27　24SiMnNi2CrMoA 钢钎头的热处理工艺

项目	退火	正火	高温回火	淬火	回火
加热温度/℃	600~745 636~663	925~935	650	880~890	200
冷却方法	空冷	空冷	空冷	油冷	空冷
硬度 HBW	≤230	375~401	≤260	444~461	29~36

14.5　凿岩机钎尾及成品钎杆的热处理

14.5.1　工作条件及失效形式

1. 钎尾

钎尾是螺纹钎具中与凿岩机配合的一个重要部件，它负责将凿岩机活塞产生的冲击力传递给钎杆，再经过钎杆传递给钎头后钻凿岩石。钎尾装在凿岩机内，处于凿岩机头部。钎尾的一端在凿岩机内，承受活塞的高频冲击，另一端螺纹部位突出凿岩机外，通过连接套与钎杆连接。由于钎尾是凿岩机的一个重要部件，在一定意义上代表凿岩机的质量和寿命，受到凿岩机生产企业的高度重视。为了保证钎尾具有高的质量和使用寿命，往往通过采用最好的钢种、最佳的热处理工艺和很高的加工精度来加以保证。

钎尾是凿岩机主要易损件之一，在服役过程中，钎尾（见图 14-10）承受活塞的高频率的冲击和扭转，它是典型的承受多种压缩、弯曲和扭转的杆件，与转动套接触面还承受很大摩擦力的作用，所以很易发生早期失效。其失效形式主要有下列几种：

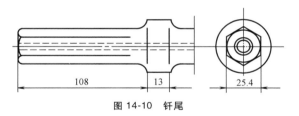

图 14-10　钎尾

1）疲劳断裂，常常发生在钎尾波形螺纹的根部，如图 14-11 所示。重型导轨式凿岩机钎尾折断多发生在螺纹根部退刀槽处。

图 14-11　钎尾的疲劳断裂

2）受活塞冲击的端面产生凹陷及剥落掉块，主要是接触疲劳破坏，如图 14-12 所示。

3）波形螺纹严重磨损。

2. 成品钎杆

整体钎杆、锥形钎杆一般指 B22、B25 六角形中空钎钢制作的钎杆（俗称小钎杆），适用于小型气动凿岩机或液压凿岩机的浅孔凿岩作业。手持式气腿式气动凿岩机采用 B22、B25 六角形锥体连接钎杆和整体钎杆，采矿钻车（钻架）、导轨式气动凿岩机采用

B25 六角轻型、D32 圆形波形螺纹接杆钎杆。整体钎杆是头部镶有硬质合金的钎杆；锥形钎杆的头部是圆锥形，与锥形连接的钎头相配合后才能进行凿岩，我国浅孔凿岩几乎全部是锥形钎杆。此外，还有一种钻车用螺纹钎杆。在钎杆产品中，B22、B25 六角钎杆占近 90% 的份额，而螺纹连接的接杆钎杆和钻车钎杆，只占 10% 左右，而且还有不少从国外进口。

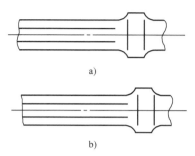

图 14-12　钎尾的接触疲劳破坏
a）端面凹陷　b）端面剥落掉块

螺纹钎杆一般是配合大功率凿岩机使用，大功率凿岩机的冲击功大，冲击频率也大大超过小型凿岩机。螺纹钎杆用于接杆凿岩，属中、深孔凿岩，炮孔深度十几米乃至几十米，比 B22、B25 六角钎杆的浅孔凿岩深得多。钻车钎杆也是螺纹钎杆，杆体也比 B22、B25 六角钎杆长，一般为 3.7～5.5m。

凿岩工程上应用最广的是图 14-13 所示的锥体连接钎杆，它包括钎尾（与钎杆为一整体）、钎肩、杆体和锥体四部分。锥体是为安装钎头用的。当钎杆尾端受到活塞的高频率打击时，钎杆把打击力传递给钎头，从而把岩石凿碎。研究表明，由于应力波的反射和叠加，钎杆两端应力分布最大，中部较小。在正常情况下，钎头端部比钎尾端部应力分布稍高；当钎头磨钝时，凿岩阻力增大，靠近钎头端部应力强烈增加，因而钎杆两端经常在接近或超过持久极限的情况下工作，所以钎杆易破坏失效。小钎杆失效的主要形式有：

1）疲劳折断。最常发生在钎肩圆角处或横穿钎肩最大截面处。在其他部位也可发生断裂，疲劳源多数发生在钎杆水孔的内表面。

螺纹钎杆的失效大都在螺纹部位和过渡槽区域，破坏形式是疲劳断裂。其中钎杆在螺纹和过渡槽断裂占 2/3，杆体断裂占 1/3 左右。螺纹钎杆外疲劳断裂占多数，而内疲劳断裂占少数（内表面存在冶金缺陷的除外）。

2）钎尾端面凹陷和剥落掉块。因其受力情况和大型凿岩机单独构件——钎尾相同，所以也产生同样的失效形式。

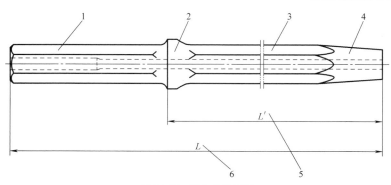

图 14-13 锥体连接钎杆

1—钎尾 2—钎肩 3—杆体 4—锥体 5—钎杆有效长度 6—钎杆长度

14.5.2 技术条件和使用材料

1. 钎尾

钎尾用钢的技术条件：

1）应具有足够高的疲劳强度、韧性和一定的耐磨性的配合。

2）高的接触疲劳强度和低的缺口敏感及低的疲劳扩展速率。

3）高的弯曲疲劳强度和热稳定性及抗回火软化性或高温强度。

4）高的耐磨性和抗腐蚀疲劳的能力。

5）良好的加工性能，包括切削性能、磨削性能和表面粗糙度等。

钎尾一般选用合金结构钢进行渗碳处理。常用的钢种有 20CrNiMo、35CrMoV、23CrNi3Mo、EN30B（英国）、22SiMnCrNi2Mo、18Cr2Ni4WA、30CrMnSiNi2A（非标在用牌号）、35SiMnMoV 等。

钎尾热处理技术条件见表 14-28。

表 14-28 钎尾热处理技术条件

渗碳层深度/mm	淬火+回火			
	硬度 HRC		金相组织	
	表面	心部	表面	心部
0.5~0.8 1.0~1.2[1]	58~60	48~52	马氏体+细粒状碳化物+少量下贝氏体+残留奥氏体	下贝氏体+少量马氏体

① 重型导轨式钎尾。

2. 成品钎杆

成品钎杆主要是因疲劳断裂而失效，所以整体钎杆和锥形钎杆对钢种主要要求是：

1）应具有足够的疲劳强度和良好的韧性配合。

2）低的缺口敏感性和低的疲劳裂纹扩展速率。

3）在控轧控冷或正火状态下能获得 40HRC 左右的硬度，以保证钎杆的弹性。淬回火后达到 50～54HRC 的硬度，以保证钎尾在凿岩机活塞冲击下不产生堆顶或炸顶。

4）加热时有小的脱碳倾向。

由于螺纹钎杆在凿岩时所受冲击应力大，频率高，又是长杆件，所受应力和工作条件比 B22、B25 六角钎杆更为恶劣。所以，螺纹钎杆用钢的基本要求与 B22、B25 六角钎杆用钢有所区别。根据螺纹钎杆所受应力和工作情况、失效分析和断裂机理，对螺纹钎杆用钢的主要要求如下：

1）高的耐磨性和高的韧性。

2）高的疲劳强度和足够的刚性及弹性。

3）低的缺口敏感性和低的疲劳裂纹扩展速率。

4）要有一定的高温硬度和抗高温软化性。

5）要有高的防腐性能和抗腐蚀疲劳的能力。

常用钎杆用钢的化学成分见表 14-29，其中 w(P)$\leqslant$0.025%，w(S)$\leqslant$0.025%，w(Cu)$\leqslant$0.25%。

14.5.3 制造工艺路线

1. 钎尾

（1）一般钎尾 下料→锻造→退火→检验→机械加工→检验→渗碳→检验→淬火→清洗→回火→检验→磨削。

（2）重型导轨式凿岩机钎尾 下料→锻造→退火→检验→机械加工→检验→气体渗碳后直接油淬→高温回火→检验→等温淬火→清洗→两次低温回火→检验→冷滚压螺纹退刀槽→磨削。

表 14-29　常用钎杆用钢的化学成分（摘自 GB/T 1301—2008）

牌　号	化学成分[1]（质量分数，%）						
	C	Si	Mn	Cr	Ni	Mo	V
ZK95CrMo	0.90 ~ 1.00	0.15 ~ 0.40	0.15 ~ 0.40	0.80 ~ 1.20	—	0.15 ~ 0.30	—
ZK55SiMnMo	0.50 ~ 0.60	1.10 ~ 1.40	0.60 ~ 0.90	—	—	0.40 ~ 0.55	—
ZK40SiMnCrNiMo	0.36 ~ 0.45	1.30 ~ 1.50	0.60 ~ 1.20	0.60 ~ 0.90	0.40 ~ 0.70	0.20 ~ 0.40	—
ZK35SiMnMoV	0.29 ~ 0.41	0.60 ~ 0.90	1.30 ~ 1.60	—	—	0.40 ~ 0.60	0.07 ~ 0.15
ZK23CrNi3Mo	0.19 ~ 0.27	0.15 ~ 0.40	0.50 ~ 0.80	1.15 ~ 1.45	2.70 ~ 3.10	0.15 ~ 0.40	—
ZK22SiMnCrNi2Mo	0.18 ~ 0.26	1.30 ~ 1.70	1.20 ~ 1.50	0.15 ~ 0.40	1.65 ~ 2.00	0.20 ~ 0.45	—

注：ZK 表示凿岩钎杆用中空钢。

[1] $w(P) \leqslant 0.025\%$，$w(S) \leqslant 0.025\%$，$w(Cu) \leqslant 0.25\%$。

2. 成品钎杆

（1）小钎杆　定尺下料→矫直→钎尾扩孔（热穿热拔中空钢的芯孔比较圆时甚至不扩孔）→钎尾平头倒角→镦钎肩→车锥体→钎尾淬火→钎尾回火→检验→矫直→防腐处理。

（2）螺纹钎杆　定尺下料→机械加工螺纹→整体渗碳→矫直→两端螺纹及过渡槽淬火→两端螺纹及过渡槽低温回火→检验→喷砂或喷丸→检验→矫直→防腐处理。

14.5.4　热处理工艺

1. 钎尾

钎尾热处理工艺见表 14-30。

气体渗碳后进行一次高温回火，目的是使渗碳后所形成的粗大组织分解，析出碳化物，以便在随后的淬火过程中起到阻断组织遗传及细化晶粒的作用。这有利于渗碳层孪晶马氏体显微裂纹的焊合，对提高钎尾断裂韧度有益。

贝氏体等温淬火后进行两次低温回火，可以降低渗碳层中的残留奥氏体含量（从约39%降至17%），适量残留奥氏体的存在对于提高钎尾的多冲弯曲疲劳强度是十分有利的，并且可以有效地减少钎尾由于端面浅层剥落而失效的现象。

下面以 18Cr2Ni4WA 钢为例，说明钎尾热处理工艺。

18Cr2Ni4WA 钢是镍含量较高的高级优质合金结构钢，具有高的强度、韧性和良好的淬透性。这种钢一般用作截面较大、载荷较高，而又需要良好的韧性和缺口敏感性甚低的重要零件，如截面较大的齿轮、传动轴、曲轴、花键轴、活塞销等。这种钢可经渗碳后淬火、回火使用，也可不经渗碳在调质状态下使用。这种钢经渗碳、二次加热淬火和低温回火后，表面有较高的硬度和耐磨性，心部有很高的强度和韧性。这种钢也可用渗氮处理以提高其疲劳极限及抗腐蚀性能，也适用于制造中大功率凿岩机钎尾。

由于 18Cr2Ni4WA 钢合金元素含量较高，工艺性能较差，锻造时变形抗力较大，锻件的氧化皮不易清理，需要较长的酸洗时间才能清除干净。这种钢锻件正火后硬度较高，需经长时间的高温回火才能软化，可加工性较差：当硬度为 270HBW 时，相对加工性为 70%；当硬度为 321~385HBW 时，相对加工性为 50%。这种钢中的钨含量也可用相当其含量的 1/3 的钼 [$w(Mo)$= 0.30% ~ 0.40%] 取代，即成为 18Cr2Ni4MoA 钢。18Cr2Ni4WA 钢的化学成分见 GB/T 3077—2015。

1）18Cr2Ni4WA 钢的临界点见表 14-31。

2）18Cr2Ni4WA 钢的室温力学性能见表 14-32。

3）18Cr2Ni4WA 钢钎尾的锻造工艺见表 14-33。

4）18Cr2Ni4WA 钢钎尾的热处理工艺见表 14-34。

表 14-30　钎尾热处理工艺

序号	热处理	具体操作规范
1	锻造退火	加热温度为 870~890℃，保温 2h，炉冷至 100℃ 左右出炉空冷
	气体渗碳-淬火	从渗碳炉取出零件，在空气中冷却 40s 左右，接着淬入油中停留 40~60min，取出空冷数分钟，立即回火
	回火	（260±10）℃×1.5 ~ 2h
2	气体渗碳	920~940℃×4~8h，油冷
	高温回火	550~650℃×2h
	贝氏体等温淬火	860~880℃ 盐浴炉保温 20min，转入 260℃ 硝盐炉保温 40min 后空冷
	回火	260℃×1h 空冷，回火两次

表 14-31　18Cr2Ni4WA 钢的临界点　　　　　　　（单位：℃）

Ac_1	Ac_3	Ar_3	Ar_1	Ms
700	810	400	350	342

表 14-32　18Cr2Ni4WA 钢的室温力学性能

热处理用毛坯 直径/mm	热处理状态	R_m/MPa	$R_{p0.2}$/MPa	$A(\%)$	$Z(\%)$	KU_2/J
15	一次淬火 950℃空冷， 二次淬火 850℃空冷， 回火 200℃	≥1180	≥835	≥10	≥45	≥78

表 14-33　18Cr2Ni4WA 钢钎尾的锻造工艺

始锻温度/℃	终锻温度/℃	冷却方式
1180	850	有白点敏感性，直径≥75mm 时应缓冷

表 14-34　18Cr2Ni4WA 钢钎尾的热处理工艺

项目	高温 软化回火	调质处理		表面渗碳硬化处理		
		淬火	回火	渗碳	淬火	回火
加热温度/℃	650~680	850~870	根据需要选定	900~920	840~860	150~200
冷却方式	空淬	油淬	油冷或水冷	缓冷	油淬	空冷

注：渗碳后也可进行两次淬火，淬火温度分别为 880~900℃及 820~840℃。

2. 成品钎杆

55SiMnMo 钎杆：55SiMnMo 钢是我国成功研制的用于浅孔凿岩的小钎杆专用钢种，系贝氏体钢。用硅锰合金化，弹性极限及疲劳极限均较高。锰的加入对钢由奥氏体分解为珠光体的转变有强烈的抑制作用，有利于贝氏体的形成。与此同时，钼能降低含硅钢的过热敏感性和石墨化倾向，在热轧空冷情况下得到粒状或板条状贝氏体为主和富碳的残留奥氏体组织。经我国学者研究表明，55SiMnMo 钢富碳残留奥氏体无论是条状或块状，对疲劳裂纹的扩展都有良好的抑制作用。经大量试验、生产和使用证明，采用 55SiMnMo 钢制造的 B22 钎杆，创造了我国小钎杆使用寿命的最高纪录。

1）55SiMnMo 钢的临界点见表 14-35。

2）55SiMnMo 钢的室温力学性能见表 14-36。

3）55SiMnMo 钢成品钎杆的锻造工艺见表 14-37。

表 14-35　55SiMnMo 钢的临界点

（单位：℃）

Ac_1	Ac_3	Ar_1	Ar_3	Ms	Mz
760	785	680	735	275	室温以下

表 14-36　55SiMnMo 钢的室温力学性能

处理条件	R_m/MPa	$R_{p0.2}$/MPa	$A(\%)$	$Z(\%)$
热轧	1235	634	17.5	20
870℃×20min 正火	1039	522	17.5	50
870℃油淬，450℃回火	1509	1450	14	34.5

表 14-37　55SiMnMo 钢成品钎杆的锻造工艺

加热温度/℃	始锻温度/℃	终锻温度/℃	冷却
1050~1150	1000~1100	≥850	空冷或风冷

4）55SiMnMo 钢成品钎杆的热处理工艺见表 14-38。成品钎杆具体热处理工艺见表 14-39。

表 14-38　55SiMnMo 钢成品钎杆的热处理工艺

项目	正火	高温回火或软化退化	淬火	回火
加热温度/℃	860~880	680	860~880	320~340
冷却	空冷或风冷	空冷	油	油或水
硬度 HRC	30~40	<25	≥55	50~54

表 14-39　成品钎杆具体热处理工艺

典型材料	工艺名称	热处理工艺	表面硬度 HRC
55SiMnMo	热轧态或正火	硬度合乎要求的热轧态，采用中频感应圈加热至 880℃±20℃，随后空冷或风冷	36~42
	钎尾淬火	从端面起 30mm 采用中频感应圈加热至 870℃±20℃淬油	56~58
	钎尾回火	硝盐加热 320~340℃，空冷，浸入盐槽长度不宜超过锥体钎肩，以比淬火长度深 10mm	48~54
23CrNi3Mo	渗碳	井式气体渗碳 920~930℃，罐冷、空冷式风冷	36~42
	两端螺纹及过渡槽淬火	采用中频感应圈加热至 840~860℃，淬油，加热长度略超过过渡槽	≥58
	两端螺纹及过渡槽回火	硝盐加热 200~220℃回火，空冷	≥56

14.5.5　技术要求和质量检验

钎尾和成品钎杆的技术要求和质量检验见表 14-40。

表 14-40　钎尾和成品钎杆的技术要求和质量检验

零件名称	工序	项目	技术要求	检测方法
钎尾	锻造退火	硬度	≤207HBW	用布氏硬度计抽查
		金相组织	均匀细晶粒索氏体	用金相显微镜观察
	渗碳	渗层深度	0.5~0.8mm 1.0~1.2mm①	1）渗层深度以检查等效随炉试样为准 2）随炉试样应与所渗零件材料批次相同 3）用金相显微镜观察或显微维氏硬度计检查淬火、回火后的有效硬化层
	淬火+回火	硬度	表面：58~60HRC 心部：48~52HRC	用洛氏硬度计抽查
		金相组织	表面：马氏体+细粒状碳化物+少量下贝氏体+残留奥氏体；心部：下贝氏体+少量马氏体	用金相显微镜观察
成品钎杆（55SiMnMo）	热轧态或正火（杆体）	表面硬度	36~42HRC	用洛氏硬度计抽查
		金相组织	上贝氏体+残留奥氏体	用金相显微镜观察
	淬火+回火（钎尾部分）	表面硬度	48~54HRC	用洛氏硬度计抽查
		金相组织	贝氏体+马氏体	用金相显微镜观察
成品钎杆（23CrNi3Mo）	渗碳后（杆体）	表面硬度	36~42HRC	用洛氏硬度计抽查
		渗层深度	0.6~0.9mm	1）用随炉试样检验渗层深度 2）试样与钻杆原材料生产批次相同 3）随炉试样用金相显微镜检测
		表面碳浓度	0.80%~0.95%	1）以检测等效随炉试样表面碳含量为准 2）表面 0.10~0.15mm 取样，按 GB/T 4336—2016 规定的方法进行检验
	淬火+回火（两端螺纹及过渡槽）	表面硬度	≥56HRC	用洛氏硬度计抽查
		金相组织	表面马氏体+残留奥氏体（≤3级）+粒状碳化物	用金相显微镜观察

① 重型导轨式钎尾。

14.6　连接套的热处理

14.6.1　工作条件及失效形式

连接套在螺纹凿岩钎具中是造成钎尾和钎杆螺纹磨损的零件，它的硬度高低和质量寿命对钎尾和钎杆的螺纹磨损和断裂寿命有重要的影响。

14.6.2　技术条件和使用材料

连接套用钢的基本要求是：

1）高的强度和韧性的良好配合，是保证连接套的紧固性和不易胀破、胀裂的重要条件。

2）高的耐磨性和热稳定性或抗高温软化性，这是保证连接套使用时，在摩擦、滑移和冲击产生热量的情况下保证有一定使用寿命的必要条件。

3）连接套的失效有磨损失效和疲劳断裂失效，高的疲劳强度、低的缺口敏感性和低的疲劳裂纹扩展速率有利于延长连接套的使用寿命。

4）良好的加工性能，以保证高的加工精度。

由于连接套是钎尾和钎杆的螺纹磨损件，从经济性和便于更换磨损件出发，往往使连接套的综合性能指标略低于钎尾或钎杆的综合性能或与之相匹配。从连接套国内外的生产和使用情况看，连接套用钢可分为三类，即渗碳热处理类、感应热处理类和常规热处理类。

渗碳热处理类连接套用钢有 20CrNi3Mo、30CrNi4Mo、22SiMnCrNi2Mo、25CrNi3Mo、20CrMnTi、20MnVB、35SiMnMoV（渗碳后等温淬火）等。

感应热处理类连接套用钢有 30CrNi4Mo、20Cr3Mo、35CrNi3Mo、40SiMnCrNiMo。国外采用中频感应加热，内表面淬火工艺。

常规热处理类连接套用钢有 40Cr、35CrMo、35SiMnMoV、40SiMnCrNiMo 等，我国多采用淬火后，中、高温回火工艺或等温淬火工艺。

14.6.3　20MnVB 钢连接套的热处理

20MnVB 钢具有良好的淬透性，比 20CrMnTi 钢稍好，更优于 20Cr 钢，对提高渗碳零件的心部性能有利。这种钢的热处理工艺性能良好，在正常的渗碳温度下（920~960℃）晶粒不显著长大，渗碳后可降温直接淬火。20MnVB 渗碳零件的热处理变形情况尚好，但与 20CrMnTi 和 20MnTiB 钢相比，则变形倾向较大。渗碳层碳浓度不高，渗碳后冷却不当，表面层会产生贫碳现象，对于渗碳淬火后不再磨削加工的零件应予以注意。渗碳层中碳浓度梯度变化平缓，不会引起钢组织和性能的突然变化，淬火后残留奥氏体量

甚少，淬火后有高的硬度、强度、耐磨性和疲劳强度，而且有较好的低温韧性。

其化学成分见 GB/T 3077—2015。

1）20MnVB 钢的临界点见表 14-41。

表 14-41　20MnVB 钢的临界点

（单位：℃）

Ac_1	Ac_3	Ar_1	Ar_3
720	840	635	770

2）20MnVB 钢连接套的锻造工艺见表 14-42。

表 14-42　20MnVB 钢连接套的锻造工艺

始锻温度/℃	终锻温度/℃	冷却方法
1200	850	空冷

3）20MnVB 钢连接套的热处理工艺见表 14-43。

4）20MnVB 钢的力学性能见表 14-44。

表 14-43　20MnVB 钢连接套的热处理工艺

项目	正火	渗碳	降温淬火	淬火	回火
加热温度/℃	950~970	920~940	800~830	780~840	180~200
冷却方式	空气	650~700℃出炉空冷	油	油或水	空气

表 14-44　20MnVB 钢的力学性能

热处理用毛坯直径/mm	热处理状态	R_m/MPa	$R_{p0.2}$/MPa	A(%)	Z(%)	KU_2/J	供货状态为退火或高温回火钢棒硬度 HBW
15	860℃油淬 200℃回火，空冷或水冷	≥1080	≥885	≥10	≥45	≥55	≤207

14.7　其他气动工具零件的热处理

气动工具除了凿岩机，还有捣固机、气铲、气镐及铆钉机等，这些气动工具广泛用于船舶、桥梁、锅炉、金属房架及其他金属结构的制造与修理工作中。它们的工作条件大致相同，其关键件的失效方式主要是磨损，其主要零件的热处理工艺见表 14-45。

表 14-45　几种气动工具主要零件的热处理工艺

零件名称	牌号	热处理工艺	渗碳层深度/mm	硬度 HRC	生产中应注意的问题
D9 捣固机缸体	20Cr	气体渗碳：915~935℃×3.5~4.5h，坑冷 淬火：850℃×45min，淬油 回火：320~340℃×60min，空冷 发蓝处理	0.7~0.9（包括磨量 0.2）	50~55	1）淬冷时，上下活动 30~40s，2min 后出油 2）淬火油温为 40~100℃ 3）畸变超差进行热矫，但热矫温度应低于回火温度，矫直后低温回火
D9 捣固机活塞	45	锻造余热淬火：锻后温度控制在 820~900℃，5%（质量分数）盐水淬冷 回火：540~560℃×90min，空冷	—	28~32	锻后至淬火的间隔时间不应超过 3s
		ϕ32mm 表面及锥面高频感应淬火（长度为 100mm） 回火：200℃×90min，空冷	—	50~55	

（续）

零件名称	牌号	热处理工艺	渗碳层深度/mm	硬度HRC	生产中应注意的问题
D9 捣固机阀盖	45	淬火:800℃×4min（盐浴炉）,5%（质量分数）盐水淬冷	—	40~45	此件易淬裂,出盐水温度控制在150℃左右
C5、C6、C7 气铲缸体	20Cr	气体渗碳:920℃×3~4h 淬火:850℃×45min,淬油 回火:220~240℃×70min	0.6~0.8（包括磨量0.2）	55~60	—
C5、C6、C7 气铲锤体	T8A	淬火:780~800℃×10min（盐浴炉）,5%（质量分数）盐水冷却 回火:270~280℃×90min,空冷	—	55~60	—
C5、C6、C7 气铲阀	20Cr	淬火:盐炉加热 880~900℃×5min,10%~15%（质量分数）盐水冷却	—	45~50	盐水温度<40℃
C5、C6、C7 气铲阀柜	20Cr	气体渗碳+淬火:910~930℃×3h,降温至840℃保温30min,淬油 回火:230~250℃×1h,空冷	0.5~0.7（包括磨量0.2）	55~60	油温 60~100℃
G10 气镐阀	20Cr	气体渗碳:910~930℃×3h 淬火回火	0.5~0.7（包括磨量0.2）	52~57	油温 60~100℃
G10 气镐阀柜	20Cr	气体渗碳:910~930℃×4h 淬火回火	0.7~1.0（包括磨量0.2）	57~62	油温 60~100℃
G10 气镐锤体	T8A	淬火:盐炉加热 790~810℃保温14min,5%（质量分数）盐水淬冷	—	62~65	盐水温度≤30℃
		回火:220℃×90min	—	57~62	—
G10 气镐缸体	40Cr	正火:860~880℃×100min,空冷	—	—	—
		淬火:盐炉加热 850~870℃保温10min,油冷	—	—	—
		回火:530℃×90min,水冷	—	32~37	—
S150 气砂轮主轴	40Cr	调质:860℃×15min,淬油,600℃回火1h,水冷	—	25~30	
		扁头端及 M12×1.25 丝扣部位高频感应淬火,回火	—	48~53	
S150 气砂轮联轴套	20Cr	薄层渗碳:气体渗碳炉,加1~2kg尿素,排气保温时（920℃×10min）滴入甲醇150滴/min、煤油150滴/min,直接盐水淬冷 回火:200℃×60min	0.10~0.15	45~50	
S150 气砂轮气缸	20Cr	退火:930℃×90min,炉冷	—		
		气体渗碳:920℃×6h,直接淬火,油冷 回火:220℃×60min,空冷	0.85~1.05（包括磨量0.2）	55~60	—
M16 铆钉机气缸	20Cr	气体渗碳:920℃保温210min	0.6~0.8（包括磨量0.2）		
		淬火:850℃×50min,油淬	—	—	井式炉垂直立装
		回火:220℃×70min,空冷	—	55~60	—
M16 铆钉机下阀柜上阀柜	20Cr	气体渗碳:920℃×3h,降温至840℃,直接淬火,油冷	0.5~0.7（包括磨量0.2）	—	—
		回火:240℃×60min,空冷	—	55~60	—
M16 铆钉机阀	20Cr	淬火:盐炉加热 890℃保温4min,10%~15%（质量分数）盐水淬冷 回火:180℃×60min,空冷	—	45~50	盐水温度≤30℃
铆钉机的窝头	T8A T10A	淬火:800~820℃×40min,盐水冷 回火:260~280×1~1.5h,空冷	—	50~55	盐水温度≤30℃

14.8　牙轮钻机钻头的热处理

14.8.1　工作条件及失效形式

牙轮钻头是地质钻探、露天矿和石油开采的钻孔工具。牙轮钻机钻孔时，通过其回转、推压机构，使钻具回转并给钻头施以轴向压力。钻头主要由牙轮、牙爪（又称牙掌）和滚柱及滚珠组成。钻孔是靠牙轮对岩石的压碎、剪切和冲击破碎作用来完成的。牙爪的作用是支承牙轮，保证牙轮钻孔时环绕牙爪的轴承转动，所以钻井时，牙轮和牙爪轴承承受着带有冲击的接触应力载荷并受到强烈的磨损。其失效形式主要有以下几种：

1）牙轮与牙爪轴承磨合面表层疲劳剥落。尤其滚动轴承钻头更为严重。

2）牙轮与牙爪因轴承磨合面拉毛发热而咬死。

3）牙爪小轴磨损、折断。

4）滚柱、滚珠磨损与碎裂。

5）牙轮、牙爪断裂。

因此，牙轮钻头须具有高的疲劳强度、韧性和耐磨性。

14.8.2　技术条件和使用材料

由牙轮、牙爪的工作条件分析可知，它们需要疲劳强度高、韧性好、表面硬度高、耐磨性好，因此宜采用合金渗碳钢。滚珠和滚柱一般用 GCr15 轴承钢制造，但因滚珠和滚柱易发生碎裂失效，现在改用弹簧钢。牙轮钻头用钢及热处理技术条件见表 14-46。

表 14-46　牙轮钻头用钢及热处理技术条件

零件名称		牌号	渗碳层深度/mm	渗碳表层碳浓度（%）	淬火+回火	
					表面硬度 HRC	表面金相组织
矿用牙轮钻头	牙轮	20CrMo 20Ni4Mo	0.9~2.2（决定于钻头直径）	0.80~1.05	58~63	马氏体+残留奥氏体（≤3级）+粒状碳化物（≤2级）
	牙爪	20CrMo	1.2~2.5（决定于钻头直径）	0.80~1.05	58~63	马氏体+残留奥氏体（≤3级）+粒状碳化物（≤2级）
	滚珠滚柱	55SiMoVA	—	—	55~59 56~60	—
石油牙轮钻头	牙轮	20CrNiMo 20Ni4Mo 15CrNiMo	0.9~2.2（决定于钻头直径）	0.85~1.05	59~62	马氏体+残留奥氏体（≤3级）+粒状碳化物（≤2级）
	牙爪	20CrNiMo	1.2~2.5（决定于钻头直径）	0.85~1.05	58~61	
	滚珠滚柱	55SiMoV 50CrV	—	—	55~59 56~60	—

14.8.3　制造工艺路线

1. 牙轮

1）钢齿牙轮：锻造→正火（退火）→检验→机械加工→渗碳→淬火→清洗→低温回火→检验→磨削→检验。

2）镶齿牙轮：锻造→正火（退火）→检验→机械加工→钎焊减摩材料→渗碳→两次淬火→清洗→低温回火→检验→钻硬质合金齿孔→压齿→磨削→检验。

2. 牙爪

1）堆焊耐磨合金牙爪：锻造→正火（退火）→检验→机械加工→小轴、二道止推面、大轴受力部位堆焊耐磨合金→渗碳→淬火→清洗→低温回火→检验→磨削→检验。

2）渗硼牙爪：锻造→正火（退火）→检验→机械加工→渗碳→磨削→渗硼→淬火→清洗→低温回火→检验→磨削→检验。

14.8.4　热处理工艺

牙轮的热处理工艺见表 14-47。

牙爪的热处理工艺见表 14-48。

表 14-47　牙轮的热处理工艺

工　序	热处理工艺
锻造正火	加热温度 880~920℃，保温 3~4h，空冷
渗碳	15CrNi3Mo 钢，要求渗碳层深度为 1.7~2.0mm 可控气氛多用炉，装炉后 2~3h 炉温由 760℃升至 930℃，滴入大量甲醇排气；1~1.5h 均温阶段；渗碳期：13~15h 通丙烷，碳势 0.8%~0.9%，从 930℃降温至 860℃，2.5~3h，缓冷
淬火	1）渗碳后预冷至 830~850℃，直接淬油 2）渗碳后缓冷至出炉，重新加热至 830~850℃，淬油 3）渗碳后进行 900~920℃和 810~830℃两次淬火，均为油淬
回火	170~190℃×4h

表 14-48　牙爪的热处理工艺

工　序	热处理工艺
锻造正火	880~920℃×3~4h，空冷
渗碳	20CrNiMo 钢，要求渗碳层深度为 1.8~2.0mm，920~940℃，渗碳 13~17h
回火	170~190℃×4h
渗硼	1）渗碳要求同上，渗碳后再渗硼 2）将牙爪轴颈部位套上特制的渗硼杯，内部添加足够的渗硼剂，密封渗硼杯，放入通有吸热性保护气氛的热处理炉中加热。温度 930℃，时间 8h。渗硼组织为单相 Fe_2B，渗层深度为 0.08~0.10mm；也可采用液体渗硼。不需渗硼的部位镀铜，把工件放入渗硼盐浴中，在 900~920℃保温 6~7h
淬火	1）固体法渗硼后，用盐浴炉或保护气氛炉加热至 810~840℃，保温 2~3h 后淬入 70~100℃油中 2）盐浴渗硼后直接淬入 70~100℃的油中
回火	170~190℃×4h

14.8.5　质量检验

牙轮、牙爪及滚珠、滚柱的热处理技术要求和质量检验见表 14-49。

牙轮、牙爪热处理常见缺陷及防止方法见表 14-50。

表 14-49　牙轮、牙爪及滚珠、滚柱的热处理技术要求和质量检验

工序	项目	技术要求	检测方法
正火（退火）	硬度	≤217HBW	用布氏硬度计抽检
渗碳	渗层深度	1）过共析层+共析层+1/2 亚共析层=总深 2）共析层+过共析层=（50%~70%）总深	1）用随炉试样检验渗层深度 2）试样与牙轮、牙爪原材料生产批次相同 3）随炉试样用金相显微镜检测
渗碳	渗层表面碳浓度	0.80%~1.05%	1）随炉试棒做剥层分析，每层 0.1~0.2mm 2）碳势按 JB/T 10312—2011 规定进行检测 3）也可定期用标准试块或金相图谱比较
渗硼	渗层组织	单相 Fe_2B	1）用同样钢材随炉试样检测 2）用三 P 试剂（黄血盐 1g，赤色盐 10g，氢氧化钾 30g，水 100mL）腐蚀，金相显微镜检查
渗硼	渗层深度	80~100μm	用金相显微镜测量随炉试样
淬火—回火	硬度	矿用牙轮、牙爪表面硬度为 58~63HRC 石油牙轮硬度为 59~62HRC，牙爪硬度为 58~61HRC 滚珠硬度为 55~59HRC， 滚柱硬度为 56~60HRC 牙爪耐磨合金硬度>55HRC	1）牙轮、牙爪用洛氏硬度计全部检验 2）滚珠、滚柱抽检
淬火—回火	金相组织	表层不允许有连续网状碳化物及粗大针状马氏体	按 JB/T 7161—2011 评定

表 14-50　牙轮、牙爪热处理常见缺陷及防止方法

常见缺陷	产生原因	防止方法
渗碳层出现网状碳化物	渗碳温度过高,保温时间过长,渗碳出炉温度低,冷却方式不适当	1)按工艺要求渗碳,控制工件表面碳含量不超过 1%(质量分数) 2)气体渗碳后出炉温度不能过低,以 740~760℃为宜 3)为防止形成网状碳化物,渗碳后立即进行油淬或正火
淬火后硬度偏低	淬火温度低,冷却速度不够或回火温度过高	允许重新淬火,但重新淬火次数不得超过两次

14.9　钻探机械钻具的热处理

14.9.1　工作条件及失效形式

在地质钻探过程中,钻机通过钻具(包括钻杆、岩心管和各种管接头)将转矩和轴向压力传到钻头,从而对地层进行钻探。钻具除了外表面不断与孔壁岩发生摩擦,还承受巨大的弯曲、扭转及冲击力的作用。其失效形式有:

1)断裂。
2)螺纹处磨损变形。
3)管壁裂缝和产生洞眼。
4)管壁磨损,弯曲太大。

14.9.2　技术条件和使用材料

钻具用材料及热处理技术条件见表 14-51。

表 14-51　钻具用材料及热处理技术条件

钻具名称	选用材料	表面淬硬层		
		淬硬层深度/mm	硬度 HRC	显微组织
钻杆	45	0.5~1.2	≥50	细马氏体
岩心管	45、40Mn2	0.6~1.5	≥50	细马氏体
接箍、锁接头	45、40Cr、45Mn2、40MnB	2.0~2.5	≥50	细马氏体

14.9.3　制造工艺路线

钻杆、岩心管的制造工艺路线:下料→调质→高频表面淬火→检验。

接箍、锁接头的制造工艺路线:下料→调质→机械加工→表面淬火→检验→发蓝处理。

14.9.4　热处理工艺

1. 钻具的调质处理

钻具调质处理工艺见表 14-52。

2. 钻具高频感应淬火

1)钻具高频感应淬火用感应器的选择见表 14-53。

表 14-52　钻具调质处理工艺

材　　料	淬　　火		回　　火	
	温度/℃	冷却	温度/℃	冷却
45	830~850	水	550~600	空气
40Cr	850~870	油	600~620	水
45Mn2	830~850	油	620~640	水

表 14-53　钻具高频感应淬火用感应器的选择

钻具名称	规格尺寸/mm	感应器尺寸/mm			备　　注
		内径	高度	间隙	
钻杆	φ50×5.5	56	28	2~4	采用双圈感应器
岩心管	φ110×6	116	18	2~4	
	φ108×4.25	115	20	2~4	
接箍、锁接头	φ65	69	12	—	采用单圈感应器

2)钻具高频感应淬火工艺见表 14-54。

3)淬火用设备。锁接头、接箍采用 60kW 高频感应淬火设备,钻杆、岩心管采用 100kW 高频感应淬火设备。

表 14-54　钻具高频感应淬火工艺

钻具名称	规格尺寸/ mm	电参数				工件回转速度/ (r/min)	工件前进速度/ (mm/min)
		阳压/kV	槽压/kV	阳流/A	栅流/A		
钻杆	$\phi50\times5.5$	11	8.5	7.2	1.17	270	600
岩心管	$\phi110\times6$	12	9	8.1	1.4	108	300~600
	$\phi105\times4.25$	10	7.6	7.7	1.18	108	360
接箍、锁接头	$\phi65$	12	4.5	2.4	0.33	—	120~150

图 14-14 所示为对岩心管进行高频感应淬火的喷油装置示意图。

为了适应不同弯曲度管材的连续淬火，需采用特殊的感应器导线，并在淬火机床上加上相应的装置，如图 14-15 所示。

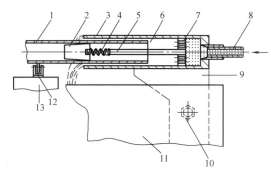

图 14-14　喷油装置

1—工件　2—油堵　3—外径　4—弹簧　5—轴　6—冷却油
7—分油板　8—给油管（连接油泵）　9—支架
10—调整螺栓　11—油箱　12—滚轮　13—滑动导板

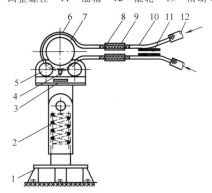

图 14-15　管材淬火用感应器

1—支架　2—弹簧　3—托座　4—固定感应器夹子
5—小铜轮　6—感应器　7—工件　8—软导线
9—软导线外的橡皮管　10—铜管　11—钢板　12—水管

3. 锁接头火焰表面淬火

锁接头火焰表面淬火的有关参数如下：

1）工艺参数。加热温度为 850~870℃，自喷水冷。氧气压力为 0.7~0.8MPa，乙炔压力为 0.05~0.15MPa，水压、水量调到既不熄火又能淬硬为准。

2）专用喷嘴。$\phi57$mm 接头用 29×2—$\phi0.8$mm

孔；$\phi65$mm 接头用 31×2—$\phi0.8$mm 孔；$\phi75$mm 接头用 35×2—$\phi0.8$mm 孔。

3）水孔。31×3—$\phi1$mm 排孔。

4）火距。10mm

5）机床转速。$\phi57$mm 接头，1r/min；$\phi65$mm 接头，0.85r/min；$\phi75$mm 接头，0.74r/min。

工件横放顶紧（见图 14-16 及图 14-17），火焰对准淬火段（两图中标尺寸部位不淬火）。锁接头公体用专用喷嘴一个，母体用专用喷嘴两个。

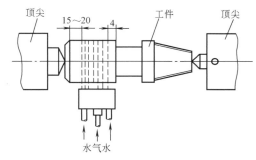

图 14-16　锁接头公体火焰淬火

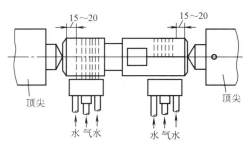

图 14-17　锁接头母体火焰淬火

4. 高强度钻杆热处理

使用材料为 35MnMoVTi（非标在用牌号）钢。采用正火处理，加热 860~900℃，空冷，组织为贝氏体，最后进行 600~650℃ 回火。

力学性能：R_m = 980MPa，$R_{p0.2}$ = 880MPa，A = 15%，a_K = 100J/cm^2。

5. 取心器外管热处理工艺

取心器外管（见图 14-18）用 40Mn2MoVNb（非标在用牌号）钢制造，要求两端 200mm 范围内调质，硬度为 26.5~32.5HRC。

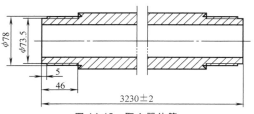

图 14-18　取心器外管

调质可采用感应加热，在卧式淬火机床上用多圈感应器将取心器外管两端 200mm 范围内加热至 870℃，立即进入喷油装置，使取心器外管内外壁同时受到喷油的冷却，硬度达 50HRC 以上；然后放入电炉中回火，回火温度为 670～690℃，时间为 4h，回火后空冷。

高频感应淬火的电参数为：屏压 11kV，槽压 10kV，屏流 8A，栅流 2A。

操作要点：采用间断加热（中间断电两次），总加热时间约 70s。工件转速为 80～150r/min，加热温度控制在 860～900℃。

6. 齿瓦热处理工艺

齿瓦（见图 14-19）用 T7 钢制造，齿部硬度要求为 55～60HRC。

制造工艺路线：锻造→退火→机械加工→热处理。

退火可在箱式炉中进行。加热温度为 760℃，保温 3h；随炉降温至 630℃，保温 2h；再随炉降温至 500℃出炉空冷。

淬火用盐浴炉加热，温度为 790℃。加热时间按 15s/mm（工件断面）计算。用碱水或盐水淬冷。

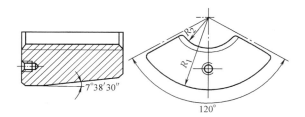

图 14-19　齿瓦

14.9.5　热处理质量检验

钻具的热处理技术要求和质量检验见表 14-55。

14.9.6　热处理缺陷及防止方法

钻具热处理常见缺陷及防止方法参见表 14-56。

表 14-55　钻具的热处理技术要求和质量检验

工　序	项　目	技　术　要　求	质　量　检　验
高频感应淬火前	弯曲度	不超过相关标准的规定	用千分表检验
	组织	索氏体	用金相显微镜检验
高频感应淬火	淬硬层深度	钻杆：0.8～1.2mm 岩心管：0.6～1.5mm 锁接头：2.0～2.5mm	用金相显微镜或放大镜检验或按 GB/T 5617—2005
	硬度	≥50HRC	用洛氏硬度计检验
	组织	马氏体	用金相显微镜观察
锁接头火焰淬火	淬硬层深度	2～3mm	用金相显微镜或放大镜检验或按 GB/T 5617—2005
	硬度	>50HRC	用洛氏硬度计抽检10%
	显微组织	细针状马氏体＝4～5级	用金相显微镜检验
	其他	淬火区不允许有严重烧伤、氧化、裂纹	肉眼观察
	变形	螺纹畸变量 1/16	用螺纹塞规及高精度游标卡尺抽检

表 14-56　钻具热处理常见缺陷及防止方法

常　见　缺　陷	产　生　原　因	防　止　方　法
钻杆、岩心管淬硬层硬度不均匀	淬火时工件前进速度不平稳	改进淬火机床
岩心管淬火后在运输、使用中有的螺纹有裂纹	表面淬火后硬度过高或被淬透	控制淬火层深度，避免淬透
锁接头火焰表面淬火后出现裂纹	1）所用材料非金属夹杂物多，晶粒粗大，组织不匀 2）淬火温度过高，淬火剂应用不当，喷嘴与工件距离不合适	1）对供应材料进行定期检验 2）要防止加热温度过高，调整喷嘴与工件距离，合金钢可采用 0.2%～0.3%（质量分数）聚乙烯醇水溶液冷却

参 考 文 献

[1] 杨国平，柴睿. 液压冲击器活塞损坏的主要形式及原因分析 [J]. 金属热处理，2008，33 (5)：105-107.

[2] 林再治. 液压凿岩机冲击器活塞用 35CrMoV 钢热处理工艺改进 [J]. 哈尔滨轴承，2013，34 (3)：45-46.

[3] 黎炳雄. 钎杆热处理工艺的选择 [J]. 凿岩机械与风动工具，2009 (4)：51-57.

[4] 伍世沐. 液压凿岩机活塞三元共渗和强韧化热处理探讨 [J]. 机械工人（热加工），1995 (11)：22.

[5] 龙潜. 球齿钎头用钢研究 [J]. 现代机械，2011 (2)：54-78.

[6] 蒋波，刘雅政，周乐育，等. 重型钎具用钢组织性能控制的研究现状 [J]. 材料导报，2019，33 (3)：854-861.

[7] 滕华元，赵长有，王仪康. 凿岩钎头体用钢的研究和应用 [J]. 矿冶工程，1986，6 (1)：44-47.

[8] 龙潜. Q45NiCr1Mo1VA 球齿钎头用钢及热处理工艺研究 [J]. 矿山机械，2011，39 (6)：8-11.

[9] 赵长有. 凿岩钎具用钢 24SiMnNi2CrMoA 钢物理及力学性能 [J]. 矿山机械，2001 (10)：60-62.

[10] 刘清彪. 小钎杆的局部强韧化热处理 [J]. 凿岩机械与风动工具，1984 (4)：37-76.

[11] 肖上工，危育蒲. 热处理工艺对 55SiMnMo 钢组织和性能的影响 [J]. 凿岩机械与风动工具，1984 (3)：25-32.

[12] 李相廷. 30SiMnMoV 钢重型导轨式凿岩机钎尾的强韧化处理 [J]. 金属热处理，1979 (8)：32-36.

[13] 胡梦怡，黄修. 热处理工艺对钎尾渗碳层马氏体显微裂纹的影响 [J]. 金属热处理，1983 (9)：42.

[14] 北京钢铁学院金相专业钎尾研究小组. 提高凿岩机钎尾使用寿命的试验 [J]. 金属热处理，1977 (6)：35.

[15] 黎炳雄，赵长有，肖上工，等. 钎具用钢手册 [M]. 贵阳：贵阳钎钢研究所情报室，2002.

[16] 孙智，倪宏昕，彭竹琴. 现代钢铁材料及其工程应用 [M]. 北京：机械工业出版社，2007.

[17] 马伯龙. 热处理工艺设计与选择 [M]. 北京：机械工业出版社，2015.

[18] 罗伯茨，卡里. 工具钢 [M]. 徐进，等译. 北京：冶金工业出版社，1987.

[19] 任颂赞，叶俭，陈德华. 金相分析原理及技术 [M]. 上海：上海科学技术文献出版社，2012.

[20] 全国热处理标准化技术委员会. 金属热处理标准应用手册 [M]. 3 版. 北京：机械工业出版社，2016.

[21] 张国桦，刘荣湘，陈泓. 凿岩钎具的设计、制造和选用 [M]. 长沙：湖南科学技术出版社，1988.

[22] 张国忠. 气动冲击设备及其设计 [M]. 北京：机械工业出版社，1991.

[23] 杨秋全. 石油钻具的热处理改进 [J]. 化学管理，2014 (17)：247.

第 15 章 农机具零件的热处理

江苏大学 程晓农

潍柴雷沃智慧农业科技股份有限公司 王乐刚

北京机电研究所有限公司 陈懿

本章所述农机具零件指除了内燃机，农牧业生产中耕整、种植、中耕、植保、畜禽饲养、农副产品收获、采集、加工机械中的基础件、易损件及一些小农具。这些机械中的通用件，如齿轮、轴类和弹簧等的热处理，请参阅本卷有关章节。

15.1 农机具零件的服役条件、失效形式和性能要求

农机具零件的共同特点是工作条件恶劣，常在潮湿或带腐蚀（如化肥、粪尿、农药）的环境中工作，经常与土壤中砂石或农作物中的磨料发生摩擦磨损，有时还有振动与冲击。农机具中的传动件（如轴类、齿轮和履带等）虽然多受交变应力作用而疲劳失效，但相互间还存在黏着磨损，也要受到土壤砂粒的磨损和有害介质的侵蚀。因此，农机具零件除需要有足够的强度、刚度和韧性，还应具备很高的耐磨性和较好的耐蚀性。

15.1.1 农机具零件的磨损失效

磨损是农机具零件失效破坏的主要形式和材料消耗的第一位原因，占80%以上。有些零件虽然最终因断裂而失效，也很可能是先受磨损使断面变小后强度、刚度不足而导致变形和断裂的（如犁铧）；还有些零件若过分顾及其韧性，就会转而以磨损形式而失效。所以，农机具零件的失效都直接或间接与磨损有关。

在诸多磨损形式中，农机具零件以磨料磨损为第一位，占总磨损量的50%以上，其次是黏着磨损。各种农机具零件的失效分析见表15-1。

表 15-1 各种农机具零件的失效分析

序号	零件名称		失效原因与失效形式（按主次顺序排列）
1	犁铧		1）铧尖与刃口受土壤、砂石磨料磨损变钝，或者出现很宽的负角背棱而失效 2）受土壤中石块、树根冲撞，铧尖折断，刃口崩裂 3）非淬火区强度不足，或者磨薄后弯曲变形 4）水田中腐蚀磨损，产生凹坑与龟裂
2	犁壁		1）受土壤砂石磨料磨损 2）受石块冲击开裂 3）水田腐蚀磨损 4）脱土性差，因粘土使牵引力大增而失效
3	圆盘耙片		1）受土壤砂石磨损 2）受石块、树根冲撞刃口开裂、弯曲 3）水田腐蚀磨损
4	旋耕刀		1）刃部受土壤砂石磨损 2）柄部与刃部受土块、石块、树根冲击，弯曲或折断
5	锄铲		同犁铧
6	拖拉机履带板		1）节销、销孔和跑道受泥砂磨损 2）磨损裂纹扩展，导致断裂 3）水田腐蚀磨损，龟裂
7	水田机耕船	前底板	1）由于柴油机工作转速下的激振频率，引起船体周期振动（由船前向船后逐渐减弱），使前底板受到峰值冲击力。在局部高应力作用下，受泥浆、砂粒冲蚀磨损与疲劳磨损，其磨损较后底板和两侧钢板都严重 2）受水田腐蚀磨损
		后底板	1）受泥砂纯磨料磨损和冲蚀磨损 2）水田腐蚀磨损
		两侧船体钢板	1）受泥砂冲刷，为冲蚀磨损和磨料磨损（切削与犁沟） 2）水田腐蚀磨损

（续）

序号	零件名称		失效原因与失效形式（按主次顺序排列）
8	水泵	壳体、叶轮、衬套	1）受水中所含少量砂粒的冲蚀磨料磨损（微切削与变形） 2）水流与零件相对运动，因紊流产生气泡，气泡破裂瞬间产生高压，冲击零件表面，反复冲击而疲劳失效，谓之气蚀磨损或空泡腐蚀，表面出现蜂窝状破坏
9		收割机刀片	1）受作物中植物硅酸体和黏附砂土的磨料磨损，刃口变钝 2）受砂石、草根等杂物撞击而崩刃或刀体断裂 3）上下刀片间有时发生黏着磨损 4）割草刀片还受草浆腐蚀磨损
10		秸秆还田机刀片	同收割机刀片中1）、2），如由动、定刀片组成切割副，则也可能有黏着磨损
11		剪毛机刀片	1）受夹杂毛中砂土、杂质磨料磨损，刃面被划伤，刃口接触疲劳磨损变钝或冲击崩刃 2）上、下刀片间黏着磨损，甚至发热退火 3）清洗时受碱水腐蚀
12		脱粒元件及分离元件	受秸秆和茎叶中植物硅酸体与作物表面黏附泥砂的强烈磨损
13		粉碎机锤片	1）受饲料颗粒及其中杂质高速运动时冲蚀磨损 2）少数锤片脆性折断
14		粉碎机筛片	1）受飞速运动饲料及其中杂质颗粒冲蚀磨损、击穿、开裂 2）被碎裂锤片击毁
15		磨面机动、定锥磨	白口铸铁磨齿受麦粒与砂粒的碾压、划伤，表面珠光体先磨损、压陷，凸出的莱氏体碳化物碎落
16		碾米机筛片	1）受米粒挤压磨料磨损变薄、破裂 2）在动态复杂应力作用下，强度不足而变形开裂
17		颗粒饲料机环模与压辊	1）受饲料及其中杂质强烈磨损，环模的模孔变大，孔壁变薄、磨穿；压辊外径变小，间隙无法调整而报废 2）环模、压辊强度不足而开裂 3）受高温蒸汽腐蚀磨损
18		棉花机锯片	1）受棉纤维、棉壳中硅酸体和夹杂砂粒的磨损，齿尖和刃口变秃，效率降低失效 2）将棉绒和纤维从棉籽上剥离时受力，齿尖变弯，产生纵向、横向裂纹，最终疲劳断裂
19	榨油机	榨螺轴、榨条、出饼口	1）在高温高压下，受已被高度压实的油渣及其中砂粒的碾压，微切削与疲劳磨损 2）高压油液产生微区冲蚀磨损 3）油液渗入裂纹，形成油楔，促使裂纹扩展 4）酸性油液与水分在高温下的腐蚀磨损
20		畜禽饲养机械的刮粪板、清粪搅龙	1）受带氨气、H_2S 的潮湿空气和粪尿的腐蚀 2）在腐蚀介质中受砂土、杂质的磨料磨损与腐蚀磨损
21		搅龙伸缩齿	1）受作物及运动副的长期作用，伸缩齿磨损 2）作物喂入不均匀或割台进入异物，造成伸缩齿弯曲
22		链轮	1）高速旋转的链轮齿与链条啮合面进入灰尘、泥沙等异物，造成链轮磨损 2）链轮与轴磨损，导致轮孔松旷、键槽损坏
23		搅龙叶片	1）高速旋转的搅龙叶片受物料（粮食籽粒、杂余、泥沙等）磨损变薄 2）由于强度不足或受推运阻力过大，叶片从搅龙轴上开焊脱落
24		输送风机叶片	受物料（粮食籽粒、茎叶等）强烈磨损，叶片变薄
25		拨叉	1）受啮合套、同步器等相配合零部件小能量冲击载荷和接触疲劳磨损 2）在工作过程中受大冲击载荷时出现弯曲变形或断裂
26		牵引杆	牵引杆受挂接机具冲击导致杆件弯曲或断裂，同时存在接触疲劳磨损

造成农机具零件磨损的磨料如下：

（1）土壤中的砂粒　砂粒是各种母岩风化的产物。它不但是引发耕整机具和传动系统磨损的元凶，而且随风飘散，黏附到农作物的茎叶、籽实及动物皮毛上，也是造成收获加工机具磨损的主要因素。

砂粒对零件磨损能力的强弱与其组分、硬度、粒度、粒形及固定或松散状态有关。砂粒、石砾都是不同类型的氧化硅，如石英、燧石和黑硅石等，它们的硬度为 820~1250HV，以石英最硬。通过对内蒙古呼伦贝尔地区黏附在牛羊毛中的砂粒的岩相分析，其组成见表 15-2。从中可见，砂粒中硬度高于淬火工具钢（≤860HV）的石英、长石等颗粒竟超过 90%（体积分数）。

表 15-2　呼伦贝尔地区牛羊毛中砂粒的组成

砂质	体积分数（%）	莫氏硬度/级	换算硬度 HV
石英	59.22	7	1100
长石	31.55	6~6.5	700~900
云母	4.02	2~3	<100
磁铁矿	2.83	5.5~6.5	540~900
褐铁矿	2.08	5~5.5	400~540
角闪石	0.30	5.5~6	540~700

试验表明，材料的磨损量随磨粒直径的增大而急剧增加，直到磨粒直径为 80~150μm 时，磨损量才趋于平缓增加，并接近最大值，其磨损量随载荷变化而异，如图 15-1 所示。这与农机具零件在粗砂粒地区寿命远低于黏土地区的实际相符。例如，在黏性土壤中耕作的犁铧寿命为 20~35ha（1ha = 10^4m²），而在砂壤土耕作仅为 3.3~5.3ha。在粗细兼有的土壤中，粒度很细的黏土粒，不但自身对农具磨损较轻，而且会充填在粗砂粒之间，堵塞了砂粒的棱角，减轻了磨损。但是，黏土质地坚实，对水分的影响十分敏感，使犁铧、耙片、锄铲入土时刃口磨损较重，使旋耕刀片受到较大的冲击，耕地阻力也大。

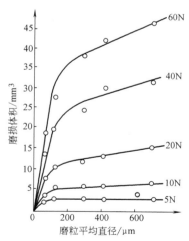

图 15-1　不同载荷下磨粒尺寸和磨损量的关系

耕整机件在松散土壤中运动时，砂粒围绕犁铧、锄铲刀刃滚动，使尖锐的刃口逐渐磨钝到近似抛物线形，但在坚实土壤中的石块（≥10mm）则阻止砂粒的滚动。土壤通过石块对农具加载，使砂粒的尖角刺入金属表面，运动时产生微切削的"刨槽"，或者推

动金属做塑性流动，在磨粒运动轨迹的两侧及其前方隆起，形成"犁沟"。刨槽与犁沟即"划痕"。石块还会撞击刀刃造成崩刃，甚至折断，十分有害。所以，在生荒地或天然草场上耕作，机具损坏是很严重的。

（2）植物中的硅酸体　植物茎叶、籽实除表面黏砂外，还通过根系从土壤中吸收硅。硅酸体是构成植物细胞与器官的重要材料。植物硅酸体光学上各向同性，X 射线衍射表明它是非晶质。它在禾本科粮食、牧草中含量最高，有的为 10%~20%（质量分数）。植物硅酸体主要是 SiO_2，还含少量的 Al_2O_3、Fe_2O_3、CaO，甚至 TiO_2，含水约 10%（质量分数），硬度为莫氏 5.5~5.6 级（540~570HV），与玻璃相似；颗粒多为 20~200μm，带有尖棱，是收获加工机具产生磨损的重要磨料。粮食籽粒外皮中含硅酸体很高，尤以稻壳为甚。所以，粉碎机锤片在加工洗净后的粮食籽粒时，粉碎水稻锤片的磨损量是大麦的几十倍，玉米的上百倍。图 15-2 所示为燕麦表皮细胞中尖形植物硅酸体的形貌与尺寸（根据扫描电镜照片绘图）。

（3）其他磨粒　各种原因产生和带入的金属磨屑进入摩擦副之间，由于磨屑受到反复碾轧塑性变形，产生冷加工硬化，其硬度已高于母体材料，成为新的磨粒。某些腐蚀磨损、氧化磨损产生的化合物颗粒，硬度也高，都可成为磨粒，造成零件的磨料磨损。

15.1.2　农机具耐磨零件的力学性能要求

摩擦学认为，耐磨性并非材料的固有性能，而是摩擦学系统的一部分。它只是在特定磨损条件下表现出来的特性，也将随磨损条件与环境的变化而改变。读者引用有关耐磨性研究成果时，应弄清服役条件与他人做试验的磨损条件是否相符，切不可套用。本节主要介绍与农机具服役条件较接近（载荷不太大、速度不太快、滑动摩擦，以石英或玻璃为主要磨料）的磨料磨损及黏着磨损研究成果。

1. 硬度

（1）材料硬度与磨粒硬度之比对耐磨料磨损性能的影响　磨料磨损研究表明，当磨粒硬度 Ha 显著高于被磨材料硬度 Hm 时，为硬磨料磨损，磨损达最剧烈程度。相反，当 Ha 明显低于 Hm 时，属软磨料磨损。这时纯磨料磨损（即划伤）极轻微以致消失，转为疲劳磨损，这时零件的使用寿命大幅度提高。三种硬度 T8 钢的相对磨损与磨粒硬度间的关系如图 15-3 所示。

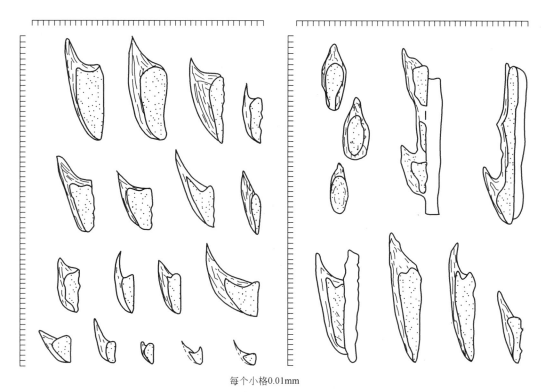

每个小格0.01mm

图 15-2　燕麦表皮细胞中尖形植物硅酸体的形貌与尺寸

注：据 G. Baker，1959。

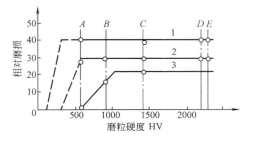

图 15-3　三种硬度 T8 钢的相对磨损与磨粒硬度间的关系

Hm：1—186，2—468，3—795。

Ha：A—589，B—908，C—1425，D—2198，E—2298。

我国科技工作者经长期的研究与实践，找出一些承受疲劳磨损和小能量冲击磨损零件的最佳硬度值，见表 15-3。

1）М. М. Хрущов 对 17 种材料在软硬不同的 7 种磨料制成的砂布上进行磨损试验，得出以下结论。

① 当 $Ha/Hm \leqslant 0.7 \sim 1.1$（$K_1$ 区）时，不发生纯磨料磨损。

② 当 $Ha/Hm \geqslant 1.3 \sim 1.7$（$K_2$ 区）时，磨料磨损达到一最大的恒定值。

③ 在 $K_1 \sim K_2$ 之间，耐磨性与材料硬度接近线性关系。这时提高材料硬度就能有效提高耐磨性。

表 15-3　几种受冲击和疲劳磨损零件的最佳硬度值

零件名称	材料	服役条件与受力情况	最佳硬度
滚动轴承	GCr15	受接触疲劳磨损	62HRC
凿岩机活塞	T10V	受小能量多次冲击和接触疲劳磨损	59~61HRC
石油钻机牙轮钻头	20CrMnMo 渗碳	受较高的小能量多次冲击和接触疲劳磨损	58~60HRC
熟耕地犁铧	65Mn	受砂粒磨料磨损,破碎土垡时有冲击和振动,能量不大	61HRC
生荒地犁铧	65Mn	受砂粒磨料磨损,并常遇石子的冲撞,能量较大	55~58HRC

（续）

零件名称	材料	服役条件与受力情况	最佳硬度
割草机刀片	T9	受草中植物硅酸体和黏附砂粒的磨损,刃口常遇小石子冲击	56~57HRC（下贝氏体+马氏体）
剪毛机刀片	T12J	受夹杂羊毛中砂粒的磨损,刃口受接触疲劳或小能量多次冲击;刃面被砂粒划伤;上下刀片间有黏着磨损	剪洁净细毛羊　64HRC 剪多砂粗毛羊　61~62HRC
麦类秸秆还田机甩刀	65Mn	刀刃受植物秸秆和泥沙冲击磨料磨损,刀片还受较大冲击,易断裂	56~57HRC（下贝氏体+马氏体）
水稻秸秆还田机刀片	80Cr1.5	刀刃切割黏附泥沙和高韧性的稻秸,受磨料磨损与接触疲劳,要求锋利、耐磨、耐蚀	62~62.5HRC
砂土地旋耕刀	60Si2Mn	刀刃和刀尖受砂粒冲击磨损,刀柄受较大冲击,易弯曲变形、折断	刀刃　57~58HRC 刀刃　47~50HRC
搅龙伸缩齿	45	把左右螺旋叶片推运集中过来的作物输送到过桥,在喂入搅龙的前下方抓取作物,在喂入搅龙的后方把作物抛送到过桥。伸缩齿在拨齿导套内运动磨损,有时抓取作物不均匀,或者割台进入异物,造成弯曲	248~293HBW
链轮	45	高速旋转的链轮齿与链条啮合面进入灰尘、泥沙等异物,造成链轮磨损	锻件正火,硬度为170~240HBW,齿部感应淬火回火,表面硬度为48~56HRC,齿根部有效硬化层深度:滚轮直径 D≤25mm,深度为1~3mm;滚轮直径>25mm,深度为2~4mm
搅龙叶片	SPHC	受所推运物料（粮食籽粒、杂余、泥沙等）磨损和接触疲劳磨损、潮湿物料锈蚀	碳氮共渗,有效硬化层深度为0.15~0.30mm,硬度为55~60HRC
输送风机叶片	22MnB5	受所输送物料（粮食籽粒、茎叶等）强烈磨损和接触疲劳磨损	热冲压成形工艺,硬度为42~48HRC
拨叉	45 或 ZG310-570	在换档过程中,通过拨动挂档元件,使挂档元件啮合实现动力的分配。拨叉在工作过程中受小能量冲击载荷和接触疲劳磨损,受大冲击载荷时出现弯曲变形或断裂	整体调质硬度为229~277HBW,表面淬火硬度为52~59HRC,有效硬化层深度为0.8~1.5mm
牵引杆	60Si2Mn	受较大冲击和接触疲劳磨损	45~50HRC

2）Richardson 也做过类似试验,发现:

① 当 $Hm/Ha \geqslant 0.85$（有的测定是 0.8）时,材料磨料磨损大幅度减轻。

② 即使 $Hm/Ha \geqslant 1$ 时,磨粒还会划伤材料。只有当被磨材料的屈服强度等于磨粒屈服强度时,磨粒锐角变钝,划伤才会停止。

③ 材料磨损量随磨粒度变大而增加,当 $Hm/Ha < 0.85$ 时,两者成正比,但当 $Hm/Ha > 0.85$ 时,磨损量对粒度的敏感性就大幅度减弱。对淬火钢,仅提高硬度但未达到 0.85 倍时,对细磨料的耐磨性提高较多,对粗磨料的耐磨性则提高较少。

农机具零件有时是与松散砂粒相摩擦,与砂布磨损试验情况有差别。另外一些学者在非固定石英粒料磨损条件下试验发现,各种牌号的钢都在 550~600HV 时磨损明显减轻。石英硬度为 1000~1100HV,也就是说,在非固定磨料磨损情况下,当 $Hm/Ha \geqslant$ 0.5~0.6 时,钢的相对耐磨性就有较大的提高。综合各家试验结果如图 15-4 所示。

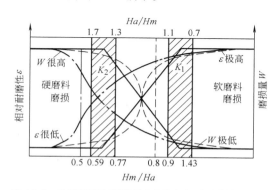

图 15-4　材料硬度和磨粒硬度之比与相对耐磨性的关系

实线—根据 M. M. Хрушов 试验

虚线—根据 Richardson 试验

点画线—在非固定石英砂中的磨损试验

（2）农机具耐磨料磨损零件的硬度设计 据周平安等人实测，砂粒的平均硬度 $Ha \approx 970HV$。如前所述，$Hm/Ha \geqslant 0.5 \sim 0.6$ 时材料的耐磨性有较大提高；达到 $0.80 \sim 0.85$ 时就有很大提高。对于抗砂粒磨损来说，材料硬度为 $485 \sim 582HV$（$48.5 \sim 54HRC$）时才有较高的耐磨性，达到 $776 \sim 825HV$（$63 \sim 65HRC$）时就有很高的耐磨性。因此，$48.5HRC$ 应作为许多耕整机具零件的最低硬度要求，而希望产生自磨锐效果（见 15.1.4.1）的零件则应降低到 $46HRC$ 或更低。在 $48.5 \sim 65HRC$ 的范围内，钢耐砂粒磨损性与硬度成正比，达到 $825HV$（$65HRC$）后继续提高硬度，则脆性急剧增高，不但无益，反受其害。

应该考虑的是，通常测量的硬度是表征材料对硬度计压头法向压入的抵抗能力，而实际服役条件下磨粒对工件的磨损，是动态下既有法向又有切向力对材料的挤压和犁削。20 世纪 70 年代末，O. Vingsbo 等人设计了单摆划痕试验机，测定划痕过程中的能量损耗，作为材料耐磨粒磨损性能的评价指标，无疑这是一大进步。将单摆划痕法测得的比能耗与常规测定的宏观硬度 H、显微硬度 HV 和动态硬度 HD 比较，发现它们有相同的变化趋势。常规硬度值仍然是影响耐磨性最重要、最直观的因素。

研究还发现，磨粒犁削时会造成犁沟和刨槽附近材料的塑性流动，产生加工硬化，其中奥氏体型钢最为明显。所以，有的主张应以磨损后的表面硬度来衡量材料耐磨性。但是，磨损后硬化层极薄，测量不易，而且宏观硬度决定了磨粒压入的深浅和磨损的多少，因而在组织相同的情况下，对农机具零件而言，宏观硬度仍不失为衡量材料耐磨性的重要指标。

中国农业机械化科学研究院集团有限公司针对犁铧的室内试验表明，在一定范围内，犁铧的相对耐磨性随宏观硬度和钢中碳含量升高而提高；只要回火充分，在稍低于 $200℃$ 回火，硬度最高，耐磨性也最高，如图 15-5 和图 15-6 所示。

（3）硬度对抗黏着磨损性能的影响 黏着磨损常发生在润滑不良的摩擦副（轴颈与轴套、动刀片与定刀片）之间。微观上，两摩擦面是微凸体间的点接触，实际接触面积仅为表观面积的 $1‰ \sim 1\%$。所以，接触点上压强很高。当压强超过屈服强度时，将发生塑性变形。接触点贴得很紧，滑动时产生剪切，使起润滑作用的金属氧化膜破坏，新裸露的金属表面直接接触，摩擦面温度升高，在分子力作用下，接触点上金属产生焊合（冷焊），滑动时又被撕开、剪断。这样反复黏着—滑动（撕开）—再黏着—撕开……形

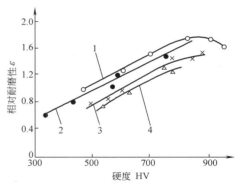

图 15-5 相对耐磨性与硬度的关系
1—T10 钢 2—65Mn 钢 3—65 钢 4—ZG340-640 钢

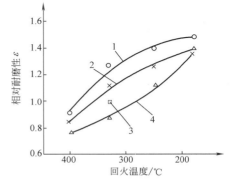

图 15-6 相对耐磨性与回火温度的关系
1—65SiMnRE 钢 2—65SiMn 钢 3—65Mn 钢 4—65 钢

成金属的剥离和转移，使黏着磨损的金属表面产生擦伤、撕裂或咬死。

材料硬度高，则屈服强度和抗剪强度也高，有利于减轻黏着磨损。黏着磨损时硬度越高，耐磨性越好，二者呈线性关系。

当淬火钢的表面硬度达到 $700HV$（$60HRC$）时，就能抑制严重黏着的产生。

（4）硬度对冲击磨损和疲劳磨损抗力的影响 各种耕整与收获刀片都以一定速度切入土壤或农作物，其刃口周期性地与土壤或作物及其中砂石等杂质发生接触、冲撞。能量较大时将产生冲击磨料磨损，能量较小时将产生接触疲劳磨损。

压入硬度（布氏、洛氏、维氏）是反映材料塑变抗力的指标，一定程度上也反映材料切断抗力的大小。所以，在一定范围内，抗冲击磨损与接触疲劳磨损性能随硬度的升高而提高。Г. М. Сорокин 对淬回火 T7 钢和合金钢试样，以不同能量冲击到石英砂上，进行磨料磨损试验。结果表明，当冲击能量很低时，钢的耐磨性随硬度提高而上升；当冲击能量在一定范围内时，耐磨性几乎与硬度无关；只有在足以使大部

分石英砂破碎的大能量冲击下，硬度为 600HV 或 55HRC 时耐磨性最高，如图 15-7 和图 15-8 所示。

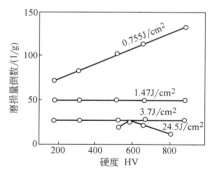

图 15-7　不同能量冲击下 T7 钢耐磨性与硬度的关系

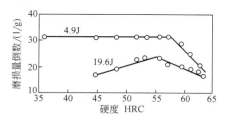

图 15-8　不同能量冲击下合金钢耐磨性与硬度的关系

2. 其他力学性能对耐磨料磨损性的影响

农机具零件工作时会遇到大量磨料，既有刨槽、犁沟，也有从表面滚过产生碾压或造成接触疲劳（弹性的应力疲劳和塑性的应变疲劳），还有冲击和冲蚀、撕裂与发热等。因而，硬度并非是影响耐磨料磨损性能的唯一因素。

综合各家研究成果可以得出：

（1）强度　在金相组织大致相同的情况下，材料耐磨料磨损性（用单位摩擦行程体积磨损量的倒数 V^{-1} 和相对耐磨性 ε 表示）与硬度 HV30、真实切断抗力 t_k、抗拉强度 R_m、屈服强度 R_{eL}、抗剪屈服强度 τ_s 等都有近似的直线关系。随力学性能的提高，正火钢（珠光体）比淬回火钢（马氏体）耐磨料磨损性提高得更快，如图 15-9 所示。

（2）塑性与韧性　Г. М. Сорокин 等人研究了塑性、韧性与耐磨性的关系，如图 15-10 所示。由图 15-10 可见，随着塑性、韧性的提高，耐磨性增高，高硬度时更加显著。

（3）冷脆性　高寒地区冬季作业的农机具，还应注意钢材的冷脆性会加速磨损与断裂问题（回火不当引发第二类回火脆性的表现之一是脆性转化温度上升，甚至高到 0℃ 以上）。这类零件采用低碳马氏体型钢效果较好，已成功用于耙片、犁壁、铁锹等零件的制造。

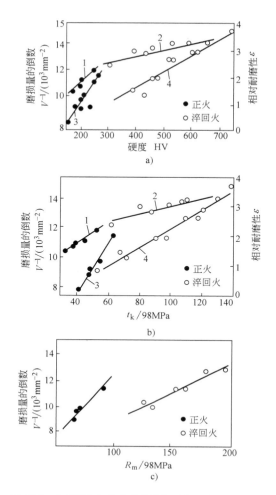

图 15-9　中低碳锰钢的力学性能与耐磨料磨损性的关系

a）耐磨性（SiC 砂纸）与 HV 的关系（直线 1、2：ε 与 HV；直线 3、4：V^{-1} 与 HV）　b）耐磨性与 t_k 的关系（直线 1、2：ε 与 t_k；直线 3、4：V^{-1} 与 t_k）

c）耐磨性与 R_m 的关系（V^{-1} 与 R_m）

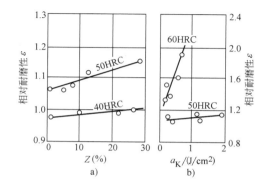

图 15-10　钢在不同硬度时塑性、韧性与耐磨性的关系

a）ε-Z 的关系；b）ε-a_K 的关系

15.1.3　农机具耐磨零件的组织要求

1. 钢铁组织对耐磨料磨损性的影响

（1）一般规律　显微组织对耐磨料磨损性能的影响，其基本规律可分为两类：

1）当磨粒压入深度大于显微组织的尺寸时，显微组织主要发挥整体作用而影响宏观性能。

2）当磨粒压入深度小于或等于显微组织的尺寸时，显微组织中各单独相及单个组元的作用就显得格外突出。

（2）不同类型组织的影响　磨料磨损可由多种磨损机理造成。各种组织对不同机理产生的磨损的抵抗能力也不同。与农机具服役条件较接近的低接触应力、滑动磨料磨损条件下，钢中不同类型组织在不同硬度时的相对耐磨性如图 15-11 所示。从该图并结合其他研究可看出：

1）在所有组织中，铁素体（F）的耐磨性最低，图 15-11 以纯铁耐磨性为 1。

2）各种组织的耐磨性均随硬度的增加而提高，也随其碳含量的增加而提高。

3）在相同硬度时，等温淬火贝氏体（B）的耐磨性明显高于马氏体（M）。这可能与马氏体内存在淬火应力与微裂纹有关，因此板条马氏体也比同硬度的片状马氏体耐磨。片状马氏体只有在硬度高得多的情况下才能达到与奥氏体（A）、贝氏体（B）相同的耐磨性。

4）尽管奥氏体的宏观硬度不高，但有很高的韧性，能大量消耗磨粒犁削时的能量，所以有较高耐磨性。在高应力磨料磨损的环境下，奥氏体又有很高的可加工硬化能力，甚至诱发 A→M 转变，使其耐磨性大大提高。因此，奥氏体的耐磨性主要取决于在该摩擦学系统中奥氏体的稳定性，也就是在这一磨料磨损环境下（应力状态、磨粒的硬度和粒度等），奥氏体能否产生足够高的加工硬化和能否发生 A→M 的转变有关。

5）预先的冷加工硬化虽提高了硬度，但已造成塑性损伤，故不能提高耐磨性。但是，在磨损过程中，由于磨粒犁削造成的微区加工硬化，则能有效提高材料的耐磨性。新的研究表明，许多无法通过热处理来提高硬度的塑性材料或较软材料，通过冷加工硬化也能提高其耐磨性（为 1.5~2 倍）。

6）固溶于各种组织中形成置换固溶体的合金元素能起一定的强化作用，也提高了材料的耐磨性，但其作用比碳氮等间隙元素较弱。

图 15-11 所示为用硬度约 2000HV 的刚玉（Al_2O_3）为磨料进行试验的结果。硬度为 800HV 的马氏体的相对耐磨性仅比硬度为 200HV 的珠光体高约 2 倍，这与人们的实践经验（马氏体比珠光体耐磨性高得多）不符。因为实验室中为使耗时极长的磨损试验较快得出结论，常采用高硬度磨料在较高载荷、较高速度下进行强化试验。这与实际服役条件相差很大。赫鲁晓夫等人的试验证实，当材料硬度与磨料硬度之比 $Hm/Ha < 0.5~0.6$ 时，Hm 的提高对耐磨性的影响较小。珠光体和马氏体与刚玉硬度之比为 0.1 与 0.4，均低于 0.5~0.6，故相对耐磨性差别不太大。实际服役条件下，主要磨料是约 1000HV 的石英砂，Hm/Ha 之比分别为 0.2 和 0.8，它们的耐磨性相差就大了。

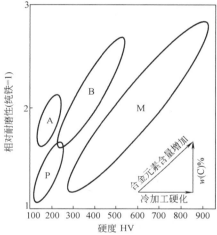

图 15-11　钢中不同类型组织在不同硬度时的相对耐磨性

P—珠光体　　A—奥氏体

B—贝氏体（等温淬火）　　M—马氏体

（3）热处理钢中复相组织的耐磨性　总的说来，多组元复合组织比单一组元和单相组织耐磨。

1）在退火正火组织中（主要是铸锻件）：①对亚共析钢，随碳含量的增加，珠光体增多、铁素体减少，耐磨性提高；②对过共析钢，只要晶界不出现完整而连续的网状碳化物（K），耐磨性也随碳含量的增加，而提高；③片状珠光体阻止磨粒犁削的能力比球状珠光体强，所以同一种钢铁，当硬度相同时，正火比球化退火或调质状态耐磨性高；④珠光体越细，层片或颗粒间距离越小，耐磨性越高。

2）在淬火回火组织中：①全马氏体组织虽有高强度和高抗剪强度，但裂纹一旦形成或淬火时已生成，没有韧性相阻止就会很快扩展，所以马氏体与残留奥氏体（AR）加上耐磨的碳化物适当搭配，才有更高的耐磨性，如果板条马氏体之间有一薄层残留奥氏体或铁素体则更佳；②在碳化物相同情况下，固溶

于马氏体中的 $w(C)$ 为 0.4%～0.5% 时最好，这时马氏体基体硬度为 61～63HRC，接触疲劳抗力最高，并可获得位错马氏体；若片面追求晶粒细化，过分降低淬火温度，造成马氏体碳含量太低、硬度不足，磨粒先将基体磨去，孤立的碳化物颗粒也难以支撑；③马氏体基体上的碳化物有适当数量、粗细均匀，形态正常，并与基体结合牢固，就有很高的耐磨性；碳化物不应出现尖角以免引起应力集中，由于奥氏体比马氏体晶型与碳化物更接近，如果碳化物周围有一层残留奥氏体薄膜，则与马氏体结合牢固，细碳化物弥散强化效果好，但在粗磨粒犁削下将随基体一起被翻起或切掉，所以碳化物最好粗细搭配，应有一部分至少在一个方向的尺寸上大于磨粒压入深度的粗粒碳化物；④淬火后低温回火，如果析出的碳化物与马氏体保持共格联系则耐磨性最高；⑤淬火后的 -196℃ 深冷处理，可使马氏体中析出纳米级的碳化物，以阻碍位错运动，减少磨屑产生，还可促使部分 AR→M，不但对合金钢和高碳钢，而且对渗碳钢都能有效地提高其耐磨性。

3）在等温淬火组织中：①M+$B_下$组织比全 $B_下$ 或全 M 组织耐磨，M+$B_下$+K+AR 比例适当可得最高耐磨性；②$B_下$ 占 25%（体积分数）左右即可显著提高耐磨性和接触疲劳抗力，尽管 $B_下$ 韧性较好，但与马氏体相比，强度和抗剪强度较低，若 $B_下$ 占比太多，则裂纹主要在 $B_下$ 中穿过，耐磨性也差；③由于等温转变不完全，随后空冷还会生成马氏体，这部分马氏体若不回火，脆性较高，所以等温淬火后仍须经 ≤200℃ 的回火，若采用中、高温回火，则等温淬火的优势将化为乌有；④一般钢材不应采用上贝氏体淬火，$B_上$ 混杂在 M 中将降低强韧性和耐磨性；至于高硅钢和奥-贝球墨铸铁中含有的上贝氏体组织，则和传统认识上的由碳化物与铁素体条呈羽毛状排列的 $B_上$ 有本质区别；A-B 球墨铸铁在 $B_上$ 区等温淬火，得到的羽毛状 B 组织中的贝氏体铁素体（B-F），由于受硅的抑制，转变时不能析出碳化物，多余的碳都富集到奥氏体内，形成 B-F 条中的富碳奥氏体小岛；进一步冷却，部分奥氏体转变为马氏体，因而形成 B-F 条中存在 M-A 小岛组织，这种组织有较高的强韧性和耐磨性，是一种有前途的新材料。

Н. М. Серник 和 М. М. Кантор 对经过 10 种不同工艺热处理的 40 种钢，在未被固定的磨粒中进行磨损试验，并与经水韧处理的 Mn13 高锰钢对比。现摘录一些类似我国常用的不同热处理钢的松散磨料磨损相对耐磨性 ε，见表 15-4（以经水韧淬火的 Mn13 钢为 1）。

表 15-4　不同热处理钢的松散磨料磨损相对耐磨性 ε

牌号	热处理方案										等温处理							
	一		二		三		四		五		六		七		八		九	
	HBW	ε	HBW	ε	HBW	ε	HBW	ε	HBW	ε	HBW	ε	HBW	ε	HBW	ε	HBW	ε
T10	—	—	614	1.78	534	1.61	434	1.43	375	1.28	420	1.65	415	1.63	388	1.60	—	—
T12			614	1.95	550	1.75	436	1.60	388	1.49	420	2.31	415	2.1	403	2.30	388	2.29
65	182	0.85	578	1.66	477	1.32	450	1.28	369	1.04								
65Mn1.5	187	0.99	578	1.39	504	1.27	477	1.21	403	1.12	555	1.81	434	1.72	341	1.66		
55	170	0.69	601	1.55	477	1.32	363	1.04	321	0.89								
55Cr1.5	187	0.73	601	2.18	534	1.99	514	1.89	363	1.70			514	2.53	477	2.37	434	2.15
75	207	1.12	578	1.76	578	1.74	477	1.52	311	1.08								
75Cr1.5	207	1.15	601	2.42	555	2.23	420	1.78	388	1.63	578	3.12	514	2.82	477	2.65	461	2.60
60CrMnSi[1]	269	0.81	578	2.70	544	2.54	505	2.45	425	2.31	505	2.88	429	2.66	388	2.51	352	2.45
CrMnSi	269	1.03	590	3.91	578	3.30	566	3.78	450	3.03	555	4.50	495	4.22	444	4.01	388	3.82

注：表中各热处理方案，一、为常规退火，加热至 Ac_3 或 Ac_1 以上 50℃，保温 30min，炉冷；二～五为淬火+回火，加热至 Ac_3 或 Ac_1 以上 50℃ 淬火，分别于 170℃、300℃、400℃ 和 500℃ 回火；六～九为等温淬火，加热至 Ac_3 或 Ac_1 以上 70℃，分别淬入 230～240℃、70～280℃、310～320℃、380～400℃ 盐浴中。

① 为俄罗斯工具钢，类似我国轴承钢 GCr15SiMn，因耐磨性优异，摘录于此。

2. 冶金因素对抗黏着磨损性能的影响

（1）一般规律　实践中得出以下金属学规律：

1）材料的互溶性。配对材料能形成置换固溶体，尤其是形成连续无限固溶体的金属（即在元素周期表中位置相邻，原子尺寸相近，晶格类型相同，晶格常数、电子密度和电化学性能十分相近的元素）组成摩擦副，最容易产生黏着，如 Ni 和 Cu。反之，周期表中相距较远，晶格不同，固态互不相溶者组成的摩擦副，则黏着少，抗擦伤，如 Fe 与 Ag。

2）形成金属间化合物。金属间化合物具有脆弱的共价键，两种能形成金属间化合物的金属配对不易发生黏着。

3）晶体结构。密排六方晶格金属比体心、面心立方晶格金属黏着倾向小，用它与其他金属配对的摩擦副更抗黏着磨损。

4）组织结构。多相组织比单相组织抗黏着。无论是钢铁还是有色金属，固溶体中掺杂化合物都比单相固溶体耐磨，如珠光体、铸铁、巴氏合金等。

5）碳化物。合金碳化物比 Fe_3C 抗黏着能力强。不同合金碳化物抗黏着性能与 Fe_3C 相比，大约是 Cr：W：Mo：V = 2：5：10：40。

6）金属配非金属。钢与石墨、碳化物、陶瓷及高分子材料配对，通常黏着倾向都较小。

7）B 族元素。钢铁与元素周期表中 B 族元素配对，均有较好的抗黏着磨损性能。

8）内应力。摩擦表面无论存在拉应力或压应力，都会加剧黏着磨损。应力越高，黏着磨损越大。

9）金属氧化膜。大多数金属在空气中都覆盖一层氧化膜，新加工的洁净金属在 10^{-8} s 内即可生成一层单分子层的氧化膜，因此由磨损而裸露在空气中的新鲜金属面会立即生成氧化膜。在轻载荷下，氧化膜能减轻摩擦磨损，但在切向力作用下氧化膜常易破裂。硬而脆的氧化膜，如 Al_2O_3 常常不能减轻黏着磨损，其碎屑反而成为磨料磨损的磨粒，只有坚韧并与基体结合牢固的氧化膜才能抑制黏着磨损。氧化充分的钢铁表面可生成三种氧化膜：最外层是含氧量最高的 Fe_2O_3，其次是 Fe_3O_4，最里层是含氧最低的 FeO。由于比容不同，氧化膜经常处于应力状态。氧化物分子体积与金属原子体积的比值越大，内应力越大，氧化膜越容易开裂，但经发蓝处理获得的 Fe_3O_4 薄膜，则有一定的减轻黏着磨损作用，若配以一层润滑油膜，则效果更佳。

（2）钢与不同金属配对试验　1956 年，Roach 等人将 38 种金属与钢配成摩擦副，其抗擦伤性见表 15-5。

表 15-5　钢与各种金属配对时的抗擦伤性

抗擦伤性	标　　准	配　对　金　属
很差	载荷达 1350N 便咬死	铍、硅、钙、钛、铬、铁、钴、镍、锆、铌、钼、铑、钯、铈、钽、铱、铂、金、钍、铀
差	在 1350N 下滑动不超过 1min	铝、镁、锌、钡、钨
尚可	在 2250N 下滑动 ≤1min	碳、铜、硒、镉、碲
好	在 2250N 下滑动 1min 不咬死	锗、银、铟、锡、铊、铅、铋、锑

（3）钢中各种组织的影响

1）铁素体。铁素体很软，无论在钢中，还是在灰铸铁或球墨铸铁中，铁素体含量越高，耐磨性越差。

2）珠光体。珠光体是 F+K 的双相组织，耐磨性比 F 显著提高。片状珠光体比粒状珠光体耐磨；珠光体片或碳化物粒间距越小越耐磨；硬度相近时，正火钢（片状珠光体）比调质钢（粒状组织）耐磨。

3）马氏体。与磨料磨损不同，片状马氏体与板条状马氏体抗黏着性能差别不大。经低温回火，马氏体中析出微细碳化物，从单相固溶体变为多相组织，内应力也降低，即使硬度略低也比未回火马氏体耐磨，但回火温度勿高于 250℃。

4）下贝氏体。许多试验和实践均证明，等温淬火的 $B_下$，即使硬度较低，但因内应力低，韧性和形变硬化能力高，其耐磨性仍高于马氏体。

5）残留奥氏体。因各家试验和服役条件不同，结论相差较大。有适量而不明显降低宏观硬度的残留奥氏体，能延缓裂纹扩展，减轻碳化物剥落，应该是有利的，但残留奥氏体含量太高，硬度降低，塑性变形加大，则易发生黏着。然而，塑性变形大又使接触面积增大，从而降低接触应力，减轻磨损。同时，摩擦过程中若能促使不稳定的残留奥氏体向马氏体转变，又能降低磨损，但残留奥氏体大量转变，则未回火的马氏体应力高，脆性大，又对耐磨性不利。对此，只有具体情况具体分析，通过实践加以检验。

6）碳化物。碳化物的类型、性能和含量对耐磨性都有明显影响。碳化物的硬度从 900 增加到 3000HV，其耐磨性大体上依 M_3C—$M_{23}C_6$—M_7C_3—M_2C—MC 顺序由低到高。一般说来，碳化物硬度高，含量多，则耐磨性高。

试验表明，钢铁中碳化物粗粒比细粒耐磨性高。

7）石墨。铸铁中的石墨是固体润滑剂。石墨巢可储油，摩擦时溢出，改善润滑。球状石墨是孤立团块，不像蠕虫状或片状石墨互相沟通，储油溢油便利。石墨片越细，润滑性越好，但长度 <10μm 磨损反而加剧。因此时的石墨呈共晶状态，削弱了基体，且多伴生铁素体，故不耐磨。

在摩擦磨损过程中，应力与温度随时变化，并可引起组织改变，如回火、退火软化，或者产生二次淬火硬化等，对耐磨性的影响极为复杂。所以，应特别注意进行磨损过程的动态分析。

15.1.4　农机具零件的特殊性能要求

1. 自磨锐性能

无论是破土的耕作机件还是切割农作物的刀片，都应有锋利的刃口。犁铧磨钝，刃口从 1mm 增加至 5mm 厚，耕深降低 38%，牵引阻力增加 53%，拖拉机油耗提高 25%，机组效率下降 48%；青储饲料切碎机动刀片，刃口厚度达到 0.45mm 后，每增加 0.1mm，能耗即提高 13%；茎秆粉碎刀片，刃口磨钝后，使拖拉机速度由三档降到二档，不但粉碎作业质量下降，工作效率降低 20%，油耗反而上升 20%。刀片若采用特殊设计或工艺，使之作业时由于土壤或农作物对刀刃两个刃面产生不同的磨损量，让厚度适当的刃口突出于前沿，较长时间保持较锋利的切割性能，这种效果称自磨锐现象，这种刀片称自磨刃刀片。通常采用的措施有：

1）进行特殊几何形状设计。例如，王颖等人在上开刃凿形犁铧的基础上，对 65Mn 钢犁铧适当增大刃口附近淬火带内的铧面角，减薄刃口厚度，将硬度降至 52HRC 以下。由于设计改变，造成刃口尖端和底部磨损量保持同步。尽管犁铧的磨损量比硬度为 60HRC 时有所加大，但在自磨锐作用下，容易得到较小的刃口圆弧和较平直的背棱，始终保持良好的入土性能，降低了能耗。

又如收割机刀片，在刀刃斜面上开出适当齿纹，使被切断的茎秆顺着齿纹划过，刃口和齿纹都受茎秆的摩擦磨损，齿纹加深，保持锯齿状刃口的锋利，得到自磨锐效果。

2）采用双金属复合材料。我国传统的菜刀、剪刀和镰刀、锄片，常在低碳钢刀体上用中高碳钢作刃口夹钢或贴钢。淬火后刃口较刃面硬度高，工作中刀体磨损快，露出高硬度刃口。犁铧也用过在刃口上复合耐磨钢或以贝氏体球墨铸铁为母体、刃口熔注高铬铸铁等措施来实现自磨刃。

3）表面强化处理。采用表面处理、化学热处理、堆焊、喷涂等表面强化工艺，获得表里硬度不同的刃部。例如，粉碎机锤片用中低碳钢渗碳、碳氮共渗或渗硼，处理后两表层硬度高，夹在中间的心部硬度低，韧性好，可防止锤片意外击断，而且锤击时受粮食或饲料颗粒的冲蚀磨损，自然形成中间凹、两面突起的刃口，效率高，寿命长。

用表面强化工艺来获得自磨刃，需经周密设计。

1）刃口耐磨层与基体母材的磨损率要保持适当比例。前苏联在研究复合钢板犁铧时，得出切削层与承力层的磨损率为 1：（4~5）或耐磨性为（4~5）：1 最好。中国农业机械化科学研究院集团有限公司认为，耕作刀片刃口堆焊层的硬度应为 60HRC 以上，母材为 55~60HRC。因堆焊合金富含高耐磨碳化物，二者实际耐磨性之比为（5~10）：1 较好，而切割茎秆的刀片，堆焊层的硬度应为 60HRC 以上，母材淬火到 45~50HRC，二者耐磨性之比以（10~15）：1 为佳。美国某公司产堆焊青储饲料机刀片，堆焊层硬度为 60~65HRC，母材为 45HRC。堆焊刀片母材需经淬火，否则基体受力变形，堆焊层产生侧向流动，会与母体开裂分离。

2）强化层厚度要适当。强化层厚度是将来形成刃口的厚度，太厚不锋利，过薄易折断。实践表明，割草机刀片刃口厚 0.1mm 左右为好；切割玉米秆刀片刃口厚 0.3~0.6mm 锋利；犁铧、旋耕机刀片则加厚到 1~1.5mm，既满足了耕作要求，寿命也较长。

3）强化部位的选择。强化层在零件表面位置的不同，可得到不同的自磨刃效果。以犁铧为例，可分为三类：

第一类自磨刃。将强化层放在背面，耕作时土壤对犁铧正面磨损较重，使耐磨的强化层从背面突出，形成刃口，并保持自磨锐。这种犁铧耕作后形成的背棱很小。所以，铧刃后角可近似视为犁铧的安装角，即 ε_1（见图 15-12a，强化层涂成黑色）。

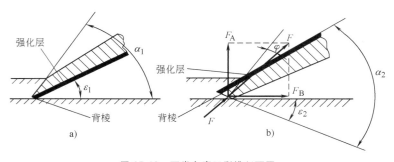

图 15-12　两类自磨刃犁铧剖面图
a）第一类自磨刃　b）第二类自磨刃

第二类自磨刃。将强化层放在正面，耕作时正面较背面耐磨，背面母材受沟底土壤的磨损较多，使正面强化层向前探出形成刃口，背面逐渐磨出与沟底平行或成负角的背棱（见图 15-12b）。单金属犁铧经过特殊设计，也可出现这类自磨刃。

比较第一、二类自磨刃，切土角 $\alpha_1 > \alpha_2$，铧刃后角 $\varepsilon_1 > \varepsilon_2$（负角），前者阻力大，但入土性能好，适于中等湿度的土壤，在高坚实或高湿度土壤中自磨锐效果则较差。第二类自磨锐犁铧适于在相对湿度 > 10%的砂土或砂壤土耕作。在其他土壤中作业，因背面磨损多，较快形成负角背棱，导致土壤反作用力 F 偏离背棱表面的法线，其夹角为 φ（摩擦角），反作用力 F 可分解为将铧刃从土壤推出的垂直分力 F_A 和增加牵引阻力的水平分力 F_B，使犁铧阻力加大，耕深变浅。当背棱宽度 ≥ 10.5mm 时，失去耕作功能，只好报废。

第三类自磨刃。李凌云等人总结了第一、二类自磨刃犁铧的优缺点，并参考国外有关单位的经验，研制出铧刃呈锯齿状和波纹状的第三类自磨刃犁铧。生产方法是：①首先将刃口设计成锯齿状，然后在齿尖进行淬火或堆焊；②在平直的铧刃上堆焊强化，耕作中经磨损自然形成凹凸不平的锯齿状或波纹状刃口，因而比第一、二类自磨刃犁铧更锋利，牵引阻力更小，对不同土壤农田的适耕性更广泛。

自磨锐的实质是通过对刀刃的几何形状设计或表面强化技术，在刀具作业时将磨料磨损引向刀刃的设定部位，使刃口磨损的同时，让刃面指定部位也按比例磨损，达到自磨锐的效果。应该指出，自磨锐是正确运用磨料磨损规律，趋利避害，科学利用磨料磨损来实现的。只有磨料才能使刀具磨利。若盲目将两个刀片组成的切割副互相对磨，则只有黏着磨损，决不会出现自磨锐的奇迹。犁铧的三类自磨锐原理同样适用于其他耕作机件和农机刀片。只要对刀具服役条件认真分析，有针对性地对几何形状、强化层部位、厚度和强化层与基体的耐磨性之比进行设计，就不难实现自磨锐效果。强化层不一定采取耐磨合金堆焊，表面淬火与化学热处理手段同样大有用武之地。

2. 刀片的锋利性与利磨性

锋利指刀刃切入作物并完成切割任务时受到的阻力最小。这要求刀刃有足够的强度和硬度外，几何形状方面应做到有适当的刃面角；刃面相交的刃口圆角半径小，厚度薄。刀具的耐磨性是作业时刀刃抵抗作物磨损而保持其几何形状（锋利性）的能力，利磨性则是当刀刃磨钝后，能够在刃磨时迅速恢复锋利的能力。

锋利刀片主要用于收获、采集和加工机具。刀刃越薄，刃面角越小，刀片越锋利，但刃面角太小易折断，一般以 21°左右为宜，既锋利又持久。除剪毛机刀片，常用刀片的刃面角均接近 21°。刃口圆角半径 r 则根据切割对象而定：羊毛直径仅十几个 μm，剪毛机刀片 r 约为 $10\mu m$；草茎粗 1～2mm，割草刀片 r 取 0.05mm，而犁铧刃口 $r = 0.5mm$ 就很锋利了。

许多刀片不但要求锋利耐磨，而且用钝后现场磨刀时要求很快磨利。像剪毛机刀片，一般经过十几秒到几十秒刃磨，就应恢复锋利。刀刃的变钝和磨利都是磨料磨损的结果，因而耐磨性和利磨性是一对很难处理的矛盾。

实践证明，碳素工具钢和低合金工具钢刀片锋利，利磨性也好，而高合金工具钢刀片则耐磨性好，锋利性和利磨性都差，这与钢中碳化物类型有关。工业上常用的砂轮磨料为刚玉（Al_2O_3，2000HV），或 SiC（2600HV），碳素工具钢和低合金工具钢的淬火组织主要是马氏体（< 900HV）和渗碳体型碳化物（约 1100HV），砂轮硬度远高于刀片，$Ha/Hm > 1.3$～1.7，可顺利磨出尖薄刃口。高合金工具钢中的 Cr_7C_3（约 1700HV）、WC（约 2400HV）、VC（约 2800HV）则不然，其硬度高于刚玉，与 SiC 旗鼓相当，砂轮只能将马氏体基体磨去，然后再将凸出表面的碳化物崩掉，这对刃磨金属切削刀具无妨，但要磨出 r 仅几个到十几个 μm 的尖薄刃口则不可能，而得到的是刀刃厚、呈锯齿状的刃口，失去了锋利性。

同理，渗硼刀片利磨性也极差。渗硼的水稻收割机定刀片虽耐磨、寿命长，但定刀片只起支承作用，无须很锋利，切割任务主要由不渗硼的动刀片完成。剪毛机刀片试用渗硼则效果较差；刀片用金刚砂在磨刀盘上刃磨，FeB 硬度为 1800～2200HV，Fe_2B 为 1200～1800HV，金刚砂对渗硼层不是切削而是碾压造成疲劳剥落；渗硼层又脆，刃口常成锯齿状，快速磨出的刀片往往连一头羊也剪不下来。要磨好刀，需花几十分钟仔细研磨才行，不适应机械剪毛作业。

农机刀片遇到的主要磨料是植物硅酸体（540～570HV）和砂粒（970HV），刀片硬度达 62HRC 左右，就有较高的耐磨性，并无热硬性要求。所以，用碳素工具钢或低合金工具钢即可，无须采用高合金工具钢。

3. 耕整地机件的脱土性

耕地、整地是农机中耗能最高的作业。降低牵引阻力，减少油耗，提高耕作效率和质量，具有重要意义。耕作机具的阻力除了切割、破碎和翻转土垡遇到的抵抗，还有来自土壤对耕作零件的黏附力和摩擦力。所谓脱土性好，就是黏附力小、摩擦力小。影响土壤黏附性和摩擦性的因素很多，首先是土壤的性质、组成、含水量等；其次是耕作零件的表面性质，如表面自由能、表面粗糙度、硬度等；还有外部条件，如温度、压力、相对运动速度等。

（1）土壤的黏附力与摩擦力　张际先等人的研究表明：

1）土壤的黏附和摩擦是互相无关的两种现象。

2）零件表面硬度与黏附无关，而其他条件固定时，提高零件硬度可降低摩擦。

3）材料表面性质对黏附力与摩擦力影响最显著。除了表面粗糙度，主要是材料表面的亲水性。零件表面涂敷憎水薄膜可大幅度降低土壤的黏附力和摩擦力，即有良好的脱土性。材料亲水性可用水对材料表面接触角 θ 来表征，θ 角大，则亲水性差，憎水性强。各种材料与水的接触角 θ 见表 15-6。

表 15-6　各种材料与水的接触角 θ

材料及其处理	45 钢正火	45 钢憎水处理	45 钢 NC 共渗	45 钢 NC 共渗	65Mn 钢正火	65Mn 钢等温淬火	T8 钢淬火	12Cr13 钢淬火	镀铁	复合镀铁	镀铬	复合镀铬	聚四氟乙烯
表面粗糙度/μm	0.12	0.15	0.4	0.9	0.2	0.28	0.4	0.83	0.27	0.22	0.35	0.32	0.7
硬度 HV	245	245	245	588	247	543	724	300	675	634	768	634	5
接触角 θ/(°)	75.3	95.9	66	60	77.9	77.9	78	68.8	83.2	83.8	83.7	85	106.7

4）接触角 θ 对摩擦力的影响比对黏附力的影响大。θ 对黏附力的影响与土壤含水量有关，在含水量高的土壤中影响显著。

5）从表 15-6 可知，聚四氟乙烯有极强的憎水性。曾在水田犁壁贴聚四氟乙烯板，取得阻力大幅度降低的效果。表面镀铁和镀铬都能改善零件的脱土性，而渗氮则适得其反。

（2）阳城犁镜的脱土性　陈秉聪等人对山西阳城犁镜（即犁壁）优良的脱土性研究发现，组织为晶粒粗大的莱氏体加少量二元磷共晶的过共晶白口铸铁，无游离石墨；与水的接触角达 81.1°；在 pH=5 和 pH=10 的介质中均有较好耐蚀性。从中得出：

1）高碳过共晶白口铸铁对脱土性有利，出现珠光体则不利，石墨的析出最为有害。

2）磷能提高接触角和耐蚀性，硅则相反。

3）粗晶组织能减少相界面积，提高接触角并降低腐蚀速度。

4）材料脱土性与其耐蚀性密切相关。

这些研究都为寻找金属基材料减少黏附提供了有价值的参考。

（3）表面粗糙度的影响　不言而喻，降低零件的表面粗糙度值，将改善其脱土性。

4. 统筹解决好"使用性能—工作寿命—节能降耗"的矛盾

长期以来，国内外在解决农机具耐磨零件使用寿命问题时，一直遵循"使用寿命即耐磨性"这一概念。将耐磨性作为衡量农机具质量的最重要指标。在选材和热处理方面，尽量使零件硬度达到不至于脆断的最高值。保定双鹰农机有限责任公司在长期生产和科研实践中，以改善产品使用性能为重要指标，成功研制出低阻力、自磨锐的 DZ 型犁铧，不但工作寿命提高 1 倍，而且拖拉机牵引阻力小，油耗降低 10%。DZ 犁铧最大的特点是出现自磨锐现象，刃口厚度始终保持 >1mm 的锋利状态，同时耕作中犁铧能自然出现前宽后窄的磨损效果，保持良好的入土性能，可以一直使用到报废，中间无须修理，提高了工效，减轻了劳动强度。

自磨锐的形成，既受土壤组成（砂粒成分、硬度）、坚实度和湿度等外部条件的影响，也受犁铧耐磨性（硬度、强度）等自身因素的制约。该公司打破单一追求高硬度的观念，将 DZ 犁铧硬度降低到 40~45HRC，使之具有适度耐磨性，耕作时既不磨损太快，又能出现自磨锐效果。用 65Mn 钢生产的 DZ 犁铧，在砂壤土旱田作业中效果最好，但在高坚实黏土和石砾黏土中耕作时磨损较快。为此，在 DZ 犁铧基础上增加条状耐磨合金堆焊。该公司研制生产的 DSZ 和 CBZ 型犁铧，基体硬度仍保持 40~45HRC，使其既可出现自磨锐的刃口，又有抗磨的合金条，延长了犁铧的整体使用寿命。

犁壁是另一种情况，硬度不但影响耐磨性和寿命，更影响其脱土性。犁壁硬度高，脱土性好，拖拉机牵引阻力小，油耗低，节约能源，但耕作中犁壁还受土垡、石块的撞击，应有足够高的强韧性。国外大都采用心部为低碳钢、外层为高碳钢或中高碳合金钢的三层钢板生产，硬度要求 ≥55HRC。20 世纪七八十年代，随着低碳马氏体的推广应用，国内也采用 35 钢甚至 Q275 钢整体强烈淬火，生产"低碳马氏体犁壁"。因生产工艺简单、成本低廉，流行甚广。实践证明，低碳马氏体犁壁硬度低，软点多，耐磨性差，使用性能不佳。由于耕作中犁铧磨损快，有时几个月就要更换，而犁壁可用几年，用户误认为犁壁寿命不成问题，愿意买价格低的，这就掩盖了硬度低的犁壁脱土性差、能耗高的矛盾，用一次性购买时的小便宜，掩盖了经常多付油费的大吃亏，并且造成国家能源的浪费、碳排放的增高和钢材的浪费。

保定双鹰农机有限责任公司采用 65Mn 钢等温淬火生产的 DJ 型犁壁，硬度为 55~60HRC，冲击韧度>300J/cm^2，比国产和进口三层钢板犁壁高出 10 倍。由于硬度恰到好处，耕作时在土壤泥沙的摩擦下，仅产生很细的划痕，不但使用寿命长，而且犁壁磨成锃亮的镜面，脱土性极佳，拖拉机牵引阻力和油耗大大降低，突出了碎土性强、覆盖率好、阻力小、油耗低、寿命长的特色，为国内外任何牌号犁壁所不及。

DZ、DSZ、CBZ 犁铧和 DJ 犁壁，是成功利用磨料磨损规律，化害为利，实现自磨锐犁铧和镜面犁壁的范例。在选材和热处理上不片面追求高硬度，而是根据服役条件，保证恰当硬度，最终实现"使用性能—工作寿命—节能降耗"的统一。

5. 耐腐蚀磨损问题

水田机械和施肥、植保、畜禽饲养机械的一些零件存在腐蚀磨损。南方潮湿空气中放置的农机具也有锈蚀问题。分析可知，水田机械零件以磨损为主，腐蚀其次；施肥和植保机械零件则主要受腐蚀，磨损较轻。只要抓住主要矛盾和矛盾的主要方面，通过合理选材或采取表面处理、化学热处理措施均可解决。

畜禽饲养机械中一些受氨气和 H$_2$S 气氛腐蚀严重、但磨损较轻的零件可用塑料包覆、镀锌，特别是较厚层的热浸镀锌或渗锌。对清粪搅龙（螺旋输送器）、刮粪板等既要防腐又要耐磨的零件，可进行表面喷涂处理。某些颗粒饲料压粒模在高温带腐蚀条件下承受强烈磨料磨损，则可采用 40Cr13 不锈钢淬火或低碳不锈钢渗碳淬火处理。

6. 环境保护与安全问题

农业机械是改造大自然、服务大自然的工具，更应重视自然环境和人与生物的保护。

（1）消除淘汰落后的有害的热处理工艺（包括氰盐、铅浴等）　降低粉尘、噪声，做好电磁波的屏蔽和高温余热的回收利用，防止外泄。

（2）消灭该热处理而不热处理的零件　零件不经热处理，使用寿命短，是对能源、原材料和人力的极大浪费，有悖于清洁生产原则，亟须认真解决。在此特别提出磨面粉机磨辊问题。国内大量使用铸铁磨辊，由于多种原因，不经热处理就用，因不耐磨，大量铁粉混于面粉之中。GB/T 1355—2021 规定，磁性金属（主要是铁）含量应低于 $3×10^{-6}$。实际检测常常超标，一些小面粉厂产品中的铁含量超标尤为严重，对此应从材料、热处理与机械结构设计方面联合攻关解决。

（3）防止热处理产品的污染与安全问题　在此特别提出，农机具零件要慎用渗硼处理。20 世纪 70 年代以来，陆续将渗硼工艺引入农机产品，并取得一定效果，但渗硼层在农田中自然分解状况未搞清之前，不应广泛应用。

1）渗硼层脆，易剥落，硬度高达 1800HV 的渗硼碎屑均带尖锐棱角，落入农田将成为远比石英砂更为犀利的磨粒。农机作业一环紧扣一环，间隔不过几天。犁铧、犁壁剥落的渗硼碎屑会磨损耙片；收割机刀片的碎屑又殃及秋耕的犁铧。今天用渗硼来对抗石英砂的磨损，今后面对土壤中越积越多的硼化铁磨粒又将如何？20 世纪 80 年代初统计，犁铧、犁壁、耙片和旋耕刀片四大件全国每年被磨损掉到农田中的铁屑是 8660t。渗硼碎屑会少些，但不能掉以轻心。DDT 和 666 农药的污染可为前车之鉴。

2）渗硼不能用于粮油、饲料和食品机械零件，如锤片、榨油机榨螺杆和颗粒饲料压粒模与压辊。渗硼层对 HCl 有较强的耐蚀性，尖硬的渗硼碎屑不能被胃酸（HCl）腐蚀，必然对人畜消化系统造成严重伤害。近年，一些企业将渗硼用于米筛等零件，据说可提高零件寿命，应予制止。

3）棉毛麻采集加工机械零件也要慎用渗硼件。20 世纪 80 年代末，羊毛大战，为谋取暴利，有人故意向毛中掺砂，造成毛纺设备加速磨损，结果毛纺厂拒收当地羊毛。如果有渗硼碎屑（如剪毛机刀片剥落的）混入毛中，则后果更加严重。

同理，对渗金属、某些成分的合金堆焊，也应在做过认真细致的基础试验，证实无害后，方可用于农机具的零件生产。

15.2　耕整机械典型零件的热处理

15.2.1　犁铧的热处理

1. 服役条件与失效形式

犁铧是铧式犁的重要基础件（见图 15-13）。耕作时铧尖凿破土层，在动力牵引下铧刃耕入土层下一定深度，沿沟底和沟壁将土块和埋于土中的植物茎、根切开、切断，通过铧面与犁壁把土垡升起、挤碎，然后翻扣到地面一侧；犁铧耕作时的阻力约占牵引力的 1/2，磨钝后的阻力将大幅度增高。所以，犁铧受到土壤、砂粒、石块、茎根的强烈磨料磨损与冲击。土壤只有受到较大压力时才裂开与整体剥离，这时阻力突然消失，使铧尖和铧刃受到周期性冲击和振动，可能产生疲劳破坏；水田犁铧还要受一定的腐蚀磨损。约 10% 的犁铧是因非淬火区局部磨穿、变形而折断的。此外，铧刃磨损，背棱变宽，入土性变坏。当背棱宽度增大到某一临界值时，由于犁的耕深稳定性变坏和大幅度增加牵引阻力，使犁铧丧失工作能力，犁铧失效。背棱宽度的临界值将作为犁铧的报废标准。原苏联将传统的 35 型犁铧在中壤质黑钙土中耕作时，背棱尺寸达到 10.5mm 作为报废的标准。实际上，对同一犁铧，在不同土壤中耕作时背棱的临界值是不同的。传统做法是铧尖、铧刃磨钝而整体损坏不严重时，可加热锻打修理，恢复铧尖、铧刃并淬火回火，一般可修复 3~5 次，但因现场条件简陋，修复后的使用寿命一次不如一次，现已基本不用。

2. 技术要求与选材

犁铧要求整体有足够的强度和韧性以抵抗冲击和振动，铧尖与刃部要有高耐磨性和高硬度，最好还要有自磨锐效果。

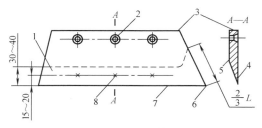

图 15-13　犁铧
1—淬火带　2—螺钉孔　3—犁铧背部　4—工作面
5—背面　6—铧尖　7—铧刃　8—测硬度点
L—铧尖至背部的长度

GB/T 14225—2008 规定，犁铧应采用力学性能不低于 65Mn 钢制造。热处理后淬火区硬度为 48~60HRC，非淬火区硬度 ≤32HRC。我国曾研制了 65SiMnRE 和 85MnTiRE 犁铧钢。85MnTiRE 钢因碳含量增加，有较高耐磨性。黑龙江八一农垦大学多年来对不同材料、不同处理工艺的犁铧在草甸土、白浆土、砂壤土和石砾土做了大量对比试验，证实 85MnTiRE 钢犁铧的耐磨性能优于其他材料，部分地区也有用稀土球墨铸铁生产的，但多用于畜力犁铧。各种犁铧材料的化学成分见表 15-7。

表 15-7　犁铧材料的化学成分

材料	化学成分（质量分数，%）						
	C	Si	Mn	S	P	RE	其他
65SiMnRE（曾用）	0.62~0.70	0.90~1.20	0.90~1.20	≤0.04	≤0.04	加入量 0.2	—
65Mn	0.62~0.70	0.17~0.37	0.90~1.20	≤0.04	≤0.04	—	—
85MnTiRE（曾用）	0.75~1.0	≤0.70	≤1.10	≤0.04	≤0.04	加入量 0.15	Ti：0.2~0.4
稀土镁球墨铸铁	2.8~3.2	2.8~3.2	0.3~0.7	≤0.03	≤0.05	0.04~0.06	Mg：0.02~0.06

国外犁铧较普遍采用耐磨复合钢或耐磨合金堆焊。俄罗斯在 55 钢母材铧体的刃部复合 Cr6V1 耐磨钢 [$w(C)=1.5\%~1.7\%$，$w(Cr)=5.5\%~7\%$，$w(V)=0.8\%~1.2\%$，$w(Mn)≤0.5\%$，$w(Si)≤0.7\%$]。在犁铧专用型材轧制时，将耐磨钢扁钢贴到刃部。其重量仅占总重 6%~9%（质量分数），成本不高，但有良好的自磨刃，使用寿命甚至高于堆焊犁铧。其热处理工艺也很特殊：900~930℃ 加热（如感应加热则为 1030~1050℃），鼓风冷却到 500℃ 淬入水中。耐磨层硬度 ≥56HRC，母材硬度为 240HBW。美国某牌号大

马力拖拉机牵引的犁铧，基体为 T9 钢，刃部用含 25%（质量分数）的高铬合金堆焊。组织为莱氏体共晶基体上均匀分布六方块状碳化物（1200HV）和少量粗大块状、含 Cr 高达 70%（质量分数）、硬度为 2100HV 的碳化物。国外认为，这种组织有很强的耐磨料磨损性能。

3. 热处理工艺

各种材料制造的单金属犁铧的热处理工艺见表 15-8。按图 15-13 所示进行局部加热淬火。

表 15-8　单金属犁铧的热处理工艺

材料	淬火加热			淬火冷却			回火		硬度 HRC
	设备	温度/℃	时间/min	介质	温度/℃	时间/min	温度/℃	时间/h	
65SiMnRE（曾用）	盐浴炉	850±5	6~8	硝盐[①]	160~180	60	180	3	48~60
65Mn		850±5	6~8	硝盐	160~180	60	180	3	48~60

（续）

材　料	淬火加热			淬火冷却			回　火		硬度 HRC
	设备	温度/℃	时间/min	介质	温度/℃	时间/min	温度/℃	时间/h	
85MnTiRE（曾用）	盐浴炉	830±5	6~8	油	20~80	—	170~190	2	52~61
稀土镁球墨铸铁		880~900	60	硝盐①	280~310	60	280~310	4	36~40

① KNO_3 和 $NaNO_2$ 各50%（质量分数）。200℃以下使用时可另加3%~5%（质量分数）的水。

我国各地土质差异很大，因此有关标准中对农机具零件硬度要求允许范围较广，如犁铧淬火区硬度为48~60HRC。这就要求因地制宜，根据不同土质有针对性地生产不同硬度档次的犁铧或按热处理后犁铧实际硬度分类，进行不同标记，然后引导用户正确选购。例如，在耕无石子的砂壤土熟耕地时，以提高耐磨性为主，硬度可取上限，而在开垦石子、树根多的生荒地或天然草场种草时，为提高韧性，硬度应取下限。为产生自磨刃，甚至可低于48HRC。

65Mn 和 65SiMnRE 钢的 M_s 点为 250~270℃，160~180℃分级淬火停留时间延长到60min，是为了得到较多的残留奥氏体并让分级淬火生成的马氏体回火，降低应力，提高韧性。但是，马氏体转变并未完成，出炉空冷时转变的马氏体如果不回火，脆性较大，所以还须回火 3 h。保定双鹰农机有限责任公司对 65Mn 和 65SiMnRE 钢 20 型犁铧按表 15-8 工艺生产已 40 多年，质量一直领先于全国同行。试验表明，65Mn 钢等温淬火并180℃×3h回火，可使 a_K 值从普通淬火后的 $11.76J/cm^2$ 提高到 $52.92J/cm^2$。虽然耐磨性试验数据降低约10%，但等温淬火犁铧比普通淬火犁铧的使用寿命却提高20%以上。

国内许多单位也对犁铧采用氧乙炔火焰喷熔、碳弧熔敷、电弧熔敷和 CO_2 气体联合保护熔敷耐磨合金强化法。所用合金粉末主要是镍基与铁基两种，以 Cr 的碳化物和硼化物为强化相，成本提高不多，使用寿命可提高 2~5 倍。

有的单位试验成功稀土镁球墨铸铁金属型液态挤压成形工艺，提高了铸件的质量和强度，按表 15-8 工艺等温淬火，硬度比砂型铸造的提高约5HRC，使用寿命比砂型铸造的提高30%~40%，可赶上 65Mn 油淬犁铧的性能。

4. 自磨锐犁铧及其热处理工艺

（1）DZ 型犁铧　淬火犁铧硬度即使达到60HRC（698HV），在高含砂量土壤中仍难抵御砂粒（约970HV）的犁削划伤，$Hm/Ha = 698/970 = 0.72$，尚未达到 0.8~0.85，能显著减轻砂粒犁削的要求。保定双鹰农机有限责任公司根据自磨锐原理，对 65Mn 钢犁铧采用辊锻成形、余热淬火新工艺，生产出等宽、低阻力、自磨刃的 DZ 型犁铧。DZ-25 型犁铧的制造工艺路线和辊锻与热处理工艺曲线见表 15-9 和图 15-14。金相分析可见，65Mn 钢辊锻淬火犁铧背部、中部和刃部都有板条状马氏体，并随变形率的加大，刃部板条比背部更多更细，硬度为40~45HRC。无缺口冲击试验，其 a_K 值比普通淬火高10%以上。

表 15-9　DZ-25 型犁铧的制造工艺路线

工序号	工序名称	技术要求	时间/s	温度/℃
1	下料	按图样切成梯形		
2	中频感应加热	根据犁铧规格确定加热时间	30~40	1100~1200
3	辊锻	通过三道次轧制轧出:背部厚8mm，形变率为56%；刃部厚3mm，形变率为83%	10s 内完成	
4	切边、冲孔、挤沉头螺钉孔	按图样	三道工序在 10s 内完成	背部降温至 850，刃口从 800 降至 760
5	压弯成形、打商标	按图样		
6	轧出刃口	从 3mm 挤成 1~1.5mm 厚		
7	整体淬火	淬入 1.30~1.35g/cm³ 的 $CaCl_2$ 水溶液中①	停留 4~6s 出水空冷	液温:25~70
8	回火	工件冷到约200℃应从淬火液取出及时回火	3h	470±10
9	修整	回火完毕趁热修整		
10	清洗	彻底洗净吹干，否则生锈		
11	涂漆			

注: 1. 原材料为 18mm×100mm 或 18mm×90mm 65Mn 扁钢。

2. 主要设备为 YZ250-1000/1—8 型中频感应加热装置，D42-630 型辊锻机。

① $CaCl_2$ 淬火液蒸气对金属有锈蚀性，车间仪表应加以防范。

65Mn 钢有回火脆性，470℃回火后本应快冷，但因要趁热修整而冷速较慢，其 a_K 值较高，因为采用了辊锻形变热处理。

与传统犁铧相比，DZ-25 型犁铧牵引阻力降低 43%，寿命提高 1 倍，并因整体淬火而消灭了非淬火区被磨穿报废问题。DZ 型犁铧在砂壤土耕作时确实出现自磨刃，但在高坚实黏土、重黏土和石砾黏土中耕作，因硬度较低、磨损较快，为此该公司又研制出 DSZ 型犁铧。

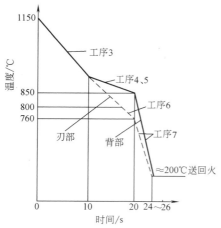

图 15-14　DZ-25 型犁铧辊锻与热处理工艺曲线

（2）DSZ 型犁铧　即低阻力第三类自磨刃犁铧。其技术特点是：下料后在坯料的正面和铧尖的背面各堆焊一层耐磨合金（见图 15-15），其余工序与 DZ 型犁铧相同。在加热辊锻过程中，合金嵌入母材，与基体金属形成冶金结合。整体热处理后的硬度为：基体 40~48HRC，堆焊合金刃部 ≥58HRC。耕作中铧尖出现第一类自磨刃，铧刃出现第二类自磨刃，而后部不堆焊以保证出现前宽后窄的磨损规律，既改善了入土性能，又增强了耐磨性。堆焊成条状，耕作中刃尖和刃口自然磨出锯齿形，更显锋利，降低阻力，与 DZ 型犁铧相比，使用寿命提高 50%。

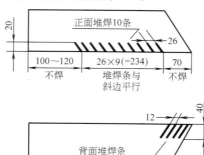

图 15-15　DSZ 型犁铧坯料的条状堆焊

（3）CBZ 型犁铧　即齿状波纹自磨刃犁铧。生产工艺是：首先将 65Mn 钢专用坯料模压成平直形 DZ 犁铧外形；然后用耐磨合金焊条沿平行犁铧前进方向堆焊到毛坯铧刃的正面和铧尖的背面，不经辊锻，直接进行热处理。其热处理工艺为：870~890℃ 箱式炉中加热，压力机压形，200~220℃ 硝盐中等温 60min，空冷，清洗，中温回火。基体硬度为 40~45HRC，耐磨合金条硬度 ≥58HRC。与 DSZ 犁铧不同的是：生产中不用中频感应加热、辊锻成形设备，更便于一般小企业推广。耕地时受土壤磨损，耐磨合金条突出呈现约 5mm 长的锯齿。砂粒沿齿沟运动，在犁铧表面磨出沟槽并自动向后延伸，始终出现波纹形锋利刃口。铧刃角从 DSZ 犁铧的 39°27′下降到极锋利的 23°40′。尤为可贵的是，磨出背棱的铧刃背角 ε 是正值，因而入土性好，牵引阻力进一步降低，使用寿命比 DSZ 犁铧提高 1 倍。

15.2.2　犁壁的热处理

1. 服役条件与失效形式

犁壁与犁铧同为犁的两个重要部分，两者构成一个犁体。犁壁的作用是将被犁铧破开并升起的土垡挤碎，然后翻扣到地面一侧，所以受力很大，并承受土壤及砂石的强烈磨料磨损与撞击。其失效形式主要是磨薄、磨穿，然后变形和开裂。

2. 技术要求与选材

犁壁除应有合适的抛土工作曲面，还要有较高的硬度和耐磨性，并有足够强度和韧性。此外，还要有良好的脱土性和抛光性，以降低耕作阻力。经实测，耕作时犁铧的阻力约占全部牵引力的 50%，犁壁阻力占 30%~40%。国内现状是，犁壁寿命约为犁铧的几倍，所以改善犁壁的脱土性，以降低阻力，节省能耗成为更突出的矛盾，但犁壁仍是消耗钢材极多的农机具零件，提高寿命问题不可忽视。

GB/T 14225—2008 对犁壁材料、硬度和金相组织的规定见表 15-10，硬度测定部位如图 15-16 所示。标准中硬度测定点主要集中于受磨损最严重部位（犁胸），对其余部位和翼部仅要求 ≥38HRC。然而，这些部位同样是影响犁壁脱土性的重要部位，也应有足够高的硬度，以利脱土。

表 15-10　犁壁的材料、硬度和金相组织

材料牌号	硬度 HRC	金相组织
65Mn	48~60	回火屈氏体及回火马氏体
35	48~60	板条状马氏体及针状马氏体
Q275	48~60	体，允许少量屈氏体

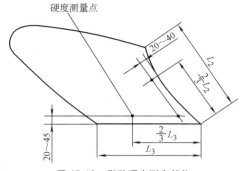

图 15-16　犁壁硬度测定部位

在犁壁用材不变、热处理工艺不变的情况下，其脱土性就与犁壁的表面粗糙度有很大关系。耕作过程中，土壤对犁壁的摩擦既造成磨损，也具有抛光作用。土壤中的磨粒主要是高硬度的石英砂和长石（700～1000HV）。犁壁硬度过低，不但磨损太快，而且划痕又粗又深，粗糙的表面不利于脱土。提高犁壁硬度，不但磨损慢，划痕也较细较浅，甚至磨得铮亮，脱土性大大提高，降低了牵引阻力。为此，在选材上，国内外都在保证有足够韧性的同时，努力提高表层碳含量。先是低碳钢渗碳（机引犁壁渗层深度为 1.5～2.2mm，畜力犁壁渗层深度为 1.2～1.8mm），淬火硬度为 60～62HRC，因耗费工时和能源，现已不用；后用三层复合钢板，心部 $w(C)$ 为 0.1%，表层 $w(C)$ 为 0.65%—0.85%—1.15%。我国也曾试验研究过 95-Q215-95 三层钢板，但存在问题较多，未能推广。许多地方也生产 Q275 钢和 35 钢低碳马氏体犁壁，但常产生软点，质量不稳定。

保定双鹰农机有限责任公司从国情出发，应用价格不高的农业机械常用钢 65Mn，经强韧化处理生产的 DJ 型（低阻力、镜面）犁壁，脱土性可与国外三层钢板犁壁媲美，无缺口冲击韧度 $a_K > 50J/cm^2$，远超出进口犁壁，使用寿命也高出 50% 以上。室内试验表明，DJ-25 型 65Mn 钢犁壁与 35 钢犁壁牵引阻力分别为 1.35kN 和 2.04kN，使用寿命则提高 60% 以上。

近年来，国外也有将犁壁用钢从三层复合钢板回归均质（65Mn、60 Si、32Mn2 等）钢板生产的动向。

对面积较小的轻型犁和畜力犁，常用冷硬铸铁铸造，工作面冷硬深度为 2～3mm，硬度为 40～50HRC，经消除应力退火后使用。著名的山西阳城犁壁，以当地产赤铁矿用木炭为燃料炼成铁液，直接注入金属型中制成。该犁壁成分（质量分数）为高碳（4.27%）、高磷（0.58%）、低锰（0.07%）、低硅（0.05%）、低硫（0.032%），金相组织为莱氏体＋少量二元磷共晶的过共晶白口铸铁，硬度为 56HRC。具有十分优良的脱土性，但脆性很高，不适于机引犁使用。

3. 热处理工艺

犁壁的热处理工艺见表 15-11。

1）表面锈蚀钢材应除锈，可用 15%（质量分数）浓盐水浸泡 10min，晾干后于箱式炉中加热，可减轻淬火软点。工件在箱式炉中加热时，建议使用 QW-F1 钢材加热保护剂。

2）犁壁模压淬火时降温较快，可适当提高奥氏体化温度，并加大喷水压力，盐水强冷。

3）对 35 钢或 Q275 钢，当碳含量为下限时，可适当提高淬火温度；当碳含量为上限，又含有能提高淬透性的合金元素时，容易淬裂。对不同炉号钢板，应通过试验，调整淬火温度，最低可降至 810℃。

4）65Mn 钢犁壁推荐采用强韧化处理工艺。对轻型犁小犁壁，可按表 15-11 盐浴加热、出炉压形、快速淬入硝盐中；对重型犁大犁壁（单件可重达 20kg），则于箱式炉中加热（需防氧化脱碳），（860±10）℃×40min，出炉压形，立即于 200～220℃硝盐等温 1h，空冷、清洗后于井式炉 200～220℃回火 4h。

表 15-11　犁壁的热处理工艺

材料	淬火				回火		硬度 HRC
	加热设备	温度/℃	时间/min	冷却	温度/℃	时间/min	
35、Q275	箱式电炉	900～920	15～20	淬火压床，10%（质量分数）盐水	150～160	60	50～55
65Mn	盐浴炉	840～860	5～6	180～200℃硝盐浴等温 1h	170～190	180	55～60
95-Q215-95	箱式电炉	780～800	15	淬火压床，10%（质量分数）盐水	170～190	60	60～62

对犁壁、犁铧这些大件，淬火时将有大量热量带入等温槽中，使等温盐浴温度波动很大，影响冷却速度和等温淬火后工件的组织与性能。建议工件先分级后等温，赤热的工件先淬入成分与硝盐等温槽相近而温度较低、冷却速度不太激烈的三硝或二硝热浴中，让工件的大部分热量消耗于此，待冷至 350℃（球墨铸铁）或 250℃（65Mn）左右时取出（分级冷却时间先经试验确定），迅速转入硝盐等温槽。这样，不但等温槽控温容易，还可避免工件上的氧化皮或盐浴加热时带来的高熔点氯化盐污染硝盐槽，影响等温盐

浴的熔点和冷却性能，可大幅度延长等温槽的使用时间。因分级淬火槽含水多、热容量大、温度升高较慢，温度和成分的变化对其冷却速度虽有影响，但与工件淬火质量关系较小，只要在分级槽中放一铁丝网，就可随时将盐渣、氧化皮清除。

三硝淬火冷却介质（过饱和）配方为 $NaNO_3$25% + $NaNO_2$20% + $KNO_3$20% + 水 35%，二硝淬火冷却介质配方为 $NaNO_3$30% + $NaNO_2$20% + 水 50%（均为质量分数）。

此外，为保证工件冷却均匀，在等温淬火槽中增加搅拌装置是十分必要的；硝盐槽应有排风装置。

5）某企业对 6mm 厚的 65Mn 钢板，采用 900℃均匀热透，出炉后 15s 内在 160tf 摩擦压力机上成形，这时犁壁约降温到 800℃，可直接淬油，但最好预冷约 10s，降到 760℃ 左右再垂直淬入水玻璃淬火冷却介质中（62HRC，可根据要求硬度回火）。淬火时曲面弧度呈张开趋势，只要稳定工艺，掌握变形量后，在热压模具上增加反变形量，即可使变形控制到允许范围。

淬火冷却介质的配制（质量分数）：$Na_2CO_3$11%~14%，NaCl11%~14%先溶于水，测得波美度 25~26°Bé，再加入波美度为 40°Bé 的水玻璃20%~28%。这时水中出现絮状凝胶偏硅酸（H_2SiO_3），再加入先溶于少量热水中的 NaOH0.5%，凝胶消失，溶液波美度为 28~35°Bé 即可使用。淬火冷却介质使用温度为 20~80℃，使用中随时补充水玻璃和碳酸钠即可；除非出现絮状凝胶，一般无须补充 NaOH。工件淬火后，应彻底清洗，再进行回火。

15.2.3　圆盘的热处理

1. 服役条件与失效形式

圆盘是耕耘机械和种植机械上的主要零件，安装到不同机具上分别用来切土、碎土、松土、开沟和切断留在土壤中的残根杂草等。在保护性耕作中，圆盘耙也常用于播种前的表土处理，以达到疏松土壤、除草灭茬、平整土地、提高表土地温、获得良好种床之目的。圆盘有平面圆盘和球面圆盘两类，如图 15-17 所示。

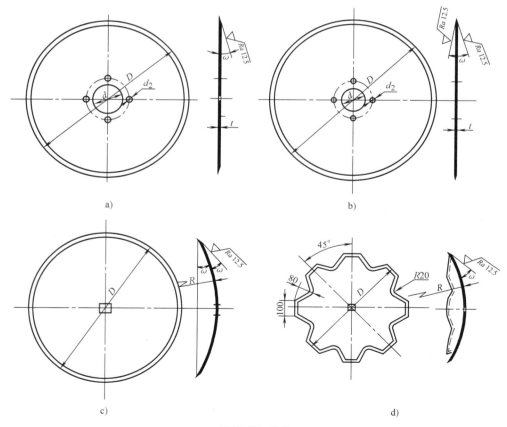

a)　　　　　　　　　　　　b)

c)　　　　　　　　　　　　d)

图 15-17　圆盘

a）单面磨刃平面圆盘　b）双面磨刃平面圆盘　c）圆边球面圆盘　d）花边球面圆盘

平面圆盘有单面磨刃和双面磨刃两种；球面圆盘有圆边和花边（边缘带缺口或呈星形）两种。双面磨刃的平面圆盘用作铧式犁上垂直切土的圆盘刀，单面磨刃的平面圆盘用作播种机上的双圆盘式的开沟器。球面圆盘一般用于灭茬犁、圆盘耙、圆盘犁、栽植机，或者作为播种机和栽植机上的划行器等。圆盘耙又有轻耙、中耙、重耙之分，轻耙用于在已耕地上耙后碎土，中耙用于耕后碎土或耙茬，重耙用于耕后碎土、耙茬、耙荒。水田耙多为球面缺口耙与星形耙。圆盘虽有多种不同用途，但都是用于破土、平地和灭茬，所以圆盘主要是刃口及切入土壤的两侧刃面受砂石、根茎，甚至还有铁片、钢丝等杂质的强烈磨损与冲撞，使刃口残缺，圆盘变形、破裂，直径逐渐变小。水田作业还有腐蚀磨损。如果作耙片用，当直径磨损到原来的 70%～75% 时，或者缺口耙、星形耙的耙齿磨秃时，就应报废更新，否则耙片入土性变坏，耙地深度变浅，碎土灭茬和耙地质量大为降低。

2. 技术要求与选材

圆盘应具有足够的强度和韧性，还应有较高的硬度和耐磨性。JB/T 6279—2007 对耙片要求用 65Mn 钢制造，热处理后的硬度为 38～48HRC，同一片上各点硬度差应 ≤7HRC。硬度测定部位为距耙片外缘 20～60mm 的环形圈内。水田耙片（厚 4mm，65Mn 钢）硬度为 40～48HRC。

由于圆盘有多种用途，其服役情况不同，除应有高耐磨性这一共性要求外，对韧性则应视用途和耕地情况做不同规定。如果过分顾及韧性而降低硬度，将导致耐磨性降低，脱土性变差。实践表明，种植多年的熟耕地，石块越来越少，用作划行器、开沟器的圆盘硬度可定得高些。西安农业机械厂生产的 65Mn 钢中频感应淬火开沟器圆盘，硬度为 58～62HRC，在陕北榆林砂砾地作业，地温仅 0～3.5℃。结果表明，厚度仅 2.5mm 的高硬度开沟器圆盘并未发生脆裂，而其

磨损量则比硬度为 43～49HRC 和 53～58HRC 两对照组都低。中国农业机械化科学研究院集团有限公司对 Q275 钢低碳马氏体淬火耙片（48～54HRC）和 65Mn 钢 270℃ 等温淬火 15min×180℃ 回火耙片（46～54HRC）与 65Mn 钢常规处理（840℃ 淬油 +400℃ 回火，42～48HRC）耙片对比，结果表明，硬度较高的 Q275 钢低碳马氏体耙片和 65Mn 钢等温淬火耙片，不但韧性都高于 65Mn 钢油淬耙片，而且田间试验也证明，低碳马氏体耙片的使用寿命比 65Mn 锰钢油淬耙片高出 15%；等温淬火耙片则高出 35%。可见，只要从选材和工艺上改进，圆盘硬度的提高，可进一步提高其耐磨性和韧性。地膜覆盖机圆盘，广泛采用低碳钢渗碳，硬度高，使用寿命也长。

哈尔滨理工大学曾试验钼铌铸态贝氏体钢（质量分数为：C0.45%～0.55%，Mo0.30%～0.40%，Nb0.08%～0.10%，Cr0.40%～0.50%，Mn0.80%～1.00%，Si0.50%～0.70%，RE0.10%～0.15%，B0.001%～0.003%，S、P≤0.045%），用金属型液态压铸法铸成厚度为 6mm 的圆盘耙片。通过控制冷却速度，使耙片边缘得到 $B_下$+M+AR+K 组织，空冷硬度为 48～50HRC，a_K=26.3J/cm²，耙片中部主要是 $B_上$。与 65Mn 钢耙片相比，耐磨性约提高 29%。

国外对圆盘也广泛采用耐磨合金堆焊。俄罗斯的球面圆盘耙用 55 钢为母材，刃口堆焊 Cr6V1 合金。美国某名牌牧草耕播机圆盘刀，主要用于耕翻多草潮湿地或黏重、干旱的草地，经常在多石块、多草根的草原上耕作，要求具有较高的强度和韧性，刃口锋利耐磨。其基体为 50Mn 钢，刃口堆焊含 WC 的组合合金。金相组织为共晶合金铸铁基体上均匀分布小方块状碳化物（Fe_3W_3C 或 Fe_4W_2C，约 2000HV），另有颗粒粒径为 0.2～1mm 的粗大未熔 WC（约 2400HV）。从金相组织看，堆焊后未经淬火。

3. 热处理工艺

圆盘的热处理工艺见表 15-12。

表 15-12　圆盘的热处理工艺

零件名称	牌号	加热设备	淬　火			回　火		硬度 HRC
			温度/℃	时间/min	冷　却	温度/℃	时间/h	
旱田耙耙片	65Mn	箱式电炉	840～860	7～10	油	370～430	1	42～49
				7～10	250℃ 等温 1h	400	3	42～45
				7～10	280℃ 等温 15min	180～200	1	48～54
水田耙耙片				7～10	油	380～450	1	40～48
五铧犁圆盘刀				3～5	油	370～430	1	42～49
	Q275	箱式电炉	890～910	3～5	盐水（10%）	160～180	1	50～54

（续）

零件名称	牌号	加热设备	淬　　火			回　　火		硬度 HRC
			温度/℃	时间/min	冷　　却	温度/℃	时间/h	
开沟器圆盘	65Mn	8kHz、100kW 中频感应加热装置	890±10	40~45s	加压油淬	300~450	40~45s 加压	45~53
						200	40~45s 加压	53~62

注：1. 圆盘的制造工艺路线为落料→钻孔→压形、淬火→回火→开刃。

　　2. 为防止变形，一般均应加压淬火（在压模中喷油、喷水淬火，等温淬火可不必）、回火。

　　3. 65Mn 钢有回火脆性，中温回火后需快冷。

　　4. 有条件时，推荐 65Mn 耙片采用 270~290℃ 等温淬火，组织为 $B_{下}+M$，综合性能最佳。

　　5. 开沟器圆盘的中频感应加热由压紧感应加热→压紧埋油淬火→压紧感应加热回火三部分组成热处理机床。回火加热时间与淬火加热同为 40~45s，通过调节功率，改变回火温度，以调整圆盘回火后硬度。

15.2.4 锄铲的热处理

1. 服役条件与失效形式

锄铲是整地的重要机件。在保护性耕作中，常用深松铲取代铧式犁进行松土，也有将锄铲装在弹齿耙上作疏松土壤之用。在新实行保护性耕作的地块，因存在坚硬的原有犁底层，需进行深松，以打破犁底、加深耕层，而又不翻转土壤，并且基本不减少地表秸秆的覆盖量。在实施保护性耕作的头几年，也要每 2~3 年深松一次，在中耕作业时也要用到除草铲、松土铲和培土铲。中耕锄铲一般深入土层下 3~10cm 作业，深松铲则需深入土层下 25~40cm 将犁沟下土壤疏松。在拖拉机带动下，锄铲深入土层，切开土垡，切断草根、残茬，铲松土壤。铲尖、铲刃受砂土残茬严重磨损，还可能遇到石块撞击而损坏。其磨损情况和失效形式与犁铧相似，铲翼和培土板则与犁壁略同。深松铲还会受到较大振动，要有足够强度、刚度和耐磨性。

2. 技术要求与选材

根据作业要求，锄铲可设计成不同外形，如凿（长条）形、箭（鸭掌）形等，如图 15-18 所示。各种锄铲都应有较高的抗砂土磨损性能和一定的强度、韧性。松土铲和培土铲的性能要求类似犁铧，除草铲还要求有锋利耐磨的刃口，深松铲应有较高的减振性能。各种锄铲都希望有良好的自磨锐效果和脱土性。

JB/T 6272—2007 对中耕机的除草铲、松土铲的铲尖和培土板要求用 65Mn 钢制造，热处理后的硬度为 42~53HRC；凿形松土铲允许用性能不低于 45 钢的钢制造，硬度为 38~45HRC；畜力锄铲可用 65Mn 钢淬火或 Q215 钢渗碳（单面渗的渗层深度为 0.8~1.2mm，双面渗的则为 0.6~1.0mm）制造，淬火区的硬度为 35~52HRC（淬火区见图 15-18），非淬火区的硬度不大于 38HRC。该标准规定，一般铲柄可用普通热轧扁钢制造，可不经过热处理，而 S 形和弧形弹柄应采用 60Si2Mn 钢制造，热处理后的硬度为 37~43HRC，金相组织应无粗大晶粒。弹柄如图 15-19 所示。此外，要求深松铲用 65Mn 制造，刃部局部淬火，淬火带宽为 20~30mm，硬度为 48~56HRC。

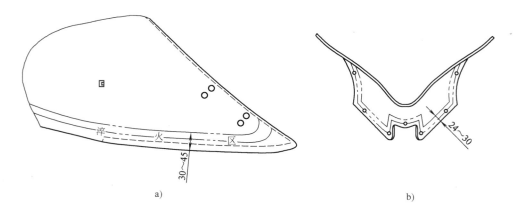

a) b)

图 15-18 各种中耕锄铲及其淬火区

a)、b）培土板

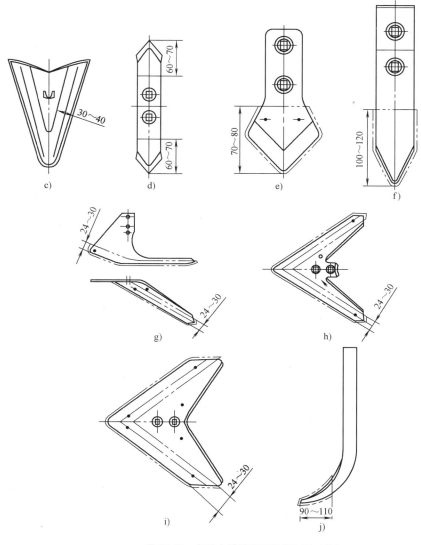

图 15-18　各种中耕锄铲及其淬火区（续）

c）培土器铲头　d）双尖松土铲　e）箭形松土铲　f）矛形松土铲

g）单翼除草铲　h）双翼通用铲　i）双翼除草平铲　j）凿形松土铲

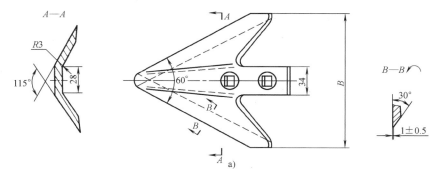

图 15-19　双翼形深松铲与弹柄

a）双翼形深松铲

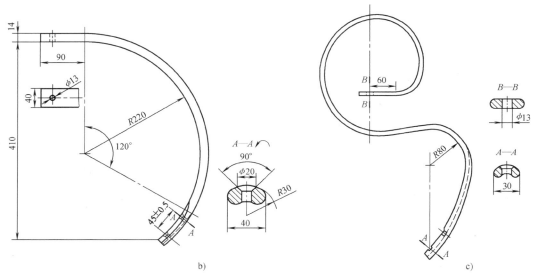

图 15-19　双翼形深松铲与弹柄（续）

b）弧形弹柄　c）S 形弹柄

中耕锄铲主要要求耐土壤磨损，所受冲击载荷一般说来较犁铧犁壁为轻，又都是 65Mn 钢制造，其硬度应和犁铧、犁壁相同（48～60HRC），没必要提高回火温度来降低硬度和耐磨性，而且 65Mn 钢硬度要求在 47～57HRC 范围时，就要在 250～380℃ 温度回火，这正是 65Mn 钢产生第一类回火脆性的温度。回火后不但硬度下降，脆性反而增加，违背了提高韧性的初衷，也不利于节能和延长产品使用寿命。因此，对锄铲硬度可统一定为不低于 48HRC（如前所述，这是抵御砂粒磨损的最低要求），在保证回火充分的情况下，上限可不作规定。对淬硬区也可放宽，但要保证与锄柄装配孔附近不脆。整个锄面应有较高的硬度，可保证非淬硬区不致被磨穿，也提高了脱土性，降低了牵引阻力。

国外也有用 60Si2Mn 钢制造锄铲的。英国 M. A. Moore 等人曾经试验用硬度与石英砂（1100HV）相近的 1050HV 和 1200HV 氧化铝 [w（Al$_2$O$_3$）95%] 烧结成铲尖，用高温固化环氧树脂将这些氧化铝板状

铲尖黏结到软钢背衬垫板上。与几何外形相同、热处理到 500HV 的钢锄对比，田间试验表明，氧化铝铲尖刃口厚度磨损极其微小，始终保持锋利，而铲尖长度方向的磨损仅为钢铲的 1/5～1/2。当锄铲受到较大冲击、氧化铝板碎裂崩去一角时，仍不影响使用，并且逐渐磨平，损伤处并未发现裂纹扩大的趋势。只要黏结牢固，氧化铝板上即使有贯穿性裂纹，还能继续工作，但当背衬材料发生较大变形，其前缘发生卷曲，以致石块或硬物能刺进氧化铝板与钢背衬之间并破坏黏结面时，锄铲将损坏。

M. A. Moore 等人的试验还表明，当批量生产时，烧结氧化铝陶瓷铲尖，成本并不比堆焊合金高，其使用寿命则提高很多，但要注意基体与刀刃磨损量应保持适当比例，才能出现自磨刃。低硬度软钢磨损快、强度低，这为磨薄了的前缘发生变形、卷曲，使硬物得以刺入，破坏黏结面，导致锄铲损坏创造了条件。

3. 热处理工艺

锄铲的热处理工艺见表 15-13。

表 15-13　锄铲的热处理工艺

零件名称	牌号	淬火加热	淬火冷却	回　　火	硬度/HRC
中耕除草铲、松土铲	65Mn	840～860℃ 盐浴局部加热 3～4min	160～200℃ 硝盐等温 1h	180～200℃，1～2h	淬火区 ≥48 非淬火区 ≤38
			油淬	200～220℃，1～2h	
深层松土铲	65Mn	850～860℃ 盐浴局部加热 5～6min	160～200℃ 硝盐等温 1h	180～200℃，1～2h	
			油淬	200～220℃，1～2h	
中耕凿形松土铲	45	780～800℃ 盐浴局部加热 3～5min	10% 盐水-油	180～200℃，2h	

（续）

零件名称	牌号	淬火加热	淬火冷却	回　火	硬度/HRC
中耕培土板	65Mn	中频感应加热装置或箱式电炉（900±10）℃热透[①]	压形，约 800℃局部油淬[②]	200~220℃，2h	淬火区≥48 非淬火区≤38
渗碳[③]或碳氮共渗锄铲	Q215	780~800℃盐浴局部加热 2~3min	10%盐水-油	200~220℃，2h	
S 形、弧形弹柄	60Si2Mn	900~950℃箱式电炉加热 15~20min[①]	上压床，约 860℃入油淬火	500~550℃，1h，水冷	37~43

① 箱式电炉加热时，建议使用 QW-F1 钢材加热保护剂，不影响压形和油淬。

② 用宽口钳保护螺钉孔周围，夹持工件局部淬油。

③ 固体渗碳可用 BaCO₃10%~15%、CaCO₃5%（均为质量分数）与木炭（约 5~10mm 颗粒）为渗剂，也可购买配好的固体渗碳剂，装箱，于箱式电炉中（930±10）℃渗碳，出炉开箱空冷。

1）锄铲热处理。推荐锄铲采用局部盐浴加热（小锄铲可高频感应加热）、等温淬火强韧化处理。由于锄铲较小，又仅部分加热，部分处于冷态，所以等温槽温度起伏变化较慢，操作比犁铧、犁壁容易。为此，事先可根据每种锄铲定做钳口正好能盖住锄铲上装配螺钉孔周围的宽口钳。加热时用宽口钳夹住锄铲，在盐浴中靠手腕反复转动，交替加热锄铲左右两面铲刃和铲尖，待刃部到温，即可油淬或等温淬火。每次淬火完毕，钳口要洗净并干燥后再夹下一个工件加热。这时，表 15-13 中所列加热时间可大大缩短，可经试验重新确定。若将盐浴温度提高到 900℃以上进行快速加热，这对水淬、油淬效果更好，但等温淬火则要注意高温 BaCl₂ 盐对硝盐槽的污染。钳口沾染的硝盐决不能进入高温盐浴。

2）培土板或锄铲在箱式电炉中整体加热、压形后，则可用宽口钳夹持进行局部淬火。产量大时可用网带炉连续加热。

3）畜力中耕锄铲厚仅 3mm，大可不必用 Q215 钢渗碳淬火，可用 Q255 钢高温冲压成形后直接在 10%（质量分数）盐水中进行低碳马氏体淬火，不经回火，便可使用。

4）锄铲渗碳。建议参照粉碎机锤片渗碳与碳氮共渗相结合工艺，但将 890℃的渗碳时间缩短为 2~2.5h，降温至 840℃的碳氮共渗时间减为 1~1.5h，淬火后有效硬化层深度为 0.7~1.0mm（双面渗）。

15.2.5　旋耕刀的热处理

1. 服役条件与失效形式

旋耕刀是旋耕机的主要零件。旋耕机随拖拉机一边前进，其水平刀轴一边旋转。安装在刀轴上的多把旋耕刀在滚动前进时不断犁耕农田，打碎土垡，切断残留根茬，并将土壤抛向后方，同时起到耕、耙和部分灭茬的作用。旋耕机在水稻和蔬菜种植及塑料大棚耕作中广泛使用，大有取代犁和耙的趋势。

根据不同作业要求，旋耕刀可设计成不同形状，如图 15-20 所示。旋耕刀前端主要用来碎土、灭茬、抛土和掺混，经常与土壤中砂石发生强烈摩擦磨损。在未经犁耕的坚实农田中耕作时，会受到很大的冲击和振动，刀尖和刀刃受冲击磨料磨损，若硬度过低，将很快磨损。刀柄是受冲击力矩最大处，处理不当，常在刀座安装处发生刀柄折断。刀柄强度不足，在受冲击时先扭曲或弯曲变形，改变了旋耕刀的几何形状与受力方向，最终导致断裂；也有少数旋耕刀发生刀尖和刀刃部分折断，这往往是淬火过热、回火不足、硬度过高或钢材存在折叠与严重夹杂等冶金缺陷所致。旋耕刀工作条件恶劣，使用寿命有待提高。

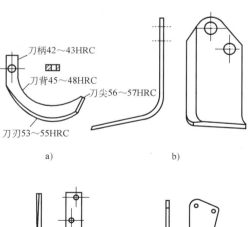

a)　　　　　　　　　　b)

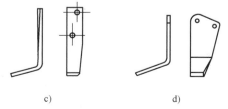

c)　　　　　　　　　　d)

图 15-20　旋耕刀

a）刀座式旋耕刀　b）刀盘式旋耕刀

c）M I 型灭茬刀　d）M II 型灭茬刀

2. 技术要求与选材

旋耕刀的刀尖、刀刃要求硬而耐磨，并有适当韧性；柄部则要求有足够强度和弹性、韧性，以抵抗变形和折断。因此，各国普遍选用弹簧钢制造，欧洲和日本用 60Si2Mn 钢居多，俄罗斯等国也有用复合钢材和耐磨合金堆焊的。

GB/T 5669—2008 规定，旋耕刀和灭茬刀用 65Mn 或 60Si2Mn 钢锻压成形并热处理，刀身硬度为 48~54HRC⊖，刀柄为 38~45HRC。

日本有人在砂土中试验表明，旋耕刀刃部硬度在 650HV（57.5HRC）左右磨损最轻，而柄部硬度高于 50HRC 会折断，低于 47HRC 则会弯曲。有人实测日本旋耕刀，硬度分布如图 15-20a 所示。所以，有的单位将刃部硬度定为 55~60HRC，柄部硬度定为 43~48HRC。这是考虑有的农田土壤坚实，还可能有石块、砖头，其冲击力会高于沙地，而且即使发生少量弯曲变形，也总比突然折断为好。实践证明其效果较好。

3. 热处理工艺

旋耕刀的热处理工艺见表 15-14。

1）旋耕刀一般经锻造或辊压成形后进行热处理。如果利用锻造余热淬火，则应控制变形量、停锻温度和停留时间；也可重新加热淬火。60Si2Mn 钢脱碳倾向较严重，盐浴时应认真脱氧。

2）由于旋耕刀刃部和柄部硬度要求不同，所以要进行整体淬火，两次回火。淬火后及时低温回火，整体消除应力；然后对刀柄局部进行二次回火，以降低硬度，提高韧性。二次回火在硝盐浴中进行，硝盐浴温度略高于按硬度要求的回火温度；应采用短时回火，以免刃部被烤热而降低硬度。加热时，刀柄在盐面上下窜动几次，使高低硬度有一过渡区。65Mn 和 60Si2Mn 钢都有回火脆性，第二次回火后应在水或油中快冷。

3）柄部回火时，柄部到刃部之间不可避免地有一段处于第一类回火脆性的温度过渡区（250~400℃），当受到冲击载荷时可能折断。所以，最好采用下贝氏体等温淬火处理。因下贝氏体回火脆性过程的发展比马氏体慢得多。

4）有的单位试验用能铸成较薄零件、疲劳强度和韧性较好的中锰球墨铸铁（质量分数为 C3.2%~3.4%，Si3.3%~4.0%，Mn5.0%~7.0%，加稀土镁合金球化）制造旋耕机刀片（弯刀），并经热处理（900℃×40min 油淬 + 350℃×60min 回火），得到 M + B + AR 和球状石墨的组织，获得满意的效果。

表 15-14 旋耕刀的热处理工艺

牌号	盐浴加热淬火			硝盐浴等温淬火		回　　火					硬度 HRC
	温度/℃	时间/min	冷却	温度/℃	时间/min	次序	设备	温度/℃	时间/min	冷却	
65Mn	840~850	10~15	油	—	—	1 2①	油浴或 硝盐浴②	200~220 460~500	60 5~10	空冷 水冷	刃部：55~60
65Si2Mn	870~880	10~20	油	—	—	1 2	硝盐浴④	240~270③ 500~550	60 5~10	空冷 水冷	
65Mn	850~860	10~20	—	280~300	15	1	油浴或 硝盐浴	200~220 460~500	60 5~10	空冷 水冷	柄部：43~48
60Si2Mn	870~880	10~20	—	270~300	15	1 2	油浴或 硝盐浴	200~240 500~550	60 5~10	空冷 水冷	

① 刀柄因采取较高温度的短时间回火，故需经试验来确定时间与温度。例如，先根据刀柄厚度估算回火时间需 10min 才能保证热透，则回火温度可根据 10min 进行，刀柄表面硬度在中、下限（如 43~45HRC，这时心部会稍高）来确定。

② 油淬和油浴回火后必须彻底洗净，才能进入硝盐浴二次回火，以防油污进入，引起爆炸。

③ 可在带风扇的井式回火炉中进行回火。

④ 硝盐浴严防超温或局部过热。硝酸钾或硝酸钠单独使用时不得超过 600℃，两种硝盐混合使用时不得超过 550℃。不应用煤或焦炭加热，以防局部过热爆炸。易燃物不得进入硝盐。

⊖ 这一硬度要求不太合理，无论 65Mn 钢还是 60Si2Mn 钢，刀身硬度要达到 48~54HRC，都需经 250~420℃ 产生第一类回火脆性的温度区回火，硬度和耐磨性降低了，韧性并不能提高。

15.3　收获与采集机械典型刀片的热处理

收获、采集机械刀片的切割对象主要是稻、麦、豆、黍类和玉米（整株切碎作青储饲料）与牧草，以及牛、羊毛等。由于作物和牛羊毛中黏附有砂粒及硬夹杂物，还有硬似玻璃的植物硅酸体 SiO_2 磨粒，所以它们看似柔软，刀片却磨损严重。

耐作物磨损的农机刀片按切割方式可分为有支承的双刀（一动一定，或者两个刀片相对运动互为支承）和无支承的单刀切割两大类。一般来说，有支承切割的定刀片磨损较轻，动刀片磨损较重。与切割土壤的耕地、整地机械刀片（如犁铧、耙片）不同，这些刀片大都要求很锋利，刃口尖薄，曲率半径很小。

15.3.1　剪毛机刀片的热处理

1. 服役条件与失效分析

剪毛机结构略似理发推剪，由固定的下刀片和约 3000 次/min 往复摆动的上刀片组成切割副，在加压状态下进行剪切。剪毛机刀片如图 15-21 所示。羊毛极细软，要求刀片十分锋利，上下刀片刃口必须紧密贴合才能顺利剪毛，所以刀片要适当加压。剪毛机刀片除了具有卷刃、崩刃、刃口疲劳剥落、刃口的切削与凿削、刃面受磨粒划伤、刃面黏着磨损和腐蚀磨损等失效形式，还会因操作不当，刀尖碰撞到羊角或剪毛机铁架上而造成断齿报废。羊毛中的油脂又将砂粒、碎毛和杂质牢牢黏附在上下刀片的间隙中，一颗

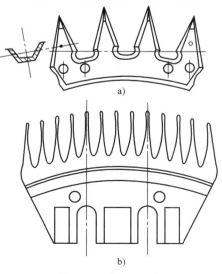

图 15-21　剪毛机刀片
a）上刀片　b）下刀片

砂粒可以反复多次破坏刃口和刃面，加剧刀片磨损，故刀片常用热碱水清洗，而这又造成腐蚀磨损。剪毛机刀片是各种刀具中服役条件最恶劣的，其最主要的失效形式是刃口崩刃、刃面划伤与黏着磨损。

2. 技术要求与选材

从刀片失效分析可知，刀片刃口和刃面有不同的失效形式和组织与性能要求。

（1）性能要求　刃口要求高硬度并有足够韧性，以抵抗砂粒的冲击和接触疲劳；刃面则要求有高耐磨料磨损性能，以抵御石英砂类高硬磨粒的划伤；刀齿整体要有足够韧性，以避免在非正常碰撞时刀齿折断而提前报废。

当淬火钢件的表面硬度达 62HRC 时，有较高的接触疲劳和小能量多冲抗力，能有效抑制严重的黏着磨损。虽然还不足以完全抵御硬度高达 1100HV 的石英砂粒的划伤，但耐磨料磨损性能有很大提高。因此，刀片硬度取 62HRC 较为理想。在剪含粗砂粒少、冲击较轻的细毛羊时，刀片硬度可取 63～64HRC；在剪含砂较重的羊毛时，硬度取 61～62HRC 较好。

（2）金相组织要求　刃口的组织应该以高硬度的隐晶马氏体或细针状马氏体为主，有适量韧性好的残留奥氏体，没有或仅有少量分布均匀的细小碳化物，以提高抗崩刃能力；刃面则要求在马氏体基体上均匀分布数量适当、粗细搭配与基体结合牢固的碳化物，以提高抗划伤能力。在磨粒犁削刃面时，太细的碳化物不能有效抵抗磨粒的"犁沟"和"刨槽"破坏。细碳化物会随基体一起被磨粒翻起或被切掉，只有至少在一个方向的尺寸大于磨粒压入深度的较粗碳化物才能阻止划伤，但细碳化物的弥散强化效果好，结合也较牢，脆性较小，所以最好是粗细搭配。此外，因奥氏体与碳化物晶形相近，如果在碳化物与马氏体之间存在一层薄薄的残留奥氏体，则可提高二者晶界结合强度，减轻碳化物的剥落。

（3）刀片的选材　刀齿十分尖薄，为防止刀尖加热时脱碳和出炉后油淬前已降温，局部出现屈氏体，刀片都选用低合金工具钢制造。由于高合金工具钢利磨性差，难于很快磨出锋利刃口，不能满足现场剪毛要求，故刀片也不能用高合金工具钢制造。

JB/T 7881.5—2010《剪羊毛机　第 5 部分：刀片》技术要求中规定，刀片应采用 Cr04、Cr06（GB/T 1299—2014）材料或不低于其性能的其他材料制造；动（上）刀片热处理后的表面硬度为 61～65HRC，定（下）刀片的表面硬度为 60～64HRC。原标准 NJ171 还推荐采用 T12J 材料并对热处理工艺做了介绍。从表 15-15 所列化学成分可知，这些钢碳含

量较高，塑性较差，上刀片在热冲成形时容易脱碳和开裂，所以有的单位曾用 08F、20 钢钢板冷冲成形，然后进行气体碳氮共渗淬火。他们认为，这样做消除了冲压废品，减轻了模具磨损，从经济上看是可行的。

3. 热处理工艺

剪毛机刀片的制造工艺路线：热冲成形毛坯→球化退火→机械加工→热处理→抛光→刃磨。

剪毛机刀片的化学成分与热处理工艺见表 15-15。

淬火加热用盐浴炉，回火用油浴炉。有的单位用真空热处理炉淬火，质量较好，但热处理成本高，也不能解决原材料钢板存在的脱碳（包括热冲与退火脱碳）和碳化物偏析等缺陷，为此各单位研究了几种刀片特殊处理工艺。

（1）低碳钢冷冲成形碳氮共渗淬火 对上刀片用 08F 或 20 钢冷冲成形，机械加工后进行碳氮共渗淬火；下刀片仍采用工具钢常规热处理。上刀片的热处理工艺见表 15-16。

表 15-15 剪毛机刀片的化学成分与热处理工艺

牌号	化学成分（质量分数，%）						淬火		回火		硬度 HRC
	C	Si	Mn	S、P	Cr	Mo	温度/℃	冷却剂	温度/℃	冷却	
原 T12J	1.15~1.25	0.2~0.4	0.2~0.4	≤0.03	—	0.15~0.30	790~830	150 ~ 170℃硝盐分级淬火 30s 或油淬	160~170	空冷	64
原 Cr04	1.15~1.25	0.15~0.35	0.3~0.5	≤0.03	0.3~0.5	—	800~830				64
Cr06	1.30~1.45	≤0.40	≤0.40	≤0.03	0.5~0.7	—	800~840				≥62

注：T12J 和 Cr04 数据摘自 NJ171。

表 15-16 上刀片的热处理工艺

设备	渗剂	强渗阶段	扩散阶段	淬火与回火	渗层深度	HRC
井式气体渗碳炉	煤油、尿素甲醇排气	860 ~ 880℃ ×90min	830 ~ 850℃ × 60~90min	出炉淬油，常规回火	单面 ≥0.45mm	≥63

（2）含氮马氏体化处理（简称 N.M. 处理）利用氮能强烈扩大 γ 区的特性，对刀片渗氮，促使工具钢表层碳化物完全溶解，得到含氮马氏体+适量残留奥氏体的表层，心部仍为正常的 M+K 组织，形成刃口无 K，刃面保留 K 的特殊金相组织（见图 15-22），兼顾了刃口不崩刃，刃面抗划伤的要求。刀片寿命大幅度提高。刀片 N.M. 处理工艺见表 15-17。

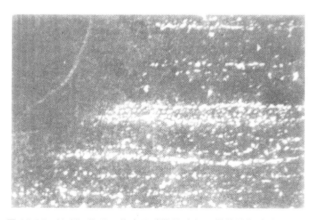

图 15-22 N.M. 处理刀片表层碳化物溶解、带状偏析消除 250×

表 15-17 刀片 N.M. 处理工艺

设备	渗剂	温度/℃	时间/min	淬火	回火	金相组织	硬度 HRC
井式气体渗碳炉	三乙醇胺、尿素、甲酰胺等	760~850（根据牌号和所剪羊毛种类选择）	15~60（根据渗层要求选择）	出炉直接淬油	150~180℃油浴 1~3h	表层 0.03~0.1mm 内碳化物完全溶解	61~64

（3）姜块状索氏体化处理（简称 G.S. 处理）　对热轧后空冷获得细片状索氏体的工具钢板，在略低于 Ac_1 温度下，不太长时间的退火，使细片状碳化物不完全球化，形成生姜块状索氏体，淬火组织中的碳化物呈姜块状。从不同角度切开，其剖面均成细粒状或短条状，即使刃口受砂粒冲击崩刃，也只产生很小的缺口。当砂粒划伤刃面时，由于姜块状碳化物与基体有很大的包覆面（见图 15-23），结合牢固，弥散强化效果好，使砂粒压入浅，碳化物不易被翻起或切掉，从而提高了磨料磨损抗力。刀片 G.S. 处理工艺见表 15-18。

图 15-23　G.S. 处理后的姜块状索氏体组织 2250×

表 15-18　刀片 G.S. 处理工艺

设备	索氏体化温度/℃	时间/h	冷却	硬度 HBW	淬火与回火	硬度 HRC
盐浴炉	710 ~ 720（在 Ac_1 以下 10℃）	1.5 ~ 3	出炉空冷	232 ~ 263	较正常淬火温度低 10℃，回火照常	62 ~ 65

15.3.2　往复式收割机刀片的热处理

1. 服役条件与失效形式

收割机刀片是谷物、豆、黍和牧草收获机械的主要工作零件，一般由动（上）刀片与定（下）刀片组成切割副，往复运动进行切割；也有上下刀片同时相对运动，完成切割作业的。根据工作要求，动刀片分光刃、上开齿纹刀刃和下开齿纹刀刃三种，定刀片也分梯形（Ⅰ型）和矩形（Ⅱ型）两种。收割机刀片和淬火区如图 15-24 所示。

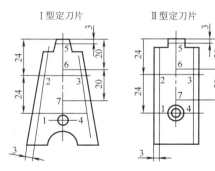

淬火部位：2、3、4、5和6点
非淬火部位：1、7、8和9点

淬火部位：1、2、3 和 4点
非淬火部位：5、6 和 7点

图 15-24　收割机刀片和淬火区

根据收割作物的不同，刀片服役条件有较大差异。收割麦、黍和谷子时，籽粒成熟，茎叶枯黄干脆，黏附泥沙较少，刀刃即使不太锋利也能切割，刀片相对寿命较长，一个收获季节内可不用磨刀。收获水稻则不同，割茬要求较低，稻秆浸泡水中，韧性很高，刃口稍不锋利就割不动；贴近地面的稻秆上沾满泥沙，加之水稻茎叶中含植物硅酸体较高，所以刀片磨损很快，需要定期磨刀。牧草收割季节是秋季草已成熟，尚未枯黄，营养价值最高时，这时纤维最粗，韧性最好，某些禾本科牧草含植物硅酸体也高。所以，要求刀片极其锋利，一般 8 ~ 16h 就要磨刀。我国基本都是天然草原，土地不平，石块较多，同一刀杆装着几十片刀片，有的刀片可能插入泥沙中或遇到石子和成束的坚韧草根，因而会出现刀片卷刃、小块崩刃、折断，甚至整片断裂报废的现象。

收割机刀片的失效形式与磨损机理如前所述。其中带齿纹的刀刃在切割较干的茎秆时，可看到明显自磨锐效果，但若齿纹设计不合理，由于秸秆的摩擦，会使齿纹逐渐磨成针形，最终折断。下开齿纹的动刀片切割干草时也出现明显自磨刃，但草较湿则齿纹会被草浆糊住而不起作用。

动定刀片的间隙对切割也有重要影响。通过高速摄影看到，当收割麦时，干而脆的麦秸是被切断的；当收割水稻和牧草时，若动定刀片间隙稍大，柔韧的叶片先塞进动定刀片之间，然后撕裂而断，这增加了切割阻力，提高了动力消耗，也加快了刀片的磨损，但若将动定刀片中段间隙调小，则由于自重，刀尖就会发生黏着磨损。

2. 技术条件与选材

GB/T 1209.3—2009 规定，切割器动定刀片可用 T9 钢等温淬火或 45 钢渗硼、20 钢和 15 钢碳氮共渗制造；淬火区硬度：光刃动定刀片为 50~60HRC，齿刃动定刀片为 48~58HRC，非淬火区硬度均不高于 35HRC；淬火区内不得有脱碳层。

在实际生产中，渗硼或碳氮共渗仅用于定刀片，动刀片渗后淬火变形大，很少采用。从环保角度看，渗硼也不应提倡。生产中还常用 65Mn 作为 T9 钢的代用品，但从耐磨性看，过共析的 T9 钢优于 65Mn 钢。实践还证实，冷轧钢板碳化物细小，球化良好，晶粒较细，脱碳层薄，制成的刀片质量较高。

国外大量生产的切割器刀片所用材料与我国相似，多为高频感应淬火。美国有人认为，等温淬火后组织为 M 与 $B_下$ 各 50%（体积分数），既可获得 61~62HRC 的高硬度，又有较高的抗冲击性能，可使割草机刀片寿命提高 1~2 倍。欧美国家有的齿刃刀片用约 50 钢制造，淬火硬度低于 50HRC，大约是为了产生自磨刃。为防锈蚀和美观，有的刀片表面镀铬，厚约 0.01mm。对割草机刀片，日本有用复合钢材生产的；美国用铬基合金堆焊，据说可提高寿命 2~5 倍；俄罗斯用高频感应渗硼，得到的是共晶组织，其韧性比硼化铁高。

3. 热处理工艺

国内各企业均采用高频感应加热、等温淬火工艺。某企业"飞鹿"牌刀片的热处理工艺见表 15-19。该工艺等温淬火时间可缩短到 20~30min，得到 $B_下$ + M 组织，耐磨性会更好。等温淬火槽铁丝料筐可调整为 5min 转动一次，每 30min 转完一圈，取出一筐刀片。

表 15-19　"飞鹿"牌刀片的热处理工艺

| 牌号 | 淬　火[①] | | | | 回　火 | | 硬度 HRC |
	设备	预热温度/℃	淬火温度/℃	冷却[②]	温度/℃	时间/min	
T9	GP60 高频感应加热装置	570~600	880~900	230~250℃ 硝盐 60min	220~240	60	55~58
65Mn				260~280℃ 硝盐 60min			53~57

① 高频感应加热时刀片采用人工上料，自动推进。淬火加热用两个串联感应圈，第一个感应圈用于预热，进入第二个感应圈完成最后加热。预热与加热时间共约 3s。加热完毕刀片自动落入等温淬火槽内。

② 硝盐等温淬火槽内放 6 个铁丝料筐，由电动机带动每 10min 转 60°角，60min 转完一周。取出筐内刀片，空冷到室温后热水清洗。

梅敦等，对割草机刀片耐磨合金喷涂进行了系统试验，结果表明：

1) 刀片基材以 65Mn 钢较好。

2) 采用某研究院生产的合金粉末，2/3Ni60+1/3(Ni-WC) 粉末，用氧乙炔火焰喷涂于刀片底面。喷涂层厚度以 0.08~0.13mm 为好。

3) 刀片喷涂后经 820℃淬油，250℃回火 30min，基体硬度为 53~54HRC，喷涂层硬度约为 62HRC，这样的耐磨层与基体磨损率之比最合适，刃口厚度可较长时间保持在 0.08~0.11mm，实现了自磨刃。

该工艺由于是手工喷焊，若要大批量生产，尚需解决机械化、自动化问题。

15.3.3　秸秆和根茬粉碎还田机刀片的热处理

农作物秸秆与根茬中含有大量的氮、磷、钾及微量元素，还有丰富的有机质，这是无机化肥所不具备

的。前茬农作物收获之后（或同时），通过秸秆粉碎机将作物地面上的秸秆切碎覆盖农田；用灭茬机将地面下的根茬切碎还田，以减少农田水分蒸发，土地沙化，促进根茬在土壤中熟化腐解，形成新鲜的腐植质，提高土壤有机质含量，改善土壤理化性质，实现保水、保土、保肥的目的。这是保护性耕作的极重要环节，而刀片则是粉碎还田机的关键件、易损件。

1. 服役条件与失效形式

秸秆切碎装置可以是谷物联合收割机中的一部分，在收割作物同时，将秸秆切碎还田，也可以分别单独作业。切碎机和灭茬机的切碎机构有两种：一种是将动刀片装在旋转刀盘上与固定刀片组成切割副，将喂入的秸秆切碎；另一种是刀片装在刀轴上，靠离心力使刀片甩出，砍切秸秆根茬。其主要工作部件都由刀轴（刀盘）、刀座和刀片等构成。工作时，刀轴通常以 1600~2000r/min（灭茬机较慢，约 500r/min）高速转动，带动刀片以砍、切、撞、搓、撕的方式将

秸秆、根茬粉碎，刀端线速度>34m/s。刀片有直形、L形、Y形、T形和锤爪形，如图15-25所示。锤爪形刀片质量大，作业时转动惯量大，以冲击砸碎为主，剪切撕裂为辅，适于粉碎玉米等硬秸秆，用于大型秸秆粉碎还田机上，多用高强度铸钢制成；其余几种刀片都以打击和切割相结合，用65Mn钢制造，经热处理后使用。其中：T形刀片，既有横向切割刃，又有纵向切割刃，在切碎的同时还通过刀柄的刃部将茎秆打裂，适用于硬质秸秆及小灌木的粉碎切割作业。

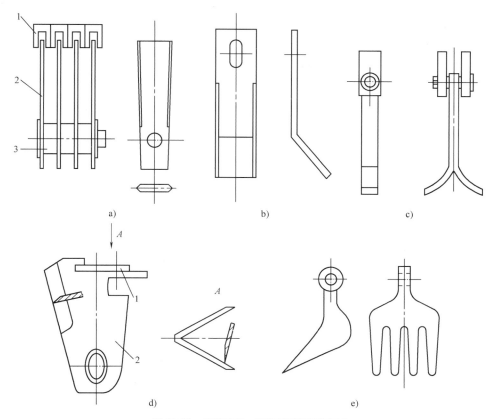

图 15-25　几种秸秆、根茬粉碎还田机刀片

a）直形（1—定刀 2—动刀 3—轴销）　b）L形　c）Y形　d）T形（1—横刀片 2—纵刀片）　e）锤爪形

根茬粉碎还田机往往将粉碎根茬与打松地下土壤结合，将作物根茬粉碎后直接均匀混拌于地下 10~20cm 的耕层土壤中。玉米根茬杆径为 2.2~2.6cm，地面留茬高约 10cm，主根下沉深度为 5~6cm，根须在地下呈灯笼状分布，聚积成 $\phi20~\phi28cm$ 的土壤大团。所以，根茬粉碎机刀片承受的载荷远比秸秆粉碎机大，特别是在破碎玉米等粗大根茬时，刀片不仅要承受泥土中石英砂等磨料磨损，又要承受由须根团聚成的大土块的冲击磨料磨损，再加上农作物秸秆根茬细胞本身也都含有植物硅酸体硬颗粒，所以刀片磨损消耗很快。据统计，一般小麦根茬粉碎还田机的单刀作业面积约为 $70hm^2$（$1hm^2 = 10^4m^2$），而玉米根茬粉碎还田机的单刀作业面积仅为 $40hm^2$。

此外，切碎秸秆或破碎根茬时都常遇上混入的粗砂粒、小石子、破碎钢铁件等，轻则崩刃，重则断裂。甩刀作业受冲击较大，刀片更易断裂。

2. 技术要求与选材

刀片除要求具有高硬度、高耐磨性，还要有足够的强度和韧性，以防断裂、崩刃。切碎粗而表皮硬的玉米、高粱等茎秆及切割阻力大的秸秆时，刀片强度应有保证，而甩刀刀片对韧性的要求很高。有人测定4JF-150型秸秆还田机甩刀，其 a_K 值应 $\geqslant155J/cm^2$。

根据服役条件和技术要求，对刀盘式有支承切割的动、定刀片可用碳素工具钢 T8Mn 或 65Mn 钢制造；甩刀刀片则常用 65Mn 钢或 50CrV 弹簧钢生产，并经等温淬火以提高韧性。

南方气候潮湿，稻草黏附泥沙较重，韧性特好，难切断，刀片易锈蚀。北京钢铁研究总院和上钢五钢集团有限公司曾选用G8Cr15中碳轴承钢 [$w(C)$ = 0.75% ~ 0.85%，$w(Si)$ = 0.15% ~ 0.35%，$w(Mn)$ = 0.20% ~ 0.40%，$w(Cr)$ = 1.30% ~ 1.65%，$w(S)$ ≤ 0.02，$w(P)$ ≤ 0.027] 制成刀片，取得很好效果。无论刀片锋利度还是耐磨性，均大幅度超过45钢渗硼刀片，防锈性能也得到改善。

原JB/T 9816—1999对甩刀式切碎机切碎刀片（见图15-26）要求用65Mn钢制造，刃口硬度为44~

50HRC。这一硬度显然偏低，可能是为获得高韧性而牺牲一点耐磨性之举。为达到这一硬度，65Mn钢就要在第一回火脆性温度区（250~400℃）回火，这是不合理的。在此推荐等温淬火，刀片的耐磨性和韧性均高得多。

3. 刀片热处理工艺

秸秆与根茬切碎刀片的热处理工艺见表15-20。

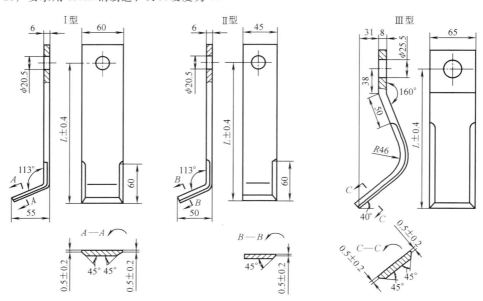

图15-26　甩刀式切碎机刀片

表15-20　秸秆与根茬切碎刀片的热处理工艺

刀片类别	淬　火①				回　火		硬度 HRC
	设备	温度/℃	时间/min	冷却	温度/℃	时间/min	
T8Mn 动刀片	盐浴炉	780~800	2	油淬	180~200	60	55~60
T8Mn 定刀片	盐浴炉	780~800	2	油淬	150~170	60	56~62
G8Cr15 动刀片	盐浴炉	830~850	2~3	油淬	150~170	60	60~63
65Mn 甩刀刀片（6~8mm 厚）	盐浴炉	830~840	3~4	270~290℃ 硝盐等温 30min	200~220	120	54~58
	箱式电炉②	830~840	8~10				

① 淬火前应将原材料表面氧化脱碳层除净。

② 用箱式电炉加热时，刀片需涂硼酸防氧化脱碳：刀片彻底脱脂后，放入硼酸（不是硼砂）饱和水溶液中煮沸1~2min，取出，干燥后入炉加热。

原JB/T 9816—1999推荐65Mn钢刀片刃口采用高频合金粉末堆焊强化工艺：高铬耐磨合金粉末堆放在刀刃上，高频加热熔焊，合金层厚度为0.3~0.8mm，金相组织为A+M基体上弥散分布 Cr_7C_3 等碳化物。热处理后的硬度：母材刃口硬度≥40HRC，堆焊层为50~60HRC。刃口应在堆焊层的反面即母材上开刃，可产生自磨锐效果。中国农业机械化科学研究院集团有限公司经多次试验，最后推荐一种价格较低、耐磨性高、韧性好的铬铁基合金粉末，其化学成分是：$w(C)$ = 3% ~ 5%，$w(Cr)$ = 15% ~ 30%，$w(Mo)$ = 2% ~ 6%，$w(Mn)$ = 0.5% ~ 1%，$w(Si)$ = 0.4% ~ 1%，其余为Fe。高频加热堆焊温度为1270~1350℃。堆焊层组织为奥氏体+马氏体基体（55~56HRC）上弥散分布着大量（Cr，Fe）$_7C_3$ 碳化物（1400~1800HV）和不连续分布的共晶碳化物（900~1300HV）。堆焊后刀片淬火→回火至45~50HRC，可较长久保持自磨刃状态，使用寿命提高2~3倍，工作效率提高12%，油耗降低12%。

郝建军、马跃进等人用氩弧熔覆 Ni60A 耐磨合金粉末于废弃的甩刀刃口进行修复，在含砾石的砂壤土粉碎玉米根茬，刀片寿命比 65Mn 钢淬火回火刀片提高 2~4 倍。每修复一片甩刀用粉 20g；也可以用 Ni60+WC（质量分数为 35%）耐磨合金粉末以氧乙炔火焰喷焊。乙炔流量为 1000L/h，喷涂长度为 40mm，刀片先经 400℃ 预热。

15.3.4　铡草和青饲料切碎刀片的热处理

1. 服役条件与失效形式

铡草机和青饲料收获与切碎机统称为粗饲料加工机械。习惯上将用于切碎牧草、谷草、稻草、麦秸和玉米秆的机具称作铡草机，而将切碎青饲牧草和青储饲料的称为青饲料切碎机。小型铡草机主要用于铡草；大型的主要用于切碎青储饲料；中型铡草机兼铡草和切碎青饲料两用。其切割部分主要有滚式切刀和盘式切刀两种。小型青饲料切碎机多用滚刀；大中型青饲料切碎机多用盘刀。两种切割装置均属有支承切割。

滚刀式切割器由安装 2~6 片动刀片的滚筒和底刃板（定刀片）组成。动刀片分螺旋刃口和直线刃口两种（见图 15-27a、b），刀片刃口必须和底刃板有 18°~30° 倾角，才能合理配合完成切割作业。动刀片和底刃板保持 0.2~0.6mm 间隙，切细软草料时间隙小，切粗硬作物时间隙大。盘刀式切割器刀盘是一个圆盘或刀架，上面安装 2~3 片动刀片。动刀片刃口呈凹凸曲线或直线形（见图 15-27c、d、e）。动刀片与底刃板的间隙为 0.5~1mm。

刀片主要受作物自身的植物硅酸体和黏附泥沙的磨料磨损，还可能遇到夹杂较粗砂粒、石子、钢丝的冲击而崩刃，也有一些腐蚀磨损。

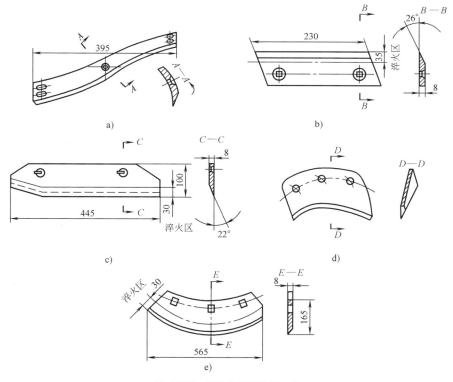

图 15-27　几种常用切碎机刀片

a）螺旋刃口滚式切刀　b）直线刃口滚式切刀　c）直线刃口盘式切刀　d）凹刃口盘式切刀　e）凸刃口盘式切刀

2. 技术要求与选材

铡草和青饲料切碎刀片要求刃口锋利，具有高硬度和高耐磨性，并有良好的利磨性，还要有足够的韧性和整体强度。设计时已注意让刃刀逐渐切入，所以切割比较平稳。从提高耐磨性考虑，设计上常选用 T9 或 65Mn 钢制造刀片，也有用 Q235 钢为刀体，刃口镶焊 65Mn 钢的。刃口淬火带宽为 20~30mm，硬度为 58~63HRC，非淬火带硬度 ≤38HRC。刃口磨锐后的厚度 ≤0.2mm，刃面角为 16°~26°。

3. 热处理工艺

刀片厚度为 3~8mm，刃口局部淬火最好采用感应加热或盐浴局部加热。如果在箱式电炉整体加热局部淬火，则淬冷带要适当加宽，冷却时上下窜动，以免因热传导致使刃口部位冷却速度不够而产生软点。淬火后应立即送油浴炉回火。

刀片一般均采用单面开刃。为确保刃口具有高耐磨性，应将刀片非开刃一面的氧化脱碳层（包括原材料带来的）彻底除净，以免卷刃。

青饲料切碎机刀片的热处理工艺见表 15-21。刀片也可用耐磨合金堆焊强化工艺，详见 15.3.3 节。

表 15-21　青饲料切碎机刀片的热处理工艺

刀片类别	淬 火				回 火		硬度 HRC
	设备	温度/℃	时间	冷却	温度/℃	时间/h	
T9 钢动刀片	盐浴炉	780~800	0.5min/mm	油或水玻璃淬火冷却介质	180~200	1	58~61
	高频感应加热装置	850~880	试验确定				
T9 钢定刀片	盐浴炉	780~800	0.5min/mm		150~170	1	60~63
65Mn 动刀片	盐浴炉	830~840	0.5min/mm		180~200	1	58~61
	高频感应加热装置	880~910	试验确定				
65Mn 定刀片	盐浴炉	830~840	0.5min/mm		150~170	1	60~63

注：1. 单面开刃动刀片淬硬层深度为 1mm 即可，可用高频感应加热、油淬；定刀片和两面开刃刀片必须淬透，以保证刃磨后刃口的高硬度。可视刀片厚薄采用油或水玻璃溶液淬火。
　　2. 水玻璃淬火冷却介质配制参看 15.2.2 节。

15.4　农产品加工机械典型零件的热处理

15.4.1　脱粒机弓齿、钉齿与切草刀的热处理

1. 服役条件与失效形式

脱粒机是用于将粮食籽粒从茎秆上剥离的装置。弓齿、钉齿和切草刀是脱粒机的主要易损件。脱粒机主要由脱粒滚筒和滚筒凹板组成。当一束稻或一捆麦喂入脱粒滚筒时，靠滚筒和凹板上的弓齿或钉齿对谷物穗头的冲击、梳刷和揉搓作用完成脱粒。切草刀则用来切断被滚筒带入凹板内的茎秆，避免缠草现象，防止滚筒堵塞。由于作物茎秆黏附泥沙，谷物细胞中又富含植物硅酸体〔稻壳中含量可高达 20%（质量分数）〕，因此弓齿、钉齿和切草刀经受强烈磨料磨损。

根据脱粒机工作情况，弓齿又分梳整齿、加强齿和脱粒齿，都用 φ5mm 钢丝弯制成不同形状，其中脱粒齿齿形最高，齿顶较尖，如图 15-28a 所示。切草刀刀片常用 3~4mm 厚钢板制成，如图 15-28b 所示，刀片淬火后磨出刃口。钉齿根据不同机型设计成各种形状，如图 15-29 所示。

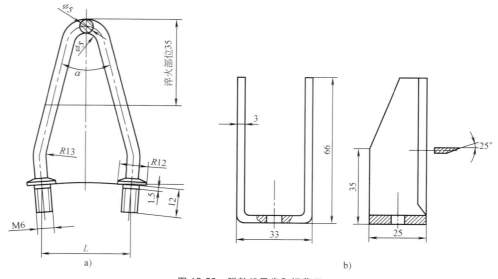

图 15-28　脱粒机弓齿和切草刀

a）弓齿　b）切草刀

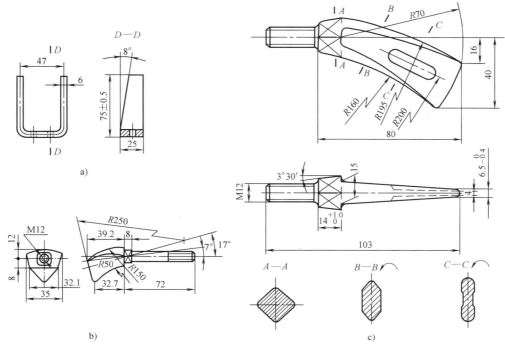

图 15-29　各种形状的脱粒钉齿

2. 技术要求与选材

弓齿、钉齿和切草刀都应具有高硬度、高耐磨性，同时要有足够的强度和韧性。原 JB/T 7868—1995 规定，脱粒齿和加强齿用 φ5mm 65Mn 钢制成，淬火硬度为 45～55HRC；加强齿内齿可用 45 钢制成，淬火硬度为 35～45HRC。

玉米脱粒机常用球顶方根的钉齿脱粒，用低碳钢渗碳淬火，硬度为 56～62HRC。

3. 热处理工艺

弓齿、钉齿和切草刀的热处理工艺见表 15-22（均局部加热淬火）。

表 15-22　弓齿、钉齿和切草刀的热处理工艺

零件名称	牌　　号	淬　　　　火				回　　火		硬度 HRC
		设备	温度/℃	时间/min	冷却	温度/℃	时间/h	
弓齿	65Mn	盐浴炉	840±10	3	油	230～250	1	50～55
加强内齿	45		800～830	3	水-油	350～400	1	40～45
切草刀片	65Mn		840±10	2	油	200～250	1	55～60
钉齿	35		860～880	2～4	盐水	150～170	1	50～55
玉米脱粒钉齿	Q235 渗碳 1～1.2mm[1]	渗碳炉[2]	780±10	2～3	水-油	180～200	1	56～62

① 可采用气体或固体渗碳，也可碳氮共渗。碳氮共渗工艺参见 15.4.2 节和图 15-31，但将 890℃的渗碳时间缩短为 3h。

② 可渗碳后出炉预冷淬火，也可盐浴炉二次加热淬火。

15.4.2　粉碎机锤片的热处理

1. 服役条件与失效形式

锤片是锤片式饲料粉碎机的主要粉碎零件，有时也用于粮食加工。全国每年消耗数亿片，是农机具零件中消耗钢材最多的。作业时，需加工的物料与线速度为 50～60m/s 高速旋转的锤片相撞击，物料被打碎后，细粉通过筛片漏出，较大颗粒被筛片或白口铸铁

铸成的齿板弹回，再度被锤片击碎。锤片则受物料的反复冲蚀磨损。工作一段时间，锤片一角磨秃，可调换一面或掉头使用，直到 4 个呈 90°的棱角均磨秃即告失效。

锤片及冲击角的变化如图 15-30 所示。作业开始时，物料对锤片的冲击角 $\theta_0 = 90°$，随作业时间的推移，棱角逐渐磨圆，θ 角也逐渐变小。而同一时刻，锤片各点上的冲击角也不同，越接近顶端 θ 角越小，

（$\theta_1 < \theta_2$）。θ 变化，锤片磨损机理也发生改变。扫描电镜分析表明，物料打到新锤片上，$\theta_0 = 90°$ 时物料中的硬质点（夹杂的砂粒或籽壳中的植物硅酸体等）将造成锤片表面塑性变形，出现凹凸不平的冲击坑，材料也将产生冷加工硬化，渐次变脆而剥落。随着锤片尖角变钝，θ 角变小，垂直冲击坑逐渐变成斜向的凿削坑，甚至磨粒还在表面滑动一段，形成微观犁削的划痕。当物料冲蚀材料表面时，磨粒运动前方的材料受到压应力，而其划过的后方则给材料留下拉应力。所以，在冲击坑、凿削坑的尾部常留有横向裂纹，脆性材料更加明显。当 θ 接近 $30°$ 时，磨损几乎全变为犁削。当锤片韧性较好时，磨损以微切削和凿削为主；当锤片脆性较大时，则以脆性材料或材料中的脆性相断裂而造成材料的流失。

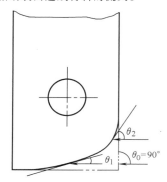

图 15-30　锤片及冲击角的变化

物料中的淀粉等软磨料，虽不能对锤片造成冲击坑、凿削坑和划痕，但大量磨料的撞击也使锤片表面产生应力疲劳。同时，软磨料的细粉会填塞在硬磨粒留下的坑及划痕中，等于给锤片敷上一层软垫，虽然能减轻磨损，却大幅度降低，粉碎效率，需要更换一角才能使用。

2. 技术要求与选材

锤片主要应耐磨料冲蚀磨损，还要有一定的强度

和韧性。万一使用中断裂，必将齿板筛片打碎甚至损坏设备。

JB/T 9822.2—2018 规定，锤片用 65Mn 钢局部淬火回火，硬度为 50 ~ 57HRC；或者采用 10、20 钢渗碳淬火，硬度为 56 ~ 62HRC，有效硬化层：厚度 ≤3mm 的锤片，有效硬化层深度为 0.3 ~ 0.5mm；厚度 >5mm 的锤片，为 0.8 ~ 1.2mm。安装孔周围 10mm 内的硬度 ≤28HRC。在实际生产中，锤片的用材与热处理有以下几种：

1）65Mn 钢两端淬火或高频感应淬火。

2）20 钢或 Q235 钢渗碳或碳氮共渗淬火。据分析，有的国外锤片即为 20Cr 钢碳氮共渗淬火。

3）45 钢渗硼或 Q235 钢先渗碳再渗硼，以提高过渡层硬度，使渗硼层得到较有力的支持。

4）45 钢调质（22 ~ 28HRC）后在 4 个角上堆焊耐磨合金。

5）Q235 钢锤片浸渍到熔融的高铬铸铁中，表面浸挂一层耐磨铸铁，再进行正火，以获得较好的强韧性配合。

从使用情况看，凡经表面强化处理的锤片均比整体淬火的好。主要原因是：

1）无论经哪种表面硬化处理的锤片，除工艺不当脆性极大者，其四角都较耐磨，能较长时间保持接近直角状态。锤尖是线速度最高处，对饲料粉碎能力最强，延长 $\theta = 90°$ 的时间，粉碎机效率就大幅度提高。

2）当锤片磨损，露出基材时，较软的基体容易磨凹，其两侧表面硬化层磨损慢而凸出，这时锤片因自磨锐效果而形成两个刀刃，提高了粉碎机效率。

渗硼锤片耐磨性高，也容易形成自磨锐的刃口，但渗硼层脆，碎屑带尖锐棱角，混入饲料或粮食中，在对人、畜的安全性未做出肯定结论之前，不宜推广。

3. 热处理工艺

锤片常规热处理工艺见表 15-23。

表 15-23　锤片常规热处理工艺

工艺种类	化学热处理				淬火				回火		硬度 HRC
	设备	渗剂	温度/℃	冷却	设备	温度/℃	时间	冷却	温度/℃	时间/h	
气体渗碳	井式渗碳炉	煤油	920 ~ 930	遇水的冷却罐中空冷	盐浴炉	780 ~ 800	0.3 ~ 0.5 min/mm	水淬油冷	160 ~ 200	1	58 ~ 62
碳氮共渗	井式渗碳炉	煤油+氨	850 ~ 870								
固体渗碳	箱式电炉	固体渗碳剂	920 ~ 930	开箱摊开空冷	盐浴炉	780 ~ 800		水淬油冷		1	58 ~ 62
					箱式电炉	780 ~ 800	1 ~ 1.2min/mm	硝盐浴30min 空冷	160 ~ 180		54 ~ 58
65Mn 钢淬火	—	—	—	—	箱式电炉	850±10				1	
					高频感应加热装置	880 ~ 910	2 ~ 3s	油			56 ~ 62

注：1. 渗碳和碳氮共渗时间视渗层厚度而定。
　　2. 固体渗碳剂可购买配制好的商品，请见本章表 15-13 的注释。
　　3. 硝盐浴等温温度为 260 ~ 280℃，然后空冷到室温，清洗后回火，得到 B_F+M 组织。硝盐浴配方见本章表 15-8 注释。

4. 锤片特殊热处理工艺

肖永志等人对 Q235 钢锤片进行渗碳与碳氮共渗，然后再高频感应淬火，表层得到细针状含氮马氏体和少量残留奥氏体。生产考核证实，其寿命达到 20Cr 钢进口锤片水平。其热处理工艺曲线如图 15-31 所示，并说明如下：

1) Q235 钢锤片先在空气炉内于 300~400℃ 预热，这步必不可少。

2) 将渗碳炉先升温到 700℃，装入经预热的锤片，立即通氨气并滴甲醇排气。锤片随炉升温约 1h 可达 890℃。NH₃ 在 400℃ 以上可分解为活性 [N] 和 [H] 原子，[N] 可渗入钢表面。当锤片表面温度达 600℃ 时，[H] 可将锤片表面氧化膜还原，更加速 [N] 的渗入。渗氮后降低了表层钢的 A_1 点，扩大了 γ 区，在渗入一定量氮的同时，为下步渗碳打下基础。

3) 炉温到达 890℃ 即停止氨气和甲醇的输入（以免降低炉内碳势），改滴煤油渗碳 4h，渗层厚度约 1mm。

4) 降温、通氨、滴煤油，在 840℃ 碳氮共渗 2h，这时渗层厚度达到约 1.4mm，表面可形成适量碳氮化合物，以提高耐磨性。

5) 890℃ 渗碳心部组织尚未粗化，出炉空冷后心部相当于正火，韧性较高。若直接淬火，则表层马氏体较粗，韧性较差。

6) 共渗后锤片采用高频感应淬火，温度为 830~860℃，视锤片大小加热 6~8s，喷水冷却 3.5~6.5s，心部组织无变化。

7) 淬火后立即于 160~170℃ 回火 2h，硬度为 60~64HRC，冲击吸收能量从共渗后直接淬火的 6 J 左右猛升至 96~110J。

8) 如无条件用氨气，也可改滴溶解尿素的甲醇为共渗剂。

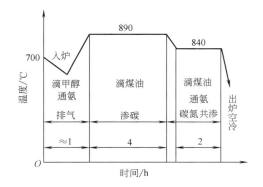

图 15-31 锤片先渗碳后碳氮共渗工艺曲线

15.4.3 筛板的热处理

1. 服役条件与失效形式

筛板是粮食、油料和饲料加工中应用极广的零件，也用于种子清选和分级。服役中受谷物、饲料及夹杂的砂粒颗粒的撞击、摩擦而磨损，还要抵抗物料冲击变形和破坏。

锤片粉碎机用筛板如图 15-32 所示。筛板受高速飞射过来颗粒的冲击和冲蚀，既要让细粉漏出，又要将粗粒弹回，接受锤片再次击碎。筛板受到的是冲蚀磨料磨损。万一劣质锤片断裂，飞向筛板，则将筛板击破而报废。

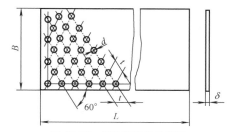

图 15-32 锤片粉碎机用筛板

碾米机的筛板呈圆弧形，又称瓦筛。在碾米室内，受运动着的米粒、谷壳、砂粒在高压下的强烈挤压和摩擦，造成磨损。在热处理、矫正、运输过程中，特别是安装到碾米机上时，经常受到敲击、板扭，因而筛板工作前已存在一定的内应力，其失效形式主要是磨损和断裂。

2. 技术要求与选材

因筛孔全都是冷冲成形，所以筛板普遍采用冷冲性能好的低碳钢板制造。粉碎机筛板工作中受物料的强烈摩擦和冲蚀、撞击，要有较高表面硬度和耐磨性，心部还要有较高强度与韧性。碾米机筛板较薄，除要求表面具有高耐磨性，还要有足够的强韧性，以保证在承受较大安装应力和工作应力时不致断裂。清选用筛板工作载荷较小，常用镀锌薄板制成，不经热处理就可以使用。粉碎机和碾米机筛板必须进行热处理。圆弧筛板热处理后还要压平，进行脆性检验；松开后检查，内外表面不得产生裂纹。

GB/T 12620—2008 附录 A 中对筛板热处理和技术要求有如下规定：

1) 碳氮共渗。表面硬度 ≥550HV0.1；渗层深度为 70~170μm。

2) 氮碳共渗。化合物层硬度 ≥550HV0.1；化合物层深度为 6~15μm；允许表面有不超过化合物层深度 1/3 的少量点状疏松。

3）低碳马氏体处理。推荐用 Q235 或 20 钢低碳马氏体淬火，表层磨去 0.15mm 后检验硬度 ≥68HRA（约 35.5HRC）；非马氏体组织 ≤5%（体积分数）。

3. 热处理工艺

筛板的热处理工艺见表 15-24，热处理工艺曲线如图 15-33 所示。

表 15-24　筛板的热处理工艺

筛板品种	设备	热处理工艺	回火工艺	组织与硬度
20 钢米筛	箱式电炉	（920±10）℃×8～10min，w（盐水）为 10% 淬火	（160～180℃）×1.5h[1]	板条状马氏体，非马氏体 ≤5%（体积分数），硬度为 38～45HRC
20 钢粉碎机筛板	气体渗碳炉	氮碳共渗,工艺曲线见图 15-33a	—	化合物层深度为 8～24μm，扩散层深度为 0.12～0.2mm，硬度 ≥500HV
5 钢米筛	气体渗碳炉	氮碳共渗,工艺曲线见图 15-33b	250℃×4h	表层 ε+γ′ 约 25μm，次表层含氮马氏体约 20μm，表层 45～100μm，内硬度为 800～1000HV

[1] 载荷较小的筛板，低碳马氏体淬火后可不回火，其耐磨性更高。

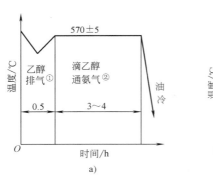 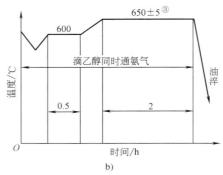

图 15-33　筛板热处理工艺曲线
a）氮碳共渗　b）奥氏体氮碳共渗淬火

[1] 排气阶段乙醇用量：RJJ-35 炉 4.8mL/min；RJJ-105 炉 5.6mL/min。
[2] 氮碳共渗阶段：RJJ-35 炉（如 RJJ-105 炉则用括号内数据）滴乙醇 1.2mL/min（3.2mL/min），通氨气 420L/h（1000L/h），炉压 800Pa（1200～1400Pa）。
[3] 650℃ 已在 Fe-C-N 三元共析点以上，故称奥氏体氮碳共渗。出炉油淬，次表层含氮奥氏体转变成含氮马氏体，其下是含氮铁素体过渡区，心部为铁素体和少量珠光体。250℃×4h 回火至关重要，可使 ε-Fe$_{2\sim3}$（N、C）化合物层沉淀析出 γ′-Fe$_4$（N、C），硬度进一步提高，使 800～1000HV 的总硬化层达到 45μm 以上。

15.4.4　颗粒饲料压制机环模与压辊的热处理

1. 服役条件与失效形式

颗粒饲料压制机是用于将粗精饲料（如草粉、秸秆粉、鸡粪、谷物粉及营养添加剂）混合均匀，并压成颗粒以便于运输、储藏的机械。环模与压辊成副使用，其工作情况如图 15-34 所示。JB/T 5161—2013 规定，压制机环模内径为 200～500mm，壁厚为 30～70mm，模孔为 $\phi1～\phi25$mm 或 25mm×25mm 与 30mm×30mm 方孔（小粒用于喂鸡、鱼和科研用小鼠，大粒用于大牲畜越冬或抗灾）。环模与压辊工作时间隙仅为 0.1～0.3mm。混合好的粉状饲料送入环模，环模旋转时粉料进入间隙和模孔，带动压辊旋转，将粉料压入孔内，越压越紧，从模孔挤出成为

致密的条棒，经刮刀切断成颗粒饲料。

据实测，压粒时粉料含水 13%～15%（质量分数），压模和压辊温度为 80～100℃。隔着粉料，二者在接触点上，环模内壁受最大张应力（接触点为压应力），而压辊壳体则受最大压应力。压力为 130～150MPa。周而复始，环模和压辊将发生接触疲劳磨损，模孔则受饲料的强烈磨料磨损。当环模内径变大，压辊外径变小时，可对间隙适当调整，但过度磨薄、失圆或模孔磨穿时，就要更换或报废。某些饲料和添加剂在蒸汽熟化时会产生一些腐蚀性成分，使环模和压辊经受腐蚀磨损。

2. 技术要求与选材

JB/T 6944.1—2013 对压模规定，压模（环模和平模）应按规定程序批准的图样和技术文件制造。由于环模上要钻数以千计、万计的小孔，所以材料应

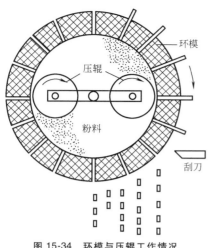

图 15-34 环模与压辊工作情况

有良好的可加工性。热处理后还要有高的耐磨性和足够的强韧性,因而环模常用低碳合金钢制造,加工后经渗碳强化处理。

JB/T 6944.2—2013 对压辊规定,压辊应按经规定程序批准的图样及技术文件制造。环模与压辊的技术要求见表 15-25。

环模和压辊热处理后均应清除氧化皮,并装机试运行。用带油的物料压粒,将模孔磨光,直到用不带油的饲料压制时出粒畅通为止。

根据相关技术要求,建议对小尺寸环模和较厚的压辊壳体采用 GCr15SiMn 钢(YJZ84)制造;尺寸较大的环模用 25MnTiB 或 25MnTiBRE 钢渗碳制造;对热喷涂 WC 的压辊壳体可用 42CrMo 钢生产。此外,贝氏体钢和贝氏体抗磨球墨铸铁也是有希望的新材料。

表 15-25 环模和压辊的技术要求

品种规格		表面硬度 HRC	深度/mm	检验要求	工作寿命
整体淬火环模	内径<350mm	52~58	—	按圆周将环模三等分,每一部分至少取 3 点测定硬度,各部分硬度差 ≤4HRC	正常工况下不少于 600h
	内径≥350mm	50~56			
各规格渗碳环模		55~62	≥1.2		
整体淬火压辊		52~63	淬硬层≥4	三等分,各部测两点以上	不少于 300h

分析表明,丹麦产环模和压辊壳体均用不锈钢制造。正常工况下每生产 1t 产品,环模内径和压辊外径约磨损 0.005~0.01mm(压谷物磨损小,压草粉磨损大),而美国产环模则用高淬透性表面硬化钢 AISI 9310 钢 $[w(C) = 0.12\%, w(Cr) = 1.58\%, w(Ni) = 3.30\%, w(Mo) = 0.12\%]$ 制成,渗碳层深度为 1.5~1.6mm,表层硬度为 56~57HRC,基体为 30~32HRC,$R_m = 1000~1100$MPa;压辊壳体用淬透性高、焊接性极好的 AI-SI8630 钢 $[w(C) = 0.32\%, w(Mn) = 0.89\%, w(Ni) = 0.53\%, w(Cr) = 0.51\%, w(Mo) = 0.16\%]$ 制造,表面喷涂含 WC 颗粒的耐磨合金,既提高耐磨性,又加大摩擦因数,以利于将饲料带入模孔。

3. 热处理工艺

环模制造工艺路线:毛坯锻造→机械加工→热处理→清理及磨光。

压辊壳体制造工艺路线:毛坯锻造→机械加工→热处理(淬火、回火或调质处理后喷涂耐磨合金)。

环模、压辊的热处理工艺见表 15-26,环模渗碳工艺曲线如图 15-35 所示。

表 15-26 环模、压辊的热处理工艺

品 种	淬 火				回 火⑥		硬度 HRC
	设备	温度/℃	时间③	冷却	温度/℃	时间/h	
GCr15SiMn 小环模或壳体	箱式电炉,硼酸保护①	830~840②	2~2.2 min/mm	带搅拌的油④ 或二硝淬火冷却介质⑤	150~180 油浴	2~3	60~63
GCr15SiMn 压辊壳体	盐浴炉	830~840②	0.7~1 min/mm				
42CrMo 壳体调质	盐浴炉	840~860	0.6~0.8 min/mm	油淬	550~570	2	32~38
25MnTiBRE 渗碳环模	RJJ-75-9 渗碳炉	渗碳工艺曲线见图 15-35,油淬			180~200	2~3	56~62 渗层 1.2~1.5mm

① 详见本章表 15-20 的注释。
② 若用 GCr15 钢,淬火温度为 840~850℃。
③ 淬火与回火均从炉温恢复到指定温度后开始计算保温时间。
④ 淬火用 2 号普通淬火油效果较好,或者用 L-AN10 与 L-AN20 全系统损耗用油各半混匀,油温为 20~80℃,加搅拌。
⑤ 二硝淬火冷却介质配方为 $w(NaNO_3)$ 30% + $w(NaNO_2)$ 20% + $w(水)$ 50%,密度为 1.40~1.46g/cm,使用温度为 20~80℃,加搅拌。
⑥ 回火用 HG-24 号气缸油油浴、硝盐浴或在空气循环炉中进行。若在箱式电炉中回火,则取 3h,工件不得在炉内堆放。

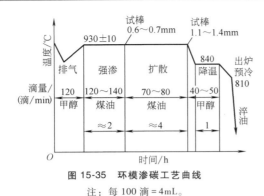

图 15-35　环模渗碳工艺曲线

注：每 100 滴 = 4mL。

4. 不锈钢环模和压辊的热处理工艺

随着经济和技术的发展，国内外都越来越多地采用 30Cr13、40Cr13 不锈钢生产环模和压辊壳体。不锈钢不仅耐蚀性、强韧性和耐磨性好，而且压制时颗粒出料顺畅、生产率高，受到饲料生产企业的欢迎。

广州机电工业研究所和北京机电研究所有限公司对提高 40Cr13 钢环模质量进行了卓有成效的研究。由于钢中含有大量 Cr 元素，所以 $w(C)$ 为 0.35%～0.45% 的 40Cr13 已属过共析马氏体钢，锻造后即使空冷，也可获得马氏体并常出现裂纹，因而必须缓冷并及时于 700～800℃ 高温回火或 860℃ 完全退火进行软化。

（1）40Cr13 钢锻造温度　锻造温度以 1100～850℃ 为宜，不得超过 1200℃。锻造加热的炉温均匀

性十分重要，否则锻件组织严重不均。锻造时要反复镦粗拔长，充分将碳化物打碎，使之分布均匀。由于尺寸较大，导热性又差，所以终锻时表面温度虽低，心部可能仍在 1000℃ 以上，缓冷中心部还可能发生奥氏体再结晶，使锻造中已被细化了的晶粒重新长大，造成混晶和碳化物沿晶界呈网状析出，大大降低了热处理后的断裂抗力。

（2）40Cr13 钢的预备热处理　这种钢锻后常规退火后的组织为极软的铁素体基体上分布粗大的硬质碳化物。用小钻头打孔，线速度不可能太高，遇上这种组织，切削时黏滞而难以进行。所以，用调质作为预备热处理较好，可得到粒径 ≤1μm 的二次碳化物，不但提高了切削速度和降低了加工表面粗糙度值，还为最终热处理后心部强韧化及减少淬火畸变创造了条件。预备热处理工艺为 980～1020℃ 充分热透，在风冷坑中吹风冷却淬火，冷到 180～250℃ 时进行 760℃ 高温回火，冷至 550℃ 出炉空冷，硬度为 220～240HBW，晶粒度为 10～11 级。

（3）碳氮共渗　40Cr13 钢环模碳氮共渗工艺曲线如图 15-36 所示。碳氮共渗后空冷至 300～400℃，转入真空炉内。

（4）真空热处理　锻后经预备热处理和碳氮共渗的环模，在 300～400℃ 时转入单室高压高流速气淬真空炉。40Cr13 钢环模真空淬火工艺曲线如图 15-37 所示。淬火后经 180～220℃×3h 回火两次。

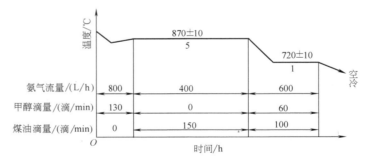

图 15-36　40Cr13 钢环模碳氮共渗工艺曲线

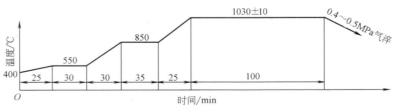

图 15-37　40Cr13 钢环模真空淬火工艺曲线

（5）组织与性能　碳氮共渗并真空热处理后，渗层晶粒度为 10 级，深度约 1mm，渗层在含氮马氏体基体上分布大量弥散细小的碳、氮化合物。心部硬

度约为 550HV0.1，表层硬度 ≥980HV0.1，过渡平缓；心部晶粒度仍保留 8～9 级，整体有高的强韧性；每件 CTM8t 压模可生产 7500～8500 t 颗粒饲料。与进

口高级成品模寿命相当，是国产 40Cr 压模的 2～2.2
倍，生产成本仅为进口价格的 50%～55%。

15.4.5　轧棉花机、剥绒机锯片和肋条的热处理

1. 服役条件与失效形式

轧花机、剥绒机锯片和阻壳肋条是棉花加工机械的主要易损件。轧花是用旋转锯片的锯齿将籽棉上的棉纤维剥离下来，剥绒则是从已剥去纤维的棉籽上进一步剥下棉绒的过程。两者工作原理相同，如图 15-38 所示。在 1533mm 长轴上，安装 110 片 ϕ400mm、厚 0.95mm 的锯片。安装时每片间隔 13.1mm，并应保持平行。要求锯片平面度误差 ≤ 0.5mm，并有足够刚性。工作时，轧花机内喂入一定量籽棉，旋转的锯片用锯齿钩住棉纤维，从工作箱内通过阻壳肋条的间隙将纤维拖出，棉籽被肋条挡住，从而与纤维剥离。锯片和阻壳肋条受到棉花、棉籽、棉壳及混杂其中的砂粒、铁屑的严重磨损和阻力，齿尖截面积很小，局部应力较高，长时间反复作用，将产生接触疲劳、塑性变形、磨料磨损与氧化磨损。

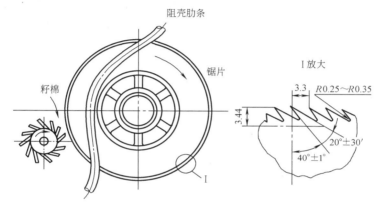

图 15-38　轧花机工作原理

扫描电镜分析可见，工作一定时间后锯片刃口均已磨秃变圆，划痕累累；许多齿尖塑性变形反向弯成钩状；有的齿尖出现纵向与横向裂纹或断尖（见图 15-39）。齿尖反向弯钩，使钩抓纤维能力降低，并使钩住的纤维不易脱下，生产率下降。齿尖受弯应力和疲劳应力会产生横向裂纹直到断尖。锯齿左右两侧所受阻力大小不同，使中间某一部分在切应力作用下疲劳开裂，发展成纵向裂纹。裂纹会使纤维嵌入，造成断丝，降低产品质量，同时也加快齿尖断裂，缩短齿的有效长度，增大齿顶面积（标准齿尖面积为 0.2mm²），这些都使锯片刺入和钩抓纤维的能力下降而应更换或修理。

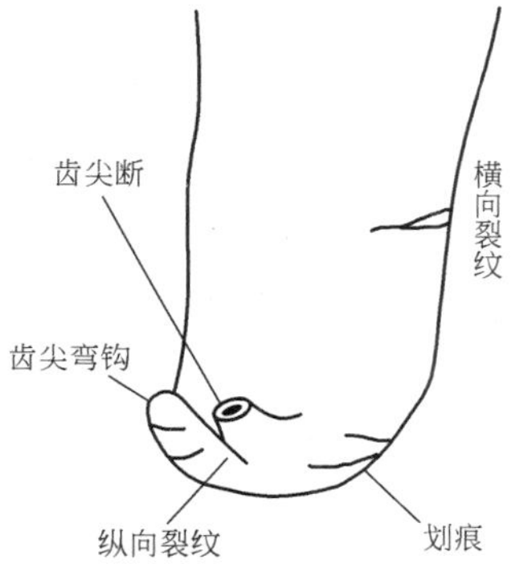

2. 技术要求与选材

新锯片分 ϕ400mm（380 齿）和 ϕ320mm（304 齿）两种。一般轧花锯片工作一二百小时，剥绒锯片工作一两天就要将锯齿铣锉一次，以恢复其锋利状态。当断齿较多时就应报废，但还可车外圆后重新冲齿再用，通常可用到 ϕ280mm。所以，锯片不但要有足够的刚性（以保持间距和平行）、强度和抗疲劳性能，还要有较高的耐磨性。此外，锯片硬度又不能太高，以满足铣锉修理锯齿和车外圆后重新冲齿的要求。后者和前几项性能要求是自相矛盾的。

JB/T 7886.1—2013 对轧花机、剥绒机锯片规定：

（1）用 65Mn 或 55 钢调质处理　表面硬度。

（2）用 08F 钢氮碳共渗　要求：

1）白亮层厚度 ≥0.01mm，显微硬度 ≥509HV0.1，扩散层中不得出现 Fe₄N 析出。

2）力学性能：R_m ≥735MPa；整体硬度 ≥23.3HR-45N，在距齿根 5～30mm 的圆圈上均匀测定，每片不少于 3 点。

JB/T 7884.3—2013 轧花机肋条规定用 HT200 灰铸铁制造，工作表面硬度为 45～55HRC；JB/T 7885.3—2013 对剥绒机肋条要求用 45 钢冷拉方钢（8mm×8mm）

图 15-39　锯齿反向弯钩与裂纹

制造，工作部位淬火硬度为 35~45HRC。

3. 热处理工艺

与锯片相摩擦并造成其磨损的主要磨料，是大量接触的棉纤维、棉籽、棉壳中存在的植物硅酸体（约 550HV），以及少量混杂的砂粒、铁屑。前已论述，只有材料与磨料硬度比 Hm/Ha 达到 $0.5 \sim 0.6$ 时，耐磨性才有较大提高。据此，锯片硬度应为 275~330HV。因考虑锯齿修理和再生，现行标准规定的硬度较低，其下限 246HV 不但不能抵御砂粒的磨损，而且对大量硅酸体的磨损来说，也显得软弱无力。我国科技工作者试验成功的锯片氮碳共渗，为提高质量开创了一条新路。氮碳共渗锯片化合物层硬度 $\geqslant 509$HV，对植物硅酸体 Hm/Ha 高达 0.93，

对砂粒也达到 0.5，大幅度提高了耐磨性；其扩散层又有较高的强度和抗疲劳性能，约 $10\mu m$ 厚的化合物层并不妨碍锯齿的铣锉或再生。同时，低温氮碳共渗变形较调质淬火小得多，防锈能力强，可省去镀锌工序。美中不足的是氮碳共渗锯片强度和弹性较高，少量平面度超差的锯片的矫平较困难。

此后，有的企业也对剥绒机肋条采用氮碳共渗，用 10 钢冷拉方钢代替 45 钢冷拉方钢，取得减少工序，减少开裂、变形、废品，以及提高耐磨性的效果，并已用于生产。

锯片与肋条的热处理工艺见表 15-27，工艺曲线如图 15-40 和图 15-41 所示。

表 15-27　锯片与肋条的热处理工艺

零件名称	牌号	热处理工艺	技术要求
锯片	55	调质处理（810±10）℃ 淬 $CaCl_2$ 水溶液 +550~600℃×1h 回火，压平	23.3~32.7HR45N
	65Mn	调质处理（830±10）℃ 淬油 +（600±10）℃×1h 回火，压平	
	08F	氮碳共渗：（530±5）℃，油冷，见图 15-40	白亮层 ≥0.01mm，硬度 ≥509HV0.1
剥绒肋条	10	氮碳共渗：（570±5）℃，油冷，见图 15-41	白亮层 ≥7μm，硬度 ≥500HV0.1 扩散层 ≥15μm

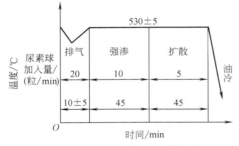

图 15-40　锯片氮碳共渗工艺曲线

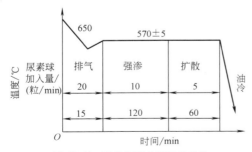

图 15-41　肋条氮碳共渗工艺曲线

氮碳共渗设备为 RJJ-60 渗碳炉，通过图 15-42 所示输送装置，定时定量投入预先压制成 $\phi16$mm、每粒重约 2.4g 的尿素球，通过时间继电器调整尿素球

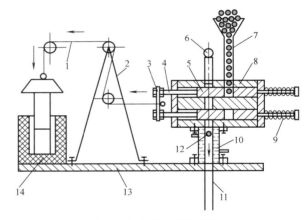

图 15-42　尿素小球输送装置

1—牵引链条　2—链轮架　3—拉杆　4—芯棒　5—阀体
6—防堵通条孔　7—加料管　8—阀体外壳　9—复位弹簧
10—进料管冷却水套　11—炉内进料管
12—尿素球　13—底板　14—牵引电磁铁

投入速度。尿素分解时会产生有毒气体氢氰酸，其绝大部分通过排气孔点火烧尽，但仍需防止少量炉气经投球通道外泄，故本装置设计成双拉杆式。当上下两根拉杆轴孔与送料管圆孔对齐时，尿素球即落入炉内。拉杆轴的作用是既输送尿素球，又防止有毒炉气

的泄漏。为防尿素球在管道内遇高温炉气熔化，形成沥青状缩二尿等中间产物堵塞管道，进料管在炉外部分增加水冷套，并备有防堵通条。

为减小锯片畸变，吊挂的方式应使锯片有较大的自由度，以保证加热和冷却时锯片可以自由胀缩，尽可能减少机械应力的影响。出炉油冷可提高锯片的抗疲劳性能，也可使锯片获得比水冷、空冷更小的变形。入油速度为 1m/s 时锯片畸变最小。

15.4.6　榨油机榨螺的热处理

1. 服役条件与失效形式

螺旋式榨油机是我国应用最广的榨油机械，榨螺轴是关键件和易损件。榨油机榨膛结构如图 15-43 所示。榨膛是由许多榨条或圆排组成的多棱体圆柱形空腔。榨螺轴旋转时，经过蒸炒的油料被推动向前，因榨膛与榨螺之间空间逐渐变小，油料不断被碾压破碎而榨出油液。在压榨区（Ⅲ区），榨螺工作温度常在 160℃ 以上，压力为 70~140MPa，这时油料已变为高度紧实的"不可压缩体"，油料及其中混入的砂粒等硬颗粒对榨螺产生强烈的挤压摩擦，使零件受到极严重的磨损。

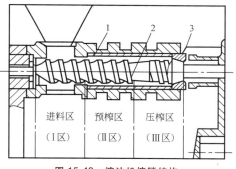

图 15-43　榨油机榨膛结构
1—榨条　2—榨螺轴　3—出饼口

扫描电镜分析可见，榨螺表面布满微切削槽与犁沟，还有挤压坑。较低倍数下可看到明显的顺油料运动方向，材料受碾压而发生塑性流动与材料堆积而形成的流变波纹，因塑性变形和加工硬化，导致犁沟和挤压坑边缘及流变波纹的后方留下显微裂纹，油液因毛细管作用渗入裂纹中，下一次受挤压时形成油楔，促使裂纹扩展，加速材料剥落。剥落的高硬碎粒镶嵌在"不可压缩体"的油渣上，又去磨损前方的榨螺、榨条和出饼口。油料本身都含水分，高压油液和水分不断冲刷榨螺表面，还会造成冲蚀磨损与腐蚀磨损。榨螺磨损后，压榨区空间增大，压力降低，势必榨油不尽，效率降低，此时就要更换榨螺。由于第Ⅲ区载

荷最大，磨损最快，所以有的榨螺轴是由多节榨螺组合而成，以便随时更换磨损部分。小榨油机的榨螺轴则为一个整体。

2. 技术要求与选材

榨螺表面应具有高温下的高硬度、高耐磨性，心部应有高强度，还要有足够的韧性和抗疲劳性能。JB/T 9793—2013 规定榨螺（分段）用 20 钢经渗碳淬火，表面硬度为 57~64HRC，但生产中大多用淬透性较高的 20CrMnTi 钢制成，有效硬化层深度为 1.5~2.0mm，但榨螺寿命仍然不能令人满意。渗碳层如果出现网状或多角形碳化物，容易产生应力集中，成为裂纹源；若渗层次表层残留奥氏体过多，形成 ≤600HV 的"软带"，则会降低抗疲劳性能。分析还证明，一旦渗碳层被磨掉，则榨螺表面受推挤和碾压，产生的流变波纹与磨粒犁削划痕会迅速增多，榨油机将很快报废。

有的企业采用合金白口铸铁制造分段榨螺，有的用 GCr15 轴承钢料头和废轴承熔炼浇成榨螺，都取得了较好的效果。

3. 热处理工艺

20CrMnTi 钢榨螺制造工艺路线：锻造 → 950~980℃ 正火 → 机械加工 → 清洗脱脂 → 350~400℃ 箱式电炉中预热、预氧化 → 气体渗碳（见图 15-44）→ 出炉摊开，吹风快冷，防止析出网状碳化物 → 850~870℃ 加热，油淬 →150~170℃×3 h 回火 → 清洗。

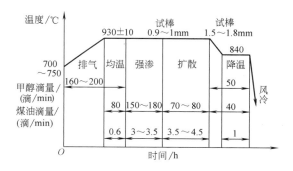

图 15-44　榨螺气体渗碳工艺曲线
注：75kW 井式炉，100 滴 = 4mL。

金相检验：

1）渗碳层深度为 1.6~2.0mm，其中过共析层 + 共析层占 50%~70%（体积分数）。

2）金相组织为 M + AR ≤ 5 级，K ≤ 5 级，心部 F ≤ 5 级。

3）有效硬化层深度（测至 550HV1）为 2.0~2.5mm。

4）表面硬度为 58~64HRC。

如果是分段榨螺，淬火时应套在图 15-45 所示的淬火夹具中，上面加一垫圈后淬油，以防变形开裂。

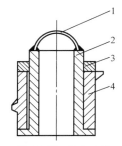

图 15-45　淬火夹具
1—吊环　2—夹具　3—垫圈　4—榨螺

15.4.7　搅龙伸缩齿的热处理

1. 服役条件与失效形式

联合收割机喂入搅龙是将割刀切割下的物料收拢并送往过桥的装置。搅龙伸缩齿是联合收割机喂入搅龙的主要易损件，伸缩齿的作用就是把左右螺旋叶片推运集中过来的作物输送到过桥，要求在喂入搅龙的前下方抓取作物，在喂入搅龙的后方把作物抛送到过桥。作物茎秆黏附泥沙，谷物细胞中又富含植物硅酸体［稻壳中含量可高达 20%（质量分数）］，因此搅龙伸缩齿受强烈磨料磨损。伸缩齿在拨齿导套内运动也造成磨损，有时抓取作物不均匀或割台进入异物，可能会造成弯曲。

2. 技术要求与选材

搅龙伸缩齿应有较高硬度、高耐磨性，同时要有足够的强度和韧性。搅龙伸缩齿一般用 45 钢制成，热处理硬度为 248～293HBW，组织为回火索氏体。搅龙伸缩齿用材料的化学成分见表 15-28。

3. 热处理工艺

搅龙伸缩齿的热处理工艺见表 15-29。

表 15-28　搅龙伸缩齿用材料的化学成分

材料牌号	化学成分（质量分数，%）									
	C	Si	Mn	P	S	Cr	Mo	Ni	Cu	其他
45	0.42～0.50	0.17～0.37	0.50～0.80	≤0.035	≤0.035	≤0.25	—	≤0.30	≤0.25	—

表 15-29　搅龙伸缩齿的热处理工艺

零件名称	牌号	加热设备	淬　火			回　火		硬度 HBW	组织
			温度/℃	时间/min	冷却介质	温度/℃	时间/h		
搅龙伸缩齿	45	箱式电阻炉	820～850	30	水	500～550	1h 以上	248～293	回火索氏体

15.4.8　搅龙叶片的热处理

1. 服役条件与失效形式

搅龙叶片是联合收割机喂入搅龙的主要易损件，受所推运物料（粮食籽粒、杂余、泥沙等）磨损和接触疲劳磨损、潮湿物料锈蚀，因此高速旋转的搅龙叶片受强烈磨料磨损变薄，也可能由于强度不足或受推运阻力过大，叶片从搅龙轴上开焊脱落。

2. 技术要求与选材

搅龙叶片应有高硬度、高耐磨性。搅龙叶片一般用 SHPC 制成，搅龙叶片用材料的化学成分见表 15-30。

表 15-30　搅龙叶片用材料的化学成分

材料牌号	化学成分（质量分数，%）									
	C	Si	Mn	P	S	Cr	Mo	Ni	Cu	其他
SPHC	≤0.12	≤0.05	≤0.60	≤0.030	≤0.030	≤0.15[①]	—	≤0.15[①]	≤0.20[①]	Alt≥0.010

① 残余元素。

3. 热处理工艺

搅龙叶片的制造工艺路线：下料→旋压→渗碳淬火回火→抛丸。热处理硬度为 55～60HRC，碳氮共渗，有效硬化层深度为 0.15～0.30mm。渗碳层组织为主要针状马氏体＋少量碳化物＋残留奥氏体。搅龙叶片的热处理工艺见表 15-31。

表 15-31　搅龙叶片的热处理工艺

零件名称	牌号	热处理设备	淬　火			回　火		硬度 HRC	组织
			温度/℃	时间/h	冷却方式	温度/℃	时间/h		
搅龙叶片	SPHC	多用途电阻炉	920	3	油	165	≥1	55～60	主要针状马氏体＋少量碳化物＋残留奥氏体

15.4.9　链轮的热处理

1. 服役条件与失效形式

链轮在农产品加工机械大量应用，高速旋转的链轮齿与链条啮合面进入灰尘、泥沙等异物，造成链轮磨损。链轮与轴磨损，导致轮孔松旷、键槽损坏。

2. 技术要求与选材

链轮应有高的耐磨性，推荐采用锻 45 钢制造。

3. 热处理工艺

链轮采用整体调质（硬度为 201~255HBW）或正火（硬度为 170~240HBW），齿部淬火（硬度为 48~56HRC），滚轮径不大于 25mm，根部有效硬化层深度为 1~3mm；滚轮径大于 25mm，根部有效硬化层深度为 2~4mm。链轮制造工艺路线：圆钢下料→感应热处理加热→锻造→正火→机械加工→滚齿→表面淬火回火→机加工→氧化→标识。链轮的热处理工艺见表 15-32。

表 15-32　链轮的热处理工艺

| 牌号 | 热处理设备 | 淬　火 | | | 回　火 | | 硬度 HRC | 组织 |
		温度/℃	时间/s	冷却方式	温度/℃	时间/h		
45	20kHz、160kW IG-BT 超音频感应加热设备	850~880	试验调整（一般 5~8s）	水	180~210	≥1	48~56	基体组织为铁素体+珠光体齿部主要组织为回火马氏体

15.4.10　输送风机叶片的热处理

1. 服役条件与失效形式

受所输送物料（粮食籽粒、茎叶等）强烈磨损，造成输送风机叶片变薄。

2. 技术要求与选材

输送风机叶片应有高硬度、高耐磨性。输送风机叶片一般用 22MnB5 钢制成，热处理硬度为 42~48HRC。输送风机搅龙叶片用材料的化学成分见表 15-33。

表 15-33　输送风机搅龙叶片用材料的化学成分

| 材料牌号 | 化学成分（质量分数，%） | | | | | | | | | |
	C	Si	Mn	P	S	Cr	Mo	Ni	Cu	其他
22MnB5	0.20~0.25	≤0.40	1.10~1.40	≤0.025	≤0.035	—	—	—	—	B：0.0008~0.0050

3. 热处理工艺

输送风机叶片制造工艺路线：下料→加热→金属模热冲压成形并淬火回火→抛丸→涂漆入库。

热冲压成形热处理为叶片加热保温完全奥氏体化后进行，快速移入金属模具热冲压成形并通水冷却，模具表面冷却均匀，冷却速度大于 50℃/s。冷却后组织为低碳板条状淬火马氏体；从出炉到热处理淬火要在 20s 内完成。输送风机叶片的热处理工艺见表 15-34。

表 15-34　输送风机叶片的热处理工艺

| 牌号 | 热处理设备 | 淬　火 | | | 回　火 | | 硬度 HRC | 组织 |
		温度/℃	时间/h	冷却方式	温度/℃	时间/h		
22MnB5	网带式电阻炉	900~920	试验调整	在金属模具中冷却	—	—	42~48	板条状淬火马氏体

15.5　拖拉机用牵引杆和拨叉的热处理

15.5.1　牵引杆的热处理

1. 服役条件与失效形式

牵引杆是安装于拖拉机后部用于连接农具的机械连接装置。牵引杆受挂接机具的冲击而导致杆件弯曲或断裂，同时存在接触疲劳磨损。

2. 技术要求与选材

牵引杆除要求具有高硬度、高耐磨性，还要有足够的强度和韧性，以防断裂。牵引杆用材料的化学成分见表 15-35。

3. 热处理工艺

牵引杆的热处理工艺见表 15-36。

表 15-35　牵引杆用材料的化学成分

材料牌号	化学成分(质量分数,%)									
	C	Si	Mn	P	S	Cr	Mo	Ni	Cu	其他
60Si2Mn	0.56~0.64	1.50~2.00	0.70~1.00	≤0.025	≤0.020	≤0.35	—	≤0.35	≤0.25	—

表 15-36　牵引杆的热处理工艺

牌　号	加热设备	淬　火			回　火		硬度 HRC	组织
		温度/℃	时间/min	冷却液	温度/℃	时间/h		
60Si2Mn	箱式或网带式电阻炉	860	试验调整	油	480	≥1	45~50	回火屈氏体

15.5.2　拨叉的热处理

1. 服役条件与失效形式

拨叉的主要功能是实现换挡。在换挡过程中，通过拨动挂档元件，使挂档元件啮合实现动力的分配。拨叉在工作过程中受小能量冲击载荷和接触疲劳磨损，受大冲击载荷时出现弯曲变形或断裂。

2. 技术要求与选材

拨叉除要求具有高硬度、高耐磨性，还要有足够的强度和韧性，以防断裂。拨叉用材料的化学成分见表 15-37。

3. 热处理工艺

拨叉整体调质硬度为 229~277HBW，表面淬火硬度为 52~59HRC，有效硬化层深度为 0.8~1.5mm。45 钢锻造拨叉的制造工艺路线：圆钢加热→锻造→正火→粗加工→调质→精加工→高频加热淬火回火→氧化。45 钢锻造拨叉的热处理工艺见表 15-38。

表 15-37　拨叉用材料的化学成分

材料牌号	化学成分(质量分数,%)									
	C	Si	Mn	P	S	Cr	Mo	Ni	Cu	其他
45	0.42~0.50	0.17~0.37	0.50~0.80	≤0.035	≤0.035	≤0.25	—	≤0.30	≤0.25	—
ZG310-570	≤0.50	≤0.60	≤0.90	≤0.035	≤0.035	≤0.035[①]	≤0.20[①]	≤0.40[①]	≤0.40[①]	V：≤0.05[①]

① 表示残余元素（含量），残余元素总量不大于 1.00%（质量分数），如需方无要求，残余元素可不进行分析。

表 15-38　45 钢锻造拨叉的热处理工艺

牌号	加热设备	淬　火			回　火		硬度 HRC	组织
		温度/℃	时间/	冷却介质	温度/℃	时间/h		
45	250kHz、100kW 高频感应加热电源	880~920	试验调整	水	180~210	1h 以上	52~59	基体组织为回火索氏体；硬化层为回火马氏体

15.6　小农具材料及其热处理

小农具一般指手工用的各种小农具，如铁锹、锄头、锄板、镐头和镰刀等。这些小农具由于地区土质的差异和耕作习惯等不同，其形状、结构、大小等也各不相同，种类繁多。

小农具和机引农具一样，工作对象是土壤或各种农作物，条件较恶劣，常受土壤的磨料磨损，使刃口变钝；有时还受石块等硬物的冲击，引起农具的折断或崩刃。因此，要求材料应具有一定的强韧性和良好的耐磨性。通常选用较经济的碳素钢制造，有些产品用复合钢板制造，有些产品（如锄头等）仍沿用古老的夹钢经锻焊而成，或者用低碳钢制造并进行擦渗

处理。擦渗工艺一般是在锻造烘炉中进行：首先将要处理的锄板平置于烘炉的火坑中加热（上盖瓦片），然后把备好的渗料［一般是 w（C）为 4.3%~4.4%的共晶或过共晶白口铸铁］放在锄板上一道加热，待温度升到 1200℃ 左右，渗料就开始熔化，钢处于奥氏体状态，操作者用钩及时将渗料在锄板上来回刮擦。经过擦渗后的锄板，表面覆盖一层很薄的白口铸铁，向里是过共析层、共析层、亚共析层组织。擦渗后取出小锤轻击，降至 800℃ 左右再进行淬火、回火处理。这样处理后的锄板刃口锋利、耐磨，并具有自磨刃性能。这种工艺是我国古老的热处理技术（在《天工开物》中称为"生铁淋口"）。

小农具用材料及其热处理工艺见表 15-39。

表 15-39　小农具用材料及其热处理工艺

| 产品名称 | 钢号 | 处理方法 | 淬火 | | | | 回火 | | | 硬度HRC |
			加热设备	加热温度/℃	保温时间/min	冷却介质	加热温度/℃	保温时间/min	冷却介质	
锄头、锄板	Q215、Q235	1200℃单面擦渗	烘炉	800～810	3～4	$w(NaCl)$ 为 10%～15% 的盐水	局部淬火、自回火			>50
			高频感应加热装置	880～900	2～3s					
	45	普通淬火	盐浴炉	800～820	2～3	盐水	300～350	30	空气	40～50
	65+Q215复合钢	普通淬火	盐浴炉	800～820	2～3	盐水-油	200～250	30	空气	≥50
镐头	45、65 Mn	普通淬火	箱式电炉	820～840	10～15	盐水	200～250	30	空气	≥50
铁锹	45、50	普通淬火	箱式电炉	800～840	3	盐水	250～300	30	空气	40～50
	Q215、Q235	高温快速冷却淬火	箱式电炉	900～910	3	$w(NaCl)$ 为 15% 的盐水	150～180（或不回火）		空气	
镰刀	刃钢:45、65本体:Q215、Q235	刃口夹(贴)钢、局部淬火	烘炉	800～840	2	盐水	局部淬火、自回火			>50
			高频感应加热装置	880～900	2s					
	45、50、65Mn	普通淬火	箱式电炉	800～840	3	盐水-油	200～250	30	空气	

15.7　预防热处理缺陷的措施

15.7.1　空气炉加热防氧化脱碳

农机具制造厂多为小企业，受资金限制，无法进行大规模技术改造，目前还大量使用箱式电炉、井式电炉加热，氧化脱碳是影响农机产品质量最常见、最主要的因素。在无力购置真空淬火炉、可控气氛炉的情况下，当在空气介质中加热时，推荐以下几项成本低且行之有效的方法。

1. 涂硼砂防护

硼砂（$Na_2B_4O_7 \cdot 10H_2O$）价格较低，被广泛使用，但若用法不当则效果不佳。涂硼砂防护只能用于 900℃ 以上加热的工件，否则无效。正确的用法是：①应将工件预热到 300℃，浸入过饱和硼砂水溶液中 2～3s 取出晾干；②或将工件浸入过饱和硼砂水溶液中一同加热到 80～100℃，取出晾干，在工件表面均匀挂上一层白霜，即可入炉加热。加热时，硼砂于 400℃ 失去结晶水，在 878℃ 熔融成玻璃状黏稠液体保护膜，不仅能保护工件表面，而且能使工件表面已有的氧化物溶于熔融态硼砂中，产生硼酸的复盐，淬火时剥落。

2. 涂硼酸防护

涂硼酸防护原理与涂硼砂相似，但实际操作则有所不同：一是硼酸最好用于 800～900℃ 加热防护；二是硼砂属碱性，其本身有一定的脱脂功能，这是硼酸所不具备的。所以，涂硼酸前工件应仔细脱脂，否则，有油污部分涂不上硼酸，会造成局部氧化脱碳。

硼酸（H_3BO_3）在冷水中溶解度很低，仅为 1% 左右（质量分数），在乙醇中较高，可达 5%。所以，常将工件浸于硼酸乙醇中或用它涂刷工件表面，但浪费乙醇。硼酸在热水中的溶解度大幅度提高，在 90℃ 水中达 14%（质量分数），因此工件浸入硼酸沸水中，取出干燥后即可挂上一层防锈剂。硼酸在 300～400℃ 时完全脱水：$2H_3BO_3 \rightarrow B_2O_3 + 3H_2O \uparrow$。$B_2O_3$ 于 557℃ 开始熔化，800℃ 以上完全熔融，形成保护膜。工件表面若有氧化皮，B_2O_3 可与之反应生成 $Fe(BO_2)_2$ 偏硼酸铁，但 900℃ 以上，硼酸涂层容易挥发，防护效果受到影响。

3. 使用 QW-F1 钢铁加热保护剂

当钢铁零件加热到 ≥570℃ 时，表面将生成 $FeO \cdot Fe_3O_4 \cdot Fe_2O_3$ 三层结构的氧化皮。由于最内层的 FeO 膨胀最快，将其外层比较致密的 Fe_3O_4 层冲破，使整个氧化皮变成疏松而失去防护作用。QW-F1 保护剂是一种水溶性材料，当炉温高于 800℃ 时，保护剂挥发，其中多种金属氯化物以水汽为载体均匀布满工件表面，并溶入 Fe_3O_4 和 Fe_2O_3 中，产生热化学反应，生成致密的合金固溶体氧化膜，保护钢铁零件不再受氧的侵入而氧化脱碳。QW-F1 保护剂可用于钢件热加工、正火、退火和淬火加热防护。

操作方法：当炉温到达工艺要求温度（一般均 ≥800℃）时，装入工件，随即向炉内喷入或泼洒适量 QW-F1 保护剂（也可涂刷或浸渍于工件上，甚至可将一小盘 QW-F1 保护剂与工件一同装炉），关闭炉门后，见炉门缝隙或窥视孔逸出少量烟气即可。以 RX-45-9 为例，一次加入 30～50mL 即可，若未见炉门有烟气逸出，可打开炉门补充加入保护剂。加热完毕，工件出炉时用刷子扫去遇冷空气而疏松了的薄膜，淬入油或水中。小零件也可直接淬火，薄膜脱落到淬火槽底，不影响淬火效果。由于保护剂是在工件表面生成一层约 0.01mm 厚的防护膜，只要在炉内薄膜未被破破，就可较长时间起作用。曾在同一炉中放入 φ300mm 的 5CrMnMo 钢模具、厚 100mm 的 45 钢模套和 φ20mm 的 40Cr 导柱，于（840±10）℃加热，并喷入 QW-F1 保护剂，保温 40min 后开炉取出导柱油淬，2.5h 后取出模套水淬油冷，6h 后取出模具油淬，三者均合格。QW-F1 保护剂还可用于钢件热压成形。海拉尔牧业机械有限公司对 65Mn 钢粉碎秸秆圆盘刀片（厚 1.6mm，φ146~φ220mm）在箱式炉中加热，泼洒入 QW-F1 保护剂，加热完毕，依次逐片取出热压齿形；二次加热淬火后，硬度为 58~62HRC。

QW-F1 保护剂可用于多数结构钢和工具钢 950℃以下的加热防护，但 9SiCr 等高脱碳倾向钢的效果较差。据生产者介绍，QW-F1 保护剂无毒无污染，但因化学成分不详，使用时建议勿直接吸入炉中冒出的烟气，以防发生意外。

15.7.2　预防回火脆性

65Mn 钢是农机具零件常用钢种，但 65Mn 钢具有第一类回火脆性，在此温度区回火后，即使在水或油中快冷，脆性也无法避免。生产中有些零件就因此在使用时断裂。电镜分析可见，有微小碳化物和杂质元素在马氏体晶界析出，造成沿晶断裂。试验证明，65Mn 钢开始出现回火脆性的温度是 250℃，以 300~350℃时最严重，至 380℃ 以上时不再出现。所以，65Mn 钢零件淬火后应避免在 250~380℃ 区间回火（相应的回火后硬度为 47~57HRC）。淬火后若先经 380℃ 以上回火，以后再经 250~380℃ 区间加热（如热矫正等），则不再出现回火脆性。经铅浴处理的冷拔弹簧钢丝，冷绕成弹簧后，在 250~380℃ 消除内应力回火，不会引发回火脆性。

第一类回火脆性只在淬火马氏体和下贝氏体组织中发生，但在下贝氏体中要轻得多。所以，若等温淬火能得到较多的 $B_下$，则可减轻第一类回火脆性的不利影响。为得到较多的 $B_下$，可将工件先淬入 Ms 点以下（如 160~230℃）的硝盐浴中，短暂停留后移入稍高于 Ms 点的另一硝盐浴槽中（如 260~290℃）进行等温处理。第一次低温槽中的冷却既可将工件大部分热量消耗于此，以减轻 $B_下$ 等温槽浴温的波动，而且第一次淬火时先产生的少量马氏体又可对此后的 $B_下$ 转变起到促进作用，可在较短的等温时间内得到

较多的 $B_下$ 组织。

低温回火脆性在低碳钢中比在高碳钢中表现得更为明显，而且在高碳钢中用扭转或冲击扭转试验比用夏氏冲击试验更能发现其脆性。低温回火脆性在有些钢的断裂韧性试验中也有发现，并且在 K_C 值上比 K_{IC} 值上表现更明显，即在裂纹或缺口前沿存在某种程度塑性变形情况下更容易反映出来。

对第一类回火脆性问题要辩证地看待。不同力学性能指标、不同加载方式对回火脆性的敏感程度有很大不同。主要反映塑性的性能指标敏感程度高，而主要反映强度的性能指标则敏感程度低；扭转和冲击载荷对回火脆性较敏感，而拉伸和弯曲载荷对回火脆性则敏感程度较低。所以，对于应力集中比较严重、冲击载荷较大或承受扭转载荷的工件，应避开在此温度区间回火，而应力集中不太严重，以承受拉伸、压缩或弯应力为主的工件，就不一定将其视为禁区。例如，冲模等工件的使用寿命主要取决于疲劳裂纹的萌生，而非疲劳裂纹的扩展抗力。因此，此类工件应考虑在保证有适当塑性、韧性条件下，尽量提高强度，淬火后适当提高回火温度（允许 ≥250℃），以降低淬火内应力，对延长工件使用寿命更为重要。

理论上说，碳素钢和合金钢在 250~400℃ 回火都会出现第一类回火脆性，铬、锰和硅都促进回火脆性的发展，但硅可使出现脆性的回火温度升高。在合金钢中，碳含量的增加也会加重回火脆性。可是高碳工具钢和合金工具钢淬火低温回火后，因本身很脆，进行一般冲击试验时显示不出这类低温回火脆性，只有在扭转冲击试验条件下才显示出来，而工件实际受力情况往往与扭转冲击载荷不同，所以许多工件在实际生产中经 250~300℃ 回火后反而更好。例如，T12 钢在 250℃ 左右回火抗弯强度达最大值；高碳钢冲头经 230~300℃ 回火寿命最长；CrWMn 钢冷锻模 180℃ 回火后（60HRC）使用中易裂，而经 260℃ 回火（56~58HRC）寿命却大幅度提高。这些可能和提高回火温度可促使淬火微裂纹焊合有关。所以，对第一类回火脆性，要具体问题具体分析，经过试验找到趋利避害的合理工艺。

农机生产中常用的 60Si2Mn 钢，既有第一类回火脆性，也有第二类回火脆性，应引起重视。对第二类回火脆性，可用回火后在油或水中快冷来避免（不必冷到底，冷至 400~450℃ 即可空冷，以减少变形）。第二类回火脆性指一些合金结构钢淬火并在 400~600℃ 区间回火（或较长时间的加热），缓冷后，韧性明显降低、脆性转变温度（50%FATT）显著上升的现象。碳素钢和工具钢没有这种脆性。当钢中含

铬、锰、镍等合金元素和磷、锡、锑、砷等杂质元素时，产生第二类回火脆性的倾向将增大。这种钢的冲击断口呈沿晶断裂，电子探针分析查明，主要是杂质元素 Sb、Sn、As、P 在原奥氏体晶界偏聚，引起晶界脆化，降低了晶界断裂强度所致。

具有高温回火脆性的常用钢有 30CrMnSi、35SiMn、37CrNi3A、38CrSi、40CrNi、40MnB、50CrMn、50Mn2、50CrV、55Si2Mn（曾用牌号）、60Si2MnA、60Si2CrVA、65Mn、20Cr13 等，生产上应引起重视。预防措施如下：

1）仔细分析，查明脆断是否是工件失效破坏的主要原因（注意，脆性也会加剧零件的磨损），以确定工件的性能要求，选择正确的回火工艺。

2）采用高纯净钢，将有害杂质元素降低到十万分之几以下，对防止第一、二类回火脆性都有利，但这种钢成本很高。

3）结构钢采用 $Ac_1 \sim Ac_3$ 之间的亚温淬火（最好在 Ac_3 以下 5~10℃）。为预防第二类回火脆性，还可采用两次淬火法：第一次 Ac_3 以上常规淬火，高温回火后；第二次亚温淬火。由于亚温淬火后得到部分细条状铁素体，使杂质元素都集中到铁素体内，限制了高温回火时向原奥氏体晶界偏聚，从而减轻了回火脆性。

4）通过加入某些合金元素，将有害杂质固定于基体晶粒内部，避免杂质向晶界偏聚。例如，加入 Ca、Mg、RE 等元素可减少硫向晶界偏聚；加入 Si、Mn、V 可推迟马氏体分解，提高回火脆性出现的温度，使淬火工件可在较高温度回火，以更多地消除淬火应力，更好地提高韧性，但 Si 可能促使第二类回火脆性的产生。

5）在奥氏体区进行形变热处理。

6）采用高温短时间快速回火，既满足工件硬度要求、消除了内应力，又不产生回火脆性。为提高高温回火加热速度，建议工件先在稍低温度预热（≤400℃），以减少内外温差，使心部也得以在非脆化温度区较充分地消除内应力，最后达到要求的硬度和其他力学性能。

上述措施对预防第一、二类回火脆性都适用。

7）钢中加入适量的钼、钛、硼元素可防第一类回火脆性产生，加入钼 [$w(Mo)= 0.2\% \sim 0.5\%$]、钛和稀土有利于消除第二类回火脆性。对钨的作用尚存在争议。

8）高温回火后快冷能消除第二类回火脆性。对已出现高温回火脆性的工件，可重新在此温度回火，然后快冷，这是最常用的方法。例如，DZ-25 型犁铧于 470℃回火，出炉后要趁热修整，如果发现有回火脆性，可在

修整清洗之后重复 470℃ 回火一次，出炉快冷即可。但是，对大件，水冷还不能避免；对形状复杂的零件，为防变形，应用也受限制，只有改换钢种。

9）渗氮是在最容易出现高温回火脆性的 500℃左右长时间加热，又不允许出炉快冷，所以渗氮钢一般均应加 Mo。40Cr 钢也常用于渗氮钢，而 40Cr 在450~650℃ 的范围内有高温回火脆性。所以，像轴类这种受扭转载荷的零件，不应采用 40Cr 钢渗氮处理。对焊接构件，为消除应力，退火时也应注意回火脆性问题，最好选用含 Mo 钢或调整回火温度。

现将一些常用钢产生回火脆性的温度范围列于表 15-40。

表 15-40　常用钢产生回火脆性的温度范围

（单位：℃）

牌号	第一类回火脆性	第二类回火脆性
30Mn2	250~350	500~550
20MnV	300~360	
25Mn2V	250~350	510~610
35SiMn		500~650
20Mn2B	250~350	
45Mn2B		450~550
15MnVB	250~350	
20MnVB	200~260	520 左右
40MnVB	200~350	500~600
40Cr	300~370	450~650
45Cr	300~370	450~650
38CrSi	250~350	450~550
35CrMo	250~400	无明显脆性
20CrMnMo	250~350	
30CrMnTi		400~450
30CrMnSi	250~380	460~650
20CrNi3A	250~350	450~500
12Cr2Ni4A	250~350	
37CrNi3	300~400	480~550
40CrNiMo	300~400	一般无脆性
38CrMoAlA	300~450	无脆性
70Si3MnA	400~425	
42Cr9Si2		450~600
65Mn	250~380	有回火脆性
60Si2Mn		
50CrVA	200~300	
4CrW2Si	250~350	
5CrW2Si	300~400	
6CrW2Si	300~450	
MnCrWV	250 左右	
4SiCrV		>600
3Cr2W8V		550~650
9SiCr	210~250	
CrWMn	250~300	
9Mn2V	190~230	
T8~T12	200~300	
GCr15	200~240	
10Cr13	520~560	
20Cr13	450~560	600~750
30Cr13	350~550	600~750
14Cr17Ni2	400~580	

15.7.3 预防淬火开裂

淬火开裂是热处理的常见缺陷。淬裂就意味着零件彻底报废。防止淬裂是热处理工作者设计一个新零件时首先要考虑的问题。为防止淬裂，可采取以下措施。

1）加强与设计人员联系，了解零件服役条件、性能要求，正确选材、正确制订热加工（铸、锻、焊）工艺和热处理工艺，甚至参与设计，将零件中的尖角改为圆角，厚薄悬殊的零件可否一拆为二、一拆为几。这是从源头消除淬裂危险，也是热处理工艺人员运用自己专业知识从全局出发参与质量管理的积极行动。

2）尽可能做到零件加热均匀、冷却均匀，以减小热应力和组织应力，如在零件尖角和厚薄悬殊处包扎石棉等。

3）正确制订热处理方案。选用表面淬火、化学热处理（渗碳、渗氮、碳氮共渗、氮碳共渗）取代整体淬火，都能减少淬裂的危险。

4）正确选择淬火温度。结构钢亚温淬火可得到部分均匀分散的塑性铁素体，高温淬火得到板条状马氏体，以消除马氏体针相互碰撞出现微裂纹的可能；工具钢低温淬火可降低马氏体碳含量，适当提高淬火温度，可得到较多残留奥氏体，都可降低淬裂危险。这些措施的实现，往往要从预备热处理入手，以获得理想的预备组织（如工具钢锻造打碎粗大碳化物等）。

5）淬火前出炉预冷，只要在 Ar_1 以上，不影响淬火效果。预冷缩短了淬火冷却介质蒸汽膜的包围时间，提高了淬火均匀性，不但有利于防止开裂，常常还能提高淬火硬度，消除淬火软点。

6）正确选择淬火冷却介质。一般原则是在保证淬硬的前提下，尽量选择较低冷却速度的介质，如油、聚合物水溶液、热浴等，但要辩证对待，如盐水淬火冷却速度和淬冷烈度均高于清水，但盐水冷却均匀，一般淬裂倾向更小。

7）及时回火是预防淬裂最简单有效的措施，这应作为一条工艺纪律来要求。如果回火炉温未达到，也应淬火后立即送入 ≥120℃ 的低温炉中等候正式回火，这可让淬火马氏体中存在的微裂纹不致发展成宏观裂纹。

15.7.4 热管冷却技术在提高淬火质量和节能、节水上的应用

热管技术最初用于航天工业，它是利用液体受热蒸发时要吸收大量汽化热，而冷凝时又放出这部分汽化潜热的原理开发的新技术。由于汽化潜热数百倍于在通常热交换中仅靠热传导将冷却水加热而带走的热量，所以热管是一种具有极高导热性能的传热元件。以淬火油槽为例，在一支抽真空的全封闭钢管内注入部分水做成热管，将热管受热段插入热油槽中，即使油温仅 80℃，也会使低压真空管内的水沸腾，并从油槽中吸收大量汽化热，水蒸气上到热管上端放热段（露在空气中）时，水汽冷凝，放出汽化潜热，水滴又向下流回管的底部，再次从油中吸取热量后沸腾→蒸汽上升→在上部放热→冷凝水下流……，如此循环不息，不断将热量从油槽带走，使油温迅速降低。只要在热管上端（放热段）加上翅片，扩大散热面积，并通过小型轴流风机强制通风散热（这部分热量还可利用，如冬季取暖、生产热水等），就可使淬火油槽迅速冷却或保持相对恒温。

热管内的工质多种多样，除了水还可用乙醇，甚至低熔点金属。热管技术除用于淬火冷却介质的冷却，还可用于高频感应加热设备的冷却、烟道余热回收等。保定市金能换热设备有限公司是国内最早开发热管冷却技术的企业之一，从 2000 年以来已研制开发几百台各种型号规格的热管空气冷却器，用于热处理行业，效果甚佳。该设备占地不多，耗电不大，可节约大量冷却水，降低生产成本，保证淬火工件质量。

农机行业有许多较大的工件，如犁铧、犁壁、圆盘、钢板弹簧、渗碳齿轮等均需淬火或等温淬火，淬火冷却介质温度往往波动很大，仅靠循环油冷却或蛇形水管冷却效果很不理想。淬火冷却介质温升太高，常常是淬火软点产生的重要原因，而蛇形管漏水混入油中，又易产生淬火裂纹。难于保持等温淬火、分级淬火槽的恒温更是阻碍该项技术推广应用的主要障碍。热管冷却技术的应用，对提高热处理产品质量的重现性、稳定性，将起到重要作用。

参 考 文 献

[1] 张清. 金属磨损和金属耐磨材料手册 [M]. 北京：冶金工业出版社，1991.

[2] 王永吉，吕厚远. 植物硅酸体研究及应用 [M]. 北京：海洋出版社，1993.

[3] 土壤磨粒特性影响课题组. 土壤磨粒特性对农机材料磨损性能的影响 [J]. 农业机械学报，1986（3）：54.

[4] 林福严，曲敬信，陈华辉. 磨损理论与抗磨技术 [M]. 北京：科学出版社，1993.

[5] 刘家浚. 材料磨损原理及其耐磨性 [M]. 北京：清华大学出版社，1993.

[6] 刘英杰，周平安. 材料的磨料磨损 [M]. 北京：机械工业出版社，1990.

[7] 黄林国. 单摆划痕法及其在材料摩擦磨损方面的应用 [J]. 金属热处理，2006，31 (3)：6-11.

[8] 陈菁，赵冬梅，邵尔玉. 轴承钢中贝氏体对接触疲劳性能的影响 [J]. 金属热处理学报，1990，11 (4)：20.

[9] 梅亚莉，景国荣. GCr15 轴承钢贝氏体-马氏体复相组织的研究 [C] //第五届全国热处理年会论文集，天津：天津大学出版社，1991.

[10] 郭元钧，黄继富. 65Mn 钢马氏体-下贝氏体复相组织和性能 [C] //第四届全国热处理年会论文. 南京，1987.

[11] 中国农机院材料工艺所. 磨粒磨损与抗磨技术译文集 [M]. 北京：中国农机出版社，1985.

[12] 黄建洪. 农机耐磨零件的硬度设计 [J]. 金属热处理，2001，26 (7)：7-11.

[13] 王颖，徐良庆，刘元，等. 单金属犁铧自磨刃形成机理探讨 [J]. 农业机械学报. 1998，29 (2)：16.

[14] 阎志醒，孟昭宏. 农机具刃类零件自磨刃堆焊研究 [J]. 农机与食品机械，1997，(1)：29-30.

[15] 李凌云，张德英，王翠兰. 犁铧的第一、二、三类自磨刃与 DSZ 犁铧 [J]. 农村牧区机械化，1999 (1)：27-29.

[16] 黄建洪. 对锋利刀刃磨损机理、性能要求、组织和热处理工艺的探讨 [C] //第三届全国热处理年会论文. 临潼，1982.

[17] 张际先，桑正中，高良润等. 土壤对固体材料黏附和摩擦性能的研究 [J]. 农业机械学报，1986，19 (1)：32.

[18] 陈秉聪，李建桥. 传统犁壁材料脱土性分析研究 [J]. 农业机械学报，1995，26 (4)：46-49.

[19] 黄建洪. 农机行业热处理的环保与安全问题 [J]. 金属热处理，2000，25 (12)：41.

[20] 高焕文，李问盈. 保护性耕作技术与机具 [M]. 北京：化学工业出版社，2004.

[21] 李凌云，李文亮，李法科，等. 65Mn 钢犁铧锻造余热淬火 [J]. 金属热处理，1993 (7)：48-50.

[22] 李凌云，陈春风. 从铧式犁配件现状看我国耕作作业中的能源浪费 [J]. 农业机械，2006，(8 上)：39-41.

[23] 李凌云，陈春风，高炳健. 凌云牌齿状波形自磨刃犁铧 [J]. 农机安全监理，2001 (6)：49.

[24] 朱恩龙，顾冰洁，王森峰，等. 犁铧使用寿命与处理工艺关系的试验研究 [J]. 黑龙江八一农垦大学学报，2003，15 (2)：54.

[25] 徐征，关砚聪，徐国义，等. 新型铸态贝氏体钢的抗磨损性能研究 [J]. 哈尔滨理工大学学报，2003，8 (1)：73.

[26] 李合非，许斌，刘念聪. 中锰球墨铸铁旋耕刀的热处理工艺 [J]. 现代铸铁，2001，(2)：38-40.

[27] 郝建军，马跃进，黄继华. 氩弧熔覆 Ni60 A 耐磨层在农机刀具上的应用 [J]. 农业工程学报，2005，21 (11)：73-76.

[28] 中国农机院. 农业机械设计手册：上、下册 [M]. 北京：机械工业出版社，1990.

[29] 黄建洪，王玉柱. 农机刀片的磨损机理和碳化物在磨损中的行为 [J]. 中国机械工程，1995，6 (5)：15-18.

[30] 黄建洪，刘东雨. 低合金刃具钢的姜块状索氏体化处理 [J]. 金属热处理，1999 (1)：1-4.

[31] 磨损失效分析案例编委会. 磨损失效分析案例汇集 [M]. 北京：机械工业出版社，1985.

[32] 肖永志，阮广德，吕辉坤，等. 饲料粉碎机锤块的材料选择及热处理工艺 [J]. 金属热处理，1993 (5)：35-36.

[33] 戈大钫，朱文琴，邵敏娟，等. 筛片的失效分析及热处理 [J]. 金属热处理，1997 (4)：39-40.

[34] 张新月. 球状尿素气体氮碳共渗工艺在剥绒机肋条生产上的应用 [J]. 铸锻热—热处理实践，1995 (3)：45.

[35] 戴乡，林支康. 用改装的渗碳炉进行气体软氮化 [J]. 金属热处理，1985 (9)：30-32.

[36] 王辉，曹明宇，陈再良，等. 4 Cr13 钢饲料机环模的失效分析 [J]. 金属热处理，2003，28 (6)：54.

[37] 陈志光，张小聪. 4Cr13 钢饲料压粒模复合热处理工艺 [J]. 金属热处理，2001，26 (9)：34.

[38] 郭建寅. 实现少无氧化热处理的工艺材料 [J]. 热处理，2004，19 (1)：55-56.

[39] 蔡璐. 65Mn 钢垫片开裂失效分析 [J]. 金属热处理，2006，31 (5)：94-96.

[40] 刘宗昌. 材料组织转变原理 [M]. 北京：冶金工业出版社，2006.

[41] 宿新天，杨兴茹. 淬火冷却介质空气冷却器的开发与应用 [C] //第九届全国热处理大会论文集，大连，2007.

[42] 邢泽炳，翟鹏飞，张晓刚. 45 钢制作部件表面渗硼处理及耐磨性 [J]. 金属热处理，2012，37 (9)：113-115.

第16章 发电设备零件的热处理

上海发电设备成套设计研究院有限责任公司 张作贵 王延峰 王峥

发电方式很多，如火力发电、水力发电、风力发电、太阳能发电及核动力发电等，但目前仍以火力发电为主；另一方面，就发电设备来讲，也以火力发电最具典型性。火力发电用设备包括锅炉、汽轮机与发电机三大部分。由锅炉产生的高压过热蒸汽使汽轮机运转，从而驱动发电机发电。因此，本章重点阐述火力发电设备零件的热处理。

16.1 汽轮机转子和发电机转子的热处理

表16-1列出了汽轮发电机的机组容量与汽轮机转子的主要参数，包括钢锭和锻件的重量、材料的屈服强度要求。

表16-1 汽轮发电机的机组容量与汽轮机转子的主要参数

机组容量/MW	转速/(r/min)	钢锭重量/t	锻件重量/t	屈服强度/MPa
50	3000	865	34.6	440
100	3000	970	43.5	490
200	3000	1040	65.9	539
300	3000	1620	76	637
600	3000	1810	101.8	760
700	1800	2363	170	620[①]
870	1800	2640	137	586[①]
1100	1500	2620	292	620[①]

① 为 $R_{p0.2}$。

从表16-1可以看出，随着机组的大型化，转子锻件的重量随之增加，要求材料的力学性能水平越来越高，对冶金质量与可靠性的要求也不断提高。目前，世界上制造大型汽轮机转子锻件的重量已达600t，锻件直径已近3m。锻件尺寸越大，偏析越严重，内部缺陷也越多，通常的生产方式很难满足在高温、高压、高速条件下运行的电站设备对大型锻件各项苛刻的要求。因此，电站设备高质量大型锻件的生产，有赖于电站用大锻件材料及整套制造技术，包括热处理技术的全面发展。

16.1.1 服役条件及失效形式

1. 汽轮机转子和汽轮发电机转子的服役条件

汽轮机转子和汽轮发电机转子是发电设备的心脏。汽轮机转子上带有若干整体叶轮或套装叶轮，叶轮上紧密镶着若干叶片，而发电机转子则负载着两个护环及大量铜线。因此，对大容量机组来说，汽轮机转子或发电机转子整体重量为几十吨至几百吨，这样的大型件需要以1500（半转速）或3000r/min的高速度运转，而汽轮机高中压转子的运行条件则更为苛刻，除了高速，还有亚临界、超临界或超超临界参数的高温、高压的过热蒸汽环境。

我国电站需求的大型汽轮机参数类型已从亚临界快步跨入超临界、超超临界阶段，汽轮机运行的蒸汽参数现阶段已从 16.7MPa/538℃ 亚临界状态发展到 24.1MPa/540～560℃ 的超临界状态和 30～35MPa/593～650℃ 的超超临界水平。因此，电站汽轮机转子将面临更为严酷的运行环境。

总之，汽轮机高中压转子受高应力、高温度的双重作用，而汽轮机低压转子及发电机转子则主要承受巨大的离心力及扭转力矩的作用。此外，调峰机组的频繁起动、停机或甩负荷还会给转子带来交替变化的热应力，汽轮机转子因低周疲劳而出现裂纹，影响机组的正常运行，消耗机组的使用寿命。

2. 转子的失效形式

1）转子的脆性断裂。汽轮机、发电机转子的设计寿命以往通常是10万h（10年）以上，目前趋于延长至30～50年或更长的寿命，高速度旋转的转子的安全可靠度在电站设备部件中至关重要，它的失效会引起整台设备的报废或电站瘫痪。

2）高中压转子的时效弯曲变形使机组振动加大而无法继续运行。

3）材质发生时效老化，出现脆性，导致运行可靠性降低；转子中心及外圆表面的叶片安装部位、汽封部位等应力集中处易出现局部裂纹等。

如果转子出现了后两种失效形式，也必须立即停机处理；否则，转子振动与开裂的严重后果均不堪设想。

16.1.2 转子用钢

我国发电设备用大型转子锻件用钢的标准，最初是1972年颁发的 JB/T 1265～1271—1972，后于1985年及1993年修订了 JB/T 1265～1271 系列标准及附录，并于1993年编写了 JB/T 7025～7027—1993，

1998 年编写了 JB/T 8705～8707—1998，以上标准均于 2014 年或 2018 年进行了修订。这些标准中列出的有关汽轮机组的普通碳素钢转子、大型机组铬钼镍钒合金钢转子及工业汽轮机转子锻件材料约有 10 余种。

1. 高中压转子用钢

（1）亚临界高中压转子用钢（30Cr2MoV 及 30Cr1Mo1V）　20 世纪 70 年代至 80 年代初，我国发电设备制造厂生产的汽轮发电机最大单机容量为超高压参数的 200MW，所用汽轮机大型高中压转子的常用材料是 30Cr2MoV 钢，相当于俄罗斯的 P2 钢；20 世纪 80 年代后期及 90 年代生产的亚临界参数机组的单机容量已为 300～600MW，其高中压转子的材料为 30Cr1Mo1V 钢，相当于美国 ASTM A470 第 9 级钢，即 1Cr1Mo0.25 钢。由于该钢优良的工艺性能及高温性能，已成为美国、日本、欧洲各国及我国广泛使用的亚临界参数机组的高中压转子钢。

亚临界高中压转子用钢的化学成分见表 16-2，力学性能要求见表 16-3。

表 16-2　亚临界高中压转子用钢的化学成分

牌号	化学成分（质量分数，%）											引用标准
---	C	Mn	Si	Cr	Ni	Mo	V	P	S	Cu	Al	
30Cr2MoV[①]	0.22～0.32	0.50～0.80	0.30～0.50	1.50～1.80	≤0.30	0.60～0.80	0.20～0.30	≤0.015	≤0.018	≤0.20	—	JB/T 1265—1985（已作废）
30Cr1MoV	0.27～0.34	0.70～1.00	0.20～0.35	1.05～1.35	≤0.50	1.00～1.30	0.21～0.29	≤0.012	≤0.012	≤0.15	≤0.010	JB/T 1265—2014

① JB/T 1265—1985 中的 30Cr2MoV 与 GB/T 33084—2016 中的 30Cr2MoV 不同，本节采用的是 JB/T 1265—1985 中的牌号。下同。

表 16-3　亚临界高中压转子的力学性能要求

牌号	部位	$R_{p0.2}$/MPa	R_m/MPa	A（%）	Z（%）	KV_2/J	$FATT_{50}$/℃	上平台能量/J	引用标准
30Cr2MoV	轴端纵向	≥490	≥637	≥16	≥40	≥49	—	—	JB/T 1265—1985（已作废）
	本体径向			≥14	≥15	≥39			
30Cr1MoV	轴端纵向	590～690	≥720	≥15	≥40	≥8	—	≥75	JB/T 7027—2014 JB/T 8707—2014
	本体径向	590～690	≥720	≥15	≥40	≥8	≤116	≥75	
	中心孔纵向	≥550	≥690	≥15	≥40	≥7	≤121	≥47	

亚临界高中压转子运转的环境温度为 525～526℃ 的过热蒸汽，故要求：

1）材料应具有一定的高温持久强度和蠕变强度。

2）为了便于制造，材料应具有良好的工艺性，如冶炼、锻造、热处理等可加工性，以便在大截面锻件中获得均匀的组织及优良的综合性能。

3）材料应具有良好的导热性能，以便发电机组在起动及停机时，转子内部的热应力降低等。30Cr2MoV 钢制造的 200MW 容量级的大型高中压转子，已广泛应用于许多大、中型电厂。这种钢的高温性能好，但热加工性差，其原因是 30Cr2MoV 钢中的铬含量较高，钢液黏，夹杂物不易上浮，经常因非金属夹杂物超标，或锻造裂纹严重而报废，而且由于钢的淬透性差，大截面转子心部易出现贝氏体与铁素体的双相组织，造成转子组织和性能的不均匀。

与 30Cr2MoV 钢相比，30Cr1Mo1V 钢的化学成分（质量分数）发生了变化，铬含量由 1.50%～1.80% 降至 1.05%～1.35%，钼含量由 0.6%～0.80% 提高到 1.00%～1.30%，碳含量适当上调，锰含量由 0.50%～ 0.80% 提高到 0.70%～1.0%，从而使成分更为合理，保证了转子材料具有较高的高温蠕变和持久强度，大大改善了其热加工性，提高了生产成品率。30Cr1Mo1V 钢从 20 世纪 80 年代起已取代 30Cr2MoV 钢，广泛用于大容量发电机组整锻高、中压转子的制造。

一般来说，对于 CrMoV 高、中压转子用钢，在具有同等室温抗拉强度的情况下，与其他显微组织相比，上贝氏体组织具有较高的持久和蠕变强度，如图 16-1 及图 16-2 所示。其主要强化机理是上贝氏体组织具有弥散分布的碳化钒细微颗粒，使材料在长期的高温工作条件下保持了良好的组织稳定性。

30Cr2MoV 钢的奥氏体连续冷却转变图如图 16-3 所示，30Cr1Mo1V 钢的奥氏体连续冷却转变图如图 16-4 所示。30Cr1Mo1V 钢为典型的贝氏体钢，它的调质通常采用鼓风冷却淬火。近年来，国外对 30Cr1Mo1V 采用油淬并增加冷却速度，使实际生产的高中压转子的 FATT（即脆性转变温度）降低到了 10～48℃，而高温持久强度的水平保持不变，从而提高了高中压转子低温段的塑韧性，可以使汽轮机转子在电站热启动时的暖机时间大为缩短。

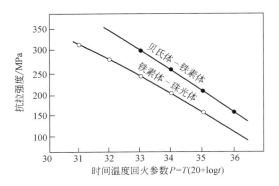

图 16-1 金相组织对 30Cr1Mo1V 钢持久强度的影响

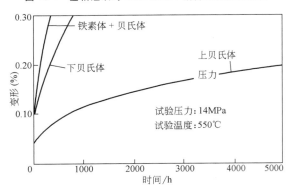

图 16-2 相变产物对 30Cr1Mo1V 钢蠕变性能的影响

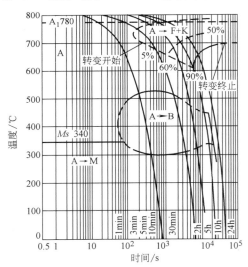

图 16-3 30Cr2MoV 钢的奥氏体连续冷却转变图
注：化学成分（质量分数，%）为 C 0.26，Mn 0.4，
Si 0.31，Cr 1.65，Mo 0.63，V 0.28。

（2）超（超）临界高中压转子用钢 机组的蒸汽温度高于 560℃ 时，普通 CrMoV 高中压转子钢的持久强度已显得不足，而高合金化的 Cr12 或改型的 Cr12 不锈钢类转子因其更好的高温持久性能（见图 16-5）而在世界各国得到广泛重视与发

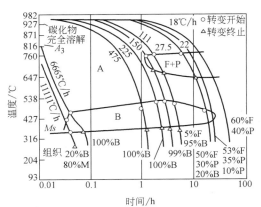

图 16-4 30Cr1Mo1V 钢的奥氏体连续冷却转变图
注：化学成分（质量分数，%）为 C 0.32，Mn 0.74，
Si 0.25，Ni 0.34，Cr 1.04，Mo 1.20，V 0.24。

展，更高温度及蒸汽压力的汽轮机则使用 Cr15Ni26Ti2MoVB（ASTM A286）。表 16-4 列出了近些年来所研制的几种超（超）临界高中压转子用钢的化学成分和推荐使用温度。用于 1000MW 超超临界机组 593℃ 运转的转子性能见表 16-5 和表 16-6。

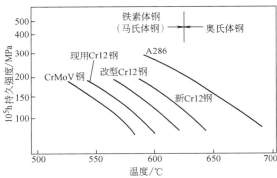

图 16-5 超（超）临界高中压转子用钢的高温性能

2. 汽轮机低压转子与发电机转子用钢

34CrNi3Mo 钢用于 50～200MW 容量级低压主轴与发电机转子。由于该钢碳含量高，淬透性欠佳，不宜采用激烈的水淬和快冷工艺，尤其是中心部位 FATT 较高（为 60～90℃），高于汽轮机低压转子与发电机转子的服役温度，限制了该钢的应用范围与大尺寸转子锻件的制造。30Cr2Ni4MoV 钢属于低碳的 [$w(C)$ 为 0.2%～0.4%] NiCrMoV 钢，即 ASTM A470 的 5、6、7 级钢 [$w(C)$ 从 0.30%～0.40% 降为 0.20%～0.35%]，该钢采用大水量喷水的快冷淬火工艺，其锻件最大截面即使在 2000mm 以上，也可保证在锻件淬火后，其心部组织基本上为贝氏体，具有高的强度、良好的塑性与低温韧性，其脆性转变温度（FATT）通常在室温以下。该钢被广泛用于叶轮与主轴为一体的超大型整锻低压转子。

表 16-4　超（超）临界高中压转子用钢的化学成分和推荐使用温度

牌号	化学成分（质量分数，%）											使用温度/℃
	C	Si	Mn	Ni	Cr	Mo	V	W	N	Nb	Al	
X22CrMoV121（德国）	0.18~0.24	0.10~0.50	0.30~0.80	0.30~0.80	11.5~12.5	0.80~1.20	0.25~0.35	—	—	—	—	566
TMK1	0.14	0.05	0.50	0.60	10.2	1.50	0.17	—	0.04	0.06	—	600
TMK2	0.13	0.05	0.50	0.70	10.2	0.40	0.17	1.80	0.05	0.06	—	
TR1200	0.12	0.05	0.50	0.80	11.2	0.20	0.20	1.80	0.05	0.06	—	
HR1100	0.14	0.04	—		10.2	1.2		0.4		0.05		
TOS107	0.14	0.03	0.6	0.7	10.0	1.0	0.2	1.0		0.05		
ZG1Cr10Mo1NiWVNbN	0.13~0.16	≤0.07	0.40~0.70	0.40~0.70	10~11	1.15~1.35	0.15~0.20	0.25~0.40	0.03~0.07	0.04~0.07		
HR1200	0.10	0.02	—		11.0	0.2		2.6	(Co)2.5	0.05		630
TOS110	0.11	0.08	0.1	0.2	10.0	0.7	0.2	1.8	(Co)3.0	(B)0.01		
Cr15Ni26Ti2MoVB（ASTM A286）	≤0.08	—		24.0~27.0	13.5~16.0	1.0~2.0	0.1~0.5		(Ti)1.9~2.35	(B)0.01		650
12Cr10NiMoWVNbN	0.11~0.13	≤0.12	0.40~0.50	0.70~0.80	10.20~10.60	1.00~1.10	0.15~0.25	0.95~1.05	0.040~0.060	0.04~0.07	≤0.010	—
13Cr10NiMoVNbN	0.10~0.16	≤0.10	≤1.00	≤1.00	10.00~11.00	1.30~1.60	0.12~0.22		0.03~0.07	0.03~0.08	≤0.010	—
14Cr10NiMoWVNbN	0.12~0.16	≤0.10	0.40~0.70	0.60~1.00	9.50~11.50	0.90~1.20	0.15~0.25	0.80~1.20	0.04~0.08	0.03~0.12	≤0.010	—
15Cr10NiMoWVNbN	0.13~0.16	≤0.07	0.40~0.70	0.40~0.70	10.00~11.00	1.15~1.35	0.15~0.20	0.25~0.40	0.03~0.07	0.04~0.07	≤0.010	—

表 16-5　用于 1000MW 超超临界机组 593℃ 转子的力学性能

牌号	部位	$R_{p0.2}$/MPa	R_m/MPa	A(%)	Z(%)	KV_2/J	$FATT_{50}$/℃	上平台能量/J
ZG1Cr10Mo1NiWVNbN	轴端纵向	≥655	≥825	≥17	≥40	≥14	≤80	—
	本体径向	≥655	≥825	≥15	≥35	≥14	≤80	—
	中心孔纵向	≥655	≥825	≥15	≥35	≥14	≤80	—
12Cr10NiMoWVNbN	轴端纵向	—	—	—	—	—	—	—
	本体径向	≥700	≤1000	≥13	≥35	≥30	—	—
	芯棒纵向	≥700	—	—	—	≥30	—	—
13Cr10NiMoVNbN	轴端纵向	≥670	≥830	≥16	≥45	—	—	—
	本体径向	≥670	≥830	≥16	≥45	≥20	≤80	—
14Cr10NiMoWVNbN	轴端纵向	≥685（$R_{p0.02}$）	≥880	≥17	≥40	≥20	—	—
	本体径向	≥685	≥880	≥15	≥35	—	≤80	—
15Cr10NiMoWVNN	轴端纵向	≥655（$R_{p0.02}$）	≥830	≥17	≥40	≥14	—	—
	本体径向	≥655（$R_{p0.02}$）	≥830	≥15	≥35	—	≤80	≥81

表 16-6　用于 1000MW 超超临界机组 593℃转子的高温持久强度

材 料 牌 号	温度/℃	应力/MPa	断裂时间/h	试 验 要 求
ZG1Cr10Mo1NiWVNbN	575	310	≥100	本体孔径、中心孔纵向
	600	265		
	625	215		
	650	170		
12Cr10NiMoWNbN	600	230	≥500	1)试样位置为中心孔径向 2)断口不得在 V 型缺口上
	600	264	≥100	
13Cr10NiMoVNbN	538	363	≥100	
	566	314		
	593	265		1)试样位置为本体径向 2)断口不得在 V 型缺口上
	521	206		
14Cr10NiMoWVNbN	630	≥216	≥100	
15Cr10NiMoWVNbN	575	308	≥100	
	600	264		
	625	215		
	650	171		

汽轮机低压转子用钢的化学成分及力学性能要求分别见表 16-7 及表 16-8。发电机转子用钢 30Cr2Ni4MoV 的化学成分和力学性能与低压转子的用钢相近。

34CrNi3Mo 钢与 30Cr2Ni4MoV 钢的奥氏体连续冷却转变图如图 16-6 及图 16-7 所示。

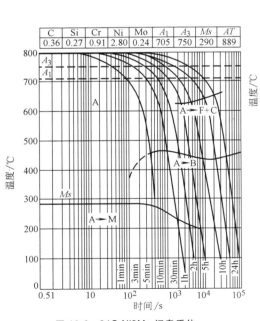

图 16-6　34CrNi3Mo 钢奥氏体
连续冷却转变图

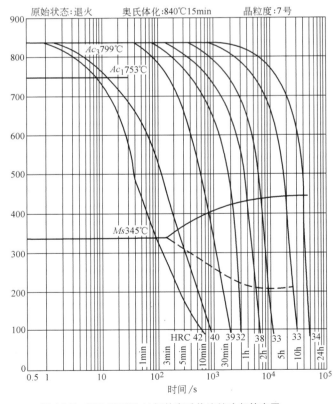

图 16-7　30Cr2Ni4MoV 钢的奥氏体连续冷却转变图
注：化学成分（质量分数，%）为 C 0.26，Mn 0.28，
Si 0.23，Cr 3.31，Mo 1.63，Mo 0.45，V 0.11。

表 16-7　汽轮机低压转子用钢的化学成分

牌　号	化学成分(质量分数,%)						
	C	Mn	Si①	Cr	Ni	Mo	V
34CrNi3Mo	0.30~0.40	0.50~0.80	0.17~0.37	0.70~1.10	2.75~3.25	0.25~0.40	—
30Cr2Ni4MoV	≤0.35	0.20~0.40	0.17~0.37	1.50~2.00	3.25~3.75	0.25~0.60	0.07~0.15

牌号	化学成分(质量分数,%)						
	P	S	Cu	Al	Sn	Sb	As
34CrNi3Mo	≤0.015	≤0.018	≤0.20	—	—	—	—
30Cr2Ni4MoV	≤0.010	≤0.010	≤0.15	≤0.010	≤0.015	≤0.0015	≤0.020

① 采用真空碳脱氧时, $w(Si) \leqslant 0.10\%$。

表 16-8　汽轮机低压转子的力学性能要求

牌　号	部位	$R_{p0.2}$/MPa	R_m/MPa	$A(\%)$	$Z(\%)$	KV_2/J	$FATT_{50}$/℃	上平台能量/J
34Cr3NiMo	轴端纵向	735~835	≥855	≥13	≥40	≥40		
	本体径向	735~835	≥855	≥11	≥35	≥30		
	中心孔纵向	≥685	≥810	≥10	≥35	≥30		
30Cr2Ni4MoV	本体径向(轴端)	760~860	≥860	≥17	≥53	≥81	≤-7	≥81
	中心孔纵向(纵向)	≥720	≥830	≥16	≥45	≥41(横向)	≤27(横向)	≥54(横向)

通常，30Cr2Ni4MoV 钢的使用温度宜限制在 350℃ 以下，因为该钢具有较强的回火脆性倾向，在 350~575℃ 长期时效后，其硅、锰将促进磷及有害的微量元素向晶界偏聚，会导致 FATT 显著上升，使材料韧性恶化，如图 16-8 及图 16-9 所示。近年来，研制并生产出了超低硅、锰、磷、硫及有害元素含量的整锻低压转子锻件，这些超净化钢杂质元素（质量分数）的控制目标为：Si 0.02%、Mn 0.02%、P 0.002%、S 0.001%、Sn 0.002%、Sb 0.0001%、As 0.002%。

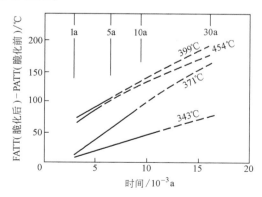

图 16-8　低压转子时效脆化曲线

超净化的 30Cr2Ni4MoV 钢克服了 350℃ 以上长期时效后的脆化倾向，并且高温持久强度有所提高。与该钢常规纯度转子材料相比，有更好的应力腐蚀与服役疲劳抗力及良好的低周疲劳性能。超临界发电机组

低压转子的入口蒸汽温度达 450℃，NiCrMoV 钢超净化低压转子的研制成功，开拓了该钢作为 350℃ 以上温度使用的低压转子用钢，应用于超超临界高效率发电厂的使用前景。

3. 高低压一体化转子锻件

大容量汽轮机通常由高压、低压两根或两根以上的转子锻件组成，汽轮机组不同温度区段气缸中的转子锻件使用不同的材料制造。1CrMoV 钢高压（HP）、中压（IP）转子的主导要求是高温持久强度高，而 3.5NiCrMoV 钢低压（LP）转子的主导要求则是在室温下应具有高的强度与高的塑韧性。

为了使发电机组变得紧凑而简单化，同时机组具有更高的发电效率及安全可靠度，从 20 世纪 80 年代起，国外研制并制造了新型的 HLP 高低压一体化新型转子材料，使一支转子的 HP 与 LP 不同段分别兼有高压转子或低压转子的性能，从而使较大容量的汽轮机可以设计为只有一根转子的单缸汽轮机。高低压一体化转子锻件，多应用于 100MW 及以上容量的机组，优良的 HLP 转子也可应用于 100~250MW 单缸汽轮发电机组。

表 16-9 列出了发达国家已经生产的几种 HLP 转子的典型化学成分和尺寸。常规的 $w(Cr) = 2\% \sim 2.5\%$ 型 HLP 一体化转子通常采用特殊的分段调质处理办法，以使转子段的性能满足高中压转子的要求，而 LP 段的性能满足低压转子的要求，其典型的性能如图 16-10 及图 16-11 所示。

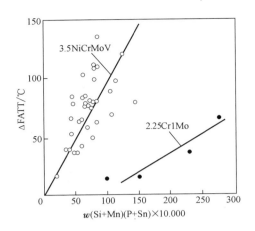

图 16-9　残存元素对断口形貌
转变温度 ΔFATT 的影响

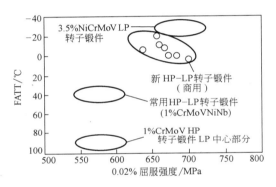

图 16-10　HLP 转子 LP 段中心部分的 FATT
与屈服强度

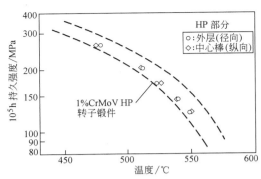

图 16-11　HLP 转子锻件 HP 段的持久强度

我国驱动供热型工艺汽轮机的转子也属于单缸型、低压一体化转子的应用范畴，转子材料曾使用 28CrMoNiV 及 30CrMoNiV 钢，其化学成分及力学性能见表 16-10 和表 16-11。该材料经常规热处理后，其性能介于 30Cr1MoV 与 30Cr2Ni4MoV 钢之间，可满足工业汽轮机转子高压端对高温持久强度的要求，又能适应低压末级对转子高强韧性的要求。

4. 焊接转子

焊接转子采用轮盘和两端轴头组合结构，可以将约 213t 的大型转子，分成不超过 30t 的中小锻件，在锻造和热处理后通过焊接制成汽轮机转子，由于焊接部位是空心结构，所以能节约原材料，并减轻转子的重量。根据工作条件选用不同的原材料，可以生产各种汽轮机转子或燃气轮机转子。一根焊接转子可以由同种材料组成，也可以依据各工作段的不同温度选用两种不同的材料制造。

表 16-9　几种 HLP 转子的典型化学成分和尺寸

材　料	典型转子尺寸/mm	化学成分（质量分数,%）									研究制造方
		C	Si	Mn	Cr	Mo	Ni	V	W	Nb	
2%CrNiMoWV	φ1431×7572	0.23	0.07	0.67	2.12	0.85	0.74	0.32	0.63		美国、德国
2.25%CrNiMoVNbW	φ1601×7957	0.24	≤0.03	≤0.05	2.25	1.10	1.70	0.20	0.20	0.03	东芝、日本制钢所
2.25Cr1.2Mo1.5Ni V	φ1625	0.25	0.06	0.44	2.48	1.13	1.45	0.23			神户制钢、富士电机
2%CrMoNiWV	φ1940×4300	0.22	0.06	0.70	2.13	0.86	0.76	0.32	0.65		德、美、英、瑞士等
9CrMoVNiNbN	φ1750×4810	0.16	0.09	0.09	9.69	1.36	1.22	0.22	(0.04)	0.05	日本制钢所

表 16-10　工业汽轮机转子的化学成分

钢　号	化学成分（质量分数,%）									
	C	Mn	Si	P	S	Cr	Mo	Ni	V	Cu	Al
28CrMoNiV	0.25~0.30	0.30~0.80	≤0.30	≤0.012	≤0.012	1.10~1.40	0.80~1.00	0.50~0.75	0.25~0.35	≤0.20	≤0.01
30CrMoNiV	0.28~0.34	0.30~0.80	≤0.30	≤0.012	≤0.012	1.10~1.40	1.00~1.20	0.50~0.75	0.25~0.35	≤0.20	≤0.01

表 16-11 工业汽轮机转子的力学性能要求

牌 号	尺寸范围/mm	取样部位	$R_{p0.2}$/MPa	R_m/MPa	A(%)	Z(%)	KV_2/J	FATT$_{50}$/℃
28CrMoNiV	≤900	切向、纵向	550~700	700~850	≥15	≥40	≥24	≤85
30CrMoNiV	≥900	切向、纵向	550~700	700~850	≥15	≥40	≥24	≤85

常用的焊接转子材料有 17CrMo1V（瑞士 st560TS）和 25Cr2NiMoV 钢（瑞士 st565S），其化学成分和力学性能见表 16-12 和表 16-13，焊接材料的化学成分见表 16-14。25Cr2NiMoV 钢的奥氏体连续冷却转变图如图 16-12 所示。

表 16-12 焊接转子用钢的化学成分

牌 号	化学成分（质量分数，%）									
	C	Mn	Si	P	S	Cr	Mo	Ni	V	Cu
17CrMo1V （st560TS）	0.12~ 0.20	0.60~ 1.0	0.30~ 0.50	≤0.030	≤0.030	0.30~ 0.45	0.70~ 0.90	—	0.30~ 0.40	≤0.20
25Cr2NiMoV （st565S）	0.22~ 0.28	0.70~ 0.90	0.15~ 0.35	≤0.015	≤0.015	1.70~ 2.00	0.75~ 0.95	1.00~ 1.20	0.03~ 0.09	≤0.20

表 16-13 焊接转子用钢的力学性能要求

牌 号	取样部位	$R_{p0.2}$/MPa	R_m/MPa	A(%)	Z(%)	KV_2/J
17CrMo1V （st560TS）	轴头（纵向）	≥490	≥610	≥16	≥45	≥49
	轮盘（切向）	≥535	≥655	≥15	≥40	≥49
25Cr2NiMoV （st565S）	轴头（纵向）	≥635	≥745	≥15	≥40	≥59
	轮盘（切向）	≥635	≥745	≥14	≥35	≥49

表 16-14 焊接材料的化学成分

牌 号	化学成分（质量分数，%）									
	C	Mn	Si	P	S	Cr	Mo	V	Ti	Cu
17CrMo1V （st560TS）	0.10~ 0.15	0.30~ 1.50	0.15~ 0.50	≤0.020	≤0.020	0.50~ 0.60	0.90~ 1.00	0.40~ 0.50	0.20~ 0.40	≤0.25
25Cr2NiMoV （st565S）	≤0.10	≤0.15	≤0.35	≤0.025	≤0.020	2.0~ 2.5	0.90~ 1.20	—	—	—

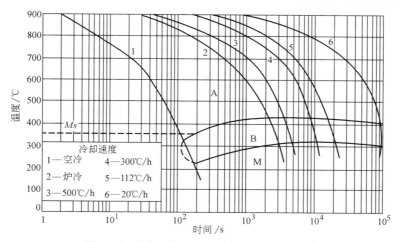

图 16-12 25Cr2NiMoV 钢奥氏体连续冷却转变图

16.1.3 转子锻件的热处理

电站用大型转子锻件的质量水平，主要反映在炼钢和铸锭技术上。真空精炼与真空浇注的双真空脱气技术，大大减少了钢中的磷、硫、锡等不纯物及氢、氧、氮气体含量，而先进的铸锭形状设计与应用则减轻了特大型钢锭中的各种偏析，以及伴随偏析而出现的疏松、夹杂、成分偏析等各类缺陷。因此，极大地提高了大型转子锻件材质内部的纯净度，从而有利于提高锻造及热处理质量，使大型转子锻件获得优良的、安全可靠的使用性能。

转子锻件的热处理通常包含锻后热处理、调质处理及去应力退火三个阶段。

锻后热处理的主要目的是细化晶粒，解决锻造组织的粗晶与混晶问题，对于已在炼钢阶段采用双重脱气处理的转子锻件，不必再进行去除白点退火。但是，为了消除大锻件材料中的粗晶与混晶，有时则需要采用多次重结晶的办法进行复杂的正火处理。

调质处理的目的是为了消除热处理应力及转子开槽与打中心孔时产生的加工应力，一般是在低于回火温度 30~50℃ 的温度加热缓冷。对于已达到高纯净度的转子材料，回火脆性已不复存在。大锻件的调质回火可采用 5~15℃/h 的缓冷方式，因而对电站锻件的去应力处理，已有省略的趋势。

大型转子锻件造价昂贵，其热处理十分重要而复杂，需根据其材质、冶炼铸锭方法，锻造工艺与锻件尺寸的具体情况确定。

1. 亚临界高中压转子 30Cr1Mo1V 钢的热处理

某厂生产的 600MW 汽轮机 30Cr1Mo1V 钢高中压转子，经双真空精炼，转子锻件的尺寸为 $\phi 1200mm \times 8340mm$，锻件毛坯重 45t。其锻后热处理工艺采用 1010~1030℃ 高温正火和 250℃ 长时间的保温冷却，以保证心部充分转变，达到细化晶粒的目的。

该转子的调质处理采用 10760m³/h 的大鼓风量的鼓风冷却方式，使奥氏体化后的转子锻件快速冷却，外表与心部均获得上贝氏体组织，从而使材料具有高的持久强度与良好而均匀的室温综合力学性能。因转子不同部位的截面差较大，在实际操作中，为保证均匀冷却，对截面较小的轴径加缠石棉布保护冷却，实际鼓风 10h 后轴身温度为 240℃，轴径温度为 63~86℃，达到预期效果。

该转子的两种热处理包括去应力处理工艺，如图 16-13 及图 16-14 所示。用该工艺处理的高中压转子，经全面检验达到了国外有关技术标准的无损与理化检测的要求。

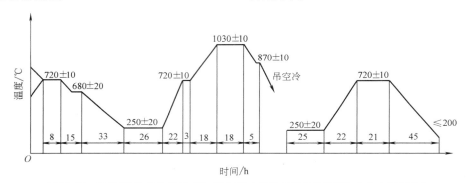

图 16-13　600MW 汽轮机 30Cr1Mo1V 钢高中压转子锻后热处理与去应力处理工艺

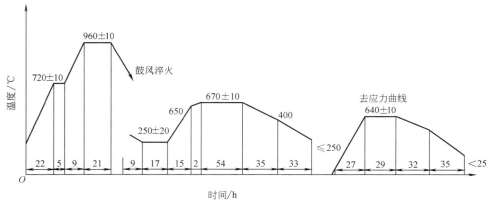

图 16-14　600MW 汽轮机 30Cr1Mo1V 钢高中压转子调质处理与去应力处理工艺

2. 汽轮机低压转子 30Cr2Ni4MoV 钢的热处理

某厂生产的 600MW 汽轮机 30Cr2Ni4MoV 钢低压转子，经双真空精炼，铸件毛坯的尺寸为 $\phi 1925mm \times 8800mm$，重 88t。

从图 16-7 30Cr2Ni4MoV 钢的奥氏体连续冷却转变图可以看到，该钢的淬透性很好，高温奥氏体相当稳定，在空冷方式下不发生珠光体转变。生产实践中发现，这种钢易出现粗大的奥氏体晶粒，并有组织遗传性倾向。

为使直径近 2m 的大型锻件达到组织均匀、晶粒细化的目的，该钢的锻后热处理采用了 930℃、900℃ 及 870℃ 的三次高温正火，使之实现多次重结晶。当正火温度过高时，正火细化晶粒的效果不好；当第一次正火温度低于 840℃ 时，则易出现粗晶遗传现象。因此，将该转子锻后正火冷却的温度降低到 180~250℃，并保持足够的时间，使之充分完成组织转变，减少残留奥氏体量，有利于晶粒细化和充分去氢。考虑转子尺寸大和可能有氢偏析的现象，在回火处理阶段延长了保温时间，进行了适当的去氢处理。其锻后热处理的工艺曲线如图 16-15 所示。

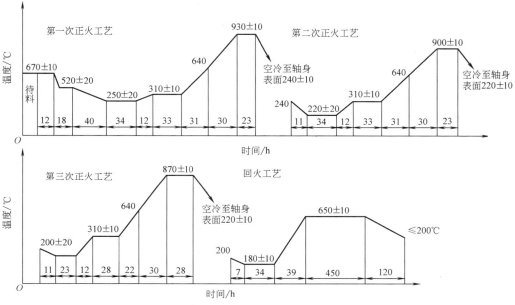

图 16-15　600MW 汽轮机 30Cr2Ni4MoV 钢低压转子锻后热处理工艺曲线

转子的调质处理在 $\phi2.7m \times 18m$、喷水量为 2000~2370t/h 的立式喷水装置中进行，以满足大型低压转子充分淬火的需要，从而获得更多的马氏体和下贝氏体组织。为提高转子的断裂韧度，减少淬火应力集中，避免淬火时出现裂纹，一方面在转子本体适当开槽，用以减少转子锻件的有效截面，增加锻件淬火的表面积，以便得到较好的心部组织；另一方面在转子的不同部位采取不同的喷水量和冷却工艺，使工件各部位获得大致相同的冷却速度，从而得到良好的淬火效果，避免开裂。该大型转子实际喷水 12h，空冷 4h 后，转子轴身温度为 80℃。600MW 汽轮机 30Cr2Ni4MoV 钢低压整体转子的调质处理及叶轮体与转子中心孔机械加工后的去应力处理工艺曲线如图 16-16 所示。

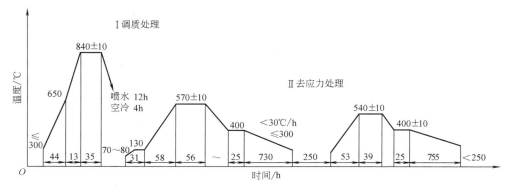

图 16-16　600MW 汽轮机 30Cr2Ni4MoV 钢低压整体转子的调质处理与去应力处理工艺路线

3. HLP 高低压一体化转子的热处理

2.5Cr1.2Mo1.5NiV 钢高低压转子由碱性电炉+真空碳脱氧冶炼的 89t 钢锭经 13000t 水压机锻制而成，最大直径为 1625mm。

经过预备热处理的转子锻件采用图 16-17 所示的分段调质工艺进行调质处理，即井式炉分段控温，使转子高压段加热到 950℃，鼓风冷却，653℃回火；转子低压段加热到 910℃，喷水冷却，624℃回火，从而使转子的 HP 段与 LP 段分别达到不同的性能要求。

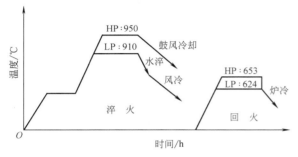

图 16-17　高低压一体化转子锻件调质处理工艺曲线

4. 超临界高中压不锈钢转子的热处理

一台 415MW 超临界汽轮机转子，进汽温度为 580℃，汽轮机高中压转子的材质为 10% CrMoVNbN 钢，由双真空浇注的 97t 钢锭锻造而成，其热处理工艺曲线如图 16-18 所示。

为了防止大型不锈钢转子发生相变开裂，预备热处理采用 690℃ 等温保持 150h，以保证转子全部转变为铁素体+碳化物组织。调质处理采用油淬以得到充分的马氏体转变，锻件在 150~200℃ 均温，防止淬火开裂；接着进行两次回火，第一次回火保证获得低应力的回火马氏体组织，并在冷却过程中使残留奥氏体转变为马氏体；第二次回火消除应力，并使第一次回火后形成的马氏体回火。此外，不锈钢转子的轴径需采用适宜的材料进行堆焊，以减少使用中轴径的异常磨损。

5. 焊接转子热处理

25Cr2NiMoV 钢用于制造汽轮机低压焊接转子，锻后在 900~1020℃ 正火两次，并经 700℃ 回火；调质处理的淬火加热温度为 900℃，采用水和空气间歇冷却，620~670℃ 回火后缓慢冷却。采用 08Cr2MoA 焊丝焊接，焊后 600℃ 回火。其热处理工艺曲线如图 16-19~图 16-21 所示。

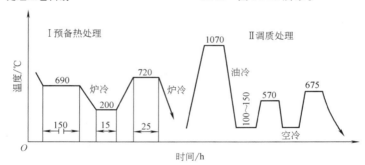

图 16-18　10%CrMoVNbN 钢大型转子锻件锻后热处理工艺曲线

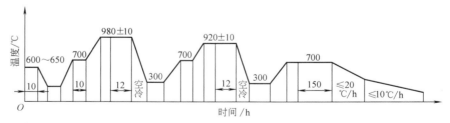

图 16-19　25Cr2NiMoV 钢焊接转子锻后热处理工艺曲线

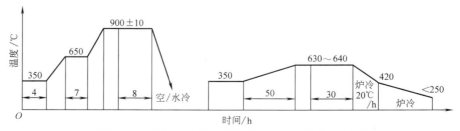

图 16-20　25Cr2NiMoV 钢焊接转子锻件调质处理工艺曲线

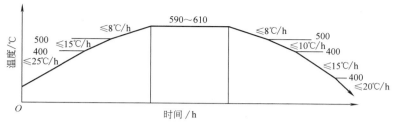

图 16-21　25Cr2NiMoV 钢焊接转子焊后热处理工艺曲线

16.1.4　常见大型转子锻件热处理缺陷及预防措施

国内重机厂生产的大型转子锻件常见热处理缺陷及预防措施见表 16-15。

表 16-15　大型转子锻件常见热处理缺陷及预防措施

热处理缺陷	预防措施
锻后热处理开裂	转子锻坯入炉前认真消除锻造过程中产生的表面裂纹等缺陷,锻造后再锻坯表面温度为 500℃ 以上时趁热入炉;锻后热处理的冷却速度不能太快,冷却的温度和保温时间要适当
白点	镍铬钼钒钢和铬钼钒钢白点敏感性强,最有效的措施是真空冶炼及真空浇注,降低钢液氢含量。若钢液不经真空处理,必须经长时间除氢处理;当真空处理未达到工艺要求时,应有适当的除氢处理。同时,应采取措施降低锻件内部的应力
出现粗晶和混晶	钢液应纯洁、均匀,钢锭及浇注参数应合理,尽可能减少钢锭宏观和微观偏析;锻造时应充分锻造,变形应均匀,变形温度和变形量应合理,终锻温度可适当低一些;锻坯锻后热处理的重结晶参数应合理,多次过冷、多次重结晶效果更好
调质开裂	调质前锻件应无严重超标缺陷;粗加工时给锻件合理倒角和加工圆角,锻件各段截面差别不宜过大;加热速度及淬火冷却速度应适当,淬火终冷温度应严格控制
硬度不均匀	加热应均匀,淬火冷却均匀,回火温度应均匀,回火时间应足够
强度指标不合格	冶炼及锻造时尽量减少宏观、微观偏析,锻造时应彻底切除冒口;调质工艺应正确、准确,操作时严格执行工艺,保证加热冷却均匀;加热炉仪表、热电偶应校对准确
塑性指标不合格	提高钢液纯洁度,严格控制有害元素含量;尽量减少宏观、微观偏析,彻底切除浇目口,充分锻透、锻实,消除孔洞和疏松;锻造热处理阶段应保证充分相变,使锻造组织细化和均匀化;调质处理时工艺参数应正确、准确,严格执行工艺;测温系统应校对准确;试样加工及测试系统应正常
热处理变形太大	锻造时尽量使锻件中心线一致,机械加工画线尽可能不偏心;少用和不用开槽调质,加工热处理吊孔轴线一定要通过转子中心线并与之垂直,加热冷却应均匀
残余应力过大	淬火加热、冷却应均匀,去应力退火的温度和时间应足够,去应力退火后的冷却速度尽可能慢一些,冷却应尽可能均匀,出炉温度应合理;切应力环的机械加工参数应合理,测试方法应正确

16.2　汽轮发电机无磁性护环的热处理

16.2.1　服役条件及失效形式

无磁性护环是用来箍筋汽轮发电机转子两端的端部线圈,防止线圈在高速运转时由于离心力的作用将其甩出。护环是用加热红套的方法,一端紧套在转子轴身端部,另一端紧套在中心环上。运转时,护环除了承受本身离心力,还承受转子绕组端部的离心力、弯应力及配合力等。为了防止端部因漏磁造成的损耗及运转时产生涡流影响发电机效率,要求护环材料无磁性,其磁导率 $\mu \leqslant 1.1\mathrm{Gs/Oe}$（$1\mathrm{Gs}=10^{-4}\mathrm{T}$,$1\mathrm{Oe}=79.5775\mathrm{A/m}$）。护环的主要失效形式是应力腐蚀开裂。

16.2.2　护环用钢

根据 JB/T 7029—2004《50MW 以下汽轮发电机无磁性护环锻件技术条件》、JB/T 1268—2014《汽轮发电机 Mn18Cr5 无磁性护环锻件　技术条件》和 JB/T 7030—2014《汽轮发电机 Mn18Cr18N 无磁性护环锻件　技术条件》,护环材料的化学成分见表 16-16,其力学性能要求见表 16-17,护环的晶粒度要求为 ASTM No.1 级或更细。

1Mn18Cr18N 钢碳含量低、铬含量高,抗应力腐蚀能力强;在同等强度的情况下,其断面收缩率与冲击韧度几乎是 50Mn18Cr5 类材料的两倍,故得到越来越广泛的应用,特别是在大容量汽轮发电机组上,该钢已基本取代了 18-5 型钢。

表 16-16　发电机护环材料的化学成分

钢　种	化学成分(质量分数,%)								
	C	Mn	Si	P	S	Cr	W	Al	N
50Mn18Cr5	0.40 ~ 0.60	17.00 ~ 19.00	0.30 ~ 0.80	≤0.060	≤0.025	3.50 ~ 6.00	—	—	—
50Mn18Cr5N	0.40 ~ 0.60	17.00 ~ 19.00	0.30 ~ 0.80	≤0.060	≤0.025	3.50 ~ 6.00	—	—	≥0.08
50Mn18Cr4WN	0.40 ~ 0.60	17.00 ~ 19.00	0.30 ~ 0.80	≤0.060	≤0.025	3.00 ~ 5.00	0.70 ~ 1.20	—	≥0.08
1Mn18Cr18N	≤0.12	17.50 ~ 20.00	≤0.80	≤0.050	≤0.015	17.50 ~ 20.00	B≤0.001	≤0.030	≥0.47

表 16-17　发电机护环材料的力学性能（摘自 JB/T 1268—2014）

锻件强度级别	$R_{p0.2}$/MPa	R_m/MPa	A(%)	Z(%)	推荐材料
Ⅰ	≥585	≥735	≥25	≥35	50Mn18Cr5 50Mn18Cr5N
Ⅱ	≥640	≥785	≥20	≥35	
Ⅲ	≥735	≥835	≥18	≥30	—
Ⅳ	≥785	≥885	≥16	≥30	
Ⅴ	≥760	≥895	≥25	≥35	50Mn18Cr4WN
Ⅵ	≥825	≥965	≥20	≥30	
Ⅶ	≥900	≥1035	≥20	≥30	

注：1. 试验温度为 20~27℃。在同一试环上，$R_{p0.2}$ 测得的波动值不应超过标准要求的 10%。
　　2. 如果 R_m 和 $R_{p0.2}$ 达到高一级的性能指标时，A 和 Z 可按高一级的性能指标考核。

护环材料是一种奥氏体钢，通常需用电渣钢来制造，其护环成品所要求的高强度只能通过冷扩孔产生大量的塑性变形，即由冷变形强化来实现；与此同时，还要求护环满足残余应力的要求（要求护环的残余应力不超过规定屈服强度的 20%）。因此，护环的制造难度很大。

16.2.3　护环锻件的热处理

600MW 汽轮发电机 50Mn18Cr5N 大型护环的尺寸为 ϕ1186mm（外径）×ϕ993mm（内径）×975mm（高）。其制造工艺路线为：电炉冶炼→浇注电极→电渣重熔→电渣棒在 1190℃、1140 ~ 750℃拔长、镦粗、冲扩孔→加芯棒拔长成护环毛坯→水冷→护环坯进行固溶处理→楔块扩孔成形→消除残余应力回火→测试残余应力与力学性能合格后→精加工至护环的交货尺寸。

护环需七火锻成，第二、三、四火在 1190℃高温加热共计 60h，其目的是利用锻造前的高温加热使合金元素得以充分扩散；其余四火均采用较低温度 1140℃锻造，以防晶粒粗化。毛坯锻毕后采用水冷，防止锻件冷却过程中大量析出碳化物而产生脆性。

护环的热处理包括固溶处理与去应力退火两部分，见表 16-18。

护环的固溶处理是制造过程的一种中间热处理。护环在环坯热锻后虽经过水冷，但实测的伸长率仅为

表 16-18　护环锻件的热处理工艺

固溶处理	(1035±5)℃加热 4h 后入水冷却 60min，出水时工件温度应低于 100℃
去应力退火	(250±10)℃保温 4h，(300±10)℃保温 10h，缓冷 10~12h，至工件温度低于 100℃时出炉

49% ~ 57%，不满足中心最大变形量 62% 的塑性要求。通过再次正式的固溶处理，使晶界上的碳化物在高温下更好地溶于晶内，提高护环扩孔前环坯的塑性，其塑性可提高到 62% ~ 69%。

护环环坯中间固溶处理，关系着护环成形工序的成败，其工艺要点是：

1）固溶处理冷却时，工件入水前水温应低于 30℃，冷却终了水温应低于 55℃，工件出炉到入水时间应少于 5min。

2）固溶处理采用氩气保护加热，当炉温升到 500℃时开始通氩气，500 ~ 900℃通氩气量应为 10L/min，900℃以上为 30L/min。

3）通氩气采用保护罩，测温热电偶应直接接触工件，以保证测温准确。

4）装炉前必须将工件表面灰尘、油污等清洗干净。

600MW 汽轮发电机 50Mn18Cr5N 护环经过 300℃的去应力处理后，其力学性能、残余应力、晶粒度及磁导率见表 16-19。

表 16-19　50Mn18Cr5N 护环的力学性能、残余应力、晶粒度及磁导率

取样部位	$R_{p0.2}$/MPa	R_m/MPa	A(%)	Z(%)	KV_2/J	残余应力/MPa	晶粒度/级	磁导率 μ/(H/m)
外环切向	990 1010	1163 1177	36 31	49 51	—	3	1~2	1.008
中环切向	1076 1108 1106 1120	1217 1234 1243 1249	30 27 30 25	50 47 46 46	175 181	3	1~2	1.008
内环切向	1242 1269	1310 1338	20 17	36 35	110 110			
径向	969 850	1163 1144	22 17	46 47	—			

16.2.4　护环锻件常见热处理缺陷及预防措施　（见表 16-20）

表 16-20　护环锻件常见热处理缺陷及预防措施

缺陷类型	预防措施
出现粗晶和混晶	护环的晶粒度主要由锻造决定。为避免粗晶和混晶，应严格控制锻造温度和变形量，终锻温度应合理，变形量应均匀；固溶温度和保持时间要合理，并且进行合理的快速升温
护环强度偏低	加热温度偏高，时间太长或温度不均匀，致使局部应力偏高。若温度偏高太多，会引起碳化物析出，降低应力腐蚀抗力，对磁性能不利
护环塑性偏低，成形能力差	碳化物在固溶时未充分溶解引起。固溶温度和保持时间应充分，淬火入水应快，水温要低，水冷时间应足够；热锻成形后应采用水冷，防止冷却过程中析出过量碳化物

16.3　汽轮机叶轮的热处理

16.3.1　服役条件及失效形式

叶轮是火力发电站汽轮机核心——高速转动转子上的关键大锻件之一，如 200MW 汽轮机末级叶轮锻件毛坯的直径约为 $\phi 1.4m$，重约 4t。叶轮通过加热红套实现与转子的过盈配合，叶轮外缘周向槽或径向槽中装嵌若干叶片，一起随同转子高速旋转。受叶片及叶轮高速转动离心力及振动应力的综合作用，叶轮在工作状态下承受巨大的切向应力与径向应力。叶轮叶根槽及键槽的尖角处，还受到应力集中与湿蒸汽环境腐蚀的双重作用。因此，叶轮与汽轮机转子一样，要求有高的强度，优良的塑性、韧性，低的脆性转变温度。

叶轮主要的失效形式是末几级叶轮，特别是末级叶轮叶根槽根部或键槽根部出现应力腐蚀裂纹，叶轮

键槽裂纹达到一定深度后，将导致整个叶轮的飞裂。

为了杜绝大型机组叶轮的飞裂事故，也由于电站大锻件冶炼及制造技术的提高，对于 200MW 以上的大型汽轮机，目前国内外均采用叶轮与转子锻为一体的大直径整锻转子锻件，通过机械加工，从转子上产生本体叶轮，不再另外进行叶轮的红套。仅 200MW 及其以下的小型汽轮机上仍采用红套叶轮。

16.3.2　叶轮用钢

根据 JB/T 1266—2014《25～200MW 汽轮机轮盘及叶轮锻件　技术条件》及 JB/T 7028—2018《25MW 以下汽轮机轮盘及叶轮锻件　技术条件》，叶轮用主要钢种的化学成分见表 16-21。

一般叶轮采用 34CrNi3Mo、35CrMoV、34CrMo1A 等钢制造，这些叶轮钢常用电炉冶炼加钢包炉精炼，并采用真空浇注钢锭，以减少钢中气体含量。叶轮用钢锻件的力学性能要求见表 16-22。

表 16-21　叶轮用主要钢种的化学成分（摘自 JB/T 1266—2014 和 JB/T 7028—2018）

钢　　种	化学成分（质量分数，%）									
	C	Mn	Si	P	S	Cr	Ni	Mo	V	Cu
34CrMo1A	0.30~0.38	0.40~0.70	0.17~0.37	≤0.020	≤0.020	0.70~1.20	≤0.40	0.40~0.55	—	≤0.20
24CrMoV	0.20~0.28	0.30~0.60	0.17~0.37	≤0.020	≤0.020	1.20~1.50	—	0.50~0.60	0.15~0.30	≤0.20

（续）

钢 种	化学成分（质量分数，%）									
	C	Mn	Si	P	S	Cr	Ni	Mo	V	Cu
35CrMoV	0.30~0.40	0.40~0.70	0.17~0.37	≤0.020	≤0.020	1.00~1.30	≤0.30	0.20~0.30	0.10~0.20	≤0.20
34CrNi3Mo	0.30~0.40	0.50~0.80	0.17~0.37	≤0.020	≤0.020	0.70~1.10	2.75~3.25	0.25~0.40	—	≤0.20
25CrNiMoV	0.20~0.28	≤0.70	0.17~0.37	≤0.020	≤0.020	1.00~1.50	1.00~1.50	0.25~0.45	0.07~0.15	≤0.20
30Cr2Ni4MoV	≤0.35	0.20~0.40	0.17~0.37	≤0.020	≤0.020	1.50~2.00	3.25~3.75	0.30~0.60	0.07~0.15	≤0.20

表 16-22　叶轮用钢锻件的力学性能要求

项　目	锻件强度级别/MPa							
	440	490	540	590	640	690	730	760
$R_{p0.2}$/MPa	≥440	≥490	≥540	≥590	≥640	690~820	730~860	760~890
R_m/MPa	≥590	≥640	≥690	≥720	≥760	≥800	≥850	≥870
A(%)	≥18	≥17	≥16	≥16	≥14	≥14	≥13（≥17）	（≥17）
Z(%)	≥40	≥40	≥40	≥40	≥40	≥35	≥35（≥45）	≥45
KU_2/J	≥39	≥39	≥39	≥39	≥39	≥39	≥39（≥61）	（≥61）
$FATT_{50}$/℃	≤40	≤40	≤40	≤40	≤40	≤20	≤20（≤-30）	≤-30
推荐用钢	24CrMoV 35CrMoV 34CrMo1A		34CrMo1A 25CrNiMoV 35CrMoV		25CrNiMoV	34Cr3NiMo	34Cr3NiMo（30Cr2Ni4MoV）	30Cr2Ni4MoV

注：锻件按 730 强度级别订货且材质为 30Cr2Ni4MoV 时，锻件的力学性能按括号内指标验收。

16.3.3　叶轮锻件的热处理

大型叶轮通常采用水压机自由锻造，从钢锭至叶轮交货，钢锭材料的利用率仅 13%~15% 或更低。直径小于 1300mm、重量小于 2t 的中、小型叶轮可模锻生产，从而优化了叶轮的生产程序，使钢材利用率提高到 36%，比常规自由锻工艺的生产率提高 2.27 倍。模锻叶轮的生产工艺路线为：炼钢、铸锭→开坯、去氢炉冷→锯床下料→镦饼→1000kN·m 锤模锻叶轮→正火→粗加工→调质→性能试验→超声检测→精加工→成品。

1. 叶轮的锻后热处理

34CrMo1A、24CrMoV、35CrNi3Mo、34CrNi3Mo 等叶轮用钢，冶炼浇注阶段若未经真空除气的平炉和碱性电炉或钢包精炼，易产生白点。因此，自由锻叶轮或用于模锻的坯料经锻造开坯后必须在 640~660℃ 进行预防白点退火，从锻到预防白点退火入炉的停留时间不能太长，其轮缘温度不得低于 350℃。34CrMo1A、24CrMoV 及 35CrMoV 钢叶轮的锻后热处理工艺曲线如图 16-22 所示，34CrNi3Mo 钢叶轮毛坯的锻后热处理工艺曲线如图 16-23 所示。

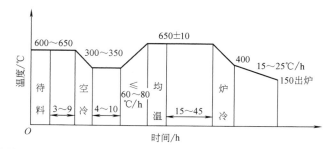

图 16-22　34CrMo1A、24CrMoV 及 35CrMoV 钢叶轮的锻后热处理工艺曲线

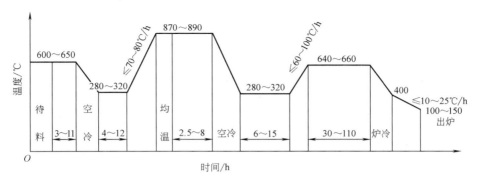

图 16-23　34CrNi3Mo 钢叶轮毛坯的锻后热处理工艺曲线

2. 叶轮的调质处理

对性能要求高的 34CrMo1A、35CrMoV、34CrNi3Mo 等钢的叶轮，调质前应对叶轮进行粗加工，然后进行正火处理，加热至 900~910℃，空冷，以改善锻件内部组织。

叶轮调质处理的冷却方式有油冷、水油冷和水冷等方式，应根据叶轮用钢的材质、规格尺寸和性能要求来决定。直径为 1146mm，厚度约为 80mm 的 35CrMoV 钢模锻叶轮的调质工艺曲线如图 16-24 所示，其调质处理后的力学性能见表 16-23。34CrNi3Mo 钢叶轮的调质工艺曲线如图 16-25 所示。

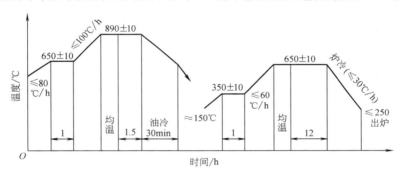

图 16-24　35CrMoV 钢模锻叶轮的调质工艺曲线

表 16-23　35CrMoV 模锻叶轮调质处理后的力学性能

序号	$R_{p0.2}$/MPa	R_m/MPa	$A(\%)$	$Z(\%)$	KV_2/J	晶粒度/级	超声检测
1	758	885	17	52	40		
2	758	885	17	52	63	5~6	合格
3	746	872	17	53	46		

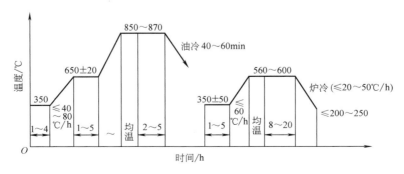

图 16-25　34CrNi3Mo 钢叶轮的调质工艺曲线

16.3.4　叶轮锻件热处理常见缺陷及预防措施　　　（见表 16-24）

表 16-24　叶轮锻件热处理常见缺陷及预防措施

缺陷名称	预防措施
锻后热处理开裂	锻件入炉前认真清除锻件表面的锻造裂纹;锻坯件为 400℃ 以上温度时热装炉,冷却保温温度和时间应适当
白点	叶轮钢液一般只有一次真空处理,热处理中必须采用充分的除氢处理工艺来防止白点的产生
调质开裂	调质前锻件应无严重超标缺陷;粗加工时给锻件合理倒角和加工圆角;淬火冷却介质和冷却参数要合理
硬度不均匀	合理装料,锻件之间保持适当距离,使淬火加热及冷却均匀;回火温度的均匀度特别重要,应予以注意
力学性能不合格	提高钢液纯净度,严格控制有害元素的含量;尽量减少宏观、微观偏析;保证有足够的锻造比,使锻件流线均匀;叶轮调质前必须经重结晶处理,以减少其锻造组织的不均匀性;调质处理时要严格控制调质工艺,淬火、回火的加热温度应均匀;试样的取样部位应合理,试样加工要标准,试验设备应定期严格校验
残余应力不合格	保证调质淬火的加热与冷却均匀,并使去应力退火的温度均且保温时间足够;回火后缓慢均匀冷却,出炉温度不宜太高;机床切取应力环的机械加工参数应当合理,测试的方法应准确

16.4　汽轮机叶片的热处理

叶片是汽轮机最重要的零件之一,它直接担负着将蒸汽的动能和热能转换成机械能的功能。叶片有动叶片和静叶片之分,动叶片安装在汽轮机转子的各级叶轮体上,与转子一起转动;静叶片则安装在隔板上,以使蒸汽流改变方向。

叶片尺寸的长短、级数主要由汽轮机的功率大小决定。小功率汽轮机,仅有一、二级叶片,其叶片长度只有几十毫米,而 300MW 大型汽轮机的高、中低压叶片则共有 28 级,其末级动叶片的长度达 851mm,600MW 大型汽轮机的末级叶片长达 1016mm,1000MW 或更大型汽轮机全转速 3000r/min 的末级钢制叶片长达 1219mm,半转速 1500r/min 的末级钢制叶片长达 1321mm。限于目前冶金和锻造、热处理水平,改型的 Cr13 型叶片钢只能达到 1050MPa 屈服强度等级,而已开发的最大长度末级叶片为用于半转速汽轮机的 1676mm 的钛合金叶片。

汽轮机动叶片钢一般采用电渣重熔方法冶炼,以提高动叶片材料的纯净度。因此,叶片钢的生产制造,包括冶炼、锻造、热处理、质量检查等全过程都区别于一般的普通钢材。

16.4.1　服役条件及失效形式

1. 叶片的服役条件

汽轮机中的动叶片在运行中主要受到以下几种应力的作用:①在高速旋转时,叶片、围带和拉筋的质量所产生的离心力引起的拉应力;②叶片重心偏离径向辐射线产生的弯应力;③蒸汽通过动叶片叶栅时,冲击叶片产生的弯应力和动应力;④高温叶片还受到热应力的作用。

高压、中压段的高温叶片除与转子一起高速旋转,还承受高温、高压的过热蒸汽作用,其工作温度均在 400℃ 以上;亚临界机组,叶片的工作温度最高可到 540℃ (喷嘴叶片、调节级叶片),而超超临界机组的叶片工作温度可达 560℃,甚至 650℃。高、中压段的静叶片工作时,主要承受高温及高温、高压蒸汽的冲击。

低压段动叶片随着叶片尺寸的增大,其高速旋转的离心力和动应力将不断增加,而其中的末级、次末级或次次末级叶片则工作在干湿蒸汽环境中,蒸汽中的微量氯离子等残留有害物质易沉积在叶片表面而产生腐蚀或应力腐蚀。低压静叶片工作时,主要承受低压蒸汽的冲击及湿蒸汽的腐蚀。

2. 叶片的失效形式

在叶片工作过程中,动叶片与转子一起高速旋转,承受的各种应力比静叶片大得多,即工作环境相对恶劣。因此,叶片的失效主要指动叶片的失效。

图 16-26 所示为美国 EPRI 电力研究所对美国汽轮机叶片事故原因的统计结果。

(1) 应力腐蚀、疲劳和腐蚀疲劳　高速运转的

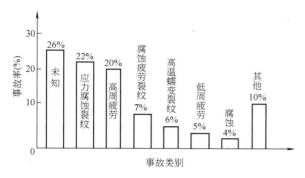

图 16-26　汽轮机叶片事故原因的统计结果

叶片承受的是交变载荷，若叶片振动特性不良、设计加工不当或装配质量不良，在受到各种频率的蒸汽流扰动作用及运行周波改变的影响时，都可能使叶片因发生振动而产生疲劳失效。汽轮机的调节级叶片和低压的几级叶片就经常发生这种断裂事故。

低压末级、次末级和次次末级叶片因处于湿蒸汽下运行，当蒸汽凝聚相中含有某些活性阴离子并沉积在叶片表面上时，将使叶片表面的氧化膜发生破坏，使叶片表面出现腐蚀小坑，成为应力腐蚀、疲劳和腐蚀疲劳的裂纹源，导致叶片的断裂失效。试验表明，叶片材料在质量分数为 22% 的 NaCl 腐蚀溶液中的疲劳强度将比在空气中降低 60% 左右。

（2）低压末级叶片的水蚀　低压蒸汽中含有的微小水滴撞击高速旋转的低压动叶片，如 1016mm 叶片正常工作时，其叶顶表层金属产生塑性变形并最终被冲刷掉，在叶片的进汽边产生水蚀，并且越向页顶越严重。水蚀将导致叶片的安全性下降、气流变化及机组效率下降。

（3）喷嘴、高温调节级叶片的固体颗粒冲蚀磨损　由锅炉管道和蒸汽导管剥落的氧化物颗粒在高压蒸汽的作用下，高速冲击汽轮机的喷嘴和调节级叶片，从而使叶片型面产生冲蚀磨损。冲蚀磨损将使汽轮机的效率降低，可用性降低，输出功率减少。

（4）水击　若汽轮机末几级隔板上的疏水结构不好或疏水不良，会使凝结水进入低压缸的蒸汽通道，一定尺寸的水珠冲击高速旋转的叶片，会使叶片产生严重变形，甚至导致叶片的断裂。

16.4.2　叶片用钢

叶片基本上都使用 12% Cr 马氏体不锈钢和改型的 12% Cr 马氏体不锈钢和耐热钢制造，如 14Cr11MoV、158Cr12MoV、20Cr13、22Cr12NiWMoV 等。马氏体不锈钢加工性能好，成本低，吸振能力强

（12Cr13、20Cr13 钢的衰减性能仅次于铸铁），并且可以通过加入适当的合金元素和改进锻造、热处理等工艺措施，使其强韧性满足叶片设计要求。

图 16-27 和图 16-28 所示为 12%Cr 型钢的 Fe-Cr-C 相图和不锈钢组织图。众所周知，在改型 12%Cr 型不锈钢中，加入的 Cr、Mo、W、V 是强碳化物形成元素，C、Mn、Ni 和 N 则是奥氏体的形成与稳定元素。钢中过多的 δ 铁素体含量会显著降低钢的强度、塑性及韧性，还会影响钢的疲劳强度和高温强度。因此，12%Cr 钢应注意碳与合金元素的适当配比，严格控制金相组织中 δ 铁素体的含量。钢中的 δ 铁素体含量可用下式进行计算，即

$$\delta 铁素体含量 = 10E_{Cr} - 100\%$$

铬当量：

$$E_{Cr} = 1w(Cr) + 2w(W) + 2.2w(Mo) + 1.5w(Nb) + 3.2w(Si) + 10w(V) + 7.2w(Ti) + w(Al) + 2.8w(Ta) - 45w(C) - 30w(N) - w(Ni) - 0.6w(Mn) - w(Cu) - w(Co)$$

另一种铬当量 E_{Cr} 计算式为 $E_{Cr} = 1w(Cr) - 40w(C) - 2w(Mn) - 4w(Ni) + 6w(Si) + 4w(Mo) + 11w(V) - 30w(N) + 1.5w(W)$

当 $E_{Cr} \leqslant 9$（目标为 7）时，钢中一般不会存在 δ 铁素体。

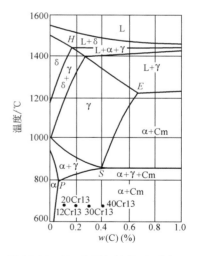

图 16-27　12%Cr 型钢的 Fe-Cr-C 相图

表 16-25 列出了国内外汽轮机制造厂常用的叶片材料，其主要化学成分见表 16-26。电炉冶炼的 Cr12 马氏体不锈钢和耐热钢，一般含有较多的夹杂物，只能用于制造静叶片。动叶片用钢均需采用电渣重熔、真空感应熔炼或真空自耗重熔等二次精炼的方法制造，使叶片材料的夹杂物含量大为降低，合金元素的偏析得到改善。

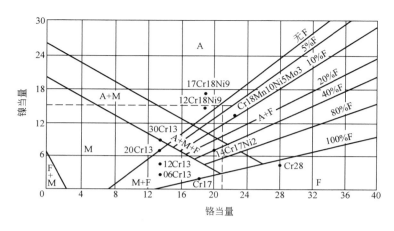

图 16-28　不锈钢组织图

F—铁素体　M—马氏体　A—奥氏体

注：铬当量 $E_{Cr} = w(Cr) + w(Mo) + 1.5w(Si) + 0.5w(Nb)$；镍当量 $E_{Ni} = w(Ni) + 30w(C+N) + 0.5w(Mn)$。

表 16-25　国内外汽轮机制造厂常用的叶片材料

叶片名称	生产厂	动叶片材料牌号	静叶片材料牌号
高温叶片	GE、日立、东芝	AISI 616(22Cr12NiWMoV) H46(18Cr11NiMoNbVN) R26(GH2026)	AISI 616(22Cr12NiWMoV) H46(18Cr11NiMoNbVN)
	西屋、三菱	AISI 616(22Cr12NiWMoV)	AISI 616(22Cr12NiWMoV)
	西门子	X22CrMoV121、 X19CrMoVNbN111	X22CrMoV121
	中国	15Cr12WMoV、 14Cr11MoV、 22Cr12NiMoWV	14Cr11MoV、12Cr13、 ZG1Cr13、ZG1Cr11MoV、 22Cr12NiMoWV
中温、低温叶片	GE、日立、东芝	AISI 403(12Cr12Mo)	AISI 403(12Cr12Mo)、 AISI 410(42CrMo)
	西屋、三菱	AISI 403(12Cr12Mo)	AISI 403(12Cr12Mo)、 AISI 410(42CrMo)
	西门子	X20Cr13	X20Cr13、X7CrAl13
	中国	12Cr13、20Cr13、12Cr12Mo、 14Cr11MoV、15Cr12WMoV	ZG12Cr12[①]、ZG2Cr13、 12Cr13
末级叶片	GE、日立、东芝	12Cr-Ni-Mo-V、Ti-6Al-4V	AISI 403(12Cr12Mo)
	西屋、三菱	17-4PH(05Cr17Ni4Cu4Nb)、 Ti-6Al-4V	AISI 304(06Cr19Ni10)
	西门子	X10CrNiMoV1222	
	中国	14Cr12Ni2WMoV 14Cr12Ni3Mo2VN	ZG1Cr13、ZG12Cr12Mo、 ZG0Cr19Ni9

注：括号内为相当于我国的牌号。

① 曾用牌号。

表 16-26　叶片材料的主要化学成分

牌　号	旧　牌　号	化学成分(质量分数,%)							
		C	Si	Mn	P	S	Cr	Ni	Mo
12Cr13	1Cr13	0.10~ 0.15	≤0.60	≤0.60	≤0.030	≤0.020	11.50~ 13.50	≤0.60	—
12Cr12	—	0.10~ 0.15	≤1.00	≤1.00	≤0.030	≤0.020	11.50~ 13.00	≤0.60	—

（续）

牌　号	旧　牌　号	化学成分（质量分数，%）							
		C	Si	Mn	P	S	Cr	Ni	Mo
20Cr13	2Cr13	0.16~0.24	≤0.60	≤0.60	≤0.030	≤0.020	12.00~14.00	≤0.60	—
12Cr12Mo	1Cr12Mo（AISI 403）	0.10~0.15	≤0.50	0.30~0.60	≤0.030	≤0.020	11.50~13.00	0.30~0.60	0.30~0.60
14Cr11MoV	1Cr11MoV	0.11~0.18	≤0.50	≤0.60	≤0.030	≤0.020	10.50~11.50	≤0.60	0.50~0.70
15Cr12WMoV	1Cr12W1MoV	0.12~0.18	≤0.50	0.50~0.90	≤0.030	≤0.020	11.00~13.00	0.40~0.80	0.50~0.70
21Cr12MoV	2Cr12MoV	0.18~0.24	0.10~0.50	0.30~0.80	≤0.030	≤0.020	11.00~12.50	0.30~0.80	0.80~1.20
18Cr11NiMoNbVN	2Cr11NiMoNbVN（H46）	0.15~0.20	≤0.50	0.50~0.80	≤0.020	≤0.015	10.00~12.00	0.30~0.60	0.60~0.90
22Cr12NiWMoV	2Cr12NiMo1W1V（C422）	0.20~0.25	≤0.50	0.50~1.00	≤0.030	≤0.020	11.00~12.50	0.50~1.00	0.90~1.25
14Cr12Ni2WMoV	1Cr12Ni2W1Mo1V	0.11~0.16	0.10~0.35	0.40~0.80	≤0.025	≤0.020	10.50~12.50	2.20~2.50	1.00~1.40
14Cr12Ni3Mo2VN	1Cr12Ni3Mo2VN	0.10~0.17	≤0.30	0.50~0.90	≤0.020	≤0.015	11.00~12.75	2.00~3.00	1.50~2.00
14Cr11W2MoNiVNbN	1Cr11MoNiW2VNbN	0.12~0.16	≤0.15	0.30~0.70	≤0.015	≤0.015	10.00~11.00	0.35~0.65	0.35~0.50
05Cr17Ni4Cu4Nb	0Cr17Ni4Cu4Nb（17-4PH）	≤0.055	≤1.00	≤0.50	≤0.030	≤0.020	15.00~16.00	3.80~4.50	—

牌　号	化学成分（质量分数，%）						
	W	V	Cu	Al	Ti	N	Nb+Ta
12Cr13	—	—	≤0.30	—	—	—	—
12Cr12	—	—	≤0.30	—	—	—	—
20Cr13	—	—	≤0.30	—	—	—	—
12Cr12Mo	—	—	≤0.30	—	—	—	—
14Cr11MoV	—	0.25~0.40	≤0.30	—	—	—	—
15Cr12WMoV	0.70~1.10	0.15~0.30	≤0.30	—	—	—	—
21Cr12MoV	—	0.25~0.35	≤0.30	—	—	—	—
18Cr11NiMoNbVN	—	0.20~0.30	≤0.10	≤0.03	—	0.040~0.090	Nb:0.20~0.60
22Cr12NiWMoV	0.90~1.25	0.20~0.30	≤0.30	—	—	—	—
14Cr12Ni2WMoV	1.00~1.40	0.15~0.35	—	≤0.05	—	—	—
14Cr12Ni3Mo2VN	—	0.25~0.40	≤0.15	≤0.04	≤0.02	0.010~0.050	—
14Cr11W2MoNiVNbN	1.50~1.90	0.14~0.20	≤0.10	—	—	0.040~0.080	0.05~0.11
05Cr17Ni4Cu4Nb	—	—	3.00~3.70	≤0.050	≤0.050	≤0.050	0.15~0.35

注：括号内为国外牌号。

根据 GB/T 8732—2014 和 GB/T 1221—2007, 有 10 种常用叶片材料。几种典型的动、静叶片材料与热处理介绍如下。

1. 高、中压叶片用 22Cr12NiWMoV 钢与 15Cr12 WMoV 钢

22Cr12NiWMoV 钢的合金元素配比比较合理, 具有高的高温强度、良好的长期热强性和持久塑性, 无缺口敏感性, 耐应力腐蚀, 被广泛用于电站汽轮机的制造, 它不仅适用于汽轮机高温部分的叶片, 而且还适用于汽轮机的紧固件、阀杆等其他零部件的制造。

22Cr12NiWMoV 钢与 15Cr12WMoV 的化学成分十分接近, 其热处理工艺和力学性能要求见表 16-27。图 16-29 和图 16-30 所示为 22Cr12NiWMoV 和 15Cr12WMoV 钢的连续冷却转变曲线。从 22Cr12NiWMoV 钢的连续冷却转变曲线可以看出, 该钢空淬即可获得马氏体组织, 铁素体含量在正常情况下不会超过 5%（体积分数）。15Cr12WMoV 钢空冷也可获得马氏体组织, 但组织中铁素体含量一般都较高。这是由于 15Cr12WMoV 钢中的 C、Ni 元素含量较低。

表 16-27　叶片材料的热处理工艺和力学性能要求（摘自 GB/T 8732—2014 或企业标准）

牌　　号	热处理/℃		$R_{p0.2}$/ MPa	R_m/ MPa	A （%）	Z （%）	试样硬度 HBW	KV_2/J
	淬火	回火						
12Cr13	980~1040, 油冷	660~770, 空气	≥440	≥620	≥20	≥60	192~241	≥35
20Cr13	950~1020, 空气、油	660~770, 油、 空气、水	≥490	≥665	≥16	≥50	212~262	≥27
	980~1030, 油	640~720, 空气	≥590	≥735	≥15	≥50	229~277	≥27
12Cr12Mo	950~1030, 油	650~710, 空气	≥550	≥685	≥15	≥60	217~255	≥78
14Cr11MoV	1000~1050, 空气、油	700~750, 空气	≥490	≥685	≥16	≥55	212~262	≥27
	1000~1030, 油	660~700, 空气	≥590	≥735	≥15	≥50	229~277	≥27
15Cr12WMoV	1000~1050, 油	680~740, 空气	≥590	≥735	≥15	≥45	229~277	≥27
	1000~1050, 油	660~700, 空气	≥635	≥785	≥15	≥45	248~293	≥27
18Cr11NiMoNbVN	≥1090, 油	≥640, 空气	≥760	≥930	≥12	≥32	277~331	≥20
22Cr12NiWMoV	980~1040, 油	650~750, 空气	≥760	≥930	≥12	≥32	277~311	≥11
21Cr12MoV	1020~1070, 油	≥650, 空气	≥700	900~1050	≥13	≥35	265~310	≥20
	1020~1050, 油	700~750, 空气	590~735	≥930	≥15	≥50	241~285	≥27
14Cr12Ni2WMoV	1000~1050, 油	≥640, 空气, 二次	≥735	≥920	≥13	≥40	277~331	≥48
14Cr12Ni3Mo2VN	990~1030, 油	≥560, 空气, 二次	≥860	≥1100	≥13	≥40	331~363	≥54
14Cr11W2MoNiVNbN	≥1100, 油	≥620, 空气	≥760	≥930	≥14	≥32	277~302	≥20
05Cr17Ni4Cu4Nb	1025~1055, 油、空冷	645~655, 4h, 空冷	590~800	≥900	≥16	≥55	262~331	—
		565~575, 3h, 空冷	890~980	950~ 1020	≥16	≥55	293~341	—
		600~610, 5h, 空冷	755~890	890~ 1030	≥16	≥55	277~321	—

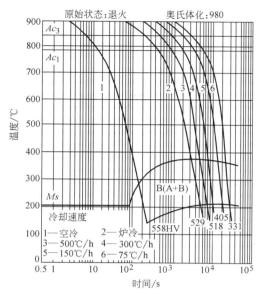

图 16-29　22Cr12NiWMoV 钢的连续冷
却转变曲线

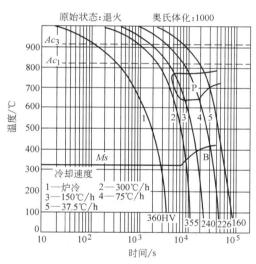

图 16-30　15Cr12WMoV 钢的连续冷却转变曲线

12% Cr 型钢的碳含量（质量分数）为 0.1% ~ 0.2% 时，有良好的抗蠕变性能。在钢中加入的 Cr、Mo、W、V 元素，除了参与固溶强化，主要是通过高温回火，析出各种类型的弥散分布的碳化物，使之得到均匀的回火索氏体组织，获得良好的综合力学性能，满足高温使用的要求。图 16-31 所示为 22Cr12NiWMoV 与 18Cr11MoNbVN 及 12Cr12Mo 钢高温持久强度的比较。

2. 低压叶片用 12Cr12Mo 与 12Cr13 钢

12Cr12Mo 和 12Cr13 叶片材料的化学成分相近（见表 16-26），其热处理工艺和力学性能要求见

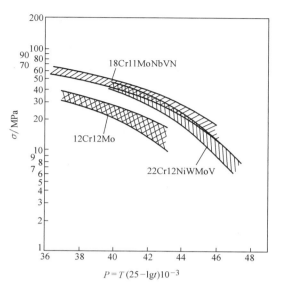

图 16-31　22Cr12NiWMoV 与 18Cr11MoNbVN
及 12Cr12Mo 钢高温持久强度的比较

表 16-27。图 16-32 所示为 12Cr12Mo 钢的连续冷却转变曲线。

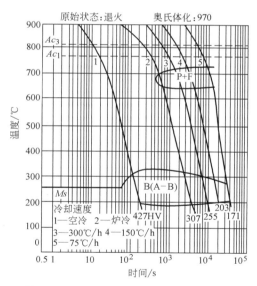

图 16-32　12Cr12Mo 钢的连续冷却转变曲线

12Cr13、12Cr12Mo 钢调质处理后，在回火温度相同时，其强度主要受钢中铁素体含量的影响。国内汽轮机制造厂在使用 12Cr13 钢作为叶片材料时，为减少钢中的铁素体含量和提高钢的强韧性，将 12Cr13 钢的碳含量下限规定为 $w(C) = 0.10\%$。

3. 低压末级叶片用钢 14Cr12Ni3Mo2VN、14Cr12Ni2WMoV 与 05Cr17Ni4Cu4Nb

14Cr12Ni2WMoV 与 05Cr17Ni4Cu4Nb 汽轮机转子

在高速转动时，叶片长度的增加则会使转子和叶片受到的离心力成倍增加。这样，叶片长度的增加就受到转子材料和叶片材料强度的制约。末级叶片由于其形状复杂，截面尺寸变化较大，为使各部位的组织性能均匀一致，并节约材料和减少机械加工量，末级叶片毛坯一般都采用模锻（或精锻）制造。

目前，世界各国制造的大功率汽轮机的末级叶片大多选用 12% 改型马氏体不锈钢和沉淀硬化不锈钢，即 14Cr12Ni3Mo2VN、14Cr12Ni2WMoV 和 05Cr17Ni4Cu4Nb 钢，其化学成分见表 16-26，热处理工艺和力学性能要求见表 16-27。

在 12%Cr-Ni-Mo-V 型钢中，因 C 元素含量较低，为了在提高材料强度水平的同时改善钢的塑性和韧性，在 12%Cr 型钢中加入了质量分数为 2.0% ~ 3.0% 的 Ni 元素，可显著减少钢中铁素体的含量；钢中加入少量的 N 元素，是为了提高钢的强度并减少钢中的铁素体含量；加入适量 Mo 元素是为了强化基体。为有效减少钢中铁素体的含量，应注意控制钢的 Cr 当量，一般要求应低于 9，目标值为 7。图 16-33 所示为 14Cr12Ni2WMoV 钢的连续冷却转变曲线。

在 05Cr17Ni4Cu4Nb 钢中，碳含量非常低［$w(C) \leqslant 0.055\%$］，而 Cr、Ni 元素含量较高，保证该钢能获得具有很好塑性和韧性的低碳马氏体基体；较高的 Cu 含量为这种马氏体基体提供了一种弥散强化相，即富 Cu 相。由于这两方面的原因，使该钢具有优良的综合力学性能和优异的耐蚀性及振动衰减性能。

我国 200MW 及 300MW 汽轮机中曾经使用的末级叶片材料还有 20Cr13、22Cr12NiWMoV（802T）及 2Cr11NiMoV（851）等。

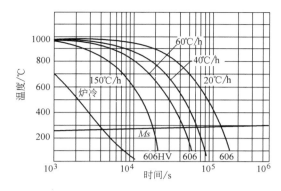

图 16-33　14Cr12Ni2WMoV 钢的连续冷却转变曲线

4. 钛合金

钛合金的密度只有钢的 60%，而且衰减系数小于 Cr13 型钢，耐蚀性优于钢，所以广泛用于制造末级动叶片。国外已开发了 1500mm 的钛合金叶片，国内也进行了 1000mm 钛合金叶片的研制，常用的钛合金为 Ti-6Al-4V（TC4），属于 α+β 型钛合金，含有体积分数为 6% 的稳定 α 相元素 Al 和 4% 的稳定 β 元素 V，退火状态为 α+β 固溶体。

5. 静叶片用钢

静叶片用钢通常为 12Cr13、ZG12Cr13、ZG20Cr13、14Cr11MoV、ZG14Cr11MoV 钢。静叶片用钢一般均用电炉冶炼，末级静叶片因尺寸较大，一般采用精密铸件。随着机组安全性和可靠性的提高，对静叶片的要求也更严格，国外一些公司现已采用模锻静叶片或用厚钢板弯制静叶片。静叶片材料的化学成分见表 16-26，其常用热处理工艺和力学性能要求见表 16-28。

表 16-28　静叶片材料的常用热处理工艺和力学性能要求（企业标准）

牌　号	热处理		$R_{p0.2}/$ MPa	$R_m/$ MPa	A （%）	Z （%）	试样硬度 HBW	KV_2/J
	淬火	回火						
12Cr13	980 ~ 1020℃ 油淬	680 ~ 720℃ 空冷	≥441 ≥353	≥618	≥20	≥60	192 ~ 235 187 ~ 229	≥49
ZG12Cr13	1030 ~ 1050℃ 油淬	650 ~ 700℃ 空冷	≥440 ≥392	≥615 ≥549	≥20 ≥15	≥60 ≥40	187 ~ 229 187 ~ 235	≥49
ZG20Cr13	980 ~ 1000℃ 油淬	730 ~ 740℃ 空冷	≥441	≥588	≥12	≥35	207 ~ 255	≥29.4
14Cr11MoV	1000 ~ 1030℃ 油淬	710 ~ 730℃ 空冷	≥490 ≥392	≥650	≥16	≥55	217 ~ 248 192 ~ 241	≥59
ZG14Cr11MoV	980 ~ 1000℃ 油淬	730 ~ 750℃ 空冷	≥490	≥637	≥15	≥40	197 ~ 229	≥49

16.4.3　叶片毛坯的热处理

汽轮机动叶片用钢采用电炉冶炼＋电渣重熔，大大减少了钢中的夹杂物，电渣锭再经充分锻造，使其中的疏松、偏析等缺陷在锻造过程中得到改善，从而使叶片毛坯性能经热处理后满足技术条件的要求。

动叶片毛坯按外形分为方钢叶片和模锻叶片，其热处理通常包括锻后热处理和调质处理。

锻后热处理的目的是为了改善组织，降低硬度和去除锻造应力，为随后的调质处理做好准备。锻后热处理根据不同材料采用不同的热处理工艺，通常采用高温退火或高温回火。

叶片钢经过淬火+高温回火的调质处理，组织为回火索氏体，其综合力学性能好，耐蚀性也较好。

12Cr% 型叶片钢的淬火温度一般为 950~1050℃。其选择原则是，既要保证获得均匀奥氏体组织，使 $Cr_{23}C_6$ 型碳化物得到充分溶解，又要避免生产高温铁素体。该类叶片钢的淬火温度主要受 C、Cr、W、Mo 等合金元素的影响，若淬火温度低，碳化物溶解不充分，将使材料的强度性能偏低；若淬火温度超过正常的淬火温度，将使钢的晶粒粗大，铁素体量增多，降低钢的塑性和韧性。由于 12%Cr 型钢的淬火马氏体组织中固溶了碳及大量的合金元素，具有较大的内应力，为防止产生裂纹，淬火后必须及时进行回火，淬火后放置的时间一般应在 8h 以内。

12%Cr 型叶片钢因铬含量高，等温转变图右移，临界淬火速度小，小型零件空冷淬火即可。大型零件为使奥氏体充分转变为马氏体，多采用油淬。

型钢淬火后经不同的温度回火处理，其组织、性能也随之变化；组织中的碳化物转变顺序是 $(Fe, Cr)_3C \rightarrow (Cr, Fe)_7C_3 \rightarrow (Cr, Fe)_{23}C_6$。在 200~350℃ 低温回火处理时，淬火马氏体中析出少量的回火马氏体，此时钢不仅仍保持高的强度和硬度，并因析出的碳化物不多，大量的铬元素仍保留在固溶体中，钢的耐蚀性较好，但塑性和韧性较低，在 400~550℃ 中温回火处理时，组织中析出弥散度很高的 M_7C_3 碳化物，使钢出现回火脆性，韧性极低；在 600~750℃ 高温回火处理时，形成 $Cr_{23}C_6$ 型碳化物，组织转变为回火索氏体。经高温回火处理后，12%Cr 型叶片钢的综合性能良好。图 16-34 所示为回火温度对 Cr13 型钢硬度和冲击吸收能量的影响。图 16-35 所示为不同温度回火后的 Cr13 型不锈钢在 $w(NaCl)$ 为 3% 溶液中腐蚀 4 周后的耐蚀性比较。图 16-36 和图 16-37 所示为 12Cr12Mo 钢和 22Cr12NiWMoV 钢在不同温度回火处理后的力学性能。

Cr13 型不锈钢回火的冷却方式一般都采用空气冷却，因为 Cr13 型不锈钢有回火脆性倾向，并且随着钢中的碳含量增加而敏感性增大。20Cr13 钢在某些情况下，如叶片尺寸较大时抑制回火脆性，使钢获得较高的韧性，回火处理后可采用油快速冷却，但油冷会使钢的内应力增大，使叶片在机械加工时产生变形，因此油冷却后应增加一次去应力处理。

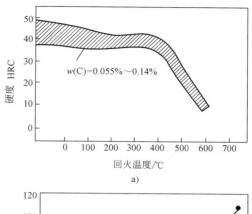

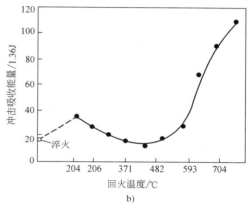

图 16-34　回火温度对 Cr13 型钢硬度和冲击吸收能量的影响

a) 回火温度对硬度的影响

b) 回火温度对冲击吸收能量的影响

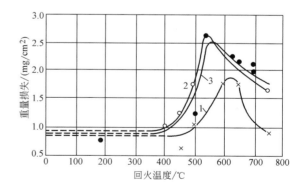

图 16-35　不同温度回火后的 Cr13 型不锈钢在 $w(NaCl)$ 为 3% 溶液中的耐蚀性比较

1—$w(C) = 0.06\%$，$w(Cr) = 13.3\%$

2—$w(C) = 0.23\%$，$w(Cr) = 13\%$

3—$w(C) = 0.29\%$，$w(Cr) = 13\%$

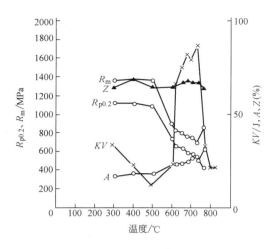

图 16-36　12Cr12Mo 钢 955℃ 淬火后在不同
温度回火处理后的力学性能

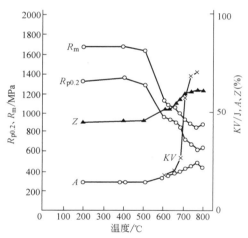

图 16-37　22Cr12NiWMoV 钢 980℃ 淬火后在不同
温度回火处理后的力学性能

16.4.4　叶片的特种热处理

1. 叶片的局部淬火

汽轮机的低压末级叶片在运行时，叶片进汽边靠叶顶附近受湿蒸汽中水滴的冲蚀，而使叶片表层金属产生塑性变形并最终脱落，造成叶片进汽边产生水蚀。为防止叶片进汽边的严重水蚀，一是改进机组的疏水结构，使静叶片上的水滴尽可能少；二是在叶片的进汽边叶顶部采用防水蚀措施，如镶焊或钎焊司太立合金片、表面局部淬火等。

叶片表面的局部淬火防水蚀方法是，使进汽边叶顶局部的区域转化为马氏体，淬火层的硬度可达 40HRC 以上。材料硬度的提高可有效地减轻叶片的

水蚀程度，达到防水蚀的目的。其工艺主要包括高频感应淬火、火焰淬火、离子轰击淬火及激光淬火等。

高频感应淬火和离子轰击淬火具有以下特点：①加热速度快，加热时间短，淬火晶粒细小，淬火表面硬度高；②表面氧化脱碳少，工作淬火变形小；③操作简单，对淬火加热容易进行控制；④表面形成一层压应力，从而提高材料的疲劳强度和抗应力腐蚀能力。

高频感应淬火和火焰淬火的淬火温度一般控制在 950 ~ 1050℃ 的范围；淬火层深度、硬度及淬火范围一般根据叶片设计的要求进行控制，层深一般为 2mm，也可淬透；硬度为 40 ~ 48HRC。叶片表面局部淬火处理后，应进行去应力回火，以防止叶片在运行时产生应力腐蚀。回火温度一般控制在 200 ~ 300℃ 的范围。

2. 叶片表面渗硼、渗铬、渗氮热处理

来自锅炉管道和蒸汽导管的剥落氧化物，在高压蒸汽的作用下，高速冲击汽轮机的喷嘴和调节级叶片，使其产生冲蚀磨损。为防止这种失效，喷嘴叶片可采用渗硼、渗铬和渗氮等热处理，使叶片表面产生一层硬化层，提高叶片表面的硬度。

12%Cr 型叶片钢经渗硼和渗铬处理后，表面硬度为 1300 ~ 1600HV，渗层深度一般为几十微米。渗硼处理有多种方法，其中以固体渗硼较为常见，工艺参数为 900 ~ 1000℃，保温 6 ~ 10h。渗铬工艺参数为 900 ~ 1000℃，保温 6 ~ 10h。经渗氮处理后，表面硬度在 800HV 以上，层深一般为 0.15 ~ 0.25mm。渗氮处理也有多种方法，其中以气体渗氮为主；工艺参数为 530 ~ 550℃，保温 15 ~ 22h。

16.5　汽轮机螺栓的热处理

16.5.1　服役条件及失效形式

螺栓属于汽轮机紧固件，包括用于气缸、阀门、蒸汽连通管、转子联轴器、叶片等零部件上起作用的螺栓、螺钉、螺母和铆钉等。其中最重要的是高、中压气缸法兰连接用大型螺栓与螺母，国产 300MW 汽轮机高压外缸大型双头螺栓的尺寸为 $\phi120mm \times 1500mm$，而 600MW 及以上机组高压外缸双头螺栓尺寸为 $\phi160mm \times 1800mm$。

汽轮机高、中、低压气缸通过法兰面上若干只螺栓的紧固作用，将高温、高压蒸汽密封在气缸内。在汽轮机运行过程中，如果没有其他意外停机事故发生的话，气缸法兰密合的连续工作时间取决于螺栓的可靠性。为了使气缸法兰面密封，将螺栓的螺母拧紧

后，在螺栓内有很大的弹性应力存在。在高温长时间作用下，螺栓内的弹性变形将向塑性变形转变，从而使螺栓的预紧力发生应力松弛，导致气缸法兰连接紧密性的破坏。

因此，气缸螺栓材料应具有较高的高温持久强度、高温蠕变强度及较好的抗松弛性能。由于存在螺纹，螺栓具有产生应力集中的条件，因此螺栓材料应具有小的缺口敏感性及小的时效脆化倾向。对于在气缸内部工作的螺栓，由于受蒸汽和水的冲蚀，还要求具有一定的耐蚀性。另外，制造螺栓和螺母的材料，还不应有相互咬死的倾向。我国电厂要求高温下使用的紧固件，设计寿命通常为 20000h，最小密封应力为 150MPa。

螺栓本身的结构、制造加工的质量、装卸螺栓的方法是否得当和拧紧时对螺栓形成的初紧应力的大小、汽轮机起动时时螺栓与法兰的温度等都直接影响螺栓的使用寿命，而螺栓的过早失效，则主要是金属材料方面的原因。例如，用于 520~535℃ 的 25Cr2Mo1V 钢，由于其组织不够稳定，在高温与高应力共同作用下，松弛性能急剧恶化，往往导致气缸或阀门严重漏气。此外，由于该材质的时效脆化曾发生过螺栓突然断裂的事故。

近来，还发现高温合金材质制作的大螺栓，因其线膨胀系数过大，因应力腐蚀而导致了早期断裂失效。

16.5.2　螺栓用钢

常温及 350℃ 以下的汽轮机低温段紧固件或标准件可用 35 或 45 碳素结构钢制造，高温、高应力紧固件依据设计工况多采用合金耐热钢、12%Cr 型不锈钢或高温合金制造。普通铬钼钒合金耐热钢沿用 GB/T 3077—2015《合金结构钢》，而复杂成分的合金热强钢、不锈钢及高温合金则依据各汽轮机厂制定的工厂标准制造。表 16-29 列出了汽轮机中、高温螺栓用钢的主要化学成分、性能及适用的工作温度。

表 16-29　汽轮机中、高温螺栓用钢的主要化学成分、性能及适用的工作温度

钢　　　种	主要化学成分（质量分数，%）							持久强度 $\sigma_{10^5h}^T$ /MPa	工作温度/℃ ≤
	C	Cr	Mo	W	V	Ti	B		
35CrMo	0.32~0.40	0.80~1.10	0.15~0.25					475℃:167	480
25Cr2MoV	0.22~0.29	1.50~1.80	0.25~0.35		0.15~0.30			500℃:196	510
22Cr12NiWMoV	0.20~0.25	11.0~12.5	0.90~1.25	0.90~1.25	0.20~0.30	Ni:0.50~1.00		540℃:206	540
20Cr1Mo1VNbTiB	0.17~0.23	0.90~1.30	0.75~1.00	Nb:0.11~0.25	0.50~0.70	0.05~0.14	0.001~0.004	560℃:191	560
R26	≤0.08	16.0~20.0	2.50~3.55	Co:18.0~22.0	Ni:35.0~39.0	2.50~3.00	0.001~0.01	550℃:480	650

过去在蒸汽初温为 535℃ 的各种高压、超高压及亚临界不同功率的汽轮机中，常用的螺栓钢种为 25Cr2Mo1V 及 20Cr1Mo1V1，前者因在电厂发生脆断问题，后者因大截面淬透性欠佳均基本淘汰。从 1973 年起，汽轮机制造行业广泛采用 20Cr1Mo1VNbTiB（1 号螺栓钢）取代上述钢种，先后用于 50MW、75MW、200MW 及 300MW 等多种机型，经 20 多年的安全运行考核，利用该钢制造的大螺栓在电厂汽轮机中无漏气与脆断现象发生。该钢中除了含有铬、钼、钒等起固溶强化及弥散强化作用的元素，还加入了铌、钛等细化晶粒及强化晶界的元素硼。由于微量硼元素的加入，起到降低晶界表面能的作用，使这些元素偏聚在晶界上，填充了晶界结构上的空位，减缓了晶界的扩散过程，有效地阻止了晶界碳化物的聚集长大，因而抑制了晶界裂纹的形成及长大过程，强化了晶界；由于 VC、NbC、TiC 等多种稳定碳化物相所起到的沉淀硬化作用比单一的碳化物更为有效，使组织更为稳定，无时效脆化现象，无缺口敏感性。因此，该钢比普通合金成分的耐热钢具有更高的持久强度、蠕变强度及抗松弛性能，特别适于制作 560℃ 温度下大容量机组的大型紧固螺栓。

20 世纪 80 年代，汽轮机制造技术需满足在 535℃ 的亚临界参数下的使用要求，与 20Cr1Mo1VNbTiB 并列使用在 300MW 和 600MW 及以上汽轮机上的高温大螺栓钢种是 Cr12 改进型不锈钢 22Cr12Ni2WMoV、1Cr11Co3W3NiMoVNbNB、2Cr11Mo1NiWVNb 及 R-26Cr-Ni-Co-Fe 基沉淀硬化型高温合金。

除了上述钢种，大型机组大截面中温螺栓用钢还有 40CrMoV、45Cr1MoV，高温大截面螺栓钢还有 20Cr1Mo1VTiB（2 号螺栓钢）、GH4145 等。

铬钼钒类耐热钢采用碱性电炉冶炼，22Cr12NiWMoV 不锈钢一般为电渣钢，高温合金则采用真空感应炉冶

炼 + 电渣重熔，用于 600MW 大型机组上的 45Cr1MoV 钢大截面中温螺栓。为了满足发纹检查对钢材纯净度的严格要求，也有生产采用了电渣重熔。

16.5.3　螺栓毛坯的热处理

300MW 及以下容量机组的大螺栓在汽轮机制造厂的制造工艺路线是：轧制或锻制圆钢的进厂验收→下料→按冶炼炉次分批进行螺栓的性能热处理→按热处理炉次抽检力学性能，并且每件热处理毛坯需硬度检查合格→加工为成品螺栓。引进型 600MW 机组用高温及中温大螺栓，在成品完工后还需进行磁粉或超声检测。

表 16-30 列出了汽轮机高温螺栓用钢的热处理工艺及力学性能。汽轮机厂根据这些钢的力学性能、生产检验数据的统计结果计算出要求值。

表 16-30　汽轮机高温螺栓用钢的热处理工艺及力学性能

牌　号	热处理工艺	统计值	力学性能			
			$R_{p0.2}$ /MPa	R_m /MPa	A (%)	Z (%)
35CrMo	调质：850～880℃，油淬；560～620℃ 回火 正火：850～890℃，空冷；560～650℃ 回火	X_{397}	726	881	18.5	64.0
		95% 上限	891	1003	21.8	69.4
		95% 下限	561	759	15.2	58.6
		要求值≥	588	765	14	40
25Cr2MoV	调质：920～960℃，油淬；640～680℃ 回火 正火：920～980℃，空冷；640～680℃ 回火	X_{331}	774	864	19.5	69.3
		95% 上限	877	958	22.5	73.6
		95% 下限	672	769	16.6	73.6
		要求值≥	686	785	15	50
22Cr12NiWMoV	（1040±15）℃，油淬；650～750℃ 回火，空冷	X_{248}	846	995	19.1	56.7
		95% 上限	921	1052	22.5	65.9
		95% 下限	771	937	15.8	47.4
		要求值≥	760	930	12	32
20Cr1Mo1VNbTiB	退火：750～800℃ 以下装炉，均热升温至 950℃，保温后炉冷至 500℃，出炉 调质：1020～1040℃，油冷，690～730℃ 回火	X_{308}	788	898	17.5	62.4
		95% 上限	916	1025	20.8	72.6
		95% 下限	662	771	14.2	52.2
		要求值≥	670	725	15	60
R26	固溶处理：1000～1050℃×1h，油冷 时效：800～830℃×20h，炉冷至 710～750℃×20h，空冷	X_{203}	671	1154	29.0	45.0
		95% 上限	735	1215	32.6	52.6
		95% 下限	606	1093	25.3	37.3
		要求值≥	550	1000	15	20
1Cr11Co3W3NiMoVNbNB、 2Cr11Mo1NiWVNbN	1085～1150℃，油冷；700～750℃，空冷 1075～1100℃，油冷；640～680℃，空冷	要求值≥	$\sigma_{0.02}$：620	890	15	45
		要求值≥	$\sigma_{0.02}$：690	965	15	45

当高温螺栓材料用于制造螺母时，其工作温度可以比螺栓工作温度高约 30℃；为了使螺栓与螺母在长期使用后不发生咬死现象，高温螺栓应配置高温强度等级低一个档次的异种材料作为螺母。例如，大容量汽轮机组高压气缸法兰面大螺栓材料为 20Cr1Mo1VNbTiB，通常使用 25Cr2MoV 制作罩螺母，而 25Cr2MoV 中的中压螺栓则使用 35CrMo 制作罩螺母，其他 Cr12 改进型不锈钢螺栓采用 45Cr1MoV 钢制作罩螺母。

高温螺母工作时需多次装卸，因此螺母六角面应有较高的硬度，其硬化层应能耐高温，故螺母的六角面通常需进行渗氮处理。其渗氮工艺及要求见表 16-31。

表 16-31　汽轮机高温螺栓罩螺母的渗氮工艺及要求

牌号	气体渗氮工艺	渗氮层技术要求		
		层深	硬度	脆性
35CrMo	≤250℃ 入炉，随炉升温（520±10）℃ 保温 30h 氨气进气压力：60～80mm 油柱 氨气出气压力：30～40mm 油柱 氨气分解率：25%～30% 渗氮后随炉冷却，≤150℃ 出炉	≥0.3mm	≥600HV	≤3 级
25Cr2MoV		≥0.3mm	≥700HV	≤3 级

注：油柱的压强（Pa）= 9.81×油的密度（kg/m³）×油柱高度（m）。

16.5.4　螺栓热处理常见缺陷及预防措施

铬钼钒钢螺栓热处理常见缺陷和防止措施如下：

（1）批量性淬火开裂　原因主要是钢厂供货的圆钢表面质量差，表面有较多浅层折叠与裂纹，在调质中引起淬火开裂。采用酸洗打磨清除掉缺陷或车去缺陷层后再进行热处理，可避免淬火开裂的发生。

（2）淬火弯曲变形与硬度不均匀　改进设备，改进热处理操作，使长杆形零件在加热及淬火时能均匀加热与冷却。

（3）20Cr1Mo1VNbTiB 螺栓出现粗晶　控制钢中硼含量；正确控制始锻与终锻温度；调质前，采用950℃退火，进行细化晶粒的预备热处理，可消除或抑制该钢粗晶问题的发生。

16.6　锅炉构件及输汽管的热处理

电站锅炉是火力发电站中与汽轮机、发电机配套使用的三大配套主机产品之一。与汽轮机、发电机的发展一样，随着电力需求量的增大和使用要求的提高，以及燃料种类的多样化，我国电站锅炉的主要产品目前已拥有 300MW、600MW 亚临界自然循环或控制循环中间再热锅炉，300MW、600MW "W" 型火焰燃煤低挥发分无烟煤锅炉，50MW 及 100MW 以上的循环硫化床锅炉等系列化的锅炉产品。

锅炉构件包括锅炉本体、耐火炉墙、钢构架、辅助设备和附件等部分。其中，最主要的组成件是构成锅炉本体受热面的锅炉钢管（被称为"四管"的水冷壁、过热器、再热器与省煤器用管）、输送蒸汽的蒸汽管（导管、联箱和连接管等），以及卷制锅炉汽包等需用的锅炉钢板等。

16.6.1　锅炉用钢管及钢板的服役条件和零件失效形式

锅炉设备中的受热面管外壁处于煤、油或燃气的燃烧高温、腐蚀性气氛的介质中，管内壁是承受水或蒸汽的内压作用，长期在恶劣环境中工作，要求锅炉钢管有足够的持久、蠕变强度，高的抗氧化性能，良好的组织稳定性，并应有良好的焊接工艺性能。

这种高温、应力、腐蚀介质等恶劣环境对锅炉钢管的长期作用，特别是锅炉运行的参数（气温、气压与水位）或管系的设计、制造与安装不良时，四种受热面钢管因发生长时蠕变损伤、时效脆化、氧化腐蚀、甚至短时高温相变等而产生超温爆管、短时超温爆管、材质不良爆管和腐蚀性热疲劳裂纹损坏等失效。大型锅炉四管的爆漏问题是影响火电机组安全、经济运行的主要因素之一。

主蒸汽管常用 12Cr1MoV、12Cr2Mo 钢制造大口径管，如 300MW 亚临界参数的主蒸汽管的尺寸为 $\phi273mm\times40mm$，内部承受 540℃ 高温与 170MPa 压力，在制造过程中要进行弯管及焊接接长，要求材料具有良好的高温持久、蠕变强度，并且有良好的塑性与焊接工艺性能。主蒸汽管受管内高温、高压蒸汽的作用，常因材质老化失效。运行时间超过 10 万 h 的火电机组的主蒸汽管道，应加强金属监督检查与寿命评估。

高压、超高压、亚临界锅炉汽包及高压加热器用厚钢板工作温度低于 400℃，除了承受高压，还受到冲击、疲劳载荷，水和蒸汽介质的腐蚀作用，主要失效形式是疲劳、腐蚀疲劳或脆性断裂。

16.6.2　锅炉钢管及钢板用钢

1. 锅炉钢管用钢

在锅炉设备中，锅炉钢管主要用来制造水冷壁管、过热器管、再热器管、省煤器管、联箱及蒸汽导管等。

锅炉设备及输汽管用钢的化学成分、强度等级及应用范围见表 16-32，其中绝大部分钢种已列入国标 GB/T 5310《高压锅炉用无缝钢管》。

表 16-32　锅炉设备及输汽管用钢的化学成分、强度等级与应用范围

牌　　号	化学成分（质量分数，%）								
	C	Si	Mn	Cr	Mo	V	Ti	B	Nb
20G	0.17~0.24	0.17~0.37	0.35~0.65	—	—	—	—	—	—
20MnG (SA106B)	≤0.30	≥0.10	0.29~1.06	≤0.40	≤0.15	≤0.08	—	—	—
25MnG (SA-210C)	≤0.35	≥0.10	0.29~1.06	—	—	—	—	—	—
15Mo3	0.12~0.20	0.10~0.35	0.40~0.80	—	0.25~0.35	—	—	—	—

（续）

牌　号	化学成分（质量分数，%）								
	C	Si	Mn	Cr	Mo	V	Ti	B	Nb
20MoG （SA-209Tla）	0.15~0.25	0.10~0.50	0.30~0.80	—	0.44~0.65	—	—	—	—
15CrMo	0.12~0.18	0.17~0.37	0.40~0.70	0.80~1.10	0.40~0.55	—	—	—	—
12Cr2Mo （T22,P22） （10CrMo910）	0.08~0.15	≤0.50	0.40~0.70	2.00~2.50	0.90~1.20	—	—	—	—
12Cr1MoV	0.08~0.15	0.17~0.37	0.40~0.70	0.90~1.20	0.25~0.35	0.15~0.30	—	—	—
12Cr2MoWVTiB （G102）	0.08~0.15	0.45~0.75	0.45~0.65	1.60~2.10	0.50~0.65	0.28~0.42	0.08~0.18	≤0.008	（W） 0.30~0.55
12Cr3MoVSiTiB （Л11）	0.09~0.15	0.60~0.90	0.50~0.80	2.50~3.00	1.00~1.20	0.25~0.35	0.22~0.38	0.005~0.010	—
10Cr5MoWVTiB （G106）	0.07~0.12	0.40~0.70	0.45~0.70	4.0~6.0	0.48~0.65	0.20~0.33	0.16~0.24	0.010~0.016	—
10Cr9Mo1VNb （T91、P91）	0.08~0.12	0.20~0.50	0.30~0.60	8.0~9.5	0.85~1.05	0.18~0.25	—	—	0.06~0.10
10Cr9MoW2VNbBN （T92、P92）	0.07~0.13	≤0.50	0.30~0.60	8.50~9.50	0.30~0.60	0.15~0.25	—	0.0010~0.0060	0.06~0.10
12Cr19Ni9 （TP304H）	0.04~0.10	≤1.00	≤2.00	18.0~20.0	（Ni） 8.00~11.00	—	—	—	—
07Cr18Ni11Nb （TP347H）	0.04~0.10	≤1.00	≤2.00	17.0~20.0	（Ni） 9.00~13.00	—	—	—	Nb+Ta ≥8C~1.00

牌　号	$R_{p0.2}$/MPa	应　用　范　围
20G	≥245	用于制作壁温≤480℃的受热面管，壁温≤450℃的联箱与蒸汽管
20MnG（SA106B）	≥240	用于制作≤425℃的集箱和蒸汽管道
25MnG（SA-210C）	≥275	用于制作300MW、600MW机组的水冷壁、省煤器、过热器及再热器
15Mo3	≥260~285	用于制作不超过510℃的过热器、不超过500℃的蒸汽导管
20MoG（SA-209Tla）	≥220	用于制作不超过510℃的水冷壁、过热器和再热器等
15CrMo	≥235	用于制作510℃的导管、集箱，不超过550℃的过热器和再热器等
12Cr2Mo（T22,P22） （10CrMo910）	≥280	用于制作不超过565℃的联箱、主蒸汽管道，不超过580℃的再热器与过热器
12Cr1MoV	≥255	用于制作不超过565℃的联箱、主蒸汽管，不超过580℃的再热器与过热器
12Cr2MoWVTiB（G102）	≥343	大量用于制作大型机组超过600℃的高温再热器与高温过热器
12Cr3MoVSiTiB（Л11）	≥441	用于制作壁温在600~620℃的再热器与过热器等
10Cr5MoWVTiB（G106）	≥392	用于制作壁温小于650℃的再热器管
10Cr9Mo1VNb （T91、P91）	≥415	用于制作壁温不超过650℃亚临界、超临界、超超临界机组的高温过热器和再热器、联箱和主蒸汽管道等
10Cr9MoW2VNbBN （T92、P92）	≥440	用于制作壁温不超过650℃亚临界、超临界、超超临界机组的高温过热器和再热器、联箱和主蒸汽管道等
12Cr19Ni9（TP304H）	≥206	用于制作亚临界、超临界机组的650℃高温段的过热器及再热器等
07Cr18Ni11Nb（TP347H）	≥206	用于制作亚临界、超临界机组的650℃高温段的过热器及再热器等

注：1. 15CrMo、12Cr1MoV为俄罗斯钢种，12Cr2MoWVTiB（G102）、12Cr3MoVSiTiB（Л俄文字体11）及10Cr5MoWVTiB（G106）为我国自行研制的钢种。

2. 20MnG（ASME SA-106B）、25MnG（ASME SA-210C）、15Mo3（DIN 17175）、20MoG（ASME SA-209T1a）、12Cr2Mo（ASME SA-213、SA-335中的T22，P22；DIN 17175中的10CrMo910）、10Cr9Mo1VNb（ASME SA-213、SA-335中的T91，P91）、12Cr19Ni9（ASME SA-213中的TP304）、07Cr18Ni11Nb（ASME SA-213中的TP347H）为我国20世纪80年代引进的钢种。

P91（10Cr9Mo1VNb）大口径钢管已广泛用来替代 12Cr1MoV 制作主蒸汽管。T91 和 P91 是在 9Cr-1Mo 钢的基础上添加了 Nb 和 V 合金元素的核电用钢，其 600℃、10 万 h 的持久强度是 9Cr-1Mo 钢的 3 倍，与 12Cr19Ni9（TP304）相比，持久强度等强温度为 625℃，许用应力的等应力温度为 607℃。它不仅保持了 9Cr-1Mo 钢优良的高温耐蚀性，而且是国内外铁素体耐热钢中热强性最高的钢种之一。

TP2/P92 钢是 20 世纪 90 年代由日本新日铁公司在 TP1/P91 的基础上通过增加 W 含量至 1.8%（质量分数），减少 Mo 含量至 0.5%（质量分数）而研发的，使其蠕变断裂强度和使用温度进一步提高，具有优异的综合性能，适于制造壁温不超过 650℃ 的超临界、超超临界高温过热器和再热器、联箱和主蒸汽管道等。

12Cr2MoWVTiB（G102）是 20 世纪 60 年代我国自行研制的低合金贝氏体型耐热钢，具有良好的综合力学性能、工艺性能和热强性能，适于制造大型电站锅炉壁温≤600℃ 的过热器和再热器，在强度计算时如考虑了氧化损失，可用到 620℃。目前，已在国产 200MW 机组高压锅炉中作为高温再热器和高温过热器广泛使用。

锅炉构件用钢管依据 GB/T 5310 或相应企业标准，由钢厂提供化学成分、表面质量、尺寸规格、力

学性能、压扁、扩孔、晶粒度及水压等无损检测均符合要求的无缝钢管。低合金钢管的供货状态一般是热轧、正火或正火+回火；TP304 等奥氏体钢管的供货状态为固溶处理。

2. 锅炉钢板用钢

汽包、集箱等锅炉构件常用钢板材料的化学成分、强度等级及应用范围见表 16-33。

在过去生产的中，低压锅炉汽包均用 Q245R 或 22g（曾用牌号）钢板制造，目前已逐步采用 Q345R、19Mng（DIN 17155 19Mn6）、22Mng（ASME SA299）、13MnNiMoR（德国牌号 BHW35）、15NiCuMoNb5（德国牌号 WB36）等不同强度等级的普通低合金钢板来制造。13MnNiMoR 属于贝氏体型耐热结构钢，是一种添加有镍、铬、钼和铌的细晶粒合金钢，它具有高的高温屈服强度和对裂纹不敏感的特性，焊接性能好。该钢板的供应厚度一般在 150mm 以下。适用于工作温度不超过 400℃ 的各种焊接件，主要用于制造 200MW、300MW 及 600MW 高压、超高压锅炉汽包及高压加热器等部件。

锅炉用钢板按 GB 713—2014《锅炉和压力容器用钢板》及企业标准，由钢厂提供表面质量、尺寸规格、化学成分、拉伸、冷弯、V 型缺口冲击、时效冲击及超声波检验合格的钢板。锅炉钢板的供货状态一般为热轧、热轧+回火或正火+回火状态。

表 16-33　锅炉构件常用钢板材料的化学成分、强度等级及应用范围

牌　　号	化学成分（质量分数，%）							
	C	Si	Mn	Cr	Ni	Mo	Nb	Cu
Q245R	≤0.20	≤0.35	0.50~1.10	≤0.30	≤0.30	≤0.08	≤0.050	≤0.30
Q345R	≤0.20	≤0.55	1.20~1.70	≤0.30	≤0.30	≤0.08	≤0.050	≤0.30
19Mng[①]（19Mn6）	0.15~0.22	0.30~0.60	1.20~1.60	≤0.025	≤0.30	≤0.10	—	—
22Mng[①]（SA299）	≤0.30	0.15~0.40	0.90~1.50	—	—	—	—	—
13MnNiMoR（BHW35）	≤0.15	0.10~0.50	1.00~1.60	0.20~0.40	0.60~1.00	0.20~0.40	0.005~0.022	—
15NiCuMoNb5[①]（WB36）	≤0.17	0.25~0.50	0.80~1.20	≤0.30	1.00~1.30	0.25~0.50	0.015~0.045	0.50~0.80
12Cr1MoV	0.08~0.15	0.17~0.37	0.40~0.70	0.90~1.20	≤0.25	0.25~0.35	V：0.15~0.30	—
牌　　号	$R_{p0.2}$/MPa	应 用 范 围						
Q245R	≥185~245	用于制作压力小于 6MPa，温度低于 450℃ 的锅炉及附件						
Q345R	≥245~345	用于制作温度低于 400℃ 的中低压锅炉汽包和大型锅炉的板梁						
19Mng[①]（19Mn6）	≥295~355	代替 22g 和 Q345R 制造高压锅炉汽包和封头						
22Mng[①]（SA299）	≥275~290	用于制作工作温度不大于 400℃ 的 300~600MW 锅炉汽包和下环形集箱						
13MnNiMoR（BHW35）	≥375~390	用于制作工作温度不超过 400℃ 的 200MW、300MW 高压、超高压锅炉汽包及高压加热器						
15NiCuMoNb5[①]（WB36）	≥400~440	用于制作工作温度不超过 500℃ 的焊接结构受热部件，如锅炉汽包、汽水分离器等						
12Cr1MoV	≥255	用于制作大型火电机组锅炉集箱封头，受热面低温段的定位板和吊架支座等固定件						

① 曾用牌号。

16.6.3 锅炉构件的热处理

经过弯、焊的钢管与钢板制作的零部件是否应该进行热处理，需根据钢管或钢板的材质、钢管外径与壁厚、钢板的厚度，变形是冷变形还是热变形，变形度大小及所用焊接的方法等来确定。通常，对变形大的钢管冷弯件一般需进行去应力退火处理，而大尺寸厚钢板件即便是在高温下热卷成形，过后也应当对其进行正火加回火处理；为了细化晶粒、改善焊接接头力学性能，大尺寸厚板件电渣焊后需进行正火加回火处理。

水冷壁等"四管"的制造程序是：设计→下料→弯管或焊接→组焊成膜式水冷壁管屏或组装成过热器等蛇形管束→电厂就位、焊接、安装固定。水冷壁、过热器等"四管"通过导管与汽包、各联箱、集箱及主蒸汽管连通，构成锅炉的循环回路，即由水冷壁

管屏构成锅炉四面的炉墙；顶棚过热器及包覆过热器构成炉顶与烟道；炉膛上方并列吊挂的蛇形管构成前、后屏过热器及再热器；烟道内蛇形管束构成省煤器等。

锅炉汽包是用厚钢板（厚度为 70~250mm）经复杂工序制作的特大型加工结构件，其制造工艺路线是：设计→下料→钢板高温加热、经水压机冲压成汽包两端的半圆形封头→整块钢板高温加热、热卷成筒形→纵向焊接为汽包筒节、正火并矫圆→将两个封头、若干筒节组合装焊为汽包→大型退火炉正火加回火处理→通过各种加工及焊接、去应力处理后成为锅炉汽包的成品。

锅炉钢管弯制加工及焊接后的热处理工艺见表 16-34。锅炉钢板冷热成形及焊接后的热处理工艺见表 16-35。

表 16-34 锅炉钢管弯制加工及焊接后的热处理工艺

牌　　号	弯制加工后的热处理工艺	焊接后的热处理工艺
20MnG	钢管外径大于 59mm、壁厚大于 22mm 或弯曲半径小于管子外径的 4 倍，冷弯后再进行 900~930℃ 正火处理	壁厚大于 19mm 时，焊后 593~677℃ 进行去应力处理；小于 19mm 者焊后不进行热处理
25MnG	壁厚大于 19mm，或者壁厚虽小于 19mm，但弯曲半径小于钢管外径的 2.5 倍冷弯时，或者热弯半径小于外径的 1.5 倍时，都需进行 593~690℃ 的去应力处理	壁厚小于 19mm 的钢管焊前不用预热，焊后不进行热处理，但大于 19mm 者除外
15Mo3	以通常冷加工度弯曲、冷扩口和冷拔加工后，钢管不需进行热处理，冷加工度大时应采用 910~940℃ 正火处理	焊后一般不需热处理，当壁厚大于 20mm 时，焊后 530~620℃ 进行去应力退火
20MoG	冷、热弯后采用 870~980℃ 正火处理	钢管外径小于 102mm、壁厚小于 12mm 时，焊前不用预热，焊后不用回火
15CrMo	该钢有良好的冷态塑性变形性能，可以进行各种弯曲半径的冷弯	壁厚大于 10mm 时，焊后 680~700℃ 进行去应力处理
12Cr2Mo	小口径厚壁管冷弯后，于 700~750℃ 进行去应力处理；大口径主蒸汽管 1000℃ 上限热弯后于 900~960℃ 进行正火，700~750℃ 回火处理；850℃ 下限温度热弯后采用 700~750℃ 回火处理；850℃ 下限温度热弯后采用 700~750℃ 退火处理	外径大于 51mm、壁厚超过 8mm 时，焊后需进行 700~750℃ 退火处理
12Cr1MoV	弯制后热处理要求与 12Cr2Mo 类似	焊前 200~250℃ 预热，焊后进行 700~740℃ 去应力处理
12Cr2MoWVTiB	—	气焊后于 1000~1030℃ 进行正火及 760~780℃ 回火；壁厚大于 6mm 时，手工电弧焊前预热，焊后进行 760~780℃ 退火，碰焊后 780℃ 加热，炉冷至 400℃ 以下空冷
12Cr3MoVSiTiB	弯曲性能良好	气焊、闪光对接焊、焊条电弧焊后采用 740~770℃ 退火处理
10Cr5MoWVTiB	钢管具有良好的冷弯性能，可进行各种弯曲半径的冷弯，弯头处塑性变形均匀	焊条电弧焊焊前预热，焊后采用 760~780℃ 退火；气焊后需采用 1000℃ 正火，770℃ 回火处理

（续）

牌　号	弯制加工后的热处理工艺	焊接后的热处理工艺
10Cr9Mo1VNb	冷变形量大于 10%、弯管半径小于 3 倍的钢管直径时，需进行 730℃以上温度的退火处理	厚壁管焊前 200℃预热，焊后于 750℃消除焊接应力
10Cr9MoW2VNbBN	需进行 760~780℃温度的回火处理	焊前 200~300℃预热，焊后进行 760~770℃回火处理
07Cr18Ni11Nb	—	钢管焊接后要求进行 1180℃的固溶处理

表 16-35　锅炉钢板冷热成形及焊接后的热处理工艺

牌　号	冷热成形后的热处理工艺	焊接后的热处理工艺
Q245R	有良好的冷热成形性能。板厚小于 46mm 时，可采用冷成形；板厚大于 46mm 时，加热到 950~1000℃热成形	一般情况下，焊前不进行预热，焊后进行热处理；壁厚和刚度较大的部件，焊前预热到 100~150℃，焊后进行 600~650℃的去应力处理；电渣焊后进行 900~930℃的正火处理
Q345R	热冲压同时作为正火处理时，冲压加热温度为 900~990℃，终压温度应大于 850℃。热卷加热温度为 900~1000℃	厚度大于 25mm 的钢板，焊前进行 100~150℃预热，焊后应进行 600~650℃的去应力处理；电渣焊后一般采用 900~930℃正火加 600~650℃回火处理
19Mng	热卷后正火加热温度为 900~940℃；封头冲压兼正火加热温度为 920~960℃，终压温度大于等于 800℃	电渣焊后进行 900~940℃正火处理；汽包整体焊于 560~590℃消除焊接应力
22Mng	203 封头：冷矫前中间热处理温度为 620℃；中间去应力退火处理温度为 580℃；最终去应力退火处理温度为 620℃ 210mm 汽包筒节：正火兼矫圆加热温度为 900~950℃；去应力退火温度为 605~620℃，炉冷至 300℃后空冷	焊后去应力处理温度为 600~650℃
13MnNiMoR	钢板热卷后正火，矫圆温度为 900~940℃，回火温度为 640~660℃。去应力退火温度为 530~600℃	焊条电弧焊、自动焊后于 580~610℃进行去应力处理；电渣焊后进行 900~940 正火加 640~660℃回火处理
15NiCuMoNb5	有良好的热成形性能，热成形温度为 850~1000℃。冷成形性能良好，当变形量大于 5%时，需经 530~620℃去应力处理	焊接性能良好。焊前预热温度为 150~200℃，焊于 530~620℃进行去应力处理
12Cr1MoV	1000~1050℃加热后热成形，终止温度为 850℃，冷加工后一般于 720~760℃进行退火处理	焊前预热至 200~300℃，于焊后 720~760℃进行去应力处理

焊后热处理分为炉内加热的焊后热处理和焊接部位局部加热的焊后热处理。炉内加热的焊后热处理原则上要求零部件一次整体入炉，当一次不能装入炉内时，如 600MW 机组 29m 特长型锅炉汽包件，可以分两段（或两段以上）进行加热处理，但重叠加热的部位应大于 1500mm；炉外部位应采取保温措施，避免温度梯度过大带来的不良影响，应合理安置支座，

防止有害的热胀冷缩。被加热工件的装出炉温度应小于或等于 400℃，加热时避免火焰直接接触工件。对局部加热的焊后热处理，所用的加热装置的种类、形式不限，但对焊接区加热的宽度有所规定，即应使焊缝最外边缘处两侧的加热宽度大于两倍的钢板厚度。当采用局部加热的焊后热处理时，应使加热部位与非加热部位之间的温度梯度尽量减少。

参 考 文 献

[1] 桥本龙三，管野勋崇. 大容量发电所用大型一体低压ターピンロータ轴材 [C]//日本制钢所技术资料，1992.

[2] 田中泰彦，东司，等. スーパークリーン低压タービンロータの制造と品质 [C]//日本制钢所技术资料，1992.

[3] 于显龙，张瑞，黄维浩. 机械设备失效分析 [M]. 上海：上海科学技术出版社，2009.

[4] 第二重型机器厂技术资料，600MW 汽轮机高中压转子锻件的研制 [Z]，1988.

[5] 傅万堂，张百忠，王宝忠. 超临界与超超临界转子材料发展情况综述 [J]. 大型铸锻件，2008 (5)：33-36.

[6]　第一重型机器厂技术资料，钢包精炼炉生产 300MW 汽轮机中压转子生产技术总结 [Z]，1987.

[7]　苏安东，张国利. 1000MW 超超临界超纯低压整锻转子的试制研究 [J]. 大型铸锻件，2010 (5)：26-27, 30.

[8]　杨兵，曲东方，郭宝强，等. 600MW 1Mn18Cr18N 护环的制造 [J]. 大型铸锻件，2010 (6)：31-35.

[9]　张根红，吴杏格，白泉. 1Cr12Ni3Mo2V 叶轮锻件制造工艺 [J]。金属加工（热加工），2014，(9)：106-107.

[10]　姜求志，王金瑞. 火力发电厂金属材料手册 [M]. 北京：中国电力出版社，2000.

[11]　上海发电设备成套设计研究所技术资料. C-422 钢的热处理、组织和性能研究 [Z]，1988.

[12]　东方汽轮机厂技术资料. 2Cr12Ni2WMoV 长叶片用钢 [Z]，1988.

[13]　上海发电设备成套设计研究所技术资料. 403 钢的热处理、组织和常温性能研究 [Z]，1988.

[14]　汪红晓，胡进，鲍进，等. 化学成分和热处理工艺对 17-4PH 钢力学性能的影响 [J]，特钢技术，2008 (2)：26-30.

[15]　过康民. 动力工业用 12%Cr 钢 [J]，汽轮机技术，1985 (1)：42-61.

[16]　过康民. 12%Cr 钢的物理冶金 [J]，汽轮机技术，1985 (3)：28-39.

[17]　杨钢，王利民，程世长，等. 蒸汽轮机用叶片钢的研究进展 [J]，特钢技术，2009 (3)：1-7.

[18]　上海发电设备成套设计研究所. 汽轮机用钢性能数据手册 [M]. 1995.

[19]　毛慧文. 工业锅炉常见事故的预防处理及技术改造 [M]. 北京：机械工业出版社，1996.

[20]　郑泽民. 我国大型电站锅炉四管爆漏问题的分析 [C] //能源部西安热工所编资料，1991.

[21]　张鉴燮. 国产 300MW 机组 UP 直流锅炉四管爆漏特征的研究 [J]. 中国电力，1996 (8)：26-29.

[22]　上海发电设备成套设计研究所. 锅炉受压元件用钢性能手册 [M]，1995.

[23]　崔琨. 钢的成分、组织与性能 [M]，北京：科学出版社，2013.

第 17 章　石油化工机械零件的热处理

宝鸡石油机械有限责任公司　梁晓辉　王小明

17.1　泥浆泵零件的热处理

　　泥浆泵是旋转钻井法泥浆循环系统的关键设备，人们常将它称作钻机的心脏。由于泥浆泵所输送的泥浆含砂量多，黏度大，压力高，并且有一定的腐蚀性，常常引起液缸、缸套、阀座、阀体等零件早期失效。合理选用材料、正确进行热处理和表面强化工艺对延长这些零件的使用寿命有着重要意义。

17.1.1　液缸的热处理

　　液缸是泥浆泵液力端的主体，在泥浆泵工作过程中承受着高压泥浆的脉动压力，同时还受到高压泥浆的腐蚀、冲刷。图 17-1 所示为泥浆泵液缸的结构。

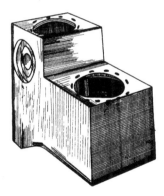

图 17-1　泥浆泵液缸的结构

　　液缸在工作过程中的主要失效方式为冲刷失效和腐蚀疲劳失效。其中，腐蚀疲劳失效在宏观和微观分析时具有以下特征：在液缸的宏观断口上，常有较厚的腐蚀产物或氧化膜，断口较平坦，具有多裂纹源开裂的特征；裂纹源区的电子显微断口形貌有沿晶断裂特征，同时也可观察到具有应力腐蚀的泥状花样及位向腐蚀坑形貌特征，而裂纹扩展区有疲劳裂纹形貌。由于现代钻井工艺泵压的不断提高，腐蚀疲劳失效经常发生。

1. 液缸的材料

　　为了满足液缸的工作要求，制造液缸的材料必须具有较高的腐蚀疲劳抗力。研究表明，对于长期在腐蚀介质中使用的构件，调质、退火或正火态的条件腐蚀疲劳极限差别不大，合金元素对其影响也不明显。因此，液缸常用铸钢或合金结构钢制造。液缸用钢、热处理状态及硬度要求见表 17-1。有效厚度小者选用铸钢，有效厚度大者选用合金结构钢。

表 17-1　液缸用钢、热处理状态及硬度要求

牌号	ZG270-500	ZG35CrMo	30CrMo	30CrNiMo
热处理状态	正火	调质	调质	调质
硬度要求 HBW	150~187	223~255	223~255	223~255

2. 液缸的热处理工艺

　　(1) 制造工艺路线

　　1) 铸钢件：冶炼→铸造→正火→粗加工→调质（碳素钢不进行）→检验→精加工。

　　2) 锻钢件：冶炼→钢锭开坯→预防白点退火→锻造成形→正火→粗加工→超声检测→调质→检验→精加工→表面处理。

　　(2) 热处理工艺　因液缸形状复杂，铸钢件存在内应力大，枝晶偏析严重，组织不均匀等冶金因素，在正火或淬火加热时，应特别注意控制升温速度。当升温至 400~500℃ 时应保温 1~1.5h（或以 50~100℃/h 的速度升温）。锻造液缸加热时，因工件尺寸较大（截面尺寸约 400mm×400mm），升温速度一般不得超过 200℃/h。液缸的热处理工艺见表 17-2。

　　(3) 检验　液缸热处理后要进行外观检查和硬度检查，硬度检查应满足表 17-1 的要求，外观检查有无明显的淬火裂纹等。对液缸而言，提高硬度，增加强度并不能显著提高腐蚀疲劳抗力。过高的硬度反而会降低腐蚀疲劳极限，因此生产中应严格控制硬度上限。液缸因承受交变载荷，锻件中的内在缺陷（如裂纹、发纹、白点，大量的非金属夹杂物等）均会显著降低液缸的使用寿命。因此，锻件液缸还需进行超声检测。

3. 液缸的表面处理与表面强化

　　表面处理与表面强化是提高液缸寿命的重要途径，目前已经采用的方法有镀锌、镍磷化学镀、喷丸强化等。镀锌层厚度为 10~100μm 即可显著提高腐蚀疲劳强度。随着镍磷化学镀的不断发展和完善，在液缸上的应用也越来越多。通常镀 40~50μm 的 Ni-P 层即可大幅度提高抗腐蚀疲劳性能。为了提高镀层与基体的结合力，提高表面硬度，Ni-P 镀后需进行时效处理。

镍磷化学镀的常见缺陷是 Ni-P 镀层浅和硬度达不到技术要求，主要是由于 Ni-P 镀的镀液成分、pH 值、镀液温度控制不当所致。

表 17-2　液缸的热处理工艺

牌号	正　　　火			淬　　　火			回　　　火		
	温度/℃	保温时间/min	冷却方式	温度/℃	保温时间/min	冷却方式	温度/℃	保温时间/min	冷却方式
ZG270-500	870~910			—	—	—	—	—	—
ZG35CrMo	880~910	(1.6~1.8)δ	空冷	850~870	(1.8~2.0)δ	水淬或油淬	620~660	(2.5~3)δ	空冷
30CrMo	880~910			860~880	(1.8~2.0)δ		600~640	(2.5~3)δ	
30CrNiMo	880~910			860~880	(1.8~2.0)δ		600~640	(2.5~3)δ	

注：δ 为液缸的有效厚度（mm）。

4. 高压泵液缸材料

近年来，为满足深井、超深井钻探作业需要，对泥浆泵工作压力的要求越来越高，为此相继研发出系列高压泵。高压泵的液缸材料主要选用 30CrNi2MoVA（曾用牌号）合金调质钢，该材料淬透性高，调质处理后综合力学性能优异，回火稳定性高，低温性能好。

5. 高压泵液缸热处理

30CrNi2MoVA 高压泵液缸的预备热处理为正火+高温回火。单独正火空冷后硬度过高，不易进行机械加工。高压泵液缸热处理淬火加热温度为（870±10）℃，油或水基淬火介质冷却，经（600±20）℃回火后硬度为 330~360HBW。一般回火后水冷。高压泵液缸 30CrNi2MoVA 材料的力学性能见表 17-3。

表 17-3　高压泵液缸 30CrNi2MoVA 材料力学性能

热处理状态	毛坯直径/mm	R_m/MPa	R_{eL}/MPa	A_4(%)	Z(%)	20℃	-20℃	-40℃	-60℃	硬度 HBW
						KV_8/J				
				≥						
调质：600℃回火	≤100	1000	900	15	50	64	42	42	27	
	101~150	1000	900	15	45	48	42	27	27	
	151~200	1000	900	14	40	27	—	—	—	330~360
	201~250	950	850	14	40	27	—	—	—	
	251~300	900	720	14	40	27	—	—	—	

17.1.2　缸套的热处理

1. 缸套的服役条件和失效方式

缸套和活塞是泥浆泵液力端的一对易于损坏的摩擦副。活塞在缸套内进行往复运动，输送泥浆。泥浆压力高达 40MPa，并含有一定量的砂粒，有一定的腐蚀性。在活塞和泥浆的共同作用下，缸套受到磨损和腐蚀，从而失去密封性，导致刺伤，使缸套失效。

据调查，缸套的磨损量以中间最大，两头最小，具有"鼓形"磨损特征。最大磨损量为 0.7~0.9mm。缸套以磨损失效为主，腐蚀失效为辅。

2. 缸套的材料

制造缸套的材料见表 17-4。目前，油田常用材料为 50 钢，外套为 45 钢，内套为高铬铸铁。

表 17-4　制造缸套的材料

材料	预备热处理	最终热处理	备注
16Mo[①]、20CrMo	正火	渗碳淬火，回火	
50、50V[①]	正火	感应淬火，回火	
高铬铸铁	退火	淬火，回火	外套为 45
45、20CrMo	正火	C-N-B 共渗	

① 曾用牌号。

3. 低碳合金钢缸套的渗碳处理

（1）制造工艺路线　铸造空心钢坯→锻造→正火→机械加工→渗碳→车外圆（车去不需渗碳部分的渗碳层）→淬火→回火→磨内孔→检验→成品。

（2）热处理工艺　材料为 20CrMo、16Mo 钢，要求渗碳层深度为 1.5~2.0mm，表面硬度 ≥60HRC，淬火后内孔圆度误差≤0.15mm。低碳合金钢缸套热处理工艺见表 17-5。处理后用锉刀检验内表面硬度。

表 17-5　低碳合金钢缸套热处理工艺

工艺	加热温度/℃	保温时间/h	加热设备	冷却方式
气体渗碳	920~940	12~14	井式渗碳炉	罐冷（通保护气体）
淬火	780~800	0.5	盐浴炉	喷水冷却
回火	160~180	2	旋风回火炉	空冷

4. 中碳钢缸套的感应淬火

（1）制造工艺路线　铸造空心钢坯→锻造→正火→机械加工→内孔中频淬火、回火→磨内孔→检验→成品。

（2）热处理工艺　材料为 50、50V 钢，要求淬硬层深度为 2~5mm，表面硬度≥58HRC。热处理工艺为首先进行 860~880℃ 加热空冷正火，保温时间视缸套尺寸和装炉量而定；机械加工后，内孔进行中频感应淬火，电参数列于表 17-6。中频淬火温度为 880~900℃，中频感应器用 4mm×10mm 矩形纯铜管制成，共两匝。感应器与缸套内表面间隙为 3~4mm，感应器下方钻一圈喷水孔，孔径为 1.25mm，间距为 4mm，倾斜角为 45°。淬火后进行回火，回火温度为 160~180℃，保温 1.5~2h。热处理后用锉刀检查内孔表面硬度。

表 17-6　中碳钢缸套中频感应淬火电参数

频率/Hz	淬火变压器匝比	输出电压/V	输出功率/kW	功率因数 $\cos\varphi$
8000	1:45	750	130~140	0.85~0.9

5. 缸套的碳氮硼三元共渗

所用材料为 45 钢或 20CrMo 钢，要求渗层深度为 0.7~1.0mm，表面硬度≥62HRC。热处理工艺为碳氮硼三元共渗后再进行内表面中频感应淬火并回火。

碳氮硼三元共渗可在 RJJ-105-9 井式气体渗碳炉中进行。共渗剂组成为尿素 150g，硼酐 25g，甲醇 1L。炉温为 830~860℃ 时装炉，装炉后炉温下降，开始以 160~180 滴/min 滴入共渗剂，炉温回升到 800℃ 时再以 100~120 滴/min 滴入煤油。共渗温度为 860℃，保温 6~9h。渗层深度达到要求后，工件随炉降温到 840℃，出炉罐冷（罐内以 100 滴/min，滴入甲醇，以防止氧化脱碳）。

三元共渗后即与前同样进行中频感应淬火，并在炉中进行（150±10）℃ 保温 1.5h 后空冷的回火。处理后用锉刀逐个检查内孔硬度，有条件的工厂也可用里氏硬度计检查内孔硬度。

6. 高铬铸铁缸套的热处理

高铬铸铁缸套是以高铬铸铁为内衬的双金属缸套，分烘装式和双液离心浇注式两种。高铬铸铁缸套的化学成分见表 17-7。

表 17-7　高铬铸铁缸套的化学成分

缸套类别		化学成分（质量分数）（%）					
		C	Cr	Mo	Cu	Si	Mn
烘装式	耐磨层	2.60~3.00	19~21	—		0.30~0.70	0.60~0.90
	外套	0.40~0.50	—			0.50~0.80	0.50~0.80
双液离心浇注式	耐磨层	2.60~3.00	19~21	1.00~2.00		0.60~0.90	0.60~0.90
	外套	0.40~0.50	—			0.50~0.80	0.50~0.80

（1）烘装式双金属缸套内衬的热处理

1）制造工艺路线：冶炼→离心浇注→退火→机械加工→淬火→回火→磨削加工→烘装。

2）高铬铸铁退火工艺曲线如图 17-2 所示，要求退火后硬度≤33HRC。

3）w（Cr）为 17%~20% 的高铬铸铁内衬淬火工艺曲线如图 17-3 所示。要求随炉试块的硬度≥64HRC。

（2）双液离心浇注缸套的热处理

1）制造工艺路线：离心浇注→退火→粗加工→淬火→回火→磨削加工。

2）双液离心浇注缸套退火工艺曲线如图 17-4 所示，要求内层硬度≤33HRC。

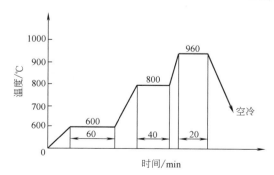

图 17-2　高铬铸铁退火工艺曲线

3）缸套的淬火加热在可控气氛炉内进行，加热温度为（980±10）℃，保温 1.5h 后取出，放在 28r/

min 的旋转淬冷台上用鼓风机强制冷却，然后再在旋风回火炉中于 150~200℃ 回火 3h。高铬铸铁淬火组织由针状马氏体、碳化物、残留奥氏体组成，如

图 17-5 所示。要求淬火硬度≥58HRC。

近年来，国外已试验出寿命在 2000h 以上的陶瓷缸套，并开始有商品生产，其主要成分是氧化铬。

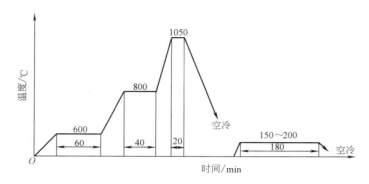

图 17-3　w(Cr) 为 17%~20%的高铬铸铁内衬淬火工艺曲线

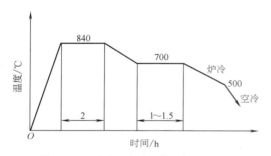

图 17-4　双液离心浇注缸套退火工艺曲线

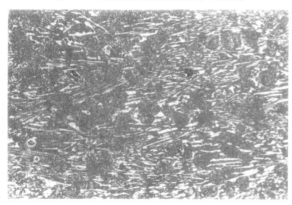

图 17-5　高铬铸铁淬火组织　200×

17.1.3　阀体与阀座的热处理

泥浆泵泵阀（阀体、阀座）是单作用的液力闭锁机构，阀体交替地上下运动，使泥浆沿一个方向运动，冲击着阀座。泵阀的失效形式主要是磨粒磨损，泥浆的冲击和腐蚀，以及互相多次冲击造成阀的工作面磨损和表面上形成沟槽，如图 17-6 所示。

1. 泵阀用料

根据磨损速度曲线（见图 17-7），阀座和阀体应

图 17-6　失效阀座

具有高的强度和表面硬度，所用材料有两类：一类是整体淬火用钢，要求有足够的淬透性和高的表面硬度；另一类是渗碳用钢，除表面渗碳淬火后获得高的硬度，要求心部有足够的强度。阀体和阀座用钢及热处理见表 17-8。

表 17-8　阀体和阀座用钢及热处理

牌号	预备热处理	最终热处理
45、40Cr、42CrMo	正火	表面淬火，48~52HRC
42CrMo、40CrNiMo	正火	整体淬火+低温回火
20CrNi3、20CrMnTi、12CrNi3	正火+高温回火	渗碳淬火

2. 整体淬火阀体的热处理

所用材料为 42CrMo、40CrNiMo，要求表面硬度≥53HRC。

制造工艺路线：下料→锻造→正火→机械加工→淬火→回火→精加工。

阀体、阀座整体淬火工艺见表 17-9。处理后用洛氏硬度计在端面检查硬度。

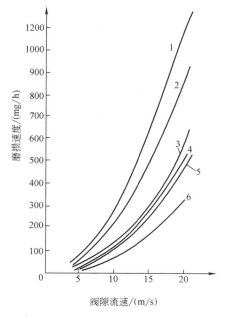

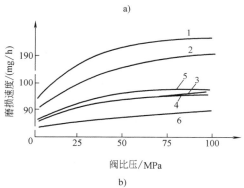

图 17-7　不同钢材阀体与阀座副
的磨损速度曲线

a) 与阀隙流速的关系　b) 与阀比压的关系
1—40Cr(48~52HRC)　2—40Cr(58~62HRC)
3—40CrNiMoA(59~61HRC)　4—50CrV(60~62HRC)
62HRC)　5—20CrNi3A(58~62HRC)
6—12CrMo(60~62HRC)

表 17-9　阀体、阀座整体淬火工艺

牌号	淬 火			回 火	
	温度/℃	保温时间/（min/mm）	淬火冷却介质	温度/℃	保温时间/h
42CrMo	850~870	0.5~0.6	油	160~180	1.5~2
40CrNiMo	850~870	0.5~0.6	油	160~180	1.5~2

注：表中参数用于盐浴炉中加热。

3．渗碳阀座的热处理

所用材料为 20CrMnTi 钢，要求渗碳层深度为
1.0~1.5mm，淬火后硬度≥58HRC。

制造工艺路线：下料→锻造→正火→机械加工→
非渗碳面镀铜（或涂防渗碳涂料）→渗碳→淬火→回
火→机械加工。

20CrMnTi 钢阀座热处理工艺曲线如图 17-8 所示。
20CrMnTi 钢阀座用氮基气氛渗碳的碳含量分布曲线
如图 17-9 所示。

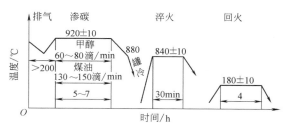

图 17-8　20CrMnTi 钢阀座热处理工艺曲线

注：在 RJJ-75-9 炉中渗碳，在盐浴炉中淬火，
在旋风炉中回火。

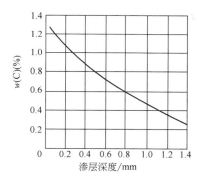

图 17-9　20CrMnTi 钢阀座用氮基气氛渗碳的
碳含量分布曲线

注：渗碳温度为 920℃，碳势 $w(C)$ 为 1.2%。

用金相法检查渗碳层深度，用洛氏硬度计检查硬
度应符合要求。

4．20Cr2Ni4E 钢阀体阀座热处理

20Cr2Ni4E 为低碳马氏体钢，既可用于制造重载
渗碳齿轮，也可在调质或淬火低温回火状态下使用。
该钢的淬透性很高，油中淬火的临界直径超过
100mm，低温韧性良好。该钢白点敏感性大，有回火
脆性，焊接性能差。

20Cr2Ni4E 钢的预备热处理为正火 + 高温回火，
正火加热温度为（930 ± 10）℃，高温回火温度为
（680±20）℃，回火后空冷或炉冷。

20Cr2Ni4E 钢阀体阀座机械加工后需经渗碳淬
火 + 低温回火处理，气体渗碳温度为（920 ± 10）℃，
淬火加热温度为（820±10）℃，油冷；低温回火温度
为（180±20）℃，回火后空冷。淬火后宜立即进行

−70℃左右的冷处理，以减少残留奥氏体含量，进一步增加硬度。

17.1.4　活塞杆的热处理

活塞杆是泥浆泵的主要易损件，它在工作中除传递交变的轴向载荷，还承受泥浆中砂粒的擦伤和泥浆液的腐蚀，其主要失效方式是磨损、疲劳断裂和腐蚀。大量统计表明，93%为磨损失效，外径尺寸最大磨损量为 1.8mm。要求活塞杆表面有很高的硬度和很低的表面粗糙度值；中心部分要有一定韧性，并要有高的疲劳抗力。

1. 活塞杆用钢

为了满足活塞杆的要求，常用 40Cr、35CrMo、42CrMo 钢进行感应淬火或调质处理，感应淬火后再镀硬铬，也有采用 40Cr 钢进行热喷焊；采用渗碳淬火时，可用 20CrNi3、20CrNiMo 钢。

2. 35CrMo 钢制活塞杆的表面淬火

制造工艺路线：锻造→正火→机械加工→调质→机械加工→中频感应淬火→磨加工。

1）35CrMo 钢制活塞杆的调质工艺见表 17-10，要求硬度为 280~320HBW。

表 17-10　35CrMo 钢制活塞杆的调质工艺

工艺	加热温度/℃	保温时间/h	加热设备	冷却方式
淬火	860~870	2	箱式电炉	油淬
回火	560~600	3	箱式电炉	水冷

2）中频感应淬火，频率为 8000Hz，工件转速为 100~150r/min，同时以 180~200mm/min 的速度均匀下降，实现连续淬火。其中频感应淬火工艺参数见表 17-11。

表 17-11　活塞杆的中频感应淬火工艺参数

输出电压/V	功率因数	匝比	电容量/μF	淬火温度/℃
750	0.9~0.95	9:1	16.5	880~900

淬火后经 160~180℃回火 2h。热处理后检查硬度应为 52~60HRC，直线度误差≤0.5mm。

3. 40Cr 钢制活塞杆的喷焊

（1）制造工艺路线　锻造→正火→机械加工→调质→机械加工→喷焊→磨加工。

（2）40Cr 钢制活塞杆的调质工艺（见表 17-10）　硬度要求为 280~320HBW。

（3）调质后进行喷焊　喷焊材料为 NiWC 粉，喷焊层厚度要求为 0.6~0.8mm，硬度要求为 55~62HRC。具体工艺为：

1）表面预处理。脱脂、酸洗、喷砂等。

2）预热。采用微还原焰，温度为 250~350℃。

3）喷粉。工件转动线速度为 15~20m/min，喷枪移动速度为 3~5mm/r。

4）重熔。采用中性焰 1000℃左右，以出现镜面反光为准。

5）冷却。炉冷。

6）检验。外观无裂纹、气孔，硬度符合标准规定，尺寸符合要求。

近年来，有些部门已开始使用复杂型钴基硬质合金（司太立合金）进行活塞杆的热喷焊，取得了较好的效果。

17.1.5　小齿轮轴的热处理

小齿轮轴是泥浆泵的主承载部件，齿轮在运行过程中受交变载荷作用，容易出现点蚀和断齿，因此小齿轮轴不但需要高强度，也需要高韧性和高耐蚀性。

1. 小齿轮轴材料

小齿轮轴一般选用 40CrNiMoA 钢。该钢属中碳调质钢，淬透性良好，淬油临界直径约为 70mm，调质后综合力学性能好，低温韧性好，韧脆转变温度 T_c 低于 −60℃。近年来，为降低生产成本，也有选用 40CrMnMoA 钢的。该钢属中碳调质钢，淬透性较好，淬油临界直径约为 60mm，回火稳定性较高，回火脆性不敏感，调质后综合力学性能好。因成分不含镍元素，其低温韧性比 40CrNiMoA 钢差。

2. 小齿轮轴材料热处理

40CrNiMoA 钢小齿轮轴淬火加热温度为（860±10）℃，一般在淬火油或水基淬火冷却介质中冷却。淬火后，回火温度一般为 580~610℃，回火后一般采用水冷。小齿轮轴（40CrNiMoA）不同截面的力学性能见表 17-12。

40CrMnMoA 钢小齿轮轴淬火加热温度为（860±10）℃，一般采用油冷淬火。如果采用水基淬火冷却介质淬火，必须进行严格控制。一般回火温度为 550~580℃，回火后一般在水中冷却。小齿轮轴（40CrMnMoA）不同截面的力学性能见表 17-13。

表 17-12　小齿轮轴（40CrNiMoA）不同截面的力学性能

热处理状态	毛坯直径/mm	R_m/MPa	R_{eL}/MPa	A_4(%)	Z(%)	20℃	−20℃	−40℃	−60℃	硬度 HBW
						KV/J				
				不小于						
调质	≤100	950	850	16	45	54	42	27	27	305~336
		1100	1000	14	45	20	—	—		350~380
	101~150	800	620	17	45	54	42	27	27	287~323
	151~200	765	560	15	45	54	42	27	27	269~302
	201~250	735	560	15	45	54	34	27	27	269~302
	251~300	725	550	15	45	42	27	—	—	269~302

表 17-13　小齿轮轴（40CrMnMoA）不同截面的力学性能

热处理状态	毛坯直径/mm	R_m/MPa	R_{eL}/MPa	A(%)	Z(%)	KV/J	硬度 HBW	备注
				不小于				
调质	≤100	885	705	17	45	48	287~323	600℃回火
		1000	900	15	40	20	315~345	560℃回火
	101~150	785	635	17	45	42	287~323	
	151~200	765	610	15	45	42	269~302	600℃回火
	201~250	735	580	15	45			
	251~300	735	560	15	45			

17.2　钻机绞车零件的热处理

17.2.1　制动鼓的热处理

1. 制动鼓的工作条件及失效分析

制动鼓是钻机绞车的重要零件。图 17-10 所示为制动鼓和制动块在制动时的温度分布。由图 17-10 可见，制动鼓表面温度可高达 900℃，松开制动后，制动鼓的表面温度在 3~5s 内很快降低。制动鼓因周期性的加热和冷却，承受着交变的热应力、相变应力及摩擦力，从而导致制动鼓的失效。

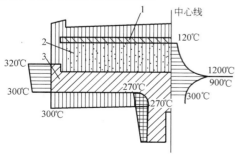

图 17-10　制动鼓和制动块在制动时的温度分布
1—制动带　2—制动块　3—制动鼓

制动鼓的主要失效方式有两种，其一是表面龟裂，裂纹有网状、树枝状和纵向，裂纹长度可达 100mm，深 5mm，裂纹为穿晶，尖端圆钝，具有典型的热疲劳特征；其二是磨损。

2. 制动鼓的材料和技术要求

为了提高制动鼓的寿命，要求其用钢应具有良好的热疲劳抗力。目前，国内外制动鼓用钢及技术要求见表 17-14。

3. 制动鼓的热处理

制造工艺路线：铸造（或锻造）→正火→

粗加工→调质┬→精加工→成品。
　　　　　　└→组焊→机械加工→表面淬火→

磨削加工→成品。

制动鼓的热处理工艺见表 17-15。

制动鼓的表面淬火方法有火焰淬火和感应淬火两种。火焰淬火在专用淬火设备上进行，加热器的宽度与制动鼓表面相同，加热器紧接冷却器，这样可以实现连续顺序淬火。感应淬火在 8000Hz 的中频感应淬火装置上进行。感应器为平面加热型，其宽度略小于要求加热区的宽度，冷却器与感应器制作在一起，可以顺序连续淬火。淬火温度为 900~930℃，水淬。回火在大型鼓风的空气炉或油浴炉中进行，回火温度为 180~200℃，保温时间为 3h。

表 17-14　制动鼓用钢及技术要求

牌　号	化学成分(质量分数)(%)					硬度要求
	C	Mn	Si	Cr	Mo	
ZG18CrMnMo[②]	0.17~0.23	0.8~1.1	0.15~0.35	0.8~1.10	0.40~0.55	调质:210~250HBW 表面淬火:35~42HRC[①]
ZG40CrMo[②]	0.38~0.43	0.75~1.00	0.15~0.35	0.80~1.10	0.15~0.25	调质:300~350HBW
ZG35CrMo	0.30~0.37	0.50~0.80	0.30~0.50	0.80~1.20	0.20~0.30	调质:269~302HBW 表面淬火:45~50HRC

① 冷却水套制动鼓需进行表面淬火。
② 企业牌号。

表 17-15　制动鼓的热处理工艺

牌　号	调　质	表 面 淬 火
ZG18CrMnMo	淬火:900~920℃,2h,油淬 回火:600~650℃,3h,空冷	900~930℃表面淬火 180~200℃回火,3h
ZG40CrMo	淬火:850~860℃,2h,油淬 回火:560~600℃,3h,空冷	
ZG35CrMo	淬火:860~870℃,2h,油淬 回火:580~620℃,3h,空冷	880~900℃表面淬火 180~200℃回火,3h

注:调质在台车式电阻炉中进行。

调质后,在大型门式布氏硬度计上测量制动鼓硬度,测量位置应均匀分布,并需三点以上,结果应符合技术要求。表面淬火后,用超声波硬度计测量表面硬度,其值应为 38~42HRC,允许过渡带硬度降低,过渡带宽度不得大于 10mm。

17.2.2　链条的热处理

石油钻机广泛采用链条传动,它的传动速度快(线速度可达 8m/s,有的甚至达 20m/s),功率大,承载能力强(几十吨,甚至更重),载荷变换频繁,惯性冲击很大,工作条件极为恶劣,对材料和热处理要求很高。套筒滚子链的结构如图 17-11 所示。

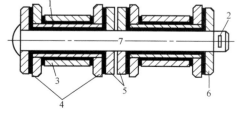

图 17-11　套筒滚子链的结构
1—套筒　2—开口销　3—滚子　4—内链板
5—中间链板　6—外链板　7—销轴

1. 链板的热处理

链板主要承受交变的法向拉应力和弯曲应力,并承受多次冲击载荷。链板孔边的切向应力分布如图 17-12 所示。其最大应力区位于离链板纵轴线倾斜 70°~75°的孔边上,应力集中系数为 3.3~3.6,这与链板的疲劳裂纹发生的位置相一致。

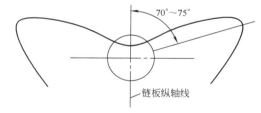

图 17-12　链板孔边的切向应力分布

(1)链板用钢　链板可用 35CrMo、42CrMo、40Cr、35CrNi3(非标在用材料)钢制造,调质后采用冷变形强化工艺可显著提高寿命。

(2)制造工艺路线　冷加工→淬火→回火→挤孔+喷丸→检验。

(3)链板的热处理　链板的热处理工艺见表 17-16。

(4)链板的冷挤压强化和喷丸强化　链板通过挤孔,使孔内产生残余压应力,可显著提高寿命。利用钢球或圆锥形冲头均可进行挤孔强化。挤孔的过盈越大,链板的疲劳强度越高,但过大的过盈量会使几何尺寸发生较大的变化,或者使挤孔难以实现。当相

表 17-16　链板的热处理工艺

牌　号	硬　度 HRC	淬　火		回　火	
		温度/ ℃	冷却 介质	温度/ ℃	冷却 介质
42CrMo	38~45	840~850	油	420~460	水
35CrMo	42~47	850~860	油	400~440	空气

对过盈量为 0.02mm 时，对提高链板的疲劳强度效果最好，表面粗糙度、显微硬度、强化层深度均处于最佳状态。图 17-13 所示为挤压强化对链板疲劳强度的影响。

为提高链板的抗疲劳性能和多冲抗力，喷丸强化也是一种有效的方法。对链板有效的喷丸参数是：弹丸直径为 $\phi0.3~\phi0.5mm$，喷丸速度为 38m/s，喷丸时间为 20min 左右。经喷丸处理后，链板的疲劳强度可增加 85%。挤孔之后再进行一次喷丸处理，链板的寿命会进一步提高。

2. 链条滚子的热处理

链条运转时，滚子承受很大的交变挤压力和多次

冲击力，在使用中常发生碎裂和磨损失效。

（1）滚子用钢　链条滚子要求钢材不仅有良好的强韧性，而且要有足够的耐磨性。用 20CrMo 钢进行淬火以获得板条马氏体，可使寿命明显提高。

（2）制造工艺路线　冷成形→复碳→淬火→回火→检查。

（3）滚子的热处理　当原材料脱碳且在滚子成形后未消除时，在淬火之前先进行复碳。滚子复碳、淬火、回火工艺及技术要求见表 17-17。

采用复碳工艺时，应严格控制表面碳含量，碳含量过高将引起滚子碎裂。使用中频感应淬火加 200℃ 回火工艺，不仅使工艺简化，而且使寿命有较大的提高。中频感应淬火是很有前途的一种工艺。其多次冲击试验结果见表 17-18。

（4）滚子的喷丸强化　喷丸强化处理是提高滚子寿命的另一种有效方法。喷丸强化处理时，要正确选择弹丸直径、喷丸速度、弹丸材质、喷射时间及喷射角度等工艺参数。经按最佳喷丸工艺处理的滚子，其纵向和横向残余应力可分别提高 33%~108% 和 300%~430%，滚子的疲劳寿命可提高 30%~50%。

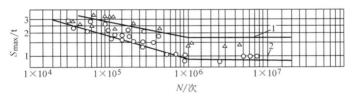

图 17-13　挤压强化对链板疲劳强度的影响
1—挤压　2—未挤压

表 17-17　滚子的热处理工艺及技术要求

序号	规格尺寸/in[①]	牌号	技术要求	工艺曲线	备　注
1	4	20CrMo	淬火回火后硬度为 40~53HRC	930±10　20　10%盐水(质量分数)　180~200　180　空冷　温度/℃　时间/min	淬火加热设备为盐浴炉,回火在旋风回火炉中进行
2	2$\frac{1}{2}$	20CrMo	淬火回火后硬度为 40~53HRC	880~900　20　10%盐水(质量分数)　180~200　180　空冷　温度/℃　时间/min	

（续）

序号	规格尺寸/in[①]	牌号	技术要求	工艺曲线	备注
3	2	20CrMo	复碳深度为 0.40~0.50mm，复碳后 0.20% ≤ $w(C)$ ≤0.35% 硬度为 38~53HRC	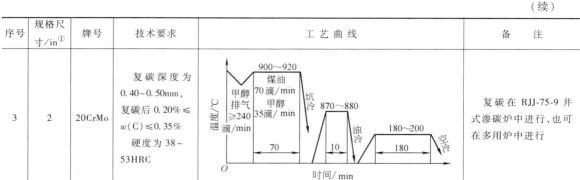	复碳在 RJJ-75-9 井式渗碳炉中进行，也可在多用炉中进行

① 1in = 25.4mm。

表 17-18　滚子中频淬火与复碳淬火的多次冲击试验结果

冲击能量/J	断裂周次		断裂性质	
	复碳淬火	中频感应淬火	复碳淬火	中频感应淬火
196	42000 30000 48600	144000 144000 144000	疲劳	未裂
294	9643 18400	48300 61890	疲劳	疲劳
392	7500 9000 10260	24050 30120 34900	疲劳、脆断	疲劳
539	430 1150	9200 10930	脆断	疲劳

再加热淬火的设备与渗碳相同。淬火加热温度一般选 840~860℃，碳势 $w(C)$ 为 0.6%~0.8%，保证获得渗层表面为隐针状马氏体+少量弥散分布的碳化物+少量残留奥氏体的组织；表面硬度 ≥75.7HR30N，心部组织为低碳马氏体，心部硬度 ≥38HRC。

3. 链条销轴的热处理

链条受交变载荷后，在销轴上造成交变的切应力和弯曲应力。石油钻井操作时，在提起钻杆的瞬间，或者在卡钻处理事故时，销轴上承受着非常高的冲击载荷，销轴的表面还是主要的摩擦表面。销轴的主要失效形式有疲劳断裂、过载损伤断裂、脆性断裂和磨损等。

（1）销轴用钢　销轴的材料、热处理及技术条件见表 17-19。

（2）制造工艺路线　下料→机械加工→去应力回火（可根据需要确定）→渗碳（或碳氮共渗）后在保护气氛中快冷→再加热淬火→回火→矫直→磨外圆。

（3）销轴的渗碳淬火　渗碳应在具有碳势自动控制的井式气体渗碳炉或可控气氛密封箱式炉中进行。为了获得高的疲劳强度和高的耐磨性，渗层表面的碳含量应控制在 0.85%~0.95%（质量分数）；渗层深度达到目标值后，工件在保护气氛中快冷（多用炉在前室冷却，井式炉在冷却罐中滴入甲醇冷却）。

表 17-19　销轴的材料、热处理及技术条件

牌号	热处理	技术要求			用途
		渗层深度/mm	表面硬度 HR30N	心部硬度 HRC	
20CrMnMo	渗碳淬火、回火	0.4~0.7	75.7~81.1	34~38	一般载荷
20CrNiMo	碳氮共渗淬火、回火	0.4~0.7	75.7~81.1	38~42	重载
20CrNi2Mo	碳氮共渗淬火、回火	0.4~0.7	75.7~81.1	38~42	重载
20Cr2Ni4A	碳氮共渗淬火、回火	0.4~0.7	75.7~81.1	38~42	重载

注：销轴直径小，有效渗层深度取下限，反之取上限。

（4）销轴的碳氮共渗及淬火　销轴采用碳氮共渗，可使表层获得含碳氮的马氏体和碳氮化合物，进一步提高销轴的疲劳强度和耐磨性。

碳氮共渗设备与气体渗碳相同。一般在 860℃碳氮共渗后采用直接油淬工艺。有些公司采用 880~910℃碳氮共渗后在多用炉前室缓冷，然后在 840~

860℃再次加热后淬火油冷，目的是为了获得更细的组织和更优良的性能。

（5）销轴的回火　回火在旋风回火炉中进行。回火温度一般选用 180～200℃，回火时间为 2h。

（6）销轴碳氮共渗实例

1）销轴规格：32S 石油链销轴如图 17-14 所示。材料为 20GrNiMo。

2）技术要求：有效硬化层深度为（0.6±0.1）mm；淬火回火后表面硬度 ≥750HV0.2，心部硬度为 38～42HRC；表层组织，马氏体≤3 级；表层碳含量（质量分数）为 0.85%～0.95%。

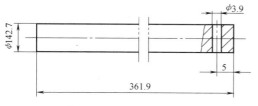

图 17-14　32S 石油链销轴

3）碳氮共渗设备：UBE-1000-2112 密封箱式多用炉生产线。

4）加工工艺流程：切断、倒角→去应力回火→碳氮共渗→再加热淬火→回火→矫直→磨外圆。

5）热处理工艺曲线如图 17-15 所示。

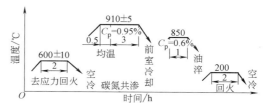

图 17-15　32S 石油链销轴热处理工艺曲线

17.2.3　链轮的热处理

1. 链轮材料

链轮材料通常选用 ZG35Cr1MoA，对于承载较大的链轮也可以采用 35CrMoA 锻钢。该钢属中碳调质钢，淬透性较好，淬油临界直径为 35mm，回火脆性不敏感，调质后综合力学性能好，低温韧性一般，焊接性不好。

2. 链轮热处理

铸锻件 35CrMoA 链轮一般进行调质处理，大型工件也可把正火作为最终热处理。其淬火加热温度为（870±10）℃，采用油或水基淬火冷却介质冷却，大件形状简单时也可以水冷。（680±20）℃回火后硬度为 195～235HBW，（650±20）℃回火后硬度为 217～255HBW，（590±20）℃回火后硬度为 269～302HBW，（540±20）℃回火后硬度为 300～330HBW。回火温度越低，塑性、韧性越低。不同截面尺寸铸锻件 35CrMoA 的力学性能见表 17-20 和表 17-21。

表 17-20　铸锻件 35CrMoA 的力学性能 （一）

热处理状态	毛坯直径/mm	R_m/MPa	R_{eL}/MPa	A（%）	Z（%）	KV/J	表面硬度 HBW
				不小于			
调质	25	740	520	12	25	42	
	26～50	—	—	—	—	—	
	51～100	740	510	12	25	27	217～255
	≤125	740	510	12	20	27	217～255
正火	≤125	590	310	10	—	24	

表 17-21　铸锻件 35CrMoA 的力学性能 （二）

热处理状态	试样毛坯直径/mm	R_m/MPa	R_{eL}/MPa	A（%）	Z（%）	20℃	-20℃	-40℃	表面硬度 HBW
						KV/J			
				不小于					
调质（淬水）	≤65	883	735	17	45	48	42	27	287～323
	66～90	835	655	17	45	48	—		287～323
调质	≤60	800	600	18	50	54	42		240～276
		880	700	16	50	42	27		287～323
	61～100	700	500	18	50	42	27		240～276
		800	650	16	50	42	20		287～323
	101～150	650	450	20	50	42	27		240～276
		745	520	17	45	42			269～302
	151～200	705	480	16	45	—			269～302
	201～250	680	430	16	45	—			296～302
	251～300	635	400	16	45	—			269～302

17.3　钻探工具的热处理

17.3.1　吊环的热处理

吊环在使用中主要承受疲劳载荷。在每一应力循环中，载荷的最小值为零，最大值随钻杆的增加而增大；当提起钻杆时，则因钻杆减少而降低。吊环所承受的是一种变动应力幅的低频随机疲劳载荷，其载荷谱线如图 17-16 所示。

吊环有三种失效方式，即变形、磨损和断裂，疲劳断裂是吊环最危险的一种失效方式。吊环的疲劳断口如图 17-17 所示。

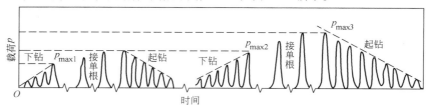

图 17-16　吊环的载荷谱线

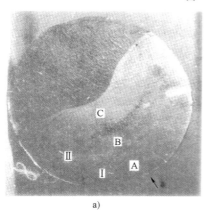
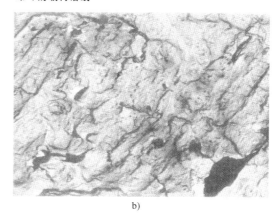

图 17-17　吊环的疲劳断口

a）宏观断口　b）疲劳区断口电镜照片 2000×

1. 吊环用钢及技术要求

吊环用钢要求具有高的疲劳强度、低的裂纹扩展速率和高的断裂韧度。吊环用钢及技术要求见表 17-22。

表 17-22　吊环用钢及技术要求

牌　　号	R_m/MPa	R_{eL}/MPa	$A(\%)$	$Z(\%)$	KV/J（-20℃）	表面硬度 HRC
20Cr2Ni4E	≥1375	≥1180	≥14	≥40	≥42	43~48
20SiMn2MoVE	≥1375	≥1180	≥14	≥40	≥42	43~48
40CrNiMoA	≥1029	≥882	≥12	≥50	≥42	34~40
35CrMoA	≥883	≥735	≥17	≥45	≥42	30~35

2. 热处理工艺

吊环根据长度和用钢要求可以在有保护气氛的箱式炉中加热。

吊环的热处理工艺见表 17-23。

表 17-23　吊环的热处理工艺（以 150t 的为例）

牌　　号	预备热处理	淬　　火	回　　火
20Cr2Ni4E	正火：（930±10）℃×2h，空冷 高温回火：（680±20）℃×3h，空冷	（910±10）℃×2h，水冷	（200±20）℃×6h，空冷
20SiMn2MoVE	正火：（930±10）℃×2h，空冷 高温回火：（680±20）℃×3h，空冷	（910±10）℃×2h，水冷	（220±20）℃×6h，空冷
40CrNiMoA	正火：（880±10）℃×2h，空冷	（860±10）℃×2h，水冷	（520±20）℃×4h，空冷
35CrMoA	正火：（880±10）℃×2h，空冷	（870±10）℃×2h，水冷	（520±20）℃×4h，空冷

值得指出，20Cr2Ni4E、20SiMn2MoVE 和 40CrNiMoA、35CrMoA 钢的力学性能与回火温度的关系截然不同。20Cr2Ni4E 和 20SiMn2MoVE 钢在淬火低温回火状态（即获得低碳马氏体状态），不仅强度高、韧性好，断裂韧度高，而且强韧性配合最佳；随着回火温度的升高，强度降低，断裂韧度也显著降低。40CrNiMoA 和 35CrMoA 钢随回火温度的升高，强度下降、韧性提高；在高温回火状态，强韧性配合最好。20SiMn2MoVE 和 40CrNiMoA 钢经不同温度回火后的力学性能如图 17-18 和图 17-19 所示。

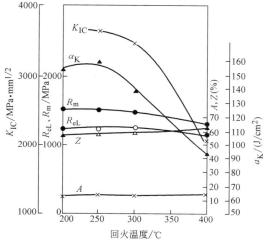

图 17-18　20SiMn2MoVE 钢经不同温度
回火后的力学性能

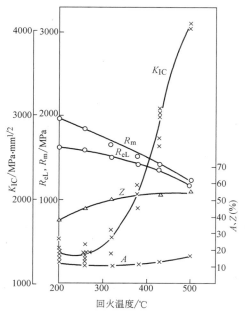

图 17-19　40CrNiMoA 钢经不同温度回火后的力学性能

3. 检验

锻造后用肉眼检查表面质量，不得有裂纹、折叠，重点检查环部。每批吊环带分离试棒一根，其截面与吊环杆部截面相同，长度与截面直径比为 4：1。分离试棒与吊环同炉热处理后进行拉伸试验，试验结果应符合技术条件。吊环出厂前进行实物载荷试验，试验载荷为额定载荷的 1.5 倍，持续 5min 不得有残余变形。

常见缺陷之一是硬度不均匀，这是由于炉温不均所致。在生产中发现个别炉号的冲击吸收能量达不到技术要求，通过改进工艺，获得 5% ~ 10%（体积分数）的下贝氏体+板条马氏体组织，可使冲击吸收能量明显提高。

17.3.2　吊卡的热处理

吊卡与吊环配合使用，服役条件相似，它主要承受交变的弯曲载荷及冲击载荷，台肩部分还受到钻杆接头的频繁磨损，吊卡几何形状复杂，应力分布极不均匀。吊卡的外形如图 17-20 所示。

图 17-20　吊卡外形

吊卡的失效形式有磨损、过量变形、断裂等。磨损失效发生在端面台肩处，是吊卡的主要失效方式。在钻杆作用下，吊卡因发生严重的塑性变形而失效。为了修补磨损台肩，在油田常用堆焊工艺，从而导致焊接裂纹的产生，造成吊卡的断裂失效。

1. 常规吊卡用钢及热处理

作为关键受力部件，吊卡材料不但要具备高的强度、高的韧性，而且要具备高的疲劳强度、小的缺口敏感性。另外，还要有较好的焊接性和表面硬化能力。常规吊卡主要选用 42CrMoA、35CrMoA 钢。

技术要求：

1）调质后硬度为 269 ~ 302HBW，$R_m \geqslant 882MPa$，$R_{eL} \geqslant 686MPa$，$A \geqslant 12\%$，$Z \geqslant 45\%$，$KV_8 \geqslant 58J$。

2）台肩表面淬火后硬度为 48 ~ 52HRC。

制造工艺路线：锻造→正火→粗加工→淬火→回火→精加工→装配→台肩表面淬火→载荷试验→出厂。

吊卡应在可控气氛炉中进行调质处理，其热处理工艺参数见表 17-24。

表 17-24　吊卡热处理工艺参数（以 436in 吊卡为例）

钢　号	淬　火			回　火		
	温度/℃	时间/min	冷却	温度/℃	时间/min	冷却
35CrMoA	870~890	120	油	580±20	180	空气
42CrMoA	870~890	120	油	580±20	180	空气

台肩部分可以用火焰加热淬火实现表面硬化，其淬火温度控制在 880~900℃，喷水冷却。淬火后在炉内进行 180~200℃ 回火 2h。

2. 检验

调质后逐件检查硬度，其值应符合技术要求。对于每一炉号的材料，要进行随炉试棒的力学性能试验，其结果应达到技术要求。

装配后进行成品载荷试验，试验载荷为额定载荷的 1.5 倍，持续 5min 不得有残余变形。

17.3.3　钻杆接头的热处理

钻杆接头（见图 17-21）是连接钻杆的重要工具，在工作过程中承受钻具的交变拉力和交变的转矩，表面受到套管和井壁的摩擦力；当紧扣或卸扣时，螺纹部分受到很大的摩擦力，泥浆的腐蚀、冲蚀，含 H$_2$S 气体的腐蚀，也是不可避免的。接头常见的失效形式有磨损、疲劳断裂、腐蚀疲劳断裂和应力腐蚀等。图 17-22 所示为钻杆接头疲劳断口的电镜照片。

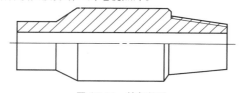

图 17-21　钻杆接头

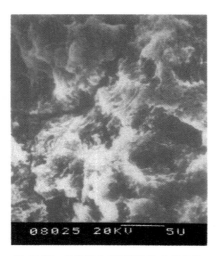

图 17-22　钻杆接头疲劳断口的电镜照片

1. 钻杆接头的材料及技术要求

钻杆接头用钢要求有高的疲劳强度、小的疲劳缺口敏感性及良好的腐蚀疲劳抗力，同时还应有良好的耐磨性、焊接性。钻杆接头的材料和技术要求见表 17-25。

表 17-25　钻杆接头的材料和技术要求

牌号	硬度 HBW	R_m/ MPa	R_{eL}/ MPa	A (%)	Z (%)	KV/ J
42CrMo	285~321	≥970	≥827	≥13	—	—
40CrNiMo	285~321	≥970	≥827	≥13	≥45	≥54
34CrNiMo[①]	285~321	≥970	≥827	≥13	≥45	≥54
37CrMnMo[①]	285~321	≥970	≥827	≥13	≥45	≥54

① 企业牌号。

根据美国石油学会（API）的标准，接头的力学性能只要求 HBW、R_{eL}、R_m 和 A 四项指标。为了保证使用性能，有些油田对接头提出了附加技术条件，要求接头材料的断面收缩率和夏比 V 型缺口冲击吸收能量分别为大于 45% 和 54J，这样就必须使用 34CrNiMo、40CrNiMo、37CrMnMo 钢，才能满足较高的要求。

2. 钻杆接头的热处理及表面强化

（1）制造工艺路线

1）普通热处理。锻造→正火→粗加工→淬火→回火→检验→精加工→局部镀铜（或整体磷化）。

2）调质加表面喷焊。锻造→正火→粗加工→淬火→回火→检验→精加工→表面喷焊→精加工→局部镀铜。

（2）热处理　接头的淬火应在炉温均匀性为 ±5℃ 的可控气氛连续式或周期式炉中进行。淬火时，接头之间应保持足够的距离，淬火油应强烈循环，以保证淬火的高质量；回火炉的炉温均匀性应为 ±5℃。淬火、回火后应逐件检查硬度，抽一定量的接头实物进行力学性能分析。钻杆接头的热处理工艺见表 17-26。

3. 高强度、高韧性接头的热处理

随着超深井钻井技术和斜井钻井技术的发展，对接头的强韧性提出了更高的要求，如某油井公司要求

表 17-26　钻杆接头的热处理工艺

（以 4½in 接头为例）

牌号	淬火		回火		冷却剂
	温度/℃	时间/min	温度/℃	时间/min	
42CrMo	860±5	90			油
			560～600	120	空气
40CrNiMo	840±5	90			油
			580～620	120	空气
34CrNiMo	860±5	90			油
			500～540	120	空气
37CrMnMo	860±5	90			PHG 水溶液
			560～600	120	水冷

注：表中数据系在密封箱式炉内加热的保温时间。

接头实物的力学性能达到如下要求：硬度为 300～331HBW，抗拉强度 R_m > 1000MPa，屈服强度 R_{eL} > 880MPa，伸长率 A > 13%，断面收缩率 Z > 45%，夏比 V 型低温（−20℃）冲击吸收能量 KV（纵）> 80J，KV（横）> 63J。用传统的热处理方法难以满足上述要求。

高强韧接头的工艺路线（以 37CrMnMo 为例）：下料→锻造→锻件高温正火→粗加工→调质→检验→精加工。

高温正火工艺（以 5in 接头为例）：900～930℃×3.5h 加热，出炉后单件竖立，空冷到室温，不得堆冷。

调质处理：调质处理的淬火加热和冷却需在可控气氛密封箱式炉中进行，装料需在专用的料盘和料具上合理布置，接头与接头之间留有合理的距离，接头中间孔与料盘保持垂直，以便淬火时淬火油通道畅通。炉子的炉温均匀性要达到 ±5℃，淬火油需用快速淬火油，淬火槽要设置多个油搅拌器，以保证淬火冷却均匀。工艺参数（以 4½in 接头为例）为 860℃×1.5h 油冷 +600℃×2.5h 水冷。

4. 检验

热处理后，在接头中部距台肩 25～32mm 处进行布氏硬度检查，其值应在 285HBW 以上。此外，应抽取一定数量的接头进行拉伸试验。接头抗拉强度试样取样部位如图 17-23 所示。试样要纵向切取并平行接头。试样的标距长度必须在公接头锥度部分之内，并且标距的中心点应距公接头台肩为 32mm 处。拉伸试验结果应达到技术要求。

对有冲击吸收能量要求的接头，还需进行冲击试验，取样方法与拉伸试验相同。

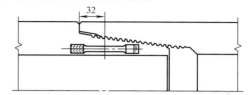

图 17-23　接头抗拉强度试样取样部位

接头常见的热处理缺陷有硬度不均匀，力学性能达不到要求，特别是冲击吸收功偏低等。解决这些问题的途径是加强材料管理、淬火冷却介质管理及热处理设备管理等，保证接头获得良好而均匀的淬火和回火。

接头螺纹表面镀铜的好处：①螺纹之间的摩擦因数小，使用寿命长；②允许在井下旋转时，转矩有所增加，但不损坏螺纹；③大大减少井下旋入量。螺纹镀铜是接头的工艺发展方向之一。

为解决钻杆接头的耐磨性问题，有的已采用自动堆焊硬质合金工艺，使接头形成一段较宽的耐磨层，延长了接头的寿命。

为了提高接头腐蚀疲劳抗力和耐磨性，还可以采用喷丸渗锌强化法，其最合适的喷丸时间为 2～3min，最合适的渗锌厚度为 70～80μm，通过这种综合强化处理，可提高耐腐蚀疲劳强度 75%～90%。

17.3.4　抽油杆的热处理

抽油杆在油管内作上、下往复运动，承受不对称循环载荷。它浸泡在采出液中，经受着腐蚀介质 H_2S、CO_2 和盐水的腐蚀作用。抽油杆的主要失效形式：在无腐蚀条件下是疲劳断裂，在腐蚀条件下是失重腐蚀、腐蚀疲劳和硫化物的应力破损。抽油杆如图 17-24 所示，直径范围为 ϕ22.2～ϕ50.8mm，长度为 7.62m 和 9.14m。

1. 抽油杆用钢

目前，我国借用美国石油学会（API）标准把抽油杆分为 C 级、K 级和 D 级，各级抽油杆用钢及工作条件见表 17-27。

2. 制造工艺路线

下料→镦头→检验→热处理→拉直→力学性能检查→抛丸处理→头部机械加工→涂漆→包装。

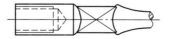

图 17-24　抽油杆

表 17-27　抽油杆用钢及工作条件

级别	抗拉强度 R_m/MPa	牌　号	工作条件
C	617~794	35Mn2、20CrMo、35	无腐蚀或缓蚀，井中重载抽油
K	578~794	20CrNiMo、20Ni2Mo	井中重载抽油，中等腐蚀或缓蚀
D	794~970	35Mn2	无腐蚀重载
		40CrNiMo、42CrMo	含硫油井，重载

3. 热处理

（1）技术要求　各类抽油杆用钢及其技术要求见表 17-28。

（2）热处理工艺　抽油杆的热处理包括正火、正火+回火、淬火+回火三类。热处理可在具有保护气氛的煤气加热炉和电阻炉中进行，杆料用链传送或螺杆传送；用水淬火（或正火），然后回火。其主要工艺参数见表 17-29。

近年来，开发了抽油杆整体连续调质的专用设备，淬火、回火一次完成。两台中频电源柜分别用于抽油杆淬火、回火。调质过程全部采用斜辊道进给，工件边前进边旋转，使加热温度均匀。冷却水套采用均匀多孔喷口，使工件冷却速度快且冷却均匀，硬度均匀。上料与下料均自动完成，可减轻工人劳动强度，提高劳动生产率和产品质量。该工艺已成为抽油杆热处理技术改进的方向。

4. 检验

热处理完成后，在每 1000 根中任意抽取两根，截取 450mm 进行实物拉伸试验，每一炉还应进行随炉试棒的力学性能试验；随炉试棒加工成标准拉伸试样进行力学性能试验和金相检查，结果应符合表 17-28 的要求，晶粒度应在 6 级以上。

表 17-28　抽油杆用钢及其技术要求

级别	牌　号	R_m/MPa	$R_{p0.2}$/MPa	A（%）	Z（%）	KV/J	硬度 HBW	热处理
C	45	≥598	≥353	≥16	≥40	根据用户需要	197~241	正火
	20CrMo	≥784	≥588	≥12	≥50		207~241	淬火+回火
	35Mn2	≥617	≥411	≥18	≥50		187~228	正火
K	20CrNi2Mo	≥578	≥460	≥18	≥50		179~207	正火+回火
D	35Mn2	≥794	≥686	≥10	≥50		248~295	淬火+回火
	40CrNiMo	≥794	≥686	≥10	≥50		248~295	正火+回火
	42CrMo	≥794	≥686	≥10	≥50		248~295	正火+回火

表 17-29　抽油杆热处理工艺参数

级别	牌　号	淬火（或正火）			回　火		
		加热温度/℃	保温时间/min	冷却方式	加热温度/℃	保温时间/min	冷却方式
C	35	860±10	60	空冷	—	—	—
	20CrMo	880±10	60	水冷	620±20	90	空冷
	35Mn2	850±10	60	空冷	—	—	—
K	20CrNi2Mo	825±10	60	空冷	600±20	90	空冷
D	35Mn2	830±10	60	水冷	560±20	90	空冷
	40CrNiMo	850±10	60	空冷	620±20	90	空冷
	42CrMo	850±10	60	空冷	620±20	90	空冷

为提高抽油杆的腐蚀疲劳抗力，对 C 级和 D 级杆可以采用 325 目 06Cr17Ni12Mo2（AISI 316）不锈钢粉进行等离子喷涂，使用寿命可提高 3 倍。采用综合强化，即热处理后喷丸强化，再喷镀一层锌，抽油杆的腐蚀疲劳强度提高 3 倍，持久强度可提高到 200MPa。综合强化对 20CrNi2Mo 钢抽油杆在 H_2S 介质中腐蚀疲劳强度的影响如图 17-25 所示。

17.3.5　公母锥的热处理

公锥（见图 17-26）和母锥（见图 17-27）是在钻井时处理钻杆、接头断裂事故的工具。当钻杆断裂掉落井底时，用母锥在落井的钻杆外壁套螺纹，使母

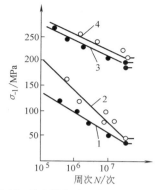

图 17-25　综合强化对 20CrNi2Mo 钢抽油杆
在 H₂S 介质中腐蚀疲劳强度的影响

1、2—未强化　3、4—喷丸强化+喷镀锌

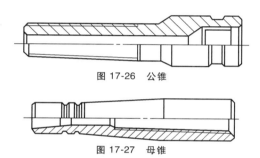

图 17-26　公锥

图 17-27　母锥

锥与钻杆连成一体，将钻杆捞起；当接头断裂且落井的钻杆上还残留部分接头时，用公锥在钻杆内壁攻螺纹，然后将钻杆打捞上来。加工螺纹时，公锥和母锥的工作部分螺纹受到很大挤压应力和磨损，打捞钻杆时，它还受到落井钻杆的重力和井壁的阻力，因而与钻杆的螺纹连接部分受到很大的轴向切应力。公母锥的主要失效形式是螺纹压陷、磨损和剪断。

1. 公母锥用钢及技术要求

根据工作条件，要求公母锥螺纹具有较高的抗剪强度、抗压陷能力及耐磨性。采用 27SiMn2WVA（企业牌号）钢进行碳氮共渗或渗碳渗硼复合处理，可使公母锥寿命大幅度提高。用 27SiMn2WVA 钢制造公母锥可采用两种工艺：

1）碳氮共渗。要求渗层深度为 0.8~1.2mm，表面硬度 ≥60HRC。

2）渗碳、渗硼复合处理。要求渗碳层深度为 0.6~0.9mm，渗硼层深度为 0.08~0.12mm，硬度 ≥1200HV。

2. 公母锥的碳氮共渗处理

制造工艺路线：锻造→正火→高温回火→机械加工→碳氮共渗→检查→淬火→回火→机械加工→检验。

（1）正火并高温回火　公母锥锻件毛坯在台车式电炉内进行 930~940℃加热，保温 4h 空冷；再在 680~700℃保温 6h 回火，并随炉降温到 550℃以下空冷。

（2）碳氮共渗　共渗在 RJJ-105-9 井式气体渗碳炉中进行。渗剂为尿素、甲醇溶液（甲醇与尿素的重量比为 1:5 的溶液）和煤油。共渗分两阶段进行：第一阶段，公母锥入炉后，开始滴入煤油，滴入速度为 80~100 滴/min，在 880℃共渗 3h；第二阶段，炉温由 880℃随炉降温到 840℃，尿素、甲醇溶液滴入速度为 200~240 滴/min，煤油滴入速度为 60~80 滴/min，保温 2~4h，抽样检查合格后出炉罐冷。

（3）淬火和回火　淬火加热在盐浴炉中进行，盐浴应充分脱氧。淬火加热温度为 830~840℃；保温时间为 25~30min（规格为 4½in），然后水冷。回火在旋风回火炉中进行，回火温度为 160~180℃，回火时间为 4h，回火后空冷。

3. 公锥的渗碳、渗硼复合热处理

制造工艺路线：锻造→正火→高温回火→机械加工→气体渗碳→检验→渗硼→检验→淬火→回火→检验。

（1）预备热处理　与碳氮共渗前的预备热处理相同。

（2）渗碳　在 RQ-105-9 炉中进行，渗碳温度为 930℃，煤油滴入速度为 160~180 滴/min，甲醇滴入速度为 70~90 滴/min，保温 3~5h；当渗层深度达到 0.4~0.6mm 时，随炉温降到 880℃出炉罐冷。

（3）渗硼　将已渗碳的公锥在盐浴炉内进行液体渗硼，盐浴成分（质量分数）推荐为 Na₂B₄O₇·10H₂O 70%、CaSi 10%、NaCl 10%、Na₂SiF₆ 10%，渗硼温度为 930℃，保温 4h 后出炉空冷。

（4）淬火、回火　淬火回火工艺与碳氮共渗后的公锥淬火工艺相同。

4. 检验

高温回火后检查硬度，硬度要求 ≤269HBW。用 27SiMn2WVA 钢专用试块，随同公母锥一起进行碳氮共渗或渗碳、渗硼复合热处理。碳氮共渗后检查渗层深度和显微组织。当总渗层深度为 0.8~1.2mm 时，共析层+过共析层深度为 0.6~0.8mm，脱碳层深度 ≤0.04mm 为合格。对于渗碳+渗硼的公锥，渗碳后进行显微检查，其渗层深度应为 0.6~0.9mm，过共析层+共析层深度为 0.4~0.6mm。渗硼后，其渗硼层的深度应达到 0.08~0.12mm，硬度 ≥1200HV。

5. 热处理缺陷及其防止

渗碳或碳氮共渗后常有表面脱碳、表面碳化物网

等缺陷。为了预防产生这些缺陷，必须严格按工艺操作，进行碳势控制。当脱碳层 ≥ 0.05mm 时，必须采取补渗处理。碳氮共渗的公锥若有严重碳化物网，需在 860℃ 进行 2 ~ 3h 的扩散处理，这时甲醇、尿素溶液滴入速度为 200 ~ 240 滴/min，煤油滴入速度为 60 ~ 80 滴/min。公锥在淬火后，有时会在内孔出现纵向裂纹，其防止方法是加速冷却内孔，或者是用一工具塞住内孔，防止冷却水进入内孔。

17.3.6　抽油泵泵筒的热处理

抽油泵泵筒在井下采油时，不仅承受柱塞往复的摩擦磨损，而且经受采出液的腐蚀、氧化。磨损和腐蚀是泵筒的主要失效形式。整体泵筒细而长（外形尺寸为 $\phi 57mm × 7800mm$），因泵筒变形而失效在油田也时有发生。

1. 整体泵筒的材料及表面强化工艺

整体泵筒用钢和表面处理工艺见表 17-30。

渗碳泵筒具有较高的硬度、耐蚀性及疲劳强度。泵筒经渗碳后，硬化层较厚，比碳氮共渗泵筒及渗硼泵筒能承受更大的载荷和大的挤压应力。由于渗碳的综合力学性能远不如碳氮共渗，所以渗碳工艺常被碳氮共渗所取代。

表 17-30　整体泵筒用钢和表面处理工艺

方法	牌　　　号	工 艺 参 数	硬化层深度/mm	表面硬度
渗碳	20	930℃，保温 4h 840℃，中频感应淬火，200℃ 回火	≥ 0.8	995HV
碳氮共渗	20	860℃，保温 4 ~ 6h 840℃，中频感应淬火，200℃ 回火	≥ 0.6	56 ~ 62HRC
渗氮	38CrMoAlA、 34CrNiMo5[①]	500 ~ 600℃，保温 7 ~ 8h	≥ 0.13	600 ~ 1100HV
渗硼	20、45	860℃，保温 4h	≥ 0.08	1380 ~ 1506HV
激光	45	功率为 1480 ~ 1500W，泵筒走向速度为 86mm/min，转速为 13r/min	≥ 0.35	58 ~ 63HRC
镀铬	20、45		0.05 ~ 0.09	60 ~ 67HRC

① 企业牌号。

渗氮处理温度低，变形小，泵筒的耐磨性和耐蚀性好，但必须要用价格较贵的渗氮钢，因而限制了它的应用。

碳氮共渗工艺是目前制造厂家广泛采用的强化方法之一。与渗氮比，生产周期短，渗速快，可用材料广泛。它的最大优越性在于泵筒碳氮共渗后具有良好的可加工性。

渗硼和激光强化工艺正处于试验阶段，个别油田已取得良好的效果。

2. 泵筒的碳氮共渗处理

制造工艺路线：下料→粗加工→去应力退火→精加工→碳氮共渗→矫直→淬火→回火→矫直→人工时效→检验→珩磨→检验。

（1）去应力退火　泵筒半成品于 200 ~ 250℃ 进入井式炉内，加热到 560 ~ 600℃ 保温 1 ~ 1.5h，随炉冷到 200℃ 以下出炉空冷。

（2）碳氮共渗　碳氮共渗在专用井式炉中进行，炉子应保证上下温度均匀，气氛均匀，特别是有保证筒体内腔气氛均匀的装置，这样才能保证渗层均匀、畸变量小。

碳氮共渗所用的渗剂可以选用煤油 + NH_3、吸热式气氛 + 丙烷 + 氨气、合成吸热式气氛（N_2 + 甲醇）+ 丙烷 + 氨气等。

共渗温度为（860 ± 10）℃，共渗 4 ~ 6h，渗后缓冷。

（3）中频感应淬火　淬火在专用淬火机床上进行，中频电源的频率为 8000Hz。淬火温度为（840 ± 10）℃，水冷。淬火后于 200℃ 回火 2h。

（4）人工时效　在井式炉中 110 ~ 120℃ 保温 24 ~ 48h，空冷。

3. 检验

碳氮共渗后检查随炉处理的金相试块，检测共渗层深度和显微组织。当渗层总深度 ≥ 0.6mm，共析层 + 过共析层深度为 0.4 ~ 0.6mm，脱碳层深度 ≤ 0.05mm 为合格。中频感应淬火并回火后用里氏硬度计检查内孔硬度，硬度应达到 56 ~ 62HRC。

17.3.7　石油钻头的热处理

图 17-28 所示为石油三牙轮钻头。它由六个基本部件组成，即三个牙轮和三个牙掌。三个牙掌在加工

后焊接在一起构成通体钻头。在石油牙轮钻头组成中，牙轮、牙掌配合的轴承结构一直是人们关注的问题，也是钻头失效的关键部位。过去牙轮内表面镶嵌贵重的银合金，而牙掌轴承表面的受力部位则敷焊钴铬钨合金，再进行渗碳、淬火处理，两者之间用滚柱连接，组成滚动轴承。为了提高钻头使用寿命，适应高钻压力（十几千牛至几十千牛）、高转速、硬地层的需要，取消了滚柱，而采用了滑动轴承结构，如图17-29所示。这种结构对材料和热处理提出了很高的要求。

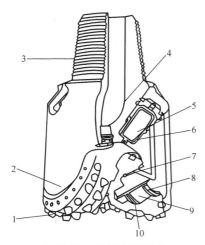

图 17-28　石油三牙轮钻头

1—硬质合金齿　2—掌尖　3—螺纹　4—加油孔　5—储油囊　6—泄压阀　7—二止面
8—O 型密封圈　9—大轴　10—卡簧

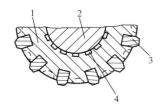

图 17-29　牙轮钻头的滑动轴承结构

1—牙轮　2—牙掌轴颈　3—硬质合金齿
4—特殊金属镶焊

1. 牙掌的材料与热处理

（1）牙掌用钢　牙掌可用 AISI 8720（美国牌号，相当于我国的 20CrNiMo）钢制造，钢中硫、磷含量（质量分数）应控制在 0.015% 以下。

（2）制造工艺路线　锻造→正火→机械加工→局部镀铜→渗碳→检验→磨削加工→脱脂→固体渗硼→强力清洗→淬火→清洗→回火→检验→机械加工→组焊。

（3）牙掌的热处理　渗碳可在氮基气氛的周期式渗碳炉或可控气氛连续式渗碳炉内进行，渗碳温度为930℃；用 CO_2 红外仪或氧探头进行碳势控制，通常碳势控制在 1.20%±0.05%（质量分数）；渗碳层的深度依不同规格钻头而异，一般均在 1.20mm 以上。

渗碳后，牙掌轴承表面经磨削加工，保持光洁，渗硼部位基本上与渗碳部位（仅限于牙掌轴承表面）保持一致。采用固体渗硼法，轴承表面用渗硼杯进行局部封装，其工艺过程如图 17-30 所示。

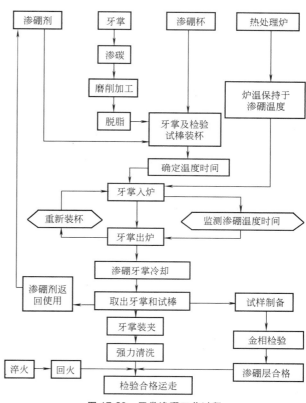

图 17-30　牙掌渗硼工艺过程

渗硼处理可以在电加热的各种炉内进行，渗硼温度为930℃，保温时间为6h。需要指出的是，渗硼最好在保护气氛下进行。

淬火在密封箱式炉中进行，炉内通入氮基气氛保护，淬火温度为840℃，保温时间根据牙掌型号确定，一般为2~3h。温度不宜选择过高，以免局部地区达到共晶温度，引起渗层熔化。淬火油温保持在80℃，可用同美国 Sun 牌性能相同的淬火油进行淬火。

回火在空气炉中进行，回火温度为180℃，保温时间为2~3h。

（4）组织和性能检测　渗碳层的检查与常规渗

碳的质量控制相同。

对渗碳后渗硼的质量控制，在连续式可控气氛炉生产条件下，每三盘放置渗硼试样一件，试样尺寸为 $\phi 10mm \times 40mm$。每2000件牙掌随机取样解剖一件，进行全面分析。分析项目：

1）渗层金相组织。图17-31所示为检验合格的渗层+渗硼金相组织。可以看出，渗硼层的最外层为齿状组织，主要为 Fe_2B。由于钢的基体经过预渗碳，齿状组织层的齿形特征不十分明显。齿间和毗区分布析出相 $Fe_3(CB)$ 和 $Fe_{23}(CB)_6$，再下层即渗碳层基体。如果发现外层出现明显 FeB 相，则判为不合格，必须重新调整渗剂和工艺。

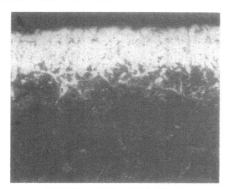

图17-31　渗碳+渗硼金相组织

2）渗硼层深度。渗硼层深度只量取齿状渗层，控制在 $50 \sim 100\mu m$，深度不够时必须补渗。测量渗硼层的方法有几种，一般采用平均测量法，即计算齿长的平均值。

3）硬度检测。图17-32所示为不同化学处理对材料硬度的影响。渗层表面硬度 $\geqslant 1500HV$，当进入渗硼-渗碳过渡区时，硬度并不像单纯渗硼情况那样出现急剧下降，而为渗碳层硬度所补偿。整个表层的硬度梯度较平缓，足以承受钻头在井下工作时各种机械的冲击作用，这就显示出渗碳-渗硼复合处理的优越性。

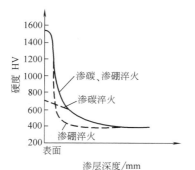

图17-32　不同化学热处理对材料硬度的影响

4）剥落和裂纹检查。一般情况下，均采用目测法，检查渗硼层上有无剥落、裂纹和其他缺陷（如疏松层）。抽检的解剖牙掌可在金相显微镜下观察，或者用无损检验法。表层的剥落是不允许的，但如果有极其轻微的裂纹，只要不超过规定的严重程度，仍然允许通过。

此外，还有一些不可缺少的检测项目，如渗硼层是否覆盖住要求的渗硼部位，防渗区是否有漏渗，密封面的防渗高度是否足够或是否超高等。

2. 牙轮材料与热处理（以镶齿牙轮为例）

（1）牙轮用钢　牙轮可用 AISI 9310（美国牌号，相当于我国的10CrNi3Mo）钢制造，钢中硫、磷含量应控制在 0.015%（质量分数）以下。

（2）制造工艺路线　锻造→正火→机械加工→渗碳→检查→淬火→清洗→回火→检验→机械加工→镶硬质合金→检验。

（3）牙轮的热处理　牙轮的渗碳与牙掌一样，可以在连续式渗碳炉或周期渗碳炉中进行，渗碳温度为930℃，碳势控制在 0.80%±0.05%（质量分数），渗碳层深依不同规格钻头而异，一般均在 1.80mm以上。

渗碳后缓冷，经检查合格后进行淬火处理，牙轮淬火在密封箱式炉内进行，炉内通入氮基气氛保护，气氛碳势应控制为 0.80%±0.05%（质量分数），淬火温度为840℃，保温时间根据牙轮型号确定。淬火油温控制在80℃。

回火在空气炉中进行，回火温度为180℃，保温时间为 2~3h。

（4）检验　牙轮渗碳后的检验项目主要有表层碳含量和渗层深度，由剥层试棒分析获得。过高的碳含量会在渗层中出现网状碳化物，所以应严格控制碳势为 0.80%±0.05%（质量分数）。

淬火回火后的牙轮主要检查硬度，硬度应为56~62HRC。

3. PDC 钻头

PDC钻头，即聚晶金刚石钻头，主要由切削齿、钻头体、喷嘴和接头等部分构成，常见的失效形式为齿磨损、碎裂、裂纹、脱层、折断、掉齿、齿冲蚀和钻头体冲蚀。

PDC钻头有胎体钻头和钢体钻头两种类型，其材料主要包括PDC齿、胎体/钢体材料和接头等部分。PDC钻头的使用效果主要取决于PDC（聚晶金刚石）齿质量。其性能指标主要是耐磨性、抗冲击性和热稳定性。胎体钻头材料见表17-31。钢体钻头材料见表17-32。

表 17-31　胎体钻头材料

切削元件	钻头体骨架	金属粘接剂	钎焊材料	喷嘴	接头	焊条
PDC 齿	铸造 WC 粉末	CuNiMn	银钎料	硬质合金	42CrMo	J506

表 17-32　钢体钻头材料

切削元件	钻头体骨架	耐磨层	钎焊材料	喷嘴	接头	焊条
PDC 齿	42CrMo	Ni 基 WC 粉	50％银钎料	YG8	42CrMo	J506

17.4　钻机齿轮的热处理

17.4.1　弧齿锥齿轮的热处理

弧齿锥齿轮是石油钻机中的主要传动零件，它有较高的传动速度（空载最高线速度为 30m/s，加载线速度为 25m/s），受重载（传动功率为 894.840kW）冲击载荷，其主要失效方式是磨损、点蚀或断裂，该齿轮的热处理方法有渗碳或沿齿沟中频感应淬火等。

1. 弧齿锥齿轮的渗碳

（1）齿轮的外形与主要参数　图 17-33 所示为弧齿锥齿轮，其主要技术参数为端面模数 $m_s = 12mm$，齿轮齿数 $z = 41$，节圆直径 $D_0 = 492mm$，压力角 $\alpha = 20°$，齿全高 $h = 14mm$，螺旋角 $\beta = 30°$，端面弧齿厚 $s = 17mm$，精度等级为 7—7—6。

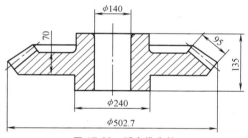

图 17-33　弧齿锥齿轮

（2）齿轮用钢及技术要求　齿轮采用 20Cr2Ni4A、20CrMnMo 钢进行渗碳。总渗碳层深度为 1.8～2.3mm，渗层表面 $w(C)$ 为 0.85%～1%。渗碳淬火、回火后表面硬度为 58～62HRC，心部硬度为 36HRC。有效渗碳硬化层深度测至 50HRC 处不小于 1.2mm（在同样材料、同炉处理的试块上测定）。淬火后渗层组织为碳化物≤1级，马氏体≤2级，残留奥氏体≤2级。渗碳淬火后表面脱碳层厚度≤0.05mm。热处理后畸变量为大背面翘曲≤0.20mm，振摆≤0.02mm。

制造工艺路线：锻坯→正火→高温回火→车齿坯→粗、精铣齿→渗碳→高温回火→淬火＋低温回火→喷丸→磨端面及孔→磨齿→装配。

（3）渗碳　渗碳在 RJJ-105-9 井式渗碳炉中进行，装炉方式如图 17-34 所示。每炉装炉量为 4～6 件。

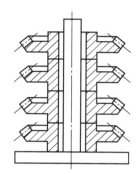

图 17-34　齿轮渗碳装炉方式

为了加速排气，装炉后在向炉内滴入甲醇（160～180 滴/min）的同时，还向炉内通入适量的氨气（4～4.5L/min）。氨在高温下分解为氮和氢，一方面增大炉压，使炉内空气尽快排除；另一方面也有冲洗炉内炭黑的作用。当炉温升到 900℃ 以后，开始滴入丙酮（160～180 滴/min）。待 $\varphi(CO_2)$ 为 0.8%～1.0% 时，停止供氨；当 $\varphi(CO_2)$ 小于 0.5% 时可接通露点仪。在渗碳期间，甲醇滴量不变（120～130 滴/min），丙酮用量由露点仪测出平衡温度来确定，其工艺曲线如图 17-35 所示。

（4）高温回火　锥齿轮在 RJJ-105-9 炉中于 580～600℃ 保温 6h（滴甲醇 60～70 滴/min），随后出炉空冷。高温回火的目的是为淬火作准备，以减少淬火后渗层中的残留奥氏体量，降低磨裂危险。

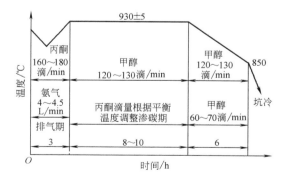

图 17-35　渗碳工艺曲线

注：20Cr2Ni4A 平衡温度为 37.5～39℃，
22CrMnMo 为 40～42℃。

（5）马氏体分级淬火　淬火加热在盐浴炉中进行，齿轮加热到 800~820℃保温 1h 后，淬入 160℃的硝盐浴中，30min 后取出，空冷至室温，最后在 180~200℃温度下回火 6h。

（6）检验　用随炉试块检查渗碳层深度、硬化层深度、表面硬度、心部硬度及显微组织等，检测齿轮的畸变量，各项指标应符合技术要求。

（7）常见缺陷及防止办法　由于控制不当，将造成贫碳或超碳，可通过补碳或扩散来消除。无论补碳或扩散，都必须按图 17-35 所示工艺中给出的平衡温度进行控制。另外一种缺陷是畸变，引起畸变的因素很多，应特别注意装炉方式对畸变的影响。如果齿轮内孔胀大，可在高温回火后再加热到 630~650℃，均热后出炉空冷，内孔用水冷。采用这种方法，一般可缩回 0.2~0.4mm。

2. 锥齿轮沿齿沟中频淬火

（1）技术要求　采用 42CrMo 钢调质，硬度要求为 220~270HBW。齿面淬火硬度要求 ≥50HRC，硬化层深度为 2~3mm。

（2）制造工艺路线　锻坯→正火→车齿坯→粗、精铣齿→中频感应加热沿齿沟淬火→检验。

（3）热处理工艺　中频设备为 BPS100/8000，感应器如图 17-36 所示，为硅钢片组合式结构。淬火方法：在专用机床上进行沿齿沟连续淬火；处理参数：电流为 65A；输出功率为 28kW；功率因数 $\cos\varphi = 1$；感应器移动速度：4mm/s；冷却介质：聚乙烯醇水溶液。

3. 弧齿锥齿轮的离子渗氮

近年来，石油钻机直角箱用锥齿轮多采用离子渗氮（或气体渗氮）工艺。由于渗氮层表面硬度高，深层渗氮件的屈服强度也很高，特别是变形小，渗氮后齿轮的接触面积大，增加了承载能力，又延长了齿轮的寿命。离子渗氮弧齿锥齿轮主要用钢有 25Cr2MoV 钢和 42CrMo 钢。

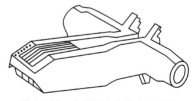

图 17-36　中频沿齿沟淬火感应器

（1）技术要求　调质处理后硬度要求为 250~280HBW，渗氮层深度为 0.5~0.7mm，表面硬度 ≥600HV。

（2）制造工艺路线　锻造→正火→车齿坯→粗滚齿→调质→精滚齿→离子渗氮→检验。

（3）离子渗氮工艺　离子渗氮可在各种类型的离子渗氮炉中进行，可使用常规离子渗氮工艺或快速渗氮工艺。常规渗氮工艺为 510~530℃渗氮 40h，快速渗氮多用二段或三段渗氮工艺，渗氮时间为 30h。图 17-37 所示为 25Cr2MoVA 钢的硬度梯度曲线。

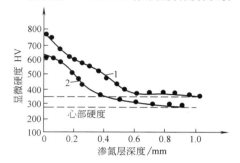

图 17-37　25Cr2MoVA 钢的硬度梯度曲线
1—快速渗氮　2—常规渗氮

17.4.2　转盘齿轮的热处理

转盘带动方钻杆旋转，实现钻井作业。转盘大锥齿轮承担着很大的转矩和输出功率。转盘齿轮的主要失效形式为磨损。

1. 转盘齿轮的外形及主要参数

以 2P-520 转盘从动轮为例，其外形如图 17-38 所示。主要参数为 $m_s = 20$mm，齿数 $z = 58$，压力角 $\alpha = 20°$，外径 = 1160mm。

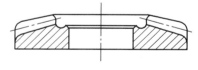

图 17-38　转盘齿轮外形图

转盘齿轮的主要热处理方式有调质处理和离子渗氮。

2. 转盘齿轮的调质处理

转盘齿轮采用 42CrMo 钢制造，硬度要求为 269~302HBW，制造工艺路线为：锻坯→正火→粗加工→调质→精加工→成品。转盘齿轮调质处理工艺见表 17-33。

表 17-33　转盘齿轮调质处理工艺

工序	加热温度/℃	保温时间/h	加热设备	冷却方式
淬火	860~870	3	箱式电炉	油冷
高温回火	560~600	4.5	箱式电炉	油冷

3. 转盘齿轮的离子渗氮

离子渗氮齿轮采用 35CrMo 钢制造。从动齿轮硬

度要求为 180~220HBW，离子渗氮层深度为 0.4~
0.5mm，表面硬度 ≥500HV10。主动齿轮的调质硬
度为 235~272HBW，离子渗氮层深度为 0.5~
0.6mm，表面硬度为 ≥500HV10，脆性均应 ≤Ⅱ级。

离子渗氮齿轮的制造工艺路线：锻坯→正火→粗
加工→去应力退火→精加工→离子渗氮→精加工→
成品。

转盘齿轮的预备热处理工艺见表 17-34。

表 17-34　转盘齿轮的预备热处理工艺

齿轮类型	工序	加热温度/℃	保温时间/h	加热设备	冷却方式
从动齿轮	正火	880~890	3	箱式电炉	空冷
主动齿轮	淬火	860~870	3	箱式电炉	油冷
	回火	600~640	4.5	箱式电炉	空冷

离子渗氮在 LD-500BZ 型炉内进行，工艺曲线如
图 17-39 所示。主动齿轮保温 28h，从动齿轮保
温 20h。

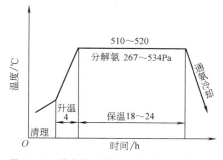

图 17-39　转盘从动齿轮的离子渗氮工艺曲线

正火或调质后检查硬度应符合技术要求。离子渗
氮后，对工件用超声波硬度计检查硬度，硬度值应 ≥
50HRC；对随炉试块进行显微检查测定渗层深度，检
查脆性，按 GB/T 11354—2005 执行。

离子渗氮常见缺陷及解决方法见表 17-35。

表 17-35　离子渗氮常见缺陷及解决方法

缺陷	原　因	解决方法
渗层不均匀	通氨量过大，温度不均匀，装炉不当	正确选择通氨量，合理装炉
硬度低	温度高，供氨量不足	严格控制工艺参数
渗层浅	温度低，时间短	执行工艺，准确测量
局部烧伤	清洗不净，孔槽未屏蔽	零件清洗干净，屏蔽

17.5　化工机械零件的热处理

17.5.1　压力容器的热处理

压力容器是石油、化工、机械等行业广泛应用的
一种焊接构件。它的运行条件苛刻，制造工艺复杂，
如果容器一旦破坏，后果极其严重。为了确保容器的
运行安全，正确选择材料和合理进行热处理，在容器
制造中占有重要地位。

1. 压力容器的失效与材料

压力容器是在特定的压力、温度、介质下工作
的，所受压力可以从 0.1~100MPa 以上，工作温度范
围为 -200~500℃，工作介质可以是酸性、碱性或其
他腐蚀性介质。

失效分析表明，在压力容器失效事故中，除
了操作因素，由于冷热加工、热处理、焊接等工
艺过程中带来的制造缺陷，化学介质的均匀腐蚀、
点蚀等环境因素，常会导致压力容器发生以下几
种失效：

1）脆性破坏。大部分发生在较低温度下，常在
焊接缺陷、内部缺陷及应力集中处产生。

2）过量的塑性变形。在高温下的压力容器蠕变
或工作压力超高，会引起容器局部产生过量的塑性
变形。

3）低周疲劳。在循环载荷作用下，由于工作应
力往往超过材料屈服强度，使压力容器产生较大的反
复塑性变形，导致最后失效。

4）应力腐蚀。在应力和能够引起应力腐蚀的介
质共同作用下，因产生应力腐蚀裂纹而导致压力容器
破坏。

5）氢腐蚀损坏。在具有一定压力的氢和温度共
同作用下，氢和钢中的碳反应生成甲烷而形成氢腐蚀
裂纹，导致容器的破坏。

压力容器的可靠性和所选用的钢材性能有着密切
关系。压力容器用钢在承受压力时必须有足够的稳定
性，要具有足够的强度、塑性和韧性。压力容器要经
过各种成形工艺，所以它还应有良好的冷热加工性和
焊接性。对于在腐蚀介质下工作的压力容器，材料必
须具有相应的耐蚀性和抗氢能力；在高温下工作的容
器用钢必须保证组织稳定，在低温下工作的容器要保
证在使用温度下有足够的韧性。压力容器用碳素钢和
低合金钢的力学性能见表 17-36，压力容器用低温钢
和不锈钢的力学性能见表 17-37，压力容器用耐热钢
和抗氢钢的力学性能见表 17-38，压力容器用不锈钢
铸件的力学性能见表 17-39。

表 17-36　压力容器用碳素钢和低合金钢的力学性能

牌号	公称厚度/ mm	热处理状态[1]	回火温度/℃	R_m/MPa	R_{eL}/MPa ≥	A（%） ≥	KV/J ≥	硬度 HBW
Q245R	≤100	N	—	370~520	215	24	27	102~139
35R	≤100	N	—	510~670	265	18	20	136~200
	>100~300	N，N+T	≥590	490~640	255	18	20	130~190
Q345R	≤300	N，N+T	≥600	450~600	275	19	34	121~178
15MnVR[2]	≤300	N，N+T	≥600	470~620	315	18	34	126~185
20MnMoR	≤300			530~700	370	18	41	156~208
	>300~500	Q+T	≥600	510~680	355	18	41	136~201
	>500~700			490~660	340	18	34	130~196
20MnMoNbR	≤300	Q+T	≥630	620~790	470	16	41	185~235
	>300~500			610~780	460	16	41	185~233
15CrMoR	≤300	N+T，Q+T	≥620	440~610	275	20	34	118~180
	>300~500			430~600	255	19	34	115~178
35CrMoR	≤300	Q+T	≥580	620~790	440	15	27	185~235
	>300~500			610~780	430	15	20	180~233
12Cr1MoVR	≤300	N+T，Q+T	≥680	440~610	255	19	34	118~180
	>300~500			430~600	245	19	34	115~178
12Cr2Mo1R	≤300	N+T，Q+T	≥680	510~680	310	18	41	136~201
	>300~500			500~670	300	18	41	133~200
1Cr5MoR	≤500	N+T，Q+T	≥680	590~760	390	18	34	174~229

注：当附加保证模拟焊后热处理试样的力学性能时，回火温度可另行规定。

① N—正火，T—回火，Q—淬火。

② 曾用牌号。

表 17-37　压力容器用低温钢和不锈钢的力学性能

牌号	公称厚度/ mm	热处理状态	回火温度/℃	常温拉伸试验 R_m/MPa	R_{eL}/MPa ≥	A(%) ≥	低温冲击试验 试验温度/℃	KV/J ≥
20DR	≤50	N+T，Q+T	≥600	370~520	215	24	-20	20
16MnDR	≤200	N+T，Q+T	≥600	450~600	275	19	-40	20
	>200~300						-30	
09Mn2VDR[1]	≤200	N+T，Q+T	≥600	420~570	260	22	-50	27
16MnMoDR[1]	≤300	Q+T	≥600	510~680	355	18	-40	27
09MnNiDR	≤300	Q+T	≥600	420~570	260	22	-70	27
20MnMoDR	≤300			530~700	370		-30	
	>300~500	Q+T	≥600	510~680	355	18	-30	27
	>500~700			490~660	340		-20	
08MnNiCrMoVDR	≤300	Q+T	≥600	600~770	480	17	-40	47
10Ni3MoVDR	≤300	Q+T	≥600	610~780	490	17	-50	47

① 曾用牌号。

表 17-38　压力容器用耐热钢和抗氢钢的力学性能

序号	牌号	热处理状态	力学性能 R_m/MPa	R_{eL}/MPa	A(%)	Z(%)	a_K/ (J/cm²)	持久强度 (10 万 h)/MPa
1	16MnDR	调质	≥400	≥250	≥25	≥60		
2	12CrMoR	调质	≥420	≥270	≥24	≥60	≥140	
3	15CrMoR	调质	≥450	≥240	≥21	—	≥60	≥110(500℃)

（续）

序号	牌　号	热处理状态	力　学　性　能				$a_K/$ （J/cm^2）	持久强度 （10 万 h）/MPa
			R_m/MPa	R_{eL}/MPa	A（%）	Z（%）		
4	12Cr1MoVR	调质	≥480	≥260	≥21	—	≥60	
5	13CrMo44R	调质	440~550	≥300	≥22		≥60	
6	13CrMoV42R[①]	调质	500~650	≥300	≥20		≥60	
7	12Cr2MoWV8R[①]	调质	≥550	≥350	≥18			≥125（580℃）
8	10CrMo9-10R[①]	调质	450~600	≥270	≥20		≥90	
9	1Cr5MoR	退火	≥400	≥200	≥22	≥50	≥120	
10	$2\frac{1}{4}$Cr1MoR[①]	退火	415~585	≥205	≥18	≥40		

① 曾用牌号。

表 17-39　压力容器用不锈钢铸件的力学性能

牌　号[①]	公称厚度/mm	热 处 理 状 态	R_m/MPa	$R_{p0.2}$/MPa	A（%）	硬度 HBW
			≥			
ZG06Cr13	≤100	A（800~900℃，缓冷）	410	205	20	110~183
ZG12Cr13	≤100	Q+T（950~1000℃，空冷或油冷，≥620℃，回火）	585	380	16	167~229
ZG06Cr19Ni10	≤100	Q（1010~1150℃，快冷）	520	205	35	139~187
	>100~200		490	205	35	131~187
ZG022Cr19Ni10	≤100	Q（1010~1150℃，快冷）	480	175	35	128~187
	>100~200		450	175	35	121~187
ZG022Cr19Ni5Mo3Si2N	≤100	Q（950~1050℃，快冷）	590	390	20	175~235
ZG06Cr17Ni12Mo2	≤100	Q（1010~1150℃，快冷）	520	205	35	139~187
	>100~200		490	205	35	131~187
ZG022Cr17Ni12Mo2	≤100	Q（1010~1150℃，快冷）	480	175	35	128~187
	>100~200		450	175	35	121~187
ZG12Cr18Ni9Ti	≤100	Q（1000~1100℃，快冷）	520	205	35	139~187
	>100~200		490	205	35	139~187
ZG06Cr18Ni11Ti	≤100	Q（920~1150℃，快冷）	520	205	35	139~187
	>100~200		490	205	35	131~187

① 非标在用牌号。

2. 压力容器的热处理工艺

（1）正火　压力容器制造中的正火处理主要用于以下场合：

1）改善母材综合力学性能，提高塑性和韧性。例如，Q355R 等钢为热轧状态使用钢种，当截面尺寸较大时，通过正火可以在强度等级接近热轧状态的基础上，提高塑性和韧性。

2）改善电渣焊的焊缝组织，提高综合力学性能。

3）细化热冲压封头的组织，提高塑性和韧性。

4）用于必须在正火状态下使用的钢材，如 Q390。

压力容器用钢的正火工艺见表 17-40。

正火操作要点：

1）钢板正火装炉时，应相互保持 150~200mm 的距离，并应垫平；筒节正火应竖放，下垫高度大于 300mm 的平支座，筒节之间应保持 200mm 以上的距离。

表 17-40　压力容器用钢的正火工艺

牌　　　号	加热温度/℃	保温时间	冷却方式
Q345R（16MnR）	900~920	以每毫米保温 1.5~3min 计算	静止空冷或风冷，以及喷雾冷却
16MnVR	930~970		
14Cr1MoR（15MnVR）	940~980		
Q390R（15MnTiR）	940~980		
16MnDR	900~920		
14MnMoVR[①]	910~950		
18MnMoNbR	910~950		
13MnNiMo54R[①]	910~950		
16MoR[①]	900~950		
15CrMoR	930~960		
14Cr1MoR	930~960		
12CrMoR	930~960		
12Cr2Mo1R	930~960		

注：括号内为曾用牌号。

① 曾用牌号。

2）正火温度应根据钢种、使用性能指标要求确定，正火温度升高，强度提高。

3）升温时工件温差不得大于 50℃，保温温差不大于 20℃。

4）保温时间从工件与炉膛温度一致时开始计算。一般按每毫米工件厚度 1.5~3min 计算，厚度按工件最厚处计算。总加热时间不少于 30min。

5）根据钢板的厚度和技术要求，可选用静止空气冷却或风冷、喷雾冷却。

（2）调质　在厚壁压力容器中，目前已开始采用调质处理来提高壳体材料的强度和韧性，以更好地发挥材料的潜力。常用的调质钢种有 14MnMoVR、18MnMoNbR 等。

1）淬火。淬火温度、保温时间、加热及操作注意事项与正火相同。

压力容器封头和筒节可采用喷淋水柱或浸入水槽两种方法淬冷。由于浸入淬冷设备简单、操作方便，应用较为普遍。淬火操作的关键是保证工件的入水温度不低于 Ac_3，并注意控制工件的冷却速度。当一批工件连续淬火时，水温不应高于 80℃，否则工件的冷却达不到激冷的要求。

2）回火。回火的目的主要是改善钢材的组织和性能，回火在正火或淬火后进行。各种压力容器用钢最佳回火温度见表 17-41。具体回火温度的选择取决于力学性能的要求，可通过预先的回火试验来确定。

表 17-41　各种压力容器用钢最佳回火温度

牌　　　号	最佳回火温度/℃
Q345R（16MnR）、19Mn5R（德国牌号，相当于我国的 Q345R）	580~620
14Cr1MoR（15MnVR）、Q390R（15MnTiR）	620~640
13MnNiMo54R[①]	580~600
12CrMoR	640~660
15CrMoR	660~680
14MnMoVR[①]	640~660
18MnMoNbR	620~640
12Cr1MoVR	720~740
$2\frac{1}{4}$Cr1MoR[①]	650~670

注：括号内为曾用牌号。

① 曾用牌号。

回火保温时间一般按工件最厚处的厚度每毫米保温 3~5min 来计算，最少保温 1h。回火保温后空冷，有回火脆性的钢可以风冷或水冷。

（3）去应力退火

1）去应力退火的目的：

① 消除焊接接头中的内应力和冷作硬化，提高接头抗脆断的能力。

② 在低合金钢接头中改善焊缝及热影响区中的碳化物，提高接头高温持久强度。

③ 稳定结构的形状，消除焊件在焊后机械加工和使用过程中的畸变。

④ 促使焊缝金属中的氢完全实现外扩散，从而提高焊缝的抗裂性和韧性。

2）压力容器符合下列条件之一者应进行去应力退火。

① 对接焊缝处的厚度（δ）超过以下数值时：14Cr1MoR 钢，δ>28mm（如焊前预热，δ>32mm）；14MnMoVR、18MnMoNbR、20MnMoR、20Cr3NiMoA（曾用牌号）、15CrMoR、Cr5MoR 钢等任何厚度；碳素钢，δ>35mm（如焊前预热，δ>38mm）；Q355R 钢，δ>30mm（如焊前预热，δ>35mm）。

② 冷成形和中温成形的筒体厚度 δ 符合以下条件者：碳素钢，Q355R，δ≥0.03D_g；其他合金钢，δ≥0.025D_g。式中，D_g 为筒节内径（mm）。

③ 冷成形封头（奥氏体不锈钢除外）都应进行去应力退火。

④ 图样注明有应力腐蚀的容器，以及图样或工艺专门要求去应力的零件。

3）常用钢的去应力退火工艺。各种压力容器用钢的去应力退火的温度和保温时间见表 17-42。

表 17-42　各种压力容器用钢的去应力
退火温度及保温时间

牌　号	最低的去应力退火温度/℃	最短保温时间		
		<50mm	50 ~ 125mm	>125mm
（德国 Q245R、Q345R、19Mn5R	600	(24min/10mm)δ	1.5h+(6min/10mm)δ	1.5h+(6min/10mm)δ
14Cr1MoR、Q390R	600			
12CrMoR、15CrMoR	650			
14MnMoVR、18MnMoNbR、13MnNiMo54R	600		(24min/10mm)δ	5h+(6min/10mm)δ
12Cr1MoVR、$2\frac{1}{4}$Cr1MoR	680			

注：δ—钢板厚度（mm）。

4）去应力退火的分类。去应力退火可分为整体去应力退火和局部去应力退火两类。

① 整体去应力退火。压力容器整体去应力退火可以在外部加热和内部加热，热源可以是电、煤气或天然气等。操作原则如下：

a）对于薄壁直径较大的容器，准备工作时应采取防畸变措施。容器的密封面和高精度螺孔处需用涂料保护。

b）容器入炉时，炉温应低于 300~400℃。

c）板厚≤25mm 者，升温速度不大于 200℃/h；板厚>25mm 者，升温速度应小于 150℃/h。

d）尽可能使容器整体的温度均匀一致。升温时沿工件的全长，温差不应大于 50℃；保温温差不应大于 20℃，保温后随炉冷到 300~400℃，最后将工件移到炉外空冷。

e）当因容器过长需要进行调头退火时，其重复加热部分不应小于 1500mm，并对露在炉外的近炉部分 1000mm 范围内采取保温措施。

内部加热是将电加热器放入容器内部加热，外部用绝热材料进行保温的一种去应力方法，也可用燃油、燃气在容器开口处用烧嘴加热，以容器为燃烧室，外部以绝热层保温。电加热时，温度均匀性好，温度控制精度高。

② 局部去应力退火。压力容器的局部去应力退火主要用于环焊缝的去应力。其施工程序如图 17-40 所示。

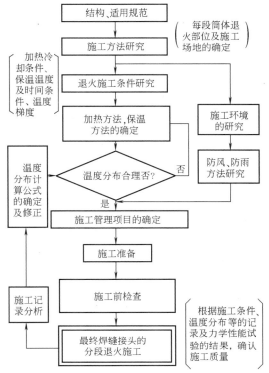

图 17-40　去应力退火的施工程序

其操作要点及注意事项如下：

a）应在整个环缝区进行退火，不得用局部烘烤代替，以免因温度梯度过大产生新的应力。

b）局部加热区的宽度 B(mm) 应满足：

$$B \geqslant \sqrt{D\delta}\quad（根据英国 BS 5500 规范）$$

式中　D——容器内径（mm）；

　　　δ——容器厚度（mm）。

或者满足：

$$B \geqslant 4\delta+b\quad（根据美国 ASMEV111-1 规范）$$

式中　b——熔敷金属宽度（mm）。

c）保温区的宽度 B_2(mm)　ASMEV111-1 规范对此没有规定。重要容器可根据英国 BS 5500 规范按下式选用：

$$B_2 \geqslant 10\sqrt{D\delta}$$

d）加热速度 v(℃/h)：$v \leqslant 5500/\delta$。

e）加热温度可根据钢种及保温时间综合确定。

f）保温时间 τ(min) 在正常加热温度下，按公式 $\tau \geqslant 5875/\delta$ 确定。

g）局部退火的温度梯度一般不作规定。重要容器可按英国 BS 5500 标准执行，即最高加热温度和最高加热温度 1/2 点的距离（mm）应大于 $2.5\sqrt{D\delta}$。

h）冷却速度不得大于 100℃/h。

局部去应力退火的加热方法有中频感应加热、火焰加热、电阻带加热等。电阻带加热较先进，热效率高，加热均匀精确，可实现多点温度自动控制。图 17-41 所示为容器的红外加热法局部去应力退火方法。

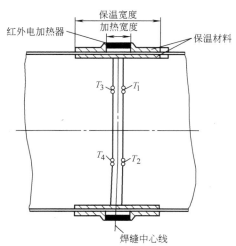

图 17-41　容器的红外电加热法局部去应力退火方法
注：T_1、T_2、T_3、T_4 为测温点。

（4）压力容器常见的热处理缺陷

1）去应力退火裂纹。焊后去应力退火过程中往往在焊缝热影响区接近熔合线的粗晶区产生细小断续的裂纹，通常称为去应力退火裂纹。产生这种裂纹的原因，主要是钢内存在较多的碳化物形成元素，具有较高的沉淀硬化倾向；其次是钢材在较高的奥氏体化温度下，碳化物全部溶解于固溶体中，并且奥氏体晶粒急剧长大，为碳化物在以后的加热过程中产生晶内沉淀创造了条件；最后是焊件中存在较高的内应力。为防止去应力退火时形成裂纹，应该选用对这种裂纹不敏感的材料；采用低氢焊条焊接，高温预热后焊接，选用正确的去应力退火工艺等都有助于避免产生这种裂纹。

2）畸变。压力容器在热处理后的畸变是由于装炉不当或淬火和正火的不正确操作引起的。通过改进装炉方法，使用专用工具或设置加强肋，可减少畸变。

17.5.2　典型容器的热处理

1. 高压上管箱的热处理

高压洗涤器是大型尿素装置的关键设备之一。高压上管箱是高压洗涤器的重要部件，其结构尺寸如图 17-42 所示。设计压力为 15.9MPa，设计温度为 198℃，操作介质为氨基甲酸铵。

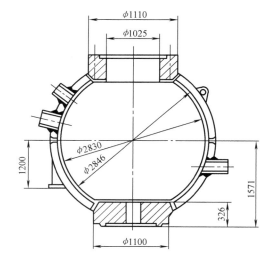

图 17-42　高压上管箱的结构尺寸

（1）材料　高压上管箱各部分所用材料见表 17-43。

表 17-43　高压上管箱各部分所用材料

部件名称	牌号	硬度 HBW
球壳	19Mn5R	—
法兰	20MnMoR	149~217
衬里	X2CrNiMo18-12 （德国牌号，相当于我国的 022Cr17Ni12Mo2N）	120~80

（2）制造工艺路线　板材复验→下料→热压→划线→车削纵缝坡口→组焊→划线和车削顶部坡口→组焊顶部坡口→组焊顶部法兰→划线和镗孔→组焊人孔等→第一次去应力退火→车半球里面并堆焊→第二次去应力退火→堆焊→车削衬里部位及赤道环缝坡口→组焊衬里→上下半球组焊→第三次去应力退火→水压试验。

（3）热处理

1）第一次去应力退火。半球纵缝、法兰、人孔等件组焊后，大面积带板堆焊前应进行去应力退火。具体工艺是 300℃ 以下装炉，以 60℃/h 的速度升温到 560℃ 时，保温 4h，然后以 ≤50℃/h 的速度降温到 300℃，空冷。

2）第二次去应力退火，半球经堆焊后再进行去应力退火，其工艺是在 300℃ 以下装炉，以 <70℃/h 的速度升温到 560℃ 后保温 30min，然后以 40℃/h 的速度降温至 300℃，空冷。热处理工件进行表面喷砂处理，同时进行超声波测厚，着色测厚检查，并进行铁素体含量测定，铁素体含量应 ≤3%（体积分数）。

3）第三次去应力退火——环缝退火。上下半球组焊后的焊缝为最终焊缝,需进行去应力退火。对于用 X2CrNiMo25-22-2（德国牌号,相当于我国的022Cr17Ni13Mo2N）型耐尿素腐蚀不锈钢堆焊的面层,其热处理最高温度为570℃,否则将使耐蚀性降低;采用电加热,能够可靠地使最高温度控制在(530±10)℃,不会发生面层过热问题。

焊缝去应力退火用电加热器的安装位置如图17-43所示。电加热器分别装设在焊缝的内外表面,宽约200mm。为了提高热效率和温度均匀度,在电加热器外面装设陶瓷纤维保温。采用多点热电偶测温和温度自控,可保证温度的精确控制。焊缝去应力退火的工艺规范:通电后以58℃/h 的速度升温,于530℃均温30min,保温4h,然后以62℃/h 的速度降温到300℃以下,空冷。

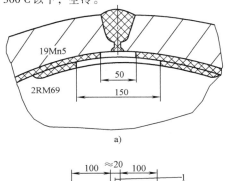

a)

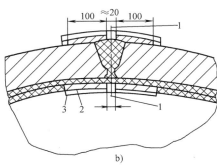

b)

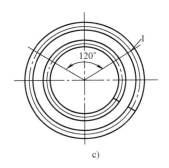

c)

图 17-43　电加热器的安装位置

a)、b) 环缝内外安装电加热器的前后
断面图　c) 热电偶测温点布置图

1—热电偶　2—加热器　3—保温层

2. 液化气储罐

液化气储罐逐步向大型化发展。为了消除焊缝附近的脆性,防止在使用中产生裂纹,焊后的退火工艺由过去的在普通加热炉中进行整体退火,发展到内部电加热和分段单独退火后再用电热对接缝单独退火。现以30m³ 液化气储罐为例介绍如下。

1) 材料为 Q345R 钢。

2) 尺寸:$\phi 2100\text{mm}\times 7000\text{mm}$,$\delta = 20.18\text{mm}$。

3) 热处理方法为焊后去应力退火。

4) 内部电加热设备及控温。用12块电加热器,每块30kW,总功率为360kW,分为四组,每组三块,每组采用星形接法。加热器布置如图17-44。分区加热,在每区设一支控制热电偶,共4个测温热电偶。热电偶用螺母固定在容器外壁。

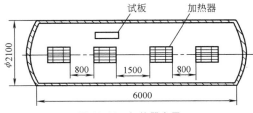

图 17-44　加热器布置

为保证热处理效果和温度均匀度,容器外壁可用钢丝将50mm 厚的岩棉捆扎或用保温活块进行保温。

为防止加热后自重畸变和扭曲畸变,退火地点选定后,底部应垫平,中间加放一鞍式支座。加热后,由于产生线膨胀,沿轴线方向伸长,所以在端部加滚轮。

5) 热处理工艺。液化气储罐去应力退火工艺曲线如图17-45所示。

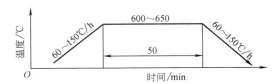

图 17-45　液化气储罐去应力退火工艺曲线

工艺要求:

① 升温和降温阶段沿罐体长度的温差不大于150℃/4.5m。

② 保温阶段沿罐体长度的温差最大为50℃。

③ 升温、降温过程在低于300℃时,允许以较大速度升温和降温。

17.5.3　压缩机阀片的热处理

压缩机是化工机械中广泛使用的设备,阀片是压缩机的重要易损件。压缩机在压缩和输送压力较高的流体时，阀片迅速地上下运动，受到频繁的冲击、磨损，传输的介质常是有腐蚀性的，工作条件极为苛刻。阀片的失效方式有磨损、腐蚀及疲劳等。

1. 阀片用钢及技术要求

为了提高阀片的寿命，必须正确选择材料，合理进行热处理。服役条件和失效分析表明，阀片必须具有高的疲劳强度和冲击韧度，高的耐磨性和高的耐蚀性。30CrMnSi 钢经淬火并中温回火，然后再进行低温离子渗氮处理才可满足上述要求。为了保证高的疲劳强度和高的冲击韧度，对原材料的非金属夹杂物和带状组织进行控制也是十分必要的。

30CrMnSi 钢制阀片的技术要求：

1）带状组织≤1 级，非金属夹杂物≤2.5 级。

2）淬火、回火后基体硬度为 37～42HRC。

3）低温离子渗氮后的表面硬度≥55HRC（用超声波硬度计检查），渗氮层深度为 0.08～0.15mm，脆性检查<1 级。

2. 热处理

制造工艺路线：下料→热平整→冲中心孔→粗车内外圆→粗磨平面→消除带状组织的正火→淬火→回火→精车内外圆→再次磨平面→稳定化处理→精加工→低温离子渗氮→检验。

（1）消除带状组织的正火　当带状组织超过 1 级时，需进行正火，以消除带状组织。其工艺是在 920～950℃的盐浴炉中加热 15～20min 后空冷。

（2）淬火和回火　为了细化组织，提高阀片的使用寿命，阀片的淬火温度较正常温度可以低一些。因阀片较薄，为了矫正畸变，可用加压回火。具体工艺是在 860～880℃的盐浴炉中加热、保温（时间按 1.2min/mm 进行计算），油淬；回火前应将阀片清洗，然后装在专用的胎具内加压调平，并将阀片与胎具一起装入箱式电炉中，在 420～450℃回火，保温时间按 1.5min/mm 计算（胎具厚度应计算在内），最后空冷。

（3）稳定化处理　为了消除和均衡残余应力，稳定尺寸，减小渗氮后的畸变，阀片在渗氮前须进行稳定化处理。其工艺是，将磨削加工过的阀片装入胎具内，放入低于 300℃的箱式电炉中，于 400～420℃保温 4～6h，然后随炉降温到 300℃以下，出炉空冷。

（4）低温离子渗氮　阀片的渗氮应以不降低基体硬度为前提，为此必须采用低温离子渗氮。低温离子渗氮可在电流 50A 或 100A 的离子渗氮炉中进行。渗氮前应将阀片脱脂，采用专用挂具将阀片按 20mm 距离隔开。当真空度为 13.3Pa 时，开始通氨，并缓慢升温，当温度达到 400～420℃时，保温 4～6h，随

炉降温到 150℃出炉。

3. 检验

正火后用金相法检查带状组织，淬火、回火后抽检硬度均应符合技术要求。进行离子渗氮时，在炉内放入显微检查试块，渗氮后进行显微组织检验，层深应达到技术要求，显微组织应为 $\gamma' + \alpha$，脆性应小于 1 级。

17.5.4　低温压缩机壳体的热处理

乙烯冷冻透平压缩机壳体在-100～-120℃低温下工作，承受交变载荷。其结构复杂，应力集中严重，主要失效形式是低温低应力脆断。这种失效往往没有先兆，突然断裂，难以预防，危害性大。正确选择材料和热处理工艺对于低温工作的压缩机壳体有着十分重要的意义。

1. 材料及技术要求

为了保证机壳的安全运行，机壳材料必须具有一定的强度和高的塑性，高的低温韧性，同时还要有良好的铸造工艺性能。镍含量对低温冲击吸收能量和断裂韧度的影响如图 17-46 和图 17-47 所示。可以看出，$w(\mathrm{Ni})$ 为 5%的低碳钢可以满足低温壳体的技术要求，采用 ZG10Ni5（曾用牌号）钢较合适。

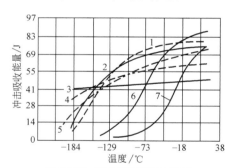

图 17-46　镍对低碳钢正火状态
低温冲击吸收能量的影响

1—$w(\mathrm{Ni})$ = 3.5%　2—$w(\mathrm{Ni})$ = 5%

3—$w(\mathrm{Ni})$ = 13%　4—$w(\mathrm{Ni})$ = 8%

5—$w(\mathrm{Ni})$ = 7%　6—$w(\mathrm{Ni})$ = 7%

7—$w(\mathrm{Ni})$ = 0%

ZG10Ni5 钢的化学成分见表 17-44，低温压缩机机壳用钢的力学性能要求见表 17-45。

2. 热处理

制造工艺路线：铸造→退火→粗加工→一次正火→二次正火→回火→半精加工→二次回火→精加工。

ZG10Ni5 钢机壳铸造后树枝状组织严重，组织粗大；退火后，显微组织得到细化。为了提高低温韧性，机壳还需经过两次正火与回火处理。为消除与平

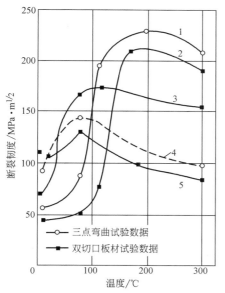

图 17-47　随镍含量的变化，铁合金的
断裂韧度与温度的关系

1—w（Ni）= 5%　2—w（Ni）= 3.5%
3—w（Ni）= 9%　4—w（Ni）= 11%
5—w（Ni）= 13%

衡内应力，提高尺寸稳定性，精加工后需进行二次回火。

必须指出，由于机壳形状复杂，当进行退火和正火加热时，一方面必须规定装炉温度（不得高温装炉）；另一方面要控制升温速度，并在 650℃ 均热 2h。ZG10Ni5 钢机壳的热处理工艺曲线如图 17-48 所示。

为了进一步提高壳体材料的低温韧性，采用临界区热处理是有效的方法之一。通过临界区热处理，可以细化晶粒，减少 P、S 等有害杂质在晶界上的偏析，降低韧脆转变温度，改善低温韧性。图 17-49 所示为 ZG10Ni5 钢机壳的临界区热处理工艺曲线。与图 17-48 所示工艺不同之处是回火之前采用了（750±10）℃ 的临界区正火工艺（ZG10Ni5 钢的 Ac_1 = 630℃，Ac_3 = 790℃）。

机壳热处理后需进行硬度检测、拉伸试验和低温冲击试验，其结果应符合技术要求。

17.5.5　天然气压缩机活塞杆的热处理

活塞杆是天然气压缩机最重要的零件之一。它表面工作部分与密封环紧密配合，工作时活塞杆进行往复运动，要求有较高的尺寸精度和较好的耐磨性，其失效方式为表面磨损和渗层剥落。正确选择材料和热处理工艺对提高活塞杆寿命有重要意义。图 17-50 所示为天然气压缩机活塞杆，其长度为 1000~2200mm。

表 17-44　ZG10Ni5 钢化学成分

化学成分	C	Si	Mn	Ni	S	P	Cr	Cu
含量（质量分数）（%）	≤0.12	0.15~0.35	0.30~0.60	4.75~5.25	≤0.03	≤0.03	≤0.03	≤0.04

表 17-45　低温压缩机机壳用钢的力学性能要求

力学性能指标	室温拉伸试验				−102℃冲击试验			
	R_{eL}/MPa	R_m/MPa	A（%）	Z（%）	冲击韧度/（J/cm²）		冲击吸收能量/J	
					三个试样平均值	单个试样最低值	三个试样平均值	单个试样最低值
技术要求	≥294	≥441	≥24	≥35	≥60	≥50	≥20	≥16

1. 材料及技术要求

早期活塞杆使用 20CrNiMo 钢调质处理，再进行镀硬铬。在实际使用中，磨损严重，寿命较短。近年来用 38CrMoAl 钢调质并经渗氮处理，寿命大幅度提高。

38CrMoAl 钢活塞杆的调质硬度要求为 240~280HBW。为了改善渗氮后的畸变，半精加工后需进行去应力退火。渗氮处理后渗氮层深度 ≥0.1mm，表面硬度 ≥800HV0.2，脆性 ≤1 级，白层 ≤0.002mm，畸变量应 ≤0.06mm。

2. 热处理

制造工艺路线：锻造→退火→粗车→调质→矫直→半精加工（包括铣六方）→去应力退火→精磨（φ63.5mm 渗氮部分）→渗氮→检验→精磨（φ50.8mm 和 φ50mm 部分）。

38CrMoAl 钢活塞杆调质的淬火加热在井式炉中进行，工艺为：930~950℃×1.5~2.5h，淬油；回火工艺为 650~690℃×2.5~3.5h，回火后空冷。

由于活塞杆为细长杆件，容易在渗氮后产生过量畸变，所以在精加工后需进行去应力退火。其去应力退火工艺曲线如图 17-51a 所示。

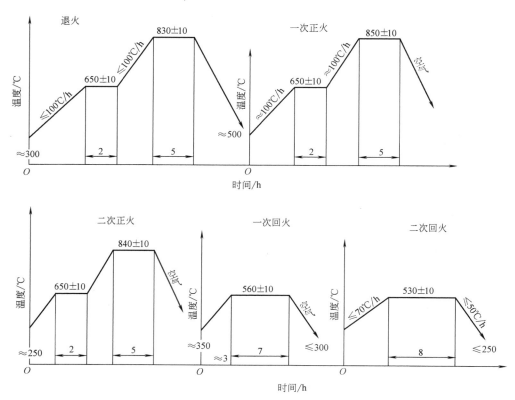

图 17-48　ZG10Ni5 钢机壳的热处理工艺曲线

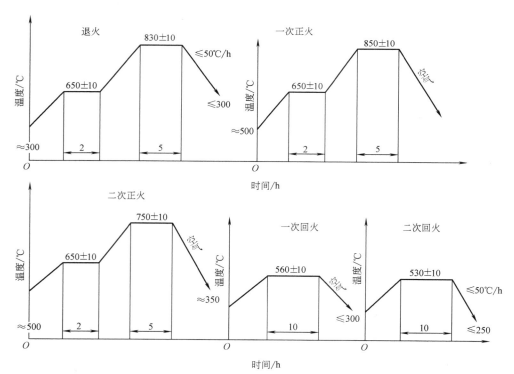

图 17-49　ZG10Ni5 钢机壳的临界区热处理工艺曲线

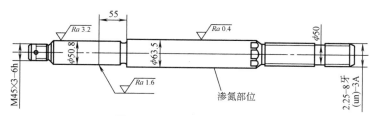

图 17-50　天然气压缩机活塞杆

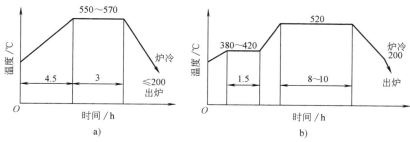

a)　　　　　　　　　　　　　　　b)

图 17-51　活塞杆去应力退火和渗氮工艺曲线

a) 去应力退火　b) 渗氮

渗氮处理在 280kW 井式气体渗氮炉中进行，用氮控仪和质量流量计进行氮势（或氨分解率）控制。渗氮工艺曲线如图 17-51b 所示。氨气流量自动调整在 2~4m³/h，渗氮温度为（520±5）℃，氨分解率控制在 45%~50%，炉压控制在 0.8~1.0kPa。

参 考 文 献

[1]　张浩，梁晓辉. 提高单臂吊环冲击功的工艺研究 [J]. 金属热处理，2006（10）：72-73.

[2]　张浩，唐俊强，梁晓辉. 提高钻杆接头冲击功的工艺方法 [J]. 热加工工艺，2006，35（20）：77-78.

[3]　蒋天池. 天然气压缩机活塞杆渗氮工艺改进 [J]. 金属热处理，2006（6）：90-91.

[4]　张冠军，等. 我国石油机械制造业热处理的现状与展望 [J]. 金属热处理，2010（3）：76-82.

[5]　廖诚，等. 石油链销轴强韧化处理及其对性能的影响 [J]. 热处理技术与装备，2010（4）：51-54.

[6]　张冠军. 石油钻采装备金属材料手册 [M]. 北京：石油工业出版社，2016.

第18章 液压元件的零件热处理

江苏大学 邵红红

18.1 概述

随着电子技术、计算机技术、信息技术、自动控制技术，以及新材料和新工艺的发展，液压系统和元件在技术水平上有了很大提高。相对其他传动形式，液压传动具有输入力量大、结构紧凑、体积小、调速便利和便于控制等优点，从而被广泛应用在一切具有机械设备的行业领域中。

液压技术的广泛应用，对液压元件的性能和质量提出了越来越高的要求。在性能上要求向高压、大流量、高转速、高容积效率等方向发展，在结构上要求微型化，在质量上则要求有高的可靠性。液压元件的零件特点是体积小而精度要求高，在工作过程中承受复杂的服役条件。因此，在选材与热处理上应保证有高的强度、良好的韧性、高的耐磨性和尺寸稳定性。

液压元件的零件热处理工艺有如下特点：

1）应用预备热处理，改善材料的组织和可加工性，为零件的最终热处理做好组织准备。

2）应用化学热处理工艺（渗碳、渗氮和氮碳共渗等），提高零件的耐磨性和疲劳强度。

3）应用稳定化处理和冷处理，以保持零件尺寸的稳定性。

4）应用少无氧化脱碳的热处理方法。

本章将重点介绍齿轮泵、叶片泵、柱塞泵、转向助力泵和液压阀等液压元件中的主要零件的热处理。

18.2 齿轮泵零件的热处理

齿轮泵主要用于输送不含固体颗粒的液体，应用范围非常广泛，可作润滑油泵、重油泵、液压泵和输液泵等。齿轮泵由泵体、前后端盖、主动齿轮（含主轴）和从动齿轮（含从动轴）等组成，其特点是体积小、重量轻、结构简单、制造方便、工作可靠、对油液污染不敏感、使用及维护方便等。齿轮泵的主要热处理零件有齿轮、泵轴及泵体等。

18.2.1 齿轮的热处理

齿轮泵齿轮在工作时，与机械传动齿轮一样，其齿面受到脉动接触应力和摩擦力作用，齿根受到脉动弯应力作用外，整体还受到弯曲疲劳应力作用。为保证泵的性能和使用寿命，齿轮必须具有高的强度和高耐磨性。因此，中、高压齿轮泵齿轮多采用低碳合金钢制造，如 20CrMnTi、20CrMo 等，低压齿轮泵齿轮则采用 40Cr 钢等制造。液压泵齿轮的制造工艺路线安排多是经滚齿、剃齿后进行热处理，热处理后齿面不再进行精加工，这就要求在热处理过程中不能出现氧化、脱碳现象，因而采用炉内油淬的可控气氛炉。有时在滚齿后进行热处理，然后再进行珩齿，则允许在热处理后有微量氧化、脱碳层存在，在这种情况下，可采用井式炉进行气体渗碳，在油淬前的转移过程中有少量氧化脱碳。

为保证齿轮端面和轴颈的垂直度，磨削加工应用角度磨床，这时齿轮端面易产生磨削裂纹而造成废品。对此，除了在磨削工艺上采取措施，在热处理工艺上也应采取措施，即严格控制表层含量 [$w(C)$ 为 0.8%～0.9%] 和残留奥氏体量（按 GB/T 25744—2010 控制应小于 4 级）。齿轮泵零件的热处理工艺见表 18-1。

18.2.2 齿轮泵轴的热处理

齿轮泵轴是传递转矩的零件，工作中受到冲击扭转应力和液压力产生的弯曲疲劳应力作用，轴颈部分还承受磨损。因此，泵轴应具有较高的强度和硬度，同时具有良好的韧性。泵轴的失效形式多为轴头键槽处局部断裂或整体扭断。中、高压齿轮泵泵轴采用 42CrMo 或 40Cr 钢制造。当轴与齿轮做成一体时，则与齿轮材料相同（20CrMo、20CrMnTi）。

18.2.3 泵体的热处理

齿轮泵泵体材料过去多采用高强度灰铸铁 HT300 等，随着齿轮泵压力的提高，铸铁材料已不能满足要求。特别是在液压力作用下，齿轮被推向低压油腔一侧，齿顶与泵体接触产生相互摩擦，这一现象称为"扫膛"。"扫膛"对泵的压力和容积效率均产生不良影响。为提高泵体的强度和减少"扫膛"的影响，泵体材料现多采用变形铝合金或铸造铝合金，经过固溶及时效处理使其强化。

表 18-1　齿轮泵零件的热处理工艺

序号	零件名称及技术要求	工艺流程	热处理工艺
1	CB-H齿轮泵齿轮 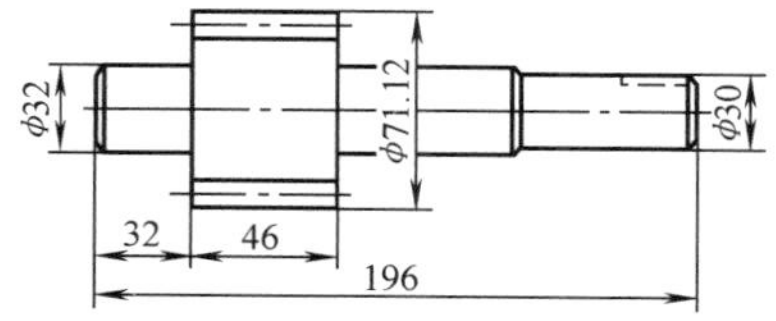 材料：20CrMnTi 技术要求： 　全渗碳层深度为 0.8～1.1mm， 　φ30mm 处表面不渗碳 　表面硬度为 58～63HRC 　心部硬度为 32～45HRC 　同轴度误差≤0.03mm	锻造→正火→机械加工（滚齿、剃齿）→渗碳→淬火→回火→矫直→机械加工	正火：箱式电炉，940℃，保温 2.5h，出炉散开空冷 　渗碳、淬火、回火：φ30mm 处表面镀铜或涂防渗剂。采用可控气氛炉进行渗碳，载气为吸热式气氛，富化气为丙烷。渗碳后直接在热油中进行马氏体分级淬火，再进行回火。热处理工艺曲线见图 18-1
2	CBF型齿轮泵齿轮 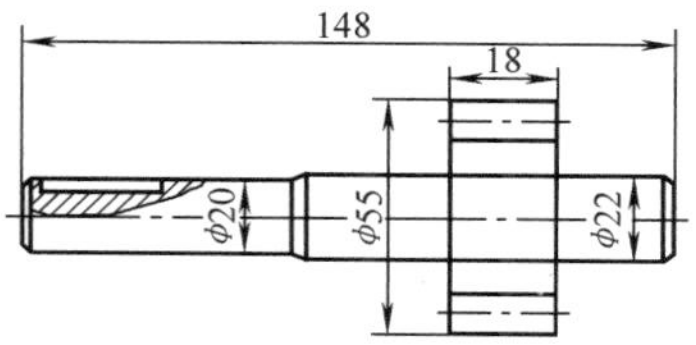 材料：20CrMnTi 技术要求： 　全渗碳层深度为 0.8～1.1mm，键槽处不渗碳 　表面硬度为58～63HRC 　心部硬度为32～45HRC 　同轴度误差≤0.05mm	锻造→正火→机械加工（滚齿）→渗碳→淬火→回火→矫直→机械加工（珩齿）	正火同上。 　渗碳工艺、防渗准备同上。渗碳后降温直接油淬，再进行低温回火。热处理工艺曲线见图 18-2
3	CBM齿轮泵轴 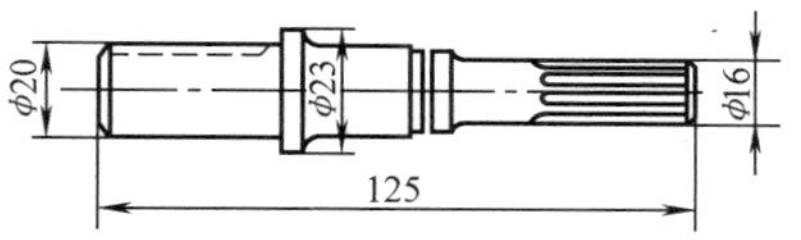 材料：42CrMo 技术要求： 　硬度38～43HRC 　同轴度误差≤0.05mm	机械加工→淬火→回火→机械加工	淬火：吸热式可控气氛炉加热，840℃，保温 30min，油冷 　回火：480℃，保温 1h，用井式炉滴甲醇保护加热
4	齿轮泵体 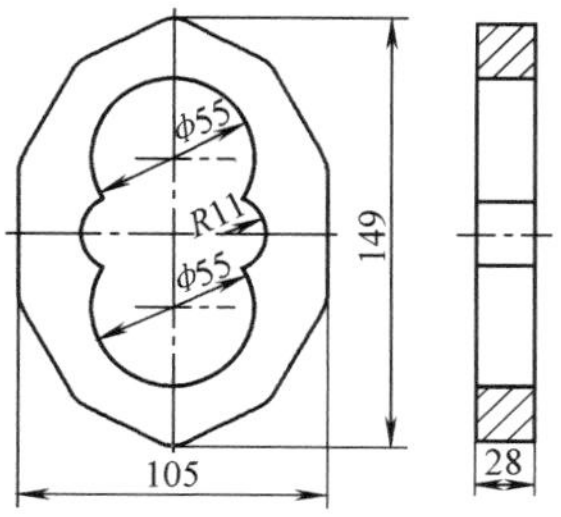 材料：ZL106（ZL401） 技术要求：硬度≥90HBW	锻造→固溶处理→时效处理→机械加工	固溶处理：井式炉，（515±5）℃，保温 6h，水冷 　时效处理：井式炉，180℃，保温 8h

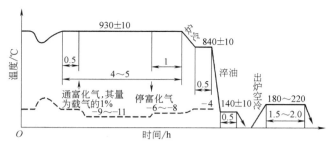

图 18-1　CB-H 齿轮泵齿轮热处理工艺曲线

图 18-2　CBF 齿轮泵齿轮热处理工艺曲线

注：虚线为炉内露点变化曲线。设备型号为 SOH-SL-M1 可控气氛炉。

18.3　叶片泵零件的热处理

叶片泵是由转子、定子、叶片和配油盘相互形成封闭容积的体积变化来实现泵的吸油和压油。叶片泵结构紧凑，零件加工精度要求高。叶片泵分为单作用式（可调节叶片泵或变量叶片泵）和双作用式（不可调节叶片泵或定量叶片泵）两大类。由于这两大类泵的结构形式不同，零件受力和选材也就不同。此外，结构相同、压力级别不同的泵选材也不一样。叶片泵主要热处理零件为转子、定子、泵轴、叶片和配油盘等。

18.3.1　转子的热处理

泵在运行时，转子在轴的带动下高速旋转，这时

转子与配油盘和叶片均形成摩擦副，转子端面和叶片槽面受到磨损；同时，高压油通过伸出槽外的叶片周期地作用于转子上，使转子槽底孔处承受很大弯曲疲劳应力。因此，转子需要具有良好的耐磨性，否则将由于磨损而使间隙密封破坏，泵的容积效率降低，严重时泵不能工作；转子还必须具有高的强度和韧性，以保证泵的使用寿命。转子的失效形式主要有：

1）转子槽底孔处因弯曲疲劳应力作用而产生疲劳断裂，一般称为"断臂"。

2）转子端面或转子槽侧面产生磨损。为满足转子的性能要求，中、高压叶片泵转子采用合金渗碳钢 12CrNi3、20CrMnTi、20CrMnMo 等制造，低压叶片泵转子可采用 40Cr 钢制造。转子热处理工艺见表 18-2。

表 18-2　叶片泵零件热处理工艺

序号	零件名称及技术要求	工艺流程	热处理工艺
1	转子 ϕ88　24 材料：12CrNi3 技术要求： 　全渗碳层深度为 1.2～1.4mm 　渗层表面硬度为 58～63HRC	锻造 → 正火 → 机械加工 → 渗碳 → 淬火 → 回火 → 机械加工	正火：箱式电炉，920℃，保温 4h，空冷 渗碳、淬火：采用可控气氛热处理炉，载气为吸热式气氛，富化气为丙烷，热处理工艺曲线见图 18-3 回火：180℃，保温 1.5h

（续）

序号	零件名称及技术要求	工艺流程	热处理工艺
2	定子 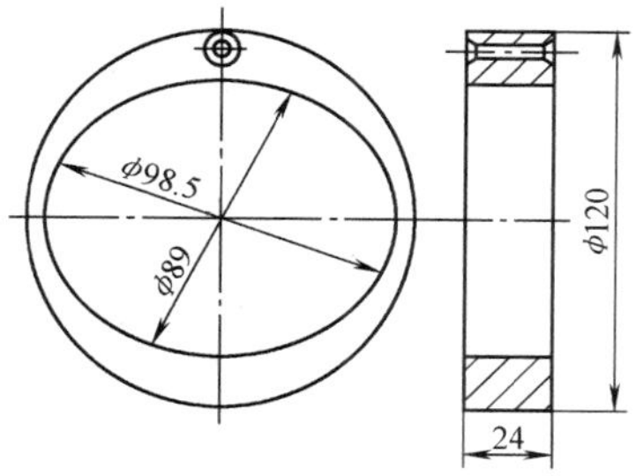 材料：GCr15 技术要求：硬度为58～63HRC	锻造→球化退火→机械加工→淬火→回火→机械加工	球化退火：800℃，保温4h，炉冷至680～700℃，保温4～5h后，炉冷至500℃以下出炉空冷 淬火：连续作业炉，840℃，油冷 回火：180℃，保温1.5h
3	定子 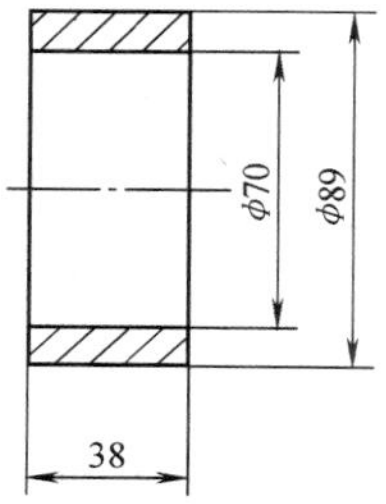 材料：Cr12MoV 技术要求： 基体硬度为48～53HRC 氮碳共渗化合物层深度为5～10μm 渗层硬度为800～900HV0.05	锻造→球化退火→机械加工→淬火→回火→机械加工→氮碳共渗→研磨	球化退火：860℃，保温4h，炉冷至720～740℃，保温3～4h后，炉冷至500℃以下出炉空冷 淬火：真空加热炉分级预热，1030℃，油冷 回火：580℃，保温1.5h 氮碳共渗：570℃，保温1.5h，出炉空冷
4	定子 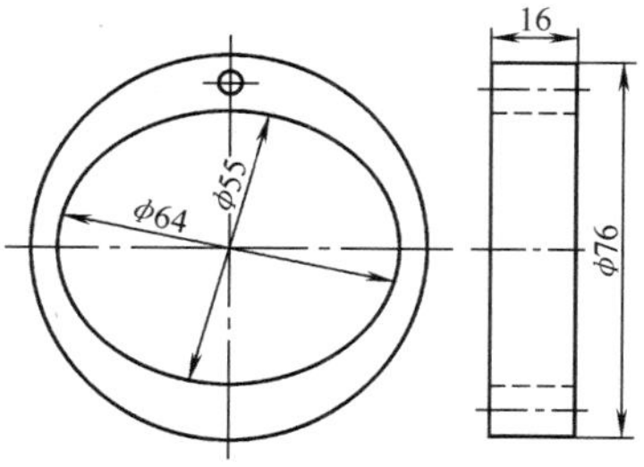 材料：38CrMoAlA 技术要求： 渗氮层深度为0.3～0.5mm 表面硬度≥900HV 心部硬度为250～280HBW	机械加工→调质→机械加工→离子渗氮	调质：箱式电炉，940℃，保温30min，油淬；630℃回火，保温1h 离子渗氮：设备容量为30A时，550℃，保温10～12h，炉冷
5	叶片 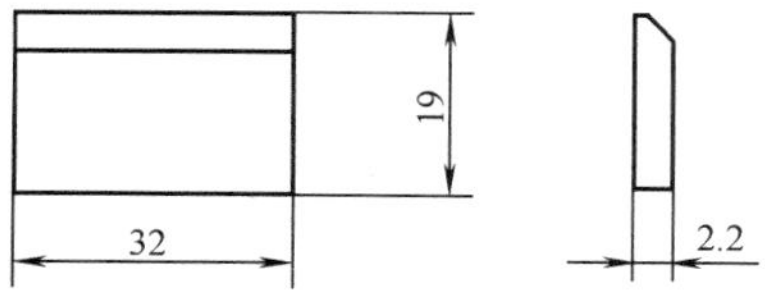 材料：W18Cr4V 技术要求： 硬度＞60HRC 氮碳共渗扩散层深度为0.03～0.05mm	机械加工→淬火→回火→机械加工→氮碳共渗→研磨	淬火：真空炉分级预热，1260℃，油冷 回火：560℃进行三次回火，每次保温1h 氮碳共渗：530℃保温20min，空冷或油冷

（续）

序号	零件名称及技术要求	工艺流程	热处理工艺
6	叶片泵轴 材料：12CrNi3 技术要求： 　全渗碳层深度为0.7～1.0mm 　表面硬度为58～63HRC 　同轴度误差≤0.15mm	锻造→正火→机械加工→ 渗碳→淬火→回火→矫直→ 机械加工	正火：920℃，保温 2h，出 炉，空冷 　渗碳、淬火：井式渗碳炉， 930℃，载气为吸热式气氛， 富化气为丙烷，时间为 4h， 降温至 800℃，保温 0.5h，直 接淬火到油槽中 　回火：180℃，保温 1h
7	叶片泵轴 135（表面淬火硬化层深 2.2～2.7）　180 材料：45 技术要求： 　调质硬度为235～269HBW 　表面淬火后硬度为55～60HRC	锻造→调质→机械加工→ 高频感应淬火→回火→机械 加工	调质：830℃，保温 1.5h，水 冷；530℃回火，保温 2h 　高频感应淬火：采用连续 加热淬火，移动速度为 6mm/s， 加热温度为 880～900℃，喷水 冷却 　回火：160℃，保温 1h
8	配油盘 φ120　　14 材料：HT300 技术要求：氮碳共渗的化合物层深度为 　　　5～10μm	机械加工→去应力退火→ 机械加工→氮碳共渗→研磨	去应力退火：590℃，保温 3h，炉冷到 200℃ 以下出炉 空冷 　氮碳共渗：570℃，保温 3h，空气预冷至 350℃ 左右 水冷

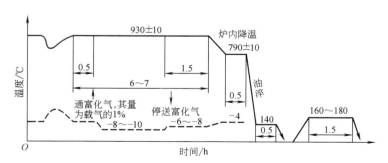

图 18-3　转子可控气氛热处理工艺曲线

注：虚线为炉内气氛露点变化曲线，设备型号为 SOH-SL-M1 可控气氛炉。

18.3.2　定子的热处理

定子内表面呈椭圆形，长半径和短半径之间过渡曲线为一特殊曲线，曲线形式对泵的性能和寿命都有

很大影响。定子和叶片组成摩擦副，当泵工作时，叶片在高压油的作用下，紧紧压在定子内表面而滑动，使定子受到磨损。定子要具备高的耐磨性和尺寸稳定性，同时还应有较高的强度。定子多为内表面过渡区

受磨损而失效。对小排量定量泵，定子材料一般选用轴承钢 GCr15 制造，经淬火加回火处理；对大排量定量泵定子，则用 Cr12MoV、38CrMoAlA 等钢制造，而变量泵定子由于受不平衡液压力作用，选用韧性较好的 3Cr2W8V 钢制造。为提高定子的耐磨性，Cr12MoV 和 3Cr2W8V 钢在淬火加回火后再进行氮碳共渗处理。定子热处理工艺见表 18-2。

18.3.3　叶片泵轴的热处理

泵轴在工作时承受扭转应力和弯曲疲劳应力，在花键和轴颈处受到磨损。因此，要求泵轴具有高的强度、好的韧性及耐磨性。变量泵轴因受液压力作用，性能要求比定量泵更高一些。叶片泵轴选用材料分两类：一类为合金渗碳钢 12CrNi3 等，经渗碳、淬火和回火处理；另一类为中碳结构钢 45 或中碳合金钢 40Cr、42CrMo 等，经调质后进行高频感应淬火及回火处理。叶片泵轴热处理工艺见表 18-2。

18.3.4　叶片的热处理

叶片泵在运行过程中，叶片在高压油的作用下，紧紧地与定子内表面接触而滑动，这时叶片顶端将产生大量摩擦热，使叶片局部温度升高。为保证叶片在高温下具有耐磨性，要求材料具有良好的热硬性。另外，叶片从转子槽内伸出时，在高压油作用下承受大的弯应力，所以用于制造叶片的材料要有高的强度。为满足叶片使用性能的要求，均选用 W18Cr4V 来制造。为提高叶片的耐磨性，在淬火、回火后再进行氮碳共渗。叶片很薄且加工精度要求高，因此热处理过程中要严格控制防止发生畸变。主要措施是钢丝捆扎，垂直吊挂加热。叶片热处理工艺见表 18-2。

18.3.5　配油盘的热处理

配油盘又称侧板，它和转子端面、叶片端面相对滑动而产生磨损，严重时间隙密封破坏，泄漏量加大，泵的容积效率下降。因此，配油盘应具有良好的耐磨性。低中压泵配油盘一般采用青铜制造，而高压泵则采用 HT300 高强铸铁制造，并施以低温的化学热处理以提高其耐磨性。近年来已开始利用粉末冶金方法压制配油盘，然后进行气体氮碳共渗。配油盘的热处理工艺见表 18-2。

18.4　柱塞泵零件的热处理

柱塞泵是依靠柱塞在缸体柱塞孔中往复运动而产生的容积变化来实现吸油和压油过程的。柱塞泵具有额定压力高、结构紧凑、效率高和流量调节方便等优点。

柱塞泵的结构较齿轮泵和叶片泵要复杂，零件加工精度要求高。柱塞泵的主要零件在工作时都承受压应力作用，因此其材料的选用和热处理工艺安排着重从提高耐磨性方面考虑。柱塞泵分径向和轴向两大类，规格型号很多，现就用量较大的 CY14-1 型轴向柱塞泵零件为例介绍其热处理工艺。柱塞泵的主要零件有配油盘、缸套、柱塞、回程盘、斜盘及传动轴等。此外，还有一种主要零件由转子组件、保持架、滑靴组件、柱塞、滑阀等构成的柱塞泵。柱塞泵的主要零件热处理工艺见表 18-3。

表 18-3　柱塞泵的主要零件热处理工艺

序号	零件名称及技术要求	工艺流程	热处理工艺
1	配油盘 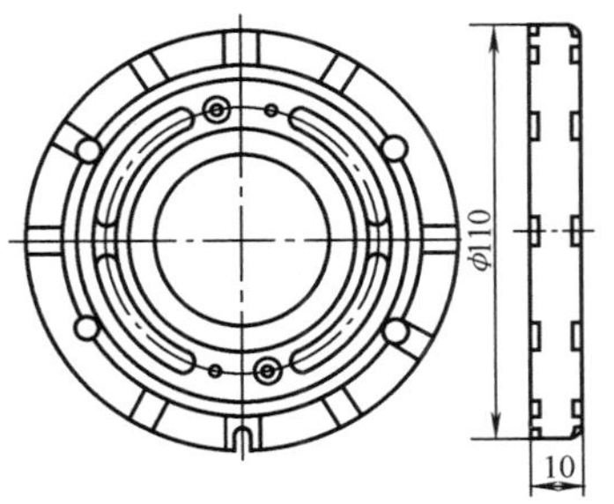 材料：38CrMoAlA 技术要求： 渗氮层深度为 0.3～0.5mm 表面硬度为 800～1000HV 心部硬度为 250～280HBW	锻造→调质→机械加工→离子渗氮	调质：箱式电炉，940℃，保温 3～5h，油淬，630℃回火，保温 4～5h 离子渗氮：工件温度约为 550℃，渗氮 10～12h，炉冷

（续）

序号	零件名称及技术要求	工艺流程	热处理工艺
2	缸套 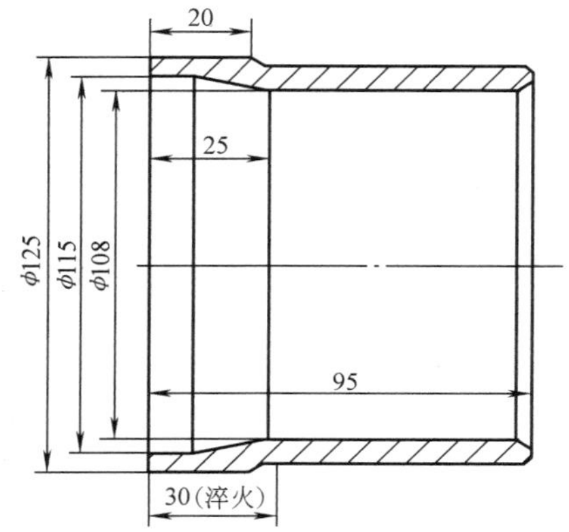 材料：GCr15 技术要求：局部淬火，硬度为60～65HRC	锻造→球化退火→机械加工→淬火→回火	球化退火：800℃，保温4h，炉冷至680～700℃，保温4～5h后，炉冷至500℃以下出炉空冷 淬火：盐浴炉中局部加热至850℃，保温10min，油淬 回火：180℃，保温2～3h
3	柱塞 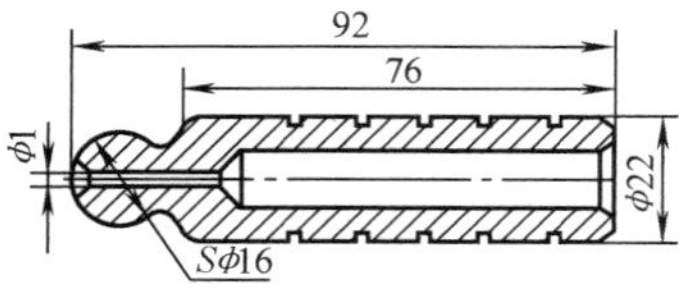 材料：20CrMnTi 技术要求： 　全渗碳层深度为0.8～1.2mm 　渗层表面硬度为58～63HRC	锻造→正火→机械加工→渗碳→淬火→回火→机械加工	正火：930℃，保温1.5h，出炉，空冷 渗碳、淬火：井式渗碳炉，930℃，载气为吸热式气氛，富化气为丙烷，保温5～6h，降温至840℃，保温0.5h，油淬 回火：180℃，保温1h
4	回程盘 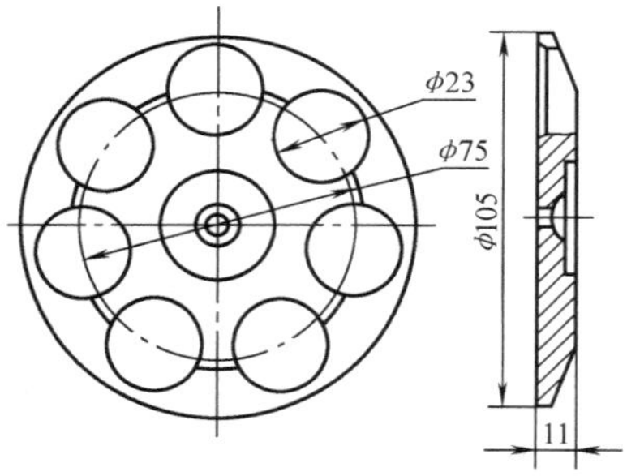 材料：GCr15 技术要求：硬度为60～65HRC	锻造→球化退火→机械加工→淬火→回火→机械加工	球化退火：800℃，保温4h，炉冷至680～700℃，保温4～5h后，炉冷至500℃以下出炉空冷 淬火：连续作业炉，840℃，油冷 回火：160℃，保温2h
5	斜盘 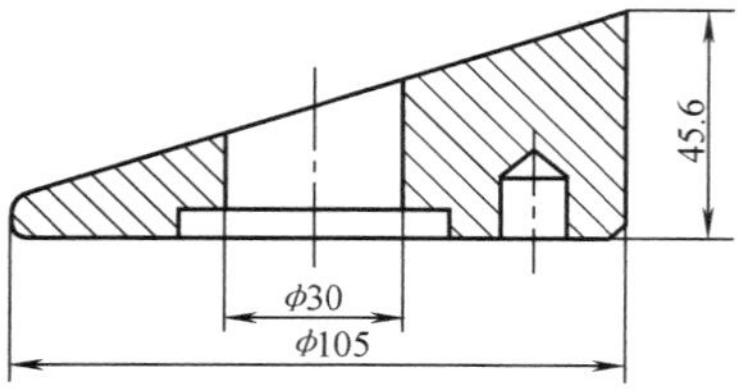 材料：38CrMoAlA 技术要求： 　渗氮层深度为0.3～0.5mm 　表层硬度为≥800HV 　心部硬度为250～280HBW	锻造→调质→机械加工→离子渗氮	调质：箱式电炉，940℃，保温3～5h，油淬，630℃回火，保温4～5h 离子渗氮：工件温度550℃，渗氮10～12h，炉冷

（续）

序号	零件名称及技术要求	工艺流程	热处理工艺
6	传动轴 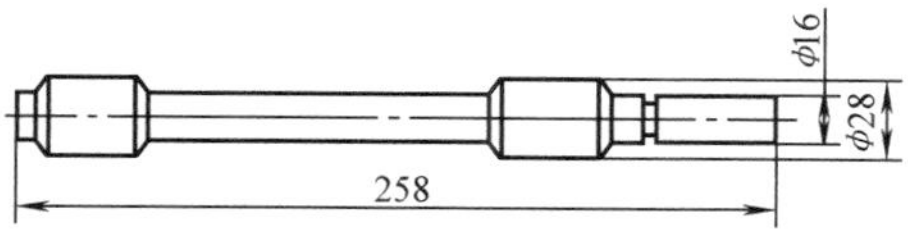 材料：42CrMo 技术要求：硬度为251～283HBW	下料→调质→机械加工	调质：850℃，保温 1h，油淬，640℃回火，保温 1～2h
7	转子组件  材料：转子基体为30Cr3MoA[①] 　柱塞孔衬套及底座为ZCuSn10Pb2Ni3[②] 　（两种材料采用真空扩散焊接） 技术要求： 　内花键处渗氮；渗层深度为0.15～0.30mm 　渗氮表面硬度≥700HV 　基体硬度≥26HRC 　底座表面镀银，银层厚度为0.01～0.02mm	下料→机械加工→真空扩散焊接→调质→机械加工→稳定化处理→机械加工→内花键离子渗氮→机械加工→底座表面镀银	调质：真空炉，870℃，保温 1h，油冷；620℃回火，保温 2h，油冷 稳定化处理：550℃，保温 4h 离子渗氮：工件温度 510℃，渗氮 5～6h，炉冷
8	保持架 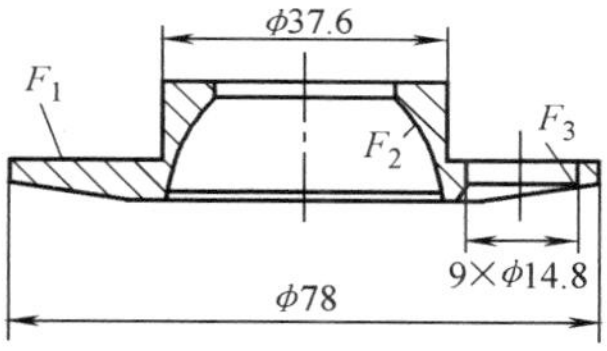 材料：20Cr3MoWV[①] 技术要求： 　F_1、F_2、F_3表面渗氮层深度为0.25～0.35mm 　（其余表面不渗氮） 　渗氮表面硬度≥800HV 　心部硬度为30～35HRC	下料→调质→机械加工→稳定化处理→镀铜→渗氮→除铜→研磨	调质：真空炉，900℃，保温 30min，油冷；620℃回火，保温 2h，油冷 稳定化处理：真空炉，550℃，保温 2～3h，气冷 二段气体渗氮：在（520±5）℃保温 8h，氨分解率为20%～30%；在（550±5）℃保温 8h，氨分解率为35%～50%
9	滑靴组件 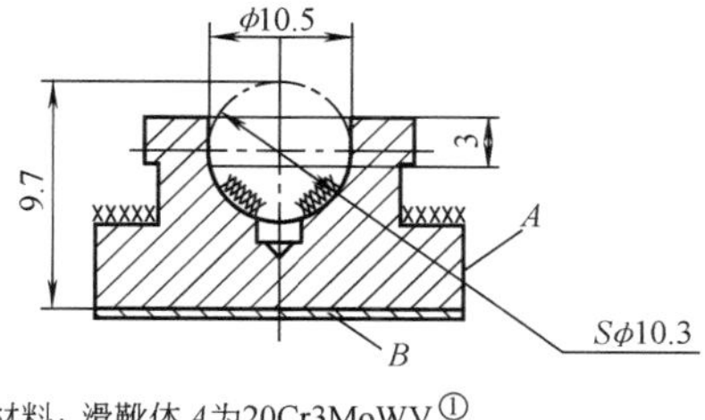 材料：滑靴体A为20Cr3MoWV[①] 　耐磨层B为ZCuSn10Pb2Ni3[②] 　（两种材料采用盐浴扩散焊连接） 技术要求： 　图中画"×"处渗碳，渗层深度为0.50～0.65mm 　渗碳表层$w(C)$为1.0%～1.2% 　渗碳表面硬度≥53HRC 　心部硬度≥26HRC 　镀铜、银、镉复合镀层总厚度为0.011～0.015mm	下料→机械加工→镀铜→渗碳→退火→除铜→机械加工→稳定化处理→焊接→淬火→冷处理→回火→铜、银、镉复合镀	渗碳：采用可控气氛热处理炉，载气为吸热式气氛，富化气为丙烷 退火：660℃，保温 3～4h 稳定化处理：550℃，保温 2～3h 焊接及淬火：盐浴加热到（870±5）℃，保温 30min 后降至（840±5）℃，油冷 冷处理：-70℃保温 1h 回火：360℃，保温 2h

（续）

序号	零件名称及技术要求	工艺流程	热处理工艺
10	柱塞 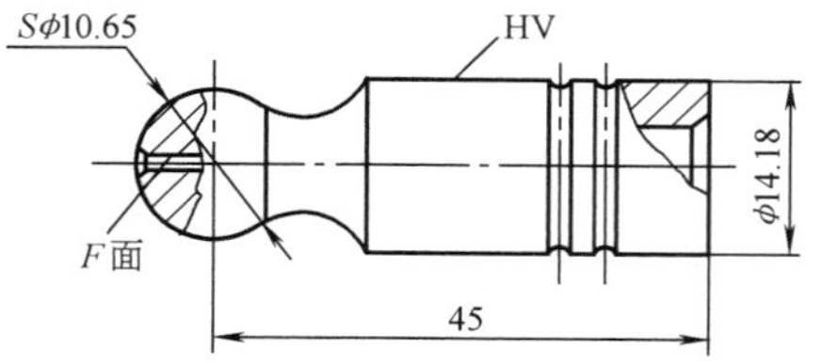 SΦ10.65　　　HV φ14.18 F面　　45 材料：30Cr3MoA① 技术要求： 渗氮层深度为0.40～0.52mm 渗氮表面硬度≥700HV 心部硬度为30～35HRC	下料→调质→机械加工→ 渗氮→磨削	调质：900℃，保温 70～80min，油冷；580℃回火，保温 2h，油冷 二段气体渗氮：在（510±5）℃保温 26h，氨分解率为 15%～30%；在（540±5）℃保温 26h，氨分解率为 35%～50%
11	滑阀 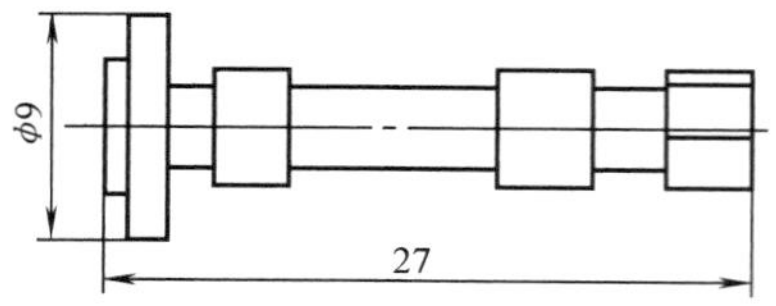 φ9 27 材料：W18Cr4V 技术要求： 硬度为62～66HRC 表面液体硫化处理	下料→机械加工→淬火→ 冷处理→回火→磨削→磁粉 检测→硫化	淬火：真空炉，1260℃，保温 30min，油冷 冷处理：-70℃保温 1h 回火：真空炉，560℃，保温 1h，重复 3 次 液体硫化：170℃，保温 50～60min，空冷

① 曾用牌号。
② 非标在用牌点。

18.5　转向助力泵零件的热处理

转向助力泵作为车辆转向的动力源，是转向系统的"心脏"部位。它是完成由旋转运动到直线运动（或近似直线运动）的一组齿轮机构，同时也是转向系中的减速传动装置。泵体内装有流量控制阀和安全阀。当泵工作时，滑阀有一定开度，使流量达到规定要求，多余的流量又回到泵的吸油腔内。若油路发生堵塞或意外事故，使系统压力超过泵的最大工作压力时，安全阀打开，滑阀全部开启，所有压力油均回到吸油腔，对系统起安全保护作用。因此，转向助力泵主要零件除了要求具有良好的耐磨性，还要求具有一定的强度和韧性。转向助力泵的主要零件有定子、转子、联动轴、阀芯、阀套、隔盘、后盖、溢流阀芯、溢流阀座、安全阀芯及安全阀座等。转向助力泵的主要零件热处理工艺见表 18-4。

表 18-4　转向助力泵的主要零件热处理工艺

序号	零件名称及技术要求	工艺流程	热处理工艺
1	转子 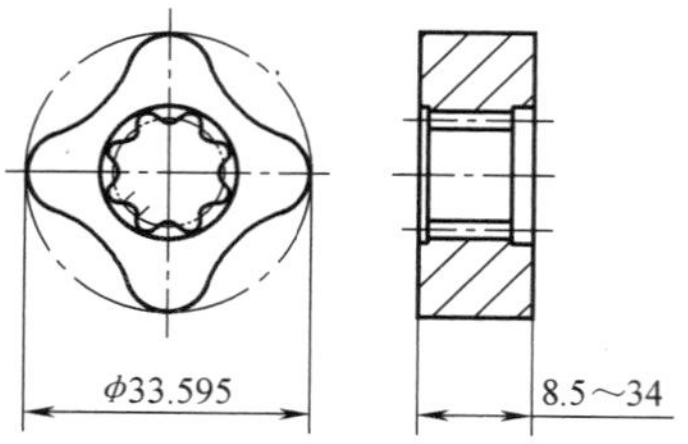 φ33.595　　8.5～34 材料：20CrMnTi 技术要求： 渗碳层深度为0.8～1.2mm 渗层表面硬度为57～62HRC	下料→正火→机械加工→ 渗碳→淬火→回火→机械 加工	正火：箱式电炉，940℃，保温 1.5h，空冷 渗碳、淬火：多用炉，930℃，载气为吸热式气氛，富化气为丙烷，时间为 5～6h，降温至 850℃，保温 0.5h，油淬 回火：180℃，保温 1h

（续）

序号	零件名称及技术要求	工艺流程	热处理工艺
2	定子 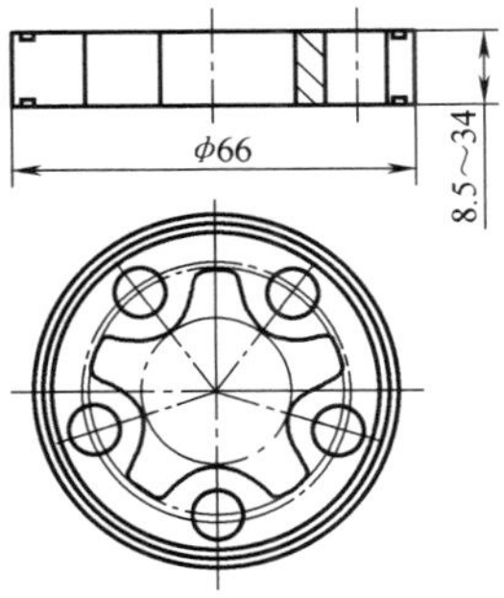 材料:30CrMnTi 技术要求: 　渗碳层深度为0.8~1.2mm 　渗层表面硬度为62~64HRC	下料→正火→机械加工→渗碳→淬火→回火→机械加工	正火:箱式电炉,880℃,保温1.5h,空冷 　渗碳、淬火:多用炉,920℃,载气为吸热式气氛,富化气为丙烷,时间为5~6h,降温至840℃,保温0.5h,油淬 　回火:180℃,保温1h
3	联动轴 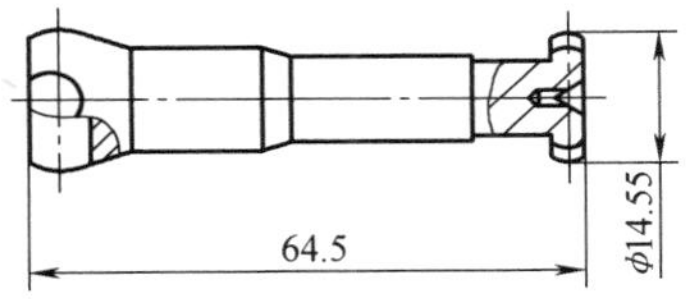 材料:20CrMnTi 技术要求: 　渗碳层深度为0.5~0.8mm 　渗层表面硬度为50~56HRC	下料→正火→机械加工→渗碳→淬火→回火→抛丸	正火:箱式电炉,930℃,保温1.5h,空冷 　渗碳、淬火:多用炉,920℃,载气为吸热式气氛,富化气为丙烷,时间为4~5h,降温至850℃,保温0.5h,油淬 　回火:320℃,保温1h
4	阀芯 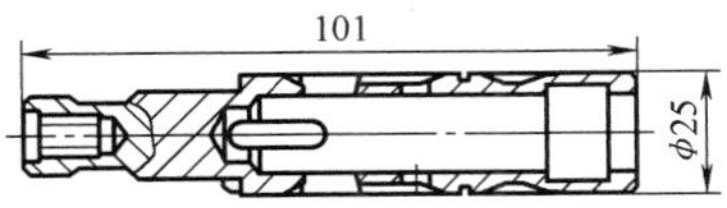 材料:20CrMnTi 技术要求: 　渗碳层深度为0.45~0.7mm 　渗层表面硬度为56~62HRC	下料→正火→机械加工→渗碳→淬火→深冷处理→回火→抛丸→机械加工	正火:箱式电炉,930℃,保温2.5h,空冷 　渗碳、淬火:多用炉,920℃,载气为吸热式气氛,富化气为丙烷,时间为4~5h,降温至850℃,保温0.5h,油淬 　冷处理:-75~-80℃保温1.5h 　回火:200℃,保温1h
5	阀套 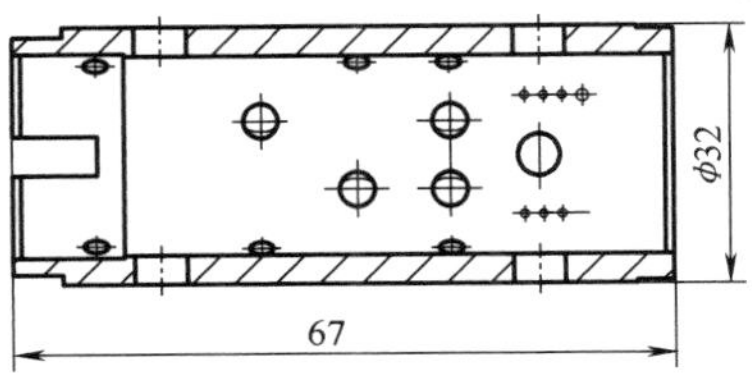 材料:20CrMnTi 技术要求: 　渗碳层深度为0.6~0.8mm 　渗层表面硬度为55~60HRC	下料→正火→机械加工→渗碳→淬火→深冷处理→回火→抛丸→机械加工	正火:箱式电炉,930℃,保温2.5h,空冷 　渗碳、淬火:多用炉,920℃,载气为吸热式气氛,富化气为丙烷,时间为5~6h,降温至850℃,保温0.5h,油淬 　冷处理:-75~-80℃保温1.5h 　回火:200℃,保温1h

（续）

序号	零件名称及技术要求	工艺流程	热处理工艺
6	隔盘 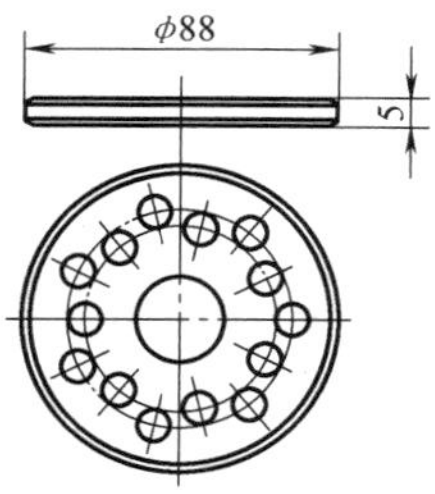 材料:GCr15 技术要求:硬度为57~62HRC	下料→球化退火→机械加工→淬火→回火→机械加工	球化退火:加热到（800±10）℃,保温 4h,炉冷至 680~700℃,保温 4~5h 后,炉冷至500℃以下出炉空冷 淬火:在多用中加热到（850±10）℃,保温 30min,油冷 回火:加热到（220±10）℃,保温 1.5h
7	后盖 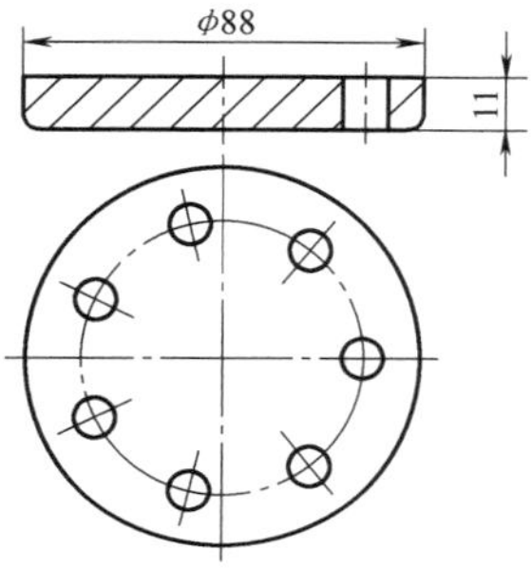 材料:GCr15 技术要求:硬度为57~62HRC	下料→球化退火→机械加工→淬火→回火→机械加工	球化退火:800℃,保温4h,炉冷至 680~700℃,保温4~5h 后炉冷至 500℃以下出炉空冷 淬火:多用炉,850℃,保温1h,油冷 回火:220℃,保温 1.5h
8	溢流阀芯 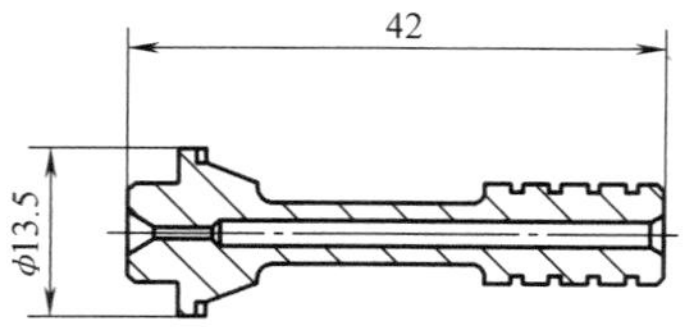 材料:40Cr 技术要求:硬度为47~52HRC	下料→退火→机械加工→淬火→回火→机械加工	退火:箱式电炉,850℃,保温 2h,炉冷到 500℃以下出炉空冷 淬火:多用炉,850℃,保温45min,油冷 回火:250℃,保温 1.5h
9	溢流阀座 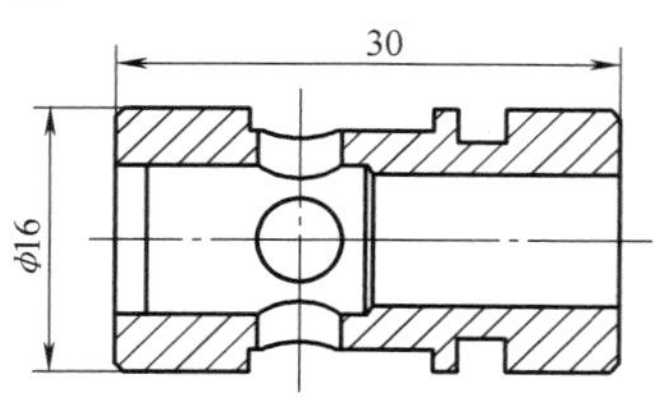 材料:45 技术要求:硬度为26~31HRC	下料→正火→机械加工→淬火→回火→机械加工	正火:箱式电炉,840℃,保温 2h,空冷 淬火:多用炉,850℃,保温1~1.5h,油冷 回火:520℃,保温 1h

（续）

序号	零件名称及技术要求	工艺流程	热处理工艺
10	安全阀芯 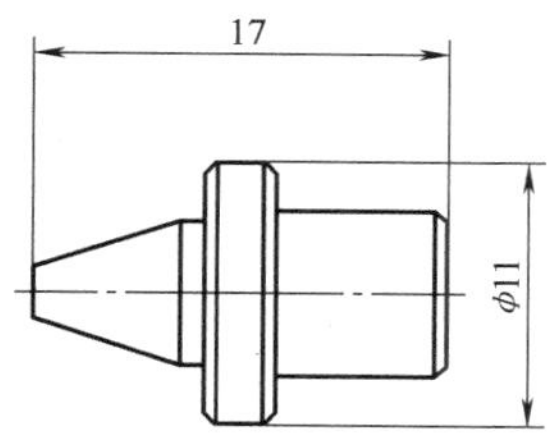 17 φ11 材料:40Cr 技术要求:硬度为47~52HRC	下料→退火→机械加工→ 淬火→回火→机械加工	退火:箱式电炉,850℃,保温 2h,炉冷到 500℃ 以下出炉空冷 淬火:多用炉,850℃,保温 1h,油冷 回火:250℃,保温 1.5h
11	安全阀座 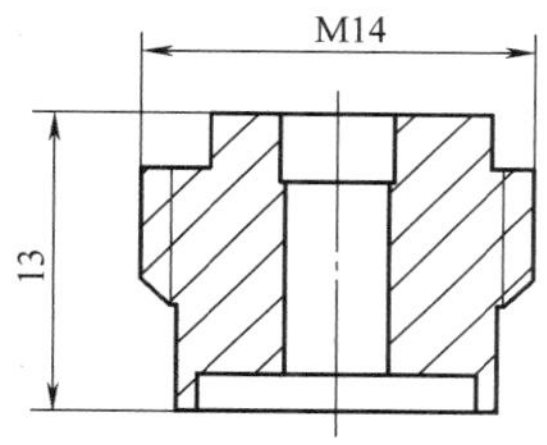 M14 13 材料:40Cr 技术要求:硬度为42~46HRC	下料→退火→机械加工→ 淬火→回火	退火:箱式电炉,850℃,保温 2h,炉冷到 500℃ 以下出炉空冷 淬火:多用炉,850℃,保温 1h,油冷 回火:420℃,保温 1.5h

18.6　液压阀零件的热处理

　　液压阀是一种用来控制液压系统中油液的流动方向，调节其压力和流量的自动化元件。大多数阀都是通过阀芯在阀体中的移动来改变通流面积或通路来实现控制作用。阀的主要热处理零件有滑阀、阀座、提动阀及提动阀座等。

18.6.1　滑阀的热处理

　　滑阀与阀体组成摩擦副，且两者配合要求非常精确，一旦发生磨损，配合间隙加大，将造成泄漏增加，降低阀的使用性能。因此，要求滑阀具有良好的耐磨性，同时也要具备一定的强度和韧性，以耐高压油的冲击。滑阀材料可选用低合金渗碳钢 15CrMo、15Cr 等，也可选用 45 钢，前者多用于尺寸小且压力高的阀，后者应用于大型阀。滑阀的热处理工艺见表 18-5。

18.6.2　阀座的热处理

　　阀座与滑阀以锥面相互配合，工作中将产生冲击磨损，所以要求表面耐磨而心部要有良好韧性。阀座多用 15CrMo 制造，其热处理工艺见表 18-5。

18.6.3　提动阀和提动阀座的热处理

　　提动阀和提动阀座组成对偶件，相互配合面很小，近似线接触，以保证控制的灵敏和准确。在工作过程中，提动阀在弹簧的作用下与提动阀座在配合处发生冲击磨损，往往因提动阀锥面被局部磨损或冲击产生缺陷而造成高压油的泄漏，使整个阀失去控制作用。提动阀应具有高的强度和耐磨性，可选用 Cr12MoV 钢制造。为提高其耐磨性，在淬火、回火后，最终进行氮碳共渗处理。

　　提动阀座在提动阀的冲击作用下，接触面将逐渐增大，使封油性能降低。因此，提动阀座应具有较高强度，确保在承受提动阀冲击时不产生大的塑性畸变。提动阀座多选用 42CrMo 钢制造，原材料经过调质后机械加工，最终进行氮碳共渗。提动阀和提动阀座热处理工艺见表 18-5。

表 18-5　液压阀零件热处理工艺

序号	零件名称及技术要求	工艺流程	热处理工艺
1	溢流阀滑阀 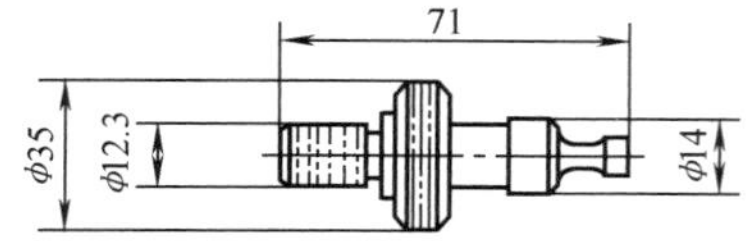 材料：45 技术要求： 　硬度为55～60HRC 　淬硬层深度为0.8～1.2mm	锻造→调质→机械加工→感应淬火→回火→机械加工	调质：840℃，保温 1.5h，水冷；530℃回火，保温 2h 感应淬火：880～900℃，喷水冷却，在 φ35mm、φ12.3mm、φ14mm 处分三次完成 回火：180℃，保温 1h
2	电磁阀滑阀 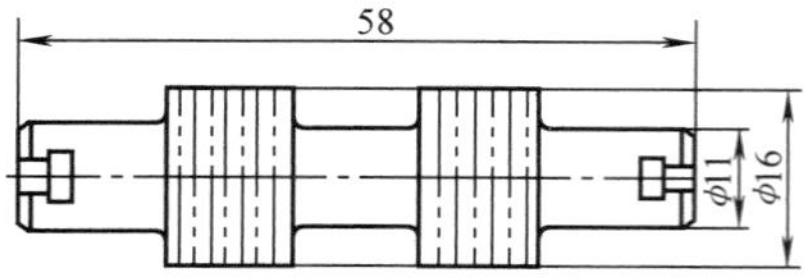 材料：15CrMo 技术要求： 　全渗碳层深度为0.5～0.8mm 　渗层硬度为58～63HRC	锻造→正火→机械加工→渗碳→淬火→回火→机械加工	正火：箱式电炉，920℃，保温 1h，空冷 渗碳、淬火：井式渗碳炉，930℃、载气为吸热式气氛，富化气为丙烷，时间为 3h，降温至 840℃，保温 0.5h，油淬 回火：180℃，保温 1.5h
3	溢流阀阀座 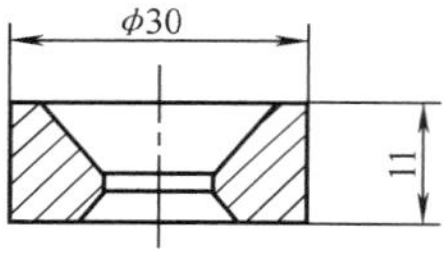 材料：15CrMo 技术要求： 　全渗碳层深度为1.2～1.5mm 　渗层硬度为58～63HRC	锻造→正火→机械加工→渗碳→淬火→回火→机械加工	正火：箱式电炉，920℃，保温 1h，空冷 渗碳、淬火：井式渗碳炉，930℃、载气为吸热式气氛，富化气为丙烷，时间为 6～8h，降温至 840℃，保温 0.5h，油淬 回火：180℃，保温 1.5h
4	提动阀 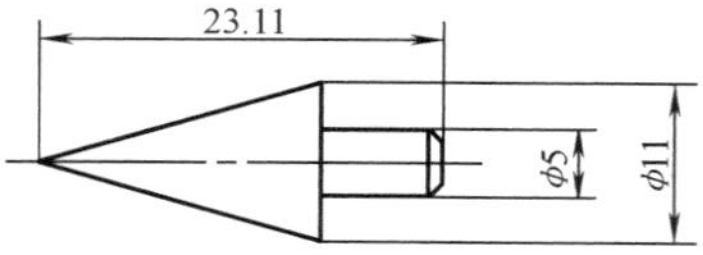 材料：Cr12MoV 技术要求： 　基体硬度为45～50HRC 　氮碳共渗化合物层深度为5～10μm 　渗层硬度为800～900HV0.05	锻造→球化退火→机械加工→淬火→回火→机械加工→氮碳共渗	球化退火：860℃，保温 4h，炉冷至 720～740℃，保温 3～4h 后，炉冷至 500℃ 以下出炉空冷 淬火：真空炉，分级预热，1030℃，油冷 回火：580℃，保温 1h 氮碳共渗：570℃，保温 1.5～2h，出炉空冷
5	提动阀座 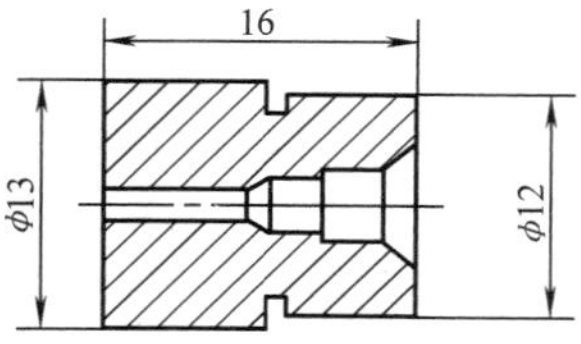 材料：42CrMo 技术要求： 　调质硬度为28～32HRC 　氮碳共渗化合物层深度为10～20μm 　渗层硬度≥800HV	锻造→调质→机械加工→氮碳共渗	调质：箱式电炉，850℃，保温 1.5h，油淬，580℃回火，保温 1h，水冷 氮碳共渗：570℃，保温 2～4h 后水冷

18.7　液压元件零件热处理的质量检验

液压元件零件热处理后的质量检验项目及要求见表 18-6。

表 18-6　质量检验项目及要求

检验项目	退火	正火	调质	淬火、回火	高频感应淬火	渗碳	渗氮	氮碳共渗
硬度	按工艺规定检查布氏硬度,检查数量为每批抽检 1%~3%	一般不进行硬度检查,如有特殊要求,按规定检查	按工艺规定进行检查,数量为每批抽检 3%~5%	按工艺规定进行检查,检查数量根据工艺稳定性和零件重要性而定,一般件抽检 10%~20%,重要件 100%,关键件不允许有软点	同淬火、回火要求	渗碳后一般不做硬度检查,如渗碳后有加工工序,则抽检硬度,不得大于 32HRC	按工艺规定检查维氏硬度,同时检查脆性	按工艺规定检查维氏硬度
金相组织	轴承钢按 JB/T 1255—2014 规定检查,球状 2~4 级,碳化物网 ≤2.5 级。每炉抽检 1 件	结构钢正火后晶粒度 ≥5 级,为均匀的铁素体加片状珠光体组织,每炉抽检 1 件	泵轴等主要零件调质后应为均匀索氏体组织,不允许存在游离铁素体,每炉抽检 1 件;对次要件不进行金相检查	轴承钢马氏体 1~3 级,高速钢淬火后奥氏体晶粒度 9~10 级,回火充分程度 ≤2 级,每批抽检 2~3 件	按 GB/T 5617—2005 标准测定硬化层深度	测定渗碳层深度,合金钢测全渗层,碳素钢测至过渡区的 1/2。直接淬火时,按照 GB/T 25744—2010 规定检查,表面碳化物为 1~4 级,残留奥氏体 ≤4 级,每炉抽检 1 件	渗氮层深度及金相组织检查按 GB/T 11354—2016 的规定执行	一般可不进行金相检查,只用 10% 氨基氯化铜溶液检查化合层,即滴在零件表面,2min 不变色为合格。必要时,可参照 GB/T 11354—2016 规定执行
畸变	畸变量不能超过加工余量的 1/3			按工艺规定进行畸变检查,检查数量为 100%(经矫直零件必须进行去应力退火后再检查)				
外观	所有经过热处理的零件必须全部进行外观检查,不允许有裂纹、烧伤、磕碰、腐蚀等缺陷							
其他	其他项目,如力学性能、化学成分、物理性能等需要检查时,按规定进行。对易产生淬火裂纹的零件,应 100% 进行无损检测							

参 考 文 献

[1] 叶卫平,张覃铁. 热处理实用数据速查手册 [M]. 2 版. 北京:机械工业出版社,2011.

[2] 杨满,刘朝雷. 热处理工艺参数手册 [M]. 北京:机械工业出版社,2020.

[3] 刘俊祥,尹承锟,何龙祥,等. BSWT15 钢的真空热处理 [J]. 金属热处理,2020,45(7):94-96.

第 19 章 纺织机械零件的热处理

经纬智能纺织机械有限公司 王洪发

纺织机械分纺纱机械、织布机械和印染机械三大部分。机器工作时都处在恒温、恒湿、高速连续运转状态，虽然承受的载荷较轻，但对纺织设备所用零件的可靠性、稳定性及均匀性要求较高，一些与纤维直接接触的零件还被要求既不损伤纤维，又要具有耐磨损、耐疲劳和耐腐蚀的性能。

纺织机械零件包括纺织机械主机零件和纺织器材零件等。典型纺织机械主机零件有锭子、罗拉、钢领、纺机专用轴承、钳板轴、计量泵、卷曲轮等，纺织器材主要零件有针布、针筒及三角等。

由于这些都是专件产品且具有产量大的特点，故其热处理多采用专用设备和连续作业炉，以解决零件的特殊技术要求，达到专件产品的长寿命、高可靠性、低成本的目的。

19.1 纺织机械主机零件的热处理

环锭纺纱中的三大易损件是锭子、罗拉、钢领和钳板轴，纺机专用轴承由纺锭轴承、上罗拉轴承（皮辊轴承）、罗拉轴承及气流纺纱专用轴承、摩擦式假捻器轴承等组成，这些专件适用于作为棉、毛、丝、麻、绢、化纤的纯纺和混纺的并条机、粗纺机、精纺机、捻线机、气流纺纱机、高速弹力丝机的配套件和维修配件。

19.1.1 锭杆的热处理

在每台大于 1000 套的粗纱锭子、细纱锭子（见图 19-1）的机器中，锭杆是整套锭子中一个关键专件，用于将纤维束（纱线）进行加捻和旋绕，典型细纱锭杆形状如图 19-2 所示。根据分类，最大转速在 22000r/min 的光杆锭子和名义转速为 30000r/min（实际转速 25000r/min）的铝杆锭子，轴承档的直径分别是 7.8 和 8.8mm。材料是 GCr15 钢制的锭杆和转速低于细纱锭杆的 GCr15SiMn 钢化纤锭杆，在运转时应具有高的耐磨性和疲劳强度，振幅小、噪声低、功耗低的特点（整套锭子的耗能占整机的 30% ~ 60%），以此获得使用寿命长的目的。

1. 锭杆的技术要求

（1）锭杆的成形和热处理要求 对达到 GB/T 34891—2017 规定的原材料 2 ~ 3 级球化退火组织的冷拉（拔）料，用数控机床车削，其径向跳动量 ≤ 0.15mm。锭杆的热处理技术要求如图 19-2 所示。锭杆型号较多，但硬度要求基本一致，金相组织必须达到 GB/T 34891—2017 中的 2 ~ 3 级马氏体组织。

（2）弹性试验 锭杆经热处理、磨削加工后，抽验进行弹性试验，如图 19-3 所示。

在弹性试验台上进行，即将 A 和 B 端固定，在 C 端施加一定的推力，使其弯曲到锭杆全长 H 的 1/20，持续 1min，卸载后产生残余畸变，测量径向跳动 <0.01mm 则为合格。铝杆锭杆因为上锥很短，整个锭杆硬度都是 61 ~ 64HRC，则不需要做弹性试验。

2. 细纱锭杆制造工艺路线

细纱锭杆的制造工艺路线为：冷拉棒料→（下料→热轧成形→粗磨）或精车→热处理→粗磨→精磨→弹性试验（抽检）→（镀硬铬）→检验→上油→入库。

3. 热处理工艺和设备

（1）锭杆的热处理 锭杆的热处理基本淘汰了第 1 代盐浴淬火工艺。当前的主流工艺是沿用 20 世纪 70 年代上海纺机专件厂设计制造的第 2 代电阻加热炉+机械夹持淬火矫直机结构，如图 19-4 所示。每根锭杆在加热圈内的 φ18mm 孔中被加热，加热温度为 845℃，锭杆在没有可控气氛保护中加热 18min 后淬油，通过机械矫直机进行边淬火边矫直的形变超塑变技术来达到要求。从淬火矫直效果来看，≤0.15mm 的畸变量 ≥90%，对 >0.15mm 的超差锭杆，用小榔头轻轻一敲就合格了。该矫直效果很成功，解决了人工矫直的繁重操作。经机械矫直后的锭杆再用 340 ~ 350℃ 硝盐进行局部回火，将上锥部分硬度降到 54 ~ 58HRC 以达到弹性硬度要求，最后进行整体 160℃ 去应力回火，即则完成了锭杆热处理的全过程。

该技术不足之处是，加热炉没有可控气氛保护；传动机构精度不够准确；CrMnN 耐热钢加热圈铸造时易出现气孔、砂眼缺陷；钻削 48 个 φ18×400mm 孔时加工难度大、易钻偏，造成锭杆在送料杆推入时出现推偏或卡料现象；整个炉体及送料机构设计有些欠缺；仍然没有彻底去除硝盐局部回火时造成的环境污染问题。

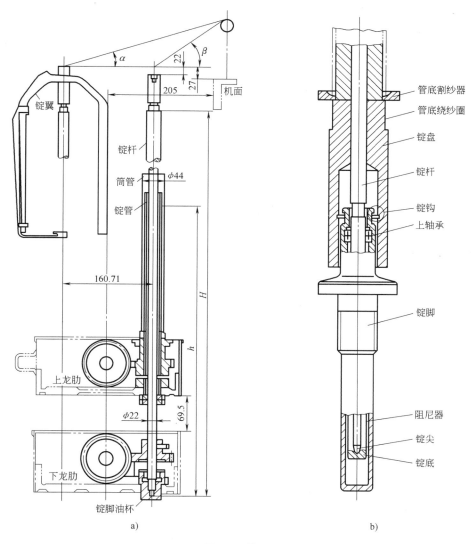

图 19-1　锭子

a) 粗纱锭子　b) 细纱锭子

（2）锭杆的感应穿透加热+机械夹持淬火生产线　锭杆的几何形状为圆锥形，通过对感应器的特殊设计，上海良纺纺机专件厂（原专件厂）于 2012—2015 年试制成功了第 3 代 100kW、20kHz、IGBT 电源的锭杆感应穿透加热+机械夹持淬火生产线，如图 19-5 所示。加热温度为 880℃，加热时间为 10~12 秒/每件，它不再需要硝盐局部回火工序，并且淬火硬度、畸变及金相组织全部达到技术要求，实现了绿色的清洁热处理。

该技术也适用于类似形状的其他中温加热的钢种，淬火畸变 ≤0.15mm 的仍能 ≥90%。

（3）弹性试验　锭杆是环锭纺纱机上的一个非常重要的零件之一，在锭杆的上端有纱管和纱，其质量分别是 100g 和 400g，有的还会更重一些，这些载荷分别由纺锭轴承、锭底和锭尖来承担。整套锭子的转速为 5000~25000r/min，高速运转时要求锭子的振幅 ≤0.01mm，当振幅 >0.01mm 时，则出现麻手现象，纱线的断头率增加，纱线粗细不匀，纱线等级下降及废品。所以，要求锭杆的热处理必须达到技术要求，为此每批锭杆要做弹性试验。

弹性试验方法见图样中的技术要求。

（4）锭杆的冷处理　锭杆的机械淬火矫直发生的畸变量较小，由于形变奥氏体中存在大量的位错与压应力，以及镶嵌结构的细化等，促使奥氏体稳定，马氏体形核及长大均较困难，奥氏体析出的碳化物很

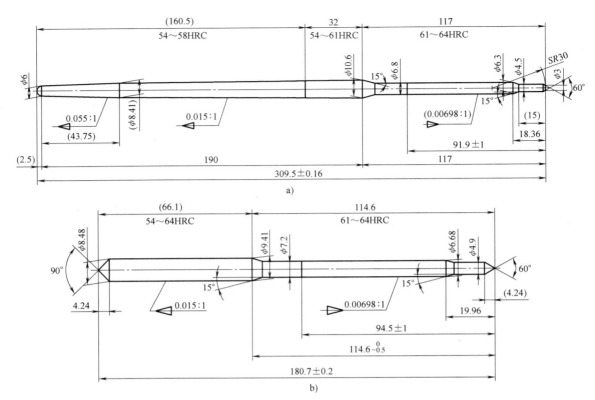

图 19-2　典型细纱锭杆形状和热处理技术要求

a）D7103 锭杆　b）D6110E 锭杆（铝杆锭杆）

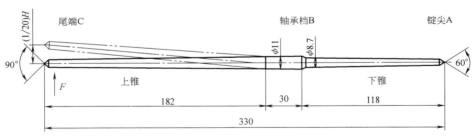

图 19-3　弹性试验

少，而奥氏体本身却得到相当程度的强化，使其转变马氏体的能力减弱，因此残留奥氏体量较多，为此机械夹持淬火后需要进行 -80℃×2h 的冷处理。经冷处理后的锭杆使用寿命可长达 10 年左右。冷处理设备采用液氮制冷方式较好，如图 19-6 所示。

19.1.2　罗拉的热处理

罗拉的作用是喂入和牵引纱条的前进，整台机器的长度决定着相互衔接罗拉节数的多少。罗拉分斜齿和滚花两种，如图 19-7 所示。将传动方式改造成紧密纺结构（见图 19-8），可以提高纱线强度，减少毛羽（飞花），满足了高档纱线的质量要求。

1. 罗拉技术要求

1）表面具有正确的齿形沟槽和符合规定的表面粗糙度。

2）齿形的分度要正确，同轴度要好，既要保证充分握持纤维，又不会损伤纤维和产生有害机械波。

3）罗拉的失效形式主要是齿部磨损或轴承档磨损，进而影响罗拉的正常运行或失效，故要求罗拉表面应具有良好的耐磨性，耐大气腐蚀；要求具有足够的扭转与抗弯强度，不允许杂质和黏性物质附着于表面，以保证正常工作。

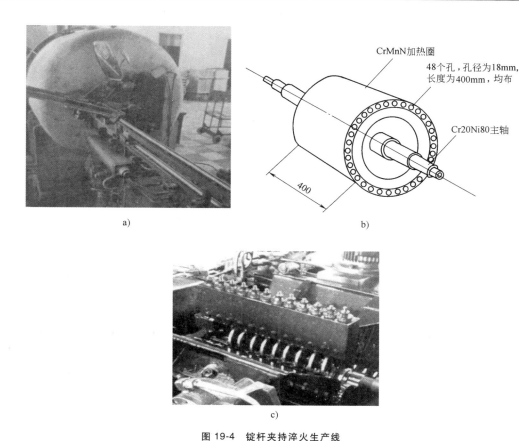

a)　　　　　　　　　　　　　　　　　　　b)

CrMnN加热圈

48个孔，孔径为18mm，
长度为400mm，均布

Cr20Ni80主轴

400

c)

图 19-4　锭杆夹持淬火生产线

a）卧式圆形加热炉及进料机构　b）加热圈和主轴
c）五工位卧式自动淬火矫直机

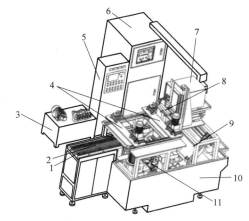

图 19-5　锭杆的感应穿透加热+机械夹持淬火生产线

1—锭杆　2—步进式上料装置　3—液压站　4—传送装置
5—控制柜　6—电气箱　7—淬火变压器　8—感应器
9—提升机构　10—淬火油槽　11—五工位淬火矫直机

4）具有良好的可加工性，以便获得高的制造精度。

5）有互换性，减少机械因素对牵伸功能不匀的影响。

2. 热处理技术要求

罗拉材料：细纱机罗拉用优质碳素结构钢 45A、精梳机罗拉用 55 钢。齿面淬火硬度≥78HRA，轴承档的淬火硬度为 60~64HRC，淬硬层深度为 0.8~1.0mm，金相组织要求达到 JB/T 9204—2008 中的马氏体 3~8 级。精梳机罗拉还可以用 20CrMo 合金结构钢进行渗碳、碳氮共渗或渗氮处理。

3. 制造工艺路线

（1）45A（55）钢　冷拉棒料→下料→矫直→粗磨外圆→车削成形→滚（搓）齿形→感应淬火、回火→矫直→磨齿面及光轴面、端面及内孔→螺纹加工→镀硬铬→检验→成品入库。

（2）20CrMo 钢　冷拉棒料→下料→正火→矫直→车削加工→滚（搓）齿形→磨加工→热处理（离子渗氮或碳氮共渗）→检验→入库。

4. 热处理工艺和设备

（1）感应热处理　对采用 45A 或 55 钢制造的罗拉，采用感应热处理技术。

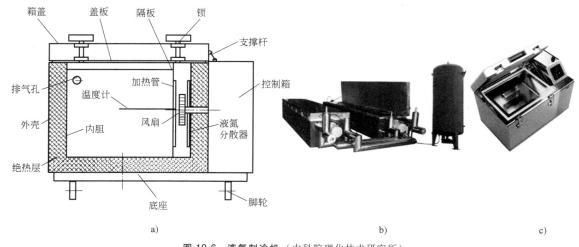

图 19-6　液氮制冷机（中科院理化技术研究所）

a）液氮制冷　b）大型轧辊深冷处理设备　c）标准型号深冷箱

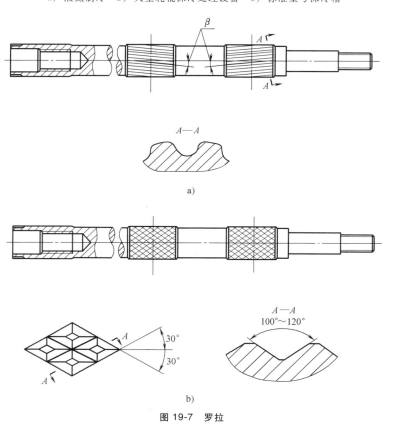

图 19-7　罗拉

a）斜齿　b）滚花

设备采用卧式双（单）工位罗拉感应淬回火全自动生产线（上海恒精感应科技有限公司），如图 19-9 所示。电源设备采用功率为 200（100）kW、额定频率为 50kHz、进线电压为 380V、额定电压为 500V 的 IGBT 晶体管电源。

卧式淬火机床可以进行长度 ≤600mm、直径为 25~30mm 中碳钢的淬火和回火处理。淬硬层深度为 0.8~3.0mm，硬度根据要求可以设定，45A 钢的淬火温度为 860±10℃，工件的推进速度为 0~30mm/s，转速为 20~150r/min，重复定位精度 ≤0.10mm。

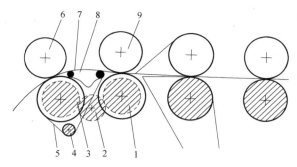

图 19-8　紧密纺结构

1—前罗拉　2—过桥齿轮　3—输出罗拉
4—张力撑杆　5—集聚圈　6—输出胶辊（皮辊轴承）
7—纱线　8—负压吸风管　9—前胶辊（皮辊轴承）

图 19-9　卧式双工位罗拉感应淬回火全自动生产线

采用感应淬火获得的压应力可以提高罗拉的耐磨性和疲劳寿命。罗拉的感应淬火+140～150℃×2h 的低温井式炉或低温烘箱回火是节约投资费用的另外一个方案。

（2）合金结构钢的化学热处理

1）离子渗氮工艺。在离子渗氮炉内进行 520℃×10h 渗氮，渗层深度≥0.25mm。

2）碳氮共渗工艺。在预抽真空的多用箱式炉内，进行气体碳氮共渗（860℃×8h），渗层深度≥0.25mm。淬火温度为（770±10）℃，（155±5）℃×2h 回火，表面硬度≥79HRA（在井式炉中进行碳氮共渗质量不稳定，出炉时表面易脱碳、一炉产品的硬度均匀性分散性大，淬火畸变大）。

19.1.3　钢领的热处理

钢领是棉、毛、麻、丝、绢和化纤等纱线的旋绕与加捻用的专件，每套锭子有一个固定在机器上的钢领与运动的钢丝圈组合，钢丝圈拖着纱线在钢领圈上以 35～42m/s 的线速度沿着钢领的圆周进行旋绕，对纱线进行加捻。钢丝圈在钢领内侧圆弧上进行干摩擦时，产生极大的摩擦力，故钢领必须具备高的耐磨性和抗咬合（润滑）性能。

1. 钢领的种类

按形状和功能分为平面钢领、锥面钢领和竖边钢领等，如图 19-10～图 19-12 所示。

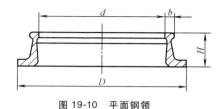

图 19-10　平面钢领

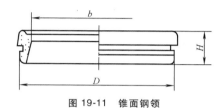

图 19-11　锥面钢领

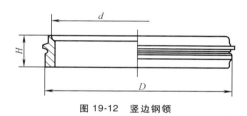

图 19-12　竖边钢领

2. 钢领材料

平面钢领用 20 低碳钢或 GCr15 轴承钢；锥面、竖边钢领用 GCr15 轴承钢或铁基粉末冶金。

3. 热处理技术要求

（1）平面钢领

1）20 钢钢领　要求碳氮共渗，渗层深度≥0.40mm，表面硬度>81HRA，热处理后圆度、平面度≤0.08mm，金相组织为 1～2 级回火马氏体+均匀细小碳化物，不允许出现网状碳化物（JB/T 7710—2007）。

2）GCr15 轴承钢制造钢领　热处理后的硬度为 61～65HRC，圆度、平面度≤0.08mm，金相组织为 2～3 级马氏体（GB/T 34891—2017）。

（2）锥面钢领和竖边钢领

1）GCr15 钢钢领　GCr15 钢钢领的技术要求同平面钢领。

2）铁基粉末冶金制造钢领　碳氮共渗层深度≥0.40mm，淬火硬度>80HRA。热处理工艺同 20 钢钢领一样，但不进行镀硬铬工序。

4. 制造工艺路线

（1）20 钢钢领　冷轧带钢→落料成形→冲孔→切边→压平→机械加工→热处理→滚光→检验→镀硬铬→检验→防锈→包装→入库。

（2）GCr15 钢钢领　冷拉（热轧）钢管→成形→机械加工→热处理→滚光→检验→镀硬铬→检验→防锈→包装→入库。

（3）铁基粉末冶金钢领　压制坯料→机械加工→热处理（碳氮共渗淬火）→滚光→检验→浸防锈油→检验→包装→入库。

5. 热处理工艺和设备

（1）20 钢钢领　用预抽真空的多用箱式炉对钢领进行（870±10）℃×6h 碳氮共渗后，再进行（840±10）℃淬油及（160±10）℃×2h 低温回火。

（2）GCr15 钢钢领　在氮气、甲醇、丙烷组成的炉内直生式可控气氛中进行（840±10）℃×40min（视装炉量多少而定）加热保温后，淬入 80~90℃ 热油中冷却，然后进行（160±10）℃×2h 低温回火。

（3）粉末冶金钢领　它的热处理工艺同 20 钢钢领一样。粉末冶金钢领的特点是组织结构有些空隙，经碳氮共渗淬火和机械加工后浸入防锈油中停留一定时间，使其表面和内部吸入防锈油而获得钢丝圈在运转时的润滑速度，代替了镀硬铬的工序。粉末冶金钢领是不能进行镀铬处理的。

19.1.4　专用轴承的热处理

纺织机械上用的轴承为小型、轻载荷、高精度并以耐磨为主的轴承，包括旋转精度为 P6~P4 级、转速为 2~8r/min 的摩擦式假捻器轴承、1~3r/min 的气流纺轴承，转速为 18000~30000r/min 的纺锭轴承和转速为 400~500r/min 的罗拉轴承、上罗拉（皮辊）轴承等，所用材料是 GCr15 钢，钢材质量应符合 GB/T 34891—2017 的规定。典型轴承品种如图 19-13 所示。

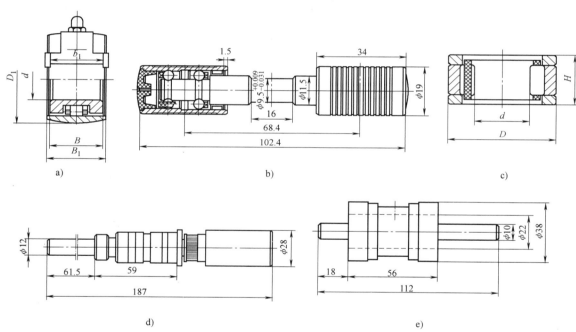

图 19-13　典型轴承品种

a）下罗拉轴承　b）上罗拉轴（皮辊轴承）　c）纺锭轴承　d）摩擦式假捻器轴承　e）气流纺纱轴承

1. 技术要求

GCr15 钢制纺机专用轴承的热处理技术要求是一样的，热处理完后的硬度为 61~65HRC，金相组织为 GB/T 34891—2017 中的 2~3 级马氏体（第二级别图）。

2. 热处理工艺和设备

除弹力丝假捻器轴承的 φ12×180mm 心轴在功率为 24kW（淬火）和 5kW（回火）、频率 400kHz 感应加热电源和卧式单工位机床上进行淬回火，其他轴承套圈、心轴全部在氮气、甲醇、丙烷组成的炉内直生式可控气氛网带炉内生产。淬火温度为 843±2℃，加热保温 30~40min（视炉型而定），淬入（80±10）℃轴承专用分级淬火油中（KR-468）。

纺锭轴承套圈、弹力丝假捻器轴承套圈和心轴，气流纺纱轴承套圈和心轴淬火后需要进行 -80℃×2h 冷处理，160℃×2h 回火。

滚针和滚柱类滚动体的淬火在通有可控气氛的八角形滚筒炉内进行，不建议用网带炉淬火。钢球是外购件。

滚针的成形是将冷拉 GCr15 钢丝在高速切断机上落料的坯料，放入倾斜一定角度的、装有磨料及溶剂的八角形滚筒内，进行几十小时的滚动，直至滚针两端的圆弧及外径尺寸达到技术要求为止。在八角形滚筒炉内通入可控气氛进行加热淬火和滚筒回火炉内回火。

19.1.5　钳板轴的热处理

棉纺精梳机是去除较短纤维，清除纤维中的棉结、毛粒、草屑、茧皮等扭结粒，使纤维进一步被伸直，制成粗细比较均匀的机梳条，对提高纱线质量起到关键作用的纺织机器。

GCr15 钢制的钳板轴是精梳机上的重要零件（见图 19-14），钳板以 400~500 次/min 的速度沿着径向做往复运动，装有滚针轴承的钳板轴带动 4 块钳板做往复运动，故钳板轴需要有较高的耐磨性和疲劳强度。

1. 技术要求

材料为 GCr15 轴承钢，局部感应淬火——宽度为 50mm，淬硬层深度为 2~3mm，硬度为 61~64HRC。

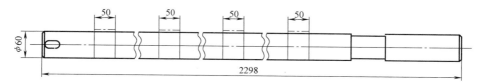

图 19-14　钳板轴

注：粗点画线处热处理后的硬度为 61~64HRC。

2. 制造工艺路线

热轧棒料→下料→粗、精车→粗磨→热处理→精磨→磷化→入库。

3. 热处理工艺

对于 GCr15 钢制的钳板轴，需要在 φ60×2298mm 轴向上有若干个 50mm 宽（长）的表面硬化区，淬硬层深度为 2~3mm，硬度为 61~64HRC，径向圆跳动 ≤0.25mm。用超音频对硬化区进行表面淬火，加热温度为（860±10）℃，淬清水或水剂淬火冷却介质，（150±10）℃×2h 整体回火，最后进行矫直→120℃去应力回火（注：淬火后直接矫直再 150℃回火的畸变小）。

19.1.6　化纤机械零件的热处理

化纤机械零件必须符合使用温度、耐蚀性、耐磨性和疲劳强度的要求，它们大多采用高合金钢制造。

1. 计量泵

计量泵是齿轮泵的一种，是化纤纺织丝工艺流程中的重要部件，其特定功能是将熔融的丝液定量地输送到喷丝头。W6Mo5Cr4V2 钢制造的计量泵适用于低转速、高黏度和高压力的工作环境。计量泵应具有很高的尺寸稳定性、耐磨性和耐高温性能，它的制造精度要求很高，齿轮的制造精度一般在 6 级以上。计量泵的工作环境需要承受 6~35MPa 的压力，工作温度在 290℃左右，运转速度为 5~40r/min 时的输出量是 0.6~50kg，流量不均匀率严格控制在 ≤2.5%，不允许咬齿轮、漏液、计量不准等情况发生。

（1）技术要求　泵板、齿轮、主从动轴等零件材料为 W6Mo5Cr4V2，要求热处理后的硬度为 60~65HRC，晶粒度为 9.5~11 级（JB/T 9986—2013《工具热处理金相检验》）。

（2）制造工艺路线　型材→下料→机械加工→热处理→粗、精磨→去应力退火→精磨→装配→检验→入库。

（3）热处理工艺　计量泵的全部零件均需要进行热处理，其热处理工艺曲线如图 19-15 所示。

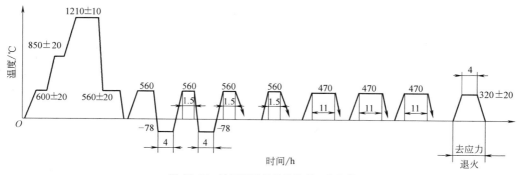

图 19-15　计量泵零件的热处理工艺曲线

2. 卷曲轮

4Cr13 钢制卷曲轮是涤纶短丝后处理设备卷曲机上的重要零件，应具有耐磨和耐腐蚀的、均匀的硬化层表面。其功能是将平直的涤纶丝束在卷曲轮的作用下制成卷曲状态，被卷曲纤维袋数最高为 100 万袋，线速度最高为 240m/min。

（1）技术要求　淬硬层深度>5mm，表面硬度为 50~55HRC。

（2）工艺路线　锻件→退火→粗加工→表面淬火→组装→粗磨→精磨→检验→入库。

（3）热处理工艺

1）锻件退火　（820±10）℃×2h 退火，炉冷至 400℃左右出炉气冷。

2）表面淬火　超音频感应加热，温度为 1020~1050℃，水冷或水剂淬火冷却介质。回火（210±10）℃×4h 后空冷。

3. 螺杆套筒组合件

用 38CrMoAl 制造的螺杆及套筒是化纤设备上的重要零件，通过离子渗氮工艺可以提高使用寿命，目前可以做到 9m 以下的螺杆离子渗氮。

19.2　纺织器材零件的热处理

纺织器材零件属于细小、精度高的易损专件，必须具备高的耐磨性及疲劳强度。纺织器材零件主要有针布、三角和针筒。

19.2.1　针布的热处理

梳棉机中的针布是包覆在（锡林·道夫）滚筒表面和盖板平面上起梳理纤维的作用，要求针布的齿尖锋利、光洁、耐磨。针布连续包覆在滚筒上达到一定尺寸（厚度）后的齿尖端面都是平直的。根据针布的结构可分为金属针布和弹性（含盖板）针布。

1. 金属针布

金属针布对纤维具有良好的握持与穿刺分梳能力，适应高速高产的要求，适纺性强、抄针周期长

（使用寿命长）。金属针布的齿形如图 19-16 所示。

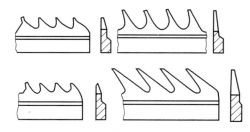

图 19-16　金属针布的齿形

（1）技术要求　材料为 60 钢丝，齿尖部长度<0.1~0.2mm 的硬度为 720~780HV，齿中部硬度为 350~500HV，齿的基部硬度≤250HV，金相组织为 1.5~2.0 级马氏体组织（JB/T 9204—2008《钢件感应淬火金相检验》）。

（2）制造工艺路线　钢丝退火→轧扁成形→退火→冲齿→齿尖部淬火→回火→检验→包装→入库。

（3）热处理工艺

1）坯料退火。在预抽真空炉内进行 700~750℃×6h 光亮退火后随炉冷，硬度为 220~260HBW。

2）火焰淬火。采用自动控制火焰淬火机对金属针布齿尖进行 840~860℃加热后淬入 60℃油中冷却，然后在（140±10）℃油中回火 2~3h。硬度和金相组织达到 GB/T 5617—2005《钢的感应淬火或火焰淬火后有效硬化层深度的测定》的技术要求。

2. 弹性（含盖板）针布

近年来对弹性针布的材料、热处理、针尖形状、针尖排列及底部结构进行了改造，提高了弹性针布的质量。弹性针布由底布和植在底布上的梳针组成，如图 19-17 所示。在图 19-17 中，$H=(9\pm0.2)$mm；针尖密度：（锡林·道夫）滚筒用弹性针布为 56~78 个/cm²，盖板针布针尖密度为 28~71 个/cm²。

（1）技术要求　材料为 55 钢丝，针尖长度 1~1.5mm 处的硬度为 750~960HV，金相组织 2~3 级马氏体（JB/T 9204—2008）。

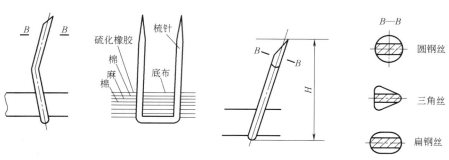

图 19-17　弹性针布

（2）制造工艺路线　植针（55 钢丝）自动成形→针尖高频感应淬火→检验→包装→入库。

（3）热处理工艺　针布（55 钢丝）的针尖部位高频感应淬火→加热温度 ≈ 900℃淬清水或水剂淬火冷却介质→检验。硬度和金相达到 GB/T 5617—2005 的技术要求。弹性针布高频感应淬火如图 19-18 所示。

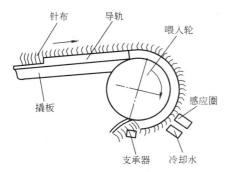

图 19-18　弹性针布高频感应淬火

19.2.2　三角的热处理

针织机上应用较多的专件有三角凸轮，它的功能是控制针在针槽中做上下运动，是成圆机中最主要的零件之一。三角的功能是控制针的动程，提高成圆的均匀性；表面外形与针踵之间接触良好，尽可能避免针与三角的撞击。

1. 技术要求

材料采用 Cr12MoV 高耐磨微变形钢，三角需要表面光洁，耐磨性好，硬度为 62~65HRC。

2. 热处理工艺

（860±10）℃×3h 球化退火，硬度≤240HB，共晶碳化物≤3 级。在双室真空炉内进行真空加热，加热温度为（1020±10）℃，160℃×2h 回火，硬度为 62-65HRC。

19.2.3　针筒的热处理

针筒是袜机和纬编机的主要零件，其功能是在编织过程中正确安排织针的位置及织针往复运动的轨道。针筒外表面的针槽应沿外圆均匀分布，要求光洁程度高。随着针织机级数的增多，针槽数量则随之增加，制造难度也相应加大。纬编机针筒内侧的针口因与织物直接接触而发生摩擦，故需要有很好的耐磨性。针筒的种类很多，根据要求应选用不同的材料制作，如袜机针筒采用 38CrMoAlA 或 20CrMnTi 制造，而纬编机针筒则用 45 钢制造。图 19-19 所示为镶钢片的针筒。

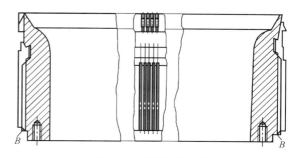

图 19-19　镶钢片的针筒

1. 纬编机针筒

（1）技术要求　材料为 45 钢，热处理后的硬度为 50~55HRC。

（2）制造工艺路线　45 钢锻件退火→粗车→精车→铣槽→超音频感应淬火→检验→入库。

（3）热处理工艺

1）45 钢锻件退火。（880±10）℃×4h 退火，随炉降温到（720±10）℃保温 6~8h，再随炉冷到 <500℃ 出炉，硬度为 180HBW。

2）超音频感应淬火。对针筒内侧坡口进行 850~900℃的超音频感应淬火，水淬或水剂淬火冷却介质，如图 19-20 所示。硬度为 50~55HRC。

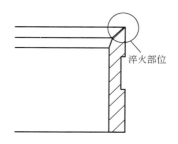

图 19-20　针筒内侧坡口淬火位置

2. 袜机针筒

（1）技术要求　材料为 38CrMoAl（或 20CrMnTi），渗氮层深度为 0.06~0.08mm，硬度 >700HV。

（2）制造工艺路线　锻造成形→退火→粗车→去应力退火→精车→铣槽→渗氮→检验→入库。

（3）热处理工艺　锻件经（860±10）℃×4~6h 退火后的硬度为 180HBW→坯料经 650~700℃×2~3h 去应力退火→最终于（540±10）℃×3~3.5h 渗氮处理，渗层深度为 0.06~0.08mm，硬度 >700HV。

19.3　热处理质量检验与控制

典型纺织机械和纺织器材零件的热处理质量检验见表 19-1。

表 19-1　典型纺织机械和纺织器材零件的热处理质量检验

零件名称		项目	技术要求	检验方法
纺织机械零件	细纱锭杆	硬度	见图 19-2	洛氏硬度计,抽检 1%
		直线度	<0.10mm	百分表,抽验 10%
		脆断性	由 1.2m 高度自由落下到铁板上,不允许脆断	100% 检验
		弹性	残余变形量 ≤0.01mm	锭杆弹性试验台,抽检
		显微组织	马氏体 2~3 级+细小粒状碳化物+少量残留奥氏体	GB/T 34891—2017,金相显微镜,抽验
	罗拉(淬火)	硬度	60~64HRC	洛氏硬度计,抽验
		直线度	<0.04mm	百分表,100% 检验
		显微组织	马氏体 3~8 级	JB/T 9204—2008,金相显微镜,抽验
	罗拉(渗氮)	硬度	≥85HR15N	洛氏硬度计,维氏硬度计,抽验
		全长变形量	<0.05mm	百分表,100% 检验
	20 钢钢领	硬度	>81.5HRA	用轻载硬度计或维氏硬度计抽验,折算
		平面度	<0.08mm	钢领平面度仪,塞尺,100% 检验
		圆度	<0.08mm	圆度仪,100% 检验
		渗层深度	≥0.4mm	GB/T 9450—2005,金相显微镜,抽验
		显微组织	1~2 级回火马氏体+均匀细小碳化物(无网状)	JB/T 7710—2007,金相显微镜,抽验
	GCr15 钢钢领	硬度	>81.5HRA	用轻载硬度计或维氏硬度计抽验,折算
		平面度	≤0.08mm	钢领平面度仪,塞尺,100% 检验
		圆度	≤0.08mm	圆度仪,100% 检验
		显微组织	马氏体 2~3 级	GB/T 34891—2017,金相显微镜,抽验
	纺机专用轴承	硬度	61~65HRC	洛氏硬度计,抽检
		显微组织	马氏体 2~3 级	GB/T 34891—2017,金相显微镜,抽验
	钳板轴	硬度	61~64HRC	洛氏硬度计,抽检
		径向圆跳动	≤0.25mm	百分表,100% 检验
	计量泵	泵板硬度	≥62HRC	检验硬度是否均匀,洛氏硬度计,抽检
		齿轮、轴等	≥60HRC	
		显微组织	晶粒度 9.5~11 级	JB/T 9986—2013,金相显微镜,抽验
	卷曲轮	硬度	50~55HRC,淬硬层深度 ≈2mm	洛氏硬度计,维氏硬度计,抽检
纺织器材零件	金属针布	硬度	尖部长度<0.1~0.2mm,720~780HV 中部 350~500HV 基部 ≤250HV	GB/T 5617—2005,维氏硬度计,抽检
		齿尖显微组织	1.5~2 级马氏体	JB/T 9204—2008,金相显微镜,抽验
	弹性针布	硬度	尖端长度 1~1.5mm,750~960HV	GB/T 5617—2005,显微硬度计抽检,折算
		显微组织	2~3 级马氏体	JB/T 9204—2008,金相显微镜,抽检
	三角	硬度	62~65HRC	洛氏硬度计,抽检
	纬编机针筒	硬度	50~55HRC	100% 检验
	袜机针筒	硬度	>700HV	显微硬度计,抽检
		深度	0.06~0.08mm	金相显微镜,抽检

19.4　常见热处理缺陷及防止方法

　　典型纺织机械和纺织器材零件常见的热处理缺陷及防止方法见表 19-2。

表 19-2　典型纺织机械和纺织器材零件常见的热处理缺陷及防止方法

零件名称		热处理缺陷	产生原因	防止方法
纺织机械零件	细纱锭杆	断裂	1)淬火温度偏高,加热时间偏长,淬火冷却介质含水量超标 2)原材料组织不合适	1)严格执行工艺 2)检查原材料组织
		不耐磨,显微组织不合适,硬度不够	1)表层脱碳 2)淬火油冷却速度偏低 3)加热时间不足 4)加热温度过高或偏低 5)残留奥氏体过多 6)烧伤	严格执行工艺
	罗拉	硬度不够	1)淬火温度不正常 2)罗拉前进速度不对 3)淬火冷却介质的浓度、压力没有调整好 4)原材料混乱	1)检查工艺执行情况 2)复核原材料
	钢领	软点、硬度不匀	1)多用炉进气管道漏气,富化气配比不合适,富化气纯度偏低 2)工艺故障,如炉温偏低、加热时间不够、油温过高、淬火油中水分超标、油搅拌泵漏气、装料聚集、炉内炭黑过多、前清洗不干净等	1)管道及炉子不得漏气 2)严格执行工艺 3)增加去应力处理 4)矫平、矫圆等整形措施 5)机械加工去除超差畸变
		畸变超差	内应力、渗碳淬火温度偏高、淬火油搅拌力度过大、油温偏低	
	纺机专用轴承	硬度不够	1)表层脱碳超差 2)淬火温度偏低、加热时间不足 3)淬火冷却速度偏低	严格执行工艺
	钳板轴	硬度不匀	感应圈与零件之间的距离不合适,淬火冷却介质的浓度和喷射力过大	严格执行工艺
		变形大	内应力、加热温度偏高、冷却速度过大	矫直,去应力处理
	计量泵	齿轮咬死	1)配合精度失调 2)组织应力和热应力没有消除	1)加强检测 2)严格执行工艺
		不耐磨	硬度不均匀、材料或热处理工艺执行不好	严格执行工艺,温度要均匀
	卷曲轮	不耐磨	硬度下降	严格执行工艺
纺织器材零件	金属针布	硬度不均	火焰没有调整合适,加热温度或时间不够	调整火焰
		包覆后,针尖组成的平面不平整	坯料硬度不匀	检查坯料退火工艺执行情况
	弹性针布	硬度不够	感应圈与针布间距离不合适,前进速度不合适	严格执行工艺
	纬编机针筒	硬度不够	感应圈与零件之间距离不合适、淬火冷却介质的量不合适	严格执行工艺

参 考 文 献

[1] 裴汲,何葆祥,汪曾祥. 小件的热处理 [M]. 北京:机械工业出版社,1984.

[2] 天津纺织工学院. 纺织机械设计原理 [M]. 北京:纺织工业出版社,1982.

[3] 王锡樵. 轴承钢热处理应用技术 [M]. 北京:机械工业出版社,2023.

[4] 王锡樵. GCr15 钢锭杆的形变超塑变处理 [J]. 金属加工(热加工),2012(S2):175-177.

第20章 耐磨材料典型零件的热处理

河北科技大学 胡建文 李建辉

金属材质的耐磨材料及其铸造产品主要分为奥氏体锰钢、耐磨合金钢、耐磨铸铁（包括白口铸铁、镍铬铸铁、高铬铸铁和球墨铸铁）和耐磨复合材料四大类，主要用于制造冶金、矿山、建材、电力、煤炭、建筑、铁道和石化工业等磨损工况下的耐磨件，磨损类型又以磨料磨损或冲击磨料磨损最为普遍，典型的耐磨件有挖掘机设备的斗齿类耐磨件、破碎机耐磨件（锤头、颚板、轧臼壁和破碎壁等），磨机的磨球、磨段与衬板、杂质泵过流件，以及钢轨和铁路辙叉等，种类繁多，市场消耗量巨大。据统计，国内钢铁耐磨铸件年消耗在350万t以上，预计总需求量年增长为5%~10%。

20.1 挖掘机斗齿的热处理

20.1.1 斗齿的服役条件及失效形式

挖掘机作为矿山、煤炭、土建、水利及国防工程中的采剥装载设备之一，斗齿（或铲齿）安装在铲斗的前端，是挖掘机上的关键易损件。斗齿系悬臂梁构件，作业时斗齿直接插入矿岩、砂土、煤等作业对象中，挖掘、切削、剥离矿岩和砂土等物料，承受强烈的挤压、剪切、弯曲等复合冲击载荷和剧烈的磨损，主要失效形式是磨损。实践表明，在斗齿的失效类型中，磨损失效占90%~95%，断裂、变形失效占5%~10%，其他失效形式小于1%。磨损的失效机制主要有切削、疲劳剥落等，其中切削机制，即凿削式磨粒磨损约占七成，疲劳剥落机制则随着斗齿硬度的提高而逐渐增加，占二至三成。斗齿的断裂主要是斗齿所受的插入阻力超过了其所能承受的强度极限造成的。

因此，对于以切削机制为主的工况，要求斗齿具有高的硬度和耐磨性，并保证斗齿具有足够的强度和韧性；对于疲劳剥落机制为主的工况，要求工件具有良好的硬韧性配合。挖掘机的工况条件、岩石的结构与软硬程度，以及斗齿的结构和形状等均会影响斗齿的磨损程度和使用寿命，故在不同工况下，斗齿应具有高的硬度和耐磨性、较高的断裂韧度、低裂纹扩展速率及良好的冲击疲劳抗力等性能。

20.1.2 斗齿材料

斗齿材料主要有奥氏体锰钢（包括普通高锰钢、合金化高锰钢、中锰钢和超高锰钢）、耐磨合金钢、耐磨铸铁和耐磨复合材料等。

1. 奥氏体锰钢斗齿

斗齿的传统材料为高锰钢铸件 ZGMn13（曾用牌号），具有很高的冲击韧性，在强烈冲击工况下可表现出高的表面加工硬化性能和耐磨性，其化学成分（质量分数，%）为：C 1.0~1.5、Mn 10~15、Si 0.3~1.0、P<0.10 和 S<0.05。$w(Mn)/w(C)$ 为 10 左右时，易于得到良好的强韧性配合。高锰钢中的碳、硅和磷含量对制件的性能具有重要的影响，当钢中的碳含量超过 1.0%（质量分数）后，$w(C)$ 每提高 0.1%，耐磨性提高 5%~10%，但当碳含量过高时，碳与铁、锰形成脆性碳化物（Fe、Mn）$_3$C，并呈网状分布在晶界处，这会降低钢的韧性，极易形成裂纹，造成斗齿断裂，因此碳含量控制在 0.9%~1.2%（质量分数）为宜。

高锰钢的铸态组织一般为奥氏体加碳化物，经 1050~1100℃ 水韧处理得到单一的奥氏体组织，硬度为 180~240HBW，屈服强度 ≥350MPa，冲击吸收能量 KU≥118J，具有较高的冲击韧性和良好的加工硬化性能。挖掘机作业时，在强烈冲击工况下，材料表面会因变形而迅速硬化，斗齿的硬度可达到 500~540HBW 以上，其表面硬化层深度可达到 10~20mm，斗齿内部仍保持良好的韧性。但在低应力或小冲击载荷工况下，其加工硬化能力较差，耐磨性和使用寿命降低。为此，人们采用加入适量的 Cr、Ni、Mo、V、Ti、B、稀土等元素进行合金化和孕育处理，细化组织、提高钢的强度、韧性和耐磨性，发展了合金化改性高锰钢。加 Cr 可提高高锰钢的屈服强度和加工硬化性能，Mo、W 可细化晶粒，提高高锰钢的屈服强度、韧性和加工硬化性能，如加入质量分数为 1%~2% 的 Mo 或 1%~2% 的 W，高锰钢的抗冲击磨损耐磨性提高 20% 以上；加入 V、Ti，可形成细小强碳化物，提高耐磨性。表 20-1 列出了国内几种不同合金化的高锰钢斗齿的成分及相对耐磨性对比，国外改进后的高锰钢斗齿的化学成分和力学性能见表 20-2。

表 20-1　几种不同合金化的高锰钢斗齿的成分及相对耐磨性对比

分类	牌号	主要化学成分（质量分数，%）			相对耐磨性
		C	Mn	其他	
普通高锰钢	ZG120Mn13	1.22	12.00		1.0
单一合金化高锰钢	ZG110Mn13RE	1.13	13.15	RE：0.015~0.052	1.2~1.3
复合合金化高锰钢	ZG120Mn13VTi	1.23	13.50	V：0.32~0.48 Ti：0.06~0.19	1.7~2.36
	ZG120Mn13VMoTi	1.26~1.35	11.6~13.9	V：0.31~0.43 Mo：0.7~0.8 Ti：0.1~0.2	1.7~2.7

表 20-2　国外改进后的高锰钢斗齿的化学成分和力学性能

国别	化学成分（质量分数，%）				力学性能		
	C	Mn	Cr	其他	R_{eL}/MPa	A（%）	硬度 HBW
日本	0.90~1.30	11.0~14.0	1.5~2.5	—	≥392.3	≥20	≥190
	1.00~1.35	11.0~14.0	2.0~3.0	V：0.4~0.7	≥441.3	≥15	≥210
德国	1.10~1.30	12.0~14.0	1.4~1.7	—	392.3	20	180~240
	1.10~1.30	12.0~14.0	1.4~1.7	Mo：0.45~0.55	441.3	20	180~240
美国	1.10~1.25	12.5~13.5	1.8~2.1	—	392.0~460.9	27~59	205~215
	1.05~1.20	11.7~15.4	—	Ni：3.5~4.0	323.0~262.8	35~63	160~195
	1.00~1.20	13.0~14.0	—	Mo：0.90~1.20	353.0~421.7	40~50	180~210
	0.60~0.75	14.50	4.0	Ni：3.5，Mo：1.30	490.3	40	215

对于应用于低冲击载荷下的斗齿，采用 w(Mn) 为 6%~8% 的中锰钢，耐磨性优于普通高锰钢；对于应用于大冲击磨损工况下的大型斗齿（如矿山用大型电铲斗齿），常选用奥氏体稳定性更高的超高锰钢 [w（Mn）为 17% 左右] 制造，具有更优越的硬韧性配合和更显著的加工硬化效果，以避免在使用中发生冲击断裂。当斗齿部件厚大且应用于高冲击磨损工况时，超高锰钢显示出更突出的优越性。

2. 耐磨合金钢斗齿

斗齿用耐磨合金钢主要有 Mn-Cr、Cr-Mo、Si-Mn-Cr-Mo 等系列，以 Si、Mn、Cr 为主要元素，少量的 Mo、Ni、B 及其他微量元素为辅加元素的低合金耐磨钢为主，成本较低且综合性能优异，其中 Mn-Cr 系低合金钢应用较多。Si 可提高钢的强度与回火稳定性，增加钢中残留奥氏体量和奥氏体稳定性，防止热处理时碳化物析出，Mn、Ni、Cr 可提高钢的强度和淬透性，同时 Mn 和 Ni 元素可扩大奥氏体相区，有利于获得残留奥氏体组织。

耐磨低合金钢又分为低碳、中碳和高碳低合金钢，通过不同的热处理方式可以得到马氏体、贝氏体和少量残留奥氏体等不同组织以适应相应的工况。马氏体耐磨钢斗齿应用最为广泛，通常为含有 w(C) = 0.28%~0.32% 的低碳马氏体钢，通过淬火和低温回火处理获得板条状马氏体组织，具有较高的硬度和良好的强韧性，硬度在 50HRC 左右。此类马氏体钢的韧性高于合金白口铸铁，并且耐磨性优于奥氏体锰钢，可用于高、中冲击磨损工况。随着碳含量的增加，马氏体组织的硬度增大，韧性下降较大，为提高中碳马氏体合金钢的韧性，一般通过凝固过程中变质处理来细化组织，优化马氏体组织的亚结构，或者通过热处理获得无碳化物贝氏体（由贝氏体铁素体和残留奥氏体组成）或马氏体加残留奥氏体、马氏体加下贝氏体的复相组织，以获得良好耐磨性和强韧性的匹配。表 20-3 列出了几种国内斗齿用的马氏体耐磨低合金钢的化学成分和力学性能。

表 20-3　几种国内斗齿用马氏体耐磨低合金钢的化学成分和力学性能

牌号[①]	化学成分（质量分数，%）									力学性能
	C	Si	Mn	Cr	Mo	S	P	Ni	其他	
ZG30CrMnSiREB	0.32	0.80	1.42	0.80	—	≤0.03	≤0.03	—	B：0.004； RE：0.052	R_{eL} = 1787.26MPa a_K = 60.0J/cm^2 50HRC

（续）

牌号[①]	化学成分（质量分数,%）									力学性能
	C	Si	Mn	Cr	Mo	S	P	Ni	其他	
ZG27Cr2MnMoVA	0.25~0.3	1.4~1.6	0.8~1.2	1.5~2.0	0.3~0.5	≤0.025	≤0.025	—	V:0.05~0.10	$R_{eL}=1029.20$MPa $R_m=1689$MPa $A=7.6\%$、$Z=17.4\%$ $a_K=68.2$J/cm^{-2} 50HRC
ZG30Cr2MnMoSiVRE	0.30	1.25	1.00	2.10	0.45	≤0.015	≤0.015	0.15~0.20	V:0.30~0.40; RE:0.002~0.0025	$R_m=1712$MPa $A=63\%$ $a_K=68.2$J/cm^{-2} 52~54HRC
12S	0.30	1.50	0.90	2.10	0.50	≤0.03	≤0.03	—	—	$R_m=1655$MPa $A=6.0\%$、$Z=8.0\%$ $a_K=16.3$J/cm^{-2} 50HRC

① 企业牌号。

国外斗齿用低合金钢的化学成分（质量分数,%）一般为 C 0.25~0.30、Mn 0.6~1.5、Si 0.2~2.5、Cr 0.5~2.2、Mo 0.1~0.6、Ni 0.15~2.0 和 P、S<0.03,如美国生产的 Ni-Cr-Mo 型铲齿、德国的 Cr-Mo 型 GS42CrMo4、GS50CrMo4 铲齿、日本生产的 Cr-Mn-Mo 型斗齿均为低碳低合金型马氏体钢。美国 B-E 公司 280B 挖掘机用斗齿的化学成分（质量分数,%）为 C 0.28、Mn 0.69、Si 0.2、Cr 1.43、Mo 0.51、Ti 0.15,P<0.015 和 S<0.021,经淬火加回火热处理后,硬度为 36HRC。

3. 白口铸铁斗齿

作为耐磨材料,白口铸铁经历了普通白口铸铁、镍硬白口铸铁和高铬白口铸铁三个阶段,所制作的斗齿耐磨性良好,但韧性较差,只适用于小冲击及低硬度物料的工况。例如,普通白口铸铁,其化学成分（质量分数,%）为 C 2.21~2.40、Mn 0.69~0.71、Si 0.28~0.30、Cr 0.5~2.2、P 0.03~0.04 和 S<0.08,经等温淬火,硬度为 55~59HRC,冲击韧度为 2.1~2.54J/cm^2,用于 WU400/700 型斗轮挖掘机斗齿上,使用寿命是高锰钢的 3 倍。高铬铸铁中的 $w(Cr)$ 一般大于 15%,$w(Cr)/w(C)$ 大于 4,碳化物硬度为 1200~1600HV,保证了良好的耐磨性,并且碳化物为孤立的杆状或长条状分布,提高了韧性,多用于镶铸斗齿和斗轮挖掘机斗齿端。例如,高铬铸铁 BTMCr15 的化学成分（质量分数,%）为 C 2.0~3.6、Mn≤2.0、Si≤1.2、Cr14.0~18.0、Mo≤3.0、Ni≤2.5、Cu≤1.2、≤P0.06 和 S<0.06,经热处理获得组织为马氏体+M$_7$C$_3$+二次碳化物+残留奥氏体,硬度≥58HRC,

冲击韧度≥3J/cm^2。在同一牌号的高铬铸铁中,低碳的铸铁韧性好但硬度低,适用于较高冲击载荷工况;高碳的铸铁有良好的耐磨性,适用于冲击载荷较小的场合。

4. 复合材料斗齿

复合材料斗齿主要包括镶铸斗齿、堆焊斗齿和铸渗斗齿。采用复合结构的斗齿,"好钢用在齿尖上",开发了强韧性基体与硬质合金相结合的耐磨复合材料斗齿。镶铸斗齿的母材一般选用高韧性的高锰钢,镶块选用高铬铸铁,将预制好的耐磨合金铸铁板（Cr-Mn-Ti）放入铸型前齿面位置处,再浇注高锰钢基体以得到耐磨复合斗齿,斗齿的使用寿命可提高 20%~40%。堆焊斗齿是在一定强度和韧性的高锰钢、碳素钢或合金钢斗齿表面堆焊一层耐磨合金,这样既降低了对斗齿基体材料的性能要求,又降低了材料成本。当高锰钢作为基体材料时,一般在齿尖部位的表面堆焊高铬铸铁合金或硬质合金,适于挖掘软矿或中等硬度的矿石。我国挖掘机堆焊斗齿多采用中碳低合金钢为基体,使用前选用高铬铸铁或马氏体合金铸铁焊条进行堆焊。铸渗也被称为表面合金化法或涂敷、被覆铸造法。俄罗斯用此法生产的挖掘机斗齿,使用寿命延长了 50% 以上。

20.1.3　斗齿的热处理工艺

1. 高锰钢斗齿的热处理

斗齿的制造工艺主要有砂型铸造、挤压铸造和熔模铸造。砂型铸造制造简便,成本低,但铸件质量不高；挤压铸造利用锻压机械对金属坯料施加压力，在高温下挤压成形，细化晶粒，改善组织结构，其工艺水平和斗齿质量最好，但成本较高；熔模铸造铸件精度高，成本适中，成为斗齿制造的主要工艺。

高锰钢斗齿的热处理方式为水韧处理，即将铸件加热到 1050~1100℃ 奥氏体化温度，保温适当时间，使铸态下存在于奥氏体晶界处的网状碳化物完全溶解于奥氏体中，迅速水冷，获得单一奥氏体组织，提高

钢的韧性。奥氏体化的主要目的是使奥氏体再结晶、组织细化，若奥氏体化保温时间过长，会导致斗齿表层的碳严重损失，经水韧热处理后得到马氏体+奥氏体组织，影响其韧性。

实例 1：ZG120Mn13Cr2 钢制矿山挖掘机电铲斗齿，化学成分（质量分数,%）为 C 1.05~1.35、Si 0.3~0.9、Mn 11~14、Cr 1.5~2.5、P≤0.060、S≤0.040，其铸型工艺图及热处理工艺曲线如图 20-1 所示。

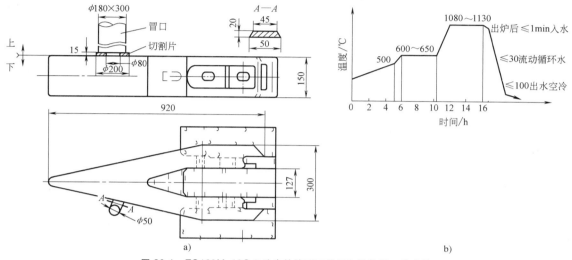

图 20-1　ZG120Mn13Cr2 斗齿的铸型工艺图和热处理工艺曲线

a）铸型工艺图　b）热处理工艺曲线

斗齿铸件入炉温度为 300~350℃，温度 <600℃ 时升温速度 ≤60℃/h；当温度升到 600~650℃ 时，根据铸件壁厚和装炉量，保温时间确定为 5.5~7.5h，之后随炉升温至 1080~1130℃ 保温 4h，使铸态碳化物充分溶解于奥氏体中。水韧处理时，铸件出炉到入水时间需控制在 1min 内，最好不超过 30s，以保证铸件入水前温度在 950℃ 以上，水温保持在 30℃ 以下，当铸件温度低于 100℃ 后出水空冷。水韧处理后得到单相奥氏体组织，原始硬度为 280~300HBW，服役时表层硬度可达 500HBW 以上，适于制造矿山挖掘机斗齿，具有较好的耐磨性和韧性，服役寿命较长。

实例 2：ZG120Mn18Cr2VTi（非标在用牌号）钢炉前用稀土和钛铁处理，再经过沉淀强化处理，化学成分（质量分数,%）为 C 1.15~1.25、Mn 17.3~18.1、Si 0.3~0.6、Cr 2.15~2.48、Ti 0.13~0.30、V 0.10~0.30、RE 0.02~0.04、P<0.05 和 S<0.04，优化的热处理工艺为 600℃×12h 保温+1100℃×3h 水韧处理+450℃×8h 时效处理，组织为合金奥氏体+弥散粒状碳化物。碳化物的数量较多，热处理后的硬度

为 250HBW，加工硬化能力显著增强，抗拉强度 R_m=800MPa，冲击韧度 a_K=8.4J/cm²，综合力学性能较高，寿命比普通高锰钢斗齿高出近 2 倍。

为提高高锰钢斗齿表面的初始硬度，也有采用锤击、喷丸、爆炸硬化等预硬化方法。水韧处理的高锰钢经过爆炸预硬处理后，其表面一定深度的硬度可达到常规的 2~3 倍，有效提高了斗齿的耐磨性能和使用寿命。

2. 耐磨低合金钢斗齿的热处理

耐磨低合金钢斗齿的热处理主要包括直接淬火或等温贝氏体处理，以分别获得强韧性组合优良的板条状马氏体+薄膜状残留奥氏体或板条马氏体+下贝氏体的组织。淬火加热温度较常规亚共析钢淬火温度更高，有利于成分的均匀化，并进一步减少高碳微区，增大高位错板条状马氏体和薄膜状残留奥氏体的数量，回火温度为 150~200℃。

实例 1：ZG30Cr2MnMoSiVRE 马氏体耐磨钢铲齿用于轻载荷、小能量多次冲击作业，其热处理工艺如图 20-2 所示。铲齿淬火前先进行等温扩散退火，以清除铸钢件内应力，改善铸钢件化学成分和枝晶偏析

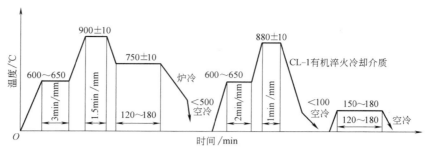

图 20-2　ZG30Cr2MnMoSiVRE 马氏体耐磨钢铲齿热处理工艺

及组织的不均匀性。在 880~890℃高温奥氏体化淬火，组织为板条状低碳马氏体。低温回火后，铲齿硬度≥50HRC、有较高的耐磨性和屈服强度，以及良好的变形抗力和韧性，减少和避免了断齿现象，寿命提高 1~2 倍。

实例 2：新型低碳高强度铸钢斗齿（见图 20-3b）的化学成分（质量分数，%）为 C 0.28~0.33、Si 0.7~0.9、Mn 0.7~1.0、Cr 1.2~1.4、Ni 0.25~0.4、Mo 0.25~0.4、V 0.05~0.08、S<0.01、P<0.01。制造工艺路线为：冶炼→浇注→正火→碳氮共渗→回火→检验→成品。热处理工艺为：910℃正火 + 880℃碳氮共渗淬火 + 200℃回火，如图 20-4 所示。斗齿经碳氮共渗淬火、低温回火后，表面组织为针状回火马氏体，基体组织为板条状回火马氏体，抗拉强度≥1500MPa，硬度为 48~52HRC，冲击韧度≥55J/cm²，具有高硬度、高强度

及良好的冲击韧性和优异耐磨性，在 PC300、PC400 型挖掘机和 950B、966D、992 装载机上使用，与日本小松斗齿和卡特彼勒斗齿等国外先进斗齿相比，使用寿命相当。

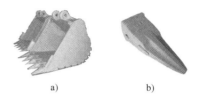

图 20-3　铲斗与斗齿
a）铲斗　b）斗齿

国内外常见低合金钢斗齿材料的化学成分、热处理工艺及力学性能见表 20-4。

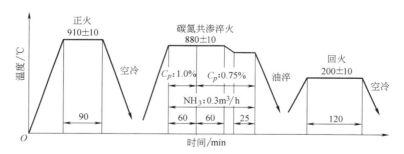

图 20-4　新型低碳高强度铸钢斗齿的热处理工艺曲线

表 20-4　国内外几种低合金钢斗齿材料的化学成分、热处理工艺及力学性能

国别	零件	化学成分（质量分数，%）							热处理工艺	力学性能	
		C	Mn	Si	Cr	Mo	Ni	其他		a_K/(J/cm²)	硬度
日本	斗齿	0.30	0.80	0.50	0.90	0.40	1.90	—	淬火 + 回火	−40℃，$K=10~27J$	475~525HBW
		0.30	0.80	0.30	0.50	0.20	0.60	B：0.005			
		0.28	0.80	1.50	2.0	0.5	—	V：0.06			
	斗刃	0.3~0.36	1.00~1.50	1.90~2.4	0.40~1.0	0.10~0.30	V：0.03~0.15		980℃×2h 油冷 + 350℃×3h 快冷	4.0	50HRC
		0.3~0.38	0.80~1.50	1.00~1.5	0.30~0.50	0.20~0.50	V：0.04~0.3		900℃×2h 油冷 + 300℃×3h 快冷		

（续）

国别	零件	化学成分(质量分数,%)							热处理工艺	力学性能	
		C	Mn	Si	Cr	Mo	Ni	其他		$a_K/(\text{J/cm}^2)$	硬度
中国	斗齿	0.38	1.79	0.90	—	0.35	—	P:0.029 S:0.018 V:0.088	880℃×2h 正火+ 860℃×2h 淬火+ 170℃×4h 回火	1.14	52.9HRC
		0.28	0.70	1.59	1.80	0.33	0.075	V:0.017 Ti:0.039	980℃×3h 正火+ 960℃×2h 淬火+ 220℃×4h 回火	≥25	≥470HBW

20.2　破碎机锤头的热处理

20.2.1　锤头的服役条件及失效形式

在冶金、矿山、建材、电力和煤炭等行业，物料粉碎主要通过挤压、劈碎、折断、研磨和冲击破碎等机械力作用，将大颗粒物料破碎为小颗粒物料。在各种类型的破碎机中，锤式破碎机、反击式破碎机应用较广，其关键易磨损件为锤头、板锤、环锤或反击板等。图 20-5 所示为锤式破碎机锤头破碎物料及一种锤头结构。

锤头用锤轴铰接并悬挂在锤盘上，锤盘装配在主轴上。锤式破碎机工作时，物料由下料斗进入破碎机腔体内，物料通过高速旋转锤头的碰撞被破碎。由于物料撞击锤头的角度不同，物料的冲击力对锤面产生了凿削或切削冲刷两种作用，锤头受到物料的反复撞击和冲刷，工作面受到破坏，表面形状发生变化，在锤面上留下冲击坑或一道道切削沟槽。使用初期，锤头一般以撞击凿削磨料磨损为主，随着锤头的不断磨损，磨损方式逐渐转为后期以切削冲刷磨料磨损为主。锤头的主要失效形式是撞击凿削和切削冲刷两种磨料磨损形式，因此要求锤头具有良好的强度、硬度和耐磨性及较高的冲击韧性。

20.2.2　锤头材料

锤头常用材料有高锰钢、耐磨合金铸钢和高铬铸

铁等。因破碎设备、破碎物料的种类、性质、物料粒度等不同，锤头的结构、质量不同，锤头材料选择也不同。一般，特大型破碎机锤头（90~200kg/个）多选择 ZG120Mn18Cr2、ZG120Mn13Cr2 或硬质合金柱镶嵌的超高锰钢锤头，大型锤头（45~90kg/个）多选择 ZG120Mn13Cr2 或双金属复合锤头，中型锤头（10~40kg/个）多选择双金属复合锤头和低中碳合金钢锤头，小型锤头（3~9kg/个）多选择中高碳合金钢或高铬铸铁锤头。

高锰钢锤头韧性好、铸造工艺性好，成本低，在较大的冲击或接触应力的作用下，锤头表层通过加工硬化，硬度由220HBW左右可提高到550HBW，使锤头耐磨性有了较大的提高，在冶金、矿山、建材等领域得到广泛应用，占锤头总消耗量的80%以上，而且 ZG120Mn13Cr2 系列的合金化高锰钢耐磨性更优，应用更为普遍。对于破碎工况属于非强烈冲击、锤头质量较小的，易采用中锰钢；对大型截面的锤头，为保证整个截面获得奥氏体组织，宜采用合金化高锰钢和超高锰钢，表 20-5 列出了锤头常用的铸造高锰钢及化学成分。

耐磨合金钢适用于制作非强烈冲击工况下的中小型锤头，表 20-6 列出了常用耐磨合金钢锤头的牌号及化学成分，以中、高碳低合金钢为主，Cr、Ni、Mo、RE 等多元合金元素的加入可以大幅度提高材料的淬透性，同时控制铸态的结晶组织。

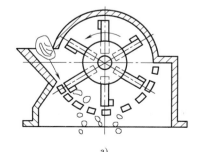

a)　　　　　　　　　　　　　　　　　　b)

图 20-5　锤式破碎机锤头破碎物料及锤头结构

a) 锤头破碎物料　b) 锤头结构

表 20-5　常用的铸造高锰钢及化学成分

牌号	化学成分(质量分数,%)						
	C	Mn	Si	Mo	Cr	其他元素	P/S
ZG120Mn13	0.95 ~ 1.45	11 ~ 14	0.3 ~ 1.0	—	—	—	≤0.06P ≤0.04S
ZG120Mn13Cr2	0.95 ~ 1.30	11 ~ 14	0.3 ~ 1.0	—	1.5 ~ 2.5	—	
ZG120Mn13Cr2Mo[①]	0.95 ~ 1.45	11 ~ 14	0.3 ~ 1.0	0.9 ~ 1.2	1.5 ~ 2.5	—	≤0.06P ≤0.04S
ZG110Mn13 Cr2VTiRE[①]	0.95 ~ 1.45	11 ~ 14	0.3 ~ 1.0	≤0.15		V:0.2 ~ 0.3 Ti:0.10 ~ 0.20 RE:0.08 ~ 0.10	≤0.06P ≤0.04S
ZG120Mn8[①]	1.00 ~ 1.40	5.5 ~ 8.0	0.3 ~ 0.5	—	1.5 ~ 2.0	Ti:0.05 ~ 0.10 RE:0.02 ~ 0.05	≤0.06P ≤0.04S
ZG120Mn18Cr2Mo[①]	0.95 ~ 1.35	17 ~ 20	0.4 ~ 0.8	0.2 ~ 0.5	2.0 ~ 3.0	—	≤0.06P ≤0.04S

① 非标在用牌号。

表 20-6　常用耐磨合金钢锤头的牌号及化学成分

牌号[①]	化学成分(质量分数,%)					
	C	Mn	Si	Mo	Cr	其他元素
ZG25Cr2MnMoCuNiVRE	0.20 ~ 0.30	1.0 ~ 2.0	0.2 ~ 0.4	0.2 ~ 0.5	1.5 ~ 2.0	Cu:0.8 ~ 1.0, Ni:0.1 ~ 0.3,V、RE 适量
ZG35Cr3MnSiCu	0.33 ~ 0.40	0.8 ~ 1.2	0.8 ~ 1.0	—	2.5 ~ 4.5	Cu:0.3 ~ 0.5
ZG35CrMnSiMoB	0.33 ~ 0.45	1.3 ~ 1.8	1.0 ~ 1.5	0.1 ~ 0.3	0.8 ~ 1.2	B:0.001 ~ 0.003
ZG40Cr2MnMoCuV	0.30 ~ 0.50	0.5 ~ 1.5	0.3 ~ 1.5	0.3 ~ 1.5	1.5 ~ 3.5	Cu:0.3 ~ 1.5,V:0.05 ~ 0.3
ZG40CrMnSiMoRE	0.38 ~ 0.48	0.8 ~ 1.6	0.8 ~ 1.2	0.2 ~ 0.4	0.8 ~ 1.2	RE:0.2
ZG40CrMn3Si2MoTiRE	0.35 ~ 0.55	2.0 ~ 3.0	1.6 ~ 2.0	0.2 ~ 0.4	0.6 ~ 1.2	Ti、RE 适量
ZG50Cr2MnMoTi	0.30 ~ 0.70	0.6 ~ 1.5	0.5 ~ 1.5	0.2 ~ 1.0	1.0 ~ 3.0	Ni:0.4 ~ 2.0
ZG50Cr2MnSiMo	0.40 ~ 0.60	0.8 ~ 1.5	0.8 ~ 1.2	—	0.4 ~ 1.0	RE、Ti、B 适量
ZG50CrMn3Si2RE	0.45 ~ 0.60	2.5 ~ 3.0	1.8 ~ 2.2	0.3 ~ 0.5	1.0 ~ 1.3	RE 适量
ZG55SiMn2MoRE	0.50 ~ 0.60	1.5 ~ 2.2	0.8 ~ 1.3	0.2 ~ 0.5	—	RE 适量
ZG60CrMnSiMoTiBRE	0.50 ~ 0.70	1.0 ~ 1.2	0.8 ~ 1.6	0.2 ~ 0.5	1.0 ~ 2.0	Ti、B、RE 适量

① 非标在用牌号。

高铬铸铁是铬的质量分数大于 12% 的白口铸铁,耐磨性高。目前,高铬铸铁已形成 Cr12、Cr15、Cr20 和 Cr26 几个系列,因其优异的耐磨性而获得了工业化的广泛应用。高铬铸铁主要用于制作小型锤头,常用的牌号及化学成分见表 20-7。高铬铸铁中的碳化物有 $M_{23}C_6$、M_7C_3 和 M_3C 三种类型。其中 M_7C_3 型碳化物硬度最高 (1300 ~ 1800HV), M_7C_3 碳化物含量越多,锤头的硬度越高,但脆性增大,承受冲击的能力较差,易发生脆断。

铬碳比(质量比)将影响铸铁中 M_7C_3 型碳化物与总碳化物的相对数量。一般铬碳比大于 5 就能获得大部分的 M_7C_3 型碳化物,高碳低铬时容易出现 M_3C 型碳化物,低碳高铬时容易出现 $M_{23}C_6$ 型碳化物。铬碳比越高,合金的淬透性也会提高,因此设计高铬铸铁锤头合金化成分时,要控制 M_7C_3 型碳化物的含量。大多数高铬铸铁是在热处理状态下使用的,以改善高铬铸铁基体组织,进而最大限度发挥高铬铸铁的耐磨性。

表 20-7　常用铸造高铬铸铁锤头的牌号及化学成分

牌号	化学成分 (质量分数,%)						
	C	Cr	Si	Mn	Cu	Mo	其他元素
BTMCr15	2.6 ~ 2.8	14 ~ 16	0.5 ~ 0.8	0.6 ~ 0.9	—	—	—
BTMCr15MnMo2VTi[①]	2.5 ~ 2.9	14 ~ 16	0.5 ~ 0.9	0.7 ~ 1.2	0.8 ~ 1.2	1.2 ~ 1.8	Ti:0.1 ~ 0.3,V:0.3 ~ 0.5
BTMCr16Mn2WV[①]	2.6 ~ 3.2	14 ~ 18	0.3 ~ 1.0	2.0 ~ 3.3	—	0.3 ~ 0.5	W:0.2 ~ 0.7,V:0.2 ~ 1.2
BTMCr18Mo2CuREV[①]	2.8 ~ 3.2	17 ~ 20	0.4 ~ 0.7	0.5 ~ 1.0	0.5 ~ 1.0	1.5 ~ 2.0	RE、V<0.3
BTMCr20CuMo[①]	2.7 ~ 3.1	19 ~ 21	<0.7	<0.5	1.0 ~ 1.5	1.0 ~ 1.5	—
BTMCr20Mn2Mo2CuNi[①]	2.8 ~ 3.2	18 ~ 22	0.5 ~ 0.7	1.5 ~ 2.0	0.8 ~ 1.0	0.8 ~ 2.0	Ni:0.6 ~ 1.0
BTMCr23REVTi[①]	2.4 ~ 2.8	21 ~ 25	0.4 ~ 0.7	0.5 ~ 1.0	—	—	RE<0.2,V<0.3,Ti<0.2

① 非标在用牌号。

此外，大型或超大型锤头也常采用复合结构或复合材料的锤头，即锤头采用高铬铸铁，锤柄采用结构钢或锤柄为高锰钢、锤头为高锰钢基体镶嵌硬质合金块，其中镶铸法、双液双金属铸造法的高铬铸铁复合锤头最为普遍。

20.2.3　锤头的热处理工艺

破碎机锤头的制造以铸造为主。高锰钢、耐磨合金钢和高铬铸铁锤头的制造主要采用整体铸造法，即一体铸造法，分为砂型铸造、消失模铸造、V 法铸造等。为了提高生产率，一体铸造法常采用一箱多件或串铸的方法。复合锤头的复合方式有机械组装、黏合复合、冶金铸造复合（液-液熔铸、固液熔铸）、镶嵌等组合方式。无论是整体锤头还是复合锤头，铸件通常都需进行热处理，以获得所需的组织和性能。

1. 奥氏体锰钢锤头的热处理

实例 1：高锰钢环锤的热处理。图 20-6 所示为环锤结构及冷铁摆放。环锤材料为合金化高锰钢，化学成分（质量分数,%）为 C 0.9~1.3、Mn 11~13、Si 0.3~0.7、Cr 1.0~2.0、Mo≤0.15、V≤0.1、Ti≤0.1、≤P0.04、S≤0.04。高锰钢导热性差，热扩散较慢，易导致凝固过程产生粗晶组织，因此常采用消失模铸造工艺生产环锤，利用复合变质处理+螺旋环冷铁强制冷却，既降低生产成本、缩短生产周期，还细化了铸态组织，提高了铸件致密度。铸态组织为奥氏体和网状碳化物、块状及针状碳化物，铸件的塑韧性较低，不能直接使用。

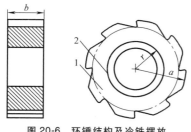

图 20-6　环锤结构及冷铁摆放

1—环锤　2—环冷铁

破碎机环锤的热处理工艺曲线如图 20-7 所示。为消除铸造应力，减少加热过程的热应力，铸件 400℃ 左右入炉保温，700℃ 前缓慢升温，升温速度≤60℃/h；达到 700℃ 后，随炉升温或以 120~150℃/h 的速度升温到固溶温度 1060~1100℃ 并保温 3h，使铸态组织中的碳化物溶解、共析组织奥氏体化并扩散均匀。铸件出炉后快速水淬，出炉与水淬的时间间隔不应超过 30s，水淬时冷却速度应保证达到 30℃/s，水池中水量应为处理铸件质量的 8~10 倍以上，铸件在水中冷却至

100℃ 左右取出空冷。水韧处理后组织为单相奥氏体+奥氏体晶内少量粒状碳化物，再经 320℃ 回火处理后，获得粒状硬质相合金碳化物并弥散分布在奥氏体基体上，晶界上仅见少量未溶碳化物，无片状和网状碳化物，晶粒度等级达到 3~4 级，金相组织如图 20-8 所示。热处理后，环锤初始硬度为 210HBW、抗拉强度 R_m 为 724MPa、伸长率为 $A = 37\%$、冲击韧度为 $a_K = 219J/cm^2$，综合性能良好。实践证明：通过合金化和复合变质处理的消失模铸造生产的环锤，强度和塑韧性比普通高锰钢环锤有较高的提升，耐磨效果良好，生产率提高了 120% 以上。

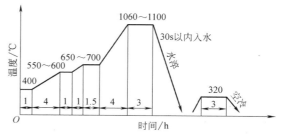

图 20-7　破碎机环锤的热处理工艺曲线

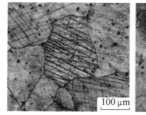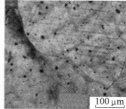

图 20-8　环锤经 1080℃ 水韧处理+320℃ 回火后的金相组织

实例 2：超大型锤头的热处理。生产 95kg 的大锤头，结构如图 20-9 所示。采用超高锰钢 ZG110Mn18Cr2MoRE，化学成分（质量分数,%）为 C 0.8~1.1、Mn 16~19、Si 0.3~0.8、Cr 1.0~2.5、Mo 0.1~0.4、RE 0.1~0.3、S≤0.05、P≤0.03。

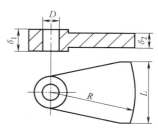

图 20-9　超高锰钢大锤头结构

对厚度大的锤头（160~180mm），宜采用超高锰钢，以保证中心部位也获得全奥氏体组织。为避免超高锰钢锤头在铸造过程中产生冷裂、热裂和粗晶组

织，通常加入微量元素，如钒、钛、稀土等孕育变质剂来细化晶粒；通过控制浇注温度和加冷铁等方法改善铸型的冷却能力，以控制铸态组织晶粒；凝固后应及时松箱，减少收缩阻力；开箱时间要比相同重量、壁厚、类似结构的碳钢铸件长 2~2.5 倍，以减少铸造过程产生裂纹的概率。

超高锰钢大锤头的铸态硬度一般为 200~230HBW、强度低、塑性性差，不能直接使用。超高锰钢大锤头的热处理工艺曲线如图 20-10a 所示。锤头热处理采用台车式热处理炉，装炉时每个锤头须隔开排列。对大型铸件，为减小加热过程厚壁件内外温差、热应力和开裂倾向，铸件应在 300~400℃左右入炉，保温 1.0~1.5h 后缓慢升温至 800~850℃保温 1~

3h，之后以较快升温速度或随炉升温到固溶温度 1100℃保温，使铸态组织中的碳化物溶解、奥氏体均匀化。水淬时最好采用吊装形式，使铸件在水池中来回摆动，以保证冷却均匀，或者向水池中吹入压缩空气，加快传热过程。

对于大型或超大型锤头，为细化晶粒，在水韧处理前也可先采用正火工艺。图 20-10b 所示为采用超高锰钢 ZG110Mn18Cr2MoRE 生产 90kg 大锤头的热处理工艺。正火后组织为珠光体+碳化物，在随后的水韧处理时，珠光体将转变成奥氏体，晶粒细化，韧性提高。

常用奥氏体锰钢铸造锤头的牌号、热处理工艺及性能表 20-8 所示。

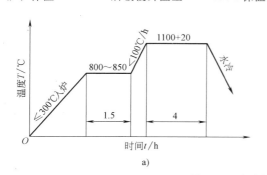 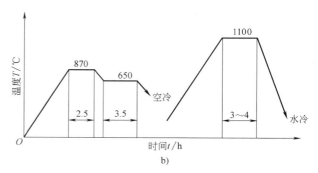

图 20-10　超高锰钢大锤头的热处理工艺曲线

a）水韧处理　b）正火+水韧处理

表 20-8　常用奥氏体锰钢铸造的锤头牌号、热处理工艺及性能

牌　　号	热处理工艺	组　　织	性　　能	使用情况
ZG120Mn13	1050~1100℃水韧处理	奥氏体	179~229HBW	大型锤头、板锤、打击板等
ZG120Mn13Cr2	1080~1100℃水韧处理	奥氏体	216~218HBW $a_K \leqslant 118J/cm^2$	125kg 大锤头
ZG120Mn13Cr2Mo	1080~1100℃水韧处理+320℃回火	奥氏体+碳化物	210HBW	大型或特大型锤头
ZG120Mn8 或加有 Cr、Ti、RE	1050~1100℃水韧处理+（中低温回火沉淀硬化）	奥氏体+（或碳化物）	200~215HBW $a_K = 50J/cm^2$	中小型锤头
ZG120Mn11Cr2.5VTi	1050℃水韧处理+320°回火沉淀硬化处理	奥氏体+碳化物	220~230HBW	比 ZG120Mn13 锤头耐磨性提高 53%
ZG120Mn18Cr2Mo	1100~1120℃水韧处理	奥氏体+碳化物	220~230HBW，变形层硬化后为 500~800HBW	大型或特大型锤头

2. 耐磨合金钢锤头的热处理

耐磨合金钢锤头中应用普遍的是中碳低合金钢，通过加入铬、镍、钼等合金元素来提高淬透性，适用于中小型锤头，用于破碎物料粒度不大、应力中等的工况条件。铸造耐磨合金钢锤头生产工艺简单，在热处理淬火或空冷条件下，可获得马氏体、贝氏体或马氏体+贝氏体等复相组织，初始硬度高，配合回火工艺可获得较好

的强韧性。一般热处理后的硬度≥46HRC，同时具有一定的韧性，可以满足锤头的使用要求。

实例 1：中碳低合金钢耐磨锤头的热处理工艺。图 20-11a 所示为锤头铸件结构。锤头用材的化学成分（质量分数，%）为 C 0.45~0.52、Cr 2.0~2.5、Mn 1.0~1.4、Si 0.8~1.2、Mo 0.2~0.4、Cu 0.3~0.8、RE 0.4~0.6，P≤0.03 和 S≤0.03。铸态下锤

头硬度较高，脆性大，难于加工，不能承受任何的机械冲击。为消除内应力，降低硬度和改善铸件性能，锤头铸件须进行热处理，其热处理工艺曲线如图 20-11b 所示。

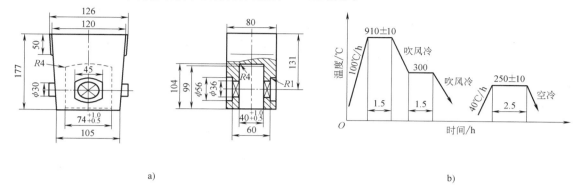

a)　　　　　　　　　　　　　　　　　　　　b)

图 20-11　锤头铸件结构图与热处理工艺曲线

a）铸件结构　　b）热处理工艺曲线

锤头采用 910℃奥氏体化 + 300℃等温淬火 +250℃低温回火的热处理工艺，热处理时严格控制淬火温度、保温时间和冷却速度，尤其要严格控制下贝氏体转变区的等温保温时间。经热处理后的金相组织为马氏体+下贝氏体+碳化物+少量残留奥氏体，组织均匀，平均硬度为 54.3HRC，冲击韧度为 17.8J/cm²，具有良好的耐磨性和抗冲击性。

实例 2：耐磨中合金钢锤头的热处理。锤头用材 ZG52Mn3Si2Cr1MoRE，化学成分（质量分数，%）为 C 0.45～0.60、Cr 1.0～1.3、Mn 2.5～3.0、Si 1.8～ 2.2、Mo 0.3～0.5、RE 适量，P ≤0.06 和 S ≤0.06。铸件经 900℃淬火 +250℃回火处理，组织为回火马氏体+贝氏体+残留奥氏体，硬度 ≥50HRC，冲击韧度 a_K≥29J/cm²。淬火采用空冷方式较水冷和风冷具有更高的韧性，并且易于生产实施。工业性对比试验表明：该合金钢锤头破碎刚玉、磷矿石硬物料时，使用寿命是高锰钢锤头的 2 倍以上；破碎水泥熟料、石灰石较软物料时，寿命是高锰钢锤头的 4 倍左右。

常用耐磨合金钢锤头的热处理工艺及性能见表 20-9。

表 20-9　常用耐磨合金钢锤头的热处理工艺及性能

合金钢牌号[①]	热处理工艺	金相组织	力 学 性 能				应　　用
			硬度 HRC	强度 R_m/MPa	伸长率 A(%)	冲击韧性 a_K/J·cm²	
ZG31Si1MnTi	950℃淬火 + 200℃回火	回火马氏体	50～51	—	—	>76	洛阳玻璃厂复合粉粹机锤头，寿命比高锰钢提高 3.5 倍
ZG30Cr1Si1MnREB	1000℃淬火 + 200℃回火	回火马氏体+ 少量残留奥氏体+ 未溶碳化物	≥48	1700～1770	2.8～3.2%	>20	板锤（破碎煤）、锤头（破碎石料）比高锰钢寿命提高 200%以上
ZG30CrSi1MnMoV	900℃淬火 + 200℃回火	回火马氏体+ 少量残留奥氏体+ 未溶碳化物	49	—	—	42	环式碎煤机环锤
ZG42Mn2Si1REB	900℃淬盐水+ 240℃回火	回火马氏体	≥55	—	—	112	破碎机反击板
ZG40Cr3Si1MnMoV	920℃淬火 + 250℃回火	回火马氏体	≥45	—	—	>45	ϕ1250×1000mm 反击式破碎机的板锤，耐磨性比高锰钢提高 2.25 倍
ZG49Cr3Si1MnMo	920℃淬火 + 250℃回火	回火马氏体+ 少量残留奥氏体	50	—	—	—	用于 5kg 小型锤头，寿命为高锰钢锤头的 1.69 倍

①　非标在用牌号。

3. 高铬铸铁锤头及复合锤头的热处理

高铬铸铁锤头通常经高温空淬＋中低温回火的热处理来获得高硬度的马氏体基体，淬火温度一般根据铬含量和零件壁厚来选择，如 $w(\mathrm{Cr})$ 为 15% 的白口铸铁，得到高硬度的淬火温度范围为 940～970℃；$w(\mathrm{Cr})$ 为 20%，淬火温度为 860～1000℃。

铸件壁越厚，淬火温度应越高，溶入基体中的碳和合金元素增多，淬透性增高，淬火后残留奥氏体量也会随之增加。硬化态的高碳 Cr12 和 Cr15、Cr20、Cr26 系列高铬铸铁的硬度均在 58HRC 以上，高铬铸铁件的热处理规范、金相组织及使用特性见表 20-10。

表 20-10　高铬铸铁件的热处理规范及金相组织与使用特性

牌号	软化退火处理	硬化处理	去应力处理	铸态或铸态去应力处理	硬化态或硬化态去应力处理	表面硬度（淬回火态）HRC	使用特性
BTMCr 12-DT	920～960℃保温，缓冷至 700～750℃保温，缓冷至 600℃以下，出炉空冷或炉冷	900～980℃保温，出炉后以合适的方式快速冷却	200～550℃保温，出炉空冷或炉冷	共晶碳化物 M_7C_3＋奥氏体及其转变产物	共晶碳化物 M_7C_3＋二次碳化物＋马氏体＋残留奥氏体	≥50	适用于中等冲击载荷下的磨料磨损
BTMCr12-GT		900～980℃保温，出炉后以合适的方式快速冷却				≥58	
BTMCr15		920～1000℃保温，出炉后以合适的方式快速冷却				≥58	
BTMCr20	960～1060℃保温，缓冷至 700～750℃保温，缓冷至 600℃以下，出炉空冷或炉冷	950～1050℃保温，出炉后以合适的方式快速冷却				≥58	良好的淬透性和耐蚀性，适用于较大冲击载荷的磨料磨损
BTMCr26		960～1060℃保温，出炉后以合适的方式快速冷却					良好的淬透性、耐蚀性和抗高温氧化性，适用于较大冲击载荷的磨料磨损

注：热处理规范中保温时间主要由铸件壁厚决定。

实例 1：高铬铸铁锤头的热处理。$\phi600\mathrm{mm}×800\mathrm{mm}$ 的锤式破碎机锤头，破碎物料为硬质石英砂，锤头用材的化学成分（质量分数，%）为 C 2.6～2.8、Si 0.5～0.8、Mn 0.6～0.9、Cr 14～16、P≤0.1 和 ≤S0.05。铸件经 980℃×1h 风冷＋250℃×2h 空冷，硬度为 57HRC，冲击韧度为 7.2J/cm²；采用改进工艺，即锤头砂型铸造 960℃开箱风冷至室温，再经 530℃回火 2h，硬度为 54HRC，冲击韧度为 11.8J/cm²，韧性有所提高，使用寿命是高锰钢锤头的 3.15 倍。

实例 2：立式冲击破碎机锤头的热处理。立式冲击破碎机是利用高速回转锤头的冲击、挤压和研磨作用使物料粉碎，具有结构简单、处理能力高、破碎比大、能耗少等优点，广泛应用于工程上中等硬度脆性物料的破碎。锤头材料采用高铬锰钨合金，化学成分（质量分数，%）为：C 2.6～3.2、Si 0.3～1.0、Mn 2.0～3.3、Cr

14.0～18.0、W 0.3～0.5、V≤0.1、Ti 和 Nb 微量、P≤0.1。其热处理工艺曲线如图 20-12 所示。

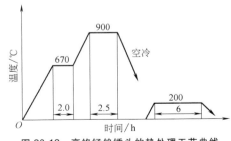

图 20-12　高铬锰钨锤头的热处理工艺曲线

高铬锰钨合金经淬火＋低温回火处理，组织为回火马氏体＋一次碳化物＋少量粒状二次碳化物＋少量残留奥氏体。一次碳化物呈分散、孤立状，起耐磨损的骨干作用，马氏体基体上由于析出高度弥散的二次碳化物，进一步强化了基体，提高了基体组织的耐磨性，而少量的残留奥氏体可起到减缓裂纹扩展，改善韧性的作用。铸态硬度为 45~53HRC，热处理后硬度为 60~67HRC，冲击韧度为 5~10J/cm²，抗拉强度为 650MPa。采用高铬锰钨合金生产的锤头，其使用寿命与美国的 15Cr3Mo 合金锤头相当，是原合金钢锤头的 2.7 倍左右。

实例 3：高铬铸铁-合金钢复合锤头的热处理。对于 50kg 以下的中小型各类锤头，除采用耐磨合金钢，也常采用双金属复合材料。如图 20-13 所示，复合锤头以 Cr20 高铬铸铁为锤头，ZG270-500 为锤柄。采用液-液复合浇注，接合面置于最大截面 A 处，底部置 U 形冷铁，利于 ZG270-500 顺序凝固。ZG270-500 浇注温度为 1500℃，高铬铸铁浇注时间以 ZG270-500 凝固时间的 1/3~2/3 为宜，保证浇注锤头铁液不会使 ZG270-500 锤柄重熔，高铬铸铁的浇注温度为 1420℃。铸件清理后，低温时效消除应力，并在柄部钻孔。复合铸造后，锤头再进行 930℃×2h 空冷淬火+250℃×2.5h 空冷回火的热处理工艺。

实例 4：高铬铸铁- 高锰钢复合锤头的热处理。

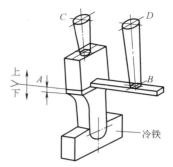

图 20-13　双金属复合锤头铸造工艺

高铬铸铁-高锰钢复合锤头的锤柄采用高锰钢，锤头采用 Cr15 高铬铸铁，液-液复合浇注工艺，铸造造型如图 20-14a 所示。采用消失模整体浇注，在 EPS 自模锤头部分加入 Q235A 结构钢，起到既充当内冷铁又可使高铬铸铁和高锰钢能冶金熔合的作用。造好型后先浇高铬铸铁后浇高锰钢，高铬铸铁浇注温度为 1450℃，高锰钢浇注温度为 1500℃。复合锤头的热处理工艺曲线如图 20-14b 所示。双液双金属复合铸造适用于生产中小型锤头，锤头的使用寿命是高锰钢的 3 倍以上。

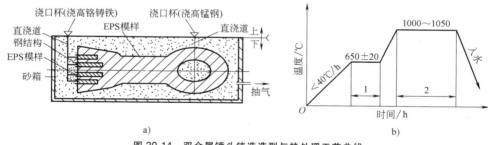

图 20-14　双金属锤头铸造造型与热处理工艺曲线
a）铸造造型　b）热处理工艺曲线

20.3　破碎机衬板的热处理

20.3.1　衬板的服役条件及失效形式

破碎机衬板形式多样，包括颚式破碎机的颚板、齿板，圆锥破碎机的轧臼壁、破碎壁，旋回式破碎机衬板及辊式破碎机的齿板等，均为破碎机中主要的易磨损件。

颚式破碎机（见图 20-15a）用于原料的粗碎作业，破碎方式主要是利用动颚和定颚齿板的挤压破碎方式，并伴有部分的剪切、弯曲和拉伸等作用，衬板（包括动颚和定颚）承受强烈的冲击挤压力、高接触应力和强烈磨损。圆锥破碎机适用于中碎和细碎各种物料，具有破碎比大、效率高、功耗小、产品粒度均匀等优点，应用广泛。圆锥破碎机工作时，动锥衬板、矿石物料与定锥衬板三者正好组成一个三体磨粒系统，衬板表面受到挤压物料产生的凿削、切削、冲击、挤压、研磨等综合磨损作用，如图 20-15b 所示。颚板、动锥、定锥等衬板的失效形式均以磨损为主。辊式破碎机是利用物料在相向旋转的辊子间的挤压、破碎来实现物料的粉碎，齿板是辊式破碎机的主要磨损件，主要失效形式有齿冠的变形、断裂和磨损。

衬板形状多为不平滑型结构，如图 20-16 所示。不平滑衬板提升作用大，减少了磨料的滑动，加剧了磨料对物料的冲击作用，有利于碎矿，多用于粗磨。无论何种类型的破碎机，磨损是其主要失效形式。因此，要求衬板材料具有较高的抗凿削磨损、磨料磨损性能和良好的韧性。

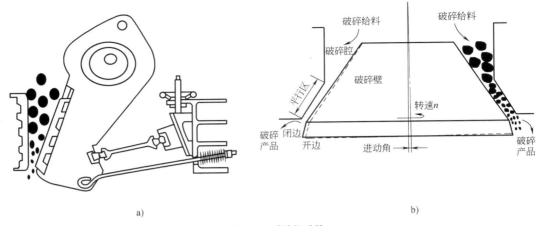

a)　　　　　　　　　　　　　　　　　　b)

图 20-15　破碎机破碎

a）外动颚式破碎机　b）圆锥破碎机

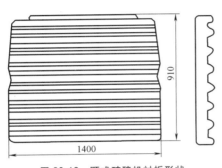

图 20-16　颚式破碎机衬板形状

20.3.2　衬板材料

我国常用的破碎机衬板材料主要有奥氏体锰钢（包括普通高锰钢、合金化高锰钢、中锰钢及超高锰钢）、耐磨合金钢及高铬铸铁复合材料。

1. 奥氏体锰钢衬板

奥氏体锰钢衬板占金属衬板的 70% 左右，主要利用了锰钢的高韧性及其在强烈冲击和高应力下的加工硬化能力，以使衬板获得较高的耐磨性和使用性能。GB/T 5680—2010《奥氏体锰钢铸件》规定了锰钢铸件的化学成分和力学性能，GB/T 13925—2010 也规定了高锰钢铸件的金相检验标准。美国、日本奥氏体锰钢铸件的相关标准分别有 ASTM A128/A128M：1993 和 JIS G5131：1991。我国典型高锰钢衬板材料主要有 $w(C)=0.90\%\sim1.35\%$ 和 $w(Mn)=11\%\sim14\%$ 的普通高锰钢 ZG100Mn13、ZG120Mn13，以及在普通高锰钢的基础上加入 Cr、Mo、V、Ti 等的 ZG120Mn13Cr2、ZG110Mn13CrMo 等合金化和微合金化改性高锰钢，常用作大中型颚式破碎机的颚板、圆锥破碎机轧白壁和

破碎壁等，适用于形状复杂、大型破碎机的衬板或厚大断面铸件。对厚大断面铸件，除了采用微合金化高锰钢，$w(Mn)$ 为 16%～19% 的超高锰钢，如 ZG120Mn17Cr2 或 ZG120Mn18Cr2 更具有突出的优势。对于非强烈冲击磨损的情况，则宜选用 $w(Mn)$ 为 5%～9% 的中锰钢，并加有少量钼或铬元素。中锰钢适于制作中小型破碎机颚板，适于破碎较小物料或冲击应力较低工况，其屈服强度、韧性和初始表面硬度均高于普通高锰钢，使用寿命比高锰钢提高 20%～30%。

2. 耐磨合金钢衬板

当破碎机衬板的工作条件属于非强烈冲击，即在中低冲击应力下，粉碎物料的硬度相对较低，以及中细颗粒物料情况下，如圆锥破碎机的轧白壁、破碎壁等易损件的服役工况，也多采用铸造耐磨合金钢作为衬板材料，常用材料有 ZG35CrMo、ZG35CrMnSi、ZG40Cr、ZG310-570 等中碳低合金耐磨钢，衬板铸件通过淬火+回火工艺可获得马氏体、贝氏体或马氏体和贝氏复相组织，具有较好的强韧性和耐磨性。

3. 高铬铸铁复合衬板

大型破碎机衬板也有采用双金属复合材料衬板，如大型辊式破碎机齿板的齿冠和齿根部分为两种材料复合，齿板的齿冠部位使用高硬度的耐磨材料，如铸造高铬铸铁或镶嵌硬质合金，高铬铸铁有 BTMCr12-DT、BTMCr12-GT、BTMCr15、BTMCr20、BTMCr26；齿根部分一般可选择中低碳钢或低合金钢，如 ZG270-500 或 ZG31-570，采用液-液复合铸造法或镶铸法制备双金属复合衬板。双金属复合铸造的齿板可充分发挥各种材料的性能特点，降低生产成本，并提高齿板的使用寿命。

20.3.3　衬板的热处理工艺

1. 奥氏体锰钢衬板的热处理

（1）水韧处理　奥氏体锰钢衬板的常规水韧处理工艺曲线如图 20-17 所示。通常是将铸件加热到 1050～1100℃ 保温后快速水冷。水韧处理的目的是消除铸态组织中的晶内和晶界上的碳化物，尽可能得到单相奥氏体组织，提高铸件韧性。

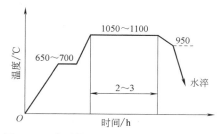

图 20-17　奥氏体锰钢的常规水韧处理工艺曲线

对于大型或厚壁衬板，特别注意在热处理时控制入炉温度和加热速度，减小热应力与组织应力，防止裂纹的产生。大型衬板须在 <400℃ 下入炉均温后，以 <65℃/h 的较缓慢的加热速度升温至 650～700℃ 保温，而后再以较快速度或随炉升温至固溶温度保温 2h～5h，使铸态组织中的碳化物溶解、共析组织奥氏体均匀化。铸件长时间处于高温状态容易脱碳、脱锰和氧化，并且晶粒粗大，增大水韧处理后的裂纹敏感性，因此对于大型衬板，高温保温系数宜采用 1.5～1.8min/mm，保温时间以 2.5～3h 为宜，或者按 1.0～1.2min/mm 确定保温时间。对于合金化高锰钢或超高锰钢，其淬火温度一般提高到 1080～1120℃，保温时间延长至 4～6h，确保钢中碳化物完全溶解和奥氏体均匀化。

保温时间取决于铸件壁厚、铸件结构、加热温度、化学成分和装炉量等，通常按铸件壁厚 25mm/h 计算保温时间，也可根据以下经验公式确定保温时间。

$$t = 0.016\delta \times \{1.27 \times [w(C) + w(Si)]\}$$

式中　　t——保温时间（h）；

　　　　δ——铸件壁厚（mm）；

$w(C)$、$w(Si)$——高锰钢中碳和硅的质量分数（%）。

冷却时，高锰钢衬板入水前的温度不应低于 950℃，薄壁（<20mm）铸件从出炉到入水时间不应超过 30s，入水温度应在 30℃ 以下，淬水过程最高水温不应超过 60℃，并且水池中水容量应为铸件质量的 8～10 倍以上，以保证水韧处理的冷却速度不低于 30℃/s，以循环水或压缩空气搅动池水为佳。

高锰钢衬板铸件的加热多采用翻转式台车炉，铸件入水采用自动倾翻或吊篮吊淬方式，前者对大件及形状复杂的薄壁件易产生变形，而且从水池取出也较为困难。吊篮吊淬时，采用摆动吊篮方式加速铸件的冷却，一般冷却 20～30min，高锰钢铸件出水时应保证冷却至 200℃ 以下，取出铸件在空气中自然冷却。高锰钢衬板水韧处理工艺规范见表 20-11。

高锰钢铸件水韧处理后碳化物的类型通常有三种，即未溶碳化物、析出碳化物及过热和过烧碳化物。根据 GB/T 13925—2010 和 GB/T 5680—2010 对高锰钢铸件碳化物的评定标准和合格品允许的碳化物级别的规定，其中未溶碳化物级别不大于 W3 级，即晶界或晶内含有 1～3 个平均 ≤5mm 的未溶碳化物为合格；析出碳化物不大于 X3 级的，即少量碳化物以点状、点状及短线状和细条状或颗粒状沿晶界分布或沿晶界呈断续网状分布的为合格；过热和过烧碳化物不大于 G2 级，即少量共晶碳化物呈星形沿晶界分布或共晶碳化物呈星形或颗粒状沿晶界或晶内分布的为合格。

表 20-11　高锰钢衬板水韧处理工艺规范

类别	装炉温度/℃	进炉后均热时间/h	650℃以下升温速度/（℃/h）	650～700℃保温时间/h	700～1050℃升温速度/（℃/h）	1050～1100℃保温时间/h	生产周期/h	产品举例
壁厚<40mm、厚度均匀的简单小件	≤450～650	1.0～1.5	100～150	0～1.5	90～120	2.0～3.0	8～12	小齿板、小衬板、锤头、挖掘机履带板
壁厚40～80mm、大中等复杂件	≤400～300	1.5～2.0	50～100	1.5～2.0	90～100	3～4	12～15	球磨机厚衬板、轧臼壁、破碎壁
壁厚>80mm、厚大复杂件	≤350～250	2.0～2.5	50～80	2.0～2.5	90～100	4～5	15～18	轧臼壁、破碎壁、铲齿
特殊厚大、复杂或易产生裂纹的厚大件	≤250	2.5～3.0	50～70	2.5～3.0	90～100	5～6	18～21	特大圆锥破碎机护套、1800mm×2200mm颚板

为提高普通高锰钢衬板的初始硬度，降低应力磨损或初期使用时磨损严重现象，高锰钢衬板水韧处理后有时也采用预硬化处理，如喷丸、爆炸硬化等表面处理方法。实践证明，粗破碎机破碎壁经爆炸硬化处理，使用寿命提高了 28.5%，细破碎机破碎壁使用寿命可提高 25.7%。

（2）沉淀硬化热处理　对含有钼、钒、钛、铬等强碳化物形成元素的合金化高锰钢、中锰钢和超高锰钢常采用沉淀硬化热处理。沉淀硬化热处理的目的是在奥氏体锰钢中得到一定数量和大小的弥散分布的碳化物，强化奥氏体基体，提高铸件的加工硬化能力和耐磨性能。常见的高锰钢沉淀强化热处理工艺曲线如图 20-18 所示。

工艺一：两次水淬+中温保温的沉淀硬化热处理工艺。对含有钼、钒或钛的高锰钢，先在 1050~1100℃进行水韧处理，随后重新加热至 500~600℃，保温后继续加热至 950~1000℃再进行水淬处理，获得 Mo₂C、VC、TiC、(Mn、Cr、Fe)₇C₃ 等弥散强化相。

工艺二：水淬+时效处理。先将铸态高锰钢在 1050~1100℃水淬，然后再加热至 350℃左右进行时效处理。经固溶处理的高锰钢，消除了铸态组织中的各种碳化物（如晶界网状碳化物、块状碳化物和针状碳化物等）及共析组织，得到单相奥氏体，重新时效时在奥氏体基体上弥散析出细小颗粒碳化物。一般时效温度为 350℃，综合力学性能最优。

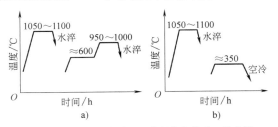

图 20-18　常见的高锰钢沉淀强化热处理工艺曲线
a) 工艺一　b) 工艺二

此外，对锰含量低的中锰钢，也可采用"中温长时保温+一次水淬"的沉淀硬化热处理工艺，即先将中锰钢铸件加热至 600~650℃保温较长时间，然后加热至 1050~1100℃水淬，沉淀强化效果较好。与常规水韧处理类似，只是中温保温阶段的时间延长。

表 20-12 列出了常用奥氏体锰钢衬板的热处理工艺、性能及应用。

表 20-12　常用奥氏体锰钢衬板的热处理工艺、性能及应用

种类编号	热处理工艺	组织	抗拉强度 R_m/MPa	冲击韧度 a_K/(J/cm²)	硬度 HBW	应用
ZG100Mn13	700~750℃预热，1050~1100℃×2~3h 水淬	奥氏体	—	18.8	190	30~90kg 齿板类零件
ZG100Mn13	铸件 980℃以上开箱清砂直接水韧处理	奥氏体	—	18.6	190	30kg 以下衬板，余热水韧处理，降低生产成本约 30%
ZG120Mn13Cr2	1080~1100℃×3~4h 水淬	奥氏体	≥735	—	≤300	φ2738×2130mm 破碎壁铸件，壁厚为 100~138mm
ZG120Mn13Cr2	1080~1100℃×3~4h 水淬+250℃回火	奥氏体	914	K=143J	210	同上，衬板冲击性能提高 20% 以上
ZG120Mn13Cr2RE	1050~1100℃×3~4h 水淬	奥氏体	—	—	200~250	颚板，比 Mn13 衬板寿命提高 2 倍以上
ZG120Mn13Cr2RE	1050℃×4.5h 水淬	奥氏体	—	—	290~360	破碎机衬板，比 Mn13 衬板寿命提高 50%
ZG120Mn13Cr2RE	1080℃×2h 水淬	奥氏体	—	—	215	H60000 圆锥破碎机衬板，提高寿命 50%
ZG120Mn13Cr2Mo	<400℃入炉均温，30~50℃/h 升温至 650~700℃保温，随炉升温至 1060~1090×2h 水淬+300~350℃×6~8h 炉冷	奥氏体+碳化物	—	—	207~213	大型铁矿颚式破碎机动、定颚齿板，单重 3~5t，壁厚为 210~390mm

（续）

种类编号	热处理工艺	组织	抗拉强度 R_m/MPa	冲击韧度 a_K/(J/cm²)	硬度 HBW	应用
ZG120Mn13Cr2VTiRE	1050℃×4h 水淬	奥氏体+碳化物	—			美卓 HP5 圆锥破碎机定、动锥衬板
ZG120Mn8Cr2	1050～1100℃ 水韧+200～300℃回火	奥氏体+碳化物	621～705	67～115	210～228	中小型破碎机衬板等,使用寿命比高锰钢提高 20%
ZG120Mn18Cr2	1050～1100℃ 水韧处理	奥氏体+碳化物	≥735	≥180	200～240	大型厚壁衬板、冲击板等,使用寿命比普通高锰钢提高 50%以上
ZG120Mn18Cr2MoRE	1100℃×4h 水韧处理+250℃×4h 回火	奥氏体+碳化物	994.5	227	260	大型轧臼壁、衬板材料等,比常规水韧处理的抗拉强度提高了 18.2%,冲击韧性提高 22%,硬度提高 9.7%

2. 耐磨合金钢衬板的热处理

耐磨合金钢衬板常用的材料是中低碳低合金耐磨钢,主要用于中低冲击应力下,粉碎物料的硬度相对较低及中细度颗粒物料,如破碎煤的粉煤机或双齿棍破碎机及圆锥破碎机等的易损件。通过合金化和适宜的热处理,可获得较高的强度、硬度和韧性,硬韧性匹配性良好。

实例: 低合金耐磨钢破碎机衬板的热处理。破碎机衬板的结构如图 20-19a 所示,中低应力工况,材料采用中碳低合金耐磨钢,化学成分(质量分数,%)

为:C0.42～0.48、Cr1.9～2.4、Mn1.0～1.5、Si0.9～1.4、Mo0.3～0.5、Cu0.4～0.8、RE0.4～0.6、P≤0.03、S≤0.03。热处理工艺为 910℃×1.5 空冷至 300℃×1.5h 空冷+250℃×2h 空冷,如图 20-19b 所示。

热处理后得到细小均匀的板条状马氏体和下贝氏体的复相组织,衬板硬度>50HRC,冲击韧度≥18J/cm²。工业试验表明,相比高锰钢衬板,耐磨合金钢衬板的耐磨性和寿命提高了 1.5 倍以上。

常用耐磨合金钢及其热处理工艺、组织、性能及应用见表 20-13。

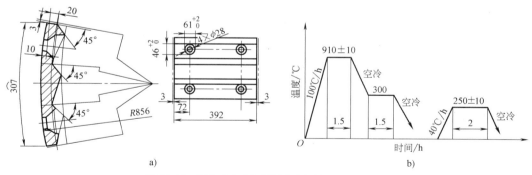

图 20-19　低合金耐磨钢衬板结构与热处理工艺曲线
a）衬板结构　b）热处理工艺曲线

表 20-13　常用耐磨合金钢及其热处理工艺、组织、性能及应用

牌号	热处理工艺	组织	力学性能			应用情况
			R_m/MPa	a_K/(J/cm²)	硬度 HRC	
ZG45Cr2Mo	900℃ 油淬+250℃ 回火	回火马氏体+残留奥氏体		14	51	双齿辊破碎机的齿板

（续）

牌号	热处理工艺	组织	力学性能			应用情况
			$R_m/$ MPa	$a_K/$ (J/cm^2)	硬度 HRC	
ZG30Cr2MnSiMoRE[①]	1000 ~ 1050℃ 淬火 + 150 ~ 200℃ 回火	回火马氏体		15 ~ 25	50 ~ 54	衬板寿命较高锰钢提高 30%
ZG30Cr1Si1MnREB[①]	1000 ~ 1050℃ 淬火 + 150 ~ 200℃ 回火	回火马氏体 + 残留奥氏体 + 碳化物		25 ~ 35	48 ~ 50.5	非强烈冲击条件下的破碎机衬板、齿板,寿命比高锰钢提高 75% 以上
RE 改性贝 - 马复相耐磨钢	900℃ 淬火 + 300℃ 回火	下贝氏体 + 马氏体	1478	冲击吸收能量 20.6J	52	圆锥破碎机衬板,寿命超过目前使用的国产衬板平均寿命的 50%
ZG50Si2Mn2Mo[①]	850 ~ 950℃ 淬火 + 250℃ 回火	下贝氏体 + 马氏体	1850 ~ 1860	16.5 ~ 18.5	50 ~ 52	使用寿命比高锰钢提高 1.33 倍
ZG60Cr2Si1MnMoNi[①]	850 ~ 950℃ 淬火,空冷或风冷 + 350℃ 回火	下贝氏体 + 马氏体		17	55	用于制作颚式破碎机的动颚和定颚,使用寿命比高锰钢提高 100% 以上

① 非标在用牌号。

20.4　磨球的热处理

20.4.1　磨球的服役条件及失效形式

　　磨球主要用作半自磨机、球磨机的粉碎介质,磨机正常工作时,磨球由离心力、惯性力等被带到一定高度后,以自身重力抛落产生冲击作用而粉碎物料。

　　磨球在使用过程中运动情况复杂,如图 20-20 所示。磨球运动时受到高应力磨粒磨损、剧烈冲击和腐蚀的作用,其失效形式主要有磨损、开裂、失圆和破碎。磨损类型包括冲击疲劳磨损和切削、凿削式磨料磨损及冲击磨粒磨损。因此,要求磨球具有良好的淬透性、一定的淬硬层深度、高体积硬度,以及良好的冲击性能和一定的耐蚀性。

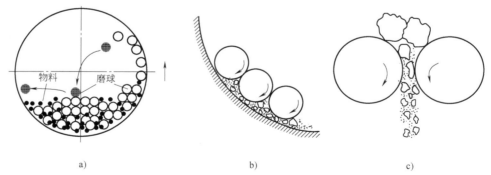

　　a)　　　　　　　　　　b)　　　　　　　　　　c)

图 20-20　磨球在球磨机中的运动及高应力下碾碎式磨粒磨损形式

a）磨球在球磨机中的运动　b）、c）碾碎式磨粒磨损形式

20.4.2　磨球材料

　　磨球作为耐磨损钢铁件中消耗量最大的单品之一,按制备工艺可分为轧制磨球、锻造磨球和铸造磨球三种。

　　轧制磨球具有自动化程度高、效率高、成本低、材料利用率高、球形好、性价比等特点,主要为中小

规格（$\phi \leqslant 90mm$）磨球,国内外轧制磨球主要采用中高碳钢和中高碳低合金钢制造,碳的质量分数控制在 0.6% ~ 0.8%,加入 Mn、Cr 等合金元素以改善淬透性;我国多以中碳钢和中锰钢,如 45、45Mn2、50Mn 等轧制工艺成形的钢制磨球为主,硬度可达 48 ~ 60HRC。表 20-14 列出了 YB/T 091—2019 规定的锻（轧）钢球用钢的化学成分和硬度。

表 20-14　锻（轧）钢球用钢的化学成分及硬度

代号	化学成分（质量分数，%）						公称直径/mm	硬度 HRC	
	C	Si	Mn	P、S	Cr	其他		表面	心部
D(Z)QG	0.70~1.10	0.17~0.95	0.70~1.00	≤0.035	≤1.20	微量 Mo、V、Ti	≤90	≥60	≥52
							>90	≥58	≥50
D(Z)QZ	0.40~0.65	0.17~1.95	0.70~1.00	≤0.035	≤0.85	微量 Mo、V、Ti	≤90	≥55	≥50
							>90	≥55	≥46

锻制磨球一般尺寸较大，多为大中规格（$\phi>$ 90mm），为保证磨球具备优良的综合力学性能，选材一般为中高碳低合金钢，$w(C)$ 为 0.6%~1.7C%，合金含量低 [$w(Me)<5\%$]，主加元素为 Mn、Si、Cr 等，辅加元素有 V、Ti、RE 等，以保证其高淬透性和淬硬性，具有较高的性价比，表 20-15 列出了锻（轧）钢球系列牌号、化学成分、性能及适用范围。

铸造磨球有铬合金白口铸铁磨球和球墨铸铁磨球。根据 GB/T 17445—2022《铸造磨球》，磨球直径分为 5 类，即 $\phi\le30mm$、$30mm<\phi\le60mm$、$60mm<\phi\le80mm$、$80mm<\phi\le100mm$ 和 $\phi>100mm$。铸造磨球表面硬度高、耐磨性好，但韧性相对较差，合金元素含量较高，生产成本较高。表 20-16 列出了常用铸造磨球的牌号、化学成分及其硬度。

表 20-15　锻（轧）钢球系列牌号、化学成分、性能及适用范围

材质	化学成分（质量分数，%）						硬度 HRC	a_K/(J/cm²)	适用范围
	C	Mn	Si	Cr	P、S	其他			
45Mn2	0.42~0.49	1.40~1.80	0.17~0.37	≤0.030	≤0.035	—	52~58	16	黑色、有色矿干湿磨机，水泥磨机
50Mn	0.48~0.56	0.8~1.0	0.17~0.37	≤0.025	≤0.035	Ni：≤0.03 ≤0.25	50~60	>4	黑色矿干湿磨机
高碳低合金钢	0.70~1.05	0.80~1.65	0.2~0.8	0.4~1.3	≤0.05	RE、B 微量 Cu：0.15~0.4	58~64	10~12	黑色、有色矿干湿磨机，水泥磨机
高碳低铬钨钢	0.85~1.05	0.50~0.80	0.7~1.1	0.9~1.2	≤0.035	V：0.03 W：0.7~1.1	57~61	13	黑色、有色矿、水泥磨、干湿磨机
中碳低合金钢	0.35~0.55	1.2~1.95	0.08~0.15	≤0.6	≤0.035	RE、B 微量 Cu：0.05	45~55	≥10	黑色、有色、磨煤、水泥等大型磨机
GCr15	0.95~1.05	0.2~0.4	0.15~0.35	1.3~1.65	≤0.020	Cu≤0.25	60~63	8~10	有色、黑色矿磨机、水泥磨机等
高碳中锰钢	1.0~1.6	7.0~9.0	0.7~1.0	1.2~1.8	≤0.06	V、Ti：0.03~0.11	28~30	>16	磨煤机等

表 20-16　常用铸造磨球的牌号、化学成分及其硬度（摘自 GB/T 17445—2022）

名称	牌号	化学成分（质量分数，%）									表面硬度 HRC ≥
		C	Si	Mn	Cr	Mo	Cu	Ni	P	S	
铬合金白口铸铁磨球[1]	ZQCr26	2.1~3.3	≤1.2	0.2~1.5	23.0~30.0	≤1.0	≤1.0	≤1.0	≤0.06	≤0.06	58
铬合金白口铸铁磨球[1]	ZQCr20	2.1~3.5	≤1.2	0.2~1.5	18.0~23.0	≤1.0	≤1.0	≤1.0	≤0.06	≤0.06	58
铬合金白口铸铁磨球[1]	ZQCr15	2.1~3.6	≤1.2	0.2~1.5	14.0~18.0	≤1.0	≤1.0	≤1.0	≤0.06	≤0.06	58
铬合金白口铸铁磨球[1]	ZQCr12	2.1~3.6	≤1.2	0.2~1.5	10.0~14.0	≤1.0	≤1.0	≤1.0	≤0.06	≤0.06	58
铬合金白口铸铁磨球[1]	ZQCr8	2.1~3.6	≤2.2	0.2~1.5	7.0~10.0	≤1.0	≤0.8	—	≤0.06	≤0.06	48
铬合金白口铸铁磨球[1]	ZQCr5	2.1~3.6	≤1.5	0.2~1.5	4.0~6.0	≤1.0	≤0.8	—	≤0.08	≤0.08	47
铬合金白口铸铁磨球[1]	ZQCr2	2.1~3.6	≤1.5	0.2~1.5	1.0~3.0	≤1.0	≤0.8	—	≤0.10	≤0.10	45
含碳化物球墨铸铁磨球[2]	ZQCADI	3.2~3.8	2.0~3.0	0.5~3.5	0.2~1.5	≤1.0	≤1.0	—	≤0.05	≤0.03	50

① 铬合金白口铸铁磨球允许加入少量或微量 V、Ti、Nb、B 和 RE 等元素。

② 球墨铸铁磨球允许加入少量 Mg、RE 等元素。

20.4.3　磨球的热处理工艺

1. 轧制磨球的热处理工艺

磨球的轧制工艺主要是螺旋孔型斜轧，又称斜轧。图 20-21 所示为轧制磨球的成形原理。磨球轧制成形后，为了降低磨球内部的热应力，减少开裂，并获得理想的组织和优良的综合性能，轧制后须配以适当的热处理。根据轧制磨球的生产工艺特点，热处理方式一般采用轧后余热进行淬火处理。轧制余热淬火是一种高温变形热处理，加热棒料在塑性状态下进行轧制，一般轧制温度在 980~1100℃，终轧温度在 950℃左右，轧制后钢球预冷至 800℃左右快速入水或喷水冷却，使塑性变形强化与热处理相变强化相结

合，得到综合性能良好的磨球。余热淬火工艺具有生产率高、节约能源等优点。

实例： 球磨机湿磨用 ϕ65mm 轧制磨球，采用高碳低合金钢制造，化学成分（质量分数,%）为 C 0.70~0.80、Si 0.15~0.35、Mn 0.60~0.90、Cr 0.30~0.50、P、S≤0.04。生产工艺流程为钢棒中频穿透加热→斜轧成球→预冷→余热淬火→余热回火。中频加热温度为 1020~1050℃，终轧温度为 950~980℃，轧制成形后采用余热淬火和余热回火的方法进行热处理，热处理工艺曲线示意如图 20-22 所示。淬火温度为 820~850℃，淬火终止温度为 150℃左右，150~180℃余热回火。钢球的表面硬度达 64.5HRC，冲击韧度为 20J/cm²，磨球疲劳寿命超过 3 万次。

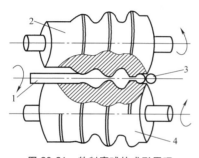

图 20-21　轧制磨球的成形原理

1—坯料　2—上轧辊　3—钢球　4—下轧辊

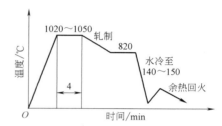

图 20-22　高碳低合金轧制磨球热处理工艺曲线示意

表 20-17 为表 22-14 对应的不同规格锻（轧）磨球的热处理工艺及力学性能。

表 20-17　锻（轧）磨球的热处理工艺及力学性能要求

牌号	直径/mm	热处理工艺	冲击韧度[2]/(J/cm²)	落球冲击疲劳寿命[1]/落球次数	硬度 HRC	
					表面	心部
D(Z)QG	≤90	锻（轧）后余热淬火，淬火温度为 790~850℃，水冷；180~200℃回火	≥12	≥10000	≥60	≥52
	>90	二次加热淬火，淬火温度为 820~880℃，水冷；180~200℃回火			≥58	≥50
D(Z)QZ	≤90	锻（轧）后余热淬火，淬火温度为 840~880℃，水冷；200℃回火	≥12	≥10000	≥55	≥50
	>90	二次加热淬火，淬火温度为 840~880℃，水冷；200℃回火			≥55	≥46

① 落球冲击疲劳试验采用直径 100mm 的钢球；在标准高度 3.5m 试验机上试验的结果。

② 冲击韧度和冲击疲劳寿命指标一般不作为交货依据，若用户需要，由供需双方自行商定。

2. 锻造磨球的热处理工艺

随着国内外半自磨机、球磨机向大型化、高效化发展，对与之配套的磨球尺寸和硬度提出了更高的要求。直径>120mm 的大规格磨球的硬度要求>60HRC，并且要有良好的抗冲击性能。铸造磨球在使用过程中存在球耗高、破碎率高、合金元素消耗量大、生产成本较高等诸多弊端，高碳低合金钢锻造磨球逐渐成为大规格磨球的重要选择。

锻造磨球的生产工序为锻造坯料加热→粗锻→精锻成形→淬火→回火→抽样检验→入库。锻造磨球常用的热处理方式有锻后余热淬火和二次加热淬火。锻后余热淬火是将磨球锻造成形后，空冷到适当的温度，利用余热进行淬火。余热淬火能极大地提高磨球生产率，减少加热工序，节约成本，但对于大尺寸磨球，由于加热温度高，余热淬火可能会导致晶粒粗大，冲击韧性低等问题。二次加热淬火是磨球锻造成

形空冷至室温后，再将磨球重新加热至奥氏体化温度的淬火。二次加热温度较低，可很好地控制晶粒尺寸，提高磨球的冲击韧性，但二次加热增加了生产工序和能耗，降低了生产率，增加了生产成本。

实例 1：球磨机湿磨的大直径 $\phi120mm$ 锻造磨球，采用高碳低合金钢 B2 钢，其化学成分（质量分数，%）为 C 0.75～0.85、Mn 0.70～0.90、Si 0.17～0.35、Cr 0.40～0.60、P≤0.05、S≤0.05。制造工艺路线为下料（$\phi85mm$ 钢棒）→1100℃天然气炉加热（长度 160mm）→空气锤锤锻成形（$\phi120mm$ 钢球）→锻后余热淬火→200℃低温回火。始锻温度为 1050～1100℃，终锻温度为 900～1000℃，锻造成形后磨球在滑轨上旋转前行，锻球表面冷至 820℃滚入水温为 35℃的循环水池冷却 2min，水温控制在 30～50℃，130～150℃出水，再经 200℃回火，表面平均硬度为 61HRC，冲击韧度为 17J/cm²，但落球试验次数仅 300～500 次，抗破碎性较差。改为二次加热淬火工艺，当磨球锻造成形后空冷至 200℃时，重新加热到淬火温度 820℃×3h 水淬+200℃×5h 回火，热处理工艺曲线如图 20-23 所示。二次加热淬火热处理后，表面平均硬度为 62HRC，冲击韧度为 20J/cm²，落球试验次数超过 3000 次，满足用户不低于 2500 次的要求。

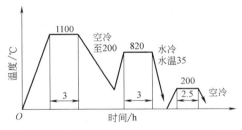

图 20-23　B2 钢锻造磨球热处理工艺曲线

实例 2：$\phi150mm$ 大规格高性能磨球，要求磨球表面硬度≥60HRC、心部硬度≥58HRC、晶粒度≥7 级、落球试验次数不低于 2500 次。采用高碳低合金锻球用钢 GN-6A（企业牌号），材料化学成分（质量分数，%）为 C 0.75～0.9、Si 0.17～0.37、Mn 0.75～0.95、Cr 0.70～0.90、P≤0.025%、S≤0.025%。制造工艺路线为 $\phi100mm$ 原始棒料加热至 1120℃×2.5h→热剪机切割（长度 225mm）→粗锻→精锻成 $\phi150mm$ 磨球（始锻温度为 1050℃～1100℃，终锻温度为 950～1000℃）→空冷至磨球表面温度 760℃～780℃淬火→180℃×5h 低温回火。磨球表面硬度为 60HRC，心部硬度大于 58HRC，磨球冲击吸收能量为 8～14J，但磨球晶粒度级别在 4～5 级，落球破坏次数低于 2300 次，抗冲击

破碎性能较差。

改用二次加热淬火，淬火工艺为 900℃×3h 保温+预冷至磨球表面温度 780℃～800℃水淬+180℃×5h 低温回火，磨球表面硬度>60HRC、心部硬度>58HRC，冲击吸收能量为 16J，晶粒度为 5.7 级，依然比较粗大，落球破坏次数在 3000 次左右，抗冲击破碎性能较好。

针对 GN-6A 钢生产的 $\phi150mm$ 磨球晶粒较粗大的问题，在原材料基础上优化磨球材料，降 C、升 Si、加入 Mo、Nb 等合金元素，化学成分（质量分数，%）为 C 0.70～0.80、Si 0.60～0.80、Mn 0.80～1.10、Cr 0.80～0.95、Mo 0.08～0.20、Nb 0.02～0.04、Ni≤0.05，制造工艺与 GN-6A 钢相同，二次加热淬火工艺为加热温度 900℃×3h+800℃入水冷，240s 出水空冷+180℃×5h 回火。磨球表面硬度≥61HRC，心部硬度≥59HRC，冲击吸收能量≥30J，晶粒度>8 级，落球破坏次数>4000 次，抗破碎性能优越。

实例 3：贝氏体耐磨钢球二次加热淬火热处理。锻造磨球直径为 $\phi120mm$，采用在 65Mn 基础上进行成分设计的贝氏体耐磨钢，化学成分（质量分数，%）为 C 0.65、Mn 0.7、Si 1.5、Cr 0.7、Fe 余量。始锻温度为 1150℃，终锻温度为 1110℃左右，锻后直接空冷，锻球二次淬火的热处理工艺曲线如图 20-24 所示。加热温度 950℃水冷+260℃低温回火，最终热处理后从表面到心部组织为回火马氏体→回火马氏体+贝氏体→贝氏体，整体硬度>50HRC，冲击吸收能量>30J，落球试验次数>3000 次，具有较高的强韧性。

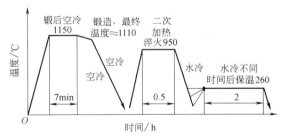

图 20-24　贝氏体耐磨钢球的热处理工艺曲线

3. 铸造磨球的热处理工艺

铸造磨球以铬合金白口铸铁和球墨铸铁为主。铬合金白口铸铁磨球按基体组织的不同分为马氏体磨球、贝氏体磨球、奥氏体磨球和屈氏体磨球。马氏体磨球的基体组织为共晶碳化物 M_7C_3+二次碳化物+马氏体+残留奥氏体，硬度最高，适用于冲击不大的中小型球磨机；奥氏体磨球具有较高的冲击韧性和耐磨性，适用于冲击较大的大型球磨机，不同铬含量铬系铸造磨球的热处理工艺可参见表 20-10。

为提高 ZQCr12、ZQCr15、ZQCr20、ZQCr26 高铬铸造磨球的韧性，也有采用磨球 920~980℃二次奥氏体化，260℃等温淬火的工艺，其强韧性有一定的提高。

贝氏体磨球采用 820~900℃×4~6h 淬火+200℃×3~5h 回火的热处理工艺，得到下贝氏体+共晶碳化物+残留奥氏体+球状石墨的组织，硬度≥50HRC，冲击韧度≥10J/cm^2。随奥氏体化温度的升高，贝氏体含量逐渐减少，奥氏体含量增多，硬度下降。

贝氏体等温淬火球墨铸铁（ADI）工艺有两种，常规等温淬火工艺与两步法，如图 20-25 所示。常规等温淬火工艺主要包括两个阶段：首先将铸件加热到 850~950℃，使其充分奥氏体化；然后快速淬入 240~400℃温度范围的冷却介质中，等温 0.5~4h，最后空冷至室温，获得贝氏体基体+残留奥氏体+少量马氏体组织，硬度为 22~28HRC。

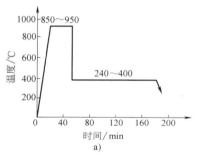

a)

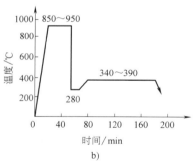

b)

图 20-25　球磨铸铁常规等温淬火与两步法工艺曲线
a）常规等温淬火工艺　b）两步法

ADI 两步法：第一步将球墨铸铁在 850~950℃完全奥氏体化；第二步从奥氏体化温度以足够快的速度冷却到等温淬火温度，即快速冷却低温（280℃左右）保温形核，再转至高温（340~390℃）等温淬火，获得细小的针状铁素体+较高碳含量的残留奥氏体组织，提高工件的综合力学性能。磨损工况不同时，等温淬火工艺有所不同：在冲击磨损条件下，当冲击能量较小时，应选较低的奥氏体化温度（850℃左右）及较低的等温温度（260~300℃），ADI 强度、硬度均较高，有利于其耐磨；在强烈的冲击条件下，应选

奥氏体化温度为 850℃~875℃和较高温度（310~380℃）等温，其韧性较好。

20.5　磨机衬板的热处理

20.5.1　衬板的服役条件及失效形式

磨机是细化、粉磨已破碎的固体物料的机械装备，其类型有自磨机、半自磨机、球磨机、辊磨机和立式搅拌磨机等。衬板用来保护磨机筒体，使其避免研磨介质和被磨物料的直接冲击。自磨机兼有破碎和粉磨的功能，利用被磨物料的离心力和摩擦力的作用，被带到一定高度的物料在重力作用下呈泻落或抛落运动状态，产生冲击和磨剥作用，达到粉碎目的。半自磨机和球磨机除了物料自身，还添加部分磨球等研磨介质用来加强对物料的破碎效果，磨球在抛落过程中与衬板碰撞瞬间对磨机衬板产生较大的冲击力。球磨作业一般设置在半自磨作业之后，进料粒度更细，磨球更小，衬板受到磨球和物料的冲击相对半自磨机要小。各类磨机的衬板工作时都承受研磨介质及物料的冲击、研磨和碾压等多种因素的作用，其主要失效形式为磨料磨损，约占 50%以上，并且主要为凿削磨料磨损和高应力研磨两种机制；其次的失效形式还有变形、断裂及腐蚀磨损。因此，要保证磨机高效、可靠的运行，衬板应具有较高的硬度（45~55HRC 及以上）、耐磨性、高强度（屈服强度≥400MPa，抗拉强度≥600MPa）和足够的韧性（冲击韧度 10~30J/cm^2 及以上），以及较好的耐蚀性能和工艺性能。

20.5.2　衬板材料

磨机的衬板种类很多，根据其表面形状可分为阶梯衬板、波形衬板、平衬板、压条衬板、半球形衬板等；根据衬板材料的不同，主要分为金属材料衬板、橡胶材料衬板和复合材料衬板三大类，其中金属材料衬板包括奥氏体锰钢衬板、耐磨合金钢衬板和耐磨铸铁衬板。

1. 奥氏体锰钢衬板

奥氏体锰钢是半自磨机、球磨机衬板的常用材料。普通高锰钢衬板水韧处理后受剧烈的冲击或接触应力时，表面产生加工硬化作用，心部仍保持较好韧性，因而高锰钢既耐磨损又抗冲击的特点在强冲击、高应力方面是其他耐磨材料难以企及的。普通高锰钢衬板的主要问题是初始硬度和屈服强度低，因而衬板在使用过程中受物料和磨球的不断冲击易引起表面相变，造成局部体积增大和切向尺寸加大，在大型磨机中易断裂、延展变形，造成衬板拆卸困难。随着磨机大型化的发展，在大型球磨机及半自磨机的衬板中，合金化改性高锰钢、中锰钢或超高锰钢逐渐替代普通高锰钢衬板。通过添加 Cr、Mo、Ti、V、RE 等合金元素的改性高锰钢，以及通过改变 C、Mn 含量与配比的中锰钢及超高锰钢在大型衬板的应用，表现出更高的耐磨性和使用寿命。

表 20-18 列出了常用奥氏体锰钢的牌号、化学成分及硬度和冲击吸收能量。

表 20-18　常用奥氏体锰钢的牌号、化学成分及硬度和冲击吸收能量

牌号	化学成分（质量分数，%)						表面硬度 HBW≤	冲击吸收能量/J　≥
	C	Si	Mn	P≤	S≤	其他		
ZG110Mn13Mo1	0.75~1.35	0.3~0.9	11~14	0.060	0.040	Mo:0.9~1.2	300	118
ZG120Mn13	1.05~1.35	0.3~0.9	11~14	0.060	0.040	—	300	118
ZG120Mn13Cr2	1.05~1.35	0.3~0.9	11~14	0.060	0.040	Cr:1.5~2.5	300	90
ZG120Mn13W1	1.05~1.35	0.3~0.9	11~14	0.060	0.040	W:0.9~1.2	300	118
ZG120Mn13Ni3	1.05~1.35	0.3~0.9	11~14	0.060	0.040	Ni:3~4	300	118
ZG120Mn17	1.05~1.35	0.3~0.9	16~19	0.060	0.040	—	300	118
ZG120Mn17Cr2	1.05~1.35	0.3~0.9	16~19	0.060	0.040	Cr:1.5~2.5	300	90

注：允许少量加入 V、Ti、Nb、B、RE 元素。

2. 耐磨合金钢衬板

中高碳低、中合金耐磨钢是国内外发展较快的钢种，国内发展出来的低、中合金钢系列有 Cr-Mo 系列、Cr-Mo-Mn 系列、Cr-Mo-V 系列及 Cr-Mo-Ni 系列等，国外系列有日本的 JFE-EH 系列、德国蒂森克虏伯的 XAR 系列、德国的迪林根 400V 和 500V 系列、瑞典奥克隆德生产的 HARDOX 系列等。其中，典型的低合金耐磨钢有贝氏体钢、马氏体钢、马氏体+贝氏体钢等，表 20-19 列出了一些磨机衬板用的典型低合金耐磨钢的化学成分。

经验表明，在冲击磨料磨损工况下，单一追求高硬度而忽视材料的韧性将使衬板开裂率增大，同时其表面形成的微裂纹也会加速衬板基体的磨损。通过调整化学成分及热处理工艺的合理搭配，耐磨合金钢可获得更优异的力学性能和耐磨性，在中等冲击磨损条件下表现出了较高锰钢衬板优良的使用性能，使用越来越广泛。

表 20-19　磨机衬板用的典型低合金耐磨钢的化学成分

类型	编号	化学成分（质量分数,%)						其他
		C	Si	Mn	Cr	Mo	S、P≤	
马氏体	M1	0.28~0.34	0.80~1.20	1.20~1.70	1.00~1.50	0.25~0.50	0.040	Ti:0.08~0.12
	M2	0.26~0.35	0.17~0.37	0.5~0.75	0.55~0.85	0.2~0.3	0.030	RE:0.03~0.06,Ni:1.5~1.8
	M3	0.30~0.35	0.80~1.20	0.80~1.30	0.80~1.20	0.20~0.50	—	RE:0.10~0.20,Ni:1.0~1.2
	M4	0.35	1.03	0.93	2.11	0.40	0.040	RE:0.11
	M5	0.35~0.42	0.8~1.5	1.0~2.0	1.0~2.5	0.3~0.8	0.040	RE:0.002~0.004,Ni:0.3~1.0
	M6	<0.35	<1.0	<1.2	<1.2		0.04	RE<0.1,Cu<0.5,B0.8~1.2,Ti<0.3
	M7	0.35~0.45	1.10~1.60	0.80~1.20	1.50~2.00	0.15~0.60	0.035	—
	M8	0.30~0.50	0.50~0.80	1.00~1.50	1.50~2.20	0.30~0.40	<0.040	适量 V
贝氏体	B1	0.5~0.8	0.5~1.8	0.7~2.0	1.0~2.0	0.3~0.8	—	Ni:0.4~0.6,微量 RE、B、V、Ti、
	B2	0.35~0.5	1.4~2.0	1.8~2.1	0.6~1.0		—	Ni:0.1~0.7
	B3	0.6~0.9	<1.0	1.0~2.0	1.5~2.5	0.040		B:0.002~0.008,RE:0.2~0.6
	B4	0.5~0.6	0.4~0.8	0.4~0.8	2.0~3.0	0.3~0.8	0.040	Cu:0.2~0.8
	B5	0.4~0.6	1.5~2.5	2.0~3.0	—	微量	0.004	微量 RE、V、B
马氏体+贝氏体	D1	0.60~0.90	0.2~0.4	0.3~0.5	2.0~4.0	≤0.5	—	Cu:0.3~0.5,Ni:0.4~0.6
	D2	0.4~1.2	0.8~2.0	0.7~2.5	1.5~2.2	≤0.5	—	—
	D3	0.40~0.60	0.5~0.9	0.8~1.2	2.0~4.0	≤0.5	—	RE:0.15~0.20,V:0.2~0.3,Ti:0.15~0.2
	D4	0.30~0.45	0.8~1.8	1.0~1.8	0.8~1.8	0.1~0.6	—	Cu:0.1~0.5,RE:0.02~0.06,B:0.001~0.003

3. 耐磨铸铁衬板

耐磨铸铁主要包括普通白口铸铁、镍硬铸铁和铬合金白口铸铁三大类。铬合金白口铸铁中的高铬铸铁因其具有良好的耐蚀性和抗氧化性，并且韧性优于普通的白口铸铁而被广泛用作制造衬板材料，但高铬铸铁中存在比较脆、硬的碳化物，严重降低了衬板基体的抗冲击能力，故主要用于承受低应力磨料磨损或冲击负荷较小的工况。常用的高铬铸铁有 BTMCr12-DT（GT）、BTMCr15、BTMCr20、BTMCr26。近年来，人们在传统高铬铸铁基础上，致力于提高高铬铸铁的冲击韧性和耐磨性能，研制出了高韧性高铬铸铁、无钼镍高铬铸铁、稀土钒钛高铬白口铸铁和低硅锰高铬铸铁等新材料（见表20-20），在实际使用中表现出了良好的使用性能，并降低了生产成本。

表 20-20　磨机衬板用高铬铸铁的化学成分

序号	名称	（质量分数，%）					
		C	Si	Mn	Cr	S、P	其他
G1	高韧性高铬铸铁	3.1～3.6	0.8～1.6	0.5～1.2	20～25	S、P：≤0.1	Ni：0.8～1.2，W：0.2～0.6
G2	无钼镍高铬铸铁	2.4～2.8	≤0.8	0.4～1.0	14～18	S：≤0.06 P：≤0.1	Cu：0.4～0.8
G3	稀土钒钛高铬白口铸铁	2.6～3.2	0.5～1.0	0.5～1.2	12～15	S：≤0.07 P：≤0.1	V：0.1～0.4，Ti：0.05～0.15 RE：0.05～0.10
G4	高锰低钼高铬铸铁	2.5～3.0	0.8～1.0	2.5～3.0	13～15	—	Cu：0.8～1.2，Mo：0.4～0.6
G5	铸态奥氏体高铬铸铁	2.3～2.5	≤0.8	2.0～2.5	15～17	S：≤0.06 P：<0.6	Cu：0.8～1.0
G6	钛、硼高铬铸铁	2.9～3.1	<1.5	<1.5	13～15	S、P：<0.06	Cu：0.1～0.5，Ti：0.4，B：0.8

20.5.3　衬板的热处理工艺

高锰钢衬板的热处理工艺规范参见表20-11，马氏体、贝氏体、马氏体+贝氏体复相组织的一些典型低合金耐磨钢衬板的热处理工艺、组织性能与使用情况见表20-21，常规高铬铸铁的热处理规范见表20-10，六种高铬铸铁（表20-20）衬板的热处理工艺、力学性能和使用情况见表20-22。

表 20-21　典型低合金耐磨钢衬板的热处理工艺、组织性能与使用情况

类型	序号	热处理	金相组织	力学性能	使用情况
马氏体	M1	1000℃保温2h，炉冷至850℃保温2h水淬+250℃×3h回火	板条状马氏体+少量残留奥氏体	硬度51HRC $a_{KN}=90J/cm^2$	使用寿命高于高锰钢衬板
	M2	淬火空冷+250℃回火	回火马氏体+少量残留奥氏体+少量碳化物	硬度53.5HRC $a_K=43.1J/cm^2$	使寿命比高锰钢衬板提高1.5～2.0倍
	M3	1000～1050℃淬火+200℃回火	板条状马氏体+少量片状马氏体	硬度47～51HRC $a_{KU}=43～57J/cm^2$	使用寿命为高锰钢的3倍左右，具有良好的抗腐蚀磨损性能
	M4	880～900℃水淬+200℃回火	板条状马氏体	硬度50.35HRC $a_{KU}=26.95J/cm^2$	使用寿命高于高锰钢衬板且无变形
	M5	880℃淬火+250℃回火	板条状马氏体+少量二次碳化物	$R_m=1385～1518MPa$ 硬度49～55HRC $a_K=38.5～45.8J/cm^2$	使用寿命比高锰钢衬板提高一倍以上
	M6	1000℃淬火+230～240℃回火	回火马氏体	$R_m>900MPa$ $a_K=18.2J/cm^2$ 硬度>55HRC	使用寿命比高锰钢衬板提高1.8～2.0倍
	M7	900℃油淬+200℃回火	回火马氏体	硬度50.35HRC $a_K=21J/cm^2$	使用寿命比高锰钢衬板提高近5倍
	M8	890℃退火+880℃淬火+220℃回火	回火马氏体+残留奥氏体	$R_m≥1200MPa$ $a_K≥18.2J/cm^2$ 硬度≥50HRC	使用寿命比高锰钢提高2倍以上

（续）

类型	序号	热处理	金相组织	力学性能	使用情况
贝氏体	B1	（910±20）℃×4h 风冷 +（350±10）℃×6h 炉冷	贝氏体	硬度>60HRC a_K>16J/cm²	使用寿命比高锰钢衬板提高 1.5~2.5 倍
	B2	（920±10）℃ 正火 +（200±10）℃回火	贝氏体和残留奥氏体	R_m=1500MPa a_K=14J/cm² 硬度 51HRC	使用寿命是马氏体钢衬板的 2.27 倍,高碳低合金铸铁衬板的 1.79 倍,高铬铸铁衬板的 1.25 倍
	B3	空气淬火	贝氏体	硬度≥50HRC a_K≥20J/cm²	耐磨性比高锰钢衬板寿命提高 50% 以上
	B4	快冷躲过珠光体转变区,然后慢冷获得贝氏体组织	贝氏体	a_K≥50J/cm² 硬度 45~50HRC	大型湿式球磨机上应用,比高锰钢衬板使用寿命一般延长 30%
	B5	850℃ 空冷至室温 +250℃炉中回火	贝氏体	硬度>50HRC a_K>17J/cm²	比 ZG120Mn13 钢（9 个班次）,制衬板使用寿命长一倍多
马氏体 + 贝氏体	D1	900~950℃ 淬火 +500~550℃回火	回火马氏体+贝氏体+回火屈氏体+残留奥氏体+弥散碳化物	R_m=1500MPa a_K=55J/cm² 硬度 46.2HRC	相对耐磨性是高锰钢衬板的 1.3 倍以上
	D2	900~920℃ 淬火 +350~370℃回火	回火马氏体+贝氏体+颗粒状碳化物	R_m>1600MPa a_K>18J/cm² 断裂韧度>80MPa·m$^{1/2}$ 硬度>60HRC	使用寿命比高锰钢衬板提高 1.5~2.5 倍
	D3	940~960℃×3h 空淬 +（230±20）℃×4h 回火	回火马氏体+贝氏体+碳化物+残留奥氏体	a_K>20J/cm² 硬度 50HRC	使用寿命相当于高锰钢衬板的 3 倍以上
	D4	880℃淬火+250℃低温回火	马氏体+贝氏体	a_K>89.8J/cm² 硬度 51HRC	耐磨性比高锰钢衬板提高 52.7%

表 20-22　高铬铸铁衬板的热处理工艺、力学性能和使用情况

序号	热处理工艺	金相组织	力学性能	使用情况
G1	1000℃×2h 空冷 +250℃×2h 回火,空冷	马氏体+共晶碳化物+条块状碳化物	硬度 60.5HRC, a_K=8.1J/cm²	湿式球磨机应用,耐磨性是高锰钢衬板的 2.6 倍
G2	夏季:特制淬火液冷却;冬季:风冷或空冷;320~450℃回火	回火马氏体+M$_7$C$_3$+残留奥氏体少量	硬度 57~60.5HRC, a_K=4~8J/cm², 淬透性>80mm	生产成本低,节约贵重合金钼、镍
G3	950℃×90min 空冷 +450℃×120min 空冷	屈氏体基体上弥散分布 M$_7$C$_3$ 共晶碳化物	硬度 62.6HRC, a_K=7.2J/cm²	使用寿命相当于高锰钢衬板的 3 倍以上
G4	950℃淬火+260℃回火	马氏体+碳化物	硬度 55.3HRC, a_K=9.5J/cm²	比奥氏体高锰钢衬板寿命提高 2 倍,并且生产成本低
G5	200℃×2h 回火	奥氏体+渗碳体	硬度 45~47HRC, a_K≥9J/cm²	在湿式球磨机应用,比高锰钢衬板更具优越性
G6	980℃×2h 风冷+250℃×3h 空冷	回火马氏体+块状碳化物+细小弥散碳化物+少量残留奥氏体	—	原材料成本虽提高 27%,但使用寿命是普通高铬铸铁的 3 倍

20.6 铁路辙叉的热处理

20.6.1 辙叉的服役条件及失效形式

铁路辙叉是使列车车轮由一股钢轨转换到另一股钢轨的轨线平面交叉设备，是铁路结构中损伤最严重的部位，主要由翼轨、心轨及连接零件组成。按组合方式又分为整体铸造辙叉和拼装组合式辙叉，整体铸造辙叉通常指高锰钢铸造辙叉，而拼装辙叉主要是以珠光休钢、高锰钢或贝氏体钢为心轨，珠光体钢或贝氏体钢为翼轨，通过高强螺钉组装而成的辙叉，如图20-26 所示。

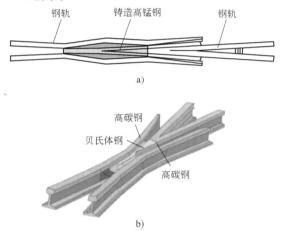

图 20-26　两种组合方式钢轨辙叉
a）高锰钢整体铸造辙叉　b）贝氏体钢拼装辙叉

列车通过时，辙叉承受列车车轮的强烈冲击和碾压接触应力的作用，以及滑动、滚动摩擦，高锰钢辙叉的失效形式主要是初期的磨损压溃变形和后期的疲劳剥落，而贝氏体钢辙叉的失效原因主要是磨损和氢致脆性剥落。因此，辙叉用钢须具有较高的强度、硬度和韧性，以及良好的耐磨性和抗接触疲劳性能。

20.6.2 辙叉材料

铁路辙叉用钢主要有高锰钢、贝氏体钢和珠光体钢轨钢。高锰钢作为铁路辙叉用钢已有一百多年的历史，至今在铁路辙叉用钢中仍然占主要地位；贝氏体钢辙叉多属于拼装组合式辙叉，其叉心为锻造贝氏体钢制造，其余为普通钢轨钢制作；珠光体钢轨钢目前大量地用于制造贝氏体钢拼装组合辙叉的翼轨，以及可动心轨辙叉的心轨、翼轨以及尖轨。

表 20-23 列出了 TB/T 447 规定的高锰钢辙叉用钢的化学成分及力学性能。因磷对高锰钢辙叉的使用寿命危害最大，因此高锰钢辙叉化学成分标准规定的差别主要在于对 P 含量的上限要求。为提高高锰钢辙叉的使用寿命和满足不同使用要求，各国发展了合金化高锰钢。合金化的作用主要体现在固溶强化（如加入 N、Al 等元素）、沉淀强化（如加入 Mo、Nb、V、Ti 等碳化物形成元素）和提高自润滑性能（如加入 Cu 等合金元素）。

贝氏体钢辙叉具有比高锰钢辙叉更高的强韧性、抗冲击变形能力、良好的耐磨性能及优异的焊接工艺性能，贝氏体钢成为制作重载、高速铁路用辙叉的理想材料之一。我国辙叉用贝氏体钢的化学成分均根据铁道部（2005）165 号文规定设计的，即满足抗拉强度大于 1240MPa，常温冲击韧度大于 70J/cm^2，−40℃时的低温冲击韧度大于 35J/cm^2，硬度为 38～45HRC。表 20-24 列出了国内外主要商业贝氏体钢辙叉的化学成分和力学性能。

表 20-23　我国高锰钢辙叉化学成分标准及力学性能

| 标准 | 辙叉等级 | 化学成分（质量分数,%） | | | | | $R_m/$ MPa | A （%） | $K/$ J | 硬度 HBW |
		C	Mn	Si	P[1]	S				
TB/T 447—2020		1.00～1.30	12.0～14.0	0.30～0.80	≤0.045 （0.050）	≤0.030	≥735	≥35	≤118	≤229
TB/T 447—2004[2]	一级	0.95～1.35	11.0～14.0	0.30～0.80	≤0.045	≤0.030	≥735	≥35	≥118	≤229
	二级				≤0.060	≤0.035				

① $w(P) \leq 0.050$ 适用于 50kg/m 及以下钢轨用辙叉，$w(P) \leq 0.045$ 适用于 60kg/m 及以上钢轨用辙叉。
② 列出 TB/T 447—2004 是用于对比相应的变化。

表 20-24　国内外主要商业贝氏体钢辙叉的化学成分和力学性能

| 国别 | 化学成分（质量分数,%） | | | | | | | 力 学 性 能 | | | |
	C	Mn	Si	Cr	Ni	Mo	其他	$R_{eL}/$ MPa	$R_m/$ MPa	A （%）	硬度
英国	0.1	1.0	—	2.0	3.0	0.5	B:0.003	750	1000	6	350HBW
美国	0.26	1.85	1.75	—	3.00	0.50	B:0.004	1000	1531	5	450HBW

（续）

国别	化学成分(质量分数,%)							力学性能			
	C	Mn	Si	Cr	Ni	Mo	其他	$R_{eL}/$ MPa	$R_m/$ MPa	A (%)	硬度
德国	0.4	0.7	1.5	1.1	—	0.8	V:0.1	1037	1455	13	440HV
日本	0.2~0.55	0.4~2.5	0.15~1.0	0.2~3.0	—	0.1~2.0	Nb:0.15 V:0.1	—	—	—	—
中国	0.3	1.5	1.5	1.5	0.5	0.5	—		1240		38~45HRC

　　我国先后用于制造铁路辙叉的珠光体钢轨钢主要有 U74、U71Mn 和 U75V 钢,目前主要以 U75V 钢为主。欧洲大多数国家主要利用 UIC60 钢、日本则为 JIS60 和 AHH 等。表 20-25 列出了国内外用于制造辙叉的珠光体钢化学成分及其性能。

表 20-25　国内外用于制造辙叉的珠光体钢的化学成分及其性能

国别	牌号	化学成分(质量分数,%)						力学性能		
		C	Si	Mn	S≤	P≤	其他	$R_m/$ MPa	A (%)	HBW
美国	AREA	0.72~0.82	0.10~0.60	0.60~1.25	0.031	0.035	Cr:0.05	≥960	≥9	≥300
俄罗斯	M76	0.71~0.82	0.18~0.40	0.75~1.05	0.045	0.035		≥900	≥4	
日本	JIS60	0.63~0.75	0.15~0.30	0.70~1.10	<0.025	0.030		≥800	≥8	
	AHH	0.72~0.82	0.80~1.10	0.40~0.60	0.030	0.020	Cr:0.4~0.60 V:0.04~0.07	1225	>10	350~405
欧洲	UIC60	0.788	0.829	0.225	<0.015	<0.025		1250	11	360
中国	U74[①]	0.67~0.79	0.13~0.28	0.70~0.90	0.030	0.030		≥780	≥10	
	U71Mn	0.60~0.80	0.15~0.58	1.10~1.20	0.025	0.025		≥880	≥10	
	U75V	0.71~0.80	0.50~0.80	0.70~1.05	0.025	0.025	V:0.04~0.12	>1200	>11	341~388

① 曾用牌号。

20.6.3　辙叉的热处理工艺

1. 高锰钢辙叉的热处理工艺

（1）高锰钢辙叉的水韧处理　高锰钢辙叉通常整体铸造成形,热处理工艺分两种,即冷辙叉处理和热辙叉处理。热处理设备一般为窑炉,热处理时应严格控制入炉温度和升温速度。冷辙叉铸件的装窑温度为室温,热辙叉装窑温度为铸件降到150℃左右。辙叉结构复杂,同一铸件壁厚相差悬殊,高锰钢的导热性能差,热膨胀系数大,铸件本身存在较大的铸造应力,因此加热时升温速度须慢。图 20-27a 所示为高锰钢辙叉常用的一种水韧处理工艺曲线。冷辙叉在

150℃以下升温速度须不高于 70℃/h;两种辙叉入窑后到 150℃要均温 1.0~1.5h 后再升温。冷、热两种辙叉从 150℃升温到 650℃时,升温速度均不得大于 90℃/h;升温到 650~700℃均温后,可以较快速度升温到固溶温度。对于含有铬、钼、钒、钛等碳化物形成元素的高锰钢,其加热温度较普通高锰钢高 30~50℃,或者在 1100℃保温。当温度超过 1150℃时,晶粒粗大,出现过热组织。有时也采用图 20-27b 所示的奥地利高锰钢辙叉热处理工艺曲线。其加热速度慢,保温时间更长,有利于碳化物充分溶入奥氏体组织,消除或降低晶界上残余碳化物,对辙叉内部质量和使用寿命均有益。

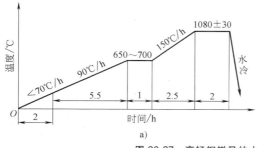

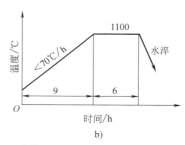

图 20-27　高锰钢辙叉的水韧处理工艺曲线

a）常用的水韧处理工艺　b）奥地利高锰钢辙叉热处理工艺

经水韧处理后，高锰钢辙叉的显微组织应保证为单相奥氏体。按 GB/T 13925—2010 规定，允许晶内残存少量分散的碳化物，晶界存在断续网状碳化物。晶界析出的碳化物应为不连续的线状、棒状或粒状。未溶碳化物不大于 W3 级、析出碳化物不大于 X3 级、过热碳化物不大于 G2 级为合格。

（2）高锰钢辙叉的渗碳强化　高锰钢辙叉渗碳强化技术是俄罗斯首先提出的，即利用直流电焊机组，在反极性接线条件下，依靠碳素电极碳弧的作用，将原子态的碳渗入高锰钢辙叉的工作表面，沿奥氏体晶界生成硬度很高的 Fe₃C 和 Mn₃C，增加高锰钢辙叉工作表面的耐磨性，从而提高辙叉的使用寿命。渗碳强化辙叉的部位主要是在辙叉心轨 20~60mm 断面的轨顶面、翼轨咽喉前 250mm 至心轨 40mm 断面相对应的翼轨轨顶表面。该技术采用直流电焊机组，所用电流为 150~160A，选用直径为 6mm、表面没有镀铜的碳棒，用反极性（正极接碳素电棒）直流电进行强化。强化点的直径为 8~10mm，深度为 1.5mm，相邻边缘间的距离为 3~8mm，不允许一个强化点覆盖另一个强化点，强化点呈梅花状合理布局，强化点形貌为一个个整齐排列的浅圆坑。对强化点周边高出部分，需进行打磨。经渗碳强化可使高锰钢辙叉使用寿命提高 30% 以上。

（3）高锰钢辙叉的爆炸硬化　为提高水韧处理后的高锰钢辙叉表面的初始硬度，利用爆炸硬化，即直接敷贴在金属表面上的专用炸药爆炸产生的爆轰波猛烈冲击金属表面，使其内部产生强烈的冲击波；金属在巨大的冲击压缩应力作用下，产生压缩塑性变形，从而使铸件的硬度提高。研究表明：在爆轰冲击波的作用下，材料内部产生的大变形硬化机制主要为位错硬化和孪晶硬化。实践表明，采取爆炸硬化技术可使高锰钢辙叉的使用寿命提高 40% 以上。

2. 贝氏体辙叉的热处理工艺

拼装组合式贝氏体钢辙叉，其心叉为贝氏体钢锻造成形。辙叉用贝氏体钢属于中低碳低合金结构钢，可采用自由锻或模锻锻造，始锻温度一般要低于相图固相线温度 100~150℃，或者按 $T_{始锻} = Ac_3 + (400 \sim 500)℃$ 或 $T_{始锻} = Ar_3 + (20 \sim 40)℃$ 确定。图 20-28 所示

为国产商用 30MnSiCrMoNi 和新型 30MnAlCrWNi 贝氏体辙叉钢的实际锻造工艺曲线。辙叉用贝氏体钢为高强度钢，具有明显的氢脆特征，锻后要进行预防白点退火。

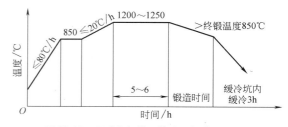

图 20-28　贝氏体钢辙叉的实际锻造工艺曲线

（1）预防白点退火　图 20-29 所示为辙叉用贝氏体钢锻后预防白点退火工艺曲线。高强度贝氏体钢不产生氢脆的极限氢含量与高强度合金结构钢相当，为 $(0.5 \sim 0.6) \times 10^{-6}$（质量分数）。在这种预防白点退火工艺中，升温和降温采用 350℃ 较低的过冷温度，目的是使奥氏体迅速转变成贝氏体铁素体。温度低，残留奥氏体含量较少，大幅度降低了氢的"陷阱"，使溶解在钢中的氢含量降低。采用缓慢的冷却速度，一是可减少冷却过程中的残余应力，防止因瞬时应力过大而出现白点；二是为氢的扩散提供充足的时间，利于氢充分地扩散逸出。

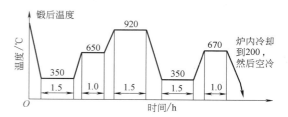

图 20-29　辙叉用贝氏体钢锻后预防白点退火工艺曲线

受季节和湿度影响，夏季潮湿季节熔炼的贝氏体钢中的氢含量显著高于冬季干燥气氛熔炼的贝氏体钢中的氢含量，冬季熔炼的贝氏体钢综合性能最好，而夏季熔炼的贝氏体钢的塑韧性较差，具有典型氢脆特征。表 20-26 和表 20-27 分别列出了夏、冬季熔炼的辙叉用贝氏体钢 30MnSiAlCrWNi 的热处理工艺及其相应的力学性能。

表 20-26　夏季熔炼的辙叉用贝氏体钢 30MnSiAlCrWNi 的热处理工艺及其相应的力学性能

编号	热处理工艺	$R_m/$ MPa	$R_{p0.2}/$ MPa	A (%)	Z (%)	$a_K/$ (J/cm²)
1	锻后缓冷	1030	—	1	0	22
2	锻后缓冷+900℃正火	2050	1820	8	12	31
3	锻后缓冷+900℃正火+300℃回火	2010	1920	11	23	36
4	锻后缓冷+880℃退火+900℃正火+350℃回火	1570	1500	10	31	35

表 20-27　冬季熔炼的辙叉用贝氏体钢 30MnSiAlCrWNi 的热处理工艺及其相应的力学性能

编号	热处理工艺	$R_{p0.2}/$ MPa	A (%)	Z (%)	$a_K/$ (J/cm^2)
1	锻后缓冷	1440	5	0	72
2	锻后缓冷 + 920℃ 退火 + 900℃ 正火 + 350℃ 回火	1690	13	32	96
3	锻后缓冷 + 920℃ 退火	870	21	58	56
4	920℃ 退火 + 900℃ 正火（350℃ 以下缓冷）+ 350℃ 回火	1410	15	50	108

（2）贝氏体钢辙叉的热处理工艺

实例 1：铁路辙叉用钢 30MnSiAlCrWNi，其化学成分（质量分数，%）为：C 0.28、Mn 1.88、Si 0.46、Al 1.39、W 0.65、Cr 1.43、Ni 0.42、P 0.023、S 0.011。锻后进行预防白点退火处理，最终热处理工艺为 900℃ 正火 + 350℃ 回火，得到贝氏体组织，抗拉强度为 1369 ~ 1385MPa，硬度为 42 ~ 43HRC，冲击韧度为 95 ~ 125J/cm^2，得到良好的强度和韧性匹配。

实例 2：铁道辙叉专用超高韧可焊接空冷贝氏体钢，其化学成分（质量分数，%）为 C0.10 ~ 0.65、Mn0.50 ~ 3.20、Cr0.20 ~ 2.80、Ni≤3.50 和 Mo≤2.00，热处理工艺为 800 ~ 1000℃ 奥氏体化后空冷，≤650℃ 回火，获得的各项力学性能指标为：硬度 39HRC、冲击吸收能量 181J、冲击吸收能量（-40℃）121J、伸长率 16%、断面收缩率 61%、屈服强度 1080MPa、抗拉强度 1280MPa，具有最佳综合机械性能。

参 考 文 献

[1] 魏世忠，徐流杰. 钢铁耐磨材料研究进展 [J]. 金属学报，2020，56（4）：523-538.

[2] 郭红，刘英，李卫. 挖掘机斗齿的磨损机制与选材研究 [J]. 材料导报，2014，28（7）：99-103.

[3] 王玉强，任鸣，张志强. 新型高强度铸钢斗齿材料的研究与应用 [J]. 工程机械文摘，2015（2）：91-93.

[4] 郑丽丽，彭军，安胜利，等. 国内外铲齿用钢的研究现状与发展前景 [J]. 金属热处理，2020，45（5）：229-235.

[5] 张伟旗. 大型矿山挖掘机斗齿失效机制及控制研究 [J]. 有色设备，2017（3）：5-10.

[6] 范宏誉，邢守义，张寒杉，等. 装载机斗齿失效机制及耐磨延寿技术 [J]. 工程机械，2020，51（5）：78-83.

[7] 陈华辉. 耐磨材料应用手册 [M]. 2 版. 北京：机械工业出版社，2012.

[8] 时晓向. 新型高锰钢锤头制造工艺和组织性能的研究 [D]. 太原：太原科技大学，2016.

[9] 李茂林. 我国破碎机锤头质量控制及使用经验（待续）[J]. 铸造设备与工艺，2014（4）：27-38.

[10] 李梦，程巨强，高滋辰，等. 破碎机锤头耐磨材料与制造工艺的发展 [J]. 矿山机械，2012，40（7）：67-71.

[11] 符寒光. 耐磨材料 500 问 [M]. 北京：机械工业出版社，2011.

[12] 李世峰，甘玉生，李永堂，等. 破碎机环锤制造工艺及性能研究 [J]. 机械工程学报，2010，46（4）：54-59.

[13] 李卫，邓世萍，宋量，等. 铸造耐磨材料 [J]. 铸造设备与工艺，2019（1）：61-68.

[14] 刁晓刚，李卫，王春民，等. 矿山耐磨材料的选择与应用 [J]. 矿山机械，2020，48（1）：71-75.

[15] 王旭，夏晓鸥，罗秀建，等. 颚式破碎机分类及研究现状综述 [J]. 中国矿业，2018，27（S2）：227-230.

[16] 康帅. 圆锥破碎机衬板磨损研究 [D]. 秦皇岛：燕山大学，2015.

[17] 马倩倩. 简述五种破碎设备的发展历程及研究状况 [J]. 中国粉体工业，2020（1）：9-11.

[18] 彭世广. 圆锥破碎机衬板用轻质耐磨钢的制备工艺及磨损机理研究 [D]. 北京：北京科技大学，2017.

[19] 宋仁伯，冯一帆，彭世广，等. 高锰钢衬板的研究及应用 [J]. 材料导报，2015，29（19）：74-78.

[20] 张永利，何铁牛，郎忠勇，等. 高锰钢衬板热处理工艺研究与应用 [J]. 矿山机械，2016，44（6）：93-95.

[21] 丁建生，曹瑜强，刘蔺勋. 高锰钢耐磨铸件铸态余热水韧处理工艺研究 [J]. 铸造技术，2009，30（2）：151-153.

[22] 卫心宏，边加勋，张晓晖，等. 提高厚大件高锰钢性能的措施 [J]. 铸造设备与工艺，2014（6）：41-43.

[23] 吕建军，高平，田迎春，等. 新型耐磨齿板热处理工艺研究 [J]. 铸造技术，2018，39（5）：1093-1096.

[24] 李茂林. 我国金属耐磨材料的发展和应用 [J]. 铸造，2002，51（9）：525-529.

[25] 王汝杰，裴中正，宋仁伯，等. 衬板用超高强度空冷贝-马复相铸钢的热处理工艺优化 [J]. 金属热处理，2017（6）：108 ~ 113.

[26] 裴中正. 圆锥破碎机衬板用贝-马复相耐磨铸钢热处理工艺及耐磨机理研究 [D]. 北京：北京科技大学，2021.

[27] 董志超，宫本奎. 轧制磨球的选材及制造研究现状 [J]. 山东冶金，2016，38（2）：4-6.

[28]　许兴军, 徐胜. 大直径锻造矿用耐磨钢球的研制 [J]. 金属热处理, 2013, 38 (1): 47-49.

[29]　陈勇. 抗磨铸铁磨球强韧化热处理工艺的研究 [D]. 合肥: 合肥工业大学, 2016.

[30]　徐鹏. 锻后余热淬火大规格磨球组织与性能的研究 [D]. 天津: 河北工业大学, 2017.

[31]　张连贵. 大规格高性能高碳低合金锻造磨球的开发 [D]. 天津: 河北工业大学, 2018.

[32]　苌雪茜. 热处理工艺对耐磨钢球组织和性能的影响 [D]. 天津: 河北工业大学, 2015.

[33]　李晓波. 球磨机衬板材料及失效形式分析 [J]. 水泥技术, 2020 (2): 21-27.

[34]　刘自勇. 大型球磨机低合金耐磨衬板的开发研究 [D]. 洛阳: 河南科技大学, 2012.

[35]　邹克武, 柴增田, 李卫权. 生产球磨机衬板的新型抗磨材料 [J]. 铸造技术, 2013, 34 (11): 1458-1461.

[36]　王定祥. 铸造磨机衬板的材质和热处理 [J]. 热处理, 2018, 33 (6): 49-54.

[37]　张常乐, 符寒光. 锰系耐磨钢衬板研究进展 [J]. 中国铸造装备与技术, 2019, 54 (3): 5-16.

[38]　张福成. 高锰钢辙叉材料研究进展 [J]. 燕山大学学报, 2010, 34 (3): 189-193.

[39]　张福成, 杨志南, 康杰. 铁路辙叉用贝氏体钢研究进展 [J]. 燕山大学学报, 2013, 37 (1): 1-7.

[40]　张福成. 辙叉钢及其热加工技术 [M]. 北京: 机械工业出版社, 2011.

[41]　郑春雷, 张福成, 吕博, 等. 辙叉用贝氏体钢的氢脆特性及去氢退火工艺 [J]. 材料热处理学报, 2008, 29 (2): 71-75.

[42]　曹栋, 康杰, 龙晓燕, 等. 辙叉用贝氏体钢热处理工艺研究 [J]. 机械工程学报, 2014, 50 (4): 47-52.

第21章 航空零件的热处理

中国航发北京航空材料研究院 王广生 贺瑞军 成亦飞

21.1 航空零件材料和热处理特点

航空零件根据工作条件的不同，分为飞机零件、航空发动机零件、机载设备零件三大类。飞机零件的特点是重量轻、尺寸大、比强度高、综合性能好。飞机机体材料由传统的铝合金和钢为主体，并逐渐扩大钛合金和树脂基复合材料的用量。目前，飞机上常用的可热处理强化铝合金有 7A04、7A09、2A12 等，常用的高强度钢和超高强度钢有 30CrMnSiA、40CrNiMoA、30CrMnSiNi2A、40CrMnSiMoVA、40CrNi2Si2MoVA 和 23Co14Ni12Cr3MoE（A-100）钢等，常用的钛合金有 TC4、TC6、TC18 等。为适应现代飞机发展的要求，作为飞机动力的发动机必须加大推力，提高推重比，增强安全可靠性。为此，不仅在结构上从活塞式发展为涡轮式，而且必然要提高压气机增压比和涡轮进口温度，从而促进了发动机制件用材和制造技术（包括热处理技术）的研究和发展。发动机零件的特点是使用温度高、制造精度高、可靠性好。涡轮发动机的压气机部件主要由不锈钢、结构钢、铝合金和钛合金制成，涡轮部件则选用铁基、镍基和钴基高温合金。为提高工作温度，精密铸造高温合金得到了广泛的应用；为提高叶片、涡轮盘等零部件耐高温和耐燃气腐蚀的能力，表面采用涂渗高温防护涂层。航空机载设备是飞机和发动机的各种控制系统，是保证飞机发挥效能、提高战斗力的主要组成部分。机载设备产品制件的特点是结构尺寸较小，系统连贯多，性能指标特殊、材料品种多、工艺方法复杂，使用的材料主要有航空用结构钢、不锈钢及耐热钢、高温合金、软磁合金和硬磁合金、弹性合金、膨胀合金、记忆合金、贵金属合金，以及铝、镁、铜、钛合金等有色金属材料。机载设备产品制件对热处理工艺有特殊而又严格的要求。

为了使飞机飞行性能高、质量好、安全可靠，航空零件要通过严格热处理，以获得最佳的综合性能。为确保航空零件的热处理质量，实行热处理全面质量控制，不仅仅依靠最终检验，而且应注重热处理全过程的质量控制，即在零件热处理生产中，对影响质量的因素，如生产环境、设备和仪表、工艺材料、技术文件、工艺和生产过程、生产管理及人员素质等实施全面而严格的控制。只有热处理全过程的质量控制与最终检验的相互结合，才能保证零件的热处理质量。

航空零件热处理的另一个特点是热处理工艺复杂多样，以满足不同零件工作条件的需要。航空结构钢大量采用调质处理，以获得较高的抗疲劳性能；广泛应用等温淬火，以获得良好的综合性能，减少淬火畸变；为获得高耐磨性和抗疲劳性能，广泛采用渗碳、渗氮等化学热处理。在航空零件用不锈钢中，对马氏体型不锈钢采用淬火回火处理，对沉淀硬化型不锈钢采用固溶、调质处理、时效工艺。高温合金热处理工艺主要是退火、固溶、时效处理。为满足抗高温氧化、耐蚀性要求，采用了渗金属（如渗铝、渗硅等）工艺。对铝合金、镁合金、钛合金及铜合金等，均要以严格的工艺参数进行热处理，以满足使用性能要求。

航空零件热处理广泛采用真空热处理、保护气氛热处理、可控气氛化学热处理等先进热处理技术，以确保生产出高质量的热处理产品。

21.2 飞机起落架外筒的热处理

1. 工作条件及性能要求

起落架是飞机的关键受力部件，其中焊缝部位（若有时）和由刹车、转弯等极限设计情况下确定尺寸的部位，通常是疲劳危险部位，应给予特别注意。当飞机起飞或降落时，它承受着复杂的拉、压、弯、扭等交变载荷的作用，特别是起落架缓冲支柱，在着陆的瞬间需要承受很大的冲击载荷，所以要求主承力零件，如外筒、活塞杆、轮轴等要有很高的比强度和良好的综合性能。起落架主承力大件在二代飞机上大都采用 30CrMnSiNi2A 超高强度钢制造的焊接结构或整体结构。近年来，随着锻制技术的提升及对零件要求的提高，从三代飞机开始，起落架主承力大件基本上采用了 40CrNi2Si2MoVA 钢整体锻制结构。主起落架外筒如图 21-1 所示。

2. 使用材料、热处理工艺和技术要求

飞机起落架外筒用材料牌号、热处理工艺和技术要求见表 21-1。

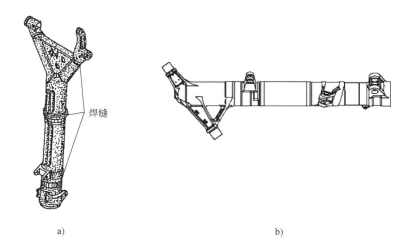

图 21-1　主起落架外筒

a）焊接件　b）整体锻件

表 21-1　飞机起落架外筒用材料牌号、热处理工艺和技术要求

材料牌号	热处理工艺	技术要求							
		$R_m/$ MPa	$R_{p0.2}/$ MPa	A (%)	Z (%)	$a_K/$ (kJ/m^2)	$K_{IC}/$ $MPa \cdot m^{1/2}$	硬度 HRC	脱碳层深度/ mm
						≥			
30CrMnSiNi2A	（900±10）℃×1.5h，硝盐等温 240～300℃×1h，热水冷却 200～300℃×3h，空冷	1566^{+200}_{-100}	—	9	45	590	—	43.5～ 50.5	—
	（900±10）℃×1.5h，油淬 250～300℃回火，空冷	1666± 100	—	9	45	590	—	45～ 50.5	≤0.15
	（900±10）℃×1.5h，硝盐等温 180～300℃×1h，热水冷却 200～300℃×3h，空冷	1666± 100	—	9	45	590	—	45～ 50.5	≤0.15
40CrMnSiMoVA	（920±10）℃×1h，硝盐等温 180～230℃×1h，热水冷却 200～300℃×3h，空冷	1865± 100	—	8	35	590	—	50.5～ 53.5	—
	（920±10）℃×1h，油淬 200～300℃×3h，空冷	1965± 100	—	8	35	490	—	52～55	—
40CrNi2Si2MoVA	（870±10）℃×1h，油淬，200～300℃×2h 空冷，200～300℃×2h 空冷	1960± 100	≥1515	8	30	490 （纵）	—	52～55	≤0.075
23Co14Ni12Cr3MoE	（885±10）℃×1.5h，油冷或在 1～2h 内冷至 65℃ 以下；-73℃±5℃×2h，冷处理后空气中回温至室温 回火按下列方式之一进行 1)（482±3）℃×2～3h，空冷至室温；（482±3）℃×3～5h，空冷至室温 2)（482±3）℃×5～8h，空冷至室温	≥1930	≥1620	10	55	—	110	≥53	≤0.075

3. 制造工艺路线

锻造→正火＋回火→机械加工→去应力回火→

（焊接→去应力退火→）淬火＋回火→矫正→去应力回火→无损检测→精加工→去应力回火→喷丸→无损

检测→表面处理→无损检测→喷漆。

4. 典型热处理工艺和质量检验

飞机起落架外筒的典型热处理工艺和质量检验见表 21-2。

5. 热处理常见缺陷及预防补救措施

飞机起落架外筒热处理常见缺陷及预防、补救措施见表 21-3。

表 21-2　飞机起落架外筒的典型热处理工艺和质量检验

牌号	预备热处理		最终热处理	
	工　艺	质量检验	工　艺	质量检验
30CrMnSiNi2A	正火：900℃ ± 10℃，保温 1.5h，空冷	硬度 HBW	等温淬火 + 回火：900℃ ± 10℃ 保温 1.5h，180 ~ 300℃ 等温淬火，保持 1h，热水冷却；200 ~ 300℃，保温 3h，空冷 真空油淬 + 回火：900℃ ± 10℃ 保温 1.5h，真空度为 0.133 ~ 13.3Pa，油冷；250 ~ 300℃ 保温 3h，空冷	1）硬度 HRC 2）力学性能 3）变形量 4）脱碳层 5）无损检测
23Co14Ni12Cr3MoE	正火 + 高温回火：900℃ ± 10℃，保温 2h，空冷；680℃ ± 10℃，保温 ≥ 16h，空冷	硬度 HBW	真空油淬 + 冷处理 + 回火：620 ~ 650℃ 预热，保持 2h，885℃ ± 10℃ 保温 2h，真空度为 0.133 ~ 13.3Pa，油冷；-73℃ 冷处理，保温 2h，空气中回温至室温；482℃ ± 3℃ 保温 5 ~ 8h，空冷至室温	
40CrNi2Si2MoVA	正火 + 高温回火：925℃ ± 15℃，保温 2 ~ 3h，空冷；680 ~ 720℃，保温 3 ~ 4h，空冷	硬度 HBW	真空油淬 + 两次回火：620 ~ 650℃ 预热，保持 2h，870℃ ± 10℃ 保温 2h，真空度为 0.133 ~ 13.3Pa，油冷；300℃ ± 5℃ 保温 4h，空冷，两次	

表 21-3　飞机起落架外筒热处理常见缺陷及预防、补救措施

热处理缺陷	产生原因	预防措施	补救措施
强度、硬度超差	1）化学成分波动 2）热处理工艺参数不合适	按化学成分决定热处理工艺参数的调整	重新淬火，按调整后的工艺参数进行
焊缝热影响区裂纹	1）焊后未及时放入热炉缓冷 2）淬火时未预热 3）焊后无损检测检查未及时发现缺陷	1）严格按焊接工艺操作 2）控制升温速率或增加预热 3）提高无损检测检验精度	补焊后重复热处理（限一次）
淬火裂纹和矫正裂纹	1）复杂件未预热或返淬次数超过规定 2）冷矫正时冲击应力过大或矫正后未及时进行消除应力回火	1）严格按照预热和返淬要求进行 2）正确进行矫正操作，矫正后应及时进行消除应力回火	—
脱碳层深度超过要求	1）涂料过期或配比不当，或者施工不当 2）设备气氛控制不当	1）严格控制涂料喷涂工艺 2）严格控制设备气氛	去除超标脱碳层
变形	1）热处理前机械加工应力过大 2）热处理工艺参数不合适 3）工装夹具、吊挂方式不合理	1）大余量切削后安排消除应力 2）合理设置热处理工艺参数，适当控制升温速率或增加预热 3）合理装挂，防止零件因加热时自重及淬火方式不当而引起的径向变形（如椭圆形）或轴向弯曲、伸长等变形	1）若热处理后的变形量（如径向变形或轴向弯曲等）超出了工艺要求，需矫正。若热处理后矫正困难，可先进行亚临界退火（或高温回火）再实施矫正，矫正至符合要求后，按正确的方式重新进行热处理 2）若热处理后的变形量（径向变形或轴向弯曲等）未超出冷热工艺协调加工余量，则可不必矫正，通过借调加工余量来保证后续加工

21.3　飞机后机身承力框的热处理

1. 工作条件及性能要求

后机身承力框是飞机的重要受力构件，主要作用是承载发动机的机体，以及承担保持后机身气动外形的作用。根据飞机不同部位和装配维修要求，承力框又可分为分体框和整体框。使用的材料主要为30CrMnSiA、30CrMnSiNi2A、TC21、TC4 等。典型分体承力框如图 21-2 所示。

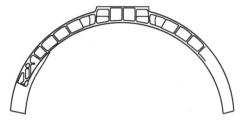

图 21-2　典型分体承力框

2. 使用材料、热处理工艺和技术要求

后机身承力框用材料牌号、热处理工艺和技术要求见表 21-4。

3. 制造工艺路线

（1）钢件制造工艺路线　锻造→正火+退火→机械加工→去应力退火→淬火（需预热）+回火→矫正→去应力回火→精加工→去应力回火→无损检测→表面处理。

（2）钛合金件制造工艺路线

1）机械加工件。锻造→退火→机械加工（粗铣基准面）→无损检测→机械加工（粗铣外形和制孔）→无损检测→精加工→真空去应力退火→表面处理。

2）焊接件。锻造→完全退火→机械加工→焊接→去应力退火→焊接→稳定化退火→精加工→X 射线检测→荧光→表面处理。

4. 典型热处理工艺和质量检验

后机身承力框的典型热处理工艺和质量检验见表 21-5。

5. 热处理常见缺陷及预防、补救措施

后机身承力框热处理常见缺陷及预防、补救措施见表 21-6。

表 21-4　后机身承力框用材料牌号、热处理工艺和技术要求

牌号	热处理工艺	技术要求						
		$R_m/$ MPa	$R_{p0.2}/$ MPa	A （%）	Z （%）	$a_K/$ （kJ/m^2）	HRW10	脱碳层深度/ mm
				≥				
30CrMnSiA	（900±10）℃×0.5h，油淬 500~540℃×1h，回火，空冷	1180± 100	≥835	10	45	590	3.13~ 3.39	≤0.15
30CrMnSiNi2A	（900±10）℃×1.5h，硝盐等温 180~300℃×1h，热水冷却 200~300℃×3h，空冷	1670± 100	—	9	45	590	2.72~ 2.85	≤0.15
TC21	原材料为双重退火状态去应力退火：（550±10）℃×2~4h，空冷或炉冷	≥1100	≥1000	8	15	—	—	—
TC4	原材料为退火状态 真空去应力热处理：（600±10）℃×2h，炉冷至 100℃以下出炉空冷	≥895	≥825	10	25	—	—	—
TA15	完全退火：750~850℃×1.5~4h，空冷或炉冷 不完全退火：600~650℃×2~4h，空冷 稳定化退火：600~750℃×1~2h，炉冷	930~ 1130	—	10	25	400	—	—

表 21-5　后机身承力框的典型热处理工艺和质量检验

牌号	预备热处理		最终热处理	
	工　艺	质量检验	工　艺	质量检验
30CrMnSiA	正火：900℃±10℃ 保温 1.5h，空冷 正火前喷涂热处理保护涂料	硬度 HBW	淬火 + 回火：900℃±10℃ 保温 0.5h，油淬，淬火前喷涂热处理保护涂料；500~540℃ 保温 1h，空冷	1）硬度 2）力学性能 3）变形量 4）脱碳层 5）无损检测

（续）

牌号	预备热处理		最终热处理	
	工　艺	质量检验	工　艺	质量检验
30CrMnSiNi2A	正火：900℃±10℃ 保温 1.5h，空冷	硬度 HBW	等温淬火＋回火：900℃±10℃ 保温 1.5h，180～300℃ 等温淬火，保持 1h，热水冷却；200～300℃ 保温 3h，空冷	1）硬度 2）力学性能 3）变形量 4）无损检测
TA15	真空稳定化退火：300℃ 预热，保持 1h；650℃±10℃ 或 750℃±10℃ 保温 1～1.5h，炉冷至 280～200℃ 后空冷。真空热处理时（预热、保温、炉冷），真空度为 $6.6\times10^{-2}\sim6.6\times10^{-3}Pa$		1）力学性能 2）外形尺寸 3）氧化色	
TC4	真空去应力退火：600℃±10℃ 保温 2～3h，炉冷至 100℃ 以下，出炉空冷，真空热处理（加热、保温、炉冷）时，真空度为 ≤$1.33\times10^{-1}Pa$		1）表面颜色 2）变形量	
TC21	去应力退火：550℃±10℃ 保温 2～4h，炉冷或空冷		变形量	

表 21-6　后机身承力框热处理常见缺陷及预防、补救措施

热处理缺陷	产生原因	预防措施	补救措施
强度、硬度超差	1）化学成分波动 2）淬火、回火等工艺参数选择不当	1）按成分决定热处理工艺参数的调整 2）选择适当的热处理工艺参数	按调整后的工艺参数重新进行热处理
淬火裂纹和矫正裂纹	1）复杂件未预热或返淬次数超过规定 2）冷矫正时冲击应力过大或矫正后未消除应力回火	1）严格按照预热和返淬要求进行 2）正确进行矫正操作，矫正后应及时进行消除应力回火	
脱碳层深度超过要求	保护涂料过期或配比不当，或者施工不当	严格控制保护涂料喷涂工艺	去除超标脱碳层
变形	1）应力消除不彻底 2）加热吊装不当 3）热处理冷却方式选择不当	1）加强冷热工序协调，正确安排去应力处理工序 2）合理选择热处理装炉方式和冷却介质	反复多次矫正和消除应力回火
钛合金表面颜色变紫、变黑或发灰	1）炉内环境呈氧化气氛 2）真空热处理时真空度不够 3）检查真空设备是否存在故障，影响设备的真空度 4）实际操作时，在零件炉冷阶段，设备扩散泵、机械泵等真空设备关闭过早 5）零件出炉空冷温度较高	1）控制炉内微氧化气氛，炉温尽量低 2）真空热处理全过程的真空度应符合技术要求 3）检查设备是否完好 4）严格按照设备操作规程和工艺规程要求进行操作	热处理后按有关规定去除氧化色

21.4　飞机梁的热处理

1. 工作条件及性能要求

梁是飞机主要支持构件，承受拉力、切力和扭力的综合作用，所以飞机梁必须具有良好的综合性能。

梁的结构一般有两种形式，即组合梁和整体梁。其中钢吊挂梁如图 21-3 所示。

2. 使用材料、热处理工艺和技术要求

飞机梁用材料牌号、热处理工艺和技术要求见表 21-7。

3. 制造工艺路线

（1）铝合金制梁制造工艺路线

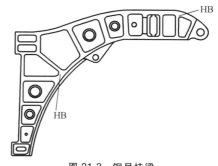

图 21-3　钢吊挂梁

路线 1：铝锭预热→挤压成形→拉伸矫正→固溶处理→拉伸矫正→自然或人工时效→检验→表面

处理。

路线2：铝锭预热→锻造→固溶处理→矫正→自然或人工时效→检验→表面处理。

（2）钢制梁制造工艺路线　锻造→正火（退火）→机械加工→去应力退火→淬火（固溶）+回火（时效）→矫正→去应力回火→精加工→去应力回火

→无损检测→表面处理。

4. 典型热处理工艺和质量检验

飞机梁的典型热处理工艺和质量检验见表21-8。

5. 热处理常见缺陷及预防、补救措施

飞机梁热处理常见缺陷及预防、补救措施见表21-9。

表 21-7　飞机梁用材料牌号、热处理工艺和技术要求

材料牌号	热处理工艺	技术要求						
		R_m/ MPa	$R_{p0.2}$/ MPa	A (%)	Z (%)	a_K/ (kJ/m²)	硬度 HBW10	脱碳层深度/ mm
				≥				
7A09	热处理至 CGS I 状态 460~470℃×2h，水冷 （110±5）℃×6~10h升至177℃±5℃，8~12h空冷	≥455	≥385	7	—	—	—	—
	热处理至 CGSⅢ 状态 460~470℃×2h，水冷 （110±5）℃×6~7h升至165℃±5℃ 8~9h，空冷	≥510	≥430	6	—	—	—	—
30CrMnSiA	（900±10）℃×0.5h，油淬 500~540℃×1h 回火，空冷	1180± 100	≥835	10	45	590	3.39~ 3.13	≤0.15
PH13-8Mo①	H1000 状态 （927±8）℃×1.5h，空冷到16℃以下 （538±5）℃×4~4.5h，空冷	≥1415	≥1310	10	50	—	≥43HRC	—
30CrMnSiNi2A	预热：600~700℃×1h 等温淬火：（900±10）℃×1h 硝盐槽：（245±10）℃×1h，热水冷却 回火：250~350℃×3h，空冷 磨削后消除去应力回火：（180±10）℃×3h，空冷	1570~ 1810	—	9	45	590	2.85~ 2.72	—

① PH13-8Mo 为美国牌号，相当于我国的 04Cr13Ni8Mo2Al。

表 21-8　飞机梁的典型热处理工艺和质量检验

牌　号	预备热处理		最终热处理	
	工　艺	质量检验	工　艺	质量检验
30CrMnSiA	正火：900℃±10℃ 保温 1.5h，空冷 正火前喷涂热处理保护涂料	硬度 HBW	淬火+回火：900℃±10℃ 保温 0.5h，油淬；淬火前喷涂热处理保护涂料 500~540℃保温 1h，空冷	1）硬度 2）力学性能 3）变形量 4）脱碳层 5）无损检测
30CrMnSiNi2A	正火：900℃±10℃ 保温 1.5h，空冷	硬度 HBW	等温淬火+回火+磨削后消除应力回火：600~700℃预热 1h，900℃±10℃ 保温 1h，245℃±10℃ 等温淬火，保持 1h，热水冷却 250~300℃ 保温 3h，空冷 磨削后，180℃±10℃ 保温 3h，空冷	1）硬度 2）力学性能 3）变形量 4）无损检测
PH13-8Mo	固溶+时效：927℃±8℃ 保温 1.5h，空冷至16℃以下 538℃±5℃ 保温 4~4.5h，空冷			1）硬度 2）力学性能 3）变形量 4）无损检测
7A09	固溶处理+两级人工时效：460~470℃ 保温2h，水冷 110℃±5℃ 保温 6~10h，升温至165℃±5℃，保温 8~9h，空冷			1）力学性能 2）硬度 3）金相 4）变形量 5）表面状态

表 21-9　飞机梁热处理常见缺陷及预防、补救措施

热处理缺陷	产 生 原 因	预 防 措 施	补 救 措 施
零件严重变形,出现了弯曲、扭转和"鼓动"	1)挤压工艺不当 2)淬火后残余应力过大	1)采用合适的挤压工艺 2)挤压成形和固溶处理后分别增加预拉伸工序,以减少残余应力 3)在保证性能的前提下,采用有机或复合淬火冷却介质进行固溶或淬火	1)仔细矫正 2)采用化铣和机械加工相配合,可挽救一部分产品
强度偏低、硬度超差	1)合金元素、特别是碳含量偏低 2)为满足塑性和韧性要求,选择回火温度偏高 3)热处理淬火、回火等工艺选择不当	1)按钢的化学成分调整工艺 2)按淬火后的硬度值确定回火温度 3)选择合适的热处理工艺参数	采用新的工艺,重复进行热处理

21.5　飞机蒙皮的热处理

1. 工艺条件及性能要求

蒙皮的作用是维持飞机外形,使之具有很好的空气动力特性。蒙皮承受空气动力作用后,将作用力传递到相连的机身、机翼骨架上,受力复杂,加之蒙皮直接与外界接触,所以不仅要求蒙皮材料强度高、塑性好,还要求表面光滑,有较高的抗蚀能力,因此镜面蒙皮得到日益广泛的应用。飞机上蒙皮如图 21-4 所示。使用的材料有硬铝合金 2A12、2B06、2024,超硬铝合金 7A04、7A09、7B04,铝锂合金 5A90 等。

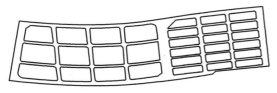

图 21-4　飞机上蒙皮

2. 使用材料和技术要求

飞机蒙皮用材料牌号和技术要求见表 21-10。

3. 制造工艺路线

路线 1:轧板→退火→清理→固溶处理→拉伸成形→人工或自然时效→硬度、电导率和性能检测→表面处理。

表 21-10　飞机蒙皮用材料牌号和技术要求

材料牌号	技 术 要 求		
	R_m/MPa	$R_{p0.2}$/MPa	A(%)
2A12(LY12)	390~410	255~265	≥15
7A04(LC4)	480~490	400~410	≥7
7A09(LC9)	480~490	—	≥7
2024	≥415	≥325	≥5
2B06	≥375	—	≥13
7B04	450~530	—	≥8
5A90	≥410	—	≥8

注:括号内为曾用牌号,下同。

路线 2:板材→第一次拉伸→固溶处理(水淬)→电导率检测→第二次拉伸→铣切→人工或自然时效→电导率检查→表面处理。

路线 3:板材→锉修→固溶处理(空淬)→电导率检测→弯曲→修整→人工时效→电导率检测→表面处理。

4. 典型热处理工艺和质量检验

飞机蒙皮的典型热处理工艺和质量检验见表 21-11。

5. 热处理常见缺陷及预防、补救措施

飞机蒙皮热处理常见缺陷及预防、补救措施见表 21-12。

表 21-11　飞机蒙皮的典型热处理工艺和质量检验

牌　号	最终热处理		质量检验
	工　艺		
2A12	固溶+自然时效:495~503℃×0.4 h,水冷; 室温 96h 以上,其中孕育期供成形时间小于 1.5h		1)力学性能 2)硬度 3)金相 4)无损检测 5)表面状态
7A04	固溶+人工时效:465~475℃×0.4h,水冷; (120±5)℃×24h,空冷		
7A09	固溶+人工时效:460~475℃×0.4h,水冷; (135±5)℃×8~16h,空冷		

（续）

牌　号	最终热理		质量检验
	工　艺		
2024	固溶+人工时效：(495±5)℃×0.4h，水冷或有机淬火剂冷却； (190±5)℃×(9~10)h，空冷		1)力学性能 2)硬度 3)电导率 4)金相 5)无损检测 6)表面状态
2B06	固溶+自然时效：(504±3)℃×10min，水冷； 室温×120~240h		1)外形尺寸 2)电导率 3)力学性能
7B04	固溶处理+两级人工时效：(470±5)℃×10min，水冷； (115±5)℃×8h 升温至 165℃±5℃，保温 18h，空冷		
5A90	固溶处理+人工时效：(450~465±5)℃×10min，水冷或空冷； (115~125±5)℃×5~12h，空冷		

表 21-12　飞机蒙皮热处理常见缺陷及预防、补救措施

热处理缺陷	产生原因	预防措施	补救措施
金相组织不合格(过烧或包铝层扩散)	淬火温度偏高或保温时间过长，升温速度过慢	按工艺规定的温度和时间进行热处理	
变形严重	1)轧制应力过大 2)淬火方法不当	1)淬火后及时进行约 3%的预拉伸 2)采用有机淬火剂进行淬火	1)手工矫正 2)重新进行热处理
新淬火状态下电导率低	固溶温度选择不当,淬火转移时间长	先用试样进行试验,确定工艺后再进行生产	按正确的热处理工艺进行
时效后电导率低	时效温度低或时效时间短	严格控制炉温,防止装炉过量	进行补充时效处理
力学性能不合格	1)热处理工艺参数选择不当 2)原材料性能不合格	1)按工艺规定的温度和时间进行热处理 2)加强原材料入厂检查	1)重新进行热处理 2)采用冶金质量合格的原材料

21.6　压气机叶片的热处理

1. 工作条件及性能要求

涡轮发动机工作时，压气机将吸进的空气通过多级压缩，使气体增压后送入燃烧室。压气机主要由转子（包括盘和工作叶片）、定子（包括内外环和整流叶片）及压气机匣组成。气体温度随着增压比的增加而不断提高，一般在 400℃ 以下，高压缩比的压气机出口温度为 550~650℃。压气机工作叶片如图 21-5 所示。

压气机叶片在工作时，由于自身的质量在高速旋转下所产生的离心力，使其根部产生很大的拉应力，同时又承受弯应力和扭转应力，以及因受热不均而产生热应力等。因此，要求叶片，尤其是转子的工作叶片，具有足够的比强度和比刚度，较高的疲劳强度，对外物冲击有好的韧性和低的缺口敏感性，并兼有对大气的耐蚀和抗氧化的能力，还应具有良好的成形和焊接性能。

图 21-5　压气机工作叶片

2. 使用材料、热处理工艺和技术要求

压气机叶片用材料牌号、热处理工艺和技术要求见表 21-13。

3. 制造工艺路线

钢叶片制造工艺路线：锻造→退火→淬火+回火→机械加工→涂层→成品。

钛合金叶片制造工艺路线：锻造→一次退火→二次退火→机械加工→成品。

表 21-13　压气机叶片用材料牌号、热处理工艺和技术要求

材料牌号	热处理工艺	技术要求				
		$R_m/$ MPa	$R_{p0.2}/$ MPa	A （%）	Z （%）	硬度 HBW
		≥				
2A02	（505±5）℃×2h，水冷；（180±5）℃×16h，空冷	432	275	10	—	—
30CrMnSi	（880±10）℃×1~1.5h，油冷；（610±30）℃×2~2.5h，水冷	横向 883	736	9	45	269~320
		纵向 794	622	4.5	27	
1Cr10Co6MoVNbN	（1170±10）℃，油淬；600~650℃，空冷，回火 2 次	1000~1140	880	12	40	321~352
1Cr11NiMoV	（1050±10）℃空冷；（650±5）℃×1h，空冷	900~1050	740	8	实测	290~350
13Cr11Ni2W2MoV	（730±10）℃×3~4h，空冷；≤850℃进炉，（1010±10）℃×1h空冷，（580±20）℃×3.5~4h，空冷	叶身 1078	883	12	50	310~375
		棒头 971	785	6	30	
14Cr17Ni2	（700±10）℃×3~4h，空冷；≤850℃进炉，（1020±10）℃×1~1.5h，油冷	叶身 834	638	12	45	254~287
14Cr12Ni2WMoVNb	冷轧成形，（700±10）℃×2~3h，空冷	叶身 932	—	13		283~323
		棒头 834	736	10	40	
1Cr12Ni3MoVN	1050℃±10℃，空冷 650℃±5℃，空冷	930~1130	760	14	实测	286~331
GH2132	固溶：（900±10）℃×1~2h，油冷 时效：（705±10）℃×16h，空冷 （650±10）℃×16h，空冷	1035	690	18	30	277~352
GH4033	≤850℃进炉，（1080±10）℃×8h，空冷，（700±10）℃ 16h，空冷	20℃ 883	588	13	16	254~325
		700℃ 687	—	15	20	
GH4169	950~980℃×1h，空冷或油冷，（720±5）℃×8h，以 40~50℃/h 冷速冷至 620℃±5℃，保温 8h 空冷	1270	1033	12	15	≥346
TA11	900~1000℃×1~2h 空冷 595℃×8h，空冷。595~760℃×0.25~4h，空冷或炉冷	895	825	10	25	275~313
TC1	（730±20）℃×1h 转入 600~650℃×2h，空冷	588	—	15	30	270~365
TC4	700~850℃×0.5~2h，空冷 700~800℃×1~2h，空冷	925	870	12	25	255~341
TC6	870~920℃×1h，空冷 600~650℃×2h，空冷	20℃ 950		10	30	≥332
		450℃ 588	—	—	—	
TC11	950~980℃×1h，空冷；（530±10）℃×6h，空冷	1030~1225	930	9	30	270~365

高温合金叶片制造工艺路线：锻造→固溶处理→时效→机械加工→涂层→成品。

4. 典型热处理工艺和质量检验

压气机叶片的典型热处理工艺和质量检验见表 21-14。

5. 热处理常见缺陷及预防、补救措施

压气机叶片热处理常见缺陷及预防、补救措施见表 21-15。

表 21-14　压气机叶片的典型热处理工艺和质量检验

牌号	预备热处理		最终热处理	
	热处理工艺	质量检验	热处理工艺	质量检验
13Cr11Ni2W2MoV	退火：（730±10）℃×3.5~4h，空冷	硬度	淬火＋回火：≤850℃进炉，（1010±10）℃×1h，空冷或油冷；（580±20）℃×3.5~4h，空冷	1）100%硬度 2）力学性能

（续）

牌号	预备热处理		最终热处理	
	热处理工艺	质量检验	热处理工艺	质量检验
GH2132	—	—	固溶+二次时效：≤825℃进炉，（900± 10）℃×1~2h，油冷；（705±10）℃×16h，空冷；（650±10）℃× 16h，空冷	1）100%硬度 2）力学性能
TC11	—	—	退火：960℃×1h 空冷，600~650℃×2h 空冷	1）100%硬度 2）力学性能

表 21-15　压气机叶片热处理常见缺陷及预防、补救措施

热处理缺陷	产生原因	预防措施	补救措施
力学性能达不到技术指标	1）热处理加热不足，温度不当或过回火 2）锻造冷却时堆冷	1）严格控制工艺 2）锻造冷却时，确保冷却充分	重新进行热处理
冷轧叶片表面产生麻点	1）处理前叶片清洗不干净 2）处理时表面有氧化皮	1）加强处理前清洗 2）采用真空处理时，确保设备真空度和压升率符合要求	—
14Cr17Ni2 钢叶片晶间腐蚀	热处理冷却不足	确保冷却速度符合要求	
钛合金叶片真空处理时变色	1）真空处理时真空度不足 2）设备漏气 3）氩气纯度不足	提高设备真空度及氩气纯度，降低压升率	采用除氢处理或轻抛光
钛合金脆化	处理时被加热介质污染	防止介质污染，减少介质中的氢含量	采用除氢处理或轻抛光
叶片型面变形严重	1）夹具工装设计不合理 2）叶片热处理摆放位置不合理 3）热处理过程导致	1）设计新的减少变形的工装 2）叶片摆放尽量沿重心吊挂 3）增加预热等工序，减少变形	1）冷矫正，但需进行退火处理 2）热矫正，但需重新进行热处理
硬度低、内外硬度有差异	1）淬火转移速度慢 2）回火时间不足	1）加快淬火转移速度 2）严格控制参数	1）重新进行热处理 2）根据制件实际尺寸适当延长保温时间

21.7　涡轮叶片的热处理

1. 工作条件及性能要求

涡轮叶片包括静止的导向叶片和转动的工作叶片。燃气和空气的混合气体从燃烧室喷出后，气流沿两片导向叶片之间收敛的通道，加大速度，降低压强，膨胀并改变方向，以适当的角度和每秒几百米的速度冲向涡轮的工作叶片，使其高速旋转，并通过涡轮轴带动压气机旋转。

对于涡轮叶片，无论其工作时所承受的温度和载荷，还是所经受的热交变和振动，都是最严峻的，因此对叶片材料提出了苛刻的要求。工作叶片合金着重强度指标和承受动载荷能力，导向叶片合金着重抗热疲劳性能等。另外，两者都要有抗高温氧化及耐燃气腐蚀的能力。涡轮叶片往往采用高温合金制造，同时叶片晶粒结构为等轴晶、定向结晶或单晶。涡轮叶片如图 21-6 所示。

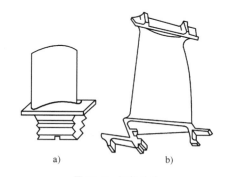

a)　　　　　b)

图 21-6　涡轮叶片
a) 工作叶片　b) 导向叶片

2. 使用材料、热处理工艺和技术要求

涡轮叶片用材料牌号、热处理工艺和技术要求见表 21-16。

3. 制造工艺路线

（1）变形高温合金制造的涡轮叶片

表 21-16 涡轮叶片用材料牌号、热处理工艺和技术要求

材料牌号	热处理工艺	技术要求											备注
		室 温 性 能					高 温 性 能						
		R_m/MPa	$R_{p0.2}$/MPa	A(%)	Z(%)	硬度 HBW	试验温度/℃	R_m/MPa	A(%)	Z(%)	持 久		
		≥						≥			σ/MPa	τ/h ≥	
GH4033	(1080±10)℃×8h,空冷 (700±10)℃×16h,空冷 环坯和锻制圆饼采用(750±10)℃×16h,空冷	883	588	13	16	255~321	700	686	15	20	432 432	60	纵向
GH4037	(1180±10)℃×2h,空冷 (1050±10)℃×4h,空冷 (800±10)℃×16h,空冷	—				269~341	800	667	6	10	—		—
							850				169	50	
GH4043	(1170±10)℃×5h,空冷 (1070±10)℃×8h,空冷 (800±10)℃×16h,空冷	—				269~341	800	686	6	10	275	50	—
GH4049	(1200±10)℃×2h,空冷 (1050±10)℃×4h,空冷 (850±10)℃×8h,空冷	—				302~363	900	569	10	14	216	80	—
GH4169	950~980℃×1h,油冷或水冷 (720±5)℃×8h 40~50℃/min 冷速冷至(620±5)℃,保温8h,空冷	1270	1033	12	15	≥346		—					—
GH4093	1050~1080℃×8h,空冷 (710±10)℃×16h,空冷	1079	685	20	—	≥290	700	—			588	30	—
GH5118	(1190±10)℃×1.5h,空冷 (1100±10)℃×6h,空冷	—				341~363	980	—			116	60	—
GH4145	(1120±10)℃×2h,空冷 (1080±10)℃×4h,空冷 (845±5)℃×24h,空冷 (760±5)℃×16h,空冷	1100	750	10	—	350 HV	870	—			216	50	—
GH4220	(1220±10)℃×4h,空冷 (1050±10)℃×4h,空冷 (950±10)℃×24h,空冷	—				285~341	950	562	16	18	—		—
							940	—			216	60	

（续）

材料牌号	热处理工艺	室温性能 R_m/MPa	$R_{p0.2}$/MPa	A(%)	Z(%)	硬度 HBW	高温性能 试验温度/℃	R_m/MPa	A(%)	Z(%)	持久 σ/MPa	τ/h	备注
		≥	≥	≥	≥			≥	≥	≥	≥	≥	
K403	（1210±10）℃×4h，空冷	—	—	—	—		800	785	2.0	3.0	—	—	—
							750	—			645	50	
K406	（980±10）℃×5h，空冷	—	—	—	—		800	665	4.0	8.0	—	—	—
							850				275	50	
K406C	（980±10）℃×5h，空冷	—	—	—	—		800	665	4	8	—	—	—
							850				275	50	
K412	（1150±10）℃×7h，空冷	736	559	8.5	14	—	800				245	40	
K417	（950±10）℃×6~8h，气淬铸态	—	—	—	—	30~44 HRC	900	635	6	8			
K417F	（1180±10）℃×2h，空冷 （1080±10）℃×4h，空冷 （850±10）℃×24h，空冷	—	—	—	—	378~438	900	880	4	4	355	70	—
K418B	1180℃×2h，空冷	760	690	5	—		760		—		530	50	
							980				150	30	
K423	（1190±10）℃×15min，然后以 4~5℃/min 冷至 1000℃，再空冷	850	750	3	—	37~41 HRC	850		—		325	32	
K438	（1120±10）℃×2h，空冷 （850±10）℃×24h，空冷	—	—	—	—	373	800	785	3	3	—		
							850		—		365	50	
K465	（675±10）℃×1~1.5h （950±10）℃×1~1.5h （1210±10）℃×4~4.25h，气淬	—	—	—	—	33~39 HRC	975		—		225	40	
K640	铸态	735	420	—	—	≤30 HRC	816	500	—		205	15	
K4002	（870±10）℃×16h，空冷	—	—	—	—	360~370	800	1000	8.5	15	—	—	—
DZ640M	铸态	775	435	40	35	237~253 HBS	980		—		83	30	
DZ4125	（1180±10）℃×2h （1230±10）℃×3h （1100±10）℃×4h，空冷	980	840	5	5	—	760				725	48	
							980				235	32	
DZ4125L	（1120±10）℃×2h，空冷 （1080±10）℃×4h，空冷 （900±10）℃×16h，空冷	1320	985	13.0	14.5	42~43.6 HRC	760				725	48	—
							980				235	32	

（续）

材料牌号	热处理工艺	室温性能					高温性能						备注
		R_m/MPa	$R_{p0.2}$/MPa	A(%)	Z(%)	硬度 HBW	试验温度/℃	R_m/MPa	A(%)	Z(%)	持久		
		≥						≥			σ/MPa	τ/h ≥	
DZ438G	（1190±10）℃×2h，空冷 （1090±10）℃×2h，空冷 （850±10）℃×24h，空冷	1180	990	8.7	13.5	469~480 HBS	700	—			784	100	—
							800				422	60	
JG4006	真空下（1260±10）℃×10h，氩气冷却	1140	815	15.0	16.5	33~39 HRC	1100	—			90	30	
							1200	180		32.0	—	—	
DZ422	固溶：1210℃×2h，空冷 时效：870℃×32h，空冷	980	—	5	5		760				690	48	
							980				220	20	
DZ404	固溶：1220℃×4h，空冷 时效：870℃×32h，空冷	—					760	—	—	—	725	100	
							900	735	6	8	315	100	
							950				235	55	
DD403	固溶：1250℃×4h，空冷 时效：870℃×32h，空冷	—				359~378	760	1030	3	3	785	70	
							900	835	6	6			
							1000				195	70	

1）锻造叶片毛坯→固溶+时效处理→粗加工→涂渗防护层→精加工。

2）锻造叶片毛坯→固溶+时效处理→精加工。

（2）铸造高温合金制造的涡轮叶片

1）铸造毛坯叶片→固溶处理或固溶+时效处理→粗加工→涂渗防护层→精加工。

2）铸造无余量叶片（包括定向结晶或单晶叶片）→真空下（或保护气氛）固溶处理或固溶+时效处理→涂渗防护层→精加工。

涂渗防护层工艺也可安排在最终工序。

4．典型热处理工艺和质量检验

涡轮叶片的典型热处理工艺和质量检验见表 21-17。

5．热处理常见缺陷及预防、补救措施

涡轮叶片热处理常见缺陷及预防、补救措施见表 21-18。

表 21-17　涡轮叶片的典型热处理工艺和质量检验

牌号	最终热处理		备注
	热处理工艺	质量检验	
GH4049	两次固溶+时效+渗铝：≤850℃进炉，（1000±10）℃×2~2.5h预热，（1080±10）℃×8h，空冷 ≤900℃进炉，（1000±10）℃×15h预热，（1200±10）℃×2h，空冷 （850±10）℃×8h，空冷 450℃预热，（850±10）℃×7h渗铝，随炉冷却 950℃±10℃，保温 2h扩散，随炉冷却	1）硬度 2）高温力学性能 3）渗层深度 0.005~0.020mm	1）渗铝工艺采用包埋法 2）叶片加工至最终工序渗铝
DZ422	固溶+时效+渗铝：以 6℃/min 速度升温，（1210±10）℃×2h，充氩气冷却至80℃，出炉 ≤150℃进炉，以 6℃/min 速度升温，（870±10）℃×32h，充氩气冷却至80℃，出炉 ≤150℃进炉，以 6℃/min 速度升温，870℃×2h渗铝后扩散，充氩气冷却至80℃，出炉	1）力学性能 2）涂层厚度	—
DD403	固溶+时效+渗铝：（1250±10）℃×4h，空冷 （870±10）℃×32h，空冷 ≤150℃进炉，以 6℃/min 速度升温，870℃×2h渗铝后扩散，充氩气冷却至80℃，出炉	1）力学性能 2）涂层厚度	—

表 21-18　涡轮叶片热处理常见缺陷及预防、补救措施

热处理缺陷	产生原因	预防措施	补救措施
叶片表面氧化严重	加热介质中氧或水分含量太高	1) 采用高纯度氩气(露点在 -46℃ 以下)保护加热 2) 采用真空加热	有余量叶片可采用抛光去掉表层
表面元素贫化	真空加热时表层合金元素逸出	真空加热应调整好真空压强	—
晶间氧化	1) 高温加热时,晶界上的 Cr、Al、Ti、B、Si 等元素与介质中氧优先氧化 2) 加热时间过长	1) 采用惰性气氛保护加热 2) 留有一定加工余量	—
叶片表面出现点状腐蚀	1) 处理前叶片表面被污染处未清理干净 2) 含硫物质沾污表面,使表面形成低熔点物 3) 残碱对镍基合金有强腐蚀作用	1) 加强清洗工作,避免外腐蚀物沾污表面 2) 对加热设备的工作室加强清理 3) 清洗后的叶片禁止赤手拿放 4) 应有存放叶片的工位器具	
叶片变形	1) 加热速度太快 2) 第二相溶解析出造成体积效应 3) 夹具工装设计不合理 4) 叶片热处理摆放位置不合理	1) 采取分级加热 2) 设计新的减少变形的工装 3) 叶片摆放尽量沿重心吊挂	
力学性能达不到技术指标	1) 热处理温度不当或加热时间不足 2) 性能试棒加工缺陷	1) 严格控制参数和热处理过程 2) 重新精加工性能试棒	1) 重新进行热处理 2) 重新精加工试棒
真空熔化	不同的合金接触加热后,在高温高真空下产生的低熔点共晶合金熔化	避免接触	—
叶片渗层厚度过深或过浅	渗金属过程保温时间过长或过短	合理选择保温时间	渗层过深的去除渗层后重新渗;过浅的对所渗表面经吹砂后补渗

21.8　涡轮盘的热处理

1. 工作条件及性能要求

涡轮盘是发动机的重要受力构件,它结构复杂、转速快、工作温度高,并且轮缘与轮心工作温差大,工作条件恶劣,涡轮盘毛坯如图 21-7 所示。涡轮盘工作时主要承受以下应力:

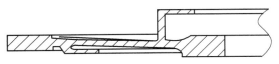

图 21-7　涡轮盘毛坯

1) 转子叶片工作时因高速旋转而产生离心力,使涡轮盘榫槽承受拉应力。

2) 涡轮盘本身因高速旋转而产生离心力,在涡轮盘中造成大的拉应力。

3) 由于涡轮盘在工作时受热不均而产生热应力。

除以上应力,还有配合紧度产生的装配力,与鼓筒连接由鼓筒传来的作用力,以及叶片传来的气动力等。因此,对涡轮盘材料有特殊的性能要求。

1) 要求材料本身应具备足够的屈服强度、抗拉强度和高的塑性,确保能安全工作。

2) 应具有良好的蠕变、持久强度和延伸率,确保涡轮盘长期工作而不超过一定的变形量。

3) 在使用温度下应有尽可能高的低循环疲劳性能,即有高的疲劳极限强度和抗热疲劳性能,确保榫齿有较长的寿命。

4) 应有良好的抗高温氧化及燃气腐蚀性能。

5) 对整体涡轮叶片盘的工作条件和性能要求在普通涡轮盘的基础上有进一步提高。整体涡轮叶片盘的涡轮轴和涡轮盘是采取整体锻造或整体精铸而成的,

由于减少了涡轮轴和涡轮盘之间的焊接工艺,大大提高了涡轮的强度和疲劳寿命。整体涡轮叶片盘的材料通常采用高温合金,材料的要求与普通涡轮盘相当。

2. 使用材料、热处理工艺和技术要求

涡轮盘用材料牌号、热处理工艺和技术要求见表 21-19。

表 21-19　涡轮盘用材料牌号、热处理工艺和技术要求

材料牌号	热处理工艺	技术要求											备注
		室温性能					高温性能						
		R_m/MPa	$R_{p0.2}$/MPa	A(%)	Z(%)	硬度 HBW	试验温度/℃	R_m/MPa	A(%)	Z(%)	持久性能		
		≥						≥			σ/MPa	τ/h ≥	
GH2036	(1140±10)℃×80min,水冷 (660±10)℃×16h升温至780℃±10℃,保温14~20h,空冷	833	588	15	20	277~311	650	—			373	35	—
GH2132	(990±10)℃×1~2h,油冷 (710±10)℃×12~16h,空冷	930	620	20	40	255~321	650	735	15	20	392	100	—
GH2135	(1140±10)℃×4h,空冷 (830±10)℃×8h,空冷 (650±10)℃×16h,空冷	883(804)	588(588)	13(10)	16(13)	255~321	750	—			343	50	—
GH4033	(1080±10)℃×8h,空冷 (750±10)℃×16h,空冷	883	588	13	16	255~321	700	—			451(432)	40(60)	—
GH4133	(1080±10)℃×8h,空冷 (750±10)℃×16h,空冷	1060	735	16	18	285~363	750	—			294(343)	100(90)	—
GH4133B	(1080±10)℃×8h,空冷 (750±10)℃×16h,空冷	1060	735	16	18	285~363	750	—			392(343)	50(70)	—
GH4698	(1120±10)℃×8h,空冷 (1000±10)℃×4h,空冷 (775±10)℃×16h,空冷	1128	706	17	19	285~341	750	—			412(363)	50(100)	—
GH4169	950~980℃×1h,油冷或水冷 (720±5)℃×8h,40~50℃/min冷速冷至620℃±5℃保温8h,空冷	1270	1033	12	15	≥346	—						—
GH2761	(1120±10)℃×2h,水冷 (850±10)℃×4h,空冷 (750±10)℃×24h,空冷	1078	882	10	13	271~388	650	931	8	10	—	—	—
							700	—			441	50	

（续）

材料牌号	热处理工艺	技术要求											备注
		室温性能					高温性能						
		R_m/ MPa	$R_{p0.2}$/ MPa	A (%)	Z (%)	硬度 HBW	试验温度/ ℃	R_m/ MPa	A (%)	Z (%)	持久性能		
		≥						≥			σ/ MPa	τ/h ≥	
GH2901	（1090±10）℃×2～3h, 水冷或油冷 （775±5）℃×4h, 空冷 （710±10）℃×24h, 空冷	1130	810	9	1.2	302～ 388	575	960	8	—	—	—	—
							650	—			621	23	
GH4500	（1120±10）℃×2h, 空冷 （1080±10）℃×4h, 空冷 （845±10）℃×24h, 空冷 （760±10）℃×16h, 空冷	1100	750	10	—	≥350HV	870				216	50	—
GH4710	（1170±10）℃×4h, 空冷 （1080±10）℃×4h, 空冷 （845±10）℃×24h, 空冷 （760±10）℃×16h, 空冷	980	814	4	—	378～393	980				120	30	—
K418	（1180±10）℃×2h, 空冷 930～10℃×16h, 空冷 或铸态	755	685	5	—	33～37 HRC	750				605	40	铸态 数据
K419H	（870±10）℃×16h, 空冷	—				366～ 385	760				695	单对最小寿命40 平均最小寿命80	—

3. 制造工艺路线

（1）变形高温合金制造涡轮盘

1）锻造盘坯→固溶+时效处理→机械加工→消除应力处理→精加工。

2）锻造盘坯→退火→粗加工→固溶+时效处理。

3）锻造盘坯→固溶处理→机械加工→时效处理→机械加工至成品。

（2）铸造高温合金制造整体涡轮盘　铸造毛坯→固溶+时效处理→机械加工至成品。

4. 典型热处理工艺和质量检验

涡轮盘的典型热处理工艺和质量检验见表21-20。

5. 热处理常见缺陷及预防、补救措施

涡轮盘热处理常见缺陷及预防、补救措施见表21-21。

表 21-20　涡轮盘的典型热处理工艺和质量检验

牌号	固溶处理		时效处理	
	工艺	质量检验	工艺	质量检验
GH4500	两次固溶：≤850℃进炉，（1000±10）℃×1.5～2h预热，（1120±10）℃×4h,空冷 ≤850℃进炉，（900±10）℃×1.5～2h预热，（1080±10）℃×4h,空冷	硬度 ≤311HBW	两次时效：（845±5）℃×24h, 炉冷至400℃以下，空冷；（760±10）℃×16h,炉冷至400℃以下,空冷	1）100%硬度 2）室温力学性能 3）高温力学性能

（续）

牌号	固 溶 处 理		时 效 处 理	
	工艺	质量检验	工艺	质量检验
GH4169	固溶：（970±10）℃×2～2.5h，空冷	—	两段时效＋稳定处理：（720±10）℃×8h，以 50℃/h 速度降至 600℃，（620±10）℃×8h，空冷；（550±10）℃×4～4.5h，空冷	1）100%硬度 2）力学性能

表 21-21　涡轮盘热处理常见缺陷及预防、补救措施

热处理缺陷	产 生 原 因	预 防 措 施	补 救 措 施
开裂	加热速度过快	采取分级加热，使涡轮盘充分预热、热透	—
粗晶、混晶	常产生于带轴的 I 级盘，主要由于变形不均所致	改进锻造工艺，使变形量超过临界变形量	—
过热、过烧	热处理温度（固溶处理）不当或仪表失灵	严格控制工艺参数	—
持久性能偏低	固溶处理冷速过慢引起 γ′长大	针对各种合金选择适当的冷却方式	重新进行固溶＋时效处理

21.9　涡轮轴的热处理

1. 工作条件及性能要求

涡轮轴是涡轮发动机的主轴，是保证涡轮与压气机两大部件正常工作的关键制件，它将涡轮力矩传给压气机以使它高速转动。

涡轮轴主要承受扭转力矩、轴向载荷及弯曲力矩。它要求材料有高的疲劳强度和屈服强度，轴的热端要有一定的抗氧化性、耐蚀性和蠕变强度。图 21-8 所示为涡轮轴。

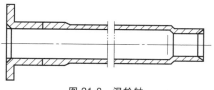

图 21-8　涡轮轴

2. 使用材料、热处理工艺和技术要求

涡轮轴用材料牌号、热处理工艺和技术要求见表 21-22。

3. 制造工艺路线

1）锻造毛坯→正火＋退火→粗加工→淬火＋回火（或固溶＋时效处理）→机械加工至成品。

2）锻造毛坯→调质（或固溶＋时效处理）→机械加工→消除应力退火→机械加工至成品。

4. 典型热处理工艺和质量检验

涡轮轴的典型热处理工艺和质量检验见表 21-23。

5. 热处理常见缺陷及预防、补救措施

涡轮轴热处理常见缺陷及预防、补救措施见表 21-24。

表 21-22　涡轮轴用材料牌号、热处理工艺和技术要求

材料牌号	热处理工艺	室 温 性 能				
		R_m/MPa	$R_{p0.2}$/MPa	A(%)	Z(%)	硬度 HBW
		≥				
12Cr2Ni4A	（800±10）℃ 油冷 （160±10）℃ 空冷	1030	785	12	55	293～388
18Cr2Ni4WA	（950±10）℃ 空冷 （860±10）℃ 油冷 525～575℃ 空冷	1030	785	12	50	321～388
30CrMnSiA	870～890℃ 油淬 510～570℃ 油冷	1080	835	10	45	302～363
40CrNiMoA	（850±10）℃ 油淬 （650±5）℃ 水冷或空冷	980	835	12	55	293～341
50CrVA	（860±10）℃ 油冷 400～500℃ 油冷	1275	1080	10	45	—

（续）

材料牌号	热处理工艺	室 温 性 能				
		R_m/MPa	$R_{p0.2}$/MPa	A(%)	Z(%)	硬度 HBW
		≥				
05Cr17Ni4Cu4Nb	（1040±20）℃水冷或空冷；（580±10）℃× 4h,空冷	1000	865	13	45	31HRC
13Cr11Ni2W2MoV	1000~1020℃空冷 （700±20）℃空冷 （1100±10）℃油淬 660~710℃空冷	880	735	15	55	269~321
1Cr12Ni3MoVN	（1050±10）℃,油或空冷； 一次回火:560~570℃ 空冷 二次回火:550~560℃ 空冷	1080~1242	—	—	—	341~375
GH2696	（1100±10）℃×1~2h,油冷； （780±10）℃×16h 炉冷至 650℃±10℃,保温 16h,空冷	980	685	10	12	285~341

材料	热处理工艺	技 术 要 求										
		室 温 性 能					高 温 性 能					
		R_m/ MPa	$R_{p0.2}$/ MPa	A (%)	Z (%)	硬度 HBW	试验 温度/ ℃	R_m/ MPa	A (%)	Z (%)	持久性能	
											σ/ MPa	τ/h
		≥						≥			≥	
GH2901	1090℃±10℃×2~ 3h,水冷或油冷（775± 5）℃×4h 空冷,（710± 10）℃×24h,空冷	1130	810	9	12	302~ 388	575	960	8	—	—	—
							650	—			621	23
GH4169	950~980℃×1h,油 冷或水冷（720±5）℃× 8h,以 50℃/min 速度 冷至 620℃±5℃×8h, 空冷,保温	1270	1033	12	15	≥346	650	1 005	12			

表 21-23　涡轮轴的典型热处理工艺和质量检验

牌号	预备热处理		最终热处理	
	热处理工艺	质量检验	热处理工艺	质量检验
12Cr2Ni4A	—	—	淬火+回火:（800±10）℃×1h, 油冷; （160±10）℃×2~3h,空冷	1)100%硬度 2)力学性能
13Cr11Ni2W2MoV	正火:≤850℃ 进炉,1000~ 1020℃×1h,空冷 退火:（730±10）℃×3.5~4h, 空冷	—	固溶+时效:≤850℃ 进炉, （1010±10）℃×1h,空冷或油冷; 660~710℃×3.5~4h,空冷	1)100%硬度 2)力学性能
GH2901	—	—	固溶+两次时效:（1090± 10）℃×2~3h,油冷; （775±5）℃×4h,空冷; （710±10）℃×24h,空冷	1)100%硬度 2)力学性能

表 21-24　涡轮轴热处理常见缺陷及预防、补救措施

热处理缺陷	产 生 原 因	预 防 措 施	补 救 措 施
40CrNiMoA 钢晶粒度 粗大	1)锻造锻压比不均 2)热处理淬火温度较高,高温 加热时间过长	严格控制热处理工艺	重新进行热处理:先高 温回火,后淬火回火

（续）

热处理缺陷	产生原因	预防措施	补救措施
GH4169 性能不合格	时效时从 720℃冷至 620℃时冷速过快,时效不充分	严格控制时效工艺	重新时效
硬度低,内外硬度有差异	1）淬火转移速度慢 2）回火时间不足	1）加快淬火转移速度 2）严格控制工艺参数	1）重新进行热处理 2）根据制件实际尺寸适当延长保温时间
力学性能达不到技术指标	1）热处理温度不当或加热时间不足 2）性能试棒加工缺陷	1）严格控制工艺参数和热处理过程 2）重新精加工性能试棒	1）重新进行热处理 2）重新精加工试棒
制件表面出现麻点	1）热处理前制件清洗不干净 2）热处理过程中产生氧化皮	1）加强热处理前清洗 2）采用真空设备	在保证尺寸的前提下进行抛修
热处理变形	1）摆放方式不当或缺乏工装 2）热处理升温速度过快	1）确定最佳摆放方式或增加定型工装 2）降低升温速度或采用分段升温	矫正并消除应力

21.10　燃烧室的热处理

1. 工作条件及性能要求

燃烧室处于压气机与涡轮之间,压气机传送的高压气体与燃烧室内喷嘴喷出的高压油雾混合后点火燃烧。

在 20 世纪 60 年代初,大多采用联管式结构。为适应涡轮前温度的提高,改善燃烧效率,使涡轮与导向器的温度分布更均匀,大推力、大推重比的发动机大多采用环形燃烧室结构,长度缩短一半,并且容热强度增加了四倍,燃烧室内温度高达 1900℃。尽管设计时尽量通过改进冷却方式使材料表面温度降低,但燃烧室壁的温度通常在 950℃左右,有的高达 1150℃。

燃烧室各部位的温差很大,受热不均形成很大的温度梯度,从而产生很大的热应力;随着发动机工作状态的改变,燃烧室内温度也随之急骤升降,其部件承受着热冲击和热疲劳负荷,易出现挠曲变形、烧蚀、开裂等故障。图 21-9 所示为典型的火焰筒。

对用于燃烧室的材料性能要求如下:

1）应具有良好的抗热冲击、热疲劳及抗畸变性能,不但要有抗弯曲变形的短时强度,还要有与抗热疲劳有关的长时疲劳强度。

2）应有足够的塑性与焊接性。

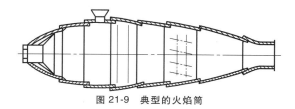

图 21-9　典型的火焰筒

3）要有高的抗氧化及防止燃烧产物腐蚀的化学稳定性。

4）在热循环下,有良好的长期组织稳定性,不致使合金明显变脆而降低其热疲劳性能。燃烧室的材料已从早期的奥氏体不锈钢发展为高温合金。

2. 使用材料、热处理工艺和技术要求

燃烧室用材料牌号、热处理工艺和技术要求见表 21-25。

3. 制造工艺路线

板材冲压成形→中间退火→冲压成形→零部件组焊→消除应力退火→组焊→固溶处理→机械加工至成品。

4. 典型热处理工艺和质量检验

燃烧室的典型热处理工艺和质量检验见表 21-26。

5. 热处理常见缺陷及预防、补救措施

燃烧室热处理常见缺陷及预防、补救措施见表 21-27。

表 21-25　燃烧室用材料牌号、热处理工艺和技术要求

材料牌号	热处理工艺	技术要求										
		室温性能					高温性能					
		R_m/MPa	$R_{p0.2}$/MPa	A（%）	Z（%）	硬度 HBW	试验温度/℃	R_m/MPa	A（%）	Z（%）	持久性能	
		≥						≥			σ/MPa	τ/h ≥
12Cr18Mn8Ni5N	（1070±10）℃,水冷或空冷	635	—	40	—	—					—	

（续）

材料牌号	热处理工艺	技 术 要 求										
		室温性能					高温性能					
		$R_m/$ MPa	$R_{p0.2}/$ MPa	A (%)	Z (%)	硬度 HBW	试验温度/ ℃	$R_m/$ MPa	A (%)	Z (%)	持久性能	
		≥						≥			$\sigma/$ MPa	τ/h ≥
GH1140	1050~1090℃空冷	673	—	40	45	—	800	225	40	—	—	
GH1060	（1160±10）℃空冷	735	—	35	—	—	900	186	40	—	—	
GH3030	980~1020℃空冷	686	—	30	—	—	700	294	30	—	—	
GH3039	1050~1090℃空冷	735	—	40	—	—	800	245	40	—	—	
GH3044	1120~1160℃空冷	735	—	40	—	—	900	196	30	—	—	
GH3128	1140~1180℃空冷	735	—	40	—	—	—	—	—	—	—	
GH4099	1120~1160℃空冷	1128	—	30	—	—	900	373	15	—	118	30
GH5188	（1180±10）℃空冷	850	380	45	—	≤282	815	—	—	—	165	23
GH4163	1040~1080℃空冷，（750±10）℃×16h空冷	1030	—	15	—	—	700	785	10	—	—	
GH3536	1130~1170℃快速空冷	725	310	35	—	—	—	—	—	—	—	

表 21-26　燃烧室的典型热处理工艺和质量检验

牌号	预备热处理		最终热处理		备注
	热处理工艺	质量检验	热处理工艺	质量检验	
GH1140	中间退火+消除应力退火：（1060±10）℃×1~1.5h,空冷　950~980℃×1~1.5h,空冷	—	固溶处理：（1060±10）℃×1~1.5h,空冷	1)热循环 2)表面状态	采用氩气保护加热
12Cr18Mn8Ni5N	—	—	固溶处理：（1070±10）℃,水冷或空冷	1)热循环 2)表面状态	—

表 21-27　燃烧室热处理常见缺陷及预防、补救措施

热处理缺陷	产生原因	预防措施	补救措施
制件表面严重氧化	1)加热时,通保护气体量不足,管道渗漏 2)真空度不够,压升率高	1)加强设备检查及检修 2)操作时加强生产过程的检查	允许情况下不可采用喷砂、喷丸清理
制件表面腐蚀	1)制件表面污染后未清理干净 2)加热炉内有腐蚀介质 3)装载夹具未清理	1)应加强处理前的清洗和清理 2)加热炉应清理干净 3)装载夹具应清理干净	—
变形	1)未能消除成形、焊接应力 2)装炉、装挂不当	1)调整工艺,确保应力消除 2)根据制件结构形状采用正确装挂方式	进行矫正。矫正后补充消除应力回火
力学性能达不到技术指标	1)热处理温度不当或加热时间不足 2)性能试棒加工缺陷	1)严格控制工艺参数和热处理过程 2)重新精加工性能试棒	1)重新进行热处理 2)重新精加工试棒

21.11　航空齿轮的热处理

1. 工作条件及性能要求

发动机中的功率传递机构,尤其是减速器中使用了各种形式的齿轮,如直齿轮、斜齿轮、锥齿轮等。齿轮工作时转速高、传递功率大;单齿承受着交变和冲击载荷;齿和齿之间因相互啮合而产生齿面接触应力、齿根弯曲应力等。航空齿轮如图 21-10 所示。

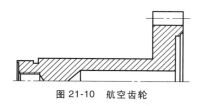

图 21-10　航空齿轮

对航空齿轮用材料一般有以下几方面的要求：

1）为了使齿面有足够的强度和耐磨损性能，要求齿面有足够高的硬度。一般要求齿面的硬度 ≥ 58HRC，而承受传递载荷大的齿轮要求 ≥ 60HRC。

2）为了使齿面有足够高的接触疲劳性能，其渗层应有一定的深度。

3）为保证齿面有高的耐磨性及减少表面的脆性，要求渗层组织中的碳化物、氮化物呈细粒状并均匀分布，这种组织状态也提高了渗层的韧性。

4）齿轮应有良好的综合力学性能。由于齿轮承受冲击负荷，心部应有足够的韧性。

2. 使用材料、热处理工艺和技术要求

航空齿轮用材料牌号、热处理工艺和技术要求见表 21-28。

表 21-28　航空齿轮用材料牌号、热处理工艺和技术要求

材料牌号	热处理工艺		$R_m/$ MPa	$R_{p0.2}/$ MPa	A （%）	Z （%）	K/J	硬度 HBW
					≥			
15CrA	（860±10）℃ 油淬 780~810℃ 油淬 （160±10）℃ 空冷		590	390	15	50	71	170~302
20CrA	880℃ 油或水淬 780~820℃ 油或水淬 （190±10）℃ 空冷		835	540	10	40	47	—
12CrNi3A	（860±10）℃ 油淬 780~810℃ 油淬 （160±10）℃ 空冷		980	685	11	55	86	269~388
			885	635	12	55	94	262~363
12Cr2Ni4A	780~810℃ 油淬 （160±10）℃ 空冷		1030	785	12	55	78	293~388
14CrMnSiNi2MoA	820~860℃ 油淬 （200±20）℃ 空冷		1080	885	12	55	78	321~415
20CrNi3A	（830±10）℃ 水冷或油淬,400~500℃ 油冷或水冷		980	835	10	55	78	293~341
18Cr2Ni4WA	850~860℃ 空冷 150~170℃ 空冷		1130	835	11	45	78	341~401
18Cr2Ni4WA （锻件）	850~860℃ 空冷 150~170℃ 空冷		1180	885	10	45	78	352~401
16Ni3CrMoA/E	825℃ 油冷 190℃ 空冷		1180~ 1380	980	8	—	600[$K_{CU}/$ （kJ/m²）]	—
18CrNi4A	810~830℃ 油冷 170~190℃ 空冷		1324~ 1520	980	8	—	600[$K_{CU}/$ （kJ/m²）]	384~433
9310	810~830℃ 油冷 150~170℃ 空冷		1100~ 1296	940	15	59	—	33~42HRC
16Cr3NiWMoVNbE	900~920℃ 油冷 300~350℃ 空冷		1270	1130	10	50	51	压痕直径为 3.0~3.2mm 对应的硬度 HBW
16Cr3NiWMoVNbE （锻件）	900~920℃ 油冷 300~350℃ 空冷	纵	1270	1130	10	50	51	
		弦	1210	1080	7.5	40	36	
		横	1150	1020	5	30	26	
16CrNi4MoA	820~850℃×45min 后转（580±10）℃× 30min,油冷 （190±10）℃×2~5h,空冷		1320~ 1520	1030	8	35	34	388~444
40CrNiMoA	840~860℃ 油冷 550~650℃ 水冷或空冷		1080	930	12	50	63	321~375
			980	835	12	55	78	293~341

（续）

材料牌号	热处理工艺		R_m/ MPa	$R_{p0.2}$/ MPa	A (%)	Z (%)	K/J	硬度 HBW
					≥			
18CrMoAlA	900℃ 空冷 860~870℃ 油淬 520~570℃ 空冷		1030	785	12	50	1175 （kJ/m²）	321~388
38CrMoAlA	930~950℃ 油冷或温水冷 600~670℃ 油冷或水冷		930	785	15	50	78	285~321
			980	835	15	50	71	302~341
38CrA	860℃ 油淬 500~590℃ 油冷或水冷		885	785	12	50	78	269~321
			930	785	12	50	71	285~341
30Cr3MoA	（900±10）℃ 油淬，（630±10）℃ 油冷		930~ 1080	780	14	50	1000（kJ/m²）	285~330
32Cr3MoVA	（950±10）℃ 油淬	纵	1080~ 1280	880	12	—	1000（kJ/m²）	320~380
	（635±10）℃ 油冷	横			10.8	—	800（kJ/m²）	
13Cr11Ni2W2MoV	1000~1020℃ 油淬或空冷；660~ 710℃ 空冷		885	735	15	55	71	269~321
	1000~1020℃ 油淬或空冷 540~590℃ 空冷		1080	885	12	50	55	311~388
37CrNi3A	820~840℃ 油淬 525~575℃ 油冷或水冷		1080	930	10	50	55	321~388
30CrMnSiNi2A	890~900℃ 油淬或于 210~280℃ 硝盐等温 1h 后空冷 200~300℃ 空冷		1570	—	9	45	47	≥444

3. 制造工艺路线

（1）渗碳或碳氮共渗零件制造工艺路线

1）零件非渗碳面采用镀铜保护的制造工艺路线：

a. 正火或调质 → 机械加工 → （非渗碳表面镀铜）→ 渗碳淬火 → （除铜并除氢）→ 精加工。

b. 正火或调质 → 机械加工 → 镀铜 → 机械加工（对渗碳表面）→ 渗碳淬火 → 除铜并除氢 → 精加工。

2）零件非渗碳面采用预留加工量的制造工艺路线：正火或调质 → 机械加工 → 渗碳 → 机械加工（对非渗碳表面）→ 淬火 → 精加工。

3）渗碳+碳氮共渗零件制造工艺路线：正火或调质 → 机械加工 → 镀铜 → 渗碳 → 除铜 → 镀铜 → 机械加工（对需碳氮共渗面）→ 碳氮共渗+淬火 → 除铜并除氢 → 精加工。

（2）渗氮零件制造工艺路线　正火+高温回火 → 机械加工 → 淬火+回火 → 机械加工 → 稳定回火 → （镀防护层）→ 渗氮 → （去除防护层并除氢）→ 精加工。

4. 典型热处理工艺和质量检验

航空齿轮的典型热处理工艺和质量检验见表 21-29。

表 21-29　航空齿轮的典型热处理工艺和质量检验

牌号	预备热处理		最终热处理	
	热处理工艺	质量检验	热处理工艺	质量检验
12CrNi3A	调质：860℃ ± 10℃ 油淬；490℃ ±10℃ 水冷	硬度	渗碳+淬火：920℃ ± 10℃ 渗碳，气氛保护下冷却，650℃ ± 10℃ 回火，气氛保护下冷却；820℃ ± 10℃ 油淬，160℃ ± 10℃ 回火，空冷	1)100%硬度 2)力学性能 3)渗碳层质量
40CrNiMoA	调质:840~860℃，油冷；550~650℃，水冷或空冷	硬度	渗氮：（525±5）℃×20~25h 渗氮，氨分解率为20%~35%，或者（540±5）℃×30~35h 渗氮,氨分解率为35%~50%	1)100%硬度 2)力学性能 3)渗氮层质量

5. 热处理常见缺陷及预防、补救措施

1）渗碳、碳氮共渗零件热处理常见缺陷及预防、补救措施见表 21-30。

2）渗氮零件热处理常见缺陷及预防、补救措施见表 21-31。

表 21-30　渗碳、碳氮共渗零件热处理常见缺陷及预防、补救措施

热处理缺陷	产生原因	预防措施	补救措施
表层呈现粗大或网状碳化物	碳势过高,渗碳时间过长或渗碳后冷却速度过慢	适当降低碳势,尤其是深渗层渗碳时应降低扩散期碳势,加快渗碳后的冷却速度	深度有余地的情况下可降低碳势扩散处理,采用正火处理
渗层深度超深	碳势过高,渗碳时间过长,渗碳温度过高	制订正确的渗碳工艺,正确执行设备系统精度校验	无补救方法
渗层深度偏浅	碳势偏低,渗碳时间偏短,渗碳温度偏低,设备密封性差	制订正确的渗碳工艺,正确执行设备系统精度校验及设备维护	进行补渗处理
表面残留奥氏体过多	淬火温度过高或表面碳浓度过高	降低淬火温度,渗碳时适当降低碳势,渗碳后增加高温回火	降低温度淬火或增加冷处理
表面脱碳	渗碳扩散期碳势过低,设备密封差,渗碳后冷却过程中保护不当	适当提高渗碳扩散期碳势,维护好设备,渗碳后的冷却过程中加强保护,防止脱碳	补渗以提高表面碳浓度,脱碳层深度≤0.02mm时可采用喷丸强化
心部铁素体过多	淬火温度过低或淬火加热保温时间过短	制订正确的渗碳工艺,正确执行设备系统精度校验	重新加热淬火
表面硬度偏低	表面碳浓度偏低,表面脱碳,表面残留奥氏体过多	渗碳时适当提高碳势,维护好设备,渗碳后的冷却过程中加强保护,防止脱碳	补渗以提高表面碳浓度,采用冷处理
表面硬度偏高	表面碳浓度偏高,回火温度偏低	渗碳时控制好碳势,制订合适的回火工艺温度	提高回火温度
心部硬度偏低	淬火温度过低或淬火冷却速度过慢	制订合理的淬火工艺	重新加热淬火
心部硬度偏高	淬火温度过高或淬火冷却速度过快	制订合理的淬火工艺	重新加热淬火
渗层深度不均匀	炉温不均匀,气氛循环不畅,装炉量过多,渗碳面的表面状态不一致	正确执行炉温均匀性校验,维护好设备;正确装炉,制件之间留有足够的间隙,保证渗碳面的表面状态一致并无污物	无补救方法
表面碳浓度达不到技术指标	渗碳时碳势控制不合理,渗碳后的冷却过程保护不当	合理控制渗碳时的碳势,加强渗碳后的冷却过程保护	碳浓度偏高时且有深度富余的制件可进行扩散处理,碳浓度偏低时可进行短时间补渗处理
非渗碳部位漏渗	非渗碳面保护不当	加强非渗碳面保护层的质量检验	无补救方法
变形量过大或开裂	渗碳、淬火装炉方式不合理,淬火冷却速度过快,制件截面厚度差别过大,淬火模具设计不合理	设计专用装炉工装,确保每个制件装炉方式一致;对截面厚度差别过大的制件,淬火时控制冷却速度;合理设计淬火模具	开裂件报废;对变形量过大的制件,可设计专用夹具,重新加热淬火并矫正
力学性能不合格	试样制作不合格,试样金相组织不合格,试样硬度不合格	严格控制试样的制样,严格控制热处理各工序质量	重新取样试验,重新热处理

表 21-31　渗氮零件热处理常见缺陷及预防、补救措施

热处理缺陷	产生原因	预防措施	补救措施
表面氧化色	冷却时供氨不足,设备密封不好,氨中含水量过高,出炉温度过高	维护好设备,严格控制氨中的含水量,正常供氨维持正压,冷至150℃以下出炉	吹砂处理,进炉重新短时渗氮处理

（续）

热处理缺陷	产生原因	预防措施	补救措施
渗层深度超深	氨分解率过低,渗氮时间过长,渗氮温度过高	制订正确的渗氮工艺,正确执行设备系统精度校验	无补救方法
渗层深度偏浅	氨分解率过高,渗氮时间偏短,渗氮温度偏低,设备密封性不好	制订正确的渗氮工艺,正确执行设备系统精度校验及设备维护	进行补渗处理
渗层脆性大	表层氮浓度过高,渗氮前制件表面脱碳,预先调质时淬火过热	渗氮时适当提高氨分解率,制件渗氮前表面脱碳层必须车削除尽,严格控制调质处理质量	在深度有富余的情况下可进行扩散处理
渗层出现网状或脉状氮化物	渗氮温度太高,氨含水量大,原始组织粗大,氨分解率过低,制件存在尖角、棱边	制订正确的渗氮工艺,正确执行设备系统精度校验,严格控制调质处理质量,减少制件非平滑过渡	—
渗层出现鱼骨状氮化物	原始组织中的游离铁素体较高,渗氮前制件表面脱碳严重	严格控制调质处理质量,制件渗氮前表面脱碳层必须车削除尽	—
表面硬度偏低	渗氮温度过高,氨分解率过高,制件表面污物未除尽,设备密封性不好	制订正确的渗氮工艺,正确执行设备系统精度校验及设备维护	降低氨分解率,进行短时补渗处理
渗层深度不均匀	炉温不均匀,气氛循环不畅,装炉量过多,渗氮面表面状态不一致	正确执行炉温均匀性校验,维护好设备,正确装炉,制件之间有足够的间隙,保证渗氮面表面状态一致并无污物	无补救方法
漏渗	非渗氮面保护不好	加强非渗氮面保护层质量检验	无补救方法
变形量过大	渗氮时装炉方式不合理,机械加工应力大,渗氮面不对称,渗氮时组织改变产生的组织应力	设计专用装炉工装,使每个制件装炉方式一致;增加稳定回火,去除机械加工应力;改进设计,使渗氮面尽量对称;冷热协调,预留变形量	在工艺允许情况下可加热矫正

21.12　三联齿的热处理

1. 工作条件和性能要求

在飞行控制器中,三联齿是控制襟翼姿态的重要制件,工作条件比较苛刻,受力非常大,除齿面要求耐磨,齿根的圆角（R）上弯应力大,对弯曲疲劳强度要求高;基体材料要求抗拉强度高,冲击韧性和断裂韧性均比较高。三联齿如图 21-11 所示。

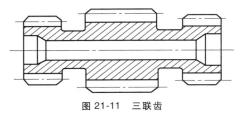

图 21-11　三联齿

2. 使用材料和技术要求

使用的材料主要是超高强度的 18Ni 系列,目前应用的有 18Ni（250）、18Ni（300）、18Ni（350）。经固溶+时效处理,18Ni 系列材料的强度水平非常高,18Ni（300）的抗拉强度 $R_m \geqslant 2040MPa$,18Ni（350）的抗拉强度 $R_m \geqslant 2255MPa$,TM210A 还有比较高的冲击韧性和断裂韧性。

常用 18Ni 系列材料的主要化学成分见表 21-32。

18Ni 系列材料的热处理是固溶+时效处理,见表 21-33。

18Ni 系列材料经固溶、时效处理后的力学性能要求见表 21-34。

3. 制造工艺路线

模锻→细化晶粒→固溶处理→粗加工→时效处理→磨齿→渗氮→喷丸→低氢脆电镀。

4. 典型热处理工艺

1）三联齿的热处理是固溶+时效处理,见表 21-33。

2）细化晶粒工艺。18Ni 系列材料存在的较大问题是锻造后晶粒易长大,有些批次材料的晶粒度可以达到 1 级,因此锻件在锻造后必须进行细化晶粒处理见表 21-35。

表 21-32　常用 18Ni 系列材料的主要化学成分

合金牌号	化学成分（质量分数，%）					
	C	Ni	Co	Mo	Ti	Al
18Ni（250）（00Ni18Co8Mo5TiAl）	≤0.03	17~19	7.00~8.50	4.6~5.2	0.30~0.50	0.05~0.15
18Ni（300）（00Ni18Co9Mo5TiAl）	≤0.008	17.5~18.5	9.5~10.5	4.2~4.8	0.82~1.02	0.05~0.15
18Ni（350）（00Ni18Co13Mo4TiAl）	≤0.008	17.5~18.5	11.5~12.5	4.0~5.0	1.25~1.50	0.10~0.20

表 21-33　18Ni 系列材料的固溶、时效处理工艺

合金牌号	固溶处理		时效处理	
	温度/℃	时间/h	温度/℃	时间/h
18Ni（250）	820	1	480	3~6
18Ni（300）			510	
18Ni（350）			510	

表 21-34　18Ni 系列材料经固溶、时效处理后的力学性能要求

力学性能	R_m/MPa	$R_{p0.2}$/MPa	A_e（%）	Z（%）	KU（J/cm²）	K_{Ic}/（MPa·m^{1/2}）	硬度HRC	备注
18Ni（250）	≥1760	≥1720	≥6	≥45	≥16	≥78	≥48	18Ni 系列材料的力学性能是规格较小的材料纵向要求的数据，大规格材料横向的力学性能可能会适当降低
18Ni（300）	≥2040	≥1940	≥7.5	≥45	≥30	≥62	≥51	
18Ni（350）	≥2255	≥2155	≥5	≥36	—	—	≥52	

表 21-35　细化晶粒工艺

材料牌号	细化晶粒工艺
18Ni（250）18Ni（300）18Ni（350）	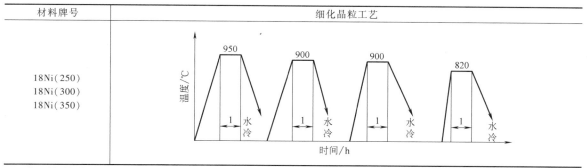

注：所列细化晶粒工艺为常规工艺，由于材料化学成分、冶金质量、锻造时的温度和操作等因素的变化，锻造后的晶粒可能有比较大的差异，可根据晶粒度和力学性能实际情况适当减少细化晶粒的次数。

3）渗氮工艺。18Ni 系列材料可以进行渗氮处理。与结构钢相比，渗氮时氮的渗入比较困难。由于受时效温度的限制，18Ni 系列材料的渗氮温度不能高于时效温度。所以，18Ni（250）的渗氮温度为 480℃，18Ni（300）、18Ni（350）的渗氮温度为 510℃。渗氮时间为 60h，氨分解率为 20%~30%，渗氮层深度为 0.18~

0.24mm，渗氮层表面硬度≥90HR15N。

渗氮时间不宜过长，过长的渗氮时间会导致材料的冲击韧性降低。

5. 热处理常见缺陷及预防、补救措施

三联齿热处理常见缺陷及预防、补救措施见表 21-36。

表 21-36　三联齿热处理常见缺陷及预防、补救措施

热处理缺陷	产生原因	预防措施	补救措施
细化晶粒热处理后，晶粒尺寸达不到要求	1）材料晶界上析出化合物2）细化晶粒工艺没有进行好	1）锻造温度和变形量严格控制2）严格执行细化晶粒工艺	1）多次细化处理2）高温处理使晶界上析出的化合物溶解后再细化
时效处理后，强度和硬度不合格	1）晶粒粗大2）固溶不充分	1）加强晶粒检查2）采用合适的固溶工艺	1）细化晶粒2）再次固溶

（续）

热处理缺陷	产生原因	预防措施	补救措施
渗氮层深度不够	1）渗氮时间不够 2）氨分解率没有控制好 3）渗氮后机械加工量过大	1）延长渗氮时间 2）控制好氨分解率 3）冷热工艺协调渗氮后机械加工量	补充渗氮
渗氮硬度不够	氨分解率没有控制好	氨分解率没有控制好	补充渗氮

21.13 交流伺服电动机定子和转子的热处理

1. 工作条件与性能要求

交流伺服电动机实际上是一个两相异步电机，目前的微型交流伺服电动机大多采用鼠笼式转子结构，定、转子大多采用高导磁、耐蚀性好的铁镍软磁合金。当功率较大而体积受到限制时，可采用高饱和铁钴钒软磁合金（转速较高时选用铁钴钼软磁合金）；当要求不高时，也可用铁铝软磁合金。

（1）工作条件　微型交流伺服电动机定子、转子与其他电动机相同，在 400Hz 或更高频率下工作，并经受 -60 ~ 120℃ 环境考验。微型交流伺服电动机定子与转子的冲片制件结构如图 21-12 所示。

（2）性能要求　要求铁损小，矫顽力小，磁性各向同性，磁化曲线前段线性度好，并且稳定。在高

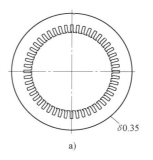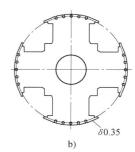

图 21-12　微型交流伺服电动机定子与
转子的冲片制件结构
a）定子冲片　b）转子冲片

低温、振动、冲击等环境条件下，磁性能基本稳定。

2. 使用材料、热处理工艺和技术要求

微型交流伺服电动机定子与转子用材料牌号、热处理工艺和技术要求见表 21-37。

表 21-37　微型交流伺服电动机定子与转子用材料牌号、热处理工艺和技术要求

类别	材料牌号	热处理工艺	技术要求	备注
铁镍合金	1J79	在氢气或真空中处理，1100 ~ 1150℃ × 3 ~ 6h，随后以 100 ~ 200℃/h 冷却至 600℃ 后快冷	$B_s \geqslant 0.75T$ $H_c \leqslant 1.0A/m$ $\mu_{0.08} \geqslant 31mH/m$ $\mu_m \geqslant 250mH/m$	用于制造灵敏度高、要求线性度好的伺服电动机定子冲片，耐蚀性良好，加工后 H_c 恶化
铁钴钒合金	1J22	1）真空处理，(760±10)℃ × 3 ~ 5h，以 350 ~ 450℃/h 冷却至 ≤100℃ 出炉 2）真空处理，(760±10)℃ × 2.5 ~ 3h，随炉冷至 730℃，以 300 ~ 600℃/h 冷却至 500℃ 后，再以 550 ~ 600℃/h 的速率炉冷至室温出炉 3）充磁电流为 300 ~ 550A	$B_s \geqslant 2.2T$ $H_c \leqslant 128A/m$ $B_{400} \geqslant 1.6T$ $B_{4000} \geqslant 2.15T$	磁场处理后矫顽力低，价格昂贵，耐蚀性良好
铁钴钼合金	1J22+Mo	真空处理，(760±10)℃ × 3 ~ 6h，以 0.1 ~ 0.3MPa 氩气充气快冷至 100℃ 以下出炉	$R_m \geqslant 800MPa$ $R_{eL} \geqslant 500MPa$ $H_c \leqslant 480A/m$ $B_{400} \geqslant 1.35T$ $B_{4000} \geqslant 2.15T$	力学性能较好，价格昂贵
铁镍合金	1J50	在氢气或真空中退火，(1050±20)℃ × 4h，以 100 ~ 200℃/h 冷却至 600℃，快冷至 ≤200℃ 出炉	$B_s \geqslant 1.5T$ $H_c \leqslant 14.4A/m$ $\mu_m \geqslant 31.3mH/m$	灵敏度低于 1J79，耐蚀性良好
硅钢片	35W360	在氢气或真空中退火，(700±10)℃ × 3 ~ 5h，以 100 ~ 150℃/h 冷却至 ≤100℃ 出炉	$B_{5000} \geqslant 1.63T$	价格低廉，应用范围广
电工纯铁	DT4C	在真空或氢气中退火，(900±20)℃ × 4h，以 ≤50℃/h 冷却到 600℃，炉冷至 ≤150℃ 出炉	$B_{100} \geqslant 1.8T$ $H_c \leqslant 32A/m$ $\mu_m \geqslant 15mH/m$	不耐蚀，价格低

注：所列材料均为带材。

3. 制造工艺路线

下料→冲切→热处理→胶合→车削。

4. 典型热处理工艺和质量检验

微型交流伺服电动机定子和转子的典型热处理工

艺和质量检验见表 21-38。

5. 热处理常见缺陷及预防、补救措施

微型交流伺服电动机定子和转子热处理常见缺陷

及预防、补救措施见表 21-39。

表 21-38　微型交流伺服电动机定子和转子的典型热处理工艺和质量检验

牌号	软 化 退 火		最 终 退 火	
	工　艺	质量检验	工　艺	质量检验
铁镍软磁合金 1J79，厚度为 0.35mm 的带材	850～900℃×2～3h，炉冷至 400℃后快冷 对尺寸要求高的冲压件，经软化退火后再进行冲压。 退火在干 H_2 或真空度 ≤ 0.10Pa 的条件下进行	1）检查操作过程，表面不允许有氧化色 2）试冲压，应无裂纹出现	1100～1150℃×3～6h，以 100～200℃/h 冷速冷却至 600℃后，快冷至 <200℃出炉 退火在干 H_2 或真空度 ≤ 0.10Pa 的条件下进行。装夹前必须撒上焙烧过的 Al_2O_3 粉，防止黏结	1）测量磁性能，试样按制件同炉进行处理 2）表面不允许有氧化、黏结、翘曲

表 21-39　微型交流伺服电动机定子和转子热处理常见缺陷及预防、补救措施

热处理缺陷	产 生 原 因	预防、补救措施
氧化	真空度不够或停止抽真空过早，制件清洗不净，油污去除不干净	1）检查真空系统及炉子真空度，压升率是否符合设备规定的技术条件 2）检查制件是否符合要求，尤其是 1J22 合金表面更应严格清理
	氢气纯度不够，露点不符合要求	提高原氢纯净度，采取净化措施，氢气露点应 ≤ -40℃
	出炉温度过高	严格执行操作规程
变形黏结	定子、转子片粗加工冲切因模具不锋利造成应力或翘曲	模具精度要高，冲切定子、转子片应平整无翘曲，热处理时应有相应夹具防止变形
	黏结现象是因毛刺产生局部黏结，夹具中装夹压力过大	制件应无毛刺，撒上少量焙烧过的氧化铝粉
磁性能不合格	原材料缺陷	1）严格进行原材料复验 2）加强批次管理
	μ_0、μ_m、H_c 不合格： 1）发生有序化转变，因为 600℃ 以下冷却速度慢 2）净化程度不够 3）μ_m 不够，因低温时冷却过快	1）提高 600℃ 以下冷却速度可降低 H_c，但不能过快 2）重新加热至 500℃并保温 2h，快冷可提高 μ_m 3）提高真空度至 ≤ 0.01Pa，或者改用露点 ≤ -40℃ 干氢处理

注：所列材料均为带材或板材。

参 考 文 献

［1］　航空制造工程手册总编委会. 航空制造工程手册：热处理分册［M］. 2 版. 北京：航空工业出版社，2010.

［2］　中国航空材料编辑委员会. 中国航空材料手册［M］. 北京：中国标准出版社，2002.

［3］　北京航空材料研究所. 航空材料学［M］. 上海：上海

科学技术出版社，1985.

［4］　王广生. 航空热处理标准应用手册［M］. 北京：航空工业出版社，2008.

［5］　王广生，石康才，周敬恩，等. 金属热处理缺陷分析及案例［M］. 2 版. 北京：机械工业出版社，2016.

第22章　航天零件的热处理

上海航天设备制造总厂有限公司　唐丽娜　吕超君

北京卫星制造厂有限公司　崔庆新　闻强苗

22.1　航天零件材料及热处理特点

航天产品主要包括运载火箭、空间飞行器、航天飞机、空天飞机等，中国航天领域以运载火箭和空间飞行器产品为主。

运载火箭系统是将各种空间飞行器从地球运送到预定空间轨道的运输工具，一般由箭体结构、动力系统、控制系统、飞行测量系统及附加系统组成。运载火箭箭体结构由卫星整流罩、仪器舱、氧化剂、燃料箱、箱间段、过渡段、尾段、尾翼、设备支架等组成，如图22-1所示。典型零件按结构特点主要分为大型薄壁壳体类、壁板类、支座类、阀门类、杆类、传动耐磨件等，使用材料以变形铝合金、不锈钢、结构钢、钛合金为主，具有尺寸大、重量轻、综合性能好等特点。根据零件不同的工作条件及性能要求，在加工制造过程中需要对原材料或零件进行相应的热处理。常用的热处理工艺为固溶处理、时效处理、常规调质处理、真空热处理、气氛保护热处理、化学热处理等。

空间飞行器包括人造地球卫星、载人飞船、空间站、月球及深空探测器等，我国的返回式系列卫星密封舱（见图22-2）、神舟号系列飞船的返回舱和轨道舱（见图22-3）、天宫实验室，以及空间站的密封舱体和机构产品等均大量采用了铝合金、钛合金等金属材料。航天器整体壁板结构作为航天器的主体，将其他各个分系统连接成一个整体，为所有仪器设备提供安装支撑、固定和安装空间，并承受各种载荷的作用，如图22-4所示。用于制造空间飞行器各种结构、机构产品的金属材料，主要包括铝合金、钛合金、铸造镁合金及高强钢等，牌号主要包括2A12、2A14、5A06、TC4、ZM5等。随着空间飞行器轻量化要求的不断提高，近年又相继发展了铝锂合金、铝基复合材料、超高强度铝合金、镁锂合金、超高强度不锈钢等新型金属材料，推动了航天器结构轻量化的实现，支撑了载人飞船、空间站及月球探测、火星探测等任务的顺利实施。

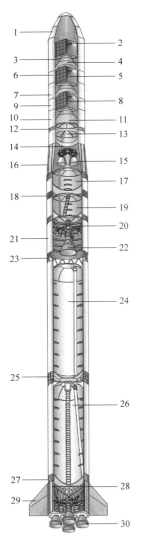

图22-1　某型号运载火箭箭体结构

1—卫星整流罩　2—××-8卫星（副星1）　3—适配器　4—支承舱　5—××-8卫星（主星）　6—过渡舱C　7—过渡舱F　8—××-8卫星（副星2）　9—过渡舱E　10—过渡舱D　11—仪器舱　12—三级过渡段　13—三级共底贮箱　14—三级发动机舱　15—三级发动机（YF-40A）　16—二、三级级间段　17—二级氧化剂箱　18—二级箱间段　19—二级燃料箱　20—二级游动发动机　21—级间壳段　22—二级主发动机　23—级间杆系　24—一级氧化剂箱　25—一级箱间段　26—一级燃料箱　27—后过渡段　28—尾段　29—尾翼　30—一级发动机（YF-20B）

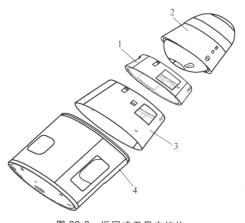

图 22-2　返回式卫星主结构

1—制动舱　2—回收舱　3—服务舱　4—密封舱

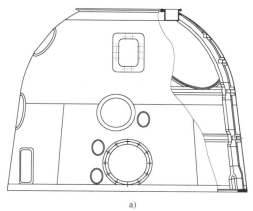

a)

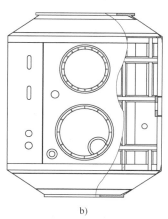

b)

图 22-3　神舟号飞船密封舱主结构

a) 返回舱密封结构　b) 轨道舱密封结构

航天器的结构产品主要包括框类零件（对接框、连接框等）、桁条类（隔框、桁条等）、蒙皮、杆件、口框（如门框、舷窗口框、发动机安装框、返回舱伞舱口框等）、薄壁支架（如 SADA 支架、陀螺支

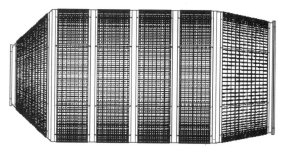

图 22-4　航天器整体壁板结构

架、开关臂等）、连接接头，以及各种承力梁、齿轮等基本金属构件。航天器制造的特点是零件种类多、批量少，结构形状复杂，精度高、壁厚薄、可靠性高。常用热处理工艺包括固溶、时效、去应力退火、稳定化处理和渗氮处理等。

22.2　运载火箭领域典型零件的热处理

22.2.1　大型薄壁壳体类零件的热处理

1. 工作条件

大型薄壁壳体类零件，如瓜瓣（见图 22-5）、顶盖等，成形后焊接为贮箱箱底，用于存贮飞行用推进剂，受力工况主要为承载贮箱的箱压，常采用 2A14、2219 等可热处理强化变形铝合金制造，板材成形后进行固溶、人工时效处理，以提高材料的力学性能。

图 22-5　瓜瓣结构示意图

2. 使用材料和技术要求

大型薄壁壳体类零件常用材料牌号和技术要求见表 22-1。

表 22-1　大型薄壁壳体类零件常用
材料牌号和技术要求

材料牌号	热处理内容	技术要求		
		R_m/MPa ≥	$R_{p0.2}$/MPa ≥	A(%) ≥
2A14	固溶、人工时效	441	353	7($A_{11.3}$)
2219	固溶、人工时效	405	250	8(A_{50mm})

3. 制造工艺路线

轧板→切割→淬火→钣金→冲压→时效→化铣→钣金→表面处理。

4. 典型热处理工艺（见表 22-2）

5. 热处理后的典型缺陷及预防、补救措施（见表 22-3）

表 22-2　典型热处理工艺

牌号	热处理工艺	检验内容
2A14	固溶:(500±5)℃,保温 45~55min,水冷 人工时效:(160±5)℃,保温 12h,空冷	1)外观 2)力学性能 3)金相
2219	固溶:(535±5)℃,保温 45~55min,水冷 人工时效:(180±5)℃,保温 24h,空冷	1)外观 2)力学性能 3)金相

表 22-3　典型缺陷及预防、补救措施

典型缺陷	产生原因	预防措施	补救措施
表面开裂	1)严重过烧 2)固溶温度过高 3)加热不均匀 4)冷却速度过快 5)原材料缺陷	1)严格控制固溶处理温度 2)优化热处理前工件形状,减少不同部位的厚度差别,避免工件存在截面形状突变,防止局部应力集中 3)适当提高冷却水温或选用聚合物冷却介质等 4)提高原材料冶金质量,减少夹杂、偏析等缺陷引起的开裂倾向	—
变形严重	1)加热不均匀 2)工件热处理时放置不合理 3)冷却方法不当	1)优化热处理前工件结构,减少不同部位的厚度差别 2)选择合适的装炉方式,保证工件温度均匀 3)根据工件形状选择合理的炉内放置方式,减少形状、自重带来的变形;也可以设计合理的工装以减少变形 4)选用正确的浸入冷却介质的方式,适当提高水温或选用冷却速度相对较低的聚合物冷却介质	可在固溶处理后未时效硬化前进行矫形处理
力学性能不合格	1)固溶温度过低或保温时间过短 2)冷却转移时间长或冷却速度慢 3)时效温度过低或保温时间过短 4)过时效	1)采用合适的固溶温度及保温时间 2)严格控制冷却转移时间,采用合适的冷却速度 3)采用合适的时效温度及保温时间	重新进行固溶、时效处理
过烧	固溶温度过高,达到或超过材料的过烧温度	严格控制固溶温度	—
包铝层铜扩散	1)固溶时温度过高,保温时间过长 2)重复退火、固溶次数过多	1)严格控制固溶温度及保温时间 2)严格控制重复固溶、退火的次数	—

22.2.2　支座类零件的热处理

1. 工作条件

轴承支座为运载火箭助推模块头锥下锥段零件,其功能是将四个助推器捆绑于芯级火箭上,承受芯级竖立载荷和助推飞行推力载荷,实现助推与芯级的可靠连接和分离。轴承支座的结构如图 22-6 所示。

2. 使用材料和技术要求

该零件采用超高强度钢 30CrMnSiNi2A 制造,要求经过热处理后助推器母线方向的 $R_m \geqslant 1570$MPa, $R_{p0.2} \geqslant 1240$MPa, $A \geqslant 7\%$, $Z \geqslant 35\%$。

3. 制造工艺路线

锻造→粗加工→无损检测→退火→粗加工→热处理→喷砂→机械加工→表面处理。

图 22-6　轴承支座的结构

4. 典型热处理工艺（见表 22-4）

表 22-4　典型热处理工艺

牌号	热处理工艺	检验要求
30CrMnSiNi2A	淬火：升温至 650 ~ 700℃，预热保温 30min，再升温至 900±10℃，保温 110 ~ 120min，油冷 回火：（220±20）℃，保温 260 ~ 270min，空冷	1）外观 2）力学性能 3）变形量

5. 热处理后的典型缺陷及预防、补救措施（见表 22-5）

表 22-5　典型缺陷及预防、补救措施

典型缺陷	产生原因	预防措施	补救措施
开裂	1）原材料缺陷 2）热处理前工件形状不合理，存在截面形状突变等引起应力集中的部位 3）热处理工艺不当，如加热速度较快、加热或冷却不均匀等 4）淬火后未及时回火	1）提高原材料冶金质量，减少夹杂、偏析等缺陷引起的开裂倾向 2）优化热处理前工件形状，减少不同部位的厚度差异，采用圆角过渡、开工艺孔的方法减少应力集中 3）制订合理的热处理工艺参数，对于不同部位厚度差异大、易变形的工件，可增加预热处理；冷却时保证冷却介质在工件表面可以自由流动 4）淬火后在规定时间内及时回火	—
变形	1）热处理前工件应力未去除 2）工件装炉方式不合理，或者工件淬火转移受力不合理 3）热处理工艺不当，如无预热、加热速度较快、加热或冷却不均匀等	1）机械加工过程中合理安排去应力工序 2）合理装炉，避免加热时因工件自重及淬火不当引起变形；设计合理的工装减少变形 3）合理制订热处理工艺参数，增加预热或预冷等	1）若加工余量够，则可进行下道工序 2）若变形超过加工余量，则需矫形，矫形后进行去应力处理
强度偏低	1）淬火温度偏低或保温时间不足 2）回火温度过高	1）根据材料成分，制订合理的淬火工艺参数 2）根据淬火硬度适当调整回火温度	采用高温回火或退火的方式降低硬度后，重新进行淬火、回火

22.2.3　阀门类零件的热处理

1. 工作条件

运载火箭有很多阀门产品，包括减压阀、溢流阀、加注阀、电磁阀等。阀门零件，如壳体、热压阀瓣等，在高压、振动、超低温环境使用，要求具有一定的强度、韧性。用于电磁阀的零件如衔铁等，还要求具有一定的磁性能。

2. 使用材料和技术要求

阀门类零件常用材料牌号和技术要求见表 22-6。阀门类零件，如壳体、阀芯等，一般使用 05Cr17Ni4Cu4Nb 沉淀硬化不锈钢作为原材料，进行固溶、时效处理，要求达到一定的硬度；接管嘴等零件，使用 1Cr18Ni9Ti

（曾用牌号）奥氏体不锈钢作为原材料，进行固溶处理；密封圈、垫片等零件一般采用 T2 纯铜作为原材料，进行退火处理；电磁阀衔铁零件使用 DT4E 电磁纯铁作为原材料，进行退火处理，要求达到一定的磁性能。

表 22-6　阀门类零件常用材料牌号和技术要求

材料牌号	热处理内容	技术要求
05Cr17Ni4Cu4Nb	固溶、时效	≥31HRC
1Cr18Ni9Ti	固溶	—
T2	退火	—
DT4E	退火	$B_{5000} \geqslant 1.71T$ $H_c \leqslant 64A/m$ $\mu_{max} \geqslant 5.6mH/m$

3. 制造工艺路线

1) 沉淀硬化不锈钢阀芯：挤压棒材→粗加工→固溶、时效→机械加工，或挤压棒材→粗加工→固溶→机械加工→时效。

2) 奥氏体不锈钢接管嘴：棒材→下料→热处理→机械加工→穿孔→机械加工。

3) 纯铜密封圈：棒材→下料→机械加工→热处理。

4) 电磁纯铁衔铁：棒材→下料→机械加工→热处理→表面处理→机械加工。

4. 典型热处理工艺（见表 22-7）

5. 热处理后的典型缺陷及预防、补救措施（见表 22-8）

表 22-7 典型热处理工艺

牌号	热处理工艺	检验内容
05Cr17Ni4Cu4Nb	固溶：(1040±10)℃，保温 30~35min，水冷 时效：(580±10)℃，保温 4h，空冷	1）外观 2）硬度
1Cr18Ni9Ti	固溶：(1080±10)℃，保温 30~35min，水冷	1）外观 2）力学性能
T2	气氛保护退火：630~650℃，保温 120~180min，炉内快冷，工件＜100℃可出炉	外观
DT4E	真空退火：(920±10)℃，保温 240min，以 80~120℃/h 的速度炉冷至 500℃以下快冷，工件＜150℃可出炉	1）外观 2）试环磁性能

表 22-8 典型缺陷及预防、补救措施

典型缺陷	产生原因	预防措施	补救措施
开裂	1）原材料缺陷导致 2）热处理前工件形状不合理，存在形状突变等应力集中部位 3）热处理工艺不当，如无预热、加热速度较快、加热或冷却不均匀等	1）提高原材料冶金质量，减少夹杂、偏析等缺陷引起的开裂倾向 2）优化热处理前的工件形状，减小不同部位的厚薄差异，采用圆角过渡、开工艺孔等方法减少应力集中 3）合理制订热处理工艺参数	—
变形	1）热处理前工件应力未去除 2）工件装炉不合理，或者工件淬火转移受力不合理 3）热处理工艺不当，如无预热、加热速度较快、加热或冷却不均匀等	1）机械加工过程中合理安排去应力工序 2）合理装炉，避免加热时因工件自重及淬火不当引起变形 3）合理制订热处理工艺参数，增加预热或预冷等	1）若加工余量够，则可进行下道工序 2）若变形超过加工余量，则需矫形，矫形后进行去应力处理
真空热处理零件表面氧化	1）真空度不够或加热设备、料盒等存在不清洁的情况 2）在冷却阶段，真空炉扩散泵、机械泵等过早关闭 3）零件出炉温度过高	1）真空度应符合零件表面质量要求，定期对设备进行清洁维护 2）真空设备应能达到工艺要求的真空度 3）严格控制零件出炉温度	通过抛光或表面处理等方式去除
硬度超差	1）固溶处理不当 2）时效处理不当	合理制订固溶时效处理制度	1）重新进行固溶、时效处理 2）调整时效温度，重新时效处理
磁性能不合格	1）冷却速度过快，导致 H_c 不合格 2）退火后晶粒长大不够，导致 B_s 不合格 3）退火不充分，导致 μ_m 不合格	1）合理降低冷却速度 2）控制原材料中铝的含量，适当提高退火温度或延长保温时间 3）适当提高退火温度或延长保温时间	可重新进行退火，但应防止变形和保证表面质量

22.2.4 杆类零件的热处理

1. 工作条件

运载火箭系统中有一些杆类结构，如卫星整流罩解锁机构中的连杆，如图 22-7 所示。它利用驱动滑块将解锁机构支撑起来，要求具有一定的强度和韧性。

2. 使用材料和技术要求

典型零件，如连杆，一般使用壁厚为 2~3mm 的

图 22-7　连杆

30CrMnSiA 钢管作为原材料，进行调质处理，要求力学性能满足 917～1005MPa，热处理后直线度控制在 0.5mm 以内。

3. 制造工艺路线

冷拔钢管→热处理→喷砂→冷作→机械加工→表面处理。

4. 典型热处理工艺（见表 22-9）

表 22-9　典型热处理工艺

牌号	热处理工艺	检验内容
30CrMnSiA	淬火：890 ±10℃，保温 20～30min，油冷 回火：580 ±20℃，保温 50～60min，油冷	1）外观 2）力学性能 3）直线度

5. 热处理后的典型缺陷及预防、补救措施（见表 22-10）

表 22-10　典型缺陷及预防、补救措施

典型缺陷	产生原因	预防措施	补救措施
开裂	1）原材料缺陷导致 2）管口存在毛刺或其他缺陷	1）提高原材料冶金质量，减少夹杂、偏析等缺陷引起的开裂倾向 2）去除毛刺及其他缺陷	无
变形	1）工件装炉不合理 2）淬火冷却不合理	1）合理装炉，避免加热时因工件自重及淬火不当引起变形 2）长杆类零件应尽量垂直入冷却介质	1）若加工余量够，则可进行下道工序 2）若变形超过加工余量，则需矫正
脱碳	炉内气氛控制不当	使用防氧化涂料或采用气氛保护热处理	在加工余量允许的情况下去除脱碳层
强度偏低	1）淬火温度偏低或保温时间不足 2）回火温度过高	1）制订合理的淬火工艺参数 2）根据淬火硬度选择适当的回火工艺	采用高温回火或退火的方式降低硬度后，重新进行淬火、回火处理，但应注意控制变形和脱碳氧化程度
强度偏高	回火保温时间不足或回火温度偏高	根据淬火硬度选择合理的回火工艺	延长回火保温时间或提高回火温度重新回火

22.2.5　耐磨零件的化学热处理

1. 工作条件

在运载火箭结构上，有些零件服役时有相对运动，承受摩擦作用，因此要求表面或局部高硬耐磨，但心部或非硬化部位保持韧性，如浮动衬套、解锁杆、锁紧套筒、弹簧盖（见图 22-8）等零件，需要工作面有高的硬度、耐磨性和抗疲劳性能。

图 22-8　弹簧盖

2. 使用材料和技术要求

运载火箭上的耐磨零件主要使用结构钢、不锈钢、弹性合金等制造。

典型耐磨零件，如电机产品中的轴采用合金结构钢 38CrMoAl 制造，锁紧机构中的锁紧套筒、解锁杆、弹簧盖采用不锈钢 14Cr17Ni2、05Cr17Ni4Cu4Nb 制造，伺服机构中的反馈杆采用弹性合金 3J01 制造，其相应技术要求见表 22-11。

表 22-11　耐磨零件常用材料牌号和技术要求

材料牌号	技术要求		
	表面硬度 HRC ≥	渗氮层深度/μm ≥	渗层质量
38CrMoAl	55	300	脆性不大于 2 级
14Cr17Ni2	58	60	—
05Cr17Ni4Cu4Nb	58	80	—
3J01	766HV	60	渗层无麻点，疏松层小于 10μm，变形量小于 50μm

3. 制造工艺路线

1) 轴：棒材→粗加工→调质（固溶、时效）→精加工→渗氮→精加工（磨）。

2) 浮动衬套、解锁杆、弹簧盖：棒材→粗加工→热处理→机械加工→离子渗氮→机械加工。

3) 锁紧套筒：棒材→粗加工→热处理→机械加工→离子渗氮→电火花成形→精加工（磨）。

4) 反馈杆：棒材→固溶+半时效→机械加工→真空时效→精加工→离子渗氮→精加工（磨）。

4. 典型热处理工艺（见表 22-12）

5. 热处理后的典型缺陷及预防、补救措施（见表 22-13）

表 22-12　典型热处理工艺

牌号	预备热处理	最终热处理工艺	检验内容
38CrMoAl	淬火：（950±10）℃，保温 80～90min，油冷； 回火：（630±20）℃，保温 150～180min，油冷	离子渗氮：（530±10）℃，保温 7h。电压 400～800V，氨气流量 3～5L/min，炉内压力 300～500Pa	1）外观 2）渗层硬度 3）渗层深度 4）渗层脆性
14Cr17Ni2	淬火：（1000±10）℃，保温 55～65min，油冷； 回火：（600±20）℃，保温 90～100min，油冷	离子渗氮：（500±10）℃，保温 10h。电压 400～800V，氨气流量 3～5L/min，炉内压力 300～500Pa	1）外观 2）渗层硬度 3）渗层深度
05Cr17Ni4Cu4Nb	固溶：（1040±10）℃，保温 35～40min，水冷 时效：（620±10）℃，保温 4h，空冷	离子渗氮：（560±10）℃，保温 10h。电压 400～800V，氨气流量 3～5L/min，炉内压力 300～500Pa	1）外观 2）渗层硬度 3）渗层深度
3J01	固溶：（980±10）℃，保温 15～18min，盐水冷； 半时效：（550±10）℃，保温 3h，空冷； 真空时效：（740±10）℃，保温 4～5h，炉冷至 400℃快冷	离子渗氮：（600±10）℃，保温 20h。电压 400～800V，氨气流量 3～5L/min，炉内压力 300～500Pa	1）外观 2）渗层硬度 3）渗层深度 4）渗层质量

表 22-13　典型缺陷及预防、补救措施

典型缺陷	产生原因	预防措施	补救措施
局部烧伤	1）工件清洗不干净 2）孔等未屏蔽	1）将工件清洗干净 2）将小孔、缝隙等按要求屏蔽	—
渗层不均匀	1）不锈钢表面钝化膜未去除干净 2）装炉不当，温度不均匀	1）清除表面钝化膜 2）合理装炉，改善温度均匀性	补渗
颜色发蓝	1）炉体漏气 2）氨气含水量大	1）在生产前检查压升率，应符合要求 2）将氨气进行干燥	打磨去除氧化膜

22.3　空间飞行器领域典型零件的热处理

22.3.1　框类零件的热处理

1. 工作条件

端框、连接框等框类零件是航天器金属结构中经常采用的一种承力构件，其特点是：内外圆的直径相差不大，径向尺寸远远大于轴向尺寸，端面面积小，壁厚和径向尺寸相差悬殊（一般在数十倍以上），如图 22-9 所示。因此，这类零件的外形尺寸大、材料去除率高；通过开大量减轻槽来满足重量要求，因此壁薄、刚性弱、易变形。作为承力结构，框类零件除了力学性能满足指标要求，还因尺寸精度高而要求加工中变形小，存放过程中尺寸稳定性要好。

2. 使用材料和技术要求

框类零件主要使用变形铝合金 2A12、2A14、5A06 和 5B70 制造。5A06、2A14 铝合金，工艺成熟稳定，特别是 5A06 铝合金的焊接性和机械加工性极佳，是航天器舱体主结构的常用材料。框类零件常用材料牌号和技术要求见表 22-14。

表 22-14　框类零件常用材料牌号和技术要求

材料牌号	热处理状态	材料种类	技术要求		
			R_m/MPa ≥	$R_{p0.2}$/MPa ≥	A（%）≥
2A12	T4	锻件	420	275	10
2A14	T6	锻件	410	—	8
		模锻件	430	315	10
5A06	O	锻件及模锻件	305	127	14
5B70	H112	板材	350	220	20

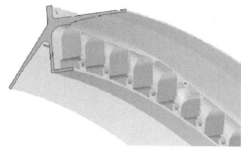

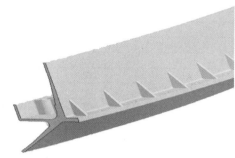

图 22-9　中间框截面

3. 制造工艺路线

原材料振动去应力→粗加工→去应力→机械加工→去应力→机械加工→稳定化→机械加工。

4. 热处理工艺

典型热处理包括去应力退火和稳定化热处理。去应力退火的作用是消除机械加工和固溶淬火过程中形成的零件内部应力，前提条件是保证框类零件的力学性能。去应力退火参数的选择主要包括温度和保温时间，温度主要与材料最终使用状态和固溶时效制度有关。稳定化处理的作用是消除机械加工应力，进一步稳定框类零件的尺寸精度，避免框类零件在加工完成后变形造成尺寸超差。稳定化处理的参数选择需要包括正温温度、负温温度、保温时间和循环次数。框类零件的典型热处理工艺见表 22-15。

5. 框类零件热处理后的典型缺陷及预防、补救措施（见表 22-16）

22.3.2　桁条类零件的热处理

1. 工作条件

航天器金属结构舱体是由蒙皮、壳体、隔框、桁条等零件组成。隔框、桁条、蒙皮是航天器舱体金属结构的重要承力部件，承受运载火箭加给星体的载荷；当返回大气层时，还要承受空气阻力，高速气流引起的高温，因此有较高的气密性要求。

表 22-15　典型热处理工艺

牌号	热处理工艺				检验内容
	工序	加热温度/℃	保温时间/h	冷却方式	
2A12	去应力	100±10	1~4	空冷	电导率
	稳定化	110~120	2~4	空冷	
		≤-60	1~3	空冷	
		110~120	2~5	炉冷	
2A14	去应力	140±10	1~4	空冷	电导率
	稳定化	110~120	2~4	空冷	
		≤-60	1~3	空冷	
		110~120	2~5	炉冷	
5A06	去应力	140~280	1~4	空冷	电导率
	稳定化	110~120	2~4	空冷	
		≤-60	1~3	空冷	
		110~120	2~5	炉冷	
5B70	去应力	120~320	1~4	空冷	1）力学性能 2）电导率
	稳定化	110~120	2~4	空冷	
		≤-60	1~3	空冷	
		110~120	2~5	炉冷	

表 22-16　典型缺陷及预防、补救措施

典型缺陷	产生原因	预防措施	补救措施
力学性能下降	1）去应力温度过高 2）设备控制不准，实际温度过高	1）严格控制去应力工艺参数 2）热处理前后检测产品电导率数值，监控产品状态变化	重新进行固溶、时效处理，但应注意控制变形
尺寸超差	1）机械加工应力较大 2）去应力温度低或保温时间短 3）稳定化次数不够	1）控制机械加工进给量，优化加工路径 2）在保证力学性能的前提下，适当提高去应力温度，保证足够的保温时间 3）依据零件尺寸选择循环次数，如超过500mm循环2次，超过1500mm循环3次	1）热矫形 2）冷矫形后进行去应力处理

为了提高壳体承受纵向载荷的能力，沿着壳体的纵轴方向，布置一定数量的桁条。桁条大多是用铝合金型材或板材成形的，桁条截面一般为"几"字形，壁厚一般为 1~2mm，其结构形式如图 22-10 所示。

2. 使用材料和技术要求

桁条一般采用变形铝合金或铝基碳化硅复合材料制造，主要牌号包括 2A12、5A90、17%SiC$_p$/2009Al，见表 22-17。

图 22-10　桁条的结构形式

3. 制造工艺路线

1) 2A12 桁条：型材钣金→一次成形→粗加工→固溶→矫形→自然时效→机械加工→表面处理。

2) 5A90 桁条：型材钣金→固溶→一次成形→固溶→二次成形→固溶→三次成形→人工时效→机械加工→表面处理。

3) 17%SiC$_p$/2009Al 桁条：钣金→一次成形→粗加工→固溶→矫形→时效→二次成形→打磨→喷砂→表面处理。

表 22-17　桁条常用材料牌号和技术要求

材料牌号	热处理状态	材料种类	技术要求		
			R_m/MPa ⩾	$R_{p0.2}$/MPa ⩾	A(%)
2A12	T4	板材(横向)	425	275	12
5A90	T6	板材(横向)	410	255	8
		板材(纵向)	410	255	6
17%SiC$_p$/2009Al[1]	T4	板材(最终轧制方向)	520	380	3
	T6	板材(最终轧制方向)	520	380	3

① 碳化硅颗粒增强铝基复合材料，为企业牌号。φ(SiC)=17%，铝基体为 2009Al (Al-Cu-Mg)。

4. 典型热处理工艺（见表 22-18）

表 22-18　典型热处理工艺

牌号	热处理工艺				检验内容
	工序	加热温度/℃	保温时间	冷却方式	
2A12	固溶	490~500	10~50min	水冷	1)外观 2)力学性能 3)电导率
	自然时效	室温	96h	—	
5A90	一次固溶	450~465	10~50min	水冷	
	二次固溶	450~465	10~50min	水冷	
	三次固溶	450~465	10~50min	水冷	
	时效	120±5	5~14h	空冷	
17%SiC$_p$/2009Al	固溶	500~520	1~4h	水冷	
	时效	160~180	5~8h	空冷	

5. 热处理常见缺陷及预防、补救措施

桁条热处理主要包括固溶+时效，如果热处理不当，会造成力学性能不合格，桁条成形后开裂或成形困难等情况，见表 22-19。

表 22-19　热处理常见缺陷及预防、补救措施

热处理缺陷	产生原因	预防措施	补救措施
力学性能不合格	1)热处理工艺参数选用不当 2)固溶次数过多	1)5A90 和 17%SiC$_p$/2009Al 可对每批材料先进行试验，微调热处理工艺参数，保证力学性能满足要求 2)17%SiC$_p$/2009Al 固溶过程需要注意淬火转移时间和水温的控制 3)对于薄板铝合金件，固溶次数不能超过 3 次	在固溶次数允许情况下重新进行固溶、时效处理
钣金开裂或成形困难	1)钣金工艺参数选用不当 2)钣金时产品已硬化，延伸率降低	1)调整钣金工艺参数 2)钣金成形需要掌握时机，需要充分利用淬火后孕育期	1)优化热处理工艺，提高材料塑性 2)优化工艺流程，或者将冷成形改为热成形

22.3.3　薄壁支架类零件的热处理

1. 工作条件

在航天器侧壁外侧分布有许多薄壁支架零件，这些支架为相机、天线等设备提供相应的安装接口，如图 22-11 所示。随着航天器结构功能的不断增加，薄壁支架的构型日趋复杂，同时为满足轻量化、高精度要求，对薄壁支架的制造技术提出了更高的要求。

2. 使用材料技术要求

支架主要使用钛合金和铝合金制造，主要牌号包括 2A12、2A14、5A06、17% SiC_p/2009Al、AZ40M、TC4、7A09，其相应技术要求见表 22-20。

图 22-11　典型薄壁支架的结构

3. 制造工艺路线

下料→粗加工→固溶时效→机械加工→去应力→机械加工→表面处理。

表 22-20　薄壁支架类零件常用材料牌号和技术要求

材料牌号	热处理状态	材料种类	技术要求		
			R_m/MPa　≥	$R_{p0.2}$/MPa　≥	A（%）　≥
2A12	T4	锻件	420	275	10
2A14	T6	锻件	410	—	8
		模锻件	430	315	10
5A06	O	锻件及模锻件	305	127	14
17%SiC_p/2009Al	T4	锻件	490	340	3.0
	T6	锻件	500	380	2.5
AZ40M	H112	锻件	240	—	5.0
TC4	O	棒材	895	825	10
7A09	T6	锻件	510	420	6
		模锻件	530	440	6

4. 典型热处理工艺

支架的典型热处理工艺主要包括去应力退火、固溶、时效、真空去应力退火等，见表 22-21。

5. 热处理后的典型缺陷及预防、补救措施（见表 22-22）

表 22-21　典型热处理工艺

牌号	热处理工艺				检验内容
	工序	加热温度/℃	保温时间/h	冷却方式	
2A12	固溶	490~500	10~50min	水冷	1）外观 2）力学性能 3）电导率
	自然时效	室温	96	—	
2A14	固溶	495~505	50~120	水冷	1）外观 2）力学性能 3）电导率
	时效	160~170	4~10	空冷	
5A06	去应力	140-280	1~4	空冷	电导率
17%SiC_p/2009Al	固溶	500~520	1~4	空冷	1）外观 2）力学性能 3）电导率
	时效	160~180	5~8	空冷	
AZ40M	去应力	150~230	1~3	空冷	外观
TC4	真空去应力退火	550~650	1~3	随炉冷却	外观
7A09	固溶	465~475	50~200min	水冷	1）外观 2）力学性能 3）电导率
	时效	125~145	8~16	空冷	

表 22-22　典型缺陷及预防、补救措施

典型缺陷	产生原因	预防措施	补救措施
力学性能不合格	1)原材料状态存在偏差 2)热处理工艺参数选用不当 3)设备问题	1)对原材料进行复验 2)固化热处理制度 3)检查确认设备状态	1)过烧零件报废 2)重新进行热处理

22.3.4　接头类零件的热处理

1. 工作条件

接头主要包括卫星结构桁架接头、相机支撑结构连接接头和热控管路接头，材料主要包括超高强度铝合金 7055 和防锈铝 5A06。

2. 使用材料和技术要求

此类零件一般使用 5A06 和 7055 铝合金制造，相应技术要求见表 22-23。

表 22-23　接头类零件常用材料牌号和技术要求

材料牌号	热处理状态	材料种类	技术要求		
			$R_{\mathrm{m}}/$ MPa ≥	$R_{\mathrm{p0.2}}/$ MPa ≥	A (%) ≥
5A06	O	棒材	315	155	15
7055	T76	锻件(周向)	565	530	7
		锻件(径向)	550	515	4
		锻件(高向)	540	505	2

3. 制造工艺路线

下料→半精加工→稳定化→精加工→表面处理。

4. 典型热处理工艺（见表 22-24）

表 22-24　典型热处理工艺

牌号	热处理工艺				检验项目
	工序	加热温度/℃	保温时间/h	冷却方式	
5A06	稳定化	110~120	2~4	空冷	电导率
		≤-60	1~3	空冷	
		110~120	2~5	炉冷	
7055	稳定化	110~120	2~4	空冷	1)力学性能 2)电导率
		≤-60	1~3	空冷	
		110~120	2~5	炉冷	

5. 热处理后的典型缺陷及预防、补救措施（见表 22-25）

22.3.5　开关臂类零件的热处理

1. 工作条件

卫星太阳电池阵可以包括两个或一个太阳翼。太阳翼在发射时处于压紧状态，发射后会释放和展开，从而为整个卫星供电。开关臂用于检测太阳翼是否正常展开，其结构如图 22-12。

表 22-25　典型缺陷及预防、补救措施

典型缺陷	产生原因	预防措施	补救措施
力学性能不合格	1)原材料状态存在偏差 2)热处理工艺参数选用不当	1)对原材料进行复验 2)固化热处理制度	重新进行热处理
产品开裂	1)原材料应力过大 2)零件结构设计不合理 3)固溶温度过高 4)零件粗加工存在尖角、直角 5)冷却速度过快	1)对坯料进行退火处理 2)优化零件结构 3)选择 I 或 II 设备，严格控制固溶温度范围 4)避免尖角、直角和大尺寸阶梯过渡 5)降低淬火冷却速度	—

图 22-12　开关臂的结构

2. 使用材料和技术要求

开关臂通常采用 07Cr15Ni7Mo2Al 不锈钢制造。该钢为沉淀硬化耐热钢，主要用于制造要求耐蚀性好并具有高强度的各种容器、管道、弹簧、膜片等，其耐蚀性超过马氏体不锈钢、马氏体沉淀硬化不锈钢和马氏体时效不锈钢，相应技术要求见表 22-26。

3. 制造工艺路线

下料→固溶→一次成形→调整+(冷处理)+时效处理→打磨→强压处理。

表 22-26　开关臂常用材料牌号和技术要求

材料牌号	热处理状态	技术要求	
		R_m/MPa ≥	$A(\%)$ ≥
07Cr15Ni7Mo2Al	565℃ 时效	1470	5
	510℃ 时效		

4. 典型热处理工艺

常用的有 TH1050 状态、RH950 状态两种热处理制度，见表 22-27。

表 22-27　典型热处理工艺

热处理代号	热处理制度	组织特征
TH1050 状态 （565℃ 时效）	1050℃ 固溶处理后于 760℃±15℃ 保持 90min，空冷；在 1h 内冷却到 15℃ 或室温，保持 30min；再加热到 565℃±10℃，保持 90min，空冷	沉淀硬化马氏体
RH950 状态 （510℃ 时效）	1050℃ 固溶处理后于 955℃±15℃ 保持 10min，空冷至室温；在 24h 内冷却到 -73℃±6℃，保持 8h；再加热到 510℃±6℃，保持 60min，空冷	

5. 热处理后的典型缺陷及预防、补救措施（见表 22-28）

表 22-28　典型缺陷及预防、补救措施

典型缺陷	产生原因	预防措施	补救措施
力学性能不合格	1）原材料状态存在偏差 2）热处理工艺参数选用不当	1）对原材料进行复验 2）固化热处理制度	重新进行热处理
表面锈蚀	1）采用电炉进行热处理 2）存放环境不当	1）规定热处理设备，采用真空炉进行固溶、调整处理、时效处理 2）规定成品存放环境	1）余量允许，对零件表面进行打磨处理 2）存放在干燥、无腐蚀介质的环境中

22.3.6　框架类零件的热处理

1. 工作条件

空间飞行器框架结构尺寸较大，既具有较高的整体强度、刚度性能，又具有较高的局部强度、刚度性能，能适应多种机械接口，可作为分舱结构的构造基础，使分离的舱体结构形成一个整体；可作为大型设备的支撑结构部件；可作为分离舱体的接口界面；可

作为分离的舱体在地面装配、测试及运输的支撑界面，并承受其中载荷舱的载荷。其典型零件结构如图 22-13 所示。

图 22-13　口框结构

2. 使用材料和技术要求

框架主要采用铸造铝合金、变形铝合金、铝基碳化硅复合材料，如 ZL105、2219、30% SiC$_p$/2009Al、7A09 等制造，相应技术要求见表 22-29。

表 22-29　框架常用材料牌号和技术要求

材料牌号	热处理状态	材料种类	技术要求		
			R_m/MPa ≥	$R_{p0.2}$/MPa ≥	A(%) ≥
ZL105	T6	砂型铸造	240	170	3.0
2219	T6	电弧增材	280	200	5
30% SiC$_p$/2009Al	T6	棒材	520	400	1
7A09	T6	锻件	510	420	6
		模锻件	530	440	6

3. 制造工艺路线

下料→粗加工→固溶→热矫形→人工时效→机械加工→去应力→机械加工→稳定化→机械加工→表面处理→涂漆。

4. 典型热处理工艺（见表 22-30）

5. 热处理后的典型缺陷及预防、补救措施（见表 22-31）

22.3.7　导电滑环典型零件的热处理

1. 工作条件

航天飞行器的电传输依靠导电滑环装置，它是卫星上太阳能电池阵驱动机构产品的核心部件，用于实现两个相对旋转机构间能量、信号的传递。航天飞行

表 22-30　典型热处理工艺

牌号	热处理工艺				检验内容
	工序	加热温度/℃	保温时间/h	冷却方式	
ZL105	固溶	520~530	10~50min	水冷	1) 外观 2) 力学性能 3) 电导率
	时效	170~190	3~8	空冷	
	去应力	150	1~4	空冷	
	稳定化	110~120	2~4	空冷	
		≤-60	1~2	空冷	
		110~120	2~5	炉冷	
2219	固溶	520~540	110~50min	水冷	
	时效	170~190	6~14	空冷	
	去应力	150	1~4	空冷	
30%SiC_p/2009Al	固溶	540~560	1~4	水冷	
	时效	160~180	5~8	空冷	
	去应力	140	1~4	空冷	
7A09	固溶	465~475	50~200min	水冷	
	时效	125~145	8~16	空冷	
	去应力	110	1~4	空冷	

表 22-31　典型缺陷及预防、补救措施

典型缺陷	产生原因	预防措施	补救措施
力学性能下降	1) 去应力温度过高 2) 设备控制不准,实际温度过高	1) 严格控制去应力工艺参数 2) 热处理前后检测产品电导率数值,监控产品状态变化	1) 过烧零件报废 2) 重新进行固溶、时效处理
尺寸超差	1) 机械加工应力较大 2) 去应力温度低或保温时间短 3) 稳定化次数不够	1) 控制机械加工进给量,优化加工路径 2) 在保证力学性能的前提下,适当提高去应力温度,保证足够的保温时间 3) 依据零件尺寸选择循环次数,如超过 500mm 循环 2 次,超过 1500mm 循环 3 次	1) 进行冷(热)矫形处理 2) 优化加工工艺

器长时间在运行轨道中飞行，依靠滑环系统长时间稳定连续可靠的工作，盘式导电滑环典型零件包括功率电刷触头（图 22-14）、信号电刷触头，与镀金汇流盘组成电接触摩擦副，要求具有稳定的力学及电性能，以保证服役。

图 22-14　功率电刷触头

2. 使用材料和技术要求

触头常采用 AuCuAgZn17-7-1 合金制造，该合金作为接触载荷低和小电流的精密电接触材料，有时效

硬化效应，具有耐磨、耐蚀、接触电阻低而稳定等特点。一般用作电接触零件的贵金属合金的导电性能优良，无须热处理，但因卫星在空间长期工作，要求导电滑环稳定运行，触头零件内部的硬度波动会给摩擦性能和电性能带来不良影响，因此要求触头与对磨盘片硬度具有一定的适配范围，卫星功率电刷触头、信号电刷触头要求热处理后摩擦面附近的硬度一般为 280~330HV。

3. 制造工艺路线

丝材拉拔→冷镦→机械加工→抛光→时效（固溶→时效）→清洗。

4. 典型热处理工艺

由于对产品表面质量要求较高，采用保护气氛固溶及时效处理，见表 22-32。

5. 热处理后的典型缺陷及预防、补救措施（见表 22-33）

表 22-32　典型热处理工艺

材料	热处理工艺				检验项目
	工序	加热温度/℃	保温时间/h	冷却方式	
AuCuAgZn17-7-1	氩气保护固溶	740～760	30min	水冷	—
	氩气保护时效	275～285	3	气冷	硬度
	氩气保护时效	315～335	6	气冷	硬度

表 22-33　典型缺陷及预防、补救措施

典型缺陷	产生原因	预防措施	补救措施
表面发黑	炉内污染	1）保证炉内干净 2）采用一定保护措施,如装入干净料盒	轻微抛光
硬度超差	1）材料成分对温度敏感性高,易造成硬度波动较大 2）冷镦变形量不同造成硬度波动较大 3）硬度测试位置引起的偏差	1）正式生产前试炉,依据试炉结果调整参数 2）对硬度波动较大的产品先固溶再时效 3）固化硬度测试位置及方法,排除硬度测试引起的偏差	重新时效或固溶时效处理

22.3.8　耐磨零件的化学热处理

1. 工作条件

卫星等航天器要求长寿命、高可靠,空间机构的灵活运动需要依赖可靠的传动、转动等机构。齿轮作为空间机构传动部件的关键零件,是实现各项运动功能的基础,具有种类多、材料强度高、薄壁弱刚性等特点,对尺寸精度和表面质量要求高。为了满足耐磨需求,可以通过提高整体硬度或表面硬度等多种方式,材料一般选用黑色金属、钛合金等,通过淬火、回火或固溶、时效提供整体硬度,还可以通过渗氮、渗碳等化学热处理提高表面硬度。典型薄壁齿轮如图22-15 所示。

2. 使用材料和技术要求

耐磨零件主要选用结构钢、不锈钢和钛合金。

结构钢主要包括 38CrMoAl 等;不锈钢主要包括 95Cr18 等;钛合金主要包括 TC4、TA15,技术要求见表 22-34。

3. 制造工艺路线

钢制耐磨件:下料→粗加工→调质处理→半精加工→去应力退火→部分精加工→离子渗氮→精加工。

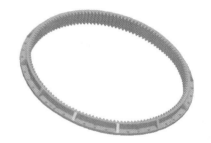

图 22-15　典型薄壁齿轮

表 22-34　耐磨零件常用材料牌号和技术要求

材料牌号	技术要求		
	基体硬度HRC	表面硬度HV	渗氮层深度/μm
38CrMoAl	32～36	≥600	100～200
95Cr18	28～32	≥900	80～160
TC4	—	≥650	≥20
TA15	—	≥600	≥30

钛合金耐磨件:下料→真空退火→机械加工→去应力退火→精加工→离子渗氮。

4. 典型热处理工艺（见表 22-35）

表 22-35　典型热处理工艺

材料牌号	热处理工艺				检验项目
	工序	加热温度/℃	保温时间/h	冷却方式	
38CrMoAl	淬火	940～950	10～120min	油冷	
	回火	580～640	2～3	油或水	硬度
	去应力	560	2～3	随炉冷	—
	离子渗氮	500～560	8～16	随炉冷	1）表面硬度 2）渗氮层深度

（续）

材料牌号	热处理工艺				检验项目
	工序	加热温度/℃	保温时间/h	冷却方式	
95Cr18	淬火	1010~1070	10~120min	油冷	—
	回火	650~680	2~3	油或水	硬度
	去应力	630	2~3	随炉冷	—
	离子渗氮	560~600	10~20	随炉冷	1)表面硬度 2)渗氮层深度
TC4	真空退火	700~800	0.5~3	随炉冷	—
	真空去应力	700~800	2~3	随炉冷	硬度
	离子渗氮	800~900	10~20	随炉冷	1)表面硬度 2)渗氮层深度
TA15	真空退火	750~800	0.5~3	随炉冷	—
	真空去应力	750~800	2~3	随炉冷	硬度
	离子渗氮	800~900	10~20	随炉冷	1)表面硬度 2)渗氮层深度

5. 热处理后的典型缺陷及预防、补救措施（见 表 22-36）

表 22-36 典型缺陷及预防、补救措施

典型缺陷	产生原因	预防措施	补救措施
表面硬度、渗氮层深度不满足技术指标	1)材料选择不合理 2)基体硬度太低，表面脱碳严重等 3)渗氮温度过高或过低 4)时间短或氮浓度不足	1)选用专用渗氮钢 2)渗氮前进行调质处理，留足够余量以加工脱碳层 3)合理装炉，调整电压和气氛控制温度 4)先进行工艺试验	调整工艺参数进行补渗
硬度和渗层不均匀	1)装炉方式不合理 2)渗氮处理期间温度不均匀 3)气压调节不当	1)不同结构不能混装 2)保温过程调整工艺参数，使零件温度均匀 3)保证合理辉光厚度	—
渗层出现脉状组织	1)渗氮温度过高 2)保温时间过长	1)降低升温速度，严格控制渗氮温度 2)在保证性能的前提下，尽量缩短保温时间	退氮处理
渗层出现裂纹	1)马氏体时效不锈钢组织的不稳定造成的 2)氮层脆性过大	1)严格控制温度，尽量缩短保温时间 2)减小氮浓度，缩短保温时间	—
渗氮后零件变形过大	1)零件应力过大 2)渗氮温度高	1)渗氮前应进行去应力或稳定化处理，渗氮过程中的升、降温速度应缓慢，保温阶段尽量使工件各处的温度均匀一致 2)在工艺范围内，尽可能采用较低的渗氮温度	—

参 考 文 献

[1] 孟光，郭立杰，等. 航天智能制造技术与装备 [M]. 武汉：华中科技大学出版社，2020.

[2] 张明. 航天器制造技术：上 [M]. 北京：国防工业出版社，2018.

[3] 唐丽娜，任伟，王永松，等. 热处理工艺对 AuCuAg-Zn17-7-1 合金组织和硬度的影响 [J]. 金属热处理，2020，45（3）：162-165.

[4] 袁家军. 卫星结构设计与分析：下 [M]. 北京：宇航出版社，2004.

第23章 风电齿轮箱零件的热处理

南京高精齿轮集团有限公司 汪正兵

23.1 风电齿轮箱简介

风力发电机（简称风机）是将风能转变为电能的装置，风机传动链主要组成如图 23-1 所示。风电齿轮箱包括风电主齿轮箱、偏航齿轮箱及变桨齿轮箱，如图 23-2 所示。风电主齿轮箱的主要功能是增速降扭，叶片的转速通过齿轮箱增速后达到发电机的许可发电转速；偏航系统也称对风装置，其作用是当风向变化时，能够快速平稳地对准风向，使风轮扫掠面积总是垂直于主风面，以得到最大的风力利用率，而偏航齿轮箱主要起调整风机机舱方向的作用；变桨系统也称调桨系统，在额定风速附近，依据风速的变化随时调节桨距角，从而控制叶片吸收的风能，而变桨齿轮箱主要起调整风机叶片角度的作用。

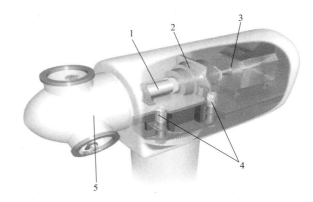

图 23-1 风机传动链主要组成

1—主轴 2—主齿轮箱 3—发电机
4—偏航齿轮箱 5—变桨齿轮箱

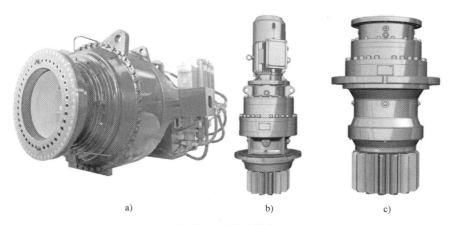

a)   b)   c)

图 23-2 风电齿轮箱

a) 风电主齿轮箱 b) 变桨齿轮箱 c) 偏航齿轮箱

风电齿轮箱技术创新坚持以"低度电成本和高性能"为目标，正朝着高可靠性、高扭矩密度、高效率、低振动噪声和易维修等大型化产品方向发展。

在单机功率分布方面，机组大型化正全面提速。更大的容量、风轮直径及更高的轮毂高度将带来更低的度电成本，预计到 2025 年，陆上主流机型的平均单机容量将达到 4~8MW，海上主流机型的平均单机容量将达到 10~20MW，这将给风电齿轮箱的材料和热处理带来新的挑战。

为了更好应对风电平价时代及产品更高可靠性的市场需要，高速和中速（半直驱）齿轮传动链成为更多主机厂的首选，而与之配套的风电齿轮箱的未来技术发展趋势为多行星级+平行轴、机组传动链高度集成化、平台智能化等，而新技术、新工艺的持续迭代创新，能够极大提升产品轻量化和可靠性水平，目前已经推广或正在研发的技术主要有多行星轮均载技术、齿轮材料微合金化技术、行星轮喷丸强化技术、全齿宽感应淬火技术、大型高性能铸件热处理工艺、滑动轴承技术、标准化模块化设计制造技术、3D 打印技术等。

23.2　风电齿轮的失效分析

1. 风电齿轮失效形式

风电齿轮传动件的失效形式主要有宏观点蚀、微点蚀、齿面磨损、轮齿齿面断裂（TFF）等。其中宏观点蚀、微点蚀、齿面磨损失效的疲劳源区主要发生在齿轮表层或次表层，然而随着表面强化技术的不断进步，以及人们对这些失效形式的深入研究，其发生的概率越来越低，随即带来的问题是，失效风险从轮齿表层和次表层向轮齿内部转移。目前，轮齿齿面断裂已成为风电齿轮最主要的失效形式。

轮齿齿面断裂的初始裂纹萌生在受载齿轮侧面表层以下一定深度，一般在硬化层层深过渡区界面处或其下方。一次裂纹的起始点通常存在非金属夹杂物，与正常材料比，这些夹杂物具有明显不同的力学特性，在载荷应力和残余应力的共同作用下导致该部位的局部应力超过材料许用强度，诱发裂纹萌生和扩展，如图 23-3 所示。在许多情况下（但并非全部），齿面上未观察到与表面有关的故障迹象，如点蚀或微点蚀。

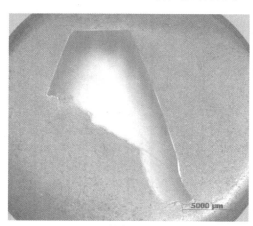

轮齿宏观断口

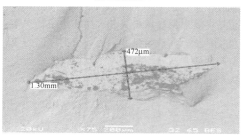

裂纹源区(SEM)

轮齿截面

图 23-3　轮齿齿面断裂

轮齿齿面断裂的特征：在受力面有疲劳裂纹，由于齿轮啮合时，次表层存在切应力，导致了疲劳裂纹的扩展。这在渗碳齿轮中较为常见，但也有渗氮件和感应淬火件失效，有时也被称为次表面引发的弯曲疲劳裂纹、次表面疲劳或齿面断裂。主要特征还包括：①齿面断裂是位于活动侧面区域的裂纹通常在齿高约 1/2 高度处；②一次裂纹从初始裂纹起始点沿两个方向向加载侧面的表面扩展，并向相反的齿根部分扩展。因为硬化层硬度很高，表面裂纹扩展小于中心裂纹，主裂纹与侧表面之间的夹角为 40° ~ 50°。由于一次裂纹，二次和随后的裂纹可能产生于表面，一旦一次裂纹到达加载齿轮齿面，裂纹扩展速度迅速加快。齿的最终断裂是由于瞬时过载断裂造成的，通常是根据局部弯应力发展的。断裂表面显示出典型的疲劳特性，疲劳纹围绕着起始点及瞬断区域。

这些特征使齿面断裂的失效类型可以与由齿根区域的齿根弯应力引起的经典齿根疲劳失效，以及齿面处或接近齿面处的典型点蚀损伤、剥落明确区分开来。此外，齿面断裂可能发生在低于点蚀和抗弯强度的额定允许的载荷，以及完全满足齿轮材料、热处理所有要求的齿轮上，由齿面断裂引起的失效通常在超过 10^7 个载荷循环之后发生，是这种失效类型的疲劳特性。

2. 轮齿齿面断裂的受力分析

齿面断裂裂纹源区主要分布在硬化层与心部组织的过渡区域，与表面相距甚远，而轮齿表面因素的影响区域仅仅停留在表面或靠近表面的次表层，因此将轮齿表面因素省略，仅仅保留影响内部应力（见图 23-4）状态的主要因素，即赫兹应力、切应力及弯应力、残余应力。

ISO/TS 6336-4：2019 给出了局部等效应力 $\tau_{\text{eff,CP}}(y)$ 的计算公式：

$$\tau_{\text{eff,CP}}(y) = \tau_{\text{eff,L,CP}}(y) - \triangle\tau_{\text{eff,L,RS,CP}}(y) - \tau_{\text{eff,RS}}(y)$$

式中　$\tau_{\text{eff,L,CP}}(y)$——不考虑残余应力影响的局部等效应力，下标 CP 表示接触点，y 表示接触点 CP 处的材料深度，下同；

　　　$\triangle\tau_{\text{eff,L,RS,CP}}(y)$——残余应力对局部等效应力的影响；

　　　$\tau_{\text{eff,RS}}(y)$——材料深度 y 处的准稳态残余应力。

注：若 $\tau_{\text{eff,CP}}(y)$ 为负值，则取 0。

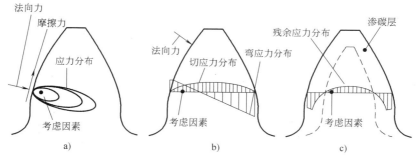

图 23-4　轮齿内部应力状态

最终齿面断裂的风险系数 $A_{\mathrm{FF,CP}}(y)$ 为

$$A_{\mathrm{FF,CP}}(y) = \tau_{\mathrm{eff,CP}}(y)/\tau_{\mathrm{per,CP}}(y) + c_1$$

式中　$A_{\mathrm{FF,CP}}(y)$——在 y 深度接触点 CP 处的齿面断裂风险系数；

　　　$\tau_{\mathrm{eff,CP}}(y)$——在 y 深度接触点 CP 处的局部等效应力；

　　　$\tau_{\mathrm{per,CP}}(y)$——在 y 深度接触点 CP 处的局部抗剪强度，详见 ISO/TS 6336-4：2019；

　　　c_1——不同材料断裂风险系数的修正系数，针对渗碳淬火钢 c_1 为 0.04。

该计算方法由于省略了表面及靠近表面的影响因素，y 值应不小于 b_{H}（计算赫兹应力时接触面积宽度的一半）。此外，由于该模型未考虑齿轮心部残余拉应力，当心部残余拉应力较大时（硬化层较深，且齿厚较小的齿轮），计算结果可能存在较大误差，尚需进一步研究。

3. 齿面断裂影响因素分析

齿面断裂影响因素分析如图 23-5 所示。

（1）有效硬化层深度（CHD）的影响　一定范围内，有效硬化层深度越深，齿面断裂的风险也就越低。由图 23-6 可知，降低渗碳硬化层深度（曲线 1）会导致材料更深处的残余应力最大值增加，而齿面附近的局部最大值几乎不变。此外，残余应力最大值向齿面移动。因为减小 CHD，在较小的材料深度上已经达到了心部硬度而齿面附近的硬度保持相同；增加 CHD 能使残余拉应力的最大值减小并向更深处移动。图 23-6 中三条曲线表明，有效硬化层深度对齿面以下的残余应力最大值有强烈的影响，齿面附近的局部峰值并没有因 CHD 的改变而明显改变。

（2）残余应力的影响　残余应力对齿面断裂的影响较为明显，如图 23-7 所示。

（3）心部硬度的影响　心部硬度对齿面断裂的

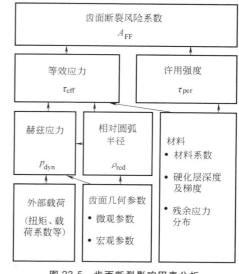

图 23-5　齿面断裂影响因素分析

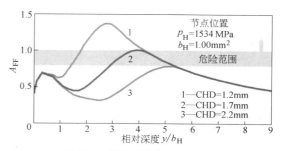

图 23-6　CHD 对残余应力的影响

影响并没有明显的规律，如图 23-8 所示。

（4）齿轮参数的影响　齿轮宏观参数及微观修形对齿面断裂的影响主要表现在以下几个方面。

1）螺旋角越小，法向模数越大（考虑有效硬化层深与模数的对应关系），齿面断裂的风险越小。

2）齿顶修缘量对齿面断裂并没有明显的正面的影响，当齿顶修缘量不当时，会造成载荷分布不合理，进而影响该部位的等效应力，从而使齿面断裂的风险增加。

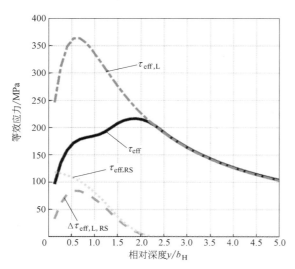

图 23-7　残余应力对等效应力的影响

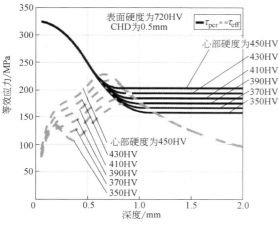

图 23-8　心部硬度对等效应力的影响

3) 理想情况下，齿向鼓形量越小，齿面断裂的风险会越低，但齿面应力集中的风险也会越大。因此，合适的齿轮齿向修形会改善齿面载荷分布情况，降低齿面断裂风险，避免偏载出现。

23.3　风电齿轮箱零件用材料及其热处理

风电齿轮箱的高扭矩密度、高可靠性及大型化和轻量化的降本需求趋势对其零件原材料及热处理质量提出了更高要求，基本要求需达到 ISO 6336.5 规定的 MQ 级。

1) 原材料质量控制主要包括化学成分、纯净度、淬透性、带状偏析、晶粒度等方面。

2) 热处理质量控制主要包括有效硬化层深度设计、感应淬火硬化层分布形式、表面硬度、心部硬度、硬度梯度、显微组织、晶粒度等方面。

3) 表面处理，如齿轮强化喷丸质量控制，主要包括齿根表面粗糙度、齿根残余应力分布等方面。

23.3.1　风电齿轮箱零件用钢及其热处理

风电齿轮箱零件用材料通常为合金钢，渗碳钢主要为 18CrNiMo7-6（欧洲牌号，相当于我国的 17Cr2Ni2Mo），其次为 20CrMnMo、20CrNiMo 等；调质钢主要为 42CrMo、40Cr、30CrNiMo8（欧洲牌号，相当于我国的 30Cr2Ni2Mo）、34CrNiMo6（欧洲牌号，相当于我国的 34Cr2Ni2Mo）等；渗氮钢主要为 31CrMoV9。风电齿轮箱零件钢制产品应用见表 23-1。

1. 风电齿轮箱零件冶金质量控制

可从化学成分、低倍组织、淬透性等方面对原材料的冶金质量进行控制。

(1) 化学成分　风电齿轮箱零件渗碳钢常用材料化学成分见表 23-2，调质钢常用材料化学成分见表 23-3，渗氮钢常用材料化学成分见表 23-4。

(2) 低倍组织　钢材的横截面酸浸低倍组织试片上不应有目视可见的缩孔、气泡、裂纹、夹杂、分层、翻皮及白点。酸浸低倍组织应符合表 23-5 的规定。

表 23-1　风电齿轮箱零件钢制产品应用

类别	产品应用	性能要求	常用材料牌号	最终热处理工艺
风电主齿轮箱	齿轮（平行级、低速级、高速级）及齿轮轴（中间级及高速级）	传递功率大，齿轮表面载荷高，齿轮尺寸大	18CrNiMo7-6	渗碳淬火
	油泵齿轮及齿轮轴	具有一定的耐磨性	20CrMnMo、20CrNiMo、8822H（美国）、42CrMo	调质或渗碳淬火
	内齿圈（低速级、中间级）、花键轴	表面耐磨，耐一定冲击，齿轮尺寸大，淬透性要求高	42CrMo、40CrNiMo、31CrMoV9	渗氮或感应淬火
	销轴、弹性支撑轴、收缩盘等	具备一定强度与韧性的综合力学性能	40Cr、42CrMo、40CrNiMo、30CrNiMo8、34CrNiMo6	调质

（续）

类别	产品应用	性能要求	常用材料牌号	最终热处理工艺
偏航变桨齿轮箱	太阳轮、行星轮、输出齿轮、输出齿轮轴	传递功率大，齿轮表面载荷高，齿轮尺寸小	20CrMnMo、20CrNiMo、8822H、18CrNiMo7-6	渗碳淬火
	内齿圈	表面耐磨，耐冲击，淬透性要求高	42CrMo	渗氮或感应淬火
	行星架	具备一定强度与韧性的综合力学性能	35CrMo、42CrMo	调质

表 23-2　渗碳钢常用材料化学成分（熔炼分析）

序号	材料牌号	参考标准	化学成分（质量分数,%）								
			C	Si	Mn	Cr	Ni	Mo	P	S	Cu
1	18CrNiMo7-6	ISO 683-3:2019	0.15～0.21	0.15～0.40	0.5～0.9	1.5～1.8	1.4～1.7	0.25～0.35	≤0.025	≤0.035	≤0.4
2	20CrMnMo	GB/T 3077—2015	0.17～0.23	0.17～0.37	0.9～1.2	1.1～1.4	—	0.2～0.3	≤0.025	≤0.035	≤0.4
3	20CrNiMo	GB/T 3077—2015	0.17～0.23	0.17～0.37	0.60～0.95	0.4～0.7	0.2～0.3	0.35～0.75	≤0.025	≤0.035	≤0.4
4	8822H	ASTM A29—2015	0.20～0.25	0.15～0.35	0.75～1.00	0.40～0.60	0.40～0.70	0.3～0.4	≤0.025	≤0.035	≤0.4

注：1. 残余元素中，$w(Ti) \leqslant 0.01\%$，$w(Ca) \leqslant 25 \times 10^{-4}\%$ ［ME 级要求 $w(Ca) \leqslant 10 \times 10^{-4}\%$，不允许故意添加含 Ca 的脱氧剂］。

　　2. $w(H) \leqslant 2.5 \times 10^{-4}\%$，$w(O) \leqslant 25 \times 10^{-4}\%$。

表 23-3　调质钢常用材料化学成分（熔炼分析）

序号	材料牌号	参考标准	化学成分（质量分数,%）								
			C	Si	Mn	Cr	Ni	Mo	P	S	Cu
1	C45	ISO 683-1:2016	0.42～0.50	0.1～0.4	0.5～0.8	≤0.4	≤0.4	≤0.1	≤0.025	≤0.035	≤0.3
2	41Cr4	ISO 683-2:2016	0.38～0.45	0.10～0.40	0.6～0.9	0.9～1.2	—	—	≤0.025	≤0.035	≤0.4
3	42CrMo4	ISO 683-2:2016	0.38～0.45	0.1～0.4	0.6～0.9	0.9～1.2		0.15～0.30	≤0.025	≤0.035	≤0.4
4	41CrNiMo2	ISO 683-2:2016	0.37～0.44	0.1～0.4	0.5～0.8	0.4～0.7	0.4～0.7	0.15～0.30	≤0.025	≤0.035	≤0.4
5	30CrNiMo8	ISO 683-2:2016	0.26～0.34	0.1～0.4	0.5～0.8	1.8～2.2	1.8～2.2	0.3～0.5	≤0.025	≤0.035	≤0.4
6	34CrNiMo6	ISO 683-2:2016	0.30～0.38	0.1～0.4	0.5～0.8	1.3～1.7	1.3～1.7	0.15～0.30	≤0.025	≤0.035	≤0.4

注：1. 残余元素中，$w(Ti) \leqslant 0.01\%$，齿轮类零件 $w(Ca) \leqslant 25 \times 10^{-4}\%$ ［ME 级要求 $w(Ca) \leqslant 10 \times 10^{-4}\%$，不允许故意添加含 Ca 的脱氧剂］。

　　2. $w(H) \leqslant 2.5 \times 10^{-4}\%$，$w(O) \leqslant 25 \times 10^{-4}\%$。

　　3. 45 钢中，$w(Cr+Mo+Ni) < 0.63\%$。

表 23-4　渗氮钢常用材料化学成分（熔炼分析）

材料牌号	参考标准	化学成分（质量分数,%）								
		C	Si	Mn	Cr	Mo	V	P	S	Cu
31CrMoV9	ISO 683-2:2017	0.27～0.34	≤0.4	0.4～0.7	2.3～2.7	0.15～0.25	0.1～0.2	≤0.025	≤0.035	≤0.25

注：1. 残余元素中，$w(Ti) \leqslant 0.01\%$，齿轮类零件 $w(Ca) \leqslant 25 \times 10^{-4}\%$ ［ME 级要求 $w(Ca) \leqslant 10 \times 10^{-4}\%$，不允许故意添加含 Ca 的脱氧剂］。

　　2. $w(H) \leqslant 2.5 \times 10^{-4}\%$，$w(O) \leqslant 25 \times 10^{-4}\%$。

表 23-5　酸浸低倍组织要求

类型	一般疏松	中心疏松	锭型偏析[1]	中心偏析[2]
级别/级 ≤	2	2	2	2

① 仅适用于模铸钢。
② 仅适用于连铸钢。

（3）淬透性　风电齿轮箱零件常用材料的淬透性曲线见表 23-6，压缩原材料淬透性带宽实际控制范围，减小不同批次原材料的波动，将会使最终热处理的质量分散度降低，变形规律的一致性变好。推荐的淬透性带宽 J5 不超过 4HRC，J11 不超过 5HRC，J25 不超过 6HRC。表 23-7 列出了 18CrNiMo7-6 钢淬透性带宽控制对比。

表 23-6　风电齿轮箱零件常用材料的淬透性曲线

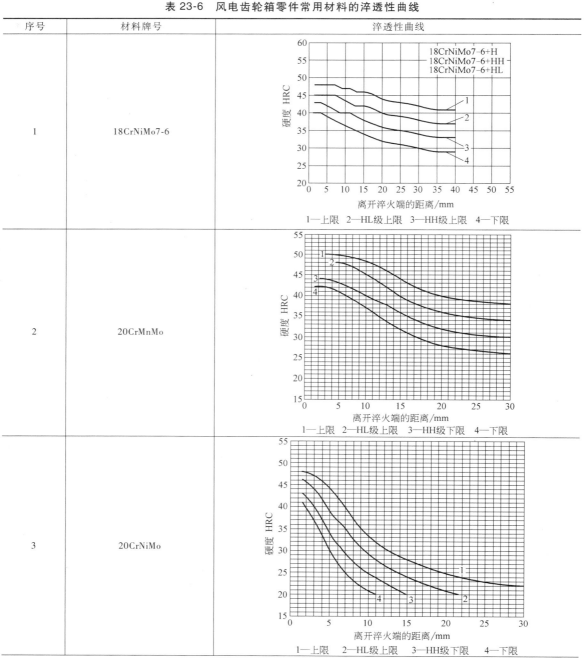

序号	材料牌号	淬透性曲线
1	18CrNiMo7-6	
2	20CrMnMo	
3	20CrNiMo	

1—上限　2—HL级上限　3—HH级上限　4—下限

1—上限　2—HL级上限　3—HH级下限　4—下限

1—上限　2—HL级上限　3—HH级下限　4—下限

（续）

序号	材料牌号	淬透性曲线
4	8822H	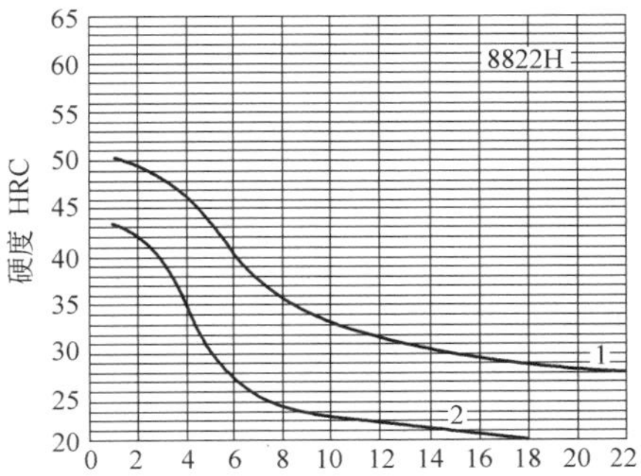 1—上限　2—下限
5	45	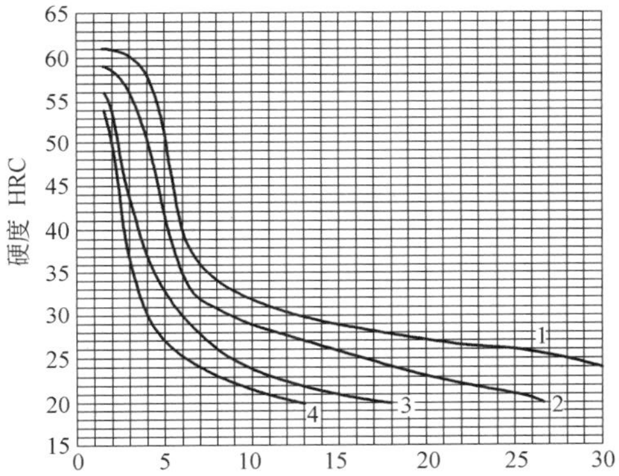 1—上限　2—HL级上限　3—HH级下限　4—下限
6	40Cr	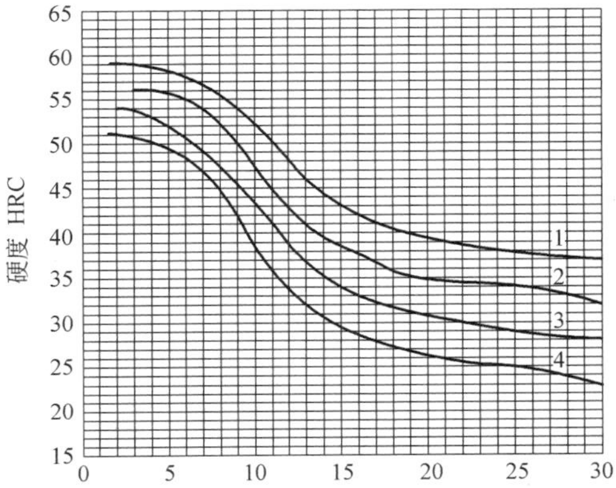 1—上限　2—HL级上限　3—HH级下限　4—下限

（续）

序号	材料牌号	淬透性曲线
7	42CrMo	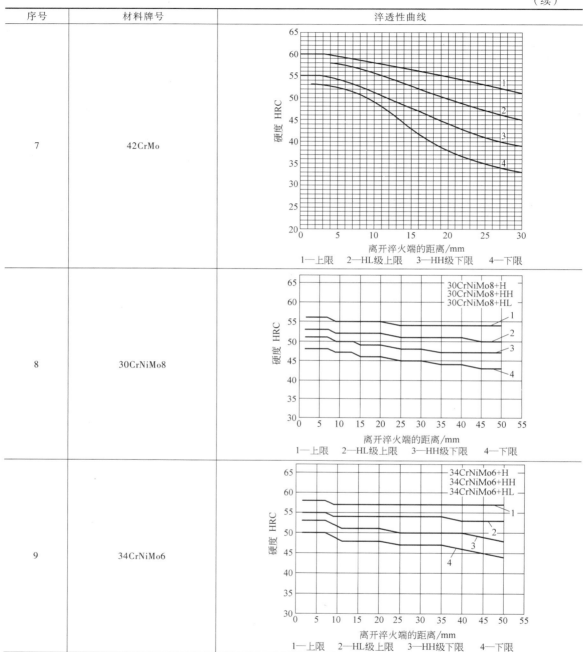
8	30CrNiMo8	
9	34CrNiMo6	

1—上限　　2—HL级上限　　3—HH级下限　　4—下限

表 23-7　18CrNiMo7-6 钢淬透性带宽控制对比

标准		淬透性带宽控制对比　HRC							
		J5		J11		J25		J40	
国外企标		42~46	4	40~45	5	35~41	6	32~38	6
国内企标	通用要求	39~48	9	36~47	11	31~43	12	29~41	12
	高等级要求	42~48	6	40~47	7	35~43	8	34~41	7
EN10084（+H）		39~48	9	36~47	11	31~43	12	29~41	12
EN10084（+HH）		42~48	6	40~47	7	35~43	8	33~41	8

2. 风电齿轮锻件

风电齿轮毛坯主要锻造工艺流程：下料→锻造→检验→热处理→粗车→无损检测。

（1）锻造方法 钢锭冒口和钢锭尾部应切净且两端应留有足够的切头，以保证锻件不致存在有害的缺陷。选择足够吨位的锻造设备及工艺以保证锻件整个截面锻透。

采用合适的锻造方法以保证锻件中心线尽量与坯料中心线重合，并尽可能使整个锻件得到均匀的组织结构。

锻造比：锻件需经镦粗拔长锻造，钢锭锻造比≥4，连铸坯锻造比≥7（计算方法参照 AGMA 923）。锻件表面必须满足超声检测要求，不允许补焊。

（2）轧制方法 轧制比的制订：钢锭轧制比≥5，连铸坯轧制比≥6（计算方法参照 AGMA 923）。钢的加热应当在温度、时间、均匀性上保证轧件具有足够的可塑性，应当避免钢的氧化、脱碳、过热、过烧及加热温度不均匀等情况的发生；适当控制加热温度、变形温度、变形条件及冷却等工艺参数；通过控制热轧过程中和轧后钢材的冷却速度，达到改善钢材的组织状态、提高钢材性能的目的。

常见毛坯的锻造工艺见表 23-8。

表 23-8 常见毛坯的锻造工艺

序号	材料牌号	始锻温度/℃	终锻温度/℃	锻后冷却	产品应用案例
1	18CrNiMo7-6	≤1150	≥850	炉冷或空冷	行星轮、太阳轮、饼状齿轮、齿轴
2	20CrMnMo	≤1150	≥850	炉冷或空冷	偏航变桨小齿轮件
3	20CrNiMo	≤1150	≥850	炉冷或空冷	偏航变桨小齿轮件
4	8822H	≤1150	≥850	炉冷或空冷	偏航变桨小齿轮件
5	45	≤1220	≥850	炉冷或空冷	压板、定距环
6	40Cr	≤1220	≥850	炉冷或空冷	销轴、内环
7	42CrMo	≤1220	≥850	炉冷或空冷	内齿圈、花键轴、弹性支撑轴
8	40CrNiMo	≤1220	≥850	炉冷或空冷	内齿圈
9	30CrNiMo8	≤1220	≥850	炉冷或空冷	内齿圈、弹性销轴
10	34CrNiMo6	≤1220	≥850	炉冷或空冷	内齿圈
11	31CrMoV9	≤1220	≥850	炉冷或空冷	内齿圈、花键轴

（3）锻后热处理 齿坯锻件常用锻后热处理工艺为退火、正火、调质和锻后控冷。

1）退火。加热到适当的温度并保温，然后在炉中以合适的冷却速度冷却的一种热处理工艺，主要用于降低金属材料的硬度。经退火后的钢，可进行冷加工或机械加工，并可提高工件尺寸的稳定性。根据原始条件和工件要求，可采用以下四种预备热处理工艺，即完全退火、亚临界退火、正火、去应力处理。退火后的材料硬度很低，可改善可加工性，有利于齿轮的机械加工，但退火组织不利于在淬火过程中马氏体组织的转变。

2）正火。改善了组织的均匀性，具有很好的机械加工显微组织，并易于后续热处理控制变形。此外，正火组织更有利于在淬火过程中转变为马氏体组织。锻后正火工艺参数见表 23-9。

3）调质。渗碳淬火齿轮锻坯经调质处理后获得回火马氏体组织，可在渗碳后获得更易预测的体积变化。渗碳后的淬火过程中，伴随马氏体相变的体积增大，可能会由于渗碳前调质处理已经发生的相变和体积增大而减少。

4）锻后控冷。目前，锻造厂在齿轮毛坯锻造后采用的冷却方式差异很大，对毛坯的组织和硬度均匀性影响程度不同。因此，开展齿轮毛坯的锻后控冷工艺研究，尽可能规范及统一锻后冷却方式，对于改善材料的组织及硬度均匀性，从而改善加工及热处理变形有着重要的意义。近年来的研究表明，齿轮毛坯锻后冷却使用水冷方式代替传统的锻后冷却方式，实现了匀速冷却，其控冷工艺和显微组织如图 23-9 和图 23-10 所示。

表 23-9 锻后正火工艺参数

序号	材料牌号	热处理工艺	正火温度/℃	回火温度/℃
1	18CrNiMo7-6	正火+回火	850~950	650~700
2	20CrMnMo	正火+回火	850~950	650~700
3	20CrNiMo	正火+回火	850~950	650~700
4	8822H	正火+回火	850~950	650~700
5	40Cr	正火或正火+回火	820~900	540~680
6	42CrMo	正火或正火+回火	820~900	540~690
7	40CrNiMo	正火或正火+回火	820~900	540~720
8	30CrNiMo8	正火+回火	830~900	540~720
9	34CrNiMo6	正火+回火	830~900	540~720
10	31CrMoV9	正火+回火	840~900	540~720

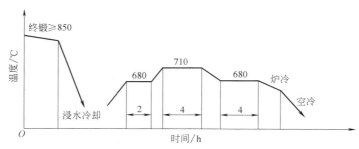

图 23-9　18CrNiMo7-6 风电齿轮锻后控冷工艺

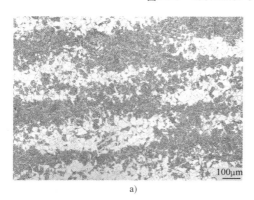

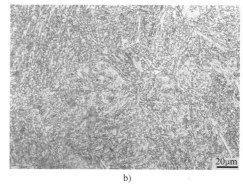

a)　　　　　　　　　　　　　b)

图 23-10　18CrNiMo7-6 风电齿轮采用锻后控冷前、后的显微组织

a）控冷前　b）控冷后

（4）锻件质量控制与检验

1）非金属夹杂物控制要求见表 23-10。

2）要求细晶粒，奥氏体晶粒度 90%的区域 5 级或更细，不粗于 3 级。

3）力学性能试样推荐的热处理工艺及力学性能控制要求见表 23-11。

4）齿坯锻件主要检验项目见表 23-12，可根据需要进行增减。

表 23-10　非金属夹杂物控制要求

夹杂物类型		A	B	C	D	Ds
级别/级 ≤	细系	2.5	2.5	1.5	1.5	2.0
	粗系	2	1.5	1	1	

表 23-11　热处理工艺及力学性能控制要求

序号	牌号	试样尺寸/mm	推荐的热处理工艺				力学性能				
			淬火温度/℃	淬火冷却介质	回火温度/℃	回火冷却介质	R_{eL}/MPa	R_m/MPa	A（%）	Z（%）	冲击吸收能量/J
1	18CrNiMo7-6	50	850	油	200	空气	1160	950	15	—	51
2	20CrMnMo	15	850	油	200	水,空气	1180	885	10	45	55
3	20CrNiMo	15	850	油	200	空气	980	785	9	40	47
4	45	25	820~860	水	550~660	水、空气	700	430	16	40	25
5	40Cr	25	850	油	520	水、油	980	785	9	45	47
6	42CrMo	25	850	油	560	水、油	1080	930	12	45	63
7	40CrNiMo	25	850	油	600	水、油	980	835	12	55	78
8	30CrNiMo8	40	830~860	油	540~660	空气	1030	850	12	40	30
9	34CrNiMo6	40	830~860	油	540~660	空气	1100	900	10	45	45
10	31CrMoV9	40	870~930	油,水	580~700	空气	1100	900	9	—	25

表 23-12　齿坯锻件主要检验项目

序号	检验项目	检验内容	试验方法
1	化学成分	各元素含量	ISO/TR 9769
2	非金属夹杂物	A、B、C、D 及 Ds	ISO 4967
3	晶粒度	晶粒级别及占比	ISO 643
4	淬透性	不同距离的硬度	ISO 642
5	硬度	同一件和同一批锻件的硬度均匀性	ISO 6506 GB/T 17394
6	超声检测	内部缺陷	JB/T 5000.8
7	金相组织	锻后热处理后的显微组织	GB/T 13320
8	低倍组织	偏析、疏松	ASTM E381
9	力学性能	屈服强度、抗拉强度、断面收缩率、断后伸长率、冲击吸收能量	ISO 6892、ISO 148
10	外形尺寸及表面质量	各部尺寸及表面缺陷	

23.3.2　风电齿轮箱零件用铸钢及其热处理

风电齿轮箱零件用铸钢主要为铸造碳钢,牌号主要有 ZG200-400、ZG230-450、ZG270-500、ZG310-570、ZG340-640 等,其次为铸造合金钢 ZG35Cr1Mo 及 ZG42Cr1Mo 等。风电齿轮箱中的铸钢产品应用见表 23-13。

1. 材料牌号及化学成分

风电齿轮箱零件常用铸钢的牌号和化学成分见表 23-14。

低合金钢铸件残余元素(不含主元素)的含量(质量分数):Ni ≤ 0.3%,Cr ≤ 0.3%,Cu ≤ 0.2%,Mo ≤ 0.15%,残余元素总含量 ≤ 1.0%。

2. 热处理

风电齿轮箱中铸钢产品的热处理工艺方式主要有正火和调质。热处理工艺参数及硬度见表 23-15。

表 23-13　风电齿轮箱中的铸钢产品应用

序号	类　别	应用产品	牌　　号	热处理方式
1	风电主齿轮箱	喷油环	ZG270-500、ZG310-570	正火、调质
2	偏航变桨齿轮箱	法兰、行星架	ZG35Cr1Mo、ZG42Cr1Mo	调质

表 23-14　常用铸钢的牌号和化学成分

序号	牌号	化学成分(质量分数,%)							
		C	Si	Mn	Ni	Cr	Mo	V	残余元素总量
1	ZG200-400	0.2	0.6	0.8	0.4	0.35	0.2	0.05	1.00
2	ZG230-450	0.3	0.6	0.9	0.4	0.35	0.2	0.05	1.00
3	ZG270-500	0.4	0.6	0.9	0.4	0.35	0.2	0.05	1.00
4	ZG310-570	0.5	0.6	0.9	0.4	0.35	0.2	0.05	1.00
5	ZG340-640	0.6	0.6	0.9	0.4	0.35	0.2	0.05	1.00
6	ZG35Cr1Mo	0.30~0.37	0.3~0.5	0.5~0.8	0.03	0.8~1.2	0.2~0.3	0.05	1.00
7	ZG42Cr1Mo	0.38~0.45	0.3~0.6	0.6~1.0	0.03	0.8~1.2	0.2~0.3	0.05	1.00

注:铸造碳钢对上限减少 0.01%(质量分数,后同)的碳,允许增加 0.04% 的锰;对 ZG200-400 的锰,最高至 1.00%,其余 4 个铸造碳钢牌号的锰最高至 1.2%。

表 23-15　热处理工艺参数及硬度

序号	牌号	碳含量(质量分数,%)	退火温度/℃	退火后硬度 HBW	正火温度/℃	回火温度/℃	正回火后硬度 HBW
1	ZG200-400	0.10~0.20	880~910	115~143	900~930	—	126~149
2	ZG230-450	0.20~0.30	850~880	133~156	870~900	—	139~169
3	ZG270-500	0.30~0.40	820~850	143~187	840~870	550~650	149~187
4	ZG310-570	0.40~0.50	800~820	156~217	820~840	550~650	163~217
5	ZG340-640	0.50~0.60	780~800	187~230	800~820	550~650	187~228

注:退火、正火和回火热处理温度为推荐值。

图 23-11 和图 23-12 所示为不同热处理工艺对铸造碳钢硬度和夏比冲击吸收能量的影响。

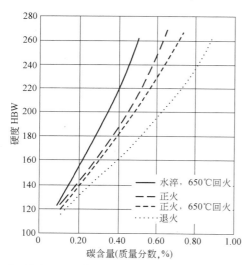

图 23-11　不同热处理工艺对铸造碳钢硬度的影响

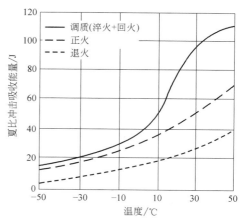

图 23-12　不同热处理工艺对 $w(C)$ 为 0.3% 铸造碳钢夏比冲击吸收能量的影响

3. 铸钢件的质量控制与检验

（1）力学性能　铸钢件力学性能见表 23-16。力学性能用单铸试块如图 23-13 所示。

表 23-16　铸钢件的力学性能

序号	牌号	热处理状态	R_{eL}/MPa ≥	R_m/MPa ≥	$A(\%)$ ≥	$Z(\%)$ ≥	KV/J ≥	KU/J ≥	$KDVM$/J
1	ZG200-400	—	200	400	25	40	30	47	—
2	ZG230-450	—	230	450	22	32	25	35	—
3	ZG270-500	—	270	500	18	25	22	27	—
4	ZG310-570	—	310	570	15	21	22	27	—
5	ZG340-640	—	340	640	10	18	10	16	—
6	ZG35Cr1Mo	调质	490	690	11				21
7	ZG42Cr1Mo	调质	510	740	12				27

注：1. 铸造碳钢各牌号性能适用于厚度≤100mm 的铸件。
　　2. KU 的试样缺口深度为 2mm。
　　3. $KDVM$ 的试样截面尺寸为 10mm×10mm，V 型缺口深度为 3mm。

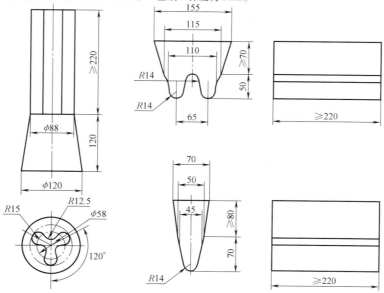

图 23-13　力学性能用单铸试块

单铸试块冲击试样的判定：

1) 一组三个冲击试样的结果允许一个低于规定值，但不得低于规定值的 2/3。

2) 复试冲击试验结果时，取三个备用的冲击试样

进行试验，6 个冲击试样的平均值应符合规定值，允许有两个低于规定值，允许有一个低于规定值的 2/3。

(2) 铸钢件的质量检验项目　铸钢件的质量检验项目见表 23-17。

表 23-17　铸钢件的质量检验项目

序号	项目		MQ[②]	ME[②]
1	化学分析		不复检	检验报告按 ISO 10474，100% 可追溯炉号
2	热处理后的力学性能		HBW	R_m、$R_{p0.2}$、A、Z、$KU(KV)$ 和 HBW，检验报告按 ISO 10474，100% 可追溯炉号；复检 HBW 可采用统计抽检
3	晶粒度（按 ISO 643 检验）[①]		不要求	细晶粒，90% 的区域 5 级或更好，不粗于 3 级，检验报告按 ISO 10474
4	无损检测	粗车后超声波检测，按照 ISO 9443	不要求	检验齿部、齿根位置，检验报告按 ISO 10474。对于大直径产品，在切齿前检测。接收标准：1 区（外圆至齿根以下 25mm 范围）应符合 ASTM A609 标准 1 级；2 区（轮缘其余部位）使用 3.2mm 的平底孔或经批准的具有相同灵敏度的底波反射法
		成品表面裂纹（未喷丸）	不允许有裂纹。按 ASTM E1444 荧光磁粉或着色渗透 100% 检测。大批量可采用统计抽样检验	
5	补焊		按客户认可工艺补焊	只允许粗车状态时（热前）按客户认可工艺进行，切齿后不允许补焊

① 晶粒度检验应在零件最有可能发生失效的相关区域，检验面积为 3mm²。试样可取自同一铸坯，具有相同的锻造比和热处理工艺。

② 材料疲劳极限分为 ML、MQ、ME 三个等级，是按 ISO 6336.5 中的 B 法确定的疲劳极限值来区分的。下同。ML—对齿轮加工的材料和热处理工艺的一般质量要求；MQ—对有经验的制造者在一般成本控制下能够达到的质量等级；ME—经过高可靠度的制造过程才能达到的质量等级。

23.3.3　风电齿轮箱零件用铸铁及其热处理

风电齿轮箱中铸铁件的应用见表 23-18。通过铸铁的冶炼工艺设计，在熔化的铁-碳凝固过程中可以形成稳定的石墨或亚稳的渗碳体（Fe_3C）。在凝固过程中，根据熔炼和铸造工艺，石墨相可以形成各种组织形态。铸铁中石墨的组织形态对性能具有重要影响。通过热处理，可进一步扩展铸铁件的应用范围和提升铸铁件的性能。虽然热处理在固态进行加热，通常不能改变铸铁的石墨形态，但渗碳体是一种亚稳相，可以像钢一样，通过热处理使其发生变化。

表 23-18　风电齿轮箱中铸铁件的应用

类别	产品应用	常用材料牌号	热处理工艺
风电主齿轮箱	行星架、箱体、扭力臂	QT400、QT500、QT600、QT700	去应力、退火、调质、等温淬火
偏航变桨齿轮箱	行星架、箱体	QT350、QT400、QT500、HT250	去应力、退火、调质、等温淬火

铸铁的基本热处理类型：

1) 去应力：使用合适的加热/冷却工艺，去除由于各部位温差引起的残余应力。

2) 退火：缓慢冷却奥氏体组织，降低硬度，改善可加工性。

3) 调质：通过淬火和回火，提高硬度和强度。

4) 贝氏体等温淬火：得到高强度显微组织，具有一定的塑性和良好的耐磨性。

5) 表面淬火：通过感应、火焰或激光加热，得到局部高硬度耐磨的表面。

1. 风电齿轮箱用灰铸铁

(1) 化学成分　灰铸铁件的生产方法及化学成分通常由铸造厂自行决定，灰铸铁在凝固后，基体上分布着片状石墨，其微观组织取决于其化学成分和热处理。通常灰铸铁的微观组织是珠光体基体加分散片状石墨。灰铸铁通常含有质量分数为 2.5%~4% 的碳，根据希望得到的显微组织，可添加质量分数为 1%~3% 的锰，如添加 $w(Mn)=0.1\%$ 的为铁素体灰铸铁，添加 $w(Mn)=1.2\%$ 的为珠光体灰铸铁。可在灰铸铁中添加的其他合金元素，如镍、铜、钼和铬。

（2）灰铸铁件的热处理　灰铸铁件最常见的热处理是去应力和退火。

1）去应力。几乎不可能生产一个完全没有残余应力的铸件，但在大多数情况下，这些应力并不十分明显。当铸铁在铸型中冷却时，因为铸件不同截面的冷却（收缩）速率不一样，大部分的凝固应力已被去除，这有助于减少铸件的残余应力。

铸铁件常用的去应力温度见表 23-19，去应力温度低于珠光体向奥氏体转变的温度范围。当在高于 620℃ 的温度长时间保温时，组织可能会产生轻微变化，抗拉强度会有所降低。若在 620℃ 以下温度去应力，抗拉强度没有明显的变化。图 23-14 所示为去应力温度对灰铸铁硬度的影响。

表 23-19　铸铁件常用的去应力温度

序号	铸铁	温度/℃
1	普通铸铁或不含 Cr 的合金铸铁	510~565
2	$w(Cr) = 0.15\% ~ 0.3\%$	595~620
3	$w(Cr) > 0.3\%$	620~650

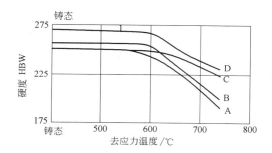

铸铁编号	化学成分(质量分数,%)					
	TC[①]	CC[②]	Si	Cr	Ni	Mo
A	3.20	0.80	2.43	0.13	0.05	0.17
B	3.29	0.79	2.58	0.24	0.10	0.55
C	3.23	0.70	2.55	0.58	0.06	0.12
D	3.02	0.75	2.38	0.40	0.07	0.43

①铸铁碳含量。
②基体碳含量。

图 23-14　去应力温度对灰铸铁硬度的影响
（φ30mm 试样保温 1h 后空冷）

对于普通灰铸铁，在碳化物分解最少的情况下，最大限度去除应力的温度范围为 540 ~ 565℃。图 23-15 表明，在该温度范围内保温 1h，残余应力可

去除 75% ~ 85%。图 23-15 中的曲线适用于大多数成分的灰铸铁。特定成分的灰铸铁去应力温度和时间对残余应力的影响如图 23-16 所示。

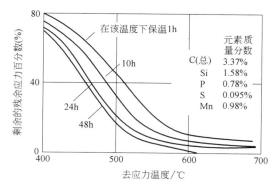

图 23-15　去应力温度对灰铸铁残余应力的影响

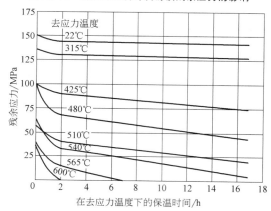

图 23-16　去应力温度和时间对灰铸铁残余应力的影响
注：铸铁化学成分（质量分数）：C2.72%，Si1.97%，P0.141%，S0.08%，Mn0.51%。

2）退火。退火处理的主要目的是降低硬度和分解珠光体组织。普通铸铁的临界温度（α 相转变为 γ 相）通常为 750~850℃，当低于该温度时，珠光体也会发生分解，但当温度高于 600℃ 时，珠光体分解速度明显加快。如果灰铸铁选择高的退火温度，可以消除或减少大量块状共晶碳化物，降低铸铁硬度，改善可加工性，但与此同时，也降低铸铁的强度等级。灰铸铁常用的退火工艺见表 23-20。

（3）常用灰铸铁的力学性能（见表 23-21）

表 23-20　灰铸铁常用的退火工艺

序号	工艺方式	退火温度/℃	工艺用途
1	铁素体化退火	700~760	仅希望将珠光体中的碳化物转变为铁素体和石墨，以改善可加工性
2	完全退火	790~900	当铸铁合金含量高，铁素体化退火无法达到要求时，采用该退火工艺
3	石墨化退火	900~955	灰铸铁的显微组织含有大量块状碳化物，必须采用更高温度的石墨化退火。石墨化退火可用来将大量块状碳化物转变为珠光体和石墨，尽管有些应用场合希望能进行铁素体化退火处理，以便有效改善可加工性

表 23-21　常用灰铸铁的力学性能

序号	牌号	壁厚 t/mm	R_m（单铸试块）/MPa	R_m（附铸试块）/MPa	R_m（本体）/MPa	硬度 HBW
1	HT150	$2.5<t\leqslant50$	150	150	135	115~175
		$50<t\leqslant100$	150	130	120	105~165
		$100<t\leqslant200$	150	110	110	—
2	HT200	$2.5<t\leqslant50$	200	200	180	135~195
		$50<t\leqslant100$	200	180	160	125~185
		$100<t\leqslant200$	200	160	145	—
3	HT250	$5<t\leqslant50$	250	250	225	155~215
		$50<t\leqslant100$	250	220	200	145~205
		$100<t\leqslant200$	250	200	185	—
4	HT300	$10<t\leqslant50$	300	300	270	175~235
		$50<t\leqslant100$	300	260	245	160~220
		$100<t\leqslant200$	300	240	220	—

注：壁厚指用以确定铸件材料力学性能的主要断面厚度。

2. 风电齿轮箱用球墨铸铁

（1）生产方法及化学成分　球墨铸铁件的生产方法由铸造厂自行确定，对铁素体珠光体球墨铸铁，其力学性能等级取决于铁素体珠光体的比例，一般通过调整合金元素含量或采用热处理的方法来调整铁素体和珠光体的比例。固溶强化铁素体球墨铸铁的力学性能取决于铁素体基体的固溶强化程度。固溶强化程度主要取决于硅含量。固溶强化铁素体球墨铸铁的硅含量见表 23-22。

（2）金相组织　石墨形态及基体组织要求见表 23-23。

（3）力学性能　单铸试样、附铸试样和并排铸造试样的拉伸性能参考表 23-24、表 23-26 和表 23-28，铸件本体试样的拉伸性能参考表 23-25 和表 23-27。

表 23-22　固溶强化铁素体球墨铸铁的硅含量指导值（摘自 GB/T 1348—2019）

序号	材料牌号	$w(Si)(\%)$	说　　明
1	QT450-18	≈3.20	随着硅含量的增加,相应的碳含量应相应降低
2	QT500-14	≈3.80	
3	QT600-10	≈4.20	

注：1. 过高的硅含量可能对冲击韧性产生不利影响。
　　2. 由于其他合金化元素，或者对厚壁件，硅含量可以降低。

表 23-23　石墨形态及基体组织

类　别	铁素体珠光体球墨铸铁	固溶强化铁素体球墨铸铁
石墨形态	石墨形态主要为 V 或 VI 型,球化率≥90%,石墨为 4~7 级	石墨形态主要为 V 或 VI 型,球化率≥90%,石墨≥3 级
基体组织	铁素体基体,φ（珠光体）≤10%	以铁素体为主,φ（珠光体）≤5%,φ（游离渗碳体或碳化物）≤1%

表 23-24　铁素体珠光体球墨铸铁铸造试样的拉伸性能（摘自 GB/T 1348—2019）

序号	材料牌号	铸件壁厚 t/mm	$R_{p0.2}$/MPa ≥	R_m/MPa ≥	$A(\%)$ ≥
1	QT350-22L	$t\leqslant30$	220	350	22
		$30<t\leqslant60$	210	330	18
		$60<t\leqslant200$	200	320	15
2	QT350-22R	$t\leqslant30$	220	350	22
		$30<t\leqslant60$	220	330	18
		$60<t\leqslant200$	210	320	15
3	QT350-22	$t\leqslant30$	220	350	22
		$30<t\leqslant60$	220	330	18
		$60<t\leqslant200$	210	320	15

（续）

序号	材料牌号	铸件壁厚 t/mm	$R_{p0.2}$/MPa ≥	R_m/MPa ≥	A(%) ≥
4	QT400-18L	$t \leqslant 30$	240	400	18
		$30 < t \leqslant 60$	230	380	15
		$60 < t \leqslant 200$	220	360	12
5	QT400-18R	$t \leqslant 30$	250	400	18
		$30 < t \leqslant 60$	250	390	15
		$60 < t \leqslant 200$	240	370	12
6	QT400-18	$t \leqslant 30$	250	400	18
		$30 < t \leqslant 60$	250	390	15
		$60 < t \leqslant 200$	240	370	12
7	QT400-15	$t \leqslant 30$	250	400	15
		$30 < t \leqslant 60$	250	390	14
		$60 < t \leqslant 200$	240	370	11
8	QT450-10	$t \leqslant 30$	310	450	10
9	QT500-7	$t \leqslant 30$	320	500	7
		$30 < t \leqslant 60$	300	450	7
		$60 < t \leqslant 200$	290	420	5
10	QT550-5	$t \leqslant 30$	350	550	5
		$30 < t \leqslant 60$	330	520	4
		$60 < t \leqslant 200$	320	500	3
11	QT600-3	$t \leqslant 30$	370	600	3
		$30 < t \leqslant 60$	360	600	2
		$60 < t \leqslant 200$	340	550	1
12	QT700-2	$t \leqslant 30$	420	700	2
		$30 < t \leqslant 60$	400	700	2
		$60 < t \leqslant 200$	380	650	1
13	QT800-2	$t \leqslant 30$	480	800	2
14	QT900-2	$t \leqslant 30$	600	900	2

注：1. 该表数据适用于单铸试样、附铸试样和并排铸造试样，试样的力学性能并不能准确反映铸件本体的力学性能，铸件本体的拉伸性能参考表23-25和表23-27。

2. "L"表示低温，"R"表示室温。

3. 对 QT450-10、QT800-2 和 QT900-2，$30\text{mm} < t \leqslant 200\text{mm}$ 的拉伸性能由供需双方商定。

表 23-25　铁素体珠光体球墨铸铁件本体试样的拉伸性能（摘自 GB/T 1348—2019）

序号	材料牌号	铸件壁厚 t/mm	$R_{p0.2}$/MPa ≥	R_m/MPa ≥	A(%) ≥
1	QT350-22L/C	$t \leqslant 30$	220	340	20
		$30 < t \leqslant 60$	210	320	15
		$60 < t \leqslant 200$	200	310	12
2	QT350-22R/C	$t \leqslant 30$	220	340	20
		$30 < t \leqslant 60$	210	320	15
		$60 < t \leqslant 200$	200	310	12
3	QT350-22/C	$t \leqslant 30$	220	340	20
		$30 < t \leqslant 60$	210	320	15
		$60 < t \leqslant 200$	200	310	12
4	QT400-18L/C	$t \leqslant 30$	240	390	15
		$30 < t \leqslant 60$	230	370	12
		$60 < t \leqslant 200$	220	340	10
5	QT400-18R/C	$t \leqslant 30$	250	390	15
		$30 < t \leqslant 60$	240	370	12
		$60 < t \leqslant 200$	230	350	10

（续）

序号	材料牌号	铸件壁厚 t/mm	$R_{p0.2}$/MPa ≥	R_m/MPa ≥	A(%) ≥
6	QT400-18/C	$t \leq 30$	250	390	15
		$30 < t \leq 60$	240	370	12
		$60 < t \leq 200$	230	350	10
7	QT400-15/C	$t \leq 30$	250	390	12
		$30 < t \leq 60$	240	370	11
		$60 < t \leq 200$	230	350	8
8	QT450-10/C	$t \leq 30$	300	440	8
9	QT500-7/C	$t \leq 30$	300	480	6
		$30 < t \leq 60$	280	450	5
		$60 < t \leq 200$	260	400	3
10	QT550-5/C	$t \leq 30$	330	530	4
		$30 < t \leq 60$	310	500	3
		$60 < t \leq 200$	290	450	2
11	QT600-3/C	$t \leq 30$	360	580	3
		$30 < t \leq 60$	340	550	2
		$60 < t \leq 200$	320	500	1
12	QT700-2/C	$t \leq 30$	410	680	2
		$30 < t \leq 60$	390	650	1
		$60 < t \leq 200$	370	600	1
13	QT800-2/C	$t \leq 30$	460	780	2

注：1. 对 QT450-10/C、QT800-2/C，30mm$< t \leq$200mm 的拉伸性能由供方提供指导值。
　　2. "L" 表示低温，"R" 表示室温，"C" 表示本体试样，下同。

表 23-26　固溶强化铁素体球墨铸铁铸造试样的拉伸性能（摘自 GB/T 1348—2019）

序号	材料牌号	铸件壁厚 t/mm	$R_{p0.2}$/MPa	R_m/MPa	A(%) ≥
1	QT450-18	$t \leq 30$	350	450	18
		$30 < t \leq 60$	340	430	14
2	QT500-14	$t \leq 30$	400	500	14
		$30 < t \leq 60$	390	480	12
3	QT600-10	$t \leq 30$	470	600	10
		$30 < t \leq 60$	450	580	8

注：该表数据适用于单铸试样、附铸试样和并排铸造试样，试样的力学性能并不能准确反映铸件本体的拉伸性能。

表 23-27　固溶强化铁素体球墨铸铁件本体试样的拉伸性能（摘自 GB/T 1348—2019）

序号	材料牌号	铸件壁厚 t/mm	$R_{p0.2}$/MPa ≥	R_m/MPa ≥	A(%) ≥
1	QT450-18/C	$t \leq 30$	350	440	16
		$30 < t \leq 60$	340	420	12
2	QT500-14/C	$t \leq 30$	400	480	12
		$30 < t \leq 60$	390	460	10
3	QT600-10/C	$t \leq 30$	450	580	8
		$30 < t \leq 60$	430	560	6

表 23-28　铁素体球墨铸铁试样上加工的 V 型缺口试样的最小冲击吸收能量（摘自 GB/T 1348—2019）

序号	材料牌号	铸件壁厚 t/mm	冲击吸收能量（室温）/J		冲击吸收能量（-20℃）/J		冲击吸收能量（-40℃）/J	
			均值	单值	均值	单值	均值	单值
1	QT350-22L	$t \leq 30$	—	—	—	—	12	9
		$30 < t \leq 60$	—	—	—	—	12	9
		$60 < t \leq 200$	—	—	—	—	10	7

（续）

序号	材料牌号	铸件壁厚 t/mm	冲击吸收能量（室温）/J		冲击吸收能量（-20℃）/J		冲击吸收能量（-40℃）/J	
			均值	单值	均值	单值	均值	单值
2	QT350-22R	$t \leqslant 30$	17	14	—	—	—	—
		$30 < t \leqslant 60$	17	14	—	—	—	—
		$60 < t \leqslant 200$	15	12	—	—	—	—
3	QT400-18L	$t \leqslant 30$	—	—	12	9	—	—
		$30 < t \leqslant 60$	—	—	12	9	—	—
		$60 < t \leqslant 200$	—	—	10	7	—	—
4	QT400-18R	$t \leqslant 30$	14	11	—	—	—	—
		$30 < t \leqslant 60$	14	11	—	—	—	—
		$60 < t \leqslant 200$	12	9	—	—	—	—

注：1. 该表数据适用于单铸试样、附铸试样和并排铸造试样，试样的力学性能并不能准确反映铸件本体的力学性能。
　　2. "L" 表示低温，"R" 表示室温。

（4）球墨铸铁的热处理　球墨铸铁热处理的作用主要是通过改善铸态基体组织，获得理想的力学性能。根据断面尺寸和合金成分，铸态基体组织通常由铁素体、珠光体或铁素体加珠光体混合而成。

球墨铸铁常用的热处理工艺和目的见表23-29。

1）退火。当铸件的韧性和可加工性是主要的性能指标，而高强度不是主要的性能指标时，可对球墨铸铁件采用完全铁素体化退火。对不同合金元素含量，有或无共晶碳化物的球墨铸铁件，推荐的退火工艺见表23-30。

表 23-29　球墨铸铁常用的热处理工艺及目的

序号	热处理工艺	目的	说明
1	去应力	通过在较低的温度下加热,消除铸件内部残余应力	—
2	退火	改善塑性和韧性,降低硬度,消除碳化物	—
3	正火	提高强度和保证具有一定的塑性	通过奥氏体化加热,控制冷却或等温冷却转变,得到各种不同的组织,提高球墨铸铁的力学性能
4	调质	提高硬度或提高强度和屈强比	
5	贝氏体等温淬火	得到高强度的组织,具有一定的塑性和良好的耐磨性	
6	感应、火焰、激光淬火	得到局部具有耐磨性和高硬度的表面	

表 23-30　球墨铸铁件的退火工艺

序号	工艺方式	退火温度/℃	工艺描述
1	普通无共晶碳化物,w(Si)为 2%~3%的球墨铸铁件完全退火	870~900	按工件截面每25.4mm保温1h。以55℃/h冷却速度炉冷至345℃,然后空冷
2	有共晶碳化物球的墨铸铁完全退火	900~925	保温不小于2h,对大截面工件,进一步延长保温时间。以110℃/h冷却速度炉冷至700℃,在700℃保温2h。以55℃/h冷却速度炉冷至345℃,然后空冷
3	将珠光体转变为铁素体的亚相变点退火	705~720	按工件截面每25.4mm保温1h。以55℃/h冷却速度炉冷至345℃,然后空冷

2）正火。正火能大大提高球墨铸铁的抗拉强度，正火的显微组织取决于铸件的成分和冷却速度，铸件的成分决定了其淬透性。冷却速度取决于铸件的质量，但它也会受到冷却过程中环境温度和空气运动的影响。如果铸铁中硅含量不太高，锰含量适中（质量分数为 0.3%~0.5%或更高），通过正火通常得到均匀细小的珠光体结构。对于要求进行正火处理的大截面铸件，为提高淬透性，确保正火后得到完全珠光体组织，通常添加镍、钼和锰等合金元素。对于小

型合金铸铁件，正火后可能会得到马氏体或包含针状贝氏体的组织。合金元素含量和截面厚度对正火后硬度的影响如图23-17所示。

正火温度通常为870~940℃。标准正火时间是在正火温度下，按截面厚度每25.4mm保温1h计算或不小于1h，通常能得到满意的效果。

有时正火后需要进行回火，以达到所需的硬度。由于铸件各部分截面大小不同，导致冷却速度不同，通过正火后的回火，可以降低由空冷时产生的残余应

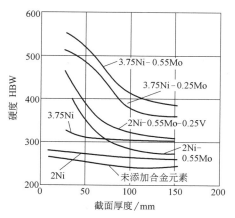

图 23-17　合金元素含量和截面厚度对正火后硬度的影响

力也可提高铸件的韧性和抗冲击性能。回火对铸件硬度和拉伸性能的影响取决于铸铁成分和正火后的硬度。回火通常是加热至 425~650℃，然后根据工件的性能要求，在所需的温度下，按截面厚度每 25.4mm 保温 1h。

3）等温淬火。等温淬火是将铸件加热到奥氏体化温度范围（通常为 815~925℃）内，保温一定的时间，然后将饱和奥氏体快速冷却，避免形成珠光体或其他混合组织，在 Ms 以上温度进行等温淬火，形成优化的针状铁素体和富碳奥氏体组织，成为等温淬火球墨铸铁（ADI）。

通过改变等温淬火温度，可以改变 ADI 的性能，如图 23-18 所示。较低的转变温度，得到细化的组织，强度高，耐磨性好；较高的转变温度，得到较粗的组织，疲劳强度高，塑性好。得到这种理想的性能，需要非常注意工件的截面尺寸、奥氏体化保温时间和等温淬火时间。

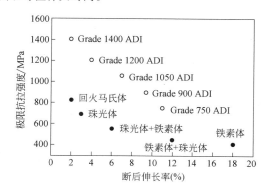

图 23-18　等温淬火球磨铸铁的力学性能最低值

不同标准的等温淬火球墨铸铁的力学性能见表 23-31 和表 23-32。

表 23-31　美国 ASTM A897/A897M 标准等温淬火球墨铸铁的力学性能

序号	牌号	R_m/MPa	$R_{p0.2}$/MPa	A（%）	无缺口夏比冲击吸收能量/J	典型硬度 HBW
1	750-500-11	750	500	11	110	241~302
2	900-650-09	900	650	9	100	269~341
3	1050-750-07	1050	750	7	80	302~375
4	1200-850-04	1200	850	4	60	341~444
5	1400-1100-02	1400	1100	2	35	388~477
6	1600-1300-01	1600	1300	1	20	402~512

表 23-32　日本和欧洲标准等温淬火球墨铸铁的力学性能

序号	牌号	R_m/MPa	$R_{p0.2}$/MPa	A（%）	典型硬度 HBW
1	FCAD 900-4	900	600	4	—
2	FCAD 900-8	900	600	8	—
3	FCAD 1000-5	1000	700	5	—
4	FCAD 1200-2	1200	900	2	341
5	FCAD 1400-1	1400	1100	1	401
6	EN-GJS-800-8	800	500	8	260~320
7	EN-GJS-1000-5	1000	700	5	300~360
8	EN-GJS-1200-2	1200	850	2	340~440
9	EN-GJS-1400-1	1400	1100	1	380~480

进行等温淬火时应注意：

① 截面尺寸和合金含量。随着工件截面尺寸的增加，奥氏体化温度和贝氏体等温淬火温度之间的冷却速度降低。淬火和贝氏体等温淬火技术包括热油淬火、硝酸/亚硝酸盐淬火。为了避免出现高温相变产物（如在较大尺寸工件出现珠光体），可通过增加水

淬火，提高盐浴淬火的冷却或在铸铁中添加合金元素（如铜、镍、锰、钼）提高基体淬透性。

② 奥氏体化温度和时间。随着奥氏体化温度的提高，基体的碳含量增加；基体的实际碳含量取决于合金元素种类、数量和在基体中的位置（偏析）等多个因素。球墨铸铁中决定基体碳含量最重要的因素是硅含量：在奥氏体化温度一定的

条件下，随硅含量的增加，基体中的碳含量减少。常用的奥氏体化温度为 845~925℃。奥氏体化保温时间主要取决于工件截面厚度，在某种程度上也与合金元素含量有关。奥氏体化温度越高，基体的碳含量越高，从而可提高淬透性，降低等温奥氏体转变的速度。

3. 灰铸铁与球墨铸铁的质量检验（见表 23-33）

表 23-33　灰铸铁与球墨铸铁的质量检验

序号	项目	灰 铸 铁		球 墨 铸 铁	
		MQ	ME	MQ	ME
1	化学分析	不复检	100%复检,铸造合格证	不复检	100%复检,铸造合格证
2	冶炼工艺	不要求	电炉或相当工艺	不作规定	电炉或相当工艺
3	力学性能	只检布氏硬度	R_m,对同一铸锭分离的试样做拉伸试验	只检布氏硬度	R_m、$R_{p0.2}$、A、Z、KU(KV),从齿轮毛坯上取代表性试样,随工件在切齿前进行预处理,按照 ISO 10474 出具力学试验检验报告。硬度测试应在齿部附近位置
4	石墨形态	有规定,不复检	限制	不复检	限制
	基体组织[1]	不要求。对合金灰铸铁,φ(铁素体)≤5%	φ(铁素体)≤5%	不做规定	
5	内部缺陷(裂纹)	不检验	检验疏松、裂纹、气孔,并有数量限制	不检验	检验疏松、裂纹、气孔,并有数量限制
6	去应力	不要求	推荐 500~530℃×2h　对合金灰铸铁,500~530℃×2h	不要求	推荐 500~560℃×2h
7	补焊	轮齿部位不允许补焊,补焊工艺须经认可			
8	表面裂纹检验	不检验	目测,双方约定时可采用着色检测	不检验	不允许存在裂纹。100%磁粉或着色检测。对于大批量产品,可按统计抽检

① 可用同一炉号代表试样检验。

23.4　风电齿轮的热处理工艺

23.4.1　风电齿轮的调质

调质可以是预备热处理，也可以是非传动零件的最终热处理。

1. 风电齿轮调质的技术要求（见表 23-34）

表 23-34　风电齿轮调质的技术要求

序号	项目	MQ	ME
1	化学成分[1]	检验报告按 ISO 10474,100%可追溯原始炉号	
2	材料调质后的力学性能,见表 23-35	推荐:布氏硬度+力学性能或淬透性试验	取同炉号并经同样热处理的试样,检验 R_m、$R_{p0.2}$、A、Z、KU(KV),检验报告按 ISO 10474。对直径大于 250mm 的锻件或轧制件,应全部复检布氏硬度

（续）

序号	项目		MQ	ME
3	晶粒度[2]（按 ISO 643）		细晶粒,90%以上区域应大于 5 级,并且无小于 3 级的晶粒,检验报告按 ISO 10474	
4	无损检测	粗车后超声检测[3]	应做检验,允许抽样 　锻造后检测。检测报告按 ISO 10474。对大直径零件,推荐在切齿之前检测。按照 ASTM A388、EN 10228-3 或 EN 10308 检测,可以使用底面反射法,也可以使用按 ASTM E428 的 8-0400 制作的试块上直径为 3.2mm 的平底孔的反射信号。不使用距离-幅度曲线（DAC）技术。在保证相同的质量评价的水平下,其他超声检测方法也可以使用 　合格标准如下:显示符合 EN 10228-3 的 4 级或 EN 10308:2001 的 4 级。按照 EN 标准,等效平底孔直径 $d_{eq} > 2mm$ 的记录,不允许出现 $d_{eq} > 3mm$ 的缺陷	
		成品（喷丸前）表面裂纹检测	不允许有裂纹 磨削的齿轮需要检测表面裂纹 检验方法按 ASTM E1444 中的荧光磁粉检测或 ASTM E1417 中的着色渗透检测	不允许有裂纹 磨削的齿轮需要检测表面裂纹 检验方法按 ASTM E1444 中的荧光磁粉检测或 ASTM E1417 中的着色渗透检测 首选荧光磁粉检测
5	金相组织		不规定,对强度 ≥ 800MPa（硬度 ≥ 240HBW）的材料,应经淬火、回火处理	回火温度 ≥ 480℃,齿轮根硬度应符合图样技术要求,轮缘部分的金相组织以回火马氏体为主[4]

① 0℃ 以下服役的齿轮;
　—考虑低温夏比冲击性能的测试。
　—考虑断口形貌转变温度或无塑性转变。
　—考虑采用高镍合金钢。
　—考虑将碳含量降至 0.4%（质量分数）以下。
　—考虑用加热元件提高润滑剂的温度。
② 晶粒度检测应在零件最易发生失效的相关区域,检测面积为 $3.0mm^2$。试样可取自同一铸坯,并具有相同的锻造比和热处理工艺。
③ 超声检测要求,只适用于最终齿顶圆到至少 2 倍齿高的深度。齿轮生产厂家应向钢厂或锻造厂提出具体的检测位置要求。
④ 在齿轮截面上,至 1.2 倍齿高深处的显微组织以回火马氏体为主,允许少量上区转变产物（先共析铁素体、上贝氏体、细小珠光体）,但不允许存在未溶块状铁素体。对于有效厚度 ≤250mm 的齿轮,非马氏体相变产物（上区转变产物）不超过 10%;对于有效厚度 >250mm 的齿轮,非马氏体相变产物不超过 20%。

表 23-35　常用材料调质后的力学性能

尺寸	力学性能	31CrMoV9	34CrNiMo6	30CrNiMo8	35CrMo	42CrMo	40Cr
$d \le 16mm$ 或 $l \le 8mm$	R_{eL}/MPa	—	1000	1050	800	900	800
	R_m/MPa	—	1200~1400	1250~1450	1000~1200	1100~1300	1000~1200
	$A(\%)$	—	9	9	11	10	11
	$Z(\%)$	—	40	40	45	40	30
	KV/J	—	—	—	—	—	—
$16mm < d \le 40mm$ 或 $8mm < l \le 20mm$	R_{eL}/MPa	—	900	1050	650	750	660
	R_m/MPa	—	1100~1300	1250~1450	900~1100	1000~1200	900~1100
	$A(\%)$	—	10	9	12	11	12
	$Z(\%)$	—	45	40	50	45	35
	KV/J	—	45	30	40	35	35
$40mm < d \le 100mm$ 或 $20mm < l \le 60mm$	R_{eL}/MPa	—	800	900	550	650	560
	R_m/MPa	—	1000~1200	1000~1300	800~950	900~1100	800~950
	$A(\%)$	—	11	10	14	12	14
	$Z(\%)$	—	50	45	55	50	40
	KV/J	—	45	35	45	35	35

（续）

尺寸	力学性能	31CrMoV9	34CrNiMo6	30CrNiMo8	35CrMo	42CrMo	40Cr
100mm<d≤160mm 或 60mm<l≤100mm	R_{eL}/MPa	800	700	800	500	550	—
	R_m/MPa	900~1200	900~1100	1000~1200	750~900	800~950	—
	A（%）	10	12	11	15	13	—
	Z（%）	50	55	50	55	50	—
	KV/J	35	45	45	45	35	—
160mm<d≤250mm 或 100mm<l≤160mm	R_{eL}/MPa	700	600	700	450	500	—
	R_m/MPa	900~1100	800~950	900~1100	700~850	750~900	—
	A（%）	11	13	12	15	14	—
	Z（%）	50	55	50	60	55	—
	KV/J	35	45	45	45	35	—

注：1. 取样位置按 ISO 683 的规定。d 表示类似棒形零件的直径，l 表示类似矩形零件的短边长。
　　2. 31CrMoV9（见 ISO 683-5）相当于我国的 31Cr3MoV；34CrNiMo6（见 ISO 683-2）相当于我国的 34Cr2Ni2Mo；30CrNiMo8（见 ISO 683-2）钢相当于我国的 30Cr2Ni2Mo。
　　3. KV 表示冲击吸收能量。一组三件试样的平均值应大于等于规定值，每组单独试样的冲击吸收能量不得小于规定值的 70%。如果不满足上述要求，可以从同批试样中选取另外的一组三件试样进行试验，应同时满足下列条件：①六个试样的平均值大于等于规定值；②六个单值中不多于两个值低于规定值；③六个单值中不多于一个值低于规定值的 70%。
　　4. 表中的单值均为最小值。

2. 风电齿轮调质热处理工艺（见表 23-36）

表 23-36　风电齿轮调质热处理工艺

材料牌号	淬火温度/℃	淬火冷却介质	回火温度/℃	常用硬度范围 HBW	备注
42CrMo	820~880	油、水、聚合物水溶液	540~680	260~350	
40Cr	820~860	油、水、聚合物水溶液、无机盐水溶液	510~680	260~320	回火后快速冷却
40CrNiMo	820~860	油、水、聚合物水溶液	540~660	290~350	
35CrMo	820~860		540~680	260~330	
31CrMoV9	870~930		580~700	280~350	
30CrNiMo8	830~860		540~660	280~350	
34CrNiMo6	830~860		540~660	280~350	
45	820~860	无机盐水溶液、聚合物水溶液、熔融硝盐	480~660	230~290	

注：对 45 钢，建议使用正火或喷雾正火处理代替调质处理，硬度≥180HBW。

3. 风电齿轮调质处理常见缺陷及可能的原因（见表 23-37）

表 23-37　风电齿轮调质处理常见缺陷及可能的原因

序号	常见缺陷	可能的原因
1	硬度超差或不均匀	1）淬火搅拌故障或淬火区域流速不均匀 2）回火工艺不当 3）回火炉温度均匀性差 4）工件装载方式和装载量问题
2	变形超差	1）反复升降温 2）淬火冷却不均匀 3）装料方式不合理
3	出现裂纹	1）淬火温度不合理 2）淬火冷却不均匀 3）淬火冷却时间过长 4）淬火冷却介质选择与工件结构形状、材料淬透性等不匹配 5）淬火后未及时回火

23.4.2　风电齿轮的渗碳淬火

渗碳是一种受控扩散，为获得高碳表层和低碳心部的表面强化工艺。通过渗碳，在表层至心部，碳浓度呈梯度分布。通过渗碳后淬火，在表层获得高硬度、高耐磨的马氏体组织，在心部得到低碳马氏体、贝氏体和铁素体混合组织，具有较高的韧性和塑性。这种具有独特复合力学性能的组织非常适合齿轮的服役条件。淬火后的表面硬度为 58~64HRC，具有高的耐点蚀、磨损、弯曲和疲劳性能，而心部硬度为 30~40HRC，具有高强韧性，能有效防止和避免在受到冲击、脉冲及高峰载荷情况下出现断齿。

1. 风电齿轮渗碳的技术要求

（1）零件设计有效硬化层深度的界定与检测　表面淬硬齿轮硬化层深度的指导原则：

1）防止点蚀失效的硬化层深度推荐值 $CHD_{H\,opt}$：如图 23-19 所示，$CHD_{H\,opt}$ 是磨齿后分度圆上在许用接触应力下能达到持久寿命的最佳硬化层深度。

2）防止断齿失效的硬化层深度推荐值 $CHD_{F\,opt}$：$CHD_{F\,opt}$ 是磨齿后在许用弯应力下能达到持久寿命的最佳硬化层深度，检测位置在齿宽中部齿根圆角处 30°切线（外齿时）或 60°切线（内齿时）的垂直方向上。

$$0.1m_n \leqslant CHD_{F\,opt} \leqslant 0.2m_n$$

式中　m_n——法向模数（mm）。

3）防止齿面剥落的硬化层深度推荐值 CHD_C：CHD_C 是磨齿后分度圆上基于接触载荷引起的最大切应力深度而确定的最小有效硬化层深度。

作为预防剥落破坏的指导性推荐值，CHD_C 可由下式计算。不过，当接触应力值 $\sigma_H > 1400MPa$ 时该公式尚未被验证。

$$CHD_C = \frac{\sigma_H d_{w1} \sin\alpha_{wt}}{U_H \cos\beta_b} \frac{z_2}{z_1 + z_2}$$

式中　d_{w1}——小齿轮节圆直径；
　　　α_{wt}——端面节圆压力角；
　　　U_H——硬化工艺系数，$U_H = 66000MPa$（对于渗碳淬火 MQ 和 ME 质量等级）、44000MPa（对于渗碳淬火 ML 质量等级）；
　　　β_b——基圆螺旋角；
　　　z_1——小齿轮齿数；
　　　z_2——大齿轮齿数。

4）有效硬化层深度的最小值和最大值：$CHD_{min/max}$ 是磨齿后分度圆上最小或最大的有效硬化层深度（见图 23-19）：$CHD_{min} \geqslant 0.3mm$，$CHD_{max} \leqslant 0.4m_n$。

由于承受的载荷、运行工况不同，不同级别齿轮的有效硬化层深度设计也有所差别，见表 23-38。

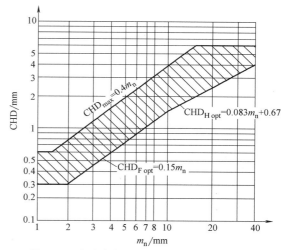

图 23-19　仅考虑表面承载能力的最佳硬化层深度
推荐 CHD_{Hopt} 和综合考虑弯曲强度和表面承载能力
的最大硬化层深度 CHD_{max}

表 23-38　不同级别齿轮的有效硬化层深度推荐值

标准	高速级齿轮（$m_n = 7mm$）	中速级齿轮（$m_n = 12mm$）	低速级齿轮（$m_n = 12mm$）
	有效硬化层深度/mm		
国外企标	$(0.23 \sim 0.26)m_n$	$(0.20 \sim 0.22)m_n$	$(0.167 \sim 0.177)m_n$
国内企标	$(0.20 \sim 0.30)m_n$	$(0.18 \sim 0.25)m_n$	$(0.15 \sim 0.18)m_n$
ISO 6336-5	$(0.15 \sim 0.40)m_n$	$0.083m_n + 0.67 \sim 0.4m_n$	

（2）表面曲率半径对渗碳层深的影响　图 23-20 所示为 8620H 钢渗碳淬火齿轮在节线、齿根底部及齿根圆角处硬度和有效硬化层深度（界限值 50 HRC）的关系。由于扩散动力学的表面曲率效应，

产生了齿根和齿顶之间渗层深度的差异，如图 23-21 所示。这导致相对于平直的表面，凸面渗层深度更深，而凹面渗层深度更浅。

风电齿轮渗碳淬火的技术要求见表 23-39。

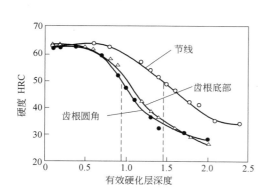

图 23-20　8620H 钢渗碳淬火齿轮不同位置的硬度曲线
注：8620H 为美国牌号，相当于我国的 20CrNiMo，
并将 $w(\mathrm{Mo})$ 提高至 $0.3\%\sim0.4\%$。

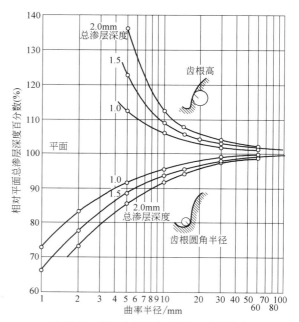

图 23-21　表面曲率半径对渗层深度的影响

表 23-39　风电齿轮渗碳淬火的技术要求

序号	项目	MQ	ME
1	表面硬度		
1.1	成品代表性部位表面硬度（按 ISO 18265 进行换算）	$660\sim800$HV 或 $58\sim64$HRC。统计法抽检	$660\sim800$HV 或 $58\sim64$HRC。五件以下时全检，量大时可统计法抽检。根据齿轮大小选择硬度检验方法
1.2	齿宽中部、齿根表面硬度（模数≥12mm）[1]	符合图样要求，统计法抽检或在代表性试样上检测	符合图样要求，对大、小齿轮或代表性试样全检
2	齿宽中部的心部硬度：垂直于齿根 30°切线向内 5 倍硬化层深度但不少于 1 倍模数，或者在代表性试样检查	≥25HRC，检查代表性试样，或者依据冷却速度和淬透性曲线计算	≥30HRC，检查代表性试样
3	成品硬化层深度[2]（按 ISO 2639 进行检验），检验代表性试样或检验齿宽中部 1/2 齿高处	硬化层深度：指表面到 550HV 或 52HRC 处的垂直距离。图样技术要求中应规定出上下限值	
4	金相组织：可检测代表性试样，根据成品状态确定检测点的深度		
4.1	表面碳含量	合金元素总的质量分数≤1.5%时，碳的质量分数为 $0.65\%\sim1.0\%$ 合金元素总的质量分数>1.5%时，碳的质量分数为 $0.60\%\sim0.90\%$	
4.2	表层组织：金相法检测，φ（贝氏体）<10%	细针马氏体为主，检测代表试样。推荐	细针马氏体为主，检测代表试样。要求
4.3	碳化物	允许存在非连续碳化物和弥散分布的碳化物（见图 23-22）。碳化物长度≤0.02mm，在代表性试样上检测	允许存在弥散分布的碳化物，长度≤0.01mm（见图 23-22b），在代表性试样上检测
4.4	残留奥氏体：金相法检测	φ（残留奥氏体）≤30%，在代表性试样上检测	φ（残留奥氏体）≤30%且细小弥散分布，在代表性试样上检测
		若超出限值，可通过控制喷丸或其他措施修复	

（续）

序号	项目	MQ		ME	
		渗层深度 e/mm	IGO 深度/μm	渗层深度 e/mm	IGO 深度/μm
4.5	对非磨削面晶界氧化（IGO）深度的要求[③]：对未腐蚀试样采用金相法（400~600×）检验，允许深度（μm）与渗层深度有关。限制深度基于实测的层深。在磨削面上不允许有可见的 IGO 和非马氏体组织	e<0.75	17	e<0.75	12
		0.75≤e<1.5	25	0.75≤e<1.5	20
		1.5≤e<2.25	35	1.5≤e<2.25	20
		2.25≤e<3	45	2.25≤e<3	25
		3≤e<5	50	3≤e<5	30
		e≥5	60	e≥5	35
		若超出限值，可通过控制喷丸或其他措施修复，但应征得客户同意			
4.6	最终热处理后的晶粒度[④]，按照 ISO 643 检查	细晶粒，90% 区域 5 级或更细，不小于 3 级。推荐		细晶粒，90% 区域 5 级或更细，不小于 3 级。要求	
5	心部组织（检测位置同本表第 2 条）	马氏体为主，允许有条状铁素体和贝氏体，不允许有（未熔）块状铁素体		马氏体为主，允许有条状铁素体和贝氏体，不允许有（未熔）块状铁素体。在代表性试样上检测	
6	表面裂纹	不允许出现裂纹 检验比例 50% 检验方法：ASTM E1444 或 EN 10228-1，可进行统计抽样检验		不允许出现裂纹 检验比例 100% 检验方法：ASTM E1444 或 EN 10228-1	
7	磨削烧伤检查：按照 ISO 14104 酸洗法	10% 工作面上允许有 B 级烧伤（FB1）。按统计法抽检		工作面上不允许有烧伤（FA），按照 ISO 14104 进行 100% 检测	
		如果超出规定限值，可通过受控喷丸工艺进行处理，还可能需要通过精修或光整才能达到表面粗糙度和几何要求			

① 受齿轮尺寸及热处理工艺影响，齿根部位硬度可能会低于齿面硬度，但不应低于 55HRC。
② 通常齿根面渗层深度与齿面渗层深度有差别，与齿轮大小、材料及工艺有关，图 23-21 给出了表面曲率半径对渗层深度的影响。
③ IGO 深度与非马氏体组织、脱碳层密切相关，IGO 检测可与表面硬度及金相组织检验相结合。
④ 晶粒度检测应在零件最易失效的区域，检测面积为 $3mm^2$。

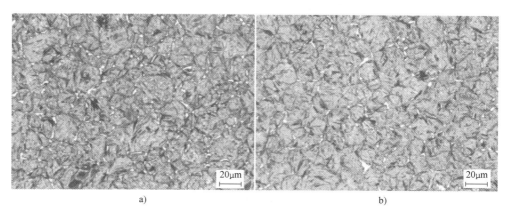

图 23-22　风电齿轮允许存在的碳化物形态
a）非连续碳化物　b）弥散分布的碳化物

2. 风电齿轮渗碳热处理工艺

预备热处理：为了保证齿轮件的加工性和尺寸稳定性，在机械加工前，齿坯可以先进行退火，紧跟着采取合适的正火、正火加回火或淬火加回火。去应力处理可以在渗碳前的任一工序进行。

气体渗碳可采用在可控气氛炉中进行，也可采用真空低压渗碳。渗碳温度推荐为 920~940℃。

为了减少热应力和提高尺寸稳定性，渗碳齿轮通常淬火后进行低温回火。齿轮件应当在一个合适的油炉或有循环气的电加热炉中回火，回火温度依据规定的技术要求确定，通常为 150~235℃，回火后确保达到要求的齿面硬度。在回火温度下，回火时间至少为 6h，当有效厚度超出 25.4mm 时，每增加 25.4mm 需延长回火时间 1h。在回火过程中，温度和时间是两个重要工艺参数，回火温度越高，则要求的回火时间越短。回火对表面硬度影响很大，在回火过程中，表面硬度可能会下降 50~150HV。回火也会降低渗层残余压应力，将压应力的最大值向渗层-心部界面推移，如图 23-23 所示。

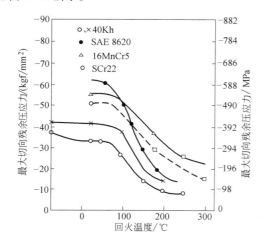

图 23-23 渗碳淬火后，通过回火降低残余应力峰值

注：40Kh 为日本牌号，相当于我国的 40 钢；
SAE 8620 为美国牌号，相当于我国的 20CrNiMo；
16MnCr5 为 ISO 683-3 中的牌号，相当于我国的 16CrMnH；SCr22 为日本牌号，相当于我国的 20Cr。

非渗碳面的保护：为了保证零件的加工性能或满足图样、工艺的要求，可以对非渗碳面进行保护。

渗碳淬火主要工艺流程：

工艺流程 1：清洗→防渗碳（根据需要）→渗碳→缓冷→加热淬火→清洗→回火。

工艺流程 2：清洗→防渗碳（根据需要）→渗碳→缓冷→高温回火→加热淬火→清洗→回火。

工艺流程 3：清洗→防渗碳（根据需要）→渗碳→淬火→清洗→回火。

风电齿轮常用渗碳淬火热处理的工艺参数和工艺曲线见表 23-40 和表 23-41。

3. 风电齿轮渗碳热处理后的畸变

图 23-24 所示为 SAE 8620 钢成分范围基线（100%），以及缩小成分规范范围的 75%、50%、25%、10% 后变形的结果，渗层深度约为 1.2mm。随着以均值成分为中心的规范范围缩小，变形波动显著降低，但变形的绝对值并未降低。

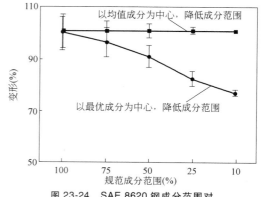

图 23-24 SAE 8620 钢成分范围对小齿轮渗碳变形的影响

影响畸变的主要因素及常用的控制方法见图 23-25、表 23-42 和表 23-43。

表 23-40 风电齿轮常用渗碳淬火热处理的工艺参数

序号	材料牌号	应用产品	渗碳温度/℃	渗碳碳势(%)	再加热淬火温度/℃
1	18CrNiMo7-6	风电主齿轮箱、偏航变桨齿轮箱	930~940	强渗：1.0~1.1 扩散：0.7~0.8	800~840
2	20CrMnMo	偏航变桨齿轮箱	880~940	强渗：1.0~1.1 扩散：0.7~0.8	800~840
3	20CrNiMo	偏航变桨齿轮箱	880~940	强渗：1.05~1.15 扩散：0.75~0.85	830~870
4	8822H	偏航变桨齿轮箱	880~940	强渗：1.1~1.2 扩散：0.8~0.9	840~880

注：1. 渗碳温度根据渗层深度、晶粒度、变形等控制指标可进行合理选择。
2. 18CrNiMo7-6 为 ISO 683-3 中的牌号，相当于我国的 17Cr2Ni2Mo。

表 23-41　风电齿轮常用渗碳淬火热处理的工艺曲线

序号	材料牌号	工艺流程	工 艺 曲 线
1	18CrNiMo7-6、8822H、20CrMnMo、20CrNiMo	渗碳+再加热淬火	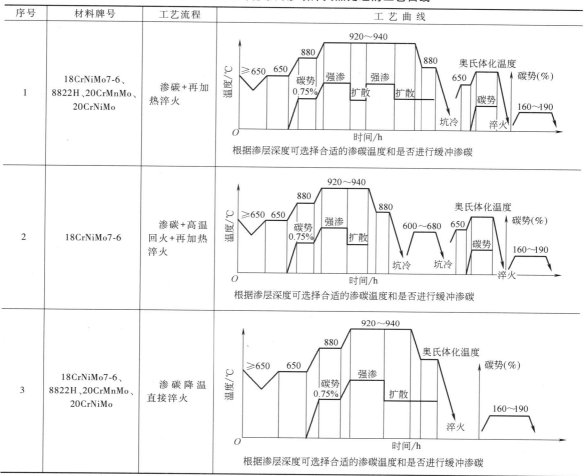
2	18CrNiMo7-6	渗碳+高温回火+再加热淬火	
3	18CrNiMo7-6、8822H、20CrMnMo、20CrNiMo	渗碳降温直接淬火	

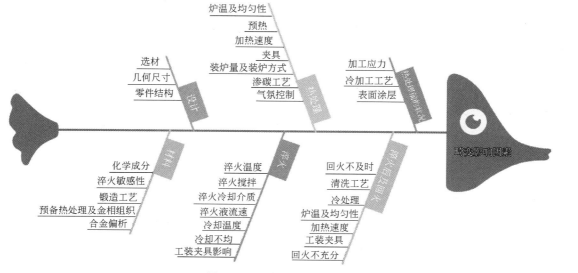

图 23-25　影响畸变的主要因素

表 23-42　影响畸变的主要因素及建议措施

序号	影响畸变的主要因素	说　　明	建议措施
1	残余应力	在零件渗碳前,零件当中可能存在很多潜在的残余应力源,它们在后续渗碳过程中可以被消除,同时可能会导致渗碳畸变	在机械加工前通常进行等温退火处理,机械加工过程会引起额外的残余应力,后续增加消除应力处理
2	零件装载及工装	工装支撑或设计不合理,导致淬火前产生畸变	大型或长形且形状复杂的零件应该在关键位置予以支撑,或者在某些情况下采用垂直吊挂
3	加热速度	由于加热速度快,会引起温度梯度和热应力,可能产生畸变	可通过使用较低的加热速度,或者在 400 ~ 750℃温度范围内利用程序控制分段加热保温
4	淬火工艺	由于渗碳设备的限制,渗碳后需要细化晶粒,或者需要中间进行机械加工,这可能需要重新加热淬火。每增加一次加热—冷却周期,就会产生额外的体积变化和内部应力,可能会导致更多的零件畸变	采用渗碳后直接降温淬火
5	淬火槽中的介质流速	在整炉式或成筐式淬火中,淬火槽中介质流速可能很不均匀。因此,应该规定淬火冷却介质速度的均匀性,并且当设备投入使用时,应该测量淬火速度的均匀性	在淬火有效区域内将淬火冷却介质的流速控制在 ≤0.15m/s

表 23-43　畸变控制方法

序号	畸变控制方法	说　　明
1	夹具+预补偿	1)夹具可分隔零件,使零件达到渗碳温度的加热过程更均匀;在渗碳期间,使气氛均匀性更好,并且使淬火冷却介质的流速更好。适当的装夹操作在减少零件畸变上通常是有效的 2)对未淬火零件的形状变化可以进行预先补偿
2	分级淬火	分级淬火或马氏体等温淬火,包括在熔融盐浴中淬火或在热油中淬火,冷却介质的温度在渗碳层的 Ms 温度以上,在心部的 Ms 温度以下。因此,当零件淬火时,心部先转换为马氏体、贝氏体、铁素体的混合组织。当零件离开淬火冷却介质而在空气中冷却时,渗层转变为马氏体。在相变期间由于渗层和心部之间温度梯度较低,畸变减少
3	压淬或限形淬火	1)在淬火冷却介质流动之前,通过压淬模具使零件发生塑性变形 2)在淬火冷却介质流动之后,在马氏体转变开始之前,各压淬模具与零件接触,或者零件受压,使零件发生塑性变形
4	矫直	1)当矫直渗碳零件时,总是存在开裂的风险,所以通常的做法是在回火之后进行零件矫直 2)风电齿轮箱零部件通常不允许进行矫直

4. 风电齿轮渗碳热处理常见缺陷

渗碳齿轮热处理出现的一些常见问题都与钢的化学成分、工艺控制和尺寸有关。在渗碳温度直接淬火会导致铬系列钢中出现微裂纹,渗层碳含量超过 0.9%（质量分数）时会在钢中产生过多的残留奥氏体组织（体积分数>30%）;对于高镍钢,当渗层碳含量超过 0.75%（质量分数）时,则出现过多的残留奥氏体。对渗碳工艺参数的控制,如强渗期和扩散期的时间,工件表层获得合适的碳分布具有重要影响。对淬透性带宽控制是控制变形的另一个重要方面,淬火冷却介质热均匀性差和淬火槽中的循环速率不均匀,往往在不同批次热处理齿轮中造成硬度和变形分散度大、一致性差。淬火油中若出现水、炭黑、沉淀物,甚至滞留气泡的污染,也能造成齿轮变形或开裂。

风电齿轮渗碳淬火常见缺陷及原因见表 23-44。

表 23-44　风电齿轮渗碳淬火常见缺陷及原因

序号	渗碳淬火常见缺陷	可能原因
1	渗层硬度超差或不均匀	1)碳浓度控制不当 2)强渗碳势与时间控制不当,扩散碳势与时间控制不当 3)渗碳炉气氛均匀性差 4)淬火搅拌故障或淬火区域流速不均匀性大 5)回火工艺不当 6)回火炉温度均匀性差 7)零件装载方式和装载量不当

（续）

序号	渗碳淬火常见缺陷	可能原因
2	渗层深度超差或不均匀	1）渗碳碳势与时间控制不当 2）渗碳炉温度均匀性差 3）渗碳炉气氛均匀性差 4）淬火搅拌故障或淬火区域流速不均匀性大 5）回火工艺不当 6）回火炉温度均匀性差 7）零件装载方式和装载量不当
3	齿根硬度偏低,渗层深度偏浅	1）曲率半径对渗层深度的影响 2）材料淬透性与零件模数、尺寸不匹配 3）淬火液流速低 4）淬火搅拌异常 5）回火温度偏高,时间偏长
4	残留奥氏体量偏多（体积分数>30%）	1）碳势偏高 2）淬火温度偏高 3）冷却时间短 4）回火温度偏低 5）回火时间偏短
5	碳化物含量超差	1）碳势偏高 2）强渗、扩散时间控制不当 3）渗碳后降温缓慢 4）原材料偏析
6	出现裂纹	1）碳浓度过高 2）严重的网状碳化物 3）渗碳后的工艺控制不当 4）淬火冷却介质低温冷却速度快 5）淬火后未及时回火 6）严重的磕碰
7	变形超差	见本节 3. 风电齿轮渗碳热处理后的畸变

23.4.3　风电齿轮的清理抛丸与强化喷丸

清理抛丸主要是为了清除热处理后的氧化皮和防渗涂层。常用方法是用钢丸抛射工件表面。清理抛丸还会造成残余应力的增大，有时非常明显。

强化喷丸是将高速钢丸喷射到钢铁零件表面，使其表面层在钢丸的冲击作用下发生塑性形变，主要目的是在工件的表层增加有益的残余压应力，从而提高齿轮疲劳强度。

未喷丸、清理抛丸和强化喷丸处理对残余应力的影响如图 23-26 所示。

既要得到最大的压应力层深度，又要得到表面的压应力性能，推荐采用双重复合强化喷丸，即进行两次强化喷丸操作。第一次采用大尺寸的丸粒以高喷丸强度获得较深的压应力层深度，第二次采用小尺寸的丸粒以低喷丸强度改善最终表面的状态和表面压应力

的结果。不同工艺处理后的残余应力分布曲线如图 23-27 所示。

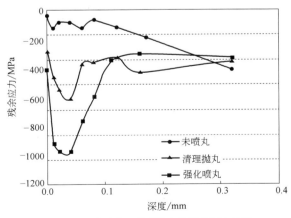

图 23-26　未喷丸、清理抛丸和强化喷丸处理
对残余应力的影响

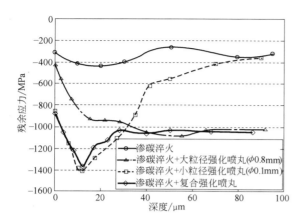

图 23-27　不同工艺处理后的残余应力分布曲线

$$S_F = \frac{\sigma_{FG}}{\sigma_F} = \frac{\sigma_{F\,lim} Y_{ST} Y_{NT}}{\sigma_{F0}} \frac{Y_{\delta\,relT} Y_{R\,relT} Y_X}{K_A K_V K_{F\beta} K_{F\alpha}}$$

式中　σ_{FG}——齿根应力极限；

σ_F——弯曲应力计算值；

$\sigma_{F\,lim}$——试验齿轮的弯曲疲劳极限；

Y_{ST}——与试验齿轮尺寸有关的应力修正系数；

Y_{NT}——参考试验条件下齿根弯曲强度的寿命系数；

$Y_{\delta\,relT}$——试验齿轮的相对缺口敏感系数；

$Y_{R\,relT}$——相对表面状况系数；

Y_X——抗弯强度计算的尺寸系数；

σ_{F0}——齿根应力基本值；

K_A——使用系数；

K_V——动载系数；

$K_{F\beta}$——抗弯强度计算时的螺旋线载荷分布系数；

$K_{F\alpha}$——抗弯强度计算时的齿间载荷分配系数。

采用清理抛丸或强化喷丸均会对齿轮齿根的表面粗糙度产生影响。齿轮齿根的表面粗糙度会影响早期疲劳裂纹的形成，ISO 6336 中用相对齿根表面状况系数 $Y_{R\,relT}$ 来表征齿根圆角处的表面粗糙度对齿根抗弯强度的影响，相对齿根表面状况系数为所计算齿轮的齿根表面状况系数与试验齿轮的齿根表面状况系数比值。对于齿轮静强度，$Y_{R\,relT} = 1.0$。

圆柱齿轮抗弯强度计算的安全系数 S_F 的计算公式为

$Y_{R\,relT}$ 与齿根疲劳安全系数成正比，即齿根的表面粗糙度 Rz 值越小，$Y_{R\,relT}$ 值越大（见图 23-28），齿根承载能力越强。

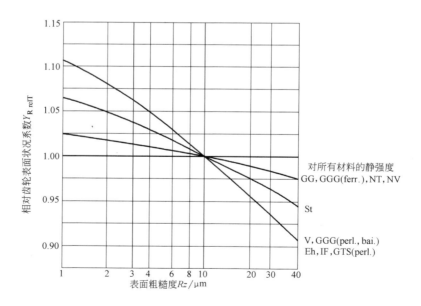

图 23-28　相对齿根表面状况系数

注：GG—灰铸铁；GGG（perl.，bai.，ferr.）—球墨铸铁（珠光体、贝氏体、铁素体结构）；NT—渗氮钢；NV—渗氮处理的调质钢，渗碳钢；St—结构钢（$R_m < 800\text{MPa}$）；V—调质钢调质（$R_m \geq 800\text{MPa}$）；Eh—渗碳淬火的渗碳钢；IF—火焰或感应淬火（包括齿根圆角处）的钢、球墨铸铁；GTS（perl.）—可锻铸铁（珠光体结构）。

通过计算，给定齿轮副在 5 级精度时，不同齿根表面粗糙度齿轮副的 $Y_{R\,relT}$ 值和 S_F 见表 23-45。

表 23-45　不同齿根表面粗糙度齿轮副的 $Y_{R\,relT}$ 和 S_F 值

齿根表面粗糙度 $Rz/\mu m$	评价项目	小轮	大轮
5	$Y_{R\,relT}$	1.041	1.041
	S_F	2.776	3.198
10	$Y_{R\,relT}$	1.002	1.002
	S_F	2.671	3.076
20	$Y_{R\,relT}$	0.957	0.957
	S_F	2.551	2.938

由表 23-45 可知，给定齿轮副齿根的表面粗糙度

Rz 从 20μm 减小到 10μm，齿轮抗弯强度计算的安全系数提高了 4.7%，从 10μm 减小到 5μm，安全系数提高了 3.9%。

清理抛丸与强化喷丸的控制参数对比见表 23-46。

1. 风电齿轮的清理抛丸

风电齿轮清理抛丸技术要求见表 23-47。

2. 风电齿轮的强化喷丸

（1）压应力层深度　强化喷丸的压应力层深度与喷丸参数和材料性能，主要是表面硬度相关。大尺寸的丸粒和高的冲击速度增加冲击能量和压应力层深度。齿轮材料越硬，压应力层深度就越浅。无论丸粒的硬度与被喷表面的硬度相同或更硬，钢制品压应力层深度与阿尔门强度的近似关系如图 23-29 所示。

表 23-46　清理抛丸与强化喷丸的控制参数对比

工艺	钢丸加速方式	钢丸筛选	覆盖率	喷丸强度	齿根表面粗糙度	残余应力
清理抛丸	离心旋转叶轮	可选	≥150%	不控制	根据图样要求	不控制
强化喷丸	压缩空气喷嘴或离心旋转叶轮	需配备	≥150%	严格控制	根据图样要求	根据需要进行控制

表 23-47　风电齿轮清理抛丸技术要求

序号	项目	技术要求
1	氧化皮	加工面：少量
		非加工面：无
2	防渗涂层	少量
3	残留物	无残留钢丸碎片、完好钢丸、耐火纤维、油污等残留物
4	禁抛部位的防护	无丸粒抛射痕迹
5	覆盖率	≥150%

（2）表面残余压应力　对于一个给定的丸粒尺寸，采用适当的喷丸强度范围是重要的。对于一个既定的丸粒尺寸，不推荐采用更高的强度去企图获得更深的压应力层深度，这是因为它反而降低了表面的压应力性能。

（3）强化喷丸技术要求　齿轮件强化喷丸技术要求见表 23-48。

表 23-48　齿轮件强化喷丸技术要求

序号	项目	技术要求
1	钢丸尺寸	最大丸粒直径不应超过齿根圆角半径的一半
2	钢丸形状、硬度、破碎率	进行控制
3	喷丸强度	喷丸强度与丸粒直径、丸粒流和速率等参数有关。$m_n \leq$ 6mm 齿轮的喷丸强度建议为 0.254～0.330mm，$m_n >$ 6mm 齿轮的喷丸强度建议为 0.381～0.457mm。针对给定的喷丸强度，可选择的丸粒尺寸参考表 23-49
4	覆盖率	推荐 ≥150%
5	喷丸部位	齿根强化喷丸并允许齿面及其他部位喷丸
6	禁喷部位的保护	无丸粒抛射痕迹
7	残留物	无残留钢丸碎片、完好钢丸、耐火纤维、油污等残留物

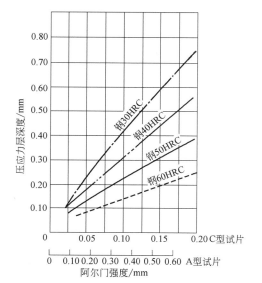

图 23-29　钢制品压应力层深度与阿尔门强度的近似关系

（4）喷丸强度的测量　阿尔门试片应该安放在一个备用零件上或有代表性的和实际零件方位相似的工装上，如图 23-30 所示。

表 23-49　　丸粒尺寸与强度范围参考

铸钢丸	推荐的喷丸强度范围/mm		铸钢丸	推荐的喷丸强度范围/mm	
	min	max		min	max
70	0.20N	0.18A	330	0.30A	0.55A
110	0.10A	0.25A	460	0.40A	0.18C
170	0.15A	0.35A	550	0.12C	0.20C
230	0.20A	0.45A			

注: N—N型试片; A—A型试片; C—C型试片。

图 23-30　阿尔门试片安装在实际零件和（或）有代表性的工装上

23.4.4　风电齿轮的渗氮

1. 风电齿轮渗氮的技术要求

防止齿面剥落的渗氮层深度推荐值 NHD_C: NHD_C 是渗氮齿轮硬化层深度的最小值，是基于接触载荷引起的最大切应力深度。如果 NHD_C 值小于图 23-31 中的渗氮层深度 NHD，则采用图 23-31 中所示的最小值。

$$NHD_C = \frac{U_C \sigma_H d_{w1} \sin\alpha_{wt}}{1.14 \times 10^5 \cos\beta_b} \frac{z_2}{z_1 + z_2}$$

式中　U_C——心部硬度系数（见图 23-32）;

　　　σ_H——接触应力的计算值（MPa）;

　　　d_{w1}——小齿轮节圆直径（mm）;

　　　α_{wt}——端面节圆压力角（°）;

　　　z_1——小齿轮齿数;

　　　z_2——大齿轮齿数;

　　　β_b——基圆螺旋角（°）。

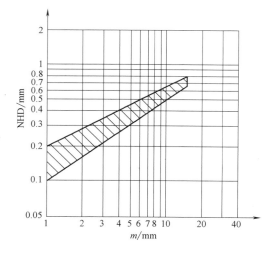

图 23-31　渗氮层深度 NHD

NHD—渗氮层深度　　m—模数

注: 钢材应与有效渗氮层深度推荐值 NHD 相匹配，并且有效渗氮层深度推荐值最大为 0.8mm。

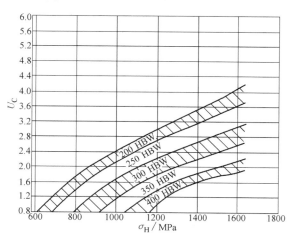

图 23-32　渗氮齿轮的心部硬度系数 U_C

注: 对于一般设计，采用心部硬度带的上区，可以获得较深的硬化层; 而对于高质量材料，可采用下区。

风电齿轮渗氮的技术要求见表 23-50，常用材料的预备热处理及渗氮表面硬度见表 23-51。

2. 风电齿轮渗氮热处理工艺

渗氮最高保温温度应比预备热处理回火温度低 20℃，渗氮后不允许进行抛丸处理。风电齿轮常用材料渗氮工艺参数及曲线见表 23-52 和表 23-53。

表 23-50　风电齿轮渗氮的技术要求

序号	项目	MQ	ME
1	渗氮硬化层深度	规定最小值 有效硬化层深度指表面至 400HV 或 40.8HRC 处的垂直距离。如果心部硬度超过 380HV，可采用"心部硬度+50HV"作为界限硬度值	
2	渗氮钢表面硬度	650~950HV	
	调质钢表面硬度	≥450HV	
3	预备热处理	调质处理，表面无脱碳。回火温度须高于渗氮温度一定幅度，以防止渗氮时的硬度降低	
4	白亮层	≤25μm	≤25μm，且 γ' 相与 ε 相厚度之比>8
5	心部性能	R_m>900MPa，通常 φ（铁素体）<5%	
6	渗氮后续加工	特殊情况下可磨削，但可能降低齿面接触疲劳性能。若经过磨齿，推荐按 ASTM E144 或 EN 10228-1 进行磁粉检测	

表 23-51　常用材料的预备热处理及渗氮表面硬度

序号	材料牌号	预备热处理工艺	预备热处理硬度 HBW	渗氮表面硬度 HV10
1	42CrMo	调质	270~350	≥550
2	40CrNiMo	调质	280~350	≥500
3	30CrNiMo8	调质	280~350	≥550
4	34CrNiMo6	调质	280~350	≥550
5	31CrMoV9	调质	280~350	650~900

表 23-52　风电齿轮常用材料渗氮工艺参数

序号	材料牌号	渗氮温度/℃	氮势（%）
1	42CrMo、40CrNiMo、30CrNiMo8、34CrNiMo6	510~540	强渗：1.2~2.5 扩散：0.8~1.0
2	31CrMoV9	510~540	强渗：1.2~2.0 扩散：0.8~1.0

表 23-53　风电齿轮常用渗氮工艺曲线

序号	渗氮工艺方法	工艺曲线
1	一段渗氮	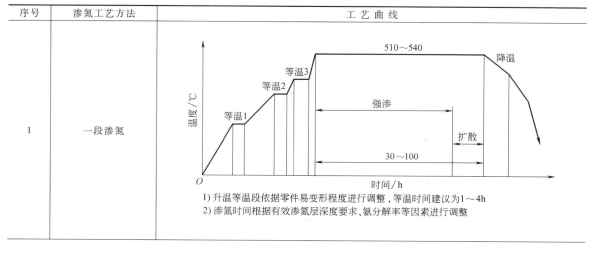 1）升温等温段依据零件易变形程度进行调整，等温时间建议为 1~4h 2）渗氮时间根据有效渗氮层深度要求、氨分解率等因素进行调整

（续）

序号	渗氮工艺方法	工 艺 曲 线
2	两段渗氮	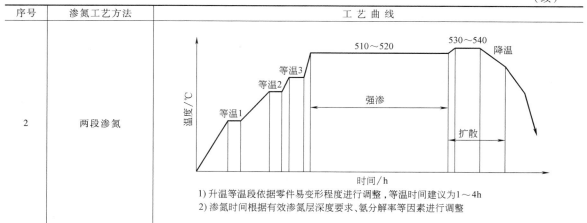 1）升温等温段依据零件易变形程度进行调整，等温时间建议为1～4h 2）渗氮时间根据有效渗氮层深度要求、氨分解率等因素进行调整

3. 风电齿轮渗氮处理常见缺陷及可能原因（见　表 23-54）

表 23-54　风电齿轮渗氮处理常见缺陷及可能原因

序号	渗氮常见缺陷	可能原因
1	渗层硬度低，渗层深度浅或渗层不均匀	1）化学成分不适合渗氮 2）预备热处理组织不当 3）心部硬度低 4）不当的加工造成的腐蚀(烧伤层、熔融层残留) 5）表面钝化，清洗不充分，表面污染 6）温度太低，减慢了扩散速度 7）温度太高，超过了预备热处理的温度，从而导致心部硬度降低 8）不足的氨流量导致的氮势太低和分解率太高 9）炉子的构件和装料筐在渗氮条件下长期暴露，可能造成更大的接触反应表面，在某时刻，最大的氨流量也不能支持需要的氮势 10）循环不充分可能导致装载各处温度和气体的不均匀分布 11）在工艺温度的时间不足
2	工件外观被污染	1）不正确或不适当的表面预处理，包括酸洗、清洗、除油和磷化 2）工件清洗不充分，特别是深孔和凹槽处 3）炉子的底座或其他部分泄漏 4）工件未干燥，残留水汽
3	尺寸变化大	1）渗氮前应力消除不充分 2）渗氮温度高于预备热处理温度 3）渗氮时工件支撑不当 4）涂层防渗不对称 5）工件设计不妥，如截面厚度变化太大 6）炉温不均匀 7）循环、油污等造成不均匀渗氮
4	出现裂纹和剥落	1）设计不良，特别是有尖角出现 2）白亮层过厚 3）热处理前表面脱碳 4）不正确的预备热处理 5）预氧化过度
5	白层超标	1）渗氮温度太高 2）第一阶段分解率低于规定最小值 3）第一阶段持续时间太长 4）第二阶段分解率太低

23.4.5 风电齿轮的感应淬火

1. 风电齿轮感应淬火的技术要求

（1）有效硬化层深度的指导原则 感应淬火齿轮有效硬化层深度的指导原则与渗碳淬火的相同，两者的差异在于工艺硬化系数的不同。对于逐齿感应淬火齿轮，$U_H = 30000$MPa，其他计算详见渗碳淬火层深度设计的相关内容。

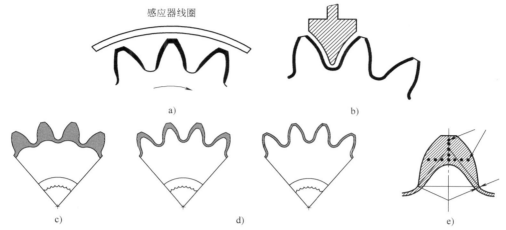

图 23-33 风电齿轮感应淬火常见硬化层分布形式
a）套圈式加热 b）沿齿槽淬火 c）整体全淬透 d）齿廓硬化，不均匀硬化层，均匀硬化层 e）齿顶、齿面全淬透

（2）有效硬化层分布 图 23-33a、b 所示为 ISO 6336-5 中给出的示例，风电齿轮常见的硬化层分布形式还有图 23-33c、d、e，可作为标准示例的延展和补充。其中，整体全淬透与其他三种硬化层的明显不同在于其心部区域也得到了硬化。图 23-33b 常用于风电主齿轮箱大模数内齿圈和偏航变桨输出齿轮的沿齿槽感应淬火，图 23-33c 常用于风电偏航变桨齿轮箱小模数内齿圈整圈一发式或扫描式感应淬火。

对于齿轮感应淬火，要获得较好的弯曲疲劳强度，齿根必须进行硬化，并且硬化层须沿齿廓和齿面呈连续性分布，还需考虑热影响区的影响，通过足够的硬化层深度来避免热影响区的不良影响。不同硬化层分布的齿轮弯曲疲劳强度见表 23-55。

表 23-55 不同硬化层分布的齿轮弯曲疲劳强度

国别	弯曲疲劳强度/MPa	
	沿齿廓分布	沿齿面分布
美国	380	150
德国	450	200

随着工业技术的发展，对齿轮的承载能力及质量等方面提出了更高的要求，而在现有的齿轮感应淬火技术中，存在齿轮两端面齿根未硬化问题，在服役过程中易产生弯曲疲劳裂纹。尤其对于重载齿轮，在出现偏载的情况下，两端未硬化的轮齿容易发生开裂失效。

然而，由于感应加热工艺的实际控制难点，目前国内外标准对全齿宽硬化要求不明确、比较宽松（见表 23-56 和图 23-34）。其中，ISO 6336-5 规定，硬化层要在整个齿宽范围内全覆盖，但对两端硬化层深度的具体要求无明确阐述。

表 23-56 沿齿宽有效硬化层分布对比

标准	有效硬化层沿齿宽方向评价范围
JB/T 9171	80%齿宽（两端10%不评价）
ISO 6336-5	硬化层深度需覆盖（两端未做具体要求）
AGMA 6033	75%齿宽（两端各1/8齿宽不评价）
DIN 3990	齿宽去除2倍模数范围（两端各1倍模数范围不评价）

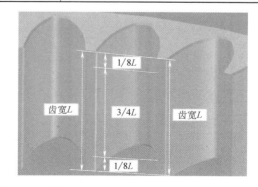

图 23-34 AGMA 6033 对有效硬化层沿齿宽方向分布的要求

（3）热影响区的控制　感应淬火齿轮通常采用调质作为其预备热处理，感应淬火温度场的特点是从表层到心部存在温度梯度的降低，造成过渡区存在一条高于调质回火温度而又低于相变点 Ac_1 的过渡回火带，如图 23-35 所示。在过渡回火带上存在硬度软点问题。由于感应淬火齿面在表层形成马氏体，表面通常会产生压应力，而过渡区产生拉应力，如图 23-36 所示。

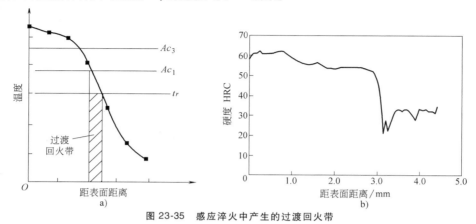

图 23-35　感应淬火中产生的过渡回火带
a）温度分布　b）实测硬度梯度

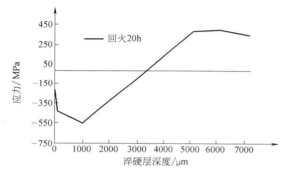

图 23-36　齿面残余应力分布

感应淬火硬化层的过渡区因为硬度陡降，过渡区存在拉应力、过渡回火带软点等问题，这就造成了过渡区存在危险截面。在重载齿轮中，硬化层过渡区依然承载着较大接触应力，如果超出其最大承载安全系数，齿轮将发生深层剥落甚至断齿。这就要求在设计感应淬火硬化层深度时充分考虑其工艺特点，增大过渡区的安全承载系数，在保证足够硬化层深度的同时考虑其经济性。

（4）风电齿轮感应淬火的技术要求（见表 23-57）

表 23-57　风电齿轮感应淬火的技术要求

序号	项　　目	MQ	ME	
1	表面硬度	所有感应淬火齿轮均应炉内回火[1]，硬度为 500~615HV（50~56HRC）		
2	硬化层深度[2]（按 ISO 3754）	硬化层深度指从表面到硬度值相当于表面硬度规定值的 80% 位置的垂直距离。每种产品的硬化层深度应根据经验确定。硬化层深度（SHD）的检测位置应在图样上注明		
3	表层金相组织	以细针状马氏体为主，统计法抽检	严格抽检，以细针状马氏体为主，非马氏体组织的体积分数 ≤10%，不允许存在游离铁素体	
4	无损检测：表面裂纹不允许（ASTM E1444）	首批检验（磁粉检测、荧光磁粉检测或着色渗透检测）	100% 检测（磁粉检测、荧光磁粉检测或着色渗透检测）	
	无损检测：按 ASTM E1444 对齿部进行磁粉检测[3]	不要求	模数/mm	最大磁痕/mm
			≤2.5	1.6
			>2.5~8	2.4
			>8	3.0
5	预备热处理	淬火+回火		
6	过热，尤其在齿顶	严格禁止（<1000℃）		

注：本表适用于套圈式感应淬火或火焰淬火，以及逐齿感应淬火，并且齿根硬化，硬化层形状如图 23-32 所示。
[1] 首选炉内回火。提示：不回火或感应回火存在一定风险，针对 ME 级必须炉内回火。
[2] 为了得到稳定的硬化效果，硬度分布、硬化层深度、设备参数及工艺方法应该建档，并定时检查。另外，用一个与工件形状及材料相同的代表性试样来修正工艺。设备及工艺参数应足以保证硬化效果的良好重现性，硬化层应布满全齿宽和齿廓，包括双侧齿面、双侧齿根和齿根拐角。
[3] 任何级别成品齿轮的轮齿部位都不能存在裂纹、破损、疤痕及皱皮。检测磁痕每 25mm 齿宽最多只能一个，每个齿面不能超过 5 个；工作面半齿高以下部位不允许存在磁痕；对于超标缺陷，在不影响齿轮完整性并征得用户同意的情况下可以去除。

2. 风电齿轮感应淬火工艺

（1）感应淬火加热温度　由于感应加热时间短，感应淬火加热温度均高于传统的加热炉加热温度，见表 23-58。奥氏体形成速度受碳扩散控制，可以通过提高温度来大幅度加速。图 23-37 所示为对于不同碳含量的碳素钢，加热速度和碳含量对奥氏体化的影响。图 23-38 所示为不同的加热速度对亚共析钢奥氏体化温度的影响。对于含有强碳化物形成元素（如钛、铬、钼、钒、铌、钨）的合金钢，推荐的奥氏体化温度比碳素钢至少还要提高 100℃ 或更高。这是合金钢临界温度大幅提升的结果，合金碳化物溶入奥氏体的速度比渗碳体要慢，特别是包含 NbC、TiC 和 VC 时。

表 23-58　碳素钢和合金钢感应加热奥氏体化的近似温度

碳的质量分数（%）	加热炉加热温度/℃	感应淬火加热温度/℃
0.30	845~870	900~925
0.35	830~855	900
0.40	830~855	870~900
0.45	800~845	870~900
0.50	800~845	870
0.60	800~845	845~870
>0.60	790~820	815~845

注：1. 推荐的奥氏体化温度取决于加热速度和预备热处理组织。
　　2. 含有碳化物形成元素（Ti、V、Nb、Mo、W、Cr）的合金钢奥氏体化温度应比表中列出的温度至少高 55~100℃。

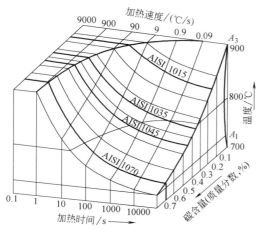

图 23-37　加热速度和碳含量对奥氏体化的影响
注：AISI1015、1035、1045、1070 为美国牌号，分别相当于我国的 15、35、45、70。

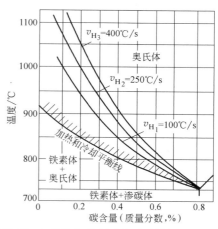

图 23-38　加热速度对亚共析钢奥氏体化温度的影响

（2）感应加热时间　确定感应淬火的加热时间有三种方法。

1）试错法。通过改变功率和加热时间，直到得到需要的硬度和硬化层深度。

2）经验法。图 23-39 所示为不同频率下的加热时间、功率密度和硬化层深度的关系。

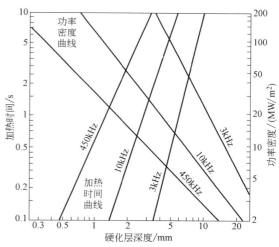

图 23-39　不同频率下的加热时间、功率密度和硬化层深度的关系

3）使用数字计算机建模。热处理工艺是能源密集型生产过程，数学模型是分析和优化这些高能耗工艺的有效工具。开发工业过程模型的总目标是开发出模拟工具，在输入一组参数（如材料、尺寸、工艺过程等）后，模拟预测实际生产的质量控制参数（如加热深度、显微组织、硬度和变形）。在没有大量生产试验的情况下，可采用该模拟工具，通过举一反三设计工艺过程，优化加工工序。

（3）感应淬火的频率　一般来说，理想的频率应是在高于居里温度时的电流穿透深度，为所需硬化层深度的 1.2～2.4 倍范围内。在这种情况下，工件的表面不会过热，硬化层深度下生成的额外热量足以弥补冷却（冷心）的吸热影响。

感应加热层的深度与交流电的频率、输入功率、时间、工件耦合情况和淬火延迟有关。频率越高，感应加热层越浅。因此，较深的硬化层深度，甚至淬透都要使用低频率。

就频率选择而言，随着零件尺寸和硬化层深度的增加，较低的频率更适合。然而，功率密度和加热时间对加热部分的深度也有很大的影响。

（4）淬火　确定淬火系统时要考虑的关键因素如下：

1）工件的大小和几何形状。

2）奥氏体化类型（表面硬化或透热硬化）和所需要的热量。

3）加热类型（一发式或扫描式）。

4）钢的淬透性和所需的淬火冷却介质。

（5）回火　所有感应淬火齿轮均应经过回火，首选的方式是加热炉回火，感应回火存在一定风险，应及时充分回火。回火温度一般为 150～230℃，以保证工件在因热应力和组织应力的作用下产生裂纹之前回火。

3. 风电齿轮感应淬火常见缺陷（见表 23-59）

表 23-59　风电齿轮感应淬火常见缺陷

序号	感应淬火常见缺陷	可能原因
1	脱碳	脱碳是在没有保护气氛的情况下工件被加热到足够高的温度后，碳从钢的表面损失。实际感应淬火过程只会造成极少量的脱碳层，在 960℃ 感应加热 5 s 后，大约有深度 0.02mm 的脱碳层
2	硬度偏高	1）较大的淬冷烈度 2）残余应力，由于马氏体比贝氏体或珠光体的密度小，在工件表面的硬化过程中产生了残余压应力 3）产生了更细的马氏体，残留奥氏体较少 4）碳偏析
3	变形	1）残余应力 2）与相变有关的体积变化 3）加热不均匀 4）不均匀淬火 5）工件不对称淬火
4	开裂	1）过度淬火，硬化层偏深 2）淬火不均匀 3）工件轮廓的急剧变化与过渡区域不足 4）表面粗糙（如机械加工痕迹） 5）表面脱碳，产生拉应力，进而降低强度，导致开裂 6）化学成分，特别是碳含量高

参 考 文 献

[1] MACKALDENER M, OLSSON M. Design Against Tooth Interior Fatigue Fracture [J]. GEAR TECHNOLOGY, 2000 (11): 18-24.

[2] 刘怀举，刘鹤立，朱才朝，等. 轮齿齿面断裂失效研究综述 [J]. 北京工业大学学报，2017，44：961-968.

[3] MACKALDENER M, OLSSON M. Tooth Interior Fatigue Fracture：computational and material aspects [J]. International Journal of Fatigue, 2001 (23): 329-340.

[4] CHEISTIAN BRECHER, CHRISTOPH LÖPENHAUS, FABIAN GOERGEN. Simulative and Experimental Determination of the Tooth Flank Fracture Load Capacity of Large Modulus Gears [J]. GEAR TECHNOLOGY, 2021 (7): 60-71.

[5] BOEADIIEV I, WITZIG J, TOBIE T, et al. Tooth Flank Fracture-Basic Principles and Calculation Model for a Sub-Surface-Initiated Fatigue Failure Mode of Case-Hardened Gears [J]. GEAR TECHNOLOGY, 2015 (8): 58-64.

[6] ISO/TC 60/SC2. Calculation of load capacity of spur and helical gears　Part 4：calculation of tooth flank fracture load capacity：ISO/TS 6336-4：2019 [S]. Geneva：ISO copyright office, 2019.

[7] 曹燕光. 渗碳齿轮钢淬透性及其热处理变形和疲劳性能研究 [D]. 北京：钢铁研究总院，2017.

[8] 汪正兵，朱百智，陈贺. 风电齿轮热处理技术现状和趋势 [J]. 金属热处理，2020，45（1）：34-41.

[9]　American Gear Manufacturers Association. Metallurgical Specifications for Steel Gearing：AGMA 923-C22—2022 [S]. Virginia：American Gear Manufacturers Association，2022.

[10]　JON L. DOSSETT, GEORGE E. TOTTEN. ASM Handbook Volume 4D：Heat Treating of Irons and Steels [M]. State of Ohio：ASM International，2014.

[11]　ISO/TC 60/SC2. Calculation of load capacity of spur and helical gears Part 5：Strength and quality of materials：ISO 6336-5：2016 [S]. Geneva：ISO copyright office，2016.

[12]　朱百智，汪正兵，钮堂松，等. 深层渗碳工艺—缓冲渗碳 [J]. 金属加工（热加工），2012，7：7-8.

[13]　陈国民. 对齿轮热处理畸变控制技术的评述 [J]. 金属热处理，2012，37（2）：1-13.

[14]　谢俊峰，何声馨，李纪强，等. 喷丸强化对 18CrNiMo7-6 渗碳齿轮表面性能的影响 [J]. 热加工工艺，2017，18：179-181.

[15]　GÜNTNER C, TOBIE T, STAHL K . Influences of the Residual Stress Condition on the Load-Carrying Capacity of Case-Hardened Gears [J]. GEAR TECHNOLOGY，2018（8）：60-69.

[16]　ISO/TC 60/SC2. Calculation of load capacity of spur and helical gears Part 3：Calculation of tooth bending strength：ISO 6336-3：2019 [S]. Geneva：ISO copyright office，2019.

[17]　汪正兵，易亮，朱百智，等. 感应淬火全齿宽硬化工艺研究及改善 [J]. 金属加工（热加工），2019（1）：57-59.

[18]　American National Standard Association. Gear Materials Heat Treatment and Processing Manual：AGMA 2004-C08—2008 [S]. Virginia：American Gear Manufacturers Association，2008.

[19]　DOSSETT J L, TOTTEN G E. ASM Handbook：Volume 4A Steel Heat Treating Fundamentals and Processes [M]. State of Ohio：ASM International，2013.

[20]　徐广晨. 基于 Deform-HT 软件的齿轮热处理工艺数值模拟 [J]. 热处理技术与装备，2015，36（4）：43-46.

第 24 章　零件热处理典型缺陷和失效分析

中国航发北京航空材料研究院　王广生

广东世创金属科技股份有限公司　董小虹　常玉敏

24.1　概论

　　热处理是通过改变材料组织结构使机械零件或产品获得所需性能，并保证使用安全可靠的工艺过程，是机械制造工程的重要组成部分。热处理的特点之一是热处理质量一般需通过使用专门仪器对零件或随炉试样进行检测，由于受到检测抽检率和检测部位的限制，对于每一炉批热处理零件，甚至对每一个零件来说，检测都只是个别的、局部的，达不到对热处理质量100%的检测，因此检测不能完全反映整批零件或整个零件的热处理质量。热处理的第二个特点是对质量影响大，热处理生产成炉批量投入，连续生产，一旦出现热处理质量问题，对生产和产品的影响面很大；热处理对象大部分是经过加工的半成品件或成品件，如果出现热处理质量问题，其损失就很大；更重要的是热处理缺陷如果漏检，很容易发生严重的机械事故，造成的损失更大。因此，从质量控制观点来看，热处理属于特种工艺，需要采取特殊措施，实施全面质量控制。热处理质量包括热处理工序质量和产品生产中与热处理有关的质量，以及产品使用中与热处理有关的质量，前一部分质量问题称之为热处理缺陷，后一部分质量问题称之为热处理件失效。

24.1.1　热处理缺陷

　　热处理是通过加热和冷却，使零件获得适应工作条件需要的使用性能，达到充分发挥材料潜力、提高产品质量、延长使用寿命的目的。如果出现热处理缺陷，热处理就无法达到预期的目的，使零件成为不合格品或废品，造成经济损失；如果热处理缺陷不能及时发现，带有缺陷的零件或产品投入使用，可能会引起重大事故，工程上这类事件时有发生。由于热处理是通过改变材料内部微观组织结构，达到零件宏观性能要求的特种工艺，所以热处理缺陷除一部分是宏观的，大部分是微观的，必须使用仪器检查，这给热处理缺陷检查和发现带来困难；另一方面，热处理属于批量连续生产，一旦发生热处理缺陷，一般情况下涉及的范围都比较大。因此，热处理缺陷是危害性大的缺陷，应大力防止产生这类缺陷。

　　热处理缺陷包括热处理生产过程中产生的使零件失去使用价值或不符合技术条件要求的各种不足，以及会使热处理后道工序工艺性能变坏或降低使用性能的热处理隐患。热处理缺陷一般按缺陷性质分类，主要包括热处理裂纹、变形、残余应力、组织不合格、性能不合格、脆性及其他缺陷七大类，见表24-1。

表 24-1　热处理缺陷分类

缺陷类别	热处理缺陷名称
裂纹	淬火裂纹、放置裂纹、延迟裂纹、回火裂纹、时效裂纹、冷处理裂纹、感应淬火裂纹、火焰淬火裂纹、剥落、分层、鼓包、磨削裂纹、电镀裂纹
变形	尺寸变形：胀大、缩小、伸长、缩短 形状变形：弯曲、扭曲、翘曲 微小变形
残余应力	组织应力、热应力、综合应力
组织不合格	氧化、脱碳、过热、过烧、粗晶、魏氏组织、碳化物石墨化、网状碳化物、共晶组织、萘状断口、石状断口、鳞状断口、球化组织不良、反常组织、内氧化、黑色组织、渗碳层碳化物过多及大块状或网状分布、残留奥氏体过多、马氏体粗大、渗氮前组织铁素体过多、渗氮白层、渗氮化合物层疏松、针状组织、网状和脉状氮化物、渗硼层非正常组织、渗硼层孔洞、螺旋状回火带
性能不合格	硬度不合格、软点、硬化不均匀、软化不均匀、拉伸性能不合格、疲劳性能不好、耐蚀性不良、持久蠕变性能不合格、渗碳表面硬度不足和心部硬度不合格、渗氮表面硬度不足和心部硬度不合格、感应淬火硬度不足和不均匀、火焰加热淬火硬度不足和不均匀
脆性	退火脆性、回火脆性、氢脆、σ脆性、300℃脆性、渗碳层剥落、渗氮层脆性、渗氮层剥落、渗硼层脆性、低温脆性、电镀脆性
其他缺陷	化学热处理和表面热处理的硬化层深度不合格，真空热处理和保护热处理的表面不光亮与氧化色、表面增碳或增氮、表面合金元素贫化和粘连，铝合金热处理的高温氧化、起泡、包铝板铜扩散、腐蚀或耐蚀性降低、镁合金热处理的熔孔、表面氧化、晶粒畸形长大、化学氧化着色不良、钛合金热处理的渗氢、表面氧化色、铜合金热处理的黑斑点、黄铜脱锌、纯铜氢脆、铍青铜淬火失色、粘连、高温合金热处理的晶间氧化、表面成分变化、腐蚀点和腐蚀坑、粗大晶粒或混合晶粒

热处理缺陷中最危险的是裂纹，一般称之为第一类热处理缺陷。热处理裂纹主要是在淬火过程中产生的淬火裂纹，其次是由于加热不当产生的各种加热裂纹，还有淬火后各工序不当产生的延迟裂纹、冷处理裂纹、回火裂纹、时效裂纹、磨削裂纹和电镀裂纹等。热处理裂纹属于不可挽救的缺陷，一般只能将裂纹零件作报废处理。如果由于漏检，将有裂纹的零件带到使用中去，裂纹很容易扩展引起突然断裂，造成重大事故，所以热处理生产中要特别注意设法避免产生裂纹，并严格检查，防止漏检。

热处理变形是最常见的热处理缺陷，淬火变形占淬火缺陷的 40% ~ 50%，一般称之为第二类热处理缺陷。热处理变形包括尺寸变形和形状变形。由于热处理过程中存在相变和热应力，热处理变形总是存在的，一定量微小变形是允许的，但总变形超过限度就成为热处理缺陷。虽然热处理变形一般可用矫正法修复，但耗时费工，经济损失严重，所以在热处理生产中，要认真研究变形规律，尽量设法减少或避免变形。

残余应力、组织不合格、性能不合格、脆性及其他缺陷，从发生频率及严重性来讲，相对裂纹和变形属于第三位，一般统称为第三类热处理缺陷。这类缺陷的特点是一般需用专门仪器和方法来检测，漏检可能性较大，对使用带来较大的潜在危害，所以在热处理生产中，要特别重视全面质量控制，加强检验，减少这类缺陷，严防漏检。

热处理缺陷产生的原因是多方面的，概括起来可分为热处理前、热处理中、热处理后三方面的原因。

热处理前，可能因为设计不良、原材料或毛坯缺陷等原因，热处理时产生或扩展成热处理缺陷。零件设计中可能因选材不当、热处理技术要求不妥、截面急剧变化、锐角过渡、打标记处应力集中等不合理设计，导致热处理缺陷。原材料各种缺陷及热处理前各种加工工序缺陷，在热处理时也可导致热处理缺陷。可能导致热处理缺陷的原材料缺陷有化学成分波动和不均匀、杂质元素偏多、严重偏析、非金属夹杂物、疏松、带状组织、折叠、发纹、白点、微裂纹、氧化脱碳、划痕等；可能导致热处理缺陷的铸造、锻造、焊接、机械加工的缺陷，主要有裂纹、组织不良、外观缺陷等。

热处理后，因后续加工工序不妥或使用不当，还可能产生与热处理有联系的缺陷。后续加工工序不当可能产生的与热处理有关的缺陷有磨削裂纹、磨削烧伤、磨削淬火、电火花加工裂纹、电镀或酸洗脆性等；使用不当可能产生与热处理有关的缺陷有应力集中过大产生裂纹、使用温度过高产生热裂或变形、修补裂纹等。

热处理中产生缺陷的原因可能有工艺不当、操作不当、设备和环境条件不合适等。各种热处理工艺，由于加热、冷却条件不同，产生的缺陷也不完全相同。热处理工艺常见缺陷见表 24-2。

表 24-2 热处理工艺常见缺陷

热处理类型	热处理工艺	常见缺陷
整体热处理	退火与正火	软化不充分、退火脆性、渗碳体石墨化、氧化、脱碳、过热、过烧、魏氏组织、网状碳化物、球化组织不良、萘状断口、石状断口、反常组织
	淬火	淬火裂纹、淬火变形、硬化不充分、软点、氧化、脱碳、过热、过烧、鳞状断口、表面腐蚀、放置裂纹、放置变形
	回火	回火裂纹、回火脆性、回火变形、性能不合格、表面腐蚀、残余应力过大
	冷处理	冷处理裂纹、冷处理变形、冷处理不充分
化学热处理	渗碳与碳氮共渗	渗碳过度、反常组织、渗碳不均匀、内氧化、剥落、表面硬度不足、表面碳化物不合格、心部组织不合格、渗碳层深度不足、心部硬度不合格、表面硬度不足、表面脱碳
	渗氮与氮碳共渗	白层、剥落、渗层硬度低及软点、渗层深度不足、渗层网状或脉状组织、变形、心部硬度低、渗层脆性、耐蚀性差、表面氧化
	渗金属	渗层过厚或不足、漏渗、渗层损伤、氧化、腐蚀、渗层分层、鼓包
表面热处理	感应淬火	变形、裂纹、表面硬度过高、过低、不均、硬化层不足、烧伤、晶粒粗化（过热）、螺旋状回火带
	火焰淬火	变形、裂纹、过热、过烧、表面硬度不合格、硬化层深度不足
特种热处理	真空热处理	表面合金元素贫化、表面增碳或增氮、表面不光亮、淬火硬度不足、表面晶粒长大、粘连
	保护热处理	表面增碳或增氮、表面不光亮、氢脆、表面腐蚀、氧化、脱碳

（续）

热处理类型	热处理工艺	常 见 缺 陷
非铁金属合金热处理	铝合金热处理	高温氧化、起泡、包铝板铜扩散、腐蚀或耐蚀性降低、力学性能不合格、过烧、翘曲、裂纹、粗大晶粒
	镁合金热处理	熔孔、表面氧化、晶粒畸形长大、化学氧化着色不良、变形、力学性能不合格
	钛合金热处理	渗氢、表面氧化色、过热、过烧、力学性能不合格
	铜合金热处理	黑斑点、黄铜脱锌、纯铜氢脆、铍青铜淬火失色、粘连、淬火硬度不足、硬度不均匀、过热、过烧
	高温合金热处理	晶间氧化、表面成分变化、腐蚀点和腐蚀坑、粗大晶粒或混合晶粒、氧化剥落、翘曲、裂纹、过热、过烧、硬度不合格、力学性能不合格

24.1.2　热处理件失效

机械产品或零件失去应有功能时称之为失效。由于热处理的目的是使机械产品或零件获得所需的性能和质量，所以在机械产品或零件失效分析中热处理工艺倍受关注。因热处理质量问题导致机械产品或零件失效称为热处理件失效，包括热处理缺陷未被发现而投入使用导致机械产品或零件失效和使用中与热处理有关的机械产品或零件失效。

机械产品或零件失效类型一般分为断裂失效、变形失效、腐蚀失效、磨损失效，失效类型细分见表24-3。热处理件失效类型主要有变形失效、韧性断裂、解理和准解理断裂、沿晶断裂、疲劳断裂、应力腐蚀断裂、腐蚀失效、磨损失效等。

热处理工件在热处理中发生的缺陷若未被及时发现而投入使用，必然导致直接失效或间接引发失效。热处理常见缺陷、成因及对其失效的影响见表24-4。

表 24-3　失效类型细分

失效类型	失效类型细分
断裂失效	韧性断裂
	脆性断裂：解理和准解理断裂、沿晶断裂
	疲劳断裂
	应力腐蚀断裂
变形失效	常温变形：弹性变形、塑性变形
	高温变形：蠕变
腐蚀失效	化学腐蚀
	电化学腐蚀
磨损失效	磨粒磨损、黏着磨损、疲劳磨损、腐蚀磨损、微动磨损、变形磨损

表 24-4　热处理常见缺陷、成因及其对失效的影响

缺陷	成　因	对零部件失效行为影响
表面氧化、脱碳	金属在高温过程中与氧化性气氛（氧、水蒸气、二氧化碳等）作用，使表层金属氧化、表层基体中碳元素损失（脱碳或半脱碳）	1）表面硬度不足，发生早期磨损 2）易引发淬火开裂 3）易诱发表面开裂并成为疲劳开裂源区
过热	热处理中加热温度过高或保温时间过长，导致奥氏体异常长大的现象，形成粗大魏氏组织、粗大马氏体等	使材质脆化，力学性能下降，会导致淬火开裂或运行中早期断裂
过烧	热处理过程中温度过高，使晶界上出现局部氧化或熔融现象。常发生在高速钢和铝合金的热处理过程	1）极易造成淬火开裂 2）材质极度脆化而报废
碳化物或铁素体沿晶呈网状分布	过共析钢（包括渗碳层）中的碳化物或亚共析钢中的铁素体由于热处理中温度过高、冷却过慢造成沿粗大晶界析出，形成网状组织	1）材质力学性能恶化，容易引发沿网发展的脆性开裂 2）对渗碳齿轮，碳化物网状分布极易引发齿面早期剥落失效
粗大马氏体和过量残留奥氏体	渗碳过程或高碳（合金）工具钢淬火时，加热温度过高，保温时间过长，奥氏体中碳及合金元素浓度增加，Ms 点下移，淬火后马氏体粗大及残留奥氏体过量	1）使工件脆性增大，硬度下降 2）在表层磨削中容易诱发磨削裂纹
回火脆性	钢铁材料通常在 $250 \sim 370℃$ 范围（第一类）或在 $450 \sim 570℃$（第二类）范围内回火后，出现韧性或断裂韧度降低现象	1）造成工件脆化 2）极易造成脆性断裂
石墨化	弹簧钢或碳素工具钢在退火处理时，温度过高、保温时间过长、冷却缓慢（或多次重复退火），使钢中渗碳体发生石墨化过程，在石墨周围形成大块铁素体	1）造成工件硬度不足，脆性增加 2）造成工件，尤其是弹簧使用中发生脆断
内氧化	合金热处理中，在表层沿晶界形成氧化物相现象，其深度可达十几微米。内氧化的形成主要与加热气氛组成有关，也与合金组成相关。钢铁材料的气体渗碳和碳氮共渗层中常可见内氧化缺陷	表层晶界氧化，造成表层晶界弱化，成为工件表面开裂、剥落、疲劳开裂的源区

（续）

缺陷	成　因	对零部件失效行为影响
淬火裂纹	在热处理过程中,当组织应力与热应力叠加超过材料断裂强度时,即会发生开裂 表面脱碳常会造成表面龟裂。缺陷处、凹槽、尖角、缺口处常因应力集中而引发开裂 局部表面淬火,组织严重偏析处,冷却控制不当也容易发生开裂	1)造成工件直接报废 2)成为工件服役中脆断的诱发隐患
淬火软点(带)	局部脱碳(残留)或局部冷却不足(冷却介质不均匀等)造成工件淬火后表面出现硬度相对过低的小区域	1)造成工件早期磨损 2)软点(带)处有可能成为疲劳开裂源区

　　热处理工件使用中产生的失效原因多种多样,可能与零件设计、生产、使用各个环节有关,包括零件设计中没能充分考虑热处理工艺性,零件工艺路线和流程安排不合理,热处理工艺不当或试验验证不充分,使用环境或受力条件影响等,所以热处理工件失效分析要从多方面综合分析。热处理工艺参数对失效类型的影响见表 24-5。

表 24-5　热处理工艺参数对失效类型的影响

热处理工艺参数	工艺参数变化	产生缺陷	失效类型
温度	淬火温度过高	过热过烧、组织不良	沿晶断裂、疲劳断裂
	淬火保温不足	组织不良	解理断裂
	回火温度过高	心部或表层硬度低、组织不良	变形、磨损、解理断裂
	回火温度过低	组织不良、回火稳定性差	沿晶断裂、磨损
	回火不充分	残余拉应力大、残留奥氏体多、组织不良	变形、韧性断裂、解理断裂、磨损
	250~370℃回火	回火脆性	沿晶断裂
	350~470℃回火冷却慢	回火脆性	沿晶断裂
	酸洗钝化不除氢或除氢时间短	氢脆	沿晶断裂
	铝合金固溶温度偏高	晶粒粗大、沿晶析出	腐蚀
	铝合金时效温度偏低	析出物少且不均匀	疲劳断裂
	铝合金退火不充分	组织不良	应力腐蚀
	沉淀硬化不锈钢固溶温度高	铁素体沿晶析出	沿晶断裂
	不锈钢焊后热处理温度低	残余应力大	沿晶断裂
冷却	结构钢淬火冷却慢	残留奥氏体多、组织不良	韧性断裂、解理断裂、疲劳断裂
	球化退火冷却速度快	组织不良	解理断裂
	预备热处理正火冷却慢	铁素体多	疲劳断裂
	不锈钢淬火冷却慢	碳化物析出,产生腐蚀坑	疲劳断裂
气氛	淬火加热氧化性气氛	氧化脱碳	磨损
	防护不到位	脱碳、增碳	沿晶断裂、疲劳断裂、应力腐蚀
	碳氮共渗冷却时氧化性气氛	黑色组织	疲劳断裂
	碳氮共渗碳势、氮势高	网状组织	沿晶断裂
	渗碳时间短	渗碳层浅	变形(齿面塌陷)
	渗碳时漏渗	硬度高	疲劳断裂、沿晶断裂
	渗碳工艺不当	渗层软层、碳势过渡陡	磨损
	盐浴炉脱氧不够	腐蚀	腐蚀
工艺路线	二次重复淬火前没有退火	晶粒粗大	解理断裂

24.1.3　热处理全面质量控制

　　热处理全面质量控制就是对零件在整个热处理过程中的一切影响因素实施全面控制,包括热处理中的每一个环节。实施热处理全面质量控制就是改变过去传统的单纯靠最终检验被动把关来保证质量的观念和制度,实行以预防为主,预防与检验相结合的主动质量控制保证模式,是把重点转移到质量形成过程的控制上来,把热处理缺陷消灭在质量形成过程中。热处理全面质量控制是一项系统工程,是把专业技术、管理技术和科学方法集中统一在一个整体之中。

　　热处理全面质量控制还需全体热处理人员都参与到热处理质量工作中，对热处理过程中的每一个环节都实行质量控制，包括基础条件质量控制、热处理前

质量控制、热处理中质量控制、热处理后质量控制，如图 24-1 所示。其中，主要是人员素质控制、设备与仪表控制、工艺材料及槽液控制、工艺控制、技术文件资料控制等。

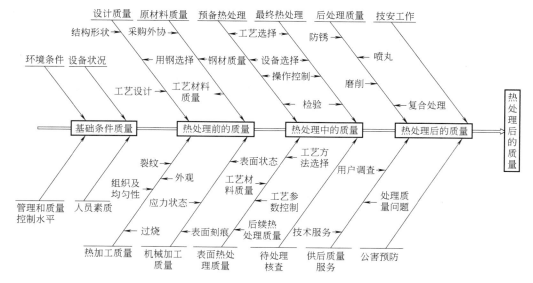

图 24-1　热处理全面质量控制内容

24.2　热处理缺陷分析

24.2.1　热处理裂纹

　　在热处理，如淬火、回火、退火、正火、冷处理、时效等过程中，某些因素，如设计、工艺、设备、操作等不当，均可能产生裂纹，潜在的热处理隐患可能在后续工序（如磨削、电镀等）中产生裂纹。其中，淬火裂纹是最常见的热处理裂纹，是数量多、影响大的热处理缺陷。

　　案例 1：阀体淬火裂纹。产生原因：预备热处理不良。

　　T7A、T8A 高碳钢是制作单向阀、锥阀、顶针等的主要材料，GCr15 轴承钢是制作启动阀的材料。过去对高碳钢及轴承钢（GCr15）预备热处理一直采用等温球化工艺，球化组织为细片状珠光体+少量铁素体、点状珠光体+细粒状珠光体。高碳钢零件的最终热处理工艺：淬火温度为 770~780℃，保温 3~8min，淬入 $w(NaOH)$ 为 50% 的碱浴；200℃×(1.0~1.5)h 回火。GCr15 钢卸载阀的热处理工艺：淬火温度为 (840±10)℃，保温 6~8min，淬油；(220±10)℃×(1~1.5)h 回火。多年的生产实践表明，高碳钢及轴承钢零件进行正常的最终热处理（淬火+低温回火）后，因淬火开裂而产生的废品率为 20%~30%，

有时甚至达到 50%。

　　根据多年来的废品情况分析，确认预备热处理球化质量不理想是高碳钢及 GCr15 钢零件淬火易裂的根本原因。经多次试验最后确定，循环球化退火工艺可获得好的球化质量。高碳钢采用 (740±10)℃×1h 和 (710±10)℃×1h 循环处理三次，再炉冷至 550℃后空冷的循环球化退火工艺，球化组织为球状珠光体，球化级别达到 GB/T 1299—2014 中的 2~3 级；轴承钢采用 (770±10)℃×1h 和 (720±10)℃×1h 循环处理三次，再炉冷至 550℃后空冷的循环球化退火工艺，球化组织为球状珠光体+极少量片状珠光体，球化级别达到 JB/T 1255—2014《滚动轴承　高碳铬轴承钢零件　热处理技术条件》中的 2~3 级，最终热处理淬火裂纹消除。

　　综上所述，高碳钢和 GCr15 轴承钢制零件淬火易裂的主要原因是预备热处理等温退火球化质量不好。采用循环球化退火工艺改善了球化质量，使淬火裂纹问题得到解决。

　　案例 2：石油钻杆接头淬火裂纹。产生原因：水基淬火冷却介质的成分和温度选择控制不当。

　　某批石油钻杆接头毛坯在热处理过程中，有 43 根钻杆接头的中部表面出现裂纹。产品所用坯料为 40CrMnMo 合金结构钢，直径为 140mm 的钻杆接头加工工艺流程为钢材进厂验收→切断→加热→锻压

（压形、冲孔）→机械加工→超声检测→调质处理→超声检测→性能分析。钻杆接头表面裂纹是在调质处理后外观检验时发现的。

宏观检查表明，钻杆接头表面裂纹较平直，裂纹呈网状分布；金相检验表明，裂纹两侧没有明显脱碳且裂纹由钻杆接头外表面向内部扩展；断口分析表明，裂纹沿晶界脆断。上述特征说明，这种裂纹为淬火裂纹。裂纹断口发生了氧化，则是因为工件淬火出现裂纹后，又经（590~600）℃×2h 回火，裂纹表面氧化形成 FeO，工件回火后的冷却过程中又发生了 FeO 向 Fe_3O_4 的转变。

钻杆接头在淬火过程中，因为钻杆心部与表面的组织转变不是同时进行，使工件表面在轴向和径向均受到向外胀大的拉应力作用，心部受到压应力作用。当表层拉应力达到或超过工件材料的脆断强度时，工件开裂。对于钻杆接头，因淬火工件表面受到的拉应力既有引起产品轴向开裂的切应力分量，又有引起产品横向开裂的轴向应力分量，而这两种分量同时作用，将会产生呈网状分布的裂纹。当材料成分一定时，影响淬火开裂的主要因素是工件冷却速度和淬火、回火之间的停留时间。对于前者，除了与工件淬火温度高低（温度高，工件开裂倾向大）有关，还与淬火冷却介质（成分、温度）有直接关系。对于后者，及时回火有利于防止工件淬火裂纹的产生。石油钻杆接头调质处理中的淬火采用水基淬火冷却介质，影响工件开裂的主要因素在于淬火冷却介质的冷却强度的选择和控制，即淬火冷却介质的成分和温度选择和控制，裂纹的产生是由于水基淬火冷却介质（成分、温度）选择控制不当，因此在石油钻杆接头的热处理过程中，要严格控制淬火冷却介质的浓度及温度，从而控制淬火冷却介质的冷却强度，防止产生淬火裂纹。

案例 3：车床主轴卡盘卡爪淬火开裂。产生原因：淬火温度偏高，淬火操作不当。

卡爪是车床主轴卡盘上的零件，常用 45 钢制作。一般须经过锻造→正火→机械加工→整体淬火、回火→高频感应淬火→回火→精加工。在整体淬火后，发现部分卡爪齿部有纵向裂纹，卡爪齿面部发生沿齿面边缘的轴向开裂，最深处约 12mm，开裂的材料已部分脱落。

该批卡爪的碳含量偏高，其碳的质量分数为 0.52%~0.54%，高于正常 45 钢（质量分数为 0.43%~0.48%），淬火温度仍按 45 钢的淬火温度 820~840℃，温度偏高，容易发生淬火开裂。

卡爪表面硬度要求为 53~58HRC。硬度检验结果：齿面为 51.5HRC、52.5HRC 和 52.0HRC，齿面下 12mm 处为 35.0HRC、33.0HRC 和 36.0HRC，侧面为 51.0HRC、47.5HRC 和 49.0HRC。从硬度检验结果可以看出，卡爪硬度偏低且分布不均匀，尤其在齿面下 12mm 处硬度明显偏低。其原因可能是工件在淬火冷却的蒸汽膜阶段（500~600℃），未及时晃动，蒸气膜阶段过长，冷速不够，冷却不均匀，使卡爪淬硬层过浅且有软点，容易发生淬火开裂。

案例 4：高碳马氏体钢球淬火开裂。产生原因：锻造加热过热，锻后余热淬火控制不好。

直径为 120mm 钢球采用 90mm×90mm×120mm 的 T7、T8 钢热轧方坯锻制而成，用于球磨机，要求表面硬度大于 60HRC，而且钢球整体还应具有一定的韧性。钢球初锻温度为 1050℃，终锻温度为 850℃。终锻后利用锻造余热进行单介质淬火，淬火冷却介质为水，温度为 40~60℃。淬火后钢球开裂严重，开裂比例超过 50%。

开裂钢球的断裂面位于钢球中心面。在钢球中心线，裂纹线条平直，朝上下两个方向裂纹线呈弧状。断面中间为木纹状断口，而在距表面约 20mm 的区域，断口平齐，有金属光泽，表现出晶粒粗大的脆性断口形貌。断口分析表明，裂纹起源于钢球中间。微观形貌为解理和沿晶断裂，而且晶粒非常粗大。金相分析表明，表层组织为片状高碳马氏体，组织粗大，并有明显的层状特征，心部组织为层状组织，组织组成为片状马氏体+索氏体，这表明淬火钢球没有淬透。在锻造加热过程中，可能存在由于加热温度或加热时间控制不当，造成过热现象，导致晶粒粗大，使材料塑性、韧性下降。采用锻后余热淬火工艺，由于未经球化退火，晶粒粗大且有带状组织，淬火马氏体中的碳含量将很高。淬火时会形成热应力和组织应力，而且组织应力常常占主导。由于没有淬透，其组织应力分布为淬硬区呈压应力，内部呈拉应力。此外，锻后淬火时的入水温度控制也不够严格，容易偏高。入水温度越高，则淬火时的温度不均匀性越高，淬火应力将越大。采用冷却能力很强的水介质淬火，对于直径达 120mm 的钢球，其温度分布将极不均匀，会形成很高的组织应力。

综上所述，因锻造加热过热，锻后余热淬火控制不良，内部拉应力过大，导致心部脆性断裂。

案例 5：地铁车辆轴承座开裂。产生原因：淬火零件尺寸在临界淬火尺寸范围，台阶过渡处未倒圆角，存在应力集中，导致淬火裂纹。

在地铁车辆轴承座的生产中，一批 700 件轴承座精车后发现约有 450 件产品出现开裂现象，开裂部位基本相同，即位于轴承座内孔台阶处。轴承座原材料为 φ160mm×7000mm 的 45 钢棒料，制造工艺为：原材料→模锻冲孔→正火处理→粗车→调质处理→精车。

轴承座的断口和裂纹分析显示，裂纹尾端尖锐，呈沿晶扩展，裂纹腔内存在氧化填充物，两侧组织为回火索氏体，晶粒度级别为 8 级，裂纹具有应力性裂纹的特征；结合整体制造工艺，可判断裂纹形成于淬火冷却过程，属淬火裂纹。从裂纹的宏观形貌来看，几乎所有的裂纹都产生于内孔台阶过渡处，为尺寸突变部位，并且该处为直角过渡，未倒圆角，使得该部位应力集中加剧，也就是说裂纹产生于应力集中处。从开裂部位的原始尺寸来看，轴承座开裂处的尺寸处于 6~12mm 的范围内，显然轴承座开裂部位的尺寸刚好落在 45 钢淬火临界尺寸范围（4~15mm），临界淬火尺寸的零件在淬火过程中易于形成淬火裂纹，因而轴承座的台阶厚度尺寸处于临界淬火尺寸范围内，是导致裂纹产生的主要原因。

24.2.2　热处理变形

工件的热处理变形主要是由于热处理应力造成的。工件的结构、形状、尺寸、原材料质量、热处理前的加工状态、工件自重，以及热处理装夹等因素影响热处理变形。热处理生产中应努力减少和控制变形。

案例 1： 曲线齿锥齿轮热处理变形控制。采用碳氮共渗直接淬火与加补偿片挂放装炉相结合方法，能有效地控制曲线齿锥齿轮的变形。

曲线齿锥齿轮是汽车驱动桥中的重要零件，对热处理后性能、变形情况都有较高的要求，因其几何形状较为复杂，在渗碳淬火时不可避免会产生变形。影响其变形的因素很多，也十分复杂，控制变形成为热处理生产的关键。为解决曲线齿锥齿轮变形问题，采用了碳氮共渗直接淬火工艺与加补偿片挂放装炉相结合的方法，取得了比较满意的效果。曲线齿锥齿轮的制造工艺流程为下料→锻造→一次正火→粗车→二次正火→精车→铣齿→碳氮共渗淬火→清洗→回火→抛丸→磨内孔→配对研磨→入库。

BJ130-2402 070 汽车后桥被动齿轮材料为 20CrMnTi 钢，技术要求为：渗层深度 1.2~1.6mm，表面硬度 58~62HRC，心部硬度 33~48HRC，内孔圆度公差 0.075mm，外缘平面度公差 0.10mm，内缘平面度公差 0.20mm。曲线齿锥齿轮形状复杂，如装炉不当，在碳氮共渗过程中由于高温时强度低，极易产生变形，故在碳氮共渗时要使之处于自然状态，不能互相挤压；考虑齿轮淬火入油方向对变形的影响，应采用垂直挂放装炉，以保证曲线齿锥齿轮内孔圆度。表 24-6 列出了曲线齿锥齿轮采用不同装炉方法（见图 24-2）经碳氮共渗后的变形情况。

表 24-6　曲线齿锥齿轮采用不同装炉方法经碳氮共渗后的变形情况

装炉方式	件数	内孔圆度误差/mm		内孔变形量误差/mm		内圆平面度误差/mm		外圆平面度误差/mm	
		平均值	合格率（%）	平均值	合格率（%）	平均值	合格率（%）	平均值	合格率（%）
不加补偿片挂放	20	0.045	100	-0.08	100	0.27	15	0.040	95
内加补偿片挂放	20	0.043	100	-0.07	100	0.35	5	0.180	75
外加补偿片挂放	20	0.047	100	-0.07	100	0.18	93	0.091	90
加垫片平放	20	0.17	21	-0.1~0.1	15	0.27	30	0.16	50

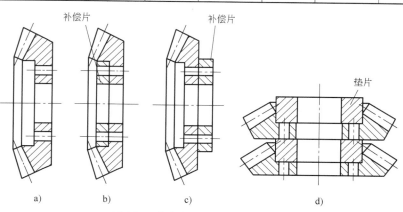

图 24-2　曲线齿锥齿轮加补偿片方法

a）不加补偿片　b）内加补偿片　c）外加补偿片　d）加垫片平放

以上结果表明，采用外加补偿片方法的综合变形最小，合格率最高。应用此法已加工曲线齿锥齿轮 8 个品种近 10 万套，无论是内在质量还是变形的控制都得到满意的结果。渗层组织、表面硬度、心部硬度等项目可通过调整碳氮共渗工艺参数加以控制，其一次合格率达 98% 以上。齿轮变形，内孔缩孔 0.05 ~ 0.08mm，圆度误差为 0.07mm，合格率 98% 以上；端面翘曲变形、内缘端面圆跳动合格率达到 92%，外缘端面圆跳动合格率达到 90%。

案例 2：导轨淬火弯曲变形控制。采用反向热应力预弯曲淬火工艺，使凹形翘曲变形控制在磨削余量范围内。

上导轨为一扁钢型零件，材料为 65 钢，刃口部位要求全长淬硬至 50 ~ 55HRC。工艺为落料→刨、铣各平面及刃口→钻孔、攻螺孔→刃口部位淬火→矫直→磨两个工艺平面及刃口。试淬时发生凹形翘曲，不能矫直，刃口磨削未能达到几何公差要求。分析了局部淬火产生弯曲的原因，采用反向热应力预弯曲淬火工艺，成功地解决了这一技术难题。

反向热应力预弯曲淬火工艺包括去应力回火、热应力预弯曲、刃部高频感应淬火三部分。

1）去应力回火：扁钢经过刨、铣加工后，厚度减薄至 4.75mm，零件产生了较大的机械加工内应力和变形，必须去除内应力，否则会增加淬火时的变形和扭曲。采用的去应力回火工艺为（550 ± 10）℃ × 2.5h 炉冷。零件去应力回火时，采用数件合并夹紧，垂直装炉。

2）热应力预弯曲：设计了专用平面加热感应圈，在 GP100-C3 型高频感应加热设备上加热背面，加热温度控制在 550 ~ 650℃，连续喷水急冷。背面凹形翘曲都在 5mm 左右，达到预弯曲目的。

3）刃部高频感应淬火：刃口部分淬火，也采用同样的感应圈，间隙放大点（2 ~ 3mm），连续加热喷水淬火。淬火后，硬度达到 58 ~ 62HRC。新工艺为落料→刨、铣各平面及刃口→背面预弯曲变形及刃口部位淬火→磨刃口→钻孔、攻螺孔。由于实施了这一新工艺，刃口部位淬火几次批量生产验证，直线度误差为 0.3mm，小于磨削加工余量 0.4mm，达到了预期目的。

案例 3：大型渗碳齿轮圈热处理变形控制。渗碳后淬火时按上小下大的方向入油，外径预留膨胀余量，降低淬火温度和冷却速度。

大型重载渗碳齿轮圈是焊接重载齿轮的外圆工作部分。由于缺少内部支撑，该齿轮圈在热处理过程中会出现明显的外圆齿顶长大和节圆尺寸外扩，形状出现椭圆和锥度变化。由于渗碳层的加工余量很小，给机械加工造成困难。大型重载渗碳齿轮圈一般采用 20CrMnMo 或 17CrNiMo6（德国牌号，相当于我国的 17Cr2Ni2Mo）钢制造，工艺流程为钢锭锻造（3 镦 3 拔→冲孔→心轴扩孔）→消除锻造组织预备热处理（正火+回火）→锻坯粗加工→渗碳、淬火、回火→将齿轮圈与铸钢轮毂或板辐堆焊组接为大型重载渗碳齿轮→去应力退火→磨齿及精加工→装配。热处理畸变主要来源于渗碳工序产生的上小下大的锥形畸变，以及淬火回火的外圆长大和椭圆畸变。

大型齿轮圈热处理畸变分析及对策：

1）锥度。自重加上长时间高温渗碳引起蠕变，导致齿轮圈渗碳后上小下大，产生锥形畸变。对应措施为淬火时不翻面，按上小下大的方向入油。

2）膨胀度。在渗碳和空冷阶段，前后组织构成大致相同（渗碳和残余应力引起的体积和形状变化可忽略），除锥度变形，齿轮圈尺寸基本未发生改变。外圈长大主要发生在淬火工序：①尽管齿轮圈淬硬层有限，但其表面积非常大，表层转变为马氏体的量依然很大，淬火后体积发生膨胀；②淬火过程中因外圆和内圆的面积和周长不同，而且热收缩和相变膨胀的方向相反，产生齿轮圈外膨的径向力和切向力；③渗碳降低了渗层齿面的 M_s 点，外表层的马氏体转变时间较内表层迟，回火时外表层的马氏体转变为低碳马氏体+ε 碳化物引起的收缩与残留奥氏体转变引起的膨胀相互抵消，外观上看不出变化。以上因素综合作用的结果是，齿顶尺寸会增加 4 ~ 5mm。在实际生产中，对于 $\phi2000$ ~ $\phi2500$mm 齿轮圈，一般将圈的厚度规定为 240mm，按直径大小根据经验数据，预留 4 ~ 5mm 的膨胀余量，以保证加工精度。

3）圆度。材质不均匀，加热和冷却不当，造成热处理时不均匀胀缩、不对称畸变，圆度超差。淬火时取下限淬火温度及降低 M_s 点以下的冷却速度，可减少圆度误差。

4）大型齿轮圈的热处理畸变控制涉及材料与制造。零件设计、锻压及机械加工对齿轮圈热处理畸变有直接影响，还应注意从零件设计、锻压及机械加工等各方面着手，共同解决齿轮圈热处理畸变问题。

案例 4：活塞环渗氮变形控制。渗氮前增加一道去除环内圆氧化膜的工序，然后将环装在专门夹具上进行渗氮。

活塞环是汽车发动机中的关键部件，同时又是易损件，我国每年制造的活塞环达数亿片之多。为了提高活塞环的耐磨性，传统的制造工艺是在活塞环的外圆工作面上电镀硬铬，此工艺有效地提高了活塞环的使用寿命，但却带来了极大的能源消耗与环境污染。随着节能意识的日趋增强和环保要求的日益严格，多种表面处理技术都被尝试应用于活塞环上以代替镀铬。其中，渗氮处理技术以其出色的效果和较低的成本取得了优势地位。近年来，渗氮活塞环已经取代镀铬活塞环，成为汽油机所需最低油耗的标准设计，占据了发动机配置的主流地位。大量的试验研究结果表明，要想使渗氮活塞环达到镀铬活塞环的耐磨效果，必须采用高碳高铬马氏体不锈钢。主要采用 Cr13 系和 Cr18 系两类不锈钢作为渗氮活塞环的材料，对应于我国的牌号，大致相当为 6Cr13Mo 和 102Cr17Mo（曾用牌号 9Cr18Mo）。然而，在生产实践中，国内针对这两种高碳高铬马氏体不锈钢制造的活塞环进行渗氮处理时，碰到的突出问题是，马氏体不锈钢活塞环在渗氮处理中发生了一定程度的变形，破坏了活塞环精确的椭圆曲线外形，改变了其原有的接触压力分布，使得环的密封性能达不到要求，造成大量活塞环报废，严重影响了活塞环生产企业的经济效益和无污染新工艺的推广。

活塞环的渗氮变形是由于环热处理定形工艺造成的回缩惯性和外圆单边渗氮造成的残余应力不平衡所致。若能采用专门夹具及调整渗氮处理工艺，使环内外圆同时渗氮，从而使渗氮层的残余应力得以相互平衡，就能保证活塞环外形和原有的接触压力分布状态的稳定性，从而解决变形难题。首先在环渗氮前增加一道去除环内圆氧化膜的工序，采用强力喷砂和磨削均能清除这层氧化膜，然后将环装在专门夹具上进行渗氮。此夹具上固定一防止缩口的定位杆，能够在渗氮中使自由开口的尺寸保持稳定，不会产生缩口现象；环堆码在底盘上面，装夹后变成一中空的筒状，这就有利于渗氮处理时渗氮气氛的流通，从而保证了内外圆能够同时均匀地渗氮。

通过这样的工艺改进，成功地解决了活塞环渗氮变形难题。渗氮结果显示，内外圆渗氮层深度与硬度梯度分布几乎完全相同；检测结果显示，环的漏光现象被消除了，合格率接近 100%。

24.2.3　热处理残余应力

在热处理的加热和冷却过程中，由于热胀冷缩和相变时新旧相比体积差异而产生体积变化，同时工件表面和心部存在温度差和相变非同时性，以及相变量的不同，致使表层和心部的体积变化不能同步进行，因而产生内应力。热处理残余应力是热应力和组织应力叠加的结果。通过热处理方法或机械作用法可以消除工件的残余应力或使其重新分布。

案例 1： 高碳钢模具线切割开裂。产生原因：残余应力过大。

在模具制造中，发现 T10A 钢模具在线切割过程中经常出现开裂现象。T10A 模具原工艺路线为下料→锻造→粗加工→热处理（淬火+低温回火）→磨削→线切割→装配，热处理工艺为 (800±10)℃加热，油中淬火，180~200℃回火，硬度为 58~62HRC。开裂现象大部分发生在线切割过程中，也有在线切割后开裂的，开裂的部位不固定，多数裂纹产生在线切割附近，裂纹较直，裂纹两侧无氧化脱碳现象。

金相观察发现，线切割模具表层约有 50μm 厚的白层，即熔化凝固淬火层。在白亮重熔区有颇多细小裂纹，自表面向内延伸。白亮层组织为淬火马氏体+大量残留奥氏体，其下为重新淬火层，组织为淬火马氏体+回火马氏体，有极少量残留奥氏体，再次层为高温回火层，组织为屈氏体及少量回火马氏体，再向里为正常的基体组织。

用 X 射线残余应力仪进行测定，线切割模具表面的残余应力为 620MPa。为此，调整了线切割工艺参数，在线切割过程中采取了措施，但残余应力只下降 80MPa，线切割过程中仍然开裂，检测了淬火+低温回火的残余应力，结果为 380MPa 左右。因此，T10A 钢模具线切割过程中的开裂不仅与线切割过程中表层产生的残余应力有关，而且与淬火和回火后的残余应力大小有直接关系。线切割过程中的开裂是模具淬火+低温回火残余应力和线切割加工应力叠加的结果。

采用高频振动（WZ-86A 振动时效仪）来消除残余应力，可使残余应力降到 20~50MPa，只要线切割过程中不因工艺等问题产生较大的残余应力就不会产生开裂。采用冷处理也可以消除残余应力。对淬火的模具在 -130℃ 冷处理后，立即返回 50~60℃ 的热水中，然后再进行回火处理，可使残余应力控制在 40MPa 以下，因而避免了 T10A 钢模具线切割过程中的开裂。

案例 2： 渗碳淬火件磨削裂纹。产生原因：表层残留奥氏体量过多。

在生产过程中发现，18Cr2Ni4W、12Cr2Ni4 钢渗碳件热处理后磨削工序裂纹率达 50%，装配磨合后裂纹率达 30%；20CrMnTi、20CrMnMo 钢渗碳件热处理后磨削工序裂纹率约 80%。零件上磨削裂纹的数量、尺寸、形状与零件的热处理炉次有一定关系，同种零件、同一磨削条件下，某些热处理炉次生产的零件裂纹率相当高（有时裂纹率达 100%），而某些炉次生产的零件裂纹率则为零，并且同炉次热处理的零件所产生的磨削裂纹的形状、大小和数量都很接近。

这说明磨削时产生的裂纹与零件热处理后表层组织状态有密切关系。

渗碳件淬火和回火后，表层组织是回火马氏体、碳化物和残留奥氏体的多相组织。碳化物硬度很高，回火马氏体的硬度也很高，而奥氏体虽然软，但在应力作用下，首先产生变形，通过变形释放应力。因此，在正常情况下不可能引起磨削裂纹。为此对残留奥氏体做了定量分析，结果见表 24-7。

表 24-7　渗碳淬火件不同工艺热处理后残留奥氏体量

试块编号	牌号	热处理工艺	淬火后残留奥氏体量（体积分数，%）	一次回火工艺	一次回火后残留奥氏体量（体积分数，%）	二次回火工艺	二次回火后残留奥氏体量（体积分数，%）
1	20CrMnTi	控制碳势为 1.2%，910℃渗碳，850℃淬火	6.98	160℃×3h	6.45	—	—
2	20CrMnTi	不控制碳势，910℃渗碳，850℃淬火	11.97	160℃×3h	6.54	—	—
3	12Cr2Ni4	控制碳势为 1.2%～1.25%，910℃渗碳，740℃淬火	12.81	160℃×45min	12.27	160℃×105min	11.42
4	18Cr2Ni4W	控制碳势为 1.2%～1.25%，910℃渗碳，840℃淬火	5.73	160℃×3h	4.86	—	—
5	18Cr2Ni4W	910℃渗碳，840℃淬火	18.69	160℃×3h	17.29	—	—
6	18Cr2Ni4W	910℃渗碳，840℃淬火	20.89	160℃×105min	15.29	160℃×3h	11.29

定量分析结果表明，渗碳件淬火后，表层残留奥氏体量经回火而减少，回火工艺不同其减少的程度也不同。残留奥氏体的减少说明发生了相变。回火后由于应力松弛（低温回火可降低约 30% 的残余应力），部分残留奥氏体在回火后的冷却过程中向马氏体转变，形成二次淬火马氏体。这种高碳淬火马氏体的强度很低，韧性极差，这就是薄弱环节。因此，若渗碳件表层出现二次淬火马氏体组织，则磨削过程中即使产生的磨削应力不是很高，也很容易超过这部分组织的正断抗力，从而产生磨削裂纹。然而，二次淬火马氏体只有经过回火，转变成回火马氏体才能使其强度提高。有时由于残留奥氏体较多，两次回火后仍有二次淬火马氏体存在，如 6 号试件经两次回火后仍存在 4%（体积分数）的二次淬火马氏体，这就需要再次回火。通过采取多次回火，才能消除渗碳件的磨削裂纹。进一步试验验证表明，回火保温时间不能低于 2h，再延长回火保温时间，对磨削裂纹没有明显的改善；回火次数在两次以上，一般情况就能避免磨削裂纹的产生。

综上所述，磨削后所形成的与磨削方向基本垂直的有规则排列的条状磨削裂纹，是由于低强度的二次淬火马氏体的存在和磨削应力所引起的。可以通过多次回火消除二次淬火马氏体，提高残留奥氏体的稳定性，减少或避免磨削裂纹的产生。

案例 3：大直径曲轴热处理残余应力改善。定形使表面压应力减少 100MPa，取消定形工序有利于中频感应淬火控制变形、开裂。

8240 内燃机大直径曲轴直径约为 200mm，材料为 42CrMo 钢。生产流程为锻坯→粗车→调质→半精车→定形→精车→中频感应淬火→磨削→成品。一般认为，机械加工产生表面拉应力，定形是为了去除机械加工产生的拉应力，定形工序为 480℃×10～12h 空冷；中频表面硬化产生能提高耐磨性及疲劳强度的压应力。对于尺寸较小或尺寸虽大但淬透性较高的零件，调质淬透后，表面处于零应力或拉应力状态，但对于直径超过 100mm 的零件，应力情况较为复杂，调质后工件表面的残余应力可能是压应力状态。若调质后产生压应力，则可能抵消一部分下道机械加工产生的拉应力。因此，在半精车后是否需要进行定型处理，应根据表面残余应力的实际测定值来确定。表 24-8 列出了有无定形工艺的残余应力测试结果。

试验结果表明，退火态曲轴机械加工后，其表面残余应力为拉应力，经调质后为压应力。定形使表面压应力减少了 100MPa 左右，加之随后的机械加工产生的拉应力，造成在中频感应淬火前表面为拉应力状态，拉应力状态对中频感应淬火是不利的；曲轴表面残余应力变化情况表明，定形工序可以取消。取消定形工序后，中频感应淬火前曲轴表面残余应力为压应力，压应力有利于控制淬火过程中的变形、开裂。

表 24-8　有无定形工艺的残余应力测试结果　　　　　　　（单位：MPa）

热处理工序	调质前残余应力		调质后残余应力		定形前残余应力		定形后残余应力		中频感应淬火前残余应力		中频感应淬火后残余应力	
应力方向	σ_x	σ_y	σ_x	σ_y	σ_x	σ_y	σ_x	σ_y	σ_x	σ_y	σ_x	σ_y
残余应力	150~250	150~250	−130~ −250	−150~ −250	−200~ −250	−150~ −250	−40~ −150	−60~ −140	0~150	0~200	−300~ −560	−350~ −550
	150~250	150~250	−130~ −250	−150~ −250	—	—	—	—	−30~70	−40~ 80	−350~ −560	−380~ −560

24.2.4　热处理组织不良

金属零件通过热处理获得一定的组织，以获得要求的使用性能，组织是性能的基础和保证。热处理组织不良是指通过宏观检查和显微分析发现的组织不符合技术条件要求，或者存在明显的组织缺陷。

案例 1：活塞表面淬火端部裂纹。产生原因：调质和表面淬火工艺不当，组织不良。

活塞经调质和表面淬火后，在活塞端面发现了裂纹，裂纹呈锯齿状无规律分布，在表面的边缘处有局部烧熔的痕迹。活塞材料为 40Cr 钢，调质工艺为 870℃×1.5h 油冷，560℃×4h 回火；半精加工后进行表面淬火，180℃×6h 低温回火。

金相分析表明，失效的活塞心部组织为珠光体和沿晶分布的铁素体，晶粒度为 5 级，这与调质应有均匀的索氏体组织不符，说明此活塞在表面淬火前未经调质或调质工艺及操作不正确。裂纹旁边的淬硬层组织不仅淬火马氏体针非常粗大，而且出现沿晶分布的棱角状熔坑，这表明此处的加热温度非常高，以至于晶界处出现了熔化现象，发生了过烧。正常情况下，表面淬火后应得到细小的隐晶马氏体，而不应出现粗大的针状马氏体。过渡层组织在靠近淬硬层处出现了严重的魏氏组织，表明过渡区的加热温度也很高，已远远超出正常的加热温度范围，说明其表面淬火工艺及操作很不规范，不但加热温度很高，而且非常不均匀。

活塞表面经硬度测试，硬度为 20.0~57.5HRC，这表明表面淬火硬度极不均匀，并且呈明显带状波动，印证了组织不均匀性。

综上所述，40Cr 钢活塞端面出现的锯齿状、无规律分布的裂纹主要是由于热处理工艺或操作不当引起的，特别是表面淬火时，加热温度极不均匀，局部过热、过烧所致。采取的改进措施：表面淬火前，对活塞应实施规范的调质处理，使之获得均匀的索氏体组织；表面淬火应采用平面中频感应器加热，避免不均匀加热引起的过热、过烧及开裂倾向。改进热处理工艺和操作规范后，再无活塞开裂的现象发生。

案例 2：螺杆渗碳层组织不合格，渗层无共析层和过共析层，不符合技术要求。

20CrMo 钢螺杆，螺纹宽度为 4mm，高度为 10mm，渗层深度技术要求为 0.5~0.8mm。某批螺杆经 920℃×2h 气体渗碳后，渗层深度为 0.8mm，但渗层中只有亚共析层，无共析层和过共析层，边缘有 0.18mm 的脱碳层，组织不符合技术要求。

这批工件的渗层深度已达到技术要求的上限 0.8mm，要保证工件的渗层深度不再明显增加，而渗层的组织又达到技术要求，必须选择适当的补渗工艺。根据经验，确定采用（920±10）℃的温度，大滴量、短时的补渗工艺：滴量由 160~180 滴/min 增加到 180~220 滴/min，补渗时间为 1~2h。用 20Cr 钢新试样和取自螺杆的 20CrMo 钢试样进行对比试验，结果见表 24-9。

表 24-9　20Cr 钢试样和 20CrMo 钢试样
渗碳层试验结果

炉　次		1 炉 (105min)	2 炉 (95min)	3 炉 (65min)
20Cr 钢	过共析层深度/mm	0.15	0.20	—
	共析层深度/mm	0.15	0.30	—
	渗层总深度/mm	0.70	0.80	0.60
20CrMo 钢	过共析层深度/mm	—	—	—
	共析层深度/mm	0.35	—	0.45
	渗层总深度/mm	1.00	—	0.80

在试验的三炉中，第 1、2 炉的 20Cr 钢试样均有过共析、共析组织，20CrMo 钢试样第 1 炉也有共析组织，但渗层深度过深。第 3 炉，两种钢试样的渗层深度均好，20CrMo 试样有 0.45mm 的共析层，总渗层深度仍为 0.8mm，渗层组织和总渗层深度较为理想。

全部返修件采用第 3 炉的工艺补渗，用 20CrMo 钢试样进行终检，全部合格。

案例 3：拖拉机齿轮预备热处理组织不合格。产生原因：正火工艺冷却方式和冷却速度不合适。

拖拉机齿轮材料为 20CrMnTi 钢，采用常规正火工艺进行预备热处理，出现了较严重的组织缺陷——网状铁素体，组织较粗大并伴有严重混晶现象，不合格率达 90%。正火工艺为加热温度 950~960℃，保温时间为 2h，空气中自然冷却。

根据拖拉机齿轮正火组织检验标准规定，P+F≤3 级为合格。该批工件的组织为 4~6 级，不合格。金相组织出现呈断续网状形式的铁素体，组织较粗大并伴有严重混晶现象，用高倍显微镜观察还发现少量魏氏组织。

为改善正火组织，进行了加快冷却速度重新正火试验、等温退火试验、改进正火工艺试验。

1）加快冷却速度重新正火试验。为了保证冷却速度快而均匀，采取了单件风冷的冷却方式，即采用 950~960℃的正火温度，保温 2h，然后出炉散开吹风冷却。试验结果表明，不仅混晶更加严重，而且组织更为粗大，不合格程度达 6 级。

2）等温退火试验。为了使冷却速度较慢且均匀，又采用了等温退火工艺，即加热温度为 950~960℃，保温 1.5h，随炉降温至 640℃后等温 2h，然后出炉空冷。其结果为先共析铁素体已充分析出，组织也比较均匀，但出现了带状组织。

3）改进正火工艺试验。20CrMnTi 钢属于低碳合金钢，当冷却速度太慢时，除了机械加工黏刀，极易形成带状组织。综合考虑，正火工艺应既要使先共析铁素体能充分均匀，而且呈等轴块状形式析出，又要防止带状组织产生，最后采用改进正火工艺，即采用加热温度为 950~960℃，保温时间 2h，然后迅速装入 150~200℃炉中随炉冷却的正火工艺，获得均匀而细密的正火组织，P+F≤3 级，合格。试验获得成功，投入生产。

24.2.5　力学性能不合格

常见热处理缺陷之一是力学性能未能达到热处理工件技术条件的要求，其可能是材料选择不当、材料缺陷、热处理工艺参数不合理、加热和冷却方式不当、热处理工艺执行不严，以及热处理技术条件不合理等因素造成的。

案例 1：球墨铸铁底座退火后力学性能不合格。产生原因：退火工艺参数不合适。

底座是汽车变速换档操纵装置中的一个重要结构件，选用 QT400-15 球墨铸铁制造。技术要求：硬度 150~200HBW，抗拉强度、伸长率、硬度应有良好的性能匹配。

底座铸造后，由于铸件存在 3%（体积分数）的自由渗碳体，需要进行高温石墨化退火。热处理采用等温退火，存在周期长，能耗大，而且抗拉强度、伸长率、硬度不能达到良好性能匹配；后改用普通退火工艺，在 900~920℃加热保温 3h，炉冷至 600℃出炉空冷，缩短了周期，降低了能耗，但仍难以实现最佳性能匹配，尤其在冬夏两季，季节影响最为明显。

以普通退火工艺为例，不同温度出炉后珠光体含量对力学性能的影响见表 24-10。

表 24-10　珠光体含量对力学性能的影响

力 学 性 能	珠光体含量（体积分数，%）							
	5	10	15	20	25	30	40	50
R_m/MPa	445	454	467	479	510	535	549	578
A（%）	20.2	18.8	17.0	14.3	13.1	12.2	10.3	7.5
硬度 HBW	156	168	179	184	209	221	235	247

采用不同的出炉温度以模拟冬夏两季的温差，以掌握不同季节的出炉温度，从而达到控制珠光体含量的目的。表 24-10 结果表明，当珠光体含量控制在 15%以下时，其力学性能达到最佳匹配状态，对应的退火出炉温度：夏季为 670~700℃，冬季为 620~650℃。

另外，适当延长高温区保持时间，使碳化物更充分溶解，微区碳含量尽可能趋于一致。冷却速度也对基体中珠光体含量有影响，炉冷的冷却速度应控制在 30℃/h。

改进后的球墨铸铁底座退火工艺为 900~920℃×4h 加热，炉冷冷却速度控制在 30℃/h；出炉温度视季节确定，冬季以 620~650℃、夏季以 670~700℃为宜。按改进后的工艺处理球墨铸铁底座 3 万余件，其硬度为 160~182HBW，抗拉强度为 451~470MPa，伸长率为 15%~20%，力学性能合格，性能匹配良好，珠光体量控制在 15%以下，质量稳定。

案例 2：液力偶合器泵轮力学性不合格。产生原因：淬火前组织不良，淬火温度低，冷速度不足。

液力偶合器泵轮采用 30CrMoV9（德国牌号，相当于我国的 30Cr2MoV）钢制造，热处理工艺为淬火 870℃×3h，油冷，回火 600~640℃×4h，油冷。按原热处理工艺方法，调质热处理后力学性能很少达到要求。技术要求：R_m = 900~1100MPa，R_{eL}≥700MPa，A≥12%，Z≥50%，KV（ISO-V）≥45J，$KDVM$≥50J。

30CrMoV9 钢件热处理后力学性能达不到技术要求的主要原因如下：

1）锻后处理不当，致使锻坯组织中存在大量的沿晶界分布的析出物，而正常淬火加热时没有消除，保留在调质组织中，影响工件韧性。

2）淬火温度偏低，合金碳化物未能充分溶解于固溶体中，影响淬火效果，从而影响调质后的力学性能。

3）由于工件截面尺寸较大，油冷速度显得不足，降低了淬火后所获马氏体的含量，影响调质后的力学性能。

对原热处理工艺进行了改进，要点如下：

1）在调质前加正火工序，（920±10）℃×3.5~4h，空冷，以改善锻坯组织，为调质工序做好组织准备。

2）提高淬火温度，从 870℃ 提高到 890℃，以提高碳及合金元素在固溶体中的溶解度，从而提高淬火马氏体硬度。

3）改变冷却方式，由采用油淬改为水-油双液淬火，以提高淬火组织中的马氏体量。

按改进后的热处理工艺进行处理，零件全部达到力学性能要求。

案例 3： 曲轴渗氮后硬度低。主要原因：渗氮工艺不合适。

空压机曲轴材料为 38CrMoAl 钢，技术要求：调质后硬度为 25~30HRC，渗氮后表面硬度 ≥68HRC，渗氮层深度为 0.45~0.60mm。空压机曲轴热处理工艺：调质为 930℃ 油淬，620℃ 回火空冷；渗氮为 500℃、氨分解率 18%~25% 和 520℃、分解率 25%~40% 两段渗氮。由于种种原因，生产中不时出现曲轴渗氮后表面硬度偏低现象，影响疲劳强度及耐磨性，这些曲轴只能作为次品或废品，从而造成很大的经济损失。

对一批废品曲轴进行检查，基体金相组织良好，渗氮层深度为 0.46~0.49mm，表面硬度为 58~60HRC。该批曲轴渗氮层深度已达到技术要求，但表面硬度偏低。根据检查结果，认为有以下两种情况：一是由于第二阶段渗氮时温度偏高，使形成的弥散氮化物集聚长大；二是由于氨进入量控制不当，使表面氮含量偏低而不能形成足够的氮化物。因为提高表面硬度主要决定于氮与铝、钼、铬等元素形成细小并弥散分布的氮化物，氮化物数量越多、越细小并弥散分布，则表面硬度就越高。气体渗氮方法有等温渗氮、两段渗氮、三段渗氮，无论哪种工艺及原因造成的表面硬度偏低，均可根据三段渗氮原理，将这些曲轴视为已进行两段渗氮后的产品，再进行 1 次第三阶段渗氮，使表面氮化物数量增多且细小弥散分布，以提高表面硬度。

为提高该批曲轴的表面硬度，决定进行一次重复渗氮。重复渗氮工艺为 350℃×1h 保持，500℃×16h 补渗，分解率为 18%~25%，最后 1h 将分解率提高至 65%~80%，炉冷至 150℃ 以下出炉空冷。采用重复渗氮工艺将该批曲轴处理后，表面硬度为 69~71HRC，渗氮层深度为 0.54~0.57mm，脆性 2~3 级，金相组织符合要求。重复渗氮前，为防止工件表面有氧化膜或锈斑等，应用金相砂纸轻轻打磨，再用汽油或乙醇认真清洗，否则会影响重复渗氮结果。该工艺经多次验证效果良好。

24.2.6　脆性

脆性断裂在断裂前不发生或只发生少量宏观塑性变形，由于脆性断裂没有明的征兆，因而危害性极大，应尽量避免。热处理不当，显微组织不良，会使材料的塑性和韧性显著降低，增大了工件的脆性断裂趋向。

案例 1： 飞机起落架活塞杆甲醇裂解气保护热处理氢脆。产生原因：氢致延迟裂纹。

某型飞机起落架活塞杆使用 40CrMnSiMoVA 超高强度钢制造。为了防止高强度钢制件在热处理加热时产生氧化脱碳，采用了在井式电阻炉中通入甲醇裂解气进行保护的淬火工艺，在生产中发现活塞杆产生氢脆裂纹。活塞杆裂纹有的在淬火后检查时发现，有的在经过电镀后的半成品或成品件上发现，还有的在使用中定期检查和成品复查时发现。活塞杆是焊接件，头部是锻件，杆部是厚壁管。活塞杆的热处理工艺为 920℃×1h 甲醇裂解气保护加热，190℃×1h 等温淬火，190℃×16h 除氢，260℃×6h 回火。

裂纹为周向裂纹，部位均在焊缝附近。一方面，在经过电镀后的半成品或成品件上发现的裂纹断口均有铬的渗入，这表明裂纹开裂发生在镀铬之前；另一方面，裂纹金相和断口金相都没有发现裂纹明显氧化脱碳，说明裂纹不是在淬火前发生的，否则淬火加热会使裂纹氧化脱碳。裂纹断口性质是沿晶和准解理断裂，具有氢脆特征。因此，裂纹是由于甲醇裂解气保护淬火产生的氢脆裂纹。甲醇裂解气中含有约 65%（体积分数）的氢，保护淬火加热时就会渗入金属中，淬火后钢中仍会保留一定量的氢，如不及时充分除氢，在焊缝区附近的组织应力和热应力作用下，就会产生氢致延迟裂纹。焊接不当而在熔合线附近产生的显微疏松等缺陷是应力和氢的集中点，成为"氢陷阱"，对氢脆断裂有重要促进作用。

试验研究表明，甲醇裂解气保护淬火时有严重渗氢；淬火后在不除氢情况下自然停放时，氢释放的很慢，有氢脆开裂倾向。如果经过 190℃×16h 除氢或除氢加 260℃×6h 回火，淬火时渗入钢中的氢基本被除掉，此时缓慢拉伸和延迟破坏等氢脆性能均已恢复，与空气炉处理试样性能相当。因此，为防止高强度钢甲醇裂解气保护热处理氢脆，应在淬火后立即彻底除氢和及时回火，或者采用氮基气氛热处理或真空热处理代替甲醇裂解气保护热处理。

案例 2：主动锥齿轮碳氮共渗氢脆。产生原因：碳氮共渗过程中渗氢产生延迟裂纹。

主动锥齿轮材料为 20CrMnTi 钢，要求碳氮共渗层深度为 0.6~0.9mm，表面硬度为 59~63HRC，心部硬度为 33~48HRC。工艺流程为锻造→正火→冷加工→镀铜→碳氮共渗直接淬火→低温回火→冷加工→装配。气体碳氮共渗直接淬火工艺在 RJJ-90-9T 井式气体渗碳炉中进行，热处理工艺为（840±10）℃碳氮共渗，渗剂为三乙醇胺 + 煤油，渗后直接油淬，180℃回火空冷。锥齿轮曾发生过热处理后延迟裂纹或试车和使用中断裂。

断口分析表明，裂纹断口齐平，无塑性变形，无氧化色泽，为结晶状脆性断口。断口微观形貌为沿晶 + 准解理断裂，晶面出现非常细小的爪状撕裂线，以及准解理羽毛状特征，是氢脆断裂的典型特征。氢含量试验结果表明，在碳氮共渗过程中确有严重渗氢现象，大约为共渗前的四倍。

锥齿轮裂纹及开裂属于延迟断裂，它是在碳氮共渗过程中渗氢，在淬火回火后由于氢的偏聚形成氢脆引起的。过小的圆弧过渡及刀痕等对氢脆均有促进作用。镀铜试样经碳氮共渗直接淬火回火后，不但氢含量高，而且在同样条件下，镀铜试样氢释放速度要比不镀铜试样慢得多，使零件的氢脆危险性大大加剧。这就是氢脆和氢致延迟断裂总是发生在轴类零件镀铜部位的原因。碳氮共渗后空冷再重新加热淬火，或者 180℃保温 8h 除氢回火都可以除氢，从而避免氢脆断裂。

案例 3：汽车后桥渗碳齿轮通氨保护淬火齿尖剥落。产生原因：渗碳齿轮氢脆。

为了提高 20CrMnTi 钢汽车齿轮的使用寿命，采用齿轮渗碳后在控制气氛炉内滴煤油通氨气加热保护淬火工艺，炉内的碳氮共渗气氛，使齿轮在保温时间内增加表面的氮含量。剥层分析表明，最表层的 $w(N)$ 可达到 0.1%~0.3%，或者更高。这种淬火工艺，既可以使齿轮表面的氮含量与碳氮共渗齿轮表面氮含量基本相近，又可以避免或减少碳氮共渗齿轮表面的黑色组织缺陷。齿轮在热处理后，放置一定时间，齿尖端出现剥落现象。汽车后桥齿轮热处理工艺

为井式炉 910℃滴煤油渗碳；在控制气氛炉（多用炉）中通 NH₃ 滴煤油 840℃加热，淬油；在空气炉中 180℃×3h 回火，空冷。

失效件断口宏观检查认定属于脆性断口。微观断口是沿晶脆断。氢分析可以看出，原材料中的氢含量很少，而失效件中的氢含量为原材料约 2.7 倍。由于钢渗碳淬火后表层硬度强度很高，对氢很敏感，因此钢中一定含量的氢也会引起明显的氢脆倾向。齿尖端表面剥落的主要原因：齿尖端在通氨淬火时富集大量的氢，同时由于齿轮表面氮含量的提高，回火稳定性增强，残留奥氏体量增加，常规回火不充分，而在喷丸及其后的放置过程中，使齿尖端的残留奥氏体在外力作用下向马氏体转变，但马氏体不能把大部分氢保留在固溶体中，从而使氢突然放出，引起轮齿尖端剥落。对齿轮补充一次 220℃×3h 回火，促使其组织转变完全并降低齿轮表面的氢含量，从而避免轮齿尖端剥落。改进后，轮齿尖端剥落现象就不再发生，放置 3 个月未发现剥落增加，经台架试验情况良好，载重行车 4000km 也未发现剥落。

案例 4：发动机排气歧管弹性垫片装配时断裂。产生原因：第一类回火脆性。

使用 65Mn 钢制作的发动机排气歧管垫片，在正常装配时出现批量开裂现象。排气歧管垫片位于排气歧管与排气口的连接处，是一种弹性密封垫片，垫片开裂后因外泄的废气没有经过消声器，将会导致噪声增加、污染环境。另外，因密封性降低，将严重影响涡轮增压效果，使发动机功率下降，直接影响整车的性能。垫片生产流程为冲压成形→450℃预热→800~820℃定形并油冷淬火→270~280℃热整形→320~360℃回火空冷→表面发黑处理。

失效垫片断口微观形貌显示为沿晶断口，具有脆性特征，晶界上可观察到颗粒碳化物。根据零件生产工序分析，造成脆性断裂的原因应该是 320~360℃最终回火温度区产生的回火脆性。此温度区与 65Mn 钢通常产生的第一类回火脆性的温度 200~350℃有部分重叠，而现生产工艺的回火温度恰好处于回火脆性产生的温度区内，所以工件极可能因产生第一类回火脆性导致其在装配时发生脆性开裂。

回火试验断口分析表明，250℃是 65Mn 钢出现第一类回火脆性的开始温度，随回火温度的升高，断口形貌中韧窝比例明显减少，沿晶比例不断增加；300~350℃断口形貌基本呈沿晶特征，此时脆性最明显。随回火温度再升高，韧性开始恢复，380℃回火的样品断口呈正常韧窝，380℃应该是控制 65Mn 钢第一回火脆性产生的上限温度。硬度检测结果表明，

400℃、380℃回火后组织、硬度均符合要求，350℃回火后硬度偏高。针对垫片开裂原因，调整了原回火工艺参数，即将回火温度限制在 380~400℃，同时严格控制操作规程，控制原材料中的杂质含量。自工艺改进实施后，垫片装配时再未出现开裂现象，并且各项性能指标均满足使用要求。

案例 5：硅钢片脆化。产生原因：退火温度高。

Z10 硅钢片（厚度为 0.35mm）用于制作小型变压器铁心，为消除应力、恢复磁性能（技术要求磁感应强度 $B_{25} \geq 1.45T$），冲制后捆扎装箱退火。用 800℃ 焙烧过的铸铁屑覆盖，加热 800℃×4h，随炉冷至 500℃ 以下出炉。脆性检查发现，大部分试片弯曲次数为零次，无法满足弯曲 1.5 次的技术要求。

退火工艺试验表明，磁感应强度值 B_{25} 随着退火温度的升高而升高，700℃ 时 B_{25} 达到最高值；弯曲次数在 ≤700℃ 时都很高，只在温度为 750℃ 时才出现较脆（1 次）的试片。这说明 Z10 硅钢片在 ≤700℃ 时碳不会在晶界上析出，故也不会产生脆化，只有超过 700℃ 时才产生脆化。因此，将原工艺改为 700℃×4h 并覆盖经焙烧过的铸铁屑的退火工艺。结果表明，按此工艺退火的 10t（每炉 1t）Z10 硅钢片，B_{25} 值与弯曲次数全部达到技术要求。

进一步分析表明，变压器硅钢片中的碳含量虽然很低，一般小于 0.02%（质量分数），但事实上碳含量是有起伏的，若某些区域的碳含量大于 0.02%（质量分数），轧制后在 1200℃ 以上长时间的退火过程中，这些区域就会生成含碳较高的 δ 固溶体（碳的质量分数最高可达 0.1%）；在随后的冷却过程中，这些碳来不及析出或析出较少，使室温下的 α 相处于不平衡状态。当冲压后进行 800℃×4h 退火时，碳含量较高的 α 相有充分的时间和能量趋向于平衡，

使其高温下多溶的碳脱溶，并形成碳化物在晶界上析出。碳化物是一种硬脆相，塑性极差，它的存在使试验中的脆性试样首先从此处断裂，继而延伸到相邻的晶界，最后导致整个弯曲断裂。由于晶粒很粗大，故断面呈短小平直的折线连接形貌。相反，经 700℃×4h 退火的试样，弯曲次数可达 41 次，其晶界平直，光滑且纯净。这就说明在较低的温度下退火可防止碳的脱溶，从而可避免脆化的发生。

24.3　热处理件失效分析

24.3.1　变形失效

热处理件使用过程中，当某部位承受的应力在材料的屈服强度和抗拉强度之间时，就会发生变形，当变形量达到影响零件使用性能的程度，即产生变形失效。

案例：圆环链链条拉长。产生原因：心部低硬度区过大。

某煤矿圆环链厂生产的 ϕ18mm 的 20MnV 钢圆环链，在使用中出现链条拉长问题，严重影响生产。该圆环链热处理工艺为中频感应加热 850℃ 水淬，200℃ 低温回火。

试验分析表明，该圆环链没有淬透，心部有一方形低硬度区，硬度约为 33HRC。金相组织为铁素体、珠光体和部分贝氏体的混合组织。经测定，低硬度区尺寸为 10.0mm×8.5mm，占圆环截面积的 33%。可以看出，心部非淬火组织居多，屈服强度较低，这是圆环链使用中被拉长的原因。设法减小低硬度区尺寸将有助于提高其强度。

试验研究了淬火温度和淬火冷却介质对淬透程度的影响，见表 24-11。

表 24-11　淬火温度和淬火冷却介质对淬透性能的影响

淬火温度/℃	淬火冷却介质	硬度（距中心 1/2 处）HRC		心部低硬度区所占面积（%）
		淬火	淬火+回火	
850	水	45.0	43.5	32
880	水	45.0	43.5	24
910	水	47.0	43.0	22
930	水	48.0	43.0	22
850	盐水	49.0	44.0	26
880	盐水	51.0	45.0	23
910	盐水	46.0	42.6	22
930	盐水	48.0	45.0	22

结果表明，适当提高淬火温度、增加淬火冷却介质的冷却能力和降低回火温度是提高环链强度储备、防止使用中拉长的主要措施。但在水或盐水冷却的条件下，用 20MnV 钢生产 ϕ18mm 圆环链，难以完全消除心部低硬度区。当对链条的强度储备要求较高时，应采用淬透性更好些的 20MnVB 钢。

24.3.2　韧性断裂

热处理件使用过程中，当某危险部位承受的内应力在材料的抗拉强度和脆断强度之间时，就会发生韧性断裂，韧性断裂与零件材料的抗拉强度、脆断强度高低有关，也与零件受力状况和大小有关。

案例： 风机减速器从动斜齿轮早期断齿。产生原因：淬火零件量太多，淬火冷却不充分。

一批六台 8m 风机减速器中的从动斜齿轮，在使用很短的时间内就出现齿部早期断裂现象，失效率达100%。设计规定寿命大于 10000h，而使用最短的仅有几个小时。由于齿轮断裂必须更换整台减速器，损失严重。主动齿轮和从动齿轮的材料都是 20CrMnTi 钢，经同样的工艺进行 920℃ 渗碳、850℃ 淬火、200℃ 回火。从设计角度计算，主动齿轮在传动过程中受力较大，比从动齿轮更易断裂，而实际使用中，从动齿轮断齿严重，主动齿轮无断齿现象。从齿轮热处理原始记录上查出，这六件从动齿轮分两炉渗碳，在同炉次进行的淬火、回火，淬火、回火之间的时间间隔为 30min。由于零件较大，单件质量约为 230kg，数量又多，在装油量为 3000kg 的油槽中淬火，使油温升高太多，冷却很不充分，可能造成组织转变不完全。模拟件测试结果表明，淬火后零件的表面温度达到 108~152℃。在这么高的温度下，零件立即转入回火炉中回火，使热处理后残留奥氏体量增加，表层存在淬火马氏体组织过多，从而降低了齿部的强度。

模拟生产实际情况，采取不同的工艺进行性能测试，结果见表 24-12。

表 24-12　20CrMnTi 钢不同工艺热处理后的力学性能测试结果

热处理工艺	R_m/MPa	$a_K/(kJ/m^2)$	硬度 HRC
840℃ 淬油	525	41	65
840℃ 淬油，180℃ 回火	1253	50	61
840℃ 淬 120℃ 热油，180℃ 回火	538	42	62
840℃ 淬 120℃ 热油，180℃ 回火两次	1300	—	60

试验结果表明，20CrMnTi 钢渗碳淬火后强度很低，$R_m = 525MPa$，在 120℃ 油中淬火，180℃ 回火后的强度也很低（$R_m = 538MPa$）。从而证明这两种工艺处理后钢的组织相似，基本组织都应该是淬火马氏体。高碳马氏体强度较低，达不到齿轮设计规定值 $R_m \geq 1080MPa$，实测结果 $R_m = 538MPa$，相当于设计规定值的 49.8%。此产品的设计保险系数为 1.387，也就是说，运行情况下受力达到 778.7MPa（相当于设计规定值的 72.1%）。按以上生产工艺热处理后的齿轮齿部强度低于使用应力，所以在使用过程中很容易产生断齿现象。

综上所述，引起从动斜齿轮早期失效的原因是淬火零件一次投入冷却介质中数量太多，使淬火冷却介质温度升得太高，淬火冷却不充分，表面温度较高，造成回火后表层残留奥氏体和淬火马氏体组织较多，使齿面强度降低，达不到设计要求，从而在使用时引起早期断齿现象。改进工艺为：每炉装炉量和一次淬火量为三件，淬油时间为 30min，冷却至室温，回火两次。随炉试样 $R_m = 1373.7MPa$，已经达到设计要求，采用新工艺生产的从动斜齿轮已经在使用厂家运行数年，未发现断齿现象，最多的已使用 10 年以上。

24.3.3　解理和准解理脆性断裂

热处理件使用过程中，当某危险部位承受的内应力超过材料的脆断强度时，就会发生无明显塑性变形的脆性裂纹或脆性断裂。如果零件材料晶内强度低于晶界强度，脆性开裂是穿晶形式，断口为解理和准解理脆性断裂特征，热处理件产生解理和准解理脆性断裂。如果零件材料的晶界存在缺陷，晶内强度高于晶界强度，脆性开裂是沿晶形式，断口为沿晶脆性断裂特征，热处理件产生沿晶脆性断裂。

案例 1： 电动机作动筒支臂脆性断裂。产生原因：调质处理时淬火冷却不够，内表面脱碳。

某电动机作动筒支臂材料为 40Cr 钢，工作中电动机带动减速齿轮将动力传递到支臂。在支臂系统测试过程中，支臂发生断裂。支臂的加工流程为棒料→粗加工→热处理（调质处理）→精加工→渗氮（510℃）→镀铬。

支臂失效件横向断裂，断裂处未见塑性变形，断口呈明显脆性断裂特征，断面灰色、细瓷状，可见轻微棱线和台阶。断面大部分以解理特征为主，局部可见沿晶断裂特征。金相分析可见，支臂内外两侧均存在渗氮层，内壁一侧渗层深度约为 0.3mm，外壁一侧渗层深度约为 0.2mm，符合渗层深度 0.1~0.3mm 的要求。外侧表层渗氮层组织中发现明显条状铁素体。支臂基体淬火回火组织为索氏体和铁素体混合组织，在晶界、晶内也存在明显的条状铁素体组织。支臂内侧表面存在明显铁素体脱碳层，如图 24-3 所示。

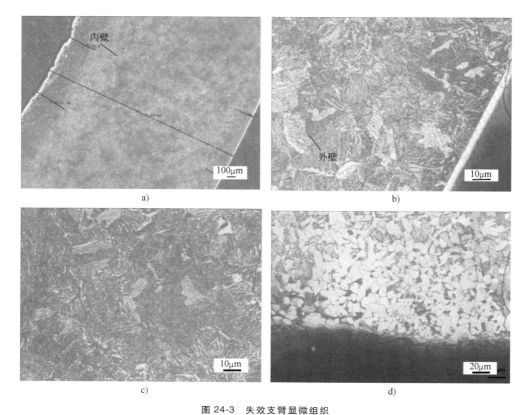

图 24-3　失效支臂显微组织
a）低倍组织　b）外侧镀层　c）基体组织　d）内侧组织

支臂组织是典型的调质处理不良组织。由于钢的淬火转移时间过长或钢的冷却速度未达到淬火临界冷却速度，造成淬火时未全部转换化马氏体组织；回火后，工件心部是索氏体和铁素体混合组织，失效支臂外侧表层渗氮层组织中也有明显条状铁素体。此外，支臂内壁表层出现了明显脱碳组织，对支臂力学性能也不利。支臂实际壁厚只有 2.5～2.7mm，低于设计要求 3mm，这可能与热处理过程中支臂内壁过度氧化减薄有关，直接后果是降低了支臂的承载能力。综上所述，支臂调质不良导致材料脆性增大，内壁存在脱碳层及壁厚不足降低了支臂的承载能力，导致其过载脆性断裂。

案例 2： 钛合金压力容器承压能力检测提前爆破。产生原因：压力容器焊后热处理温度低。

随着航空航天及船舶工业的不断发展，钛合金压力容器的应用也越来越普遍。钛合金熔焊后会导致焊缝区及焊接热影响区的晶粒粗大，必须靠热处理来改善焊缝组织、消除应力，热处理（退火）工艺为480℃保温 2h，空冷。某型 TC18 钛合金压力容器进行承压能力检测时，其爆破压力远小于设计值，起爆点位于焊接热影响区。

失效件断口组织的微观形态呈现以"小平面""河流状花样""撕裂岭"为特征的准解理断口特征。如图 24-4a 和 b 所示。在更高倍图像下观察，在断口组织及组织的小平面内发现有少量韧窝的存在，韧窝尺寸不一且深度较浅，如图 24-4c 和 d 所示。因此，该失效机制是以准解理断裂为主。

显微组织分析发现，热影响区的等轴晶粒比较粗大，晶粒内部存在大量枝晶，粗晶中还发现有较为细小的析出相，这是热处理加热温度低而残留的未转变相。TC18 钛合金的焊缝区域在热处理前为饱和的亚稳 β 相，经 480℃保温 2h 退火后，亚稳 β 相分解。但因为热处理温度较低，热影响区粗大的亚稳态 β 晶粒变化较小，马氏体 α' 相转化成稳定的 α 相不彻底，残留部分的 α' 相、α 片在冷却过程中长成平行细片状，导致焊接热影响区的强度和塑性都有严重的下降，进而导致爆破压力远低于设计值。

为了保证 TC18 钛合金压力容器焊接热处理后稳定的力学性能，在保持已定焊接参数的基础上，优化热处理工艺参数，细化焊缝及热影响区的晶粒组织，

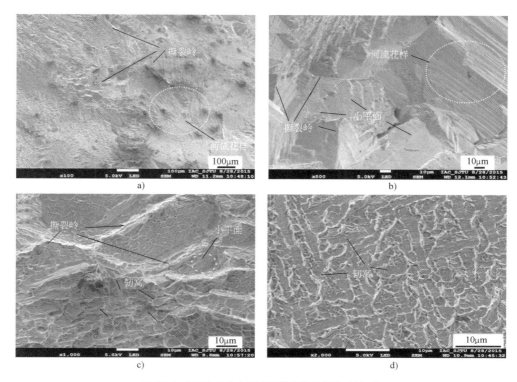

图 24-4　TC18 钛合金压力容器的断口形貌（SEM）

并消除焊接残余应力。试验结果表明，采用 590℃ × 2h 空冷退火处理的焊接接头综合力学性能最优。热影响区的亚稳 β 相分解较为完全，马氏体 α′ 相转化成 α 平衡相，形成较为稳定的 α+β 相，又有新的细小的 α 片生成，并析出大量细小的粒状 α 片，焊接热影响区的力学性能得到显著提高。按该工艺进行三件压力容器焊后热处理，随后进行水压爆破试验，当试验压力高于设计爆破压力 30MPa 时，三件压力容器均未破裂，从产品级再次验证该热处理工艺参数优化达到预定目的。

24.3.4　沿晶脆性断裂

案例 1：传动齿轮早期脆性断裂。产生原因：注油孔非渗碳部位的防护不好产生漏渗，气氛不良引起内氧化。

20CrMnMo 钢传动齿轮装配于铁路轨道车驱动齿轮箱上，齿轮与轴之间采用注油压装、过盈配合，压装行程设计要求为 11.75 ~ 15.00mm，实际装配为 13.5mm。压装过程及装车后在轨道车被拖行过程中未发现齿轮箱异常，在轨道车低速自行时有异常噪声。经检查发现，该齿轮从注油孔部位发生贯穿性裂纹。齿轮生产工艺为装料→清洗→表面防渗处理→渗碳→淬火→清洗→回火→喷砂处理→硬度检查→金相检查→运输装库。

开裂齿轮的断裂发生在注油孔，微观断口呈冰糖状，晶界面光滑，界面棱角清晰，有明显的沿晶断裂特征。注油孔表面有一层淬硬层，淬硬层表层有脱碳特征；注油孔附近的组织为铁素体+屈氏体，表层出现较多的点状氧化物和沿晶分布的氧化物，这些氧化物和显微组织是在化学热处理过程中，由于气氛不良引起的内氧化结果。内氧化使晶界附近稳定奥氏体的合金元素贫化，过冷奥氏体稳定性下降，加之淬火冷却不足，从而得到了沿注油孔分布的非马氏体组织及一些沿晶分布的氧化产物，降低了材料的力学性能。从齿轮的生产工艺来看，注油孔部位应该在渗碳前进行了表面防渗处理，但从组织来分析，可以发现注油孔部位的防护做得不到位，其表层不仅出现了一层渗碳层，而且渗碳层表层还出现了黑色的屈氏体组织缺陷。齿轮中心注油孔的存在，很容易引起应力集中效应和对强度的削弱，特别是在注油孔孔径变化的部位，应力集中的现象更加明显。经过对齿轮轮齿部位及注油孔附近部位的硬度分布对比试验可以发现，注油孔附近硬度坡度太陡，表面硬度太高而心部硬度太低，在表层与心部的界面上产生了较高的应力，这也是齿轮断裂的一个重要原因。

综上所述，齿轮在热处理前的表面防渗处理不到位，导致齿轮注油孔部位不仅出现了渗碳层，而且在渗碳处理及后续的淬火回火处理时产生了较多的沿晶氧化物和黑色屈氏体组织等渗碳缺陷，而注油孔部位很容易引起应力集中效应，同时注油孔附近硬度坡度太陡，在表层和心部的界面上也很容易产生较高的应力。在上述多种因素的综合作用下，导致了齿轮脆性断裂。

案例 2：桥梁工程用不锈钢拉杆接头脆性断裂。产生原因：显微组织不良，塑性降低。

某公路大型桥梁使用 05Cr17Ni4Cu4Nb 不锈钢拉杆作为承力构件，服役过程中在接头处发生断裂，对

桥梁使用和交通安全都造成了重大威胁。大桥使用的不锈钢拉杆接头为 OU 型。正常安装时，接头一端通过 O 型孔内的轴销固定，O 型孔径约为 40mm，接头另一端为锥柱形，中心沿轴向开有拉杆螺纹孔，通过螺纹孔连接同种材料拉杆。

失效件断裂发生在接头扁平一端的 O 型孔处，断口组织形貌为沿晶 + 准解理特征。金相分析发现，接头失效件试样基体组织为回火马氏体组织，还存在大量的 δ 铁素体，δ 铁素体沿晶界及晶内分布，如图 24-5 所示。失效接头力学性能测试结果见表 24-13。

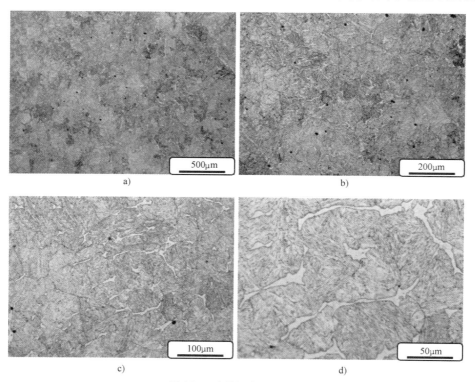

a)　　　　　　　　　　b)

c)　　　　　　　　　　d)

图 24-5　失效接头显微组织

表 24-13　失效接头力学性能测试结果

力学性能	规定塑性延伸强度 $R_{p0.2}$/MPa	抗拉强度 R_m/MPa	断后伸长率 A(%)	断面收缩率 Z(%)	冲击吸收能量/J	硬度 HRC
失效接头测试结果	1317	1385	9.0	29	6.9	45
出厂报告	1207	1415	14	57	—	42.5
05Cr17Ni4Cu4Nb	≥1180	≥1310	≥10	≥40	—	≥40

力学性能测试结果表明，失效接头的断后伸长率、断面收缩率低，不符合 GB/T 1220—2007《不锈钢棒》中 05Cr17Ni4Cu4Nb 的要求。

综上所述，失效拉杆 OU 型接头的金相组织中存在沿着晶界及晶内分布 δ 铁素体，导致零件的塑性降低，抗剪切能力下降，使拉杆接头在服役过程中发生

过载脆性断裂。

24.3.5　疲劳断裂

热处理件使用过程中，在内应力低于抗拉强度的交变载荷作用下，发生递增的局部永久性变化，并扩展导致突然断裂，称为疲劳断裂。疲劳断裂与决定零

件材料性能的热处理工艺密切相关，同时还与设计、工艺、使用、维修等多种因素有关。

案例 1：低风压凿岩机螺旋棒早期疲劳断裂。产生原因：组织不良，硬度低。

低风压凿岩机是一种岩土破碎机械，工作气压一般为 0.40~0.63MPa，内部活塞平均每分钟往复冲击 2220 次，工作条件极其恶劣。凿岩机中的一些主要零件，如气缸、螺旋棒、阀套、钎头等在工作中既要承受大的冲击力，又要承受磨损，所以要求这些零件必须具有较好的耐磨性，同时又要具有较高的强度和较好的韧性。低风压凿岩机的螺旋棒材料为 20CrMnTi 钢，经机械加工后进行热处理，热处理工艺为 920℃ 渗碳缓冷，840℃ 淬火，200℃ 回火，要求渗碳层深度为 1.5~2.0mm，表层硬度为 58~63HRC，心部硬度为 43~50HRC。某批凿岩机螺旋棒在使用较短时间后出现爪握部断裂失效。

失效螺旋棒爪握部断口的宏观形貌有裂纹扩展形成的贝纹线，为典型的疲劳断裂。断口显微分析发现，在疲劳源附近的爪握表面观察到几处较为明显的磨损沟槽，磨损沟槽的出现说明螺旋棒在使用过程中爪握部表面受到强大的冲击力、挤压力和摩擦力，从而产生应力集中，引发疲劳裂纹。爪握部表层渗碳层的显微组织为回火马氏体+网状碳化物+残留奥氏体（见图 24-6a）。网状碳化物的存在是由于在渗碳过程中渗碳炉内碳势过高，渗碳时间过长，导致了表层过度渗碳。一般渗碳后的零件在淬火回火后不允许网状碳化物存在。网状碳化物的存在可导致螺旋棒的韧性、爪握根部的弯曲疲劳性能下降，极易引起疲劳裂纹在渗层表面萌生、扩展。爪握部心部组织为回火马氏体+网状铁素体+少量贝氏体（见图 24-6b、c）。网状铁素体为先共析相，产生的原因是螺旋棒在淬火时冷却速度不足。失效螺旋棒渗碳层硬度为 45HRC 左右，明显低于工件要求的硬度 58~63HRC；心部硬度为 40HRC 左右，也明显低于所要求的 43~50HRC。

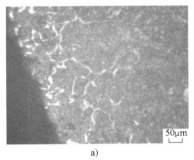  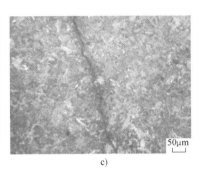

a)　　　　　　　　　　　　　　b)　　　　　　　　　　　　　　c)

图 24-6　20CrMnTi 钢螺旋棒爪握部的显微组织
a）表层渗碳层　b）心部　c）心部裂纹处

综上所述，20CrMnTi 螺旋棒热处理后，爪握部表层渗碳层存在网状、块状碳化物，并且渗层硬度低，心部组织出现先共析铁素体，组织不良是导致断裂失效的主要原因。在使用过程中，由于硬度偏低，爪握部表面摩擦、挤压产生磨损沟槽导致应力集中，产生疲劳裂纹源，随后发生疲劳断裂。

案例 2：航空发动机一级压气机转子叶片早期疲劳断裂。产生原因：矫正空冷代替油淬，淬火冷速慢。

某型号航空发动机一级压气机转子叶片在服役过程中先后发生多起早期断裂失效。该叶片用 14Cr17Ni2（曾用牌号 1Cr17Ni2）不锈钢制造。其热加工工艺原为 1180℃ 模锻，950~1050℃ 矫正，1050℃ 淬火油冷，530℃ 回火空冷，称为调质工艺。为解决叶片在淬火时叶身变形大的问题，将热加工工艺改为 1180℃ 模锻，1040℃ 矫正空冷（取代原来的油冷淬火），最后经 530℃ 回火空冷，称为矫正空冷工艺，失效叶片均是按矫正空冷工艺生产的。

失效叶片的裂纹均起源于叶片的进气边，裂纹源区有明显的沿晶分离和二次裂纹特征，有暗灰色的腐蚀产物，能谱分析和电子探针分析均测出有氯元素存在。疲劳裂纹起源于沿晶分离区，在裂纹扩展区有明显的疲劳条纹。

失效叶片表面有较严重的点蚀坑，在叶片进气边上点蚀坑更多。在低倍下观察，为形状不规则的坑。对点蚀坑磨片观察发现，坑底往往有沿晶扩展裂纹。对使用过的叶片进行振动疲劳试验，结果表明，疲劳强度由新叶片的 431MPa 降至 245MPa，疲劳裂纹均起源于点蚀坑底部的沿晶分离处。

对调质工艺与矫正空冷工艺生产的叶片进行硬度、冲击、抗点蚀及应力腐蚀性能对比试验，结果表明，矫正空冷工艺生产的叶片，冲击韧性、抗点蚀和应力腐蚀性能普遍要比调质工艺生产的叶片差。同是矫正空冷工艺生产的叶片，耐蚀性有所不同。这和在实际生产中叶片矫形后的空冷冷却速度很难控制有关。用矫正后空冷取代油冷淬火，不仅冷却速度减慢了，而且各个叶片的淬火冷却速度也不尽相同。在实际生产中采用堆冷，堆的中部和边部的叶片冷却速度相差很大。开始矫正的与最后矫正的叶片，冬天生产的与夏天生产的叶片，在冷却速度上均有差异。

金相分析表明，经调质处理的 14Cr17Ni2 钢叶片，碳化物以弥散状态均匀地分布在基体中。叶片表面具有较均匀的电化学性质，在电解液中显示不出明显的电位差，因而表现出良好的耐蚀性。矫正空冷工艺生产的叶片，由于淬火冷却速度缓慢，碳化物（如 $Cr_{23}C_6$）析出，并且这种析出主要是沿奥氏体晶界进行，一般颗粒粗大。由于 $Cr_{23}C_6$ 的析出，势必引起周围贫铬。在腐蚀介质中，贫铬区与富铬区之间会显示出不同的电极电位，富铬区为阴极，贫铬区为阳极，因而遭受腐蚀。由此可见 $Cr_{23}C_6$ 周围的贫铬区就可能成为点蚀的成核处。

综上所述，淬火冷却速度缓慢是 14Cr17Ni2 钢耐蚀性恶化的主要原因。发动机一级压气机转子叶片早期断裂失效的真正原因是矫正空冷工艺冷却速度缓慢。

案例 3：HL 型抽油杆腐蚀疲劳断裂。产生原因：表面脱碳，应力集中，存在腐蚀介质。

某公司连续发生数起 HL 级抽油杆断裂失效事故，断裂抽油杆承受的最大载荷为 59.13kN，应力比为 0.32，服役时间最短的仅 98 天，平均服役时间不足 200 天。抽油杆的频繁断裂不仅造成该公司

修井成本的大幅度增加，同时由于修井导致的停产扰乱了公司正常的生产运营，造成更为严重的经济损失。这批失效抽油杆均在水井中使用。抽油杆材料为 30CrMo 钢，采用圆钢经局部加热镦锻后形成端部的镦粗段，再经整体调质处理、机械加工成最终抽油杆产品。

失效抽油杆的断口都位于抽油杆杆体端部镦锻过渡区圆弧消失处前沿，绝大多数断口距离外螺纹台肩端面 100~140mm 处，这些抽油杆断口附近宏观表面状态良好，无明显的表面缺陷，个别抽油杆肉眼能观察到较浅的腐蚀坑。失效抽油杆宏观断口平坦呈现疲劳断口特征，断口呈现三个明显的特征区域，即疲劳源区、疲劳区和瞬断区。

失效抽油杆杆体的组织为回火索氏体，为 30CrMo 合金钢典型的调质组织，其晶粒度为 9 级，合格。断口杆体一侧与断口接头一侧附近金相分析发现，表面有脱碳及腐蚀坑，个别试样表面有微裂纹，微裂纹均出现在腐蚀坑的底部，如图 24-7 所示。失效抽油杆工作介质为矿化度较高的地层水，地层水中溶解了浓度较高的二氧化碳，并且含有一定量的氯离子，对抽油杆杆体有腐蚀作用，产生表面腐蚀坑。抽油杆镦锻过渡区存在截面突变从而导致应力集中，过高的表面应力和弯曲导致的拉应力相互叠加使裂纹更容易在此区域内形成。表面脱碳层的存在将使疲劳裂纹更易萌生，对抽油杆的疲劳寿命产生不利的影响。据此可以判断，抽油杆在交变载荷与腐蚀介质的联合作用下，导致抽油杆发生了低应力脆性断裂，断裂失效形式为腐蚀疲劳。

综上所述，腐蚀疲劳是引起抽油杆低应力脆断的主要原因。抽油杆镦锻过渡区截面突变导致的应力集中，锻造和热处理造成抽油杆表面的脱碳加速了疲劳裂纹的形成，从而导致抽油杆疲劳寿命的降低。

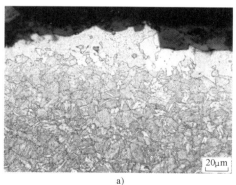

a)　　　　　　　　　　　　　　　　b)

图 24-7　试样表面脱碳层、腐蚀坑及裂纹

a) 脱碳层　b) 腐蚀坑及裂纹

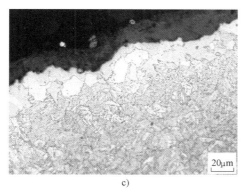

c)

d)

图 24-7 试样表面脱碳层、腐蚀坑及裂纹（续）
c）脱碳层 d）腐蚀坑及裂纹

24.3.6 应力腐蚀断裂

应力腐蚀断裂是热处理件在一定应力和一定腐蚀介质共同作用下产生的断裂失效，主要影响因素是热处理件的材料、环境因素（介质、温度、湿度）、应力因素（拉应力）等。

案例 1：铁路用高强度螺栓的断裂失效。产生原因： 折叠和表面增碳缺陷及腐蚀环境影响产生应力腐蚀断裂。

高强度螺栓属于钢结构摩擦型螺栓连接件，广泛应用于铁路钢轨接头夹板、桥梁、道岔等关键部位的连接，其使用性能影响铁路行车安全。某铁路工务现场在例行检查过程中发现有数件钢轨的接头夹板用高强度螺栓出现断裂，断裂发生于不同的接头夹板，该批螺栓在现场服役约一年时间。失效螺栓的型号为 M24×160，强度级别为 10.9S，材质为 20MnTiB 钢，表面进行了防锈处理，其技术条件为 GB/T 1231—2006《钢结构用高强度大六角头螺栓、大六角螺母、垫圈技术条件》。

失效螺栓断裂位置为螺纹齿底部位，该部位为与螺母接触的第一个螺纹扣。螺栓断口呈现多裂纹源特征，裂纹从螺纹齿底表面的不同位置起源，向心部扩展，导致断口形成多层次的断裂面。裂纹扩展放射棱线粗大，断口附近无明显塑性变形，每个裂纹的扩展断面基本平齐，断口氧化锈蚀严重。整个断口可分为裂纹源区和裂纹扩展区，断裂具有脆性断裂特征。裂纹源区的微观形貌均具有典型的冰糖状沿晶断裂特征，可见晶界上的二次裂纹和残留腐蚀物，部分晶面上还可以观察到腐蚀孔洞。裂纹扩展区微观形貌同样为沿晶特征，晶面上残留腐蚀物较多，部分腐蚀物呈球粒状，如图 24-8 所示。

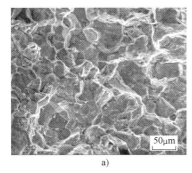
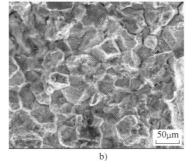
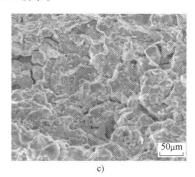

a)

b)

c)

图 24-8 裂纹源区和扩展区的沿晶断裂形貌
a）裂纹源 1 b）裂纹源 2 c）扩展区

对断口残留的腐蚀产物进行能谱分析，断口残留的腐蚀产物主要为 Fe、Mn、O、Si 元素，表明断口表面腐蚀产物主要为铁的氧化物。另外，还存在少量的 K、Na、S 杂质元素，其中 S 元素为应力腐蚀敏感介质。

螺栓心部显微组织为保持马氏体位向的回火屈氏体组织。螺纹靠近表面的组织明显比心部组织颜色深，易受到侵蚀，推断表面黑色区域应为热处理过程中产生的渗碳硬化层，深度约为 0.2mm。螺纹部分齿底存在折叠缺陷，在个别折叠缺陷处已萌生裂纹，可见裂纹起源于螺纹齿底表面的折叠缺陷处，穿透表面深色区域，向螺纹心部发展；裂纹尖端曲折尖锐，呈明显沿晶形态，同时裂纹存在分叉现象，裂纹缝隙充满灰色氧化腐蚀产物。

采用硬度法进行螺纹的增碳试验，标准中的增碳要求为 HV（3）≤HV（1）+30，螺纹第 1 测试点 HV（1）和第 3 测试点 HV（3）的实测值分别为 350HV0.3 和 443HV0.3，可见螺栓的增碳不满足标准要求，其中表面硬度高于心部硬度约 90HV0.3，表明螺栓表面有明显的增碳现象。同时，对螺纹齿底进行表层硬度梯度分析，可见螺纹表面由于增碳，产生了较大的硬度梯度。

钢轨接头夹板用高强度螺栓长时间处于无松弛的较高预应力状态，使用环境为露天条件，长期受潮湿大气和雨水的腐蚀。当螺栓表面存在折叠缺陷时，在裂纹尖端形成的应力集中和腐蚀性环境共同作用下，容易发生应力腐蚀开裂。热处理增碳会导致螺栓表面脆性变大、塑性降低，使螺栓的疲劳强度及冷热疲劳抗力下降，将促进螺纹齿底裂纹的起源和裂纹扩展。

综上所述，失效高强度螺栓由于螺纹齿底存在折叠缺陷，产生了较大的应力集中。在裂纹尖端形成的应力集中和露天工作腐蚀性环境的共同作用下，螺栓发生应力腐蚀沿晶开裂。螺栓的热处理工艺不当，在螺纹表面产生增碳现象，使表面硬度增高、脆性增大，促进了初始裂纹的萌生。

案例 2：铝合金散热器总成焊接处开裂。产生原因：焊后未进行退火处理。

铝合金散热器由主片和插件焊接而成，材料为 Al-Mn 系防锈铝合金 3003，使用中出现了铝合金散热器的主片与插件焊接处开裂失效。

失效件经宏观检查，样品表面布满黄色水垢，主片与插件的焊接处呈周向开裂。焊缝部位断口为粗大的凹坑及撕裂棱，凹坑底部布满细小的孔洞，这是焊接过程中析出的气孔和夹渣。在粗大晶粒的交界处形成脆性条状二次裂纹，这种二次裂纹是沿 AlFeMnSi 相条间形成的。焊接部位呈现沿晶开裂的腐蚀特征。

铝合金失效件焊缝组织为白亮色固溶 α（Al）相 +深褐色长条状 AlFeMnSi 相，组织特征显示焊缝区未经过退火；其次，其焊缝部位未焊足，留有一定深度的缝隙。富含活性离子的循环冷却液，在缝隙内形成浓差电池的腐蚀剂，使缝隙腐蚀进一步加深。

综上所述，铝合金散热器的主片与插件焊接处开裂的主要原因，是焊缝未进行退火处理，保留长条片状共晶硅组织，而且焊接拘束应力未消除，焊缝区强度显著降低、脆性增大，在循环冷却液的腐蚀和冲击

下发生开裂。

24.3.7　腐蚀失效

热处理件腐蚀失效指因腐蚀损伤引起性能降低，导致零件失效或诱发零件功能减弱、丧失。主要影响因素是热处理件的材料（成分、组织）、环境因素（介质、温度、湿度）、表面状态因素等。

案例：某铝合金平板计算机后盖酸洗抛光后表面出现斑点和花纹。产生原因：固溶处理加热温度偏高，冷却速度慢，酸洗时间过长。

6063 铝合金平板计算机后盖的整体外形尺寸为 215mm×125mm×5mm，加工工艺流程为热挤压成形→固溶、时效处理→数控加工→酸洗处理→表面抛光→阳极化处理→成品。热处理工艺为 530℃×2.5h 固溶处理与 175℃×14h 人工时效。在生产过程中，当进行酸洗处理后进行抛光加工时，后盖表面发现大面积的斑点和花纹。

扫描电镜微观分析发现，样品表面布满针孔状显微凹坑，局部聚集为密集的深孔，这种密集的深孔就是目测可见的斑点；严重的部位出现大面积凹坑，这种大面积凹坑就是目测可见的花纹。样品表面的深孔和凹坑内壁呈圆弧状的自由表面，而且边缘没有挤压或撞击的变形特征。由此推断，该类深孔和凹坑属于表面点腐蚀形成的孔洞。

显微组织分析发现，心部组织为未溶 Mg_2Si 强化相及第二相 Al_6（MnFeSi），分散分布在 α-Al 基体上。基体组织粗大，沿晶界析出严重的网状第二相，可能与固溶处理温度偏高、冷却速度缓慢有关，这种缺陷组织降低了材料的强韧性，并降低了材料抗晶间腐蚀的能力。表层分布细长的楔形表面裂纹或 V 形凹坑，裂纹的尾部均与沿晶界析出的第二相相连。由于组织中存在沿晶界析出的第二相，使晶界附近产生明显的成分差异，造成晶间的电极电位差增大，酸洗过程中会加剧材料的晶间腐蚀。

综上所述，由于固溶温度偏高，基体组织过热导致晶粒粗大；固溶处理冷却速度缓慢，产生沿晶界析出的第二相；时效处理过程中，沿晶界析出的第二相数量进一步增多，造成材料的耐蚀性降低。当产品的酸洗时间不长时，表面只形成显微凹坑，目测时难以发现斑点和花纹；当酸洗时间过长时，产品表面腐蚀坑的深度和面积进一步增大，因而形成目测可见的斑点和花纹。

24.3.8　磨损失效

热处理件磨损失效指相互接触表面在相互运动时

产生损耗或塑性变形，因表面状态和尺寸改变而丧失功能或使用性的失效。其影响因素复杂，包括零件材料的力学、物理、化学性能和环境、运转等各种外界条件。

案例 1：Cr12MoV 钢冲裁模磨损早期失效。产生原因：淬火、回火温度低。

某公司生产的 Cr12MoV 钢冲裁模，在对 60Si2Mn 钢汽车板簧切头切角时发生早期失效，表现为短期的钝刃磨损，甚至崩刀断裂，使用寿命达不到预期，影响生产率，造成经济损失。工作时，冲裁模断续（间隔约 2s）与约 800℃ 的汽车板簧坯料直接接触，无冷却措施。现场采用红外测温枪检测冲裁模表面温度为 300~350℃。该冲裁模设计寿命为 3000 头/模（冲裁 1500 件板簧坯料，2 头/件）。实际使用中，冲裁约 1500 头时因磨损钝刃而不能继续使用。Cr12MoV 钢梯形冲裁模设计硬度为 58.0~62.0HRC，双侧使用。冲裁模主要生产工序为机械加工成形→热处理→磨削加工。机械加工所用棒料直径为 120mm；热处理工艺为 600℃ 入炉预热，980~1020℃×20min 油淬，根据硬度要求在 200~300℃ 回火。

显微组织分析发现，在回火态 Cr12MoV 钢的显微组织中，回火马氏体基体上分布有共晶碳化物、颗粒状二次碳化物，以及一定量的残留奥氏体。失效件的共晶碳化物不均匀度为 7 级。对于直径为 70~120mm 的棒料，标准要求其共晶碳化物不均匀度 ≤6 级。共晶碳化物的不均匀分布使耐磨性恶化。失效件显微组织中的大块碳化物形态明显，其边角锐利，呈堆积态，显微组织中的大块碳化物级别评定为 5 级（标准规定 ≤3 级）。锐利的大块碳化物易引起应力集中，是潜在的裂纹源，并降低冲裁模耐磨性。

冲裁模使用前后硬度测试结果表明，冲裁模热处理后的硬度分布较为均匀，均值为 55.5HRC，但略低于技术要求的下限 58.0HRC。冲裁模服役过程中受高温板簧坯料的间歇性高温作用，因其回火稳定性差，发生回火软化作用，硬度降幅较大，均值为 41.7HRC。换热条件最差的位置，导致该区域升温较高，回火软化作用显著，硬度由初始均值 55.5HRC 降为 29.2HRC。显然，硬度越低，耐磨性越差，刃口磨损越厉害，从而导致冲裁模形成了磨损失效形态。

以提高冲裁模耐磨性为目标，兼顾生产成本，Cr12MoV 钢冲裁模的热处理工艺采用高的淬火温度、高的回火温度，即高淬高回的优化方案。淬火温度高，有利于 Cr12MoV 钢中的碳及合金元素（Cr、Mo、

V）大量溶入奥氏体，并在后续回火时以第二相形式弥散析出，利用二次硬化效应提高冲裁模的耐磨性；较高温度回火也是确保钢中的第二相粒子充分析出。必须指出，高温淬火后残留奥氏体含量较高，需进行多次回火（3~5 次，每次 1h），要求回火温度控制准确，偏差为 ±10℃。

综上所述，建议的冲裁模热处理工艺为 1110~1130℃ 油淬，500~520℃ 回火三次。常温磨粒磨损试验结果表明，原工艺低淬低回样品的磨损率为 35.8mg/cm²，高淬高回样品的磨损率为 13.9mg/cm²。常温下，因为特殊碳化物的存在，高淬高回样品的耐磨性优于低淬低回样品的耐磨性。

综上所述，Cr12MoV 钢冲裁模的原热处理工艺根据硬度指标选定回火温度低，淬火温度较低，二次硬化效果不足，所以造成了冲裁模热疲劳性差，显微组织和硬度不合格，导致使用寿命缩短，发生早期失效。高淬高回新工艺生产的冲裁模最高寿命达 13040 头，平均寿命为 6938 头，是原寿命的 4.63 倍。

案例 2：航空发动机头部齿轮早期麻点剥落。产生原因：表面脱碳。

发动机头部主动齿轮材料为 12Cr2Ni4 钢，并进行渗碳处理。有些齿轮工作 100h 甚至仅几小时，就出现齿面麻点剥落。热处理工艺为：渗碳，920℃×1h 空冷；高温回火，650℃×4h 空冷；淬火，800℃×5min 油冷；冷处理，-75℃×1h 空冷；低温回火，150℃×4h 空冷。

发动机头部主动齿轮齿面麻点剥落位置均在轮齿受力面节圆处，呈波纹状。显微镜下观察，发现有小块剥落，并有数条互相平行的与表层约呈 40° 角的裂纹。心部组织为低碳马氏体。齿轮渗碳层的金相组织为马氏体+少量残留奥氏体，并有块状碳化物和很不明显的脱碳，渗碳层深度为 0.86mm，符合技术条件要求。

显微硬度测量结果表明，失效齿轮在表层 30~50μm 范围内硬度偏低，显微硬度为 572HV，硬度曲线下降较陡。

化学成分分析结果发现，齿轮表层中的 C、Cr、Ni、Mn 含量均低于基体，特别是 Cr 含量，仅为基体的 1/10。齿轮表面的软层是因为零件表层碳元素和其他合金元素含量的降低，使淬火后表面出现的一层非完全马氏体组织，这种非完全马氏体组织的疲劳强度较低，耐磨性差。表层脱碳后，比体积减小，在淬火过程中，由于组织应力的作用，还会在表层产生一个附加应力，这个应力将抵消一部分表层已有的应力，使压应力下降，乃至完全变为拉应力。齿轮在热

处理后直接使用，表面粗糙度值也较高。对于强度比较高的材料，缺口敏感性大，容易产生应力集中和产生裂纹。

　　为提高齿轮的使用寿命，除改善齿轮热处理质量，还应探讨其他加工工艺改善途径。磨损试验结果表明，表面磨去 0.05mm 的试样和表面喷丸强化的试样的耐磨性最好，磨损量为 0.02 ~ 0.03mm，而原试样磨损量为 0.10mm。

　　综上所述，头部齿轮麻点剥落的主要原因是齿轮渗碳层的外表面出现软层，软层是由于脱碳造成的。可以通过磨齿的方法去掉软层，或者通过齿面喷丸强化方法来予以改善。

参 考 文 献

[1] 王广生，石康才，周敬恩，等. 金属热处理缺陷分析及案例 [M]. 2 版. 北京：机械工业出版社，2016.

[2] 航空航天工业部失效分析中心. 航空机械失效案例选编 [M]. 北京：科学出版社，1988.

[3] 陶春虎，刘高远，恩云飞，等. 军工产品失效分析技术手册 [M]. 北京：国防工业出版社，2009.

[4] 薄鑫涛，郭海祥，袁凤松. 实用热处理手册 [M]. 上海：上海科学技术出版社，2009.

[5] 航空航天工业部航空装备失效分析中心. 金属材料断口分析及图谱 [M]. 北京：科学出版社，1991.

[6] 涂文斌，姜涛，刘德林，等. 40Cr 钢电动作动筒支臂断裂原因分析 [J]. 金属热处理，2015 (6)：199-203.

[7] 邵飞翔，卢猛，周明阳，等. TC18 钛合金压力容器焊后失效分析及热处理制度优化 [J]. 金属热处理，2019 (6)：225-227.

[8] 刘敏，张友登，王俊霖，等. 20CrMnMoA 钢传动齿轮断裂原因分析 [J]. 金属热处理，2014 (12)：159-163.

[9] 李家华，李萍，孙松，等. 不锈钢拉杆接头断裂失效分析 [J]. 金属热处理，2021 (3)：218-223.

[10] 王志刚，李永胜，王献忠，等. 低风压凿岩机 20CrMnTi 钢螺旋杆失效分析 [J]. 金属热处理，2014 (6)：141-143.

[11] 白强，庞斌，林伟，等. HL 型抽油杆断裂失效分析 [J]. 金属热处理，2016 (7)：187-191.

[12] 胡杰，邹定强，杨其全. 铁路用 20MnTiB 钢高强螺栓的断裂失效分析 [J]. 金属热处理，2017 (7)：239-242.

[13] 金林奎，郭联金，欧海龙，等. AA3003 铝合金散热器的开裂失效分析 [J]. 金属热处理，2018 (1)：236-240.

[14] 欧海龙，郭联金，金林奎，等. 6063 铝合金平板电脑后盖的斑点花纹原因分析 [J]. 金属热处理，2018 (3)：237-240.

[15] 高志玉，何维，景秀坤，等. Cr12MoV 冲裁模失效分析及热处理工艺优化 [J]. 金属热处理，2021 (3)：206-212.